炼油核心装置大作业系列丛书

# 常减压及焦化专家培训班大作业选集

（第一期）

中国石化出版社

## 内 容 提 要

本书精选自中国石油化工股份有限公司炼油事业部组织的第一期常减压及焦化专家培训班7名优秀学员的大作业，涵盖了不同的常减压蒸馏装置及延迟焦化装置，涉及装置基本情况、标定情况、工艺计算与分析等内容。大作业是这些学员经过较为系统的专业理论培训后返回工作岗位完成的，历经专家指导、教师批改和学员答辩。

本书内容详实、实用性强，是很好的常减压蒸馏装置及延迟焦化装置工艺计算范例和数据集，可供炼油行业的技术人员、设计人员和管理工作者参考使用。

**图书在版编目(CIP)数据**

常减压及焦化专家培训班大作业选集．第一期／赵日峰主编．—北京：中国石化出版社，2020.5
(炼油核心装置大作业系列丛书)
ISBN 978-7-5114-5723-3

Ⅰ.①常… Ⅱ.①赵… Ⅲ.①原油-常减压蒸馏-焦化装置 Ⅳ.①TE624.2

中国版本图书馆CIP数据核字(2020)第049572号



**中国石化出版社出版发行**
地址：北京市东城区安定门外大街58号
邮编：100011 电话：(010)57512500
发行部电话：(010)57512575
http://www.sinopec-press.com
E-mail:press@sinopec.com
北京富泰印刷有限责任公司印刷
*
787×1092毫米16开本55.5印张1413千字
2020年5月第1版 2020年5月第1次印刷
定价：298.00元

# 《常减压及焦化专家培训班大作业选集》

## 编 委 会


**主编**　赵日峰

**编委**　李和杰　申海平　李　鹏

# 序

我在分管炼油化工业务时，常常思考为什么相同的炼油装置，不同的企业效益差距有时那么大？我们有些同志是管理专家，有些是技术专家，而真正能把企业效益充分发挥出来的应该是技术专家加管理专家。对技术认知的深度决定了企业的未来前途，而我们有的管理专家在技术认知深度方面欠缺一点，所以虽然他们也能够使企业出效益，但是不会太高。能否将管理专家再培养成技术专家？我发现这种培养路径难度很大，反而将技术专家再培养成管理专家相对容易一些。也就是说，在技术认知深度方面从点扩展到面相对容易，而从面开始到点再达到一定深度是很难的。在这样的情况之下，我就考虑如何从中国石化中青年技术人才中来培养装置专家，提高他们对技术认知的深度，形成科学的思维方式，再逐步培养成为技术专家加管理专家。

在这方面我本人有很深的体会，我在扬子石化工作了20年，期间在车间工作8年。当时我所在的连续重整装置是全国同类装置中规模最大的，各级领导和专家极其重视。在扬子石化工作期间，我本人有幸得到石化大家侯祥麟先生、石油化工科学研究院赵仁殿先生和工程建设公司罗家弼先生等专家给予的无私指导，提高了我的专业理论水平，改变了我学习思维方式，可以说在基层工作的8年奠定了我职业生涯的重要基础。

石化行业是技术密集、人才密集和资金密集型的行业，培养高素质的专家队伍是推动石化事业持续健康发展的重要保证。2015年5月，我参加了中科院陈俊武院士《催化裂化工艺与工程》第三版的出版座谈会。在座谈会期间，我就如何培养高素质的专家队伍向德高望重的陈俊武院士请教。陈俊武先生在立德、立功、立言方面都是我们学习的榜样。陈先生年轻时到国外学习催化裂化技术，通过消化吸收再创新，奠基了我国催化裂化技术。先生在85岁高龄时，又领衔了国内首套大型MTO工程开发与设计。可以说，如果没有陈俊武先生的付出，就没有我国DMTO大型工程的诞生。陈先生首创的“三段回归式培训模式”，开创了催化裂化专业高层级专家培养的先河。从1992年起至2000年，陈先生共办了三期催化裂化高研班，效果非常好，大部分学员成为了我们的专家，成为了我国炼油行业的技术中坚，部分学员不仅成为技术专家也成为管理专家。

2016年，我要求中国石化总部炼油事业部牵头，举办了新世纪第一期催化裂化专家培训班，恢复了中断16年之久的催化裂化高研班，这个班仍然采用陈俊武院士开创的三段式教学模式，由石油化工科学研究院许友好同志担任班主任并全程跟班。这个班招收了39名学员，其中7人来自兄弟企业。在为期一年的培训过程中，经过两个月的集中授课，学员回到企业后，根据所学的知识对所在企业催化裂化装置进行了详细工艺核算与标定，形成了大作业报告，2017年1月学员顺利通过答辩。

催化裂化专家培训班指导小组将10名优秀学员的大作业编辑成书，交由石化出版社于2018年出版，并邀请我作序。我认为学员们通过这次学习，认认真真地完成了作业，把所学理论与工程计算知识转化为所在装置的技术分析，是理论与实践、设计与生产运行的有机结合。新时代是奋斗者的时代。专家班优秀学员们振兴石化的使命担当，肯为中国炼油工业发展付出努力的奋斗精神，使我甚感欣慰，故乐为之作序。希望选集出版后，能够为我国炼油行业技术工作者和有志于提高技术认知水平的管理工作者提供一些有益的参考。

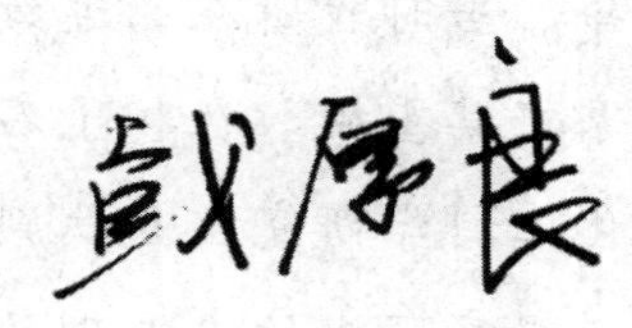

# 前言

陈俊武院士1992年开始对催化裂化专业高层级专家培养模式进行了探索实践，首创了集中授课-企业研修-结业答辩的“三段回归式培训模式”，并成功举办了三期催化裂化技术高级研修班。经过三期高研班培训的大多数学员已成为催化裂化领域的知名专家和技术中坚，部分学员既成为技术专家也成为管理专家，为中国炼油事业发展发挥着重要作用。

中国石化集团公司董事长戴厚良结合自身经历，在分析相同炼油装置，不同企业效益差距较大时发现：将管理专家培养成技术专家难度较大，将技术专家再培养成管理专家相对容易一些。2016年，戴厚良董事长站在国家石化事业发展的战略高度，要求恢复举办了第一期催化裂化专家培训班，经过为期一年的培训，圆满实现了预期的培训目标。2018年，中国石油化工股份有限公司炼油事业部又将培训拓展到常减压、焦化专业，成功举办了第一期常减压及焦化专家培训班。

第一期常减压及焦化专家培训班由中石化24名学员、中石油7名学员、中海油1名和延长石油1名学员组成，洛阳工程有限公司李和杰担任班主任，石油化工科学研究院申海平担任副班主任。本期培训班于2018年3月5日开学，学员系统学习了：常减压蒸馏和延迟焦化技术进展，常减压蒸馏装置和延迟焦化装置的原料及产品，石油馏分物性计算，蒸馏原理、蒸馏工艺及工程计算，延迟焦化反应机理、反应动力学及产品预测，延迟焦化工艺及工程计算，能量利用原理、能量优化方法及计算，传热过程及传热设备工程计算、气液传质过程及传质设备工程计算、加热过程及加热炉工程计算、延迟焦化焦炭塔工程计算，流体机械工艺计算，原油预处理、腐蚀机理与防腐，常减压蒸馏、延迟焦化装置工程设计基本准则，常减压蒸馏装置、延迟焦化装置疑难问题研讨及典型事故案例分析等。2019年1月19日，共有31名学员顺利毕业。

根据陈俊武院士“三段式”教学理念，为更好地理解与掌握工艺计算的方法和意义，专家班学员经过集中学习后，回到企业要依据所学的知识对所在装置进行工艺核算，相当于对装置进行一次详细手动标定计算，最后形成一份大作业。2018年石化出版社把第一期催化裂化专家培训班优秀学员的大作业汇编成册，编辑出版，并由戴厚良董事长亲自作序，这样既可以把专家班培训成果传承保存下来，又可以作为装置技术人员学习培训的教学案例。

本书由第一期常减压及焦化专家培训班7名优秀学员的大作业汇编而成，学员分别是王宾(青岛炼化)、杨东明(金陵石化)、张成(工程建设公司)、钱锋(广州工程公司)、张文波(长岭炼化)、苑方伟(镇海炼化)、薛鹏(金陵石化)。该书主要涉及标定报告、工艺计算及分析等方面的内容，其中工艺计算及分析包括原料和产品性质计算、物料平衡、分馏塔热平衡、换热网络计算、分馏塔水力学计算、换热器计算、加热炉计算、焦炭塔计算、节能和能耗计算等，是一本很好的常减压及焦化装置工艺计算范例和数据集，可供炼油行业的技术人员、设计人员和管理工作者参考使用。

# 总 目 录

# 青岛炼化12.0Mt/a常减压蒸馏装置工艺计算

完成人：王　宾
单　位：中国石化青岛炼化公司

# 目　录

# 第一部分　装置标定

## 一、标定基本情况

(一) 装置简介及主要流程

1. 装置简介

中国石化青岛炼化公司常减压蒸馏装置，由中国石化工程建设公司设计(原设计为10.0Mt/a)，中国石化第十建设公司施工，占地面积3.96$hm^2$。2008年5月首次开车成功，设计加工沙轻：沙重混合原油(混合比为1：1)，采用“闪蒸—常压—减压深拔”工艺路线，年开时数8400h。

采用KBC公司提供的一整套减压深拔技术(减压塔、减压炉、减压转油线和高效抽真空系统)。减压塔采用全填料内件、液体分布器和特殊的洗涤段设计，使装置在减压深拔至原油实沸点(TBP)565℃的情况下，确保加氢处理原料质量，并达到节能的目的。减压塔顶系统采用三级抽空系统：第一级、第二级蒸汽抽空；第三级机械抽真空。

采用窄点技术，对原油换热网络进行优化设计，充分利用装置余热，提高换热终温。为回收原油中的轻烃组分，提高装置的经济效益，设轻烃回收系统。

原油电脱盐系统为二级电脱盐，采用国内高速电脱盐技术；常压塔为板式塔，塔内件为国内的ADV高效浮阀塔盘，并根据汽液负荷，选择合适的溢流数(四溢流)。

为配合扩能改造，在2011年大检修时，将闪蒸塔改为初馏塔，即初馏—常压—减压的工艺路线，改造后加工负荷由10.0Mt/a增加至12.0Mt/a，同时对换热流程进行了梳理、优化；装置运行四年后，于2015年进行了停工检修。检修主要内容有：常一中返塔以上(38层以上)的壳体更换为N06625+Q345R复合板，常压塔顶部6层塔盘材质升级为N08367，其余塔盘材质为06Cr13并经CTS处理；对换热网络进行了优化，进一步提高换热温度；装置改造完成后，于2015年8月15日一次开车成功。装置投产后，期间生产运行稳定，各主要产品合格。

2. 流程简述

(1) 工艺过程说明

原油自装置外的原油泵送入装置换热系统，换热到130℃后进入电脱盐罐脱盐脱水，然后再分为两路进入脱后原油换热系统，换热至216℃后进入初馏塔。初底油经换热至317℃后均分为八路经控制阀进入常压炉，加热至368℃后进入常压塔第6层塔板上方进行分馏。

初底油进入常压塔后从上至下依次分离出常顶瓦斯、常顶石脑油、常一线航煤、柴油和常底重油。常顶气送入常顶气压缩机压缩后，不凝气与稳定塔顶不凝气合并去焦化装置或催化装置。常顶石脑油经稳定系统分馏后为重整装置提供原料。

常底重油由常底泵抽出后分成八路经控制阀进减压炉加热至426℃入减压塔进行减压蒸馏。经减压蒸馏进一步分馏出柴油、蜡油和减压渣油，为下游装置提供原料。

(2) 换热流程

原油进装置后分四路分别进入原油-初顶油气换热器换热，再两两合并为两路换热至131℃进入电脱盐罐脱盐脱水，然后再分为两路进入脱后原油换热系统，换热至209℃后进入初馏塔。初侧油直接去常压塔。

初底油由初底油泵抽出后分成两路再次进入换热网络，换热至317℃后，再分八路进入常压炉，加热至368℃后进入常压塔。

（3）常压塔流程

常压塔顶油气经常顶空冷器、常顶水冷器，温度降至40℃进入常顶回流及产品罐，常顶油经常顶回流及产品泵升压作为稳定塔进料至石脑油-稳定塔进料换热器。常顶石脑油外送控制阀处新增了一跨线至稳定塔石脑油出装置流量计处，可实现常顶石脑油直接作产品出装置。

初、常顶气送入常顶气压缩机入口，气体经压缩机压缩后与初顶油混合进入常顶气压缩机出口水冷器并冷至40℃，冷却后的油气进入常顶气压缩机出口分液罐进行分液，再接触后的不凝气与稳定塔顶不凝气合并去焦化装置进行气体脱硫。

常顶含硫污水至减顶含硫污水泵入口同减顶含硫污水合并后送出装置。

常压塔设三条侧线。

常一线从第38层抽出进入常压汽提塔上段，蒸出轻组分后由常一线泵抽出，经原油-常一线换热器换热至99℃，作为航煤加氢精制热料出装置，也可再经水冷器冷却至45℃至罐区。

常二线从常压塔第24层塔板抽出进入常压汽提塔中段，经蒸汽汽提后用常二线泵抽出，经原油-常二线换热器换热至122℃，至混合柴油热料线，作为柴油加氢精制热料，也可经水冷器冷却至55℃至混合柴油冷料线至罐区。

常三线从常压塔第12层塔板抽出进入常压汽提塔下段，再由常三线泵抽出，先后经换热至122℃，至混合柴油热料线，作为柴油加氢精制热料出装置。也可再经水冷器冷却到55℃至混合柴油冷料线至罐区。

常压塔设三个循环回流。

常顶循由常顶循环泵自第48层塔板抽出，经原油-常顶循换热器换热，温度降至102℃后，返回第51层塔板；常一中回流由常一中泵自第34层塔板抽出，经换热至133℃后返回第36层塔板。常一中泵出口新增了一跨线至常一线汽提塔，可实现常一中补常一线；常二中回流由常二中泵自第20层塔板抽出，经换热至212℃，返回第22层塔板。

常底油由常底泵抽出后分成八路进减压炉加热至421℃入减压塔。

（4）减压塔流程

减顶油气经减顶三级抽空冷凝器后，冷凝的油和水分别进入减顶分水罐；未凝气体经减顶机械抽真空系统抽出。减顶不凝气进入减顶分水罐并从罐顶部至减顶气压缩机入口分液罐，再经减顶气压缩机升压后将减顶气送至焦化装置进行脱硫处理。减顶油经减顶油泵去混合柴油热料线作柴油加氢精制原料；减顶含硫污水经减顶含硫污水泵送出装置。

减压塔设三条侧线。

减一线由减一线及减顶回流泵从第Ⅰ段填料下集油箱抽出，一路返回至减压塔第Ⅱ段填料上方，作为第Ⅱ段填料的喷淋油，另一路经换热至97℃后，再分两路，一路去混合柴油热料线，另一路再经减顶循环回流空冷器冷却至55℃后又再分两路：一路作为减顶循环回流油；另一路若需要时仍为55℃进入混合柴油冷料线。

减二线由减二线及减一中泵从第Ⅲ段填料下集油箱抽出，经换热至181℃后分两路：一路作为减一中油返回减压塔第Ⅲ段填料上方；另一路经换热至143℃后至减二、减三线出装置缓冲罐的减二线侧，再经减二线泵送出装置。

减三线由减三线及减二中泵从第Ⅳ段填料下集油箱抽出后分出一路返回至减压塔第Ⅴ段填料上方，作为第Ⅴ段填料的喷淋油，可防止携带残炭，保证减三线油的质量；另一路再分为二路换热至244℃后又再分二路：一路作为减二中油返回减压塔第Ⅳ段填料上方；另一路再经换热至146℃后去减二、减三线出装置缓冲罐的减三线侧，经减三线出装置泵送出装置。

减压过汽化油从第Ⅴ段填料集油箱自流至减压塔底。

减压渣油由减压渣油泵抽出，分两路换热至253℃，再分两路：一路返回塔底作为急冷油；另一路经换热161℃出装置作焦化原料(热料)，开停工时经减渣开停工水冷器出装置。

(5) 轻烃回收流程

常顶气压缩机出口分液罐的再吸收油经稳定塔进料泵抽出，与初顶油混合至石脑油-稳定塔进料换热器与稳定塔底石脑油换热至148℃进入稳定塔第24层塔板(也可以进入第26层或第28层塔板)。

稳定塔顶油气经稳定塔顶空冷器、水冷器冷至40℃后进入稳定塔顶回流及产品罐。分出的不凝气与压缩后的常顶气合并后去焦化装置，冷凝液经稳定塔顶回流及产品泵抽出分两路，一路送回稳定塔顶作为回流，另一路作为液化气出装置。

稳定塔底重沸器由常二中油作为热源。

稳定塔底石脑油与稳定塔进料换热至74℃，经石脑油空冷器和石脑油水冷器冷至40℃出装置。

(二) 标定目的及标定主要内容

1. 标定目的

考察装置的实际生产能力及运行情况、主要运行参数。根据计算结果，对制约装置生产的问题和瓶颈进行技术分析，提出有效的解决措施。针对装置能耗、产品分布、产品质量和长周期运行等方面问题，以装置基础核算为依据，提出优化方案。

2. 标定主要内容

1) 装置物料平衡计算。

2) 装置的热平衡计算。

3) 装置水平衡计算。

4) 主要单元设备物料平衡、热平衡和压力平衡。

5) 主要设备水力学计算。

6) 进行全装置能耗计算。

(三) 标定时间

2015年10月19日08：00~10月21日08：00，共计48h。

(四) 标定产品去向

装置标定期间，主要进料为科威特原油，同时加工外来轻烃(主要为加氢装置来)。大部分产品为直供料，各产品物料走向见表1-1。

表1-1 进出装置物料走向表

| 项 目 | 产品方案 | 原料和产品后路 |
|---|---|---|
| 进料方 | | |
| 原油 | | 1#原油罐(科威特原油)单供 |

续表

| 项　目 | 产品方案 | 原料和产品后路 |
|---|---|---|
| 轻烃 | | 保持17t/h稳定进料 |
| 抽提石脑油 | | 标定期间暂停回炼 |
| 出料方 | | |
| 常顶和稳顶合并干气 | 常顶气 | 至焦化装置 |
| 液化气 | 液化气 | 至脱硫脱醇装置后进储运单独用罐储存 |
| 石脑油 | 重整原料 | 进重整原料罐 |
| 常一线 | 航煤原料 | 部分进航煤加氢原料罐区，部分直供航煤加氢装置 |
| 常二线 | 混柴 | 部分进中间柴油罐，部分直供柴油加氢装置 |
| 常三线 | 混柴 | |
| 减顶油 | 混柴 | |
| 减一线 | 混柴 | |
| 减二线 | 部分加裂原料、部分混蜡 | 80t/h直供加裂，其余与减三线一起进加氢处理，少部分进加氢处理原料罐 |
| 减三线 | 混蜡 | |
| 减渣 | 焦化原料 | 部分直供焦化，少量进焦化原料罐区 |

## 二、标定原始数据

### （一）主要操作参数

标定期间装置主要操作参数见表1-2。

**表1-2　主要工艺参数表**

| 序号 | 操作描述 | 设计参考值 | 第一天(10月19日) | 第二天(10月20日) |
|---|---|---|---|---|
| 1 | 电脱盐温度/℃ | 131 | 126.4 | 126 |
| 2 | 电脱盐注水量/(t/h) | 86 | 50 | 49.8 |
| 3 | 初馏塔顶压力/MPa | 0.08 | 0.079 | 0.077 |
| 4 | 初馏塔顶温度/℃ | 118 | 123 | 123 |
| 5 | 初馏塔进料温度/℃ | 208 | 207.5 | 206.9 |
| 6 | 初馏塔塔底温度/℃ | 205 | 207.8 | 207 |
| 7 | 初顶冷回流温度/℃ | 40 | 44 | 41.9 |
| 8 | 初顶循抽出温度/℃ | 128 | 137.2 | 139.2 |
| 9 | 初顶循返回温度/℃ | 110 | 112.1 | 112 |
| 10 | 初侧线抽出温度/℃ | 174 | 173.1 | 175.8 |
| 11 | 常顶温度/℃ | 133 | 117.2 | 116 |
| 12 | 常顶压力/MPa | 0.07 | 0.041 | 0.039 |
| 13 | 常一线抽出温度/℃ | 190 | 169.5 | 171.3 |
| 14 | 常二线抽出温度/℃ | 257 | 243 | 246 |
| 15 | 常三线抽出温度/℃ | 317 | 315 | 314.5 |
| 16 | 过汽化油温度/℃ | 361 | 355 | 356.7 |

续表

| 序号 | 操作描述 | 设计参考值 | 第一天(10月19日) | 第二天(10月20日) |
|---|---|---|---|---|
| 17 | 常顶循出温度/℃ | 148 | 130.5 | 130.7 |
| 18 | 常顶循入温度/℃ | 113 | 111 | 110 |
| 19 | 常一中出温度/℃ | 219 | 195.5 | 201.8 |
| 20 | 常一中入温度/℃ | 159 | 127.3 | 128.6 |
| 21 | 常二中出温度/℃ | 281 | 267.6 | 269.1 |
| 22 | 常二中入温度/℃ | 222 | 196.6 | 197.8 |
| 23 | 常压塔闪蒸段/℃ | 361 | 362.5 | 362.2 |
| 24 | 常压塔塔底/℃ | 357 | 352.8 | 353.4 |
| 25 | 常压炉出口/℃ | 369 | 366.9 | 367.1 |
| 26 | 常压炉炉膛温度/℃ | ≤800 | 770 | 780.3 |
| 27 | 常压炉氧含量/% | ≤4 | 1.85 | 2.05 |
| 28 | 减压炉出口温度/℃ | 424 | 421.9 | 422 |
| 29 | 减压炉炉膛温度/℃ | ≤800 | 735 | 731.4 |
| 30 | 减压炉氧含量/% | ≤4 | 2.27 | 2.11 |
| 31 | 减顶压力/kPa(绝) | 2.7 | 1.65 | 1.62 |
| 32 | 塔顶温度/℃ | 70 | 33.8 | 33.5 |
| 33 | 减顶循抽出温度/℃ | 125 | 79.6 | 81.6 |
| 34 | 减一中抽出温度/℃ | 241 | 236.2 | 238.8 |
| 35 | 减二中抽出温度/℃ | 324 | 315.4 | 316.2 |
| 36 | 过汽化油温度/℃ | 390 | 388.0 | 389.9 |
| 37 | 减顶循出温度/℃ | 125 | 79.6 | 81.6 |
| 40 | 减一中入温度/℃ | 181 | 179.7 | 180.6 |
| 42 | 减二中入温度/℃ | 244 | 241.9 | 243.3 |
| 43 | 减压塔闪蒸段温度/℃ | 410 | 398.6 | 398.3 |
| 44 | 塔底温度/℃ | 360 | 358.7 | 359 |
| 45 | 稳定塔顶压力/MPa | 1 | 0.745 | 0.745 |
| 46 | 塔顶温度/℃ | 64 | 56.8 | 56.4 |
| 47 | 塔底温度/℃ | 186 | 172.9 | 172.2 |
| 48 | 重沸器出口温度/℃ | 197 | 178.9 | 178.9 |

在标定期间，装置各主要操作参数均与设计参考值相差不大，说明装置经大检修后运行正常。

(二) 换热器数据

在标定期间，装置各主要换热器的出入口温度见表1-3。

**表1-3 换热器运行数据表(取标定期间均值)**

| 位号 | 介 质 | 管程温度/℃ | | 壳程/℃ | |
|---|---|---|---|---|---|
| | | 进口 | 出口 | 进口 | 出口 |
| E101A | 原油-初顶油气换热器 | 124 | 78 | 34 | 66 |
| E101B | 原油-初顶油气 | 124 | 78 | 34 | 66 |
| E101C | 原油-初顶油气 | 124 | 78 | 34 | 66 |

续表

| 位号 | 介　质 | 管程温度/℃ | | 壳程/℃ | |
|---|---|---|---|---|---|
| | | 进口 | 出口 | 进口 | 出口 |
| E101D | 原油-初顶油气 | 124 | 78 | 34 | 66 |
| E110 | 原油-常顶循 | 130 | 110 | 66 | 84 |
| E111 | 原油-减顶循 | 81.8 | 83.2 | 84 | 83 |
| E112 | 原油-常一线 | 183.3 | 125.7 | 83 | 98 |
| E113A/B | 原油-常一中(2) | 159 | 127.5 | 98 | 120 |
| E114 | 原油-减二线 | 180 | 135 | 120 | 129 |
| E115A/B | 脱盐油-常一中 | 196.2 | 159 | 125 | 157 |
| E116A/B/C | 减渣-脱盐油 | 157 | 173 | 215 | 180 |
| E117A/B | 脱盐油-常二中 | 218.5 | 197.5 | 173 | 187 |
| E118 | 减渣-脱盐油 | 187 | 199 | 247 | 215 |
| E119 | 脱盐油-常二中 | 251.5 | 233.5 | 199 | 202 |
| E120 | 减渣-脱盐油 | 199 | 209 | 265 | 246 |
| E121A-D | 初底油-减二中Ⅰ(2) | 286 | 241 | 224 | 260 |
| E122A/B | 初底油-减渣Ⅰ(2) | 260 | 273 | 301 | 265 |
| E123A-D | 初底油-减二中Ⅰ(1) | 316 | 286 | 273 | 300 |
| E124A-D | 初底油-减渣Ⅰ(1) | 300 | 325 | 359 | 301 |
| E125 | 脱盐油-常三(1) | 316 | 249 | 210 | 224 |
| E150 | 原油-常三(3) | 142 | 105.2 | 66 | 75 |
| E151A/B | 原油-初顶循(1) | 139 | 113.8 | 75 | 105 |
| E152A/B | 原油-常二线 | 246 | 124 | 105 | 131 |
| E153 | 脱盐油-常三(2) | 179 | 142 | 125 | 132 |
| E154A/B | 减三线-脱盐油 | 226 | 157 | 132 | 152 |
| E155A/B/C | 脱盐油-减一中 | 207 | 180 | 152 | 179 |
| E156A/B | 脱盐油-减一中 | 238 | 207 | 179 | 209 |
| E157 | 减三线-脱盐油 | 209 | 213 | 241 | 226 |
| E158 | 脱盐油-常三(1) | 213 | 225 | 249 | 228 |
| E159 | 减渣-脱盐油 | 213 | 216 | 267 | 249 |
| E160A-D | 初底油-减二中Ⅱ(2) | 227 | 260 | 280 | 245 |
| E161A/B | 初底油-减渣Ⅱ(2) | 260 | 270 | 298 | 267 |
| E162A | 初底油-减二中Ⅱ(1) | 316 | 280 | 270 | 293 |
| E163A-D | 初底油-减渣Ⅱ(1) | 293 | 314 | 359 | 298 |
| E164 | 常二中-初底油 | 210 | 227 | 268 | 251.5 |
| E181 | 常三线蒸汽发生器 | 228 | 179 | 129 | 147 |
| E190A-D | 常顶冷却器(空冷+水冷) | | | 117 | 49.7 |
| E192 | 减顶回流水冷器 | | | 83.2 | 37 |
| E193 | 初顶冷却器(空冷+水冷) | | | 78 | 38.3 |
| E201A-D | 稳定塔进料换热器 | 39 | 125 | 173 | 82.7 |
| E202 | 稳定塔底重沸器 | 233.5 | 218.5 | 173 | 179 |
| E211A | 石脑油冷却器 | | | 82.7 | 40 |

（三）机泵数据

在标定期间，转动设备的运行数据见表1-4，同时根据机泵运行情况计算出功率和实际效率。

表1-4 机泵标定数据表(取标定期间均值)

| 位号 | 名称 | 电流/A | 出口压力/MPa | 流量/(t/h) | 计算功率/kW | 效率/% |
|---|---|---|---|---|---|---|
| P101A | 初底泵 | 139.9 | 2.1 | 1175.0 | 1217.8 | 64.57 |
| P102A | 常底泵 | 50.2 | 1.25 | 685.0 | 402.7 | 69.07 |
| P103B | 常顶油泵 | 15.9 | 1.95 | 51.0 | 137.1 | 48.57 |
| P104B | 常一线泵 | 175 | 1.25 | 145.0 | 92.1 | 63.10 |
| P105 | 常二线泵 | 143 | 1.5 | 95.0 | 85.8 | 55.46 |
| P106A | 常三线泵 | 208.7 | 1.4 | 162.0 | 120.3 | 63.80 |
| P107B | 常顶循泵 | 26.5 | 1 | 562.0 | 220.8 | 75.66 |
| P108 | 常一中泵 | 21.4 | 0.95 | 434.0 | 175.7 | 68.48 |
| P109A | 常二中泵 | 29.5 | 1.05 | 502.0 | 245.8 | 65.51 |
| P110A | 常顶含硫污水泵 | 23.2 | 1.1 | 11.0 | 12.3 | 46.14 |
| P111A | 减顶油泵 | 14 | 1.6 | 4.0 | 7.1 | 60.36 |
| P112A | 减一线泵 | 23 | 1.85 | 195.0 | 190.4 | 62.92 |
| P113B | 减二线泵 | 37.4 | 1.15 | 695.0 | 312.4 | 79.69 |
| P114B | 减三线泵 | 64.5 | 1.5 | 930.0 | 546.2 | 78.87 |
| P116A | 减底渣油泵 | 54.6 | 2.26 | 427.0 | 467.9 | 61.46 |
| P117A | 减顶含硫污水泵 | 47 | 1.1 | 45.1 | 24.8 | 62.94 |
| P118B | 一级循环注水泵 | 47.1 | 2.5 | 63.6 | 25.1 | 87.19 |
| P119B | 电脱盐注水泵 | 16.3 | 3.45 | 63.9 | 134.6 | 44.07 |
| P120B | 软化水泵 | 17.1 | 0.9 | 40.0 | 9.6 | 84.61 |
| P121A | 塔顶注水泵 | 35 | 1.4 | 22.2 | 18.2 | 61.36 |
| P121B | 塔顶注水泵 | 40 | 1.1 | 38.0 | 20.9 | 60.25 |
| P125B | 封油泵 | 82.6 | 1.5 | 54.6 | 44.6 | 62.44 |
| P130B | 蜡油外送泵 | 12.9 | 1.1 | 265.0 | 109.9 | 72.69 |
| P132B | 初侧泵 | 71 | 1.35 | 28.0 | 38.3 | 67.71 |
| P133B | 初顶循泵 | 29.9 | 0.7 | 504.0 | 16.1 | 78.25 |
| P134B | 初顶石脑油泵 | 34 | 2.15 | 217.0 | 289.7 | 63.13 |
| P135B | 减三线泵 | 120 | 1 | 155.0 | 64.8 | 70.08 |
| P201B | 稳定塔进料泵 | 33 | 1.95 | 12.3 | 17.5 | 54.14 |
| P202B | 稳定塔顶回流泵 | 144 | 2.2 | 67.0 | 80.5 | 65.90 |
| K103 | 离心通风机 | 22.3 | 0.0016 | 178250.0 ($Nm^3/h$) | 158.2 | 70.07 |
| K104 | 离心引风机 | 47.4 | -0.0004 | 265822.0 ($Nm^3/h$) | 181.0 | 64.52 |
| K101B | 常顶压机 | 65.9 | 0.76 | 2150.0 | 56.8 | 51.12 |
| K102B | 减顶压机 | 22.3 | 0.13 | 550.0 | 54.1 | 55.10 |
| EJ120 | 机械真空泵 | 23.7 | 0.03 | 650 | 141.3 | 67.41 |

注：对标定数据进行了相关计算，分别计算出实际功率和效率。

从表1-4可知，装置机泵大部分效率在60%~70%范围内，说明机泵的实际利用率不高，机泵选型较实际值略大。

（四）加热炉数据

常压炉运行相关数据见表1-5。

表1-5　常压炉运行数据(取标定期间均值)

| 项　　目 | 设计参考值 | 标定数据 | 项　　目 | 设计参考值 | 标定数据 |
|---|---|---|---|---|---|
| 进料量/(kg/h) | 1196400 | 1080840 | 烟气氧含量(干基)/%(体) | 3 | 2.05 |
| 入口温度/℃ | 317 | 317 | 烟气 $SO_2$/(mg/m$^3$) | <500 | 6.4 |
| 入口压力/MPa | 0.836 | 0.74 | 烟气 $NO_x$/(mg/m$^3$) | <140 | 63.7 |
| 出口温度/℃ | 368 | 367 | 烟气 CO/%(体) | <0.0001 | 0 |
| 出口压力/MPa | 0.25 | 0.19 | 瓦斯耗量/(t/h) | 6.532 | 6.74 |
| 烟气出辐射室温度/℃ | 748 | 786 | 燃料气热量/MW | 78.29 | 77.4 |
| 烟气出对流温度/℃ | 306.5 | 305.2 | 加热炉负荷/MW | 72.81 | 72.19 |
| 空气入炉温度/℃ | 275 | 284 | 热效率/% | 93.00 | 93.3 |
| 排烟温度/℃ | 120 | 117 | | | |

由表1-5可知，标定时常压炉的有效热负荷为72.19MW，占设计负荷的99.1%。加热炉热效率93.3%，高于设计值。烟气 $SO_2$ 含量，$NO_x$ 含量满足排放要求，烟气CO含量为0，燃料燃烧完全。常压炉炉膛786℃，小于工艺指标值。

减压炉相关参数见表1-6。

表1-6　减压炉运行数据(取标定2天均值)

| 项　　目 | 设计值 | 标定数据 | 项　　目 | 设计值 | 标定数据 |
|---|---|---|---|---|---|
| 进料量/(kg/h) | 790000 | 670900 | 烟气氧含量(干基)/%(体) | 3 | 2.18 |
| 入口温度/℃ | 359 | 353 | 烟气 $SO_2$/(mg/m$^3$) | <500 | 41.4 |
| 入口压力/MPa | 0.278 | 0.30 | 烟气 $NO_x$/(mg/m$^3$) | <140 | 62.6 |
| 出口温度/℃ | 426 | 423.6 | 烟气 CO/%(体) | <0.0001 | 0 |
| 出口压力/MPa | 0.059 | 0.058 | 瓦斯耗量/(t/h) | 4.843 | 4.269 |
| 烟气出辐射室温度/℃ | 773 | 745 | 燃烧气热量/MW | 55.08 | 51.17 |
| 烟气出对流温度/℃ | 440 | 415.1 | 炉子有效热负荷/MW | 51.22 | 47.89 |
| 预热空气温度/℃ | 275 | 278 | 热效率/% | 93 | 93.49 |
| 排烟温度/℃ | 120 | 124.2 | | | |

由表1-6可知，标定时减压炉的热负荷为47.89MW，占设计负荷的98.05%。加热炉热效率93.49%，高于设计值。烟气 $SO_2$ 含量，$NO_x$ 含量满足排放要求，烟气CO含量为0，燃料燃烧完全。常压炉炉膛745℃，小于工艺指标值。空预器运行标定数据见表1-7。

表1-7　空预器运行标定数据(取标定2天均值)

| 项　　目 | 设计值 | 标定数据 | 项　　目 | 设计值 | 标定数据 |
|---|---|---|---|---|---|
| 常压炉排烟温度/℃ | 300 | 301.5 | 热管空气预热器入口压力/Pa | | -379 |
| 减压炉排烟温度/℃ | 420 | 402 | 热管空气预热器出口压力/Pa | | -1854 |
| 烟气入空气预热器温度/℃ | 340 | 332.4 | 铸铁空预器出口压力/Pa | | -2874 |
| 烟气出空气预热器温度/℃ | 120 | 117 | 空气预热前烟气氧含量/% | | 3.2 |
| 空气出空气预热温度/℃ | 275 | 278 | 空气预热后烟气氧含量/% | | 4.35 |

空气经预热器后温度达到284℃，高于设计值275℃，预热器后排烟温度117℃，满足指

标要求。

## 三、原料性质及产品性质

(一) 原油分析

标定期间，加工科威特原油，原油分析数据见表1-8，从分析数据看出，标定期间原油硫含量2.39%，较设计值略低；原油密度与设计值接近，酸值较设计参考值略高。

**表1-8　原油分析数据表(取标定2天均值)**

| 序号 | 分析项目 | 设计参考值(沙轻：沙重为1：1) | 标定值(科威特) |
| --- | --- | --- | --- |
| 1 | 运动黏度(50℃)/($mm^2$/s) | 14.15 | 9.919 |
| 2 | 硫含量/%(质) | 2.56 | 2.39 |
| 3 | 残炭/%(质) | 6.47 | 7.49 |
| 4 | 氮含量/%(质) | 0.11 | |
| 5 | 密度(20℃)/($kg/m^3$) | 870.6 | 871.8 |
| 6 | 凝点/℃ | -29 | <-20 |
| 7 | 初馏点/℃ | 15 | 36.0 |
| 8 | 10%馏出温度/℃ | 95 | 113.0 |
| 9 | 20%馏出温度/℃ | 160 | 223.0 |
| 10 | 30%馏出温度/℃ | 220 | 288.0 |
| 11 | 40%馏出温度/℃ | 278 | 350.0 |
| 12 | 50%馏出温度/℃ | 345 | 414.5 |
| 13 | 60%馏出温度/℃ | 400 | 481.0 |
| 14 | 70%馏出温度/℃ | 490 | 557.5 |
| 15 | 80%馏出温度/℃ | 562 | 646.0 |
| 16 | 175℃馏出/%(质) | 22.15 | 13.7 |
| 17 | 350℃馏出/%(质) | 51.6 | 40.0 |
| 18 | 500℃馏出/%(质) | 72.17 | 62.6 |
| 19 | 538℃馏出/%(质) | 76.1 | 71.7 |
| 20 | 570℃馏出/%(质) | 80.48 | 87.6 |
| 21 | 酸值/(mgKOH/g) | 0.18 | 0.24 |
| 22 | 含水量/%(质) | | 0.025 |
| 23 | 铁含量/(mg/kg) | 1.3 | 5.79 |
| 24 | 镍含量/(mg/kg) | 12.7 | 11.1 |
| 25 | 钠含量/(mg/kg) | | <0.010 |
| 26 | 钒含量/(mg/kg) | 37.7 | 37.0 |
| 27 | 铜含量/(mg/kg) | | <0.010 |
| 28 | 钙含量/(mg/kg) | | 0.37 |
| 29 | 铅含量/(mg/kg) | | 0.021 |
| 30 | 盐含量/(mg/L) | | 9.4 |
| 31 | 氯含量/(mg/kg) | | 18 |

注：化验分析方法为气相色谱法《NB-SH-T 0879—2014 含残渣油样沸程分布的测定高温气相色谱法》。

（二）产品性质

1. 电脱盐数据

电脱盐相关数据见表1-9。

**表1-9　电脱盐运行数据**

| 项　目 | 脱前原油 | | | 脱后原油 | | |
|---|---|---|---|---|---|---|
| | 10月19日 | 10月20日 | 均值 | 10月19日 | 10月20日 | 均值 |
| 硫含量/%(质) | 2.39 | 2.42 | 2.405 | 2.27 | 2.52 | 2.395 |
| 氮含量/%(质) | 0.17 | 0.16 | 0.165 | 0.17 | 0.17 | 0.17 |
| 酸值/(mgKOH/g) | 0.24 | 0.24 | 0.24 | 0.19 | 0.19 | 0.19 |
| 含水量/%(质) | 0.025 | 0.025 | 0.025 | 0.025 | 0.025 | 0.025 |
| 盐含量/(mg/L) | 9.4 | 12.2 | 10.8 | 3.0 | 3 | 3.0 |
| 氯含量/(mg/kg) | 18 | 20 | 19 | 8 | 9 | 8.5 |

从表1-9可知，标定期间脱后原油盐含量为3.0mg/L，脱盐率为72.2%。

2. 液化气

液化气化验分析数据见表1-10。

**表1-10　液化气化验分析数据**　　%(体)

| 项　目 | 日期 | | 数值 | 项　目 | 日期 | | 数值 |
|---|---|---|---|---|---|---|---|
| | 10月19日 | 10月20日 | 均值 | | 10月19日 | 10月20日 | 均值 |
| $C_1+C_2$ | 6.53 | 7.14 | 6.835 | 1-丁烯 | 0.37 | 0.03 | 0.2 |
| 丙烷 | 37.9 | 38.9 | 38.4 | 异丁烯 | 0.4 | 0.03 | 0.215 |
| 丙烯 | 1.85 | 0.07 | 0.96 | 顺-2-丁烯 | 0.09 | 0.1 | 0.095 |
| 异丁烷 | 17.6 | 16.8 | 17.2 | $\geqslant C_5$ | 0.96 | 1.67 | 1.315 |
| 正丁烷 | 33.2 | 34.1 | 33.65 | $H_2S$ | 0.8 | 1.13 | 0.965 |
| 反-2-丁烯 | 0.3 | 0.03 | 0.165 | | | | |

标定期间常减压液化气$C_5$及以上含量为1.3%，较好地做到了轻端产品的分割。由于加工高硫原油，常压液化气中$H_2S$含量也较高，均值为0.965%。

3. 轻油产品

标定期间常减压侧线油、减压侧线油的化验分析数据见表1-11～表1-13。

**表1-11　轻油产品质量数据(10月19日)**

| 采样点 | 初馏点/℃ | 5%(馏出温度)/℃ | 10%(馏出温度)/℃ | 50%(馏出温度)/℃ | 90%(馏出温度)/℃ | 95%(馏出温度)/℃ | 终馏点/℃ | 密度(20℃)/(kg/m³) | 十六烷值 | 凝点/℃ | 烟点/℃ | 冰点/℃ |
|---|---|---|---|---|---|---|---|---|---|---|---|---|
| 初侧线 | 114.0 | 148.0 | 160.0 | 193.5 | 213.5 | 220.5 | 235.0 | 774.8 | | | | |
| 初顶石脑油 | 25 | 27.5 | 39 | 95.5 | 148.5 | 157.5 | 171.00 | 690.8 | | | | |
| 初底油 | 126.4 | 175.3 | 199.2 | 388.1 | 704.8 | | | 920.2 | | | | |
| 常压稳石脑油 | 45.0 | 57.5 | 65.0 | 106.5 | 151.0 | 158.5 | 171.0 | 709.1 | | | | |
| 常顶石脑油 | 46.5 | 64.5 | 80.5 | 124.0 | 153.0 | 158.5 | 166.5 | 725.7 | | | | |

续表

| 采样点 | 初馏点/℃ | 5%(馏出温度)/℃ | 10%(馏出温度)/℃ | 50%(馏出温度)/℃ | 90%(馏出温度)/℃ | 95%(馏出温度)/℃ | 终馏点/℃ | 密度(20℃)/(kg/m³) | 十六烷值 | 凝点/℃ | 烟点/℃ | 冰点/℃ |
|---|---|---|---|---|---|---|---|---|---|---|---|---|
| 常一线 | 150.0 | 172.5 | 177.5 | 201.0 | 228.5 | 238.0 | 251.0 | 788.6 | | | 22.8 | ≤-55 |
| 常二线 | 189.8 | 224.4 | 233.6 | 262.6 | 280.2 | 285.4 | | 822.6 | | -30 | | |
| 常三线 | 244.2 | 282.1 | 295 | 327.2 | 369.4 | 381.6 | | 859.4 | | -1 | | |
| 减顶油 | 91.4 | 110.6 | 122.8 | 185.0 | 246.2 | 263.0 | | 796.1 | | -30 | | |
| 减一线 | 220.6 | 250.6 | 258.0 | 284.0 | 304.4 | 310.6 | | 865.7 | | -24 | | |
| 混合柴油 | 206.8 | 242.6 | 252.0 | 294.0 | 350.8 | 366.6 | | 842.3 | 56.7 | -9 | | |

**表 1-12　轻油产品质量数据(10月20日)**

| 采样点 | 初馏点/℃ | 5%(馏出温度)/℃ | 10%(馏出温度)/℃ | 50%(馏出温度)/℃ | 90%(馏出温度)/℃ | 95%(馏出温度)/℃ | 终馏点/℃ | 密度(20℃)/(kg/m³) | 十六烷值 | 凝点/℃ | 烟点/℃ | 冰点/℃ |
|---|---|---|---|---|---|---|---|---|---|---|---|---|
| 初侧线 | 104.0 | 128.5 | 157.0 | 190.5 | 217.5 | 224.5 | 234.5 | 775.9 | | | | |
| 初顶石脑油 | 26.5 | 30.5 | 41.5 | 97 | 151.5 | 158.0 | 171.0 | 691.7 | | | | |
| 常压稳石脑油 | 44.5 | 57 | 64.5 | 106.0 | 151.5 | 159.5 | 171.5 | 710.3 | | | | |
| 常顶石脑油 | 47.5 | 67 | 84.0 | 129.0 | 159.0 | 165.0 | 176.0 | 723.8 | | | | |
| 常一线 | 148.5 | 172.0 | 177.5 | 203.0 | 231.0 | 239 | 251.5 | 793.1 | | | 22.4 | ≤-55 |
| 常二线 | 192.0 | 225.5 | 234.5 | 264.4 | 281.5 | 287 | | 818.8 | | -30 | | |
| 常三线 | 241.2 | 279.4 | 290.2 | 321 | 358 | 368.4 | | 859.4 | | -4 | | |
| 减顶油 | 91.4 | 110.6 | 120.6 | 168.2 | 242.2 | 265.0 | | 784.0 | | -30 | | |
| 减一线 | 229.0 | 258.0 | 268.6 | 297.0 | 318.0 | 324.8 | | 873.7 | | -24 | | |
| 混合柴油 | 212.8 | 248.2 | 260.0 | 300.2 | 352.0 | 365.8 | | 848.8 | 57.5 | -9 | | |

4. 重蜡油产品质量

**表 1-13　蜡油产品数据表**

| 物料 | 分析项目 | 10.19 | 10.20 |
|---|---|---|---|
| 减二线 | 运动黏度(50℃)/(mm²/s) | 26.61 | 26.62 |
| | 硫含量/%(质) | 2.21 | 3.01 |
| | 氮含量(控制不大于0.2)/%(质) | 0.096 | 0.12 |
| | 氯含量/(kg/mg) | 2.6 | 2.8 |
| | 酸值/(mgKOH/g) | 0.32 | 0.28 |
| | 残炭/%(质) | 0.54 | 0.56 |
| | 铁含量/(mg/kg) | 1.12 | 1.05 |
| | 镍含量/(mg/kg) | 0.047 | 0.037 |
| | 铜含量/(mg/kg) | 0.01 | 0.01 |
| | 钒含量/(mg/kg) | 0.25 | 0.23 |
| | 钠含量/(mg/kg) | 0.68 | 0.63 |

续表

| 物料 | 分析项目 | 10.19 | 10.20 |
|---|---|---|---|
| 减二线 | 钙含量/(mg/kg) | 1.2 | 1.1 |
| | 铅含量/(mg/kg) | 0.01 | 0.01 |
| | 镁含量/(mg/kg) | 0.013 | 0.011 |
| | 硅含量/(mg/kg) | 0.01 | 0.01 |
| | 密度(20℃)/(kg/m$^3$) | 919.7 | 919.9 |
| | 初馏点(2%)/℃ | 279.0 | 281.0 |
| | 5%馏出温度/℃ | 340 | 345.0 |
| | 10%馏出温度/℃ | 362.0 | 365.5 |
| | 30%馏出温度/℃ | 400.5 | 401.5 |
| | 50%馏出温度/℃ | 429.0 | 429.0 |
| | 70%馏出温度/℃ | 456.5 | 459.5 |
| | 90%馏出温度/℃ | 504.0 | 507.5 |
| | 95%馏出温度/℃ | 533.0 | 537.0 |
| | 终馏点(98%)(不大于560℃)/℃ | 551.5 | 555.5 |
| | 350℃馏出体积/%(体) | 5.9 | 5.4 |
| | 500℃馏出体积/%(体) | 89.2 | 88.4 |
| | 538℃馏出体积/%(体) | 95.8 | 95.2 |
| | 色号/号 | 5 | 5 |
| 减三线 | 运动黏度(100℃)/(mm$^2$/s) | 245.4 | 228.3 |
| | 硫含量/%(质) | 3.09 | 3.41 |
| | 氮含量/%(质) | 0.14 | 0.20 |
| | 氯含量/(kg/mg) | 3.6 | 3.6 |
| | 酸值/(mgKOH/g) | 0.3 | 0.32 |
| | 残炭/%(质) | 3.03 | 2.09 |
| | 铁含量/(mg/kg) | 57.6 | 38.1 |
| | 镍含量/(mg/kg) | 0.42 | 0.32 |
| | 铜含量/(mg/kg) | 0.014 | 0.016 |
| | 钒含量/(mg/kg) | 1.96 | 1.53 |
| | 钠含量/(mg/kg) | 0.4 | 0.4 |
| | 钙含量/(mg/kg) | 0.047 | 0.051 |
| | 铅含量/(mg/kg) | 0.01 | 0.01 |
| | 镁含量/(mg/kg) | 0.048 | 0.049 |
| | 硅含量/(mg/kg) | 1.25 | 1.13 |
| | 密度(20℃)/(kg/m$^3$) | 942.1 | 943.8 |
| | 初馏点(2%)/℃ | 325.5 | 324.5 |
| | 5%馏出温度/℃ | 423.5 | 422.5 |
| | 10%馏出温度/℃ | 445.0 | 444.5 |

续表

| 物料 | 分析项目 | 10.19 | 10.20 |
|---|---|---|---|
| 减三线 | 30%馏出温度/℃ | 472.0 | 471.0 |
| | 50%馏出温度/℃ | 499.0 | 499.0 |
| | 70%馏出温度/℃ | 522 | 523.0 |
| | 90%馏出温度/℃ | 559.5 | 560.5 |
| | 95%馏出温度/℃ | 570.0 | 571.5 |
| | 终馏点(98%)/℃ | 576.0 | 578.0 |
| | 350℃馏出体积/%(体) | 2.6 | 2.6 |
| | 500℃馏出体积/%(体) | 50.8 | 50.6 |
| | 538℃馏出体积/%(体) | 80.0 | 79.2 |
| 减压混合蜡油 | 运动黏度(50℃)/($mm^2/s$) | 36.76 | 36.82 |
| | 硫含量/%(质) | 3.29 | 3.40 |
| | 氮含量/%(质) | 0.14 | 0.19 |
| | 氯含量/(kg/mg) | 2.7 | 3.8 |
| | 酸值/(mgKOH/g) | 0.2 | 0.21 |
| | 残炭/%(质)(控制不大于2.0) | 1.89 | 1.49 |
| | 铁含量/(mg/kg) | 1.90 | 0.97 |
| | 镍含量/(mg/kg) | 0.43 | 0.47 |
| | 铜含量/(mg/kg) | 0.01 | 0.01 |
| | 钒含量/(mg/kg) | 1.48 | 0.75 |
| | 钠含量/(mg/kg) | 0.01 | 0.01 |
| | 钙含量/(mg/kg) | 0.01 | 0.23 |
| | 铅含量/(mg/kg) | 0.012 | 0.011 |
| | 密度(20℃)/($kg/m^3$) | 944.2 | 945.5 |
| | 初馏点(2%)/℃ | 322.5 | 324.5 |
| | 10%馏出温度/℃ | 445.0 | 443.0 |
| | 30%馏出温度/℃ | 473.0 | 470 |
| | 50%馏出温度/℃ | 500 | 498.0 |
| | 70%馏出温度/℃ | 523.0 | 521.5 |
| | 90%馏出温度/℃ | 566.5 | 559.5 |
| | 95%馏出温度/℃ | 570.5 | 571.0 |
| | 终馏点(98%)/℃(控制不大于575℃) | 573.0 | 574.5 |
| | 350℃馏出体积/%(体) | 2.7 | 2.7 |
| | 500℃馏出体积/%(体) | 49.9 | 51.7 |
| | 538℃馏出体积/%(体) | 79 | 79.9 |

减二线的产品质量可以满足加氢裂化原料质量要求，混合蜡油产品质量可以满足加氢处理原料要求。

5. 减渣质量数据

减压渣油化验分析数据见表1-14。

表 1-14　渣油化验数据表

| 项　目 | 10 月 19 日 | 10 月 20 日 | 项　目 | 10 月 19 日 | 10 月 20 日 |
|---|---|---|---|---|---|
| 运动黏度(100℃)/($mm^2$/s) | 6989 | 6798 | 镍含量/(kg/mg) | 43.4 | 31.9 |
| 硫含量/%(质) | 4.93 | 5.3 | 铜含量/(kg/mg) | 0.01 | 0.01 |
| 氮含量/%(质) | 0.38 | 0.41 | 钒含量/(kg/mg) | 144 | 39.4 |
| 氯含量/%(质) | 5.0 | 5.3 | 钠含量/(kg/mg) | 1.52 | 0.48 |
| 残炭/%(质) | 29.33 | 28.41 | 钙含量/(kg/mg) | 0.7 | 0.94 |
| 350℃/%(质) | 0.1 | 0.1 | 铅含量/(kg/mg) | 0.047 | 0.01 |
| 500℃(ASTM D2887)/%(质) | 2.0 | 1.9 | 镁含量/(kg/mg) | | |
| 538℃(ASTM D2887)/%(质) | 6.0 | 5.0 | 硅含量/(kg/mg) | | |
| 针入度/(1/10mm) | 28 | 29 | 密度(20℃)/($kg/m^3$) | 1045.3 | 1043.5 |
| 铁含量/(kg/mg) | 16.2 | 9.56 | | | |

减渣 538℃含量均值为 5.5%(质)低于设计 7%(质)的要求。减压深拔力度正常，符合设计要求。

## 四、物料平衡

(一) 物料平衡

物料平衡的计算，需要以装置标定物料计量数据为基础。表 1-15 给出了进出装置物料流量(标定期间均值)和设计参考数据对比表。

表 1-15　进出物料平衡表

| 项　目 | | 设计参考值(沙重：沙轻=1：1) | | 标定值(科威特) | |
|---|---|---|---|---|---|
| | | 流量/(t/h) | 收率/% | 流量/(t/h) | 收率/% |
| 进料 | 加工量 | 1428.57 | 100 | 1285.03 | 101.34 |
| | 原油 | 1428.57 | 100 | 1268.04 | 100.00 |
| | 轻烃 | 0 | 0 | 16.99 | 1.34 |
| | 合计 | 1428.57 | | 1285.03 | 101.34 |
| 出料 | 气体 | 3.71 | 0.26 | 3.17 | 0.25 |
| | 液化气 | 21.14 | 1.48 | 20.04 | 1.58 |
| | 石脑油 | 221.71 | 15.52 | 218.10 | 17.20 |
| | 煤油料 | 142.86 | 10.00 | 139.99 | 11.04 |
| | 混柴 | 302.43 | 21.17 | 263.88 | 20.81 |
| | 混蜡 | 396.71 | 27.77 | 337.05 | 26.58 |
| | 减渣 | 340.00 | 23.80 | 302.43 | 23.85 |
| | 污油 | 0 | 0.00 | 0.00 | 0.00 |
| | 损失 | 0 | | 0.38 | 0.03 |
| 轻收/% | | 43.42 | | 49.05 | |
| 总拔/% | | 76.2 | | 76.12 | |

表中列出了常减压装置进出装置的主要物料及流量。进装置原油中含水率为 0.025%，在装置核算时需将该部分量去除；出料的组分中，干气受温度、压力、组成的影响较大；液

相出料计量中温度影响实际的计量，因此需对其进行校正(校正方法附后)。经含水校正、流量计校正、温度和压力校正后的物料平衡(即细物料平衡)见细物料平衡章节。

(二) 细物料平衡

在进行细物料平衡校验时，各侧线液相产品均应进行水含量校正。但由于侧线产品中的水为高温工况下的溶解水，其含量很少，在进行物料校正时将该部分的水校正忽略。

校正后的细物料平衡见表1-16。

**表1-16 进装置细物料平衡表**

| 项目 | 物料名称 | 设计参考(值) | | 粗物料 | | 细物料平衡 | |
|---|---|---|---|---|---|---|---|
| | | 流量/(t/h) | 收率/% | 流量/(t/h) | 收率/% | 流量/(t/h) | 收率/% |
| 进料 | 原油 | 1428.57 | 100.00 | 1268.04 | 100.00 | 1267.72 | 100.00 |
| | 外来轻烃 | | | 16.99 | 1.34 | 16.99 | 1.340 |
| | 合计 | 1428.57 | 100.00 | 1285.03 | 101.34 | 1284.71 | 101.34 |
| 出料 | 气体 | 3.71 | 0.26 | 3.17 | 0.25 | 2.75 | 0.22 |
| | 液化气 | 21.14 | 1.48 | 20.04 | 1.58 | 20.01 | 1.58 |
| | 石脑油 | 221.71 | 15.52 | 218.1 | 17.20 | 218.47 | 17.23 |
| | 常一线 | 142.86 | 10.00 | 139.99 | 11.04 | 139.81 | 11.03 |
| | 混柴 | 302.43 | 21.17 | 263.88 | 20.81 | 263.77 | 20.81 |
| | 混蜡 | 396.72 | 27.77 | 337.05 | 26.58 | 336.14 | 26.52 |
| | 减渣 | 340 | 23.80 | 302.43 | 23.85 | 303.56 | 23.95 |
| | 损失 | 0 | 0.00 | 0.37 | 0.03 | 0.18 | 0.01 |
| | 合计 | 1428.57 | 100.00 | 1285.03 | 101.34 | 1284.71 | 101.34 |

对校正后的物料平衡表进行分析：

1) 原料方面：此次标定期间装置加工量为1268.04t/h，为设计加工量的88.76%。在标定期间加工外来轻烃，进初顶分液罐。根据表1-8原油数据表中可知，原油水含量为0.025%，将所含的水去除后，得到实际的原油量为1267.72t/h(其中水量为0.317t/h)

2) 气相产品方面：装置的主要气相产品为初常顶混合气、减顶干气。校正后的收率由校正前的0.25%降低至0.22%。主要原因为，减顶干气流量计的孔板设计数据与实际数据偏差较大：设计压力为0.4MPa(绝)，而实际操作压力为0.23MPa(绝)(通过表1-4得到减顶压机出口压力为0.13MPa)，校正后的减顶气质量减少0.21t/h；同时，常顶混合干气校正后，质量流量减少0.21t/h，综合干气总量降低0.42t/h。

3) 主要产品方面，因液体产品均为孔板流量计，需进行密度校正。校正后，液体收率增加0.3t/h，主要是渣油收率影响。收率方面，液化气收率较设计收率相差不大。石脑油收率较设计收率增加1.71%，主要原因为：装置加工外来轻烃，该部分收率为1.34%，进入石脑油增加收率。常一线收率较设计增加1.03%，主要原因为装置为增加常一线收率增加了常一中补常一线的流程，常一中终馏点为255℃，满足常一线质量要求，常一线收率增加；混合蜡油收率较设计减少1.25%，主要原因为油品性质较设计略差。

4) 加工损失方面：经仪表校正后加工损失降至0.18t/h。

5) 通过对分离精度计算发现，常一线与塔顶脱空很好；常一线和常二线、常三线与常二线均存在重叠。说明本装置常压塔取热不均，需调整一中、二中回流量，优化塔内负荷。

# 五、水平衡

常减压装置主要的用水(汽)的位置有：原油的含水、各塔的塔底吹汽、电脱盐和各塔的注水、减顶抽真空系统以及湿式空冷的消耗水；污水的外送主要有电脱盐含盐污水和塔顶含硫污水的外送。装置水平衡见表1-17。

表1-17 装置水平衡表

| 项目 | 带入系统的水 | | | 系统排水 | | |
|---|---|---|---|---|---|---|
| | 介质 | 流量/(t/h) | 占比/% | 出水 | 流量/(t/h) | 占比/% |
| 进料 | 原油含水 | 0.317 | 0.33 | 电脱盐切水 | 50.5 | 52.18 |
| 吹汽 | 一线吹汽 | 1.14 | 1.18 | 含硫污水出 | 46.27 | 47.81 |
| | 二线吹汽 | 1.513 | 1.56 | 损失 | 0.01 | 0.01 |
| | 常底吹汽 | 6.05 | 6.25 | | | |
| | 减底吹汽 | 1.25 | 1.29 | | | |
| 注水 | 初顶注水 | 3.5 | 3.62 | | | |
| | 常顶注水 | 19 | 19.63 | | | |
| | 减顶注水 | 3.5 | 3.62 | | | |
| | 电脱盐注水 | 50 | 51.66 | | | |
| | 稳定塔注水 | 0 | 0 | | | |
| | 各类补水(稳顶、减顶湿式空冷) | 0.01 | 0.01 | | | |
| 工艺用汽 | 减顶抽真空用汽 | 10.5 | 10.85 | | | |
| 合计 | | 96.78 | 100 | | 96.78 | 100 |

从表中看出，装置的主要用汽(水)点为电脱盐注水，占总水量的51.66%；其次是常顶注水，占19.63%；抽真空系统用水(汽)占10.85%。

装置的排水中，主要为电脱盐切水，占52.18%；含硫污水出装置占47.81%。通过分析，装置还有一部分的水损失，主要为减顶湿式空冷、稳定塔顶湿式空冷的消耗用水为10kg/h，采用湿式空冷后在循环使用过程中有水消耗。

# 六、S、N、TAN分布

## (一) 硫平衡

常减压装置主要的硫平衡见表1-18。

表1-18 标定期间硫平衡表

| 介质 | | 流量/(t/h) | 硫含量/%(质) | 硫质量流量/(kg/h) | 收率/% |
|---|---|---|---|---|---|
| 入方 | 脱前原油 | 1267.72 | 2.4 | 30425.28 | 100.00 |
| 出方 | 电脱盐总切水 | 47.81 | 0.24 | 0.01 | 0.00 |
| | 常压稳石脑油 | 218.47 | 0.05 | 109.23 | 0.36 |
| | 常一线 | 139.81 | 0.22 | 307.58 | 1.01 |
| | 常二线 | 93.65 | 0.84 | 786.66 | 2.59 |
| | 常三线 | 157.5 | 1.66 | 2614.5 | 8.59 |

续表

| 介质 | | 流量/(t/h) | 硫含量/%(质) | 硫质量流量/(kg/h) | 收率/% |
|---|---|---|---|---|---|
| 出方 | 减顶油 | 1.33 | 1.24 | 16.5 | 0.05 |
| | 减一线 | 11.4 | 2.05 | 233.7 | 0.77 |
| | 减二线 | 194.5 | 2.67 | 5193.15 | 17.07 |
| | 减三线 | 142.55 | 3.25 | 4632.9 | 15.23 |
| | 减底渣油 | 303.56 | 5.12 | 15542.3 | 51.08 |
| | 常压液化气 | 20.01 | 0.715 | 143.07 | 0.47 |
| | 初常顶合并干气 | 2.15 | 3.5 | 0.7525 | 0.00 |
| | 减顶干气 | 0.6 | 29.98 | 125.88 | 0.41 |
| | 含硫污水 | 46.27 | 2430 | 112.4 | 0.37 |
| | 损失 | | | 606.6 | 1.99 |
| | 合计 | | | 30425 | 100.1 |

通过核算，进入常减压装置硫总量为30.425t/h，根据表1-18，有1.99%的硫不平衡，分析原因渣油的硫分析数据有一组为4.93%、一组为5.3%，在核算中取的两者的均值，故影响了装置的硫平衡；若使用5.3%的渣油数据，则硫损失变为-0.18%，接近平衡。

通过表1-18可知，原油中有极少的硫通过电脱盐带走；产品中的硫主要分布在重油馏分中。随着沸点增加，石油馏分的硫含量呈倍数递增的趋势，其中常三线的硫占8.59%；减二线硫占17.07%；减三线硫占15.23%；减压渣油的硫占51.08%基本符合《原油蒸馏工艺与工程》[1]第1162页中的硫分布规律，见表1-19。

**表1-19　含硫原油硫分布表**

| 序号 | 原油名称 | 原油 | 汽油 | | 煤油 | | 柴油 | | 蜡油 | | 减压渣油 | |
|---|---|---|---|---|---|---|---|---|---|---|---|---|
| | | 含硫/% | 含硫/% | 分布/% | 含硫/% | 分布/% | 含硫/% | 分布/% | 含硫/% | 分布/% | 含硫/% | 分布/% |
| 1 | 胜利 | 1.00 | 0.008 | 0.02 | 0.01 | 0.06 | 0.34 | 6.0 | 0.68 | 17.9 | 1.54 | 76.02 |
| 2 | 伊朗重 | 1.78 | 0.09 | 0.7 | 0.32 | 3.1 | 1.44 | 9.4 | 1.87 | 13.5 | 3.51 | 73.3 |
| 3 | 伊拉克轻 | 1.95 | 0.018 | 0.2 | 0.40 | 4.4 | 1.12 | 7.6 | 2.42 | 38.2 | 4.56 | 49.6 |
| 4 | 沙特轻质 | 1.75 | 0.036 | 0.4 | 0.43 | 3.9 | 1.21 | 7.6 | 2.48 | 44.5 | 4.10 | 43.6 |
| 5 | 沙特中质 | 2.48 | 0.034 | 0.3 | 0.63 | 3.6 | 1.51 | 6.2 | 3.01 | 36.6 | 5.51 | 53.3 |
| 6 | 沙特重质 | 2.83 | 0.033 | 0.2 | 0.54 | 2.4 | 1.48 | 4.9 | 2.85 | 32.1 | 6.00 | 60.4 |
| 7 | 科威特 | 2.52 | 0.057 | 0.4 | 0.81 | 4.3 | 1.93 | 8.1 | 3.27 | 41.5 | 5.24 | 45.7 |

(二) 氮分布

标定期间，装置的氮平衡情况见表1-20。

**表1-20　装置标定氮平衡表**

| 介质走向 | 名称 | 流量/(t/h) | 数　值 | 氮质量流量/(kg/h) | 收率/% |
|---|---|---|---|---|---|
| 入方 | 脱前原油 | 1267.72 | 氮含量0.17%(质) | 2155.124 | 100.00 |
| 出方 | 电脱盐总切水 | 47.81 | 氨氮33.2mg/L | 1.587292 | 0.07 |
| | 常压稳石脑油 | 218.47 | 氮含量0.66mg/kg | 0.14419 | 0.01 |
| | 常一线 | 139.81 | 氮含量5.25mg/kg | 0.734003 | 0.03 |

续表

| 介质走向 | 名称 | 流量/(t/h) | 数　值 | 氮质量流量/(kg/h) | 收率/% |
|---|---|---|---|---|---|
| 出方 | 常二线 | 93.65 | 氮含量 106.5mg/kg | 9.974 | 0.46 |
| | 常三线 | 157.5 | 氮含量 159.5mg/kg | 25.121 | 1.17 |
| | 减顶油 | 1.33 | 氮含量 6.9mg/kg | 0.009 | 0.00 |
| | 减一线 | 11.4 | 氮含量 203mg/kg | 2.314 | 0.11 |
| | 减二线 | 194.5 | 氮含量 0.105%(质) | 204.225 | 9.48 |
| | 减三线 | 142.55 | 氮含量 0.17%(质) | 242.335 | 11.24 |
| | 减底渣油 | 303.56 | 氮含量 0.41%(质) | 1244.596 | 57.75 |
| | 初常顶合并干气 | 2.15 | $N_2$ 20.7%(体)[16.23%(质)] | 348.945 | 16.19 |
| | 减顶干气 | 0.6 | $N_2$ 8.01%(体)[15.57%(质)] | 46.710 | 2.17 |
| | 含硫污水 | 46.27 | 氨氮 1603mg/L | 74.171 | 3.44 |
| | 损失 | | | -45.7 | -2.12 |

通过对比看出，原油中的氮元素部分主要在气相轻组分和沸点较高的重组分中。其中常顶气中氮占 16.19%；减顶气中氮占 2.17%；油品中的氮主要集中在减二线、减三线和减渣，其中减二线氮占 9.48%；减三线氮占 11.24%；减底渣油中氮占 57.75%。其中不平衡的氮约 45.7kg/h，约占 2.12%，不平衡的原因主要在于采样和分析过程的不同步性，同时在进行数据统计时采用了平均数据所致。

（三）TAN 分布

标定期间，对原油、常一线、常二线、常三线、减顶油、减一线、减二线、减三线的酸值或酸度进行了化验分析，见表 1-21。

**表 1-21　进出装置酸值(度)数据表**

| 介质走向 | 名称 | 流量/(t/h) | 酸值或酸度 | 消耗的酸总量/(kgKOH/h) | 占比/% | 相对密度 |
|---|---|---|---|---|---|---|
| 入方 | 脱前原油 | 1267.72 | 0.19mgKOH/g | 240.867 | 100.0 | |
| 出方 | 常一线 | 139.81 | 0.02665mgKOH/g | 3.726 | 1.55 | |
| | 常二线 | 93.65 | 6.25mgKOH/100mL | 7.1154 | 2.95 | 0.8226 |
| | 常三线 | 157.5 | 8.95mgKOH/100mL | 17.136 | 7.11 | 0.859 |
| | 减顶油 | 1.33 | 4.2mgKOH/100mL | 0.0679 | 0.03 | 0.79 |
| | 减一线 | 11.4 | 8.467mgKOH/100mL | 1.173 | 0.49 | 0.87 |
| | 减二线 | 194.5 | 0.323mgKOH/g | 62.888 | 26.11 | |
| | 减三线 | 142.55 | 0.3mgKOH/g | 42.765 | 17.75 | |

从表 1-21 可知，产品中的酸值(度)较高的物料为常三线、减二线以及减三线，即主要在 250~500℃的馏分中。

## 七、常减压塔计算

为进一步验证操作数据与计算数据的吻合性，在第三部分进行了常压塔计算。通过计算得出：

1）在标定期间，常压炉出口带入常压塔的物料的平均焓值为 983.9kJ/kg。

2）所计算的常二线、常三线抽出温度和减压下平衡汽化的初馏点温度不一致，而常一线抽出温度与该油气分压下平衡汽化的初馏点一致，分析原因有：多次公式转化导致；馏程过长，影响恩氏蒸馏 D86 数据转换为实沸点数据公式转换结果的准确性；通过对常二线馏程数据转化偏差分析得出：使用公式法折算其他条件下的数据时，馏程越长偏差较大；短馏程的馏分，折算时偏差较小。

3）对常压塔热量核算，发现有输入热量的 1.9% 损失。进一步核算发现散热损失为 0.4%；不凝气带走的热量占比很小；其他损失为 1.5%。偏差可能为常底渣油焓值计算误差所致。

4）在塔顶 140kPa(绝)条件下，水蒸气分压为 75.5kPa(绝)，此分压下水蒸气的饱和温度为 91.9℃，远低于塔顶温度 117℃，在此条件下水蒸气为过热状态，不会冷凝。

5）在标定期间，常压塔冷回流未投用。常压塔各部分的取热比例见表 1-22，其中常顶循 14.9%、常一中 31.1%、常二中 54.0%。

**表 1-22　常压塔中段回流取热比例**

| 项　目 | 取热量/kW | 回流取热比例/% |
| --- | --- | --- |
| 常顶循 | 7750 | 14.9 |
| 常一中 | 16159.7 | 31.1 |
| 常二中 | 28050 | 54.0 |
| 合计 | 100 | 100 |

## 八、热平衡及换热网络

在标定期间将冷热流股的温度、流量等信息进行统计分析，对冷热流股 31 条(热流股 23 条，冷流股 8 条)进行夹点分析，使用问题表法计算得到，装置夹点温差为 14.8℃，换热网络热的热夹点温度为 316℃、冷夹点温度为 301.2℃。热平衡表见表 1-23。

**表 1-23　热平衡表**

| 序　号 | 项　目 | 数　值 | 序　号 | 项　目 | 数　值 |
| --- | --- | --- | --- | --- | --- |
| 1 | 夹点温差 | 14.8℃ | 6 | 重沸器负荷 | 5885.8kW |
| 2 | 热夹点温度 | 316℃ | 7 | 总热负荷 | 301433kW |
| 3 | 冷夹点温度 | 301.2℃ | 8 | 水冷负荷 | $149\times10^2$kW |
| 4 | 换热热负荷 | 230007kW | 9 | 总的热输出 | 30826kW |
| 5 | 蒸汽负荷 | 3824kW | | | |

换热热负荷为从原油进装置到换热终温 317.5℃所吸收的热量，即：

71426+72417+86164=230007(kW)

蒸汽负荷：3824kW

重沸器负荷：5885.8kW

总热负荷：230007+71426=301433(kW)

空冷负荷：$508\times10^2-313\times10^2=195\times10^2$(kW)

水冷负荷：$313\times10^2-282\times10^2=31\times10^2$(kW)

$390\times10^2-282\times10^2=108\times10^2$(kW)

水冷器总负荷：$31\times10^2+108\times10^2=149\times10^2$(kW)

常减压装置总的热输出为30826kW。

通过计算分析，在换热网络中，仅有减渣、初底油换热器E-163和E-124跨夹点传热。但由于换热后的出口温度301℃、298℃均靠近冷夹点，综合看来本装置换热网络运行良好。

同时，通过换热网络计算得到：

1）低于110℃的热量不能用作直供料付下游装置，否则将影响换热终温并增加加热炉负荷；

2）建议引入低温的冷源，如一级除盐水、瓦斯，与110℃以下的热物流(常顶气)换热，可减少空冷负荷，并增加热输出。否则将影响换热终温，增加加热炉负荷。

## 九、主要设备水力学计算

在标定期间，重点对气液相负荷较大塔盘的水力学情况进行了计算。通过对常压塔汽液相负荷计算得出，在不计中段回流液体流量的条件下，在常二中抽出塔盘的汽液相负荷最大。进一步计算常二中抽出塔盘(20层板)的液相负荷，二中回流流量510t/h按照等量传递至20层塔盘，则20层板的液相负荷为：回流流量+内回流流量。通过计算得到塔盘工艺计算结果汇总见表1-24。

**表1-24　塔盘工艺计算结果汇总表**

| 序号 | 项　目 | 数　值 | 备　注 |
|---|---|---|---|
| 1 | 塔径 $D$/m | 7.6 | |
| 2 | 板间距 $H_T$/m | 0.7 | |
| 3 | 塔盘形式 | 四溢流 | 分块式塔盘 |
| 4 | 空塔气速 $u$/(m/s) | 0.72 | |
| 5 | 堰长/m | 24.6848 | |
| 6 | 堰高/m | 0.05 | |
| 7 | 板上清液层高度 $h_L$/m | 0.095 | |
| 8 | 降液管底隙高度 $h_O$/m | 0.071 | |
| 9 | 浮阀数量 $N$/个 | 7130 | 等腰三角形叉排 |
| 10 | 阀孔气速 $u_o$/(m/s) | 3.8 | |
| 11 | 阀孔动能因子 $F_o$ | 9.8 | |
| 12 | 临界阀孔气速 $u_{oc}$/(m/s) | 4.80 | |
| 13 | 孔心距 $i$/m | 0.07 | 指同一横排的孔心距 |
| 14 | 排间距 $i'$/m | 0.055 | 指相邻两横排中心线距离 |
| 15 | 单板压降 $\Delta P_p$/Pa | 557 | |
| 16 | 液体在降液管内停留时间 $t$/s | 11 | |
| 17 | 降液管内清液层高 $H_d$/m | 0.19 | |
| 18 | 泛点率/% | 80.09 | |
| 19 | 气相负荷上限 $V_{s\,max}$/(m$^3$/s) | 33.5 | 雾沫夹带控制 |
| 20 | 气相负荷下限 $V_{s\,min}$/(m$^3$/s) | 16.7 | 漏液控制 |
| 21 | 操作弹性 | 2.01 | |

20 层塔盘水利学操作曲线图如图 1-1 所示。

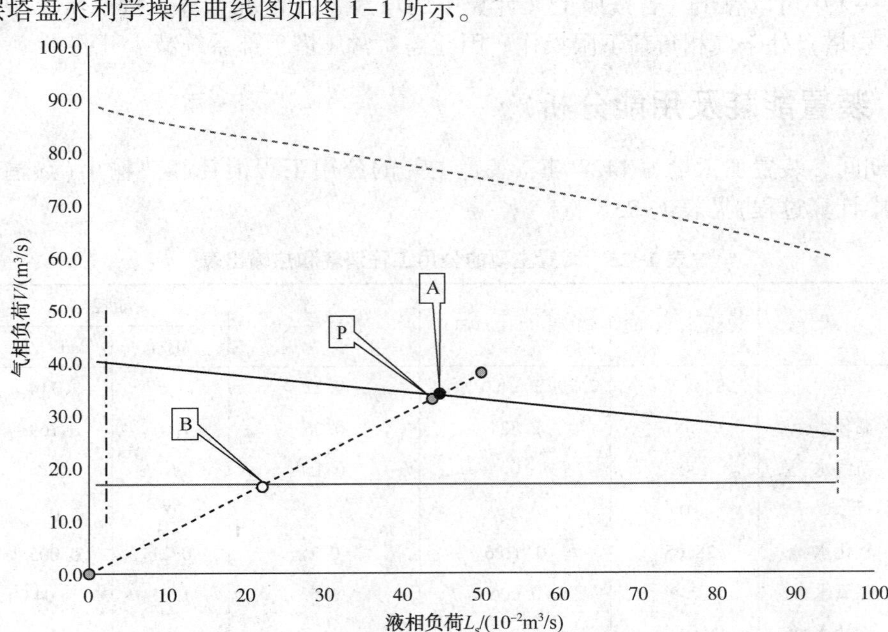


图 1-1　20 层塔盘汽液相性能图

——雾沫夹带线 --- 液泛线 —— 气相负荷下限 —·· 液相负荷上限 —·· 液相负荷下限 -●· 操作线

通过对该层塔盘进行了水力学计算，发现在现有负荷条件下，该层塔盘的操作点接近雾沫夹带线，需调整液相负荷(如适当减少二中回流量等)。该层塔板的操作弹性为 2. 01。

根据常压塔衡算，由于常顶循、常一中、常二中取热的原因，使得塔顶部塔盘的气相负荷较小，现对典型的进料段上部气相负荷最小塔盘 51 层塔盘进行相关计算。51 层板负荷图如图 1-2 所示。

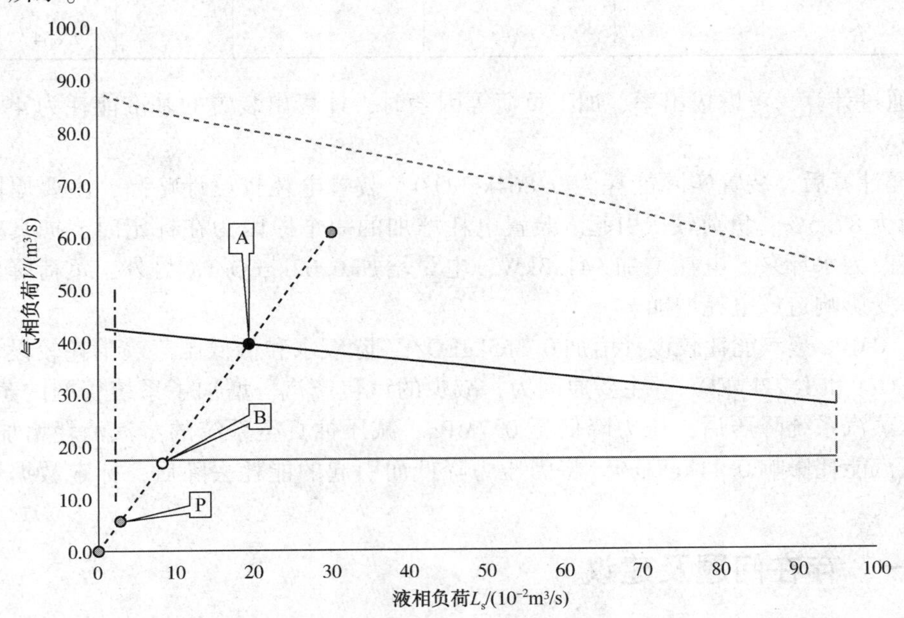


图 1-2　51 层塔盘汽液相性能图

——雾沫夹带线 --- 液泛线 —— 气相负荷下限 —·· 液相负荷上限 —·· 液相负荷下限 -●· 操作线

从图 1-2 中可以看出，若按照上文计算中的塔盘开孔情况计算，按照常二中的开孔情况，则 51 层塔盘处于气相负荷下限操作。因此需对常压塔顶部系统减少开孔率。

## 十、装置能耗及用能分析

标定期间，装置加工量为 1428t/h，装置主要的公用工程消耗和热输出(热输出计算见换热网络中计算过程)见表 1-25。

**表 1-25　装置主要的公用工程消耗和热输出表**

| 序号 | 项目 | 总耗量/(t/h) | 单耗/(t/t 原油) | 折标系数 | 能耗 | | 设计 |
|---|---|---|---|---|---|---|---|
| | | | | | MJ/t | kgEO/t | (kgEO/t) |
| 1 | 电 | 9878kW · h | 7. 79kW · h/t 原油 | 0. 22 | 71. 67 | 1. 714 | 1. 43 |
| 2 | 循环水 | 3581 | 2. 824 | 0. 06 | 7. 07 | 0. 169 | 0. 114 |
| 3 | 新鲜水 | 0 | 0 | 0. 15 | 0 | 0 | 0 |
| 4 | 污水 | 0 | 0 | | 0 | 0 | 0. 116 |
| 5 | 软化水 | 28. 656 | 0. 0226 | 0. 2 | 0. 21 | 0. 005 | 0. 0045 |
| 6 | 除氧水 | 7. 9 | 0. 006 | 6. 5 | 1. 67 | 0. 04 | 0. 0744 |
| 7 | 除盐水 | 0 | 0 | 1 | 0 | 0 | 0 |
| 8 | 净化水 | 76. 58 | 0. 0604 | 2. 3 | 5. 81 | 0. 139 | 0. 168 |
| 9 | 1. 0MPa 蒸汽 | 18. 55 | 0. 01463 | 76 | 46. 5 | 1. 112 | 0. 757 |
| 10 | 0. 5MPa 蒸汽 | 1. 82 | 0. 001435 | 66 | 3. 97 | 0. 095 | 0. 218 |
| 11 | 燃料气 | 11. 01 | 0. 00868 | 1000 | 363. 09 | 8. 683 | 8. 4 |
| 12 | 净化风 | 309Nm$^3$/h | 0. 243 | 0. 038Nm$^3$/t 原油 | 0. 38 | 0. 009 | 0. 0108 |
| 13 | 凝结水 | 2. 5 | 0. 001972 | 6 | 0. 5 | -0. 012 | 0 |
| 14 | 热出料(热油) | -30826kW | | | -87. 5 | -2. 09 | -1. 515 |
| | 合计 | | | | | 9. 864 | 9. 78 |

1）通过计算，考虑拔出率、加工负荷等因素时，计算出装置的基准能耗为 496. 1MJ/t、11. 86kgEo/t。

2）经计算后，装置实际能耗为 9. 864kgEO/t。装置电耗较设计略高，主要原因为装置加工负荷为 87. 5%，负荷较低引起。装置电耗增加的一个原因为在标定时，抽真空系统末级抽真空改为水环泵，电耗增加 141. 3kW，电量增加 0. 02kgEO/t；另外，负荷降低后，机泵的效率受影响造成电耗增加。

3）1. 0MPa 蒸汽能耗较设计增加 0. 355kgEO/t，除氧水和低低压蒸汽单耗较设计值减少 0. 034kgEO/t 和 1. 22kgEO/t。主要原因为，减少的汽包产汽，增加了系统管网的蒸汽补充。全厂低压蒸汽系统降压后，压力降低至 0. 7MPa，减压抽真空系统的蒸汽消耗增加约 2t/h。对装置蒸汽能耗影响 0. 11kgEO/t。将因压力降低而引起的能耗去除后，标定数据和设计数据偏差不大。

## 十一、存在问题及建议

1）在此次标定时，受原油供应等方面原因，常减压年加工负荷为 11. 10Mt/a，未达到设计负荷。在此工况下，常一线收率本次标定达到了 11. 03%左右，超过了设计收率 10%，说明本次常压塔增产常一线产量的改造达到了预期效果。

2）通过此次标定，发现装置大部分的机泵效率在60%～70%范围内，说明设备选型偏大，利用率不高，可以对利用率不高的机泵采取节能措施（如更换小转子等），减少装置能耗。

3）通过对分离精度计算发现，常一线与塔顶脱空很好；但常一线和常二线、常三线与常二线均存在重叠。说明本装置常压塔取热不均，需调整一中、二中回流量，优化塔内负荷。如进一步提高常一中补常一线量，提高航煤收率；由于常二线和常一线的重叠造成26.4t/h的航煤组分进入柴油中，使得高价值的航煤被作为柴油销售，影响装置效益。从提升效益的角度看，提高常一线和常二线的分离精度，可很大程度上提高装置的运行效益。

4）通过对比看出，随着沸点增加，石油馏分的硫含量呈倍数递增的趋势，其中常三线的硫占8.59%；减二线硫占17.07%；减三线硫占15.23%；减压渣油的硫占51.08%。因此需加强液相部位的硫腐蚀的管控；同时也应加强低温相变部位的露点腐蚀。

5）换热网络方面，达到设计的317℃的指标值，说明换热网络运行良好。通过计算发现减顶循和原油换热器存在倒加热现象（减顶循与原油换热后，由81℃却升高至83℃），需进一步优化换热网络，必要时采取分程换热；常三线初底油换热器E-125略有结垢，需择机进行处理。通过换热网络计算得到：低于110℃的热量不能用作直供料付下游装置，否则将影响换热终温并增加加热炉负荷；建议引入低温的冷源，如一级除盐水、瓦斯，与110℃以下的热物流（常顶气）换热，可减少空冷负荷，并增加热输出。

6）在气液相负荷最大的塔盘（常二中抽出塔盘），操作点接近雾沫夹带线，需调整液相负荷。如适当减少二中回流量等；在冷回流未投用的状态下，常压塔顶部塔盘气相负荷最低，气相负荷下限操作。因此需对常压塔顶部系统减少开孔率。

# 第二部分　装置流程图

原料换热电脱盐及初馏塔如图2-1所示。

常压部分流程如图2-2所示。

减压部分流程如图2-3所示。

# 第三部分　装置工艺计算与分析

## 一、物性计算

（一）物性计算

在进行常压塔全塔热量衡算、常压炉热效率正平衡计算中，均需要用到初底油的相关性质和数据，为此以初底油为例进行相关数据计算，其他流股的物性数据计算方法同初底油计算。

1. 初底油相关物性计算

根据初底油的化验分析数据，将计算相关的数据摘录见表3-1。

（1）计算相对密度

根据《石油炼制工程》[2]第59页公式：

初底油的相对密度$d_4^{20}$=20℃初底油密度/4℃水密度=920.2/1000=0.9202

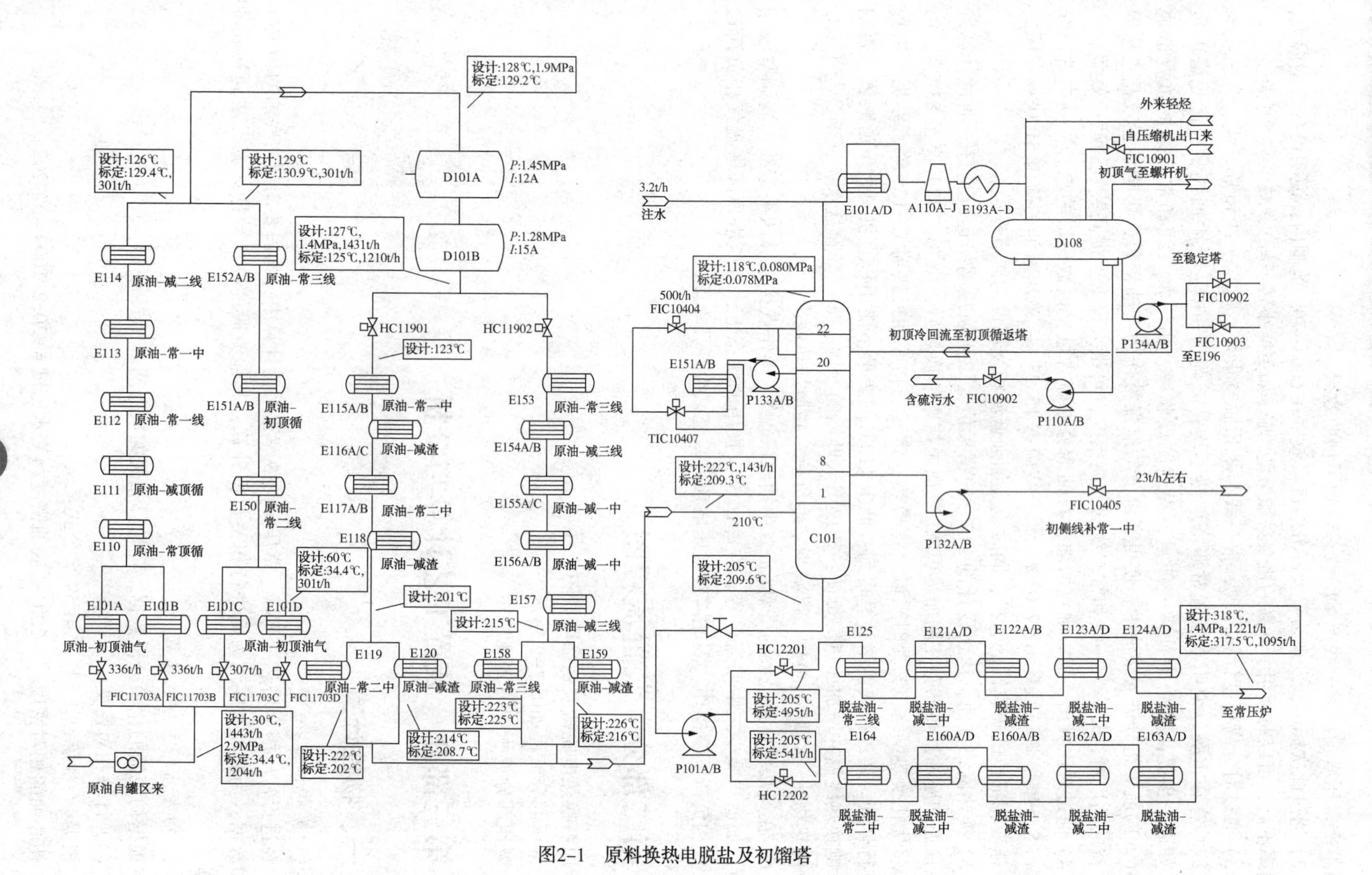


图2-1 原料换热电脱盐及初馏塔

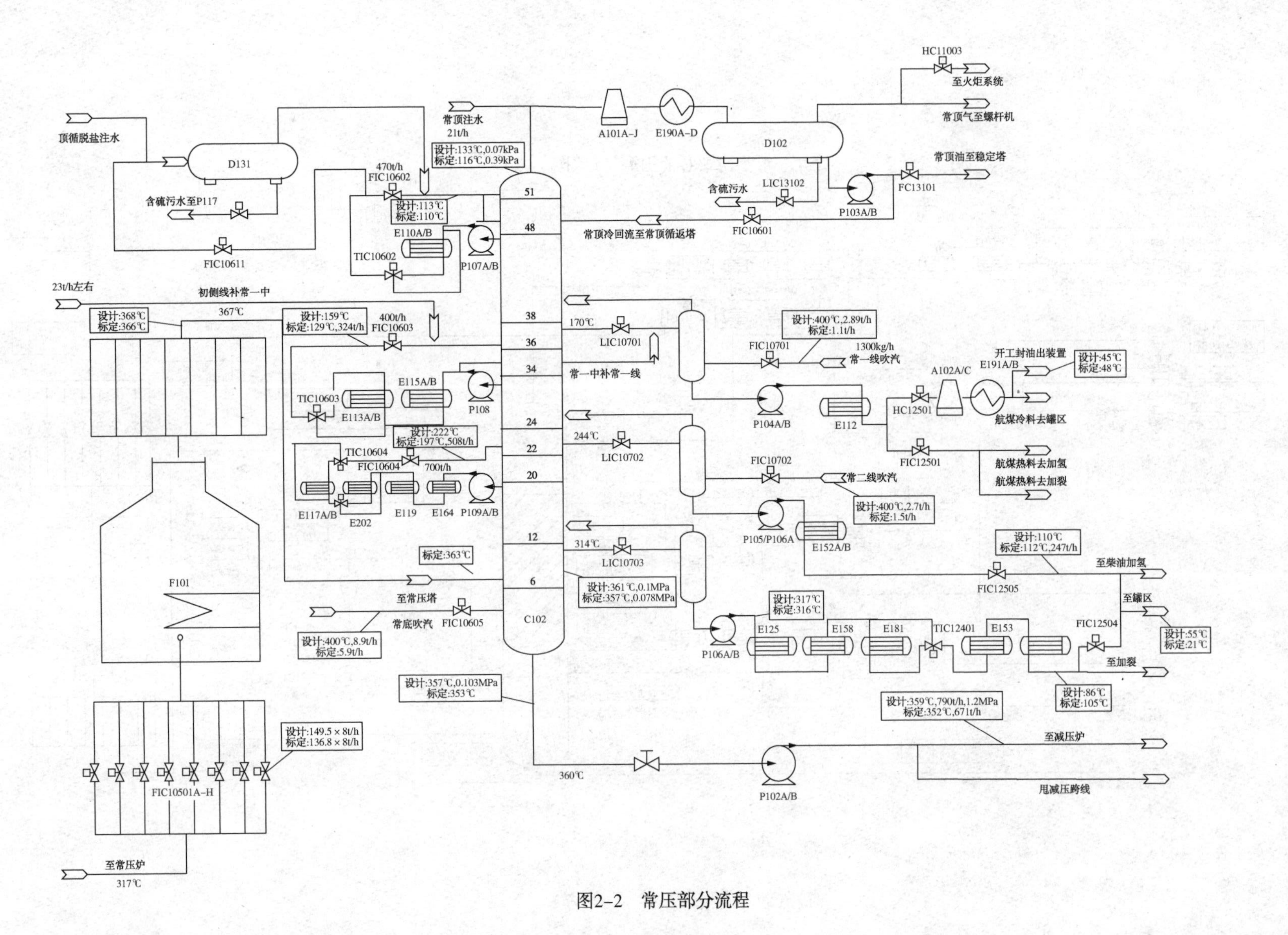

HC11003
至火炬系统
常顶气至螺杆机
常顶油至稳定塔
顶循脱盐注水
常顶注水
21t/h
设计:133℃,0.07kPa
标定:116℃,0.39kPa
A101A-J
E190A-D
D102
D131
470t/h
FIC10602
设计:113℃
标定:110℃
含硫污水至P117
含硫污水
LIC13102
FC13101
P103A/B
FIC10601
常顶冷回流至常顶循返塔
E110A/B
P107A/B
TIC10602
FIC10611
23t/h左右
初侧线补常一中
367℃
设计:368℃
标定:366℃
设计:159℃
标定:129℃,324t/h
400t/h
FIC10603
170℃
LIC10701
设计:400℃,2.89t/h
标定:1.1t/h
FIC10701
1300kg/h
常一线吹汽
开工封油出装置
E191A/B
设计:45℃
标定:48℃
A102A/C
常一中补常一线
E115A/B
P108
TIC10603
E113A/B
P104A/B
E112
HC12501
航煤冷料去罐区
设计:222℃
标定:197℃,508t/h
244℃
LIC10702
FIC12501
航煤热料去加氢
航煤热料去加裂
TIC10604
FIC10604
700t/h
FIC10702
常二线吹汽
E117A/B
E202
E119
E164
P109A/B
设计:400℃,2.7t/h
标定:1.5t/h
P105/P106A
E152A/B
314℃
LIC10703
设计:110℃
标定:112℃,247t/h
至柴油加氢
FIC12505
标定:363℃
F101
至常压塔
设计:361℃,0.1MPa
标定:357℃,0.078MPa
至罐区
设计:317℃
标定:316℃
常底吹汽
FIC10605
C102
E125
E158
E181
TIC12401
E153
FIC12504
设计:55℃
标定:21℃
P106A/B
至加裂
设计:400℃,8.9t/h
标定:5.9t/h
设计:357℃,0.103MPa
标定:353℃
设计:86℃
标定:105℃
设计:359℃,790t/h,1.2MPa
标定:352℃,671t/h
至减压炉
设计:149.5×8t/h
标定:136.8×8t/h
360℃
P102A/B
甩减压跨线
FIC10501A-H
至常压炉
317℃


图2-2 常压部分流程

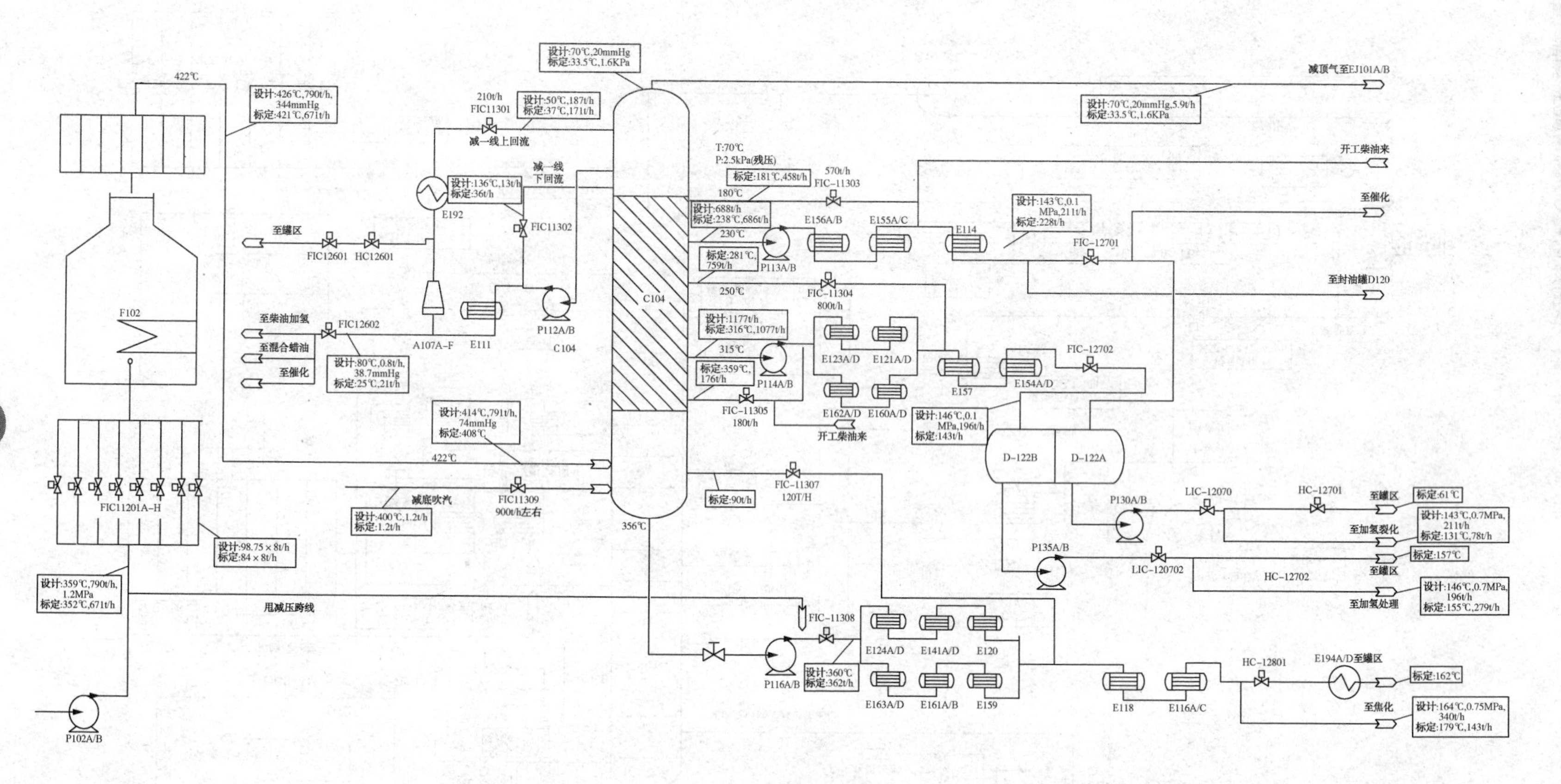
422℃
设计:426℃,790t/h,344mmHg
标定:421℃,671t/h
设计:70℃,20mmHg
标定:33.5℃,1.6KPa
210t/h
FIC11301
设计:50℃,187t/h
标定:37℃,171t/h
减一线上回流
减一线下回流
设计:136℃,13t/h
标定:36t/h
E192
FIC11302
至罐区
FIC12601
HC12601
F102
至柴油加氢
至混合蜡油
至催化
FIC12602
设计:80℃,0.8t/h,38.7mmHg
标定:25℃,21t/h
A107A-F
E111
P112A/B
C104
设计:414℃,791t/h,74mmHg
标定:408℃
422℃
减底吹汽
设计:400℃,1.2t/h
标定:1.2t/h
FIC11309
900t/h左右
356℃
FIC11201A-H
设计:98.75×8t/h
标定:84×8t/h
设计:359℃,790t/h,1.2MPa
标定:352℃,671t/h
甩减压跨线
P102A/B
减顶气至EJ101A/B
设计:70℃,20mmHg,5.9t/h
标定:33.5℃,1.6KPa
T:70℃
P:2.5kPa(残压)
标定:181℃,458t/h
570t/h
FIC-11303
180℃
设计:688t/h
标定:238℃,686t/h
230℃
P113A/B
E156A/B
E155A/C
E114
设计:143℃,0.1MPa,211t/h
标定:228t/h
FIC-12701
开工柴油来
至催化
至封油罐D120
标定:281℃,759t/h
250℃
FIC-11304
800t/h
设计:1177t/h
标定:316℃,1077t/h
315℃
P114A/B
E123A/D
E121A/D
E157
E154A/D
FIC-12702
标定:359℃,176t/h
FIC-11305
180t/h
E162A/D
E160A/D
开工柴油来
设计:146℃,0.1MPa,196t/h
标定:143t/h
D-122B
D-122A
FIC-11307
120T/H
标定:90t/h
P130A/B
LIC-12070
HC-12701
至罐区
标定:61℃
至加氢裂化
设计:143℃,0.7MPa,211t/h
标定:131℃,78t/h
P135A/B
LIC-120702
标定:157℃
至罐区
HC-12702
至加氢处理
设计:146℃,0.7MPa,196t/h
标定:155℃,279t/h
FIC-11308
P116A/B
设计:360℃
标定:362t/h
E124A/D
E141A/D
E120
E163A/D
E161A/B
E159
E118
E116A/C
HC-12801
E194A/D至罐区
标定:162℃
至焦化
设计:164℃,0.75MPa,340t/h
标定:179℃,143t/h

图2-3　减压部分流程

表 3-1　初底油分析数据表

| 初馏点/℃ | 5%馏出温度/℃ | 10%馏出温度/℃ | 30%馏出温度/℃ | 50%馏出温度/℃ | 70%馏出温度/℃ | 90%馏出温度/℃ | 密度(20℃)/(kg/m³) |
|---|---|---|---|---|---|---|---|
| 126.4 | 175.3 | 199.2 | 283.4 | 388.1 | 504.8 | 704.8 | 920.2 |

(2) 计算15.6℃时的相对密度 $d_{15.6}^{15.6}$

根据《石油炼制工程》[2]第59页公式：

$$d_{15.6}^{15.6}=\Delta d+d_4^{20}=0.0039+0.9202=0.9241$$

$$\Delta d=\frac{1.598-d_4^{20}}{171.6-d_4^{20}}=\frac{1.598-0.9202}{171.6-0.9202}=0.0039$$

(3) 计算中平均沸点

体积平均沸点 $T_v$(根据《石油炼制工程》[2]第57页公式)：

$$T_v=\frac{T_{10}+T_{30}+T_{50}+T_{70}+T_{90}}{5}=\frac{199.2+283.4+388.1+504.8+704.8}{5}=416℃$$

恩式蒸馏斜率：

$$S=\frac{T_{90}-T_{10}}{90-10}=\frac{704.8-199.2}{80}=6.32$$

中平均沸点校正值 $\Delta_{ME}$：

$$\Delta_{ME}=e^{(-1.53181-0.0128\times T_V^{0.667}+3.64678\times S^{0.3333})}=e^{(-1.53181-0.0128\times 416^{0.667}+3.64678\times 6.32^{0.3333})}=89.72$$

中平均沸点 $T_{ME}$：

$$T_{ME}=T_V-\Delta_{ME}=416-89.7=362.3℃$$

(4) 计算特性因数 Woston $K$ 值

根据《石油化工设计手册》[3]第910页公式，特性因数 Woston $K$ 值为：

$$K_w=\frac{(1.8\times T_{ME})^{1/3}}{S}=\frac{[1.8\times(362.3+273.15)]^{1/3}}{0.9241}=11.1$$

(5) 计算特性因数 UOP $K$ 值

根据《催化裂化工艺与工程》[5]第410页，UOP $K$ 使用的沸点为立方平均沸点，现计算立方平均沸点 $T_{cu}$。

根据《石油炼制工程》[2]第57页公式，立方平均沸点校正值 $\Delta_{cu}$：

$$\Delta_{cu}=e^{-0.82368-0.08997\times T_v^{0.45}+2.45679\times S^{0.45}}=e^{-0.82368-0.08997\times 416^{0.45}+2.45679\times S6.32^{0.45}}=31.5$$

立方平均沸点 $t_{cu}$：

$$t_{cu}=t_V-\Delta_{cu}=416-31.5=384.5℃$$

$$\text{UOP }K=\frac{(1.8\times t_{cu})^{1/3}}{S}=\frac{[1.8\times(384.5+273.15)]^{1/3}}{0.9241}=11.45$$

(6) 计算真临界温度 $T_{cm}$

真临界温度：

$$T_{cm}=186.16+1.6667\Delta-0.7127\times 10^{-3}\times\Delta^2$$

其中，$T_{cm}$ 的单位为华氏度(℉)。

$$\Delta=d_{15.6}^{15.6}\times(1.8\times t_v+32+100)=814$$

将 $t_v$ 代入上式得到 $T_{cm}=1070.6℉=534.3℃$。

（7）计算假临界温度 $T_{pc}$

假临界温度：

$$T_{pc}=10.6443[\exp(-5.1747\times10^{-4}T_b-0.54444S+3.5995\times10^{-4}T_bS)]T_b^{0.81067}S^{0.53691}$$

其中，$S=6.32$；$T_b$ 为中平均沸点，值为 1079°R（即 326.3℃）

得到假临界温度 $T_{pc}=1453.4$°R$=534.3$℃。

（8）计算假临界压力 $P_{pc}$

假临界压力：

$$P_{pc}=6.162\times10^{6}[\exp(-4.725\times10^{-3}T_b-4.8014S+3.1939\times10^{-3}T_bS)]T_b^{-0.4844}S^{4.8014}$$

其中，$S=6.32$；$T_b$ 为中平均沸点，值为 1079°R（即 326.3℃）；假临界压力单位为 psi（绝）。

代入上式得到假临界压力 $P_{pc}=264.5$psi（绝）$=1.82$MPa。

（9）计算真临界压力 $P_c$

真临界压力：

$$\ln P_c=0.050052+5.656282\ln\left(\frac{T_c}{T_{pc}}\right)+1.001047\ln p_{pc}$$

其中，$T_c$、$T_{pc}$、$p_{pc}$ 分别为真临界温度、假临界温度、假临界压力，单位分别为兰氏度、兰氏度和 psi（绝），将相关数据代入上式计算得到真临界压力 $p_c$ 为

$p_c=374.3$psi（绝）$=2.58$MPa。

（10）计算焦点温度 $T_j$ 和焦点压力 $p_e$

a）石油馏分的焦点温度图的数学关联式：

$$\Delta T_e=a_1\times[(S+a_2)/(a_3\times S+a_4)+a_5\times S]\times[a_6/(a_7\times t_v+a_8)+a_9]+a_{10}$$

式中 $\Delta T_e$——焦点温度-临界温度，℃；

$S$——恩氏蒸馏 10%~90%馏分的曲线斜率，℃/%；

$t_v$——恩氏蒸馏体积平均沸点，℃；

$a_i$——常数（$i=1$，2…10），见表 3-2。

b）石油馏分的焦点压力图的数学关联式：

$$\Delta p_e=\{[a_3\times(S-0.3)+a_2]/(S+a_3)\}\times\{a_4[a_3\times(t_v+a_6\times S)+a_7]+a_8\}$$

式中 $\Delta p_e$——焦点压力-临界压力，MPa；

$S$——恩氏蒸馏 10%~90%馏分的曲线斜率，℃/%；

$T_v$——恩氏蒸馏体积平均沸点，℃；

$A_i$——常数（$i=1$，2…8）。

**表 3-2 相关系数表**

| 项 目 | 数 值 | 项 目 | 数 值 |
|---|---|---|---|
| $a_1$ | 0.14608029648 | $a_6$ | 13.19556507 |
| $a_2$ | 0.050887086388 | $a_7$ | 0.081472347484 |
| $a_3$ | 0.00025280271884 | $a_8$ | 18.47914514 |
| $a_4$ | 0.00048370492139 | $a_9$ | -0.1585402804 |
| $a_5$ | 1.9936695083 | $a_{10}$ | -4.8588379673 |

代入焦点温度和焦点压力的计算公式，得到焦点温度和焦点压力：

焦点温度 $T_j=614℃$

焦点压力 $p_e=3.4MPa$

(11) 计算平均分子量 $M$

1) 方法1:

$$\log M=\sum_{i=0}^{2}\sum_{j=0}^{2}A_{ij}(1.8t+32)^iK^j$$

式中 $M$——平均分子量，g/mol；

$t$——中平均沸点,℃；

$K$——特性因数；

$A_{ij}$——参数，见表3-3。

**表3-3 相关参数表**

| $A_{ij}$ | 数 值 | $A_{ij}$ | 数 值 |
|---|---|---|---|
| $A_{00}$ | 0.6670202 | $A_{12}$ | $2.5008\times10^{-5}$ |
| $A_{01}$ | 0.1552531 | $A_{20}$ | $-2.698\times10^{-6}$ |
| $A_{02}$ | $-5.3785\times10^{-3}$ | $A_{21}$ | $3.876\times10^{-7}$ |
| $A_{10}$ | $4.5837\times10^{-3}$ | $A_{22}$ | $-1.5662\times10^{-8}$ |
| $A_{11}$ | $-5.755\times10^{-4}$ | | |

将中平均沸点 $t=362.3℃$、特性因数 $K=11.1$ 代入计算得到平均分子量 $M_1=247.5g/mol$。

2) 方法2:

根据《石油化工设计手册》[3]第911页公式:

$$M=42.9654T_{ME}^{1.26007}S^{4.98308}\exp(2.097\times10^{-4}T_{ME}-7.78712S+2.08476\times10^{-3}T_{ME}S)]$$

式中 $M$——平均摩尔质量，kg/kmol；

$T_{ME}$——中平均沸点，K；

$S$——相对密度，15.56℃/15.56℃。

将 $T_{ME}=599.5K$、$S=0.9241$ 代入上式计算平均摩尔质量 $M_2=247.4kg/kmol$。

通过比较 $M_1$ 和 $M_2$ 可以看出，使用两种方法计算的平均分子量相差不大。按方法1对后续的分子量进行计算。计算初底油的分子量取247。

将以上计算结果列于表3-4中。

**表3-4 初底油计算数据表**

| $d_{15.6}$相对密度 | 中均沸点/℃ | Woston $K$ | 立方平均沸点/℃ | UOP $K$ | 假临界温度/℃ |
|---|---|---|---|---|---|
| 0.9241 | 326.3 | 11.1 | 384.5 | 11.45 | 534.3 |
| **真临界温度/℃** | **假临界压力/MPa** | **真临界压力/MPa** | **焦点温度/℃** | **焦点压力/MPa** | **平均摩尔质量/(kg/kmol)** |
| 577 | 1.82 | 2.58 | 614.1 | 3.41 | 247.4 |

2. 其他物流物性数据计算

其他物流的化验馏程分析见表3-5。

表 3-5　相关物流的馏程数据表

| 物　流 | 初馏点/℃ | 10%馏出温度/℃ | 30%馏出温度/℃ | 50%馏出温度/℃ | 70%馏出温度/℃ | 90%馏出温度/℃ | 100%馏出温度/℃ | 密度(20℃)/($kg/m^3$) |
|---|---|---|---|---|---|---|---|---|
| 常顶油 | 47 | 82.25 | 106.7 | 126.5 | 147.7 | 156 | 171.25 | 724.8 |
| 常一线 | 150.5 | 179 | 193.5 | 204.25 | 215.2 | 231.25 | 251 | 788.6 |
| 常二线 | 192.4 | 235.8 | 252.6 | 264.3 | 275.7 | 282.35 | 312.5 | 822.6 |
| 常三线 | 241.5 | 292.5 | 311.7 | 325.1 | 338 | 366.2 | 379.6 | 859 |
| 常顶循 | 95.75 | 134.25 | 145.1 | 152.25 | 158.9 | 168.5 | 183.5 | 757.45 |
| 初侧线 | 87.75 | 158.5 | 178.7 | 192 | 204.5 | 215.25 | 234.75 | 775.35 |
| 常一中 | 154.2 | 184.8 | 201.3 | 213.8 | 226.6 | 236.4 | 255.25 | 794 |
| 常二中 | 212.27 | 252.5 | 268.3 | 279.27 | 290 | 299.1 | 324.7 | 833.1 |

参照初底油的相关数据计算方法，得到其他物流的相关计算数据，见表 3-6。

表 3-6　相关物流的物性计算数据表

| 项　目 | 常顶油 | 常一线 | 常二线 | 常三线 | 常顶循 | 初侧线 | 常一中 | 常二中 |
|---|---|---|---|---|---|---|---|---|
| $d_{15.6}$相对密度 | 0.7298 | 0.7932 | 0.8270 | 0.8632 | 0.7622 | 0.7800 | 0.7986 | 0.8375 |
| 中均沸点/℃ | 118.4 | 201.4 | 259.5 | 322.6 | 149.5 | 186.1 | 209.4 | 275.2 |
| Woston *K* | 12.19 | 11.96 | 11.92 | 11.86 | 11.98 | 12.03 | 11.95 | 11.89 |
| 立方平均沸点/℃ | 121.7 | 203.4 | 261.2 | 325.3 | 150.8 | 188.4 | 211.4 | 276.9 |
| UOP *K* | 12.23 | 11.98 | 11.94 | 11.88 | 11.99 | 12.05 | 11.96 | 11.90 |
| 假临界温度/℃ | 297.9 | 388.7 | 447.4 | 509.8 | 334.6 | 371.8 | 397.1 | 463.5 |
| 真临界温度/℃ | 298.9 | 390.8 | 449.3 | 508.2 | 333.9 | 373.7 | 399.3 | 464.9 |
| 假临界压力/MPa | 2.72 | 2.14 | 1.80 | 1.52 | 2.54 | 2.22 | 2.09 | 1.73 |
| 真临界压力/MPa | 2.91 | 2.30 | 1.93 | 1.59 | 2.67 | 2.39 | 2.25 | 1.85 |
| 焦点温度/℃ | 354.3 | 420.3 | 469.8 | 530.0 | 360.9 | 407.4 | 427.5 | 483.8 |
| 焦点压力/MPa | 4.89 | 3.11 | 2.44 | 2.07 | 3.52 | 3.34 | 3.01 | 2.31 |
| 平均相对分子质量 | 114 | 162.6 | 206.6 | 263 | 129 | 153 | 168 | 219 |

（二）蒸馏曲线换算

化验室提供的常压塔部分化验数据(D86)见表 3-7。

表 3-7　常压部分化验分析数据表(1)

| 物　流 | 初馏点/℃ | 10%馏出温度/℃ | 30%馏出温度/℃ | 50%馏出温度/℃ | 70%馏出温度/℃ | 90%馏出温度/℃ | 100%馏出温度/℃ | 密度(20℃)/($kg/m^3$) |
|---|---|---|---|---|---|---|---|---|
| 常顶石脑油 | 47 | 65.75 | 82.25 | 126.5 | 156 | 161.75 | 171.25 | 724.75 |
| 常一线 | 150.5 | 173.5 | 179 | 204.25 | 231.25 | 238 | 251 | 788.6 |
| 常二线 | 192.4 | 226.2 | 235.8 | 264.3 | 282.35 | 287.95 | | 822.6 |
| 常三线 | 241.5 | 279.7 | 292.5 | 325.1 | 366.2 | 378.2 | | 859 |
| 常顶循 | 95.75 | 124.75 | 134.25 | 152.25 | 168.5 | 173.75 | 183.5 | 757.45 |
| 初侧线 | 87.75 | 138.25 | 158.5 | 192 | 215.25 | 222.5 | 234.75 | 775.35 |
| 常一中 | 154.2 | 177.6 | 184.8 | 213.8 | 236.4 | 242.4 | 255.25 | 794 |
| 常二中 | 212.3 | 243.9 | 252.5 | 279.3 | 299.1 | 306.4 | | 833.1 |
| 初侧线 | 87.75 | 138.25 | 158.5 | 192 | 215.25 | 222.5 | 234.75 | 775.35 |

（1）D86数据的内插计算

计算常压塔部分各物流的数据相关参数时，根据《原油蒸馏工艺与工程》[1]第309页的恩式蒸馏曲线的数学模型，需要用到30%馏出点、70%馏出点和100%馏出点的数据，估算30%馏出点、70%馏出点和100%馏出点的温度：

$$t=t_0+a\times\left[-\ln\left(1-\frac{V}{101}\right)\right]^b$$

式中　$a$、$b$——模型参数；

$t_0$——初馏点的温度；

$V$——馏出体积百分数。

下面以常顶石脑油为例，利用上述公式计算30%馏出点和70%馏出点。

石脑油初馏点47℃，将10%馏出点和50%馏出点的温度82.25℃、126.5℃代入上式，求解得到$a=93.73782$，$b=0.432595$。代入上式得到常顶石脑油恩氏蒸馏曲线的数学模型：

$$t=47+93.73782\times\left[-\ln\left(1-\frac{V}{101}\right)\right]^{0.432595}$$

根据公式计算得到30%馏出点的温度为106.7℃，70%馏出点的温度为147.7℃。

按照以上方法，将常压塔部分的相关数据的D86数据列表，见表3-8。

**表3-8　常压部分化验分析数据表(2)**

| 项　目 | 初馏点/℃ | 10%馏出温度/℃ | 30%馏出温度/℃ | 50%馏出温度/℃ | 70%馏出温度/℃ | 90%馏出温度/℃ | 100%馏出温度/℃ | 密度(20℃)/(kg/m³) |
|---|---|---|---|---|---|---|---|---|
| 常顶石脑油 | 47 | 82.3 | 106.7 | 126.5 | 147.7 | 156.0 | 171.25 | 724.8 |
| 常一线 | 150.5 | 179.0 | 193.5 | 204.3 | 215.2 | 231.3 | 251 | 788.6 |
| 常二线 | 192.4 | 235.8 | 252.6 | 264.3 | 275.7 | 282.4 | 312.5 | 822.6 |
| 常三线 | 241.5 | 292.5 | 311.7 | 325.1 | 338.0 | 366.2 | 379.6 | 859.0 |
| 常顶循 | 95.75 | 134.3 | 145.1 | 152.3 | 158.9 | 168.5 | 183.5 | 757.5 |
| 初侧线 | 87.75 | 158.5 | 178.7 | 192.0 | 204.5 | 215.3 | 234.75 | 775.4 |
| 常一中 | 154.2 | 184.8 | 201.3 | 213.8 | 226.6 | 236.4 | 255.25 | 794.0 |
| 常二中 | 212.27 | 252.5 | 268.3 | 279.3 | 290.0 | 299.1 | 324.7 | 833.1 |

（2）D86数据转换为常压实沸点蒸馏数据

根据《原油蒸馏工艺与工程》[1]第285页公式将恩式蒸馏数据转化为实沸点蒸馏数据(适用范围D86数据在22.8~398.9℃范围内)：

$$t_{TBP}=a\times(t_{D86})^b$$

式中　$t_{D86}$——ASTM D86各馏出体积下的温度，K；

$t_{TBP}$——常压各馏出体积下的实沸点蒸馏温度，K；

$a$、$b$——与馏出体积有关的关联系数，见表3-9。

**表3-9　关联系数$a$、$b$的值**

| 关联系数 | 0~5%馏出体积 | 10%馏出体积 | 30%馏出体积 | 50%馏出体积 | 70%馏出体积 | 90%馏出体积 | 95%~100%馏出体积 |
|---|---|---|---|---|---|---|---|
| $a$ | 0.917675 | 0.5564 | 0.7617 | 0.90230 | 0.88215 | 0.955105 | 0.81767 |
| $b$ | 1.001868 | 1.090011 | 1.042533 | 1.017560 | 1.02259 | 1.010955 | 1.03549 |

以常顶石脑油的50%馏出点为例，将D86数据转换为实沸点蒸馏数据：

$$t_{TBP,50}=a\times(t_{D86,50})^{b}=0.90230\times(126.5+273.15)^{1.017560}=400.6K$$

即127.5℃。

按照以上方法，将常压塔相关物料转换为常压实沸点蒸馏数据，常压塔相关物料实沸点蒸馏数据见表3-10。

**表3-10　常压塔相关物料实沸点蒸馏数据表**

| | 初馏点/℃ | 10%馏出温度/℃ | 30%馏出温度/℃ | 50%馏出温度/℃ | 70%馏出温度/℃ | 90%馏出温度/℃ | 100%馏出温度/℃ | 密度(20℃)/(kg/m³) |
|---|---|---|---|---|---|---|---|---|
| 常顶石脑油 | 23.8 | 62.4 | 99.3 | 127.5 | 152.4 | 164.9 | 178.0 | 724.8 |
| 常一线 | 120.0 | 163.0 | 188.5 | 206.9 | 222.3 | 242.6 | 262.1 | 788.6 |
| 常二线 | 159.0 | 223.1 | 249.6 | 268.4 | 285.2 | 295.4 | 327.2 | 822.6 |
| 常三线 | 204.7 | 283.7 | 311.0 | 330.8 | 350.1 | 382.3 | 398.6 | 859.0 |
| 常顶循 | 69.1 | 116.2 | 138.7 | 153.7 | 164.0 | 177.8 | 190.9 | 757.5 |
| 初侧线 | 61.7 | 141.5 | 173.2 | 194.4 | 211.2 | 226.1 | 244.9 | 775.4 |
| 常一中 | 123.5 | 169.1 | 196.5 | 216.7 | 234.1 | 247.9 | 266.6 | 794.0 |
| 常二中 | 177.5 | 240.9 | 265.9 | 283.7 | 300.0 | 312.7 | 340.2 | 833.1 |

(3) D86数据转换为平衡汽化数据

根据《原油蒸馏工艺与工程》[1]第287页公式，利用恩式蒸馏数据，推算平衡汽化数据：

$$t_{EFV}=a(t_{D86})^{b}S^{c}$$

式中　$t_{D86}$——ASTM D86各馏出体积下的温度，K；

$t_{EFV}$——常压平衡气化曲线各馏出体积下的温度，K；

$S$——相对密度，15.6℃/15.6℃；

$a$、$b$、$c$——关联系数，见表3-11。

**表3-11　关联系数 *a*、*b*、*c* 的值**

| 关联系数 | 0~5%馏出温度 | 10%馏出温度 | 30%馏出温度 | 50%馏出温度 | 70%馏出温度 | 90%馏出温度 | 95%~100%馏出温度 |
|---|---|---|---|---|---|---|---|
| *a* | 2.97481 | 1.44594 | 0.85060 | 3.26805 | 8.28734 | 10.62656 | 7.99502 |
| *b* | 0.8466 | 0.9511 | 1.0315 | 0.8274 | 0.6871 | 0.6529 | 0.6949 |
| *c* | 0.4208 | 0.1287 | 0.0817 | 0.6214 | 0.9340 | 1.1025 | 1.0737 |

针对石脑油而言：

$$S=d_{15.6}^{15.6}=\Delta d+d_{4}^{20}=\frac{1.598-0.7248}{176.1-0.7248}+0.7248=0.7298$$

代入上式求解石脑油的平衡汽化时的初馏点：

$$t_{EFV}=2.97481\times(47+273)^{0.8466}\times0.7298^{0.4208}=344.1K=71.1℃$$

据此方法，将相关物料的平衡汽化数据计算后列于表3-12。

表 3-12　物料平衡汽化数据表　℃

| 名　称 | 0%<br>馏出温度 | 10%<br>馏出温度 | 30%<br>馏出温度 | 50%<br>馏出温度 | 70%<br>馏出温度 | 90%<br>馏出温度 | 100%<br>馏出温度 |
|---|---|---|---|---|---|---|---|
| 常顶石脑油 | 71.2 | 97.1 | 106.5 | 108.7 | 119.3 | 119.9 | 121.2 |
| 常一线 | 178.9 | 197.4 | 199.5 | 192.8 | 196.7 | 205.7 | 210.6 |
| 常二线 | 225.1 | 256.3 | 263.2 | 254.2 | 256.1 | 260.8 | 273.3 |
| 常三线 | 279.2 | 315.6 | 327.6 | 318.7 | 320 | 340.4 | 343.8 |
| 初底油 | 185.5 | 227.1 | 300.8 | 397.6 | 472.9 | 599.8 | |

## 二、物料平衡校正

（一）物料仪表及规格型号

物料平衡的计算，需要以装置标定物料计量数据为基础，如果计量精度不够或实际物料参数的操作参数与计量器具的设置参数不一致，将影响物料的实际操作数据。为此就计量仪表的计量准确性方面进行相关校正计算。表 3-13 给出了与计算相关的计量仪表的类型及标定数值。

表 3-13　进出装置物料仪表数据表

| 项　目 | 物料名称 | 仪表位号 | 仪表型号 | 仪表流量 | |
|---|---|---|---|---|---|
| | | | | 总量/(t/h) | 分支流量/(t/h) |
| 进料 | 原油 | FIQ-11701A<br>FIQ-11701B | 质量流量计 | 1268.04 | 1268.04 |
| | 外来轻烃 | FI-01101 | 质量流量计 | 16.99 | 16.99 |
| 出料 | 气体 | FIQ-20202 | 孔板流量计 | 3.17 | 1409Nm$^3$/h |
| | | FIQ-11601 | 孔板流量计 | | 630Nm$^3$/h |
| | 液化气 | FIQ-20201 | 孔板流量计 | 20.04 | 20.04 |
| | 石脑油 | FIC-20102 | 孔板流量计 | 218.1 | 218.1 |
| | 常一线 | FIQ-12502 | 涡街流量计 | 139.99 | 68.9 |
| | | | 罐区报量 | | 71.09 |
| | 常二线 | FIC-12505 | 孔板流量计 | 263.88 | 93.65 |
| | 常三线 | FIC-12504 | 孔板流量计 | | 157.5 |
| | 减顶油 | FIQ-11402 | 孔板流量计 | | 1.33 |
| | 减一线 | FIQ-12602 | 孔板流量计 | | 11.4 |
| | 减二线 | FIQ-12703 | 孔板流量计 | 337.05 | 194.5 |
| | 减三线 | FIQ-12702 | 孔板流量计 | | 142.55 |
| | 减渣 | FIC-11308 | 孔板流量计 | 302.43 | 393.93 |
| | | FI-12801 | 孔板流量计 | | -91.5 |

质量流量计，是在测量通过计量器具的介质密度的基础上，得到的介质的质量流量，精度较高。在计量仪表中，原油进装置计量使用的是质量流量计。在此次标定时，原油罐采用

罐区单付方式，通过原油罐检尺，对原油质量流量计比对。比对结果表明，质量流量计精度在设计范围内，不需校核。

对于在有效范围内的孔板流量计，孔板测量偏差很小。由于孔板流量计与介质的密度、压力有一定关系，若介质的实际参数与计量器具设定的参数有偏差时，将直接影响计量结果，故需要对孔板等仪表进行校正计算。各测量仪表的设定参数及实际工况下的参数见表3-14。

**表3-14　各测量仪表的设定参数及实际工况下的参数对比表**

| 项目 | 物料名称 | 位号 | 流量计型号 | 设计数据 | | | 实际数据 | | | 备注 |
|---|---|---|---|---|---|---|---|---|---|---|
| | | | | 温度/℃ | 压力/MPa（绝） | 密度/（kg/m³） | 温度/℃ | 压力/MP（绝） | 密度/（kg/m³） | |
| 进料 | 原油 | FIQ-11701A<br>FIQ-11701B | 质量流量计 | | | | 34 | 2.1 | 864.4 | 实际测量 |
| | 外来轻烃 | FI-01101 | 质量流量计 | | | | 40 | 1.2 | 608 | |
| 出料 | 气体 | FIQ-20202（混合干气） | 孔板流量计 | 40 | 0.98 | 1.675 | 39 | 0.85 | | 混合干气 |
| | | FIQ-11601（减顶气） | 孔板流量计 | 40 | 0.4 | 1.286 | 30 | 0.21 | | 减顶气 |
| | 液化气 | FIQ-20201 | 孔板流量计 | 40 | 2 | 514.9 | 36 | 2.1 | | |
| | 石脑油 | FIC-20102 | 孔板流量计 | 40 | 0.9 | 705 | 40.5 | 0.5 | | |
| | 常一线 | FIQ-12502 | 涡街流量计 | 150 | 1.75 | 715.6 | 122 | 0.8 | | 下游计量 |
| | 常二线 | FIC-12505 | 孔板流量计 | 93 | 1 | 755 | 120 | 1.2 | | |
| | 常三线 | FIC-12504 | 孔板流量计 | 88 | 1 | 805 | 103 | 1.1 | | |
| | 减顶油 | FIQ-11402 | 孔板流量计 | 40 | 1.3 | 794.8 | 36 | 1.6 | | |
| | 减一线 | FIQ-12602 | 孔板流量计 | 93 | 1.25 | 805 | 80 | 1.6 | | |
| | 减二线 | FIQ-12703 | 孔板流量计 | 145 | 0.7 | 857 | 131 | 0.8 | | |
| | 减三线 | FIQ-12702 | 孔板流量计 | 146 | 0.4 | 875 | 151 | 0.8 | | |
| | 减渣 | FIC-11308 | 孔板流量计 | 360 | 2.15 | 878.9 | 354 | 2.1 | | 泵出口流量 |
| | | FI-12801 | 孔板流量计 | 164 | 0.75 | 961 | 250 | 0.7 | | 回流流量 |

下面对各需要校正的仪表进行逐一校核，具体过程如下。

（二）原油及轻烃

（1）原油

常减压进装置的原油中含水，在实际蒸馏过程中，该部分的水在初馏塔内脱除，但在原油计量过程中，该部分水被计量，因此需对该部分水分进行校正。

原油进电脱盐罐前的水含量为0.025%（质），校正后相关数据见表3-15。

**表3-15　原油校正后的数据表**

| 项　目 | 原油质量流量/（t/h） | 含水率/% | 含水量/（t/h） | 实际原油量/（t/h） |
|---|---|---|---|---|
| 数值 | 1268.04 | 0.025 | 0.31701 | 1267.723 |

（2）轻烃

使用质量流量计计量，组分中未含水，故轻烃的质量流量为16.99t/h。

（三）气体、液化气组分流量校正

（1）气体流量校正

表3-16列出了常顶混合干气和减顶瓦斯计量表的设计参数与实际参数。

**表3-16 气体流量仪表数据表**

| 物料名称 | 流量/($Nm^3/h$) | 设计数据 | | | 实际数据 | | |
|---|---|---|---|---|---|---|---|
| | | 温度/℃ | 压力/MPa（绝） | 密度/($kg/m^3$) | 温度/℃ | 压力/MPa（绝） | 密度/($kg/m^3$) |
| 混合干气 | 1409 | 40 | 0.98 | 1.675 | 39 | 0.85 | |
| 减顶气 | 630 | 40 | 0.4 | 1.286 | 30 | 0.21 | |

根据化验数据，初常顶混合干气的化验分析数据见表3-17，根据组成计算混合干气的密度。

**表3-17 混合干气数据计算表**

| 项　目 | 含量/%(体) | 相对分子质量 | 质量分数(计算值)/% | 备　注 |
|---|---|---|---|---|
| $CH_4$ | 7.55 | 16.04 | 1.21 | |
| $C_2H_6$ | 24.11 | 30.07 | 7.25 | |
| $C_2H_4$ | 0.03 | 28.05 | 0.01 | |
| $C_3H_8$ | 29.48 | 44.09 | 13.00 | |
| $C_3H_6$ | 0.065 | 42.08 | 0.03 | |
| $H_2$ | 1.285 | 2 | 0.03 | |
| $CO_2$ | 2.11 | 44.01 | 0.93 | |
| $O_2$ | 0.56 | 32 | 0.18 | |
| $N_2$ | 20.745 | 28 | 5.81 | |
| CO | 0.15 | 28.01 | 0.04 | |
| $H_2S$ | 3.695 | 34.08 | 1.26 | |
| $C_4$ | 9.395 | 58.12 | 5.46 | 以正丁烷计 |
| $C_5$ | 0.815 | 72.15 | 0.59 | 以戊烷烷计 |
| 平均相对分子质量 | | 35.79 | | 计算值 |

混合干气密度=平均相对分子质量/22.4=35.79/22.4=1.5976($kg/m^3$)

根据《催化裂化工艺计算与技术分析》[5]第156页公式，得出混合干气的计算公式：

$$V_{实}=V_{设}\times\sqrt{\frac{\rho_{设}\times p_{实}\times T_{设}}{\rho_{实}\times p_{设}\times T_{实}}}$$

式中 $p_{实}$、$p_{设}$——实际操作条件下和设计条件下的气体绝对压力，kPa；

$T_{实}$、$T_{设}$——实际操作条件下和设计条件下的温度，K；

$\rho_{实}$、$\rho_{设}$——实际操作条件下和设计条件下的密度，$kg/m^3$；

$V_{设}$、$V_{实}$——校正前后混合干气的标准状态条件下体积流量，$Nm^3/h$。

将混合干气流量及相关计算参数代入上式得到介质真实体积：

$$V_{实}=V_{设}\times\sqrt{\frac{\rho_{设}\times p_{实}\times T_{设}}{\rho_{实}\times p_{设}\times T_{实}}}=1409\times\sqrt{\frac{1.675\times850\times(40+273.15)}{1.5976\times980\times(39+273.15)}}=1346\mathrm{Nm^3/h}$$

混合干气的实际质量流量 $=V_{实}\times\rho_{实}=1346\times1.5976/1000=2.15(\mathrm{t/h})$

根据以上方法，计算减顶干气的真实质量。根据减顶气化验数据，将减顶气的化验分析数据列于表3-18，并计算密度。

**表3-18　减顶干气数据计算表**

| 项　目 | 含量/%(体) | 相对分子质量 | 质量分数/% | 备　注 |
|---|---|---|---|---|
| $C_{6^+}$ | 0.03 | 86.18 | 0.03 | 以正己烷计 |
| $CH_4$ | 30.62 | 16.04 | 4.91 | |
| $C_2H_6$ | 13.165 | 30.07 | 3.96 | |
| $C_2H_4$ | 2.01 | 28.05 | 0.56 | |
| $C_3H_8$ | 9.705 | 44.09 | 4.28 | |
| $C_3H_6$ | 3.575 | 42.08 | 1.50 | |
| $H_2$ | 2.865 | 2 | 0.06 | |
| $CO_2$ | 0.38 | 44.01 | 0.17 | |
| $O_2$ | 0.825 | 32 | 0.26 | |
| $N_2$ | 8.125 | 28 | 2.28 | |
| CO | 3.995 | 28.01 | 1.12 | |
| $H_2S$ | 18.01 | 34.08 | 6.14 | |
| $C_4$ | 5.85 | 58.12 | 3.40 | 以正丁烷计 |
| $C_5$ | 0.835 | 72.15 | 0.60 | 以戊烷烷计 |
| 平均相对分子质量 | | | 29.27 | |

减顶气密度 = 平均相对分子质量/22.4 = 29.27/22.4 = 1.3065($\mathrm{kg/m^3}$)

将减顶气流量孔板及相关计算参数代入上式得到介质实际体积：

$$V_{实}=V_{设}\times\sqrt{\frac{\rho_{设}\times p_{实}\times T_{设}}{\rho_{实}\times p_{设}\times T_{实}}}=630\times\sqrt{\frac{1.286\times210\times(40+273.15)}{1.3065\times400\times(30+273.15)}}=460(\mathrm{Nm^3/h})$$

减顶气的实际质量 $=V_{实}\times\rho_{实}=460\times1.3065/1000=0.6(\mathrm{t/h})$

气体总质量 = 2.15+0.6 = 2.75(t/h)

由于液体介质的相对不可压缩性，压力对液体介质的影响不大，故忽略压力对介质密度的影响，仅考虑温度对密度的影响。其中温度影响密度的关系为[6]：

$$\rho_{T}=\rho_{20}-\gamma(T-20)$$

$$\gamma=0.002876-0.00398\rho_{20}+0.001632\rho_{20}^{2}$$

式中　$\rho_T$、$\rho_{20}$——油品在温度为 $T$、20℃时的密度，$\mathrm{g/cm^3}$；

$T$——油品在实际工况下的温度，℃。

孔板流量计测量体积的计算公式为：

$$Q=\alpha\times\varepsilon\times F_0\sqrt{\frac{2}{\rho}\times\Delta p}$$

式中　$\alpha$——流量系数；

$\varepsilon$——膨胀校正系数；

$F_0$——节流装置的开孔截面积；

$\rho$——介质密度；

$\Delta p$——实际测得的压力差。

对于同一孔板的固定差压，$\alpha\times\varepsilon\times F_0\sqrt{2\times\Delta p}$可视为常数$K$，则上式可转换为：

$$Q_{测}=K\times\sqrt{\frac{1}{\rho_{设}}}$$

式中　$Q_{测}$——孔板流量计检测的体积流量，$m^3/h$；

$\rho_{设}$——孔板设计密度，$kg/m^3$。

质量流量为：

$$m_{测}=Q_{测}\times\rho_{设}=K\times\sqrt{\frac{1}{\rho_{设}}}\times\rho_{设}=K\times\sqrt{\rho_{设}}$$

式中　$m_{测}$——孔板流量计检测的质量流量，kg/h。

当被测介质的密度随温度变化时，介质的实际流量与所测的流量的关系为：

$$\frac{m_{实}}{m_{测}}=\frac{K\times\sqrt{\rho_{实}}}{K\times\sqrt{\rho_{设}}}=\sqrt{\frac{\rho_{实}}{\rho_{设}}}$$

即：

$$m_{实}=m_{测}\times\sqrt{\frac{\rho_{实}}{\rho_{设}}}$$

式中　$m_{实}$——孔板流量计检测介质的实际质量流量，kg/h；

$\rho_{实}$——在介质温度下的实际密度，$kg/m^3$。

（2）液化气流量校正

液化气流量计相关参数见表3-19。

**表3-19　液化气相关数据表**

| 介质 | 流量/(t/h) | 设计数据 | | | 实际数据 | | |
|---|---|---|---|---|---|---|---|
| | | 温度/℃ | 压力/MPa(绝) | 密度/($kg/m^3$) | 温度/℃ | 压力/MPa(绝) | 密度/($kg/m^3$) |
| 液化气 | 20.04 | 40 | 2 | 514.9 | 36 | 2.1 | |

液化气的密度利用模拟软件HYSYS(V10版本)模拟20℃、2.0MPa下的密度。模拟使用的是液化气的组成数据，见表3-20。

**表3-20　液化气模拟数据表**　%(体)

| 项　目 | $C_1+C_2$ | 丙烷 | 丙烯 | 异丁烷 | 正丁烷 | 反-2-丁烯 | 1-丁烯 | 异丁烯 | 顺-2-丁烯 | $C_5$及以上 | $H_2S$ |
|---|---|---|---|---|---|---|---|---|---|---|---|
| 含量 | 7.99 | 40.23 | 0.67 | 17.3 | 30.83 | 0.12 | 0.14 | 0.15 | 0.1 | 1.37 | 1.05 |

模拟得到，2.0MPa、20℃条件下的密度$\rho_{液}=533kg/m^3=0.533t/m^3$。则液化气在实际温度36℃下的密度为：

$$\gamma=0.002876-0.00398\times0.533+0.001632\times0.533^2=0.00122$$

$$\rho_{36}=\rho_{20}-\gamma(T-20)=0.533-0.00122\times(36-20)=0.5135\text{t/m}^3=513.5\text{kg/m}^3$$

液化气实际质量为：

$$m_{实}=m_{测}\times\sqrt{\frac{\rho_{实}}{\rho_{设}}}=20.04\times1000\times\sqrt{\frac{513.5}{514.9}}=20013\text{kg/m}^3=20.01\text{t/h}$$

（四）其他流量计标定数据校正

根据液化气校正方法（其中20℃条件下的密度已在实验室化验分析得到），对石脑油、常一线、常二线、常三线、减顶油、减一线、减二线、减三线、减渣的流量进行校正，相关参数见表3-21。

**表3-21　外送流量仪表校正数据表**

| 物　料 | 仪表位号 | 设计密度/($kg/m^3$) | 流量/(t/h) | 温度/℃ | $\rho_{20}$/($kg/m^3$) | 系数$\gamma$ | 介质温度下的密度/($kg/m^3$) | 实际流量/(t/h) |
|---|---|---|---|---|---|---|---|---|
| 石脑油 | FIC-20102 | 705 | 218.1 | 40.5 | 724.8 | 0.00085 | 707.4 | 218.5 |
| 常一线 | FIQ-12502 | 715.6 | 68.9 | 122 | 788.6 | 0.00075 | 711.9 | 68.7 |
| | 罐量 | | 71.09 | | | | | 71.1 |
| 常二线 | FIC-12505 | 755 | 93.65 | 120 | 822.6 | 0.00071 | 752.0 | 93.5 |
| 常三线 | FIC-12504 | 805 | 157.5 | 103 | 859 | 0.00066 | 804.1 | 157.4 |
| 减顶油 | FIQ-11402 | 794.8 | 1.33 | 36 | 790 | 0.00075 | 778.0 | 1.3 |
| 减一线 | FIQ-12602 | 805 | 11.4 | 80 | 870 | 0.00065 | 831.1 | 11.6 |
| 减二线 | FIQ-12703 | 857 | 194.5 | 131 | 919.7 | 0.00060 | 853.5 | 194.1 |
| 减三线 | FIQ-12702 | 875 | 142.55 | 151 | 943.8 | 0.00057 | 868.7 | 142.0 |
| 减渣 | FIC-11308 | 878.9 | 393.93 | 354 | 1044 | 0.00050 | 877.1 | 393.5 |
| | FI-12801 | 961 | -91.5 | 250 | 1044 | 0.00050 | 929.1 | -90.0 |

（五）加工损失

加工损失为0.18t/h，主要为：

1）电脱盐含盐污水中的脱盐和含油损失：

（a）脱盐损失。根据化验分析数据，脱前原油盐含量为10.8mg/L，脱后盐含量为3.0mg/L，原油加工量按1268.04t/h计，则脱盐造成的损失为0.0086t/h，占总加工损失的4.78%。

（b）根据化验分析数据，常减压电脱盐切水中油含量为222.9mg/L，考虑到相对于原油加工量而言，含盐污水量很小，含盐污水的密度取1t/m³，即油含量为222.9mg/L/(t/1000)=222.9×10⁻⁶/(t/t)。电脱盐注水50.5t/h，则电脱盐切水带走的油为222.9×10⁻⁶t/t×50.5t/h=0.011t/h，占总加工损失的6.1%。

2）含硫污水中的油损失：

根据化验分析数据，常减压含硫污水油含量为33.7mg/L，含硫污水外送量为46.27t/h，则含硫污水带走的油为33.7×10⁻⁶t/t×46.27t/h=0.00156t/h，占总加工损失的0.87%。

3）装置采样损失：

按标定期间每天采样1次，每日采样21个，采样量按100mL计，则采样损失为76.3g/h，该部分占加工损失的0.042%。

4）安全阀内漏：

由于安全阀泄漏量无法检查，故无法计算。

5）电脱盐看样损失(日常定期工作)：

按每2h一次，每次损失100mL计算，则电脱盐罐看样造成的油损失为43.6g/h，该部分占加工损失的0.024%。

6）螺杆机排液损失。

7）在线分析仪排液损失。

（六）分离精度计算

根据《原油蒸馏原理和工艺计算》[1]第262页分离精度为：用较重馏分的5%点 $t_5^H$ 与较轻馏分的95%点 $t_{95}^L$ 之间的差值来表示分馏精确度，即：

恩氏蒸馏(5%～95%)间隙 $=t_5^H-t_{95}^L$

为了表明各产品之间的分割精度，常压各侧线之间脱空度见表3-22。

表3-22 常压侧线之间的分割精度表

| 馏 分 | 标定数据 | 馏 分 | 标定数据 |
|---|---|---|---|
| 常一线—稳定石脑油 $T_{5\%}$(重)-$T_{95\%}$(轻)/℃ | 11.75 | 常一线汽提蒸汽比例/% | 1 |
| 常二线—常一线 $T_{5\%}$(重)-$T_{95\%}$(轻)/℃ | -11.8 | 常二线汽提蒸汽比例/% | 1.67 |
| 常三线—常二线 $T_{5\%}$(重)-$T_{95\%}$(轻)/℃ | -8.25 | | |

从表3-22各馏分之间脱空度数据可看出，本装置常一线与塔顶脱空很好；但常一线和常二线、常三线与常二线均存在重叠。说明本装置常压塔中部位置塔盘效率下降。

下面计算石脑油和柴油重叠组分的质量。

根据蒸馏曲线换算章节中计算得到的常二线的实沸点蒸馏数据(见表3-23)进行计算。

表3-23 常二线的实沸点蒸馏数据表

| 项 目 | 初馏点馏出温度/℃ | 10%馏出温度/℃ | 30%馏出温度/℃ | 50%馏出温度/℃ | 70%馏出温度/℃ | 90%馏出温度/℃ | 100%馏出温度/℃ | 密度(20℃)/(kg/m³) |
|---|---|---|---|---|---|---|---|---|
| 数值 | 159.0 | 223.1 | 249.6 | 268.4 | 285.2 | 295.4 | 327.2 | 822.6 |

轻柴油(常二线)实沸点切割图如图3-1所示。

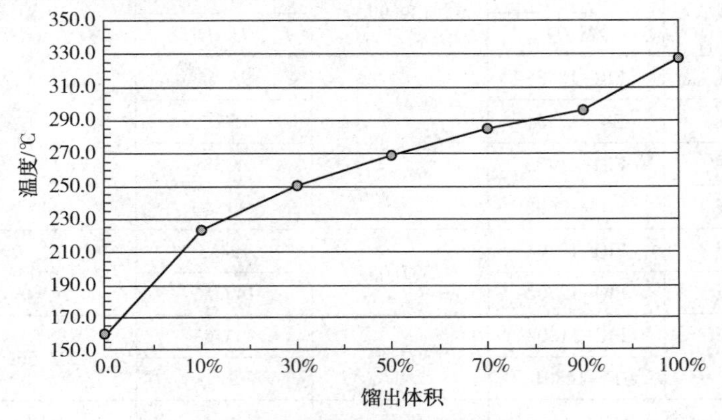


图3-1 柴油实沸点蒸馏曲线图

注：<250℃(实沸点)为常一线馏分。

由图3-1看出，柴油馏分中有30%(体)的<250℃的航煤馏分。这部分馏分按照常一线和常二线的平均密度计算，相当于18.645%(质)。

常二线中重叠的常一线量见表3-24。

表3-24 常二线中重叠的常一线量计算表

| 项目 | 数值 | 项目 | 数值 |
|---|---|---|---|
| 常一线密度/(kg/m³) | 724.75 | 常二线夹带常一线/%(体) | 30 |
| 常二线密度/(kg/m³) | 822.6 | 常二线夹带常一线/%(质) | 28.2 |
| 常一线、常二线密度平均值/(kg/m³) | 773.7 | | |

常二线流量为93.65t/h，则常二线中夹带常一线量为：

$$93.65 \times 28.2\% = 26.4(t/h)$$

通过以上分析可知，由于常二线和常一线的重叠造成26.4t/h的航煤组分进入柴油中，使得高价值的航煤作为柴油销售，影响装置效益。从提升效益的角度来看，提高常一线和常二线的分离精度，可很大程度上提高装置的运行效益。

（七）细物料平衡汇总表

通过以上仪表校正、加工损失计算，得到标定期间装置校正后的物料平衡(即细物料平衡)，并将计算数据列于表3-25。

表3-25 细物料平衡汇总表

| 项目 | 物料名称 | 仪表位号 | 粗物料平衡流量表 | | 细物料平衡 | |
|---|---|---|---|---|---|---|
| | | | 总量/(t/h) | 分表量/(t/h) | 总量/(t/h) | 分表量/(t/h) |
| 进料 | 原油 | FIQ-11701A | 1268.04 | 1268.04 | 1267.72 | 1267.72 |
| | | FIQ-11701B | | | | |
| | 外来轻烃 | FI-01101 | 16.99 | 16.99 | 16.99 | 16.99 |
| | 合计 | | 1285.03 | | 1284.71 | 1284.71 |
| 出料 | 气体 | FIQ-20202 | 3.17 | 1409Nm³/h | 2.75 | 2.15 |
| | | FIQ-11601 | | 630Nm³/h | | 0.6 |
| | 液化气 | FIQ-20201 | 20.04 | 20.04 | 20.01 | 20.01 |
| | 石脑油 | FIC-20102 | 218.1 | 218.1 | 218.47 | 218.47 |
| | 常一线 | FIQ-12502 | 139.99 | 68.9 | 139.81 | 68.72 |
| | | 罐计量 | | 71.09 | | 71.09 |
| | 常二线 | FIC-12505 | 263.88 | 93.65 | 263.77 | 93.46 |
| | 常三线 | FIC-12504 | | 157.5 | | 157.41 |
| | 减顶油 | FIQ-11402 | | 1.33 | | 1.32 |
| | 减一线 | FIQ-12602 | | 11.4 | | 11.58 |
| | 减二线 | FIQ-12703 | 337.05 | 194.5 | 336.14 | 194.11 |
| | 减三线 | FIQ-12702 | | 142.55 | | 142.03 |
| | 减渣 | FIC-11308 | 302.43 | 393.93 | 303.56 | 393.52 |
| | | FI-12801 | | -91.5 | | -89.97 |
| | 损失 | | 0.37 | | 0.18 | |
| | 合计 | | 1285.03 | | 1284.71 | |

通过细物料平衡数据，计算各产品的收率情况，见表3-26。

表3-26　标定期间各产品收率表

| 项　目 | 物料名称 | 细物料流量/(t/h) | | 收率/% |
|---|---|---|---|---|
| | | 总量 | 分表量 | |
| 进料 | 原油 | 1267.72 | 1267.72 | 98.68 |
| | 外来轻烃 | 16.99 | 16.99 | 1.32 |
| | 合计 | 1284.71 | 1284.71 | 100.00 |
| 出料 | 气体 | 2.75 | 2.15 | 0.17 |
| | | | 0.6 | 0.05 |
| | 液化气 | 20.01 | 20.01 | 1.56 |
| | 石脑油 | 218.47 | 218.47 | 17.01 |
| | 常一线 | 139.81 | 68.72 | 5.35 |
| | | | 71.09 | 5.53 |
| | 常二线 | 263.77 | 93.46 | 7.27 |
| | 常三线 | | 157.41 | 12.25 |
| | 减顶油 | | 1.32 | 0.10 |
| | 减一线 | | 11.58 | 0.90 |
| | 减二线 | 336.14 | 194.11 | 15.11 |
| | 减三线 | | 142.03 | 11.06 |
| | 减渣 | 303.56 | 303.56 | 23.63 |
| | 损失 | 0.18 | 0.18 | 0.01 |
| | 合计 | 1284.71 | 1284.71 | 100.00 |
| | 总拔出率 | | | 76.37 |

通过细物料平衡计算可以看出，标定期间装置总拔出率为76.37%。装置加工损失为0.18t/h，通过对加工损失分项计算，仍存在不平衡量。

（八）水平衡

常减压装置主要的用水(汽)的位置有：原油的含水、各塔的塔底吹汽、电脱盐和各塔的注水、减顶抽真空系统以及湿式空冷的消耗水；污水的外送主要有电脱盐的含盐污水切水和含硫污水的外送。装置水平衡见表3-27。

表3-27　装置水平衡表

| 项　目 | 带入系统的水 | | | 系统排水 | | |
|---|---|---|---|---|---|---|
| | 介质 | 数值/(t/h) | 比例/% | 出水 | 数值/(t/h) | 比例/% |
| 进料 | 原油中的水（通过原油带入的水） | 0.317 | 0.33 | 电脱盐切水 | 50.5 | 52.18 |
| 吹汽 | 航煤吹汽 | 1.14 | 1.18 | 含硫污水出 | 46.27 | 47.81 |
| | 轻柴吹汽 | 1.513 | 1.56 | 损失 | 0.01 | 0.01 |
| | 常底吹汽 | 6.05 | 6.25 | | | |
| | 减底吹汽 | 1.25 | 1.29 | | | |

续表

| 项　目 | 带入系统的水 | | | 系统排水 | | |
|---|---|---|---|---|---|---|
| | 介质 | 数值/(t/h) | 比例/% | 出水 | 数值/(t/h) | 比例/% |
| 注水 | 初顶注水 | 3.5 | 3.62 | | | |
| | 常顶注水 | 19 | 19.63 | | | |
| | 减顶注水 | 3.5 | 3.62 | | | |
| | 电脱盐注水 | 50 | 51.66 | | | |
| | 稳定塔注水 | 0 | 0 | | | |
| | 各类补水(稳顶、减顶湿式空冷消耗) | 0.01 | 0.01 | | | |
| 工艺用汽 | 减顶抽真空用汽 | 10.5 | 10.85 | | | |
| 合计 | | 96.78 | 100 | | 96.78 | 100 |

从表3-27可以看出，装置的主要用汽(水)点为电脱盐注水，占总水量的51.66%；其次是常顶注水，占19.63%；抽真空系统用水(汽)占10.85%；

装置的排水中，主要为电脱盐切水，占52.18%；含硫污水出装置占47.81%。通过分析，装置还有一部分的水损失，主要为减顶湿式空冷、稳定塔顶湿式空冷的消耗用水为10kg/h，采用湿式空冷后在循环使用过程中有水消耗。

(九) 硫、氮、酸度或酸值分布

1. 硫平衡

为便于对常减压装置的硫平衡计算，分别对入方和出料中硫进行了分析，并计算了各物料的硫含量，计算出了常减压装置的硫平衡表，见表3-28。

**表3-28　标定期间硫平衡表**

| 项　目 | 介　质 | 流量/(t/h) | 硫含量/% | 硫质量流量/(kg/h) | 收率/% |
|---|---|---|---|---|---|
| 入方 | 常压脱前原油 | 1267.72 | 2.4 | 30425.28 | 100.00 |
| 出方 | 电脱盐总切水 | 47.81 | 0.24 | 0.01 | 0.00 |
| | 常压稳石脑油 | 218.47 | 0.05 | 109.23 | 0.36 |
| | 常一线 | 139.81 | 0.22 | 307.58 | 1.01 |
| | 常二线 | 93.65 | 0.84 | 786.66 | 2.59 |
| | 常三线 | 157.5 | 1.66 | 2614.5 | 8.59 |
| | 减顶油 | 1.33 | 1.24 | 16.5 | 0.05 |
| | 减一线 | 11.4 | 2.05 | 233.7 | 0.77 |
| | 减二线 | 194.5 | 2.67 | 5193.15 | 17.07 |
| | 减三线 | 142.55 | 3.25 | 4632.9 | 15.23 |
| | 减底渣油 | 303.56 | 5.12 | 15542.3 | 51.08 |
| | 常压液化气 | 20.01 | 0.715 | 143.07 | 0.47 |
| | 初常顶合并干气 | 2.15 | 3.5 | 0.7525 | 0.00 |
| | 减顶干气 | 0.6 | 29.98 | 125.88 | 0.41 |
| | 含硫污水 | 46.27 | 2430 | 112.4 | 0.37 |
| | 损失 | | | 606.6 | 1.99 |
| | 合计 | | | 30425 | 100.1 |

通过核算，进入常减压装置总硫量为30.425t/h。根据表3-28，有1.99%的硫不平衡，分析原因渣油的硫分析数据有一组为4.93%，一组为5.3%，在核算中取的两者的均值，故影响了装置的硫平衡；若使用5.3%的渣油数据，则硫损失变为-0.18%，接近平衡。

2. 氮分布

标定期间，对各产品的氮含量进行了化验分析，计算出了装置的氮分布情况，见表3-29。

**表3-29 装置标定氮平衡表**

| 介质走向 | 介 质 | 流量/(t/h) | 项 目 | 数 值 | 氮质量流量/(kg/h) | 收率/% |
|---|---|---|---|---|---|---|
| 入方 | 常压脱前原油 | 1267.72 | 氮含量/%(质) | 0.17 | 2155.124 | 100.00 |
| 出方 | 电脱盐总切水 | 47.81 | 氨氮/(mg/L) | 33.2 | 1.587292 | 0.07 |
| | 常压稳石脑油 | 218.47 | 氮含量/(mg/kg) | 0.66 | 0.14419 | 0.01 |
| | 常一线 | 139.81 | 氮含量/(mg/kg) | 5.25 | 0.734003 | 0.03 |
| | 常二线 | 93.65 | 氮含量/(mg/kg) | 106.5 | 9.974 | 0.46 |
| | 常三线 | 157.5 | 氮含量/(mg/kg) | 159.5 | 25.121 | 1.17 |
| | 减顶油 | 1.33 | 氮含量/(mg/kg) | 6.9 | 0.009 | 0.00 |
| | 减一线 | 11.4 | 氮含量/(mg/kg) | 203 | 2.314 | 0.11 |
| | 减二线 | 194.5 | 氮含量/%(质) | 0.105 | 204.225 | 9.48 |
| | 减三线 | 142.55 | 氮含量/%(质) | 0.17 | 242.335 | 11.24 |
| | 减底渣油 | 303.56 | 氮含量/%(质) | 0.41 | 1244.596 | 57.75 |
| | 初常顶合并干气 | 2.15 | $N_2$/%(体) | 20.7[16.23%(质)] | 348.945 | 16.19 |
| | 减顶干气 | 0.6 | $N_2$/%(体) | 8.01[15.57%(质)] | 46.710 | 2.17 |
| | 含硫污水 | 46.27 | 氨氮/(mg/L) | 1603 | 74.171 | 3.44 |
| | 损失 | | | | -45.7 | -2.12 |

通过对比看出，原油中的氮元素部分主要在气相轻组分和沸点较高的重组分。其中常顶气中氮占16.19%；减顶气中氮占2.17%；油品中的氮主要集中在减二线、减三线和减渣，其中减二线氮占9.48%；减三线氮占11.24%；减底渣油中氮占57.75%。其中不平衡的氮约45.7kg/h，约占2.12%，不平衡的原因主要在于采样和分析过程的不同步性，同时在进行数据统计时采用了平均数据所致。

3. TAN分布

标定期间，对原油、常一线、常二线、常三线、减顶油、减一线、减二线、减三线的酸值或酸度进行了化验分析，见表3-30。

**表3-30 进装置酸值(度)数据表**

| 介质走向 | 名称 | 流量/(t/h) | 酸值或酸度 | 消耗的酸总量/(kgKOH/h) | 占比/% | 相对密度 |
|---|---|---|---|---|---|---|
| 入方 | 脱前原油 | 1267.72 | 0.19mgKOH/g | 240.867 | 100.0 | |
| 出方 | 常一线 | 139.81 | 0.02665mgKOH/g | 3.726 | 1.55 | |
| | 常二线 | 93.65 | 6.25mgKOH/100mL | 7.1154 | 2.95 | 0.8226 |
| | 常三线 | 157.5 | 8.95mgKOH/100mL | 17.136 | 7.11 | 0.859 |

续表

| 介质走向 | 名称 | 流量/(t/h) | 酸值或酸度 | 消耗的酸总量/(kgKOH/h) | 占比/% | 相对密度 |
|---|---|---|---|---|---|---|
| 出方 | 减顶油 | 1.33 | 4.2mgKOH/100mL | 0.0679 | 0.03 | 0.79 |
| | 减一线 | 11.4 | 8.467mgKOH/100mL | 1.173 | 0.49 | 0.87 |
| | 减二线 | 194.5 | 0.323mgKOH/g | 62.888 | 26.11 | |
| | 减三线 | 142.55 | 0.3mgKOH/g | 42.765 | 17.75 | |

从表中看出，产品中的酸值(度)较高的物料为常三线、减二线以及减三线，即主要在250~500℃的馏分中。

## 三、常压塔计算

### (一) 常压塔相关流程介绍及DCS相关参数

常压塔计算相关参数见表3-31。

表3-31　常压塔计算相关参数表

| 项　目 | 数　据 | 备　注 |
|---|---|---|
| 总塔盘数 | 51 | |
| 塔顶压力 | 140kPa(绝) | |
| 塔盘压降 | 0.87kPa | 根据塔顶和进料段压差计算出的塔盘压降 |
| 项目 | 抽出塔盘(自下而上计) | 返回塔盘(自下而上计) |
| 常顶循 | 48 | 51 |
| 常一线 | 38 | |
| 常一中 | 34 | 36 |
| 常二线 | 24 | |
| 常二中 | 20 | 22 |
| 常三线 | 12 | |
| 进料 | 6 | |
| 塔底抽出 | 0 | |

### (二) 常压塔相关参数图

根据现有的常压塔进行核算，目前已经确定了塔的总塔盘数和各部分的抽出位置。现对确定各段塔盘数及中段循环回流抽出和返回塔盘的位置(根据后续计算结果，逐渐更新塔的相关数据)图形展示，其中初侧线经初侧线泵送至常一中回流返回常压塔，常一中的部分经常一中泵送至常一线汽提塔入口，如图3-2所示。

### (三) 塔顶压力及各抽出板的压力

根据塔顶压力140kPa(绝)，每层塔板压降为0.87kPa(塔盘压降来源根据DCS塔顶压力和进料段的压差得到塔盘的压降)，则常压塔的各压力分布(计算值)见表3-32。

### (四) 塔顶及吹汽

本装置使用顶循回流控制塔顶温度，未投用冷回流。常压塔汽提蒸汽是过热后的低低压蒸汽，蒸汽条件：303℃、485kPa(绝)，此时蒸汽焓值为3071kJ/kg。

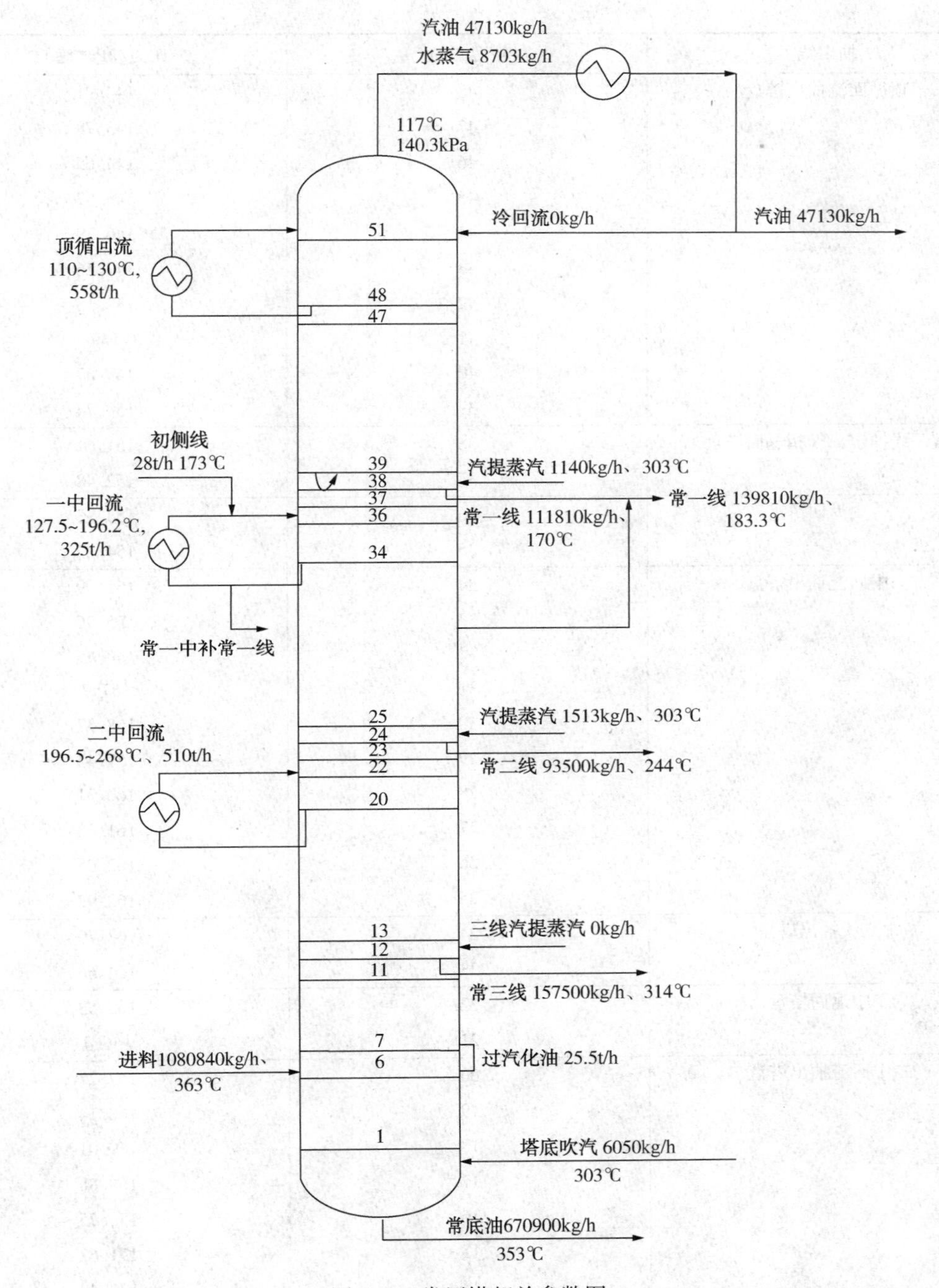


图 3-2 常压塔相关参数图

**表 3-32 常压塔塔盘上压力数据表**

| 抽出线 | 塔盘位置 | 压力/kPa(绝) |
|---|---|---|
| | 塔顶 | 140.3 |
| 顶循回流及冷回流塔盘 | 51 | 140.3 |
| | 50 | 141.17 |
| | 49 | 142.04 |

续表

| 抽出线 | 塔盘位置 | 压力/kPa(绝) |
| --- | --- | --- |
| 顶循回流抽出塔盘 | 48 | 142.91 |
| | 47 | 143.78 |
| | 46 | 144.65 |
| | 45 | 145.52 |
| | 44 | 146.39 |
| | 43 | 147.26 |
| | 42 | 148.13 |
| | 41 | 149 |
| | 40 | 149.87 |
| | 39 | 150.74 |
| 常一线抽出，气相返回塔盘 | 38 | 151.61 |
| | 37 | 152.48 |
| 一中返回塔盘 | 36 | 153.35 |
| | 35 | 154.22 |
| 一中回流抽出塔盘 | 34 | 155.09 |
| | 33 | 155.96 |
| | 32 | 156.83 |
| | 31 | 157.7 |
| | 30 | 158.57 |
| | 29 | 159.44 |
| | 28 | 160.31 |
| | 27 | 161.18 |
| | 26 | 162.05 |
| | 25 | 162.92 |
| 常二线抽出塔盘 | 24 | 163.79 |
| | 23 | 164.66 |
| 二中返回塔盘 | 22 | 165.53 |
| | 21 | 166.4 |
| 二中回流抽出塔盘 | 20 | 167.27 |
| | 19 | 168.14 |
| | 18 | 169.01 |
| | 17 | 169.88 |
| | 16 | 170.75 |
| | 15 | 171.62 |
| | 14 | 172.49 |
| | 13 | 173.36 |
| 常三线抽出塔盘 | 12 | 174.23 |
| | 11 | 175.1 |
| | 10 | 175.97 |
| | 9 | 176.84 |
| | 8 | 177.71 |
| | 7 | 178.58 |

续表

| 抽出线 | 塔盘位置 | 压力/kPa(绝) |
|---|---|---|
| 常减压进料板 | 6 | 179.45 |
| | 5 | 180.32 |
| | 4 | 181.19 |
| | 3 | 182.06 |
| | 2 | 182.93 |
| | 1 | 183.8 |
| 塔底吹汽 | 塔底 | 184.67 |

(1) 计入初侧线的物流数据表

由于初馏塔侧线抽出(即初侧线)送入常一中回流线。在进行常一中以上部分热量核算时，平衡框图需将初侧线的量计入平衡体系内。通过初侧线的馏程看出(5%点：138.25℃；终馏点：234.75℃)，初侧线的大部分物料将作为常一线馏出(为简化计算，将初侧线中石脑油组分也列入常一线物料计算)，物料计入初侧线流量的数据见表3-33。

**表3-33 计入初侧线的侧线流量数据**

| 产品 | 收率 | | 流量 | | | | $d_4^{20}$ | $M$ |
|---|---|---|---|---|---|---|---|---|
| | %(体) | %(质) | m³/h | t/d | kg/h | kmol/h | | |
| 汽油(常顶) | 5.27 | 4.25 | 65.0 | 1131.1 | 47130 | 413.42 | 0.725 | 114.0 |
| 航煤(一线)含初侧线 | 14.38 | 12.61 | 177.3 | 3355.4 | 139810 | 859.84 | 0.789 | 162.6 |
| 轻柴(二线) | 9.22 | 8.43 | 113.7 | 2244.0 | 93500 | 452.57 | 0.823 | 206.6 |
| 重柴(常三线) | 14.87 | 14.20 | 183.4 | 3780.0 | 157500 | 600.23 | 0.859 | 262.4 |
| 常压重油 | 56.26 | 60.50 | 693.6 | 16101.6 | 670900 | 1312.92 | 0.9673 | 511 |
| 合计 | 100.00 | 100.00 | 1232.9 | 26612.2 | 1108840 | 3639.0 | | |

(2) 不计入初侧线的物料平衡

由于初侧线送入常一中回流线，在进行常一中以上部分热量核算时，平衡框图需将初侧线的量计入平衡体系内。在常一中以下部分进行热量衡算时，则不需要将初侧线列入衡算内容中，不计入初侧线的物流数据见表3-34。

**表3-34 不计入初侧线的常压塔侧线流量数据**

| 产品 | 收率 | | 流量 | | | | $d_4^{20}$ | $M$ |
|---|---|---|---|---|---|---|---|---|
| | %(体) | %(质) | m³/h | t/d | kg/h | kmol/h | | |
| 汽油(常顶) | 5.38 | 4.36 | 65.0 | 1131.1 | 47130 | 413.42 | 0.725 | 114.0 |
| 航煤(一线)不含初侧线 | 11.73 | 10.34 | 141.8 | 2683.4 | 111810 | 687.64 | 0.789 | 162.6 |
| 轻柴(二线) | 9.40 | 8.65 | 113.7 | 2244.0 | 93500 | 452.57 | 0.823 | 206.6 |
| 重柴(常三线) | 15.17 | 14.57 | 183.4 | 3780.0 | 157500 | 600.23 | 0.859 | 262.4 |
| 常压重油 | 58.31 | 62.07 | 704.7 | 16101.6 | 670900 | 1312.92 | 0.952 | 511 |
| 合计 | 100.00 | 100.00 | 1208.6 | 25940.2 | 1080840 | 3466.8 | | |

(3) 汽提蒸汽平衡

根据实际操作数据，常压塔各侧线产品的汽提使用情况见表3-35。

表 3-35　汽提蒸汽数据表

| 项　目 | 产　品 | 汽提蒸汽量 | |
|---|---|---|---|
| | 流量/(kg/h) | 流量/(kg/h) | 流量/(kmol/h) |
| 汽油(常顶) | 47130 | 0 | 0 |
| 航煤(一线) | 139810 | 1140 | 63.33 |
| 轻柴(二线) | 93500 | 1513 | 84.06 |
| 重柴(常三线) | 157500 | 0 | 0.00 |
| 常压重油 | 670900 | 6050 | 336.11 |
| 合计 | 1080840 | 8703 | 483.50 |

（五）进料段温度

DCS 中过汽化油量显示为 25500kg/h，由于无过汽化油的化验分析数据，为便于近似计算，其密度取常三线的相对密度 0.859，相对分子质量为 262.4。

计算过汽化量占进料的质量分数 $w_{汽}$：

$$w_{汽}=过汽化油量/常压炉出口流量\times100\%=25500/1080840\times100\%=2.36\%$$

过汽化流率：

$$N_{过}=25500/262.4=97.2(\mathrm{kmol/h})$$

在物性参数计算章节中，计算出了初底油的相对密度为 0.9202，则过汽化油占进料的体积分率：

$$e_{过}=0.0236\times0.9202/0.859=0.0253$$

常压塔进料段的汽化分率：

$$E_{f}=石脑油气相体积分数+常一线体积分数+常二线体积分数+常三线体积分数+过汽化油体积分数$$
$$=5.38\%+11.74\%+9.4\%+15.18\%+0.0253\times100\%=44.2\%$$

进料段油气分压计算：

进料段的油气总量 $N_{油}$=(石脑油+常一线+常二线+常三线+过汽化油)的摩尔流量

$$=413.42+687.64+452.6+600.23+97.2=2251(\mathrm{kmol/h})$$

进料板位置蒸汽摩尔流量 $N_{水}=336.11\mathrm{kmol/h}$

进料板位置油气的分压 $p_{油}=179.45\times2251/(2251+336.11)=156(\mathrm{kPa})$

将常压塔进料油的数据绘制在平衡汽化坐标纸上，平衡汽化坐标纸绘制情况如图 3-3 所示。

将常压塔进料油——初底油(前文已计算：焦点温度 614℃、焦点压力 3.4MPa)的数据绘制在平衡汽化坐标纸上，按照分压 $p_{油}$ = 156kPa、$E_{f}$ = 44.2%(体)，查得进料段温度为 363℃。

按上述绘图得到的进料温度是否合理，需要通过用等焓节流过程的方法，求得加热炉出口温度来进行校验，油品带入进料段的热量见表 3-36(焓值计算使用自编的纳尔逊焓值公式计算软件。公式来源为 API 的石油馏分纳尔逊图拟合公式)，加热炉出口热量平衡见表 3-36。

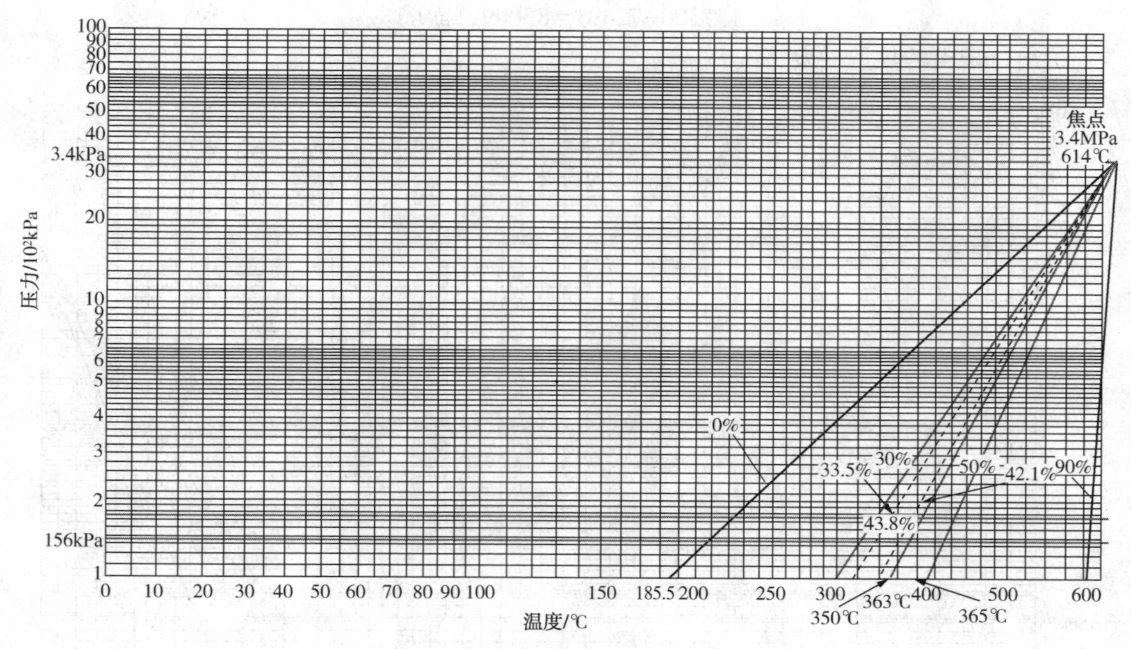


图 3-3　平衡汽化图(分压 156kPa)

**表 3-36　加热炉出口热量平衡表**

| 项　目 | 流量/(kg/h) | 温度/℃ | 密度/(t/m³) | 焓/(kJ/kg) | | 热量/(MJ/h) |
|---|---|---|---|---|---|---|
| | | | | 气相 | 液相 | |
| 汽油(常顶) | 47130 | 363 | 0.72475 | 1173 | | 55283 |
| 航煤(一线) | 111810 | 363 | 0.7886 | 1118 | | 125004 |
| 轻柴(二线) | 93500 | 363 | 0.8226 | 1092 | | 102102 |
| 重柴(常三线) | 157500 | 363 | 0.859 | 1066 | | 167895 |
| 过汽化油 | 25500 | 363 | 0.859 | 1066 | | 27183 |
| 常压重油 | 645400 | 363 | 0.952 | | 908 | 586023 |
| 合计 | 1080840 | | | | | 1063490 |

在 363℃时，进入常压塔带入的平均焓值：

$$h_F = 1063490/1080840 \times 1000 = 983.9(\text{kJ/kg})$$

根据现场转油线压降为 30kPa，则炉出口压力为：

$$p_{炉} = 156+30 = 186(\text{kPa})$$

假设炉出口温度分别为 $t_1 = 350℃$ 和 $t_2 = 368℃$，按照 186kPa 和以上两个温度分布求取常压炉出口的汽化分率，进一步求汽化量和炉出口温度。

在图 3-4 中查得对应 350℃的汽化分率为 33.5%；368℃情况下的汽化分率为 42.1%。

计算 $t_1 = 350℃$、气化率为 33.5%(体)条件下的平均焓值。

气化率为 33.5%(体)时，常二线全部汽化，常三线汽化部分的体积量为：

$$V_{常三} = 33.5\% - 5.38\% - 11.74\% - 9.4\% = 7.0\%$$

汽化部分的常三线的质量 $m_{常三} = 7.0/15.18 \times 157500 = 72491(\text{kg/h})$

未汽化的常三线的质量为：

$$157500-72491=85009(kg/h)$$

炉出口带出的热量见表3-37。

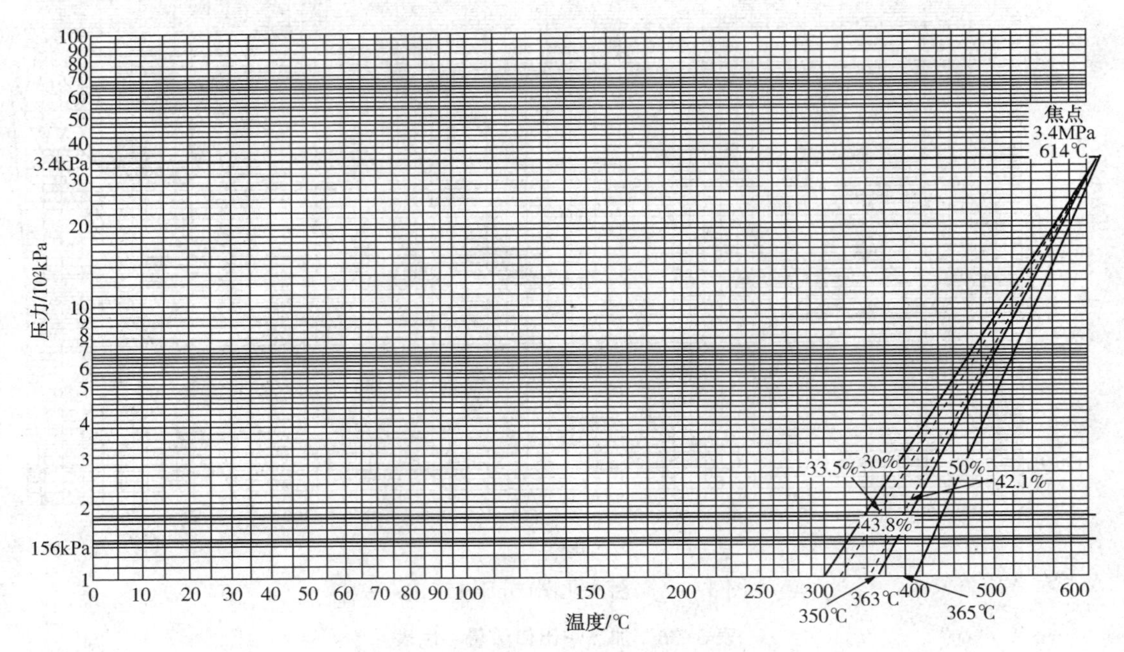


图3-4 平衡汽化图(分压186kPa)

**表3-37 加热炉出口(350℃)热量数据表**

| 项目 | 流量/(kg/h) | 温度/℃ | 密度/(g/cm³) | 焓/(kJ/kg) | | 热量/(MJ/h) |
|---|---|---|---|---|---|---|
| | | | | 气相 | 液相 | |
| 汽油(常顶) | 47130 | 350 | 0.72475 | 1134 | | 53445 |
| 航煤(一线) | 111810 | 350 | 0.7886 | 1080 | | 120755 |
| 轻柴(二线) | 93500 | 350 | 0.8226 | 1055 | | 98643 |
| 重柴(常三线)气相 | 72491.0 | 350 | 0.859 | 1029 | | 74593 |
| 重柴(常三线)液相 | 85009.0 | 350 | 0.859 | | 939 | 79823 |
| 常压重油 | 670900 | 350 | 0.952 | | 884 | 593076 |
| 合计 | 1080840 | | | | | 1020335 |

在350℃时，加热炉出口的焓值为：

$$h_1=1020335/1080840\times1000=944(kJ/kg)$$

计算$t_2=368℃$、气化率为42.1%(体)条件下的平均焓值。

气化率为42.1%(体)时，常三线全部汽化，多增加的过汽化油的体积量为：

$$V_{过}=42.1\%-5.38\%-11.74\%-9.4\%-15.18\%=0.411\%$$

$$过汽化油\ m_{过}=0.4/15.18\times157500=4271(kg/h)$$

炉出口带出的热量见表3-38。

在368℃时，加热炉出口的焓值为：

$$h_2=1079113/1080840\times1000=998.4(kJ/kg)$$

不同炉出口温度$t$与油品的焓值$h$函数关系为：

$$h=k\times t+b$$

表 3-38　加热炉出口(368℃)热量平衡表

| 项　目 | 流量/(kg/h) | 温度/℃ | 密度/(g/cm³) | 焓/(kJ/kg) | | 热量/(MJ/h) |
|---|---|---|---|---|---|---|
| | | | | 气相 | 液相 | |
| 汽油(常顶) | 47130 | 368 | 0.72475 | 1179 | | 55566 |
| 航煤(一线) | 111810 | 368 | 0.7886 | 1124 | | 125674 |
| 轻柴(二线) | 93500 | 368 | 0.8226 | 1098 | | 102663 |
| 重柴(常三线) | 157500 | 368 | 0.859 | 1072 | | 168840 |
| 过汽化油 | 4271.9 | 368 | 0.859 | 1125 | | 4806 |
| 常压重油 | 666628 | 368 | 0.952 | | 932.4 | 621564 |
| 合计 | 1080840 | | | | | 1079113 |

将350℃、944kJ/kg和368℃、998.4kJ/kg代入以上函数得到：

$$350\times k+b=944$$

$$368\times k+b=998.4$$

求得 $k=(998.4-944)/(368-350)=3.02$；$b=998.4-(3.03\times368)=-121.05$。

$$h=3.02\times t-121.05$$

忽略加热炉出口转油线的管线的散热损失，将过汽化油量2.36%时进入常压塔的焓值983.9kJ/kg代入上式得到计算的加热炉出口温度 $t=366$℃。

为此，若无DCS的实际数据，则需要根据 $p-e-t$ 图，求算在366℃、186kPa时的焓值 $h_3$，在不考虑转油线温降的前提下，比较计算的焓值 $h_3$ 与实际进料焓值983.9kJ/kg，若偏差不大，则说明 $t=366$℃即为加热炉出口温度。

由于本次标定为验证计算的加热炉出口温度与实际是否相符，计算的加热炉出口温度366℃，与DCS中实际控制的温度366.8℃(加热炉设定温度为367℃，由于加热炉出口波动，略有偏差)比较，两者基本一致，说明计算的加热炉出口温度准确。

即 $t=367$℃(以DCS为准)，即为加热炉出口温度。

(六) 确定常压塔塔底温度

根据DCS数据，常压塔塔底温度为353℃。

(七) 验证常三线抽出温度

对常压塔底部至常三线抽出塔盘(12层)做热量框图，如图3-5所示。

DCS中12层常三线抽出温度为314℃，即为抽出温度，13层向下流的内回流液体流量为 $L_{13}$，自塔底至12层板上部进行热量平衡计算，确定内回流流量(内回流液相密度按常三线的密度0.859、相对分子质量262.5估算；13层板的温度按照DCS中常三线抽出温度的外延值，取310℃，即进料温度363℃，常三线抽出温度314℃，塔盘数12，温差4℃，13层板温度为314℃－4℃＝310℃，估算方法下同)。常三线上部框图热量计算见表3-39。

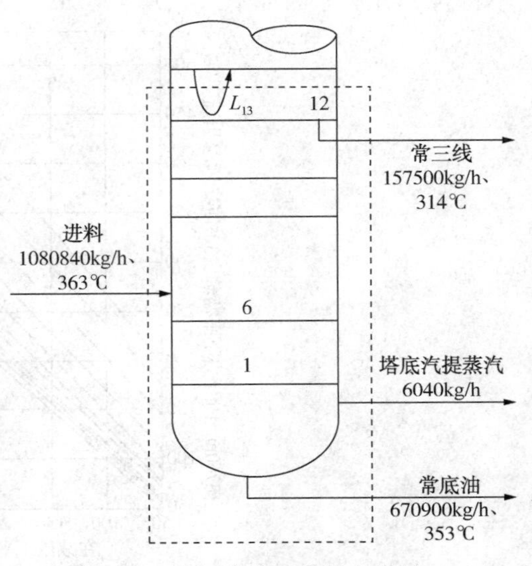


图 3-5　常压塔常三线抽出框图

表 3-39　常三线上部框图热量计算表

| 项　目 | | 流量/(kg/h) | 温度/℃ | 焓/(kJ/kg) | | 热量/(MJ/h) |
|---|---|---|---|---|---|---|
| | | | | 气相 | 液相 | |
| 进料 | 初底油 | 1080840 | 363 | | | 1063490 |
| | 汽提蒸汽 | 6040 | 303 | 3074 | | 18567 |
| | 内回流 | $L_{13}$ | 310 | | 788 | $788\times L_{13}/1000$ |
| | 合计 | $1086880+L_{13}$ | | | | $1082057+788\times L_{13}/1000$ |
| 出料 | 汽油 | 47130 | 314 | 1080 | | 50900 |
| | 常一线 | 111810 | 314 | 1031 | | 115276 |
| | 常二线 | 93500 | 314 | 1007 | | 94155 |
| | 常三线 | 157500 | 314 | | 800 | 126000 |
| | 内回流 | $L_{13}$ | 310 | 973 | | $973\times L_{13}/1000$ |
| | 水蒸气 | 6040 | 314 | 3097 | | 18706 |
| | 重油 | 670900 | 353 | | 892 | 598443 |
| | 合计 | $1086880+L_{13}$ | | | | $1003480+973\times L_{13}/1000$ |

内回流热 $\Delta Q=1082057-1003480=78577(\mathrm{MJ/h})$

13 层板的向下内回流量：

$$L_{13}=78577/(973-788)\times1000=424741(\mathrm{kg/h})=1618(\mathrm{kmol/h})$$

内回流油气分压：

$$p_{L_{12}}=174.2\times1618/(336.11+413.4+687.64+453.57+1618)=80.4(\mathrm{kPa})=603(\mathrm{mmHg})$$

通过上述计算，常压下平衡汽化 50%的温度为 318.7℃，0%点的温度为 279.1℃，两者温差为 318.7-279.2=39.6(℃)：按照常压、减压各段温度相等的假设，查图 3-6(《石油加工过程设备》[7]第 149 页图)得到 603mmHg 下 50%点平衡汽化温度为 310℃，该压力下泡点温度应为 310-39.6=270.4(℃)。但是，与实际 DCS 数据 314℃偏差较大。与实际生产数据不符合。分析原因如下。

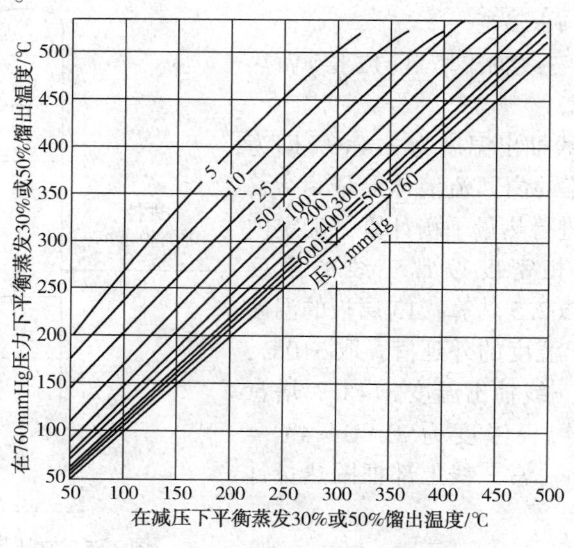


图 3-6　平衡汽化温度图

由于常三线D86的分析数据初馏点为241.5℃，10%点为292℃。分析判断该方法下初馏点的数据偏低，不能真实反映实际油品的初馏点。根据《原油蒸馏工艺与工程》[1]第308页介绍，“对于不太宽的馏分油，其恩氏蒸馏数据(ASTM D86)在正态概率坐标纸上十分接近于一条直线”。故利用常三线的10%点、30%点、50%点、70%点的D86数据推算0%点的平衡汽化温度。

常三线恩式蒸馏曲线10%～70%的斜率为0.76，在坐标纸上绘图得到初馏点的温度为270℃。

根据《原油蒸馏工艺与工程》[1]第287页介绍，将常压下50%点的恩式蒸馏数据转换为平衡汽化数据，见表3-40。

**表3-40　恩式蒸馏数据转换为平衡汽化数据表**　℃

| 项　目 | 初馏点 | 10%馏出温度 | 30%馏出温度 | 50%馏出温度 | 70%馏出温度 |
|---|---|---|---|---|---|
| 恩式蒸馏 | 270(推算值) | 292.5 | 311.7 | 325.1 | 338 |
| 恩式蒸馏温差 | 22.5 | 19.2 | 13.4 | | |
| 转化为平衡汽化温差 | 10 | 12 | 6 | 17 | |
| 常压平衡汽化温度 | 314.1 | 324.1 | 336.1 | 342.1 | |

常压下常三线的平衡汽化50%点与0%点温度差为：342.1-314.1=28(℃)。

按照常压、减压各段温度相等的假设，查图3-6得到603mmHg下50%点平衡汽化温度为340℃，该压力下泡点温度为340-28=312(℃)，与DCS实际测量值314℃相近。由于在使用图表法计算时，查图本身的误差已超过这个数值，因此可认为常三线抽出温度与计算温度一致，核算正确。

即常三线抽出温度为314℃。

（八）二中循环回流取热

标定期间，二中回流数据的物性已在上文中进行了计算，根据DCS中常二中抽出返回温度，计算出常二中循环回流取热量，见表3-41。

**表3-41　常二中取热相关数据表**

| 项　目 | 抽出温度/℃ | 抽出时相对焓值/(kJ/kg) | 回流温度/℃ | 返回时相对焓值/(kJ/kg) | 循环量/(t/h) | 取热量/MW | 热量/(MJ/h) |
|---|---|---|---|---|---|---|---|
| 数值 | 268 | 678 | 196.5 | 480 | 510 | 28.05 | 100980 |

（九）确定常二线抽出温度

由于DCS测得第24层抽出温度为244℃，即24层常二线抽出温度为244℃，25层向下流的内回流液体流量为$L_{25}$，自塔底至24层板上部进行热量平衡计算，确定内回流流量(内回流液相密度按常二线的密度0.8226、相对分子质量206.6估算；25层板的温度按照估算的插值取236℃，即常三线抽出温度314℃，常二线估算温度244℃，根据两流股间塔盘的数量，估算温差为8℃)。

按照此方法估算，可能造成所假设的温度较实际温度偏低，主要原因是设置中段回流后，占用了三块塔盘，在塔盘上主要进行热量交换，为换热板，影响了估算温度。

常压塔常二线抽出框图如图3-7所示。常二线热量计算见表3-42。

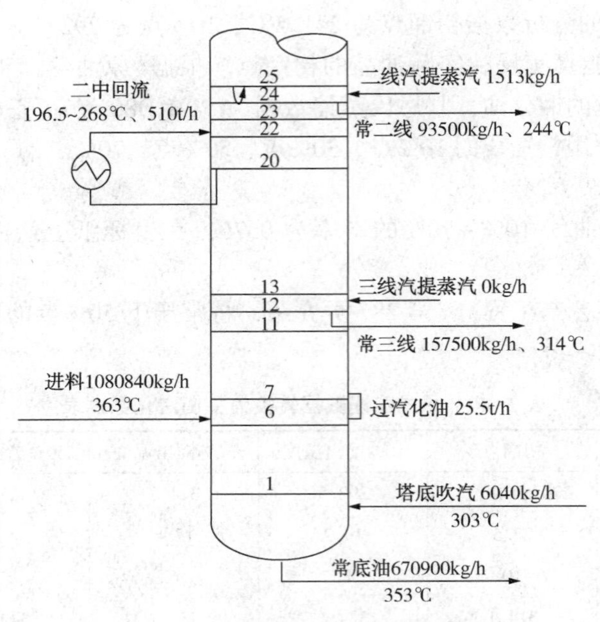


图 3-7　常压塔常二线抽出框图

**表 3-42　常二线热量计算表**

| 项　目 | | 流量/(kg/h) | 温度/℃ | 焓/(kJ/kg) | | 热量/(MJ/h) |
|---|---|---|---|---|---|---|
| | | | | 气相 | 液相 | |
| 进料 | 初底油 | 1080840 | 363 | | | 1063490 |
| | 汽提蒸汽 | 6040 | 303 | 3074 | | 18567 |
| | 内回流 | $L_{25}$ | 236 | | 592 | $592 \times L_{25}/1000$ |
| | 合计 | $1086880+L_{25}$ | | | | $1082057+592 \times L_{25}/1000$ |
| 出料 | 汽油 | 47130 | 244 | 885 | | 41710 |
| | 常一线 | 111810 | 244 | 844 | | 94368 |
| | 常二线 | 93500 | 244 | | 615 | 57503 |
| | 常三线 | 157500 | 314 | | 800 | 126000 |
| | 内回流 | $L_{25}$ | 244 | 823 | | $823 \times L_{25}/1000$ |
| | 水蒸气 | 6040 | 244 | 2963 | | 17897 |
| | 重油 | 670900 | 353 | | 892 | 598443 |
| | 二中取热 | | | | | 100980 |
| | 合计 | $1086880+L_{25}$ | | | | $1036901+823 \times L_{25}/1000$ |

内回流热 $\Delta Q = 1082057 - 1036901 = 45156$(MJ/h)

25 层板的向下内回流量：

$$L_{25} = 45156/(823-592) \times 1000 = 217096(\text{kJ/kg}) = 1051(\text{kmol/h})$$

内回流油气分压：

$$p_{L_{24}} = 163.8 \times 1051/(413.42+687.64+336.11+1051) = 69(\text{kPa}) = 519(\text{mmHg})$$

通过上述计算，常压下平衡汽化 50%的温度为 254.2℃，0%点的温度为 225.1℃，两者温差为 254.2−225.1 = 29.1(℃)。按照常压、减压各段温度相等的假设，查图 3-6 得到 519mmHg 下 50%点平衡汽化温度为 251℃，得到该压力下泡点温度为 251−29.1 = 221.9(℃)，与 DCS 的 244℃偏差较大。与实际生产数据不符合。

分析原因：

由于常二线 D86 的分析数据初馏点为 192℃，10%点为 235.8℃。通过上文中计算分析得出，初馏点的数据可能不能真实反映实际油品的初馏点。根据《原油蒸馏工艺与工程》[1]第 308 页介绍，“对于不太宽的馏分油，其恩氏蒸馏数据(ASTM D86)在正态概率坐标纸上十分接近于一条直线”。故利用常三线的 10%点、30%点、50%点、70%点的 D86 数据推算 0%点的平衡汽化温度。

根据常二线恩式蒸馏曲线 70%~10%的斜率为 0.67，在坐标纸上绘图得到初馏点的温度为 208℃，如图 3-8 所示。

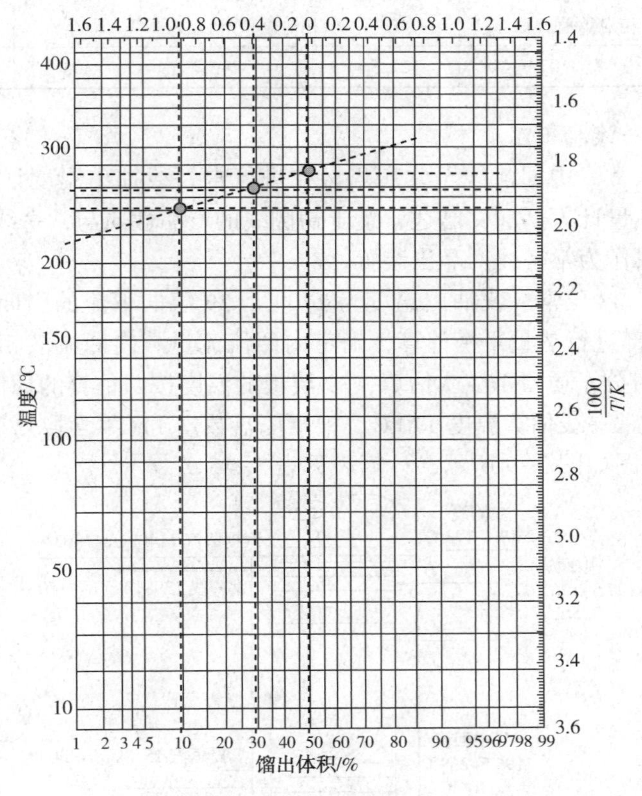


图 3-8 常压塔常二线恩式蒸馏计算图

根据《原油蒸馏工艺与工程》[1]第 287 页介绍，将常压下 50%点的恩式蒸馏数据转换为平衡汽化数据，见表 3-43。

表 3-43 恩式蒸馏数据转换为平衡汽化数据表 ℃

| 项　目 | 初馏点 | 10%馏出温度 | 30%馏出温度 | 50%馏出温度 |
|---|---|---|---|---|
| 恩式蒸馏 | 208(推算值) | 235.8 | 252.6 | 264.3 |
| 恩式蒸馏温差 | 27.8 | 16.8 | 11.7 | |
| 转化为平衡汽化温差 | 12.5 | 10 | 5.8 | 8.5 |
| 常压平衡汽化温度 | 244.5 | 257 | 267 | 272.8 |

常压下常二线的平衡汽化 50%点与 0%点温度差为：272.8-244.5=28.3(℃)。

按照常压、减压各段温度相等的假设，查图 3-6 得到 519mmHg 下 50%点平衡汽化温度为 270.5℃，该压力下泡点温度为 270.5-28.3=242.2(℃)，与实际测量得到的 244℃相近，在使用图表法计算时，由于查图本身的误差已超过这个数值，因此可以认为原假设温度是正确的。

即常二线抽出温度为 244℃。

(十) 一中循环回流取热

标定期间，一中回流数据的物性已在上文中进行了计算，根据 DCS 中常一中抽出、返回温度，计算出常一中循环回流取热量，见表 3-44。

**表 3-44　常一中取热相关数据表**

| 项　目 | 抽出温度/℃ | 抽出条件下相对焓值/(kJ/kg) | 回流温度/℃ | 回流温度下相对焓值/(kJ/kg) | 回流量/(t/h) | 取热量/MW | 热量/(MJ/h) |
|---|---|---|---|---|---|---|---|
| 数值 | 196.2 | 503 | 127.5 | 324 | 325 | 16.16 | 58175 |

(十一) 确定常一线抽出温度

由于初侧线并入常一中回流线至常压塔，在进行常一线抽出温度计算时框图热量衡算时，必须将该部分热量计入。前文已述，鉴于初侧线的产品性质与常一线基本一致，为简化计算将初侧线的物料作为常一线产品出装置。

根据 DCS 数据，38 层常一线抽出温度为 170℃，39 层向下流的内回流液体流量为 $L_{39}$，自塔底至 38 层板上部进行热量平衡计算，确定内回流流量。内回流液相密度按常一线的相对密度 0.7886、相对分子质量 162.7 估算；39 层板的温度按照估算的插值取 164℃。即常二线抽出温度 244℃，常一线估算温度 170℃，根据塔盘数量 11(不含换热板 3 块)，估算单板温差为 6℃。平衡框图如图 3-9 所示，计算表见表 3-45。

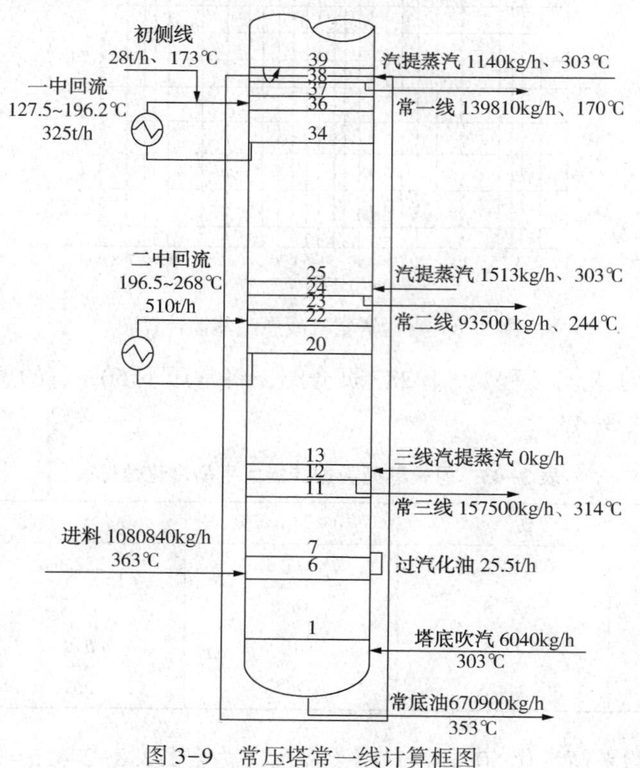


图 3-9　常压塔常一线计算框图

表 3-45　常一线热量计算表

| 项　目 | | 流量/(kg/h) | 温度/℃ | 焓/(kJ/kg) | | 热量/(MJ/h) |
|---|---|---|---|---|---|---|
| | | | | 气相 | 液相 | |
| 进料 | 初底油 | 1080840 | 363 | | | 1063490 |
| | 汽提蒸汽 | 7553 | 303 | 3074 | | 23218 |
| | 初侧线 | 28000 | 173 | | 440 | 12320 |
| | 内回流 | $L_{39}$ | 164 | | 415 | $415\times L_{39}/1000$ |
| | 合计 | $1116393+L_{39}$ | | | | $1099028+415\times L_{39}/1000$ |
| 出料 | 汽油 | 47130 | 170 | 703 | | 33132 |
| | 常一线 | 139810 | 170 | | 435 | 60817 |
| | 常二线 | 93500 | 244 | | 615 | 57503 |
| | 常三线 | 157500 | 314 | | 800 | 126000 |
| | 内回流 | $L_{39}$ | 170 | 670 | | $670\times L_{39}/1000$ |
| | 水蒸气 | 7553 | 170 | 2813 | | 21247 |
| | 重油 | 670900 | 353 | | 892 | 598443 |
| | 一中取热 | | | | | 58175 |
| | 二中取热 | | | | | 100980 |
| | 合计 | $1116393+L_{39}$ | | | | 1056297+100980 |

内回流热 $\Delta Q=1099028-1056297=42731$(MJ/h)

39 层板的向下内回流量：

$$L_{39}=42731/(670-415)\times1000=167572(\text{kg/h})$$
$$=1030(\text{kmol/h})$$

内回流油气分压：

$$p_{L_{38}}=151.6\times1030/(413.42+84.06+336.11+1030)$$
$$=83.8(\text{kPa})=629(\text{mmHg})$$

常压下平衡汽化50%点的温度为192.8℃，0%点的温度为178.8℃，两者温差为192.8-178.8=14(℃)。按照常压、减压各段温度相等的假设，查图 3-6 得到 629mmHg 下 50%点平衡汽化温度为189℃，该压力下泡点温度为189-14=175(℃)，与 DCS 显示的170℃偏差不大，故与计算数据吻合。

总结以上看出，计算的常二线、常三线抽出温度和减压下平衡汽化的初馏点温度不一致，而常一线抽出温度与该油气分压下平衡汽化的初馏点一致，分析原因为：

1）在进行 D86 数据向平衡汽化数据换算时，两次用到了公式换算，即由 10%点、50%点、90%点的数据，通过公式计算出 30%点和 50%点的数据；再通过公式转化为常压下实沸点的数据，通过两次公式计算导致常二线、常三线计算出的常压下实沸点数据与实际数据偏差较大。原因在于所使用的公式的普遍性不够，在使用公式计算时，30%点数据反而大于50%点的数据，因此在使用拟合公式方面要加强一致性的检查。

2）馏程过长，影响公式计算的准确性。对于流程较长的物流，通过公式将 D86 数据转换为实沸点数据后，存在偏差。通过公式转换后，计算出的常三线实沸点蒸馏数据见表 3-46。

表 3-46　常一线、常三线公式计算后的平衡汽化数据表

| 名　称 | 平衡汽化温度/℃ | | | | | | |
|---|---|---|---|---|---|---|---|
| | 0% | 10% | 30% | 50% | 70% | 90% | 100% |
| 常一线 | 178.9 | 197.4 | 199.5 | 192.8 | 196.7 | 205.7 | 210.6 |
| 常三线 | 279.2 | 315.6 | 327.6 | 318.7 | 320 | 340.4 | 343.8 |

通过上表看出，折算后 50%点的数据较 30%点的数据小，且 30%点的数据大于 70%点的数据说明通过公式折算时，误差较大。

但对于馏程较短的数据，如常一线计算的常压下实沸点馏程为 31.7℃(终馏点-初馏点)，使用公式折算后的误差相对较小。

即常一线抽出温度为 170℃。

(十二) 顶循环回流取热

根据标定时 DCS 数据，计算顶循回流取热量，见表 3-47。

表 3-47　常顶循取热数据表

| 抽出温度/℃ | 抽出时的焓值/(kJ/kg) | 回流温度/℃ | 返回时的焓值/(kJ/kg) | 回流量/(t/h) | 顶循取热量/MW | 热量/(MJ/h) |
|---|---|---|---|---|---|---|
| 130 | 333 | 110 | 283 | 558 | 7.75 | 27900 |

(十三) 确定常顶温度

此次计算为验证计算的塔顶温度与 DCS 数据是否一致，如果计算准确，则热料平衡表中输入的热料和输出的热量一致；若计算不准确，则在塔顶温度条件下，输入和输出的热量不平衡。

按照 DCS 数据中常顶温度 117℃，无冷回流条件下(标定时冷回流未投用)，进行全塔热量衡算。常压塔计算框图如图 3-9 所示。

在塔顶 117℃条件下，输入热量和输出热量计算表见表 3-48。

表 3-48　常压塔顶热量计算表

| 项　目 | | 流量/(kg/h) | 温度/℃ | 焓/(kJ/kg) | | 热量/(MJ/h) |
|---|---|---|---|---|---|---|
| | | | | 气相 | 液相 | |
| 进料 | 初底油 | 1080840 | 363 | | | 1063490 |
| | 汽提蒸汽 | 8703 | 303 | 3074 | | 26753 |
| | 初侧线 | 28000 | 173 | | 440 | 12320 |
| | 合计 | 1117543 | | | | 1102563 |
| 出料 | 汽油 | 47130 | 117 | 507 | | 23895 |
| | 常一线 | 139810 | 183.3 | | 462 | 64592 |
| | 常二线 | 93500 | 244 | | 615 | 57503 |
| | 常三线 | 157500 | 314 | | 800 | 126000 |
| | 水蒸气 | 8703 | 117 | 2706 | | 23550 |
| | 重油 | 670900 | 353 | | 892 | 598443 |
| | 一中取热 | | | | | 58175 |

续表

| 项目 | | 流量/(kg/h) | 温度/℃ | 焓/(kJ/kg) | | 热量/(MJ/h) |
|---|---|---|---|---|---|---|
| | | | | 气相 | 液相 | |
| 出料 | 二中取热 | | | | | 100980 |
| | 顶循取热 | | | | | 27900 |
| | 合计 | 1117543 | | | | 1081038 |

注：常一线温度为183℃，为常一中直供常一线汽提塔部分的热料同常一线从常压塔抽出后的混合温度，在进行全塔热量核算时，需按183℃来计。

从表3-48可知，在常顶温度117℃条件下，输入热量和输出热量对比见表3-49。

**表3-49　输入热量和输出热量对比表**

| 项目 | 数值 | 项目 | 数值 |
|---|---|---|---|
| 输入热量/(MJ/h) | 1102563 | 差值(输入-输出)/(MJ/h) | 21525 |
| 输出热量/(MJ/h) | 1081038 | 热损失率(差值/输入×100)/% | 1.9 |

现对以上不平衡热量即热损失情况进行分析对比。

(1) 散热损失影响

常压塔对外的散热损失影响整个常压塔的热量平衡，现计算常压塔的散热损失，相关数据见表3-50。

**表3-50　常减压散热损失计算表**

| 项目 | 数值 | 备注 |
|---|---|---|
| 常压塔规格参数 | $\phi$7600mm×55100mm | |
| 直通段高度 | 55.1m | |
| 封头高度 | 顶1.9m、底1.5m | |
| 直筒段表面积 | 3.14×7.6×55.1=1322($m^2$) | |
| 封头面积 | 4×3.14×(7.6/2)$^2$=181($m^2$) | 为简化计算，按半圆面积计算方法计算 |
| 常压塔总表面积 | 1322+181=1496($m^2$) | |

计算常压塔的散热损失。根据现场检测结果，常压塔保温外壁温度 $t_n=60$℃，检测时环境温度 $t_c=20$℃，风速为1.6m/s。

根据《管式加热炉》[8]第309页公式，计算与风速有关的系数：

$$\xi=\sqrt{\frac{u+0.348}{0.348}}=\sqrt{\frac{1.6+0.348}{0.348}}=2.366$$

塔外壁对空气的对流放热系数：

$$a_{nc}=C\times\xi\times\sqrt{t_n-t_c}=2.2\times2.366\times\sqrt{60-20}=32.92[\text{kcal}/(\text{m}^2\cdot\text{h}\cdot℃)]$$

$C$ 为与炉墙表面散热形式有关的系数，为简化计算，本题中取 $C=2.2$。

塔外壁对空气的辐射放热系数：

$$a_{nr}=\frac{3.9\times\left[\left(\frac{t_n+273}{100}\right)^4-\left(\frac{t_a+273}{100}\right)^4\right]}{t_n-t_a}=\frac{3.9\times\left[\left(\frac{60+273}{100}\right)^4-\left(\frac{20+273}{100}\right)^4\right]}{60-20}$$

$$=4.8[\text{kcal}/(\text{m}^2\cdot\text{h}\cdot℃)]$$

塔外壁对空气的对流放热系数：

$$a_n = a_{nr} + a_{nc} = 32.92 + 4.8 = 37.72 [\text{kcal}/(\text{m}^2 \cdot \text{h} \cdot ℃)]$$

塔外壁散热损失：

$$Q = a_n \times (t_n - t_a) \times S = 37.72 \times (60-20) \times 1496 = 2257755(\text{kcal/h}) = 9437.42(\text{MJ/h})$$

即常压塔在塔体表面 60℃、环境温度为 20℃、风速为 1.6m/s 条件下的散热负荷为 9437MJ/h。

在常顶温度 117℃条件下，输入热量和输出热量对比见表 3-51。

**表 3-51　热损失偏差计算表**

| 项　目 | 数　值 | 项　目 | 数　值 |
|---|---|---|---|
| 输入热量/(MJ/h) | 1102563 | 差值(输入-输出)/(MJ/h) | 12088 |
| 输出热量/(MJ/h) | 1081038+9437 | 损失率(差值/输入×100%) | 1.1 |

考虑常压塔的散热损失后，仍有输入热量 1.1%的热量损失。

这说明，散热损失是造成分馏塔热量不平衡的原因之一。

注：在计算过程中，比较了有风和无风对散热的影响，无风时散热量为 4682MJ/h，是 1.6m/s 风速时散热量 9437MJ/h 的 49.6%。这说明，风的大小对散热损失影响较大。

（2）常顶不凝气影响

在进行常压塔核算时，未考虑常顶不凝气的影响，现将常顶不凝气在塔顶温度 117℃条件下的焓值予以计算。

物料平衡计算中，常顶不凝气量为 0.15t/h，常顶不凝气组成取混合干气的组成，计算在 117℃条件下的焓值为 4.5kW，即 16.2MJ/h，可见该部分热量对系统的热量影响很小。

（3）常底油焓值影响

由于在计算时，常底渣油化验分析时馏程数据的不准确性，将不平衡的热量分摊至常底渣油时，其影响常底油焓值情况为：

不平衡的热量为：12088-16.2=12071.8(MJ/h)

常底渣油总量为：670900kg/h

将不平衡的热量分摊至渣油时，渣油焓值变化量为：

$$16825.8/670900 = 0.018(\text{MJ/kg}) = 18(\text{kJ/kg})$$

该焓值为 340℃时渣油焓值 892kJ/kg 的 2.0%。考虑各侧线组分焓值计算、查图的误差，故该部分的偏差可以接受。

通过以上计算，常压塔的总体热量是平衡的。即：计算的常顶温度 117℃与 DCS 数据是吻合的，说明计算过程准确。

（十四）水露点验证

最后验证在塔顶条件下，水蒸气是否会冷凝。在塔顶组分中，仅有塔顶油气和水蒸气。塔顶 140kPa(绝)条件下，塔顶水露点计算见表 3-52。

**表 3-52　水露点相关计算数据表**

| 项　目 | 数　值 | 项　目 | 数　值 |
|---|---|---|---|
| 塔顶油气量/(kmol/h) | 413.42 | 塔顶总压/kPa(绝) | 140 |
| 塔顶蒸汽量/(kmol/h) | 483.5 | 水蒸气分压/kPa(绝) | 75.5 |

塔顶水蒸气分压 $p_{蒸汽}=75.5\text{kPa}$(绝)。在此分压条件下，蒸汽的饱和温度为 91.9℃，远低于塔顶温度 117℃，故塔顶水蒸气仍处于过热状态，不会冷凝。

(十五) 常压塔汽液负荷

气、液相负荷均指的是离开该层塔板的量。

对任一截面而言，通过该截面的气相流量：

$$N=\sum N_i+N_L+N_S$$

式中 $N_i$——产品量，kmol/h；

$N_L$——内回流量，kmol/h；

$N_S$——水蒸气量，kmol/h。

现对塔内主要界面的气相、液相负荷进行相关计算。

对第 51 层塔板液相进行计算：

从塔底至第 50 层进行热量衡算，50 层板温度 121℃，液相相对密度取 0.757，衡算表见表 3-53。

**表 3-53　第 50 层塔板液相热量计算表**

| 项　目 | | 流量/(kg/h) | 温度/℃ | 焓值/(kJ/kg) | | 热量/(MJ/h) |
|---|---|---|---|---|---|---|
| | | | | 气相 | 液相 | |
| 进料 | 初底油 | 1080840 | 363 | | | 1063490 |
| | 汽提蒸汽 | 8703 | 303 | 3074 | | 26753 |
| | 初侧线 | 28000 | 173 | | 440 | 12320 |
| | 内回流 | $L_{51}$ | 117 | | 300 | $300\times L_{51}/1000$ |
| | 合计 | $1117543+L_{51}$ | | | | $1102563+300\times L_{51}/1000$ |
| 出料 | 汽油 | 47130 | 121 | 569 | | 26817 |
| | 内回流 | $L_{51}$ | 121 | 569 | | $569\times L_{51}/1000$ |
| | 常一线 | 139810 | 183.3 | | 462 | 64592 |
| | 常二线 | 93500 | 244 | | 615 | 57502.5 |
| | 常三线 | 157500 | 314 | | 800 | 126000 |
| | 水蒸气 | 8703 | 117 | 2706 | | 23550 |
| | 重油 | 670900 | 353 | | 892 | 598442.8 |
| | 一中取热 | | | | | 58175 |
| | 二中取热 | | | | | 100980 |
| | 顶循取热 | | | | | 27900 |
| | 合计 | $1117543+L_{51}$ | | | | $1083959+569\times L_{51}/1000$ |

第 51 层板的内回流量：

质量流量：$L_{51}=(1102563-1083959)/(569-300)\times1000=69159(\text{kg/h})$

摩尔流量：$N_{L51}=69159/129=563(\text{kmol/h})$

对第 48 层塔板液相进行计算：

从塔底至第 47 层进行热量衡算，47 层板温度为 135℃(取常一线抽出与常顶循抽出的插值)，液相相对密度取 0.757(顶循相对密度)，衡算见表 3-54。

表 3-54　第 47 层塔板液相热量计算表

| 项目 | | 流量/(kg/h) | 温度/℃ | 焓值/(kJ/kg) | | 热量/(MJ/h) |
|---|---|---|---|---|---|---|
| | | | | 气相 | 液相 | |
| 进料 | 初底油 | 1080840 | 363 | | | 1063490 |
| | 汽提蒸汽 | 8703 | 303 | 3074 | | 26753 |
| | 初侧线 | 28000 | 173 | | 440 | 12320 |
| | 内回流 | $L_{48}$ | 130 | | 333 | $333\times L_{48}/1000$ |
| | 合计 | $1117543+L_{48}$ | | | | $1102563+333\times L_{48}/1000$ |
| 出料 | 汽油 | 47130 | 135 | 600 | | 28278 |
| | 内回流 | $L_{48}$ | 135 | 600 | | $600\times L_{48}/1000$ |
| | 常一线 | 139810 | 183.3 | | 462 | 64592 |
| | 常二线 | 89500 | 244 | | 615 | 57502.5 |
| | 常三线 | 157500 | 314 | | 800 | 126000 |
| | 水蒸气 | 8703 | 135 | 2742 | | 23863.626 |
| | 重油 | 674900 | 353 | | 892 | 598442.8 |
| | 一中取热 | | | | | 58175 |
| | 二中取热 | | | | | 100980 |
| | 合计 | $1117543+L_{48}$ | | | | $1057834+600\times L_{48}/1000$ |

第 48 层板的内回流量：

质量流量：$L_{48}=(1102563-1057834)/(600-333)\times1000=167524$(kg/h)

摩尔流量：$N_{L48}=167524/129=1299$(kmol/h)

对第 34 层塔板液相进行计算：

从塔底至第 33 层进行热量衡算，33 层板温度为 200℃(取常一中抽出与常二线抽出的插值)，液相相对密度取 0.789(常一线相对密度)，衡算见表 3-55。

表 3-55　第 33 层塔板液相热量计算表

| 项目 | | 流量/(kg/h) | 温度/℃ | 焓值/(kJ/kg) | | 热量/(MJ/h) |
|---|---|---|---|---|---|---|
| | | | | 气相 | 液相 | |
| 进料 | 初底油 | 1080840 | 363 | | | 1063490 |
| | 汽提蒸汽 | 7553 | 303 | 3074 | | 23218 |
| | 内回流 | $L_{34}$ | 196 | | 496 | $496\times L_{34}/1000$ |
| | 合计 | $1088393+L_{34}$ | | | | $1086708+496\times L_{34}/1000$ |
| 出料 | 汽油 | 47130 | 200 | 770 | | 36290.1 |
| | 内回流 | $L_{34}$ | 200 | 734 | | $734\times L_{34}/1000$ |
| | 常一线 | 111810 | 200 | 734 | | 82068.54 |
| | 常二线 | 93500 | 244 | | 615 | 57502.5 |
| | 常三线 | 157500 | 314 | | 800 | 126000 |
| | 水蒸气 | 7553 | 200 | 2874 | | 21707.322 |
| | 重油 | 670900 | 353 | | 892 | 598442.8 |
| | 二中取热 | | | | | 100980 |
| | 合计 | $1088393+L_{34}$ | | | | $1022991.262+734\times L_{34}/1000$ |

第34层板的内回流量：

质量流量：$L_{34}=(1086708-1022991)/(734-496)\times1000=267717$(kg/h)

摩尔流量：$N_{L34}=267717/163=1652.6$(kmol/h)

对第23层塔板液相进行计算：

从塔底至第22层进行热量衡算，22层板温度为268℃(取常二中抽出与常三线抽出的插值)，液相相对密度取0.8226(常二线相对密度)，衡算表见表3-56。

**表3-56　第22层塔板液相热量计算表**

| 项目 | | 流量/(kg/h) | 温度/℃ | 焓值/(kJ/kg) | | 热量/(MJ/h) |
|---|---|---|---|---|---|---|
| | | | | 气相 | 液相 | |
| 进料 | 初底油 | 1080840 | 363 | | | 1063490 |
| | 汽提蒸汽 | 6040 | 303 | 3074 | | 18567 |
| | 内回流 | $L_{23}$ | 256 | | 649 | $592\times L_{23}/1000$ |
| | 合计 | $1086880+L_{23}$ | | | | $1105211+592\times L_{23}/1000$ |
| 出料 | 汽油 | 47130 | 268 | 950 | | 44774 |
| | 常一线 | 111810 | 268 | 906 | | 101300 |
| | 常二线 | 93500 | 268 | 854 | | 79849 |
| | 常三线 | 157500 | 314 | | 800 | 126000 |
| | 内回流 | $L_{23}$ | 268 | 854 | | $854\times L_{23}/1000$ |
| | 水蒸气 | 6040 | 268 | 3012 | | 18192 |
| | 重油 | 670900 | 353 | | 892 | 598443 |
| | 合计 | | | | | 100980 |

第23层板的内回流量：

质量流量：$L_{23}=(1105211-100980)/(854-649)\times1000=12519$(kg/h)

摩尔流量：$N_{L_{23}}=12519/207=296.4$(kmol/h)

对第20层塔板液相进行计算：

从塔底至第19层进行热量衡算，19层板温度为272℃(取常二中抽出与常三线抽出的插值)，液相相对密度取0.8226(常二线相对密度)，衡算表见表3-57。

**表3-57　第19层塔板液相热量计算表**

| 项目 | | 流量/(kg/h) | 温度/℃ | 焓值/(kJ/kg) | | 热量/(MJ/h) |
|---|---|---|---|---|---|---|
| | | | | 气相 | 液相 | |
| 进料 | 初底油 | 1080840 | 363 | | | 1063490 |
| | 汽提蒸汽 | 6040 | 303 | 3074 | | 18567 |
| | 内回流 | $L_{20}$ | 268 | | 684 | $684\times L_{20}/1000$ |
| | 合计 | $1086880+L_{20}$ | | | | $1082057+684\times L_{20}/1000$ |
| 出料 | 汽油 | 47130 | 272 | 961 | | 45291.93 |
| | 常一线 | 111810 | 272 | 916 | | 102417.96 |
| | 常二线 | 93500 | 272 | 895 | | 83682.5 |
| | 常三线 | 157500 | 314 | | 800 | 126000 |

续表

| 项　目 | | 流量/(kg/h) | 温度/℃ | 焓值/(kJ/kg) | | 热量/(MJ/h) |
|---|---|---|---|---|---|---|
| | | | | 气相 | 液相 | |
| 出料 | 内回流 | $L_{20}$ | 272 | 895 | | $895\times L_{20}/1000$ |
| | 水蒸气 | 6040 | 272 | 3020 | | 18240.8 |
| | 重油 | 670900 | 353 | | 892 | 598442.8 |
| | 合计 | $1086880+L_{20}$ | | | | $895\times L_{20}/1000+974075.99$ |

第20层板的内回流量：

质量流量：$L_{20}=(1082057-974076)/(895-684)\times1000=511758(\text{kg/h})$

摩尔流量：$N_{L_{20}}=511758/207=2484(\text{kmol/h})$

自塔底段至进料段(6层上)进行热量衡算，过汽化的温度为358℃(取常三线抽出与常压塔进料插值)，液相相对密度取0.859(常三线相对密度)，进料板位置的热量框图如图3-10所示，衡算表见表3-58。

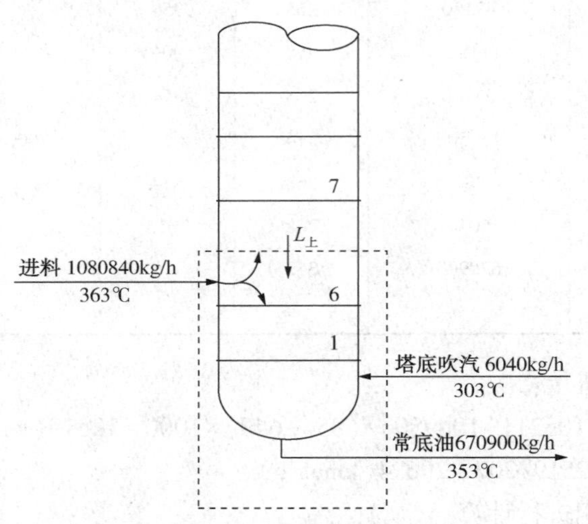


图3-10　常压塔底部框图

**表3-58　塔底热量计算表**

| 项　目 | | 流量/(kg/h) | 温度/℃ | 焓值/(kJ/kg) | | 热量/(MJ/h) |
|---|---|---|---|---|---|---|
| | | | | 气相 | 液相 | |
| 进料 | $\Delta E$(过汽化量) | 25500 | 358 | | 891 | 22720.5 |
| | $\Delta V$(提馏段汽化量) | $\Delta V$ | 358 | | 891 | $891\times\Delta V/1000$ |
| | $F_L$(进料液相) | 645400 | 363 | | 919 | 593122.6 |
| | 汽提蒸汽 | 6040 | 303 | 3074 | | 18566.96 |
| | 合计 | $680940+\Delta V$ | | | | $634410.06+891\times\Delta V/1000$ |
| 出料 | $\Delta V$(提馏段汽化量) | $\Delta V$ | 363 | 1080 | | $1080\times\Delta V/1000$ |
| | 重油 | 670900 | 353 | | 892 | 598442.8 |
| | 汽提蒸汽 | 6040 | 363 | 3206 | | 19364.24 |
| | 合计 | $680940+\Delta V$ | | | | $617807+1080\times\Delta V/1000$ |

提馏段汽化量：$\Delta V=(634410-617807)\times1000/(1080-891)=87846$(kg/h)

7 层板的内回流量 $L_7=L_{上}=\Delta E+\Delta L=25500+87846=113347$(kg/h)

$$N_{L_7}=L_7/262=113347/262=335.3\text{(kmol/h)}$$

进料板 6 层液相量 $L_6=\Delta V+$常底油量$=113347+670900=784247$(kg/h)

通过以上分析计算，塔内主要界面气、液相负荷见表 3-59。

**表 3-59　塔内主要截面气、液相负荷表**

| 塔盘位置 | 液相 | | | 气相 | | | |
|---|---|---|---|---|---|---|---|
| | 质量流量/(kg/h) | 密度/(g/cm³) | 体积流量/(m³/h) | 流量/(kmol/h) | 温度/℃ | 压力/kPa | 体积流量/(10²m³/h) |
| 塔顶 | | | | | | | |
| 51 | 69158 | 677 | 102 | 897 | 117 | 140. 3 | 207 |
| 50 | | | | 1433 | 121 | 140. 3 | 334 |
| 48 | 167524 | 666 | 252 | | | | |
| 47 | | | | 2195 | 135 | 143. 78 | 518 |
| 39 | 167572 | 675 | 248 | | | | |
| 38 | 55762 | 670 | 83 | 1926 | 170 | 151. 61 | 468 |
| 34 | 267717 | 651 | 411 | | | | |
| 33 | | | | 3173 | 200 | 155. 96 | 800 |
| 25 | 217096 | 662 | 328 | | | | |
| 24 | 123596 | 656 | 188 | 2572 | 244 | 163. 79 | 675 |
| 23 | 61068 | 648 | 94 | | | | |
| 22 | | | | 2186 | 244 | 165. 79 | 567 |
| 20 | 511758 | 652 | 782 | | | | |
| 19 | | | | 4374 | 272 | 168. 14 | 1178 |
| 13 | 424741 | 663 | 641 | | | | |
| 12 | 267241 | 655 | 408 | 3508 | 314 | 174. 23 | 982 |
| 7 | 113347 | 624 | 182 | | | | |
| 6 | 784247 | 712 | 1101 | 658 | 363 | 179. 45 | 194 |
| 0 | 670900 | 718 | 934 | 336. 1 | 353 | 184 | 95 |

在操作条件下的密度计算，根据《冷换设备工艺计算手册》[6]第 74 页附表 1-7 计算不同温度下的密度，以常一线密度计算为例，常一线抽出温度为 170℃，而相对密度 $d_4^{20}=0.788$，则操作条件下的密度：

$$\rho_{170}=T\times(1.307\times d_4^{20}-1.817)+973.86\times d_4^{20}+36.34$$
$$=170\times(1.307\times0.788-1.817)+973.86\times0.788+36.34=0.67$$

即操作条件下的密度为 670kg/m³。

塔内主要截面气液相负荷图如图 3-11 所示。

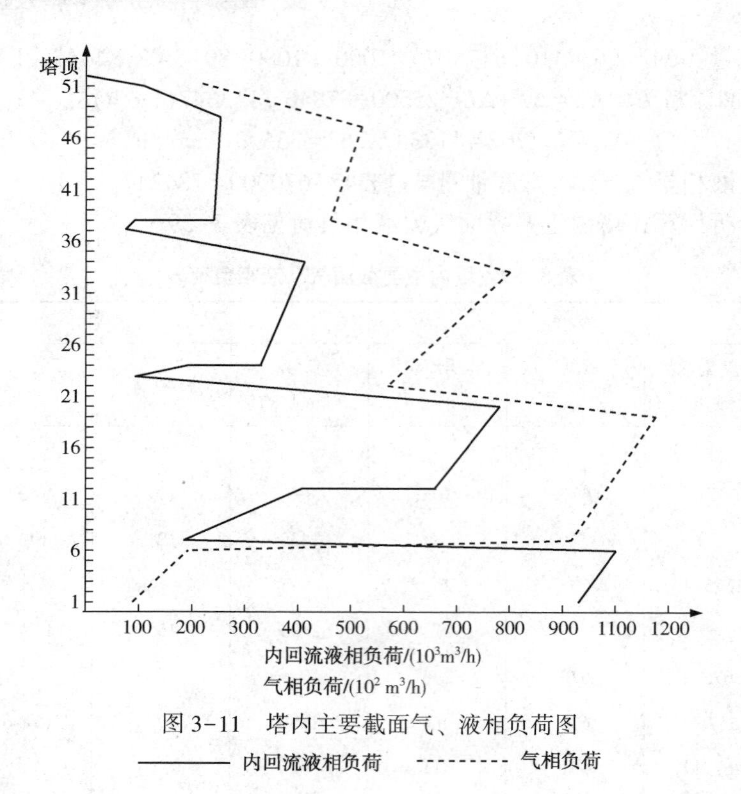


图 3-11　塔内主要截面气、液相负荷图

——— 内回流液相负荷　　- - - - - - 气相负荷

## 四、换热网络

标定期间，主要产品均为直供料，为便于判断分析在用的换热网络的运行情况，出装置温度均按《常减压蒸馏装置基准能耗》(2004 版)中规定的温度进行计算，并将直供料温度和规定的温度进行对比，见表 3-60；常减压装置各流股的初始温度(抽出温度、进装置温度)、目标温度(返塔温度、出装置温度)等进行统计，并计算各流股的焓值变化量(即焓差)，将常减压装置各换热流股统计、汇总、计算热容流率，见表 3-61。

**表 3-60　标定期间物流出装置温度与规定温度对比表**　　℃

| 出装置流股 | 实际出装置温度 | 换热网络计算使用的温度 |
|---|---|---|
| 稳定石脑油 | 40 | 40 |
| 常一线 | 125.7 | 70 |
| 常二线 | 123.4 | 70 |
| 常三线 | 105.2 | 70 |
| 减一线 | 83.2 | 90 |
| 减二线 | 135 | 90 |
| 减三线 | 157 | 90 |
| 减渣 | 180 | 110 |

**表 3-61　冷热流股细目表**

| 流　股 | 初始温度/℃ | 目标温度/℃ | 热容流率/(kW/℃) | 焓差/kW |
|---|---|---|---|---|
| 初顶不凝气 | 124 | 38.3 | 0.9 | 77 |
| 初顶油 | 124 | 38.3 | 270.2 | 23155 |

续表

| 流　股 | 初始温度/℃ | 目标温度/℃ | 热容流率/(kW/℃) | 焓差/kW |
|---|---|---|---|---|
| 初顶循 | 139.2 | 113.8 | 358.2 | 9099 |
| 常顶不凝气 | 117 | 49.7 | 0.1 | 4 |
| 常顶油 | 117 | 49.7 | 70.0 | 4713 |
| 常顶循 | 130 | 110 | 488.3 | 9765 |
| 常一线 | 183.3 | 70 | 94.9 | 10758 |
| 常一中 | 196.2 | 127.5 | 235.2 | 16160 |
| 常二线 | 246.6 | 70 | 65.0 | 11480 |
| 常二中 | 268 | 196.5 | 392.3 | 28050 |
| 常三线 | 316 | 70 | 112.9 | 27781 |
| 减顶油 | 34 | 34 | 0.0 | 0 |
| 减一线 | 81.8 | 83.2 | 6.9 | -10 |
| 减顶循 | 81.8 | 37 | 93.8 | 4203 |
| 减一中 | 238 | 180 | 455.9 | 26442 |
| 减二线 | 180 | 90 | 120.4 | 10832 |
| 减二中 1 | 316 | 241 | 361.3 | 27100 |
| 减二中 2 | 316 | 245 | 333.7 | 23693 |
| 减三线 | 241 | 90 | 91.7 | 13845 |
| 减渣 1 | 359 | 246 | 142.6 | 16115 |
| 减渣 2 | 359 | 249 | 157.4 | 17318 |
| 减渣出 | 247 | 110 | 189.6 | 25972 |
| 原油 | 34.4 | 129.5 | -738.6 | 70239 |
| 脱后原油 | 125.1 | 209.6 | -857.0 | 72417 |
| 初底油 | 209 | 317.5 | -794.1 | 86164 |
| 常压炉 | 317.5 | 367 | -1442.9 | 71426 |
| 稳定塔进料 | 42.3 | 125 | -250.6 | 20723 |
| 稳定塔顶气 | 56.3 | 36 | 294.2 | 5973 |
| 稳定塔底油 | 172.7 | 40 | 155.5 | 20636 |
| 稳定塔底重沸器 | 172.7 | 178.9 | -949.3 | 5886 |
| 蒸汽汽包 | 120 | 147 | -141.6 | 3824 |

注：表中负值代表吸收热量。

### （一）夹点温度

根据表 3-62 内容，冷热流股共包含 31 流股，其中热流股 23 条，冷流股 8 条。将表 3-62 中 22 条热流股(由于减一线热流股的温差仅为 1.4℃、焓差仅为 10kW，较其他冷热流股的焓差相距很大，为简化计算暂将该热量不统计。)按照各自的初始温度和目标温度汇总后，将所有热物流的初始温度和终温按照由高到低的顺序列表统计，不同的温度点将每条流股划分为不同的温度区间，根据各流股的热容流率计算该温度范围内的热量，然后将同一温差范围内的热量进行加和汇总，见表 3-62、表 3-63。

**表 3-62　热流股区间热量细目表 1**

| 温度/℃ | 热流股/kW | | | | | | | | | |
|---|---|---|---|---|---|---|---|---|---|---|
| | 减渣 1 | 减渣 2 | 常三线 | 减二中 1 | 减二中 2 | 常二中 | 减渣出 | 常二线 | 减三线 | 减一中 |
| 359 | | | | | | | | | | |
| 316 | 6131.8 | 6768.2 | | | | | | | | |
| 268 | 6844.8 | 7555.2 | 5419.2 | 17342.4 | 16017.6 | | | | | |
| 249 | 2709.4 | 2990.6 | 2145.1 | 6864.7 | 6340.3 | 7453.7 | | | | |
| 247 | 285.2 | | 225.8 | 722.6 | 667.4 | 784.6 | | | | |
| 246.6 | 57 | | 45.2 | 144.5 | 133.5 | 156.9 | 75.8 | | | |
| 246 | 85.6 | | 67.7 | 216.8 | 200.2 | 235.4 | 113.8 | 39 | | |
| 245 | | | 112.9 | 361.3 | 333.7 | 392.3 | 189.6 | 65 | | |
| 241 | | | 451.6 | 1445.2 | | 1569.2 | 758.4 | 260 | | |
| 238 | | | 338.7 | | | 1176.9 | 568.8 | 195 | 275.1 | |
| 196.5 | | | 4685.4 | | | 16280.5 | 7868.4 | 2697.5 | 3805.6 | 18919.9 |
| 196.2 | | | 33.9 | | | | 56.9 | 19.5 | 27.5 | 136.8 |
| 183.3 | | | 1456.4 | | | | 2445.8 | 838.5 | 1182.9 | 5881.1 |
| 180 | | | 372.6 | | | | 625.7 | 214.5 | 302.6 | 1504.5 |
| 172.7 | | | 824.2 | | | | 1384.1 | 474.5 | 669.4 | |
| 139.2 | | | 3782.2 | | | | 6351.6 | 2177.5 | 3072 | |
| 130 | | | 1038.7 | | | | 1744.3 | 598 | 843.6 | |
| 127.5 | | | 282.3 | | | | 474 | 162.5 | 229.3 | |
| 124 | | | 395.2 | | | | 663.6 | 227.5 | 321 | |
| 117 | | | 790.3 | | | | 1327.2 | 455 | 641.9 | |
| 113.8 | | | 361.3 | | | | 606.7 | 208 | 293.4 | |
| 110 | | | 429 | | | | 720.5 | 247 | 348.5 | |
| 90 | | | 2258 | | | | | 1300 | 1834 | |
| 81.8 | | | 925.8 | | | | | 533 | | |
| 70 | | | 1332.2 | | | | | 767 | | |
| 56.3 | | | | | | | | | | |
| 49.7 | | | | | | | | | | |
| 40 | | | | | | | | | | |
| 38.3 | | | | | | | | | | |
| 37 | | | | | | | | | | |
| 36 | | | | | | | | | | |

**表 3-63　热流股区间热量细目表 2**

| 温度/℃ | 热流股/kW | | | | | | | | | | | | 温度区间内焓的总和/kW |
|---|---|---|---|---|---|---|---|---|---|---|---|---|---|
| | 常一中 | 常一线 | 减二线 | 稳定塔底油 | 初顶循 | 常顶循 | 初顶不凝气 | 初顶油 | 常顶不凝气 | 常顶油 | 减顶循 | 稳定塔顶气 | |
| 359 | | | | | | | | | | | | | |
| 316 | | | | | | | | | | | | | 12900 |
| 268 | | | | | | | | | | | | | 53179. 2 |
| 249 | | | | | | | | | | | | | 28503. 8 |
| 247 | | | | | | | | | | | | | 2685. 6 |
| 246. 6 | | | | | | | | | | | | | 612. 9 |
| 246 | | | | | | | | | | | | | 958. 5 |
| 245 | | | | | | | | | | | | | 1454. 8 |
| 241 | | | | | | | | | | | | | 4484. 4 |
| 238 | | | | | | | | | | | | | 2554. 5 |
| 196. 5 | | | | | | | | | | | | | 54257. 3 |
| 196. 2 | | | | | | | | | | | | | 274. 6 |
| 183. 3 | 3034. 1 | | | | | | | | | | | | 14838. 8 |
| 180 | 776. 2 | 313. 2 | | | | | | | | | | | 4109. 3 |
| 172. 7 | 1717 | 692. 8 | 878. 9 | | | | | | | | | | 6640. 9 |
| 139. 2 | 7879. 2 | 3179. 2 | 4033. 4 | 5209. 3 | | | | | | | | | 35684. 4 |
| 130 | 2163. 8 | 873. 1 | 1107. 7 | 1430. 6 | 3295. 4 | | | | | | | | 13095. 2 |
| 127. 5 | 588 | 237. 3 | 301 | 388. 8 | 895. 5 | 1220. 8 | | | | | | | 4779. 5 |
| 124 | | 332. 2 | 421. 4 | 544. 3 | 1253. 7 | 1709. 1 | | | | | | | 5868 |
| 117 | | 664. 3 | 842. 8 | 1088. 5 | 2507. 4 | 3418. 1 | 6. 3 | 1891 | | | | | 13633. 2 |
| 113. 8 | | 303. 7 | 385. 3 | 497. 6 | 1146. 2 | 1562. 6 | 2. 9 | 864. 6 | 0. 3 | 224 | | | 6456. 6 |
| 110 | | 360. 6 | 457. 5 | 590. 9 | | 1855. 5 | 3. 4 | 1027 | 0. 4 | 266 | | | 6306. 1 |
| 90 | | 1898 | 2408 | 3110 | | | 18 | 5404 | 2 | 1400 | | | 19632 |
| 81. 8 | | 778. 2 | | 1275. 1 | | | 7. 4 | 2216 | 0. 8 | 574 | | | 6309. 9 |
| 70 | | 1119. 8 | | 1834. 9 | | | 10. 6 | 3188 | 1. 2 | 826 | 1106. 8 | | 10186. 9 |
| 56. 3 | | | | 2130. 4 | | | 12. 3 | 3702 | 1. 4 | 959 | 1285. 1 | | 8089. 9 |
| 49. 7 | | | | 1026. 3 | | | 5. 9 | 1783 | 0. 7 | 462 | 619. 1 | 1941. 7 | 5839 |
| 40 | | | | 1508. 4 | | | 8. 7 | 2621 | | | 909. 9 | 2853. 7 | 7901. 6 |
| 38. 3 | | | | | | | 1. 5 | 459. 3 | | | 159. 5 | 500. 1 | 1120. 4 |
| 37 | | | | | | | | | | | 121. 9 | 382. 5 | 504. 4 |
| 36 | | | | | | | | | | | | 294. 2 | 294. 2 |

注：① 以上各物流中，颜色色条表示该物流的温度变化范围，色条的下限即为终温，上限即为初始温度。如减渣 1，其初始温度为 359℃，终温为 246℃。

② 在表 3-63 的最右侧，表示该温度区间内的总焓差量。如 359～316℃ 区间内，热物流的总焓差量为 6131. 8+6768. 2=12900kW。

将所有的热流股的温度和焓值变化情况绘制在各流股的温焓图中：以温度为纵坐标，以焓差为横坐标，将不同温度区间内焓差首尾连接作图，如图 3-12 所示。

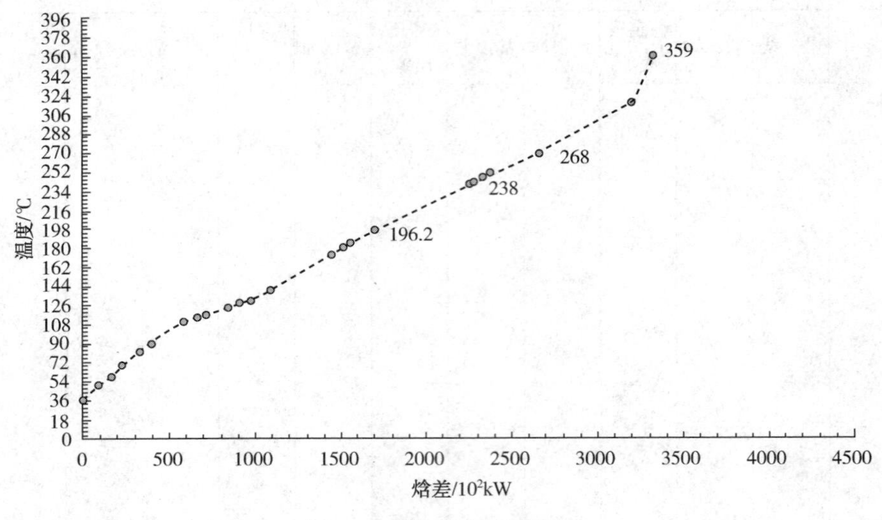


图 3-12 热流股的温焓图

按照以上方法，将 8 条冷流按照各自的初始温度和目标温度汇总后，将各热物流的初始温度和终温按照由高到低的顺序排列并列表统计，划分不同的温度区间，并将温度区间内的热量加热汇总，见表 3-64。

**表 3-64 冷流股区间热量细目表**

| 温度/℃ | 冷物流/kW | | | | | | | | 温度区间内焓的总和/kW |
|---|---|---|---|---|---|---|---|---|---|
| | 原油 | 稳定塔进料 | 减一线 | 蒸汽汽包 | 脱后原油 | 稳定塔底重沸器 | 初底油 | 常压炉 | |
| 367 | | | | | | | | | |
| 317.5 | | | | | | | | 71426 | 71426 |
| 209.6 | | | | | | | 85687 | | 85686.6 |
| 209 | | | | | 514.2 | | 476.5 | | 990.7 |
| 178.9 | | | | | 25795.7 | | | | 25795.7 |
| 172.7 | | | | | 5313.4 | 5885.7 | | | 11199.1 |
| 147 | | | | | 22024.9 | | | | 22024.9 |
| 129.5 | | | | 2478 | 14997.5 | | | | 17475.5 |
| 125.1 | 3249.8 | | | 623 | 3770.8 | | | | 7643.6 |
| 125 | 73.9 | | | 14.2 | | | | | 88.1 |
| 120 | 3693 | 1253 | | 708 | | | | | 5654 |
| 83.2 | 27180.5 | 9222.1 | | | | | | | 36402.6 |
| 81.8 | 1034 | 350.8 | 9.7 | | | | | | 1394.5 |
| 42.3 | 29174.7 | 9898.7 | | | | | | | 39073.4 |
| 34.4 | 5834.9 | | | | | | | | 5834.9 |

将以上温度和焓值变化列于热流股的温焓图中，如图 3-13 所示。

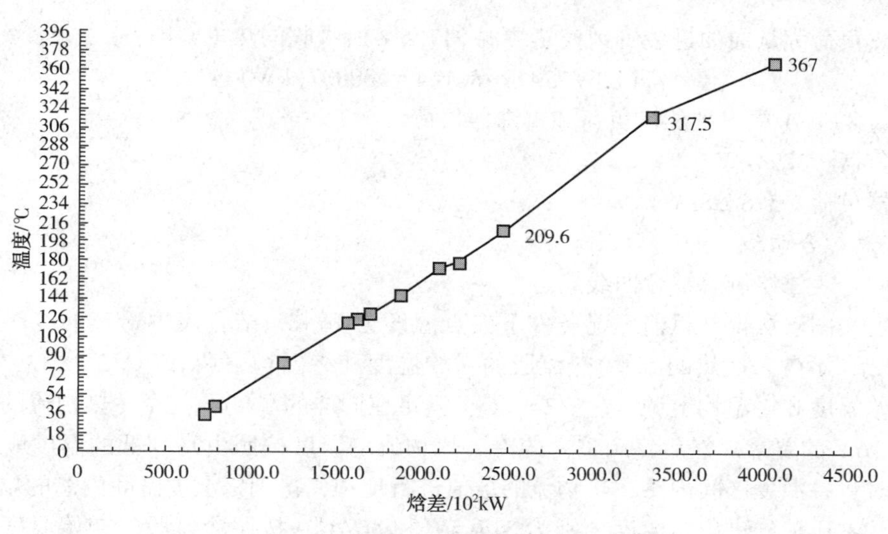


图 3-13　冷流股温焓图

求算夹点温度：

由于目前的工艺条件与设计的工艺条件发生了变化，故在核算时不能按设计的夹点温差15℃来核算加热炉。已知加热炉的负荷为 71426kW，在忽略散热损失的情况下，加热炉负荷应等于原油总的吸收热量减去换热热量。对应在冷热流股的温焓图中，即为在热物流最高点 359℃的焓值应与冷物流的最高换热温度 317. 5℃的焓值相等(即换热终温前，常压炉进料的热量均来自换热)，绘图如图 3-14 所示。

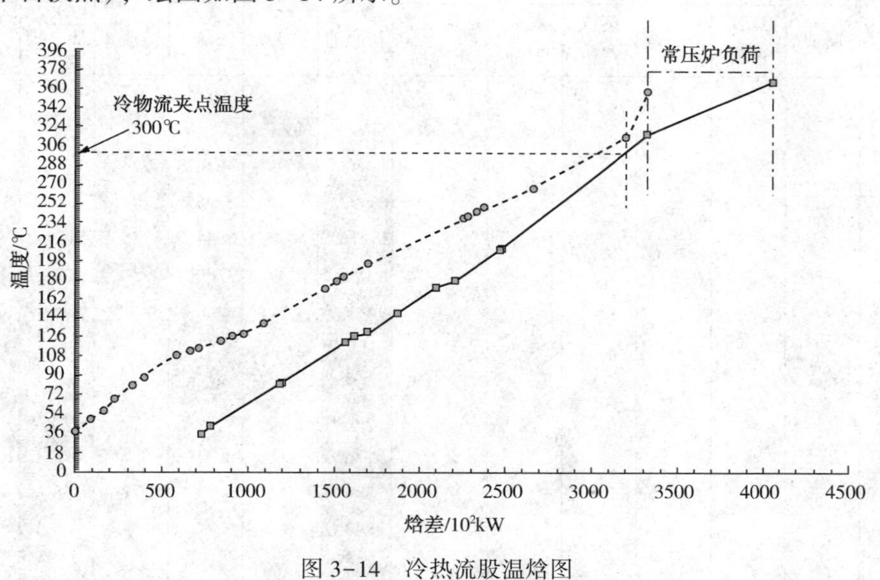


图 3-14　冷热流股温焓图

-○- 热物流　-□- 冷物流

通过图 3-14 冷热流股的温焓图可以看出，对应热物流 316℃时两条曲线间的间距最小，即为夹点。从热物流的温度 316℃向下作垂线与冷物流曲线相交后，通过交点向横坐标引垂线，得到冷物流的夹点温度为 300℃。

在该工况条件下，对应的夹点温度为 316℃(热流股)、300℃(冷流股)，夹点温差为 316-300=16(℃)。

换热热负荷为从原油进装置到换热终温 317.5℃所吸收的热量，即：

$$71426+72417+86164=230007(kW)$$

从附表 4-1-1 中得到蒸汽负荷和重沸器负荷：

蒸汽负荷：3824kW

重沸器负荷：5885.8kW

（二）总综合曲线

使用问题表法绘制总综合曲线。

通过上文图表法得到目前工况条件下夹点温度为 16℃，结合表中给定的冷热流股的条件，将 22 条(不含未换热的流股)热流股的初始温度和终温均下调 $\Delta T_{min}/2=8℃$，将 8 条冷流股的初始温度和终温均上调 $\Delta T_{min}/2=8℃$，满足在同样的温度下，冷、热物流的温差实际为 $\Delta T_{min}=16℃$ 的要求。然后将调整后的冷、热物流的温度按照由高到低的温度顺序列于表格中，同时将各温度区间内冷、热物流的焓值进行加和，得到该温度区间内总的焓差。

例如，常压炉的进出口温度分别为 317.5℃和 367℃，按照冷流股的初始温度和终温均上调 $\Delta T_{min}/2=8℃$ 后，得到的常压炉进出口温度分别为 325.5℃和 375℃。其他流股按照此方法计算。

通过温度划分，共分成温度区间 SN1～SN45，并计算不同 SN 区域内的净热量变化，相关数据见表 3-65、表 3-66。

**表 3-65　不同区域热量变化表 1**

| 区间 | 温度/℃ | 冷流股/kW | | | | | | | | 热流股/kW | | | | |
|---|---|---|---|---|---|---|---|---|---|---|---|---|---|---|
| | | 原油 | 稳定塔进料 | 减一线 | 蒸汽汽包 | 脱后原油 | 稳定塔底重沸器 | 初底油 | 常压炉 | 减渣 1 | 减渣 2 | 常三线 | 减二中 1 | 减二中 2 |
| | 375 | | | | | | | | | | | | | |
| SN1 | 351 | | | | | | | | 34630.6 | | | | | |
| SN2 | 325.5 | | | | | | | | 36795 | 3636.3 | 4013.7 | | | |
| SN3 | 308 | | | | | | | 13897.3 | | 2495.5 | 2754.5 | | | |
| SN4 | 260 | | | | | | | 38118.2 | | 6844.8 | 7555.2 | 5419.2 | 17342.4 | 16017.6 |
| SN5 | 241 | | | | | | | 15088.5 | | 2709.4 | 2990.6 | 2145.1 | 6864.7 | 6340.3 |
| SN6 | 239 | | | | | | | 1588.3 | | 285.2 | | 225.8 | 722.6 | 667.4 |
| SN7 | 238.6 | | | | | | | 317.7 | | 57 | | 45.2 | 144.5 | 133.5 |
| SN8 | 238 | | | | | | | 476.5 | | 85.6 | | 67.7 | 216.8 | 200.2 |
| SN9 | 237 | | | | | | | 794.1 | | | | 112.9 | 361.3 | 333.7 |
| SN10 | 233 | | | | | | | 3176.5 | | | | 451.6 | 1445.2 | |
| SN11 | 230 | | | | | | | 2382.4 | | | | 338.7 | | |
| SN12 | 217.6 | | | | | | | 9847.2 | | | | 1400 | | |
| SN13 | 217 | | | | | 514.2 | | 476.5 | | | | 67.7 | | |
| SN14 | 188.5 | | | | | 24424.5 | | | | | | 3217.7 | | |
| SN15 | 188.2 | | | | | 257.1 | | | | | | 33.9 | | |
| SN16 | 186.9 | | | | | 1114.1 | | | | | | 146.8 | | |
| SN17 | 180.7 | | | | | 5313.4 | 5885.7 | | | | | 700 | | |
| SN18 | 175.3 | | | | | 4627.8 | | | | | | 609.7 | | |
| SN19 | 172 | | | | | 2828.1 | | | | | | 372.6 | | |
| SN20 | 164.7 | | | | | 6256.1 | | | | | | 824.2 | | |

续表

| 区间 | 温度/℃ | 冷流股/kW | | | | | | | | 热流股/kW | | | | |
|---|---|---|---|---|---|---|---|---|---|---|---|---|---|---|
| | | 原油 | 稳定塔进料 | 减一线 | 蒸汽汽包 | 脱后原油 | 稳定塔底重沸器 | 初底油 | 常压炉 | 减渣1 | 减渣2 | 常三线 | 减二中1 | 减二中2 |
| SN21 | 155 | | | | | 8312.9 | | | | | | 1095.1 | | |
| SN22 | 137.5 | | | | 2478 | 14997.5 | | | | | | 1975.8 | | |
| SN23 | 133.1 | 3249.8 | | | 623 | 3770.8 | | | | | | 496.8 | | |
| SN24 | 133 | 73.9 | | | 14.2 | | | | | | | 11.3 | | |
| SN25 | 131.2 | 1329.5 | 451.1 | | 254.9 | | | | | | | 203.2 | | |
| SN26 | 128 | 2363.5 | 801.9 | | 453.1 | | | | | | | 361.3 | | |
| SN27 | 122 | 4431.6 | 1503.6 | | | | | | | | | 677.4 | | |
| SN28 | 119.5 | 1846.5 | 626.5 | | | | | | | | | 282.3 | | |
| SN29 | 116 | 2585.1 | 877.1 | | | | | | | | | 395.2 | | |
| SN30 | 109 | 5170.2 | 1754.2 | | | | | | | | | 790.3 | | |
| SN31 | 105.8 | 2363.5 | 801.9 | | | | | | | | | 361.3 | | |
| SN32 | 102 | 2806.7 | 952.3 | | | | | | | | | 429 | | |
| SN33 | 91.2 | 7976.9 | 2706.5 | | | | | | | | | 1219.3 | | |
| SN34 | 89.8 | 1034 | 350.8 | 9.7 | | | | | | | | 158.1 | | |
| SN35 | 82 | 5761.1 | 1954.7 | | | | | | | | | 880.6 | | |
| SN36 | 73.8 | 6056.5 | 2054.9 | | | | | | | | | 925.8 | | |
| SN37 | 62 | 8715.5 | 2957.1 | | | | | | | | | 1332.2 | | |
| SN38 | 50.3 | 8641.6 | 2932 | | | | | | | | | | | |
| SN39 | 48.3 | 1477.2 | | | | | | | | | | | | |
| SN40 | 42.4 | 4357.7 | | | | | | | | | | | | |
| SN41 | 41.7 | | | | | | | | | | | | | |
| SN42 | 32 | | | | | | | | | | | | | |
| SN43 | 30.3 | | | | | | | | | | | | | |
| SN44 | 29 | | | | | | | | | | | | | |
| SN45 | 28 | | | | | | | | | | | | | |

**表 3-66 不同区域热量变化表 2**

| 区间 | 温度/℃ | 热流股/kW | | | | | | | | | | | | | | | | |
|---|---|---|---|---|---|---|---|---|---|---|---|---|---|---|---|---|---|---|
| | | 常二中 | 减渣出 | 常二线 | 减三线 | 减一中 | 常一中 | 常一线 | 减二线 | 稳定塔底油 | 初顶循 | 常顶循 | 初顶不凝气 | 初顶油 | 常顶不凝气 | 常顶油 | 减顶循 | 稳定塔顶气 |
| | 375 | | | | | | | | | | | | | | | | | |
| SN1 | 351 | | | | | | | | | | | | | | | | | |
| SN2 | 325.5 | | | | | | | | | | | | | | | | | |
| SN3 | 308 | | | | | | | | | | | | | | | | | |
| SN4 | 260 | | | | | | | | | | | | | | | | | |
| SN5 | 241 | 7453.7 | | | | | | | | | | | | | | | | |
| SN6 | 239 | 784.6 | | | | | | | | | | | | | | | | |

续表

| 区间 | 温度/℃ | 热流股/kW | | | | | | | | | | | | | | | | |
|---|---|---|---|---|---|---|---|---|---|---|---|---|---|---|---|---|---|---|
| | | 常二中 | 减渣出 | 常二线 | 减三线 | 减一中 | 常一中 | 常一线 | 减二线 | 稳定塔底油 | 初顶循 | 常顶循 | 初顶不凝气 | 初顶油 | 常顶不凝气 | 常顶油 | 减顶循 | 稳定塔顶气 |
| SN7 | 238.6 | 156.9 | 75.8 | | | | | | | | | | | | | | | |
| SN8 | 238 | 235.4 | 113.8 | 39 | | | | | | | | | | | | | | |
| SN9 | 237 | 392.3 | 189.6 | 65 | | | | | | | | | | | | | | |
| SN10 | 233 | 1569.2 | 758.4 | 260 | | | | | | | | | | | | | | |
| SN11 | 230 | 1176.9 | 568.8 | 195 | 275.1 | | | | | | | | | | | | | |
| SN12 | 217.6 | 4864.5 | 2351 | 806 | 1137 | 5653.2 | | | | | | | | | | | | |
| SN13 | 217 | 235.4 | 113.8 | 39 | 55 | 273.5 | | | | | | | | | | | | |
| SN14 | 188.5 | 11181 | 5403.6 | 1852.5 | 2614 | 12993 | | | | | | | | | | | | |
| SN15 | 188.2 | | 56.9 | 19.5 | 27.5 | 136.8 | | | | | | | | | | | | |
| SN16 | 186.9 | | 246.5 | 84.5 | 119.2 | 592.7 | 305.8 | | | | | | | | | | | |
| SN17 | 180.7 | | 1175.5 | 403 | 568.5 | 2826.6 | 1458.2 | | | | | | | | | | | |
| SN18 | 175.3 | | 1023.8 | 351 | 495.2 | 2461.9 | 1270.1 | | | | | | | | | | | |
| SN19 | 172 | | 625.7 | 214.5 | 302.6 | 1504.5 | 776.2 | 313.2 | | | | | | | | | | |
| SN20 | 164.7 | | 1384.1 | 474.5 | 669.4 | | 1717 | 692.8 | 878.9 | | | | | | | | | |
| SN21 | 155 | | 1839.1 | 630.5 | 889.5 | | 2281.4 | 920.5 | 1167.9 | 1508.4 | | | | | | | | |
| SN22 | 137.5 | | 3318 | 1137.5 | 1605 | | 4116 | 1660.8 | 2107 | 2721.3 | | | | | | | | |
| SN23 | 133.1 | | 834.2 | 286 | 403.5 | | 1034.9 | 417.6 | 529.8 | 684.2 | | | | | | | | |
| SN24 | 133 | | 19 | 6.5 | 9.2 | | 23.5 | 9.5 | 12 | 15.5 | | | | | | | | |
| SN25 | 131.2 | | 341.3 | 117 | 165.1 | | 423.4 | 170.8 | 216.7 | 279.9 | | | | | | | | |
| SN26 | 128 | | 606.7 | 208 | 293.4 | | 752.6 | 303.7 | 385.3 | 497.6 | 1146.2 | | | | | | | |
| SN27 | 122 | | 1137.6 | 390 | 550.2 | | 1411.2 | 569.4 | 722.4 | 933 | 2149.2 | | | | | | | |
| SN28 | 119.5 | | 474 | 162.5 | 229.3 | | 588 | 237.3 | 301 | 388.8 | 895.5 | 1220.8 | | | | | | |
| SN29 | 116 | | 663.6 | 227.5 | 321 | | | 332.2 | 421.4 | 544.3 | 1253.7 | 1709.1 | | | | | | |
| SN30 | 109 | | 1327.2 | 455 | 641.9 | | | 664.3 | 842.8 | 1088.5 | 2507.4 | 3418.1 | 6.3 | 1891.4 | | | | |
| SN31 | 105.8 | | 606.7 | 208 | 293.4 | | | 303.7 | 385.3 | 497.6 | 1146.2 | 1562.6 | 2.9 | 864.6 | 0.3 | 224 | | |
| SN32 | 102 | | 720.5 | 247 | 348.5 | | | 360.6 | 457.5 | 590.9 | | 1855.5 | 3.4 | 1026.8 | 0.4 | 266 | | |
| SN33 | 91.2 | | | 702 | 990.4 | | | 1024.9 | 1300.3 | 1679.4 | | | 9.7 | 2918.2 | 1.1 | 756 | | |
| SN34 | 89.8 | | | 91 | 128.4 | | | 132.9 | 168.6 | 217.7 | | | 1.3 | 378.3 | 0.1 | 98 | | |
| SN35 | 82 | | | 507 | 715.3 | | | 740.2 | 939.1 | 1212.9 | | | 7 | 2107.6 | 0.8 | 546 | | |
| SN36 | 73.8 | | | 533 | | | | 778.2 | | 1275.1 | | | 7.4 | 2215.6 | 0.8 | 574 | | |
| SN37 | 62 | | | 767 | | | | 1119.8 | | 1834.9 | | | 10.6 | 3188.4 | 1.2 | 826 | 1106.8 | |
| SN38 | 50.3 | | | | | | | | | 1819.4 | | | 10.5 | 3161.3 | 1.2 | 819 | 1097.5 | |
| SN39 | 48.3 | | | | | | | | | 311 | | | 1.8 | 540.4 | 0.2 | 140 | 187.6 | |
| SN40 | 42.4 | | | | | | | | | 917.5 | | | 5.3 | 1594.2 | 0.6 | 413 | 553.4 | 1735.8 |
| SN41 | 41.7 | | | | | | | | | 108.8 | | | 0.6 | 189.1 | 0.1 | 49 | 65.7 | 205.9 |
| SN42 | 32 | | | | | | | | | 1508.4 | | | 8.7 | 2620.9 | | | 909.9 | 2853.7 |
| SN43 | 30.3 | | | | | | | | | | | | 1.5 | 459.3 | | | 159.5 | 500.1 |
| SN44 | 29 | | | | | | | | | | | | | | | | 121.9 | 382.5 |
| SN45 | 28 | | | | | | | | | | | | | | | | | 294.2 |

将SN45个区间内的焓差量，分放热和吸热(放热为-，吸热为+)，并将该温度区间内的吸热、放热焓差量进行汇总。当向系统输入热量为0时，各区间内焓值列于表中，同时列出在该温度区间内的热量是不足/过剩。汇总见表3-67。

**表3-67　区间内热量变化表**

| 区间 | 温度/℃ | 区间冷源吸收的热量/kW | 区间热源放出的热量/kW | 区间内总的热量/kW | 状态 | 向系统输入为0kW时 | 向系统输入热量为72422.9kW时 |
|---|---|---|---|---|---|---|---|
| | 375 | | | | | | +72422.9 |
| SN1 | 351 | 34630.6 | 0 | 34630.6 | 不足 | -34630.6 | 37792.30 |
| SN2 | 325.5 | 36795 | -7650 | 29145 | 不足 | -63775.6 | 8647.3 |
| SN3 | 308 | 13897.3 | -5250 | 8647.3 | 不足 | -72422.9 | 0 |
| SN4 | 260 | 38118.2 | -53179.2 | -15061 | 过剩 | -57361.9 | 15061 |
| SN5 | 241 | 15088.5 | -28503.8 | -13415.3 | 过剩 | -43946.6 | 28476.3 |
| SN6 | 239 | 1588.3 | -2685.6 | -1097.3 | 过剩 | -42849.3 | 29573.6 |
| SN7 | 238.6 | 317.7 | -612.9 | -295.2 | 过剩 | -42554.1 | 29868.8 |
| SN8 | 238 | 476.5 | -958.5 | -482 | 过剩 | -42072.1 | 30350.8 |
| SN9 | 237 | 794.1 | -1454.8 | -660.7 | 过剩 | -41411.4 | 31011.5 |
| SN10 | 233 | 3176.5 | -4484.4 | -1307.9 | 过剩 | -40103.5 | 32319.4 |
| SN11 | 230 | 2382.4 | -2554.5 | -172.1 | 过剩 | -39931.4 | 32491.5 |
| SN12 | 217.6 | 9847.2 | -16211.8 | -6364.6 | 过剩 | -33566.8 | 38856.1 |
| SN13 | 217 | 990.7 | -784.4 | 206.3 | 不足 | -33773.1 | 38649.8 |
| SN14 | 188.5 | 24424.5 | -37261.1 | -12836.6 | 过剩 | -20936.5 | 51486.4 |
| SN15 | 188.2 | 257.1 | -274.6 | -17.5 | 过剩 | -20919 | 51503.9 |
| SN16 | 186.9 | 1114.1 | -1495.5 | -381.4 | 过剩 | -20537.6 | 51885.3 |
| SN17 | 180.7 | 11199.1 | -7131.8 | 4067.3 | 不足 | -24604.9 | 47818 |
| SN18 | 175.3 | 4627.8 | -6211.7 | -1583.9 | 过剩 | -23021 | 49401.9 |
| SN19 | 172 | 2828.1 | -4109.3 | -1281.2 | 过剩 | -21739.8 | 50683.1 |
| SN20 | 164.7 | 6256.1 | -6640.9 | -384.8 | 过剩 | -21355 | 51067.9 |
| SN21 | 155 | 8312.9 | -10332.4 | -2019.5 | 过剩 | -19335.5 | 53087.4 |
| SN22 | 137.5 | 17475.5 | -18641.2 | -1165.7 | 过剩 | -18169.8 | 54253.1 |
| SN23 | 133.1 | 7643.6 | -4687 | 2956.6 | 不足 | -21126.4 | 51296.5 |
| SN24 | 133 | 88.1 | -106.5 | -18.4 | 过剩 | -21108 | 51314.9 |
| SN25 | 131.2 | 2035.5 | -1917.4 | 118.1 | 不足 | -21226.1 | 51196.8 |
| SN26 | 128 | 3618.5 | -4554.8 | -936.3 | 过剩 | -20289.8 | 52133.1 |
| SN27 | 122 | 5935.2 | -8540.4 | -2605.2 | 过剩 | -17684.6 | 54738.3 |
| SN28 | 119.5 | 2473 | -4779.5 | -2306.5 | 过剩 | -15378.1 | 57044.8 |
| SN29 | 116 | 3462.2 | -5868 | -2405.8 | 过剩 | -12972.3 | 59450.6 |
| SN30 | 109 | 6924.4 | -13633.2 | -6708.8 | 过剩 | -6263.5 | 66159.4 |
| SN31 | 105.8 | 3165.4 | -6456.6 | -3291.2 | 过剩 | -2972.3 | 69450.6 |
| SN32 | 102 | 3759 | -6306.1 | -2547.1 | 过剩 | -425.2 | 71997.7 |

续表

| 区间 | 温度/℃ | 区间冷源吸收的热量/kW | 区间热源放出的热量/kW | 区间内总的热量/kW | 状态 | 向系统输入为0kW时 | 向系统输入热量为72422.9kW时 |
|---|---|---|---|---|---|---|---|
| SN33 | 91.2 | 10683.4 | -10601.3 | 82.1 | 不足 | -507.3 | 71915.6 |
| SN34 | 89.8 | 1394.5 | -1374.4 | 20.1 | 不足 | -527.4 | 71895.5 |
| SN35 | 82 | 7715.8 | -7656.5 | 59.3 | 不足 | -586.7 | 71836.2 |
| SN36 | 73.8 | 8111.4 | -6309.9 | 1801.5 | 不足 | -2388.2 | 70034.7 |
| SN37 | 62 | 11672.6 | -10186.9 | 1485.7 | 不足 | -3873.9 | 68549 |
| SN38 | 50.3 | 11573.6 | -6908.9 | 4664.7 | 不足 | -8538.6 | 63884.3 |
| SN39 | 48.3 | 1477.2 | -1181 | 296.2 | 不足 | -8834.8 | 63588.1 |
| SN40 | 42.4 | 4357.7 | -5219.8 | -862.1 | 过剩 | -7972.7 | 64450.2 |
| SN41 | 41.7 | 0 | -619.2 | -619.2 | 过剩 | -7353.5 | 65069.4 |
| SN42 | 32 | 0 | -7901.6 | -7901.6 | 过剩 | 548.1 | 72971 |
| SN43 | 30.3 | 0 | -1120.4 | -1120.4 | 过剩 | 1668.5 | 74091.4 |
| SN44 | 29 | 0 | -504.4 | -504.4 | 过剩 | 2172.9 | 74595.8 |
| SN45 | 28 | 0 | -294.2 | -294.2 | 过剩 | 2467.1 | 74890 |

从表3-67可知，在45个温度区间内，总的热量有需要吸收热量的，也有要放出热量的，将放出热量和吸收热量传递后，汇总形成温度区间内的总热量。由于不同区间存在温度差、温度梯度，上一温度区间内的热量向下一区间传递，形成在不同温度区间内的总热量累积，得到在整个温度区间内累积吸热量的最大值出现在SN3=72442.9kW，所以需要外部公用工程提供热量72442.9kW。当向系统输入72442.9kW时，在SN5区间内的热量为0，此时各热流股初始温度和最终温度均上调 $\Delta T_{\min}/2=8℃$ 后，在SN5区间为0的温度 $T^*$ 为：$T^*=308℃$。

对于热流股，$T_{热夹点}=308+8=316℃$；

对于冷流股，$T_{冷夹点}=308-8=300℃$。

利用问题表法按夹点温差16℃、热夹点温度316℃时计算，需向系统提供的热量为72422kW，比画图法得出的加热炉负荷71426kW要大。

分析原因为，利用画图法得出的夹点温度16℃，是基于冷物流曲线在纵坐标上的截距，从而估读出冷物流的夹点温度为300℃。故夹点温差是估读值，与实际的夹点温差有一定偏差。

基于现有的加热炉负荷来计算，在用问题表法计算夹点温度时，是基于画图法得到的夹点温差正确的基础上进行的相关分温区计算，按照16℃的夹点温差计算出的需要的最小热公用工程若大于实际的加热炉负荷，则说明夹点温差过大，应缩小夹点温差；按照16℃的夹点温差计算出的需要的最小热公用工程若小于实际的加热炉负荷，则说明夹点温差过小，应增加夹点温差。

在本题中，加热炉负荷为71426kW，小于使用问题表法计算得到的最小加热炉负荷72422kW，说明通过画图法估读的温度300℃过小，应增加估读的温度，进而减小夹点温差。如此不断地进行尝试，直到得到实际的夹点温差，此时计算出的最小热公用工程负荷为71469kW，考虑焓值计算误差，故认为基本接近现有加热炉的负荷71425kW。

经过多次试差计算后，按照现有加热炉为最小热公用工程条件下，实际的夹点温差为

14.8℃，此时所需的最小热公用工程负荷为71469kW，即14.8℃为实际夹点温差。

此时的夹点温度为316℃(热夹点)和301.2℃(冷夹点)。问题表法过程见表3-68(问题表法计算过程略)。

表3-68　输入热量后区间内热量变化表

| 区间 | 温度/℃ | 区间冷源吸收的热量/kW | 区间热源放出的热量/kW | 区间内总的热量/kW | 状态 | 向系统输入为0kW时 | 向系统输入热量为71469.8kW时 |
|---|---|---|---|---|---|---|---|
|  | 374.4 |  |  |  |  |  | 71469.8 |
| SN1 | 351.6 | 32899 | 0 | 32899 | 不足 | -32899 | 38570.80 |
| SN2 | 324.9 | 38526.5 | -8010 | 30516.5 | 不足 | -63415.5 | 8054.3 |
| SN3 | 308.6 | 12944.3 | -4890 | 8054.3 | 不足 | -71469.8 | 0 |
| SN4 | 260.6 | 38118.2 | -53179.2 | -15061 | 过剩 | -56408.8 | 15061 |
| SN5 | 241.6 | 15088.5 | -28503.8 | -13415.3 | 过剩 | -42993.5 | 28476.3 |
| SN6 | 239.6 | 1588.3 | -2685.6 | -1097.3 | 过剩 | -41896.2 | 29573.6 |
| SN7 | 239.2 | 317.7 | -612.9 | -295.2 | 过剩 | -41601 | 29868.8 |
| SN8 | 238.6 | 476.5 | -958.5 | -482 | 过剩 | -41119 | 30350.8 |
| SN9 | 237.6 | 794.1 | -1454.8 | -660.7 | 过剩 | -40458.3 | 31011.5 |
| SN10 | 233.6 | 3176.5 | -4484.4 | -1307.9 | 过剩 | -39150.4 | 32319.4 |
| SN11 | 230.6 | 2382.4 | -2554.5 | -172.1 | 过剩 | -38978.3 | 32491.5 |
| SN12 | 217 | 10800.2 | -17780.6 | -6980.4 | 过剩 | -31997.9 | 39471.9 |
| SN13 | 216.4 | 990.7 | -784.4 | 206.3 | 不足 | -32204.2 | 39265.6 |
| SN14 | 189.1 | 23396.1 | -35692.1 | -12296 | 过剩 | -19908.2 | 51561.6 |
| SN15 | 188.8 | 257.1 | -274.6 | -17.5 | 过剩 | -19890.7 | 51579.1 |
| SN16 | 186.3 | 2142.5 | -2875.6 | -733.1 | 过剩 | -19157.6 | 52312.2 |
| SN17 | 180.1 | 11199.1 | -7131.8 | 4067.3 | 不足 | -23224.9 | 48244.9 |
| SN18 | 175.9 | 3599.4 | -4831.2 | -1231.8 | 过剩 | -21993.1 | 49476.7 |
| SN19 | 172.6 | 2828.1 | -4109.3 | -1281.2 | 过剩 | -20711.9 | 50757.9 |
| SN20 | 165.3 | 6256.1 | -6640.9 | -384.8 | 过剩 | -20327.1 | 51142.7 |
| SN21 | 154.4 | 9341.3 | -11610.7 | -2269.4 | 过剩 | -18057.7 | 53412.1 |
| SN22 | 136.9 | 17475.5 | -18641.2 | -1165.7 | 过剩 | -16892 | 54577.8 |
| SN23 | 132.5 | 7643.6 | -4687 | 2956.6 | 不足 | -19848.6 | 51621.2 |
| SN24 | 132.4 | 88.1 | -106.5 | -18.4 | 过剩 | -19830.2 | 51639.6 |
| SN25 | 131.8 | 678.6 | -639 | 39.6 | 不足 | -19869.8 | 51600 |
| SN26 | 127.4 | 4975.4 | -6263.1 | -1287.7 | 过剩 | -18582.1 | 52887.7 |
| SN27 | 122.6 | 4748.2 | -6832.4 | -2084.2 | 过剩 | -16497.9 | 54971.9 |
| SN28 | 120.1 | 2473 | -4779.5 | -2306.5 | 过剩 | -14191.4 | 57278.4 |
| SN29 | 116.6 | 3462.2 | -5868 | -2405.8 | 过剩 | -11785.6 | 59684.2 |
| SN30 | 109.6 | 6924.4 | -13633.2 | -6708.8 | 过剩 | -5076.8 | 66393 |
| SN31 | 106.4 | 3165.4 | -6456.6 | -3291.2 | 过剩 | -1785.6 | 69684.2 |
| SN32 | 102.6 | 3759 | -6306.1 | -2547.1 | 过剩 | 761.5 | 72231.3 |

续表

| 区间 | 温度/℃ | 区间冷源吸收的热量/kW | 区间热源放出的热量/kW | 区间内总的热量/kW | 状态 | 向系统输入为0kW时 | 向系统输入热量为71469.8kW时 |
|---|---|---|---|---|---|---|---|
| SN33 | 90.6 | 11870.4 | -11779.2 | 91.2 | 不足 | 670.3 | 72140.1 |
| SN34 | 89.2 | 1394.5 | -1374.4 | 20.1 | 不足 | 650.2 | 72120 |
| SN35 | 82.6 | 6528.8 | -6478.4 | 50.4 | 不足 | 599.8 | 72069.6 |
| SN36 | 74.4 | 8111.4 | -6309.9 | 1801.5 | 不足 | -1201.7 | 70268.1 |
| SN37 | 62.6 | 11672.6 | -10186.9 | 1485.7 | 不足 | -2687.4 | 68782.4 |
| SN38 | 49.7 | 12760.6 | -7617.5 | 5143.1 | 不足 | -7830.5 | 63639.3 |
| SN39 | 48.9 | 590.9 | -472.4 | 118.5 | 不足 | -7949 | 63520.8 |
| SN40 | 42.3 | 4874.8 | -5839 | -964.2 | 过剩 | -6984.8 | 64485 |
| SN41 | 41.8 | 0 | -442.5 | -442.5 | 过剩 | -6542.3 | 64927.5 |
| SN42 | 32.6 | 0 | -7494.3 | -7494.3 | 过剩 | 952 | 72421.8 |
| SN43 | 30.9 | 0 | -1120.4 | -1120.4 | 过剩 | 2072.4 | 73542.2 |
| SN44 | 29.6 | 0 | -504.4 | -504.4 | 过剩 | 2576.8 | 74046.6 |
| SN45 | 28.6 | 0 | -294.2 | -294.2 | 过剩 | 2871 | 74340.8 |

结合表3-68，将热流股的温度下调 $\Delta T_{min}/2=7.4$℃，将冷流股的温度上调 $\Delta T_{min}/2=7.4$℃后的温度在图中画出冷热物流总的综合曲线，如图3-15所示。

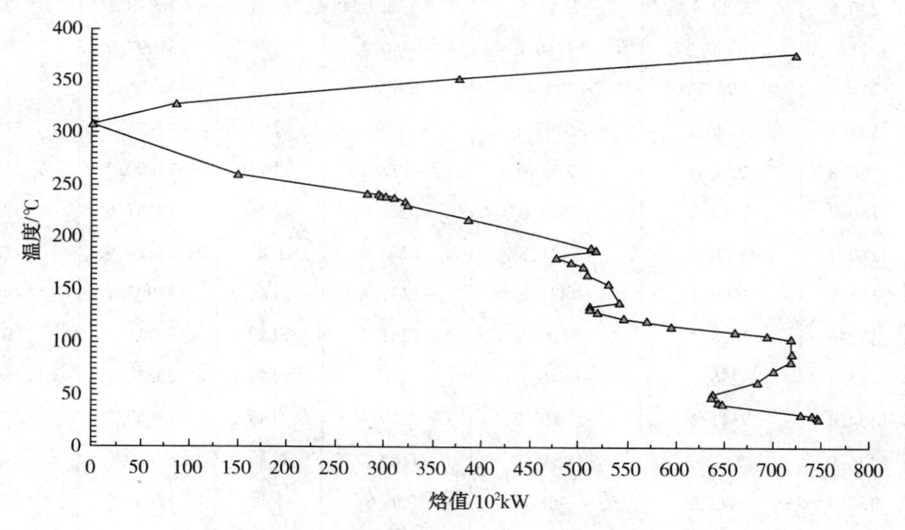


图3-15　夹点温差14.8℃条件下总综合曲线图

换热网络热夹点温度为316℃，冷夹点温度为301.2℃。通过总的综合曲线，按照100℃以下用空冷冷却、60℃以下用水冷冷却，对图3-15进行分析，如图3-16所示。

从图3-16总综合曲线分析图可以看出，考虑到换热温差，可取180℃以上的热源用来产蒸汽，其中蒸汽可产1.0MPa蒸汽和0.35MPa，考虑到换热器的换热温差(20℃)，在换热网络中用于产1.0MPa蒸汽的温位的热量少(约10000kW)，综合考虑后将系统中高于180℃的热量用于产0.35MPa蒸汽，该部分热量为47500kW，即47.5MW；

在110~180℃之间的温位的物料可作为直供料送至下游装置，该部分的热量为63000-47500=15500(kW)。

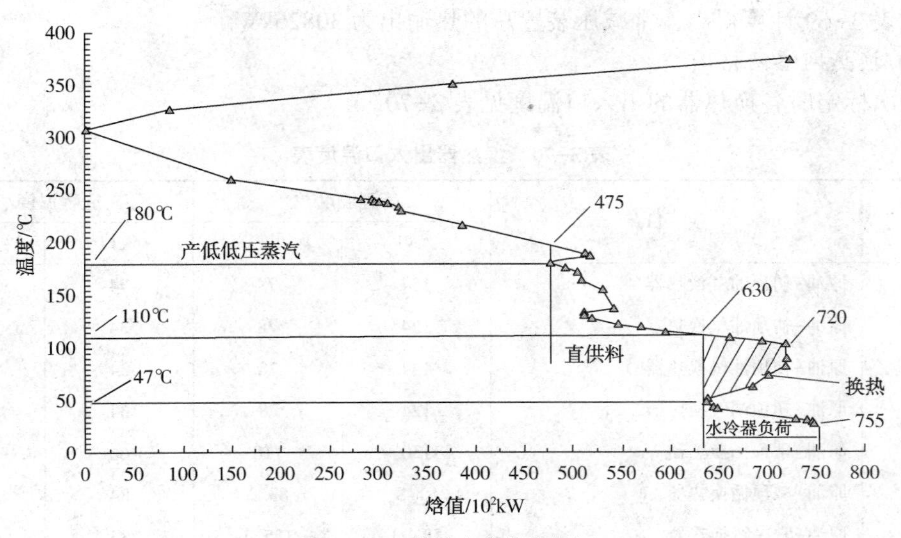


图 3-16 总综合曲线分析图

在 50~110℃区间的温位的物料，可以采用其他流股进行换热，如低温的除盐水，则可减少水冷负荷 72000-63000=9000(kW)的冷量消耗。若无该部分冷量，则需要增加空冷负荷 9000kW 和增加加热炉负荷 9000kW。

水冷负荷为 75500-63000=12500(kW)。

计算建议：

1）低于 110℃的热量不能用作直供料付下游装置，否则将影响换热终温并增加加热炉负荷；

2）建议引入低温的冷源，如一级除盐水，与 110℃以下的热物流换热，可减少空冷负荷，并增加热输出。否则将影响换热终温，增加加热炉负荷，增加的加热炉负荷约为 9000kW。

（三）热输出

根据《炼油厂能量消耗计算与评价方法》(2003 年版)，装置热进料或热出料热量计入时，只有高出如下温度的部分才能计入热输出：

汽油：60℃；柴油：80℃；蜡油：90℃；重油：130℃。

常减压装置中，相关热输出热量见表 3-69。

表 3-69 常减压装置热输出相关数据表

| 流 股 | 出装置温度/℃ | 出装置焓值/(kJ/kg) | 基准温度/℃ | 基准焓值/(kJ/kg) | 焓差/(kJ/kg) | 流量/(t/h) | 热输出热量/kW |
|---|---|---|---|---|---|---|---|
| 常一线 | 125.7 | 315 | 60 | 163 | 152.0 | 139.81 | 5903 |
| 常二线 | 123.4 | 301 | 80 | 202 | 99.0 | 93.5 | 2571 |
| 常三线 | 105.2 | 250 | 80 | 195 | 55.0 | 157.5 | 2406 |
| 减一线 | 83.2 | 196 | 80 | 189 | 7.0 | 11.6 | 23 |
| 减二线 | 135 | 298 | 90 | 202 | 96.0 | 194 | 5173 |
| 减三线 | 157 | 343 | 90 | 198 | 145.0 | 142 | 5719 |
| 减渣出 | 180 | | 130 | | | 302 | 9030.0 |
| 稳定塔底油 | 40 | | 60 | | 不计 | 218.5 | |
| 合计 | | | | | | | 30826 |

通过表 3-69 计算得出，常减压装置总的热输出为 30826kW。

（四）换热网络网格图

将此次标定时各换热器的出入口温度见表 3-70。

表 3-70 换热器出入口温度表

| 位号 | 项目 | 管程温度/℃ | | 壳程温度/℃ | |
|---|---|---|---|---|---|
| | | 入口 | 出口 | 入口 | 出口 |
| E101A | 原油-初顶油气换热器 | 124 | 78 | 34 | 66 |
| E101B | 原油-初顶油气换热器 | 124 | 78 | 34 | 66 |
| E101C | 原油-初顶油气换热器 | 124 | 78 | 34 | 66 |
| E101D | 原油-初顶油气换热器 | 124 | 78 | 34 | 66 |
| E110 | 原油-常顶循换热器 | 130 | 110 | 66 | 84 |
| E111 | 原油-减顶循换热器 | 81.8 | 83.2 | 84 | 83 |
| E112 | 原油-常一线换热器 | 183.3 | 125.7 | 83 | 98 |
| E113A/B | 原油-常一中(2)换热器 | 159 | 127.5 | 98 | 120 |
| E114 | 原油-减二线换热器 | 180 | 135 | 120 | 129 |
| E115A/B | 脱盐油-常一中换热器 | 196.2 | 159 | 125 | 157 |
| E116A/B/C | 减渣-脱盐油换热器 | 157 | 173 | 215 | 180 |
| E117A/B | 脱盐油-常二中换热器 | 218.5 | 197.5 | 173 | 187 |
| E118 | 减渣-脱盐油换热器 | 187 | 199 | 247 | 215 |
| E119 | 脱盐油-常二中换热器 | 251.5 | 233.5 | 199 | 202 |
| E120 | 减渣-脱盐油换热器 | 199 | 209 | 265 | 246 |
| E121A-D | 初底油-减二中Ⅰ(2)换热器 | 286 | 241 | 224 | 260 |
| E122A/B | 初底油-减渣Ⅰ(2)换热器 | 260 | 273 | 301 | 265 |
| E123A-D | 初底油-减二中Ⅰ(1)换热器 | 316 | 286 | 273 | 300 |
| E124A-D | 初底油-减渣Ⅰ(1)换热器 | 300 | 325 | 359 | 301 |
| E125 | 脱盐油-常三(1)换热器 | 316 | 277 | 210 | 224 |
| E150 | 原油-常三(3)换热器 | 142 | 105.2 | 66 | 75 |
| E151A/B | 原油-初顶循(1)换热器 | 139 | 113.8 | 75 | 105 |
| E152A/B | 原油-常二线换热器 | 246 | 124 | 105 | 131 |
| E153 | 脱盐油-常三(2)换热器 | 179 | 142 | 125 | 132 |
| E154A/B | 减三线-脱盐油换热器 | 226 | 157 | 132 | 152 |
| E155A/B/C | 脱盐油-减一中换热器 | 207 | 180 | 152 | 179 |
| E156A/B | 脱盐油-减一中换热器 | 238 | 207 | 179 | 209 |
| E157 | 减三线-脱盐油换热器 | 209 | 213 | 241 | 226 |
| E158 | 脱盐油-常三(1)换热器 | 213 | 225 | 277 | 228 |
| E159 | 减渣-脱盐油换热器 | 213 | 216 | 267 | 249 |
| E160A-D | 初底油-减二中Ⅱ(2) | 227 | 260 | 280 | 245 |
| E161A/B | 初底油-减渣Ⅱ(2) | 260 | 270 | 298 | 267 |

续表

| 位　号 | 项　目 | 管程温度/℃ | | 壳程温度/℃ | |
|---|---|---|---|---|---|
| | | 入口 | 出口 | 入口 | 出口 |
| E162A | 初底油-减二中Ⅱ(1) | 316 | 280 | 270 | 293 |
| E163A-D | 初底油-减渣Ⅱ(1) | 293 | 314 | 359 | 298 |
| E164 | 常二中-初底油 | 210 | 227 | 268 | 251.5 |
| E181 | 常三线蒸汽发生器 | 228 | 179 | 129 | 147 |
| E190A-D | 常顶冷却器(空冷+水冷) | | | 117 | 49.7 |
| E192 | 减顶回流水冷器 | | | 83.2 | 37 |
| E193 | 初顶冷却器(空冷+水冷) | | | 78 | 38.3 |
| E201A-D | 稳定塔进换热器 | 39 | 125 | 173 | 82.7 |
| E202 | 稳定塔底重沸器 | 233.5 | 218.5 | 173 | 179 |
| E211A | 石脑油冷却器 | | | 82.7 | 40 |

同时根据各换热器的出入口温度，画出换热网络网格图(图3-17)。

通过总综合曲线章节中计算得到，本装置换热网络热夹点温度为316℃、冷夹点温度为301.2℃。通过绘制网格图(图3-17)得到，在换热网络中，仅有减渣-初底油换热器E163和E124跨夹点传热。但由于换热后的出口温度301℃、298℃均靠近冷夹点，考虑到分流等措施，可进一步优化，但从投资角度考虑，优化的空间不大。故是否有优化空间，需根据原油相关数据确定。

(五) 装置热回收率

根据《常减压蒸馏装置技术问答》[9]第373中公式计算热回收率：

热回收率=回收热(回收热+冷却热)×100%=(1-冷却热负荷/总热负荷)×100%

装置实际热量使用情况见表3-71。

在表3-71中列出了热流股的热量使用情况，其中装置总热量为333158kW，用于直接换热的热量为297636kW，用于重沸器和汽包的热量为9710kW，使用公用工程冷却的热量为25813kW。

装置总的热量利用率为：

$$Q=\left(1-\frac{冷却负荷}{总热负荷}\right)\times 100\%=\left(1-\frac{25813}{333158}\right)\times 100\%=92.25\%$$

通过计算分析，装置总的热量利用率为92.25%，偏低。建议从以下方面进行优化：

(1) 对常顶系统的热量加以利用

目前常顶油自117℃至55℃(空冷出口)的热量为4713kW，未得到充分利用。若将该部分热量用于和加热炉瓦斯换热，可减少热损失。

加热炉瓦斯消耗量为10.01t/h，按换热温差15℃、瓦斯换热后温度102℃计算，可减少空冷负荷388kW。

(2) 引入其他冷量，减少空冷负荷

目前空冷负荷为12379kW，占热物流总热负荷的3.7%，建议引入其他低温的冷源，如一级除盐水，与一级除盐水换热后增加热输出，减少空冷负荷。

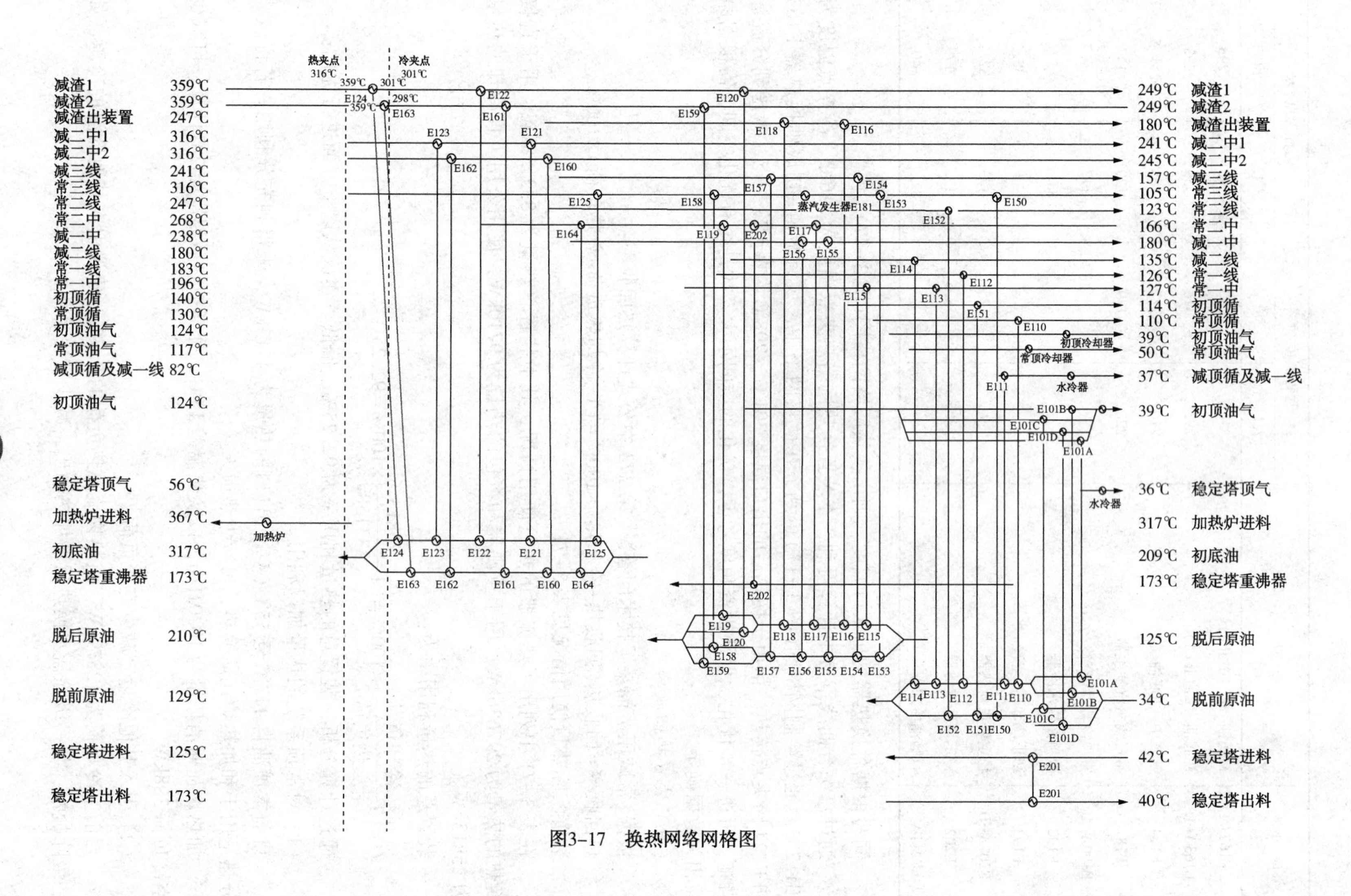


图3-17 换热网络网格图

表 3-71　换热热量利用表

| 序号 | 流股名称 | 总热负荷 | | | | 工艺介质换热 | | | 非工艺介质换热部分 | | | 公用工程冷却部分 | | | | |
|---|---|---|---|---|---|---|---|---|---|---|---|---|---|---|---|---|
| | | 流量/(kg/h) | 进口温度/℃ | 出口温度/℃ | 热负荷/kW | 进口温度/℃ | 出口温度/℃ | 热负荷/kW | 进口温度/℃ | 出口温度/℃ | 热负荷/kW | 进口温度/℃ | 出口温度/℃ | 热负荷/kW | 空冷/kW | 水冷/kW |
| 1 | 初顶不凝气 | 2000 | 124 | 38.3 | 76.85 | 124 | 78 | 46.6 | | | | 78 | 38.3 | 30.2 | 13.9 | 16.3 |
| 2 | 初顶油 | 174390 | 124 | 38.3 | 23155 | 124 | 78 | 18456 | | | | 78 | 38.3 | 4699 | 1938 | 2761 |
| 3 | 初顶循 | 511800 | 139.2 | 113.8 | 9099 | 139.2 | 113.8 | 9099 | | | | | | | | |
| 4 | 常顶不凝气 | 150 | 117 | 49.7 | 4.46 | | | | | | | 117 | 49.7 | 4.46 | 4.2 | 0.26 |
| 5 | 常顶油 | 47130 | 117 | 49.7 | 4713 | | | | | | | 117 | 49.7 | 4713 | 4412 | 301 |
| 6 | 常顶循 | 558000 | 130 | 110 | 9765 | 130 | 110 | 9765 | | | | | | | | |
| 7 | 常一线 | 139810 | 183.3 | 125.7 | 10758 | 183.3 | 125.7 | 10758 | | | | | | | | |
| 8 | 常一中 | 325000 | 196.2 | 127.5 | 16160 | 196.2 | 127.5 | 16160 | | | | | | | | |
| 9 | 常二线 | 93500 | 246.6 | 123.4 | 11479 | 246.6 | 123.4 | 11479 | | | | | | | | |
| 10 | 常二中 | 510000 | 268 | 196.5 | 28050 | 268 | 233.5 | 22164 | 233.5 | 218.5 | 5886 | | | | | |
| | | | | | | 218.5 | 196.5 | | | | | | | | | |
| 11 | 常三线 | 157500 | 316 | 105.2 | 27781 | 316 | 228 | 23957 | 228 | 179 | 3824 | | | | | |
| | | | | | | 179 | 105.2 | | | | | | | | | |
| 12 | 减顶油 | 1300 | 34 | 34 | 0 | 34 | 34 | 0 | | | | | | | | |
| 13 | 减一线 | 11600 | 81.8 | 83.2 | -9.7 | 81.8 | 83.2 | -9.7 | | | | | | | | |
| 14 | 减顶循 | 170000 | 81.8 | 37 | 4202.8 | | | | | | | 81.8 | 37 | 4202.8 | 1605 | 2597.8 |
| 15 | 减一中 | 652000 | 238 | 180 | 26442 | 238 | 180 | 26442 | | | | | | | | 1605 |
| 16 | 减二线 | 194000 | 180 | 135 | 10831 | 180 | 135 | 10831 | | | | | | | | |
| 17 | 减二中 1 | 469040 | 316 | 241 | 27100 | 316 | 241 | 27100 | | | | | | | | |
| 18 | 减二中 2 | 432960 | 316 | 245 | 23692 | 316 | 245 | 23692 | | | | | | | | |
| 19 | 减三线 | 142000 | 241 | 157 | 13845 | 241 | 157 | 13845 | | | | | | | | |
| 20 | 减渣 1 | 187000 | 359 | 246 | 16114 | 359 | 246 | 16114 | | | | | | | | |
| 21 | 减渣 2 | 206000 | 359 | 249 | 17317 | 359 | 249 | 17317 | | | | | | | | |
| 22 | 减渣出 | 302000 | 247 | 180 | 25971 | 247 | 180 | 25971 | | | | | | | | |
| 23 | 稳定塔顶气 | 71000 | 56.3 | 36 | 5973 | | | | | | | 56.3 | 36 | 5973 | 340 | 5633 |
| 24 | 稳定塔底油 | 218500 | 172.7 | 40 | 20636 | 172.7 | 82.7 | 14446 | | | | 82.7 | 40 | 6190 | 4066 | 2124 |
| 25 | 合计 | | | | 333158 | | | 297636 | | | 9710 | | | 25813 | 12379 | 15038 |
| 26 | 热回收率 | 92.25% | | | | | | | | | | | | | | |

## 五、换热器计算

在此次大检修中，新增了常三线-初底油换热器 E125；同时，针对在生产运行中，尤其是停开工过程稳定塔热源大幅波动时，容易造成热虹吸重沸器运行差的问题，在本章节计算中分别对常三线-初底油换热器 E125 和稳定塔底重沸器 E202 进行核算。

### （一）常三线-初底油换热器 E125

本章节中技术参考依据均指《冷换设备工艺计算手册》[6]。

在既已选定的换热器 E125 相关信息条件下，结合实际的运行数据进行换热器核算和比对。E125 的主要设备尺寸表参数，见表 3-72。

**表 3-72　换热器 E125 主要设备尺寸及参数表**

| 几何尺寸 | 数　值 | 备　注 |
|---|---|---|
| 管长 $L$/m | 6 | |
| 管程数 $N_{tp}$ | 2 | |
| 管程入口管径 $d_{N_i}$/m | 0.25 | |
| 壳程入口管径 $d_{N_o}$/m | 0.35 | |
| 折流板块数 $N_b$ | 11 | |
| 换热面积 $A$/m$^2$ | 335 | |
| 管内径 $d_i$/m | | 0.02 |
| 管外径 $d_o$/m | | 0.025 |
| 管心距/m | 0.032 | |
| 当量直径 $d_e$/m | 0.027 | |
| 中心排管数 | 21 | |
| 管子数 $N_s$ | 736 | |
| 壳径 $D_s$/m | 1.1 | |
| 弓缺 $Z$/% | 25 | |
| 管程流通面积 $S_i$/m$^2$ | 0.116 | |
| 壳程流通面积 $S_o$/m$^2$ | 0.27 | 板间距 $Z$=480mm，板厚 10mm |
| 管程侧污垢系数 $\gamma_i$/(m$^2$·K/W) | 0.0004 | 设计选用值 |
| 壳程侧污垢系数 $\gamma_i$/(m$^2$·K/W) | 0.0007 | 设计选用值 |

#### 1. E125 换热器实际运行数据

表 3-73 中列出了换热器管壳程相关化验数据、实际运行数据，如流量、出入口温度等。

**表 3-73　管壳程相关数据表**

| 项目名称 | 管　程 | 壳　程 |
|---|---|---|
| 介质名称 | 常三线 | 初底油 |
| 质量流速/(kg/s) | $W_i$=43.75 | $W_o$=138.6 |
| 入口温度/℃ | $T_1$=316 | $t_1$=210 |
| 出口温度/℃ | $T_2$=277 | $t_2$=224 |
| 相对密度 $d_4^{20}$ | 0.859 | 0.92 |
| 20℃时的运动黏度/(mm$^2$/s) | 9.149 | 12.92 |
| 80℃时的运动黏度/(mm$^2$/s) | 3.698 | 4.836 |

2. 冷热流股相关数据计算

管程：

(1) 特性因数

$K$=11.88(在物性计算中已计算出)。

(2) $API$

根据参考文献[6]附表1-7计算：

$$API=\frac{141.5}{0.99417\times d_4^{20}}-131.5=\frac{141.5}{0.99417\times 0.859}-131.5=32.4$$

(3) 管内定性温度 $t_{iD}$

管程、壳程的雷诺数按大于2100计(根据后续计算结果，反验证。通过后续计算发现雷诺数均大于2100，符合要求)，根据参考文献[6]第19页公式计算定性温度：

热流体(管程)定性温度 $t_{iD}=0.4T_1+0.6T_2=0.4\times 316+0.6\times 277=292.6$(℃)

(4) 焓差

根据常三线的D86蒸馏数据和密度，结合纳尔逊焓值公式，计算E125出入口温度下的焓值分别为入口焓值809kJ/kg，出口焓值690kJ/kg，计算热流热负荷 $Q_h=43.75\times(809-690)=5206$kW。

(5) 定性温度下的密度 $\rho_{iD}$

根据参考文献[6]第75页公式计算定性温度下的密度 $\rho_{iD}$：

$$\rho_{iD}=t_{iD}\cdot(1.307\times d_4^{20}-1.817)+973.86\times d_4^{20}+36.34$$
$$=[292.6\times(1.307\cdot 0.859-1.817)+973.86\cdot 0.859+36.34]\times 1000=678.8(\mathrm{kg/m^3})$$

(6) 定性温度下的比热容 $c_{piD}$

根据参考文献[6]第75页公式计算定性温度下的比热 $c_{piD}$：

$$c_{piD}=4.185\times\{0.6811-0.308\times(0.99417\times d_4^{20}+0.009181)+(1.8\times t_{iD}+32)\times[0.000815-0.000306\times(0.99417\times d_4^{20}+0.009181)]\}\times(0.055\times K+0.35)$$
$$=4.185\times\{0.6811-0.308\times(0.99417\times 0.859+0.009181)+(1.8\times 292.6+32)\times[0.000815-0.000306\times(0.99417\times 0.859+0.009181)]\}\times(0.055\times 11.88+0.35)$$
$$=3.036[\mathrm{kJ/(kg\cdot K)}]=3036[\mathrm{J/(kg\cdot K)}]$$

(7) 定性温度下的导热系数 $\lambda_{iD}$

根据参考文献[6]第75页公式计算定性温度下的导热系数 $\lambda_{iD}$：

$$\lambda_{iD}=0.0199-0.0000656\times t_{iD}+0.098/(0.99417\times d_4^{20}+0.009181)$$
$$=0.0199-0.0000656\times 292.6+0.098/(0.99417\times 0.859+0.009181)$$
$$=0.1142[\mathrm{W/(kg\cdot ℃)}]$$

(8) 定性温度下的黏度

根据参考文献[6]第75页公式计算：

参数 $c$：$c=2.4-2.0\times d_4^{20}=2.4-2.0\times 0.859=0.682$

参数 $b$：$b=\dfrac{\ln[\ln(\nu_1+c)]-\ln[\ln(\nu_2+c)]}{\ln(T_1+273)-\ln(T_2+273)}=\dfrac{\ln[\ln(9.149+0.682)]-\ln[\ln(3.698+0.682)]}{\ln(20+273)-\ln(80+273)}=-3.43$

参数 $a$：$a=\ln[\ln(\nu_1+c)]-b\times\ln(T_1+273)=\ln[\ln(9.149+0.682)]+3.43\times\ln(20+273)=20.324$

定性温度下运动黏度$\nu_{iD}$：$\nu_{iD}=\exp\{\exp[a+b\times\ln(t_{iD}+273)]\}-c=\exp\{\exp[20.324-3.43\times\ln(292.6+273)]\}-0.682=0.588(mm^2/s)$

定性温度下动力黏度$\mu_{iD}$：$\mu_{iD}=\rho_{iD}\times\nu_{iD}\times10^{-6}=678.8\times0.588\times10^{-6}=0.000399(Pa\cdot s)$

壳程：

按照管程计算方法，对壳程相关数据进行计算(计算过程不再赘述)：

1）特性因数$K=11.45$，在物性计算中已计算出。

2）$API=21.67$。

3）壳程定性温度$t_{oD}$：

$$壳程定性温度\ t_{oD}=215.6℃$$

4）焓差$Q_h=4712kW$。

5）定性温度下的密度$\rho_{oD}$：

$$\rho_{oD}=803kg/m^3$$

6）定性温度下的比热$c_{poD}$：

$$c_{poD}=2542J/(kg\cdot K)$$

7）定性温度下的导热系数$\lambda_{oD}$：

$$\lambda_{oD}=0.1118W/(kg\cdot ℃)$$

8）定性温度下的黏度

参数$c$：$c=0.6$

参数$b$：$b=-3.925$

参数$a$：$a=23.25$

定性温度下运动黏度$\nu_{oD}$：$\nu_{oD}=0.819mm^2/s$

定性温度下动力黏度$\mu_{oD}$：$\mu_{oD}=0.000658Pa\cdot s$

3. 对数平均温差校正系数$F_T$

根据参考文献[6]第11页公式计算：

温度相关因数$R$：$R=\dfrac{T_1-T_2}{t_2-t_1}=\dfrac{316-277}{224-210}=2.79$

温度效率$P$：$P=\dfrac{t_2-t_1}{T_1-t_1}=\dfrac{224-210}{316-210}=0.13$

根据公式1-2-13计算：

$$P_n=\frac{1-\left(\dfrac{1-P\times R}{1-P}\right)^{1/N_s}}{R-\left(\dfrac{1-P\times R}{1-P}\right)^{1/N_s}}=\frac{1-\left(\dfrac{1-0.13\times2.79}{1-0.13}\right)^{1/1}}{2.79-\left(\dfrac{1-0.13\times2.79}{1-0.13}\right)^{1/1}}=0.132$$

$$F_T=\frac{\sqrt{2}\cdot P_n/(1-P_n)}{\ln\dfrac{\dfrac{2}{P_n}-1-R+\sqrt{R^2+1}}{\dfrac{2}{P_n}-1-R-\sqrt{R^2+1}}}=\frac{\sqrt{2}\cdot0.132/(1-0.132)}{\ln\dfrac{\dfrac{2}{0.132}-1-2.79+\sqrt{2.79^2+1}}{\dfrac{2}{0.132}-1-2.79-\sqrt{2.79^2+1}}}=0.985$$

4. 有效平均温差 $\Delta T$

根据参考文献[6]第 11 页公式计算对数平均温差 $\Delta T_m$ 和有效平均温差 $\Delta T$：

$$\Delta T_m = \frac{(T_1 - t_2) - (T_2 - t_1)}{\ln \dfrac{T_1 - t_2}{T_2 - t_1}} = \frac{(316-224)-(277-210)}{\ln \dfrac{316-224}{277-210}} = 78.8℃$$

$$\Delta T = \Delta T_m \cdot F_T = 78.8 \cdot 0.985 = 77.7℃$$

5. 管内膜传热系数 $h'_{io}$

暂设管程和管壁的壁温校正系数 $\phi_i = 1$，待后续计算后验证。

管内质量流速 $G_i = W_i / S_i = 43.75/0.116 = 377.2 [kg/(m^2 \cdot s)]$

根据参考文献[6]第 19 页公式计算管程雷诺数 $Re_i$：

$$Re_i = d_i \cdot \frac{G_i}{\mu_{iD}} = 0.02 \cdot \frac{377.2}{0.000399} = 18900$$

根据参考文献[6]第 19 页公式计算管程普兰特准数 $Pr_i$：

$$Pr_i = C_{PiD} \cdot \frac{\mu_{iD}}{\lambda_{iD}} = 3036 \cdot \frac{0.000399}{0.1142} = 10.6$$

由于雷诺数≥10000，根据参考文献[6]第 20 页公式计算管内传热因子 $J_{Hi}$：

$$J_{Hi} = 0.23 \times Re_i^{0.8} = 0.23 \times 18900^{0.8} = 60.7$$

根据参考文献[6]第 20 页公式计算管内膜传热系数 $h'_{io}$：

$$h'_{io} = \frac{\lambda_{iD}}{d_o} \cdot J_{Hi} \cdot Pr_i^{\frac{1}{3}} = \frac{0.1142}{0.025} \times 60.7 \times 10.6^{\frac{1}{3}} = 609 [W/(m^2 \cdot K)]$$

6. 管外膜传热系数 $h'_{io}$

暂设壳程和管壁的壁温校正系数 $\phi_o = 1$，待后续计算后验证。

根据参考文献[6]第 23 页公式计算壳程雷诺数 $Re_o$：

壳程质量流速 $G_o = W_o / S_0 = 138.6/0.27 = 513.4 [kg/(m^2 \cdot s)]$

$$Re_o = d_o \times \frac{G_o}{\mu_{oD}} = 0.025 \times \frac{513.4}{0.000658} = 21205$$

根据参考文献[6]第 24 页公式计算管程普兰特准数 $Pr_o$：

$$Pr_o = c_{poD} \times \frac{\mu_{oD}}{\lambda_{oD}} = 2542 \times \frac{0.000658}{0.1118} = 15.0$$

由于雷诺数≥1000，且管子排列方式为正方形转 45°排列，根据参考文献[6]第 24 页公式计算管内传热因子 $J_{Ho}$，由于弓缺 $Z=25$，故：

$$J_{Ho} = 0.378 \times Re_o^{0.544} \times \left(\frac{Z-15}{10}\right) = 0.378 \times 21205^{0.544} \times \left(\frac{25-15}{10}\right) = 94.3$$

根据参考文献[6]第 24 页公式及旁路挡板传热与压力降校正系数 $\varepsilon_h = 1.13$ 计算管外膜传热系数 $h'_o$：

$$h'_o = \frac{\lambda_{oD}}{d_e} \cdot J_{Ho} \cdot Pr_o^{\frac{1}{3}} \cdot \phi_o \cdot \varepsilon_h = \frac{0.118}{0.027} \times 15 \times 94.3^{\frac{1}{3}} \times 1 \times 1.13 = 1080 [W/(m^2 \cdot K)]$$

7. 壁温校正因子

根据参考文献[6]第 21 页公式计算管壁温度 $t_w$：

$$t_w=\frac{h'_{io}}{h'_o+h'_{io}}\cdot(t_{iD}-t_{oD})+t_{oD}=\frac{609}{1080+609}\times(292.6-215.6)+215.6=243.4(℃)$$

管内介质在壁温条件下的动力黏度 $\mu_{iw}=0.00053\text{Pa}\cdot\text{s}$(计算过程参照上文中计算，过程从略)

根据参考文献[6]第20页公式计算管程温度校正系数 $\phi_i$：

$$\phi_i=\left(\frac{\mu_{iD}}{\mu_{iw}}\right)^{0.14}=\left(\frac{0.000399}{0.00053}\right)^{0.14}=0.96$$

壳程介质在壁温条件下的动力黏度 $\mu_{ow}=0.00060\text{Pa}\cdot\text{s}$(计算过程参照上文中计算，过程从略)

根据参考文献[6]第24页公式计算管程温度校正系数 $\phi_o$：

$$\phi_o=\left(\frac{\mu_{oD}}{\mu_{ow}}\right)^{0.14}=\left(\frac{0.000658}{0.00053}\right)^{0.14}=1.01$$

8. 校正后的膜传热系数

管内膜传热系数 $h_{io}=h'_{io}\cdot\phi_i=609\times0.96=585.1[\text{W}/(\text{m}^2\cdot\text{K})]$

壳程膜传热系数 $h_o=h'_o\cdot\phi_o=1080\times1.01=1093.7[\text{W}/(\text{m}^2\cdot\text{K})]$

9. 总传热系数 $K$

根据表3-72中设计选用的管内、管外污垢热阻，同时根据参考文献[6]第10页的表查得不锈钢材质的金属热阻 $r_p=0.00015\text{m}^2\cdot\text{K/W}$。根据参考文献[6]第9页公式计算在设计选定条件下的污垢传热系数 $K'$：

$$K'=\frac{1}{\frac{d_o}{d_i}\cdot r_i+\frac{1}{h_{io}}+\left(\frac{1}{h_o}+r_o\right)+r_p}=\frac{1}{\frac{0.025}{0.02}\times0.0004+\frac{1}{585.1}+\left(\frac{1}{1093.7}+0.0007\right)+0.00015}$$

$$=251.7[\text{W}/(\text{m}^2\cdot\text{K})]$$

清洁状态下总传热系数 $K_o$：

$$K_o=\frac{1}{\frac{1}{h_{io}}+\frac{1}{h_o}+r_p}=\frac{1}{\frac{1}{585.1}+\frac{1}{1093.7}+0.00015}=360[\text{W}/(\text{m}^2\cdot\text{K})]$$

该换热器实际换热量 $Q=Q_h=5206\text{kW}$

该换热器的换热面积 $A=335\text{m}^2$

根据参考文献[6]第9页公式，则实际的传热系数 $K$：

$$K=\frac{Q}{A\cdot\Delta T}=\frac{5206}{335\times77.7}\times1000=200[\text{W}/(\text{m}^2\cdot\text{K})]$$

实际的传热系数小于计算污垢条件下的传热系数，说明目前该换热器的热阻大于设计给定的污垢热阻，应择机对换热器进行清理。

10. 管程压力降 $\Delta p_t$

由于管程雷诺数为18900，根据参考文献[6]第22页、第23页公式计算管内摩擦系数 $f_i$：

$$f_i=0.4513\times Re_i^{-0.2653}=0.4513\times18900^{-0.2653}=0.033$$

直管压力降 $\Delta p_i$：

$$\Delta p_i=\frac{G_i^2}{2\times\rho_{iD}}\times\frac{L\times N_{tp}}{d_i}\times\frac{f_i}{\phi_i}=\frac{377.2^2}{2\times678.8}\times\frac{6\times2}{0.02}\times\frac{0.033}{0.96}\times10^{-3}=2.2(\text{kPa})$$

回弯压力降 $\Delta p_r$：

$$\Delta p_r = \frac{G_i^2}{2\times\rho_{iD}}\times(4\times N_{tp}) = \frac{377.2^2}{2\times678.8}\times4\times2\times10^{-3} = 0.84(\text{kPa})$$

管嘴压力降 $\Delta p_{Ni}$：

$$\Delta p_{Ni} = \frac{1.5\times G_{Ni}^2}{2\times\rho_{iD}} = \frac{1.5\times\left(\dfrac{W_i}{\dfrac{\pi}{4}\times d_{Ni}^2}\right)^2}{2\times\rho_{iD}} = \frac{1.5\times\left(\dfrac{\dfrac{157.5\times1000}{3600}}{\dfrac{\pi}{4}\times0.25^2}\right)^2}{2\times678.8}\times10^{-3} = 0.88(\text{kPa})$$

管程压力降 $\Delta p_t$：

$$\Delta p_t = (\Delta p_i+\Delta p_r)\cdot F_i+\Delta p_{Ni} = (2.2+0.84)\times1.4+0.88 = 5.1(\text{kPa})$$

其中，$F_i$ 为管程压力降结垢校正系数，与结垢热阻有关，根据参考文献[6]结合设计给定的结垢热阻 0.0004m$^2$·K/W，取值为 1.4。

11. 壳程压力降 $\Delta p_s$

由于壳程雷诺数为 21205，根据参考文献[6]第 27 页公式计算壳程摩擦系数 $f_o$：

$$f_o = 1.52\cdot Re_o^{-0.153} = 1.52\times21205^{-0.153} = 0.33$$

计算管束压力降 $\Delta p_o$，其中，$\varepsilon_{\Delta p}$ 为旁路挡板压力校正系数，根据参考文献[6]取 1.5，则：

$$\Delta p_o = \frac{G_o^2}{2\cdot\rho_{oD}}\cdot\frac{D_s\cdot(N_b+1)}{d_e}\cdot\frac{f_o}{\phi_o}\cdot\varepsilon_{\Delta p}$$
$$= \frac{513.4^2}{2\times803}\times\frac{1.1\times(11+1)}{0.027}\times\frac{0.33}{1.01}\times1.5\times10^{-3} = 39(\text{kPa})$$

壳程流体流经进出管嘴的质量流速 $G_{No}$：

$$G_{No} = \frac{W_o}{\dfrac{\pi}{4}\cdot d_{No}^2} = \frac{\dfrac{499.01\times1000}{3600}}{\dfrac{\pi}{4}\times0.35^2} = 513.4[\text{kg}/(\text{m}^2\cdot\text{s})]$$

其中，$W_o$ 为流体流经壳程进出口管嘴的质量流速。

计算导流板压力降 $\Delta p_{ro}$，其中，导流筒的压力降系数 $\varepsilon_p$，根据参考文献[6]取 6，则：

$$\Delta p_{ro} = \frac{G_{No}^2}{2\cdot\rho_{oD}}\cdot\varepsilon_p = \frac{513.4^2}{2\cdot803}\times6\times10^{-3} = 1.0(\text{kPa})$$

计算管嘴压力降 $\Delta p_{No}$：

$$\Delta p_{No} = \frac{1.5\cdot G_{No}^2}{2\cdot\rho_{oD}} = \frac{1.5\times513.4^2}{2\times803}\times10^{-3} = 0.25(\text{kPa})$$

计算壳程压力降 $\Delta p_s$：

$$\Delta p_s = \Delta p_o\cdot F_o+\Delta p_{ro}+\Delta p_{No} = 39\times1.45+1+0.25 = 57.8(\text{kPa})$$

其中，$F_o$ 为壳程压力降结垢校正系数，与结垢热阻有关，根据参考文献[6]结合设计给定的结垢热阻 0.0007m$^2$·K/W，取值为 1.45。

核算完毕后，相关参数数据见表 3-74。

表 3-74　E125 相关参数及计算表

| 位　号 | 1101-E-125 | | |
|---|---|---|---|
| 型号 | BES1100-4.0-335-6/25-2I | | |
| 管长 | 6m | 换热器台数 | 1 |
| 管程数 | 2 | 壳程入口管径 | 350mm |
| 折流板块数 | 11 | 管程入口管径 | 250mm |
| 换热面积 | $335m^2$ | 管内径 | 20mm |
| 当量直径 | 27mm | 管外径 | 25mm |
| 中心排管数 | 21 | 管心距 | 32mm |
| 管子数 | 736 | 壳径 | 1100mm |
| 弓缺 | 25% | 管程流通面积 | $0.116m^2$ |
| 管程侧污垢系数(设计值) | $0.0004m^2·K/W$ | 壳程流通面积 | $0.27m^2$ |
| 壳程侧污垢系数(设计值) | $0.0007m^2·K/W$ | 板间距 | 480mm |
| 有效平均温差 | 77.7℃ | 管外膜传热系数 | $1080W/(m^2·K)$ |
| 管内膜传热系数 | $585.1W/(m^2·K)$ | 污垢传热系数(设计值) | $251.7W/(m^2·K)$ |
| 清洁状态下传热系数(理论值) | $360W/(m^2·K)$ | 实际传热系数(计算值) | $200W/(m^2·K)$ |
| 管程压力降(计算值) | 5.1kPa | 壳程压力降(计算值) | 57.8kPa |

(二) 稳定塔底重沸器 E202

归根到底就是安装高度、汽液相密度差变化所致。因此为进一步了解重沸器的运行，现对稳定塔重沸器按照设计数据进行设计并与实际设备型号进行计算验证：

1. 重沸器相关数据表

稳定塔重沸器数据表见表 3-75。

表 3-75　重沸器管壳程相关数据表

| 项　目 | 壳　程 | 管　程 |
|---|---|---|
| 介质名称 | 石脑油 | 常二中 |
| 液体质量流率/(kg/h) | 487770 | 570120 |
| 入口温度/℃ | 186 | 245 |
| 出口温度/℃ | 197 | 218 |
| 入口压力(绝)/kPa | 1030 | 840 |
| 汽化率(估算值)/% | 15 | |
| 结垢热阻(设计值)/$(m^2·K/W)$ | 0.00017 | 0.00062 |
| 热负荷 $Q$/W | 12764000 | |
| 液体比热容/[J/(kg·K)] | 2730 | |
| 液体导热系数/[W/(m·K)] | 0.0798 | |
| 液体黏度/Pa·s | 0.0004377 | |
| 液体密度/$(kg/m^3)$ | 601.6 | 833 |
| 液体表面张力/(mN/m) | 9.164 | |
| 液体平均汽化潜热/(J/kg) | 356000 | |
| 气体密度/$(kg/m^3)$ | 6.08 | |
| 气体黏度/Pa·s | 0.0000096 | |
| 临界压力(绝)$p_c$/kPa | 4146 | |

2. 初步选定型号和尺寸

估算重沸器选型，相关负荷见表3-76。

**表3-76 初选换热器尺寸表**

| 项 目 | 数 值 | 项 目 | 数 值 |
|---|---|---|---|
| 热负荷 $Q_h$/W | 12764000 | 估算传热面积 $A'_o=Q_h/q$/m² | 855 |
| 经验热强度 $q$/(W/m²) | 14935 | | |

经验热强度 $q$ 根据参考文献[6]参照苯的经验热强度选取。

根据参考文献[6]选择换热器型号为BJS1800-5-895-6/25-6I，见表3-77。

**表3-77 初选换热器相关信息表(1)**

| 项 目 | 数 值 | 项 目 | 数 值 |
|---|---|---|---|
| 型号 | BJS1800-5-895-6/25-6I | 管程流通面积 | 0.104m²(布管角度45°) |
| 换热面积 $A_o$/m² | 896.7 | 壳程流通面积 | 0.318m²(折流板间距600) |
| 管内径 $d_i$/m | 0.02 | 管子总数 $N_t$ | 1986 |
| 管外径 $d_o$/m | 0.025 | 壳径 $D_o$/m | 1.8 |
| 当量直径 $d_m$/m | 0.02715 | 中心排管数 $N_c$ | 30 |
| 平均直径/m | 0.0225 | 管程数 $N_{tp}$ | 6 |
| 管心距 $P_t$/m | 0.032 | 折流板块数 | 9 |

计算管束直径 $D_b$：

布管参数 $P_y=1.414\times P_t$

管束直径 $D_b=(N_c-1)\times P_y+d_o=(30-1)\times1.414\times0.032+0.025=1.34(\mathrm{m})$

根据实际换热器的实际情况，将换热器管嘴信息和壳程出入口管线当量长度等信息列表，见表3-78。

**表3-78 初选换热器相关信息表(2)**

| 项 目 | 位 置 | 数 值 |
|---|---|---|
| 管程进出口管嘴直径/mm | 进口 | 400 |
| | 出口 | 400 |
| 壳程进出口管嘴直径/mm | 进口 | 400 |
| | 出口×2 | 350 |
| 壳程入口线当量长度/m(现场实际长度，含弯头折算) | | 30 |
| 壳程出口线当量长度/m(现场实际长度，含弯头折算) | | 40 |

3. 临界最大热通量

根据参考文献[6]第203页公式计算 $\phi_b$ 值：

$$\phi_b=\frac{3.14\times D_b\times L}{A_o}=\frac{3.14\times1.34\times6}{896.7}=0.028$$

其中，对比压力 $p_r$：

$$p_r=\frac{实际压力}{临界压力}=\frac{1030}{4146}=0.25$$

计算临界最大热强度 $q_{max}$：

$$q'_{max}=379.5\times\phi_b\times P_c\times P_r^{0.35}\times(1-P_r)^{0.9}=379.5\times0.028\times4146\times0.25^{0.35}\times(1-0.25)^{0.9}$$
$$=20997(W/m^2)$$

取安全系数 0.7，得到的实际热强度 $q_{max}$：

$$q_{max}=0.7\times q'_{max}=14698(W/m^2)$$

按照选用面积求得实际热强度为：

$$q=热负荷/换热面积=12764000/896.7=14234(W/m^2)$$
$$q_{max}/P_c=14698/4146=3.55$$

由图 3-18 可知，设计点处于泡核沸腾区域运行。

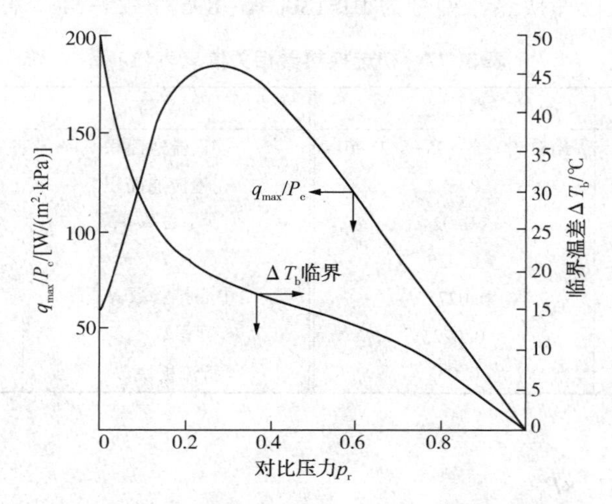


图 3-18 压力对临界最大热强度和临界温差的影响

4. 计算泡核沸腾传热系数 $h_b$

(1) 计算蒸汽覆盖参数 $\psi$

由参考文献[6]第 203 页公式求幂指数 $m$、$n$：

$$m=0.03096\times\frac{A_o\times Q}{A\times(P_t-d_o)\times\Delta H_{lv}}=0.03096\times\frac{3.14\times0.025\times1276400}{896.7\times(0.032-0.025)\times356000}=0.0139$$

$$n=-0.024\left[1.75+\ln\left(\frac{1}{N_r}\right)\right]=-0.24\left[1.75+\ln\left(\frac{1}{30}\right)\right]=0.396$$

计算 $\psi$：

$$\psi=0.714\times[3.28\times(P_t-d_o)]^m\times\left(\frac{1}{N_r}\right)^n=0.714\times[3.28\times(0.032-0.025)]^{0.0139}\times\left(\frac{1}{30}\right)^{0.396}$$
$$=0.176$$

(2) 计算压力函数 $Z$

$$Z=[0.004225\times P_c^{0.69}\times(1.8\times P_r^{0.17}+4\times P_r^{1.2}+10\times P_r^{10})]^{3.33}$$
$$=[0.004225\times4146^{0.69}\times(1.8\times0.25^{0.17}+4\times0.25^{1.2}+10\times0.25^{10})]^{3.33}$$
$$=33.76$$

(3) 计算管内膜传热系数 $h_{io}$

参照上文中 E125 计算过程计算以下相关数据。

管程流通面积 $S_i=N_t\times p_i\times d_i^2/4/N_{tp}=1986\times3.14\times0.02^2/4/6=0.104(m^2)$

管内质量流速 $G_i=W_i/S_i=1523.7[kg/(m^2\cdot s)]$

管程定性温度 $t_D=0.4\times245+0.6\times218=228.8$(℃)

管程定性温度下的黏度 $\mu_{iD}=0.0006739\text{Pa}\cdot\text{s}$(流程模拟值)

管程定性温度下的比热容 $c_p=2704\text{J/(kg}\cdot\text{K)}$(流程模拟值)

定性温度下的雷诺准数 $Re_i=d_i\times G_i/\mu_{iD}=0.02\times1524/0.0006739=45221$

定性温度下的导热系数 $\lambda_{iD}=0.0823\text{W/(m}\cdot\text{K)}$(流程模拟值)

普兰特准数 $Pr_i=(c_p\times\mu/\lambda)_{iD}=2704\times0.0006739/0.0823=22.14$

因雷诺数大于10000则传热因子为:

传热因子 $J_{hi}=0.023\times Re_i^{0.8}=0.023\times45221^{0.8}=121.90$

基于管外面积的管内膜传热系数 $h'_{io}$:

$$h'_{io}=\lambda_{id}\times J_{hi}\times Pr^{(1/3)}\times\phi_i/d_o=0.0823\times121.9\times22.14^{0.333}\times1/0.025$$
$$=1126.8[\text{W/(m}^2\cdot\text{K)}]$$

(4) 计算 $H_i$

根据参考文献[6],金属热阻 $r_p=0.00006\text{m}^2\cdot\text{K/W}$,管程污垢热阻 $r_i=0.00062\text{m}^2\cdot\text{K/W}$,$r_p\times\left(\dfrac{d_o}{d_m}\right)=0.000065\text{m}^2$。

引入变量 $H_i$:

$$\frac{1}{H_i}=\frac{1}{h_{io}}+r_i\left(\frac{d_o}{d_i}\right)+r_p\times\left(\frac{d_o}{d_m}\right)+r_o$$

得到 $1/H_i=0.00178$。

$$H_i=559.4\text{W/(m}^2\cdot\text{K)}$$

(5) 有效平均温差 $\Delta T_m$

$$\Delta T_m=\frac{(T_1-t_1)-(T_2-t_2)}{\ln\dfrac{T_1-t_1}{T_2-t_2}}=\frac{(245-186)-(218-197)}{\ln\dfrac{245-186}{218-197}}=36.8(℃)$$

(6) 设定壁温差的初值 $\Delta t$

壳程定性温度 $t_D=0.4\times t_2+0.6\times t_1=0.4\times197+0.6\times186=190.4$(℃)

$$\Delta t=0.5\times(T_D-t_D)=0.5\times(228.8-190.4)=19.2(℃)$$

(7) 进行 $\Delta T'_m$ 的迭代

$$C_o=1$$

泡核沸腾传热系数校正系数 $\phi=e^{-0.027\times(197-186)}=0.74$

$$\Delta T'_m=\frac{1.163\times\phi\times\psi\times Z\times C_o}{H_i}\times\Delta t^{3.33}+\Delta t=\frac{1.163\times0.74\times0.176\times33.76\times1}{559.4}\times19.2^{3.33}+19.2$$
$$=191.5(℃)$$

计算出 $|\Delta T'_m-\Delta T_m|=|191.5-36.8|=154.7$(℃),大于0.1℃,不符合要求,然后取 $\Delta t=\Delta t+0.1\times(\Delta T_m-\Delta T'_m)=19.2+0.1\times(36.8-154.7)=3.73$,进行1次迭代,计算出 $\Delta T'_m=6.96$,然后再按照以上方法进行后续迭代,经迭代后得到 $\Delta T_m=10.87$℃。

(8) 泡核沸腾传热系数 $h_b$

$$h'_b=1.163\times C_o\times\phi\times\psi\times Z\times(\Delta t)^{2.33}=1.163\times1\times0.74\times0.176\times33.76\times(10.87)^{2.33}$$
$$=1333.6[\text{W/(m}^2\cdot\text{K)}]$$

自燃对流传热系数取经验值 170[W/(m$^2$·K)]。

$$h_b = h'_b + 170 = 1503.6[\text{W}/(\text{m}^2\cdot\text{K})]$$

5. 计算两项对流传热系数

计算管外膜传热系数 $h_o$：

根据上文计算管内传热系数的方法，计算管外膜传热系数，见表 3-79。

**表 3-79　管外膜传热系数计算表**

| 项　目 | 符　号 | 数　值 | 备　注 |
|---|---|---|---|
| 管外流通面积/m$^2$ | $S_o$ | 0.318 | |
| 管外质量流速/[kg/(m$^2$·s)] | $G_o = W_o/S_o$ | 426.4 | |
| 壳程定性温度/℃ | $t_D$ | 190.4 | |
| 壳程定性温度下的黏度/Pa·s | $\mu_{iD}$ | 0.0007275 | |
| 壳程定性温度下的比热容/[J/(kg·K)] | $c_p$ | 2375 | |
| 雷诺准数 | $Re_o = d_m \times G_i/\mu_{oD} =$ $0.02715\times426.4/0.0007275$ | 15912 | |
| 定性温度下的导热系数/[W/(m·K)] | $\lambda_{oD}$ | 0.0798 | |
| 普兰特准数 | $P_{ro} = (c_p\times\mu/\lambda)_{oD} =$ $2375\times0.0007275/0.0798$ | 21.66 | |
| 传热因子 | $J_{ho}$ | 80.40 | 因为 $Re_i$>10000 |
| 全部液相时对流传热系数/[W/(m$^2$·K)] | $h_L = \lambda_{id}\times J_{hi}\times Pr^{(1/3)}\times\phi_i/d_o =$ $0.0798\times80.4\times21.66^{0.333}\times1/0.02715$ | 698.05 | 设 $\phi_i$ = 1 为管壁温度校正系数，$e$ 为 1.06 |

计算 Martinelli 参数：

$$X_n = \left(\frac{1-y}{y}\right)^{0.9}\times\left(\frac{\rho_v}{\rho_l}\right)^{0.5}\times\left(\frac{\mu_l}{\mu_v}\right)^{0.1} = \left(\frac{1-0.15}{0.15}\right)^{0.9}\times\left(\frac{6.08}{601}\right)^{0.5}\times\left(\frac{0.0004377}{0.0000096}\right)^{0.1} = 0.702$$

两相流因子计算：

$$F_B = 2.17\times(X_n^{-1})^{0.7} = 2.17\times\left(\frac{1}{0.702}\right)^{0.7} = 2.78$$

由于 $F_b$ 的计算值大于 2.5，故取 $F_b$ = 2.5。

两项对流传热系数 $h_{tp} = F_B\times H_L = 2.5\times698 = 1745[\text{W}/(\text{m}^2\cdot\text{K})]$

6. 计算沸腾传热系数 $h_o$

取安全系数为 0.75，根据参考文献[6]第 207 页公式，计算壳侧沸腾传热系数 $h_o$：

$$h_o = 0.75\times(h_{tp}+h_b) = 0.75\times(1745+1555.7) = 2475[\text{W}/(\text{m}^2\cdot\text{K})]$$

7. 求 $K$

由于 $\frac{1}{K} = \frac{1}{H_i} + \frac{1}{h_o} = \frac{1}{559.4} + \frac{1}{2475} = 0.00219$

则 $K$ = 455.0W/(m$^2$·K)。

8. 求 $AR$

$$AR=\frac{Q}{\Delta t\times K}=\frac{12764000}{36.8\times 455}=763(\text{m}^2)$$

余量 $C_f$=(换热面积−$AR$)/$AR$×100%=(896.7−763)/763×100%=17.6%

$$q_r=\frac{Q}{AR}=\frac{12764000}{763}=16737(\text{W/m}^2)$$

临界最大热强度的80%=0.8×20997=16798W/m$^2$

计算的 $q_r$ 低于临界最大热强度的80%，满足条件。面积余量尚可。

9. 计算安装高度

(1) 重沸器入口管线的摩擦损失 $\Delta p_1$

入口流通面积 $S_1=\frac{3.14\times 0.04^2}{4}=0.1256(\text{m}^2)$

入口管线流速 $u_1=\frac{487770}{601.6\times S_1\times 3600}=\frac{487770}{601.6\times 0.1256\times 3600}=1.793(\text{m/s})$

入口管线质量流速 $G_1=\frac{487770}{S_1\times 3600}=\frac{487770}{0.1256\times 3600}=1078.8[\text{kg/(s}\cdot\text{m}^2)]$

入口管线雷诺数 $Re_1=\frac{0.4\times 1078.8}{0.0004377}=9585840$

由于 $Re_1>4000$，计算入口管线摩擦系数 $f_1$：

$$f_1=0.344\times Re_1^{-0.2258}=0.0152$$

入口管线摩擦损失 $\Delta p_1$：

$$\Delta p_1=\frac{f_1\times u_1^2\times L_1}{19.62\times d_i}=\frac{0.0153\times 1.793^2\times(30+H_x)}{19.62\times 0.4}=0.00625(30+H_x)(\text{m 液柱})$$

其中，$L_1$ 为从塔底到重沸器入口处的管线当量长度。

(2) 重沸器出口管线的摩擦损失 $\Delta p_2$

出口流通面积 $S_2=\frac{3.14\times 0.035^2}{4}\times 2=0.1923(\text{m}^2)$

气液混相密度 $\rho_{lv}=\frac{1}{\frac{0.15}{6.08}+\frac{0.85}{601.6}}=38.3(\text{kg/m}^3)$

汽液相混合黏度 $\mu_{lv}=\frac{1}{\frac{0.15}{0.0000096}+\frac{0.85}{0.0004377}}=0.000057(\text{Pa}\cdot\text{s})$

出口管线流速 $u_2=\frac{487770}{s_2\times\rho_{lv}}=\frac{487770}{0.1923\times 38.3\times 3600}=18.4(\text{m/s})$

出口管线雷诺数 $Re_2=\frac{0.35\times 18.4\times 38.3}{0.00057}=4331534$

由于 $Re_2>4000$，计算入口管线摩擦系数 $f_2$：

$$f_2=0.344\times Re_2^{-0.2258}=0.0109$$

出口管线摩擦损失 $\Delta p_2$：

$$\Delta p_2=(f_2\times u_2^2\times L_2)\times\frac{\left(\frac{\rho_{1v}}{\rho_1}\right)}{19.62\times d_2}=(0.0109\times 18.4^2\times(40+H_x))\times\frac{\left(\frac{38.3}{601.6}\right)}{19.62\times 0.35}$$

$$=1.369+0.0342H_x(\text{m 液柱})$$

其中，$L_2$为从重沸器出口处到返塔的管线当量长度。

(3) 重沸器壳程流体的静压 $\Delta p_3$

平均密度 $\rho_{平均}=\frac{\rho_1+\rho_{1v}}{2}=\frac{601.6+38.3}{2}=319.97(\text{kg/m}^3)$

$$\Delta p_3=D_s\times\frac{\rho_{平均}}{\rho_1}=1.8\times\frac{319.97}{601.6}=0.957(\text{m 液柱})$$

(4) 流体的静压 $\Delta p_4$

取标高 $H_1=0$，则 $H_2=3\text{m}$，计算流体的静压 $\Delta p_4$：

$$\Delta p_4=(H_1+H_2+H_x)\times\frac{\rho_{1v}}{\rho_1}=(3+H_x)\times\frac{38.3}{601.6}=0.191+0.0637H_x(\text{m 液柱})$$

(5) 重沸器壳程摩擦压力降 $\Delta p_5$

壳程质量流速 $G_o=\frac{487770}{2\times 0.318\times 3600}=213(\text{kg/s})$

$$Re_o=\frac{d_e\times G_o}{\mu_1}=\frac{0.02715\times 487770}{2\times 0.318\times 0.0004377\times 3600}=13224$$

由于 $Re_o$在 1500~15000，计算 $f_5$：

$$f_5=0.6179\times Re_o^{-0.0774}=0.296$$

$$\Delta p_5=\frac{D_s\times(N_b+1)\times f_5\times G_o^2}{39.24\times d_e\times\rho_1\times\rho_{平均}}=\frac{1.8\times(9+1)\times 0.296\times 213^2}{39.24\times 0.2715\times 601.6\times 319.97}=1.18(\text{m 液柱})$$

(6) 计算安装高度 $H_x$

代入上述计算的各部分压降，令

$$\Delta p_\varepsilon=\Delta p_1+\Delta p_2+\Delta p_3+\Delta p_4+\Delta p_5$$

$$=0.1876+0.00625H_x+1.369+0.0342H_x+0.957+0.191+0.0637\times H_x+3.66$$

$$=3.88+0.098H_x$$

$$H_x=\Delta p_\varepsilon-D_s-H_1=3.88+0.098H_x-1.8-0$$

得到 $H_x=2.3$。

安装高度一般要求有 1.5 倍的余量，即安装高度为 2.3×1.5=3.45(m)。

取安装高度为 3.45m，现场核对，与现场十分接近，满足要求。

通过重沸器计算发现，当热虹吸式重沸器发生气阻而无法建立虹吸自循环时，需要提高汽液推动力，即提高液位，从而建立循环。

## 六、塔板水力学计算

### (一) 水力学计算

从上文的常压塔气液相负荷图中可以看出，在不计中段回流液体流量的条件下，在常二中抽出塔盘的气液相负荷最大，分别为：液相 784m$^3$/h(不含回流二中回流量)；气相 117800Nm$^3$/h。

为计算常二中抽出塔盘20层板的液相负荷，假设二中回流流量510t/h，按照等量传递至20层塔盘，则20层板的液相负荷为：回流流量+内回流流量。

根据密度转化，常二中在抽出温度268℃条件下的密度为652kg/m$^3$，则20层板液相负荷为：784+510/0.652=1566(m$^3$/h)。

现计算常二中位置气相密度：进入常二中塔盘的气相为内回流、常顶、常一线、常二线、水蒸气，即511758+47130+111810+9350+6050=770248(kg/h)。

气相密度$\rho$=气相质量/气相体积=770248/117800=6.5(kg/m$^3$)

水力学计算用到的相关参数见表3-80。

**表3-80　相关参数表**

| 项　目 | 数　值 | | 项　目 | 数　值 | |
|---|---|---|---|---|---|
| 气相负荷 | 117800m$^3$/h | 32.72m$^3$/s | 液相负荷 | 1566m$^3$/h | 0.435m$^3$/s |
| 塔盘气相密度 | 6.5kg/m$^3$ | | 塔盘液相密度 | 652kg/m$^3$ | |

(1) 塔径计算

1) 流动参数：

$$F_{LV}=\frac{L}{G}\left(\frac{\rho_G}{\rho_L}\right)^{0.5}=\frac{1566}{117800}\left(\frac{6.5}{652}\right)^{0.5}=0.133$$

2) 选定板间距：

常压塔实际的板间距$H_t$=0.7m。

3) 最大允许气体速度：

上文中已初选板间距$H_t$=0.7m，考虑常压操作，取板上清液高度$h_L$=0.095m，故$H_t$-$H_l$=0.7m-0.095m=0.605m，计算Smith图(《石油化工设计手册》[3]第3卷图13-26)的横坐标的数值：

$$\frac{L_s}{L_v}\sqrt{\frac{\rho_L}{\rho_V}}=\frac{1566}{117800}\sqrt{\frac{652}{6.5}}=0.133$$

查图得到$C_{0.02}$=0.125。

因石脑油的表面张力(25℃时)$\sigma$=23.79mN/m(取自流程模拟数据)，根据《石油化工设计手册》[3]第3卷公式13-63计算石脑油的$C_0$：

$$\frac{C_{0.02}}{C_0}=\left(\frac{0.02}{0.02379}\right)^{0.2}$$

得到$C_0$=0.129。

根据《石油化工设计手册》[3]第3卷公式13-62计算空塔临界气速：

$$u_{max}=C_o\sqrt{\frac{\rho_L-\rho_V}{\rho_V}}=0.129\times\sqrt{\frac{652-6.5}{6.5}}=1.29$$

取安全系数为0.6，计算空塔气速$u'$：

$$u'=0.6\times u_{max}=0.6\times1.29=0.76(m/s)$$

塔径估算为$D'=\sqrt{\frac{u_v}{0.785\times u'}}=\sqrt{\frac{32.72}{0.785\times0.76}}=7.4(m)$

塔径对$D'$圆整后，取塔径$D$=7.6m，即为实际常压塔塔径。

塔截面积 $A_t=0.785\times D^2=45.3(m^2)$

空塔气速 $u=\frac{V_S}{A_t}=\frac{117800}{45.3}=0.72(m/s)$

空塔 $F$ 因子 $=u\times\rho_V^{1/2}=0.72\times6.5^{1/2}=1.83$

空塔 $C$ 因子 $=u\times\sqrt{\frac{\rho_V}{\rho_L-\rho_V}}=0.72\times\sqrt{\frac{6.5}{652-6.5}}=0.072$

(2) 溢流区设计

选取清液层高度为 $h_L=0.095m$。根据常压塔实际运行情况，常压塔采用弓形降液管，不设内堰。

1) 堰长：

取塔径的0.66，即堰长为 $L'_W=5.02m$。

2) 堰上高度 $h_{ow}$：

$$h_{ow}=\frac{2.84}{1000}\times E\times\left(\frac{L_s}{L_w}\right)^{\frac{2}{3}}=\frac{2.84}{1000}\times1\times\left(\frac{1566}{5.02}\right)^{\frac{2}{3}}=0.13(m)$$

由于 $h_{ow}$ 不宜超过60~70mm，所以所选取的单溢流不合适，重新选取。经试差调试后选择四溢流(即为实际塔内溢流情况)。

3) 堰长：

$$L_w=24.7m(\text{取自溢流堰实际长度})$$

4) 堰高 $h_w$：

堰上高度 $h_{ow}=0.045m$(计算方法见上文堰上高度计算)

堰高 $h_w=h_L-h_{ow}=0.095-0.045=0.05(m)$

5) 降液管底缝高度 $h_o$：

降液管底部液封高度为24mm(取自实际操作数据)，降液管底隙高度 $h_o=h_L-h_o=95-21=71(mm)$。

验证：流体流经降液管底部的流速 $u'$=液体体积/(堰长×底隙)= 0.248m/s，该流速在0.07~0.25m/s之间，认为适宜。

6) 弓型降液管宽度 $w_d$ 和面积 $A_f$：

由于使用ADV浮阀，在核算时取降液管实际面积 $A_l=6.8m^2$；弓形降液管宽度 $w_d=1.58m$，验证降液管内停留时间 $t=\frac{A_l\times H_t}{L_V}=\frac{6.8\times0.7}{0.435}=10.9(s)$，大于5s，符合降液管尺寸要求。

(3) 开孔区设计

取阀孔动能因子 $F_o=9.8$，采用《石油化工设计手册》[3]公式13-38，孔流速 $u_o=u_o=\frac{F_O}{\sqrt{\rho}}=\frac{9.8}{\sqrt{6.5}}=3.84(m/s)$。

浮阀直径为39mm。

每层塔盘上的浮阀孔数 $N=\frac{u_v}{s\ \text{阀孔面积}\times u_0}=\frac{32.72}{0.785\times0.039^2\times3.84}=7130$ 个

取边缘区宽度 $W_c=0.06m$；安定区宽度 $W_s=0.1m$。

开孔区面积 $A_L$ 按《石油化工设计手册》[3]公式 13-70 计算：

$$r=D/2-W_c=7.6/2-0.06=3.74(\mathrm{m})$$

$$x=D/2-(W_d+W_s)=7.6/2-(1.58+0.1)=2.12(\mathrm{m})$$

$$A_L=AL=2\times\left(x\times\sqrt{r^2-x^2}+r^2\sin^{-1}\frac{x}{r}\right)=29.91(\mathrm{m}^2)$$

浮阀排列方式采用等腰三角形叉排。取同一横排的孔心距 $t=0.070n$，估算排间距 $t'=A_L/N/t=29.91/7130/0.07=0.059(\mathrm{m})$。

考虑到直径较大，必须采用分块式塔盘，而分块时塔盘的支撑与塔接触需要占去一部分开孔区面积，因此排间距应小于 59mm，取排间距 $t=55\mathrm{mm}$。

按照 $N=7130$ 重新核算孔速及阀孔动能因子：

$$u_o=\frac{u_v}{\text{开孔面积}}=\frac{32.72}{0.785\times0.039^2\times7130}=3.84(\mathrm{m/s})$$

$$F_o=u_o\times\sqrt{\rho_V}=3.8\times\sqrt{6.5}=9.7997$$

阀孔动能因子变化不大，仍在 9~12 范围内，符合要求。

塔盘开孔率=阀孔气速/空塔气速=0.72/3.84×100%=18.8%

(4) 流体力学校核[3]

1) 计算气相压降：

a. 干板压降 $\Delta p_c$

计算解出临界孔速 $u_{oc}$，即：

$$19.9\times g\times u_{oc}^{0.175}=5.34\rho_v\times g\times u_{oc}^2/2$$

$$u_{oc}=1.078\mathrm{m/s}$$

$$\Delta P_c=19.9\times g\times u_{oc}^{0.175}=19.9\times9.8\times1.078^{0.175}=226(\mathrm{Pa})=0.035(\mathrm{m}\ \text{液柱})$$

b. 板上清液层的阻力 $\Delta p_2$：

对于油类物系，当 $F_o>2.7$ 时，$\beta=0.545$，

$$\Delta p_2=g\times\rho_1\times\beta(h_{ow}+h_w)=9.91\times652\times0.545\times0.095=330.8(\mathrm{Pa})=0.0518(\mathrm{m}\ \text{液柱})$$

c. 板上表面张力引起的压降：

因非常小，故忽略。

气体通过一层塔盘的压降 $\Delta p=\Delta p_1+\Delta p_2=557.4(\mathrm{Pa})=0.095(\mathrm{m}$ 液柱)

2) 漏液验算：

前面已求得操作条件下阀孔动能因子 $F_o=9.8$，9.8 大于 5~6，不会发生严重漏液现象。

3) 液泛的验算：

为了避免液泛，要求控制降液管内清液层高度应 $H_d\ll\phi(H_t+h_w)$，其中，$H_d=h_p+h_d+h_L+H_a$。

a. 气体通过一层塔板的压降所相当的液柱高度 $h_p$，前已算出 $h_p=0.087\mathrm{m}$ 液柱。

b. 液体通过降液管的压头损失 $h_d$：

$$h_d=0.153\times\left(\frac{L_S}{h_o\times L_w}\right)^2=0.153\times\left(\frac{0.435}{24.7\times0.071}\right)^2=0.0094(\mathrm{m})$$

c. 板上清液层高 $h_L$：

前文设计要求中已给出 $h_L=0.095\mathrm{m}$，略去 $h_a$，所以，$H_d=h_p+h_d+h_L+H_a=0.087+0.0094+$

0. 095 = 0. 191(m)。

取 $\phi=0.5$，$\phi(H_t+h_w)=0.5\times(0.7+0.05)=0.37$(m)，可见，$H_d \ll \phi(H_t+H_w)$，符合防止液泛的要求。

4）雾沫夹带：

板上液相流程长 $Z_1$(采用四溢流)，$Z_1$ =(塔径 $D-2\times$液管宽度 $w_d$)/4 =(7.6−2×1.58)/4 = 1.11(m)。

板上液流面积 $A_b$ = 塔截面积 $A_T-4\times$降液管面积 $A_1=45.3-2\times6.8=31.74(m^2)$

对于塔内油品，物性系数 $K$ 取 1.0。

由气相密度，查图 3-19 得到泛点负荷因子 $C_f=0.155$。

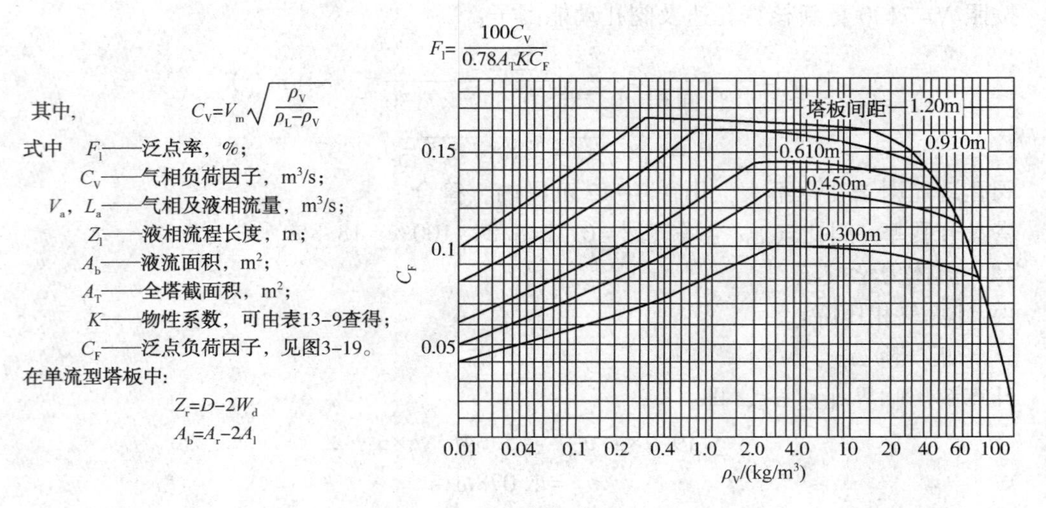

$F_1=\frac{100C_V}{0.78A_TKC_F}$
其中，
$C_V=V_m\sqrt{\frac{\rho_V}{\rho_L-\rho_V}}$
式中 $F_1$——泛点率，%；
$C_V$——气相负荷因子，m³/s；
$V_a$，$L_a$——气相及液相流量，m³/s；
$Z_l$——液相流程长度，m；
$A_b$——液流面积，m²；
$A_T$——全塔截面积，m²；
$K$——物性系数，可由表13-9查得；
$C_F$——泛点负荷因子，见图3-19。
在单流型塔板中：
$Z_r=D-2W_d$
$A_b=A_r-2A_l$
塔板间距
1.20m
0.910m
0.610m
0.450m
0.300m
0.15
0.1
0.05
$C_F$
0.01
0.04
0.1
0.2
0.4
1.0
2.0
4.0
10
20
40
60
100
$\rho_V$/(kg/m³)


图 3-19　泛点负荷因子

计算泛点率：

$$F_1=\frac{100C+136\times Z_1}{A_bKC_f}=\frac{100\times0.072+136\times0.435\times1.11}{31.74\times1\times0.155}\times100\%=80\%$$

$$F'_1=\frac{100C}{0.78\times A_bKC_f}=\frac{100\times0.072}{0.78\times1\times31.74\times0.155}\times100\%=70\%$$

对于大塔，为避免过量液沫夹带，一般控制泛点率不超过 80%~82%，算出的泛点率均在 82%以下，所以液沫夹带能满足要求。

5）塔板负荷性能图：

a. 液沫夹带上限：

按泛点率 = 82%，计算 $V_s-L_s$ 的关系，即：

$$\frac{V_g\sqrt{\frac{6.5}{652-6.5}}+1.36\times L_s\times1.11}{1.0\times0.155\times31.74}=0.82$$

整理得到：

$$V_g=40.2-15.04L_s$$

在操作范围内取若干 $L_s$ 得到 $V_g$ 的直线，即为雾沫夹带线。

b. 液泛线：

$$\phi(H_T+h_w)=5.34\times\frac{\rho_V}{\rho_L}\times\frac{u_0^2}{2g}+0.153\left(\frac{L_s}{l_w\times h_o}\right)^2+(1+\beta)\left[h_w+0.00284\times E\times\left(\frac{3600L_S}{L_w}\right)^{2/3}\right]$$

整理得到：

$$a\times V_g^2=b-c\times L_s^2-d\times L_s^{2/3}$$

求解得到：

$$a=1.91\times10^5\times\frac{\rho_V}{\rho_L\times N}=1.91\times10^5\times\frac{6.5}{652\times7130}=3.75\times10^{-5}$$

$$b=\phi(H_t+h_w)-(1-\beta)h_w=0.298$$

$$c=\frac{0.153}{l_w^2\times h_3^2}=\frac{0.153}{24.7^2\times0.071^2}=0.0498$$

$$d=(1+\beta)\times E\times\frac{0.667}{l_w^{\frac{2}{3}}}=(1+0.545)\times1\times\frac{0.667}{24.7^{\frac{2}{3}}}=0.1216$$

整理得到：

$$V_g^2=7954-1329.8L_s^2-3245L_s^{(2/3)}$$

c. 液相负荷上限：

液体在降液管内时间：$t=A_t\times H_t/L_s$。

取液体在降液管内时间为5s，则 $Ls_{max}=A_t\times H_t/5=6.8\times0.7/5=0.95(m^3/s)$。

d. 气相负荷下限：

以 $F_0=5$ 作为气相负荷最小的标准，

$$u_{o\min}=\frac{F_O}{\sqrt{\rho_V}}=\frac{5}{\sqrt{6.5}}=16.7(m^3/s)$$

e. 液相负荷下限：

取堰上清流高度 $h_{ow}=6$mm，为最小负荷，

$$h_{ow}=\frac{2.84}{1000}\times E\times\left(\frac{L_s}{L_w}\right)^{\frac{2}{3}}=\frac{2.84}{1000}\times1\times\left(\frac{L_s}{24.7}\right)^{\frac{2}{3}}=0.006$$

$$L_{smin}=0.021m^3/s$$

将以上曲线在汽液相负荷曲线图中画出，如图3-20所示。

由负荷性能图3-20可以看出，该塔的气液相负荷完全由雾沫夹带控制。

已知的工艺条件 $V_g=0.435m^3/s$，$L_s=32.7m^3/s$，在气液相负荷图中作出操作点 $P$，该点靠近雾沫夹带线。过原点与 $P$ 点做一条直线，交负荷性能图于 $A$(44.5/100，33.5)/$B$(22.2/100，16.7)两点，由此可确定气相负荷上限 $V_{max}=33.5m^3/s$，气相负荷下限 $V_{min}=16.7m^3/s$。

操作弹性=气相负荷上限/气相负荷下限=33.5/16.7=2.01

相关计算结果见表3-81。

（二）各塔段参数计算

根据上述计算方法，对各塔段的流动参数进行计算，塔板间距取0.7m，塔径取7.6m，塔截面积为45.34m²。计算结果见表3-82。

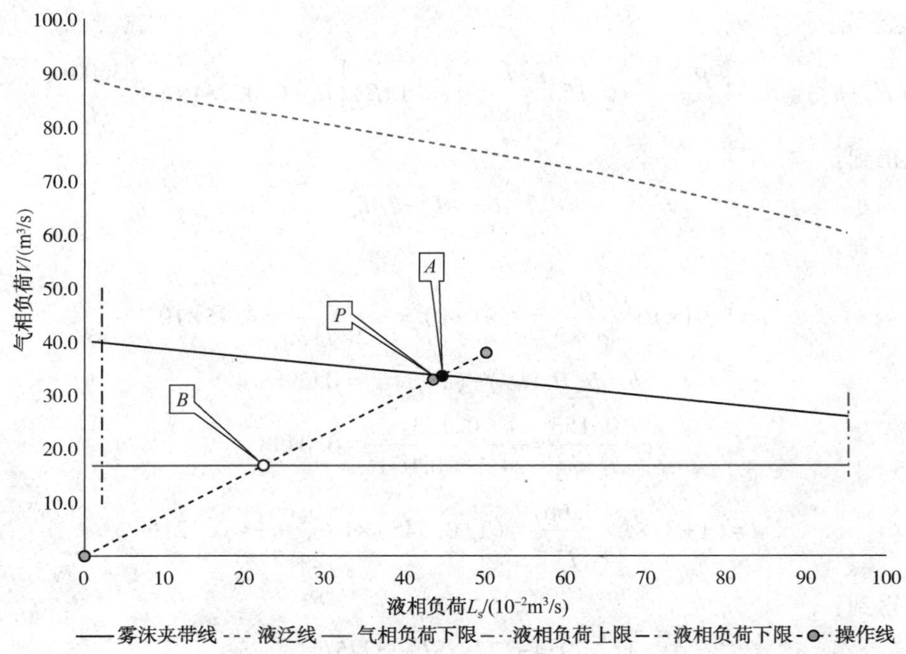


图 3-20　汽液相负荷性能图

**表 3-81　塔盘工艺计算结果表**

| 序　号 | 项　目 | 数　值 | |
|---|---|---|---|
| 1 | 塔径 $D$/m | 7.6 | |
| 2 | 板间距 $H_T$/m | 0.7 | |
| 3 | 塔盘形式 | 四溢流 | 分块式塔盘 |
| 4 | 空塔气速 $u$/(m/s) | 0.72 | |
| 5 | 堰长/m | 24.6848 | |
| 6 | 堰高/m | 0.05 | |
| 7 | 板上清液层高度 $h_L$/m | 0.095 | |
| 8 | 降液管底隙高度 $h_O$/m | 0.071 | |
| 9 | 浮阀数量 $N$/个 | 7130 | 等腰三角形叉排 |
| 10 | 阀孔气速 $u_o$/(m/s) | 3.8 | |
| 11 | 阀孔动能因子 $F_o$ | 9.8 | |
| 12 | 临界阀孔气速 $u_{oc}$/(m/s) | 4.80 | |
| 13 | 孔心距 $i$/m | 0.07 | 指同一横排的孔心距 |
| 14 | 排间距 $i'$/m | 0.055 | 指相邻二横排中心线距离 |
| 15 | 单板压降 $\Delta p_p$/Pa | 557 | |
| 16 | 液体在降液管内停留时间 $t$/s | 11 | |
| 17 | 降液管内清液层高 $H_d$/m | 0.19 | |
| 18 | 泛点率/% | 80.09 | |
| 19 | 气相负荷上限 $V_{smax}$/(m³/s) | 33.5 | 雾沫夹带控制 |
| 20 | 气相负荷下限 $V_{smin}$/(m³/s) | 16.7 | 漏液控制 |
| 21 | 操作弹性 | 2.01 | |

表 3-82　各塔段参数计算表

| 项　目 | 6层 | 12层 | 20层 | 24层 | 34层 | 38层 | 48层 | 51层 |
|---|---|---|---|---|---|---|---|---|
| 气相体积流量/($m^3$/h) | 19400 | 98200 | 117800 | 56700 | 80000 | 46800 | 51800 | 20700 |
| 气相密度/($kg/m^3$) | 0.31 | 6.96 | 6.50 | 5.62 | 5.43 | 4.75 | 4.31 | 6.04 |
| 液相体积流量/($m^3$/h) | 1101.3 | 181.5 | 1566.0 | 94.3 | 911.0 | 83.2 | 102.2 | 102.2 |
| 液相密度/($kg/m^3$) | 712 | 624 | 652 | 648 | 651 | 670 | 677 | 677 |
| 流动参数 | 2.71 | 0.02 | 0.13 | 0.02 | 0.12 | 0.02 | 0.02 | 0.05 |
| 空塔临界气速 | 1.07 | 1.31 | 1.13 | 1.49 | 1.26 | 1.64 | 1.71 | 1.37 |
| 空塔实际气速 | 0.12 | 0.60 | 0.72 | 0.35 | 0.49 | 0.29 | 0.32 | 0.13 |
| 空塔 $F$ 因子 | 0.07 | 1.59 | 1.84 | 0.82 | 1.14 | 0.62 | 0.66 | 0.31 |
| 空塔 $C$ 因子 | 0.002 | 0.064 | 0.072 | 0.032 | 0.045 | 0.024 | 0.025 | 0.012 |

取进料段上部气相负荷最小塔盘51层塔盘进行相关计算。计算方法参照上文中水力学计算章节。

51层塔盘负荷图如图3-21所示。

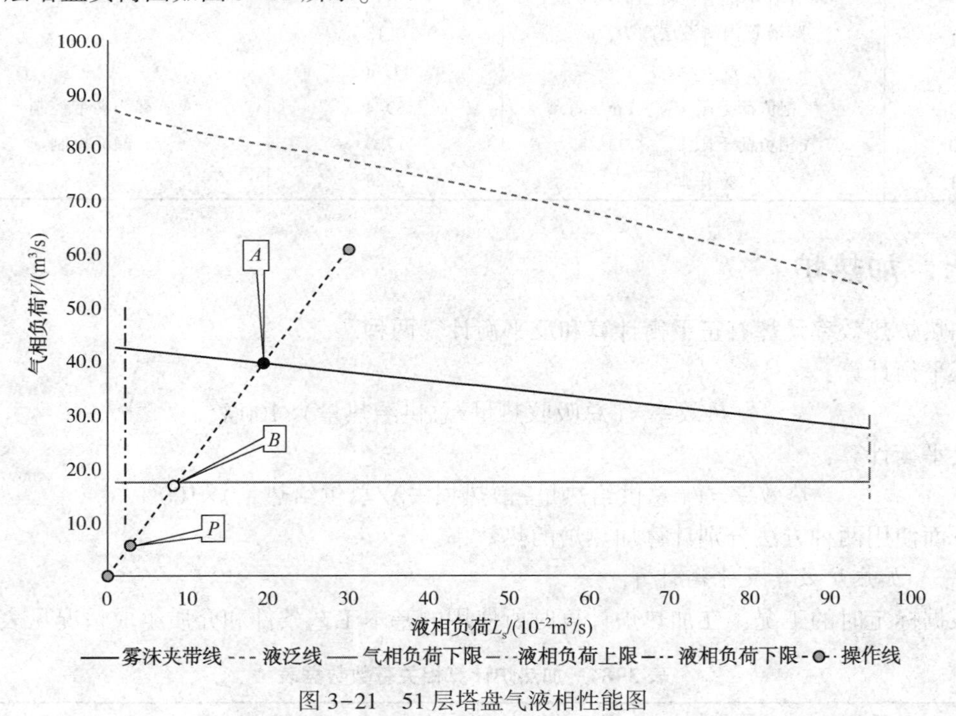


图 3-21　51层塔盘气液相性能图

从图3-21中可以看出，若按照上文计算中的塔盘开孔情况计算，按照常二中的开孔情况，则51层塔盘处于气相负荷下限操作。因此需对常压塔顶部系统减少开孔率。相关计算见表3-83。

表 3-83　51层塔盘工艺计算结果表

| 序　号 | 项　目 | 数　值 | |
|---|---|---|---|
| 1 | 塔径 $D$/m | 7.6 | |
| 2 | 板间距 $H_T$/m | 0.7 | |
| 3 | 塔盘形式 | 四溢流 | 分块式塔盘 |

续表

| 序　号 | 项　目 | 数　值 | |
|---|---|---|---|
| 4 | 空塔气速 $u$/(m/s) | 0.13 | |
| 5 | 堰长/m | 24.6848 | |
| 6 | 堰高/m | 0.09 | |
| 7 | 板上清液层高度 $h_L$/m | 0.095 | |
| 8 | 降液管底隙高度 $h_O$/m | 0.071 | |
| 9 | 浮阀数量 $N$/个 | 7130 | 等腰三角形叉排 |
| 10 | 阀孔气速 $u_o$/(m/s) | 0.7 | |
| 11 | 阀孔动能因子 $F_o$ | 1.7 | |
| 12 | 临界阀孔气速 $u_{oc}$/(m/s) | 5.65 | |
| 13 | 孔心距 $i$/m | 0.07 | 指同一横排的孔心距 |
| 14 | 排间距 $i'$/m | 0.055 | 指相邻二横排中心线距离 |
| 15 | 单板压降 $\Delta p_p$/Pa | 589 | |
| 16 | 液体在降液管内停留时间 $t$/s | 168 | |
| 17 | 降液管内清液层高 $H_d$/m | 0.18 | |
| 18 | 泛点率/% | 11.96 | |
| 19 | 气相负荷上限 $V_{smax}$/($m^3$/s) | 39.4 | 雾沫夹带控制 |
| 20 | 气相负荷下限 $V_{smin}$/($m^3$/s) | 17.3 | 漏液控制 |
| 21 | 操作弹性 | 2.28 | |

## 七、加热炉

加热炉热效率计算有正平衡计算和反平衡计算两种。

正平衡计算：

$$热效率=(总吸收热量/总供给热量)\times100\%$$

反平衡计算：

$$热效率=((总供给热量-散热损失)/总供给热量)\times100\%$$

下面使用两种方法分别计算加热炉的热效率。

### (一) 加热炉效率反平衡计算

根据标定时的工况，在加热炉计算时所使用的基本工艺条件和介质组成情况见表3-84。

**表3-84　加热炉计算相关基数数据表**

| 项　目 | 数　值 | 项　目 | 数　值 |
|---|---|---|---|
| 环境温度 $T_a$/℃ | 28 | 丙烷 | 3.75 |
| 烟气出预热器温度 $T_e$/℃ | 120 | 丙烯 | 0.88 |
| 燃料气温度/℃ | 37.8 | 氮气 | 10.89 |
| 相对湿度/% | 50 | 氢气 | 19.14 |
| 烟气分析：氧含量(湿基)/%(体) | 1.8(可燃物为0) | $CO_2$/% | 0.32 |
| 燃料气分析/%(体) | | $O_2$/% | 0.80 |
| 甲烷 | 41.48 | CO/% | 0.51 |
| 乙烷 | 16.59 | 丁烷 | 3.82 |
| 乙烯 | 1.81 | 散热损失/% | 2.5(低发热值) |

根据《石油化工管式炉热效率设计计算》(SHT 3045—2003)(下称《效率设计计算标准》),取基准温度为15℃。

1. 干空气组成相关计算

化验分析空气中$O_2$体积含量为20.95%,氮气体积含量为79.05%,计算空气平均相对分子质量$M_{空}=32\times0.2095+28\times0.7905=28.838$。

干空气中氧气质量分数$w_{氧}=23.25\%$,氮气质量分数$w_{氮}=76.75\%$。

2. 计算燃料气低发热值

以氢气组分为例计算燃料气中氢气组分的发热量,其他的组分计算同氢气计算步骤。

计算得燃料气的平均相对分子质量$M=20.359$。

取燃料气体积为1体积,氢气的体积分数为19.14%,

氢气分子量:2.016

燃料气中氢气的质量为:19.14%×2.016=0.386kg。

根据《石油化工管式炉热效率设计计算》第4页的燃料燃烧计算表,查得氢气的低热值为12000kJ/kg。

燃料气中氢气组分的热值为:

$$0.386\times12000=46311.7(\text{kJ})$$

按照以上方法,将燃料气中其他组分的热量计算出来,并将热值汇总,见表3-85。

表3-85 燃料气组分热值计算表

| 燃料组分 | 1 | 2 | 3<br>1×2 | 4 | 5<br>3×4 |
|---|---|---|---|---|---|
| | 体积分数 | 相对分子量 | 质量/kg | 低热值/(kJ/kg) | 热值/kJ |
| $H_2$ | 0.1914 | 2.016 | 0.386 | 120000 | 46311.7 |
| $CO_2$ | 0.0032 | 44 | 0.143 | | |
| CO | 0.0051 | 28 | 0.142 | 10100 | 1436.1 |
| $CH_4$ | 0.4148 | 16 | 6.637 | 50000 | 331872.2 |
| $C_2H_6$ | 0.1650 | 30.1 | 4.993 | 47490 | 237111.3 |
| $C_2H_4$ | 0.0181 | 28.1 | 0.510 | 47190 | 24055.8 |
| $C_3H_8$ | 0.0375 | 44.1 | 1.653 | 46360 | 76637.1 |
| $C_3H_6$ | 0.0088 | 42.1 | 0.371 | 45800 | 17006.5 |
| 丁烷 | 0.0382 | 58.1 | 2.219 | 45750 | 101502.7 |
| $O_2$ | 0.0079 | 32 | 0.254 | | |
| $N_2$ | 0.1089 | 28 | 3.051 | | |
| 合计 | 1.0 | | 20.359 | | 835933.5 |
| 每kg燃料合计 | 1.0 | | 1.0 | | 41060 |

取1kg的燃料,对应的热值为$Q_{燃}=835933.5/20.359=41060$(kJ/kg燃料)。

3. 计算干空气理论燃烧后烟气中各组分的质量

查《效率设计计算标准》第4页的燃料燃烧计算表,对应不同燃料组分对应的理论空气量$L_o$(干空气)、$CO_2$生成量、水生成量、氮气生成量,见表3-86,计算烟气中各自的量。

表 3-86　燃料燃烧后烟气组成质量表

| 燃料组分 | 6 | 7<br>3×6 | 8 | 9<br>3×8 | 10 | 11<br>3×10 | 12 | 13<br>3×12 |
|---|---|---|---|---|---|---|---|---|
| | 理论空气量/(kg/kg 燃料) | 理论空气量/kg | $CO_2$生成量/(kg/kg 燃料) | $CO_2$生成量/kg | $H_2O$ 生成量/(kg/kg 燃料) | $H_2O$ 生成量/kg | $N_2$生成量/(kg/kg 燃料) | $N_2$生成量/kg |
| $H_2$ | 34. 29 | 13. 234 | | | 8. 94 | 3. 450 | 26. 36 | 10. 173 |
| $CO_2$ | | | 1 | 0. 143 | | | | |
| CO | 2. 47 | 0. 351 | 1. 57 | 0. 223 | | 0. 000 | 1. 9 | 0. 270 |
| $CH_4$ | 17. 24 | 114. 430 | 2. 74 | 18. 187 | 2. 25 | 14. 934 | 13. 25 | 87. 946 |
| $C_2H_6$ | 16. 09 | 80. 335 | 2. 93 | 14. 629 | 1. 8 | 8. 987 | 12. 37 | 61. 762 |
| $C_2H_4$ | 14. 79 | 7. 539 | 3. 14 | 1. 601 | 1. 28 | 0. 652 | 11. 36 | 5. 791 |
| $C_3H_8$ | 15. 68 | 25. 920 | 2. 99 | 4. 943 | 1. 63 | 2. 695 | 12. 05 | 19. 920 |
| $C_3H_6$ | 14. 79 | 5. 492 | 3. 14 | 1. 166 | 1. 28 | 0. 475 | 11. 36 | 4. 218 |
| 丁烷 | 15. 46 | 34. 300 | 3. 03 | 6. 722 | 1. 55 | 3. 439 | 11. 88 | 26. 357 |
| $O_2$ | -4. 32 | -1. 099 | | | | | -3. 32 | -0. 845 |
| $N_2$ | | | | | | | 1 | 3. 051 |
| 合计 | | 280. 5 | | 47. 61 | | 34. 63 | | 218. 64 |
| 每 kg 燃料合计 | | 13. 78 | | 2. 33 | | 1. 70 | | 10. 74 |

对应 1kg 燃料，消耗的理论空气量(干基)$m_0$为 13. 78kg；生成的 $CO_2$质量为 2. 33kg；$H_2O$ 的生成量为 1. 70kg；理论燃烧后烟气中的氮气量为燃料气中带入的氮气和理论空气对应的氮气量的和，即 10. 74kg。

4. 过剩空气系数修正

(1) 计算环境温度下的水蒸气的蒸汽压

根据安托因方程计算水蒸气的蒸汽压。对于 0~60℃条件下的水，系数为：

$A$：8. 10765；$B$：1750. 286；$C$：235. 0。

$$\lg p = A - \frac{B}{t+C} = 8.10765 - \frac{1750.286}{28+235} = 1.4526$$

$$p = 28.35\text{mmHg}$$

(2) 相对湿度修正值

$$\text{空气中的水含量} = \frac{\text{水蒸气饱和蒸汽压}}{\text{总压}} \times \text{相对湿度} \times \frac{\text{水相对分子质量}}{\text{干空气平均相对分子质量}}$$

$$= \frac{28.35}{760} \times 50\% \times \frac{18}{28.838} = 0.01164$$

每 kg 燃料理论燃烧所需要的湿空气量 $m_1$：

$$m_1 = \frac{13.78}{1-0.01164} = 13.94(\text{kg})$$

每 kg 燃料理论燃烧时，湿空气中的含水量 $m_3$ = 湿空气量 $m_1$ − 理论空气量 $m_0$ = 13. 94−13. 78 = 0. 1623(kg)。

湿空气理论燃烧后，产生的水质量 $m_水$ = 湿空气中的含水量 $m_3$ + 燃烧反应生成的水量 $m_4$ = 0. 1623+1. 7 = 1. 8634(kg)。

(3) 过剩空气修值

经过上述计算，湿空气中水含量和干空气的质量比为 0.1623∶13.778。

假设过剩空气中干空气的质量为 $x$，则其对应的过剩湿空气中水量为 $x$×0.1623/13.778。

则烟气中氧含量为：

定义参加燃烧反应的湿空气带入和反应生成水的总物质的量为 $mol_1$，湿空气反应带入氮气的物质的量为 $mol_2$，反应生成的 $CO_2$ 的物质的量为 $mol_3$，

$$氧含量\% = \frac{烟气中氧气的物质的量}{(mol_1+mol_2+mol_3)+过剩空气物质的量+过剩空气带入水的物质的量}$$

即：

$$1.8\% = \frac{\frac{x}{28.838}\times 20.95\%}{\left(\frac{3.26}{18}+\frac{13.899}{28}+\frac{1.946}{44}\right)+\frac{x}{28.838}+x\times\frac{0.1623/13.778}{18}}$$

求解以上方程得到过剩空气的质量为 $x$(干基) = 1.996kg。

过剩空气系数 = 过剩空气/理论空气 = 1.996/13.78×100% = 14.48%

5. 排烟损失

根据《管式加热炉》[8]第 21 页公式计算烟气的焓值，基准温度为 15℃。分别计算排烟温度 117℃时 $CO_2$、$H_2O$、$N_2$ 和空气的焓值，计算公式中计算系数 $A$、$B$、$C$、$D$ 之值，见表 3-87。

**表 3-87　计算系数 $A$、$B$、$C$、$D$ 之值**

| 气　体 | $A$ | $B$ | $C$ | $D$ |
|---|---|---|---|---|
| 氧($O_2$) | 82.714 | 1.041 | -0.011 | 78.972 |
| 氢($H_2$) | 1429.145 | -0.734 | 0.098 | -542.466 |
| 水蒸气($H_2O$) | 170.955 | 1.537 | 0.003 | 144.125 |
| 氮气($N_2$) | 99.225 | 0.409 | 0.002 | 65.326 |
| 二氧化碳($CO_2$) | 58.621 | 2.806 | -0.037 | -35.896 |
| 二氧化硫($SO_2$) | 46.499 | 1.772 | -0.025 | 2.842 |

以氮气计算为例：

$$\begin{aligned} I_{N2} = & 99.225\times10^{-2}\times(11-15)+1.8\times0.409\times10^{-4} \\ & \times[(117+273.16)^2-(15+273.16)^2]+3.24\times0.002\times10^{-6} \\ & \times[(117+273.16)^3-(15+273.16)^3]+0.3087\times65.326\times10^2 \\ & \times\left(\frac{1}{117+273.16}-\frac{1}{15+273.16}\right)=104.7(\text{kJ/kg}) \end{aligned}$$

并将烟气中其他组分的焓值计算后，见表 3-88。

即烟气在 117℃时的相对焓值为 1900.5kJ/kg 燃料。

化验分析烟气中 CO 含量未检出，无烃类等可能造成化学能损失的组分，故化学能损失为 0。

表 3-88　烟气焓值计算表

| 组分 | 每 kg 燃料生成组分量/kg | 温度为 $T_e$ 时的焓值/(kJ/kg) | 焓差/(kJ/kg 燃料) |
|---|---|---|---|
| $CO_2$ | 2.339 | 91.49 | 214.0 |
| $H_2O$ | 1.887 | 189.82 | 358.2 |
| $N_2$ | 10.739 | 104.70 | 1124.5 |
| 空气 | 1.996 | 0.00 | 203.9 |
| $O_2$ | 0.46 | 93.86 | 43.5 |
| $N_2$ | 1.53 | 104.70 | 160.4 |
| 合计 | 16.961 | | 1900.5 |

6. 热损失计算

1）燃料低发热量 $h_L = 41060$kJ/kg 燃料。

2）散热损失 $h_r$ = 燃料低发热量的 2.5% = 1027kJ/kg 燃料。

3）在烟气出口温度 117℃条件下的焓值 $h_s = 1900.5$kJ/kg 燃料。

4）比热容计算：

① 根据《冷换设备工艺计算手册》[6]第 191 页的空气性质计算公式表，计算空气比热容：

取基准温度和环境温度的均值，作为空气比热容的计算温度，$t_a = (15+28)/2 = 21.5$（℃），计算空气比热容：

$$c_p = 1.0036+0.02413\times10^{-3}t_a+0.4283\times t_a^{2}\times10^{-6}+0.03868\times t_a^{3}\times10^{-9}-0.95024\times t_a^{4}\times10^{-12}+0.89676\times t_a^{5}\times10^{-15}-0.25726\times t_a^{6}\times10^{-18}$$

$$=1.0036+0.02413\times\frac{21.5}{1000}+0.4283\times21.5^{2}\times10^{-6}+0.03868\times21.5^{3}\times10^{-9}-0.95024\times21.5^{4}\times10^{-12}+0.89676\times21.5^{5}\times10^{-15}-0.25726\times21.5^{6}\times10^{-18}$$

$$=1.004[\mathrm{kJ/(kg\cdot ℃)}]$$

空气的显热 $h_a = c_p\times m\times\Delta t_a = 1.004\times(13.94+1.006+1.996\times0.1624/13.78)\times(28-15) = 208(\mathrm{kJ})$

② 计算燃料气的比热容：

取基准温度和燃料气温度的均值，作为燃料气比热容的计算温度，$T_a = (15+37.8)/2+273 = 299.4(\mathrm{K})$。

$$c_P^0 = A\left(\frac{1.8T}{100}\right)+B\left(\frac{1.8T}{100}\right)^2+C\left(\frac{1.8T}{100}\right)^3+D\left(\frac{100}{1.8T}\right)^2$$

瓦斯中不同组分的 $A$、$B$、$C$、$D$ 系数，以及瓦斯中各组分的质量分数，见表 3-89。

表 3-89　燃料气比热计算相关数据表

| 燃料组分 | 体积分数 | 质量分数 | $A$ | $B$ | $C$ | $D$ |
|---|---|---|---|---|---|---|
| $H_2$ | 0.1914 | 0.0190 | 0.4383729 | −0.022 | 3.85649E−05 | 8.629 |
| $CO_2$ | 0.0032 | 0.0070 | 0.0341628 | −0.001 | 2.19472E−06 | 0.298 |
| CO | 0.0051 | 0.0070 | 0.0292794 | −0.001 | 1.82626E−06 | 0.653 |
| $CH_4$ | 0.4148 | 0.3260 | 0.0776543 | −0.001 | −1.2072E−07 | 0.799 |
| $C_2H_6$ | 0.1650 | 0.2452 | 0.0830087 | −0.002 | 1.47441E−06 | 0.144 |

续表

| 燃料组分 | 体积分数 | 质量分数 | $A$ | $B$ | $C$ | $D$ |
|---|---|---|---|---|---|---|
| $C_2H_4$ | 0.0181 | 0.0250 | 0.0773808 | -0.002 | 2.80498E-06 | 0.101 |
| $C_3H_8$ | 0.0375 | 0.0812 | 0.088012 | -0.002 | 2.55127E-06 | -0.03 |
| $C_3H_6$ | 0.0088 | 0.0182 | 0.0761423 | -0.002 | 2.30049E-06 | 0.066 |
| 丁烷 | 0.0382 | 0.1090 | 0.0873284 | -0.002 | 2.63297E-06 | 2E-04 |
| $O_2$ | 0.0079 | 0.0125 | 0.0286895 | -0.001 | 1.86119E-06 | 0.518 |
| $N_2$ | 0.1089 | 0.1498 | 0.0713551 | -0.002 | 3.18021E-06 | 0.912 |
| 合计 | 1 | | | | | |

烃类混合物的理想气体比热容 $c_P^0$ 可用下式求定：

$$c_P^0 = \sum_{i=1}^{m} x_{wi} \cdot c_{pi}^0$$

式中　$x_{wi}$——$i$ 组分的质量分数。

根据公式算燃料气中各组分的比热容见表3-90。

**表3-90　燃料气各组分比热容计算表**

| 燃料组分 | 质量分数 | 组分热值/[kcal/(kg·K)] | 燃料组分 | 质量分数 | 组分热值/[kcal/(kg·K)] |
|---|---|---|---|---|---|
| $H_2$ | 0.0190 | 3.3391 | $C_3H_8$ | 0.0812 | 0.3983 |
| $CO_2$ | 0.0070 | 0.1981 | $C_3H_6$ | 0.0182 | 0.3612 |
| $CO$ | 0.0070 | 0.2446 | 丁烷 | 0.1090 | 0.4 |
| $CH_4$ | 0.3260 | 0.5341 | $O_2$ | 0.0125 | 0.2158 |
| $C_2H_6$ | 0.2452 | 0.4193 | $N_2$ | 0.1498 | 0.4882 |
| $C_2H_4$ | 0.0250 | 0.3684 | 合计 | | 0.511 |

通过汇总计算燃料气的比热容为：

$$c_{pg} = 0.511\text{kcal/(kg} \cdot \text{K)} = 2.138\text{kJ/(kg} \cdot \text{K)}$$

计算燃料气的显热 $h_f = c_{pf} \times \Delta t_f = 2.138 \times (37.8-15) = 48.8(\text{kJ})$。

7. 计算热效率

加热炉热效率为：

$$\text{热效率\%} = \frac{(\text{燃料热值+空气显热+燃料显热}) - (\text{烟气热焓+散热损失})}{\text{燃料低发热值+空气显热+燃料显热}} \times 100\%$$

$$= \frac{(41060+208+48.8)-(1901+1027)}{41060+208+48.8} \times 100\%$$

$$= 92.9\%$$

（二）加热炉正平衡计算

根据《原油蒸馏工艺与工程》[1]第1000页的公式10-5-1进行正平衡计算。

1. 油品吸收的热量

常压炉进料为初底油，根据纳尔逊焓值公式计算常压炉进料焓值为746kJ/kg，加热炉出口焓值即为上文常压塔核算时入塔焓值(已计算)，相关数据见表3-91。

表 3-91　加热炉进料相关数据表

| 进料量/(kg/h) | 进料温度/℃ | 入口焓值/(kJ/kg) | 出口温度/℃ | 出口焓值/(kJ/kg) |
|---|---|---|---|---|
| 1080840 | 317 | 746 | 367 | 983.9 |

初底油在常压炉内吸收的热量 $Q_1=1080840\times(983.9-746)/3600=71426$kW。

2. 蒸汽吸收的热量

过热蒸汽相关参数见表 3-92。

表 3-92　过热蒸汽相关数据表

| 进料量/(kg/h) | 压力/MPa(绝) | 进料温度/℃ | 入口焓值/(kJ/kg) | 出口温度/℃ | 出口焓值/(kJ/kg) |
|---|---|---|---|---|---|
| 8498 | 0.45 | 147 | 2748 | 303 | 3075 |

过热蒸汽吸收的热量 $Q_2=8498\times(3075-2748)/3600=771.9$(kW)。

3. 加热炉输入热量

加热炉输入热量：

$q_3$=燃料热值+空气显热+燃料显热=41060+208+48.8=41317.2(kJ/kg 燃料)

常压炉瓦斯量为 6740kg/h，加热炉输入总热值为 $Q_3=q_3\times6740/3600=41317.2\times6740/3600=77354.98$(kW)

4. 加热炉热效率 $\eta$

$$\eta=\frac{\text{有效热量}}{\text{输入热量}}\times100\%=\frac{71426+771.9}{77345}\times100\%=93.3\%$$

(三) 相关分析对比

从加热炉热效率正平衡计算得到的热效率为 93.3%，从反平衡计算得到的热效率为 92.9%，偏差 0.4%。分析原因为：

在反平衡计算时，加热炉的散热损失取的设计经验值：低热值的 2.5%造成了偏差。在《石油化工管式炉热效率设计计算》(2004 版)第 3.8 条款中说明，“加热炉的散热损失，无空气预热器时，不应大于燃料发热量的 1.5%；有空气预热系统时，不应大于 2.5%”“设计热负荷较大时，应取小的百分数；反之，应取较大的百分数”。故在反平衡计算时，采用了 2.5%的散热损失略大。为准确计算，可对加热炉的炉体的散热进行核算。

根据计算散热损失的方法，将常压炉的表面温度、局部温度计算出在不同风速条件下的散热损失，见表 3-93。

对常压炉的散热损失计算得到常压炉散热损失为 1307kW。

表 3-93　常压炉散热损失计算表

| 部位 | | 表面积/m² | 环境温度/℃ | 风速/(m/s) | 表面温度/℃ | 与风速有关系数 | 系数 A | 对流传热系数/[W/(m²·℃)] | 辐射传热系数/[W/(m²·℃)] | 总传热系数/[W/(m²·℃)] | 散热量/kW |
|---|---|---|---|---|---|---|---|---|---|---|---|
| 对流室 | 东面 | 128 | 28 | 1 | 50 | 1.97 | 2.2 | 9.4 | 4.8 | 14.1 | 39.8 |
| | 西面 | 128 | 28 | 1 | 50 | 1.97 | 2.2 | 9.4 | 4.8 | 14.1 | 39.8 |
| | 南面 | 27 | 28 | 0.6 | 65 | 1.65 | 2.2 | 9.0 | 5.1 | 14.1 | 14.1 |
| | 北面 | 27 | 28 | 0.6 | 65 | 1.65 | 2.2 | 9.0 | 5.1 | 14.1 | 14.1 |

续表

| 部位 | | 表面积/m² | 环境温度/℃ | 风速/(m/s) | 表面温度/℃ | 与风速有关系数 | 系数A | 对流传热系数/[W/(m²·℃)] | 辐射传热系数/[W/(m²·℃)] | 总传热系数/[W/(m²·℃)] | 散热量/kW |
|---|---|---|---|---|---|---|---|---|---|---|---|
| 西辐射室 | 东面 | 280 | 28 | 0.6 | 55 | 1.65 | 2.2 | 8.3 | 4.9 | 13.2 | 99.4 |
| | 西面 | 340 | 28 | 1 | 55 | 1.97 | 2.2 | 9.9 | 4.9 | 14.8 | 135.5 |
| | 南面 | 85 | 28 | 0.6 | 50 | 1.65 | 2.2 | 7.9 | 4.8 | 12.6 | 23.6 |
| | 北面 | 89 | 28 | 0.6 | 50 | 1.65 | 2.2 | 7.9 | 4.8 | 12.6 | 24.7 |
| | 防爆门 | 1.6 | 28 | 1 | 90 | 1.97 | 2.2 | 12.1 | 5.8 | 17.9 | 1.8 |
| | 人孔门 | 3.8 | 28 | 0.6 | 80 | 1.65 | 2.2 | 9.8 | 5.5 | 15.3 | 3.0 |
| | 看火孔 | 0.67 | 28 | 0.6 | 75 | 1.65 | 2.2 | 9.5 | 5.4 | 14.9 | 0.5 |
| 东辐射室 | 西面 | 280 | 28 | 0.6 | 55 | 1.65 | 2.2 | 8.3 | 4.9 | 13.2 | 99.4 |
| | 东面 | 340 | 28 | 1 | 55 | 1.97 | 2.2 | 9.9 | 4.9 | 14.8 | 135.5 |
| | 南面 | 85 | 28 | 0.6 | 50 | 1.65 | 2.2 | 7.9 | 4.8 | 12.6 | 23.6 |
| | 北面 | 89 | 28 | 0.6 | 50 | 1.65 | 2.2 | 7.9 | 4.8 | 12.6 | 24.7 |
| | 防爆门 | 1.6 | 28 | 1 | 90 | 1.97 | 2.2 | 12.1 | 5.8 | 17.9 | 1.8 |
| | 人孔门 | 3.84 | 28 | 0.6 | 80 | 1.65 | 2.2 | 9.8 | 5.5 | 15.3 | 3.0 |
| | 看火孔 | 0.67 | 28 | 0.6 | 75 | 1.65 | 2.2 | 9.5 | 5.4 | 14.9 | 0.5 |
| 东炉底 | | 146 | 28 | 0.8 | 90 | 1.82 | 1.4 | 7.1 | 5.8 | 12.9 | 116.8 |
| 西炉底 | | 146 | 28 | 0.8 | 90 | 1.82 | 1.4 | 7.1 | 5.8 | 12.9 | 116.8 |
| 炉顶 | | 371 | 28 | 1 | 80 | 1.97 | 1.4 | 7.4 | 5.5 | 12.9 | 249.0 |
| 空预器 | | 284 | 28 | 1 | 60 | 1.97 | 2.2 | 9.9 | 4.9 | 14.8 | 139.2 |
| 合计 | | 2715 | | | | | | | | | 1307 |

加热炉输入总热值为：$Q_3 = 77354.98$kW。

在烟气出口温度 117℃ 条件下的焓值 $h_s = 1900.5$kJ/kg 燃料，则排烟带走的总热量为 $H_s = 1900.5 \times$燃料量$= 1900.5 \times 6740/3600 = 3558.16$(kW)。

加热炉热效率为：

$$热效率\% = \frac{加热炉输入总热量-烟气带走的热量-散热损失}{加热炉输入总热量} \times 100\%$$

$$= \frac{77354.98-3558.16-1307}{77354.98} \times 100\% = 93.7\%$$

通过对加热炉的散热损失计算，计算出来的散热损失为加热炉低热值的 1.6%。计算出的热效率为 93.7%，与正平衡计算的 93.3%偏差不大。

## 八、电脱盐

### (一) 黏度计算

根据化验数据，原油在不同温度下的相关数据见表 3-94。

**表 3-94　原油黏度数据表**

| 项　目 | 数　值 | 备　注 |
|---|---|---|
| 密度/(kg/m³) | 879 | 温度 20℃ |
| 黏度/(mm²/s) | 14.15 | 温度 40℃ |
| | 10 | 温度 50℃ |

根据《冷换设备工艺计算手册》[6]第 75 页附表 1-7，计算操作工况 126℃条件下的油品密度和黏度。

(1) 密度计算

操作条件 126℃条件下的密度：

$$\begin{aligned}\rho &= T\times(1.307\times d_4^{20}-1.817)+973.86\times d_4^{20}+36.34\\ &=126\times(1.307\times0.879-1.817)+973.86\times0.879+36.34\\ &=808\text{kg/m}^3\end{aligned}$$

(2) 黏度

操作条件 126℃条件下的黏度相关参数，根据《冷换设备工艺计算手册》[6]第 75 页的相关计算公式，如下所示：

$$\upsilon=\exp\{\exp[a+b\cdot x\ln(T+273)]\}-C$$

$$\mu=\rho\cdot\upsilon\cdot10^{-3}$$

$$b=\frac{\ln[\ln(\upsilon_1+C)]-\ln[\ln(\upsilon_2+C)]}{\ln(T_1+273)-\ln(T_2+273)}$$

$$a=\ln[\ln(\upsilon_1+C)]-b\cdot\ln(T_1+273)$$

当 $\gamma_4^{20}\leqslant0.8$　$C=0.8$

$\gamma_4^{20}\geqslant0.9$　$C=0.6$

$0.8<\gamma_4^{20}<0.9$　$C=2.4-2.0\gamma_4^{20}$

式中　$\upsilon$——运动黏度，$mm^2/s$；

$\mu$——动力黏度，mPa · s。

代入计算后得到：

$$a=24.09$$

$$b=-4.08$$

$$c=0.784$$

126℃下运动黏度：

$$\upsilon=e^{e^{[a+b\times\ln(126+273)]}}-c=1.24(mm^2/s)$$

动力黏度：

$$\mu=\rho\times\upsilon\times10^{-3}=808\times1.24\times10^{-3}=0.90(mPa\cdot s)$$

(二) 设备数据

电脱盐罐的主要设备尺寸情况见表 3-95。

表 3-95　电脱盐罐相关数据表

| 项　目 | 数　值 | 项　目 | 数　值 |
|---|---|---|---|
| 原油加工量/(kg/h) | 1428570 | 电脱盐筒体长度/m | 32 |
| 原油密度(126℃)/(kg/m³) | 808 | 电脱盐总长度/m | 34.15 |
| 电脱盐温度/℃ | 126 | 电脱盐筒体容积/m³ | 486.3 |
| 原油体积流量/(m³/h) | 1768.03 | 电脱盐两个封头容积/m³ | 22.7 |
| 高速电脱盐的罐体尺寸/mm | $\phi$4476×34150×38 | 电脱盐罐总容积/m³ | 509.00 |
| 电脱盐内径长度/m | 4.4 | | |

（三）相关数据计算

1）罐体最大截面积 $S=4.4\times32=150.3(m^2)$。此处计算时，忽略了两封头部分的横截面积，实际截面积较 $150.3m^2$ 略大。

2）油流最大截面上升速度 $u$：

$$u=V/S=1768.03/3600/150.3=0.00327(m/s)=0.196(m/min)$$

3）电脱盐示意图如图 3-22 所示。

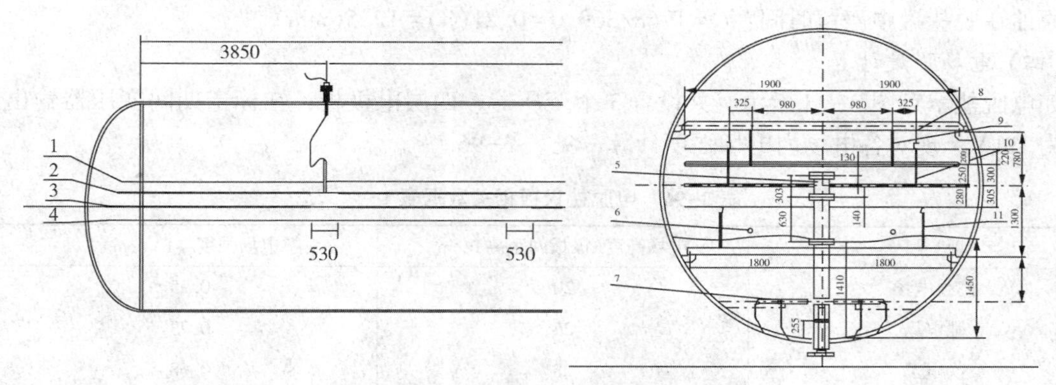


图 3-22　电脱盐罐设备图

电脱盐内电极板为水平放置，共四层，其中第三层为接地极板。极板间距依次为200mm、260mm、280mm，第四层极板距离水面高度为490mm，水位高度为1430mm，电脱盐罐内极板分布示意图如图 3-23 所示。

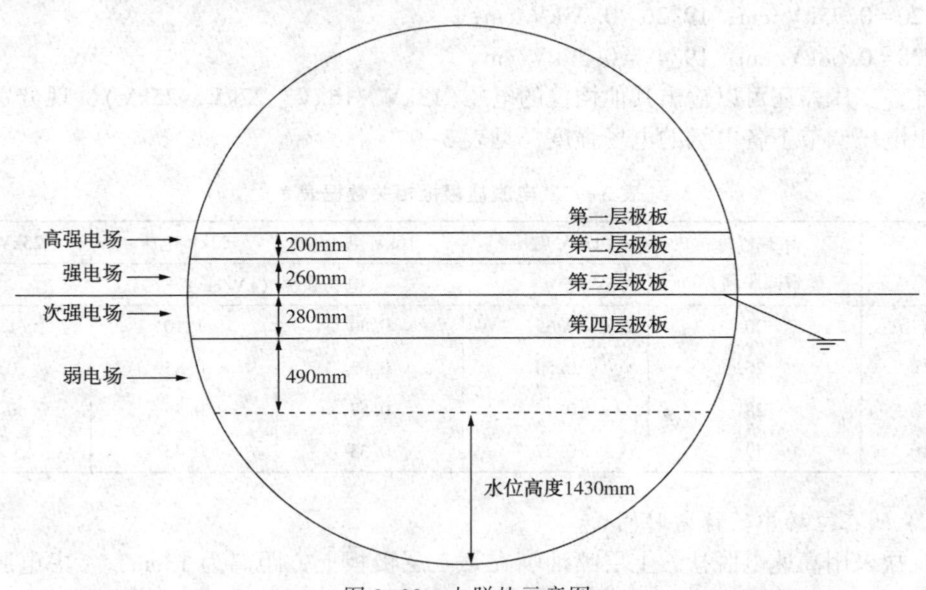


图 3-23　电脱盐示意图

4）电脱盐水位高度 $L=1.43m$。

5）为简化计算，水层部分的封头体积取封头体积的 1/8，即 $22.7/8=2.83(m^3)$。计算电脱盐截面图中水层部分(圆缺部分)的面积为 $4.29m^2$(数学计算从略)。

水层容积为：$V_水=4.29\times32+2.83=140.0(m^3)$。

6）电脱盐注水量 $L_v=50t/h$；原油含水量为 0.32t/h(在原油流量校正章节已计算出)；

进入电脱盐罐内总水量为50+0.32=50.32(t/h)。

在电脱盐工况条件下，水的密度为939kg/m$^3$(根据《石油化工设计手册》[3]查阅)。

进入的水在水层的停留时间为：$t_1$=140.0/(50.32×1000/939)=2.61(h)。

7）原油在油层的停留时间：

油层容积=电脱盐罐容积-水层容积=509-140.0=369.0(m$^3$)(忽略进料管和电脱盐内件所占的体积)

原油在脱盐罐中停留时间：$t_2$=1768/369.0=0.21(h)=12.5(min)。

(四) 电场强度计算

如电脱盐示意图3-23所示，共设置3个变压器、四层电极板，在标定期间变压器输出电压为19kV，现对各电场内电场强度计算，见表3-96。

**表3-96　电脱盐极板相关数据表1**

| 项　目 | 电场高度(极板间距离)/cm | 电场强度/(kV/cm) |
| --- | --- | --- |
| 高强电场 | 20 | 0.95 |
| 强电场 | 26 | 0.73 |
| 次电场 | 28 | 0.68 |
| 弱电场 | 49 | 0.39 |

计算过程：

在19kV电压下分别计算各电场强度为：

19/20=0.95kV/cm；19/26=0.73kV/cm；

19/28=0.68kV/cm；19/49=0.39kV/cm。

另外，变压器还可以输出其他档位的电压(13kV、16kV、22kV、25kV)，现分别计算在不同输出电压调节下各电场的电场强度，见表3-97。

**表3-97　电脱盐极板相关数据表2**

| 项　目 | 电场高度(极板间距离)/cm | 13kV电压 | 16kV电压 | 22kV电压 | 25kV电压 |
| --- | --- | --- | --- | --- | --- |
| | | 电场强度/(kV/cm) | | | |
| 高强电场 | 20 | 0.65 | 0.80 | 1.10 | 1.25 |
| 强电场 | 26 | 0.50 | 0.62 | 0.85 | 0.96 |
| 次电场 | 28 | 0.46 | 0.57 | 0.79 | 0.89 |
| 弱电场 | 49 | 0.27 | 0.33 | 0.45 | 0.51 |

(五) 油在电场中的停留时间

电脱盐采用高速电脱盐，上层喷油嘴在第三层极板上方距离为13cm，考虑电脱盐罐周边为圆弧，为简化计算将该区域体积视为长方体，且长方体的宽度为电脱盐罐直径的0.98，现进行相关计算(下同)。

上层喷油嘴上方电场容积为：$V_1$=4.4×32×0.98×(20+26-13)/100=45.53(m$^3$)。

下层喷油嘴距离第四层极板的距离为13cm。

下层喷油嘴上方的电场容积为：$V_2$=4.4×32×0.98×(20+26+28-14)/100=82.8(m$^3$)。

原油在强电场停留时间分别为：

$$t_3 = 45.53/1768 = 0.0257(\mathrm{h}) = 1.55(\mathrm{min})$$

$$t_4 = 82.8/1768 = 0.0468(\mathrm{h}) = 2.81(\mathrm{min})$$

经估算弱电场区(即第四层极板与水界位间的区域)的体积为 $2.08 \times 32 = 66.56(\mathrm{m}^3)$，原油在弱电场停留时间 $t_5 = 66.56/1768 = 0.0376(\mathrm{h}) = 2.26(\mathrm{min})$。

(六) 最小可沉降水滴直径

由于重力沉降是油水分离的基本方法，当水滴的上升速度(即原油的速度)和沉降速度相等时的水的直径，即为最小可沉降水滴的直径。低于该粒径的水滴，将被原油带入系统而无法沉降。

根据《原油蒸馏工艺与工程》[1]第183页的斯托克斯公式计算最小可沉降粒径：

$$u = \frac{d^2 \times (\rho_w - \rho) \times g}{18 \times \mu}$$

式中 $u$——水滴沉降速度，m/s；

$d$——水滴直径，mm；

$\rho_w$——水(或盐水)密度，kg/m³；

$\rho$——原油的密度，kg/m³；

$g$——重力加速度，9.81m/s²；

$\mu$——油的黏度，Pa·s。

$$d = \sqrt{\frac{18 \times \mu \times u}{(\rho_w - \rho) \times g}} = \sqrt{\frac{18 \times 0.0009 \times 0.00327}{(939-808) \times 9.81}} = 0.0002(\mathrm{mm})$$

(七) 汇总表

通过计算，将以上结果汇总，见表3-98。

**表3-98 电脱盐相关信息及计算结果表**

| 项 目 | 数 值 | 备 注 |
|---|---|---|
| 原油加工量/(kg/h) | 1428570 | |
| 原油密度/(kg/m³) | 808 | 126℃ |
| 电脱盐温度/℃ | 126 | |
| 原油体积流量/(m³/h) | 1768.03 | |
| 高速电脱盐的罐体尺寸/m | $\phi$4476×34150×38 | |
| 电脱盐内径长度/m | 4.4 | |
| 电脱盐筒体长度/m | 32 | |
| 电脱盐总长度/m | 34.15 | |
| 电脱盐筒体容积/m³ | 486.3 | |
| 电脱盐两个封头容积/m³ | 22.7 | |
| 电脱盐罐总容积/m³ | 509.00 | |
| 罐体最大截面积/m² | 150.3 | |
| 油流最大截面上升速度/(m/s) | 0.00327 | 0.1961m/min |
| 电脱盐水位高度/m | 1.43 | |
| 水层容积/m³ | 140 | |

续表

| 项　目 | 数　值 | | | | | 备　注 |
| --- | --- | --- | --- | --- | --- | --- |
| 电脱盐注水量/($m^3$/h) | 50.00 | | | | | |
| 原油含水/(t/h) | 0.32 | | | | | |
| 水在电脱盐罐中停留时间/s | 2.61 | | | | | 156.6/min |
| 油层容积/$m^3$ | 369.0 | | | | | |
| 原油在脱盐罐中停留时间/h | 0.21 | | | | | 12.5/min |
| 上层喷油嘴在第三层极板上方距离/cm | 13.00 | | | | | |
| 上层喷油嘴的电场容积/$m^3$ | 45.53 | | | | | |
| 下层喷油嘴在第四层极板上方距离/cm | 13.00 | | | | | |
| 下层喷油嘴的电场容积/$m^3$ | 82.8 | | | | | |
| 原油在强电场停留时间/h | 0.0257/0.0468 | | | | | 1.55/2.86/min |
| 原油在弱电场停留时间/h | 0.0376 | | | | | 2.26/min |
| 水在电脱盐操作温度下密度/(kg/$m^3$) | 939 | | | | | |
| 原油在电脱盐操作温度下黏度/Pa·s | 0.0009 | | | | | |
| 最小可沉降水滴直径/mm | 0.0002 | | | | | |
| 电脱盐罐变压器输出电压/kV | 13 | 16 | 19 | 22 | 25 | |
| 高强电场强度/(kV/cm) | 0.65 | 0.80 | 0.95 | 1.10 | 1.25 | |
| 强电场强度/(kV/cm) | 0.50 | 0.62 | 0.73 | 0.85 | 0.96 | |
| 次电场强度/(kV/cm) | 0.46 | 0.57 | 0.68 | 0.79 | 0.89 | |
| 弱电场强度/(kV/cm) | 0.27 | 0.33 | 0.39 | 0.45 | 0.51 | |

## 九、能耗计算

(一) 基准能耗计算

根据《常减压蒸馏装置基准能耗》(2004)中内容，影响常减压装置基准能耗的客观因素主要有：原油性质(特性因数、相对密度、拔出率、原油硫含量和酸值)、减压拔出深度、轻烃回收系统、产品方案、负荷率等以及其他因素(季节、气候等)影响。其中影响较大的因素为总拔出率，其关系式为：

$$E=3.5132\times C+206.68$$

式中　$E$——能耗，MJ/t；

$C$——总拔出率，%(质)。

拔出率影响：

根据细物料平衡表得到常减压装置的总拔出率为 1-23.95%=76.05%。

代入上式得到常减压装置的基准能耗为：

$$E=3.5132\times 76.05+206.68=473.86(\mathrm{MJ/t})$$

由于上述基准能耗计算中已经包含轻烃回收部分，在计算中也包含了轻烃回收部分，故未进行扣减。

加工负荷影响：

装置加工负荷为：1268/1428.57×100%=88.76%。

负荷率变化时的能耗相对百分数为：

$$F=134.74-0.3384R=134.74\%-0.3384\times88.76\%=104.7\%$$

基准能耗校正后为：

$$473.86\times104.7\%=496.1(MJ/t)=11.86(kgEO/t)$$

（二）物料消耗表

标定期间，装置加工量为1428t/h，装置主要的公用工程消耗和热输出（热输出计算见换热网络中计算过程）、装置主要介质单耗情况见表3-99。

**表3-99 装置主要的公用工程消耗和热输出表**

| 序号 | 项　目 | 总耗量/(t/h) | 单耗/(t/t 原油) | 折标系数 | 能耗 | | 设计/(kgEO/t) |
|---|---|---|---|---|---|---|---|
| | | | | | /(MJ/t 原油) | /(kgEO/t) | |
| 1 | 电 | 9878(kW·h) | 7.79 (kW·h/t 原油) | 0.22 | 71.67 | 1.714 | 1.43 |
| 2 | 循环水 | 3581 | 2.824 | 0.06 | 7.07 | 0.169 | 0.114 |
| 3 | 新鲜水 | 0 | 0 | 0.15 | 0 | 0 | 0 |
| 4 | 污水 | 0 | 0 | | 0 | 0 | 0.116 |
| 5 | 软化水 | 28.656 | 0.0226 | 0.2 | 0.21 | 0.005 | 0.0045 |
| 6 | 除氧水 | 7.9 | 0.006 | 6.5 | 1.67 | 0.04 | 0.0744 |
| 7 | 除盐水 | 0 | 0 | 1 | 0 | 0 | 0 |
| 8 | 净化水 | 76.58 | 0.0604 | 2.3 | 5.81 | 0.139 | 0.168 |
| 9 | 1.0MPa 蒸汽 | 18.55 | 0.01463 | 76 | 46.5 | 1.112 | 0.757 |
| 10 | 0.5MPa 蒸汽 | 1.82 | 0.001435 | 66 | 3.97 | 0.095 | 0.218 |
| 11 | 燃料气 | 11.01 | 0.00868 | 1000 | 363.09 | 8.683 | 8.4 |
| 12 | 净化风 | 309($Nm^3/h$) | 0.243 | 0.038 ($Nm^3/t$ 原油) | 0.38 | 0.009 | 0.0108 |
| 13 | 凝结水 | 2.5 | 0.001972 | 6 | 0.5 | -0.012 | 0 |
| 14 | 热出料(热油) | -30826(kW) | | | -87.5 | -2.09 | -1.515 |
| | 合计 | | | | | 9.864 | 9.78 |

（三）能源数据对比分析

1）装置电耗较设计略高，主要原因为装置加工负荷为87.5%，负荷较低引起。通过基准能耗计算过程，也对负荷低的情况进行了修正。装置电耗增加的一个原因为在标定时，抽真空系统末级抽真空改为水环泵，电耗增加141.3kW，电量增加0.02kgEO/t；另外，负荷降低后，机泵的效率受影响造成电耗增加。

2）软化水单耗和设计相差不大。

3）1.0MPa蒸汽能耗较设计增加0.355kgEO/t，除氧水和低低压蒸汽单耗较设计值减少0.034kgEO/t和1.22kgEO/t。主要原因为，减少的汽包产汽，增加了系统管网的蒸汽补充。全厂低压蒸汽系统降压后，压力降低至0.7MPa，减压抽真空系统的蒸汽消耗增加约2t/h。对装置蒸汽能耗影响0.11kgEO/t。将因压力降低而引起的能耗去除后，标定数据和设计数据偏差不大。

4）装置瓦斯消耗与设计偏差不大。由于设计换热终温为319℃，实际为317.5℃，换热温度降低 1. 5℃，影响了装置瓦斯消耗。

5）装置整体能耗与设计能耗相差不大，均低于基准能耗，整体运行状况良好。为进一步降低能耗，可适当提高装置加工负荷，调整回流取热等方式，进一步优化装置操作。

# 第四部分 改造建议

常压塔 20 层塔盘需要优化。通过对常压塔关键塔盘的水力学计算得出，在常二中抽出塔盘气液相负荷最大，且计算的操作点接近雾沫夹带线。在加工负荷调整时，将重点关注。为此，提出建议如下。

方案 1：提高加工负荷时，适当减少二中回流量，由 510t/h 减少至 310t/h 时，操作点将远离雾沫夹带线。如此操作将影响换取热及加热炉负荷。经测算，二中回流减少循环量 200t/h 后，操作点变化对比如图 4-1 所示。

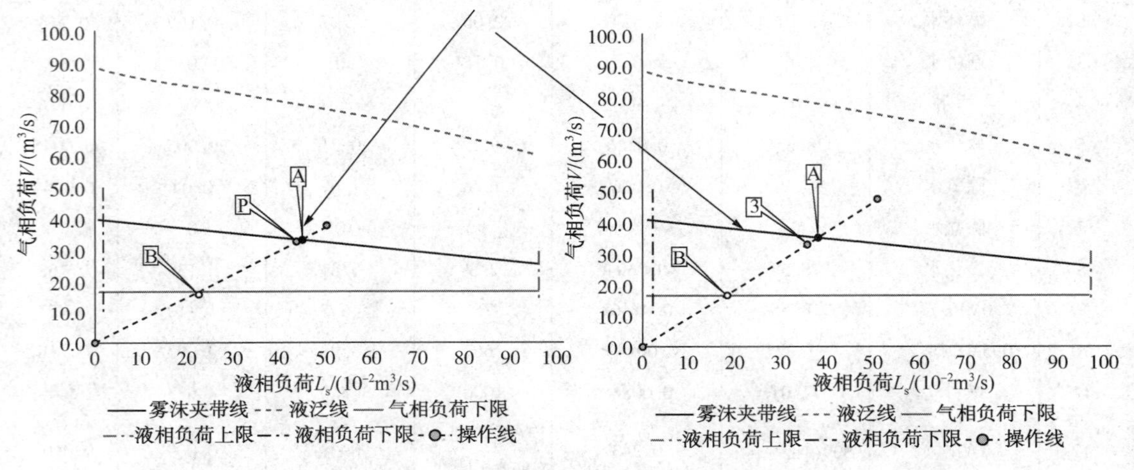


图 4-1 二中回流量变化后操作点变化图

方案 2：在产品质量合格的情况下，适当减少过汽化量，减少内回流量。

方案 3：塔内件更换，降低塔盘上方的液流高度，如降低溢流堰高度等。

## 参 考 文 献

[1] 李志强. 原油蒸馏工艺与工程[M]. 北京：中国石化出版社，2010：1162-1162.
[2] 徐春明，杨朝合. 石油炼制工程[M]. 4 版. 北京：石油工业出版社，2009.
[3] 王松汉. 石油化工设计手册：第 1 卷[M]. 北京：化学工业出版社，2002.
[4] 陈俊武. 催化裂化工艺与工程[M]. 2 版. 北京：中国石化出版社，2004.
[5] 曹汉昌，郝希仁，等. 催化裂化工艺计算与技术分析[M]. 北京：石油工业出版社，2000.
[6] 刘巍，邓方毅. 冷换设备工艺计算手册[M]. 2 版，北京：中国石化出版社，2008.
[7] 李少萍，徐心如. 石油加工过程设备[M]. 上海：华东理工大学出版社，2009.
[8] 钱家麟. 管式加热炉[M]. 2 版. 北京：中国石化出版社，2002.
[9] 唐孟海，胡兆灵，李少萍. 常减压蒸馏装置技术问答[M]. 北京：中国石化出版社，2004.

# 金陵石化8.0Mt/a常减压蒸馏装置工艺计算

完成人：杨东明
单　位：中国石化金陵石化公司

# 目　录

# 第一部分 标定报告

## 一、标定基本情况

(一) 装置简介

中国石化金陵石化公司Ⅳ常减压装置由中国石化洛阳石油化工工程公司完成设计，加工高硫原油[酸值：0.37mgKOH/g，硫含量：1.97%(质)]，装置规模8.0Mt/a。

Ⅳ常减压装置的运转时数为每年8400h，装置运转周期达到三年以上一修，总占地面积15200m$^2$。装置于2011年4月13日开始进行设备安装施工，2012年3月20日实现高质量中交，并于2012年4月23日实现首次开工一次成功。

Ⅳ常减压装置为大型燃料型蒸馏装置，根据装置原油含硫高、减压采用深拔的特点及对产品品种和质量的要求，通过采用先进的工艺技术和设备技术，以保证装置在适应性、可操作性、总拔出率、产品品种及质量、能耗指标、环境保护、安全卫生和长周期运转等方面均达到较高水平。主要采用的工艺技术方案如下：

1）采用初馏塔提压操作，以满足装置无压缩机回收轻烃的工艺方案。

2）减压采取深拔技术，装置减压拔出切割点按约580℃考虑。

3）减压塔中采用规整填料可以有效降低全塔压降。

4）采用有效措施提高轻油收率及质量。

5）板式塔采用高性能塔板。

6）应用“窄点”换热网络优化技术和采用强化传热设备。

7）塔顶瓦斯全部回收利用。

8）采取多种措施降低装置的水消耗。

9）采用低温热回收技术回收装置的低温余热。

10）先进的控制手段。

(二) 标定目的

Ⅳ常减压装置2012年月23日11点一次开车成功，经过一周的生产调整，产品质量、总拔都达到设计指标，为全面衡量装置的运行情况，寻找运行瓶颈，根据公司安排，对装置进行全面标定：

1）考查装置在设计负荷(加工量为952.38t/h)时的运行情况。

2）寻找装置进一步提高加工能力的设备瓶颈，为后续装置改造提供依据。

3）摸索装置加工量在952.38t/h工况下的工艺操作条件，确定最佳操作指标。

4）考察装置在指定负荷下，各塔的分离能力和分离精度，各产品质量是否能达到设计指标。

5）考察装置在指定负荷下，各设备的运行性能、承担能力以及系统的最大配套能力。

6）考察装置在指定负荷下的能量消耗、能耗分布情况，以便为以后的装置节能工作提供基础数据。

7）考察装置在此加工量下的环保排放是否能够达到排放要求。

(三) 标定时间及工况

标定处理量为952.38t/h(2.29×10$^4$t/d、8.0Mt/a)的正常满负荷工况。

2012年5月17日13：00~20日13：00进行为期72h的正常满负荷工况标定。

(四) 标定产品去向

标定产品去向见表1-1。

表1-1　标定产品去向一览表

| 序号 | 产品侧线 | 侧线馏分 | 物料去向 |
|---|---|---|---|
| 1 | 三顶气 | 瓦斯 | Ⅰ催化 |
| 2 | 液化气 | 液化气 | Ⅱ脱硫 |
| 3 | 轻石脑油 | 轻石脑油 | 石脑油罐区 |
| 4 | 重石脑油 | 重石脑油 | 重整料罐区 |
| 5 | 常一线 | 200#溶剂油 | 200#溶剂油罐区 |
| 6 | 常二线 | 筛料 | 筛料罐区 |
| 7 | 常三线 | 柴油 | Ⅱ、Ⅲ柴油加氢装置 |
| 8 | 常四线 | 柴油 | 并常三线去Ⅱ、Ⅲ柴油加氢装置 |
| 9 | 减顶 | 柴油 | V1011 |
| 10 | 减一线 | 柴油 | 并减二线去Ⅰ、Ⅱ加氢裂化装置 |
| 11 | 减二线 | 蜡油 | Ⅰ、Ⅱ加氢裂化装置 |
| 12 | 减三线 | 重蜡油 | 蜡油加氢装置 |
| 13 | 减四线 | 重蜡油 | 减压炉F1002 |
| 14 | 渣油 | 减压渣油 | 热渣去Ⅰ、Ⅱ、Ⅲ焦化装置，冷渣去罐区 |

## 二、原料性质

本次标定(满负荷、大负荷)所加工原油，其主要性质来源于原油进厂的评价报告。

(一) 原油种类及比例

原油种类及比例见表1-2。

表1-2　原油及比例一览表

| 油种名称 | 巴士拉中 | 胜利混合 | 凝析油 | 奥瑞特 |
|---|---|---|---|---|
| 所占比例/% | 55 | 30 | 5 | 10 |

(二) 原油实沸点蒸馏数据

原油实沸点蒸馏数据见表1-3。

表1-3　原油实沸点蒸馏数据一览表

| 巴士拉中 | | 胜利混合 | | 凝析油 | | 奥瑞特 | |
|---|---|---|---|---|---|---|---|
| 实沸点/℃ | 收率/%(质) | 实沸点/℃ | 收率/%(质) | 实沸点/℃ | 收率/%(质) | 实沸点/℃ | 收率/%(质) |
| 初馏点~45 | 1.48 | 初馏点~45 | 0.54 | 初馏点~45 | 12.67 | 初馏点~160 | 11.70 |
| 45~60 | 0.83 | 45~60 | 0.19 | 45~60 | 5.92 | 160~190 | 3.51 |

续表

| 巴士拉中 | | 胜利混合 | | 凝析油 | | 奥瑞特 | |
|---|---|---|---|---|---|---|---|
| 实沸点/℃ | 收率/%(质) | 实沸点/℃ | 收率/%(质) | 实沸点/℃ | 收率/%(质) | 实沸点/℃ | 收率/%(质) |
| 60~75 | 1.67 | 60~75 | 0.26 | 60~75 | 7.28 | 190~240 | 5.86 |
| 75~90 | 1.21 | 75~90 | 0.29 | 75~90 | 8.37 | 240~300 | 10.97 |
| 90~105 | 1.82 | 90~105 | 0.45 | 90~105 | 7.71 | 300~350 | 8.15 |
| 105~120 | 1.67 | 105~120 | 0.7 | 105~120 | 7.32 | 350~500 | 11.95 |
| 120~135 | 1.88 | 120~135 | 0.64 | 120~135 | 5.67 | 500~550 | 6.65 |
| 135~165 | 3.97 | 135~165 | 1.5 | 135~165 | 9.95 | 550~565 | 2.38 |
| 165~200 | 4.84 | 165~200 | 2.1 | 165~200 | 8.35 | 565~580 | 0 |
| 200~250 | 7.02 | 200~250 | 4.97 | 200~250 | 7.99 | | |
| 250~300 | 7.65 | 250~300 | 6.28 | 250~300 | 6.79 | | |
| 300~350 | 7.67 | 300~350 | 7.9 | 300~350 | 4.13 | | |
| 350~400 | 7.37 | 350~400 | 8.89 | 350~400 | 3.18 | | |
| 400~450 | 6.17 | 400~450 | 9.19 | 400~450 | 1.4 | | |
| 450~500 | 6.73 | 450~500 | 11.13 | 450~500 | 0.98 | | |
| 500~550 | 6.32 | 500~550 | 7.71 | 500~550 | 0.17 | | |
| 550~565 | 2.05 | 550~565 | 1.9 | 550~565 | 0 | | |
| 565~580 | 1.96 | 565~580 | 1.82 | 565~580 | 0 | | |

(三) 原油其他性质

原油其他性质相关数据见表1-4。

**表1-4 原油其他性质一览表**

| 项目 | 巴士拉中 | 胜利混合 | 凝析油 | 奥瑞特 | 混合原油 |
|---|---|---|---|---|---|
| 密度/($kg/m^3$) | 881.70 | 926.20 | 731.90 | 908.8 | 890.27 |
| 硫含量/%(质) | 2.63 | 0.81 | 0.03 | 1.05 | 1.80 |
| 氮含量/%(质) | 0.15 | 0.43 | 0.00 | 0.00 | 0.21 |
| 含盐量/(mg/L) | 64.7 | 26.0 | 2 | 110 | 54.49 |
| 酸值/(mgKOH/g) | 0.18 | 1.67 | 0.03 | 0.16 | 0.62 |
| 理论轻收/%(质) | 41.71 | 25.82 | 92.15 | 40.19 | 39.31 |
| 理论总拔(≤550℃)/%(质) | 68.3 | 62.74 | 97.88 | 58.79 | 67.16 |
| 理论总拔(≤565℃)/%(质) | 70.35 | 64.64 | 97.88 | 61.17 | 69.10 |
| 理论总拔(≤580℃)/%(质) | 72.31 | 66.46 | 97.88 | 61.17 | 70.72 |

(四) 原油化验分析数据

原油化验分析相关数据见表1-5。

表 1-5　原油分析一览表

| 时间 | 项目 | 密度/(kg/m³) | 水分/% | 酸值/(mg/g) | 含盐/(mg/L) | 含硫/% | 金属含量/(mg/kg) | | | | | | |
|---|---|---|---|---|---|---|---|---|---|---|---|---|---|
| | | | | | | | Fe | Ni | Cu | V | Pb | Na | Ca |
| 5月18日 | 脱前原油 | 904.7 | 0.3 | 0.64 | 48.9 | 2.08 | 4.3 | 1.7 | | 26.9 | <0.1 | 21.5 | 21.3 |
| 5月19日 | | 916.1 | 0.3 | 0.78 | 86.5 | 1.65 | 4.7 | 9.9 | | 7.2 | <0.1 | 25.7 | 30 |
| 5月20日 | | 911.3 | 0.3 | 0.73 | 41.8 | 1.91 | 1.7 | 4.6 | | 18.4 | <0.1 | 10.4 | 29.7 |
| 5月18日 | 脱后原油 | 898.9 | 0.1 | 0.68 | 2.1 | 2.15 | 4.1 | 16.9 | | 35 | <0.1 | 0.5 | 12.1 |
| 5月19日 | | 897.9 | 0.1 | 0.81 | 7.8 | 1.89 | 3 | 12.4 | | 24.7 | <0.1 | 0.1 | 17 |
| 5月20日 | | 899 | 0.1 | 0.69 | 3.9 | 2.15 | 2.5 | 18.5 | | 34.3 | <0.1 | 0.1 | 20.3 |

注：由于原油采样口在进脱盐罐前，温度达70℃，采样温度较高，部分轻组分损失，表中密度偏大。

## 三、产品性质

（一）产品质量满足设计和公司要求

在整个标定期间，装置产品质量较好，整体上达到了设计指标及公司要求，同时生产比较正常，操作也较为平稳。装置产品质量整体上较开工初期有较大好转，不合格点已基本消除。

轻石脑油、重石脑油、初顶油、常顶油、常一线200#溶剂油、常二线航空煤油、常三线柴油、常四线柴油、常三四线混合柴油、脱丁烷塔顶进料、脱戊烷塔顶进料、减一线柴油、减二线轻蜡油、减四线、重蜡油、减压渣油等产品质量全部合格。

尤其是轻石脑油、重石脑油、初顶油、常顶油、常一线200#溶剂油、常二线航空煤油的终馏点，常一线200#溶剂油的初馏点，常三四线混合柴油、减一线柴油的95%馏出温度，减压渣油的500℃和538℃馏出量等关键控制指标控制的都非常好。

（二）常压分离精确度

分馏精确度用恩氏蒸馏的间隙来表示[1]。间隙越大，表示分馏精确度越高。

$$\text{恩氏蒸馏(0-100)间隙}=t_0^{H}-t_{100}^{L}$$

式中　$t_0^{H}$——重馏分的初馏点；

$t_{100}^{L}$——轻馏分的终馏点。

由表1-6可知，轻石脑油的干点均值为73.3℃，重石脑油的初馏点均值为57.6℃，重叠15.7℃，分离精度一般；常顶油的终馏点均值为166℃，常一线的初馏点均值为164℃，重叠2℃，分离精度较高；常二线的终馏点均值为258.3℃，常三线初馏点的均值为228.0℃，重叠30.3℃，分离精度较低；常三线的终馏点均值为332.7℃，常四线初馏点的均值为248.0℃，重叠84.7℃，分离精度非常低。

表 1-6　产品分离精度

| 序号 | 项目 | 数值/℃ | 重叠度/℃ | 分离精度 |
|---|---|---|---|---|
| 1 | 轻石脑油终馏点 | 73.3 | 15.7 | 一般 |
| | 常一线初馏点 | 57.6 | | |
| 2 | 常顶油终馏点 | 166 | 2 | 较高 |
| | 常一线初馏点 | 164 | | |

续表

| 序号 | 项目 | 数值/℃ | 重叠度/℃ | 分离精度 |
|---|---|---|---|---|
| 3 | 常一线终馏点 | 200 | 14 | 一般 |
|  | 常二线初馏点 | 186 |  |  |
| 4 | 常二线终馏点 | 258.3 | 30.3 | 较低 |
|  | 常三线初馏点 | 228.0 |  |  |
| 5 | 常三线终馏点 | 332.7 | 84.7 | 非常低 |
|  | 常四线初馏点 | 248.0 |  |  |

常二线与常三线分离精度较差的主要原因是由于装置设计航煤馏程为180~220℃，而实际终馏点为265℃，实际生产控制指标与设计值偏差太大导致分离精度变差。

常三线与常四线分离精度较差的主要原因是由于装置设计常三线柴油和常四线柴油混合后出装置，因此不需要太高的分离精度。

（三）常压馏出

由于标定期间未做常渣分析数据。标定后做了部分数据，由表1-7可知常渣350℃馏出量均值为4.03%，达到了较好的水平。

**表1-7　常压渣油部分分析数据**

| 采样日期 | 初馏点/℃ | 5%馏出温度/℃ | 10%馏出温度/℃ | 30%馏出温度/℃ | 50%馏出温度/℃ | 终馏点/℃ | 全馏量/mL | 350℃馏出量/% | 500℃馏出量/% | 铁/(mg/kg) |
|---|---|---|---|---|---|---|---|---|---|---|
| 2012-5-25 16：00 | 283 | 379 | 402 | 452 | 518 | 538 | 55 | 3 | 46.5 | 8.3 |
| 2012-5-26 16：00 | 272 | 367 | 396 | 461 |  | 538 | 49 | 3.5 | 42 | 3.7 |
| 2012-5-28 16：00 | 265 | 353 | 390 | 460 |  | 523 | 49 | 4.8 | 40 | 17.4 |
| 2012-5-29 8：00 | 283 | 368 | 400 | 465 |  | 538 | 48 | 4.4 | 38 | 5.7 |
| 2012-5-30 8：00 | 289 | 372 | 403 | 467 |  | 537 | 48 | 4.2 | 37 | 4 |
| 2012-5-31 16：00 | 276 | 369 | 398 | 451 | 512 | 534 | 58 | 4.5 | 47 | 2.3 |
| 2012-6-1 8：00 | 278 | 375 | 401 | 457 |  | 538 | 49 | 3.8 | 42 |  |
| 均值 |  |  |  |  |  | 535.14 | 50.86 | 4.03 | 41.78 |  |

（四）存在的主要问题

虽然装置产品质量整体上较开工初期有较大好转，不合格点已基本消除，但仍存在脱后原油盐含量、减三线重蜡油等产品存在个别点不合格的情况。具体分析如下。

1. 脱后原油盐含量

脱后原油含盐量多数在2~3mg/L，个别点偏高。公司对于脱后原油含盐量的控制指标为不大于3.0mg/L，在标定期间，有几个点的脱后原油含盐量超过了3.0mg/L。主要原因是由于胜利混合原油掺炼比例达到了30%，该原油电导率高，电脱盐罐电流迅速上升，超过25A，二次电压低于4kV，电脱盐罐操作不正常，脱盐效果较差，脱后原油含盐量超标。之后通过调节原油混合强度、注破乳剂量和注水量，脱后原油含盐量逐渐恢复正常。

2. 蜡油产品质量

从图1-1、图1-2可以看出，减二、减三线产品质量基本均在控制指标之内，炉温高时，减三线质量有超出指标范围，经过调整，产品质量合格。减三线残炭个别点偏高。公司对于减三线残炭的控制指标为不大于2.0%，在标定期间，有连续几个点的残炭值超过了2.0%。主要原因是由于装置进行了减压深拔，炉温较高，调节不及时导致的，后经过调节减三线内回流量等参数，残炭降低到2.0%以下。

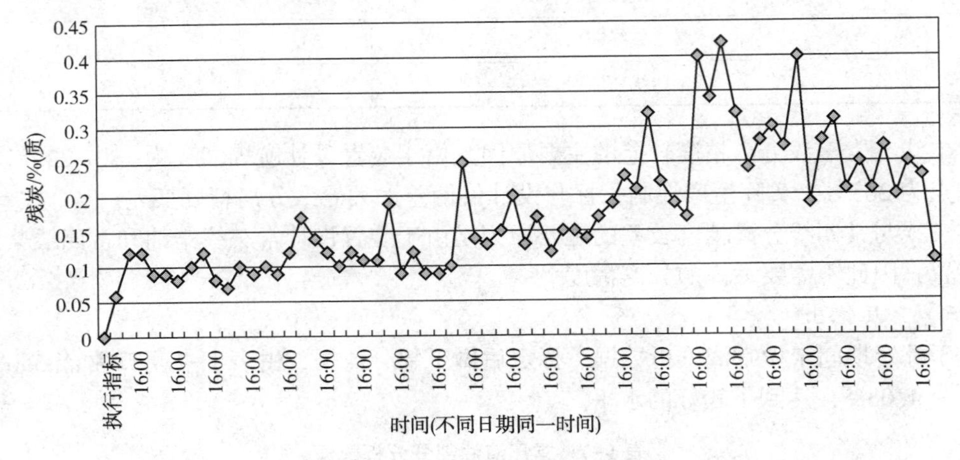


图1-1　减二线蜡油残炭值曲线图

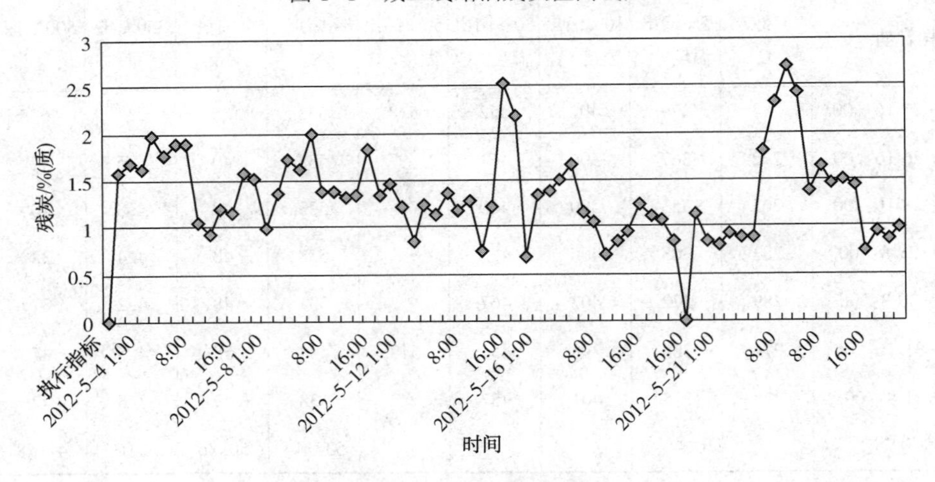


图1-2　减三线蜡油残炭值曲线图

## 四、物料平衡

(一) 装置加工能力达到设计要求

通过对装置整体运行状况以及标定的物料平衡数据进行分析可以看出，装置在满负荷工况(8.0Mt/a)下运行比较稳定，生产比较正常，操作也较为平稳，没有出现较大波动。这就表明装置的加工能力达到了设计要求。

(二) 装置收率及深拔效果

装置设计处理原油为伊朗重油、奎都原油、马林原油和巴士拉中原油，按5：1.25：1.25：2.5混合，混合原油的硫含量按1.97%(质)考虑。混合原油主要性质见表1-8。

表 1-8　混合原油切割点温度及收率

| 温度范围/℃ | 收率/% | 累计/% | 温度范围/℃ | 收率/% | 累计/% |
|---|---|---|---|---|---|
| 0~60 | 2.93 | 2.93 | 280~300 | 3.85 | 34.93 |
| 65~80 | 1.35 | 4.28 | 300~320 | 3.11 | 38.04 |
| 80~100 | 2.24 | 6.51 | 320~350 | 3.16 | 41.20 |
| 100~120 | 2.17 | 8.68 | 350~380 | 6.66 | 47.85 |
| 120~145 | 2.86 | 11.54 | 380~400 | 2.95 | 50.80 |
| 145~160 | 2.42 | 13.96 | 400~450 | 7.44 | 58.25 |
| 160~180 | 2.60 | 16.57 | 450~470 | 3.84 | 62.08 |
| 180~200 | 2.65 | 19.22 | 470~500 | 4.27 | 66.35 |
| 200~220 | 2.78 | 22.00 | 500~520 | 2.65 | 68.99 |
| 220~240 | 3.11 | 25.11 | 520~540 | 2.7 | 71.69 |
| 240~260 | 2.30 | 27.41 | 540~550 | 1.38 | 73.07 |
| 260~280 | 3.67 | 31.08 | 550~580 | 4.29 | 77.36 |

根据表 1-3 原油实沸点蒸馏数据一览表中混合原油的性质，拟合出混合原油的实沸点收率图，见图 1-3。

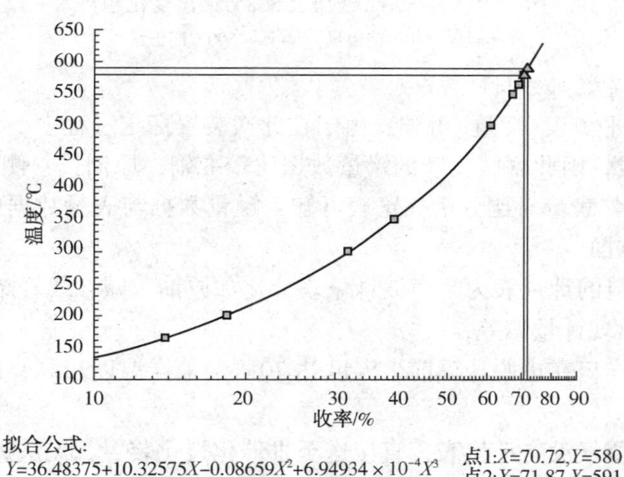


图 1-3　混合原油拟合的实沸点收率图

装置轻收设计值为 41.20%，总拔设计值为 77.36%。而标定期间的实际加工油种为巴士拉中：胜利混合：凝析油：奥瑞特=55：30：5：10。通过计算可知，实际加工混合原油的理论轻收为 39.31%，≤550℃ 的理论总拔为 67.16%，≤565℃ 的理论总拔为 69.10%，≤580℃ 的理论总拔 70.72%。

在正常满负荷工况标定期间(处理量 23468.53t/d)，装置实际轻收平均为 41.46%，高出理论轻收 2.15%。装置实际总拔分别为 71.86%、68.52%、69.85%，平均为 70.07%，其中第一天的标定收率比比理论总拔(580℃)70.72%高 1.15%，根据混合原油拟合的实沸点收率图，相当于深拔温度达到了 591℃。平均值比理论总拔(565℃)高 0.97%，比理论总拔(580℃)低 0.65%。

通过分析图 1-4 渣油 500℃馏出和 538℃馏出变化趋势图可以发现，500℃馏出平均值为

1.64mL，538℃馏出平均值为3.60mL，深拔效果非常明显。对比深拔的设计指标——渣油538℃馏出<5%，此次标定已经达到了设计指标。

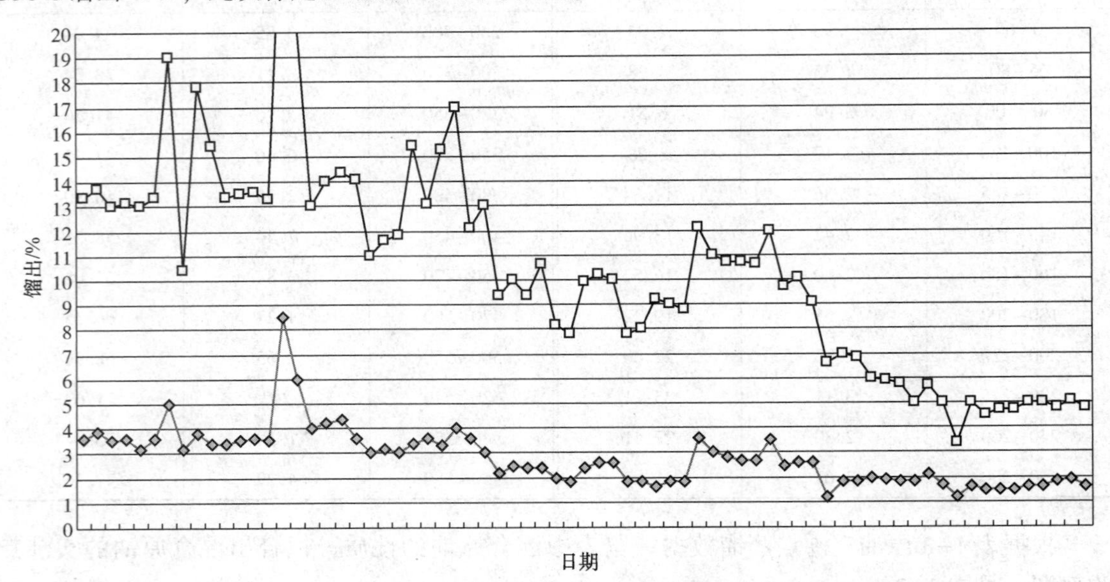


图1-4　渣油500℃馏出及538℃馏出变化趋势图

（三）罐量与表量数据分析

由表3-18物料平衡表（罐量）可知，由于在此次装置标定过程中，对于进出物料的计量采用单罐单付的形式，因此罐区反馈的罐量数据比较准确，原油量与侧线产品量偏差较小。

由表3-19罐量与表量对比分析一览表可知，罐量数据与表量数据偏差相对较大，主要原因包括以下三个方面：

1）由于部分物料的计量表为超声波计量表，比如原油、减二线轻蜡油、减三线重蜡油、减压渣油等，导致出现计量偏差；

2）由于原油采样口在进脱盐罐前，温度达70℃，采样温度较高，部分轻组分损失，表中密度偏大；

3）由于三顶不凝气没有计量表，直接送至Ⅲ催化裂化装置，无法进行计量。

（四）流量校正

1. 流量校正方法

由表3-20装置进出物料计量表可知，部分进出物料的计量表为超声波计量表，比如原油、减二线轻蜡油、减三线重蜡油、减压渣油等。这就会导致在对进出物料进行数据统计时出现偏差。

由于装置在第一次停工检修期间对侧线产品中所有的超声波计量表进行了更换，全部更换为质量流量计，而原来的超声波计量表全部被集中处理了，因此很多设计数据都找不到了。

其实对于超声波计量表的校验，其关键点在于对油品的密度进行校验，只要将油品在常温下的密度换算成在实际操作条件下的密度就可以了。

而对于塔内油品在实际操作条件下的密度的计算，则应该根据油品在20℃下的采样分析密度来进行计算：在已知油品20℃下的采样分析密度和油品的实际温度的条件下，对实际操作温度下油品的密度进行计算。

已知油品在20℃下的密度$\gamma_{4\ 油品}^{20}$，假定热流体处于湍流或过渡区：$\rho_{油品实际}=T\times(1.307\times$

$\gamma_4^{20}$-1.817)+973.86×$\gamma_4^{20}$+36.34，最终求得塔内油品在实际操作条件下的密度。

2. 装置加工损失

1）电脱盐过程脱除的原油及原料油中水、盐和其他杂质：

经过计算，原油脱水以后，原油中的水分三天分别减少46.33t、46.65t、47.84t，累计减少140.81t。

经过计算，原油脱盐以后，原油中的盐三天分别减少0.57kg、0.57kg、0.59kg，累计减少1.73kg，可以忽略不计。

2）电脱盐罐切水、含油污水、含硫污水排放中含油量(此部分在污水隔油回收后回炼，可不计入装置加工损失)：

含硫污水带油量三天分别为1.74kg、0.98kg、1.78kg，累计减少4.50kg，可以忽略不计；含硫污水带油量三天累计减少0.02kg，可以忽略不计；脱盐污水带油量三天分别为4.60kg、2.95kg、2.04kg，累计减少9.59kg，可以忽略不计。

3）三顶不凝气排放量，因无计量表，导致损失增大：

由于装置在设计时没有安装三顶不凝气出装置量计量表，因此无法对该气体量进行统计，导致损失量增大。

## 五、水平衡

通过表3-27含硫污水平衡表(计量)可知，含硫污水量=1.0MPa产汽量+0.3MPa产汽量+脱后含水量-不凝气携带量-侧线产品携带量。由于在正常情况下侧线产品携带量较少，因此可以忽略不计。

含硫污水量=1433+465+225+70.4-61.2=2132.2t，与表3-27中数据2131 t基本一致。因此，装置内进出水量基本上是平衡的。

在标定期间，对抽空系统进行优化，同时对1.0MPa产汽系统进行优化，提高装置产气量，装置外系统蒸汽几乎不用，含硫污水量下降较多。在标定期间投用了两组抽空器(一大一小)，通过标定表明，可以只使用一套小的抽空器，就可以满足满负荷工况下装置的正常生产，从而不再耗用装置外系统蒸汽，进而降低装置能耗0.3kgEO/t原油。

## 六、硫、氮、总酸值平衡

### (一) 硫平衡

根据物料平衡数据以及化验分析数据，计算原油以及各侧线产品中的总硫量。通过计算可知，标定期间进入装置的总硫量为1323.62t，流出装置的总硫量(不包括不凝气中硫含量)为1309.90t，进出总硫量减少了13.72t，平均每天减少4.57t。主要原因是：

1）装置在设计时没有考虑安装不凝气出装置计量表，导致无法对不凝气出装置量进行统计，因此也就无法计算不凝气中所含的硫含量。

2）化验分析数据存在一定的误差。

### (二) 氮平衡

由于装置在标定期间没有对氮进行化验分析，所以无法对氮分布进行计算。

### (三) 总酸值平衡

根据物料平衡数据以及化验分析数据，计算原油以及各侧线产品中的总酸量，但由于出装置不凝气量没有计量表，液态烃没有分析数据，因此无法对其所含的酸含量进行计算。通过计算可知，标定期间进入装置的总酸量为504.60t，流出装置的总酸量(不包括不凝气中硫含量)为247.74t，进出总酸量减少了256.86t，平均每天减少85.62t。由表3-30中相关数据可以看出，原油总酸量与侧线产品总酸值之和相差较大，原油进出装置前后总酸量减少了50.9%。主要原因是：

1）由于部分石油酸的热稳定性较差，经过加热炉高温加热后，就直接分解了。这是原油进出装置前后总酸量大幅减少的主要原因。

2）装置在设计时没有考虑安装不凝气出装置计量表，导致无法对不凝气出装置量进行统计，因此也就无法计算不凝气中所含的酸含量。

3）液态烃没有分析数据，因此无法对其所含的酸含量进行计算。

4）化验分析数据存在一定的误差。

由表3-30相关数据还可知，石油酸在侧线油品中的分布是有一定规律性的，其绝大多数分布在柴油和蜡油当中，占比达到了80%。

## 七、分馏塔热平衡

### （一）全塔热平衡及中段取热情况

通过对常压塔进行全塔热平衡计算发现：

1）常压塔进料总热量为850462.52 MJ/h；

2）常顶循回流取热量为74720.24MJ/h，占常压塔全塔取热比例为34.29%；

3）常一中中段回流取热量为66644.76MJ/h，占常压塔全塔取热比例为30.58%；

4）常二中中段回流取热量为76529.84MJ/h，占常压塔全塔取热比例为35.12%。

### （二）计算数据与实际操作参数进行对比分析

通过查常压恩氏蒸馏50%点与平衡汽化50%点换算图和平衡汽化曲线各段温差与恩氏蒸馏曲线各段温差关系图，计算各侧线油品的减压下的平衡汽化数据，从而求得各侧线温度及中段取热量，并根据求得的数据与实际操作参数进行对比分析，从而发现问题并指导装置实际生产操作。

#### 1. 常三线和常四线抽出温度的计算值与实际值偏差较大

在已知常压平衡汽化温度的前提下，求得50%点和初馏点、50%点和10%点的馏出量的温差，查图求得减压条件下平衡汽化50%点温度，按照常压、减压各段温度相等的假设，分别求得常三线和常四线的泡点温度，但均与实际抽出温度偏差较大。

分析偏差较大的原因，主要是由于侧线产品馏程较宽，同时化验分析数据也存在一定的误差，以至于50%点和初馏点的馏出量的温差过大，因此导致求得的泡点温度与所假设温度偏差较大。

由于50%点和10%点的馏出量的温差相对较小，排除偏差影响，可以考虑将50%点和10%点的馏出量的温差作为计算数据，按照常压、减压各段温度相等的假设，求得泡点温度，与实际抽出温度偏差较小，基本正确。

因此，在今后的实际生产操作过程中，应注重提高常压塔的分离精度，降低侧线产品的重叠度，比如适当提高常三线的初馏点，就可以降低常三线与常二线的重叠度、提高常二线的收率，从而大大提高装置的分离效果和经济效益。

#### 2. 计算塔顶水蒸气的露点温度为防腐工作提供理论依据

通过计算得到在实际操作条件下常压塔顶水蒸气的露点温度为84.48℃，这就为今后如何进一步优化塔顶抽出温度控制和塔顶回流温度控制以及避免低温露点腐蚀提供了强有力的数据支撑。

## 八、换热网络

通过对换热网络温度进行计算和分析，发现存在跨夹点换热的可能。

(一) 换热器 E1031：常四线-常二线换热

热源常四线柴油入口温度为310℃，出口温度为282℃，而夹点温度为302℃，进出口温度跨过了夹点。

冷源常二线航煤入口温度为210℃，出口温度为231℃，而夹点温度为284℃，进出口温度没有跨过夹点。

根据夹点换热的定义，该换热器属于跨夹点换热。

已知常四线流量为70t/h，入口温度为310℃，出口温度为282℃，入口焓值为779. 3kJ/kg，出口焓值为699. 74kJ/kg，那么常四线换热总量为：

$\Delta Q_1=(779.3-699.74)\times 70=5569.2(\mathrm{MJ/h})$

已知常二线流量为74t/h，入口温度为210℃，出口温度为231℃，入口焓值为524. 9kJ/kg，出口焓值为583. 1kJ/kg，那么常二线换热总量为：

$\Delta Q_2=(583.1-524.9)\times 74=4306.8(\mathrm{MJ/h})$

(二) 换热器 E1027AB：减渣-初底油换热

热源减渣油入口温度为311℃，出口温度为284℃，而夹点温度为302℃，进出口温度跨过了夹点。

冷源初底油入口温度为250℃，出口温度为258℃，而夹点温度为284℃，进出口温度没有跨过夹点。

根据夹点换热的定义，该换热器属于跨夹点换热。

(三) 换热器 E1028AB：减三线及减三中-初底油换热

热源减三线及减三中油入口温度为343℃，出口温度为295℃，而夹点温度为302℃，进出口温度跨过了夹点。

冷源初底油入口温度为258℃，出口温度为311℃，而夹点温度为284℃，进出口温度跨过了夹点。

根据夹点换热的定义，该换热器不属于跨夹点换热。

由于换热器 E1031、E1027AB 存在跨夹点换热的可能，因此需要对换热网络进行优化，从而避免跨夹点换热。可考虑用中压蒸汽先进行加热，把出口温度提高到夹点换热以上，然后再用高温位热源进行换热。

## 九、主要设备水力学计算

影响板式塔操作状况和分离效果的主要因素为物料性质、塔板结构以及气液负荷。对一定的塔板结构，处理固定的物系时，其操作状况便随着气液负荷改变。要维持塔板正常操作，必须将塔内的气液负荷波动限制在一定的范围内：

1) 负荷性能图对检验塔的设计是否合理、了解塔的操作状况以及改进塔板操作性能都具有一定的指导意义。从负荷性能图中可以看出，操作点基本上位于由雾沫夹带线、液泛线、液泛线液相负荷上限线、漏液线、液相负荷下限线等五条曲线围成的操作区内的适中位置，操作性能较好，具有很大的操作弹性。

2）进一步观察发现，相比较而言，稍微有点靠近液相负荷上限线和雾沫夹带线，在提降量是要尽量缓慢一点，同时在操作负荷偏大或者出现操作波动时，就有可能出现雾沫夹带的。因此，装置在今后的生产操作过程中，应重点关注塔板操作的雾沫夹带情况。

实际空塔气速 0.65 m/s 低于设计空塔气速 0.81m/s，常压塔操作负荷仍然存在较大的提升空间。

## 十、装置能耗及用能分析

为了便于跟装置原设计能耗进行对比分析，对于此次标定能耗的计算，仍然采用装置设计能耗时采用的旧标准，即 GB/T 50441—2007《石油化工设计能耗计算标准》，同时采用的设计能耗数据为设计单位提供的修订版的设计数据。

全装置设计能耗为 9.49 kgEO/t 原油，常减压蒸馏部分的设计能耗为 8.59 kgEO/t 原油，若按原油计算，轻烃回收部分设计能耗为 0.9 kgEO/t 原油。

### （一）全装置能耗分析

在标定期间，原油的换热终温在 308~314℃之间，平均为 310℃，达到了设计值 309℃，装置整体运行比较平稳，理论上讲装置实际能耗应该与设计值偏差不大，甚至应该低于设计值。对采用与装置原设计能耗计算标准一致的实际能耗数据进行对比分析后发现，装置实际能耗为 9.91kgEO/t 原油，比设计能耗 9.49kgEO/t 原油高 0.42kgEO/t 原油。主要的影响因素包括以下几个方面：燃料气消耗、热输出、循环水消耗、电耗、1.0MPa 蒸汽消耗、原油温度等。

#### 1. 燃料气的影响

在正常满负荷工况标定期间的燃料气消耗为 7.79kgEO/t 原油。由于轻烃回收装置的开工，燃料气热值有所降低，另外加热炉排烟温度接近 115℃，远高于设计值 90℃，增加了燃料的消耗。一般来说，排烟温度每降低 17℃左右，炉效能提高 1%；如炉效提高 1%，燃料消耗要降低 0.15 kgEO/t 原油。所以，该加热炉的炉效有进一步提高的潜力。如果能够采取有效措施继续降低排烟温度，那么就可以进一步降低燃料气的消耗。

#### 2. 热出料的影响

在标定期间，常三线热料、减二线热料、减压渣油热料作为部分热出料，算作能耗的一部分，每天平均热出料能耗为-0.88kgEO/t 原油，因下游装置没能建设好或其他原因，上述热料没能完全作为热料出装置，有些作为冷料进罐区调和后再进下游装置，如减三重蜡油。如果减三重蜡油能够实现直供料，那么可以降低装置能耗 0.09 kgEO/t 原油。因此，常减压装置在热供料方面还有一定的降耗空间。

#### 3. 循环水的影响

原设计循环水的消耗为 0.21 kgEO/t 原油，标定期间的消耗为 0.40 kgEO/t 原油，一方面是由于原设计用公司 3#催化裂化装置热水冷却的冷却器由于没有投产，暂时只能用循环水进行冷却；另一方面，由于减顶抽真空系统冷却水用量比设计值大，主要是由于装置开工不久，为了确保标定期间减顶抽真空系统真空度的稳定，适当增加了循环水耗量。目前，装置循环水耗量基本控制在 2000~2500t/h，能耗下降 0.15 kgEO/t 原油。

#### 4. 电耗

标定期间电耗为 7059.10kW · h/h，折合 1.88 kgEO/t 原油，设计为 1.83 kgEO/t 原油，高于设计值 0.05kgEO/t 原油。主要原因是由于装置内绝大部分电机没有增设变频，同时在效率的计算上发现有些电机低于60%，如能将这些电机改为变频，电耗将会得到进一步降低。例如，常压区机泵电机效率整体都比较偏低，均可根据装置实际生产情况增设变频，从而节约装置电耗。

5. 蒸汽消耗的影响

低压1.0MPa蒸汽消耗量比设计值增加了2t/h，达到16t/h，装置自发蒸汽大约为14t/h，达不到设计要求；有时装置处于耗系统状态，系统蒸汽温度仅175℃，蒸汽品质较低，如水环泵坏需维修时，蒸汽耗量增加约10t，由于系统蒸汽压力不稳，影响减顶真空度较大，操作波动大，需要对发汽系统流程进一步优化。同时，在标定期间投用了两组抽空器（一大一小），通过标定表明，可以只使用一套小的抽空器，就可以满足满负荷工况下装置的正常生产，从而不再耗用装置外系统蒸汽，进而降低装置能耗0.3kgEO/t原油。不过装置在冬季生产时，由于要进行防冻防凝，仍然需要耗用装置外系统蒸汽，此时能耗会增加。

6. 原油温度的影响

原油进装置温度偏低，由表1-9可知，设计值为40℃，实际仅为25℃，低于设计值15℃，对装置能耗有一定影响。通过计算可知，如果能够将原油温度提高15℃，那么装置实际能耗可以降低0.641kgEO/t原油。

**表1-9 原油性质**

| 油品名称 | 流量/(t/h) | 初始温度/℃ | 目标温度/℃ | K值 | 相对密度 | 初始温度液相焓/(kJ/kg) | 终点温度液相焓/(kJ/kg) | 热负荷/kW | 能耗/(kgEO/t) |
|---|---|---|---|---|---|---|---|---|---|
| 原油 | 977.86 | 25.0 | 40.0 | 11.2 | 0.907 | 72.9 | 100.2 | -7401.0 | 0.64 |

7. 深拔的影响

提高拔出率，必然付出较高的能耗。拔出率每增加1%，能耗增加约3.517MJ/t，也就是能耗增加0.085 kgEO/t原油。在标定期间深拔拔出率约增加3%~7%（与理论相比），能耗约增加0.255~0.595 kgEO/t原油。

（二）电脱盐部分能耗分析

通过计算可知，电脱盐部分在正常满负荷工况标定期间的能耗为0.21kgEO/t原油，实际能耗有些偏高。主要原因是由于胜利原油电导率高，耗电多，而正常电脱盐能耗一般为0.15 kgEO/t原油左右。

（三）轻烃回收部分能耗分析

轻烃部分在正常满负荷工况标定期间的能耗为0.97kgEO/t原油，与设计能耗0.90kgEO/t原油相差不大，能耗增加了0.07kgEO/t原油。主要原因是由于脱丁烷塔底重沸器热源常二中取热量比设计值偏大。这就说明脱丁烷塔进料中轻组分较多，相变吸热量偏大。

## 十一、存在问题及建议

（一）常三线和常四线抽出温度的计算值与实际值偏差较大

在已知常压平衡汽化温度的前提下，求得50%点和0%点、50%点和10%点的馏出量的温差，查图求得减压条件下平衡汽化50%点温度，按照常压、减压各段温度相等的假设，分别求得常三线和常四线的泡点温度，但均与实际抽出温度偏差较大。

分析偏差较大的原因，主要是由于侧线产品分离精度不够，产品出现重叠，使得采样分析数据的初馏点偏低，以至于50%点和0%点的馏出量的温差过大，因此导致求得的泡点温度与实际抽出温度偏差较大。

由于50%点和10%点的馏出量的温差相对较小，排除偏差影响，可以考虑将50%点和10%点的馏出量的温差作为计算数据，按照常压、减压各段温度相等的假设，求得泡点温度，与实际抽出温度偏差较小，基本正确。

因此，在今后的实际生产操作过程中，应注重提高常压塔的分离精度，降低侧线产品的重叠度，比如适当提高常三线的初馏点，就可以降低常三线与常二线的重叠度，提高常二线的收率，从而大大提高装置的分离效果和经济效益。

（二）存在跨夹点换热的可能

1）换热器E1031：常四线-常二线换热：

热源常四线柴油入口温度为310℃，出口温度为282℃，而夹点温度为302℃，进出口温度跨过了夹点。

冷源常二线航煤入口温度为210℃，出口温度为231℃，而夹点温度为284℃，进出口温度没有跨过夹点。

根据夹点换热的定义，该换热器属于跨夹点换热。

2）换热器E1027AB：减渣-初底油换热

热源减渣油入口温度为311℃，出口温度为284℃，而夹点温度为302℃，进出口温度跨过了夹点。

冷源初底油入口温度为250℃，出口温度为258℃，而夹点温度为284℃，进出口温度没有跨过夹点。

根据夹点换热的定义，该换热器属于跨夹点换热。

由于换热器E1031、E1027AB存在跨夹点换热的可能，因此需要对换热网络进行优化，从而避免跨夹点换热。可考虑用中压蒸汽先进行加热，把出口温度提高到夹点换热以上，然后再用高温位热源进行换热。

3）从负荷性能图中可以看出，操作点基本上位于由雾沫夹带线、液泛线、液泛线液相负荷上限线、漏液线、液相负荷下限线等五条曲线围成的操作区内的适中位置，操作性能较好，具有很大的操作弹性。

进一步观察发现，相比较而言，稍微有点靠近雾沫夹带线，在操作负荷偏大或者出现操作波动时，就有可能出现雾沫夹带的。因此，装置在今后的生产操作过程中，应重点关注塔板操作的雾沫夹带情况。

4）加热炉排烟温度接近115℃，远高于设计值90℃，增加了燃料的消耗。一般来说，排烟温度每降低17℃左右，炉效能提高1%；如炉效提高1%，燃料消耗要降低0.15 kgEO/t原油。所以，该加热炉的炉效有进一步提高的潜力。如果能够采取有效措施继续降低排烟温度，那么就可以进一步降低燃料气的消耗。

5）在标定期间，常三线热料、减二线热料、减压渣油热料作为部分热出料，算作能耗的一部分，每天平均热出料能耗为-0.88kgEO/t原油，因下游装置没能建设好或其他原因，上述热料没能完全作为热料出装置，有些作为冷料进罐区调和后再进下游装置，如减三重蜡油。如果减三重蜡油能够实现直供料，那么可以降低装置能耗0.09 kgEO/t原油。因此，常减压装置在热供料方面还有一定的降耗空间。

6）装置内绝大部分电机没有增设变频。同时，在效率的计算上发现有些电机低于60%，例如，能将这些电机改为变频，电耗将会得到进一步降低。例如，常压区机泵电机效率整体都比较偏低，均可根据装置实际生产情况增设变频，从而降低装置电耗。

7）原油采样口在进脱盐罐前，温度达到了70℃以上，采样温度较高，部分轻组分损失，导致化验分析得到的原油密度偏大。建议更改原油采样口位置，改到原油泵入口之前，此处原油温度不高，化验分析数据相对来说会更为准确。

8）三顶不凝气没有计量表，直接送至Ⅲ催化裂化装置，无法进行计量。因此，建议增加三顶不凝气出装置计量表。

9）在塔顶三注系统管线末端增加喷头，能够大大提高塔顶三注系统的喷淋清洗效果，降低塔顶的腐蚀速率。

10）常压塔塔顶内衬由原来的06Cr13升级为双相钢或者625合金钢，大大提高材质的抗腐蚀性能，确保装置的长周期运行。

# 第二部分　装置工艺流程图

## 一、初馏系统流程图

初馏系统流程见图2-1。

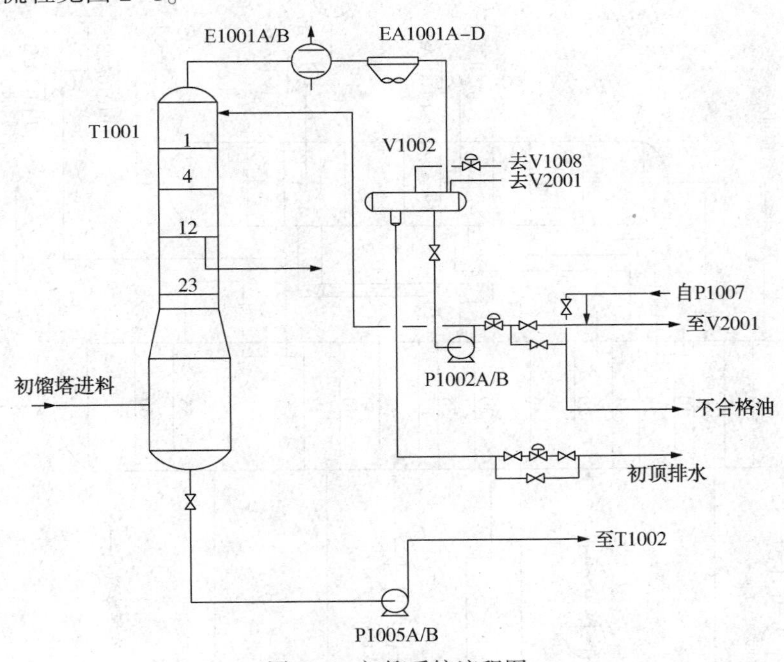


图2-1　初馏系统流程图

## 二、常压系统流程图

常压系统流程见图2-2。

## 三、减压系统流程图

减压系统流程见图2-3。

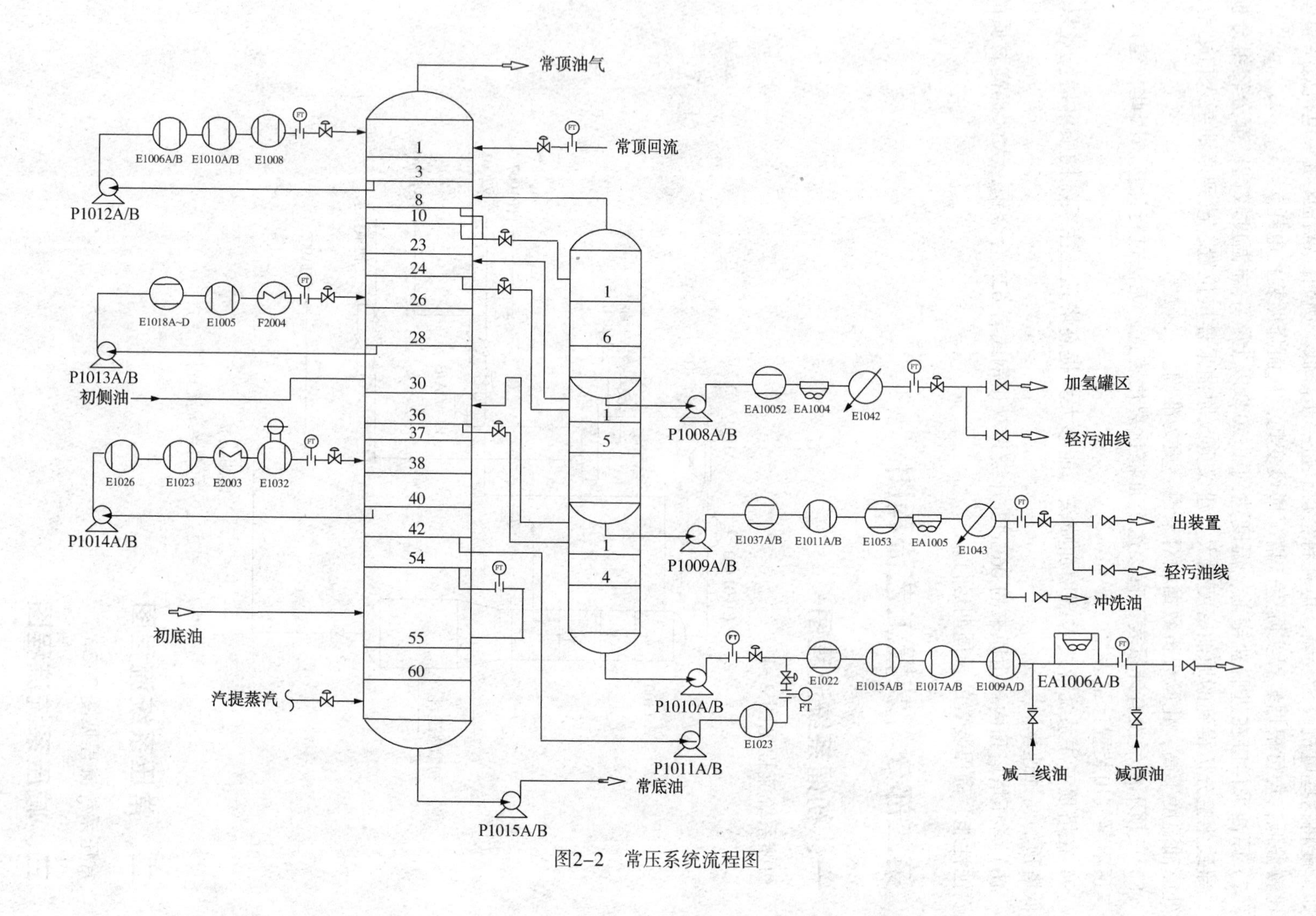
常顶油气
常顶回流
FT
1
3
8
10
23
24
26
28
30
36
37
38
40
42
54
55
60
P1012A/B
E1006A/B
E1010A/B
E1008
P1013A/B
E1018A~D
E1005
F2004
初侧油
P1014A/B
E1026
E1023
E2003
E1032
初底油
汽提蒸汽
P1015A/B
常底油
1
6
1
5
1
4
P1008A/B
EA10052
EA1004
E1042
加氢罐区
轻污油线
P1009A/B
E1037A/B
E1011A/B
E1053
EA1005
E1043
出装置
轻污油线
冲洗油
P1010A/B
P1011A/B
E1023
E1022
E1015A/B
E1017A/B
E1009A/D
EA1006A/B
减一线油
减顶油

图2-2　常压系统流程图

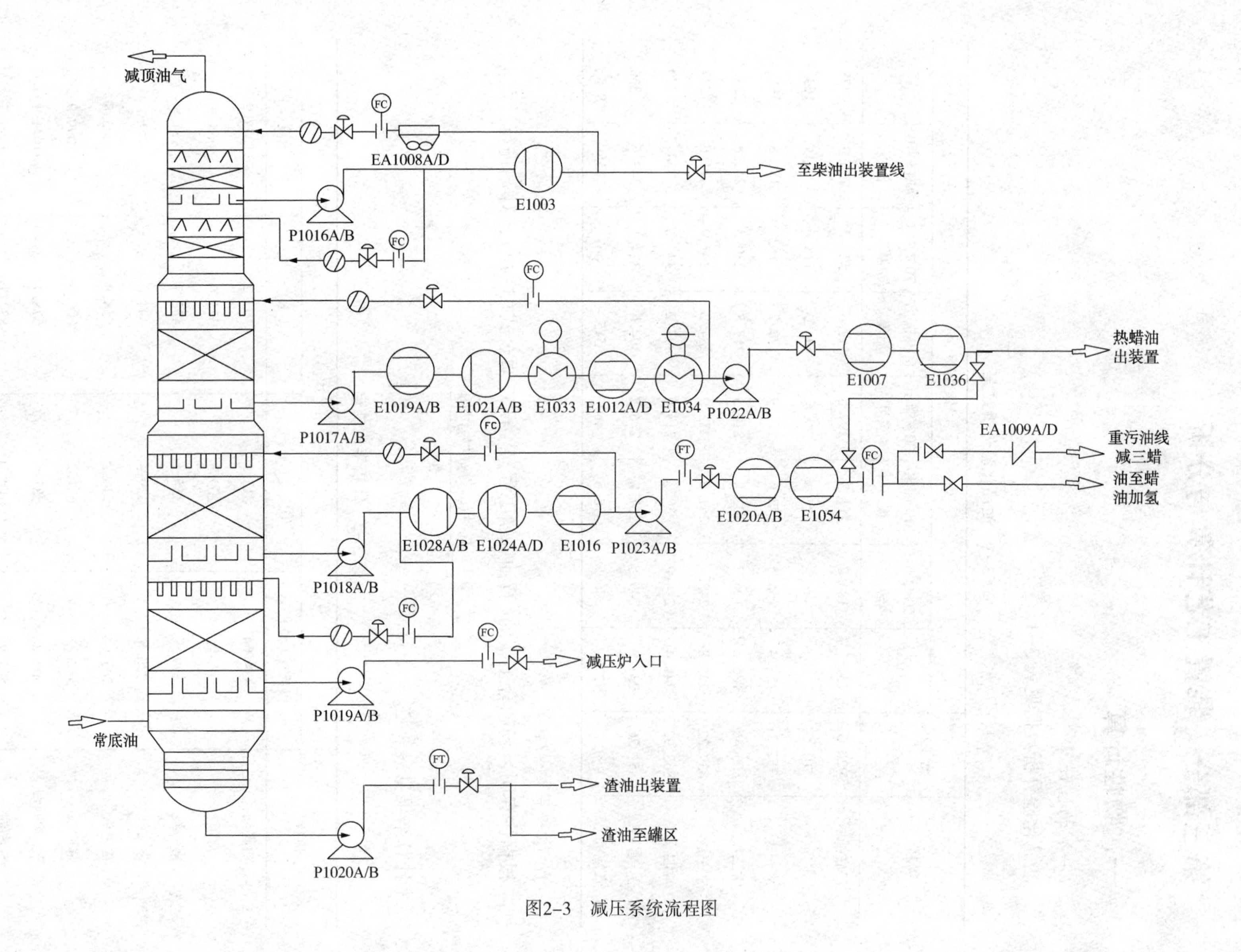
减顶油气
EA1008A/D
至柴油出装置线
E1003
P1016A/B
FC
FT
热蜡油
出装置
E1019A/B
E1021A/B
E1033
E1012A/D
E1034
P1022A/B
E1007
E1036
P1017A/B
EA1009A/D
重污油线
减三蜡
油至蜡
油加氢
E1020A/B
E1054
E1028A/B
E1024A/D
E1016
P1023A/B
P1018A/B
减压炉入口
P1019A/B
常底油
渣油出装置
渣油至罐区
P1020A/B

图2-3　减压系统流程图

# 第三部分　装置工艺计算与分析

## 一、物性计算

（一）物性计算

油品化验分析数据见表3-1。

**表3-1　油品化验分析数据**

| 物料 | 密度/（kg/m³） | 馏程/℃ | | | | | | | |
|---|---|---|---|---|---|---|---|---|---|
| | | 初馏点 | 5%馏出温度 | 10%馏出温度 | 30%馏出温度 | 50%馏出温度 | 70%馏出温度 | 90%馏出温度 | 终馏点 |
| 初底油 | 920.6 | 157.7 | 184.2 | 211.3 | 297.8 | 412.6 | 523.2 | 725.3 | 778 |
| 常顶 | 701.6 | 34 | 46.5 | 59 | 77.6 | 96.2 | 118.6 | 141 | 163.2 |
| 常一线 | 782.2 | 158.4 | 165.5 | 172.6 | 175.9 | 179.2 | 183 | 186.8 | 196.4 |
| 常二线 | 805.46 | 186.6 | 194.7 | 202.8 | 210.3 | 217.8 | 230.3 | 242.8 | 258.4 |
| 常三线 | 839.22 | 225.8 | 243.7 | 261.6 | 272.9 | 284.2 | 297.9 | 311.6 | 331 |
| 常四线 | 868.92 | 246.4 | 274.2 | 302 | 319.6 | 337.2 | 347.6 | 358 | 379 |
| 常三、常四线 | 851.26 | 231.2 | 249.5 | 267.8 | 286.2 | 304.6 | 324.1 | 343.6 | 366 |
| 常底油 | 959.7 | 278 | 369 | 398.6 | 459 | 515 | 667 | 755 | 815 |

1. 体积平均沸点 $t_v$

根据徐春明、杨朝合主编的《石油炼制工程》[1]第57页公式(3-14)，对 $t_v$ 进行计算：

$$t_v=\frac{t_{10}+t_{30}+t_{50}+t_{70}+t_{90}}{5}$$

计算结果见表3-2。

**表3-2　体积平均沸点**

| 物料 | 体积平均沸点 | | | |
|---|---|---|---|---|
| | 摄氏度(℃) | 华氏度(℉) | K | 兰氏度(°R) |
| 初底油 | 434.04 | 813.3 | 707.2 | 1272.9 |
| 常顶 | 98.48 | 209.3 | 371.6 | 668.9 |
| 常一线 | 179.5 | 355.1 | 452.7 | 814.8 |
| 常二线 | 220.8 | 429.4 | 494.0 | 889.1 |
| 常三线 | 285.64 | 546.2 | 558.8 | 1005.8 |
| 常四线 | 332.88 | 631.2 | 606.0 | 1090.9 |
| 常三、常四线 | 305.26 | 581.5 | 578.4 | 1041.1 |
| 常底油 | 558.92 | 1038.1 | 832.1 | 1497.7 |

2. 中平均沸点 $t_{Me}$

对 $t_{Me}$ 进行计算[1]：

$$t_{Me}=t_v-\Delta_{Me}$$

$$\ln \Delta_{Me}=-1.53181-0.012800t_v^{0.6667}+3.64678S^{0.3333}$$

式中　$\Delta_{Me}$——中平均沸点 $t_{Me}$ 的校正值，℃。

计算结果见表3-3。

**表3-3　中平均沸点**

| 物料 | 中平均沸点 | | | |
|---|---|---|---|---|
| | 摄氏度(℃) | 华氏度(℉) | K | 兰氏度(°R) |
| 初底油 | 342.8 | 649.1 | 616.0 | 1108.7 |
| 常顶 | 92.0 | 197.6 | 365.1 | 657.2 |
| 常一线 | 178.4 | 353.1 | 451.5 | 812.8 |
| 常二线 | 218.4 | 425.0 | 491.5 | 884.7 |
| 常三线 | 282.8 | 541.1 | 556.0 | 1000.8 |
| 常四线 | 329.9 | 625.8 | 603.1 | 1085.5 |
| 常三、常四线 | 300.9 | 573.6 | 574.1 | 1033.3 |
| 常底油 | 522.3 | 972.2 | 795.5 | 1431.9 |

3. 相对密度 $d_{15.6}^{15.6}$

对相对密度 $d_{15.6}^{15.6}$ 进行计算[1]：

$$d_{15.6}^{15.6}=d_4^{20}+\Delta d$$

$$\Delta d=\frac{1.598-d_4^{20}}{176.1-d_4^{20}}$$

$$d_{15.6}^{15.6}=d_4^{20}+\frac{1.598-d_4^{20}}{176.1-d_4^{20}}$$

式中　$\Delta d$——温度校正值；

$d_4^{20}$——20℃下油品的密度与4℃下水的密度的比值。

计算结果见表3-4。

**表3-4　相对密度 $d_{15.6}^{15.6}$**

| 物料 | 相对密度 $d_{15.6}^{15.6}$ | 物料 | 相对密度 $d_{15.6}^{15.6}$ |
|---|---|---|---|
| 初底油 | 0.9245 | 常三线 | 0.8435 |
| 常顶 | 0.7067 | 常四线 | 0.8731 |
| 常一线 | 0.7869 | 常三、常四线 | 0.8555 |
| 常二线 | 0.8100 | 常底油 | 0.9633 |

4.　Woston $K$

对 Woston $K$ 值进行计算[2]：

$$K_w=\frac{(1.8\,T_{ME})^{1/3}}{d_{15.6}^{15.6}}$$

式中 $T_{ME}$——中平均沸点，K；

$d_{15.6}^{15.6}$——相对密度。

计算结果见表 3-5。

**表 3-5 Woston *K***

| 物料 | Woston *K* | 物料 | Woston *K* |
|---|---|---|---|
| 初底油 | 11.20 | 常三线 | 11.86 |
| 常顶 | 12.30 | 常四线 | 11.77 |
| 常一线 | 11.86 | 常三、常四线 | 11.82 |
| 常二线 | 11.85 | 常底油 | 11.70 |

5. UOP *K*

对 UOP *K* 值进行计算[3]：

$$K_w=\frac{(1.8T_C)^{1/3}}{d_{15.6}^{15.6}}$$

式中 $T_C$——立方平均沸点，K；

$d_{15.6}^{15.6}$——相对密度。

计算结果见表 3-6。

**表 3-6 UOP *K***

| 物料 | UOP *K* | 物料 | UOP *K* |
|---|---|---|---|
| 初底油 | 11.61 | 常三线 | 11.87 |
| 常顶 | 12.35 | 常四线 | 11.79 |
| 常一线 | 11.87 | 常三、常四线 | 11.84 |
| 常二线 | 11.87 | 常底油 | 11.84 |

6. 相对分子质量

(1) 相对分子质量计算方法一

根据 Riazi 关联式，对相对分子质量进行计算[1]：

$$M=42.965[\exp(2.097\times10^{-4}T-7.78712S+2.0848\times10^{-3}TS)]T^{1.26007}S^{4.98308}$$

式中 $T$——石油馏分的中平均沸点，K；

$S$——相对密度，$d_{15.6}^{15.6}$。

(2) 相对分子质量计算方法二

根据寿德清-向正为关系式，对相对分子质量进行计算[1]：

$$M=184.5+2.295T-0.2332KT+1.329\times10^{-5}(KT)2-0.6222\rho T$$

式中 $T$——石油馏分的中平均沸点，K；

$K$——特性因素；

$\rho$——20℃时的密度，g/m³。

Riazi 关联式法分子量与寿德清-向正为关系式法相对分子质量偏差较大，通过对比可以发现，Riazi 关联式法求得的相对分子质量相对准确一些，而寿德清-向正为关系式法误差就比较大，该方法通用性不强。

计算结果见表 3-7。

**表 3-7　相对分子质量计算数据统计表**

| 物料 | Riazi 关联式法相对分子质量 | 寿德清-向正为关系式法相对分子质量 |
|---|---|---|
| 初底油 | 265 | 76 |
| 常顶 | 97 | 109 |
| 常一线 | 145 | 73 |
| 常二线 | 172 | 62 |
| 常三线 | 222 | 53 |
| 常四线 | 264 | 58 |
| 常三、常四线 | 237 | 55 |
| 常底油 | 520 | 143 |

7. 临界温度

(1) 真临界温度

对临界温度进行计算[1]：

$$t_c = 85.66 + 0.9259D - 0.3959\times10^{-3}D^2$$

$$D = d(1.8t_v + 132.0)$$

式中　$t_c$——石油馏分的真临界温度，℃；

$t_v$——石油馏分的体积平均沸点，℃；

$d$——石油馏分的相对密度，$d_{15.6}^{15.6}$。

计算结果见表 3-8。

**表 3-8　真临界温度**

| 物料 | 真临界温度 | | | |
|---|---|---|---|---|
| | 摄氏度(℃) | 华氏度(℉) | K | 兰氏度(°R) |
| 初底油 | 585.2 | 1085.3 | 858.3 | 1545.0 |
| 常顶 | 269.1 | 516.4 | 542.3 | 976.1 |
| 常一线 | 366.4 | 691.6 | 639.6 | 1151.3 |
| 常二线 | 409.9 | 769.8 | 683.1 | 1229.5 |
| 常三线 | 472.7 | 882.9 | 745.9 | 1342.5 |
| 常四线 | 515.4 | 959.7 | 788.5 | 1419.4 |
| 常三、常四线 | 490.9 | 915.6 | 764.0 | 1375.3 |
| 常底油 | 624.9 | 1156.8 | 898.0 | 1616.5 |

(2) 假临界温度

对油品的假临界温度进行计算[1]：

$$T_c' = 17.1419[\exp(-9.3145\times10^{-4}T_{Me} - 0.54444d + 6.4791\times10^{-4}T_{Me}d)]\times T_{Me}^{0.81067}d^{0.53691}$$

式中 $T'_c$——油品的假临界温度，K；

$T_{Me}$——油品的中平均沸点，K；

$d$——油品的相对密度（$d_{15.6}^{15.6}$）。

8. 临界压力

对临界压力进行计算[1]：

（1）真临界压力

$$\lg p_c = 0.052321 + 5.656282\lg\frac{T_c}{T'_c} + 1.001047\lg p'_c$$

式中 $p_c$——油品的真临界压力，MPa；

$T_c$——油品的真临界温度，K；

$T'_c$——油品的假临界温度，K；

$p'_c$——油品的假临界压力，MPa。

计算结果见表3-9。

**表3-9 真临界压力**

| 物料 | 真临界压力 | | |
|---|---|---|---|
| | 压力/psi（绝） | 压力/Pa | 压力/MPa |
| 初底油 | 337.1 | 2324200.5 | 2.32 |
| 常顶 | 459.8 | 3170334.4 | 3.17 |
| 常一线 | 359.7 | 2479969.3 | 2.48 |
| 常二线 | 322.9 | 2226327.3 | 2.22 |
| 常三线 | 263.3 | 1815699.1 | 1.81 |
| 常四线 | 227.9 | 1571279.3 | 1.57 |
| 常三、常四线 | 252.0 | 1737162.8 | 1.73 |
| 常底油 | 98.0 | 675393.2 | 0.67 |

（2）假临界压力

对油品的假临界压力进行计算[1]：

$$p'_c = 3.195\times10^4\left[\exp(-98.505\times10^{-3}T_{Me} - 4.8014d + 5.7490\times10^{-3}T_{Me}d)\right]T_{Me}^{-0.4844}d^{4.0846}$$

式中 $p'_c$——油品的假临界压力，MPa；

$T_{Me}$——油品的中平均沸点，K；

$d$——油品的相对密度（$d_{15.6}^{15.6}$）。

9. 焦点温度

对石油馏分的焦点温度进行计算：

$$\Delta T_e = a_1\times\left[\frac{S+a_2}{a_3\times S+a_4}+a_5\times S\right]\times\left[\frac{a_6}{a_7\times t_v+a_8}+a_9\right]+a_{10}$$

式中 $\Delta T_e$——焦点温度-临界温度的差值，℃；

$S$——恩氏蒸馏10%~90%馏分的曲线斜率，℃/%；

$t_v$——恩氏蒸馏体积平均沸点，℃；

$a_1\cdots a_{10}$——常数，详见表3-10。

**表 3-10 数据表**

| 项目 | 数值 | 项目 | 数值 |
|---|---|---|---|
| $a_1$ | 0.14608029648 | $a_6$ | 13.19556507 |
| $a_2$ | 0.050887086388 | $a_7$ | 0.081472347484 |
| $a_3$ | 0.00025280271884 | $a_8$ | 18.47914514 |
| $a_4$ | 0.00048370492139 | $a_9$ | -0.1585402804 |
| $a_5$ | 1.9936695083 | $a_{10}$ | -4.8588379673 |

根据以上公式计算焦点温度，结果见表 3-11。

**表 3-11 焦点温度**

| 物料 | 焦点温度 | | | |
|---|---|---|---|---|
| | 摄氏度(℃) | 华氏度(℉) | K | 兰氏度(°R) |
| 初底油 | 619.31 | 1146.8 | 892.5 | 1606.4 |

10. 焦点压力

对石油馏分的焦点压力进行计算：

$$\Delta p_e=\left[\frac{a_1\times(S-0.3)+a_2}{S+a_3}\right]\times\left[\frac{a_4}{a_5\times(t_v+a_6\times S)+a_7}+a_8\right]$$

式中 $\Delta p_e$——焦点压力-临界压力的差值，MPa；

$S$——恩氏蒸馏 10%~90%馏分的曲线斜率，℃/%；

$t_v$——恩氏蒸馏体积平均沸点，℃；

$a_1\cdots a_8$——常数，详见表 3-10。

根据以上公式计算焦点压力，结果见表 3-12。

**表 3-12 焦点压力**

| 物料 | 焦点压力 | | |
|---|---|---|---|
| | 压力/psi(绝) | 压力/Pa | 压力/MPa |
| 初底油 | 446.6 | 3079194.8 | 3.08 |

(二) 蒸馏曲线换算

1. 蒸馏曲线换算方法一

油品化验分析数据见表 3-13。

**表 3-13 油品化验分析数据**

| 物料 | 密度/(kg/m³) | 馏程/℃ | | | | | | | |
|---|---|---|---|---|---|---|---|---|---|
| | | 初馏点 | 5%馏出温度 | 10%馏出温度 | 30%馏出温度 | 50%馏出温度 | 70%馏出温度 | 90%馏出温度 | 终馏点 |
| 初底油 | 920.6 | 157.7 | 184.2 | 211.3 | 297.8 | 412.6 | 523.2 | 725.3 | 778 |
| 常顶 | 701.6 | 34 | 46.5 | 59 | 77.6 | 96.2 | 118.6 | 141 | 163.2 |
| 常一线 | 782.2 | 158.4 | 165.5 | 172.6 | 175.9 | 179.2 | 183 | 186.8 | 196.4 |

续表

| 物料 | 密度/(kg/m³) | 馏程/℃ | | | | | | | |
|---|---|---|---|---|---|---|---|---|---|
| | | 初馏点 | 5%馏出温度 | 10%馏出温度 | 30%馏出温度 | 50%馏出温度 | 70%馏出温度 | 90%馏出温度 | 终馏点 |
| 常二线 | 805.46 | 186.6 | 194.7 | 202.8 | 210.3 | 217.8 | 230.3 | 242.8 | 258.4 |
| 常三线 | 839.22 | 225.8 | 243.7 | 261.6 | 272.9 | 284.2 | 297.9 | 311.6 | 331 |
| 常四线 | 868.92 | 246.4 | 274.2 | 302 | 319.6 | 337.2 | 347.6 | 358 | 379 |
| 常三、常四线 | 851.26 | 231.2 | 249.5 | 267.8 | 286.2 | 304.6 | 324.1 | 343.6 | 366 |
| 常底油 | 959.7 | 278 | 369 | 398.6 | 459 | 515 | 667 | 755 | 815 |

将ASTM D86恩氏蒸馏曲线的100%、90%、70%、50%、30%、10%、0%各点温度换算成平衡汽化曲线各馏出体积下温度[4]：

$$t_{EFV}=a(t_{D86})^{b}S^{c}$$

式中 $t_{D86}$——ASTM D86各馏出体积下的温度，K；

$t_{EFV}$——常压平衡气化曲线各馏出体积下的温度，K；

$S$——相对密度($d_{15.6}^{15.6}$)；

$a$、$b$、$c$——关联系数，见表3-14。

**表3-14　关联系数 *a*、*b* 和 *c* 的值**

| 项目 | 0~5% | 10% | 30% | 50% | 70% | 90% | 95%~100% |
|---|---|---|---|---|---|---|---|
| *a* | 2.97481 | 1.44594 | 0.85060 | 3.26805 | 8.28734 | 10.62656 | 7.99502 |
| *b* | 0.8466 | 0.9511 | 1.0315 | 0.8274 | 0.6871 | 0.6529 | 0.6949 |
| *c* | 0.4208 | 0.1287 | 0.0817 | 0.6214 | 0.9340 | 1.1025 | 1.0737 |

平衡汽化数据见表3-15。

**表3-15　平衡汽化数据表(方法一)**

| 项目 | 性质 | 常顶 | 常一线 | 常二线 | 常三线 | 常四线 |
|---|---|---|---|---|---|---|
| 密度/(kg/m³) | | 701.6 | 782.2 | 805.46 | 839.22 | 868.92 |
| 恩氏蒸馏/℃ | 初馏点 | 34 | 158.4 | 186.6 | 225.8 | 246.4 |
| | 10%馏出温度 | 59 | 172.6 | 202.8 | 261.6 | 302 |
| | 30%馏出温度 | 77.6 | 175.9 | 210.3 | 272.9 | 319.6 |
| | 50%馏出温度 | 96.2 | 179.2 | 217.8 | 284.2 | 337.2 |
| | 70%馏出温度 | 118.6 | 183 | 230.3 | 297.9 | 347.6 |
| | 90%馏出温度 | 141 | 186.8 | 242.8 | 311.6 | 358 |
| | 终馏点 | 163.2 | 196.4 | 258.4 | 331 | 379 |
| 密度 | 化验/(kg/m³) | 701.6 | 782.2 | 805.46 | 839.22 | 868.92 |
| | $d_4^{20}$/(t/m³) | 0.702 | 0.782 | 0.805 | 0.839 | 0.869 |
| | $d_{15.6}^{15.6}$/(t/m³) | 0.707 | 0.787 | 0.810 | 0.844 | 0.873 |

续表

| 项目 | 性质 | 常顶 | 常一线 | 常二线 | 常三线 | 常四线 |
|---|---|---|---|---|---|---|
| 斜率 | | 1.025 | 0.178 | 0.500 | 0.625 | 0.700 |
| 平衡汽化/℃ | 初馏点 | 54.8 | 184.4 | 215.5 | 259.6 | 286.2 |
| | 10%馏出温度 | 72.6 | 190.6 | 222.3 | 283.2 | 325.8 |
| | 30%馏出温度 | 75.6 | 180.9 | 217.9 | 285.5 | 336.6 |
| | 50%馏出温度 | 77.5 | 170.2 | 209.9 | 277.0 | 332.8 |
| | 70%馏出温度 | 89.3 | 171.7 | 216.0 | 280.8 | 332.7 |
| | 90%馏出温度 | 97.4 | 173.6 | 224.0 | 291.1 | 342.9 |
| | 终馏点 | 103.0 | 171.0 | 226.3 | 297.1 | 350.9 |

2. 蒸馏曲线换算方法二

将 ASTM D86 恩氏蒸馏曲线的50%、30%、10%、0%点换算成平衡汽化数据[4]，详见表3-16。

**表3-16　平衡汽化数据表(方法二)**

| 项目 | 性质 | 常顶 | 常一线 | 常二线 | 常三线 | 常四线 |
|---|---|---|---|---|---|---|
| 恩氏蒸馏/℃ | 初馏点 | 34 | 158.4 | 186.6 | 225.8 | 246.4 |
| | 10%馏出温度 | 59 | 172.6 | 202.8 | 261.6 | 302 |
| | 30%馏出温度 | 77.6 | 175.9 | 210.3 | 272.9 | 319.6 |
| | 50%馏出温度 | 96.2 | 179.2 | 217.8 | 284.2 | 337.2 |
| | 70%馏出温度 | 118.6 | 183 | 230.3 | 297.9 | 347.6 |
| | 90%馏出温度 | 141 | 186.8 | 242.8 | 311.6 | 358 |
| | 终馏点 | 163.2 | 196.4 | 258.4 | 331 | 379 |
| 密度 | 化验/(kg/m$^3$) | 701.6 | 782.2 | 805.46 | 839.22 | 868.92 |
| | $d_4^{20}$/(t/m$^3$) | 0.702 | 0.782 | 0.805 | 0.839 | 0.869 |
| | $d_{15.6}^{15.6}$/(t/m$^3$) | 0.707 | 0.787 | 0.810 | 0.844 | 0.873 |
| 斜率 | | 1.025 | 0.178 | 0.500 | 0.625 | 0.700 |
| 平衡汽化/℃ | 初馏点 | 48.8 | 174 | 204.4 | 265.9 | 303.4 |
| | 10%馏出温度 | 60.5 | 179.5 | 211.2 | 282.7 | 334.9 |
| | 30%馏出温度 | 71.3 | 182.9 | 215.7 | 288.8 | 345 |
| | 50%馏出温度 | 81.2 | 184.7 | 219.3 | 294.2 | 354.2 |

通过计算发现，虽然所计算的温度在 Raizi 法要求的范围内，但用 Raizi 法计算得到的平衡汽化数据存在明显的错误：除了常顶油的平衡汽化数据没有明显的错误外，其他几组数据明显不对，有些平衡汽化数据中的初馏点居然比终馏点还要高，比如常一线油的初馏点为184.4，而终馏点为171.0，很显然是不对的。

(三) 分离精度

分馏精确度用恩氏蒸馏的间隙来表示[4]。间隙越大，表示分馏精确度越高。

$$恩氏蒸馏(0-100)间隙=t_0^{H}-t_{100}^{L}$$

式中　$t_0^{H}$、$t_{100}^{L}$——分别表示重馏分的初馏点和轻馏分的终馏点。

计算结果见表3-17。

**表3-17　分离精度**　℃

| 序号 | 项目 | 数值 | 重叠度 | 分离精度 |
|---|---|---|---|---|
| 1 | 轻石脑油终馏点 | 73.3 | 15.7 | 一般 |
| | 常一线初馏点 | 57.6 | | |
| 2 | 常顶油终馏点 | 166 | 2 | 较高 |
| | 常一线初馏点 | 164 | | |
| 3 | 常一线终馏点 | 200 | 14 | 一般 |
| | 常二线初馏点 | 186 | | |
| 4 | 常二线终馏点 | 258.3 | 30.3 | 较低 |
| | 常三线初馏点 | 228.0 | | |
| 5 | 常三线终馏点 | 332.7 | 84.7 | 非常低 |
| | 常四线初馏点 | 248.0 | | |

## 二、物料平衡

(一) 粗物料平衡

1. 罐量数据

物料平衡计量数据详见表3-18。

**表3-18　物料平衡表(罐量)**

| 项目 | 5月17日13时~18日13时 | | 5月18日13时~19日13时 | | 5月19日13时~20日13时 | | 5月17日13时~20日13时 | |
|---|---|---|---|---|---|---|---|---|
| | 处理量/t | 收率/% | 处理量/t | 收率/% | 处理量/t | 收率/% | 处理量/t | 收率/% |
| 总处理量 | 23162.73 | | 23324.24 | | 23918.6 | | 70405.58 | |
| 液化气出装置 | 54.33 | 0.23 | 28.12 | 0.12 | 80.3 | 0.34 | 162.75 | 0.23 |
| 轻石脑油出装置 | 532.15 | 2.3 | 530.52 | 2.27 | 572.08 | 2.39 | 1634.75 | 2.32 |
| 石脑油至罐区 | 3784.07 | 16.34 | 2802.15 | 12.01 | 3447.49 | 14.41 | 10033.7 | 14.25 |
| 常一线至罐区 | 535.16 | 2.31 | 511.49 | 2.19 | 542.22 | 2.27 | 1588.87 | 2.26 |
| 常二线出装置 | 1969.15 | 8.5 | 1425.85 | 6.11 | 1915.6 | 8.01 | 5310.6 | 7.54 |
| 常三线热出装置 | 3630.27 | 15.67 | 3595.73 | 15.42 | 3237.86 | 13.54 | 10463.87 | 14.86 |
| 减一线 | 360.56 | 1.56 | 586.93 | 2.52 | 219.12 | 0.92 | 1166.6 | 1.66 |
| 减二线至加裂化 | 2814.68 | 12.15 | 2267.99 | 9.72 | 2302.56 | 9.63 | 7385.23 | 10.49 |
| 减二线至罐区 | 719.35 | 3.11 | 1496.36 | 6.42 | 505.86 | 2.11 | 2721.57 | 3.87 |
| 减三线至蜡加 | 2243.84 | 9.69 | 2738.64 | 11.74 | 3883.14 | 16.23 | 8865.62 | 12.59 |
| 减渣出装置 | 624.65 | 2.7 | 1090.51 | 4.68 | 918.83 | 3.84 | 2633.99 | 3.74 |

续表

| 项目 | 5月17日13时~18日13时 | | 5月18日13时~19日13时 | | 5月19日13时~20日13时 | | 5月17日13时~20日13时 | |
|---|---|---|---|---|---|---|---|---|
| | 处理量/t | 收率/% | 处理量/t | 收率/% | 处理量/t | 收率/% | 处理量/t | 收率/% |
| 减渣去焦化 | 6087.53 | 26.28 | 6041.39 | 25.9 | 6302.85 | 26.35 | 18431.78 | 26.18 |
| 轻收 | | 45.35 | | 38.12 | | 40.96 | | 41.46 |
| 总拔 | | 71.86 | | 68.52 | | 69.85 | | 70.07 |
| 气体+损失 | -193.01 | -0.83 | 208.57 | 0.89 | -9.31 | -0.04 | 6.25 | 0.01 |

2. 罐量与表量数据对比

罐量与表量对比分析见表3-19。

表3-19 罐量与表量对比分析一览表 t

| 项目 | 5月17日13时~18日13时 | | 5月18日13时~19日13时 | | 5月19日13时~20日13时 | |
|---|---|---|---|---|---|---|
| | 罐量 | 表量 | 罐量 | 表量 | 罐量 | 表量 |
| 总处理量 | 23162.73 | 23982.01 | 23324.24 | 24100.03 | 23918.6 | 24511.36 |
| 液化气出装置 | 54.37 | 54.37 | 28.12 | 100.43 | 80.3 | 80.05 |
| 轻石脑油出装置 | 532.15 | 523.08 | 530.52 | 527.69 | 572.08 | 538.79 |
| 石脑油至罐区 | 3784.07 | 3730.29 | 2802.15 | 2820.02 | 3447.49 | 3463.82 |
| 常一线至罐区 | 535.16 | 531.84 | 511.49 | 510.98 | 542.22 | 541.54 |
| 常二线出装置 | 1969.15 | 1572.05 | 1425.85 | 1168.32 | 1915.6 | 1789.19 |
| 常三线热出装置 | 3630.27 | 3568.91 | 3595.73 | 3446.32 | 3237.86 | 3171.88 |
| 减一线 | 360.56 | 364.57 | 586.93 | 592.88 | 219.12 | 215.62 |
| 减二线至加裂化 | 2814.68 | 2784.67 | 2267.99 | 2253.57 | 2302.56 | 2299.37 |
| 减二线至罐区 | 719.35 | 724.78 | 1496.36 | 1501.08 | 505.86 | 679.36 |
| 减三线至蜡加 | 2243.84 | 2376.41 | 2738.64 | 2664.7 | 3883.14 | 4063.43 |
| 减渣出装置 | 624.65 | 762.33 | 1090.51 | 1106.87 | 918.83 | 945.31 |
| 减渣去焦化 | 6087.53 | 5878.01 | 6041.39 | 5899.3 | 6302.85 | 5783.26 |
| 总计 | 23355.78 | 22871.34 | 23115.68 | 22592.15 | 23927.91 | 23571.62 |
| 进出损失 | -193.01 | 1110.68 | 208.57 | 1507.88 | -9.31 | 939.74 |
| 表量与罐量原油差 | 820.01 | | 776.03 | | 593.36 | |

由表3-19可知，由于在此次装置标定过程中，对于进出物料的计量采用单罐单付的形式，因此罐区反馈的罐量数据比较准确，原油量与侧线产品量偏差较小。

由表3-19可知，罐量数据与表量数据偏差相对较大，主要原因包括以下两个方面：一是由于部分物料的计量表为超声波计量表，比如原油、减二线轻蜡油、减三线重蜡油、建压渣油等，导致出现计量偏差；二是由于原油采样口在进脱盐罐前，温度达70℃，采样温度较高，部分轻组分损失，表中密度偏大；三是由于三顶不凝气没有计量表，直接送至Ⅲ催化裂化装置，无法进行计量。

（二）流量校正

1. 重油流量表校正

装置进出物料计量表具体情况详见表3-20。

**表3-20　装置进出物料计量表**

| 进出物料名称 | | 仪表位号 | 仪表类型 | 备注 |
|---|---|---|---|---|
| 原料 | 原油进1 | FIQ10101 | 超声波 | 已更换为质量流量计 |
| | 原油进2 | FIQ10102 | 超声波 | 已更换为质量流量计 |
| 产品 | 减三去蜡油加氢 | FIQ10705 | 超声波 | 已更换为质量流量计 |
| | 常一去加氢 | FIQ11002 | 质量表 | |
| | 常二出 | FIQ11004 | 质量表 | |
| | 减一去加氢裂化 | FIQ11006 | 质量表 | |
| | 常三四线冷出 | FIQ11007 | 质量表 | |
| | 常三四线热出 | FIQ11008 | 质量表 | |
| | 减二去加氢罐区 | FIQ11301 | 超声波 | 已更换为质量流量计 |
| | 减二热出 | FIQ11302 | 超声波 | 已更换为质量流量计 |
| | 重石出 | FIQ11303 | 质量表 | |
| | 减渣去焦化 | FIQ11402 | 超声波 | 已更换为质量流量计 |
| | 冷渣出 | FIQ11404 | 超声波 | 已更换为质量流量计 |
| | 液化气出 | FIQ50203 | 质量表 | |
| | 轻石出 | FIQ50304 | 质量表 | |

由表3-20装置进出物料计量表可知，部分进出物料的计量表为超声波计量表，比如原油、减二线轻蜡油、减三线重蜡油、建压渣油等，这就会导致在对进出物料进行数据统计时出现偏差。

由于装置在第一次停工检修期间对侧线产品中所有的超声波计量表进行了更换，全部更换为质量流量计，而原来的超声波计量表全部被集中处理了，因此很多设计数据都找不到了。

其实对于超声波计量表的校验，其关键点在于对油品的密度进行校验，只要将油品在常温下的密度换算成在实际操作条件下的密度就可以了。

而对于塔内油品在实际操作条件下的密度的计算，则应该根据油品在25℃下的采样分析密度来进行计算：在已知油品20℃下的采样分析密度$\gamma_{4\ 油品}^{20}$和油品的实际温度$T$的条件下，计算$\rho_{油品实际}$[5]：

$$\rho_{油品实际}=T\times(1.307\times\gamma_4^{20}-1.817)+973.86\times\gamma_4^{20}+36.34$$

最终求得塔内油品在实际操作条件下的密度。

2. 气体流量表校正

由于装置在设计时没有对出装置不凝气安装计量表，因此无需对气体流量表进行校正。

3. 加工损失计算

（1）影响装置加工损失的因素

影响装置加工损失的因素主要有：①电脱盐过程脱除的原油及原料油中水、盐和其他杂质；②电脱盐罐切水、含油污水、含硫污水排放中含油量（此部分在污水隔油回收后回炼，可不计入装置加工损失）；③三顶不凝气排放量，因无计量表，导致损失增大。

（2）电脱盐加工损失

原油经过电脱盐处理后，会损失部分盐、水和杂质，由于杂质无法进行计算，因此只对原油中损失的盐和水进行计算。

①脱水损失：

脱水损失具体情况详见表3-21。

**表3-21　脱水损失数据表**

| 项目 | 5月17日13时~18日13时 | 5月18日13时~19日13时 | 5月19日13时~20日13时 | 5月17日13时~20日13时 |
|---|---|---|---|---|
| 原油总处理量/t | 23162.73 | 23324.24 | 23918.6 | 70405.58 |
| 脱前含水率/% | 0.3 | 0.3 | 0.3 | 0.3 |
| 脱后含水率/% | 0.1 | 0.1 | 0.1 | 0.1 |
| 脱除总水量/t | 46.33 | 46.65 | 47.84 | 140.81 |
| 校正后原油总处理量/t | 23116.40 | 23277.59 | 23870.77 | 70264.77 |

由表3-21可知，经过脱水以后，原油中的水分三天分别减少46.33t、46.65t、47.84t，累计减少140.81t。

②脱盐损失：

脱盐损失具体情况详见表3-22。

**表3-22　脱盐损失数据表**

| 项目 | 5月17日13时~18日13时 | 5月18日13时~19日13时 | 5月19日13时~20日13时 | 5月17日13时~20日13时 |
|---|---|---|---|---|
| 原油总处理量/t | 23162.73 | 23324.24 | 23918.60 | |
| 原油密度/（$kg/m^3$） | 904.70 | 916.10 | 911.30 | |
| 脱前盐含量/（mg/L） | 48.90 | 86.50 | 86.50 | |
| 脱后盐含量/（mg/L） | 2.10 | 7.80 | 3.90 | |
| 脱除总盐量/kg | 0.57 | 0.57 | 0.59 | 1.73 |
| 校正后原油总处理量/t | 23116.40 | 23277.59 | 23870.77 | |

由表3-22可知，经过脱盐以后，原油中的盐三天分别减少0.57kg、0.57kg、0.59kg，累计减少1.73kg，可以忽略不计。

（3）排水带油损失

①含硫污水带油损失：

含硫污水带油损失具体情况详见表3-23。

表 3-23　含硫污水带油损失数据表

| 项目 | 5月17日13时~18日13时 | 5月18日13时~19日13时 | 5月19日13时~20日13时 | 5月17日13时~20日13时 |
| --- | --- | --- | --- | --- |
| 含硫污水量/t | 391.37 | 488.09 | 491.71 | |
| 油含量/(mg/L) | 198.00 | 89.80 | 162.00 | |
| 含油总量/kg | 1.74 | 0.98 | 1.78 | 4.50 |

由表 3-23 可知，含硫污水带油量三天分别为 1.74kg、0.98kg、1.78kg，累计减少 4.50kg，可以忽略不计。

②含油污水带油损失：

含油污水带油损失具体情况详见表 3-24。

表 3-24　含油污水带油损失数据表

| 项目 | 5月17日13时~18日13时 | 5月18日13时~19日13时 | 5月19日13时~20日13时 | 5月17日13时~20日13时 |
| --- | --- | --- | --- | --- |
| 含油污水量/t | 24.29 | 67.38 | 16.41 | |
| 油含量/(mg/L) | 7.30 | 7.60 | 13.00 | |
| 含油总量/kg | 0.00 | 0.01 | 0.00 | 0.02 |

由表 3-24 可知，含硫污水带油量三天累计减少 0.02kg，可以忽略不计。

③脱盐污水带油损失：

脱盐污水带油损失具体情况详见表 3-25。

表 3-25　脱盐污水带油损失数据表

| 项目 | 5月17日13时~18日13时 | 5月18日13时~19日13时 | 5月19日13时~20日13时 | 5月17日13时~20日13时 |
| --- | --- | --- | --- | --- |
| 脱盐排水量/t | 1727.30 | 1701.89 | 1608.57 | |
| 油含量/(mg/L) | 119.00 | 77.50 | 56.50 | |
| 含油总量/kg | 4.60 | 2.95 | 2.04 | 9.59 |

由表 3-25 可知，脱盐污水带油量三天分别为 4.60kg、295kg、2.04kg，累计减少 9.59kg，可以忽略不计。

（4）三顶不凝气量损失

由于装置在设计时没有安装三顶不凝气出装置量计量表，因此无法对该气体量进行统计，导致损失量增大。

（三）校正后物料平衡

根据前面的流量校正以及加工损失计算，对粗物料平衡进行校正。校正后物料平衡见表 3-26。

表 3-26 校正后物料平衡表(罐量)

| 项目 | 5月17日13时~18日13时 | | 5月18日13时~19日13时 | | 5月19日13时~20日13时 | | 5月17日13时~20日13时 | |
|---|---|---|---|---|---|---|---|---|
| | 处理量/t | 收率/% | 处理量/t | 收率/% | 处理量/t | 收率/% | 处理量/t | 收率/% |
| 总处理量 | 23116.40 | | 23277.59 | | 23870.76 | | 70264.76 | |
| 液化气出装置 | 54.33 | 0.24 | 28.12 | 0.12 | 80.30 | 0.34 | 162.75 | 0.23 |
| 轻石脑油出装置 | 532.15 | 2.30 | 530.52 | 2.28 | 572.08 | 2.40 | 1634.75 | 2.33 |
| 石脑油至罐区 | 3784.07 | 16.37 | 2802.15 | 12.04 | 3447.49 | 14.44 | 10033.70 | 14.28 |
| 常一线至罐区 | 535.16 | 2.32 | 511.49 | 2.20 | 542.22 | 2.27 | 1588.87 | 2.26 |
| 常二线出装置 | 1969.15 | 8.52 | 1425.85 | 6.13 | 1915.60 | 8.02 | 5310.60 | 7.56 |
| 常三线热出装置 | 3630.27 | 15.70 | 3595.73 | 15.45 | 3237.86 | 13.56 | 10463.87 | 14.89 |
| 减一线 | 360.56 | 1.56 | 586.93 | 2.52 | 219.12 | 0.92 | 1166.60 | 1.66 |
| 减二线至加裂化 | 2814.68 | 12.18 | 2267.99 | 9.74 | 2302.56 | 9.65 | 7385.23 | 10.51 |
| 减二线至罐区 | 719.35 | 3.11 | 1496.36 | 6.43 | 505.86 | 2.12 | 2721.57 | 3.87 |
| 减三线至蜡加 | 2243.84 | 9.71 | 2738.64 | 11.77 | 3883.14 | 16.27 | 8865.62 | 12.62 |
| 减渣出装置 | 624.65 | 2.70 | 1090.51 | 4.68 | 918.83 | 3.85 | 2633.99 | 3.75 |
| 减渣去焦化 | 6087.53 | 26.33 | 6041.39 | 25.95 | 6302.85 | 26.40 | 18431.78 | 26.23 |
| 气体+损失 | -239.34 | 1.04 | 161.91 | -0.70 | -57.15 | 0.24 | -134.57 | 0.19 |

(四) 水平衡

装置内进出水平衡含硫污水情况详见表 3-27。

表 3-27 含硫污水平衡表(计量)

| 日期 | 原油量/t | 项目1 | 项目2 | 项目3 | 项目4 | 项目5 | 项目6 | 项目7 | 项目8 | 项目9 | 项目10 |
|---|---|---|---|---|---|---|---|---|---|---|---|
| | | 脱后含水率/% | 脱后含水量/t | 除氧水/t | 1.0MPa产汽/t | 1.0MPa进汽/t | 0.3MPa蒸汽/t | 1.0MPa+0.3MPa产汽量/t | 含硫污水/t | 除氧水排污及损失/t | 不凝气携带量/t |
| 5月17日 | 23163 | 0.1 | 23.2 | 704 | 481 | 140 | 152 | 633 | 775 | 71 | 20.4 |
| 5月18日 | 23324 | 0.1 | 23.3 | 716 | 509 | 83 | 141 | 650 | 736 | 66 | 20.4 |
| 5月19日 | 23919 | 0.1 | 23.9 | 717 | 443 | 2 | 172 | 615 | 620 | 102 | 20.4 |
| 合计 | | | 70.4 | 2137 | 1433 | 225 | 465 | 1898 | 2131 | 239 | 61.2 |

由表 3-27 含硫污水平衡表(计量)可知，含硫污水量=1.0MPa 产汽量+0.3MPa 产汽量+脱后含水量-不凝气携带量-侧线产品携带量。由于在正常情况下侧线产品携带量较少，因此可以忽略不计。

含硫污水量=1433+465+225+70.4-61.2=2132.2t，与含硫污水统计数据 2131t 基本一致。因此，装置内进出水量基本上是平衡的。

在标定期间，对抽空系统进行优化，同时对 1.0MPa 产汽系统进行优化，提高装置产气量，装置外系统蒸汽几乎不用，含硫污水量下降较多。在标定期间投用了两组抽空器(一大一小)，通过标定表明，可以只使用一套小的抽空器，就可以满足满负荷工况下装置的正常生产，从而不再耗用装置外系统蒸汽，进而降低装置能耗 0.3kgEO/t 原油。

(五) 干基校正

现根据原油含水量对罐量中的原油量进行校正，详见表 3-28。

**表 3-28　物料平衡(罐量)校正表**

| 项目 | 5 月 17 日 13 时~18 日 13 时 | 5 月 18 日 13 时~19 日 13 时 | 5 月 19 日 13 时~20 日 13 时 | 5 月 17 日 13 时~20 日 13 时 |
|---|---|---|---|---|
| 原油总处理量/t | 23162.73 | 23324.24 | 23918.60 | 70405.58 |
| 脱前含水率/% | 0.30 | 0.30 | 0.30 | 0.30 |
| 脱前含水量/t | 69.49 | 69.97 | 71.76 | 211.22 |
| 校正后原油总处理量/t | 23139.57 | 23300.92 | 23894.68 | 70335.17 |

(六) 硫、氮、总酸值分布

1. 硫分布

根据物料平衡数据以及化验分析数据，计算原油以及各侧线产品中的总硫量，但由于出装置不凝气量没有计量表，因此无法对其所含的硫含量进行计算。具体数据见表 3-29。

**表 3-29　硫含量计算数据**

| 项目 | | 总量/t | 硫含量/%(质) | 总硫量/t |
|---|---|---|---|---|
| 入方 | 原油 | 70405.58 | 1.88 | 1323.62 |
| | 合计 | | | 1323.62 |
| 出方 | 不凝气 | 无计量 | 1.00 | |
| | 液态烃 | 162.75 | 0.07 | 0.11 |
| | 轻石脑油 | 1634.75 | 0.01 | 0.16 |
| | 重石脑油 | 10033.70 | 0.02 | 2.01 |
| | 常一线 | 1588.87 | 0.13 | 2.07 |
| | 常二线 | 5310.60 | 0.34 | 18.06 |
| | 常三四线混合柴油 | 11630.47 | 1.04 | 120.96 |
| | 轻蜡油 | 10106.80 | 1.99 | 201.13 |
| | 重蜡油 | 8865.62 | 2.24 | 198.59 |
| | 渣油 | 21065.77 | 3.64 | 766.79 |
| | 含硫污水 | 1371.17 | 0.002 | 0.03 |
| | 合计 | 71770.50 | | 1309.90 |

2. 氮分布

由于装置在标定期间没有对氮进行化验分析，所以无法对氮分布进行计算。

3. 总酸值分布

根据物料平衡数据以及化验分析数据，计算原油以及各侧线产品中的总酸量，但由于出装置不凝气量没有计量表，液态烃没有分析数据，因此无法对其所含的酸含量进行计算。具体数据见表3-30。

**表3-30 酸含量计算数据表**

| 项目 | | 总量/t | 酸含量/(mg/g) | 总硫量/t |
|---|---|---|---|---|
| 入方 | 原油 | 70405.58 | 0.7167 | 504.60 |
| | 合计 | | | 504.60 |
| 出方 | 不凝气 | 无计量 | | |
| | 液态烃 | 162.75 | | |
| | 轻石脑油 | 1634.75 | 0.0022 | 0.04 |
| | 重石脑油 | 10033.70 | 0.0016 | 0.16 |
| | 常一线 | 1588.87 | 0.0247 | 0.39 |
| | 常二线 | 5310.60 | 0.0661 | 3.51 |
| | 常三常四线混合柴油 | 11630.47 | 0.3062 | 35.61 |
| | 轻蜡油 | 10106.80 | 1.0067 | 101.74 |
| | 重蜡油 | 8865.62 | 0.7052 | 62.52 |
| | 渣油 | 21065.77 | 0.2078 | 43.77 |
| | 合计 | 70399.33 | | 247.74 |

由表3-30可知，原油总酸量与侧线产品总酸值之和相差较大，原油进出装置前后总酸量减少了50.9%。这主要是由于部分石油酸的热稳定性较差，经过加热炉高温加热后，就直接分解了。

从表3-30还可以看出，石油酸在侧线油品中的分布是有一定规律性的，其绝大多数分布在柴油和蜡油当中，占比达到了80%。

## 三、分馏塔热平衡

### (一) 常压塔系统图

1. 各段塔盘数及中段循环回流抽出和返回塔盘的位置

常一线油从T1002(常压塔)第8层或第10层塔板自流进入T1003(常压汽提塔)上段，采用蒸汽进行汽提。常二线油从T1002第24层塔板自流进入T1003中段，采用E1031(常二线重沸器)进行重沸或蒸汽进行汽提。常三线油从T1002第36层塔板自流进入T1003下段，采用蒸汽进行汽提(根据情况决定是否开)。常四线油由泵P1011A/B(常四线油泵)自T1002第42层塔盘抽出，经E1023换热至261℃，与常三线油混合后进行换热。常顶循油由泵P1012A/B(常顶循油泵)自T1002第3层塔盘抽出，经E1006A/B、E1010A/B、E1008换热至107℃后返回第1层塔盘上。常一中油由泵P1013A/B(常一中油泵)自T1002第28层塔盘抽出经E1018A-D、E1005和E2004(脱戊烷塔底重沸器)换热至154℃后返回第26层塔盘上。常二中油由泵P1014A/B(常二中油泵)自T1002第40层塔盘抽出，经E1026、E1023、E2003和E1032(常二中1.0MPa蒸汽发生器)换热至220℃后返回第38层塔盘上。常压塔底油由泵P1015A/B(常压渣油泵)抽出送至F1002(减压炉)，升温后进入减压塔。初侧油由泵P1004A/B(初侧油泵)自T1001第12层塔盘抽出后送至常压塔第30层塔盘。

2. 常压塔操作条件示意见图

常压塔操作具体条件示意图详见图 3-1。

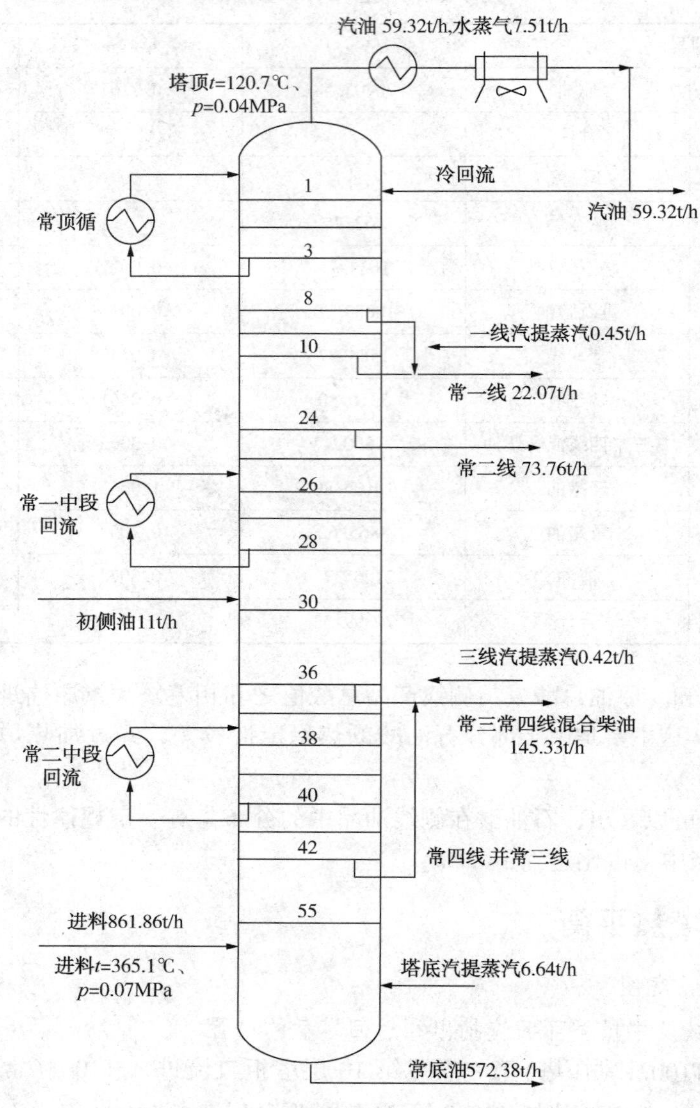


图 3-1 常压塔操作条件示意见图

（二）计算步骤

1. 确定塔顶压力及各抽出板的压力

常压塔塔顶压力为 1.04MPa（绝），塔底压力为 1.07 MPa（绝），总塔板数为 55 层。每层塔板压降 $\Delta p=(1.07-1.04)\times1000\div55=0.546\text{kPa}$。

常压塔的各压力分布详见表 3-31。

**表 3-31 常压塔压力分布表**

| 侧线 | 塔盘位置 | 压力/kPa（绝） |
|---|---|---|
| | 塔顶 | 140 |
| 冷回流、常顶循返回 | 1 | 140.546 |

续表

| 侧线 | 塔盘位置 | 压力/kPa(绝) |
| --- | --- | --- |
| | 2 | 141.092 |
| 常顶循抽出 | 3 | 141.638 |
| | 4 | 142.184 |
| | 5 | 142.73 |
| | 6 | 143.276 |
| | 7 | 143.822 |
| 常一线抽出 | 8 | 144.368 |
| | 9 | 144.914 |
| 常一线抽出 | 10 | 145.46 |
| | 11 | 146.006 |
| | 12 | 146.552 |
| 抽出 | 13 | 147.098 |
| | 14 | 147.644 |
| | 15 | 148.19 |
| | 16 | 148.736 |
| | 17 | 149.282 |
| | 18 | 149.828 |
| | 19 | 150.374 |
| | 20 | 150.92 |
| | 21 | 151.466 |
| | 22 | 152.012 |
| | 23 | 152.558 |
| 常二线抽出 | 24 | 153.104 |
| | 25 | 153.65 |
| 常一中返回 | 26 | 154.196 |
| | 27 | 154.742 |
| 常一中抽出 | 28 | 155.288 |
| | 29 | 155.834 |
| | 30 | 156.38 |
| | 31 | 156.926 |
| | 32 | 157.472 |
| | 33 | 158.018 |
| | 34 | 158.564 |
| | 35 | 159.11 |

续表

| 侧线 | 塔盘位置 | 压力/kPa(绝) |
|---|---|---|
| 常三线抽出 | 36 | 159.656 |
| | 37 | 160.202 |
| 常二中返回 | 38 | 160.748 |
| | 39 | 161.294 |
| 常二中抽出 | 40 | 161.84 |
| | 41 | 162.386 |
| 常四线抽出 | 42 | 162.932 |
| | 43 | 163.478 |
| | 44 | 164.024 |
| | 45 | 164.57 |
| | 46 | 165.116 |
| | 47 | 165.662 |
| | 48 | 166.208 |
| | 49 | 166.754 |
| | 50 | 167.3 |
| | 51 | 167.846 |
| | 52 | 168.392 |
| | 53 | 168.938 |
| | 54 | 169.484 |
| 进料 | 55 | 170.03 |
| | 塔底 | 170.576 |

2. 全塔物料平衡

全塔物料平衡数据详见表3-32。

**表3-32 全塔物料平衡表** t/h

| 常压塔物料 | | | 流量 |
|---|---|---|---|
| 油品 | 进料 | 初底油 | 861.86 |
| | | 初侧线油 | 11 |
| | 侧线 | 常顶油 | 59.32 |
| | | 常一线 | 22.07 |
| | | 常二线 | 73.76 |
| | | 常三、常四线 | 145.33 |
| | | 常底油 | 572.38 |
| 水 | 汽提蒸汽 | 常一线 | 0.45 |
| | | 常三线 | 0.42 |
| | | 常底 | 6.64 |
| | 含硫污水 | 塔顶 | 7.51 |

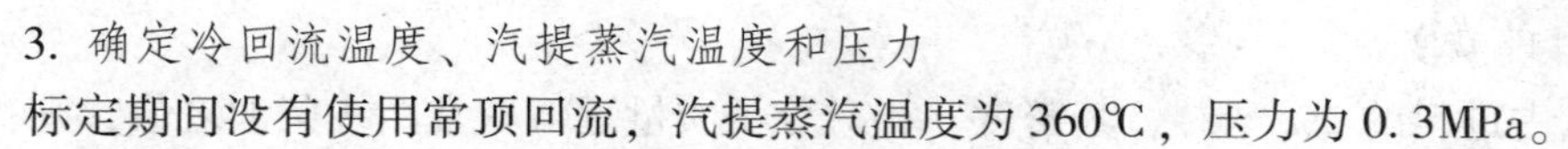


3. 确定冷回流温度、汽提蒸汽温度和压力

标定期间没有使用常顶回流，汽提蒸汽温度为360℃，压力为0.3MPa。

4. 各物料物性

各物料物性数据详见表3-33、表3-34。

**表3-33 各物料物性表**

| 物料 | 密度/(kg/m³) | 体积平均沸点/℃ | 中平均沸点/℃ | 相对密度 $d_{15.6}^{15.6}$ | Woston*K* | Riazi关联式法相对分子质量 | 临界温度/℃ | 临界压力/MPa |
|---|---|---|---|---|---|---|---|---|
| 初底油 | 920.6 | 434.04 | 342.8 | 0.9245 | 11.20 | 265 | 585.2 | 2.32 |
| 常顶 | 701.6 | 98.48 | 92.0 | 0.7067 | 12.30 | 97 | 269.1 | 3.17 |
| 常一线 | 782.2 | 179.5 | 178.4 | 0.7869 | 11.86 | 145 | 366.4 | 2.48 |
| 常二线 | 805.46 | 220.8 | 218.4 | 0.8100 | 11.85 | 172 | 409.9 | 2.22 |
| 常三线 | 839.22 | 285.64 | 282.8 | 0.8435 | 11.86 | 222 | 472.7 | 1.81 |
| 常四线 | 868.92 | 332.88 | 329.9 | 0.8731 | 11.77 | 264 | 515.4 | 1.57 |
| 常三、常四线 | 851.26 | 305.26 | 300.9 | 0.8555 | 11.82 | 237 | 490.9 | 1.73 |
| 常底油 | 959.7 | 558.92 | 522.3 | 0.9633 | 11.70 | 520 | 624.9 | 0.67 |

**表3-34 焦点温度和压力数据表**

| 物料 | 焦点温度/℃ | 焦点压力/MPa |
|---|---|---|
| 初底油 | 619.31 | 3.08 |

5. 汽化段物料平衡

由于初侧线与常二线物性相似，因此将初侧线按照常二线航煤进行处理。从常二线流量中减去初侧线进料量，就是常压塔汽化段的物料平衡。

按年开工350d(8400h)计算得进料及各产品流量数据，详见表3-35。

**表3-35 进料及各产品流量表**

| 项目 | 收率 | | 流量 | | | | 汽提蒸汽量 | |
|---|---|---|---|---|---|---|---|---|
| | 质量收率/% | 体积收率/% | 年流量/($10^4$t/a) | 日流量/(t/d) | 时流量/(t/h) | 摩尔流量/(kmol/h) | 质量流量/(kg/h) | 摩尔流量/(kmol/h) |
| 初底油 | 100.00 | 100.00 | 723.96 | 20684.64 | 861.86 | 3314.85 | 0.00 | 0.00 |
| 常顶 | 6.88 | 8.83 | 49.83 | 1423.68 | 59.32 | 611.55 | 0.00 | 0.00 |
| 常一线 | 2.56 | 2.95 | 18.54 | 529.68 | 22.07 | 152.21 | 450.00 | 25.00 |
| 常二线(减去初侧线) | 7.28 | 8.13 | 52.72 | 1506.24 | 62.76 | 364.88 | 0.00 | 0.00 |
| 常三、常四线 | 16.86 | 17.82 | 122.08 | 3487.92 | 145.33 | 613.21 | 420.00 | 23.33 |
| 常底油 | 66.41 | 62.27 | 480.80 | 13737.12 | 572.38 | 1100.73 | 6640.00 | 368.89 |
| 总计 | 100.00 | 100.00 | 723.96 | 20684.64 | 861.86 | 2842.57 | 7510.00 | 417.22 |

6. 验证进料段温度

取过汽化量占进料的2%(质)，其密度、相对分子质量近似取常四线柴油之值，则：

过汽化量为：

$$\Delta E = 861.86 \times 0.02 = 17.24(t/h)$$

过汽化油的流速为：

$$N_{过} = 17.24/264 = 66.31(kmol/h)$$

过汽化油占进料的体积分数：

$$e_{过} = 0.02 \times 920.6/868.92 = 0.0212$$

进料段原油体积汽化分数：

$$e_F = (0.0212+0.0883+0.0295+0.0813+0.1782) \times 100\% = 39.85\%$$

进料段油气分压：

$$p_{油} = p_{55} \times N_{油}/(N_{油}+N_{水})$$

$$N_{水} = 6640/18 = 368.89(kmol/h)$$

$$N_{油} = 611.55+152.21+364.88+613.21+66.31 = 1808.16(kmol/h)$$

$$p_{油} = 170.03 \times 1808.16/(1808.16+368.89) = 141.22(kPa)$$

将ASTM D86恩氏蒸馏曲线的50%和30%点换算成平衡汽化数据[4]：

$$t_{EFV} = a(t_{D86})^b S^c$$

式中 $t_{D86}$——ASTM D86各馏出体积下的温度，K；

$t_{EFV}$——常压平衡气化曲线各馏出体积下的温度，K；

$S$——相对密度($d_{15.6}^{15.6}$)；

$a$、$b$、$c$——参数，见表3-36。

表3-36 参数表

| 项目 | 0~5% | 10% | 30% | 50% | 70% | 90% | 95%~100% |
|---|---|---|---|---|---|---|---|
| $a$ | 2.97481 | 1.44594 | 0.85060 | 3.26805 | 8.28734 | 10.62656 | 7.99502 |
| $b$ | 0.8466 | 0.9511 | 1.0315 | 0.8274 | 0.6871 | 0.6529 | 0.6949 |
| $c$ | 0.4208 | 0.1287 | 0.0817 | 0.6214 | 0.9340 | 1.1025 | 1.0737 |

已知：$S=0.9245$，$t_{D86,50}=412.6℃=686.75K$，$t_{D86,30}=297.8℃=570.95K$。

$$t_{EFV,50} = a(t_{D86,50})^b S^c = 3.26805 \times 686.75^{0.8274} \times 0.9245^{0.6214} = 692.26\ K = 419.11(℃)$$

$$t_{EFV,30} = a(t_{D86,30})^b S^c = 0.85060 \times 570.95^{1.0315} \times 0.9245^{0.0817} = 589.35K = 316.20(℃)$$

将常压塔进料油的数据绘制在平衡汽化坐标纸上，按照分压$p=141.22kPa$、$e_F=39.85\%$，查得进料段温度为364℃。平衡汽化图如图3-2所示。

而装置在实际标定期间，进料段实际平均温度为363.1℃，与计算所得温度基本一致。

7. 验证加热炉出口温度

按上述计算过程得到的进料段温度是否合理，需要通过用等焓节流过程的计算方法，求得加热炉出口温度来进行校验，油品带入进料段的热量列表计算见表3-37。

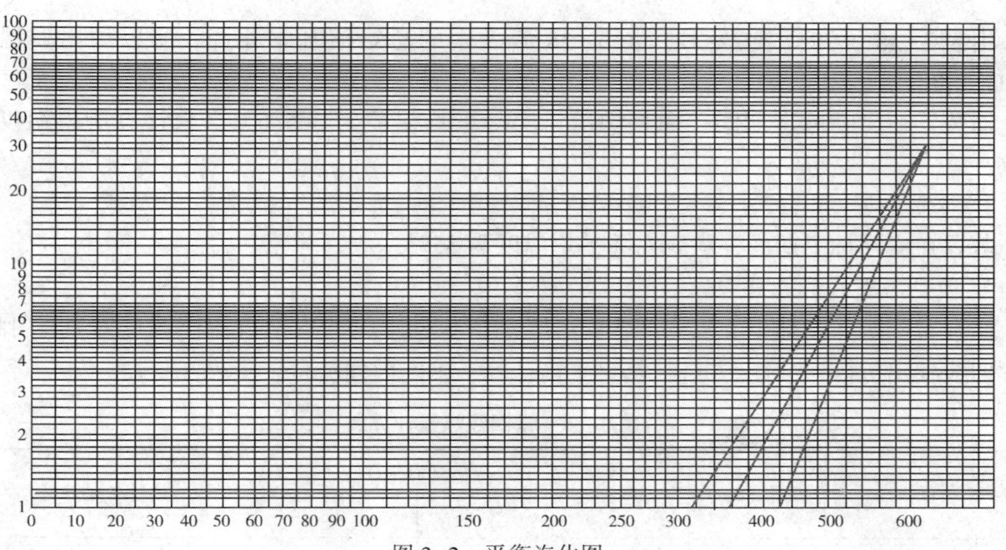


图 3-2　平衡汽化图

表 3-37　初底油带入塔内热量计算表

| 项目 | 流量/(t/h) | 温度/℃ | 焓/(kJ/kg) | | 热量/(MJ/h) |
|---|---|---|---|---|---|
| | | | 气相 | 液相 | |
| 常顶油 | 59.32 | 364 | 1252.0 | | 74271.25 |
| 常一线 | 22.07 | 364 | 1177.0 | | 25977.22 |
| 常二线 | 62.76 | 364 | 1159.83 | | 72791.04 |
| 常三、常四线 | 145.33 | 364 | 1127.35 | | 163837.20 |
| 过汽化油 | 17.24 | 364 | 1114.6 | | 19214.98 |
| 常底重油 | 555.14 | 364 | | 891.02 | 494643.35 |
| 合计 | 861.86 | | | | 850735.04 |

假设炉出口温度为 365℃，取炉出口转油线压降为 36kPa(因实际压降具体数据缺失)，则炉出口压力为 $p_{炉}=170.03+36=206.03$(kPa)。

查 $p-T-e$ 图得炉出口此温度下的汽化率为 25%(体)。

求得常压炉出口总热量，见表 3-38。

表 3-38　常压炉出口热量计算表

| 项目 | 流量/(t/h) | 温度/℃ | 焓/(kJ/kg) | | 热量/(MJ/h) |
|---|---|---|---|---|---|
| | | | 气相 | 液相 | |
| 常顶油 | 59.32 | 365 | 1255.1 | | 74455.37 |
| 常一线 | 22.07 | 365 | 1180.0 | | 26041.59 |
| 常二线 | 62.76 | 365 | 1162.73 | | 72972.80 |
| 常三、常四线 | 145.33 | 365 | 1130.19 | | 164250.72 |
| 过汽化油 | 17.24 | 365 | | 950.52 | 16387.04 |
| 常压渣油 | 555.14 | 365 | | 894.11 | 496354.99 |
| 合计 | 861.86 | | | | 850462.52 |

由表3-38可知，表3-37、表3-38两表中的总焓值基本相同，所以炉出口温度取365℃，符合要求。

而装置在实际标定期间，加热炉出口实际平均温度为365.6℃，与计算所得温度基本一致。

8. 常底温度

装置在实际标定期间，塔底实际平均温度为357℃。

9. 验证常四线抽出温度

已知常四线实际抽出温度为322℃，41层塔板向下流的内回流液体流量为$L_{41}$，自塔底至常四线抽出板(42层)上方进行热量平衡计算，确定内回流量，见表3-39。

**表3-39　常四线热量计算表**

| 项目 | | 流量/(t/h) | 温度/℃ | 焓/(kJ/kg) | | 热量/(MJ/h) |
|---|---|---|---|---|---|---|
| | | | | 气相 | 液相 | |
| 进料 | 初底油 | 861.9 | 365.0 | | 891.2 | 768089.6 |
| | 汽提蒸汽 | 6.64 | 360.0 | 3184.0 | | 21141.8 |
| | 内回流 | $L_{41}$ | 322 | | 779.3 | $L_{17}$×779.3 |
| | 合计 | | | | | 789231.4+$L_{17}$×779.3 |
| 出料 | 常顶油 | 59.3 | 322 | 1013.7 | | 60132.7 |
| | 常一线 | 22.1 | 322 | 982.9 | | 21692.6 |
| | 常二线 | 62.8 | 322 | 961.8 | | 60360.3 |
| | 常三线 | 75.3 | 322 | 929.9 | | 70051.0 |
| | 常四线 | 70.0 | 322 | | 779.3 | 54552.3 |
| | 常底油 | 572.4 | 357 | | 846.5 | 404519.7 |
| | 内回流 | $L_{42}$ | 322 | 917.2 | | $L_{18}$×917.2 |
| | 水蒸气 | 6.64 | 322 | 3080.0 | | 20052.8 |
| | 合计 | | | | | 771361.4+$L_{18}$×917.2 |

$$789231.4+L_{17}\times779.3=771361.4+L_{18}\times917.2$$

求得内回流量$L_{41}=L_{42}=185.6$t/h。

根据Riazi关联式[1]，求得内回流相对分子质量为264，$N_{41}=L_{42}=703.03$kmol/h。

内回流油气分压：

$$p_{42}=162.932\times703.03/(703.03+611.55+152.21+364.88+613.21+368.89)$$
$$=40.71(\text{kPa})=305.34(\text{mmHg})$$

通过查常压恩氏蒸馏50%点与平衡汽化50%点换算图和平衡汽化曲线各段温差与恩氏蒸馏曲线各段温差关系图[4]，计算各侧线油品的减压下的平衡汽化数据。

已知常压下平衡汽化50%点温度为368.2℃，10%点温度为356.9℃，0%点温度为325.4℃，50%点和0%点的馏出量的温差为42.8℃，50%点和10%点的馏出量的温差为11.3℃，查图求得305.34mmHg下平衡汽化50%点为温度为325℃，按照常压、减压各段温度相等的假设，求得泡点温度为282.2℃，与实际抽出温度322℃偏差较大。

分析偏差较大的原因，主要是由于侧线产品馏程较宽，同时化验分析数据也存在一定的误差，以至于50%点和0%点的馏出量的温差过大，因此导致求得的泡点温度与所假设温度偏差较大。

由于50%点和10%点的馏出量的温差为11.3℃，排除偏差影响，可以考虑将50%点和10%点的馏出量的温差11.3℃作为计算数据，按照常压、减压各段温度相等的假设，求得泡点温度为317.7℃，与实际抽出温度322℃偏差较小，基本正确。

10. 计算常二中中段循环取热量

已知常二中流量为232t/h，抽出温度为302℃，返塔温度为182℃，抽出焓值为758.94kJ/kg，返塔焓值为429.07kJ/kg，那么常二中总的取热量为：

$$\Delta Q=(758.94-429.07)\times 232=76529.84(\mathrm{MJ/h})$$

对常二中中段循环取热量占常压塔全塔取热总量比例进行计算，常二中中段取热比例为：76529.84/217894.8×100%=34.29%。

11. 验证常三线抽出温度

已知常三线实际抽出温度为272℃，35层塔板向下流的内回流液体流量为$L_{35}$，自塔底至常三线抽出板(36层)上方进行热量平衡计算，确定内回流量，见表3-40。

**表3-40 常三线热量计算表**

| 项目 | | 流量/(t/h) | 温度/℃ | 焓/(kJ/kg) | | 热量/(MJ/h) |
|---|---|---|---|---|---|---|
| | | | | 气相 | 液相 | |
| 进料 | 初底油 | 861.9 | 365.0 | | 891.2 | 768089.6 |
| | 汽提蒸汽 | 7.5 | 360.0 | 3184.0 | | 22479.0 |
| | 内回流 | $L_{35}$ | 272.0 | | 665.0 | $L_{35}\times 665.0$ |
| | 合计 | | | | | $790568.67+L_{35}\times 665.0$ |
| 出料 | 常顶油 | 59.3 | 272.0 | 960.0 | | 56948.2 |
| | 常一线 | 22.1 | 272.0 | 903.6 | | 19943.1 |
| | 常二线 | 62.8 | 272.0 | 868.7 | | 54518.9 |
| | 常三线 | 75.3 | 272.0 | | 665.0 | 50095.6 |
| | 常二中取热 | | | | | 76529.84 |
| | 常四线 | 70.0 | 322.0 | | 779.3 | 54552.3 |
| | 常底油 | 572.4 | 357 | | 846.5 | 404519.7 |
| | 内回流 | $L_{36}$ | 272.0 | 857.4 | | $L_{36}\times 857.4$ |
| | 水蒸气 | 7.5 | 272.0 | 2988.0 | | 21095.3 |
| | 合计 | | | | | $765397.37+L36\times 857.4$ |

$$790568.67+L_{35}\times 665.0=765397.37+L_{36}\times 857.4$$

内回流量$L_{35}=L_{36}=180.84\mathrm{t/h}$。

根据Riazi关联式[1]，求得内回流相对分子质量为222，$N_{35}=L_{36}=814.59\mathrm{kmol/h}$。

内回流油气分压：

$$p_{36}=159.656\times 814.59/(814.59+611.55+152.21+364.88+368.89+23.33)=55.69(\mathrm{kPa})$$

= 417.69(mmHg)

已知常压下平衡汽化50%点温度为309.2℃，10%点温度为297.7℃，0%点温度为280.9℃，50%点和0%点的馏出量的温差为28.3℃，50%点和10%点的馏出量的温差为11.5℃，查图求得417.69mmHg下平衡汽化50%点为温度为280℃，按照常压、减压各段温度相等的假设，求得泡点温度为251.7℃，与实际抽出温度272℃偏差较大。

分析偏差较大的原因，主要是由于侧线产品馏程较宽，同时化验分析数据也存在一定的误差，以至于50%点和0%点的馏出量的温差过大，因此导致求得的泡点温度与所假设温度偏差较大。

由于50%点和10%点的馏出量的温差为11.5℃，排除偏差影响，可以考虑将50%点和10%点的馏出量的温差11.5℃作为计算数据，按照常压、减压各段温度相等的假设，求得泡点温度为268.5℃，与实际抽出温度272℃相比偏差较小，基本正确。

12. 计算常一中中段循环取热量

已知常一中流量为221t/h，抽出温度为240℃，返塔温度为122℃，抽出焓值为594.75kJ/kg，返塔焓值为293.19kJ/kg，那么常一中总的取热量为：

$$\Delta Q = (594.75 - 293.19) \times 221 = 66644.76(\mathrm{MJ/h})$$

根据第三部分验证加热炉出口温度中计算得出的常压炉出口总热量为850462.52 MJ/h，对常一中中段循环取热量占常压炉出口总热量比例进行计算。

常一中中段取热比例为66644.76/850462.52×100% = 7.84%。

13. 验证常二线抽出温度

已知常二线抽出温度为204℃，23层向下流的内回流液体流量为$L_{23}$，自塔底至常二线抽出板(24层)上方进行热量平衡计算，确定内回流量，见表3-41。

**表3-41　常二线热量计算表**

| 项目 | | 流量/(t/h) | 温度/℃ | 焓/(kJ/kg) | | 热量/(MJ/h) |
|---|---|---|---|---|---|---|
| | | | | 气相 | 液相 | |
| 进料 | 初底油 | 861.9 | 365.0 | | 891.2 | 768089.6 |
| | 汽提蒸汽 | 7.06 | 360.0 | 3184.0 | | 22479.0 |
| | 初侧线 | 11.0 | 180.0 | | 444.9 | 4894.1 |
| | 内回流 | $L_{23}$ | 204 | | 497.9 | $L_{23}$×497.9 |
| | 合计 | | | | | 795462.7+$L_{35}$×497.9 |
| 出料 | 常顶油 | 59.3 | 204 | 784.9 | | 46559.1 |
| | 常一线 | 22.1 | 204 | 740.9 | | 16351.1 |
| | 常二线 | 62.8 | 204 | | 497.9 | 31246.0 |
| | 初侧线 | 11.0 | 204 | | 497.9 | 5476.5 |
| | 常三线 | 75.3 | 272.0 | | 665.0 | 50095.6 |
| | 常四线 | 70.0 | 322.0 | | 779.3 | 54552.3 |
| | 常一中取热 | | | | | 66644.76 |
| | 常二中取热 | | | | | 76529.84 |
| | 常底油 | 572.4 | 357 | | 846.5 | 404519.7 |

续表

| 项目 | | 流量/(t/h) | 温度/℃ | 焓/(kJ/kg) | | 热量/(MJ/h) |
|---|---|---|---|---|---|---|
| | | | | 气相 | 液相 | |
| 出料 | 水蒸气 | 7.06 | 204 | 2895.0 | | 20438.7 |
| | 内回流 | $L_{24}$ | 204 | 727.6 | | $L_{24}\times727.6$ |
| | 合计 | | | | | $754208.8+L_{36}\times727.6$ |

$$795462.7+L_{35}\times497.9=754208.8+L_{36}\times727.6$$

内回流量 $L_{23}=L_{24}=159.55$t/h。

根据 Riazi 关联式[1]，求得内回流相对分子质量为 172，$N_{23}=L_{24}=1043.89$kmol/h。

内回流油气分压：

$p_{42}=153.104\times1043.89/(1043.89+611.55+152.21+368.89+23.33)=72.65$(kPa)

$=544.93$(mmHg)

已知常压下平衡汽化 50%点温度为 225.3℃，0%点温度为 210.4℃，50%点和 0%点的馏出量的温差为 14.9℃，查图求得 544.93mmHg 下平衡汽化 50%点温度为 213℃，按照常压、减压各段温度相等的假设，求得泡点温度为 198.1℃，与实际抽出温度 204℃相近，所以基本正确。

14. 验证常一线抽出温度

已知常一线实际抽出温度为 173℃，9 层塔板向下流的内回流液体流量为 $L_9$，自塔底至常二线抽出板(10 层)上方进行热量平衡计算，确定内回流量，见表 3-42。

**表 3-42 常一线热量计算表**

| 项目 | | 流量/(t/h) | 温度/℃ | 焓/(kJ/kg) | | 热量/(MJ/h) |
|---|---|---|---|---|---|---|
| | | | | 气相 | 液相 | |
| 进料 | 初底油 | 861.9 | 365.0 | | 891.2 | 768089.6 |
| | 汽提蒸汽 | 7.5 | 360.0 | 3184.0 | | 23911.8 |
| | 初侧线 | 11.0 | 180.0 | | 444.9 | 4894.1 |
| | 内回流 | $L_9$ | 173.0 | | 473.9 | $L_9\times473.9$ |
| | 合计 | | | | | $796895.5+L_{35}\times473.9$ |
| 出料 | 常顶油 | 59.3 | 173.0 | 721.1 | | 42773.8 |
| | 常一线 | 22.1 | 173.0 | | 439.5 | 9699.5 |
| | 常二线 | 62.8 | 200.0 | | 497.9 | 31246.0 |
| | 初侧线 | 11.0 | 200.0 | | 497.9 | 5476.5 |
| | 常三线 | 75.3 | 272 | | 665.0 | 50095.6 |
| | 常四线 | 70.0 | 322 | | 779.3 | 54552.3 |
| | 常一中取热 | | | | | 66644.76 |
| | 常二中取热 | | | | | 76529.84 |
| | 常底油 | 572.4 | 357 | | 846.5 | 404519.7 |

续表

| 项目 | | 流量/(t/h) | 温度/℃ | 焓/(kJ/kg) | | 热量/(MJ/h) |
|---|---|---|---|---|---|---|
| | | | | 气相 | 液相 | |
| 出料 | 水蒸气 | 7.5 | 173 | 2817.2 | | 21157.2 |
| | 内回流 | $L_{10}$ | 173 | 681.9 | | $L_{10}$×681.9 |
| | 合计 | | | | | 744490.4+$L_{36}$×681.9 |

$$796895.5+L_{35}\times473.9=744490.4+L_{36}\times681.9$$

内回流量 $L_9=L_{10}=182.01$t/h。

根据 Riazi 关联式[1]，求得内回流相对分子质量为 145，$N_9=L_{10}=1737.97$kmol/h。

内回流油气分压：

$p_{10}=145.46\times1737.97/(1737.97+611.55+368.89+23.33+25.00)=91.37$(kPa)
$=685.35$(mmHg)

已知常压下平衡汽化 50%点温度为 184.7℃，0%点温度为 174℃，50%点和 0%点的馏出量的温差为 10.7℃，查图求得 685.35mmHg 下平衡汽化 50%点温度为 183℃，按照常压、减压各段温度相等的假设，求得泡点温度为 172.3℃，与所假设的 175℃相近，所以基本正确，即常一线抽出温度为 175℃。

15. 计算常顶循取热量

已知常顶循流量为 856t/h，抽出温度为 155℃，返塔温度为 105℃，抽出焓值为 356.5kJ/kg，返塔焓值为 269.21kJ/kg，那么常顶循总的取热量为 $\Delta Q=(356.5-269.21)\times856=74720.24$(MJ/h)。

根据第三部分验证加热炉出口温度中计算得出的常压炉出口总热量为 850462.52 MJ/h，对常顶循环取热量占常压炉出口总热量比例进行计算，常顶循中段取热比例为 74720.24/850462.52×100%=8.79%。

16. 验证常顶抽出温度

已知常压塔顶实际温度为 114℃，对全塔进行热量平衡计算，详见表 3-43。

**表 3-43 全塔热量平衡计算表**

| 项目 | | 流量/(t/h) | 温度/℃ | 焓/(kJ/kg) | | 热量/(MJ/h) |
|---|---|---|---|---|---|---|
| | | | | 气相 | 液相 | |
| 进料 | 初底油 | 861.9 | 365.0 | | 891.2 | 768089.6 |
| | 汽提蒸汽 | 7.5 | 360.0 | 3184.0 | | 23911.8 |
| | 初侧线 | 11.0 | 180.0 | | 444.9 | 4894.1 |
| | 冷回流 | $L_0$ | 55 | | 124.0 | $L_0$×124.0 |
| | 合计 | | | | | 796895.5+$L_0$×124.0 |
| 出料 | 常顶油 | 59.3 | 114 | 587.7 | | 34862.2 |
| | 常一线 | 22.1 | 175.0 | | 439.5 | 9699.5 |
| | 常二线 | 62.8 | 210.0 | | 524.9 | 32944.7 |
| | 初侧线 | 11.0 | 210.0 | | 524.9 | 5774.2 |

续表

| 项目 | | 流量/(t/h) | 温度/℃ | 焓/(kJ/kg) | | 热量/(MJ/h) |
|---|---|---|---|---|---|---|
| | | | | 气相 | 液相 | |
| 出料 | 常三线 | 75.3 | 265.0 | | 665.0 | 50095.6 |
| | 常四线 | 70.0 | 310.0 | | 779.3 | 54552.3 |
| | 常顶循取热 | | | | | 74720.24 |
| | 常一中取热 | | | | | 66644.76 |
| | 常二中取热 | | | | | 76529.84 |
| | 常底油 | 572.4 | 357 | | 846.5 | 404519.7 |
| | 水蒸气 | 7.5 | 120.0 | 2716.8 | | 20403.2 |
| | 冷回流 | $L_0$ | 120.0 | 587.7 | | $L_0$×587.7 |
| | 合计 | | | | | 761506.3+$L_0$×587.7 |

塔顶取热：

$$\Delta Q=796895.5-761506.3=35389.2(\text{MJ/h})$$

冷回流量：

$$L_0=35389.2/(587.7-124.0)=76.32(\text{t/h})$$

根据 Riazi 关联式[1]，求得内回流相对分子质量为 97，$N_{L0}=76.32\times1000/97=$ 786.78kmol/h。

塔顶油气分压：

$$p_{L_0}=140\times(786.78+611.55)/(786.78+611.55+417.22)=107.82(\text{kPa})$$
$$=808.77(\text{mmHg})$$

常压下石脑油线的平衡汽化 100%与 50%点温度差为 112.4−81.2=31.2(℃)。查常压与减压平衡汽化 50%点和 30%点温度换算图，得到 808.77mmHg 下 50%点平衡汽化温度为 90℃，得到该压力下 100%馏出温度为 90+31.2=121.2(℃)，由于常顶馏出物中含有惰性气体，所以塔顶温度 $t_D=121.2\times0.97=117.6$℃，与常压塔顶实际温度 114℃ 基本一致。

(三) 水蒸气分压计算

已知常压塔顶压力[140kPa(绝)]、常压塔顶产品罐顶不凝气流量(55m$^3$)、常顶油摩尔流量、水蒸气摩尔流量，计算常压塔顶水蒸气的分压。

首先根据理想气体物态方程 $PV=nRT$，对常压塔顶产品罐顶不凝气摩尔流量进行计算，$n_{常顶不凝气}=140\times1000\times55/8.314/(120+273.15)=2.36(\text{kmol/h})$。常压塔顶产品见表 3-44。

**表 3-44 常压塔顶产品** kmol/h

| 介质 | 常顶油 | 水蒸气 | 常压塔顶产品罐顶不凝气 |
|---|---|---|---|
| 流量 | 611.55 | 417.22 | 2.36 |

$$p_{常顶水蒸气}=140\times\frac{417.22}{417.22+611.55+2.36}=56.64(\text{kPa})$$

根据安托因公式，计算该压力下常压塔顶水蒸气的饱和温度。

根据安托因公式[6]，$\log p = A - \frac{B}{T+C}$，推导出，$T = \frac{B}{A-\log p} - C$。其中，$A$、$B$、$C$ 为物性常数，不同物质对应于不同的 $A$、$B$、$C$ 的值。

对于水蒸气，$A = 7.07406$，$B = 1657.46$，$C = 227.02$，求得，$T = \frac{B}{A-\log p} - C = \frac{1657.46}{7.07406-\log 56.64} - 227.02 = 84.48(℃)$。

所以，该压力下常压塔顶水蒸气的露点温度为 84.48℃，而常压塔顶温度为 114℃，远高于该压力下常压塔顶水蒸气的露点温度，因此不存在露点腐蚀问题，常压塔顶温度符合实际操作和防腐要求。

（四）塔内各主要界面的气、液相负荷

1. 进料板液相量及进料段上层板液相量

自塔底至进料段进行热量平衡计算，见表 3-45。

表 3-45　塔底至进料段进行热量平衡计算

| 项目 | | 流量/(t/h) | 温度/℃ | 焓/(kJ/kg) | | 热量/(MJ/h) |
|---|---|---|---|---|---|---|
| | | | | 气相 | 液相 | |
| 进料 | $\Delta E$(过汽化量) | 17.24 | 360 | | 934.5 | 16110.8 |
| | $\Delta V$(提馏段汽化量) | $\Delta V$ | 360 | | 934.5 | 937.4×$\Delta V$ |
| | $F_L$(进料液相) | 555.14 | 364 | | 864.1 | 479696.5 |
| | 汽提蒸汽 | 7.51 | 360 | 3184 | | 23911.8 |
| | 合计 | | | | | 519719.1+937.4×$\Delta V$ |
| 出料 | $\Delta V$(提馏段汽化量) | $\Delta V$ | 364 | 1114.6 | | 1114.6×$\Delta V$ |
| | 重油 | 572.38 | 357 | | 840.0 | 480799.2 |
| | 汽提蒸汽 | 7.51 | 364 | 3193 | | 23979.4 |
| | 合计 | | | | | 504778.6+1114.6×$\Delta V$ |

$$519719.1+934.5\times\Delta V = 504778.6+1114.6\times\Delta V$$

提馏段汽化量：

$$\Delta V = (519719.1-504778.6)/(1114.6-934.5) = 82.95(t/h)$$

54 层板的内回流量：

$$L_{54} = L_{上} = \Delta E + \Delta V = 17.24+82.95 = 100.19(t/h)$$

$$N_{L54} = L_{54}/264 = 100.19\times1000/264 = 379.50(kmol/h)$$

进料板 55 层液相量 $L_{55} = \Delta V$+常底油量$=82.95+572.38=655.34(t/h)$。

2. 液相负荷

（1）第 1 块板

塔顶第一块板气相焓 $H_1 = 587.7$ kJ/kg，塔顶回流液相焓 $h_0 = 124.0$kJ/kg，塔顶第二块板气相焓 $H_2 = 602.0$kJ/kg，塔顶第一块板液相焓 $h_1 = 322.5$kJ/kg，塔顶第一块板液相量 $L_1 = L_0\times(H_1-h_0)/(H_2-h_1) = 76.3\times(587.7-124.0)/(602.0-322.5) = 126.58(t/h)$。

（2）常顶循环回流上、下内回流量

常顶循抽出、返回板流量变化：

中段回流抽出板(3层)的内回流温度取132.2℃，常顶循抽出板下方气相焓 $H_4=612.5$kJ/kg，常顶循抽出板液相焓 $h_3=355.7$kJ/kg，$\Delta h_{常顶循}=(H_4-h_3)=612.5-355.7=256.8$kJ/kg。

常顶循环回流上下内回流量的变化：

$$\Delta L_{常顶循}=Q_{常顶循}/\Delta h_{常顶循}=74720.24/256.8=291.0(t/h)$$

（3）常一中循环回流上、下内回流量

常一中抽出、返回板流量变化：

中段回流抽出板（28层）的内回流温度取221.7℃，常一中抽出板下方气相焓 $H_{29}=773.4$kJ/kg，常一中抽出板液相焓 $h_{28}=552.8$kJ/kg，$\Delta h_{常一中}=H_{29}-h_{28}=773.4-552.8=220.6$kJ/kg。

常一中循环回流上下内回流量的变化：

$$\Delta L_{常一中}=Q_{常一中}/\Delta h_{常一中}=66644.76/220.6=302.1(t/h)$$

（4）常二中循环回流上、下内回流量

常二中抽出、返回板流量变化：

中段回流抽出板（40层）的内回流温度取295℃，常二中抽出板下方气相焓 $H_{41}=934.0$kJ/kg，常二中抽出板液相焓 $h_{40}=740.9$kJ/kg，$\Delta h_{常二中}=H_{41}-h_{40}=934.0-740.9=193.1$kJ/kg。

常二中循环回流上下内回流量的变化：

$$\Delta L_{常二中}=Q_{常二中}/\Delta h_{常二中}=76529.84/193.1=396.3(t/h)$$

（5）常二中循环回流内回流量

自塔底至41层板上部做热量平衡求取内回流热，列表计算，详见表3-46。

**表3-46　41层板上部热量平衡表**

| 项目 | | 流量/(t/h) | 温度/℃ | 焓/(kJ/kg) | | 热量/(MJ/h) |
|---|---|---|---|---|---|---|
| | | | | 气相 | 液相 | |
| 进料 | 初底油 | 861.9 | 365 | | 891.2 | 768089.6 |
| | 汽提蒸汽 | 6.64 | 360 | 3184 | | 21141.8 |
| | 内回流 | $L_{40}$ | 297 | | 775.2 | $L_{40}$×746.9 |
| | 合计 | | | | | 789231.42 |
| 出料 | 常顶油 | 59.3 | 297 | 1011.5 | | 59981.95 |
| | 常一线 | 22.1 | 297 | 938.7 | | 20745.27 |
| | 常二线 | 62.8 | 297 | 922.7 | | 57945.56 |
| | 常三线 | 75.3 | 297 | 801.3 | | 60337.89 |
| | 常四线 | 70 | 322 | | 779.3 | 54551 |
| | 常底油 | 572.4 | 357 | | 846.5 | 484536.6 |
| | 内回流 | $L_{41}$ | 297 | 909.3 | | $L_{41}$×939.3 |
| | 水蒸气 | 6.64 | 297 | 3007.9 | | 19972.456 |
| | 合计 | | | | | 758070.726 |

$$789231.42+L_{40}\times746.9=758070.73+L_{41}\times939.3$$

求得内回流量 $L_{40}=L_{41}=232.37\text{t/h}$。

根据 Riazi 关联式[1]，求得内回流相对分子质量为 253，$N_{40}=L_{41}=918.46\text{kmol/h}$。

3. 气相负荷

对任一截面而言，通过该截面的气相流量：

$$N=\sum N_i+N_L+N_S$$

式中 $N_i$——产品量，kmol/h；

$N_L$——内回流量，kmol/h；

$N_S$——水蒸气量，kmol/h。

塔内主要截面气液相负荷见表 3-47。

**表 3-47　塔内主要截面气液相负荷表**

| 塔板 | 液相 | | | 气相 | | | |
|---|---|---|---|---|---|---|---|
| | 质量流量/(t/h) | 密度/(kg/m³) | 体积流量/(m³/h) | 摩尔流量/(kmol/h) | 温度/℃ | 压力/kPa | 体积流量/(100m³/h) |
| 0 | 76.32 | 701.60 | 108.78 | | 55.00 | 140.00 | |
| 1 | 126.58 | 640.00 | 197.78 | 1028.77 | 120.00 | 140.55 | 239.26 |
| 3 | 218.81 | 640.00 | 341.89 | 2948.16 | 132.22 | 141.64 | 701.51 |
| 9 | 182.01 | 650.00 | 280.02 | 2663.93 | 168.89 | 144.91 | 675.59 |
| 10 | 159.94 | 650.00 | 246.06 | 2616.56 | 175.00 | 145.46 | 670.22 |
| 23 | 159.55 | 675.00 | 236.37 | 2000.73 | 198.21 | 152.56 | 513.94 |
| 24 | 89.79 | 675.00 | 133.02 | 1953.36 | 200.00 | 153.10 | 501.89 |
| 26 | 85.79 | 670.00 | 128.04 | 1858.62 | 210.84 | 154.20 | 485.02 |
| 28 | 189.47 | 667.00 | 284.06 | 2449.63 | 221.68 | 155.29 | 648.98 |
| 35 | 180.84 | 675.00 | 267.91 | 2135.96 | 265.00 | 159.11 | 600.63 |
| 36 | 109.51 | 675.00 | 162.24 | 2057.67 | 271.43 | 159.66 | 583.53 |
| 38 | 105.51 | 670.00 | 157.48 | 2203.79 | 284.29 | 160.75 | 635.38 |
| 40 | 232.37 | 671.00 | 346.30 | 2722.59 | 297.15 | 161.84 | 797.65 |
| 41 | 185.60 | 660.00 | 281.21 | 2581.58 | 303.58 | 162.39 | 762.29 |
| 42 | 115.60 | 660.00 | 175.15 | 2440.56 | 310.00 | 162.93 | 726.23 |
| 54 | 100.19 | 650.00 | 154.14 | 748.39 | 360.14 | 169.48 | 232.50 |
| 55 | 655.33 | 710.00 | 923.00 | 434.19 | 364.00 | 170.03 | 135.27 |
| 56 | 572.38 | 720.00 | 794.97 | 368.89 | 356.00 | 170.58 | 113.12 |

塔内气、液相负荷分布图详见图 3-3。

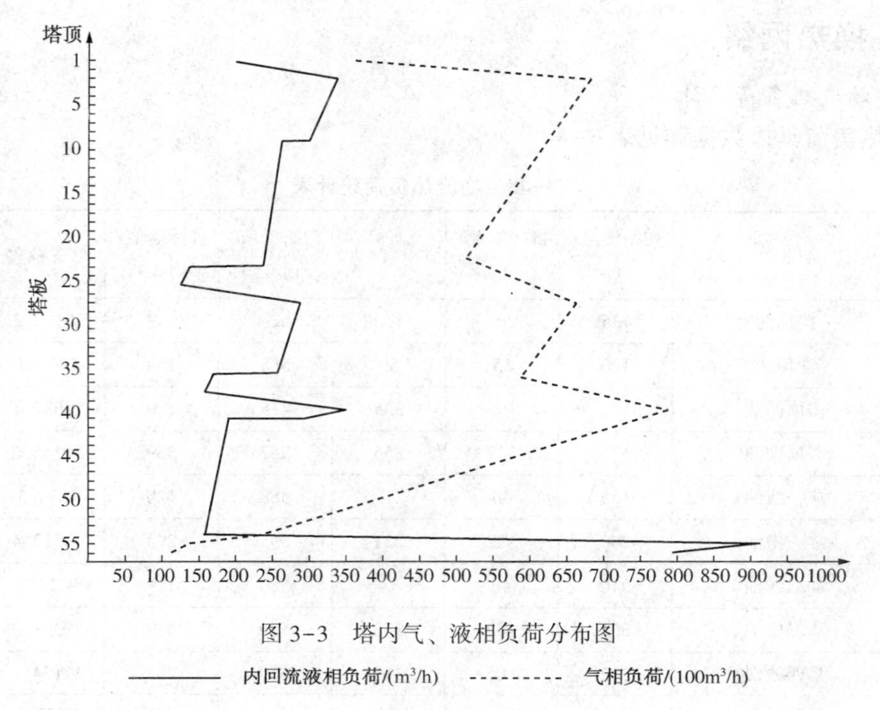


图 3-3 塔内气、液相负荷分布图

内回流液相负荷/($m^3$/h)　　气相负荷/($100m^3$/h)

（五）数据分析

通过查常压恩氏蒸馏50%点与平衡汽化50%点换算图和平衡汽化曲线各段温差与恩氏蒸馏曲线各段温差关系图[4]，计算各侧线油品的减压下的平衡汽化数据，从而求得各侧线温度及中段取热量，并根据求得的数据与设计及实际操作参数进行对比分析，从而发现问题并指导装置实际生产操作。

1. 常三线和常四线抽出温度的假设值与校验值的偏差比较大

在已知常压平衡汽化温度的前提下，求得50%点和0点、50%点和10%点的馏出量的温差，查图求得减压条件下平衡汽化50%点温度，按照常压、减压各段温度相等的假设，分别求得常二线和常四线的泡点温度，但均与所假设的抽出温度偏差较大。

分析偏差较大的原因，主要是由于侧线产品馏程较宽，同时化验分析数据也存在一定的误差，以至于50%点和0点的馏出量的温差过大，因此导致求得的泡点温度与所假设温度偏差较大。

由于50%点和10%点的馏出量的温差相对较小，排除偏差影响，可以考虑将50%点和10%点的馏出量的温差作为计算数据，按照常压、减压各段温度相等的假设，求得泡点温度，与所假设的抽出温度偏差较小，基本正确。

因此，在今后的实际生产操作过程中，应注重提高常压塔的分离精度，降低侧线产品的重叠度，比如适当提高常三线的初馏点，就可以降低常三线与常二线的重叠度、提高常二线的收率，从而大大提高装置的分离效果和经济效益。

2. 计算塔顶水蒸气的露点温度为防腐工作提供理论依据

通过计算得到在实际操作条件下常压塔顶水蒸气的露点温度为84.48℃，这就为今后如何进一步优化塔顶抽出温度控制和塔顶回流温度控制以及避免低温露点腐蚀提供了强有力的数据支撑。

## 四、换热网络

### (一) 物流热负荷统计

物流热负荷具体数据详见表 3-48。

表 3-48 物流热负荷统计表

| 序号 | 项目 | | 初始温度/℃ | 目标温度/℃ | 流量/(t/h) | 初始焓值/(kJ/kg) | 目标焓值/(kJ/kg) | 焓变/kW | 物流热量/(kW/℃) |
|---|---|---|---|---|---|---|---|---|---|
| 1 | 热流股 | 初顶油 | 135 | 55 | 156 | 623 | 159 | 20102.3 | 251.3 |
| 2 | | 常顶油 | 120 | 55 | 59 | 588 | 159 | 7060.7 | 108.6 |
| 3 | | 初顶循油 | 155 | 105 | 335 | 415 | 279 | 12635.1 | 252.7 |
| 4 | | 常顶循油 | 135 | 102 | 856 | 357 | 269 | 20755.6 | 629.0 |
| 5 | | 常一线油 | 155 | 40 | 22 | 388 | 120 | 1639.3 | 14.3 |
| 6 | | 常一中油 | 240 | 122 | 221 | 595 | 293 | 18512.4 | 156.9 |
| 7 | | 常二线油 | 210 | 40 | 74 | 580 | 119 | 9459.7 | 49.8 |
| 8 | | 常二中油 | 302 | 182 | 232 | 759 | 429 | 21258.3 | 177.2 |
| 9 | | 常三、常四线混合柴油 | 272 | 105 | 145 | 679 | 253 | 17154.7 | 102.7 |
| 10 | | 常四线油 | 310 | 282 | 70 | 779 | 700 | 1547.0 | 55.3 |
| 11 | | 减一线及一中油 | 114 | 100 | 230 | 274 | 242 | 2044.4 | 146.0 |
| 12 | | 减一中油 | 100 | 50 | 175 | 242 | 136 | 5177.1 | 103.5 |
| 13 | | 减二线及二中油 | 245 | 149 | 546 | 569 | 331 | 36137.6 | 376.4 |
| 14 | | 减二线油 | 149 | 135 | 167 | 331 | 295 | 1679.7 | 120.0 |
| 15 | | 减三线及三中油 | 343 | 228 | 346 | 849 | 524 | 31264.9 | 271.9 |
| 16 | | 减三线油 | 228 | 100 | 50 | 524 | 225 | 4155.7 | 32.5 |
| 17 | | 减压渣油 1 | 360 | 199 | 345 | 793 | 387 | 38923.7 | 241.8 |
| 18 | | 减压渣油 2 | 199 | 155 | 290 | 387 | 289 | 7921.8 | 180.0 |
| 19 | 冷流股 | 原油 | 25 | 133 | 980 | 79 | 301 | -60351.7 | 558.8 |
| 20 | | 脱后原油 | 133 | 233 | 980 | 301 | 547 | -67021.1 | 670.2 |
| 21 | | 初底油 | 231 | 365 | 862 | 545 | 940 | -94484.8 | 705.1 |
| 22 | | 脱丁烷塔重沸器 | 161 | 168 | 95 | 440 | 461 | -530.7 | 75.8 |
| 23 | | 脱戊烷塔重沸器 | 110 | 115 | 90 | 292 | 305 | -319.3 | 63.8 |
| 24 | | 常二线重沸器 | 233 | 245 | 82 | 586 | 620 | -773.3 | 64.4 |

### (二) 冷热物流综合曲线

共有 24 个流股，其中热流股 18 个，冷流股 6 个(原油、脱后原油、初底油、脱丁烷塔重沸器、脱戊烷塔重沸器、常二线重沸器)，把这 24 个流股按照初始温度从高到低的顺序进行排列，具体见表 3-49。

1. 热物流综合曲线

热流股温度区间分布见表 3-49。

**表 3-49　热流股温度区间分布表**

| 项目 | 减压渣油 1 | 减三线及三中油 | 常四线油 | 常二中油 | 常三、常四线混合柴油 | 减二线及二中油 | 常一中油 | 常二线油 | 减三线油 | 减压渣油 2 | 常一线油 | 初顶循油 | 减二线油 | 常顶循油 | 初顶油 | 常顶油 | 减一线及一中油 | 减一中油 |
|---|---|---|---|---|---|---|---|---|---|---|---|---|---|---|---|---|---|---|
| 初始温度/℃ | 360 | 343 | 310 | 302 | 272 | 245 | 240 | 230 | 228 | 199 | 155 | 155 | 149 | 135 | 135 | 120 | 114 | 100 |
| 目标温度/℃ | 199 | 228 | 282 | 182 | 106 | 149 | 122 | 40 | 101 | 155 | 40 | 105 | 133 | 102 | 55 | 55 | 100 | 50 |
| 焓变/kW | 38924 | 31265 | 1547 | 21258 | 17155 | 36138 | 18512 | 9460 | 4156 | 7922 | 1639 | 12635 | 1680 | 20756 | 20102 | 7061 | 2044 | 5177 |
| 物流热量/(kW/℃) | 241.8 | 271.9 | 55.3 | 177.2 | 102.7 | 376.4 | 156.9 | 49.8 | 32.5 | 172.2 | 14.3 | 252.7 | 120 | 629 | 251.3 | 108.6 | 146 | 103.5 |

利用各目标温度点将热流股总温度区间40~360分成若干小温度区间，并对各小区间的焓差进行计算，详见表3-50。

**表 3-50　热流股各温度区间焓差计算表**

| 温度/℃ | 热流股/kW | | | | | | | | | | | | | | | | | | 温度区间内焓差/kW |
|---|---|---|---|---|---|---|---|---|---|---|---|---|---|---|---|---|---|---|---|
| | 减压渣油 1 | 减三线及三中油 | 常四线油 | 常二中油 | 常三四线混合柴油 | 减二线及二中油 | 常一中油 | 常二线油 | 减三线油 | 减压渣油 2 | 常一线油 | 初顶循油 | 减二线油 | 常顶循油 | 初顶油 | 常顶油 | 减一线及一中油 | 减一中油 | |
| 360 | 0 | | | | | | | | | | | | | | | | | | 0 |
| 343 | 4110.6 | 0 | | | | | | | | | | | | | | | | | 4110.6 |
| 310 | 7979.4 | 8972.7 | 0 | | | | | | | | | | | | | | | | 16952.1 |
| 302 | 1934.4 | 2175.2 | 442.4 | 0 | | | | | | | | | | | | | | | 4552 |
| 282 | 4836 | 5438 | 1106 | 3544 | | | | | | | | | | | | | | | 14924 |
| 272 | 2418 | 2719 | | 1772 | 0 | | | | | | | | | | | | | | 6909 |
| 245 | 6528.6 | 7341.3 | | 4784.4 | 2772.9 | 0 | | | | | | | | | | | | | 21427.2 |

续表

| 温度/℃ | 热流股/kW | | | | | | | | | | | | | | | | | | 温度区间内焓差/kW |
|---|---|---|---|---|---|---|---|---|---|---|---|---|---|---|---|---|---|---|---|
| | 减压渣油1 | 减三线及三中油 | 常四线油 | 常二中油 | 常三四线混合柴油 | 减二线及二中油 | 常一中油 | 常二线油 | 减三线油 | 减压渣油2 | 常一线油 | 初顶循油 | 减二线油 | 常顶循油 | 初顶油 | 常顶油 | 减一线及一中油 | 减一中油 | |
| 240 | 1209 | 1359.5 | | 886 | 513.5 | 1882 | 0 | | | | | | | | | | | | 5850 |
| 230 | 2418 | 2719 | | 1772 | 1027 | 3764 | 1569 | 0 | | | | | | | | | | | 13269 |
| 228 | 483.6 | 543.8 | | 354.4 | 205.4 | 752.8 | 313.8 | 99.6 | 0 | | | | | | | | | | 2753.4 |
| 199 | 7012.2 | | | 5138.8 | 2978.3 | 10916 | 4550.1 | 1444.2 | 942.5 | 0 | | | | | | | | | 32981.7 |
| 182 | | | | 3012.4 | 1745.9 | 6398.8 | 2667.3 | 846.6 | 552.5 | 3060 | 0 | | | | | | | | 18283.5 |
| 155 | | | | | 2772.9 | 10163 | 4236.3 | 1344.6 | 877.5 | 4860 | 0 | 0 | | | | | | | 24254.1 |
| 149 | | | | | 616.2 | 2258.4 | 941.4 | 298.8 | 195 | | 85.8 | 1516.2 | 0 | | | | | | 5911.8 |
| 135 | | | | | 1437.8 | | 2196.6 | 697.2 | 455 | | 200.2 | 3537.8 | 1680 | 0 | 0 | | | | 10204.6 |
| 122 | | | | | 1335.1 | | 2039.7 | 647.4 | 422.5 | | 185.9 | 3285.1 | | 8177 | 3266.9 | 0 | | | 19359.6 |
| 120 | | | | | 205.4 | | | 99.6 | 65 | | 28.6 | 505.4 | | 1258 | 502.6 | 0 | 0 | | 2664.6 |
| 114 | | | | | 616.2 | | | 298.8 | 195 | | 85.8 | 1516.2 | | 3774 | 1507.8 | 651.6 | 0 | 0 | 8645.4 |
| 105 | | | | | 924.3 | | | 448.2 | 292.5 | | 128.7 | 2274.3 | | 5661 | 2261.7 | 977.4 | 1314 | 0 | 14282.1 |
| 102 | | | | | | | | 149.4 | 97.5 | | 42.9 | | | 1887 | 753.9 | 325.8 | 438 | 0 | 3694.5 |
| 100 | | | | | | | | 99.6 | 65 | | 28.6 | | | | 502.6 | 217.2 | 292 | 0 | 1205 |
| 55 | | | | | | | | 2241 | | | 643.5 | | | | 11309 | 4887 | | 4657.5 | 23737.5 |
| 50 | | | | | | | | 249 | | | 71.5 | | | | | | | 517.5 | 838 |
| 40 | | | | | | | | 498 | | | 143 | | | | | | | | 641 |

热流股温度与焓差曲线如图 3-4 所示。

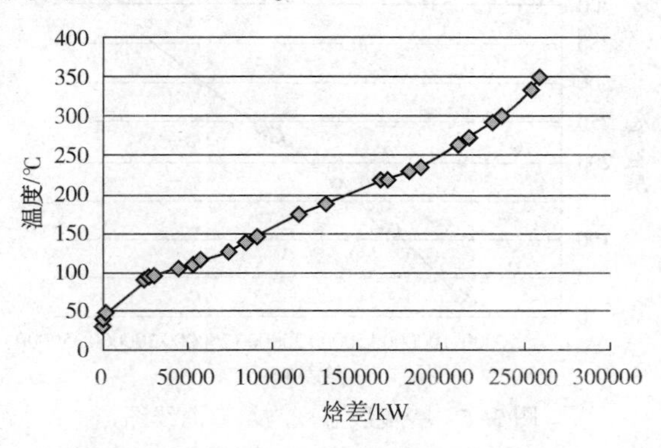


图 3-4　热流股温度与焓差曲线图

2. 冷物流综合曲线

根据冷流股数据，这 6 个冷流股(原油、脱后原油、初底油、脱丁烷塔重沸器、脱戊烷塔重沸器、常二线重沸器)按照初始温度从低到高的顺序进行排列，具体见表 3-51。

**表 3-51　冷流股温度区间分布表**

| 项目 | 原油 | 脱后原油 | 脱戊烷塔重沸器 | 脱丁烷塔重沸器 | 初底油 | 常二线重沸器 |
|---|---|---|---|---|---|---|
| 初始温度/℃ | 25 | 133 | 110 | 161 | 231 | 233 |
| 目标温度/℃ | 133 | 233 | 115 | 168 | 309 | 245 |
| 焓变/kW | 60351.7 | 67021.1 | 319.3 | 530.7 | 51147.7 | 773.3 |
| 物流热量/(kW/℃) | 558.8 | 670.2 | 63.8 | 75.8 | 655.7 | 64.4 |

利用各目标温度点将冷流股总温度区间 25~365 分成若干小温度区间，并对各小区间的焓差进行计算，详见表 3-52 和图 3-5。

**表 3-52　冷流股各温度区间焓差计算表**

| 温度/℃ | 冷流股/kW | | | | | | 温度区间内焓差/kW |
|---|---|---|---|---|---|---|---|
| | 原油 | 脱后原油 | 脱戊烷塔重沸器 | 脱丁烷塔重沸器 | 初底油 | 常二线重沸器 | |
| 365 | | | | | | | 0 |
| 245 | | | | | 84612 | | 84612 |
| 233 | | | | | 8461.2 | 772.8 | 9234 |
| 231 | | 1340.4 | | | 1410.2 | | 2750.6 |
| 168 | | 42222.6 | | | | | 42222.6 |
| 161 | | 4691.4 | | 530.6 | | | 5222 |
| 133 | | 18765.6 | | | | | 18765.6 |
| 115 | 10058.4 | | | | | | 10058.4 |
| 110 | 2794 | | 319 | | | | 3113 |
| 25 | 47498 | | | | | | 47498 |

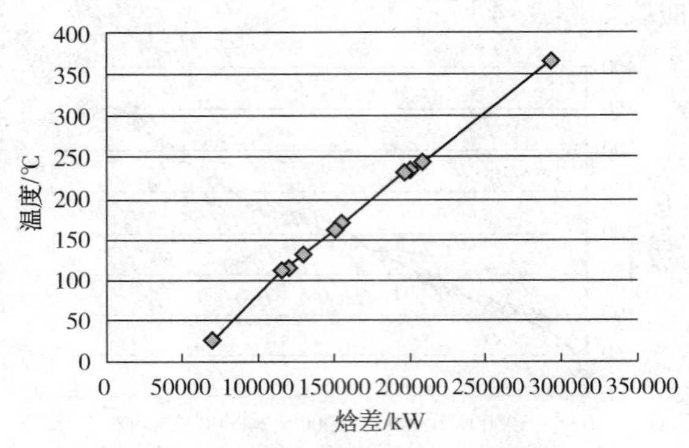


图 3-5　冷流股温度与焓差曲线图

（三）总综合曲线

根据冷热流股各目标温度点以及各温度区间内的焓差，绘制温焓图，如图 3-6 所示。

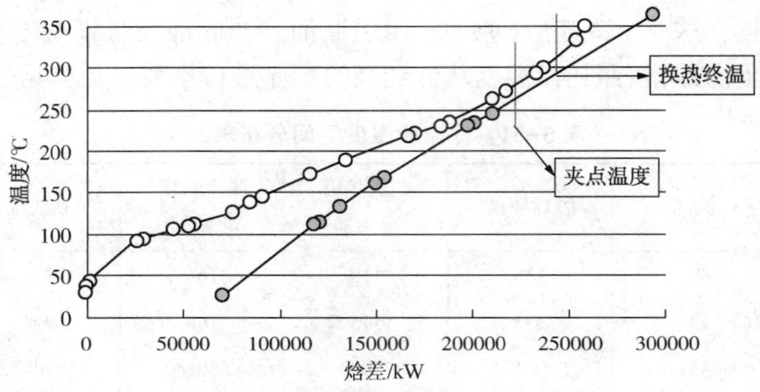


图 3-6　冷热流股温度与焓差曲线图

—○— 热物流　—●— 冷物流

由图 3-6 可以初步判定夹点温度和换热终温的大概范围：夹点温度在 270～300℃之间，其中热流股的夹点最接近 300℃；换热终温>300℃，最接近 310℃。

现对换热终温进行计算：

在冷热流股温度与焓差曲线图中，热物流最高点对应温度的焓差与冷物流的交点所对应的温度，即为换热终温。热物流最高点对应的温度为 350℃，对应的焓差为 257428 kW，所以图中冷物流焓差为 257428 kW 的温度点就是所要计算的换热终温。图 3-6 中冷物流 365℃对应的焓差为 293476.2 kW，245℃对应的焓差为 208864.2kW。通过内插法对换热终温进行计算：

$$T_{换热终温}=245+(257428-208864.2)/(293476.2-208864.2)\times(365-245)$$
$$=313.88(℃)$$

（四）窄点温度

通过分析，准备采用问题表算法来确定夹点温度。

1. 假设最小温差为 20℃

假设换热最小接近温差为 20℃，将热流股温度下移 $\Delta T_{min}/2=10℃$，将冷流股温度上移 $\Delta T_{min}/2=10℃$。

热流股和冷流股共有 33 个目标温度点，将热流股温度下移 10℃，将冷流股温度上移 10℃，利用新修改后的这 33 个目标温度点将总温度区间 30～375 分成 32 小温度区间，并对各小区间的焓差进行计算，详见表 3-53。

**表 3-53　修改后热流股各温度区间焓差计算表**

| 温度/℃ | 热流股/kW | | | | | | | | | | | | | | | | | | 温度区间内焓差/kW |
|---|---|---|---|---|---|---|---|---|---|---|---|---|---|---|---|---|---|---|---|
| | 减压渣油1 | 减三线及三中油 | 常四线油 | 常二中油 | 常三四线混合柴油 | 减二线及二中油 | 常一中油 | 常二线油 | 减三线油 | 减压渣油2 | 常一线油 | 初顶循油 | 减二线油 | 常顶循油 | 初顶油 | 常顶油 | 减一线及一中油 | 减一中油 | |
| 375 | | | | | | | | | | | | | | | | | | | |
| 350 | 0 | | | | | | | | | | | | | | | | | | 0 |
| 333 | 4110. 6 | 0 | | | | | | | | | | | | | | | | | 4110. 6 |
| 300 | 7979. 4 | 8972. 7 | 0 | | | | | | | | | | | | | | | | 16952. 1 |
| 292 | 1934. 4 | 2175. 2 | 442. 4 | 0 | | | | | | | | | | | | | | | 4552 |
| 272 | 4836 | 5438 | 1106 | 3544 | | | | | | | | | | | | | | | 14924 |
| 262 | 2418 | 2719 | | 1772 | 0 | | | | | | | | | | | | | | 6909 |
| 255 | 1692. 6 | 1903. 3 | | 1240. 4 | | | | | | | | | | | | | | | 4836. 3 |
| 243 | 2901. 6 | 3262. 8 | | 2126. 4 | | | | | | | | | | | | | | | 8290. 8 |
| 241 | 483. 6 | 543. 8 | | 354. 4 | | | | | | | | | | | | | | | 1381. 8 |
| 235 | 1450. 8 | 1631. 4 | | 1063. 2 | 2772. 9 | 0 | | | | | | | | | | | | | 6918. 3 |
| 230 | 1209 | 1359. 5 | | 886 | 513. 5 | 1882 | 0 | | | | | | | | | | | | 5850 |
| 220 | 2418 | 2719 | | 1772 | 1027 | 3764 | 1569 | 0 | | | | | | | | | | | 13269 |
| 218 | 483. 6 | 543. 8 | | 354. 4 | 205. 4 | 752. 8 | 313. 8 | 99. 6 | 0 | | | | | | | | | | 2753. 4 |
| 189 | 7012. 2 | | | 5138. 8 | 2978. 3 | 10916 | 4550. 1 | 1444. 2 | 942. 5 | 0 | | | | | | | | | 32981. 7 |
| 178 | | | | 1949. 2 | 1129. 7 | 4140. 4 | 1725. 9 | 547. 8 | 357. 5 | 1980 | | | | | | | | | 11830. 5 |

续表

| 温度/℃ | 热流股/kW | | | | | | | | | | | | | | | | | | 温度区间内焓差/kW |
|---|---|---|---|---|---|---|---|---|---|---|---|---|---|---|---|---|---|---|---|
| | 减压渣油1 | 减三线及三中油 | 常四线油 | 常二中油 | 常三四线混合柴油 | 减二线及二中油 | 常一中油 | 常二线油 | 减三线油 | 减压渣油2 | 常一线油 | 初顶循油 | 减二线油 | 常顶循油 | 初顶油 | 常顶油 | 减一线及一中油 | 减一中油 | |
| 172 | | | | 1063.2 | 616.2 | 2258.4 | 941.4 | 298.8 | 195 | 1080 | 0 | | | | | | | | 6453 |
| 171 | | | | | 102.7 | 376.4 | 156.9 | 49.8 | 32.5 | 180 | 0 | | | | | | | | 898.3 |
| 145 | | | | | 2670.2 | 9786.4 | 4079.4 | 1294.8 | 845 | 4680 | 0 | 0 | | | | | | | 23355.8 |
| 143 | | | | | 205.4 | 752.8 | 313.8 | 99.6 | 65 | | 28.6 | 505.4 | | | | | | | 1970.6 |
| 139 | | | | | 410.8 | 1505.6 | 627.6 | 199.2 | 130 | | 57.2 | 1010.8 | 0 | | | | | | 3941.2 |
| 125 | | | | | 1437.8 | | 2196.6 | 697.2 | 455 | | 200.2 | 3537.8 | 1680 | 0 | 0 | | | | 10204.6 |
| 120 | | | | | 513.5 | | 784.5 | 249 | 162.5 | | 71.5 | 1263.5 | | 3145 | 1256.5 | | | | 7446 |
| 112 | | | | | 821.6 | | 1255.2 | 398.4 | 260 | | 114.4 | 2021.6 | | 5032 | 2010.4 | 0 | | | 11913.6 |
| 110 | | | | | 205.4 | | | 99.6 | 65 | | 28.6 | 505.4 | | 1258 | 502.6 | 0 | 0 | | 2664.6 |
| 104 | | | | | 616.2 | | | 298.8 | 195 | | 85.8 | 1516.2 | | 3774 | 1507.8 | 651.6 | 0 | 0 | 8645.4 |
| 95 | | | | | 924.3 | | | 448.2 | 292.5 | | 128.7 | 2274.3 | | 5661 | 2261.7 | 977.4 | 1314 | 0 | 14282.1 |
| 92 | | | | | | | | 149.4 | 97.5 | | 42.9 | | | 1887 | 753.9 | 325.8 | 438 | 0 | 3694.5 |
| 90 | | | | | | | | 99.6 | 65 | | 28.6 | | | | 502.6 | 217.2 | 292 | 0 | 1205 |
| 45 | | | | | | | | 2241 | | | 643.5 | | | | 11309 | 4887 | | 4657.5 | 23737.5 |
| 40 | | | | | | | | 249 | | | 71.5 | | | | | | | 517.5 | 838 |
| 35 | | | | | | | | 249 | | | 71.5 | | | | | | | | 320.5 |
| 30 | | | | | | | | 249 | | | 71.5 | | | | | | | | 320.5 |

修改后冷流股各温度区间焓差计算见表3-54。

**表3-54　修改后冷流股各温度区间焓差计算表**

| 温度/℃ | 冷流股/kW | | | | | | 温度区间内焓差/kW |
|---|---|---|---|---|---|---|---|
| | 原油 | 脱后原油 | 脱戊烷塔重沸器 | 脱丁烷塔重沸器 | 初底油 | 常二线重沸器 | |
| 375 | | | | | | | 0 |
| 350 | | | | | 17627.5 | | 17627.5 |
| 333 | | | | | 11986.7 | | 11986.7 |
| 300 | | | | | 23268.3 | | 23268.3 |
| 292 | | | | | 5640.8 | | 5640.8 |
| 272 | | | | | 14102 | | 14102 |
| 262 | | | | | 7051 | | 7051 |
| 255 | | | | | 4935.7 | | 4935.7 |
| 243 | | | | | 8461.2 | 772.8 | 9234 |
| 241 | | 1340.4 | | | 1410.2 | | 2750.6 |
| 235 | | 4021.2 | | | | | 4021.2 |
| 230 | | 3351 | | | | | 3351 |
| 220 | | 6702 | | | | | 6702 |
| 218 | | 1340.4 | | | | | 1340.4 |
| 189 | | 19435.8 | | | | | 19435.8 |
| 178 | | 7372.2 | | | | | 7372.2 |
| 172 | | 4021.2 | | 454.8 | | | 4476 |
| 171 | | 670.2 | | 75.8 | | | 746 |
| 145 | | 17425.2 | | | | | 17425.2 |
| 143 | | 1340.4 | | | | | 1340.4 |
| 139 | 2235.2 | | | | | | 2235.2 |
| 125 | 7823.2 | | | | | | 7823.2 |
| 120 | 2794 | | 319 | | | | 3113 |
| 112 | 4470.4 | | | | | | 4470.4 |
| 110 | 1117.6 | | | | | | 1117.6 |
| 104 | 3352.8 | | | | | | 3352.8 |
| 95 | 5029.2 | | | | | | 5029.2 |
| 92 | 1676.4 | | | | | | 1676.4 |
| 90 | 1117.6 | | | | | | 1117.6 |

续表

| 温度/℃ | 冷流股/kW | | | | | | 温度区间内焓差/kW |
|---|---|---|---|---|---|---|---|
| | 原油 | 脱后原油 | 脱戊烷塔重沸器 | 脱丁烷塔重沸器 | 初底油 | 常二线重沸器 | |
| 45 | 25146 | | | | | | 25146 |
| 40 | 2794 | | | | | | 2794 |
| 35 | 2794 | | | | | | 2794 |
| 30 | | | | | | | |
| | | | | | | | 223476.2 |

不同温度区间内焓值变化见表3-55。

**表3-55　不同温度区间内焓值变化表**

| 区间 | 温度/℃ | 冷源吸收热量/kW | 热源放出热量/kW | $\Delta H$/kW | 过剩/不足 | 过剩热量由上一区间向下一区间传递后的累积值/kW | 向系统输入为34640.0kW时，上一区间向下一区间传递热量后的累积值/kW |
|---|---|---|---|---|---|---|---|
| 1 | 375 | | | | | 0.0 | 34640.0 |
| 2 | 350 | -17627.5 | | -17627.5 | 不足 | -17627.5 | 17012.5 |
| 3 | 333 | -11986.7 | 4110.6 | -7876.1 | 不足 | -25503.6 | 9136.4 |
| 4 | 300 | -23268.3 | 16952.1 | -6316.2 | 不足 | -31819.8 | 2820.2 |
| 5 | 292 | -5640.8 | 4552.0 | -1088.8 | 不足 | -32908.6 | 1731.4 |
| 6 | 272 | -14102.0 | 14924.0 | 822.0 | 过剩 | -32086.6 | 2553.4 |
| 7 | 262 | -7051.0 | 6909.0 | -142.0 | 不足 | -32228.6 | 2411.4 |
| 8 | 255 | -4935.7 | 4836.3 | -99.4 | 不足 | -32328.0 | 2312.0 |
| 9 | 243 | -9234.0 | 8290.8 | -943.2 | 不足 | -33271.2 | 1368.8 |
| 10 | 241 | -2750.6 | 1381.8 | -1368.8 | 不足 | -34640.0 | 0.0 |
| 11 | 235 | -4021.2 | 6918.3 | 2897.1 | 过剩 | -31742.9 | 2897.1 |
| 12 | 230 | -3351.0 | 5850.0 | 2499.0 | 过剩 | -29243.9 | 5396.1 |
| 13 | 220 | -6702.0 | 13269.0 | 6567.0 | 过剩 | -22676.9 | 11963.1 |
| 14 | 218 | -1340.4 | 2753.4 | 1413.0 | 过剩 | -21263.9 | 13376.1 |
| 15 | 189 | -19435.8 | 32981.7 | 13545.9 | 过剩 | -7718.0 | 26922.0 |
| 16 | 178 | -7372.2 | 11830.5 | 4458.3 | 过剩 | -3259.7 | 31380.3 |
| 17 | 172 | -4476.0 | 6453.0 | 1977.0 | 过剩 | -1282.7 | 33357.3 |
| 18 | 171 | -746.0 | 898.3 | 152.3 | 过剩 | -1130.4 | 33509.6 |
| 19 | 145 | -17425.2 | 23355.8 | 5930.6 | 过剩 | 4800.2 | 39440.2 |

续表

| 区间 | 温度/℃ | 冷源吸收热量/kW | 热源放出热量/kW | ΔH/kW | 过剩/不足 | 过剩热量由上一区间向下一区间传递后的累积值/kW | 向系统输入为34640.0kW时，上一区间向下一区间传递热量后的累积值/kW |
|---|---|---|---|---|---|---|---|
| 20 | 143 | -1340.4 | 1970.6 | 630.2 | 过剩 | 5430.4 | 40070.4 |
| 21 | 139 | -2235.2 | 3941.2 | 1706.0 | 过剩 | 7136.4 | 41776.4 |
| 22 | 125 | -7823.2 | 10204.6 | 2381.4 | 过剩 | 9517.8 | 44157.8 |
| 23 | 120 | -3113.0 | 7446.0 | 4333.0 | 过剩 | 13850.8 | 48490.8 |
| 24 | 112 | -4470.4 | 11913.6 | 7443.2 | 过剩 | 21294.0 | 55934.0 |
| 25 | 110 | -1117.6 | 2664.6 | 1547.0 | 过剩 | 22841.0 | 57481.0 |
| 26 | 104 | -3352.8 | 8645.4 | 5292.6 | 过剩 | 28133.6 | 62773.6 |
| 27 | 95 | -5029.2 | 14282.1 | 9252.9 | 过剩 | 37386.5 | 72026.5 |
| 28 | 92 | -1676.4 | 3694.5 | 2018.1 | 过剩 | 39404.6 | 74044.6 |
| 29 | 90 | -1117.6 | 1205.0 | 87.4 | 过剩 | 39492.0 | 74132.0 |
| 30 | 45 | -25146.0 | 23737.5 | -1408.5 | 不足 | 38083.5 | 72723.5 |
| 31 | 40 | -2794.0 | 838.0 | -1956.0 | 不足 | 36127.5 | 70767.5 |
| 32 | 35 | -2794.0 | 320.5 | -2473.5 | 不足 | 33654.0 | 68294.0 |
| 33 | 30 |  | 320.5 | 320.5 | 过剩 | 33974.5 | 68614.5 |

由表3-55可知，32个小温度区间内的焓差有正也有负，热量有过剩也有不足，过剩热量由高温段向低温段传递，过剩热量由上一区间向下一区间传递后的累积最大负值为-34640.0kW，在第10小温度区间，热流量不应为负值，因此需要增加热量使热流量至少为零，至少需要增加热量34640.0kW，此时第10小温度区间内的热量为0。

由上述分析可以得知，夹点温度 $T^*_{夹点}=241℃$。对于热流股，$T_{夹点}=241+10=251℃$；对于冷流股，$T_{夹点}=241-10=231℃$。

前面根据冷热流股温度与焓差曲线图，对夹点温度进行了初步判定并确认了大概的范围：夹点温度在270~300℃之间，其中热流股的夹点最接近300℃。而在假设换热最小接近温差为20℃，将热流股温度下移 $\Delta T_{min}/2=10℃$，将冷流股温度上移 $\Delta T_{min}/2=10℃$ 后，计算所得的夹点温度仅为241℃，与初步判定并确认了大概的范围相矛盾。这就说明假设的换热最小接近温差不合适，应重新进行假设。现将换热最小接近温差适当变小，重新对夹点温度进行计算。

2. 假设最小温差为16℃

假设换热最小接近温差为16℃，将热流股温度下移 $\Delta T_{min}/2=8℃$，将冷流股温度上移 $\Delta T_{min}/2=8℃$。

热流股和冷流股共有33个目标温度点，将热流股温度下移8℃，将冷流股温度上移8℃，利用新修改后的这33个目标温度点将总温度区间32~373分成32小温度区间，并对各小区间的焓差进行计算，详见表3-56。

**表 3-56　修改后热流股各温度区间焓差计算表**

| 温度/℃ | 热流股/kW | | | | | | | | | | | | | | | | | | 温度区间内焓差/kW |
|---|---|---|---|---|---|---|---|---|---|---|---|---|---|---|---|---|---|---|---|
| | 减压渣油1 | 减三线及三中油 | 常四线油 | 常二中油 | 常三四线混合柴油 | 减二线及二中油 | 常一中油 | 常二线油 | 减三线油 | 减压渣油2 | 常一线油 | 初顶循油 | 减二线油 | 常顶循油 | 初顶油 | 常顶油 | 减一线及一中油 | 减一中油 | |
| 373 | 38930 | 31269 | 1548.4 | 21264 | 17151 | 36134 | 18514 | 9462 | 4160 | 7920 | 1644.5 | 12635 | 1680 | 20757 | 20104 | 7059 | 2044 | 5175 | |
| 352 | 0 | | | | | | | | | | | | | | | | | | 0 |
| 335 | 4110.6 | 0 | | | | | | | | | | | | | | | | | 4110.6 |
| 302 | 7979.4 | 8972.7 | 0 | | | | | | | | | | | | | | | | 16952.1 |
| 294 | 1934.4 | 2175.2 | 442.4 | 0 | | | | | | | | | | | | | | | 4552 |
| 274 | 4836 | 5438 | 1106 | 3544 | | | | | | | | | | | | | | | 14924 |
| 264 | 2418 | 2719 | | 1772 | 0 | | | | | | | | | | | | | | 6909 |
| 253 | 2659.8 | 2990.9 | | 1949.2 | 1129.7 | | | | | | | | | | | | | | 8729.6 |
| 241 | 2901.6 | 3262.8 | | 2126.4 | 1232.4 | | | | | | | | | | | | | | 9523.2 |
| 239 | 483.6 | 543.8 | | 354.4 | 205.4 | | | | | | | | | | | | | | 1587.2 |
| 237 | 483.6 | 543.8 | | 354.4 | 205.4 | 0 | | | | | | | | | | | | | 1587.2 |
| 232 | 1209 | 1359.5 | | 886 | 513.5 | 1882 | 0 | | | | | | | | | | | | 5850 |
| 222 | 2418 | 2719 | | 1772 | 1027 | 3764 | 1569 | 0 | | | | | | | | | | | 13269 |
| 220 | 483.6 | 543.8 | | 354.4 | 205.4 | 752.8 | 313.8 | 99.6 | 0 | | | | | | | | | | 2753.4 |
| 191 | 7012.2 | | | 5138.8 | 2978.3 | 10916 | 4550.1 | 1444.2 | 942.5 | 0 | | | | | | | | | 32981.7 |
| 176 | | | | 2658 | 1540.5 | 5646 | 2353.5 | 747 | 487.5 | 2700 | | | | | | | | | 16132.5 |
| 174 | | | | 354.4 | 205.4 | 752.8 | 313.8 | 99.6 | 65 | 360 | 0 | | | | | | | | 2151 |

续表

| 温度/℃ | 热流股/kW | | | | | | | | | | | | | | | | | | 温度区间内焓差/kW |
|---|---|---|---|---|---|---|---|---|---|---|---|---|---|---|---|---|---|---|---|
| | 减压渣油1 | 减三线及三中油 | 常四线油 | 常二中油 | 常三四线混合柴油 | 减二线及二中油 | 常一中油 | 常二线油 | 减三线油 | 减压渣油2 | 常一线油 | 初顶循油 | 减二线油 | 常顶循油 | 初顶油 | 常顶油 | 减一线及一中油 | 减一中油 | |
| 169 | | | | | 513.5 | 1882 | 784.5 | 249 | 162.5 | 900 | | | | | | | | | 4491.5 |
| 147 | | | | | 2259.4 | 8280.8 | 3451.8 | 1095.6 | 715 | 3960 | 0 | 0 | | | | | | | 19762.6 |
| 141 | | | | | 616.2 | 2258.4 | 941.4 | 298.8 | 195 | | 85.8 | 1516.2 | 0 | | | | | | 5911.8 |
| 127 | | | | | 1437.8 | | 2196.6 | 697.2 | 455 | | 200.2 | 3537.8 | 1680 | 0 | 0 | | | | 10204.6 |
| 123 | | | | | 410.8 | | 627.6 | 199.2 | 130 | | 57.2 | 1010.8 | | 2516 | 1005.2 | | | | 5956.8 |
| 118 | | | | | 513.5 | | 784.5 | 249 | 162.5 | | 71.5 | 1263.5 | | 3145 | 1256.5 | | | | 7446 |
| 114 | | | | | 410.8 | | 627.6 | 199.2 | 130 | | 57.2 | 1010.8 | | 2516 | 1005.2 | 0 | | | 5956.8 |
| 112 | | | | | 205.4 | | | 99.6 | 65 | | 28.6 | 505.4 | | 1258 | 502.6 | 0 | 0 | | 2664.6 |
| 106 | | | | | 616.2 | | | 298.8 | 195 | | 85.8 | 1516.2 | | 3774 | 1507.8 | 651.6 | 0 | 0 | 8645.4 |
| 97 | | | | | 924.3 | | | 448.2 | 292.5 | | 128.7 | 2274.3 | | 5661 | 2261.7 | 977.4 | 1314 | 0 | 14282.1 |
| 94 | | | | | | | | 149.4 | 97.5 | | 42.9 | | | 1887 | 753.9 | 325.8 | 438 | 0 | 3694.5 |
| 92 | | | | | | | | 99.6 | 65 | | 28.6 | | | | 502.6 | 217.2 | 292 | 0 | 1205 |
| 47 | | | | | | | | 2241 | | | 643.5 | | | | 11309 | 4887 | | 4657.5 | 23737.5 |
| 42 | | | | | | | | 249 | | | 71.5 | | | | | | | 517.5 | 838 |
| 33 | | | | | | | | 448.2 | | | 128.7 | | | | | | | | 576.9 |
| 32 | | | | | | | | 49.8 | | | 14.3 | | | | | | | | 64.1 |

修改后冷流股各温度区间焓差计算见表3-57。

表3-57 修改后冷流股各温度区间焓差计算表

| 温度/℃ | 冷流股/kW | | | | | | 温度区间内焓差/kW |
|---|---|---|---|---|---|---|---|
| | 原油 | 脱后原油 | 脱戊烷塔重沸器 | 脱丁烷塔重沸器 | 初底油 | 常二线重沸器 | |
| 373 | | | | | | | 0 |
| 352 | | | | | 14807.1 | | 14807.1 |
| 335 | | | | | 11986.7 | | 11986.7 |
| 302 | | | | | 23268.3 | | 23268.3 |
| 294 | | | | | 5640.8 | | 5640.8 |
| 274 | | | | | 14102 | | 14102 |
| 264 | | | | | 7051 | | 7051 |
| 253 | | | | | 7756.1 | | 7756.1 |
| 241 | | | | | 8461.2 | 772.8 | 9234 |
| 239 | | 1340.4 | | | 1410.2 | | 2750.6 |
| 237 | | 1340.4 | | | | | 1340.4 |
| 232 | | 3351 | | | | | 3351 |
| 222 | | 6702 | | | | | 6702 |
| 220 | | 1340.4 | | | | | 1340.4 |
| 191 | | 19435.8 | | | | | 19435.8 |
| 176 | | 10053 | | | | | 10053 |
| 174 | | 1340.4 | | 151.6 | | | 1492 |
| 169 | | 3351 | | 379 | | | 3730 |
| 147 | | 14744.4 | | | | | 14744.4 |
| 141 | | 4021.2 | | | | | 4021.2 |
| 127 | 7823.2 | | | | | | 7823.2 |
| 123 | 2235.2 | | | | | | 2235.2 |
| 118 | 2794 | | 319 | | | | 3113 |
| 114 | 2235.2 | | | | | | 2235.2 |
| 112 | 1117.6 | | | | | | 1117.6 |
| 106 | 3352.8 | | | | | | 3352.8 |
| 97 | 5029.2 | | | | | | 5029.2 |
| 94 | 1676.4 | | | | | | 1676.4 |

续表

| 温度/℃ | 冷流股/kW | | | | | | 温度区间内焓差/kW |
|---|---|---|---|---|---|---|---|
| | 原油 | 脱后原油 | 脱戊烷塔重沸器 | 脱丁烷塔重沸器 | 初底油 | 常二线重沸器 | |
| 92 | 1117. 6 | | | | | | 1117. 6 |
| 47 | 25146 | | | | | | 25146 |
| 42 | 2794 | | | | | | 2794 |
| 33 | 5029. 2 | | | | | | 5029. 2 |
| 32 | | | | | | | 0 |

不同温度区间内焓值变化见表3-58。

**表3-58　不同温度区间内焓值变化表**

| 区间 | 温度/℃ | 冷源吸收热量/kW | 热源放出热量/kW | $\Delta H$/kW | 过剩/不足 | 过剩热量由上一区间向下一区间传递后的累积值/kW | 向系统输入为34640. 0kW时，上一区间向下一区间传递热量后的累积值/kW |
|---|---|---|---|---|---|---|---|
| 1 | 373 | 0 | 0 | 0 | | 0 | 30088. 2 |
| 2 | 352 | −14807. 1 | | −14807. 1 | 不足 | −14807. 1 | 15281. 1 |
| 3 | 335 | −11986. 7 | 4110. 6 | −7876. 1 | 不足 | −22683. 2 | 7405 |
| 4 | 302 | −23268. 3 | 16952. 1 | −6316. 2 | 不足 | −28999. 4 | 1088. 8 |
| 5 | 294 | −5640. 8 | 4552 | −1088. 8 | 不足 | −30088. 2 | 0 |
| 6 | 274 | −14102 | 14924 | 822 | 过剩 | −29266. 2 | 822 |
| 7 | 264 | −7051 | 6909 | −142 | 不足 | −29408. 2 | 680 |
| 8 | 253 | −7756. 1 | 8729. 6 | 973. 5 | 过剩 | −28434. 7 | 1653. 5 |
| 9 | 241 | −9234 | 9523. 2 | 289. 2 | 过剩 | −28145. 5 | 1942. 7 |
| 10 | 239 | −2750. 6 | 1587. 2 | −1163. 4 | 不足 | −29308. 9 | 779. 3 |
| 11 | 237 | −1340. 4 | 1587. 2 | 246. 8 | 过剩 | −29062. 1 | 1026. 1 |
| 12 | 232 | −3351 | 5850 | 2499 | 过剩 | −26563. 1 | 3525. 1 |
| 13 | 222 | −6702 | 13269 | 6567 | 过剩 | −19996. 1 | 10092. 1 |
| 14 | 220 | −1340. 4 | 2753. 4 | 1413 | 过剩 | −18583. 1 | 11505. 1 |
| 15 | 191 | −19435. 8 | 32981. 7 | 13545. 9 | 过剩 | −5037. 2 | 25051 |
| 16 | 176 | −10053 | 16132. 5 | 6079. 5 | 过剩 | 1042. 3 | 31130. 5 |
| 17 | 174 | −1492 | 2151 | 659 | 过剩 | 1701. 3 | 31789. 5 |
| 18 | 169 | −3730 | 4491. 5 | 761. 5 | 过剩 | 2462. 8 | 32551 |

续表

| 区间 | 温度/℃ | 冷源吸收热量/kW | 热源放出热量/kW | ΔH/kW | 过剩/不足 | 过剩热量由上一区间向下一区间传递后的累积值/kW | 向系统输入为34640.0kW时，上一区间向下一区间传递热量后的累积值/kW |
|---|---|---|---|---|---|---|---|
| 19 | 147 | -14744.4 | 19762.6 | 5018.2 | 过剩 | 7481 | 37569.2 |
| 20 | 141 | -4021.2 | 5911.8 | 1890.6 | 过剩 | 9371.6 | 39459.8 |
| 21 | 127 | -7823.2 | 10204.6 | 2381.4 | 过剩 | 11753 | 41841.2 |
| 22 | 123 | -2235.2 | 5956.8 | 3721.6 | 过剩 | 15474.6 | 45562.8 |
| 23 | 118 | -3113 | 7446 | 4333 | 过剩 | 19807.6 | 49895.8 |
| 24 | 114 | -2235.2 | 5956.8 | 3721.6 | 过剩 | 23529.2 | 53617.4 |
| 25 | 112 | -1117.6 | 2664.6 | 1547 | 过剩 | 25076.2 | 55164.4 |
| 26 | 106 | -3352.8 | 8645.4 | 5292.6 | 过剩 | 30368.8 | 60457 |
| 27 | 97 | -5029.2 | 14282.1 | 9252.9 | 过剩 | 39621.7 | 69709.9 |
| 28 | 94 | -1676.4 | 3694.5 | 2018.1 | 过剩 | 41639.8 | 71728 |
| 29 | 92 | -1117.6 | 1205 | 87.4 | 过剩 | 41727.2 | 71815.4 |
| 30 | 47 | -25146 | 23737.5 | -1408.5 | 不足 | 40318.7 | 70406.9 |
| 31 | 42 | -2794 | 838 | -1956 | 不足 | 38362.7 | 68450.9 |
| 32 | 33 | -5029.2 | 576.9 | -4452.3 | 不足 | 33910.4 | 63998.6 |
| 33 | 32 |  | 64.1 | 64.1 | 过剩 | 33974.5 | 64062.7 |

由表3-58可知，32个小温度区间内的焓差有正也有负，热量有过剩也有不足，过剩热量由高温段向低温段传递，过剩热量由上一区间向下一区间传递后的累积最大负值为-30088.2kW。在第5小温度区间，热流量不应为负值，因此需要增加热量使热流量至少为零，至少需要增加热量30088.2kW，此时第5小温度区间内的热量为0。

由上述分析可以得知，夹点温度$T^*_{夹点}=294$℃。对于热流股，$T_{夹点}=294+8=302$℃；对于冷流股，$T_{夹点}=294-8=284$℃。

前面根据冷热流股温度与焓差曲线图，对夹点温度进行了初步判定并确认了大概的范围：夹点温度在270~300℃之间，其中热流股的夹点最接近300℃。在假设换热最小接近温差为16℃、将热流股温度下移$\Delta T_{min}/2=8$℃、将冷流股温度上移$\Delta T_{min}/2=8$℃后，计算所得的夹点温度为294℃，其中热流股的夹点温度为302℃。这与初步判定并确认了大概的范围相一致。这就说明假设的换热最小接近温差是合适的。

（五）总组成曲线

1. 画出总组成曲线

热流股和冷流股共有34个目标温度点，将热流股温度下移8℃，将冷流股温度上移8℃，利用新修改后的这34个目标温度点与过剩热量由上一区间向下一区间传递后的累积值作曲线，如图3-7所示。

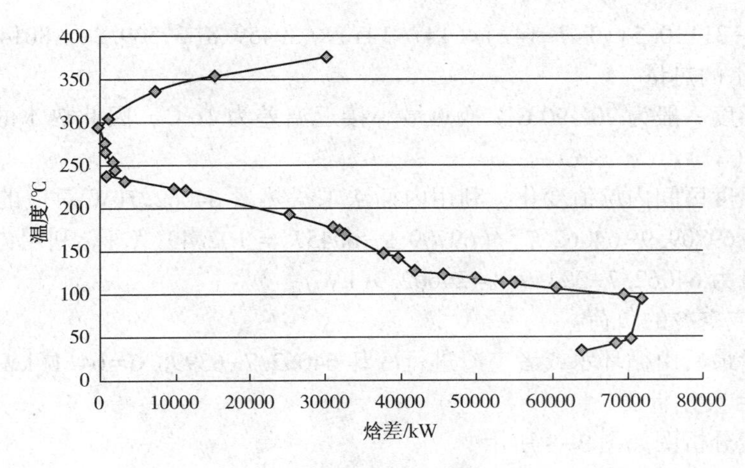


图 3-7　总组成曲线图

2. 对总组成曲线进行分析

(1) 加热炉提供的热量

夹点上方热量需要由加热炉来提供：根据不同温度区间内焓值变化表，可知夹点上方热量不足，需要由加热炉提供热量，总热量为 15281.1 kW。

(2) 3.5MPa、1.0MPa、0.3MPa 饱和蒸汽的热量

1) 确定 3.5MPa、1.0MPa、0.3MPa 饱和蒸汽的温度：

饱和蒸汽温度数据详见表 3-59。

**表 3-59　饱和蒸汽温度数据表**

| 序号 | 压力等级/MPa | 饱和蒸汽温度/℃ |
|---|---|---|
| 1 | 3.5 | 243 |
| 2 | 1.0 | 180 |
| 3 | 0.3 | 134 |

夹点以下部分可用来产蒸汽和热水，由于 3.5MPa 蒸汽的饱和温度为 243℃、换热最小接近温差为 16℃，因此 3.5MPa 饱和蒸汽的最低发汽温度为 243+16/2＝251℃。由饱和蒸汽的温度可以看出，由于 3.5MPa 蒸汽的饱和温度比较高，251℃以上热量很少，导致无法自产，因此只能产 1.0MPa 和 0.3MPa 的蒸汽。

在夹点下方，需要的冷公用工程量为 64062.7kW。将“口袋”内的热量消除：热流股和冷流股相互换热抵消，不需要外界输入或向外放出热量，详见图 3-8 中阴影部分。

由于 1.0MPa 蒸汽的饱和温度为 180℃、换热最小接近温差为 16℃，因此 1.0MPa 饱和蒸汽的最低发汽温度为 180+16/2＝188(℃)。

2) 计算 1.0MPa、0.3MPa 饱和蒸汽的热量：

根据不同温度区间内焓值变化表，利用内插法求得用于自产 1.0MPa 饱和蒸汽的热量最大值为 25051+(191−188)/(191−176)×(31130.5−25051)＝26266.9(kW)。

由于 0.3MPa 蒸汽的饱和温度为 134℃、换热最小接近温差为 16℃，因此 1.0MPa 饱和蒸汽的最低发汽温度为 134+16/2＝142(℃)。

根据不同温度区间内焓值变化表，利用内插法求得用于自产 0.3MPa 饱和蒸汽的热量最

大值为 37569.2−31130.5+(147−142)/(147−141)×(39459.8−37569.2)=8014.2(kW)。

3）低温热水的热量：

由于热水温度一般为 70~90℃、换热最小接近温差为 16℃，因此热水的最低换热温度为 70+16/2=78(℃)。

根据不同温度区间内焓值变化，利用内插法求得热量 64062.7kW 对应的温度为 32℃和 97+(106−97)×(69709.9−64062.7)/(69709.9−60457)=102.49(℃)。利用内插法求得热水吸收的最大热量为 64062.7−39459.8=24602.9(kW)。

4）循环水或空冷的负荷：

剩余的热量最后由循环水或者空冷进行冷却 64062.7−63998.6=64.1(kW)。

3. 总组成曲线分析图

总组成曲线分析图如图 3−8 所示。

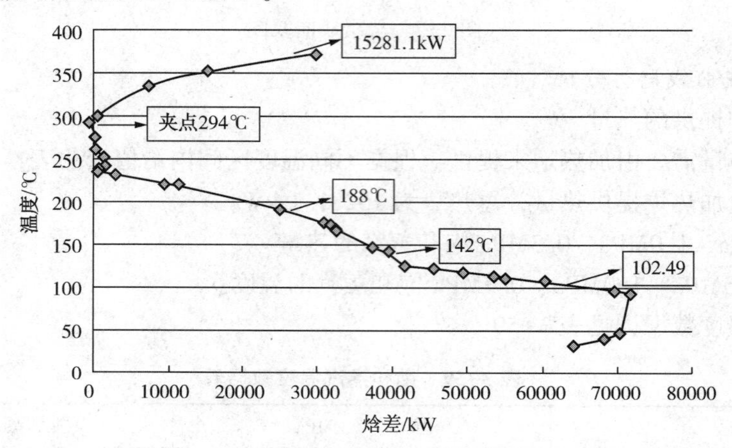


图 3−8　总组成曲线分析图

（六）换热网络网格图

1. 画出换热网络网格图

根据物流冷热负荷统计表、冷热流股以及确认的夹点温度，画出换热网络网格图，如图 3−9所示。

2. 换热网络网格图分析

利用夹点理论对现有换热网络进行分析，并提出改进建议。

（1）存在跨夹点换热的可能

通过对换热网络温度进行计算和分析，发现：

①换热器 E1031(常四线−常二线换热)：

热源常四线柴油入口温度为 310℃，出口温度为 282℃，而夹点温度为 302℃，进出口温度跨过了夹点。

冷源常二线航煤入口温度为 210℃，出口温度为 231℃，而夹点温度为 284℃，进出口温度没有跨过夹点。

根据夹点换热的定义，该换热器属于跨夹点换热。

已知常四线流量为 70t/h，入口温度为 310℃，出口温度为 282℃，入口焓值为 779.3kJ/kg，出口焓值为 699.74kJ/kg，那么常四线换热总量为：

$\Delta Q_1=(779.3-699.74)\times 70=5569.2(\mathrm{MJ/h})$

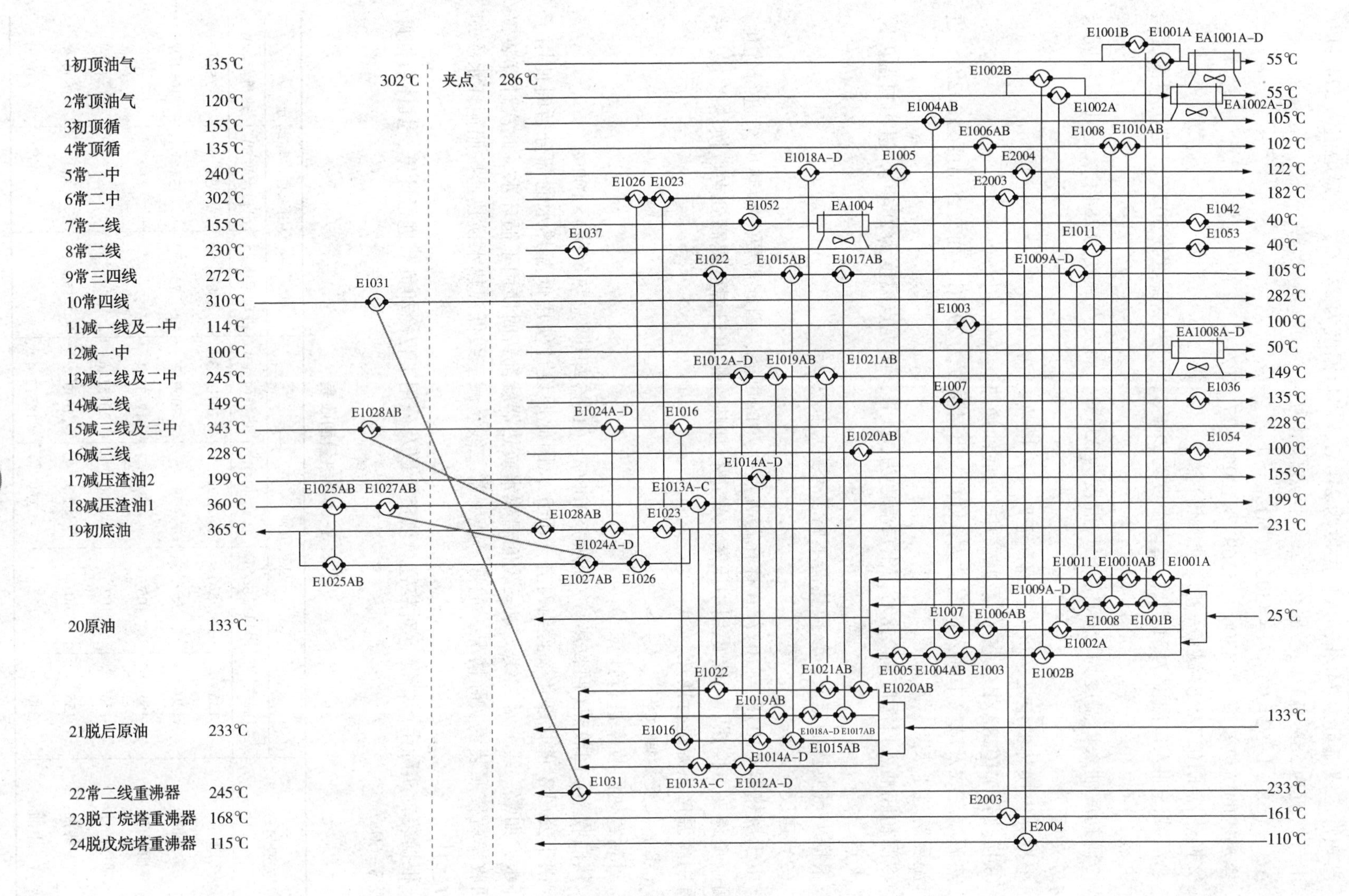
1初顶油气 135℃
2常顶油气 120℃
3初顶循 155℃
4常顶循 135℃
5常一中 240℃
6常二中 302℃
7常一线 155℃
8常二线 230℃
9常三四线 272℃
10常四线 310℃
11减一线及一中 114℃
12减一中 100℃
13减二线及二中 245℃
14减二线 149℃
15减三线及三中 343℃
16减三线 228℃
17减压渣油2 199℃
18减压渣油1 360℃
19初底油 365℃
20原油 133℃
21脱后原油 233℃
22常二线重沸器 245℃
23脱丁烷塔重沸器 168℃
24脱戊烷塔重沸器 115℃
302℃
夹点
286℃

图3-9 换热网络网格图

已知常二线流量为74t/h，入口温度为210℃，出口温度为231℃，入口焓值为524.9kJ/kg，出口焓值为583.1kJ/kg，那么常二线换热总量为：

$\Delta Q_2=(583.1-524.9)\times 74=4306.8(MJ/h)$

换热器的换热效率 $\eta=4306.8/5569.2\times 100\%=77.33\%$

②换热器E1027A/B(减渣-初底油换热)：

热源减渣油入口温度为311℃，出口温度为284℃，而夹点温度为302℃，进出口温度跨过了夹点。

冷源初底油入口温度为250℃，出口温度为258℃，而夹点温度为284℃，进出口温度没有跨过夹点。

根据夹点换热的定义，该换热器属于跨夹点换热。

③换热器E1028A/B(减三线及减三中-初底油换热)：

热源减三线及减三中油入口温度为343℃，出口温度为295℃，而夹点温度为302℃，进出口温度跨过了夹点。

冷源初底油入口温度为258℃，出口温度为311℃，而夹点温度为284℃，进出口温度跨过了夹点。

根据夹点换热的定义，该换热器不属于跨夹点换热。

(2) 建议

由于换热器E1031、E1027AB存在跨夹点换热的可能，因此需要对换热网络进行优化，从而避免跨夹点换热。可考虑用中压蒸汽先进行加热，把出口温度提高到夹点换热以上，然后再用高温位热源进行换热。

(七) 装置热回收率

对装置热回收率进行计算[7]：

热回收率=回收热(回收热+冷却热)×100%=(1-冷却热/总热负荷)×100%

由于公司3#催化裂化装置当时并未开工，因此原设计使用低温热水的部分暂时使用了循环水，如常一线、常二线、减三线低温热水换热器就都暂时使用了循环水。此次计算装置热回收率就按照装置实际情况，把常一线、常二线、减三线低温热水换热器按照循环水冷却进行统计。

根据装置实际生产情况，对装置总热负荷以及公用工程冷却负荷进行计算，具体数据详见表3-60。

**表3-60 热量回收表**

| 流股名称 | 总热负荷 | | | | 公用工程冷却部分 | | |
|---|---|---|---|---|---|---|---|
| | 进口温度/℃ | 出口温度/℃ | 流量/(t/h) | 热负荷/kW | 进口温度/℃ | 出口温度/℃ | 热负荷/kW |
| 初顶油 | 135 | 55 | 156 | 20102.3 | 85 | 55 | 7539 |
| 常顶油 | 120 | 55 | 59 | 7060.7 | 73 | 55 | 1954.8 |
| 初顶循油 | 155 | 105 | 335 | 12635.1 | | | 0 |
| 常顶循油 | 135 | 102 | 856 | 20755.6 | | | 0 |
| 常一线油 | 155 | 40 | 22 | 1639.3 | 155 | 40 | 1639.3 |
| 常一中油 | 240 | 122 | 221 | 18512.4 | | | 0 |

续表

| 流股名称 | 总热负荷 | | | | 公用工程冷却部分 | | |
|---|---|---|---|---|---|---|---|
| | 进口温度/℃ | 出口温度/℃ | 流量/(t/h) | 热负荷/kW | 进口温度/℃ | 出口温度/℃ | 热负荷/kW |
| 常二线油 | 210 | 40 | 74 | 9459.7 | 76 | 40 | 1792.8 |
| 常二中油 | 302 | 182 | 232 | 21258.3 | | | 0 |
| 常三四线混合柴油 | 272 | 105 | 145 | 17154.7 | | | 0 |
| 常四线油 | 310 | 282 | 70 | 1547 | | | 0 |
| 减一线及一中油 | 114 | 100 | 230 | 100 | | | 0 |
| 减一中油 | 100 | 50 | 175 | 5177.1 | 100 | 50 | 5177.1 |
| 减二线及二中油 | 245 | 149 | 546 | 36137.6 | | | 0 |
| 减二线油 | 149 | 135 | 167 | 1679.7 | | | 0 |
| 减三线及三中油 | 343 | 228 | 346 | 31264.9 | | | 0 |
| 减三线油 | 228 | 100 | 50 | 4155.7 | 134 | 100 | 1105 |
| 减压渣油1 | 360 | 199 | 345 | 38923.7 | | | 0 |
| 减压渣油2 | 199 | 155 | 290 | 7921.8 | | | 0 |
| 合计 | | | | 255485.6 | | | 19208 |

由表3-60可知，装置总热负荷为255485.6kW，公用工程冷却负荷为19211.1kW，那么装置热回收率为：

热回收率=(1-冷却热/总热负荷)×100%

=(1-19208/255485.6)×100%=92.48%

如果将常一线、常二线、减三线低温热水换热器按照低温去热进行统计的话，那么装置公用工程冷却负荷将变为7539+1954.8+5177.1=14670.9 kW。

那么装置热回收率为：

热回收率=(1-冷却热/总热负荷)×100%

=(1-14670.9/255485.6)×100%=94.26%

(八) 分析

虽然从理论上装置热回收率已经达到了92.48%，而且如果将常一线、常二线、减三线低温热水换热器的低温热水全部投用的话，装置热回收率就达到了94.26%，可以说装置热回收率已经非常高了，但在实际生产中装置的热回收率并不一定能够达到94.26%，因为这取决于以下几个因素：

1）换热器的实际换热效果；

2）换热器负荷能否满足实际换热要求。

随着装置的长周期运行，换热器的换热效果会逐渐变差，换热器的实际负荷已经不能再满足实际换热要求，这就会增加公用工程冷却负荷，从而降低了装置的热回收率。

## 五、加热炉计算

(一) 计算燃料气发热值

根据表3-61 单一气体的部分性质及系数 $a$、$b$ 数据表[8]，查得燃料气各组分的低热值，见表3-62。

**表 3-61　单一气体的部分性质及系数 $a$、$b$ 数据表**

| 名称 | 分子式 | 密度/(kg/Nm³) | 低热值 | | 理论空气量 | | 系数 | |
|---|---|---|---|---|---|---|---|---|
| | | | MJ/Nm³ | MJ/kg | Nm³/Nm³ | kg/kg | $a$ | $b$ |
| 一氧化碳 | $CO$ | 1.2501 | 12.64 | 10.11 | 2.38 | 2.46 | 1.57 | 0 |
| 硫化氢 | $H_2S$ | 1.5392 | 23.38 | 15.19 | 7.14 | 6.00 | 0 | 0.53 |
| 氢 | $H_2$ | 0.0898 | 10.74 | 119.64 | 2.38 | 34.27 | 0 | 9 |
| 甲烷 | $CH_4$ | 0.7162 | 35.71 | 49.86 | 9.52 | 17.19 | 2.75 | 2.25 |
| 乙烷 | $C_2H_6$ | 1.3423 | 63.58 | 47.37 | 16.66 | 16.05 | 2.93 | 1.8 |
| 乙烯 | $C_2H_4$ | 1.2523 | 59.47 | 47.49 | 14.28 | 14.74 | 3.14 | 1.29 |
| 乙炔 | $C_2H_2$ | 1.1623 | 56.45 | 48.57 | 11.9 | 13.24 | 3.39 | 0.69 |
| 丙烷 | $C_3H_6$ | 1.9685 | 91.03 | 46.24 | 23.8 | 15.634 | 3 | 1.64 |
| 丙烯 | $C_3H_6$ | 1.8785 | 86.41 | 46.00 | 22.42 | 15.43 | 3.14 | 1.29 |
| 丁烷 | $C_4H_{10}$ | 2.5946 | 118.41 | 45.64 | 30.94 | 15.42 | 3.03 | 1.55 |
| 丁烯 | $C_4H_8$ | 2.5046 | 113.71 | 45.40 | 28.56 | 14.74 | 3.14 | 1.29 |
| 戊烷 | $C_5H_{13}$ | 3.2208 | 145.78 | 45.26 | 38.08 | 15.29 | 3.06 | 1.5 |
| 戊烯 | $C_5H_{10}$ | 3.1308 | 138.37 | 44.20 | 35.7 | 14.75 | 3.14 | 1.29 |

**表 3-62　燃料气各组分低热值计算表**

| 项目 | 体积分数/% | 相对分子质量 | 质量/kg | 低放热量/(kJ/kg) | 热值/kJ | 理论空气量/(kg/kg燃料) | 理论空气量/kg | $CO_2$生成量/(kg/kg燃料) | $CO_2$生成量/kg | $H_2O$生成量/(kg/kg燃料) | $H_2O$生成量/kg | $N_2$生成量/(kg/kg燃料) | $N_2$生成量/kg |
|---|---|---|---|---|---|---|---|---|---|---|---|---|---|
| 氮气 | 10.10 | 28 | 2.83 | 0 | 0.00 | 0 | 0.00 | 0 | 0.00 | 0.00 | 0.00 | 1.00 | 2.83 |
| 甲烷 | 31.21 | 16 | 4.99 | 49860 | 248980.90 | 17.19 | 85.84 | 2.75 | 13.73 | 2.25 | 11.24 | 12.93 | 64.56 |
| 二氧化碳 | 0.17 | 44 | 0.07 | 0 | 0.00 | 0 | 0.00 | 1 | 0.07 | 0.00 | 0.00 | 0.00 | 0.00 |
| 乙烷 | 11.64 | 30.1 | 3.50 | 47370 | 165967.43 | 16.05 | 56.23 | 2.93 | 10.27 | 1.79 | 6.29 | 12.07 | 42.29 |
| 乙烯 | 3.66 | 28.1 | 1.03 | 47490 | 48841.57 | 14.74 | 15.16 | 3.14 | 3.23 | 1.28 | 1.32 | 11.09 | 11.40 |
| 丙烷 | 3.46 | 44.1 | 1.53 | 46240 | 70555.77 | 15.63 | 23.85 | 2.99 | 4.56 | 1.63 | 2.49 | 11.76 | 17.94 |
| 丙烯 | 1.79 | 42.1 | 0.75 | 46000 | 34665.14 | 15.43 | 11.63 | 3.14 | 2.37 | 1.28 | 0.97 | 11.60 | 8.75 |
| 丁烷 | 1.90 | 58 | 1.10 | 45640 | 50295.28 | 30.94 | 34.10 | 3.03 | 3.34 | 1.55 | 1.71 | 23.27 | 25.64 |
| 丁烯 | 0.80 | 56 | 0.45 | 45400 | 20339.20 | 14.74 | 6.60 | 3.14 | 1.41 | 1.29 | 0.58 | 11.09 | 4.97 |
| 戊烷 | 0.81 | 72 | 0.58 | 45260 | 26395.63 | 15.29 | 8.92 | 3.06 | 1.78 | 1.50 | 0.87 | 11.50 | 6.71 |
| 氢气 | 34.46 | 2 | 0.69 | 119640 | 82455.89 | 34.27 | 23.62 | 0 | 0.00 | 9.00 | 6.20 | 25.77 | 17.76 |
| 合计 | 100 | | 17.53 | | 780459.40 | | 265.95 | | 40.76 | | 31.66 | | 202.85 |
| 每kg燃料合计 | 1 | | 1 | | 44520.47 | | 15.17 | | 2.33 | | 1.81 | | 11.57 |

表3-62燃料气各组分低热值计算表中，各组分的质量是各组分的摩尔数(体积分数)乘以相对分子质量，各组分的热量是各组分的质量分数乘以低发热量(质量)，而各组分的热量的加和就是燃料气总的低热值。

取1kg的燃料，对应的热值为 $h_L = 780459.40/17.53 = 44520.47$ (kJ/kg)。

燃料气各组分低热值计算情况详见表3-62。

(二) 反平衡法计算加热炉热效率

1. 计算空气量

根据燃料燃烧计算表[9]，对应不同燃料组分对应的理论空气量 $L_o$、$CO_2$ 生成量、水生成量、氮气生成量，计算烟气中各自的量。

由表3-62可知，消耗的理论空气量为15.17kg；生成的 $CO_2$ 质量为2.33kg；$H_2O$ 的生成量为1.81kg；未参加反应的 $N_2$ 量为11.57kg。

2. 计算过剩空气

(1) 计算1kg燃料产生的总水量

对空气中含水量进行计算：

$$\text{空气中含水量} = \frac{p_{VAP}}{101.33} \times \frac{RH}{100} \times \frac{18}{28.85} = \frac{3.17}{101.33} \times \frac{50}{100} \times \frac{18}{28.85} = 0.0097 (\text{kg/kg 空气})$$

其中，$p_{VAP}$ 为环境温度下25℃水的饱和蒸气压(绝)，Pa；RH为环境相对湿度。

$$\text{燃烧 1kg 燃料消耗的湿空气量} = \frac{\text{理论空气量}}{1-\text{空气中含水量}} = \frac{15.17}{1-0.0097} = 15.32 (\text{kg/kg 燃料})$$

湿空气燃烧后产生的水量 = 15.32−15.17 = 0.15(kg/kg燃料)

燃烧1kg燃料产生的总水量 = 1.81+0.15 = 1.96(kg)

(2) 计算过剩空气修正值

对过剩空气修正值进行计算：

$$\text{1kg 燃料所需过剩空气量} = \frac{(28.85 \times O_2\text{含量})\left(\frac{N_2\text{产生量}}{28}\right)+\left(\frac{CO_2\text{产生量}}{44}\right)+\left(\frac{H_2O\text{产生量}}{18}\right)}{20.95-O_2\text{含量}\left[\left(1.6028 \times \frac{H_2O\text{湿空气燃烧后产生的水量}}{\text{理论空气量}}\right)+1\right]} =$$

$$\frac{(28.85 \times 2) \times \frac{11.57}{28}+\frac{2.33}{44}+\frac{1.96}{18}}{20.95-2 \times \left(1.6028 \times \frac{0.15}{14.51}+1\right)} = 1.27\text{kg}$$

过剩空气系数 = 过剩空气量/理论空气量 = 1.27/15.17 = 8.37%。

3. 计算排烟损失

根据表3-63常用气体热焓表[10]，分别计算排烟温度117℃时 $CO_2$、$H_2O$、$N_2$ 和空气的焓值，并列于表3-64。

表3-63 常用气体热焓表 kcal/kg

| 温度/℃ | $N_2$ | $O_2$ | $CO_2$ | $H_2O$ | $SO_2$ | 空气 |
|---|---|---|---|---|---|---|
| 25 | 6.2 | 5.3 | 4.4 | 11.1 | 9.9 | 6 |
| 100 | 24.9 | 22 | 20.8 | 44.1 | 15.2 | 24① |

续表

| 温度/℃ | $N_2$ | $O_2$ | $CO_2$ | $H_2O$ | $SO_2$ | 空气 |
|---|---|---|---|---|---|---|
| 200 | 50.0 | <4.7 | 43.9 | 90.1 | 31.7 | 48.4 |
| 300 | 75.4 | 83.0 | 68.6 | 136 | 49.3 | 73.3 |
| 400 | 103.2 | 92.2 | 94.6 | 185 | 67.7 | 98.3 |
| 500 | 127.6 | 117.1 | 122.2 | 235 | 86.7 | 124② |
| 600 | 154.3 | 142.3 | 150.4 | 286 | 106.3 | 150.6 |
| 700 | 181.7 | 168.1 | 179.5 | 339 | 126.2 | 177.2 |
| 800 | 209.8 | 194.3 | 209 | 394 | 146.3 | 204.8 |
| 900 | 238.2 | 220.7 | 240 | 450.5 | 166.8 | 232.8 |
| 1000 | 267.3 | 247.5 | 269.8 | 509 | 187.4 | 260.8 |
| 1250 | 341 | 315.1 | 348.3 | 660 | 239.6 | 332.5 |
| 1500 | 416 | 384.1 | 428.1 | 819 | 292.2 | 390 |

①焓的零点为0℃时的气体；

②压力为0~1大气压。

**表 3-64 相关焓值计算数据表**

| 组分 | 每kg燃料生成组分量/kg | 温度为117℃时的焓值/(kJ/kg) | 焓差/(kJ/kg燃料) |
|---|---|---|---|
| $CO_2$ | 2.33 | 103.51 | 241.17 |
| $H_2O$ | 1.81 | 217.34 | 393.38 |
| $N_2$ | 11.57 | 122.09 | 1412.62 |
| 空气 | 1.27 | 117.19 | 148.83 |
| 合计 | 16.98 | 560.12 | 2196.00 |

因此，排烟温度117℃时的排烟热损失 $h_s = 2196.00$ kJ/kg燃料。

4. 计算热损失

(1) 散热损失

$$h_r = h_L \times 2.5\% = 44520.47 \times 2.5\% = 1113.01(\text{kJ/kg 燃料})$$

(2) 空气显热修正

$$\begin{aligned}\Delta h_a &= c_{pa} \times (T_a - T_d) \times (\text{每 kg 燃料所需空气质量}) \\ &= 1.005 \times (25-15) \times 15.17 \\ &= 152.46(\text{kJ/kg 燃料})\end{aligned}$$

式中 $\Delta h_a$——燃烧用空气显热；

$c_{pa}$——燃烧用空气比热容，kJ/(kg·K)；

$T_a$——环境，℃；

$T_d$——空气基准温度，15℃。

(3) 燃料显热修正

$$\Delta h_f = c_{pf} \times (T_f - T_d)$$

式中 $\Delta h_f$——燃料显热；

$T_f$——燃料气温度，℃；

$c_{pf}$——燃料气比热容，kJ/(kg·K)。

$\Delta h_f = c_{pf} \times (T_f - T_d) = 2.197 \times (40-15) = 54.93$(kJ/kg 燃料)

5. 计算加热炉热效率

对加热炉热效率用反平衡法进行计算，采用反平衡计算公式：

$$e = \frac{(h_L + \Delta h_a + \Delta h_f + \Delta h_m) - (h_r + h_s)}{(h_L + \Delta h_a + \Delta h_f + \Delta h_m)} \times 100\%$$

式中 $h_L$——低发热量，kJ/kg；

$h_r$——散热损失量，kJ/kg；

$h_s$——排烟热损失，kJ/kg；

$\Delta h_a$——燃烧用空气显热，kJ/kg；

$\Delta h_f$——燃料显热，kJ/kg；

$\Delta h_m$——雾化蒸汽显热，kJ/kg。

$$\begin{aligned} e &= \frac{(h_L + \Delta h_a + \Delta h_f + \Delta h_m) - (h_r + h_s)}{(h_L + \Delta h_a + \Delta h_f + \Delta h_m)} \times 100\% \\ &= \frac{(44520.47 + 152.46 + 54.93 + 0) - (1113.01 + 2196.00)}{(44520.47 + 152.46 + 54.93 + 0)} \times 100\% \\ &= 92.60\% \end{aligned}$$

（三）正平衡法计算加热炉热效率

对加热炉热效率进行计算[11]：

$$\eta = \frac{\text{被加热物料吸收的有效热量}}{\text{燃料燃烧放出的热量}} = \frac{Q_{有效}}{B\,Q_f}$$

式中 $B$——燃料的质量，kg/h。

$Q_{有效} = Q_{常压炉出} - Q_{常压炉入} = 850462.52 - 678887.122 = 171.57540$(MJ/h) = 47.66(MW)

已知：$\rho_{燃料} = 0.7473\text{kg/m}^3$，$V_{燃料} = 6182.15\text{m}^3/\text{h}$，$Q_f = h_L = 44520.47$ kJ/kg，那么，$B = V_{燃料} \times \rho_{燃料} = 6182.15 \times 0.6786 = 4195.21$(kg/h)。

$$\eta = \frac{Q_{有效}}{B\,Q_f} = \frac{171575.40 \times 1000}{4195.21 \times 44520.47} \times 100\% = 91.86\%$$

（四）计算加热炉热负荷

1. 计算常压炉出口总热量

常压炉出口总热量相关数据详见表3-65。

**表3-65 常压炉出口热量计算表**

| 项目 | 流量/(t/h) | 温度/℃ | 焓/(kJ/kg) | | 热量/(MJ/h) |
|---|---|---|---|---|---|
| | | | 气相 | 液相 | |
| 常顶油 | 59.32 | 365 | 1255.1 | | 74455.37 |
| 常一线 | 22.07 | 365 | 1180.0 | | 26041.59 |
| 常二线 | 62.76 | 365 | 1162.73 | | 72972.80 |
| 常三四线 | 145.33 | 365 | 1130.19 | | 164250.72 |

续表

| 项目 | 流量/(t/h) | 温度/℃ | 焓/(kJ/kg) | | 热量/(MJ/h) |
|---|---|---|---|---|---|
| | | | 气相 | 液相 | |
| 过汽化油 | 17.24 | 365 | | 950.52 | 16387.04 |
| 常压渣油 | 555.14 | 365 | | 894.11 | 496354.99 |
| 合计 | 861.86 | | | | 850462.52 |

2. 计算常压炉入口总热量

常压炉入口总热量相关数据详见表 3-66。

**表 3-66 常压炉入口热量计算表**

| 项目 | 流量/(t/h) | 温度/℃ | 焓/(kJ/kg) | | 热量/(MJ/h) |
|---|---|---|---|---|---|
| | | | 气相 | 液相 | |
| 初底油 | 861.86 | 309 | | 787.7 | 678887.122 |
| 合计 | 861.86 | | | | 678887.122 |

3. 计算加热炉热负荷计算

$Q_{常压炉}=Q_{常压炉出}-Q_{常压炉入}=850462.52-678887.122=171575.40(MJ/h)=47.66(MW)$

$$Q_{常压炉总}=Q_{常压炉}/e=47.66/92.6\%\times110\%=56.62(MW)$$

(五) 计算炉管表面热强度

根据辐射段、对流段负荷分配比例与加热炉热效率的关系[11]，以及本装置常压炉炉效为92.6%>85%，可以得出，辐射段热负荷 $Q_R$ 占总热负荷 $Q$ 的比例>65%，一般为 70% ~ 80%，在此取 80%。辐射室热负荷 $Q_R=Q_{常压炉}\times80\%=171575.40\times80\%=137260.3(MJ/h)=38.13(MW)$。

常压炉辐射室炉管外径 $d=0.1937$m、数量 $n=272$、每根炉管长度 $L=13$m，具体数据详见表 3-67。

**表 3-67 炉管相关数据表**

| 项目 | 数值 | 项目 | 数值 |
|---|---|---|---|
| 炉管外径/m | 0.1937 | 炉管数量/根 | 272 |
| 炉管壁厚/m | 0.008 | 单根炉管长度/m | 13 |

常压炉辐射室炉管外表面积 $A_R=n\pi dL=272\times3.14\times0.1937\times13=2150.659(m^2)$。

辐射室炉管表面热强度[8] $q_R=Q_R/A_R=38127.87/2150.659=17728.46(W/m^2)$。

(六) 计算油膜温度

1. 计算烟气以辐射方式对炉管的传热速率 $Q_{Rr}$

对烟气以辐射方式对炉管的传热速率 $Q_{Rr}$ 进行计算[8]：

$$Q_{Rr}=\sigma\alpha A_{cp}F(T_g^4-T_w^4)$$

式中 $Q_{Rr}$——烟气以辐射的方式直接或通过其他反射面间接对辐射管的传热速率，W；

$\sigma$——Stefan-Boltzman 常数，Wimpress 建议取为 $5.72\times10^{-8}W/(m^2\cdot K^4)$；

$T_g$——辐射室中烟气的平均温度，K；

$T_w$——辐射室外壁平均温度，K；

$\alpha$——有效吸收因素(形状因素或角系数)，无因次；

$A_{cp}$——冷平面面积，$m^2$；

$F$——总交换因素，用于考虑火焰的黑度，反射墙的布局，燃烧室(即辐射室)的体积等的一个校正因素。

(1) 计算有效吸收因素 $\alpha$

这里用图解法，根据辐射室炉管的管心距/管外径比值，通过 Nus-selt 图解法得到 $\alpha$ 有效吸收因素，通过设备图纸得管心距/管外径 = 0.438/0.1937 = 2.26，常压炉为单排管直接辐射，查图 3-10 得 $\alpha$=0.65。

(2) 计算 $F$ 总交换因素

首先根据过剩空气系数与烟气中 $CO_2$ 和 $H_2O$ 的分压关联图[8]，确定烟气中 $CO_2$ 和 $H_2O$ 的分压，由加热炉热效率计算可知过剩空气系数为 1.1，由图 3-11 可知 $CO_2$ 和 $H_2O$ 的分压为 0.135。

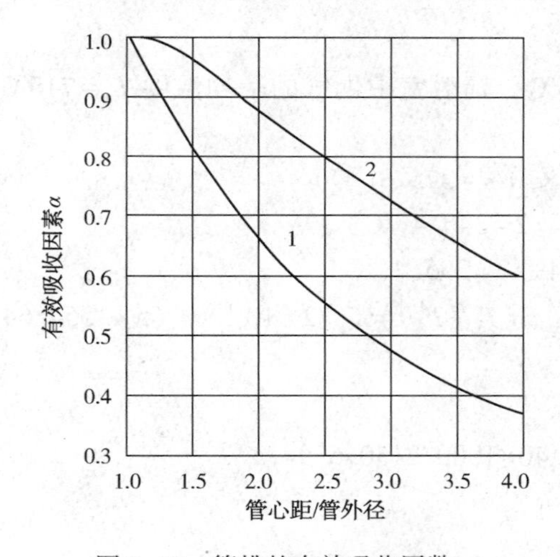


图 3-10　管排的有效吸收因数 $\alpha$

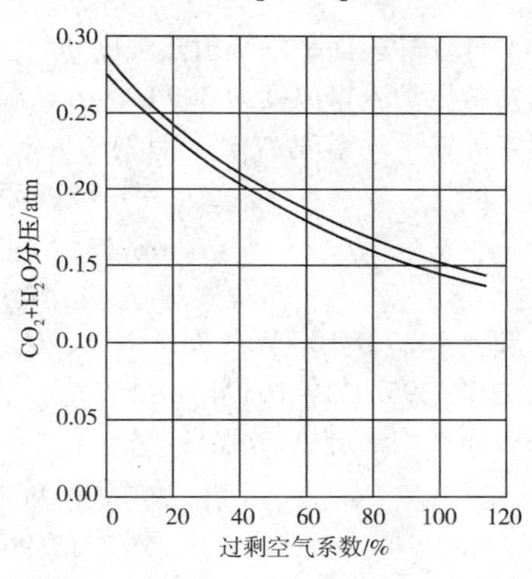


图 3-11　烟气中 $CO_2$ 和 $H_2O$ 的分压

再根据炉管的有效长度，得到($CO_2$+$H_2O$)分压×$L$=1.32，根据图 3-12 可知气体辐射率为 0.56。

通过加热炉设备图纸查得加热炉辐射室长×宽×高为 15.55m×13.68m×10.09m，通过已知数据得辐射室内总面积 $A_T$ = (15.55×13.68) ×2+(15.55×10.09) ×2+(10.09×13.68) = 877.27($m^2$)。

则 $\alpha A_{cp}/A_T$ = 0.65×548/877.27 = 0.41，查图 3-13 可知交换因素 $F$=0.73。

(3) 计算冷平面面积 $A_{cp}$

对冷平面面积 $A_{cp}$进行计算[8]：

$$A_{cp} = nL_aS$$

式中　$n$——辐射管管数；

$L_a$——辐射管有效长度，m；

$S$——辐射管管心距，m。

$$A_{cp} = nL_aS = 273\times13\times0.438 = 1554.64(m^2)$$

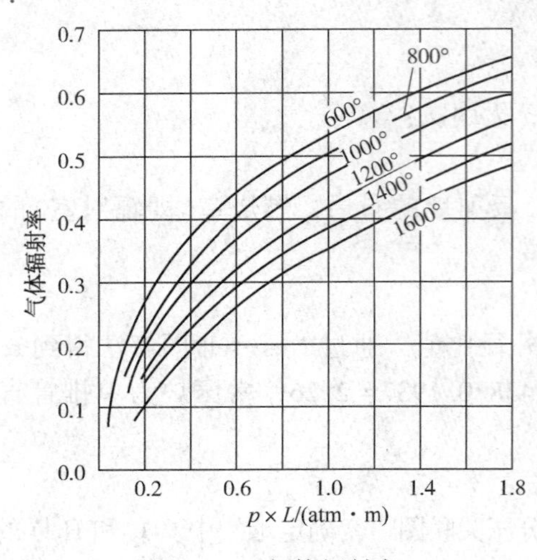


图 3-12 气体辐射率

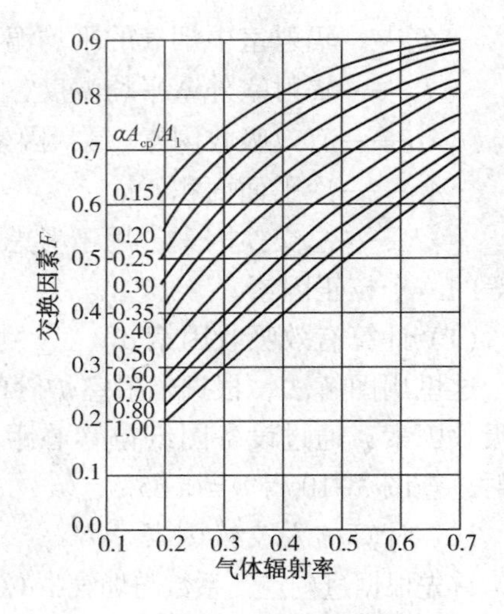


图 3-13 总交换因素

(4) 计算外表面平均辐射热强度 $q_{R,ave}$

已知常压炉入口温度为 309℃，出口温度 365℃，辐射室中烟气的平均温度 $T_g=710℃$，对辐射室外壁平均温度 $T_w$ 进行计算[8]：

$$t_{辐射室入口}=309+(365-309)\times30\%=325.8(℃)$$

$$t_{管内平均温度}=(325.8+365)/2=345.4(℃)$$

$$T_w=t_{管内平均温度}+50=345.4+50=395.4(℃)$$

已知 $\sigma=5.72\times10^{-8}\ W/(m^2\cdot K^4)$，$Q_{Rr}=\sigma\alpha A_{cp}F(T_g^4-T_w^4)=5.72\times10^{-8}\times0.65\times1554.64\times1.25\times(710^4-395.4^4)=16594.40(kW)$。

外表面平均辐射热强度：

$$q_{R,ave}=Q_{Rr}/A_R=16594.40\times1000/2150.659$$

$$=7715.96(W/m^2)$$

2. 计算烟气以对流方式对炉管的传热速率[8] $Q_{Rc}$

$h_{RC}=11.63\ W/(m^2\cdot K)$，对烟气以对流方式对炉管的传热速率 $Q_{Rc}$ 进行计算：

$$Q_{Rc}=h_{RC}A_R(T_g-T_w)$$

式中 $Q_{Rc}$——烟气以对流方式对炉管的传热速率，W；

$h_{RC}$——辐射室内烟气对炉管表面的对流传热膜系数，$W/(m^2\cdot K)$；

$$q_{conv}=Q_{Rc}/A_R=h_{RC}(T_g-T_w)=11.63\times(710-395.4)=3658.80(W/m^2)$$

辐射室炉管表面热强度 $q_R=q_{R,ave}+q_{conv}=7715.96+3658.80=11374.76(W/m^2)$。

3. 计算辐射段炉管的最高局部热强度 $q_{R,max}$

对辐射段炉管的最高局部热强度进行计算：

$$q_{R,max}=F_{cir}F_LF_Tq_{R,ave}+q_{conv}$$

式中 $q_{R,max}$——辐射段最高局部热强度，$W/m^2$；

$F_{cir}$——周向热强度不均匀系数；

$F_L$——纵向热强度不均匀系数；

$F_T$——管子金属温度对辐射热强度的影响系数，在管壁温度较低处大于 1，在管壁温度较高处小于 1；

$q_{R,ave}$——外表面平均辐射热强度，$W/m^2$；

$q_{conv}$——外表面平均对流热强度，$W/m^2$。

其中，纵向不均匀系数一般取1～1.5，为求取最大油膜温度，本次选取1.5，即$F_L=1.5$。

周向不均匀系数根据管心距/管外径的比、炉管排列辐射形式可由图3-14得到，$F_{cir}=1.73$。

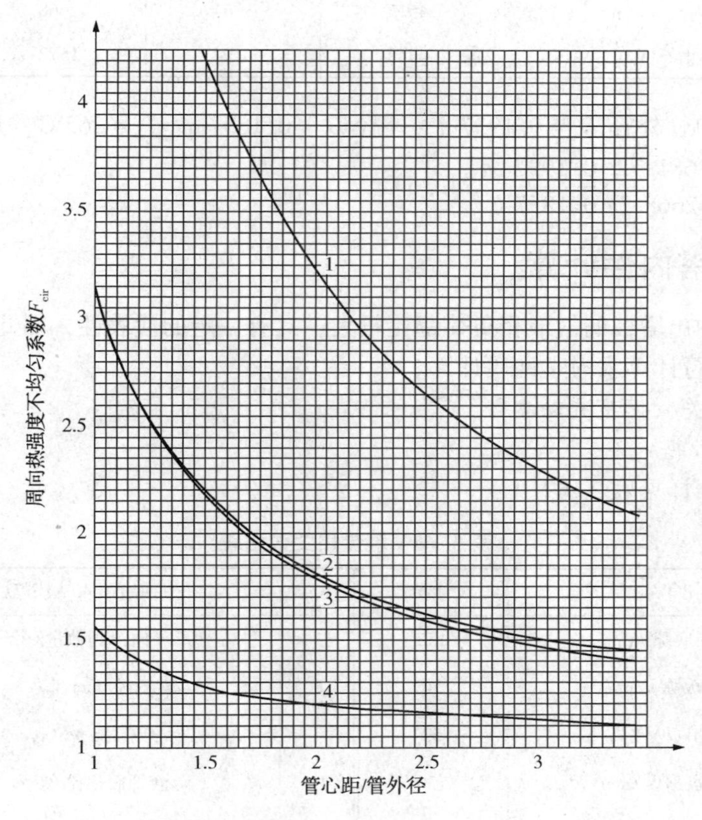


图3-14　管心距/管外径的比与周向不均匀系数关联图

$F_T$为管子金属温度对辐射热强度的影响系数，$F_T=1$。前面计算求得$q_{R,ave}=7715.96$ $W/m^2$、$q_{conv}=3658.80$ $W/m^2$，现对$q_{R,max}$进行计算，$q_{R,max}=1.73\times1.5\times1\times7715.96+3658.80=23681.72(W/m^2)$。

对油品内膜温度进行计算，油品内膜温度的高低与油品温度的高低、局部热强度、内膜传热系数有关。最高内膜温度$T_{f,max}$按下式计算：

$$T_{fmax}=T_b+\frac{q_{R,max}}{K_f}\left(\frac{D_o}{D_i}\right)$$

式中　$T_b$——油品温度，℃；

$q_{R,max}$——辐射段最高局部热强度，$W/m^2$；

$K_f$——内膜传热系数，$W/(m^2\cdot K)$；

$D_o$——管子外径，m；

$D_i$——管子内径，m。

油品温度高时，内膜温度高，故最高内膜温度大都发生在炉管出口部位。但如果炉管扩径不合适也可能造成最高内膜温度位置前移，增大结焦的机率。

根据表 3-68，查得 $K_f=2668\text{W}/(\text{m}^2\cdot\text{K})$。

表 3-68　立管和水平管内膜传热系数对比表

| 炉管直径/mm | Φ141 | Φ168 | Φ219 | Φ273 |
|---|---|---|---|---|
| 立管、单排单面辐射/[W/(m²·K)] | 4517 | 3764 | 2668 | 2651 |
| 水平管、单排单面辐射/[W/(m²·K)] | 4242 | 2194 | 1572 | 1155 |

已知常压炉炉管外径 $D_o=0.1937\text{m}$、外径 $D_i=0.1857\text{m}$、$T_b=365℃$，现对 $T_{f\max}$ 进行计算，$T_{f\max}=365+\dfrac{23681.72}{2668}\times\dfrac{0.1937}{0.1857}=374.26℃$。

## 六、分馏塔内件计算

由于常二中抽出塔板的气液相负荷都比较大，具有一定的代表性，因此选取常二中抽出的第 40 层塔盘进行计算水力学性质计算。

（一）塔盘相关数据及流动参数

1. 塔盘相关数据

塔盘相关数据详见表 3-69。

表 3-69　塔盘相关数据表

| 序号 | 常二中抽出第 40 层塔盘 | 设计参数 | 序号 | 常二中抽出第 40 层塔盘 | 设计参数 |
|---|---|---|---|---|---|
| 1 | 降液板底隙 $K$/mm | 133 | 7 | 梯形导向浮阀数量/个 | 496 |
| 2 | 降液板隙 $d$/mm | 50 | 8 | 内径/mm | 6600 |
| 3 | 降液板(出口)堰高/mm | 53 | 9 | 开孔率/% | 14 |
| 4 | 受液盘深度/mm | 130 | 10 | 降液管面积比/% | 15 |
| 5 | 塔板间距/mm | 700 | 11 | 堰高 $h_w$/m | 0.04 |
| 6 | 矩形导向浮阀数量/个 | 2476 | | | |

2. 塔盘流动参数

对流动参数 $F_{lv}$ 进行计算：

$$F_{lv}=\frac{L}{G}\times\left(\frac{\rho_G}{\rho_L}\right)^{0.5}$$

式中　$F_{lv}$——流动参数，无量纲；

$L$——液体质量流量，kg/h；

$G$——气体质量流量，kg/h；

$\rho_L$——液体密度，kg/m³；

$\rho_G$——气体密度，kg/m³。

（1）计算液体质量流量 $L$

通过前面的计算，得出第 40 层塔盘常二中循环回流内回流量 $L=L_{40}=232.37$ t/h。

(2) 计算气体质量流量 $G$

$$G = L_{内回流量}+L_{产品量}+L_{水蒸气量}=232.37+(75.33+62.76+22.07+59.32)+7.51$$
$$=459.36(t/h)$$

(3) 计算液体密度 $\rho_L$

对定性温度(实际操作温度)下的常二中油的密度 $\rho_{常二中}$ 进行计算[5]，已知常二中油在25℃下的密度为 859.02kg/m³，假定热流体处于湍流或过渡区，计算常二中油的定性温度[5]：

$$T_{D常二中}=0.4T_h+0.6T_c=0.4\times297.15+0.6\times25=133.86(℃)$$

计算 $\gamma_{4\,常二中}^{20}$ [5]：

$$\rho=T\times(1.307\times\gamma_4^{20}-1.817)+973.86\times\gamma_4^{20}+36.34$$

已知25℃下的常二中油密度为 859.02kg/m³，即 $T=25℃$、$\rho=859.02kg/m^3$，代入上面的公式中：

$$859.02=25\times(1.307\times\gamma_{4\,常二中}^{20}-1.817)+973.86\times\gamma_{4\,常二中}^{20}+36.34$$
$$\gamma_{4\,常二中}^{20}=(859.02-36.34+25\times1.817)/(25\times1.307+973.86)$$
$$=0.8625(t/m^3)=862.5(kg/m^3)$$

已知 $\gamma_{4\,常二中}^{20}=0.8625t/m^3$、$T=297.15℃$，计算 $\rho_{常二中}$ [5]：

$$\rho_{常二中}=T\times(1.307\times\gamma_4^{20}-1.817)+973.86\times\gamma_4^{20}+36.34$$
$$=297.15\times(1.307\times0.8625-1.817)+973.86\times0.8625+36.34$$
$$=671.35(kg/m^3)=0.6714(t/m^3)$$
$$V_{液相40}=L_{40}/\rho_{常二中}=232.37/0.6714=346.30(m^3/h)$$

(4) 计算气体密度 $\rho_G$

对任一截面而言，通过该截面的气相流量为：

$$N=\sum N_i+N_L+N_S$$

式中 $N_i$——产品量，kmol/h；

$N_L$——内回流量，kmol/h；

$N_S$——水蒸气量，kmol/h。

通过前面的计算，得出：

$$N_i=613.21/2+364.88+152.21+611.55=1435.25(kmol/h)$$
$$N_L=918.46kmol/h$$
$$N_S=368.89\ kmol/h$$
$$N_{40}=1435.25+918.46+368.89=2722.59(kmol/h)$$

根据理想气体状态方程 $pV=nRT$，对第40层塔盘常二中气体体积流量进行计算：

$$V_{气相40}=nRT/p=2722.59\times8.314\times(297.15+273.15)/161.84=79764.62m^3/h$$
$$=22.16(m^3/s)$$
$$\rho_G=G/V_{气相40}=459.36\times1000/79764.62=5.76(kg/m^3)$$
$$F_{lv}=\frac{L}{G}\times\left(\frac{\rho_G}{\rho_L}\right)^{0.5}=\frac{232.37}{459.36}\times\left(\frac{5.76}{671.35}\right)^{0.5}=0.0469$$

(二) 临界、实际空塔气速

对最大有效空塔气速 $u_{G,max}$ 进行计算[12]：

$$u_{G,\max}=C_{\sigma}\sqrt{\frac{\rho_L-\rho_v}{\rho_v}}$$

式中　$u_{G,\max}$——最大有效空塔气速，m/s；

$\rho_L$——液相密度，kg/m³；

$\rho_v$——气相密度，kg/m³；

$C_\sigma$——经验系数。

根据经验，常压操作时取板上清液层高度 $h_L=70$mm，已知板间距 $H_T=700$mm，$H_T-h_L=0.7-0.07=0.63$。

$$\left(\frac{L}{V}\right)\left(\frac{\rho_L}{\rho_V}\right)^{0.5}=\left(\frac{346.30/3600}{22.16}\right)\left(\frac{671.35}{5.76}\right)^{0.5}=0.047$$

根据图 3-15 查得 $C_{0.02}=0.14$[12]。

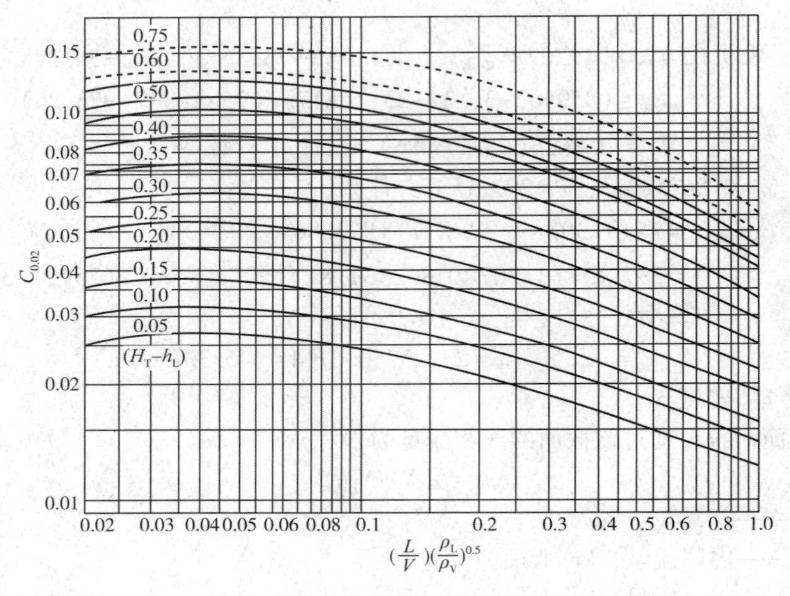


图 3-15　Smith 法初估塔径图

已知常二中油表面黏度 σ=11.49dyn/cm=0.01149N/m，则：

$$C_\sigma=C_{0.02}\left(\frac{\sigma}{0.02}\right)^{0.2}=0.14\times\left(\frac{0.01149}{0.02}\right)^{0.2}=0.1253$$

最大有效空塔气速：

$$u_{G,\max}=C_\sigma\sqrt{\frac{\rho_L-\rho_v}{\rho_v}}=0.1253\times\sqrt{\frac{671.35-5.76}{5.76}}=1.35(\text{m/s})$$

根据第三部分有关计算数据可知，第 40 层塔盘的气相负荷为 79765m³/h。

实际空塔气速=实际气体体积流率/塔的截面积

那么，实际空塔气速为 $u=\dfrac{79765}{\frac{\pi}{4}\times6.6^2\times3600}=0.65$ m/s。

而设计采用的空塔气速一般为最大有效空塔气速 $u_{G,\max}$ 的 0.6~0.8，在此按照 0.6 进行计算，那么，设计空塔气速为：

$$u_{设计}=0.6\ u_{G,max}=0.6\times1.35=0.81(m/s)$$

由此可以看出，实际空塔气速 0.65 m/s 低于设计空塔气速 0.81m/s，常压塔操作负荷仍然存在较大的提升空间。

（三）空塔 $F$ 因子、$C$ 因子

1. $F$ 因子

对 $F$ 因子进行计算：

$$F=u\times\rho_V^{1/2}$$

式中 $F$——$F$ 因子；

$u$——气体流速，m/s；

$\rho_V$——气体密度，$kg/m^3$。

$$F=0.65\times5.76^{1/2}=1.87(kg/m^3)$$

2. $C$ 因子

对 $C$ 因子进行计算：

$$C_B=U_B\sqrt{\frac{\rho_v}{\rho_L-\rho_v}}$$

式中 $C_B$——$C$ 因子，m/s；

$U_B$——气体流速，m/s

$\rho_L$——液相密度，$kg/m^3$；

$\rho_v$——气相密度，$kg/m^3$。

$$C_B=0.65\times\sqrt{\frac{5.76}{671.35-5.76}}=0.0605(m/s)$$

（四）阀孔 $F$ 因子

根据《化工原理》[13]第 165 公式 3-14a，对阀孔 $F$ 因子进行计算：

$$F_o=u_o\sqrt{\rho_V}$$

式中 $u_o$——气体通过阀孔时的速度，m/s；

$\rho_V$——气体密度，$kg/m^3$。

对气体通过阀孔时的速度 $u_o$ 进行计算[13]：

$$U_o=\frac{V_S}{A_h},\ N=\frac{V_S}{\frac{\pi}{4}d_0^2u_o}$$

式中 $N$——塔板阀孔数；

$d_0$——阀孔直径，$d_0=0.039m$；

$A_h$——阀孔总面积，$m^2$。

已知条件开孔率 $A_f=A_h/A_B=14\%$，降液管面积比 $A_d/A_T=15\%$，$A_B=A_T-A_d$，其中，$A_h$ 为开孔面积；$A_B$ 为鼓泡区面积；$A_d$ 为降液管截面积；$A_T$ 为塔的截面积。

已知塔的直径为 6600mm，$A_T=\pi R^2=3.14\times(6.6/2)^2=34.19(m^2)$，那么，降液管截面积 $A_d=A_T\times15\%=34.19\times15\%=5.13(m^2)$；鼓泡区面积 $A_B=A_T-A_d=34.19-5.13=29.06(m^2)$；开孔面积 $A_h=A_B\times15.5\%=29.06\times14\%=4.07(m^2)$；气体通过阀孔时的速度 $U_o=\frac{V_S}{A_h}=$

22.16/4.07=5.44(m/s)；$F_o=U_o\sqrt{\rho_V}=5.44\times\sqrt{5.76}=15.67$。

（五）降液管液流强度

1. 降液管液流强度

对堰长 $L_w$ 进行计算[13]。对于双溢流，堰长一般取塔径的 0.5~0.6，本文选取 $L_w=0.6D=0.6\times6.6=3.96$m。塔内液体流量 $L_h=(L_{40}+L_{循环})/\rho_{常二中}=(232.37+230)/0.6714=688.67\text{m}^3/\text{h}=0.19(\text{m}^3/\text{s})$。

降液管液流强度为：

塔内液体流量 $L_h$/堰长 $L_w$

$=688.67/3.96=173.91(\text{m}^2/\text{h})=0.048(\text{m}^2/\text{s})$

2. 停留时间

对降液管内液体的停留时间 $\theta$ 进行计算[13]，降液管内液体的停留时间：

$$\theta=\frac{A_f H_T}{L_h}$$

式中 $A_f$——降液管截面积；

$H_T$——板间距；

$L_h$——塔内液体流量。

停留时间 $\theta=5.13\times0.7/688.67\times3600=18.77$(s)。

（六）塔盘压降

对塔盘压降 $\Delta p_P$ 进行计算[13]：

$$\Delta p_P=\Delta p_c+\Delta p_1+\Delta p_o$$

式中 $\Delta p_P$——塔盘总压降，Pa；

$\Delta p_c$——气体克服干板阻力所产生的压强，Pa；

$\Delta p_1$——气体克服板上充气液层的静压强所产生的压强，Pa；

$\Delta p_o$——气体克服液体的表面张力产生的压强，Pa。

习惯上，常把压强折合成塔内液体的液柱高度表示，故上面公式又可以写成：

$$h_p=h_c+h_1+h_o$$

式中 $h_c$——与 $\Delta p_c$ 相当的液柱高度，$h_c=\dfrac{\Delta p_c}{\rho_L g}$，m；

$h_1$——与 $\Delta p_t$ 相当的液柱高度，$h_1=\dfrac{\Delta p_1}{\rho_L g}$，m；

$h_o$——与 $\Delta p_o$ 相当的液柱高度，$h_o=\dfrac{\Delta p_o}{\rho_L g}$，m；

$h_p$——与 $\Delta p_p$ 相当的液柱高度，$h_p=\dfrac{\Delta p_P}{\rho_L g}$，m。

1. 干板压降

对临界孔速 $u_{0c}$ 进行计算[13]：

$$h_c=5.34\frac{\rho_v u_0^2}{2\rho_L g}=19.9\frac{u_0^{0.175}}{\rho_v}$$

式中 $u_0$——阀孔孔速，m/s；

$\rho_L$——液体密度，$kg/m^3$；

$\rho_V$——气体密度，$kg/m^3$。

将 $g=9.81m/s^2$ 代入等式中，当两个公式相等时，$U_{0c}=U_0$，求得 $u_{0c}=\sqrt[1.825]{\frac{73.1}{5.76}}=4.02(m/s)$。

前面在计算阀孔 $F$ 因子时，求得的气体通过阀孔时的速度 $u_0=5.44\ m/s\geqslant u_{0c}$

因此临界孔速 $u_{0c}\leqslant$ 阀孔气速 $u_0$，符合阀全开后的干板压降计算公式的条件，所以干板压降选用公式 $h_c=5.34\frac{\rho_v u_0^2}{2\rho_L g}$ 来计算，$h_c=5.34\frac{5.76\times4.02^2}{2\times671.35\times9.81}=0.038(m)$，$\Delta p_c=\rho_L g h_c=671.35\times9.81\times0.038=250.27(Pa)$。

2. 板上充气液层阻力

对板上充气液层阻力 $h_1$ 进行计算[13]：

$$h_1=\varepsilon_0 h_L$$

式中 $h_L$——板上液层高度；

$\varepsilon_0$——充气因数，油品一般取0.2~0.35，本次计算取0.3。

对堰长 $L_w$、堰上液层高度 $h_{ow}$ 和板上液层高度 $h_L$ 进行计算[13]，对于双溢流，一般取塔径的0.5~0.6，本文选取 $L_w=0.6D=0.6\times6.6=3.96(m)$。

堰上液层高度：

$$h_{ow}=\frac{2.84}{1000}E\left(\frac{L_h}{L_w}\right)^{\frac{2}{3}}$$

式中 $L_h$——塔内液体流量，$m^3/h$；

$L_w$——堰长，m；

$E$——液流收缩系数，一般取1。

$$h_{ow}=\frac{2.84}{1000}E\left(\frac{L_h}{L_w}\right)^{\frac{2}{3}}=\frac{2.84}{1000}\left(\frac{688.67}{3.96}\right)^{2/3}=0.08848(m)$$

板上液层高度：

$$h_L=h_W+h_{ow}$$

式中 $h_W$——堰高，m。

已知 $h_W=0.04m$，那么 $h_L=h_W+h_{OW}=0.04+0.08848=0.1285(m)$。板上充气液层阻力 $h_1=\varepsilon_0 h_L=0.3\times0.1285=0.039(m)$，$\Delta p_1=\rho_L g h_1=671.35\times9.81\times0.039=256.85(Pa)$。

3. 液体表面张力产生阻力

对液体表面张力产生阻力 $h_\sigma$ 进行计算[13]：

$$h_\sigma=\frac{2\sigma}{h\rho_L g}$$

式中 $\sigma$——液体的表面张力，N/m；

$h$——浮阀开度，m。

由于浮阀塔的 $h_\sigma$ 值通常很小，所以计算时可以从略，即 $\Delta p_o\approx0$。

则塔板压降为 $h_P=h_c+h_1+h_o=0.038+0.039+0=0.077m$，$\Delta p_P=\Delta p_c+\Delta p_1+\Delta p_o=250.27+256.85+0=507.12Pa$。

（七）降液管液泛百分数

对降液管底隙高度 $h_o$ 进行计算[13]：

$$h_o = h_w - 0.006$$

式中　$h_w$——堰高，m。

已知 $h_w = 0.04$m，那么，$h_o = 0.04 - 0.006 = 0.034$(m)。

对液体流过降液管的压强降相当的液柱高度 $h_d$ 进行计算[13]，因装置设计塔板上设有进口堰，所以采用公式为：

$$h_d = 0.2\left(\frac{L_s}{l_w h_o}\right)^2$$

式中　$L_s$——液体流量，$m^3/s$；

$l_w$——堰长，m；

$h_o$——降液管底隙高度，m。

$$h_d = 0.2 \times \left(\frac{0.19}{3.96 \times 0.034}\right)^2 = 0.4037(\text{m})$$

对降液管内的清液层高度 $H_d$ 进行计算[13]：

$$H_d = h_p + h_L + h_d$$

式中　$h_p$——上升气体通过一层塔板的压强降所相当的液柱高度，m；

$h_L$——板上液层高度，m；

$h_d$——液体流过降液管的压强降相当的液柱高度，m。

$$H_d = 0.077 + 0.07 + 0.4037 = 0.5507(\text{m})$$

对降液管液泛百分数 $\phi$ 进行计算[13]，根据经验，常压操作时取板上清液层高度 $h_L$ = 70mm，已知板间距 $H_T = 700$mm，$\phi = \frac{H_d}{H_T + h_w} \times 100\% = \frac{0.5507}{0.7 + 0.04} \times 100\% = 74.42\%$。

（八）雾沫夹带百分数

1. 泛点率 $F_1$ 计算方法一

对泛点率 $F_1$ 进行计算[12]：

$$F_1 = \frac{100C_V}{0.78A_T K C_F}，其中，C_V = V_a\sqrt{\frac{\rho_v}{\rho_L - \rho_v}}$$

式中　$\rho_v$、$\rho_L$——分别为塔内气、液密度，$kg/m^3$；

$C_F$——泛点负荷因子；

$C_V$——气相负荷因子，$m^3/s$；

$K$——物性系数；

$A_T$——塔的截面积，$m^2$；

$V_a$——气相流量，$m^3/s$；

$F_1$——泛点率，%。

通过前面的计算已得出气相流量 $V_a = 22.16$ $m^3/s$，已知板间距 $H_T = 700$mm，根据图 3-16，查得泛点负荷因子 $C_F = 0.143$[12]。

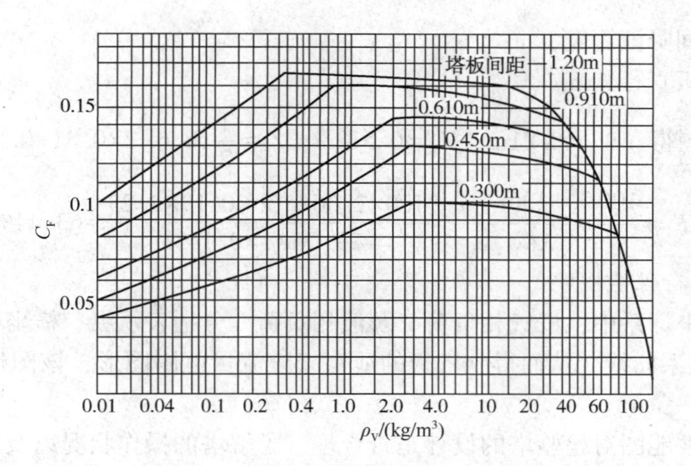


图 3-16　泛点负荷因子

根据表 3-70，查得物性系数 $K=1.0$[12]。

**表 3-70　物性系数表**

| 系统 | K | 系统 | K |
|---|---|---|---|
| 无泡沫，正常系数 | 1.0 | 重度起泡沫(如胺和乙二醇吸收塔) | 0.73 |
| 氟化物(如 $BF_3$、氟利昂) | 0.9 | 严重起泡沫(如甲乙酮装置) | 0.60 |
| 中等起泡沫(如油吸收塔、胺及乙二醇再生塔) | 0.85 | 形成稳定泡沫系统(如碱再生塔) | 0.30 |

气相负荷因子 $C_V=V_a\sqrt{\dfrac{\rho_v}{\rho_L-\rho_v}}=22.16\times\sqrt{\dfrac{5.76}{671.35-5.76}}=2.06\ m^3/s$。

泛点率 $F_1=\dfrac{100C_V}{0.78A_TKC_F}=\dfrac{100\times2.06}{0.78\times34.19\times1\times0.143}=54.02\%$。

2. 泛点率 $F_1$ 计算方法二

对泛点率 $F_1$ 进行计算[12]：

$$F_1=\frac{100C_V+136L_a\ Z_1}{A_bKC_F}$$

式中　$\rho_v$、$\rho_L$——分别为塔内气、液密度，kg/m³；

$C_F$——泛点负荷因子；

$C_V$——气相负荷因子，m³/s；

$K$——物性系数；

$A_b$——液流面积，m²；

$V_a$、$L_a$——气相流量、液相流量，m³/s；

$Z_1$——液相流程长度，m；

$F_1$——泛点率，%。

根据装置设计数据，塔板为双溢流，对液相流程长度 $Z_1$ 进行计算[12]：

$$Z_1=\frac{1}{2}(D-2W_d-W_d')$$

式中　$W_d$——降液管宽，m；

$W'_d$——中间降液管宽，m；

$D$——塔板直径，m。

通过查设计图得，$W_d=0.81m$，$W'_d=0.512m$，$Z_1=\frac{1}{2}(6.6-2\times0.81-0.512)=2.23m$。

$$F_1=\frac{100C_V+136L_a Z_1}{A_b KC_F}=\frac{100\times2.06+136\times0.19\times2.23}{29.06\times1\times0.143}=63.44\%$$

（九）塔板负荷性能图

通常在直角坐标系中，以气相负荷 $V$ 及液相负荷 $L$ 分别表示纵、横坐标，标绘各种极限条件下的 $V$—$L$ 关系曲线，从而得到塔板的适宜气液流量范围图形，该图形就成为塔板的负荷性能图。

塔板的负荷性能图对检验塔的设计是否合理、了解塔的操作状况以及改进塔板操作性能都具有一定的指导意义。塔板的负荷性能图通常由雾沫夹带线、液泛线、液相负荷上限线、漏液线、液相负荷下限线五条曲线组成，下面就分别进行推导。

1. 雾沫夹带线

对泛点率 $F_1$ 进行计算[12]：

$$F_1=\frac{100C_V+136L_s Z_1}{A_b KC_F}$$

式中　$C_F$——泛点负荷因子；

$C_V$——气相负荷因子，$C_V=V_s\sqrt{\frac{\rho_V}{\rho_L-\rho_V}}$，$m^3/s$；

$\rho_V$、$\rho_L$——分别为塔内气、液密度，$kg/m^3$；

$K$——物性系数；

$A_b$——液流面积，$m^2$；

$V_s$、$L_s$——气相流量、液相流量，$m^3/s$；

$Z_1$——液相流程长度，m；

$F_1$——泛点率，%。

式中，$\rho_V$、$\rho_L$、$Z_1$、$A_b$、$C_F$、$K$ 为定值，按泛点率 80%进行计算如下：

$$F_1=\frac{100C_V+136L_s Z_1}{A_b KC_F}=\frac{100\times V_s\sqrt{\frac{5.76}{671.35-5.76}}+136Ls\times2.23}{29.06\times1\times0.143}=80$$

$$100\times V_s\sqrt{\frac{5.76}{671.35-5.76}}+136L_s\times2.23=332.45$$

$$9.3027\times V_s+303.28L_a=332.45，或 V_s=35.7369-32.6013L_s$$

由上式可知，$V_s$、$L_s$为线性关系，在操作区间内任意取两个 $L_s$值，并根据上式求出 $V_s$，详见表 3-71。

表 3-71　$V_s$ 数据表　　$m^3/s$

| $L_s$ | 0.05 | 0.1 | 0.2 | 0.3 | 0.4 | 0.5 |
|---|---|---|---|---|---|---|
| $V_s$ | 34.1068 | 32.4767 | 29.2166 | 25.9565 | 22.6963 | 19.4362 |

2. 液泛线

进行联合计算[13]，$\phi(H_T+h_w)=H_d$，$H_d=h_p+h_L+h_d$，$h_P=h_c+h_l+h_o$，推导出 $\phi(H_T+h_w)=h_c+h_l+h_o+h_L+h_d$，即为液泛线。

$h_c=5.34\dfrac{\rho_V u_o^2}{2\rho_L g}$，$h_{ow}=\dfrac{2.84}{1000}E\left(\dfrac{L_h}{L_w}\right)^{\frac{2}{3}}$，$h_l=\varepsilon_0 h_L$，$h_o=\dfrac{2\sigma}{h\rho_L g}$，$h_d=0.2\left(\dfrac{L_s}{l_w h_o}\right)^2$，代入液泛线方程 $\phi(H_T+h_w)=h_c+h_l+h_o+h_L+h_d$ 中[13]：

$$\phi(H_T+h_w)=5.34\frac{\rho_V u_0^2}{2\rho_L g}+0.2\left(\frac{L_s}{l_w h_0}\right)^2+(1+\varepsilon_0)\left[h_w+\frac{2.84}{1000}E\left(\frac{3600L_S}{l_w}\right)^{\frac{2}{3}}\right]$$

因物系一定，塔径结构尺寸一定，则 $h_w$、$H_T$、$L_w$、$\rho_V$、$\rho_L$、$A_h$、$E$、$l_w$、$h_o$、$\phi$ 为定值，而 $U_o=\dfrac{V_s}{A_h}$，代入上式整理可得：

$$6.6\times(0.7+0.04)=5.34\times5.76/2/671.35/9.81/4.07^2\times V_s^{\,2}+0.2\times\left(\frac{1}{3.96\times0.034}\right)^2L_s^2+$$

$$1.3\times[0.04+2.84/1000\times(3600/3.96)^{2/3}\times L_S^{\,2/3}]$$

$$V_s^2=2127.67-5987.09L_s^{\,2}-1587.26L_S^{\,2/3}$$

$L_s$ 和 $V_s$ 对应数据见表3-72。

**表3-72　$L_s$ 和 $V_s$ 对应数据表**　　$m^3/s$

| $L_s$ | 0.05 | 0.1 | 0.15 | 0.2 | 0.25 | 0.3 |
|---|---|---|---|---|---|---|
| $V_s$ | 43.5577 | 41.54316 | 39.3047 | 36.6790 | 33.5197 | 29.6229 |

3. 液泛线液相负荷上限线

对降液管内液体的停留时间 $\theta$ 进行计算，降液管内液体的停留时间：

$$\theta=\frac{A_f\,H_T}{L_s}$$

式中　$A_f$——降液管截面积；

$H_T$——板间距；

$L_s$——塔内液体流量。

实际停留时间 $\theta=5.13\times0.7/688.67\times3600=13.77$s。

液体的最大流量应该保证在降液管中的停留时间不低于3~5s。以 $\theta=5$ 作为降液管中停留时间的下线，那么 $\theta=\dfrac{A_fH_T}{L_s}$，则 $L_{smax}=\dfrac{5.13\times0.7}{13.77}=0.2608(m^3/s)$。

4. 漏液线

对于导向浮阀，依据 $F_o=U_o\sqrt{\rho_V}=5$ 进行计算，则 $U_o=\dfrac{V_S}{A_h}$，那么 $F_o=\dfrac{V_S}{A_h}\sqrt{\rho_V}$。

其中，$A_h$、$\rho_V$ 为定值，$V_S=\dfrac{A_hF_o}{\sqrt{\rho_V}}=\dfrac{4.07\times5}{\sqrt{5.76}}=8.4791m^3/s$。

5. 液相负荷下限线

取堰上液层高度 $h_{ow}=0.006$m 作为液相负荷下限条件，依公式 $h_{ow}$ 的计算公式，求出 $L_s$

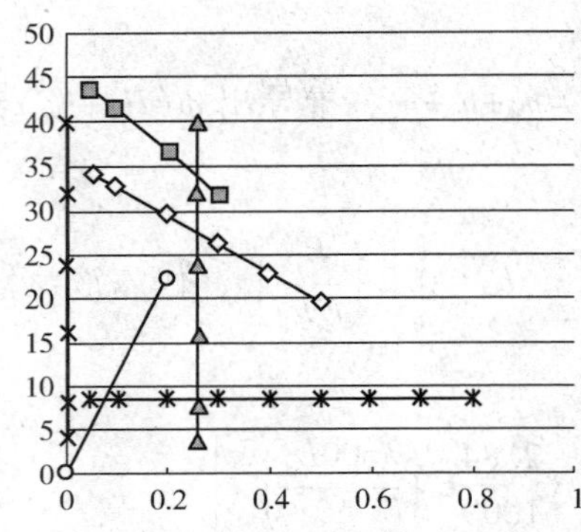


图 3-17　塔板负荷性能图

—◇— 雾沫夹带线　—▲— 液相负荷上限线

—■— 液泛线　—×— 液相负荷下限线

—✱— 漏液线　—○— 操作线

的下限值，以此作为液相负荷下限线。

$$h_{ow}=\frac{2.84}{1000}E\left(\frac{3600L_s}{L_w}\right)^{\frac{2}{3}}$$，取 $E=1$，则 $h_{ow}=\frac{2.84}{1000}\left(\frac{3600L_s}{L_w}\right)^{\frac{2}{3}}=0.006$。

$$L_{min}=\left(\frac{0.006\times1000}{2.84}\right)^{\frac{3}{2}}\times\frac{3.681}{3600}=0.00314(m^3/s)$$

6. 塔板负荷性能图

根据以上结果绘制塔板性能图，如图 3-17 所示。

## 七、冷换设备计算

### （一）换热器基础数据汇总

对换热器 E1008［原油-常顶循（Ⅲ）换热器］进行计算，具体工艺参数详见表 3-73，并依据表 3-73 中的工艺参数进行设计和计算。

表 3-73　换热器 E1008 工艺参数

| 类型 | 项目 | 管程（热流体） | 壳程（冷流体） |
|---|---|---|---|
| 操作条件 | 介质 | 常顶循 | 原油 |
| | 流体质量流速/（t/h） | 704 | 329 |
| | 入口温度/℃ | 103 | 76 |
| | 出口温度/℃ | 90 | 99 |
| | 入口压力/MPa | 0.136 | 2.942 |
| | 允许压降/kPa | 30 | 50 |
| | 结垢热阻/［（$m^2$·K）/W］ | 0.000172 | 0.000516 |
| 物理性质 | 油品相对密度/（$kg/m^3$） | 697.9（90℃） | 833.3（76℃） |
| | | 687.1（103℃） | 814.3（101℃） |
| | 特性因数 $K$ | | |
| | 测试第一点黏度的温度/℃ | 90 | 76 |
| | 第一点黏度（动力黏度）/cP | 0.343 | 2.147 |
| | 测试第二点黏度的温度/℃ | 103 | 99 |
| | 第二点黏度（动力黏度）/cP | 0.3077 | 1.536 |
| | 导热系数/［W/（m·℃）］ | 0.1094（90℃）<br>0.1063（103℃） | 0.0973（76℃）<br>0.0946（99℃） |
| | 比热容［J/（kg·℃）］ | 2316.0（90℃）<br>2364.4（103℃） | 2102.3（76℃）<br>2060.6（99℃） |

注：采用 25mm 的换热管。

（二）求定性温度下的物理性质

根据定性温度下的物理性质提供的计算步骤进行计算[5]。

1. 计算热流的相关物性

（1）计算热流的定性温度

假定热流体处于湍流或过渡区，计算定性温度[5]：

$$T_D=0.4T_h+0.6T_c=0.4\times103+0.6\times90=95.2(℃)$$

（2）计算$\gamma_{4\,热}^{20}$

$$\rho=T\times(1.307\times\gamma_4^{20}-1.817)+973.86\times\gamma_4^{20}+36.34$$

已知90℃下的密度为697.9kg/m³，即$T=90℃$、$\rho=697.9\text{kg/m}^3$，代入上面的公式中：

$$697.9=90\times(1.307\times\gamma_4^{20}-1.817)+973.86\times\gamma_4^{20}+36.34$$

$$\gamma_4^{20}=0.7559\ \text{t/m}^3=755.9\ \text{kg/m}^3$$

（3）计算定性温度下的密度$\rho$

已知$\gamma_4^{20}=0.7559\ \text{t/m}^3$、$T=95.2℃$，计算$\rho$[5]：

$$\begin{aligned}\rho&=T\times(1.307\times\gamma_4^{20}-1.817)+973.86\times\gamma_4^{20}+36.34\\&=95.2\times(1.307\times0.7559-1.817)+973.86\times0.7559+36.34\\&=693.6(\text{kg/m}^3)\end{aligned}$$

（4）计算$API_{热}$[5]

$$API_{热}=\frac{141.5}{0.99417\times\gamma_4^{20}+0.009181}-131.5=\frac{141.5}{0.99417\times0.7559+0.009181}-131.5=54.54$$

（5）计算热源特性因数$K_{f热}$[5]

比热容 $c_p=4.1855\times\{0.6811-0.308\times(0.99417\times\gamma_{4\,热}^{20}+0.009181)+(1.8\times T+32)\times[0.000815-0.000306\times(0.99417\times\gamma_{4\,热}^{20}+0.009181)]\}\times(0.055\times K_{f热}+0.35)$

已知90℃下的比热容为2316.0J/(kg·℃)，代入上面的公式中：

$2316.0=4.1855\times\{0.6811-0.308\times(0.99417\times0.7559+0.009181)+(1.8\times90+32)\times[0.000815-0.000306\times(0.99417\times0.7559+0.009181)]\}\times(0.055\times K_{f热}+0.35)\times1000$

$2316.0=4.1855\times0.571283\times(0.055\times K_{f热}+0.35)\times1000$

求得，$K_{f热}=11.61$。

（6）计算焓差$\Delta H_{热}$[5]

$\Delta H_{热}=4.1855\times(T_2-T_1)\times(0.0533\times K_{f热}+0.3604)\times[(0.3718+0.001972\times API_{热})+0.0004754\times(T_1+T_2)]\times1000$

其中，$T_2$和$T_1$为热源出入口温度，将$T_2=103℃$、$T_1=90℃$、$K_{f热}=11.61$、$API_{热}=54.54$代入公式计算得：

$\Delta H_{热}=4.1855\times(103-90)\times(0.0533\times11.61+0.3604)\times[(0.3718+0.001972\times54.54)+0.0004754\times(103+90)]\times1000$

$=30428.73(\text{J/kg})$

（7）计算定性温度下的比热容$c_p$[5]

已知$T_D=95.2℃$、$K_{f热}=11.37$、$\gamma_4^{20}=0.7559\ \text{t/m}^3=755.9\ \text{kg/m}^3$。

比热容 $c_{pD}=4.1855\times\{0.6811-0.308\times(0.99417\times\gamma_{4\,热}^{20}+0.009181)+(1.8\times T+32)\times[0.000815-0.000306\times(0.99417\times\gamma_{4\,热}^{20}+0.009181)]\}\times(0.055\times K_{f热}+0.35)$

$c_{PD热} = 4.1855 \times \{0.6811 - 0.308 \times (0.99417 \times 0.7559 + 0.009181) + (1.8 \times 95.2 + 32) \times [0.000815 - 0.000306 \times (0.99417 \times 0.7559 + 0.009181)]\} \times (0.055 \times 11.61 + 0.35) = 2338.62[J/(kg \cdot ℃)]$

$2316.0 < c_{p_{D热}} = 2338.62 < 2364.4$，位于90℃和103℃的比热容之间，符合要求。

(8) 计算导热系数λ[5]

已知 $T_D = 95.2℃$、$\gamma_{4\ 热}^{20} = 0.7559\ t/m^3 = 755.9kg/m^3$

$$\begin{aligned}\lambda_D &= (0.0199 - 0.0000656T + 0.098)/(0.99417\gamma_{4\ 热}^{20} + 0.009181)\\ &= (0.0199 - 0.0000656 \times 95.2 + 0.098)/(0.99417 \times 0.7559 + 0.009181)\\ &= 0.146784\end{aligned}$$

由于 $0.1063(103℃) < 0.1094(90℃) < \lambda_D = 0.146784$，该值未在题目给出的90℃和103℃的导热系数之间，所以用该方法计算的 $\lambda_D$ 值不符合要求。现改用内插法计算 $\lambda_D$ 值。

$$\lambda_{D热} = \frac{\lambda_2 - \lambda_1}{T_2 - T_1} \times (T_D - T_1) + \lambda_1 = \frac{0.1063 - 0.1094}{103 - 90} \times (95.2 - 90) + 0.1094 = 0.1082[W/(m \cdot ℃)]$$

(9) 计算动力黏度 $\mu_{D热}$

不同温度下的动力黏度分别为0.343(90℃)cP和0.3077(103℃)cP，即0.000343(90℃)Pa·s和0.0003077(103℃)Pa·s。根据线性插值，求得定性温度下的动力黏度：

$$\begin{aligned}\mu_{D热} &= \frac{\mu_2 - \mu_1}{T_2 - T_1} \times (T_D - T_1) + \mu_1 = \frac{0.0003077 - 0.000343}{103 - 90} \times (95.2 - 90) + 0.000343\\ &= 0.0003289(Pa \cdot s)\end{aligned}$$

2. 计算冷流的相关物性

(1) 计算冷流的定性温度

假定热流体处于湍流或过渡区，计算定性温度[5]。已知 $t_h = 99℃$、$t_c = 76℃$，求 $t_D$。

冷流定性温度：

$$t_D = 0.4t_h + 0.6t_c = 0.4 \times 99 + 0.6 \times 76 = 87.2(℃)$$

(2) 计算 $\gamma_{4\ 冷}^{20}$[5]

$$\rho = T \times (1.307 \times \gamma_4^{20} - 1.817) + 973.86 \times \gamma_4^{20} + 36.34$$

已知76℃下的密度为833.3kg/m³，即 $T = 76℃$、$\rho = 833.3kg/m^3$，代入上面的公式中，求得 $\gamma_{4\ 冷}^{20} = 0.8713t/m^3 = 871.3kg/m^3$。

(3) 计算定性温度下的密度ρ[5]

已知 $\gamma_{4\ 冷}^{20} = 0.8713t/m^3 = 871.3\ kg/m^3$、$t_D = 87.2℃$，

$$\begin{aligned}\rho_{冷} &= t_D \times (1.307 \times \gamma_4^{20} - 1.817) + 973.86 \times \gamma_4^{20} + 36.34\\ &= 87.2 \times (1.307 \times 0.8713 - 1.817) + 973.86 \times 0.8713 + 36.34\\ &= 825.72(kg/m^3)\end{aligned}$$

(4) 计算 $API_{冷}$[5]

已知 $\gamma_{4\ 冷}^{20} = 0.8713t/m^3$，$API_{冷} = \frac{141.5}{0.99417 \times \gamma_4^{20} + 0.009181} - 131.5 = \frac{141.5}{0.99417 \times 0.8713 + 0.009181} - 131.5 = 30.14$。

(5) 计算冷源特性因数 $K_{f冷}$[5]

比热容 $c_p = 4.1855 \times [0.6811 - 0.308 \times (0.99417 \times \gamma_{4\ 冷}^{20} + 0.009181) + (1.8 \times t_D + 32) \times$

$(0.000815-0.000306\times(0.99417\times\gamma_{4冷}^{20}+0.009181)]\times(0.055\times K_{f冷}+0.35)$

已知76℃下的比热容为2102.3J/(kg·℃)，即$T=76$℃、$c_p=2102.3$J/(kg·℃)、又知$\gamma_{4冷}^{20}=0.8713$t/m³，代入上面的公式中：

$2102.3=4.1855\times\{0.6811-0.308\times(0.99417\times0.8713+0.009181)+(1.8\times76+32)\times[0.000815-0.000306\times(0.99417\times0.8713+0.009181)]\}\times(0.055\times K_{f冷}+0.35)\times1000$

$2102.3=2.1088\times(0.055\times K_{f冷}+0.35)\times1000$

求得，$K_{f冷}=11.76$。

(6) 计算焓差$\Delta H_{冷}$[5]

$\Delta H_{冷}=4.1855\times(t_2-t_1)\times(0.0533\times K_{f冷}+0.3604)\times[(0.3718+0.001972\times API_{冷})+0.0004754\times(t_1+t_2)]\times1000$

其中，$t_2$和$t_1$为热源的出入口温度，$t_2=99$℃、$t_1=76$℃、$K_{f冷}=11.76$、$API_{冷}=30.14$，代入公式计算得：

$\Delta H_{冷}=4.1855\times(99-76)\times(0.0533\times11.76+0.3604)\times[(0.3718+0.001972\times30.14)+0.0004754\times(99+76)]\times1000=59792.04$(J/kg)

(7) 计算定性温度下的比热容$c_p$[5]

已知$t_D=87.2$℃、$K_{f冷}=11.76$、$\gamma_{4冷}^{20}=0.8713$t/m³，比热容$c_{p_{D冷}}=4.1855\times[0.6811-0.308\times(0.99417\times\gamma_{4冷}^{20}+0.009181)+(1.8\times t_D+32)\times[0.000815-0.000306\times(0.99417\times\gamma_{4冷}^{20}+0.009181)]\}\times(0.055\times K_{f冷}+0.35)$

$c_{p_{D冷}}=4.1855\times\{0.6811-0.308\times(0.99417\times0.8713+0.009181)+(1.8\times87.2+32)\times[0.000815-0.000306\times(0.99417\times0.8713+0.009181)]\}\times(0.055\times11.76+0.35)=2148.06$[J/(kg·℃)]

(8) 计算导热系数$\lambda$[5]

已知$t_D=87.2$℃、$\gamma_{4冷}^{20}=0.8713$t/m³，

$$\lambda_{D冷}=(0.0199-0.0000656T+0.098)/(0.99417\gamma_{4冷}^{20}+0.009181)$$
$$=(0.0199-0.0000656\times87.2+0.098)/(0.99417\times0.8714+0.009181)$$
$$=0.1281$$

由于0.0946(99℃)<0.0973(76℃)<$\lambda_{D冷}=0.129691$，该值未在题目给出的76℃和99℃的导热系数之间，所以用该方法计算的$\lambda_{D冷}$值不符合要求。现改用内插法计算$\lambda_{D冷}$值。

已知76℃时的导热系数为0.0973W/(m·℃)、99℃时的导热系数为0.0946W/(m·℃)，根据线性插值，求定性温度下的导热系数：

$$\lambda_{D冷}=\frac{\lambda_2-\lambda_1}{t_2-t_1}\times(t_D-t_1)+\lambda_1=\frac{0.0946-0.0973}{99-76}\times(87.2-76)+0.0973=0.0962[\text{W/(m·℃)}]$$

(9) 计算动力黏度$\mu_{D冷}$

不同温度下的动力黏度为2.147(76℃)cP和1.536(99℃)cP，即0.002147(76℃)Pa·s和0.001536(99℃)Pa·s，根据线性插值，求得定性温度下的动力黏度：

$$\mu_{D冷}=\frac{\mu_2-\mu_1}{t_2-t_1}\times(t_D-t_1)+\mu_1=\frac{0.001536-0.002147}{99-76}\times(87.2-76)+0.002147$$
$$=0.001903(\text{Pa·s})$$

定性温度下的物理性质相关数据详见表3-74。

表 3-74 定性温度下的物理性质一览表

| 序号 | 项目 | 管程常顶循 | 壳程原油 |
| --- | --- | --- | --- |
| 1 | 质量流率 $W/(t/h)$ | 704 | 329 |
| 2 | 定性温度 $T_D/℃$ | 95.2 | 87.2 |
| 3 | 相对密度 $d_4^{20}/(kg/m^3)$ | 755.9 | 871.3 |
| 4 | 定性温度下的密度 $\rho_D/(kg/m^3)$ | 693.6 | 825.72 |
| 5 | *API* | 54.54 | 30.14 |
| 6 | 特性因数 $K_f$ | 11.61 | 11.76 |
| 7 | 焓差 $\Delta H/(J/kg)$ | 30428.73 | 59792.04 |
| 8 | 定性温度下的比热容 $c_{pD}/[J/(kg\cdot℃)]$ | 2338.62 | 2148.06 |
| 9 | 定性温度下导热系数 $\lambda_D/[W/(kg\cdot℃)]$ | 0.1082 | 0.0962 |
| 10 | 动力黏度 $\mu_D/(Pa\cdot s)$ | 0.0003289 | 0.001903 |

(三) 换热器核算

1. 计算质量流速

常顶循的质量流速 $W_{热}=704t/h=195.55\ kg/s$，原油的质量流速 $W_{冷}=329t/h=91.39\ kg/s$。

2. 计算热负荷

已知 $\Delta H_{热}=30428.73J/kg$、$\Delta H_{冷}=59792.04J/kg$，热流 $Q_{热}=W_{热}\times\Delta H_{热}=195.55\times30428.73=5950.3kW$。或者用热流 $Q_{热}=W_h c_{ph}(T_1-T_2)$ 进行计算：热流 $Q_{冷}=W_{冷}\times\Delta H_{冷}=91.39\times59792.04=5464.3\ kW$。或者用热流 $Q_{冷}=W_c c_{p_c}(t_2-t_1)$ 进行计算。

3. 计算热平衡误差

$\Delta Q=|Q_{冷}/Q_{热}-1|\times100\%=|5464.3/5950.3-1|\times100\%=8.17\%<10\%$，条件成立，不需要调试。

4. 计算对数平均温差[5]

$$\Delta t_m=\frac{(T_1-t_2)-(T_2-t_1)}{\ln\dfrac{T_1-t_2}{T_2-t_1}}$$

其中，$T_1-t_2=103-76=27℃$、$T_2-t_1=99-90=9℃$，所以：

$$\Delta t_m=\frac{(T_1-t_2)-(T_2-t_1)}{\ln\dfrac{T_1-t_2}{T_2-t_1}}=(27-9)/\ln(27/9)=26.38(℃)$$

5. 计算有效平均温差

取校正系数 $F_T=0.9$，有效平均温差 $\Delta T=\Delta t_m\times F_T=28.47\times0.9=23.74(℃)$。

6. 计算经验总传热系数

根据参考文献[5]中《原油总传热系数参照表》提供的相关参数，假设经验总传热系数 $K=300\ W/(m^2\cdot K)$。

7. 选择最少串联壳体数

根据最少串联壳体数图解[5]，选择最少串联壳体数 $N=1$。

8. 估算换热面积

根据公式 $Q=K\times A\times \Delta T$，对换热面积进行估算：

其中，已知 $K=300$ W/(m$^2$ · K)、$\Delta T=23.74$℃、$Q_{热}=5464.3$kW，那么，$A=\frac{Q_{热}}{K\cdot\Delta t}=\frac{5464.3\times1000}{300\times23.74}=767.24(\text{m}^2)$。

9. 型号确认

根据浮头式换热器和冷凝器主要工艺参数表（$\phi$25mm×2.5mm 换热管）以及管嘴尺寸表[5]，选定 BES 结构，壳径为 $\phi$1700mm×6000mm，管程为 4、管子根数为 1856、中心管排数为 32、换热面积为 840.1m$^2$、换热管 $\phi$25mm×2.5mm，壳程进出口嘴子为 $\phi$400mm，折流板间距 $B$ 为 450mm，正方形旋转 45°排列管。

（四）计算管外膜传热系数

对于光管，管子的当量直径 $d_e$[5] 为四倍的管际空间的面积除以管子的润湿周边，正方形旋转 45°排列管，

$$d_e=\frac{4\left(p_t^2-\frac{\pi}{4}d_o^2\right)}{\pi\cdot d_o}=\frac{4\left(0.032^2-\frac{\pi}{4}0.025^2\right)}{\pi\cdot0.025}=0.02718(\text{m})$$

计算壳程流通面积 $S_o$[5]，壳径在 1600～1800mm 时，板间距板厚取 12mm，壳程流通面积=（壳径－中心管排数×管外径）×板间距－板厚 $S_o=(1.7-32\times0.025)\times(0.45-0.012)=0.3942(\text{m}^2)$。

管外流体质量流速：

$$G_o=\frac{W_o}{S_o}=\frac{329000}{0.3942\times3600}=231.84[\text{kg}/(\text{m}^2\cdot\text{s})]$$

壳程雷诺数：

$$Re_o=G_o\frac{d_e}{\mu_{oD}}=\frac{231.84\times0.02718}{0.00262}=2405.12$$

弓形折流板缺圆高度百分数[5]，国际系列取 $Z=25$，对于正方形或正方形斜转 45°排列的管束，当 $Re_o\geqslant1000$ 时：

$$J_{Ho}=0.378\cdot Re_o^{0.554}\cdot\left(\frac{Z-15}{10}\right)+0.41\cdot Re_o^{0.5634}\cdot\left(\frac{25-Z}{10}\right)$$

$$=0.378\times2405.12^{0.554}\times\frac{25-15}{10}=28.23$$

根据表 3-75，查得 $\varepsilon_h=1.07$[5]。

**表 3-75　旁路挡板传热与压力降校正系数表**

| 壳径/mm | 325 | 400 | 500 | 600 | 700 | 800 | 900 | 1000 | 1100 | 1200 | 1300 | 1400 | 1500 | 1600 | 1700 | 1800 |
|---|---|---|---|---|---|---|---|---|---|---|---|---|---|---|---|---|
| $\varepsilon_h$ | 1.30 | 1.26 | 1.23 | 1.20 | 1.18 | 1.17 | 1.15 | 1.14 | 1.13 | 1.12 | 1.11 | 1.10 | 1.09 | 1.08 | 1.07 | 1.06 |
| $\varepsilon_{\Delta p}$ | 1.90 | 1.87 | 1.85 | 1.73 | 1.64 | 1.58 | 1.52 | 1.51 | 1.50 | 1.45 | 1.40 | 1.35 | 1.30 | 1.25 | 1.20 | 1.15 |

管外流体普兰特准数：

$$Pr_o=\left(c_p \cdot \frac{\mu}{\lambda}\right)_{oD}=2.14806\times\frac{2.62}{0.0962}=58.50$$

由于温度变化不大，所以黏度壁温校正项可以忽略不计，取 $\phi_o\approx1$。

$$h_o=\frac{\lambda_{oD}}{d_e}\cdot J_{Ho}\cdot Pr_o^{\frac{1}{3}}\cdot\phi_o\cdot\varepsilon_h=\frac{0.0962}{0.02718}\cdot28.23\cdot58.50^{\frac{1}{3}}\cdot1\cdot1.07$$

$$=415.02[W/(m^2\cdot K)]$$

（五）计算管内膜传热系数

对于光管[5]，管内流体质量流速为$G_i=\frac{W_i}{S_i}$，管程流通面积为$S_i=\frac{N_t}{N_{tp}}\cdot\frac{\pi}{4}d_i^2$，

所以，$S_i=\frac{N_t}{N_{tp}}\cdot\frac{\pi}{4}d_i^2=\frac{1856}{4}\cdot\frac{\pi}{4}\cdot0.02^2=0.1457m^2$，$G_i=\frac{W_i}{S_i}=\frac{704000}{0.1457\times3600}=1342.18kg/(m^2\cdot s)$。

雷诺数$Re_i=G_i\frac{d_i}{\mu_{iD}}=\frac{1342.18\times0.02}{0.0003289}=81616.3$

管内流体普兰特准数 $Pr_i=\left(c_p\cdot\frac{\mu}{\lambda}\right)_{iD}=2338.62\times\frac{0.0003289}{0.1082}=7.11$。

由于雷诺数$Re_i>10^4$，管内传热因子$J_{Hi}=0.023\cdot Re_i^{0.8}=0.023\times81616.3^{0.8}=195.50$。由于温度变化不大，所以黏度壁温校正项可以忽略不计，取 $\phi_o\approx1$。

以光管外表面积为基准的管内膜传热系数：

$$h_{io}=\frac{\lambda_{iD}}{d_o}\cdot J_{Hi}\cdot Pr_i^{\frac{1}{3}}\cdot\phi_i=\frac{0.1082}{0.025}\times195.50\times7.11^{\frac{1}{3}}\times1=1627.01[W/(m^2\cdot K)]$$

（六）计算管壁金属热阻

根据管壁金属热阻推荐值[5]，碳钢导热系数为46.7W/(m·K)，碳钢金属热阻为：

$$r_p=\frac{d_o}{2\lambda_w}\cdot\ln\left(\frac{d_o}{d_i}\right)=\frac{0.025}{2\times46.7}\cdot\ln\left(\frac{25}{20}\right)=0.00006[(m^2\cdot K)/W]$$

（七）计算总传热系数

管程侧顶循结垢热阻为 $r_i=0.000172(m^2\cdot K)/W$，壳程侧原油结垢热阻为 $r_o=0.000516(m^2\cdot K)/W$，计算总传热系数 $K$[5]：

$$K=\frac{1}{\frac{A_o}{A_i}\times\left(\frac{1}{h_i}+r_i\right)+\left(\frac{1}{h_0}+r_0\right)+r_p}=\frac{1}{\frac{d_o}{d_i}\cdot\left(\frac{1}{h_i}+r_i\right)+\left(\frac{1}{h_o}+r_o\right)+r_p}$$

$$=\frac{1}{\frac{25}{20}\times\left(\frac{1}{1627.01}+0.000172\right)+\left(\frac{1}{415.02}+0.000516\right)+0.00006}$$

$$=306.97[W/(m^2\cdot K)]$$

现计算清洁总传热系数$K'$，其中，$r_i=r_o=0$。

$$K'=\frac{1}{\frac{A_o}{A_i}\cdot\left(\frac{1}{h_i}+r_i\right)+\left(\frac{1}{h_o}+r_o\right)+r_p}=\frac{1}{\frac{d_o}{d_i}\cdot\left(\frac{1}{h_i}+0\right)+\left(\frac{1}{h_o}+0\right)+r_p}$$

$$=\frac{1}{\frac{25}{20}\times\left(\frac{1}{1627.01}+0\right)+\left(\frac{1}{415.02}+0\right)+0.00006}$$

$$=378.85[W/(m^2\cdot K)]$$

计算总传热系数 $K$ 相对误差：

$K_{计算值}/K_{选用值}=|(306.97/300-1)|\times100\%=2.32\%$，在 0~10%之间，符合要求。

（八）计算换热面积 $A$

$Q=K\times A\times\Delta T$[5]，对换热面积进行计算：

$$A'=\frac{Q}{K\Delta T_m}=\frac{5464.3}{311.97\times23.74}\times10^3=749.82(m^2)$$

对换热面积余量进行计算，换热面积余量 $=\frac{A}{A'}-1=\frac{840.1}{749.82}-1=12.04\%$，所以所选热器满足工况要求。

（九）计算管程压降

对摩擦系数进行计算[5]，对光管、波纹管和内插物管管内摩擦系数的计算方法如下：

光管(标准换热器管)：当 $Re_i<10^3$，$f_i=67.63\cdot Re_i^{-0.9873}$；当 $Re_i=10^3\sim10^5$，$f_i=0.4513\cdot Re_i^{-0.2653}$；当 $Re_i>10^5$，$f_i=0.2864\cdot Re_i^{-0.2258}$。

根据前面的计算，雷诺数 $Re_i=81616.3$，介于 $10^3\sim10^5$，所以管内摩擦系数 $f_i=0.4513Re_i^{-0.2653}=0.0219$。

对管程直管压力降进行计算：

$$\Delta p_i=\frac{G_i^2}{2\rho_{iD}}\cdot\frac{L\cdot N_{ip}}{d_i}\cdot\frac{f_i}{\phi_i}$$

式中 $L$——管长，m；

$f_i$——管内摩擦系数，无因次；

$\rho_{iD}$——定性温度下的密度，kg/m$^3$。

前面计算得出 $G_i=1257.48$kg/(m$^2$·s)，

$$\Delta p_i=\frac{G_i^{\ 2}}{2\rho_{iD}}\cdot\frac{L\cdot N_{tp}}{d_i}\cdot\frac{f_i}{\phi_i}=\frac{1342.18^2}{2\times693.6}\times\frac{6\times4}{0.020}\times\frac{0.0219}{1}=34127.76(Pa)$$

对回弯压力降进行计算：

$$\Delta p_r=\frac{G_i^{\ 2}}{2\rho_{iD}}\cdot(4\cdot N_{tp})=\frac{1\,342.18^2}{2\times693.6}\times4\times4=20777.94(Pa)$$

对进出口管嘴压力降进行计算，进口质量流速 $G_{ni入口}=G_{ni出口}=704000/3600/(\pi/4\times0.4^2)=1556.97[kg/(m^2\cdot s)]$。由于选取换热器的管嘴直径为 400mm，所以，进出口嘴子压力降为：

$$\Delta p_{Ni}=\frac{1.5\,G_{Ni}^{\ 2}}{2\rho_{iD}}=\frac{1.5\times1556.97^2}{2\times693.6}=2621.28(Pa)$$

由于管程侧顶循结垢热阻为0.000172(m²·K)/W，根据表3-76，查得管程压力降结垢校正系数$F_i=1.20$[5]。

表3-76 管程压力降结垢校正系数表

| 结垢热阻/[(m³·K)/W] | 0 | 0.00017 | 0.00034 | 0.00043 | 0.00052 | 0.00069 | 0.00086 | 0.00129 | 0.00172 |
|---|---|---|---|---|---|---|---|---|---|
| $F_i$ | 1.00 | 1.20 | 1.35 | 1.40 | 1.45 | 1.50 | 1.60 | 1.70 | 1.80 |

对管程压力降进行计算：

$$\Delta p_t=(\Delta p_i+\Delta p_r)\cdot F_i+\Delta p_{Ni}=(34127.76+20777.94)\times1.20+2621.28=68.51(\text{kPa})$$

(十) 计算壳程压降[5]

对摩擦系数进行计算，光管、波纹管和螺纹管壳程摩擦系数的计算方法如下。

对于正方形或正方形斜转45°排列的管束：

当$10<Re_o\leqslant100$时，$f'_o=119.3\cdot Re_o^{-0.93}$；

当$100<Re_o\leqslant1500$时，$f'_o=0.402+3.1Re_o^{-1}+3.51\times10^4Re_o^{-2}-6.85\times10^6Re_o^{-3}+4.175\times10^8Re_o^{-4}$；当$1500<Re_o\leqslant15000$，$f'_o=0.731Re_o^{-0.0774}$；当$Re_o>15000$时，$f'_o=1.52Re_o^{-0.153}$。

由前面计算可知，壳程雷诺数$Re_o=2405.12$，介于1500~15000之间，所以，壳程摩擦系数$f'_o=0.731\cdot Re_o^{-0.0774}=0.731\times2405.12^{-0.0774}=0.4001$。

根据表3-76，查得旁路挡板压力降校正系数$\varepsilon_{\Delta p}=1.25$。

对管束压力降进行计算：

$$\Delta p_o=\frac{G_o^2}{2\rho_{oD}}\cdot\frac{D_s\cdot(N_b+1)}{d_e}\cdot\frac{f_o}{\phi_o}\cdot\varepsilon_{\Delta p}=\frac{231.84^2}{2\times839.94}\times\frac{1.6\times(16+1)}{0.02718}\times\frac{0.3822}{1}\times1.25=15297.44(\text{Pa})$$

对导流筒压力降进行计算，导流筒的压力降系数一般取5~7，在此取$\varepsilon_{Ip}=5$，进出口管嘴取400mm，壳侧进口质量流速$G_{no入口}=G_{no出口}=329000/3600/(\pi/4\times0.4^2)=727.62$[kg/(m²·s)]。

导流筒压力降 $\Delta p_{ro}=\dfrac{G_{No}^2}{2\rho_{oD}}\cdot\varepsilon_{Ip}=\dfrac{727.62^2}{2\times839.9}\times5=1575.88(\text{Pa})$。

对进出口管嘴压力降进行计算：

$$\Delta p_{No}=1.5\frac{G_{No}^2}{2\rho_{oD}}=\frac{727.62^2}{2\times839.9}=315.17(\text{Pa})$$

对进出口管嘴压力降进行计算，壳程压力降包括壳程管束压力降、导流筒或导流板压力降、进出口管嘴压力降。

$$\Delta p_s=\Delta p_o\cdot F_o+\Delta p_m+\Delta p_{No}$$

式中 $\Delta p_s$——壳程压力降，Pa；

$\Delta p_o$——管束压力降，Pa；

$\Delta p_m$——壳程导流筒或导流板压力降，Pa；

$\Delta p_{No}$——壳程进出口管嘴压力降，Pa。

根据表3-77，查得壳程压力降结垢校正系数$F_o=1.40$。

表 3-77　壳程压力降结垢校正系数

| 结垢热阻/[(m² · K)/W] | 0 | 0.00017 | 0.00034 | 0.00043 | 0.00052 | 0.00069 | 0.00086 | 0.00129 | 0.00172 |
|---|---|---|---|---|---|---|---|---|---|
| $F_i$ | 1.00 | 1.20 | 1.30 | 1.35 | 1.40 | 1.45 | 1.50 | 1.65 | 1.75 |

壳程压降：

$$\begin{aligned}\Delta p_{s} &= \Delta p_{o} \cdot F_{o} + \Delta p_{ro} + \Delta p_{No} \\ &= 15297.44 \times 1.40 + 315.17 + 315.17 \\ &= 22.05(\mathrm{kPa})\end{aligned}$$

换热器计算结果详见表 3-78。

表 3-78　换热器相关数据统计表

| 序号 | 项目 | 参数 |
|---|---|---|
| 1 | 壳体外径/mm | 1700 |
| 2 | 管径/mm | $\phi$25×2.5 |
| 3 | 管长/m | 6 |
| 4 | 管数/根 | 1856 |
| 5 | 传热面积/m² | 840.1 |
| 6 | 管程数 | 4 |
| 7 | 台数 | 1 |
| 8 | 壳程数 | 1 |
| 9 | 管心距/mm | 32 |
| 10 | 管子排列 | 正方形 |
| 11 | 折流板距/mm | 450 |
| 12 | 壳程进出口嘴子/mm | $\phi$400 |
| 13 | 材质 | 碳钢 |
| 14 | 膜传热系数/[W/(m² · ℃)] | 1627.0(管程)<br>415.02(壳程) |
| 15 | 压降/kPa | 68.51(管程)<br>22.05(壳程) |
| 16 | 总传热系数/[W/(m² · ℃)] | 306.97 |
| 17 | 换热面积/m² | 749.82 |

(十一) 计算数据与设计数据对比分析

实际采用的换热器 E1008 的设计参数详见表 3-79。

表 3-79　换热器 E1008 设计参数一览表

| 序号 | 项目名称 | 参数 |
|---|---|---|
| 1 | 壳体外径/mm | 1600 |
| 2 | 管径/mm | $\phi$25×2.5 |
| 3 | 管长/m | 6 |
| 4 | 管数/根 | 1592 |
| 5 | 传热面积/$m^2$ | 722.3 |
| 6 | 管程数 | 4 |
| 7 | 台数 | 1 |
| 8 | 壳程数 | 1 |
| 9 | 管心距/mm | 30 |
| 10 | 管子排列 | 正方形 |
| 11 | 折流板距/mm | 450 |
| 12 | 壳程进出口嘴子/mm | $\phi$400 |
| 13 | 材质 | Q345R(壳体)<br>10#钢(管束) |

通过对比发现，实际采用的换热器的换热面积为 722.3$m^2$，而计算得到的最小换热面积为 749.82$m^2$。也就是说，换热器 E1008 实际采用的换热面积略小于计算得到的最小换热面积。

通过分析出现这一问题的原因发现，主要包括以下几个方面的因素：

1)由于在装置设计初期，提供给设计院的设计数据偏小，没有能够如实地反映出装置生产的实际操作状况，导致设计出来的换热面积略小。

2)实际测量的数据存在一定的误差，同时所测得的数据也是随时波动的，这就导致计算结果与设计数据存在一定的偏差。

虽然通过这些测量数据计算得到的换热面积并不一定能够完全反映出实际情况，但整体上至少可以提供一定的参考依据。通过计算并同时结合装置目前的实际运行状况来看，换热器 E1008 设计的换热面积完全能够满足装置实际生产的要求。

## 八、电脱盐罐计算

### (一) 电脱盐罐流程

1. 电脱盐 A 罐流程

电脱盐 A 罐流程如图 3-18 所示。

2. 电脱盐 B 罐流程

电脱盐 B 罐流程如图 3-19 所示。

### (二) 电脱盐罐基础数据

电脱盐罐基础数据见表 3-80。

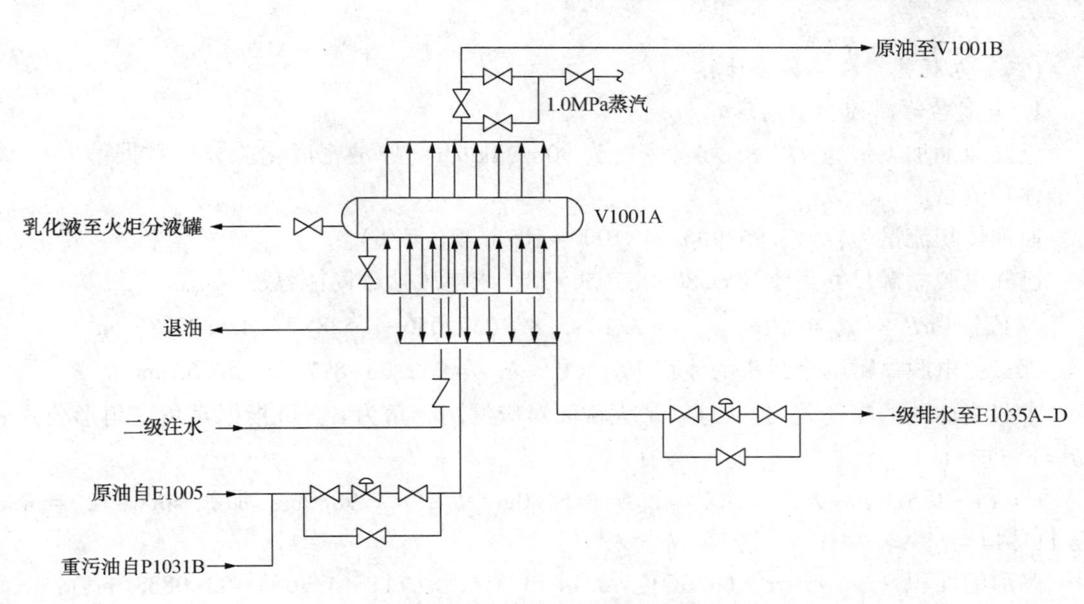


图 3-18 电脱盐 A 罐流程图

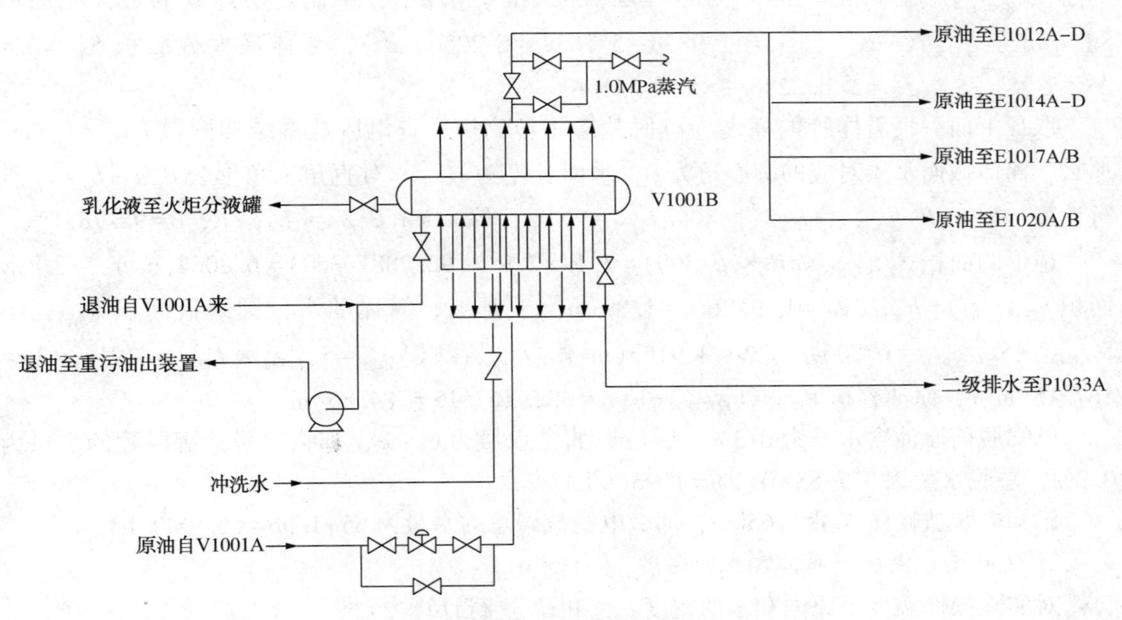


图 3-19 电脱盐 B 罐流程

**表 3-80 电脱盐罐基础数据一览表**

| 项目 | 数值 | 项目 | 数值 |
|---|---|---|---|
| 内径/mm | 5800 | 容积/$m^3$ | 952 |
| 总长/mm | 37056 | 操作温度(最高)/℃ | 150 |
| 切线长度/m | 34 | 操作压力(最高)/MPa | 1.6 |
| 封头高度/m | 1.528 | 设计温度/℃ | 170 |
| 筒体厚度/mm | 38 | 设计压力/MPa | 1.78 |
| 封头厚度/mm | 38 | 实际操作温度/℃ | 135 |

（三）电脱盐罐相关数据计算

1. 电脱盐罐原油和水的容积

已知原油加工量为977.85t/h，密度为906.74kg/m$^3$（原油密度化验分析数据偏大），求原油体积流量。

原油体积流量为：977.85/906.74×1000＝1078.42（m$^3$/h）。

已知电脱盐罐尺寸大小为$\phi$5800×37056×38，求电脱盐罐筒体容积$V_{筒体}$。

$$V_{筒体}=\pi R^2\times L_{筒体}=\pi d^2\times L_{筒体}/4=3.14\times 5.8^2\times(37.056-1.528\times 2)/4=897.85(m^3)$$

那么，电脱盐罐两个封头的体积$V_{封头}=V_{总}-V_{筒体}=952.38-897.85=54.53(m^3)$。

求封头球缺的半径$r$，封头球缺最大截面对应的圆心角为$\alpha$，可根据直角三角形公式$a^2+b^2=c^2$进行计算。

$r^2=(r-1.528)^2+2.9^2$，求得$r_{球缺}=3.5160m$，$h_{球缺}=1.9880m$，那么$\sin(\alpha/2)=R/r$，$\alpha=111.14°$。

扇形的面积$S_{封头扇形}=\pi r^2\times(a/360)=3.14\times 3.5160^2\times(111.14/360)=11.9838(m^2)$，三角形面积为$S_{封头三角形}=Rh=2.9\times 1.9880=5.7652(m^2)$，那么，单侧封头球缺的最大截面积$S_{最大球缺截面}=S_{封头扇形}-S_{封头三角形}=11.9838-5.7652=6.2286(m^2)$，罐体最大截面积$S_{最大截面}=2S_{最大球缺截面}+S_{罐体截面}=2\times 6.2286+2\times 5.8\times 34=406.86(m^2)$。

取最下面一根看样管的高度为电脱盐罐水位高度，查电脱盐罐结构图得$h_{水位}=0.9m$，那么，筒体截面水层对应的圆心角为$\beta$，水面长度为$L_{水位}$。对直角三角形公式$a^2+b^2=c^2$进行计算，$R^2=(R-h_{水位})^2+L_{水位}{}^2$，求得$L_{水位}=2.1m$，那么$\sin(\beta/2)=L_{水位}/R$，$\beta=92.7881°$。

扇形的面积$S_{筒体扇形}=\pi R^2\times(\beta/360)=3.14\times 2.9^2\times(92.7881/360)=6.8064(m^2)$，三角形面积$S_{筒体三角形}=h_{水位}L_{水位}=0.9\times 2.1=1.89(m^2)$，那么，筒体的水位圆缺截面积$S_{水位截面}=S_{筒体扇形}-S_{筒体三角形}=6.8064-1.89=4.9163(m^2)$，水层容积$V_{水层}=S_{水位截面}\times L_{筒体}=4.9163\times 34=167.15(m^3)$，原油容积$V_{原油}=V_{电脱盐罐}-V_{水层}=952-167.15=784.85(m^3)$。

已知脱前原油含水量为0.3%，脱后原油含水量为0.1%，那么电脱盐罐脱除的水量为0.2%，总脱水量为977.85×0.2%＝1.96（t/h）。

已知电脱盐罐注水量为65t/h，那么电脱盐罐总的水量为65+1.96＝66.96（t/h）。

2. 实际操作温度下原油和水的密度

对实际操作温度下原油和水的密度$\rho_{原油}$和$\rho_{水}$进行计算[5]：

已知原油在25℃下的密度$\gamma_{4\ 原油}^{20}=906.74kg/m^3$，水在4℃下的密度$\gamma_{4\ 原油}^{20}=1000kg/m^3$，根据公式[5]来计算$\rho_{原油}$：

$$\begin{aligned}\rho_{原油}&=T\times(1.307\times\gamma_4^{20}-1.817)+973.86\times\gamma_4^{20}+36.34\\&=135\times(1.307\times 0.9067-1.817)+973.86\times 0.9067+36.34\\&=834.03(kg/m^3)=0.8340(t/m^3)\end{aligned}$$

已知$\gamma_{4\ 水}^{20}=1000kg/m^3$、$T=135℃$，计算$\rho_{水}$：

$$\begin{aligned}\rho_{水}&=T\times(1.307\times\gamma_4^{20}-1.817)+973.86\times\gamma_4^{20}+36.34\\&=135\times(1.307\times 1-1.817)+973.86\times 1+36.34\\&=941.35(kg/m^3)=0.9414(t/m^3)\end{aligned}$$

（四）原油和水在电脱盐罐中停留时间

在电脱盐罐实际操作温度135℃下的原油和水的体积流量为：

$$Q_{原油135℃}=m_{原油}/\rho_{原油135℃}=977.85/0.834=1172.48(m^3/h)$$

$$Q_{水135℃}=m_{水}/\rho_{水135℃}=66.96/0.9414=71.13(m^3/h)$$

原油和水在电脱盐罐中停留时间分别为：

$$t_{原油停留}=V_{原油}/Q_{原油135℃}=784.85/1172.48=0.67h=40.16(min)$$

$$t_{水层停留}=V_{水层}/Q_{水135℃}=167.15/71.13=2.35h=141.00(min)$$

（五）原油上升速度

通过前面计算可知，罐体最大截面积为：

$$S_{最大截面}=2S_{最大球缺截面}+S_{罐体截面}=2\times6.2286+2\times5.8\times34=406.86(m^2)$$

原油在电脱盐罐最大截面上升速度为：

$$u_{原油}=Q_{原油135℃}/S_{最大截面}=1172.48/406.86=2.88(m/h)=8.0049\times10^{-4}(m/s)$$

（六）水滴直径

已知原油在电脱盐操作温度下的黏度为$\mu_{135℃}$ = 44.94mPa·s，重力加速度 g=9.81m/s²，根据斯托克斯公式[4]，对水滴直径$d$进行计算：

$$u_{水}=\frac{d^2\times(\rho_{水}-\rho_{油})g}{18\mu}$$

式中　$u$——水滴沉降速度，m/s；

$\rho_{水}$——水的密度，kg/m³；

$\rho_{油}$——油的密度，kg/m³；

$d$——水滴直径，mm；

$g$——重力加速度，9.81m/s²；

$\mu$——原油的黏度，mPa·s。

只有当水滴沉降速率等于原油的上升速度时，水滴直径即为最小直径。因此，$u_{水}=u_{原油}=2.88m/h=8.0049\times10^{-4}m/s$，$d_{水min}=[7.9722\times10^{-4}\times18\times44.94/1000/9.81/(941.35-834.03)]^{1/2}=0.7843(\mu m)$。

（七）计算电场梯度

电脱盐罐相关数据参数详见表3-81。

**表3-81　电脱盐罐内构件数据参数**

| 项目 | 数值 | 项目 | 数值 |
|---|---|---|---|
| 交变弱电场高度/mm | 500 | 直流强电场高度/mm | 300 |
| 交变弱电场电场强度/(V/cm) | 260~500 | 直流强电场电场强度/(V/cm) | 520~1000 |
| 交变弱电场停留时间/min | 5.9 | 直流强电场停留时间/min | 3.5 |
| 直流中电场高度/mm | 350 | 直流高强电场高度/mm | 200 |
| 直流中电场电场强度/(V/cm) | 360~700 | 直流高强电场强度/(V/cm) | 676~1300 |
| 直流中电场停留时间/min | 4.1 | 直流高强电场停留时间/min | 2.3 |

已知，交变弱电场板间距为500mm，直流中电场板间距为250 $\sqrt{3}$mm，直流强电场板间距为250mm。对电脱盐罐电场强度进行计算[4]：

$$U=E\cdot b$$

式中 $U$——两电极板间电压，V；

$E$——电位梯度，V/cm；

$b$——两电极板间距，cm。

电脱盐罐现场电压为19kV，因此各电场强度分别为：

直流中电场强度为：$19\times1000/250\sqrt{3}/10=438.79$V/cm；

直流强电场强度为：$19\times1000/250/10=760.00$V/cm。

而交变弱电场的电压 $u$ 的大小和方向是随时间按正弦函数规律变化的，其计算公式为：

$$u=U_{\mathrm{m}}\sin(\omega t+\alpha)$$

式中 $u$——交流电电压的瞬时值；

$U_{\mathrm{m}}$——交流电电压的最大值；

$\omega$——交流电的角频率；

$\alpha$——交流电的初相位。

那么，交变弱电场强度为 $19\times1000\times\sin(\omega t+\alpha)/500/10=380\times\sin(\omega t+\alpha)$(V/cm)。

(八) 讨论

根据斯托克斯公式，对水滴直径 $d$ 进行计算：

$$u_{水}=\frac{d^2\times(\rho_{水}-\rho_{油})g}{18\mu}$$

式中 $u$——水滴沉降速度，m/s；

$\rho_{水}$——水的密度，kg/m$^3$；

$\rho_{油}$——油的密度，kg/m$^3$；

$d$——水滴直径，mm；

$g$——重力加速度，9.81m/s$^2$；

$\mu$——原油的黏度，mPa·s。

通过公式转换可以得出：$d=\sqrt{\dfrac{u\cdot18\mu}{(\rho_{\mathrm{w}}-\rho_{\mathrm{o}})g}}$。

从上面公式可知，水滴直径与原油的性质和电脱盐罐的设备尺寸有直接关系，原油的性质又与温度有直接关系。而能够脱除下来的水滴直径又决定了电脱盐罐的脱水效果以及脱后原油中的水含量。

当水滴沉降速率等于原油的上升速度时，水滴直径即为最小直径。降低油相的黏度、增加油水的密度差，可以加快水的沉降速度。

## 九、能耗

(一) 基准能耗

1. 装置基准能耗计算

《中国石化基准能耗》中给出了能耗和总拔出率的关系图，描绘出了基准能耗与总拔出率的关系曲线，如图3-20所示。

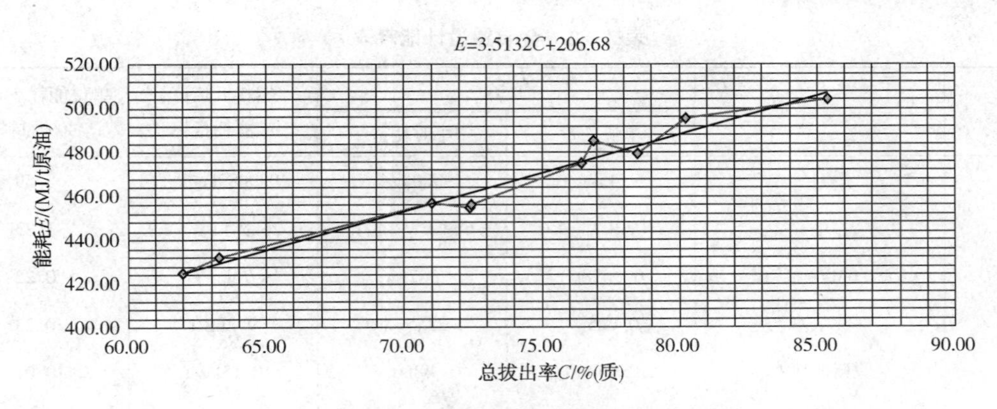


图 3-20　能耗和总拔出率的关系图

从曲线中可以清晰地看出，常减压蒸馏装置的能耗与总拔出率存在较好的线性关系。

对装置基准能耗进行计算(该总拔出率变化对基准能耗影响的关联式适用于燃料型)[14]：

$$E=3.5132C+206.68$$

式中　$E$——能耗，MJ/t 原油；

$C$——总拔出率,%(质)。

已知装置总拔出率 $C=70.07\%$，那么装置基准能耗为 $E=3.5132\times70.07+206.68=452.85(\mathrm{MJ/t})=11.48(\mathrm{kgEO/t})$。

2. 装置设计热出料计算

装置设计热出料相关数据详见表 3-82。

**表 3-82　装置设计热出料数据一览表**

| 序号 | 项目 | 流量/(kg/h) | 温度范围/℃ | 热负荷/kW | 备注 |
|---|---|---|---|---|---|
| 1 | 柴油 | 211440 | 113→70 | 2663 | 热负荷按 50%计 |
| 2 | 减二线油 | 230580 | 151→120 | 4244 | |
| | | 230580 | 120→80 | 2570 | 热负荷按 50%计 |
| 3 | 减三线油 | 82240 | 150→120 | 1417 | |
| | | 82240 | 120→80 | 886 | 热负荷按 50%计 |
| 4 | 减压渣油 | 215620 | 167→120 | 5729 | |
| 5 | 热水 | 108000 | 70→95 | 1492 | 热负荷按 50%计 |
| | 小计 | | | 19003 | |
| 6 | 常二中 | 262820 | 254→231 | 4440 | 至轻烃回收 |
| 7 | 常一中 | 250630 | 177→154 | 3971 | 至轻烃回收 |
| | 小计 | | | 8411 | |
| | 合计 | | | 27414 | |

3. 装置设计能耗

全装置设计能耗详见表 3-83。

表 3-83 全装置设计能耗表

| 序号 | 项目 | 消耗量 | | 燃料低热值或能耗指标 | 单位能耗/(kg 标油/t 原料) |
|---|---|---|---|---|---|
| | | 单位耗量 | 小时耗量 | | |
| 1 | 燃料气 | 9.45kg/t | 9000kg/h | 0.9089kg/kg | 8.59 |
| 2 | 电 | 7.032kW·h/t | 6697kW·h/h | 0.26kg/(kW·h) | 1.83 |
| 3 | 1.0MPa 蒸汽 | 0.0028t/t | 2.7t/t | 76kg/t | 0.22 |
| 4 | 除氧水 | 0.025t/t | 23.5t/h | 9.2kg/t | 0.23 |
| 5 | 脱硫净化水 | 0.050t/t | 48t/t | 0.15kg/t | 0.01 |
| 6 | 除盐水 | 0.003t/t | 3t/h | 2.3kg/t | 0.01 |
| 7 | 循环水 | 2.079t/t | 1980t/h | 0.1kg/t | 0.21 |
| 8 | 净化风 | 0.504Nm³/t | 480Nm³/h | 0.038kg/Nm³ | 0.02 |
| 9 | 污水 | 0.081t/t | 77.2t/h | 1.1kg/t | 0.09 |
| 10 | 热出料 | 23.54kW/t | 19003kW/h | | -1.72 |
| 11 | 合计 | | | | 9.49 |

注：表中热量按总热量的 95%计。温度大于 120℃的热量按热量全部回收计算；温度在 90~120℃的热量按全部热量的一半计入。

（二）能耗计算

1. 油品焓值计算

油品焓值详见表 3-84。

表 3-84 油品焓值计算表

| 油品名称 | 流量/(t/h) | 初始温度/℃ | 目标温度/℃ | *K* 值 | 相对密度 | 初始温度液相焓/(kJ/kg) | 终点温度液相焓/(kJ/kg) | 热负荷/kW |
|---|---|---|---|---|---|---|---|---|
| 柴油 | 145.33 | 110.0 | 70.0 | 11.8 | 0.851 | 257.2 | 169.4 | 3545.2 |
| 柴油 | 145.33 | 110.0 | 70.0 | 11.8 | 0.851 | 257.2 | 169.4 | 3545.2 |
| 减二线油 | 102.57 | 137.0 | 120.0 | 11.7 | 0.922 | 302.6 | 264.7 | 1079.7 |
| 减二线油 | 102.57 | 120.0 | 80.0 | 11.7 | 0.922 | 264.7 | 180.1 | 2411.2 |
| 减三线油 | 123.13 | 135.0 | 120.0 | 11.6 | 0.933 | 294.0 | 261.1 | 1126.3 |
| 减三线油 | 123.13 | 120.0 | 80.0 | 11.6 | 0.933 | 261.1 | 177.6 | 2855.4 |
| 减压渣油 | 255.99 | 152.0 | 120.0 | 1.5 | 1.027 | 135.3 | 106.2 | 2068.8 |
| 常二中油 | 227 | 239.0 | 192.0 | 11.8 | 0.859 | 582.7 | 455.6 | 8014.2 |
| 常一中油 | 223 | 144.0 | 133.0 | 11.9 | 0.817 | 347.1 | 320.0 | 1681.1 |

2. 油品实际热负荷计算

油品实际热负荷详见表 3-85。

表 3-85 油品实际热负荷计算表

| 序号 | 物料名称 | 流量/(t/h) | 温度范围/℃ | 初始焓值/(kJ/kg) | 目标焓值/(kJ/kg) | 总焓差/kW | 实际计算热负荷/kW | 备注 |
|---|---|---|---|---|---|---|---|---|
| 1 | 柴油 | 145.33 | 110→70 | 257.22 | 169.3961983 | 3545.24 | 1772.63 | 热负荷按50%计算 |
| 2 | 减二线油 | 102.57 | 137→120 | 302.62 | 264.7203505 | 1079.73 | 1079.73 | |
| | | 102.57 | 120→80 | 264.72 | 180.0912613 | 2411.22 | 1205.62 | 热负荷按50%计算 |
| 3 | 减三线油 | 123.13 | 135→120 | 294.03 | 261.0977472 | 1126.30 | 0 | 进罐区，未直供 |
| | | 123.13 | 120→80 | 261.10 | 177.6120557 | 2855.44 | 1427.72 | 热负荷按50%计算 |
| 4 | 减压渣油 | 255.99 | 152→120 | 135.32 | 106.226996 | 2068.81 | 2068.81 | |
| 5 | 热水 | 180 | 70→95 | | | 5250.00 | 2625.00 | 热负荷按50%计算 |
| | 小计 | | | | | | 10179.49 | |
| 6 | 常二中 | 227 | 239→192 | 582.71 | 455.6111739 | 8014.15 | 8014.15 | |
| 7 | 常一中 | 223 | 144→133 | 347.13 | 319.9934978 | 1681.11 | 1681.11 | |
| | 小计 | | | | | 9695.26 | 9695.26 | |
| | 合计 | | | | | | 19874.75 | |

3. 全装置实际能耗计算

全装置实际耗详见表 3-86。

表 3-86 全装置实际能耗表

| 序号 | 名称 | 三天累积量 | 消耗量 | | 燃料低热值或能耗指标 | 实际单位能耗/(kgEO/t原料) | 设计单位能耗/(kgEO/t原料) |
|---|---|---|---|---|---|---|---|
| | | | 单位耗量 | 小时耗量 | | | |
| 1 | 燃料气 | 603.5kg | 8.57kg/t | 8.38kg/h | 0.9089kg/kg | 7.79 | 8.59 |
| 2 | 电 | 508255.5kW·h | 7.22kW·h/t | 7059.10kW·h/h | 0.26kg/(kW·h) | 1.88 | 1.83 |
| 3 | 1.0MPa 蒸汽 | 276.28t | 0.00 | 3.84t/h | 76kg/t | 0.30 | 0.22 |
| 4 | 除氧水 | 2148.06t | 0.03t/t | 29.83t/h | 9.2kg/t | 0.28 | 0.23 |
| 5 | 脱硫净化水 | 4680t | 0.07t/t | 65.00t/h | 0.15kg/t | 0.01 | 0.01 |
| 6 | 除盐水 | 18.76t | 0.00t/t | 0.26t/h | 2.3kg/t | 0.00 | 0.01 |
| 7 | 循环水 | 278745.75t | 3.96t/t | 3871.47t/h | 0.1kg/t | 0.40 | 0.21 |
| 8 | 净化风 | 56324.456$Nm^3$ | 0.80$Nm^3$/t | 782.28$Nm^3$/h | 0.038kg/$Nm^3$ | 0.03 | 0.02 |
| 9 | 污水 | 6480t | 0.09t/t | 90.00t/h | 1.1kg/t | 0.10 | 0.09 |
| 10 | 热出料 | 732923.63 | 10.41kW/h | 10179.49kW | | -0.88 | -1.72 |
| 11 | 合计 | | | | | 9.91 | 9.49 |

4. 常减压部分实际能耗计算

常减压部分实际能耗详见表 3-87。

表 3-87 常减压部分实际能耗表

| 序号 | 名称 | 三天累积量 | 消耗量 | | 燃料低热值或能耗指标 | 实际单位能耗/(kgEO/t原料) | 设计单位能耗/(kgEO/t原料) |
|---|---|---|---|---|---|---|---|
| | | | 单位耗量 | 小时耗量 | | | |
| 1 | 燃料气 | 603.5kg | 8.57kg/t | 8.38kg/h | 0.9089kg/kg | 7.79 | 8.59 |
| 2 | 电 | 473539.5kW·h | 6.73kW·h/t | 6576.94kW·h/h | 0.26kg/(kW·h) | 1.75 | 1.73 |
| 3 | 1.0MPa 蒸汽 | 276.28t | 0.00 | 3.84t/h | 76kg/t | 0.30 | 0.22 |
| 4 | 除氧水 | 2148.06t | 0.03t/t | 29.83t/h | 9.2kg/t | 0.28 | 0.23 |
| 5 | 脱硫净化水 | 4680t | 0.07t/t | 65.00t/h | 0.15kg/t | 0.01 | 0.01 |
| 6 | 除盐水 | 18.76t | 0.00t/t | 0.26t/h | 2.3kg/t | 0.00 | 0.01 |
| 7 | 循环水 | 276746.25t | 3.93t/t | 3843.70t/h | 0.1kg/t | 0.39 | 0.18 |
| 8 | 净化风 | 56324.456Nm$^3$ | 0.80Nm$^3$/t | 782.28Nm$^3$/h | 0.038kg/Nm$^3$ | 0.03 | 0.01 |
| 9 | 污水 | 6480t | 0.09t/t | 90.00t/h | 1.1kg/t | 0.10 | 0.09 |
| 10 | 热出料 | 1430982.32kW | 20.32kW/h | 19784.75kW | | -1.71 | -2.48 |
| 11 | 合计 | | | | | 8.94 | 8.59 |

5. 轻烃回收部分实际能耗计算

轻烃回收部分实际能耗详见表 3-88。

表 3-88 轻烃回收部分实际能耗表

| 序号 | 名称 | 三天消耗累积量 | 消耗量 | | 燃料低热值或能耗指标 | 实际单位能耗/(kgEO/t原料) | 设计单位能耗/(kgEO/t原料) |
|---|---|---|---|---|---|---|---|
| | | | 单位耗量 | 小时耗量 | | | |
| 1 | 电 | 34716kW·h | 0.49kW·h/t | 482.17kW·h/h | 0.26kg/(kW·h) | 0.13 | 0.10 |
| 2 | 循环水 | 1999.5t | 0.03t/t | 27.77t/h | 0.1kg/t | 0.00 | 0.03 |
| 3 | 净化风 | 10560.8355Nm$^3$ | 0.15Nm$^3$/t | 146.68Nm$^3$/h | 0.038kg/Nm$^3$ | 0.01 | 0.00 |
| 4 | 热输入 | 698058.69kW | 9.91kW/t | 9695.26kW/h | | 0.83 | 0.76 |
| 5 | 合计 | | | | | 0.97 | 0.90 |

6. 电脱盐部分实际能耗计算

电脱盐部分实际能耗详见表 3-89。

表 3-89 电脱盐部分实际能耗表

| 序号 | 名称 | 三天消耗累积量 | 消耗量 | | 燃料低热值或能耗指标 | 实际单位能耗/(kgEO/t原料) | 设计单位能耗/(kgEO/t原料) |
|---|---|---|---|---|---|---|---|
| | | | 单位耗量 | 小时耗量 | | | |
| 1 | 电 | 56369.28kW·h | 0.80kW·h/t | 782.91kW·h/h | 0.26kg/(kW·h) | 0.21 | |

续表

| 序号 | 名称 | 三天消耗累积量 | 消耗量 | | 燃料低热值或能耗指标 | 实际单位能耗/（kgEO/t原料） | 设计单位能耗/（kgEO/t原料） |
|---|---|---|---|---|---|---|---|
| | | | 单位耗量 | 小时耗量 | | | |
| 2 | 循环水 | 2608.8t | 0.04t/t | 36.23t/h | 0.1kg/t | 0.00 | |
| 3 | 净化风 | 3520.2785Nm$^3$ | 0.05Nm$^3$/t | 48.89Nm$^3$/h | 0.038kg/Nm$^3$ | 0.00 | |
| 4 | 合计 | | | | | 0.21 | |

7. 采用新标准后全装置实际能耗计算

采用新标准后全装置实际能耗详见表3-90。

**表3-90 全装置实际能耗表(新标准)**

| 序号 | 名称 | 三天累积量 | 消耗量 | | 燃料低热值或能耗指标 | 实际单位能耗/（kgEO/t原料） | 设计单位能耗/（kgEO/t原料） |
|---|---|---|---|---|---|---|---|
| | | | 单位耗量 | 小时耗量 | | | |
| 1 | 燃料气 | 603.5kg | 8.57kg/t | 8.38kg/h | 0.9089kg/kg | 7.79 | 8.59 |
| 2 | 电 | 508255.5kW·h | 7.22kW·h/t | 7059.10kW·h/h | 0.22kg/(kW·h) | 1.59 | 1.55 |
| 3 | 1.0MPa蒸汽 | 276.28t | 0.00t/t | 3.84t/h | 76kg/t | 0.30 | 0.22 |
| 4 | 除氧水 | 2148.06t | 0.03t/t | 29.83t/h | 6.5kg/t | 0.20 | 0.16 |
| 5 | 脱硫净化水 | 4680t | 0.07t/t | 65.00t/h | 0.15kg/t | 0.01 | 0.01 |
| 6 | 除盐水 | 18.76t | 0.00t/t | 0.26t/h | 1kg/t | 0.00 | 0.00 |
| 7 | 循环水 | 278745.75t | 3.96t/t | 3871.47t/h | 0.06kg/t | 0.24 | 0.12 |
| 8 | 净化风 | 56324.456Nm$^3$ | 0.80Nm$^3$/t | 782.28Nm$^3$/h | 0.038kg/Nm$^3$ | 0.03 | 0.02 |
| 9 | 污水 | 6480t | 0.09t/t | 90.00t/h | 1.1kg/t | 0.10 | 0.09 |
| 10 | 热出料 | 732923.63kW | 10.41kW/t | 10179.49kW | | -0.88 | -1.72 |
| 11 | 合计 | | | | | 9.38 | 9.05 |

（三）能耗分析

1. 油品焓值计算说明

对进行热输出的各油品的焓值进行计算[15]，详细内容见表3-84油品焓值计算表。

2. 采用原设计能耗标准计算数据分析

为了便于跟装置原设计能耗进行对比分析，对于此次标定能耗的计算，仍然采用装置设计能耗时采用的旧标准，即GB/T 50441—2007《石油化工设计能耗计算标准》，同时采用的设计能耗数据为中石化洛阳工程公司提供的修订版的设计数据。

全装置设计能耗为9.49kgEO/t原油，常减压蒸馏部分的设计能耗为8.59kgEO/t原油，若按原油计算，轻烃回收部分设计能耗为0.9kgEO/t原油。

（1）全装置能耗分析

在标定期间，原油的换热终温在308~314℃之间，平均为310℃，达到了设计值309℃，装置整体运行比较平稳，理论上讲装置实际能耗应该与设计值偏差不大，甚至应该低于设计值。对采用与装置原设计能耗计算标准一致的实际能耗数据进行对比分析后发现，装置实际能耗为9.91kgEO/t原油，比设计能耗9.49kgEO/t原油高0.42kgEO/t原油。主要的影响因素包括以下几个方面：燃料气消耗、热输出、循环水消耗、电耗、1.0MPa蒸汽消耗、原油温度等。

① 燃料气的影响：

在正常满负荷工况标定期间的燃料气消耗为7.79kgEO/t原油。由于轻烃回收装置的开工，燃料气热值有所降低，另加热炉排烟温度接近115℃，远高于设计值90℃，增加了燃料的消耗。一般来说，排烟温度每降低17℃左右，炉效能提高1%；如炉效提高1%，燃料消耗要降低0.15kgEO/t原油。所以，该加热炉的炉效有进一步提高的潜力。如果能够采取有效措施继续降低排烟温度，那么就可以进一步降低燃料气的消耗。

② 热出料的影响：

在标定期间，常三线热料、减二线热料、减压渣油热料作为部分热出料，算作能耗的一部分，每天平均热出料能耗为-0.88kgEO/t原油。因下游装置没能建设好或其他原因，上述热料没能完全作为热料出装置，有些作为冷料进罐区调和后再进下游装置，如减三重蜡油。如果减三重蜡油能够实现直供，那么可以降低装置能耗0.09kgEO/t原油。因此，常减压装置在热供料方面还有一定的降耗空间。

③ 循环水的影响：

原设计循环水的消耗为0.21kgEO/t原油，标定期间的消耗为0.40kgEO/t原油，一方面是由于原设计用公司3#催化裂化装置热水冷却的冷却器由于没有投产，暂时只能用循环水进行冷却；另一方面是由于减顶抽真空系统冷却水用量比设计值大，主要是由于装置开工不久，为了确保标定期间减顶抽真空系统真空度的稳定，适当增加了循环水耗量。目前，装置循环水耗量基本控制在2000~2500t/h，能耗下降0.15kgEO/t原油。

④ 电耗：

标定期间电耗为7059.10kW·h/h，折合1.88kgEO/t原油，设计值为1.83kgEO/t原油，高于设计值0.05kgEO/t原油。主要原因是由于装置内绝大部分电机没有增设变频；同时在效率的计算上发现有些电机低于60%，如能将这些电机改为变频，电耗将会得到进一步降低。例如，常压区机泵电机效率整体都比较偏低，均可根据装置实际生产情况增设变频，从而节约装置电耗。

⑤ 蒸汽消耗的影响：

低压1.0MPa蒸汽消耗量比设计值增加了2t/h，达到16t/h，装置自发蒸汽大约14 t/h，达不到设计要求；有时装置处于耗系统状态，系统蒸汽温度仅175℃，蒸汽品质较低，如水环泵坏需维修时，蒸汽耗量增加约10t，由于系统蒸汽压力不稳，影响减顶真空度较大，操作波动大，需要对发汽系统流程进一步优化。同时，在标定期间投用了两组抽空器(一大一小)，通过标定表明，可以只使用一套小的抽空器，就可以满足满负荷工况下装置的正常生产，从而不再耗用装置外系统蒸汽，进而降低装置能耗0.3kgEO/t原油。不过装置在冬季生产时，由于要进行防冻防凝，仍然需要耗用装置外系统蒸汽，此时能耗会增加。

⑥ 原油温度的影响：

原油进装置温度偏低，设计值为40℃，实际仅为25℃，低于设计值15℃，对装置能耗有一定影响。通过计算可知，如果能够将原油温度提高15℃，那么装置实际能耗可以降低

0.641kgEO/t 原油。具体数据详见表 3-91。

表 3-91　原油温度影响相关数据表

| 油品名称 | 流量/(t/h) | 初始温度/℃ | 目标温度/℃ | K 值 | 相对密度 | 初始温度液相焓/(kJ/kg) | 终点温度液相焓/(kJ/kg) | 热负荷/kW | 能耗/(kgEO/t) |
|---|---|---|---|---|---|---|---|---|---|
| 原油 | 977.86 | 25.0 | 40.0 | 11.2 | 0.907 | 72.9 | 100.2 | -7401.0 | 0.64 |

⑦ 深拔的影响：

提高拔出率，必然付出较高的能耗。拔出率每增加 1%，能耗增加约 3.517MJ/t，也就是能耗增加 0.085kgEO/t 原油。在标定期间深拔拔出率约增加 3%~7%(与理论相比)，能耗约增加 0.255~0.595kgEO/t 原油。

(2) 电脱盐部分能耗分析

通过计算可知，电脱盐部分在正常满负荷工况标定期间的能耗为 0.21kgEO/t 原油，实际能耗有些偏高。主要原因是由于胜利原油电导率高，耗电多，而正常电脱盐能耗一般为 0.15kgEO/t 原油左右。

(3) 轻烃回收部分能耗分析

轻烃部分在正常满负荷工况标定期间的能耗为 0.97kgEO/t 原油，与设计能耗 0.90kgEO/t 原油相差不大，能耗增加了 0.07kgEO/t 原油。主要原因是由于脱丁烷塔底重沸器热源常二中取热量比设计值偏大。这说明脱丁烷塔进料中轻组分较多，相变吸热量偏大。

3. 用新能耗设计标准重新计算

根据有关规定[16]，对电、水以及冷量的统一能源折算值进行了修改，其中电的能源折算值由 0.26 修改为 0.22，循环水的能源折算值由 0.10 修改为 0.06，除盐水的能源折算值由 2.3 修改为 1.0，104℃除氧水的能源折算值由 9.2 修改为 6.5。根据新修改的能源折算值对装置原来的能耗重新进行修订。装置新修订的实际能耗为 9.38kgEO/t 原油，新修订的设计能耗为 9.05kgEO/t 原油。

(四) 问题讨论

表 3-92 各种能源折标油参考系数表[4]中规定了燃料油和燃料气的能量折算值。

表 3-92　各种能源折标油参考系数表

| 能源名称 | 数量与单位 | 折标油系数/kgEO | 能量折算值/MJ |
|---|---|---|---|
| 电 | 1kW · h | 0.26 | 10.89 |
| 新鲜水 | 1t | 0.17 | 7.12 |
| 循环水 | 1t | 0.10 | 4.19 |
| 软化水 | 1t | 0.25 | 10.47 |
| 除盐水 | 1t | 2.30 | 96.3 |
| 除氧水 | 1t | 9.20 | 385.19 |
| 凝气式蒸汽轮机凝结水 | 1t | 3.65 | 152.8 |
| 加热设备凝结水 | 1t | 7.65 | 320.3 |
| 燃料油 | 1t | 1000 | 41868 |

续表

| 能源名称 | 数量与单位 | 折标油系数/kgEO | 能量折算值/MJ |
|---|---|---|---|
| 燃料气 | 1t | 950 | 39775 |
| 催化烧焦 | 1t | 950 | 39775 |
| 工业焦炭 | 1t | 800 | 33494 |
| 10.0MPa 蒸汽 | 1t | 92 | 3852 |
| 3.5MPa 蒸汽 | 1t | 88 | 3684 |
| 1.0MPa 蒸汽 | 1t | 76 | 3182 |
| 0.3MPa 蒸汽 | 1t | 66 | 2763 |
| <0.3MPa 蒸汽 | 1t | 55 | 2303 |

其中，燃料油的能量折算值为 41868MJ/t，燃料气的能量折算值为 39775MJ/t。燃料气折算为标油的系数为 39775/41868×1000＝950。

在前面的加热炉计算一节中，对燃料气的发热值进行了计算，取 1kg 的燃料，对应的低热值为 $h_L$＝780459.40/17.53＝44520.47(kJ/kg)。

按照这一计算结果，进一步计算发现，计算所得的燃料气低热值折算为标油的系数为 44520.47/41868×1000＝1063.35。

这与设计给出的燃料气折算为标油的系数 0.9089×1000＝908.9 相差甚远。

如果按照计算所得到的燃料气折算为标油的系数 1063.35，重新对装置能耗进行计算，那么装置的实际能耗为 10.70kgEO/t 原油，修订以后的设计能耗为 10.50kgEO/t 原油，详见表 3-93。

**表 3-93　燃料气折算系数修改后的全装置实际能耗表**

| 序号 | 名称 | 消耗量 | | | 燃料低热值或能耗指标 | 实际单位能耗/(kgEO/t 原料) | 设计单位能耗/(kgEO/t 原料) |
|---|---|---|---|---|---|---|---|
| | | 三天累积量 | 单位耗量 | 小时耗量 | | | |
| 1 | 燃料气 | 603.5t | 8.57kg/t | 8.38kg/h | 1.06kg/kg | 9.11 | 10.05 |
| 2 | 电 | 508255.5kW·h | 7.22kW·h/t | 7059.10kW·h/h | 0.22kg/(kW·h) | 1.59 | 1.55 |
| 3 | 1.0MPa 蒸汽 | 276.28t | 0.00t/t | 3.84t/h | 76kg/t | 0.30 | 0.22 |
| 4 | 除氧水 | 2148.06t | 0.03t/t | 29.83t/h | 6.5kg/t | 0.20 | 0.16 |
| 5 | 脱硫净化水 | 4680t | 0.07t/t | 65.00t/h | 0.15kg/t | 0.01 | 0.01 |
| 6 | 除盐水 | 18.76t | 0.00t/t | 0.26t/h | 1kg/t | 0.00 | 0.00 |
| 7 | 循环水 | 278745.75t | 3.96t/t | 3871.47t/h | 0.06kg/t | 0.24 | 0.12 |
| 8 | 净化风 | 56324.456 | 0.80Nm³/t | 782.28Nm³/h | 0.038kg/Nm³ | 0.03 | 0.02 |
| 9 | 污水 | 6480t | 0.09t/t | 90.00t/h | 1.1kg/t | 0.10 | 0.09 |
| 10 | 热出料 | 732923.63kW | 10.41kW/t | 10179.49kW/h | | -0.88 | -1.72 |
| 11 | 合计 | | | | | 10.70 | 10.50 |

# 第四部分　检修改造建议

## 一、存在的问题描述

在装置第一周期运行期间，常压塔顶腐蚀较为严重，常顶排水也经常发黑。在装置第一周期结束后的检修期间，打开常压塔人孔检查发现：

1）常压塔顶部第 1 个筒节和第 2 个筒节连接环焊缝处存在多处裂纹；

2）顶部三层塔盘浮阀缺失，封头内壁出现大量裂纹；

3）常压塔顶冷回流管开裂；

4）常压塔内塔盘浮阀存在脱落现象。

常顶第 1 个筒节和第 2 个筒节连接环焊缝处存在多处裂纹。常压塔顶封头内部着色检查，发现多处表面裂纹。常压塔顶冷回流管发生开裂，具体情况如图 4-1 所示。此外，常压塔内塔盘浮阀大面积脱落。

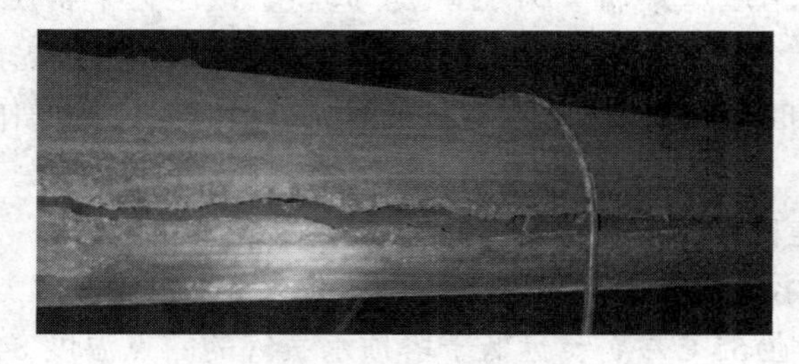

图 4-1　常压塔顶冷回流管开裂图

## 二、问题原因分析

（一）计算常压塔顶部露点温度

已知常压塔顶压力为 140kPa（绝）、常压塔顶产品罐顶不凝气流量为 55m$^3$（取最小流量，此时的露点温度最高）、常顶油摩尔流量、水蒸气摩尔流量，计算常压塔顶水蒸气的分压。

首先根据理想气体物态方程 $pV=nRT$，对常压塔顶产品罐顶不凝气摩尔流量进行计算，$n_{常顶不凝气}=140\times1000\times55/8.314/(120+273.15)=2.36(\mathrm{kmol/h})$。常压塔顶产品罐顶不凝气相关数据见表 4-1。

表 4-1　常压塔顶产品罐顶不凝气相关数据表　kmol/h

| 介质 | 常顶油 | 水蒸气 | 常压塔顶产品罐顶不凝气 |
|---|---|---|---|
| 流量 | 611.55 | 417.22 | 2.36 |

$$p_{常顶水蒸气}=140\times\frac{417.22}{417.22+611.55+2.36}=56.64(\mathrm{kPa})$$

根据安托因公式[6]，计算该压力下常压塔顶水蒸气的饱和温度。

$$\lg p=A-\frac{B}{T+C}$$

推导出：

$$T=\frac{B}{A-\lg p}-C$$

式中　$A$、$B$、$C$——物性常数，不同物质对应于不同的 $A$、$B$、$C$ 值，对于水蒸气，$A=7.07406$，$B=1657.46$，$C=227.02$；

$p$——温度 T 对应下的纯液体饱和蒸汽压，kPa。

求得：

$$T=\frac{B}{A-\lg p}-C=\frac{1657.46}{7.07406-\lg 56.64}-227.02=84.48(℃)$$

所以，该压力下常压塔顶水蒸气的露点温度为 84.48℃，而根据有关文献报道，要想减少塔顶露点腐蚀，塔顶温度至少要高于露点温度 14℃以上，即 98.48℃；如果要想进一步减少塔顶露点腐蚀，塔顶温度至少要高于露点温度 28℃以上，即 112.48℃。

（二）原因分析

1. 常压塔顶温度偏低

在装置标定期间，常压塔顶温度为 120℃，远高于该压力下常压塔顶水蒸气的露点温度，因此不存在露点腐蚀问题，常压塔顶温度符合实际操作和防腐要求。但在装置第一周期运行期间，塔顶温度有时会降到 100℃左右，虽然只是短时间内的操作运行状态，但仍然会加剧常顶的腐蚀。

2. 经常使用常压塔顶冷回流且温度过低

虽然装置在设计时没有考虑使用塔顶冷回流，但在装置实际生产过程中仍然经常使用冷回流，且回流温度一般在 55℃左右，远低于塔顶水蒸气的露点温度 84.48℃，相差近 30℃，这就会造成常压塔顶内局部出现低温区域，并在低温区域产生露点腐蚀，甚至会形成沟流，从而对塔壁造成冲蚀。

3. 常压塔顶压力过低

在装置第一周期运行期间，常压塔顶压力长期偏低，一般在 0~0.02MPa 之间，而常压塔顶压力设计压力为 0.08MPa。压力过低会导致气速过大，长期低压操作会对塔顶造成一定的冲刷，尤其是对于塔盘的冲刷更加严重。

4. 常压塔顶三注管线为直管无喷头，喷淋清洗效果相对较差

常顶出口管线设有注有机胺、低温缓蚀剂、水三条管线，但三条管线均为直管，末端没有喷头，而直管的喷淋清洗效果要比喷头的喷淋清洗效果差很多，这就导致常顶三注系统的防腐效果相对较差。

5. 装置加工原油硫含量长期超标

装置设计加工原油硫含量设防值为不大于 1.97%、酸值设防值为不大于 0.37%，但在装置实际运行期间，所加工的原油硫含量长期大于等于 2.5%，有时还经常超过 3.0%，超设防值 50%以上，在常压塔顶极易产生低温硫腐蚀。

6. 常压塔顶注水氨氮含量经常超标

在装置第一周期运行期间，常压塔顶注水氨氮含量经常出现超标现象，主要是由于常压塔顶注水为本装置外送的含硫污水，而含硫污水一部分是由塔底汽提蒸汽产生，一部分是由脱后原油带入，而脱后原油中的水主要是脱硫净化水，而脱硫净化水氨氮含量经常超标，这就导致常压塔顶注水氨氮含量经常超标，从而加剧了常顶的腐蚀。

7. 常压塔顶材质耐腐蚀性能不高

常压塔顶设计材质为复合板结构：壳体采用Q345材质、内衬采用06Cr13材质，耐腐蚀性能相对较差。

## 三、解决问题的具体措施

由于在装置第一周期运行期间常顶整体状况良好，除了常顶排水经常发黑以外，没有发现任何异常情况，因此并没有预料到常顶腐蚀会如此严重。当装置第一周期结束后，检修期间打开常顶人孔后才发现腐蚀的严重性，但由于之前没有进行相关准备，因此在检修期间只是对常压塔顶环焊缝和塔顶封头进行了打磨修复，未做其他处理。为确保下一周期常压塔能够安全平稳运行，常顶腐蚀能够被控制在一个合理的范围内，需要做好以下工作。

（1）提高塔顶温度

在确保常压塔操作平稳和产品质量合格的基础上，尽量提高塔顶温度，尽可能向设计值120℃进行靠拢，同时避免塔顶温度的大幅波动。塔顶温度最好要高于露点温度28℃以上，也就是要保证塔顶温度要高于112.48℃。

（2）停止使用冷回流

装置常压塔顶原设计是不使用冷回流的，因此在控制好塔顶操作的前提下，尽量减少冷回流的用量，最好不用。这样不但能够避免常压塔顶内局部出现低温区域，从而避免产生低温露点腐蚀，而且还能够避免常压塔顶塔壁出现沟流，进而避免了对塔壁造成的冲蚀。

（3）提高常压塔顶压力

在确保常压塔操作平稳和产品质量合格的基础上，尽量提高塔顶压力，尽可能向设计值进行靠拢，同时避免塔顶压力的大幅波动。塔顶压力最好控制在0.08MPa左右，至少也要保证塔顶压力不低于0.04MPa。

（4）塔顶三注管线增加喷头，提高喷淋清洗的效果

下次检修对塔顶三注系统进行改造，在管线末端增加喷头，从而大大提高塔顶三注系统的喷淋清洗效果，降低塔顶的腐蚀速率。

（5）控制装置加工原油的硫含量不超设计值

按照装置设计加工原油硫含量设防值为小于等于1.97%这一标准，向公司相关部门反映，尽量将装置加工原油硫含量控制在1.97%以内，同时利用公司新增加的原油调和系统，优化装置加工原油配比，进一步降低加工原油的硫含量。

（6）控制电脱盐罐注水氨氮含量

严格监控电脱盐罐注水的氨氮含量，减少常顶注水中进入塔顶的氨氮量，从而降低常顶的腐蚀。

（7）更换塔内件材质，进行升级

下次检修时对塔顶材质进行升级，内衬由原来的06Cr13升级为双相钢或者625，从而提高材质的抗腐蚀性能。

（8）进一步降低脱后原油盐含量

为进一步降低常顶腐蚀速率，在做好塔顶防腐工作的同时，也应对源头加以重视，也就是做好电脱盐罐操作和各项指标的控制，尤其是脱后原油盐含量，不但要确保产品合格和运行平稳，而且应考虑进一步降低脱后原油盐含量，由3mg/L降至2mg/L，甚至是1mg/L，大大降低减少常顶氯离子的含量，从而减少塔顶的氯腐蚀。

## 四、预计效果

(1) 避免常压塔顶内局部出现低温区域，减少露点腐蚀和沟流

提高塔顶温度并减少甚至停用冷回流，不但能够避免常压塔顶内局部出现低温区域以及在低温区域产生露点腐蚀，而且还能够避免形成沟流，降低对塔壁造成冲蚀。

(2) 提高常压塔顶三注系统的喷淋清洗效果

在塔顶三注系统管线末端增加喷头，能够大大提高塔顶三注系统的喷淋清洗效果，降低塔顶的腐蚀速率。

(3) 降低塔顶塔盘的冲刷

提高塔顶压力以后，能够降低塔内油气流速，减少塔内油气对塔顶的冲刷，尤其是能够大大降低对塔盘的冲刷速率。

(4) 降低塔顶铵盐腐蚀

对电脱盐罐注水的氨氮含量严格监控以后，能够减少进入塔顶的氨氮量，从而降低常顶的铵盐量，减缓常顶的腐蚀速率。

(5) 降低塔顶低温部位腐蚀

加强电脱盐罐操作和各项指标的控制，尤其是做好脱后原油盐含量控制，能够大大降低常顶氯离子的含量，从而减缓塔顶的氯腐蚀速率。

按照设计加工原油硫含量设防值 1.97%这一标准对原油硫含量进行严格控制以后，能够大大降低进入装置的硫含量，尤其是能够减少常顶中的 $H_2S$ 含量，降低塔顶低温硫腐蚀速率。

(6) 提高材质的抗腐蚀性能

塔顶内衬由原来的 06Cr13 升级为双相钢或者 625 合金钢，能够大大提高材质的抗腐蚀性能，确保装置的长周期运行。

## 五、讨论

1. 减少常顶腐蚀的其他辅助措施

(1) 控制常顶循返塔温度>100℃

为避免塔顶因出现低温区域而产生露点腐蚀，在控制好塔顶温度的同时，也要进一步控制好常顶循返塔温度，在保证操作平稳的前提下，尽量提高，至少要高于露点温度 14℃以上，按照不低于 100℃进行控制。

(2) 适当提高塔顶注水量

为减缓常顶的腐蚀速率，可考虑适当提高塔顶注水量，至少要保证总注水量的 10%~25%能够变成液态水，为中和剂、缓蚀剂提供防腐条件。而装置常顶设计注水量为 6t/h，因此可提高至 8t/h 左右。

(3) 对塔顶设备采用渗铝和金属涂层技术

对于塔顶设备低温部位的防腐蚀工作，也可以考虑通过对碳钢设备进行防腐蚀操作，比如在冷凝器的冷凝管表面涂抹铝或镀镍或磷的涂层来进行防腐。金属材料渗入金属铝以后设备表面的微硬度会进一步加强，同时耐磨性能也得到加固。

2. 塔顶温度的控制范围

已对常压塔顶部露点温度进行了计算，该压力下常压塔顶水蒸气的露点温度为

84.48℃。结合塔顶系统的操作条件，可以对塔顶低温露点腐蚀的风险进行一下评估。

根据有关报道[17]，对于常压塔顶部露点腐蚀的控制，常顶温度一般至少要高于露点温度14℃以上，即98.48℃；如果要想进一步减少塔顶露点腐蚀，塔顶温度最好要高于露点温度28℃以上，即112.48℃。

## 参考文献

[1] 徐春明，杨朝合．石油炼制工程[M].4版．北京：石油工业出版社，2009：57-77.
[2] 王松汉．石油化工设计手册：第1卷[M]. 北京：化学工业出版社，2001：910.
[3] 陈俊武．催化裂化工艺与工程[M]. 北京：中国石化出版社，2005：408.
[4] 李志强．原油蒸馏工艺与工程[M]. 北京：中国石化出版社，2010：183-288.
[5] 刘魏．冷换设备工艺计算手册[M].2版．北京：中国石化出版社，2008：10-75.
[6] 王志魁．化工原理 [M].2版．北京：化学工业出版社，2011：366，373.
[7] 唐孟海、胡兆灵．常减压蒸馏装置技术问答[M]. 北京：中国石化出版社，2006：373.
[8] 钱家麟．管式加热炉 [M].2版．北京：中国石化出版社，2006：26-88.
[9] 中华人民共和国国家发展和改革委员会．石油化工管式炉热效率设计计算：SH/T 3045—2003[S].
[10] 中国石油化工总公司石油化工规划院．炼油厂设备加热炉设计手册[M]. 北京：中国石油化工总公司，1986：21.
[11] 李少萍，徐心茹．石油加工过程设备[M]. 上海：华东理工大学出版社，2009：23-48.
[12] 王松汉．石油化工设计手册：第3卷[M]. 北京：化学工业出版社，2001：1437-1443.
[13] 姚玉英．化工原理 [M].2版．天津：天津大学出版社，2001：161-169.
[14] 寿建祥，陈伟军．常减压蒸馏装置技术手册[M]. 北京：中国石化出版社，2016：228.
[15] 曹汉昌，郝希仁，张韩．催化裂化工艺计算与技术分析[M]. 北京：石油工业出版社，2000：189.
[16] 中华人民共和国住房城乡建设部，中华人民共和国国家质量监督检验检疫总局．石油化工设计能耗计算标准：GB/T 50441—2006[S].

# 福建联合石化8.0Mt/a常减压蒸馏装置工艺计算

完成人：张　成
单　位：中国石化工程建设有限公司

# 目　录

# 第一部分　标定报告

本报告采用的基础数据来自福建联合石油化工有限公司(简称福建联合石化)8.0Mt/a 常减压蒸馏装置2009 年的标定数据。由于本报告后续计算需要较为详尽的数据支持，福建联合石化常减压装置2009 年的标定数据相对较完整，故选取该装置作为此次计算分析的依据。由于采集数据时间较早，装置当前加工原油、生产方案乃至加工规模可能会与报告中数据有较大不同，文中结论不宜作为当前装置生产及后续改造措施的参考。

## 一、装置及标定基本情况

福建联合石油化工有限公司 8.0Mt/a 常减压蒸馏装置于 2008 年底建成并于 2009 年 5 月投产。装置采用减压深拔技术，原油切割温度达到 565℃(TBP)。

本装置主要由原油电脱盐系统、加热炉及换热网络系统和常压蒸馏系统、减压蒸馏系统四部分组成。8.0Mt/a 常减压蒸馏装置按照加工沙特阿拉伯轻质原油和沙特阿拉伯中质原油的混合原油(混合比为 1∶1)设计，原油硫含量 2.28%(质)。闪蒸塔顶油气直接引入常压塔 30 层板之上。常压塔抽出 3 条侧线，承担着石脑油、航空煤油、柴油的分离任务。常压拔出率 48.39%(质)。常顶气及常顶油去轻烃回收装置，常一线作航煤加氢原料，常二、常三线作柴油加氢原料。减压塔内设 5 段填料及相应的汽、液分布系统，减压拔出率 30.19%(质)。减顶油、减一线和常二、常三线油合并去柴油加氢装置罐区，减二线油作加氢裂化装置原料，减三线油作为加氢处理装置原料，减压渣油去溶剂脱沥青装置及溶剂脱沥青罐区作为溶剂脱沥青原料。

装置于 2006 年 8 月开始施工，2008 年 5 月 12 日启动中交并开始“三查四定”工作，9 月 28 日实现装置中交。2009 年 5 月 6 日引原油置换柴油开工，11 日切换原油并出合格产品，最终实现了“安全、高效、清洁”开车一次成功的目标。装置经过 5 个多月的生产调节和平稳运行，具备性能考核测试与能力标定条件，于 2009 年 10 月 28 日～2009 年 10 月 31 日进行正式的性能测试及能力标定。

按照标定工作安排，标定期间的原料为沙轻和沙中原油，标定期间保持原油品种和掺炼比不变(沙轻和沙中原油比例为 1∶1)，以保证原料性质的稳定。

性能优化测试和能力标定分四种工况逐步进行：①工况 1——100%负荷(减压炉管注汽约 6t/h)；②工况 2——100%负荷(减压炉管不注汽)；③工况 3——105%负荷(减压炉管不注汽)；④工况 4——110%负荷(减压炉管不注汽)。本次核算采用工况 1 的数据。

## 二、标定原始数据

标定过程的主要工艺参数见表 1-1。

表 1-1　主要工艺参数表

| 项目 | | 位号 | 工况 1 |
|---|---|---|---|
| 电脱盐单元 | 脱前一路进料量/(t/h) | FIC1052 | 282 |
| | 脱前二路进料量/(t/h) | FIC1054 | 343 |
| | 脱前三路进料量/(t/h) | FIC1056 | 295 |
| | 原油进装置温度/℃ | TI1081 | 32 |
| | 原油进 D101A 罐温度/℃ | TI1002 | 129 |

续表

| 项目 | | 位号 | 工况 1 |
|---|---|---|---|
| 闪蒸塔 | 闪蒸回流量/(t/h) | FIC1042 | 0 |
| | 进料温度/℃ | TI1007 | 209 |
| | 汽化段温度/℃ | TI1006 | 203 |
| | 塔顶压力/MPa(表) | PI1006 | 0.172 |
| | 汽化段压力/MPa(表) | PI1007 | 0.179 |
| 常压塔系统 | 常顶回流量/(t/h) | FIC1031 | 46 |
| | 常顶循量/(t/h) | FIC1032 | 340 |
| | 常一中流量/(t/h) | FIC1033 | 344 |
| | 常二中流量/(t/h) | FIC1034 | 295 |
| | 常顶油流量/(t/h) | FI1040 | 167 |
| | 常一线流量/(t/h) | FI1045 | 110 |
| | 常二线流量/(t/h) | FI1046 | 106 |
| | 常三线流量/(t/h) | FI1047 | 99 |
| | 常重流量/(t/h) | FI2009 | 508 |
| | 塔底吹汽/(t/h) | FI1035 | 8.0 |
| | 常顶温度/℃ | TIC1051 | 137 |
| | 塔顶回流温度/℃ | TI1058 | 40 |
| | 常顶循返回温度/℃ | TIC1052 | 101 |
| | 常一中返回温度/℃ | TIC1053 | 163 |
| | 常二中返回温度/℃ | TIC1054 | 205 |
| | 常一线抽出温度/℃ | TIC1055 | 195 |
| | 常二线抽出温度/℃ | TIC1056 | 270 |
| | 常三线抽出温度/℃ | TIC1057 | 335 |
| | 常顶压力/MPa(表) | PI1011 | 0.145 |
| | 汽化段压力/MPa(表) | PI1015 | 0.182 |
| 减压塔系统 | 减顶回流量/(t/h) | FIC2031 | 120 |
| | 减一中流量/(t/h) | FIC2033 | 405 |
| | 减二中流量/(t/h) | FIC2035 | 275 |
| | 减一线流量/(t/h) | FIC2061 | 18 |
| | 减二线流量/(t/h) | FIC2062 | 140 |
| | 减三线流量/(t/h) | FIC2063 | 94 |
| | 减渣流量/(t/h) | FIC2064 | 206 |
| | 减一线洗涤油流量/(t/h) | FIC2032 | 38 |
| | 减三线洗涤油流量/(t/h) | FIC2066 | 100 |
| | 减二中至洗涤油流量/(t/h) | FIC2065 | |
| | 过汽化油量/(t/h) | FIC2067 | 40 |
| | 减顶油流量/(t/h) | FI2039 | 1.55 |

续表

| 项目 | | 位号 | 工况 1 |
| --- | --- | --- | --- |
| 减压塔系统 | 塔底吹汽流量/(t/h) | FIC2068 | 1.2 |
| | 抽真空蒸汽流量/(t/h) | FI2038 | 13 |
| | 减顶温度/℃ | TIC2041 | 69 |
| | 减顶回流温度/℃ | TI2055 | 55 |
| | 减一线抽出温度/℃ | TI2045 | 163 |
| | 减二线、减一中抽出温度/℃ | TI2048 | 259 |
| | 减一中返回温度/℃ | TI2047 | 174 |
| | 减三线、减二中抽出温度/℃ | TI2050 | 320 |
| | 减二中返回温度/℃ | TI2049 | 246 |
| | 减压塔进料温度/℃ | TI2054 | 402 |
| | 减压塔进料温度/℃ | TI2056 | 401 |
| | 过汽化油抽出温度/℃ | TI2052 | 359 |
| | 塔底温度/℃ | TIC2057 | 358 |
| | 减顶压力/kPa | PI2002 | 2.18 |
| | 汽化段压力/kPa | PI2009 | 4.39 |
| 脱硫塔系统 | 塔顶压力/MPa(表) | PI2005 | 0.0115 |
| | 塔顶温度/℃ | TI2059 | 33 |
| | 贫胺进塔流量/(t/h) | FIC2042 | 10 |
| | 贫胺进塔流量/(t/h) | FIC2043 | 6 |
| 常压炉系统 | 一路进料/(t/h) | FIC1007 | 98 |
| | 二路进料/(t/h) | FIC1008 | 99 |
| | 三路进料/(t/h) | FIC1009 | 103 |
| | 四路进料/(t/h) | FIC1010 | 101 |
| | 五路进料/(t/h) | FIC1011 | 101 |
| | 六路进料/(t/h) | FIC1012 | 100 |
| | 七路进料/(t/h) | FIC1013 | 100 |
| | 八路进料/(t/h) | FIC1014 | 100 |
| | 左炉膛氧含量/%(体) | AIC1301 | 2.9 |
| | 右炉膛氧含量/%(体) | AIC1302 | 3.8 |
| | 左炉膛负压/Pa(表) | PI1306 | -81 |
| | 右炉膛负压/Pa(表) | PI1308 | -81 |
| | 原油换热终温/℃ | TI1011 | 309 |
| | 一路出口温度/℃ | TI1012 | 369 |
| | 二路出口温度/℃ | TI1013 | 365 |
| | 三路出口温度/℃ | TI1014 | 369 |
| | 四路出口温度/℃ | TI1015 | 370 |
| | 五路出口温度/℃ | TI1016 | 372 |

续表

| 项目 | | 位号 | 工况 1 |
|---|---|---|---|
| 常压炉系统 | 六路出口温度/℃ | TI1017 | 368 |
| | 七路出口温度/℃ | TI1018 | 368 |
| | 八路出口温度/℃ | TI1019 | 368 |
| | 左炉膛温度/℃ | TIC1018 | 751 |
| | 右炉膛温度/℃ | TIC1033 | 759 |
| | 炉出口温度/℃ | TIC1022 | 368 |
| | 炉出口温度/℃ | TIC1020 | 368 |
| 减压炉系统 | 一路进料/(t/h) | FIC2001 | 62 |
| | 二路进料/(t/h) | FIC2002 | 63 |
| | 三路进料/(t/h) | FIC2003 | 63 |
| | 四路进料/(t/h) | FIC2004 | 63 |
| | 五路进料/(t/h) | FIC2005 | 64 |
| | 六路进料/(t/h) | FIC2006 | 64 |
| | 七路进料/(t/h) | FIC2007 | 62 |
| | 八路进料/(t/h) | FIC2008 | 62 |
| | 左炉膛氧含量/% | AIC2301 | 4. 0 |
| | 右炉膛氧含量/% | AIC2302 | 3. 9 |
| | 左炉膛负压/Pa(表) | PI2306 | -96 |
| | 右炉膛负压/Pa(表) | PI2308 | -109 |
| | 左炉膛温度/℃ | TIC2013 | 780 |
| | 右炉膛温度/℃ | TIC2018 | 792 |
| | 一路出口温度/℃ | TI2001 | 412 |
| | 二路出口温度/℃ | TI2002 | 413 |
| | 三路出口温度/℃ | TI2003 | 412 |
| | 四路出口温度/℃ | TI2004 | 411 |
| | 五路出口温度/℃ | TI2005 | 410 |
| | 六路出口温度/℃ | TI2006 | 410 |
| | 七路出口温度/℃ | TI2007 | 410 |
| | 八路出口温度/℃ | TI2008 | 410 |
| | 混合一路炉出口温度/℃ | TIC2019A | 403 |
| | 混合二路炉出口温度/℃ | TIC2020A | 402 |
| 空气预热器系统 | 预热器风道入口压力/Pa(表) | PI1401 | 2746 |
| | 预热器烟道入口压力/Pa(表) | PI1403 | -728 |
| | 烟气入口温度/℃ | TI1403 | 287 |
| | 预热器风道入口温度/℃ | TI1401 | 31 |
| | 热空气温度/℃ | TI1402A | 222 |
| | 排烟温度/℃ | TI1406 | 156 |

续表

| 项目 | | 位号 | 工况 1 |
| --- | --- | --- | --- |
| 汽包 | 汽包 D501 产蒸汽压力/MPa(表) | PIC5101 | 1.15 |
| | 汽包 D502 产蒸汽压力/MPa(表) | PIC5201 | 0.55 |
| 其他 | 常一线冷后温度/℃ | TI1080 | 44 |
| | 混合柴油冷后温度/℃ | TI1084 | 60 |
| | 减二线冷后温度/℃ | TI1083 | |
| | 减三线冷后温度/℃ | TI1088 | |
| | 减渣冷后温度/℃ | TI1086 | |
| | D101A 操作压力/MPa(表) | PIC1001 | 1.66 |
| | D101A 注水量/(t/h) | FIC1001 | 64 |
| | D101B 操作压力/MPa(表) | PIC1003 | 1.49 |
| | D101B 注水量/(t/h) | FIC1003 | 64 |

换热器测试数据见表 1-2。

**表 1-2　换热器测试数据**

| 序号 | 工艺代号 | 设备名称 | 工况 1 | | | |
| --- | --- | --- | --- | --- | --- | --- |
| | | | 出口温度/℃ | | 入口温度/℃ | |
| | | | 管程 | 壳程 | 管程 | 壳程 |
| 1 | E101A-D | 原油-常顶油汽换热器 | 93 | 66 | 108 | 31 |
| 2 | E102 | 原油-常一(2)换热器 | 99 | 80 | 141 | 64 |
| 3 | E103 | 原油-常三(5)换热器 | 102 | 110 | 145 | 96 |
| 4 | E104 | 原油-常顶循(1)换热器 | 140 | 134 | 152 | 1059 |
| 5 | E105A/B | 原油-减顶循换热器 | 100 | 90 | 147 | 64 |
| 6 | E106 | 原油-常顶循(2)换热器 | 125 | 114 | 143 | 90 |
| 7 | E107 | 原油-常三(4)换热器 | 135 | 129 | 176 | 114 |
| 8 | E108A/B | 原油-常顶循(3)换热器 | 108 | 105 | 130 | 66 |
| 9 | E109 | 原油-常二(3)换热器 | 123 | 120 | 165 | 105 |
| 10 | E110A/B | 原油-减二换热器 | 121 | 133 | 151 | 115 |
| 11 | E111A/B | 脱盐油-减渣(5)换热器 | 146 | 144 | 123 | 177 |
| 12 | E112A/B | 脱盐油-常一中(2)换热器 | 160 | 163 | 141 | 179 |
| 13 | E113 | 脱盐油-常三(3)换热器 | 176 | 180 | 173 | 217 |
| 14 | E114A/B | 脱盐油-减一中(2)换热器 | 200 | 200 | 188 | 212 |
| 15 | E115 | 脱盐油-常一(1)换热器 | 124 | 142 | 132 | 174 |

续表

| 序号 | 工艺代号 | 设备名称 | 工况 1 | | | |
|---|---|---|---|---|---|---|
| | | | 出口温度/℃ | | 入口温度/℃ | |
| | | | 管程 | 壳程 | 管程 | 壳程 |
| 16 | E116 | 脱盐油-常二(2)换热器 | 146 | 151 | 135 | 215 |
| 17 | E117 | 脱盐油-减三换热器 | 158 | 157 | 147 | 214 |
| 18 | E118A/B | 脱盐油-减一中(3)换热器 | 185 | 173 | 162.8 | 185 |
| 19 | E119 | 脱盐油-常一中(1)换热器 | 179 | 200 | 172 | 213 |
| 20 | E120A/B | 脱盐油-减渣(4)换热器 | 203 | 198 | 248 | 179 |
| 21 | E121A/B | 闪底油-减一中(1)换热器 | 223 | 214 | 203 | 220 |
| 22 | E122A/B | 闪底油-减渣(3)换热器 | 254 | 240 | 226 | 258 |
| 23 | E123 | 闪底油-常三(1)换热器 | 260 | 300 | 258 | 266 |
| 24 | E124A/B | 闪底油-常三(2)换热器 | 215 | 204 | 200 | 269 |
| 25 | E125A/B | 闪底油-常二中换热器 | 254 | 236 | 212 | 289 |
| 26 | E126A/B | 闪底油-减二中(1)换热器 | 277 | 263 | 293 | 239 |
| 27 | E127 | 闪底油-常二(1)换热器 | 207 | 178 | 201 | 250 |
| 28 | E128A-D | 闪底油-减二中(2)换热器 | 265 | 217 | 207 | 280 |
| 29 | E129A-D | 闪底油-减渣(2)换热器 | 240 | 241 | 250 | 258 |
| 30 | E130A/B | 闪底油-减渣(1)换热器 | 272 | 290 | 320 | 278 |
| 31 | E140A/B | 电脱盐注水换热器 | 85 | 80 | 105 | 52 |
| 32 | E141A/B | 含盐污水水冷器 | 30 | 38 | 85 | 30 |
| 33 | E142A-D | 常顶后冷器 | 60 | 55 | 29 | 66 |
| 34 | E143 | 常一水冷器 | 45 | 44 | 31 | 69 |
| 35 | E144 | 柴油水冷器 | 60 | 61 | 31 | 75 |
| 36 | E150 | 常二中蒸汽发生器换热器(带汽包) | 177 | 94 | 207 | |
| 37 | E201 | 减顶循水冷器 | 38 | 48 | 35 | 56 |
| 38 | E202 | 减二水冷器 | 70 | 94 | 30 | 143 |
| 39 | E203 | 减三水冷器 | | | | |
| 40 | E204A-D | 减渣水冷器 | | | | |
| 41 | E205A/B | 贫胺液水冷器 | 40 | 36 | 35 | 56 |

续表

| 序号 | 工艺代号 | 设备名称 | 工况 1 | | | |
| --- | --- | --- | --- | --- | --- | --- |
| | | | 出口温度/℃ | | 入口温度/℃ | |
| | | | 管程 | 壳程 | 管程 | 壳程 |
| 42 | E210A/B | 减顶一级抽空冷凝器 | 34 | 36 | 31 | 54 |
| 43 | E211A-C | 减顶二级抽空冷凝器 | 40 | 41 | 35 | 68 |
| 44 | E212 | 减顶三级抽空冷凝器 | 38 | 41 | 35 | 95 |
| 45 | E250A/B | 减一中蒸汽发生器换热器(带汽包) | 160 | | 165 | |

注：温度测量是采用红外测温仪测量设备外表温度，需要校正。

机泵、空冷风机测试数据见表1-3。

**表1-3　机泵、空冷风机测试数据**

| 编号 | 名称 | 机泵参数(设计) | | | | | 机泵实测 | | 电机实测 | | | |
| --- | --- | --- | --- | --- | --- | --- | --- | --- | --- | --- | --- | --- |
| | | 轴功率/kW | 泵扬程/m | 流量/($m^3$/h) | 电机/kW | 泵效率 | 入口压力/MPa | 出口压力/MPa | 电压/V | 电流/A | 功率因数/cosϕ | 实测功率/kW |
| 1010-P101A | 原油泵 | 645 | 317 | 607 | 850 | | | 4.2 | 6.2 | 72 | 0.88 | 680 |
| 1010-P101B | 原油泵 | 645 | 317 | 607 | 850 | | | 4.2 | 6.2 | 74 | 0.88 | 698 |
| 1010-P101C | 原油泵 | 645 | 317 | 607 | 850 | | | | | | 备用 | |
| 1010-P102A | 电脱盐注水泵 | 91.4 | 272 | 80.2 | 110 | | | | | | 备用 | |
| 1010-P102B | 电脱盐注水泵 | 91.4 | 272 | 80.2 | 110 | | | 3.4 | 380 | 146 | 0.92 | 95.9 |
| 1010-P103A | 电脱盐循环注水泵 | 89.04 | 177 | 97.9 | 110 | | | 3.3 | 380 | 120 | 0.92 | 75.7 |
| 1010-P103B | 电脱盐循环注水泵 | 89.04 | 177 | 97.9 | 110 | | | | | | 备用 | |
| 1010-P104 | 电脱盐反冲洗泵 | 72.87 | 110 | 180 | 90 | | | | | | 备用 | |
| 1010-P105A | 闪底泵 | 727 | 351 | 673 | 850 | | | | | | 备用 | |
| 1010-P105B | 闪底泵 | 727 | 351 | 673 | 850 | | | 3.3 | 6.2 | 82 | 0.89 | 785 |
| 1010-P105C | 闪底泵 | 727 | 351 | 673 | 850 | | | 3.2 | 6.2 | 78 | 0.92 | 733 |
| 1010-P106A | 常顶回流及产品泵 | 96.31 | 115 | 349.2 | 132 | | | 1.0 | 380 | 150 | 0.92 | 97.6 |
| 1010-P106B | 常顶回流及产品泵 | 96.31 | 115 | 349.2 | 132 | | | | | | 备用 | |
| 1010-P107A | 常顶含硫污水泵 | 15.52 | 80 | 34.9 | 22 | | | 1.0 | 380 | 23.5 | 0.85 | 13.53 |
| 1010-P107B | 常顶含硫污水泵 | 15.52 | 80 | 34.9 | 22 | | | | | | 备用 | |
| 1010-P108A | 常顶循泵 | 219.9 | 102 | 996.4 | 280 | | | | | | 备用 | |
| 1010-P108B | 常顶循泵 | 219.9 | 102 | 996.4 | 280 | | | 1.15 | 6.2 | 24 | 0.88 | 208 |
| 1010-P109 | 常一中泵 | 115.6 | 73 | 680 | 132 | | | 0.95 | 380 | 187 | 0.91 | 120.15 |

续表

| 编号 | 名称 | 机泵参数(设计) | | | | | 机泵实测 | | 电机实测 | | | |
|---|---|---|---|---|---|---|---|---|---|---|---|---|
| | | 轴功率/kW | 泵扬程/m | 流量/($m^3$/h) | 电机/kW | 泵效率 | 入口压力/MPa | 出口压力/MPa | 电压/V | 电流/A | 功率因数/cosϕ | 实测功率/kW |
| 1010-P110A | 常二中泵 | 205.3 | 129 | 687.7 | 250 | | | 1.30 | 6.2 | 21 | 0.84 | 189 |
| 1010-P110B | 常二中泵 | 205.3 | 129 | 687.7 | 250 | | | | | | 备用 | |
| 1010-P111A | 常一线泵 | 65.02 | 132 | 204.7 | 75 | | | 1.25 | 380 | 135 | 0.91 | 87.59 |
| 1010-P111B | 常一线泵 | 65.02 | 132 | 204.7 | 75 | | | | | | 备用 | |
| 1010-P112 | 常二线泵 | 72.4 | 160 | 151.3 | 90 | | | 1.60 | 380 | 146 | 0.89 | 90 |
| 1010-P113A | 常三线泵 | 100.1 | 195 | 166.5 | 132 | | | 1.6 | 380 | 175 | 0.92 | 112 |
| 1010-P113B | 常三线泵 | 100.1 | 195 | 166.5 | 132 | | | | | | 备用 | |
| 1010-P114A | 常压渣油泵 | 248 | 201 | 406 | 400 | | | 1.90 | 6.2 | 28 | 0.89 | 259 |
| 1010-P114B | 常压渣油泵 | 248 | 201 | 406 | 400 | | | 2.0 | 6.2 | 26 | 0.88 | 246 |
| 1010-P114C | 常压渣油泵 | 248 | 201 | 406 | 400 | | | | | | 备用 | |
| 1010-P115A | 塔顶注水泵 | 15.67 | 104 | 17.7 | 22 | | | 1.20 | 380 | 25.2 | 0.87 | 15.28 |
| 1010-P115B | 塔顶注水泵 | 15.67 | 104 | 17.7 | 22 | | | | | | 备用 | |
| 1010-P116A | 封油泵 | 67.86 | 205 | 54.7 | 75 | | | 1.5 | 380 | 102 | 0.91 | 63.7 |
| 1010-P116B | 封油泵 | 67.86 | 205 | 54.7 | 75 | | | | | | 备用 | |
| 1010-P117A | 缓蚀剂泵 | 1.7 | | 0.51 | 1.5 | | | 0.35 | 380 | 0.57 | 0.26 | 0.11 |
| 1010-P117B | 缓蚀剂泵 | 1.7 | | 0.51 | 1.5 | | | 0.60 | 380 | 0.49 | 0.26 | 0.12 |
| 1010-P118 | 退油泵 | 19.33 | 80 | 55 | 22 | | | | | | 备用 | |
| 1010-P119 | 污油泵 | 8.3 | 80 | 14.4 | 22 | | | | | | 备用 | |
| 1010-P121 | 隔离液泵 | | | | | | | | | | 备用 | |
| 1010-P201A | 减顶油泵 | 20.48 | 143 | 14.2 | 22 | | | 1.20 | 380 | 39.5 | 0.91 | 24.9 |
| 1010-P201B | 减顶油泵 | 20.48 | 143 | 14.2 | 22 | | | | | | 备用 | |
| 1010-P202A | 减顶含硫污水泵 | 22.2 | 96 | 44.16 | 30 | | | 1.15 | 380 | 38 | 0.89 | 23.6 |
| 1010-P202B | 减顶含硫污水泵 | 22.2 | 96 | 44.16 | 30 | | | | | | 备用 | |
| 1010-P203A | 减一线及减顶循泵 | 147.1 | 158 | 297.6 | 185 | | | | | | 备用 | |
| 1010-P203B | 减一线及减顶循泵 | 147.1 | 158 | 297.6 | 185 | | | 1.90 | 6.2 | 18 | 0.88 | 164 |
| 1010-P204A | 减二线及减一中泵 | 621.8 | 244 | 941 | 710 | | | 2.5 | 6.2 | 18 | 0.88 | 164 |
| 1010-P204B | 减二线及减一中泵 | 621.8 | 244 | 941 | 710 | | | | | | 备用 | |

续表

| 编号 | 名称 | 机泵参数(设计) | | | | | 机泵实测 | | 电机实测 | | | |
|---|---|---|---|---|---|---|---|---|---|---|---|---|
| | | 轴功率/kW | 泵扬程/m | 流量/($m^3$/h) | 电机/kW | 泵效率 | 入口压力/MPa | 出口压力/MPa | 电压/V | 电流/A | 功率因数/cosϕ | 实测功率/kW |
| 1010-P205A | 减三线及减二中泵 | 420.1 | 199 | 777.2 | 500 | | | 1.80 | 6.2 | 76 | 0.90 | 734 |
| 1010-P205B | 减三线及减二中泵 | 420.1 | 199 | 777.2 | 500 | | | 1.80 | 6.2 | 43 | 0.89 | 405 |
| 1010-P206A | 减压过汽化油泵 | 23.4 | 80 | 91.2 | | | | | | | 备用 | |
| 1010-P206B | 减压过汽化油泵 | | | | | | | | | | 备用 | |
| 1010-P207A | 减压渣油泵 | 422 | 309 | 378 | 500 | | | 4.40 | | | 0.87 | 约440 |
| 1010-P207B | 减压渣油泵 | | | | | | | | | | 备用 | |
| 1010-P209A | 减顶气脱硫塔底泵 | 17.34 | 109 | 22.2 | 30 | | | 1.25 | 380 | 33.5 | 0.88 | 21 |
| 1010-P209B | 减顶气脱硫塔底泵 | | | | | | | | | | 备用 | |
| 1010-P901A | 含硫污水提升泵 | | 50 | 50 | 18.5 | | | | | | 备用 | |
| 1010-P901B | 含硫污水提升泵 | | 50 | 50 | 18.5 | | | | | | 备用 | |
| 1010-P101-1AX | 破乳剂注剂泵 | | | | | | | 1.40 | 380 | 1.2 | 0.53 | |
| 1010-P101-1BX | 破乳剂注剂泵 | | | | | | | | | | 备用 | |
| 1010-P101-1CX | 破乳剂注剂站 | | | | | | | | | | 备用 | |
| 1010-PA501-P-1 | 加药剂泵 | | | 17.9L/h | | | | | | | 备用 | |
| 1010-PA501 | 加药剂泵 | | | 17.9L/h | | | | 0.55 | 380 | 0.7 | 0.8 | 0.640 |
| 1010-PA501 | 加药剂泵 | | | 17.9L/h | | | | 1.2 | 380 | 0.68 | 0.8 | 0.640 |
| 1010-BL001 | 离心通风机 | 220 | | | 220 | | | | 6.1 | 22 | 0.85 | 185.73 |
| 1010-BL002 | 离心引风机 | 450 | | | 500 | | | | 6.2 | 41 | 0.71 | 310 |
| 1010-A101A | 常顶空冷风机 | 30 | | | 30 | | | | 380 | 33.8 | 0.91 | 15.4 |
| 1010-A101B | 常顶空冷风机 | 30 | | | 30 | | | | | | 备用 | |
| 1010-A101C | 常顶空冷风机 | 30 | | | 30 | | | | 380 | 35.1 | 0.91 | 15.1 |
| 1010-A101D | 常顶空冷风机 | 30 | | | 30 | | | | | | 备用 | |
| 1010-A101E | 常顶空冷风机 | 30 | | | 30 | | | | 380 | 39.6 | 0.93 | 18.8 |
| 1010-A101F | 常顶空冷风机 | 30 | | | 30 | | | | | | 备用 | |
| 1010-A101G | 常顶空冷风机 | 30 | | | 30 | | | | 380 | 35.0 | 0.91 | 15.8 |
| 1010-A101H | 常顶空冷风机 | 30 | | | 30 | | | | | | 备用 | |
| 1010-A101I | 常顶空冷风机 | 30 | | | 30 | | | | 380 | 34.87 | 0.93 | 15.8 |

续表

| 编号 | 名称 | 机泵参数(设计) | | | | | 机泵实测 | | 电机实测 | | | |
|---|---|---|---|---|---|---|---|---|---|---|---|---|
| | | 轴功率/kW | 泵扬程/m | 流量/($m^3$/h) | 电机/kW | 泵效率 | 入口压力/MPa | 出口压力/MPa | 电压/V | 电流/A | 功率因数/cosϕ | 实测功率/kW |
| 1010-A101J | 常顶空冷风机 | 30 | | | 30 | | | | | | 备用 | |
| 1010-A101K | 常顶空冷风机 | 30 | | | 30 | | | | 380 | 36. 5 | 0. 92 | 16. 1 |
| 1010-A101L | 常顶空冷风机 | 30 | | | 30 | | | | | | 备用 | |
| 1010-A102A | 常一线空冷风机 | 22 | | | 22 | | | | | | 备用 | |
| 1010-A102B | 常一线空冷风机 | 22 | | | 22 | | | | 380 | 18 | 0. 6 | 6. 6 |
| 1010-A103A | 常二线空冷风机 | 22 | | | 22 | | | | 380 | 22. 2 | 0. 73 | 11. 84 |
| 1010-A103B | 常二线空冷风机 | 22 | | | 22 | | | | | | 备用 | |
| 1010-A104A | 常三线空冷风机 | 22 | | | 22 | | | | 380 | 18. 5 | 0. 63 | 7. 32 |
| 1010-A104B | 常三线空冷风机 | 22 | | | 22 | | | | | | 备用 | |
| 1010-A201A | 减顶循空冷风机 | 22 | | | 22 | | | | 380 | 21. 5 | 0. 5 | 6. 7 |
| 1010-A201B | 减顶循空冷风机 | 22 | | | 22 | | | | 380 | 24 | 0. 6 | 11. 13 |
| 1010-D101/A | 电脱盐罐 A | | | | | | | 1. 66 | 333 | 137 | 0. 9 | 213. 09 |
| 1010-D101/B | 电脱盐罐 B | | | | | | | 1. 52 | 342 | 129 | 0. 9 | 206. 1 |

注：总功率为 7602. 97kW。

## 三、原料及产品性质

经过分析化验得到的原油及产品性质见表 1-4~表 1-9。

**表 1-4 原油分析数据表**

| 项目 | 数值 | 项目 | 数值 | 项目 | 数值 |
|---|---|---|---|---|---|
| 样品 | 混合原油 AL：AM=50%：50% | 黏度/($mm^2$/s) | 5. 325 | 钠含量/(mg/kg) | 3. 4 |
| 时间 | 2009-10-28 10：00 | 酸值/(mgKOH/g) | 0. 16 | 镍含量/(mg/kg) | 5. 95 |
| 密度(20℃)/(kg/$m^3$) | 857. 8 | 灰分/%(质) | 0. 008 | 铁含量/(mg/kg) | 10. 27 |
| 盐含量/(mg/L) | 13. 5 | 残炭/%(质) | 5. 25 | 铜含量/(mg/kg) | <0. 1 |
| 水分/%(质) | 0. 03 | 氮含量/%(质) | 0. 11 | 钒含量/(mg/kg) | 18. 09 |
| 凝点/℃ | <-15 | 硫含量/%(质) | 2. 01 | | |

**表1-5 闪底油分析数据表**

| 分析项目 | 数值 | 分析项目 | 数值 |
| --- | --- | --- | --- |
| 硫含量/% | 2.4 | 黏度/($mm^2$/s) | |
| 密度(20℃)/($kg/m^3$) | 900.0 | 40℃黏度/($mm^2$/s) | 16.74 |
| 初馏点/℃ | 35 | 残炭/%(质) | 5.93 |
| 10%馏出温度/℃ | 163 | 钠含量/(mg/kg) | 2.31 |
| 30%馏出温度/℃ | 271 | 镍含量/(mg/kg) | 7.17 |
| 50%馏出温度/℃ | 371 | 铁含量/(mg/kg) | 18.29 |
| 70%馏出温度/℃ | 493 | 铜含量/(mg/kg) | <0.1 |
| 90%馏出温度/℃ | 682 | 钒含量/(mg/kg) | 21.05 |

**表1-6 常压产品分析数据表**

| 分析项目 | 常顶油 | 常一线 | 常二线 | 常三线 |
| --- | --- | --- | --- | --- |
| 密度(20℃)/($kg/m^3$) | 697.5 | 790.2 | 833.7 | 874.7 |
| 初馏点/℃ | 16 | 126 | 179 | 167 |
| 10%馏出温度/℃ | 47 | 177 | 238 | 283 |
| 30%馏出温度/℃ | 72 | 189 | 257 | 319 |
| 50%馏出温度/℃ | 98 | 198 | 267 | 334 |
| 70%馏出温度/℃ | 123 | 210 | 277 | 349 |
| 90%馏出温度/℃ | 147 | 226 | 295 | 379 |
| 100%馏出温度/℃ | 174 | 251 | 320 | 412 |
| 硫含量/% | 0.067 | 0.15 | 0.73 | 1.54 |
| 酸度/(mgKOH/100mL) | | | 5.2 | 6.9 |
| 闭口闪点/℃ | | 34 | | |
| 冰点/℃ | | -53.9 | | |
| 凝点/℃ | | | <-15 | 4 |
| 铜片腐蚀/级 | | | 1 | |

**表1-7 常压中段回流分析数据表**

| 分析项目 | 常顶循 | 常一中 | 常二中 |
| --- | --- | --- | --- |
| 密度(20℃)/($kg/m^3$) | 758.5 | 801.3 | 847.7 |
| 初馏点/℃ | 56 | 85 | 152 |
| 10%馏出温度/℃ | 131 | 185 | 251 |
| 30%馏出温度/℃ | 150 | 215 | 283 |
| 50%馏出温度/℃ | 157 | 226 | 296 |
| 70%馏出温度/℃ | 162 | 234 | 305 |
| 90%馏出温度/℃ | 168 | 244 | 320 |

续表

| 分析项目 | 常顶循 | 常一中 | 常二中 |
|---|---|---|---|
| 100%馏出温度/℃ | 190 | 268 | 348 |
| 硫含量/% | 0.07 | 0.24 | 0.96 |
| 酸度/(mgKOH/100mL) | | 2.98 | 5.54 |
| 闭口闪点/℃ | | 40 | |
| 冰点/℃ | | -38.5 | |

**表 1-8　常底油分析数据表**

| 分析项目 | 数值 | 分析项目 | 数值 |
|---|---|---|---|
| 硫含量/% | 3.45 | 黏度/($mm^2/s$) | |
| 密度(20℃)/($kg/m^3$) | 981.9 | 100℃黏度/($mm^2/s$) | 33.57 |
| 初馏点/℃ | 320 | 残炭/%(质) | 9.99 |
| 10%馏出温度/℃ | 408 | 钠含量/(mg/kg) | 0.39 |
| 30%馏出温度/℃ | 452 | 镍含量/(mg/kg) | 11.67 |
| 50%馏出温度/℃ | 521 | 铁含量/(mg/kg) | 14.51 |
| 70%馏出温度/℃ | 605 | 铜含量/(mg/kg) | <0.1 |
| 90%馏出温度/℃ | | 钒含量/(mg/kg) | 35.19 |

**表 1-9　减压产品分析数据表**

| 分析项目 | 减一线 | 减二线 | 减三线 | 减压过汽化油 | 减渣 |
|---|---|---|---|---|---|
| 密度(20℃)/($kg/m^3$) | 860.1 | 919.4 | 956.2 | 990.4 | 1072.7 |
| 初馏点/℃ | 249 | 338 | 388 | 402 | 505 |
| 10%馏出温度/℃ | 281 | 373 | 475 | 540 | 577 |
| 30%馏出温度/℃ | 301 | 405 | 509 | 576 | 624 |
| 50%馏出温度/℃ | 311 | 430 | 532 | 594 | 683 |
| 70%馏出温度/℃ | 318 | 461 | 558 | 614 | 799 |
| 90%馏出温度/℃ | 329 | 503 | 590 | 648 | 964 |
| 100%馏出温度/℃ | 345 | 559 | | | 1025 |
| 硫含量/% | 2.15 | 2.65 | 2.94 | 2.98 | 4.39 |
| 酸度/(mgKOH/100mL) | 9.7 | | | | |
| 黏度/($mm^2/s$) | 5.23(40℃) | 25.58(50℃) | 118.5(50℃) | 38.48(100℃) | 2271(100℃) |
| 凝点/℃ | -6 | 33 | 46 | | |
| 残炭/%(质) | | 0.41 | 2.25 | | |
| $C_7$不溶物/% | | 0.008 | | | |
| 钠含量/(mg/kg) | | 1.22 | <0.1 | | 1.28 |
| 镍含量/(mg/kg) | | | <0.1 | | 28.5 |
| 铁含量/(mg/kg) | | | 1.02 | | 21.33 |
| 铜含量/(mg/kg) | | | <0.1 | | <0.1 |
| 钒含量/(mg/kg) | | | 0.6 | | 86.47 |

## 四、物料平衡

设计工况装置物料平衡见表1-10。

**表1-10 设计工况装置物料平衡**

| 名称 | 馏分范围/℃ | 收率/%(质) | 流量 | | | 用途 |
|---|---|---|---|---|---|---|
| | | | $10^4$t/a | t/d | kg/h | |
| 入方 | | | | | | |
| 原油 | | 100 | 800 | 22857.12 | 952380 | |
| 出方 | | | | | | |
| 常顶气 | $<C_4$ | 0.35 | 2.83 | 80.88 | 3370 | 去轻烃回收 |
| 常顶油 | $C_4$~165 | 17.84 | 142.69 | 4076.76 | 169865 | 去轻烃回收 |
| 常一线 | 165~232 | 10.64 | 85.12 | 2431.92 | 101330 | 去煤油加氢 |
| 常二线 | 232~290 | 9.38 | 75.05 | 2144.16 | 89340 | 去柴油加氢 |
| 常三线 | 290~350 | 10.18 | 81.46 | 2327.4 | 96975 | 去柴油加氢 |
| (常底油) | >350 | (51.61) | (412.85) | (11796.0) | (491500) | 去减压蒸馏 |
| 减顶气 | | 0.12 | 1.00 | 28.68 | 1195 | 自用燃料气 |
| 减顶油 | | 0.22 | 1.74 | 50.04 | 2085 | 去柴油加氢 |
| 减一线 | 350~360 | 1.82 | 14.53 | 415.08 | 17295 | 去柴油加氢 |
| 减二线 | 360~510 | 21.69 | 173.53 | 4957.92 | 206580 | 去加氢裂化 |
| 减三线 | 510~565 | 6.34 | 50.68 | 1447.92 | 60330 | 去加氢处理 |
| 减渣 | >565 | 21.42 | 171.37 | 4896.36 | 204015 | 去溶剂脱沥青 |
| 合计 | | 100 | 800 | 22857.12 | 952380 | |
| (常压拔出) | | (48.39) | | | | |
| (减压拔出) | | (30.19) | | | | |
| (总拔出率) | | (78.88) | | | | |

根据标定数据校正后的装置物料平衡见表1-11。

**表1-11 标定数据校正后的装置物料平衡**

| 名称 | 收率/%(质) | 流量 | | | 用途 |
|---|---|---|---|---|---|
| | | kg/h | t/d | $10^4$t/a | |
| 入方 | | | | | |
| 原油 | 100.00 | 952381 | 22857.1 | 800.00 | |
| 出方 | | | | | |
| 常顶气 | 0.37 | 3482 | 83.6 | 2.92 | 去轻烃回收 |
| 常顶油 | 17.23 | 164068 | 3937.6 | 137.82 | 去轻烃回收 |
| 常一线 | 11.50 | 109550 | 2629.2 | 92.02 | 去煤油加氢 |
| 常二线 | 11.17 | 106350 | 2552.4 | 89.33 | 去柴油加氢 |
| 常三线 | 10.35 | 98600 | 2366.4 | 82.82 | 去柴油加氢 |

续表

| 名称 | 收率/%(质) | 流量 | | | 用途 |
| --- | --- | --- | --- | --- | --- |
| | | kg/h | t/d | $10^4$t/a | |
| (常底油) | 49.38 | 470331 | 11287.9 | 395.08 | 去减压蒸馏 |
| 减顶气 | 0.02 | 210 | 5.0 | 0.18 | 自用燃料气 |
| 减顶油 | 0.16 | 1550 | 37.2 | 1.30 | 去柴油加氢 |
| 减一线 | 1.92 | 18300 | 439.2 | 15.37 | 去柴油加氢 |
| 减二线 | 17.84 | 169890 | 4077.4 | 142.71 | 去加氢裂化 |
| 减三线 | 8.99 | 85600 | 2054.4 | 71.90 | 去加氢处理 |
| 减渣 | 20.45 | 194781 | 4674.7 | 163.62 | 去溶剂脱沥青 |
| 合计 | 100.00 | 952381 | 22857.1 | 800.00 | |
| (常压拔出) | 50.62 | 482050 | 11569.2 | 404.92 | |
| (减压拔出) | 28.93 | 275550 | 6613.2 | 231.46 | |

标定工况装置硫平衡见表1-12。

**表1-12 装置硫平衡**

| 名称 | 物流流率/(kg/h) | 校正前 | 校正后 | | |
| --- | --- | --- | --- | --- | --- |
| | | 物流硫含量/%(质) | 物流硫含量/%(质) | 物流硫流率/(kg/h) | 硫收率/%(质) |
| 入方 | | | | | |
| 原油 | 952381 | 2.01 | 2.01 | 19142.9 | 100 |
| 出方 | | | | | |
| 常顶气 | 3482 | 1.5 | 1.5 | 52 | 0.27 |
| 常顶油 | 164068 | 0.067 | 0.067 | 109.9 | 0.57 |
| 常一线 | 109550 | 0.15 | 0.15 | 164.3 | 0.86 |
| 常二线 | 106350 | 0.73 | 0.83 | 882.7 | 4.61 |
| 常三线 | 98600 | 1.54 | 1.73 | 1707.8 | 8.92 |
| (常底油) | 470331 | 3.45 | 3.45 | 16226.4 | 84.76 |
| 减顶气 | 210 | 19.2 | 19.2 | 40.3 | 0.21 |
| 减顶油 | 1550 | 0.13 | 0.13 | 2.0 | 0.01 |
| 减一线 | 18300 | 2.15 | 2.15 | 393.5 | 2.06 |
| 减二线 | 169890 | 2.65 | 2.65 | 4502.1 | 23.52 |
| 减三线 | 85600 | 2.94 | 3.04 | 2603.1 | 13.60 |
| 减渣 | 194781 | 4.39 | 4.46 | 8685.3 | 45.37 |
| 合计 | 952381 | | | | 100.00 |
| (常压拔出) | 482050 | | | | 15.24 |
| (减压拔出) | 275550 | | | | 39.39 |

标定工况装置水平衡见表1-13。

表1-13 装置水平衡 kg/h

| 项目 | | 流量 |
| --- | --- | --- |
| 入方 | 原油带水 | 286 |
| | 电脱盐注水 | 64000 |
| | 汽提蒸汽 | 11600 |
| | 炉子注入蒸汽 | 6250 |
| | 抽真空蒸汽 | 13000 |
| | 常压塔顶注水 | 11045 |
| | 减压塔顶注水 | 5000 |
| | 总计 | 111181 |
| 出方 | 电脱盐排水 | 62095 |
| | 常顶含硫污水 | 23635 |
| | 减顶含硫污水 | 25450 |
| | 总计 | 111181 |

## 五、装置热平衡

常压炉热平衡见表1-14。

表1-14 常压炉热平衡

| 项目 | | 数值 |
| --- | --- | --- |
| 油品 | 换热终温/℃ | 309 |
| | 换热终温下的闪底油焓值/(kJ/kg) | 764.3 |
| | 换热终温下的闪底油热量/($10^6$kJ/h) | 633 |
| | 常压炉出口的闪底油热量/($10^6$kJ/h) | 837 |
| | 常压炉油品热负荷/MW | 204 |
| | | 56.65 |
| 蒸汽 | 0.3MPa(表)蒸汽流量/(kg/h) | 9701 |
| | 入炉温度/℃ | 160 |
| | 焓值/(kJ/kg) | 2716.8 |
| | 出炉温度/℃ | 356.2 |
| | 蒸汽焓值/(kJ/kg) | 3118 |
| | 1.0MPa(表)蒸汽流量/(kg/h) | 7353 |
| | 入炉温度/℃ | 188.9 |
| | 焓值/(kJ/kg) | 2739 |
| | 出炉温度/℃ | 200 |
| | 焓值/($10^6$kJ/kg) | 2763.7 |
| | 加热蒸汽热负荷/MW | 4.07 |
| | | 1.13 |

常压炉总有效热负荷为57.78MW。

减压炉热平衡见表1-15。

表1-15 减压炉热平衡

| 项目 | 数值 |
| --- | --- |
| 常底油温度/℃ | 363 |
| 进减压炉的常底油焓值/(kJ/kg) | 871.0 |
| 进减压炉的常底油热量/($10^6$kJ/h) | 410 |
| 返回减压炉的减压过汽化油热量/($10^6$kJ/h) | 29 |
| 炉管注汽热量/($10^6$kJ/h) | 17.3 |
| 减压炉出口的油品热量/($10^6$kJ/h) | 557.9 |
| 减压炉出口蒸汽热量/($10^6$kJ/h) | 19.8 |
| 减压炉总负荷/MW | 122 |
| | 33.90 |

计算得到加热炉的总效率为91.03%。向下游装置输出的热出料热量不计入装置热回收率中，装置热回收率为82.0%。

## 六、分馏塔热平衡

根据标定数据计算得到的常压塔热量平衡见表1-16。

表1-16 常压塔热量平衡表

| 项目 | | 流量/(kg/h) | 温度/℃ | 焓/(kJ/kg) | | 热量/($10^6$kJ/h) |
| --- | --- | --- | --- | --- | --- | --- |
| | | | | 气相 | 液相 | |
| 进料 | 原油进料 | 828269 | 368 | | | 838 |
| | 汽提蒸汽 | 10400 | 380 | | | 33.6 |
| | 闪顶气 | 124112 | 201 | 791 | | 98.2 |
| | 塔顶冷回流 | 42947 | 40 | | 124 | 5.3 |
| | 合计 | | | | | 975 |
| 出料 | 常顶油 | 167550 | 137 | 653 | | 109.4 |
| | 常一线 | 109550 | 195 | | 490 | 53.7 |
| | 常二线 | 106350 | 270 | | 686 | 73.0 |
| | 常三线 | 98600 | 335 | | 860 | 84.8 |
| | 常压渣油 | 470331 | 363 | | 871 | 409.7 |
| | 常顶循取热 | | | | | 52.7 |
| | 常一中取热 | | | | | 54.4 |
| | 常二中取热 | | | | | 81.0 |
| | 内回流 | 42947 | 137 | 653 | | 28.0 |
| | 水蒸气 | 10400 | 137 | | | 28.5 |
| | 合计 | | | | | 975 |

减压塔热量平衡见表1-17。

**表1-17 减压塔热量平衡表**

| | | 流量/(kg/h) | 温度/℃ | 相对密度 $d_4^{20}$ | 特性因数 $K$ | 焓值/(cal/kg) | 热量/($10^4$kcal/h) |
|---|---|---|---|---|---|---|---|
| 进料 | 常底油(液) | 352614 | 412.9 | 0.961 | 11.73 | 250.8 | 8842.83 |
| | 常底油(气) | 161324 | 412.9 | 0.961 | 11.73 | 279.2 | 4503.74 |
| | 减底急冷油 | 38000 | 272 | 1.0285 | 11.57 | 141.47 | 537.60 |
| | 塔底水蒸气 | 1200 | 356.2 | | | 754.8 | 90.58 |
| | 炉管注汽 | 6250 | 412.9 | | | 755.6 | 472.26 |
| | 减顶循 | 119976 | 55.4 | 0.8816 | 11.89 | 33.77 | 405.17 |
| | 减一中 | 402405 | 173.7 | 0.9156 | 12.05 | 95.18 | 3829.91 |
| | 减二中 | 278062 | 244.9 | 0.9355 | 11.85 | 135.68 | 3772.81 |
| | 小计 | 1359831 | | | | | 22454.9 |
| 出料 | 减顶气 | 210 | 64.9 | 0.5357 | 13.76 | 76.8 | 1.61 |
| | 减顶油 | 1550 | 64.9 | 0.7598 | 12.21 | 104.4 | 16.19 |
| | 水蒸气 | 7450 | 64.9 | | | 601.8 | 448.35 |
| | 减顶循 | 119976 | 160.4 | 0.8816 | 11.89 | 89.26 | 1070.91 |
| | 减一中 | 402405 | 258.8 | 0.9156 | 12.05 | 148.32 | 5968.53 |
| | 减二中 | 278062 | 321.4 | 0.9355 | 11.85 | 187.28 | 5207.68 |
| | 减一线 | 18300 | 160.4 | 0.8816 | 11.89 | 89.26 | 163.35 |
| | 减二线 | 169890 | 258.8 | 0.9156 | 12.05 | 148.32 | 2519.83 |
| | 减三线 | 85600 | 321.4 | 0.9355 | 11.85 | 209.20 | 1790.44 |
| | 减压过汽化油 | 43607 | 357.6 | 0.9169 | 11.7 | 214.44 | 720.66 |
| | 减底油 | 194781 | 358.3 | 1.0285 | 11.57 | 195.35 | 3790.74 |
| | 减底急冷油 | 38000 | 358.3 | 1.0285 | 11.57 | 195.35 | 756.58 |
| | 小计 | 1359831 | | | | | 22454.9 |
| 回流取热 | 减顶循取热 | | | | | | 665.74 |
| | 减一中取热 | | | | | | 2138.62 |
| | 减二中取热 | | | | | | 1434.87 |

注：1kcal=4.1868kJ。

## 七、主要设备水力学计算

### (一) 电脱盐水力学计算

本装置采用了二级国产高速电脱盐，电脱盐罐规格为$\phi$4000mm×32000mm。

根据计算，油流最大截面上升速度为16.6cm/min。水在电脱盐罐中停留时间为

88.1min。原油在强电场中的停留时间为2.35min，在强电场和高强电场中的总停留时间为3.67min。计算最小可沉降水滴直径为0.20μm。

(二) 常压塔内件水力学计算

对常压塔部分塔盘进行了水力学计算，见表1-18。

**表1-18 常压塔部分塔盘核算结果**

| 项目 | | 塔板编号 | | | |
|---|---|---|---|---|---|
| | | 第52层板 | 第48层板 | 第31层板 | 第18板 |
| | | ADV浮阀 | ADV浮阀 | ADV浮阀 | ADV浮阀 |
| 结构参数 | 塔径/m | 6.8 | 6.8 | 6.8 | 6.8 |
| | 板间距/mm | 700 | 700 | 700 | 700 |
| | 塔板开孔率/% | 10.09 | 12.01 | 14.95 | 15.03 |
| | 出口堰长/m | 6.779 | 6.752 | 6.779 | 6.752 |
| | 出口堰高/mm | 50 | 40 | 50 | 40 |
| | 降液板底隙/mm | 60 | 90 | 80 | 90 |
| 塔板操作条件 | 气相负荷/(kg/h) | 220897 | 416197 | 529894 | 640823 |
| | 液相负荷/(kg/h) | 71444 | 579465 | 263083 | 700808 |
| | 气相密度/(kg/m$^3$) | 5.3 | 6.3 | 7.0 | 8.7 |
| | 液相密度/(kg/m$^3$) | 645 | 637 | 644 | 642 |
| | 液相表面张力/(dyn/cm) | 12.45 | 11.56 | 11.05 | 9.2 |
| 塔板水力学计算结果 | 液流强度/[m$^3$/(m·h)] | 8.03 | 82.93 | 30.13 | 80.8 |
| | 空塔气速/(m/s) | 0.33 | 0.49 | 0.58 | 0.56 |
| | 阀孔动能因子 | 7.75 | 10.38 | 10.25 | 11.06 |
| | 降液管停留时间/s | 84.04 | 12.26 | 10.4 | 3.7 |
| | 降液管内流速/(m/s) | 0.0083 | 0.06 | 0.03 | 0.06 |
| | 降液管底隙流速/(m/s) | 0.04 | 0.26 | 0.10 | 0.25 |
| | 塔板压降/mmHg | 2.66 | 6.69 | 3.95 | 4.66 |
| 备注 | | 中间降液 | 中间降液 | | 中间降液 |

注：1dyn=$10^{-5}$N。

(三) 减压塔内件水力学计算

对减压塔填料床层进行了水力学核算，见表1-19。

## 八、装置能耗及用能分析

设计工况下的能耗计算见表1-20。

**表 1-19　减压塔填料水力学核算**

| 床位 | 床层位置 | $G$/(kg/h) | $L$/(kg/h) | $R_G$/(kg/m$^3$) | $R_L$/(kg/m$^3$) | $\mu_G$/cP | $\mu_L$/cP | $\sigma$/(dyn/cm) | 泛点百分数/% | 动能因子 $F$/Pa$^{0.5}$ | 喷淋密度/[m$^3$/(m$^2$·h)] | 流动参数 FP |
|---|---|---|---|---|---|---|---|---|---|---|---|---|
| 床层 1 | 上部 | 9210 | 119976 | 0.0153 | 835.1 | 0.0105 | 3.26 | 29.10 | 24.3 | 0.84 | 5.84 | 0.056 |
| | 下部 | 103854 | 214620 | 0.0641 | 799.3 | 0.0094 | 1.27 | 24.45 | 92.9 | 4.63 | 10.91 | 0.019 |
| 床层 2 | 上部 | 103854 | 76344 | 0.0641 | 799.3 | 0.0094 | 1.27 | 24.45 | 84.1 | 4.63 | 3.88 | 0.007 |
| | 下部 | 97165 | 69655 | 0.0793 | 780.6 | 0.0103 | 0.791 | 20.30 | 71.9 | 3.89 | 3.62 | 0.007 |
| 床层 3 | 上部 | 97165 | 472060 | 0.0793 | 827.7 | 0.0103 | 2.164 | 24.22 | 33.4 | 1.22 | 7.27 | 0.048 |
| | 下部 | 267055 | 641950 | 0.1572 | 782.9 | 0.0092 | 0.859 | 18.99 | 57.5 | 2.38 | 10.45 | 0.034 |
| 床层 4 | 上部 | 267055 | 398562 | 0.1272 | 810.6 | 0.0092 | 1.502 | 20.85 | 49.9 | 2.65 | 6.26 | 0.019 |
| | 下部 | 390484 | 521991 | 0.1910 | 776.6 | 0.0094 | 0.831 | 16.99 | 59.2 | 3.16 | 8.56 | 0.021 |
| 床层 5 上部填料 | 上部 | 390484 | 100559 | 0.1910 | 776.6 | 0.0094 | 0.831 | 16.99 | 45.1 | 3.16 | 1.65 | 0.004 |
| 床层 5 下部填料 | 下部 | 333532 | 43607 | 0.1899 | 803.0 | 0.0104 | 1.114 | 17.16 | 31.7 | 2.71 | 0.69 | 0.002 |

注：1cP = $10^{-3}$Pa。

表 1-20 装置设计工况能耗计算表

| 序号 | 项目 | 小时消耗量 | 能量折算值 | 能耗/(MJ/t) |
|---|---|---|---|---|
| 1 | 电 | 6944.7kW | 10.89MJ/(kW·h) | 79.41 |
| 2 | 新鲜水 | 0t/h | 7.12MJ/t | 0 |
| 3 | 循环水 | 3670.4t/h | 4.19MJ/t | 16.15 |
| 4 | 软化水 | 0t/h | 10.47MJ/t | 0 |
| 5 | 除氧水 | 18.0t/h | 385.19MJ/t | 7.28 |
| 6 | 污水 | 143.35t/h | 33.49MJ/t | 5.04 |
| 7 | 1.0MPa 蒸汽 | 25.99t/h | 3182MJ/t | 86.84 |
| 8 | 0.3MPa 蒸汽 | 1.71t/h | 2763MJ/t | 4.96 |
| 9 | 净化风 | 220Nm$^3$/h | 1.59MJ/Nm$^3$ | 0.37 |
| 10 | 标准燃料 | 8.642t/h | 41868MJ/t | 379.91 |
| 11 | 向轻烃输出热 | -38512MJ/h | 1.0 | -40.44 |
| 12 | 装置热出料 | -34921MJ/h | 1.0 | -36.67 |
|  | 能耗合计 |  |  | 502.85 |

注：能耗计算以原油量为基准。

根据校核后的标定数据，装置实际能耗见表 1-21。

表 1-21 装置实际能耗计算表

| 序号 | 项目 | 消耗量 | 能量折算值 | 单位设计能耗 |  |
|---|---|---|---|---|---|
|  |  |  |  | MJ/t | $10^4$kcal/t |
| 1 | 电力 | 7558kW | 9.546MJ/(kW·h) | 75.76 | 1.809 |
| 2 | 循环水 | 2465.00t/h | 4.19MJ/t | 10.84 | 0.259 |
| 3 | 除氧水 | 14.99t/h | 385.19MJ/t | 6.06 | 0.145 |
| 4 | 污水 | 111.18t/h | 46.05MJ/t | 5.38 | 0.128 |
| 5 | 净化风 | 220.00Nm$^3$/h | 1.59MJ/Nm$^3$ | 0.37 | 0.009 |
| 6 | 标准燃料 | 8.66t/h | 41868MJ/t | 380.83 | 9.096 |
| 7 | 1.0MPa 级蒸汽 | 12.45t/h | 3182MJ/t | 41.58 | 0.993 |
| 8 | 0.3MPa 级蒸汽 | 3.41t/h | 2763MJ/t | 9.90 | 0.236 |
| 9 | 热出料 | -24493.2kW |  | -92.58 | -2.211 |
|  | 合计 |  |  | 438.13 | 10.465 |

根据对比分析，装置基准能耗为 11.15kgEO/t 原油，设计工况能耗计算值为 12.01kgEO/t 原油，实际操作中能耗计算值为 10.465kgEO/t 原油，较设计能耗、基准能耗有较大降低。

生产操作中装置尽可能采用热出料，降低了循环水的消耗。

通过优化，减顶抽真空系统蒸汽耗量较设计值明显减小，大幅降低了 1.0MPa(表)蒸汽消耗，而减顶真空度不受影响，操作稳定。

除氧水、0.3MPa(表)蒸汽、燃料耗量与设计值基本相当。在满足装置正常操作的条件下，适当降低了电脱盐注水量，在满足装置防腐要求的前提下调整了塔顶注水量，在保证产品质量的条件下减少了水蒸气用量，外排污水量相应降低。

电耗与设计值基本相当，但电耗绝对值较高，为 1.81kgEO/t 原油。主要是装置部分机泵扬程偏高，电耗偏大。

## 九、装置存在问题及建议

（一）部分机泵扬程过大

装置部分机泵的扬程偏高，使得调节阀的阀位开度只有35%左右，如闪底泵扬程偏高，导致常压炉八路控制阀的开度只有26%～40%。机泵扬程过高，造成动力损耗高，装置电耗大。同时，因调节阀开度过小，调节不够灵活，也是引起噪声的因素之一。

由于扬程偏大的泵主要是中段循环泵，考虑中段循环泵能力大有利于增加装置换热网络灵活性，提高装置操作的稳定性，同时考虑加工原油性质变化的可能，认为可以维持当前操作不变。若能够保证加工原油在较长一段时间内相对稳定，可以对部分台位泵叶轮进行切削，以达到节约能耗的目的。

（二）加热炉烟气出口温度较高

加热炉烟气出口温度约156℃，应适当降低排烟温度，在不影响装置稳定运行的情况下尽可能提高加热炉热效率，减少燃料消耗。

加热炉烟气露点温度计算为124.5℃，在操作中可考虑控制排烟温度比露点温度高10℃，排烟温度控制在135℃左右，较当前排烟温度156℃低21℃。加热炉效率可由91.03%提高到92.15%。燃料气消耗由10244kg/h降低至10119kg/h，有一定节能效果。

（三）航煤量需增加

根据当前的国内市场形式，为提高经济效益，应配合全厂优化方案对常压塔进行改造，以增加煤油产量。通过初步计算，煤油收率从当前11.50%提高到14.02%，需要对常一中部分三层塔盘进行更换，同时，由于常顶循、常一中循环流量增加，需要对常顶循、常一中泵的扬程、流量进行核算。此外，常压塔中上部取热负荷增大，换热终温有降低趋势，换热网络需相应进行调整，若同时考虑增产加氢裂化料等其他方面改造，甚至可能引起加热炉负荷变化较大等情况，同样需要对加热炉等进行改造。具体改造方案需进行装置优化综合考虑后进行详细计算。

（四）减二线抽出量需增加

装置原设计减压塔减二线和减三线间无精馏段，但由于生产中减二线干点控制比设计时的产品质量要求提高许多（ASTM D1160 干点≤550℃）。因此，为保证减二线质量，装置操作采取减二线满液位，降低减二线的收率。导致减二线和减三线产品的收率与原设计偏差较大，对换热网络的热量回收也造成一定影响。更重要的是作为加氢裂化原料的减二线产品产率难以满足全厂的生产方案要求。

建议：对减压塔进行必要的改造，在减二线和减三线之间增加一精馏段，以提高减二线与减三线之间的分离精度，在保证减二线质量（ASTM D1160 干点≤550℃）的同时，提高减二线的产率。

## 十、标定结论

1）装置根据标定计划，分别按照4种工况进行了标定，标定处理能力为设计负荷8.0Mt/a的100%～110%。结果表明，装置处理能力能够到达110%设计负荷操作。

2）拔出率和减压深拔：本次按照沙轻油（AL）50%：沙中油（AM）50%混合原油标定，原油性质基本同设计原油，装置设计原油总拔出率为78.58%。本次标定常压拔出率为50.62%，减压拔出率为28.93%，总拔出率为79.55%，较设计值要高。常底油<350℃馏出低于3.5%、减底油<530℃馏出低于3%，因此，常压拔出和减压拔出效果比较理想，减压拔出达到了深拔的要求。

3）产品质量和收率：产品按生产3#航煤—柴油—加氢裂化料方案进行。从产品分析可以看出，常一线的冰点、密度和馏程均符合3#航煤要求；混合柴油闪点、馏程符合柴油要求；减二线作为加氢裂化料，其干点、残炭、金属含量均达到工艺卡片要求。标定的常压各线收率基本同设计值；减压各线收率中，由于减二线干点控制比设计时产品质量控制的要求严格许多，生产中要求减二线干点不大于550℃，因此为保证减二线质量，减二线收率较设计值低，减三线收率相应提高。

4）能耗：计算装置能耗为10.465×$10^4$kcal/t原油，符合装置能耗性能保证值不大于13×$10^4$kcal/t原油的要求。从装置加热炉效率计算可以看出，由于能耗值的主要项目燃料计量不准确，采用计量数据计算的加热炉效率为75.44%。应按照反平衡法确定的加热炉效率91.03%和计算的加热炉负荷确定燃料消耗和装置能耗。

5）换热网络：原油进电脱盐温度为129℃，进闪蒸塔温度209℃，换热终温309℃基本同设计值，表明换热网络能较好适应装置操作条件。

6）塔的核算：常压塔中段回流高温位段换热比例比较合适，常二中比例达到约40%。减压塔由于减二线质量控制的要求，使得减一中取热比例偏大，减二中取热比例偏小。

对于塔的汽、液相负荷，常压塔汽、液相负荷基本为设计值的100%~110%。从常压塔的水力学计算结果看(如阀孔动能因子、堰上溢流强度、底隙流速、降液管液体停留时间等)，常压塔仍具有一定的潜力。

减压塔的汽、液相负荷，塔上部床层1下部和床层2上部汽相负荷较设计值大，核算的填料泛点百分数床层1下部达92.9%，床层2上部达84.1%。核算的其他填料液泛百分数低于70%。从现场情况看，全塔压降为16.7mmHg(1mmHg=133.3224Pa)，比设计值略高。分析原因，主要是减压炉按照设计值6000kg/h注汽，减压裂解气比设计时预估的小，而抽真空系统能力较大，使得减顶操作压力为15.2mmHg，比设计值30mmHg低了一半，造成减压塔气相负荷特别是塔上部床层1和床层2比设计条件高，使得全塔压降较大。若使减压塔保持在设计的操作压力30mmHg下操作，汽相负荷将会有一定程度的降低，减压塔也会有一定的生产潜力。

7）抽真空：本次标定，一级抽真空器投用2台，二、三级抽真空器各投用1台。从运行状态看，抽真空系统操作稳定，运行良好。塔顶残压为15~19mmHg，比设计值30mmHg低。

8）机泵：装置在100%设计负荷下，电耗折成能耗值较设计值高出0.16~0.17×$10^4$kcal/t原油，从装置标定情况看，部分机泵设计扬程比实际需要高出一些，对这些机泵可以通过叶轮切割来适当降低扬程，以进一步降低装置电耗。

9）电脱盐：原油在100%~110%设计负荷下，经电脱盐后盐含量为0.4~2.80mg/L，含水0.03%，达到了脱后原油盐含量不大于3mg/L，含水不大于0.2%的要求。

10）减顶气脱硫：作为装置自用燃料气，为满足环保要求，减顶气采用30%MDEA溶液在常压下进行脱硫，取得了良好效果。标定数据表明，脱硫前减顶气硫化氢含量高达18.46%(摩尔)，脱硫后硫化氢含量不大于50mg/$m^3$，达到了燃料气脱硫标准。

综合以上各点，本次标定表明装置能够适应60%~110%的设计负荷，按生产3#航煤—柴油—加氢裂化料方案进行生产，产品质量合格，减压拔出深度和装置能耗等性能值符合性能保证要求。

## 第二部分　装置工艺流程

装置工艺流程如图2-1~图2-9所示，图中标示数据为设计工况数据。

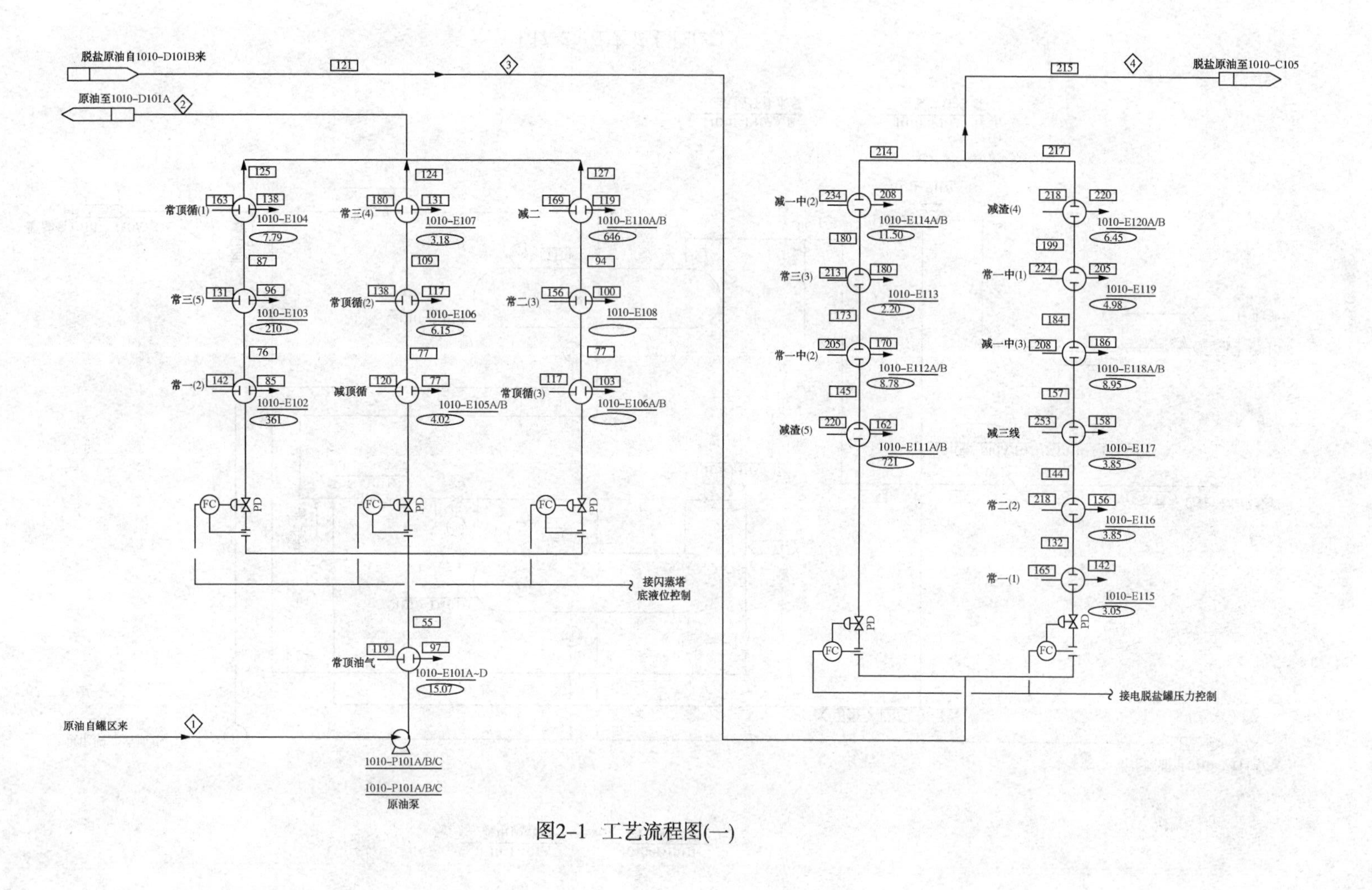

脱盐原油自1010-D101B来
原油至1010-D101A
脱盐原油至1010-C105
原油自罐区来
接闪蒸塔
底液位控制
接电脱盐罐压力控制
常顶循(1)
1010-E104
7.79
常三(5)
1010-E103
210
常一(2)
1010-E102
361
常三(4)
1010-E107
3.18
常顶循(2)
1010-E106
6.15
减顶循
1010-E105A/B
4.02
减二
1010-E110A/B
646
常二(3)
1010-E108
常顶循(3)
1010-E106A/B
常顶油气
1010-E101A-D
15.07
1010-P101A/B/C
1010-P101A/B/C
原油泵
减一中(2)
1010-E114A/B
11.50
常三(3)
1010-E113
2.20
常一中(2)
1010-E112A/B
8.78
减渣(5)
1010-E111A/B
721
减渣(4)
1010-E120A/B
6.45
常一中(1)
1010-E119
4.98
减一中(3)
1010-E118A/B
8.95
减三线
1010-E117
3.85
常二(2)
1010-E116
3.85
常一(1)
1010-E115
3.05
FC
PD


图2-1 工艺流程图(一)

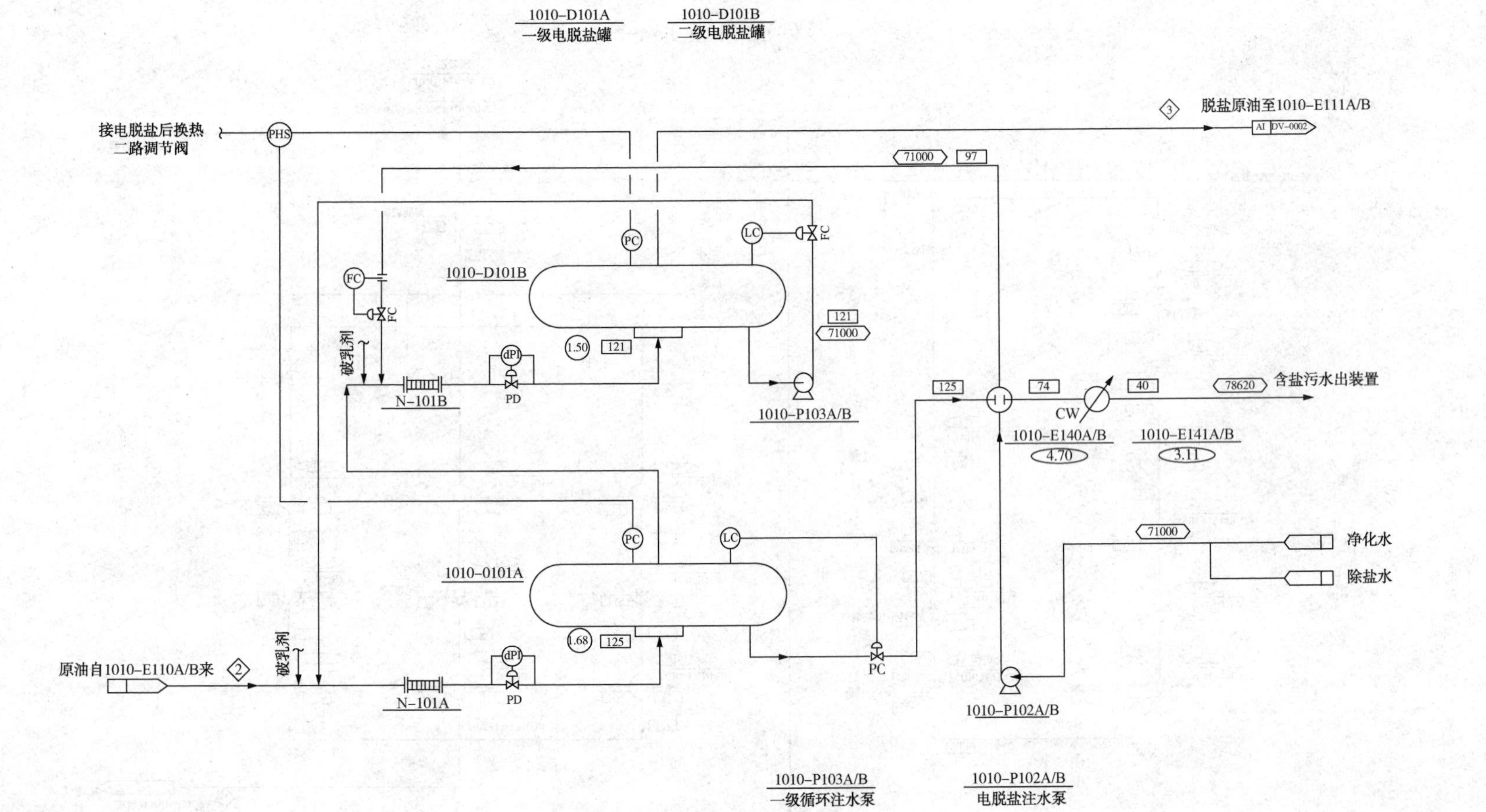
1010–D101A
一级电脱盐罐
1010–D101B
二级电脱盐罐
接电脱盐后换热
二路调节阀
PHS
3
脱盐原油至1010–E111A/B
AI DV–0002
71000
97
PC
LC
FC
FC
FC
1010–D101B
121
71000
1.50
121
破乳剂
dPI
N–101B
PD
1010–P103A/B
125
74
40
78620
含盐污水出装置
CW
1010–E140A/B
4.70
1010–E141A/B
3.11
71000
净化水
除盐水
PC
LC
1010–0101A
1.68
125
原油自1010–E110A/B来
2
破乳剂
dPI
N–101A
PD
PC
1010–P102A/B
1010–P103A/B
一级循环注水泵
1010–P102A/B
电脱盐注水泵

图2–2　工艺流程图(二)

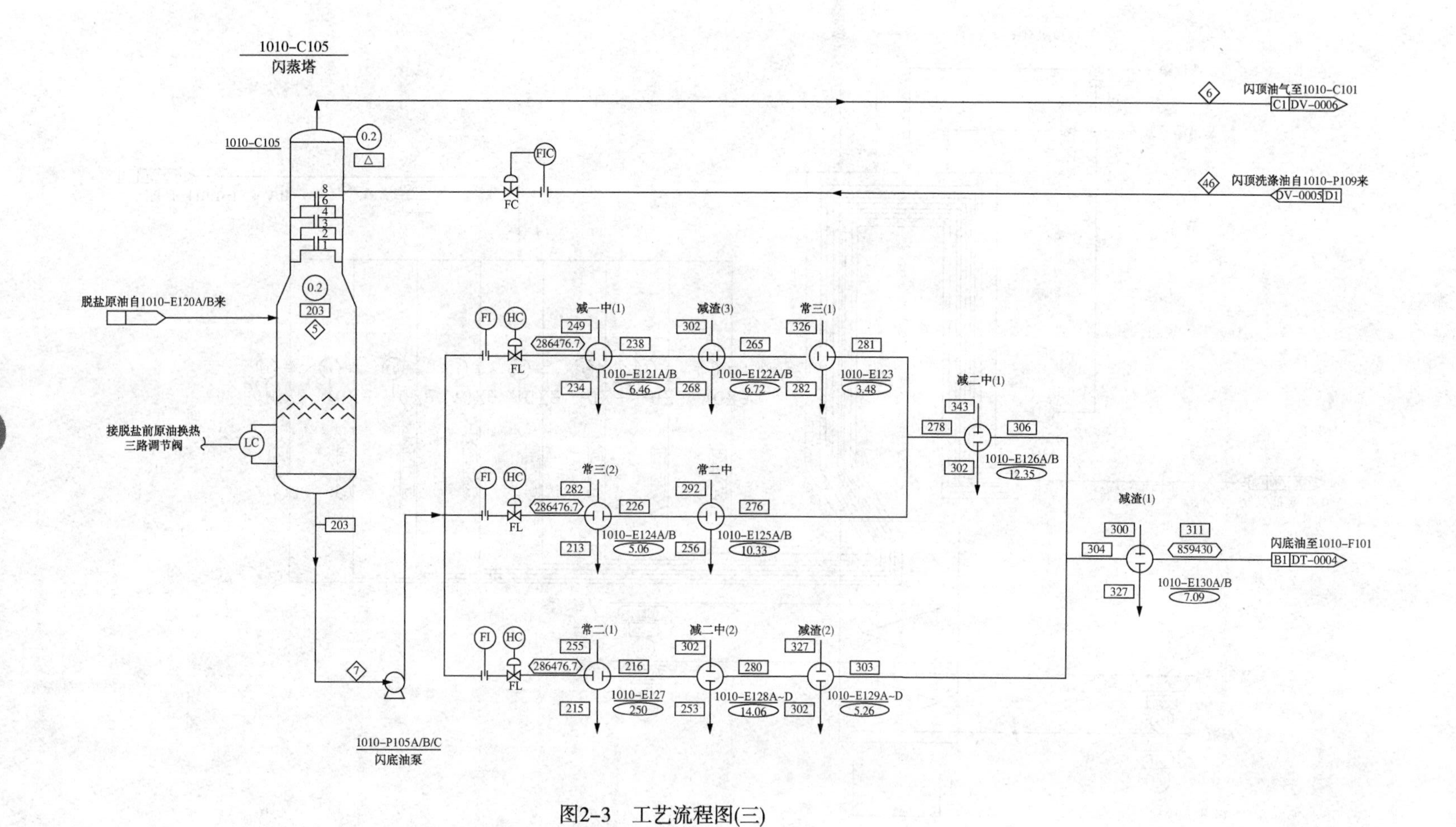

1010-C105
闪蒸塔
1010-C105
闪顶油气至1010-C101
C1 DV-0006
闪顶洗涤油自1010-P109来
DV-0005 D1
FIC
FC
脱盐原油自1010-E120A/B来
接脱盐前原油换热
三路调节阀
LC
1010-P105A/B/C
闪底油泵
减一中(1)
减渣(3)
常三(1)
常三(2)
常二中
常二(1)
减二中(2)
减渣(2)
减二中(1)
减渣(1)
286476.7
1010-E121A/B
6.46
1010-E122A/B
6.72
1010-E123
3.48
1010-E124A/B
5.06
1010-E125A/B
10.33
1010-E127
250
1010-E128A~D
14.06
1010-E129A~D
5.26
1010-E126A/B
12.35
1010-E130A/B
7.09
859430
闪底油至1010-F101
B1 DT-0004


图2-3 工艺流程图(三)

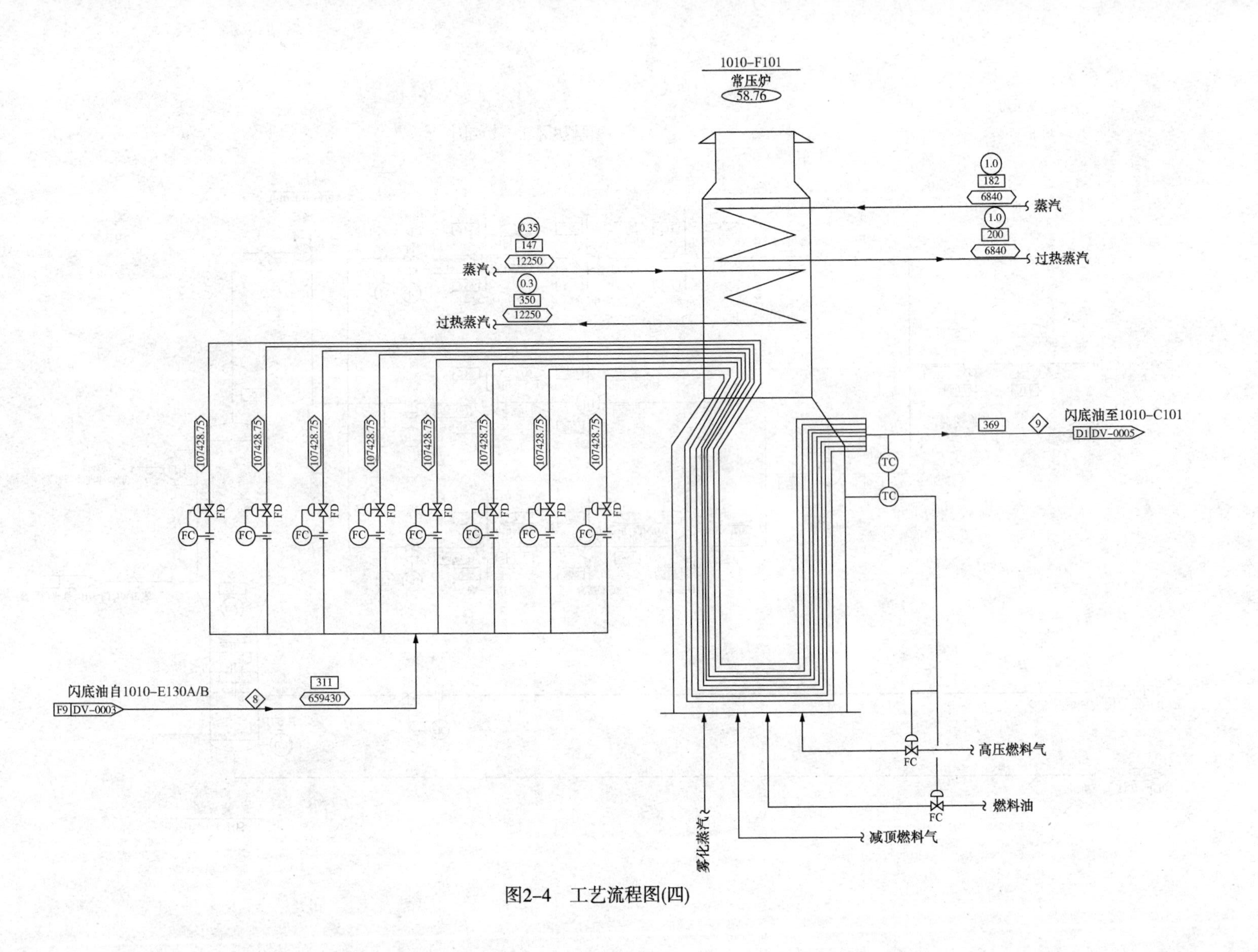
1010-F101
常压炉
58.76
1.0
182
6840
蒸汽
1.0
200
6840
过热蒸汽
0.35
147
12250
蒸汽
0.3
350
12250
过热蒸汽
107428.75
FD
FC
369
9
闪底油至1010-C101
D1 DV-0005
TC
TC
闪底油自1010-E130A/B
F9 DV-0003
8
311
659430
高压燃料气
FC
燃料油
FC
减顶燃料气
雾化蒸汽

图2-4　工艺流程图(四)

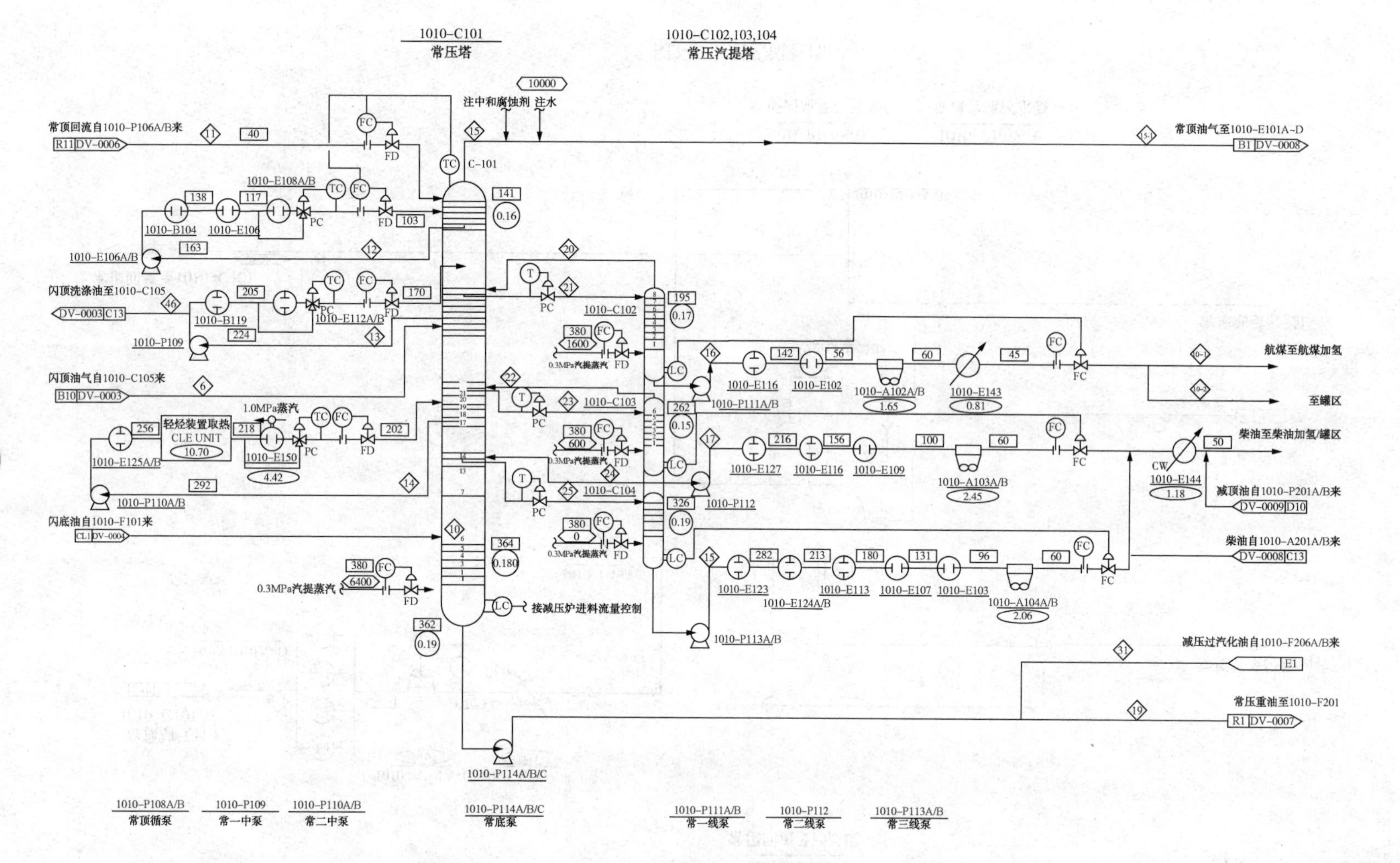
1010-C101
常压塔
1010-C102,103,104
常压汽提塔
常顶回流自1010-P106A/B来
R11 DV-0006
常顶油气至1010-E101A~D
B1 DV-0008
注中和缓蚀剂
注水
闪顶洗涤油至1010-C105
DV-0003 C13
闪顶油气自1010-C105来
B10 DV-0003
轻烃装置取热
CLE UNIT
1.0MPa蒸汽
闪底油自1010-F101来
0.3MPa汽提蒸汽
接减压炉进料流量控制
航煤至航煤加氢
至罐区
柴油至柴油加氢/罐区
减顶油自1010-P201A/B来
DV-0009 D10
柴油自1010-A201A/B来
DV-0008 C13
减压过汽化油自1010-F206A/B来
E1
常压重油至1010-F201
R1 DV-0007
1010-P108A/B
常顶循泵
1010-P109
常一中泵
1010-P110A/B
常二中泵
1010-P114A/B/C
常底泵
1010-P111A/B
常一线泵
1010-P112
常二线泵
1010-P113A/B
常三线泵

图2-5　工艺流程图(五)

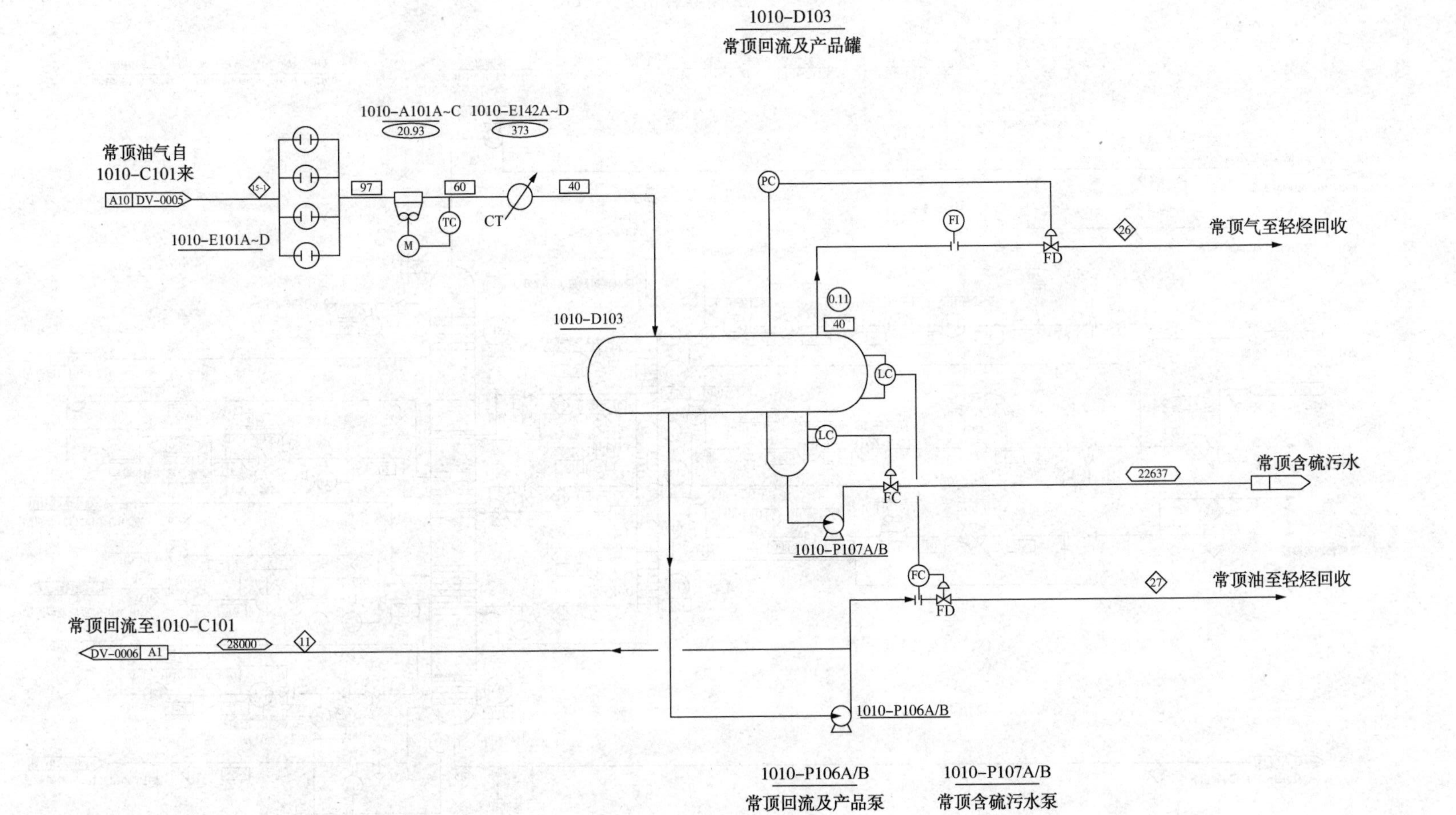
1010-D103
常顶回流及产品罐
1010-A101A~C
20.93
1010-E142A~D
373
常顶油气自
1010-C101来
A10
DV-0005
1010-E101A~D
97
60
TC
M
CT
40
PC
FI
FD
26
常顶气至轻烃回收
0.11
40
1010-D103
LC
LC
FC
22637
常顶含硫污水
1010-P107A/B
FC
FD
27
常顶油至轻烃回收
常顶回流至1010-C101
DV-0006
A1
28000
11
1010-P106A/B
1010-P106A/B
常顶回流及产品泵
1010-P107A/B
常顶含硫污水泵

图2-6　工艺流程图(六)

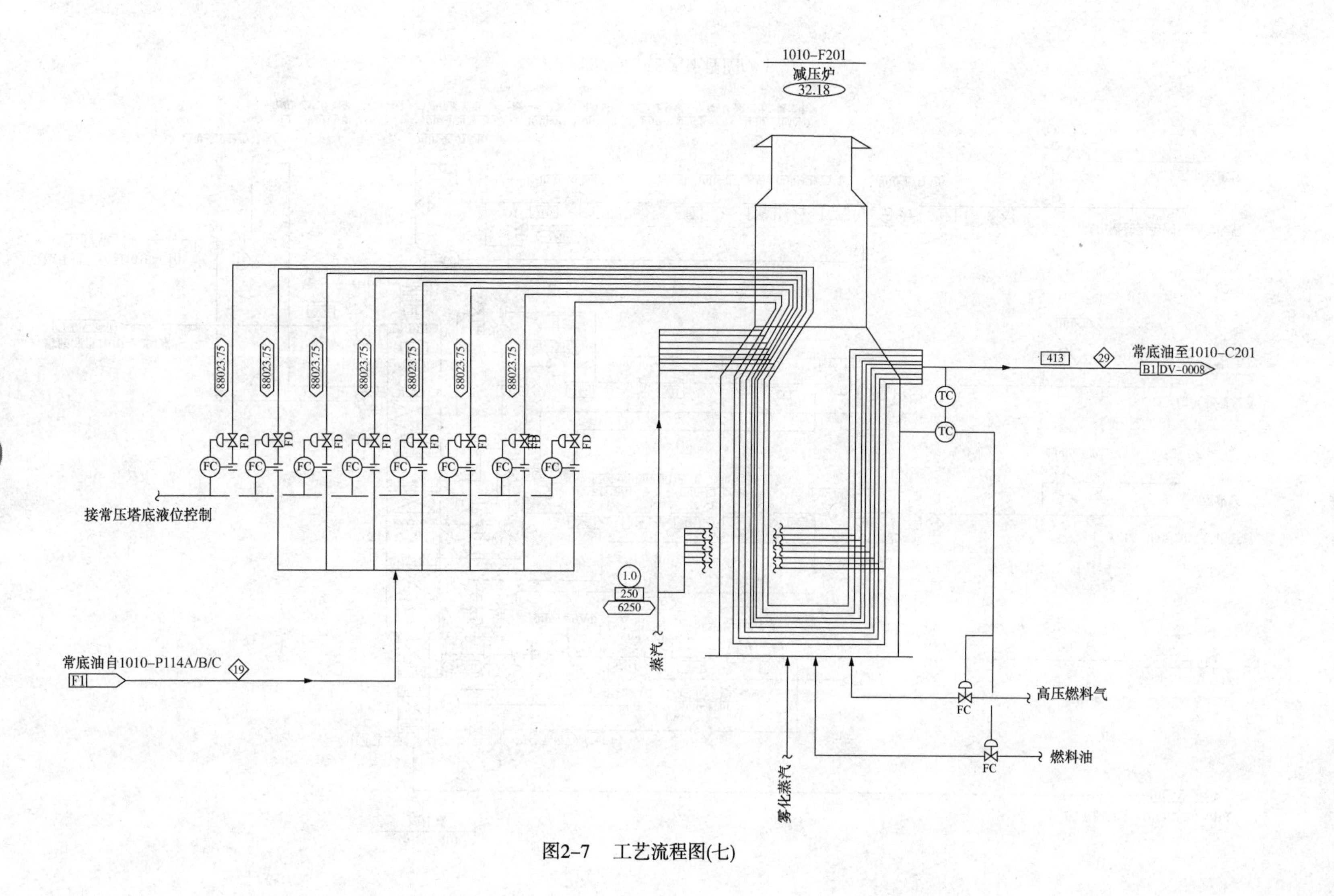
1010-F201
减压炉
32.18
88023.75
88023.75
88023.75
88023.75
88023.75
88023.75
88023.75
FC
FO
接常压塔底液位控制
常底油自1010-P114A/B/C
F1
19
1.0
250
6250
蒸汽
雾化蒸汽
413
29
常底油至1010-C201
B1 DV-0008
TC
TC
高压燃料气
燃料油

图2-7　工艺流程图(七)

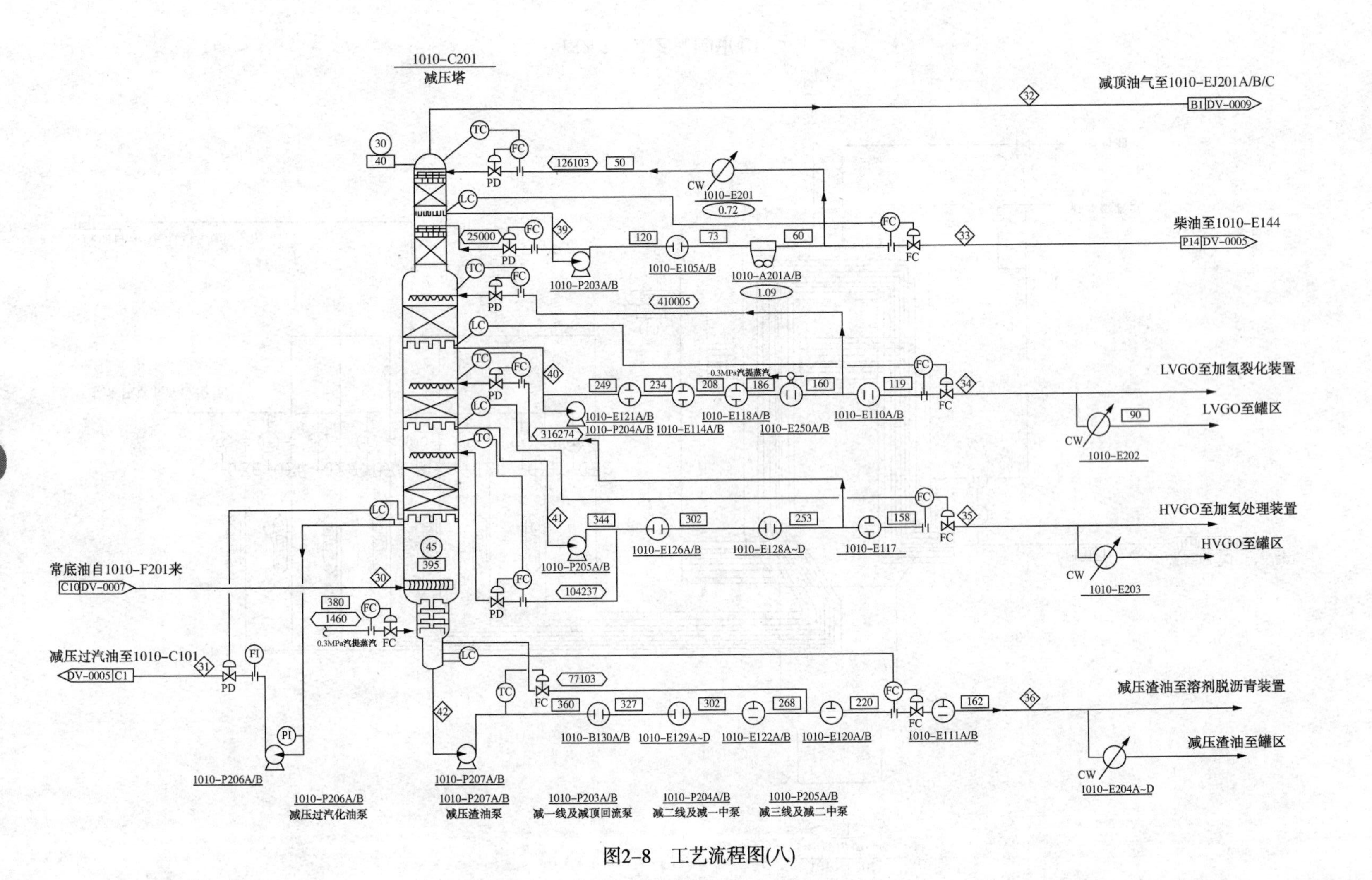
1010-C201
减压塔
减顶油气至1010-EJ201A/B/C
B1 DV-0009
柴油至1010-E144
P14 DV-0005
LVGO至加氢裂化装置
LVGO至罐区
HVGO至加氢处理装置
HVGO至罐区
减压渣油至溶剂脱沥青装置
减压渣油至罐区
常底油自1010-F201来
C10 DV-0007
减压过汽油至1010-C101
DV-0005 C1
0.3MPa汽提蒸汽
1010-E201
1010-E105A/B
1010-A201A/B
1010-P203A/B
1010-E121A/B
1010-P204A/B
1010-E114A/B
1010-E118A/B
1010-E250A/B
1010-E110A/B
1010-E202
1010-P205A/B
1010-E126A/B
1010-E128A~D
1010-E117
1010-E203
1010-B130A/B
1010-E129A~D
1010-E122A/B
1010-E120A/B
1010-E111A/B
1010-E204A~D
1010-P206A/B
1010-P207A/B
1010-P206A/B
减压过汽化油泵
1010-P207A/B
减压渣油泵
1010-P203A/B
减一线及减顶回流泵
1010-P204A/B
减二线及减一中泵
1010-P205A/B
减三线及减二中泵

图2-8 工艺流程图(八)

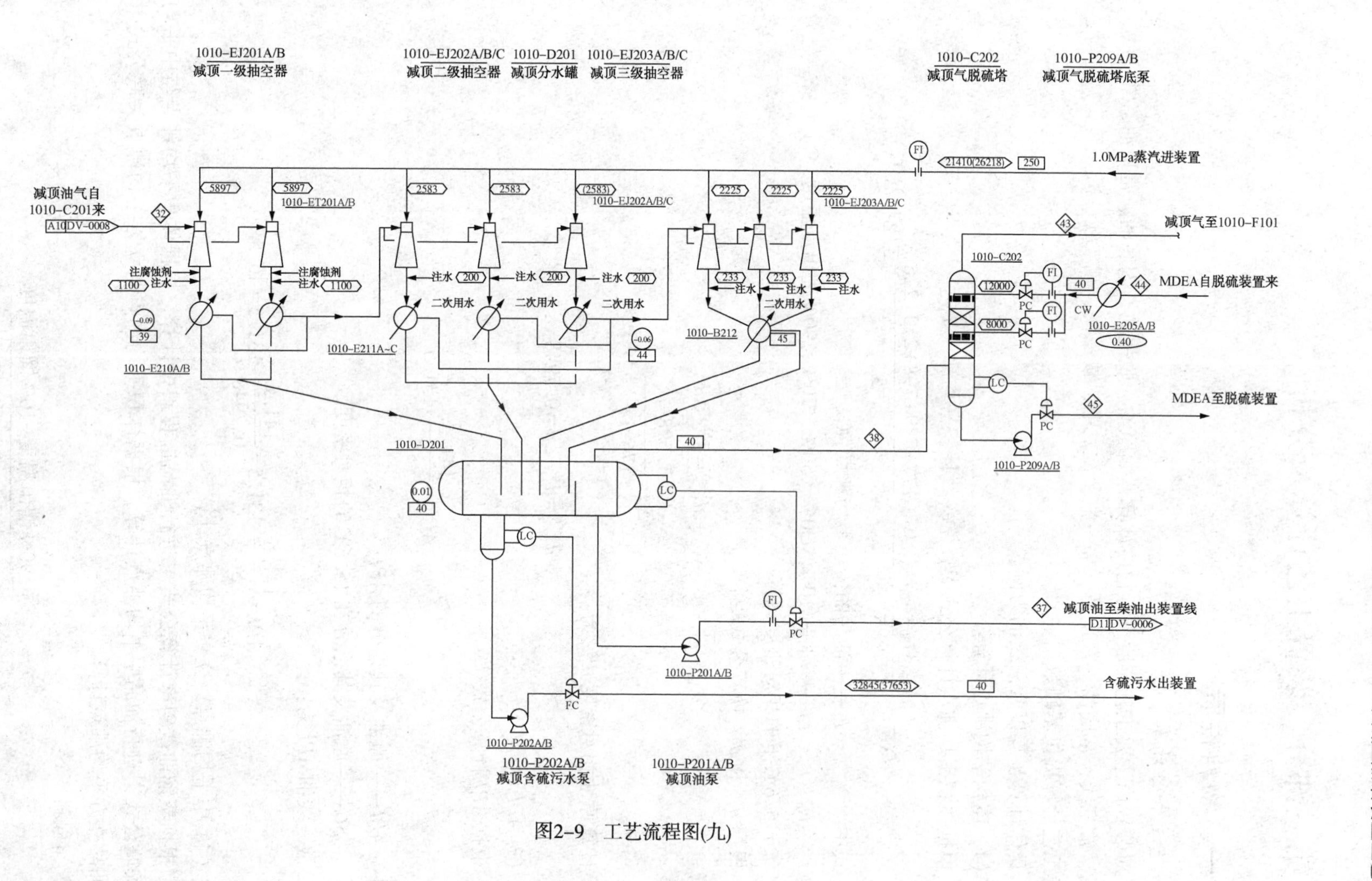
1010–EJ201A/B
减顶一级抽空器
1010–EJ202A/B/C
减顶二级抽空器
1010–D201
减顶分水罐
1010–EJ203A/B/C
减顶三级抽空器
1010–C202
减顶气脱硫塔
1010–P209A/B
减顶气脱硫塔底泵
1.0MPa蒸汽进装置
21410(26218)
250
减顶油气自
1010–C201来
A10DV–0008
5897
1010–ET201A/B
2583
(2583)
1010–EJ202A/B/C
2225
1010–EJ203A/B/C
减顶气至1010–F101
注腐蚀剂
注水
1100
200
233
二次用水
1010–E210A/B
1010–E211A~C
1010–B212
1010–E205A/B
0.40
MDEA自脱硫装置来
MDEA至脱硫装置
12000
8000
CW
1010–D201
1010–P209A/B
减顶油至柴油出装置线
D11DV–0006
1010–P201A/B
32845(37653)
含硫污水出装置
1010–P202A/B
减顶含硫污水泵
1010–P201A/B
减顶油泵

图2–9 工艺流程图(九)

# 第三部分　装置工艺计算及分析

## 一、物料性质

(一) 物性计算

对装置内主要工艺流股进行物性计算，如原油、脱盐油、闪底油、常顶油、常一线、常二线、常三线、常底油、常顶循、常一中、常二中、减一线、减二线、减三线、减渣等，为后续工艺计算提供基础数据。

具体计算步骤以常一线油为例。

(1) 体积平均沸点计算

根据体积平均沸点计算公式[1]，常一线体积平均沸点 $T_V$：

$$T_V=\frac{t_{10}+t_{20}+t_{30}+t_{50}+t_{70}+t_{90}}{5}=\frac{177+789+798+210+226}{5}=199.9(℃)$$

式中　$T_V$——油品的体积平均沸点,℃；

$t_{10}$、$t_{30}$、$t_{50}$、$t_{70}$、$t_{90}$——油品 10%、30%、50%、70%、90%馏出点温度,℃。

(2)15.6℃下的相对密度计算

根据 $d_4^{20}$ 和 $d_{15.6}^{15.6}$换算公式[1]：

$$d_{15.6}^{15.6}=d_4^{20}+\Delta d$$

$$\Delta d=\frac{1.598-d_4^{20}}{176.1-d_4^{20}}$$

计算原油相对密度 $d_{15.6}^{15.6}$为：

$$d_{15.6}^{15.6}=d_4^{20}+\Delta d=0.7948$$

(3)*API* 计算

根据 *API* 计算公式[2]：

$$API°=\frac{141.5}{SG}-131.5$$

式中　*API*——原油及其馏分的 *API*；

*SG*——原油及其馏分在 15.6℃的相对密度。

常一线油 *API* 为：

$$API=\frac{141.5}{SG}-131.5=\frac{141.5}{0.7948}-131.5=46.5$$

(4) 中平均沸点、立方平均沸点计算

根据蒸馏曲线斜率计算公式[1]进行油品馏程斜率计算，根据体积平均沸点与中平均沸点关联公式[1]进行油品中平均沸点计算，根据体积平均沸点与立方平均沸点关联公式[1]进行油品立方平均沸点计算。

馏程斜率 $S$：

$$S=\frac{90\%馏出温度-10\%馏出温度}{90-10}$$

中平均沸点 $t_{Me}$：

$$t_{Me}=t_V-\Delta_{Me}$$

$$\ln \Delta_{Me}=-1.53181-0.012800\, t_V^{0.667}+3.64678\, S^{0.3333}$$

式中　$t_V$——油品的体积平均沸点，℃；

$t_{Me}$——油品的中平均沸点，℃；

$S$——油品馏程的斜率，℃/%；

$\Delta_{Me}$——中平均沸点 $t_{Me}$ 的校正值，℃。

立方平均沸点 $t_{cu}$：

$$t_{cu}=t_V-\Delta_{cu},\ \ln\Delta_{cu}=-0.82368-0.089970 t_V^{0.45}+2.45679 S^{0.45}$$

式中　$t_V$——油品的体积平均沸点，℃；

$t_{cu}$——油品的立方平均沸点，℃；

$S$——油品馏程的斜率，℃/%；

$\Delta_{cu}$——立方平均沸点 $t_{cu}$ 的校正值，℃；

计算原油的馏程斜率、中平均沸点及立方平均沸点：

$$S=\frac{90\%馏出温度-10\%馏出温度}{90-10}=\frac{226-177}{90-10}=0.62$$

$$\ln\Delta_{Me}=-1.53181-0.012800V^{0.667}+3.64678S^{0.3333}=1.138$$

$$\Delta_{Me}=3.1(℃)$$

$$t_{Me}=t_V-\Delta_{Me}=199.9-3.1=196.8(℃)$$

$$t_{cu}=t_V-\Delta_{cu}=198.7(℃)$$

(5) 特性因数 $K$ 值计算

根据公式[2]，石油及其馏分的特性因数 Watson $K$ 值：

$$K_{WAT}=1.216\frac{t_{Me}^{1/3}}{d_{15.6}^{15.6}}$$

式中 $K_{WAT}$——石油及其馏分的特性因子；

$t_{Me}$——石油及其馏分的中平均沸点，K；

$d_{15.6}^{15.6}$——石油及其馏分在15.6℃的相对密度。

常一线的特性因数 Watson $K$ 值为：

$$K_{WAT}=1.216\frac{t_{Me}^{1/3}}{d_{15.6}^{15.6}}=1.216\times\frac{(196.8+273.15)^{1/3}}{0.7948}=11.90$$

(6) 分子量计算

方法一：

$$\lg M=\sum_{i=0}^{2}\sum_{j=0}^{2}A_{ij}\,(1.8t+32)^i K^j$$

式中　$M$——相对分子质量，g/mol；

$t$——中平均沸点，℃；

$K$——油品特性因数；

$A_{ij}$——参数，见表3-1。

表 3-1 参数表

| $A_{ij}$ | 数值 | $A_{ij}$ | 数值 |
| --- | --- | --- | --- |
| $A_{00}$ | 0.6670202 | $A_{12}$ | $2.5008\times10^{-5}$ |
| $A_{01}$ | 0.1552531 | $A_{20}$ | $-2.698\times10^{-6}$ |
| $A_{02}$ | $-5.3785\times10^{-3}$ | $A_{21}$ | $3.876\times10^{-7}$ |
| $A_{10}$ | $4.5837\times10^{-3}$ | $A_{22}$ | $-1.5662\times10^{-8}$ |
| $A_{11}$ | $-5.755\times10^{-4}$ | | |

则常一线分子量为158.7。

方法二：

根据Riazi关联式进行原油及其馏分中分子量计算[1]。

$$M=42.965[\exp(2.097\times10^{-4}T-7.78712S+2.0848\times10^{-3}TS)]T^{1.26007}S^{4.98308}$$

式中 $M$——相对分子质量，g/mol；

$T$——石油馏分的中平均沸点，K；

$S$——相对密度($d_{15.6}^{15.6}$)。

计算得到的分子量与方法一基本一致，后续计算采用方法一得出的数据。

(7) 临界压力、临界温度计算

根据石油馏分真、假临界温度计算公式[1]进行原油及其馏分中真、假临界温度计算：

$$t_c=85.66+0.9259D-0.3959\times10^{-3}D^2$$

$$D=d(1.8t_V+132.0)$$

式中 $t_c$——石油馏分的真临界温度,℃；

$t_V$——石油馏分的体积平均沸点,℃；

$d$——石油馏分的相对密度($d_{15.6}^{15.6}$)。

$$T'_c=10.6443[\exp(-5.1747\times10^{-4}T_{Me}-0.54444d+3.5995\times10^{-4}T_{Me}d)]\times T_{Me}^{0.81067}d^{0.53961}$$

式中 $T_{Me}$——石油馏分的中平均沸点,°R；

$T'_c$——石油馏分的假临界温度,°R。

根据石油馏分真、假临界压力计算公式[1]进行原油及其馏分中真、假临界压力计算。

假临界压力：

$$p'_c=3.195\times10^4[\exp(-8.505\times10^{-3}T_{Me}-4.8014d+5.7490\times10^{-3}T_{Me}d)]T_{Me}^{-0.4844}d^{4.0846}$$

真临界压力：

$$\lg p_c=0.052321+5.656282\lg\frac{T_c}{T'_c}+1.001047\lg p'_c$$

式中 $T_c$——石油馏分的真临界温度，K。

计算常一线的真临界温度、假临界温度、真临界压力、假临界压力：

$$D=d(1.8t_V+132.0)=390.9$$

$$t_c=85.66+0.9259D-0.3959\times10^{-3}D^2=387.1(℃)$$

$p'_c=319.0$psi(绝)，即2.20MPa。

$$T'_c=1185°R$$

$$p_c=2.37MPa$$

(8) 焦点压力、焦点温度计算

根据石油馏分焦点温度的数学关联式[3]进行原油及其馏分中焦点温度计算。

$$\Delta T_e = a_1 \times [(S+a_2)/(a_3 \times S+a_4)+a_5 \times S] \times [a_6/(a_7 \times t_V+a_8)+a_9]+a_{10}$$

式中　$\Delta T_e$——焦点温度-临界温度，℃；

$S$——恩氏蒸馏10%~90%馏分的曲线斜率，℃/%；

$t_V$——恩氏蒸馏体积平均沸点，℃；

$a_i$——常数($i$=1，2，…，10)，见表3-2。

**表3-2　参数表**

| $a_i$ | 数值 | $a_i$ | 数值 |
|---|---|---|---|
| $a_1$ | 0.146080296 | $a_6$ | 13.19556507 |
| $a_2$ | 0.050887086 | $a_7$ | 0.081472347 |
| $a_3$ | 0.000252803 | $a_8$ | 18.47914514 |
| $a_4$ | 0.000483705 | $a_9$ | -0.15854028 |
| $a_5$ | 1.993669508 | $a_{10}$ | -4.858837967 |

根据石油馏分焦点压力的数学关联式[3]进行原油及其馏分中焦点压力计算。

$$\Delta p_e = \{[a_1 \times (S-0.3)+a_2]/(S+a_3)\} \times \{a_4/[a_5 \times (t_V+a_6 \times S)+a_7]+a_8\}$$

式中　$\Delta p_e$——焦点压力-临界压力，MPa；

$S$——恩氏蒸馏10%~90%馏分的曲线斜率，℃/%；

$t_V$——恩氏蒸馏体积平均沸点，℃；

$a_i$——常数($i$=1，2，…，8)，见表3-3。

**表3-3　参数表**

| $a_i$ | 数值 | $a_i$ | 数值 |
|---|---|---|---|
| $a_1$ | 59.52786009 | $a_5$ | 0.015463011 |
| $a_2$ | 13.22730898 | $a_6$ | -16.38902047 |
| $a_3$ | 0.734848721 | $a_7$ | 0.233925349 |
| $a_4$ | 0.152469537 | $a_8$ | -0.014367667 |

根据计算得：

$$\Delta T_e = 28.9℃$$

$$\Delta p_e = 0.8\text{MPa}$$

则常一线的焦点温度为 $T_j = t_c + \Delta T_e = 416℃$。

常一线焦点压力为：$p_j = p_c + \Delta p_e = 3.17(\text{MPa})$。

(9) 物性计算表

为后续工艺计算提供基础数据，装置内主要工艺流股物性计算数据汇总见表3-4~表3-7。

**表3-4　主要工艺流股物性计算汇总表**

| 物流 | $d_4^{20}$ | 分子量 $M$ | 特性因数 $K$ (UOP) | 特性因数 $K$ (WATSON) | $d_{15.6}^{15.6}$ |
|---|---|---|---|---|---|
| 原油 | 0.8568 | 224.5 | 11.82 | 11.03 | 0.8576 |
| 脱盐油 | 0.8568 | 224.5 | 11.82 | 11.03 | 0.8576 |
| 闪底油 | 0.9000 | 280.3 | 11.73 | 11.16 | 0.9040 |

续表

| 物流 | $d_4^{20}$ | 分子量 $M$ | 特性因数 $K$ (UOP) | 特性因数 $K$ (WATSON) | $d_{15.6}^{15.6}$ |
|---|---|---|---|---|---|
| 常顶油 | 0.6975 | 94.5 | 12.42 | 12.34 | 0.7026 |
| 常顶循 | 0.7585 | 127.3 | 12.03 | 11.97 | 0.7633 |
| 常一中 | 0.8013 | 172.9 | 11.97 | 11.90 | 0.8059 |
| 常二中 | 0.8477 | 233.1 | 11.84 | 11.76 | 0.8520 |
| 常一线 | 0.7902 | 158.7 | 11.97 | 11.90 | 0.7948 |
| 常二线 | 0.8337 | 213.1 | 11.88 | 11.79 | 0.8380 |
| 常三线 | 0.8747 | 271.1 | 11.76 | 11.67 | 0.8788 |
| 常渣 | 0.9819 | 504.6 | 11.58 | 11.31 | 0.9854 |
| 减压进料 | 0.9825 | 510.0 | 11.59 | 11.34 | 0.9860 |
| 减一线+减顶循 | 0.8601 | 253.1 | 11.81 | 11.72 | 0.8643 |
| 减二线+减一中 | 0.9194 | 379.6 | 11.75 | 11.69 | 0.9233 |
| 减三线+减二中 | 0.9562 | 514.0 | 11.80 | 11.76 | 0.9598 |
| 减压过汽化油 | 0.9904 | 593.9 | 11.68 | 11.65 | 0.9939 |
| 减渣 | 1.0727 | 806.5 | 11.31 | 11.17 | 1.0757 |

**表 3-5　主要工艺流股物性计算汇总表**

| 物流 | 焦点温度 $T_j$/℃ | 临界温度 $t_c$/℃ | 焦点压力 $p_j$/MPa | 临界压力 $p_c$/MPa | 立方平均沸点 $t_{CU}$/℃ |
|---|---|---|---|---|---|
| 原油 | 575.2 | 522.8 | 6.53 | 5.16 | 299.49 |
| 脱盐油 | 575.2 | 522.8 | 6.53 | 5.16 | 299.49 |
| 闪底油 | 602.8 | 561.9 | 3.99 | 3.04 | 361.26 |
| 常顶油 | 343.3 | 267.1 | 6.50 | 3.24 | 94.10 |
| 常顶循 | 364.5 | 335.9 | 3.55 | 2.66 | 152.65 |
| 常一中 | 439.0 | 408.7 | 3.03 | 2.23 | 219.47 |
| 常二中 | 503.9 | 479.3 | 2.41 | 1.84 | 289.49 |
| 常一线 | 416.0 | 387.1 | 3.17 | 2.36 | 198.70 |
| 常二线 | 480.1 | 456.6 | 2.54 | 1.97 | 265.75 |
| 常三线 | 542.6 | 517.1 | 2.18 | 1.64 | 330.88 |
| 常渣 | 642.1 | 626.0 | 1.17 | 0.85 | 537.49 |
| 减压进料 | 641.8 | 626.1 | 1.11 | 0.80 | 541.02 |

续表

| 物流 | 焦点温度 $T_j$/℃ | 临界温度 $t_c$/℃ | 焦点压力 $p_j$/MPa | 临界压力 $p_c$/MPa | 立方平均沸点 $t_{CU}$/℃ |
|---|---|---|---|---|---|
| 减一线+减顶循 | 512.2 | 495.6 | 2.12 | 1.73 | 307.03 |
| 减二线+减一中 | 603.9 | 585.1 | 1.43 | 1.09 | 432.09 |
| 减三线+减二中 | 630.3 | 621.1 | 0.80 | 0.63 | 531.13 |
| 减压过汽化油 | 631.5 | 626.7 | 0.52 | 0.43 | 592.98 |
| 减渣 | 568.1 | 568.4 | 0.19 | 0.16 | 718.04 |

**表 3-6　主要工艺流股物性计算汇总表**

| 物流 | 体积平均沸点 $t_V$ | | 中平均沸点 $t_{Me}$ | | |
|---|---|---|---|---|---|
| | ℃ | ℉ | ℃ | K | ℉ |
| 原油 | 344.4 | 651.9 | 223.4 | 496.5 | 434.1 |
| 脱盐油 | 344.4 | 651.9 | 223.4 | 496.5 | 434.1 |
| 闪底油 | 396.0 | 744.8 | 298.5 | 571.7 | 569.4 |
| 常顶油 | 97.4 | 207.2 | 89.0 | 362.2 | 192.2 |
| 常顶循 | 153.7 | 308.7 | 151.2 | 424.3 | 304.1 |
| 常一中 | 220.8 | 429.5 | 217.1 | 490.3 | 422.9 |
| 常二中 | 290.9 | 555.6 | 286.9 | 560.0 | 548.4 |
| 常一线 | 199.9 | 391.8 | 196.8 | 469.9 | 386.2 |
| 常二线 | 266.9 | 512.5 | 263.7 | 536.8 | 506.6 |
| 常三线 | 332.7 | 630.9 | 327.1 | 600.2 | 620.8 |
| 常渣 | 557.4 | 1035.3 | 496.8 | 770.0 | 926.3 |
| 减压进料 | 558.8 | 1037.9 | 504.0 | 777.2 | 939.3 |
| 减一线+减顶循 | 308.0 | 586.3 | 305.4 | 578.5 | 581.7 |
| 减二线+减一中 | 434.4 | 813.9 | 426.9 | 700.0 | 800.4 |
| 减三线+减二中 | 532.9 | 991.2 | 527.1 | 800.3 | 980.9 |
| 减压过汽化油 | 594.5 | 1102.1 | 589.5 | 862.7 | 1093.1 |
| 减渣 | 729.3 | 1344.8 | 692.8 | 966.0 | 1279.0 |

**表 3-7　主要工艺流股物性计算汇总表**

| 物流 | 临界温度 $T_c$/℉ | 假临界温度 $T'_c$/°R | 临界压力 $p_c$/psi(绝) | 假临界压力 $p'_c$/psi(绝) |
|---|---|---|---|---|
| 原油 | 973.1 | 1266.5 | 748.8 | 352.3 |
| 脱盐油 | 973.1 | 1266.5 | 748.8 | 352.3 |
| 闪底油 | 1043.3 | 1399.9 | 440.6 | 278.7 |
| 常顶油 | 512.7 | 966.4 | 470.6 | 429.5 |
| 常顶循 | 636.7 | 1097.2 | 385.7 | 366.2 |

续表

| 物流 | 临界温度 $T_c$/°F | 假临界温度$T'_c$/°R | 临界压力 $p_c$/psi(绝) | 假临界压力 $p'_c$/psi(绝) |
|---|---|---|---|---|
| 常一中 | 767.6 | 1222.1 | 323.4 | 298.6 |
| 常二中 | 894.7 | 1351.7 | 266.7 | 249.4 |
| 常一线 | 728.8 | 1185.0 | 343.0 | 319.0 |
| 常二线 | 853.9 | 1309.5 | 285.1 | 265.0 |
| 常三线 | 962.7 | 1425.9 | 238.1 | 228.3 |
| 常渣 | 1158.8 | 1736.4 | 122.6 | 172.7 |
| 减压进料 | 1159.0 | 1746.4 | 116.2 | 168.9 |
| 减一线+减顶循 | 924.0 | 1385.8 | 250.7 | 239.1 |
| 减二线+减一中 | 1085.1 | 1593.3 | 157.5 | 177.5 |
| 减三线+减二中 | 1150.0 | 1752.0 | 91.9 | 140.4 |
| 减压过汽化油 | 1160.1 | 1861.7 | 62.6 | 130.3 |
| 减渣 | 1055.0 | 2080.5 | 23.8 | 135.8 |

注：对于加工的混合原油，由于标定报告中并没有给出原油恩式蒸馏曲线或实沸点曲线，因此通过模拟的方法将所有产品按照物料平衡的比例混合后倒推出原油性质，模拟得到的原油 $d_4^{20}$ 密度为 0.8568，与实际测量的 $d_4^{20}$ 密度 0.8578 基本一致，认为模拟得到的原油性质能够反映加工原油的实际状况，故计算中采用了模拟得到的原油性质。

### (二) 恩氏蒸馏曲线和平衡汽化曲线的转换

根据常压恩氏蒸馏50%点与平衡汽化50%点换算图(图3-1)及平衡气化曲线各段温差与恩式蒸馏曲线各段温差关系图(图3-2)[2]进行闪底油及常压塔各液相产品恩氏蒸馏曲线至平衡汽化曲线的转换，作为后续计算常压塔热平衡及各侧线和塔顶温度的依据。

标定报告中的恩氏蒸馏曲线数据见表3-8。

**表3-8 闪底油及常压塔产品恩式蒸馏曲线**

| 产品 | 密度 $d_4^{20}$/(g/cm$^3$) | 恩氏蒸馏/℃ | | | | | | |
|---|---|---|---|---|---|---|---|---|
| | | 0% | 10% | 30% | 50% | 70% | 90% | 100% |
| 闪底油 | 0.9000 | 35 | 163 | 271 | 371 | 493 | 682 | |
| 常顶油 | 0.6975 | 16 | 47 | 72 | 98 | 123 | 147 | 174 |
| 常一线 | 0.7902 | 126 | 177 | 189 | 198 | 210 | 226 | 251 |
| 常二线 | 0.8337 | 179 | 238 | 257 | 267 | 277 | 295 | 320 |
| 常三线 | 0.8747 | 167 | 283 | 319 | 334 | 349 | 379 | 412 |
| 常底油 | 0.9819 | 259 | 378 | 452 | 521 | 605 | | |

以闪底油为例，闪底油恩氏蒸馏50%温度为：371℃，恩氏蒸馏10%点、70%点之间的斜率为(493-163)/(70-10)=5.5，查常压恩氏蒸馏50%点与平衡汽化50%点换算图[2]，得平衡气化50%点温度-恩氏蒸馏50%点温度=-17℃，则平衡气化50%点温度为371-17=354(℃)。

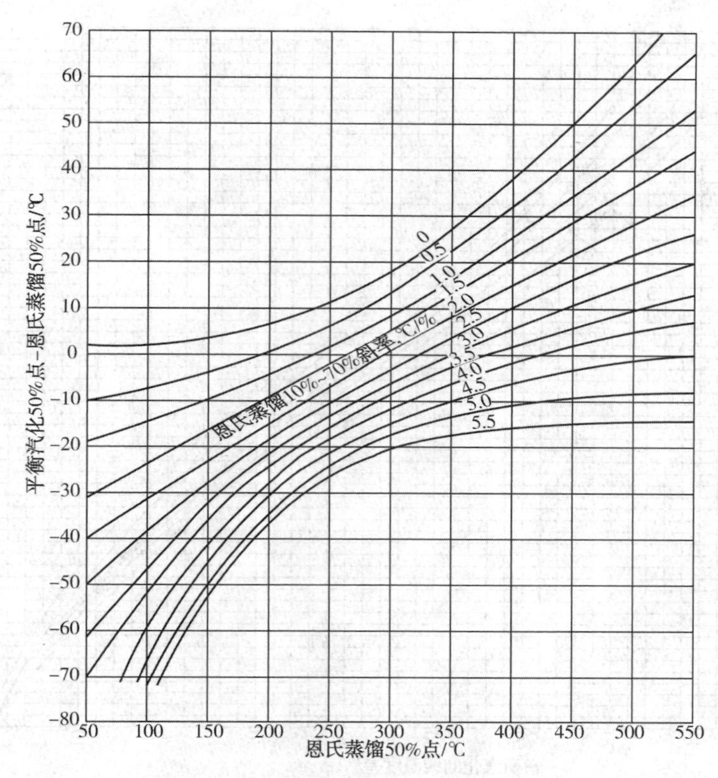


图 3-1　闪底油常压恩氏蒸馏 50%点与平衡汽化 50%点换算图

闪底油恩氏蒸馏曲线 50%与 30%温差为 371－271＝100(℃)；闪底油恩氏蒸馏曲线 30%与 10%温差为：271－163＝108(℃)。

查图 3-2 平衡汽化曲线各段温差与恩氏蒸馏曲线各段温差关系图，闪底油平衡汽化曲线 50%与 30%温差为 73℃，闪底油平衡汽化曲线 30%与 10%温差为 81℃。故闪底油平衡气化 30%温度为：354－73＝281(℃)；闪底油平衡气化 10%温度为：281－81＝200(℃)，

常顶油、常一线、常二线、常三线的平衡汽化曲线各点温度计算方法与闪底油相同，计算结果见表 3-9。

**表 3-9　闪底油及常压塔产品平衡汽化曲线**

| 项目 | 密度 $d_4^{20}$/(g/cm$^3$) | 平衡汽化/℃ | | | | | | |
|---|---|---|---|---|---|---|---|---|
| | | 0% | 10% | 30% | 50% | 70% | 90% | 100% |
| 闪底油 | 0.900 | | 200 | 281 | 354 | 430 | | |
| 常顶油 | 0.6975 | 35 | 49 | 64 | 78 | 91 | 103 | 112 |
| 常一线 | 0.7902 | 162 | 188 | 194 | 198 | | | |
| 常二线 | 0.8337 | 226 | 259 | 270 | 275 | | | |
| 常三线 | 0.8747 | 249 | 317 | 340 | 348 | 355 | 371 | 384 |

(三) 蒸馏曲线校正

在进行常压塔热量平衡计算时，发现常一线、常二线、常三线抽出温度的实测值与根据产品蒸馏曲线计算得到的温度值差别很大，故尝试根据经典方法对蒸馏曲线实验测量值进行修正。

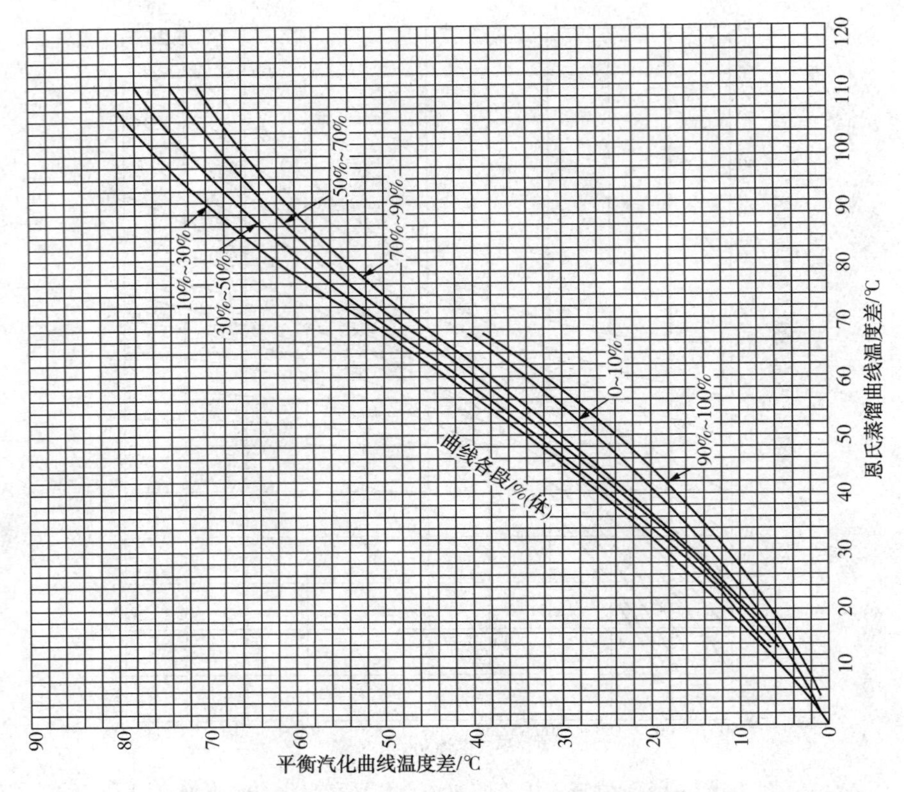


图 3-2　闪底油平衡气化曲线各段温差与恩氏蒸馏曲线各段温差关系图

(1) 对数坐标法进行修正

一般的，常压塔各侧线产品的恩氏蒸馏曲线在对数坐标图中趋向于直线，故根据经验对产品恩氏蒸馏曲线进行校正。

校正前的常顶油、常一线、常二线、常三线恩氏蒸馏曲线见图 3-3。

校正后的常顶油、常一线、常二线、常三线恩氏蒸馏曲线见图 3-4。

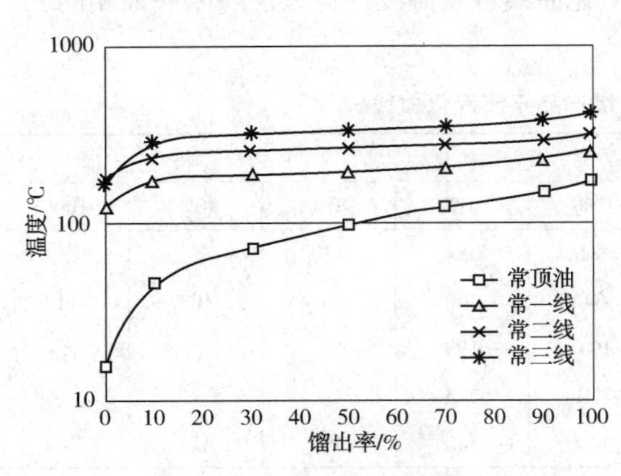


图 3-3　校正前的对数坐标图中常压产品恩氏蒸馏曲线

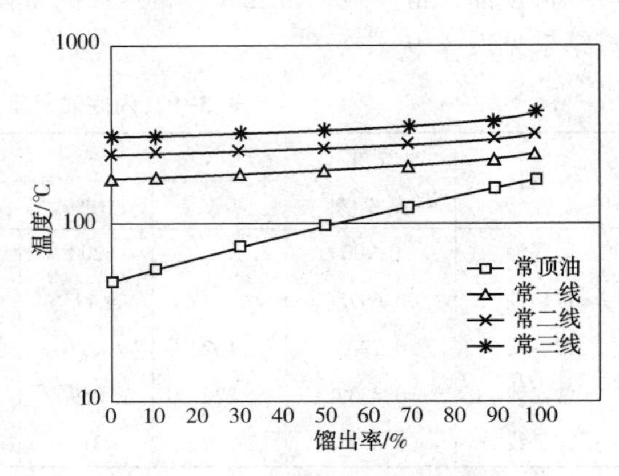


图 3-4　校正后的对数坐标图中常压产品恩氏蒸馏曲线

校正后的常顶油、常一线、常二线、常三线恩氏蒸馏数据见表 3-10，转换成平衡气化曲线数据见表 3-11。

**表 3-10 校正后的常压产品恩氏蒸馏曲线数据** ℃

| 项目 | 恩氏蒸馏 | | | | | | |
|---|---|---|---|---|---|---|---|
| | 0% | 10% | 30% | 50% | 70% | 90% | 100% |
| 常顶油 | 47 | 55 | 75 | 98 | 123 | 155 | 174 |
| 常一线 | 180 | 184 | 191 | 199 | 210 | 226 | 247 |
| 常二线 | 243 | 250 | 258 | 267 | 277 | 295 | 320 |
| 常三线 | 300 | 306 | 321 | 334 | 349 | 379 | 412 |

**表 3-11 校正后的常压塔产品平衡汽化曲线数据** ℃

| 项目 | 平衡汽化 | | | | | | |
|---|---|---|---|---|---|---|---|
| | 0% | 10% | 30% | 50% | 70% | 90% | 100% |
| 常顶油 | 50 | 53 | 64 | 78 | 90 | 106 | 112 |
| 常一线 | 192 | 194 | 197 | 201 | 206 | 213 | 222 |
| 常二线 | 267 | 269 | 273 | 277 | 281 | 289 | 298 |
| 常三线 | 334 | 336 | 344 | 350 | 357 | 373 | 386 |

（2）正态概率坐标法进行修正

一般的，常压塔各侧线产品的恩氏蒸馏曲线在正态概率坐标图中亦趋向于直线[2]，故根据经验对产品恩氏蒸馏曲线进行校正。

在正态概率坐标图中，校正后的常顶油、常一线、常二线、常三线恩氏蒸馏曲线见图 3-5。

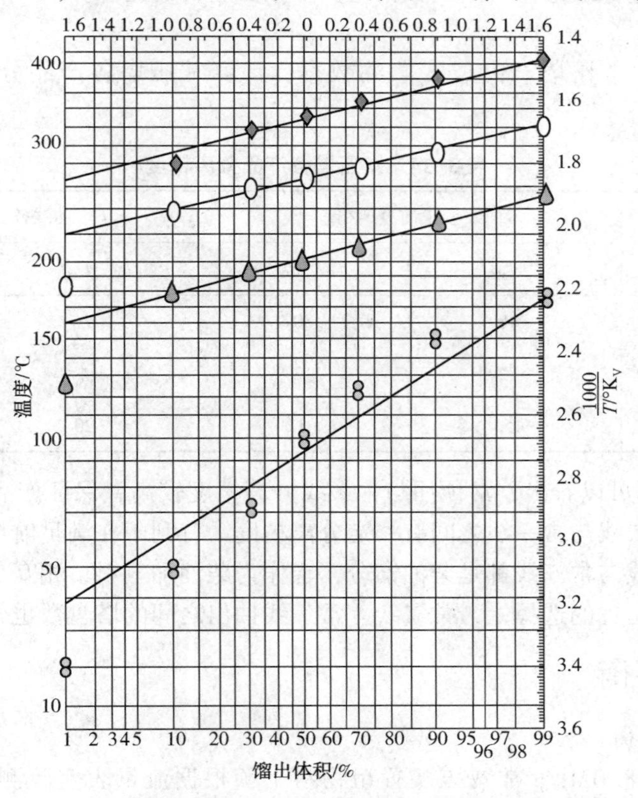


图 3-5 正态概率坐标图中校正后的常压产品恩氏蒸馏曲线

校正后的常顶油、常一线、常二线、常三线恩氏蒸馏数据见表3-12，转换成平衡汽化曲线数据见表3-13。

表3-12　正态概率坐标法校正后的常压产品恩氏蒸馏曲线数据　℃

| 项目 | 恩氏蒸馏 | | | | | | |
|---|---|---|---|---|---|---|---|
| | 0% | 10% | 30% | 50% | 70% | 90% | 100% |
| 常一线 | 160 | 177 | 189 | 198 | 210 | 226 | 251 |
| 常二线 | 215 | 238 | 257 | 267 | 277 | 295 | 320 |
| 常三线 | 265 | 295 | 319 | 334 | 349 | 379 | 412 |

表3-13　正态概率坐标法校正后的常压塔产品平衡汽化曲线数据　℃

| 项目 | 平衡汽化 | | | | | | |
|---|---|---|---|---|---|---|---|
| | 0% | 10% | 30% | 50% | 70% | 90% | 100% |
| 常一线 | 181 | 188 | 194 | 198 | 203 | 210 | 218 |
| 常二线 | 248 | 258 | 269 | 274 | 278 | 286 | 294 |
| 常三线 | 313 | 327 | 341 | 349 | 356 | 372 | 385 |

依据正态概率坐标法校正后的平衡汽化数据计算的常压侧线抽出温度与实际值偏差仍较大，后续采用对数坐标法修正得到的数据与实际数据进行对比。

（四）分离精度

根据表3-10中常压塔产品恩式蒸馏数据，计算常压塔各产品分离精度，结果见表3-14。

表3-14　常压塔各产品分离精度　℃

| 产品 | 曲线校正前分离精度 | | 曲线校正后分离精度 | |
|---|---|---|---|---|
| | $t_0^H-t_{100}^L$ | $t_{10}^H-t_{90}^L$ | $t_0^H-t_{100}^L$ | $t_{10}^H-t_{90}^L$ |
| 常顶油与常一线 | −48 | 30 | 6 | 29 |
| 常一线与常二线 | −72 | 12 | −4 | 24 |
| 常二线与常三线 | −153 | −12 | −20 | 11 |

由表3-14数据可以看出，常顶油与常一线分离精度较高，保证产品质量的同时可尽可能多产乙烯料；常二线与常一线之间有一定分离精度，有利于在满足航煤质量要求的前提下多产航煤料；常二线与常三线都是柴油馏分，皆作为柴油加氢料，相互之间不需要高的分离精度，因此在抽出位置的选择上，常二线、常三线抽出之间的塔盘数也较少。

## 二、物料平衡

（一）粗物料平衡

福建联合石化8.0Mt/a常减压装置粗物料平衡根据流量表实际测量数据获得，具体见表3-15。

表 3-15 装置粗物料平衡

| 项目 | 位号 | 装置表量/(t/h) | 用途 |
| --- | --- | --- | --- |
| 入方 | | | |
| 原油 | FIQ1049 | 481.50 | |
| | FIQ1050 | 476.50 | |
| 合计 | | 958.00 | |
| 出方 | | | |
| 常顶气 | FIQ1039 | 0.85 | 去轻烃回收 |
| 常顶油 | FIQ1040 | 167 | 去轻烃回收 |
| 常一线 | FIQ1045 | 110 | 作煤油加氢料 |
| 常二线 | FIQ1046 | 106 | 作柴油加氢料 |
| 常三线 | FIQ1047 | 99 | 作柴油加氢料 |
| 减顶气 | FIQ1022 | 0.18 | 自用燃料气 |
| 减顶油 | FIQ2039 | 1.55 | 作柴油加氢料 |
| 减一线油 | FIQ2061 | 18 | 作柴油加氢料 |
| 轻蜡油 | FIQ2062 | 140 | 作中压加氢裂化料 |
| 重蜡油 | FIQ2063 | 94 | 作中压加氢处理料 |
| 减压渣油 | FIQ2064 | 206 | 作溶剂脱沥青料 |
| 合计 | | 942.58 | |
| 入、出方偏差 | | 1.61% | |

（二）流量校正及细物料平衡

对常顶气、减顶气根据分析化验结果计算出的气体实际密度进行流量校正，液体流量校正数据依据与罐区流量表对量后获得。常顶气、减顶气中各组分数据见表3-16。

表 3-16 常顶气、脱硫前减顶气组分分析表

| 组成 | 常顶气 | | | 脱硫前减顶气 | | |
| --- | --- | --- | --- | --- | --- | --- |
| | %(摩尔) | 相对分子质量 | 平均分子量 | %(摩尔) | 相对分子质量 | 平均分子量 |
| 硫化氢 | 1.88 | 34 | 0.639 | 18.46 | 34 | 6.276 |
| 氢气 | 0.87 | 2 | 0.017 | 2.4 | 2 | 0.048 |
| 二氧化碳 | 2.26 | 44 | 0.994 | 0.69 | 44 | 0.304 |
| 氧气 | 2.66 | 32 | 0.851 | 2.49 | 32 | 0.797 |
| 氮气 | 39.78 | 28 | 11.138 | 12.94 | 28 | 3.623 |
| 一氧化碳 | | 28 | | 1.37 | 28 | 0.384 |
| 甲烷 | 4.51 | 16 | 0.722 | 26.35 | 16 | 4.216 |
| 乙烷 | 2.8 | 30 | 0.840 | 11.99 | 30 | 3.597 |
| 乙烯 | 0.08 | 28 | 0.022 | 1.69 | 28 | 0.473 |
| 丙烷 | 16.24 | 44 | 7.146 | 8.47 | 44 | 3.727 |
| 丙烯 | 0.05 | 42 | 0.021 | 3.57 | 42 | 1.499 |
| 异丁烷 | 4.48 | 58 | 2.598 | 0.58 | 58 | 0.336 |

续表

| 组成 | 常顶气 | | | 脱硫前减顶气 | | |
|---|---|---|---|---|---|---|
| | %(摩尔) | 相对分子质量 | 平均分子量 | %(摩尔) | 相对分子质量 | 平均分子量 |
| 正丁烷 | 15.4 | 58 | 8.932 | 3.69 | 58 | 2.140 |
| 丙二烯 | | 56 | | | 56 | |
| 反丁烯 | | 56 | | 0.24 | 56 | 0.134 |
| 正丁烯 | | 56 | | 1.15 | 56 | 0.644 |
| 异丁烯 | 0.01 | 56 | 0.006 | 1.11 | 56 | 0.622 |
| 顺丁烯 | 0.01 | 56 | 0.006 | 0.07 | 56 | 0.039 |
| 异戊烷 | 4.45 | 72 | 3.204 | 0.66 | 72 | 0.475 |
| 正戊烷 | 4.51 | 72 | 3.247 | 1.27 | 72 | 0.914 |
| C5+ | 0.01 | 72 | 0.007 | 0.81 | 72 | 0.583 |
| 总计 | | | 40.39 | | | 30.83 |

由表3-16可知，常顶气平均相对分子质量为40.39，减顶气平均相对分子质量为30.83，由于压力接近常压，气体性质可以按照理想气体处理。

常顶气标准密度$\rho_{常顶气}=40.39/22.4=1.803(kg/Nm^3)$

减顶气标准密度$\rho_{减顶气}=30.83/22.4=1.376(kg/Nm^3)$

孔板测量的常顶气流量为1931Nm³/h、减顶气流量为153Nm³/h，由于孔板测量已经设置温压补偿，流量显示可认为是当前标准体积流量，不需要再进行校正，故常顶气、减顶气质量流率为：

$$m_{常顶气}=1.803\times1931=3482(kg/h)$$

$$m_{减顶气}=1.376\times153=210(kg/h)$$

校正后的装置物料平衡见表3-17。

**表3-17 校正后的装置物料平衡**

| 名称 | 收率/%(质) | 流量 | | | 用途 |
|---|---|---|---|---|---|
| | | kg/h | t/d | $10^4$t/a | |
| 入方 | | | | | |
| 原油 | 100.00 | 952381 | 22857.1 | 800.00 | |
| 出方 | | | | | |
| 常顶气 | 0.37 | 3482 | 83.6 | 2.92 | 去轻烃回收 |
| 常顶油 | 17.23 | 164068 | 3937.6 | 137.82 | 去轻烃回收 |
| 常一线 | 11.50 | 109550 | 2629.2 | 92.02 | 去煤油加氢 |
| 常二线 | 11.17 | 106350 | 2552.4 | 89.33 | 去柴油加氢 |
| 常三线 | 10.35 | 98600 | 2366.4 | 82.82 | 去柴油加氢 |
| (常底油) | 49.38 | 470331 | 11287.9 | 395.08 | 去减压蒸馏 |
| 减顶气 | 0.02 | 210 | 5.0 | 0.18 | 自用燃料气 |
| 减顶油 | 0.16 | 1550 | 37.2 | 1.30 | 去柴油加氢 |
| 减一线 | 1.92 | 18300 | 439.2 | 15.37 | 去柴油加氢 |

续表

| 名称 | 收率/%(质) | 流量 | | | 用途 |
|---|---|---|---|---|---|
| | | kg/h | t/d | $10^4$t/a | |
| 减二线 | 17.84 | 169890 | 4077.4 | 142.71 | 去加氢裂化 |
| 减三线 | 8.99 | 85600 | 2054.4 | 71.90 | 去加氢处理 |
| 减渣 | 20.45 | 194781 | 4674.7 | 163.62 | 去溶剂脱沥青 |
| 合计 | 100.00 | 952381 | 22857.1 | 800.00 | |
| (常压拔出) | 50.62 | 482050 | 11569.2 | 404.92 | |
| (减压拔出) | 28.93 | 275550 | 6613.2 | 231.46 | |

(三)硫平衡

加工混合原油硫含量为2.01%(质),属高硫原油,对全装置进行硫平衡计算。考虑常顶含硫污水、减顶含硫污水中硫含量很低,硫平衡计算中可以忽略不计。

常顶气中的硫化氢摩尔含量为1.88%,分子量为34,常顶气质量流量为3482kg/h,平均分子量为40.39,故常顶气中的硫化氢质量流量为:

$$m_{常顶气中硫化氢}=3482/40.39\times1.88/100\times34=55.1(\text{kg/h})$$

则,常顶气中的硫元素质量流量为:

$$m_{常顶气中硫元素}=55.1/34\times32=52(\text{kg/h})$$

常顶气中的硫质量含量为$n_{常顶气中硫}=52/3482=1.5\%$,认为数据是合理的。

减顶气中的硫化氢摩尔含量为18.46%,相对分子质量为34,减顶气质量流量为210kg/h,平均分子量为30.83,故减顶气中的硫化氢质量流量为:

$$m_{减顶气中硫化氢}=210/30.83\times18.46/100\times34=42.9(\text{kg/h})$$

则,减顶气中的硫质量流量为:

$$m_{减顶气中硫元素}=42.9/34\times32=40.3(\text{kg/h})$$

减顶气中的硫质量含量为$n_{减顶气中硫}=40.3/210=19.2\%$,由于加工原油为高硫油,认为数据是合理的。

根据计算得到的常顶气、减顶气硫含量并对标定数据中的物流硫含量进行校正,得到装置硫平衡见表3-18。考虑混合柴油的硫含量测量值为1.23%(质),在标定数据基础上对常二线、常三线的硫含量适当进行了提高。考虑减三线、减压渣油硫含量本身较高,分析化验精度对总硫流率影响大,但适当调整对流股本身性质影响较小,参照《中国石化集团公司炼油生产装置基础数据汇编》中的数据,对其进行了校正。

**表3-18 硫平衡**

| 名称 | 物流流率/(kg/h) | 校正前 | 校正后 | | |
|---|---|---|---|---|---|
| | | 物流硫含量/%(质) | 物流硫含量/%(质) | 物流硫流量/(kg/h) | 硫收率/%(质) |
| 入方原油 | 952381 | 2.01 | 2.01 | 19142.9 | 100 |
| 出方常顶气 | 3482 | 1.5 | 1.5 | 52 | 0.27 |
| 常顶油 | 164068 | 0.067 | 0.067 | 109.9 | 0.57 |

续表

| 名称 | 物流流率/(kg/h) | 校正前 | 校正后 | | |
|---|---|---|---|---|---|
| | | 物流硫含量/%(质) | 物流硫含量/%(质) | 物流硫流量/(kg/h) | 硫收率/%(质) |
| 常一线 | 109550 | 0.15 | 0.15 | 164.3 | 0.86 |
| 常二线 | 106350 | 0.73 | 0.83 | 882.7 | 4.61 |
| 常三线 | 98600 | 1.54 | 1.73 | 1707.8 | 8.92 |
| (常底油) | 470331 | 3.45 | 3.45 | 16226.4 | 84.76 |
| 减顶气 | 210 | 19.2 | 19.2 | 40.3 | 0.21 |
| 减顶油 | 1550 | 0.13 | 0.13 | 2.0 | 0.01 |
| 减一线 | 18300 | 2.15 | 2.15 | 393.5 | 2.06 |
| 减二线 | 169890 | 2.65 | 2.65 | 4502.1 | 23.52 |
| 减三线 | 85600 | 2.94 | 3.04 | 2603.1 | 13.60 |
| 减渣 | 194781 | 4.39 | 4.46 | 8685.3 | 45.37 |
| 合计 | 952381 | | | | 100.00 |
| (常压拔出) | 482050 | | | | 15.24 |
| (减压拔出) | 275550 | | | | 39.39 |

(四) 水平衡

根据标定报告，对装置水平衡进行计算。考虑各抽出侧线及产品中带水量很少，相对于注水量可以忽略，在进行水平衡计算时不计入。

(1) 进入装置的水

进装置原油含水为0.03%，故原油中水含量为：

$$m_{原油含水}=952381\times0.03\%=286(\mathrm{kg/h})$$

电脱盐注水为64000kg/h，常压塔顶注水为11045kg/h，减压塔顶注水为5000kg/h。

减压炉炉管注汽为6250kg/h，减顶抽真空用1.0MPa蒸汽总量为13000kg/h，常压塔汽提蒸汽用量为10400kg/h，蒸汽用量具体见表3-19。

**表3-19 蒸汽用量表**

| 序号 | 用汽地点 | 0.3MPa蒸汽/(t/h) | 1.0MPa蒸汽/(t/h) |
|---|---|---|---|
| 1 | 常压塔底汽提 | 8.0 | |
| 2 | 常一线汽提 | 1.6 | |
| 3 | 常二线汽提 | 0.8 | |
| 4 | 常三线汽提 | | |
| 5 | 减压塔底汽提 | 1.2 | |
| 6 | 减压炉管注汽 | | 6.25 |
| 7 | 减顶抽空用汽 | | 13.0 |
| 8 | 自产蒸汽 | -8.19 | -6.8 |
| 合计 | 外来蒸汽用量 | 3.41 | 12.45 |

(2) 流出装置的水

脱盐原油含水0.23%，故脱盐原油的含水量为2191kg/h，电脱盐排水为：

$$m_{电脱盐排水}=64000+286-2191=62095(kg/h)$$

常顶含硫污水为23635kg/h，减顶含硫污水为25450kg/h。

根据以上数据，得到的装置水平衡见表3-20。

表3-20　装置水平衡

| 项目 | | 流量/(kg/h) |
|---|---|---|
| 入方 | 原油带水 | 286 |
| | 电脱盐注水 | 64000 |
| | 汽提蒸汽 | 11600 |
| | 炉子注入蒸汽 | 6250 |
| | 抽真空蒸汽 | 13000 |
| | 常压塔顶注水 | 11045 |
| | 减压塔顶注水 | 5000 |
| | 总计 | 111181 |
| 出方 | 电脱盐排水 | 62095 |
| | 常顶含硫污水 | 23635 |
| | 减顶含硫污水 | 25450 |
| | 总计 | 111181 |

## 三、分馏塔物料平衡及热平衡工艺计算

根据校正后的标定报告数据对常压塔物料平衡及热量平衡进行计算。

(一) 常压塔示意图及物料平衡

根据校正后的标定报告数据，常压塔操作条件示意见图3-6。

根据标定数据，计算得到的常压塔物料平衡见表3-21。其中，过汽化油量按闪底油进料的2.54%(质)计算，后续进行校核。闪顶气进入常压塔中段，由于闪顶气性质较轻，假定闪顶气全部进入常顶气、常顶油中，当按照全塔产品收率计算常压塔进料段气化分率时，将闪顶气所占质量扣除。

表3-21　常压塔物料平衡

| 名称 | 收率 | | 流量 | | | | 相对分子质量 | 汽提蒸汽量 | |
|---|---|---|---|---|---|---|---|---|---|
| | %(质) | %(体) | kg/h | t/a | $10^4$t/a | kmol/h | | kg/h | kmol/h |
| 原油 | 100 | | 952381 | 22857.1 | 800.00 | | | | |
| 入方 | | | | | | | | | |
| 闪底油 | 86.97 | | 828269 | 19878.5 | 695.75 | 2955 | 280.3 | | |
| 闪顶气 | 13.03 | | 124112 | 2978.6 | 104.25 | 1356 | 91.5 | | |
| 出方 | | | | | | | | | |
| 常顶气 | 0.42 | | 3482 | 83.6 | 2.92 | 90 | 39 | | |
| 常顶油 | 19.81 | 25.56 | 164068 | 3937.6 | 137.82 | 1736 | 95 | | |

续表

| 名称 | 收率 | | 流量 | | | | 相对分子质量 | 汽提蒸汽量 | |
|---|---|---|---|---|---|---|---|---|---|
| | %(质) | %(体) | kg/h | t/a | $10^4$t/a | kmol/h | | kg/h | kmol/h |
| 常一线 | 13.23 | 15.06 | 109550 | 2629.2 | 92.02 | 690 | 159 | 1600 | 88.9 |
| 常二线 | 12.84 | 13.86 | 106350 | 2552.4 | 89.33 | 499 | 213 | 800 | 44.4 |
| 常三线 | 11.90 | 12.25 | 98600 | 2366.4 | 82.82 | 364 | 271 | | |
| 常底油 | 56.78 | 52.05 | 470331 | 11287.9 | 395.08 | 931 | 505 | 8000 | 444.4 |
| 合计 | 114.98 | 118.78 | 952381 | 22857.1 | 800.00 | 4311 | | 10400 | 577.8 |
| (常压拔出) | 58.20 | 66.73 | 482050 | 11569.2 | 404.92 | 3380 | | | |
| 过汽化油 | 2.54 | 2.52 | 21000 | 504.0 | 17.64 | 61 | 343 | | |
| 常顶油中闪底油组分 | 5.24 | 6.77 | 43438 | | | 460 | 95 | | |

注：出方中各产品的收率均指对于闪底油的收率。

假定闪顶气组分均包含在常顶气、常顶油中，计算闪底油组分在常顶油中所占质量流量为：

$$W_{常顶油中闪底油组分}=W_{常顶气}+W_{常顶油}-W_{闪顶气}=3482+164068-124112=43438(kg/h)$$

(二) 塔顶及各抽出板压力

塔顶压力为2.45kg/cm²(绝)。取每块塔板压降为4.5mmHg，各侧线抽出塔板及中段循环返回塔板距塔顶板数见表3-22。

表3-22 各侧线抽出塔板及中段循环返回塔板位置 块

| 塔板位置 | 塔板数 | 塔板位置 | 塔板数 |
|---|---|---|---|
| 精馏段塔板数 | 46 | 塔顶至常顶循返回塔板数 | 2 |
| 塔顶至常一线抽出塔板数 | 16 | 塔顶至常一中返回塔板数 | 18 |
| 塔顶至常二线抽出塔板数 | 30 | 塔顶至常二中返回塔板数 | 32 |
| 塔顶至常三线抽出塔板数 | 38 | | |

计算得到的常压塔各块塔板压力见表3-23。

表3-23 常压塔各块塔板压力 kg/cm²(绝)

| 塔板位置 | 压力 | 塔板位置 | 压力 |
|---|---|---|---|
| 塔顶 | 2.45 | 常二线抽出板 | 2.63 |
| 常顶循返回板 | 2.46 | 常二中返回板 | 2.64 |
| 常一线抽出板 | 2.54 | 常三线抽出板 | 2.68 |
| 常一中返回板 | 2.56 | 塔进料段 | 2.72 |

常压炉转油线压降按0.35kg/cm²，故常压炉出口压力为$p_{炉出口}=2.72+0.35=3.07$(kg/cm²)(绝)。

(三) 塔顶冷回流

塔顶采用一段冷凝，冷回流温度为40℃。汽提蒸汽为380℃，4kg/cm²(绝)的过热水蒸气。

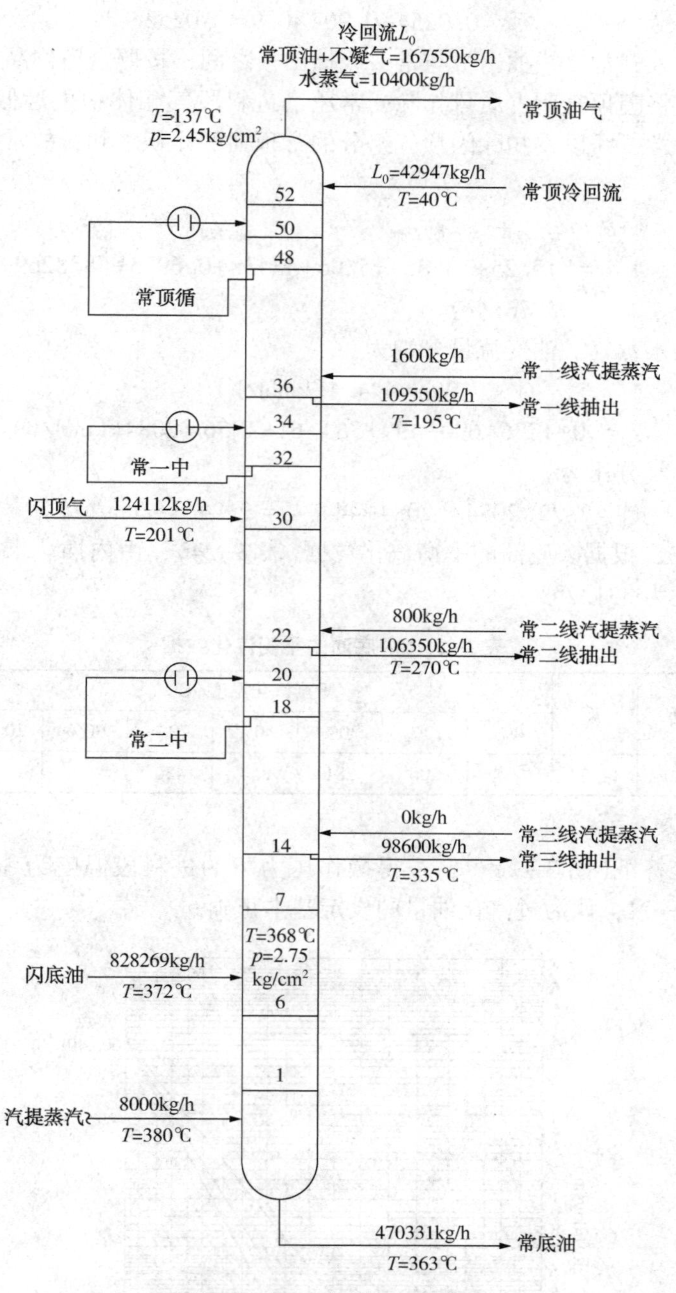

图 3-6　常压塔操作条件示意图

(四) 确定进料段温度

过汽化量占闪底油进料量 2.54%(质)，相对密度 $d_4^{20}$ 取 0.907、分子量取 343。过汽化油量为：

$$\Delta E=828269\times0.0254=21000(\mathrm{kg/h})$$

过汽化油摩尔流量为：

$N_{过}=21000/343=61(\mathrm{kmol/h})$

过汽化油占闪底油进料的体积分率为：

$$e_{过}=0.0254\div0.907\times0.9=0.0252$$

由于闪顶气注入到常二线抽出板与常一线抽出板之间，按照全塔产品量计算常压塔进料段汽化分率时，应将闪顶气所占质量扣除，常压塔进料段气相体积可近似认为是过汽化油、常三线、常二线、常一线以及扣除闪顶气组分的常顶油的体积之和，故常压塔进料段体积汽化分率为：

$$\begin{aligned}e_f&=e_{常三线}+e_{常二线}+e_{常一线}+e_{常顶油中闪底油组分}+e_{过汽化油}\\&=[12.25+13.86+15.06+43438\div0.6975\div(828269\div0.9)+2.52]\div100\\&=43.76(\%)\end{aligned}$$

又，进料段的水蒸气、油气流量分别为：

$$N_{水}=444.4(\text{kmol/h})$$

$$N_{油}=90+1736+690+499+364+61-1356=2084(\text{kmol/h})$$

则，进料段油气分压为：

$$p_{油}=2.72\times2084/(2084+444.4)=2.24[\text{kg/cm}^2(绝)]$$

由 $e_f=43.76\%$，根据闪底油的平衡汽化数据(表 3-24)，由内插法求得：常压下该汽化率对应的进料温度为 331.2℃。

**表 3-24　闪底油的平衡汽化数据**

| 项目 | $d_4^{20}$ | $M$ | $K$ | 平衡汽化温度/℃ | | | | | | | $p_{焦}$/atm | $T_{焦}$/℃ |
|---|---|---|---|---|---|---|---|---|---|---|---|---|
| | | | | 0% | 10% | 30% | 50% | 70% | 90% | 100% | | |
| 闪底油 | 0.900 | 280 | 11.74 | | 200 | 281 | 354 | 430 | | | 40 | 603 |

注：1atm=101325Pa。

查平衡气化坐标纸(图 3-7)[4]，查得操作压力下的进料段温度为 368℃，标定数据为 366℃，两者基本一致，认为过汽化油量的设定基本正确。

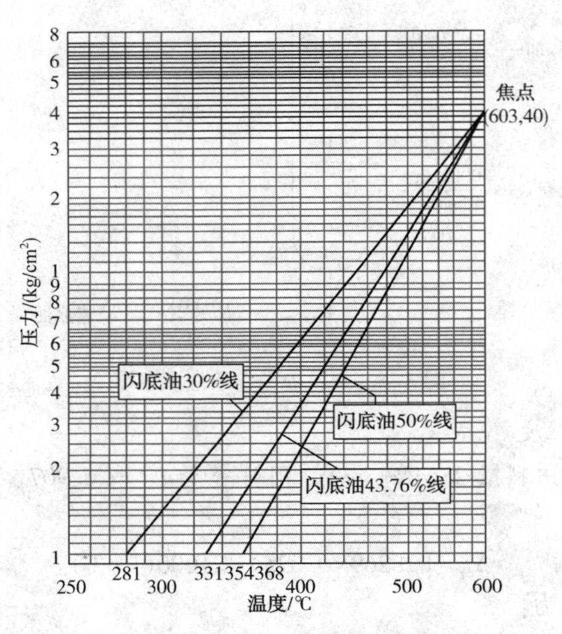


图 3-7　闪底油平衡气化曲线图

（五）确定加热炉出口温度

用炉出口温度对进料段温度进行校验，油品带入进料段的热量计算见表3-25。各物流焓值根据温度、密度、特性因数数据计算并校正[5]，其他物流的焓值计算也采用这种方法。

油品焓的具体计算过程如下：

1）以液相-17.8℃之焓为0。

2）液相焓($H_L$)以液体比热容公式积分而得。

$$H_L=\{(0.055\times K+0.35)[1.8\times(0.0004061-0.0001521\times S)\times(t+17.8)^2+(0.6783-0.3063\times S)\times(t+17.8)]\}\times 4.1868$$

3）为计算气相焓($H_V$)需先求-17.8℃下之汽化潜热($H°$)。

$$H°=\{[50+5.27\times[(140.32-130.76\times S)/(0.009+0.9944\times S)]^{0.542}-11.1\times(K-11.8)\}\times 4.1868$$

4）气相焓($H_V$)以气体比热容公式积分而得，再加上汽化潜热($H°$)。

$$H_V=H°+[0.556\times(0.045\times K-0.233)\times(1.8\times t+17.8)+0.556\times 10^{-3}\times(0.22+0.00885\times K)\times(1.8\times t+17.8)^2-0.0283\times 10^{-6}\times(1.8\times t+17.8)^3]\times 4.1868$$

式中　$K$——特性因数；

$S$——20℃液相密度；

$t$——温度，℃。

**表3-25　闪底油带入塔内热量计算表**

| 项目 | 流量/(kg/h) | 温度/℃ | 焓/(kJ/kg) | | 热量/($10^6$kJ/h) |
|---|---|---|---|---|---|
| | | | 气相 | 液相 | |
| 常顶油 | 43438 | 368 | 1235 | | 53.65 |
| 常一线 | 109550 | 368 | 1176 | | 128.83 |
| 常二线 | 106350 | 368 | 1153 | | 122.62 |
| 常三线 | 98600 | 368 | 1130 | | 111.42 |
| 过汽化油 | 21000 | 368 | 1115 | | 23.42 |
| 进料段重油 | 449331 | 368 | | 886 | 398.11 |
| 合计 | 828269 | | | | 838 |

炉出口温度标定数据为370℃，考虑炉出口至温度测量点的压降及温降影响，炉子出口温度取372℃计算。

查$p-T-e$图得炉出口此压力、温度下的汽化率为39.5%(体)，见图3-8。

可以看出，在此汽化率下，常三线只气化了一部分，还有一部分处于液相。

在炉出口条件下，常三线馏分在气、液相中的流量分别为：

$$W_{常三线汽化}=(39.5\%-15.06\%-13.86\%-6.77\%)/12.25\%\times 98600=30651(kg/h)$$

$$W_{常三线液相}=98600-30651=67949(kg/h)$$

此温度下常压炉出口总热量见表3-26。

表 3-26 常压炉出口热量计算表

| 项目 | 流量/(kg/h) | 温度/℃ | 焓/(kJ/kg) | | 热量/($10^6$kJ/h) |
|---|---|---|---|---|---|
| | | | 气相 | 液相 | |
| 常顶油 | 43438 | 372 | 1253 | | 54.42 |
| 常一线 | 109550 | 372 | 1193 | | 130.71 |
| 常二线 | 106350 | 372 | 1170 | | 124.44 |
| 常三气相 | 30651 | 372 | 1147 | | 35.16 |
| 常三液相 | 67949 | 372 | | 986 | 66.99 |
| 常压渣油 | 470331 | 372 | | 904 | 425.34 |
| 合计 | 828269 | | | | 837 |

由表 3-25、表 3-26 可知，以上两表计算得到的物流总焓值基本一致，所以炉出口温度取 372℃进行计算是合适的，标定数据中炉出口温度为 370℃，是基本准确的，同时说明过汽化油量占闪底油进料量的 2.54%(质)符合实际工况。

(六) 确定塔底温度

塔底温度为 363℃，比进料段低 3~5℃，基本合理。

(七) 校核常三线抽出温度

根据标定数据，常三线抽出温度为 335℃。由于常压塔精馏段从上到下各板温度依次升高，可取常三线上方板液相内回流温度为 325℃。

自塔底至常三线抽出板(14 层)上方进行热量平衡计算，见图 3-9。计算结果见表 3-27。

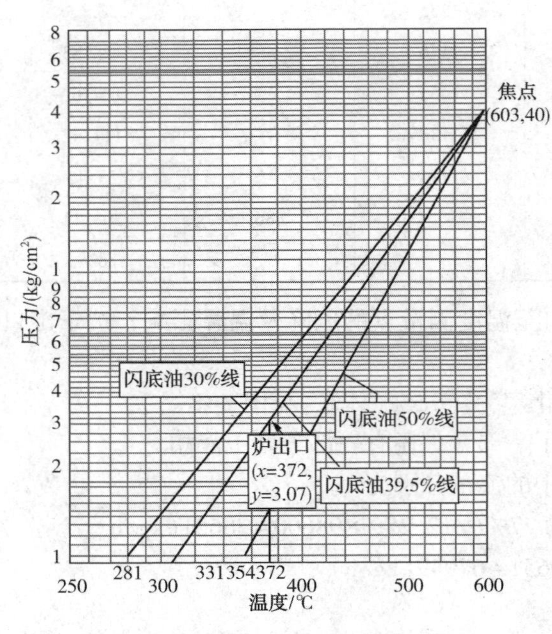


图 3-8 炉出口闪底油平衡气化曲线图

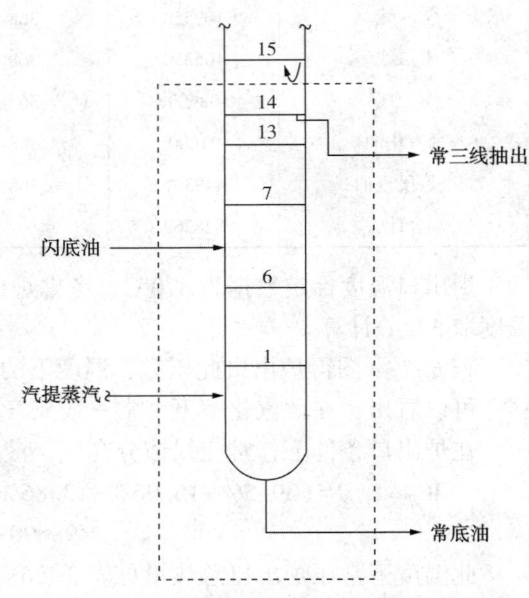


图 3-9 自常压塔塔底至常三线抽出板(14 层)计算框图

表 3-27　常三线热量计算表

| 项目 | | 流量/(kg/h) | 温度/℃ | 焓/(kJ/kg) | | 热量/($10^6$kJ/h) |
|---|---|---|---|---|---|---|
| | | | | 气相 | 液相 | |
| 进料 | 闪底油进料 | 828269 | 368 | | | 838 |
| | 汽提蒸汽 | 8000 | 380 | | | 25.8 |
| | 内回流 | $L$ | 325 | | 828 | $828L\times10^{-6}$ |
| | 合计 | | | | | $864+828L\times10^{-6}$ |
| 出料 | 常顶油 | 43438 | 335 | 1140 | | 49.5 |
| | 常一线 | 109550 | 335 | 1084 | | 118.8 |
| | 常二线 | 106350 | 335 | 1062 | | 112.9 |
| | 常三线 | 98600 | 335 | | 860 | 84.8 |
| | 常压渣油 | 470331 | 363 | | 871 | 409.7 |
| | 内回流 | $L$ | 335 | 1040 | | $1040L\times10^{-6}$ |
| | 水蒸气 | 8000 | 335 | | | 25.13 |
| | 合计 | | | | | $801+1040L\times10^{-6}$ |

常三线抽出上方板内回流量计算：

$$\text{内回流热量差}=1040L-828L=212L(\text{kJ/h})$$

故，内回流质量流量 $L=(864-801)/212\times1000000=297505\text{kg/h}$。

由于常三线相对分子质量为 271，此内回流相对分子质量稍小，取 256，内回流摩尔流量 $N_L=297505/256=1162\text{kmol/h}$

则，内回流量的油气分压 $p_L$：

$$p_L=n_{\text{内回流}}/(n_{\text{常三线抽出板总油气}}+n_{\text{常三线抽出板总蒸汽}})\times p_{\text{常三线抽出板}}$$

$$=1162/(460+690+499+444.4+1162)\times2.68=0.95\text{kg/cm}^2(\text{绝})$$

$0.95\text{kg/cm}^2$(绝)合 726mmHg。

查常三线油品的平衡汽化曲线(表 3-28)，常压下泡点温度为 249℃，10%汽化温度为 317℃，30%汽化温度为 340℃，可见，常三线抽出温度并不等于平衡汽化泡点温度，而是接近 30%温度。由于常三线汽提塔并没有蒸汽通入，故不存在汽提蒸汽作用对产品初馏点造成影响，初步认为分析化验数据可能存在较大偏差，尤其是初馏点数据。

表 3-28　常三线的平衡汽化数据

| 项目 | $d_4^{20}$/(g/cm$^3$) | $M$ | $K$ | 平衡汽化温度/℃ | | | | | | | $p_{焦}$/atm | $T_{焦}$/℃ |
|---|---|---|---|---|---|---|---|---|---|---|---|---|
| | | | | 0% | 10% | 30% | 50% | 70% | 90% | 100% | | |
| 常三线 | 0.8747 | 271 | 11.76 | 249 | 317 | 340 | 348 | 355 | 371 | 384 | 21.8 | 543 |

一般的，常压塔各馏分的恩氏蒸馏曲线在对数坐标图中趋向于直线，故对常三线蒸馏曲线进行校正，得到的常三线平衡汽化曲线见表 3-29。

表 3-29　校正后的常三线平衡汽化数据　℃

| 项目 | 平衡汽化温度 | | | | | | |
|---|---|---|---|---|---|---|---|
| | 0% | 10% | 30% | 50% | 70% | 90% | 100% |
| 常三线 | 334 | 336 | 344 | 350 | 357 | 373 | 386 |

考虑油气分压，计算得到的常三线抽出温度为333℃，与标定得到的常三线抽出温度335℃基本一致，认为温度测量基本准确，可以作为后续计算的依据。

（八）确定常二中中段循环取热量

常二线抽出的标定温度为270℃，以此数据进行后续计算。

根据内插法求得，常一线抽出与常二线抽出之间的单板温降约为：

$$(335-270)/8=8(℃)$$

故，第21层板温度为270+8=278(℃)；故，第20层板温度为278+8=286℃。

自塔底至常二中返回板(20层)上方进行热量平衡计算，见图3-10，结果见表3-30。

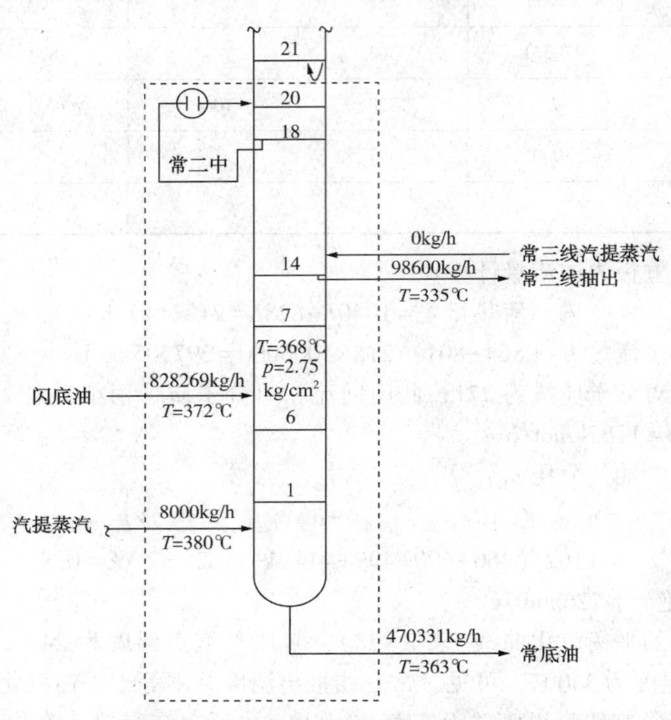


图 3-10　自常压塔塔底至常二中返回板(20层)计算框图

表 3-30　常二中热量计算表

| 项目 | | 流量/(kg/h) | 温度/℃ | 焓/(kJ/kg) | | 热量/($10^6$kJ/h) |
|---|---|---|---|---|---|---|
| | | | | 气相 | 液相 | |
| 进料 | 闪底油进料 | 828269 | 368 | | | 838.0 |
| | 汽提蒸汽 | 8000 | 380 | | | 25.8 |
| | 内回流 | $L$ | 278 | | 708 | $708L\times10^{-6}$ |
| | 合计 | | | | | $863.9+708L\times10^{-6}$ |

续表

| 项目 | | 流量/(kg/h) | 温度/℃ | 焓/(kJ/kg) | | 热量/($10^6$kJ/h) |
|---|---|---|---|---|---|---|
| | | | | 气相 | 液相 | |
| 出料 | 常顶油 | 43438 | 286 | 1005 | | 43.7 |
| | 常一线 | 109550 | 286 | 955 | | 104.6 |
| | 常二线 | 106350 | 286 | 933 | | 99.2 |
| | 常三线 | 98600 | 335 | | 860 | 84.8 |
| | 常压渣油 | 470331 | 363 | | 871 | 409.7 |
| | 内回流 | $L$ | 286 | 931 | | $931L\times10^{-6}$ |
| | 水蒸气 | 8000 | 286 | | | 24.3 |
| | 合计 | | | | | $766.3+931L\times10^{-6}$ |

内回流取热 $\Delta Q=863.9-766.3=97.6(10^6\times\text{kJ/h})$，按中段循环取热占内回流热为83%，则，常二中循环取热 $Q_{二中}=81(10^6\times\text{kJ/h})$。

常二中抽出温度为302℃，焓值为775kJ/kg，常二中返塔温度205℃，焓值为500kJ/kg，计算得到常二中流量为：

$$L_{常二中}=81/(775-500)\times1000000=294503(\text{kg/h})$$

根据标定数据，常二中流量为295t/h，与计算得到数据基本相符，认为常二中取热比例选取是准确的。

故，第21层板液相内回流量：

$$L_{21板}=97.6/(931-708)\times(1-83\%)\times1000000=74385(\text{kg/h})$$

(九) 校核常二线抽出温度

常二线抽出温度为270℃，可取常二线上方板液相内回流温度为263℃。

自塔底至常二线抽出板(22层)上方进行热量平衡计算，见表3-31。

**表3-31 常二线热量计算表**

| 项目 | | 流量/(kg/h) | 温度/℃ | 焓/(kJ/kg) | | 热量/($10^6$kJ/h) |
|---|---|---|---|---|---|---|
| | | | | 气相 | 液相 | |
| 进料 | 闪底油进料 | 828269 | 368 | | | 838.0 |
| | 汽提蒸汽 | 8000 | 380 | | | 25.8 |
| | 内回流 | $L$ | 263 | | 671 | $671L\times10^{-6}$ |
| | 合计 | | | | | $863.9+671L\times10^{-6}$ |
| 出料 | 常顶油 | 43438 | 270 | 963 | | 41.8 |
| | 常一线 | 109550 | 270 | 914 | | 100.1 |
| | 常二线 | 106350 | 270 | | 686 | 73.0 |
| | 常三线 | 98600 | 335 | | 860 | 84.8 |
| | 常压渣油 | 470331 | 363 | | 871 | 409.7 |
| | 常二中取热 | | | | | 81.0 |
| | 内回流 | $L$ | 270 | 898 | | $898L\times10^{-6}$ |
| | 水蒸气 | 8000 | 270 | | | 24.1 |
| | 合计 | | | | | $814.4+898L\times10^{-6}$ |

内回流量计算：

内回流热量差=898$L$-671$L$=227$L$(kJ/h)

内回流质量流量 $L$=(863.9-814.4)/227×1000000=217764(kg/h)

常二线相对分子质量为213，此内回流相对分子质量稍小，取199，内回流摩尔流量：

$$N_L=217764/199=1094(\text{kmol/h})$$

则，内回流量的油气分压 $p_L$：

$$p_L=n_{内回流}/(n_{常二线抽出板总油气}+n_{常二线抽出板总蒸汽})\times p_{常二线抽出板}$$

$$=1094/(690+460+444.4+1094)\times 2.63=1.07\text{kg/cm}^2(绝)$$

1.07kg/cm$^2$(绝)合813mmHg。

查常二线油品的平衡汽化曲线(表3-32)，泡点温度为226℃，10%汽化温度为259℃，30%汽化温度为270℃，可见，常二线抽出温度并不等于平衡汽化泡点温度，而是接近30%温度，初步认为分析化验数据可能存在较大偏差，尤其是初馏点数据。

**表3-32 常二线的平衡汽化数据**

| 项目 | $d_4^{20}$/(g/cm$^3$) | $M$ | $K$ | 平衡汽化温度/℃ | | | | | | | $p_焦$/atm | T$_焦$/℃ |
|---|---|---|---|---|---|---|---|---|---|---|---|---|
| | | | | 0% | 10% | 30% | 50% | 70% | 90% | 100% | | |
| 常二线 | 0.8337 | 213 | 11.88 | 226 | 259 | 270 | 275 | | | | 25.4 | 480 |

一般的，常压塔各馏分的恩氏蒸馏曲线在对数坐标图中趋向于直线，故对常二线蒸馏曲线进行校正，得到的常二线平衡汽化曲线见表3-33。

**表3-33 校正后的常二线平衡汽化数据** ℃

| 项目 | 平衡汽化温度 | | | | | | |
|---|---|---|---|---|---|---|---|
| | 0% | 10% | 30% | 50% | 70% | 90% | 100% |
| 常二线 | 267 | 269 | 273 | 277 | 281 | 289 | 298 |

考虑油气分压，计算得到的常二线抽出温度为271℃，与标定得到的常二线抽出温度270℃基本一致，认为温度测量基本准确，可以作为后续计算的依据。

(十) 确定常一中中段循环取热量

常一线抽出的标定温度为195℃，以此数据进行后续计算。

根据内插求法得，常一线抽出与常二线抽出之间的单板温降约为(270-195)/14=5.4℃。

故，第35层板温度为195+5.4=200.4℃；故，第34层板温度为200.4+5.4=206℃。

自塔底至常一中返回板(34层)上方进行热量平衡计算，见图3-11，结果见表3-34。

**表3-34 常一中热量计算表**

| 项目 | | 流量/(kg/h) | 温度/℃ | 焓/(kJ/kg) | | 热量/(10$^6$kJ/h) |
|---|---|---|---|---|---|---|
| | | | | 气相 | 液相 | |
| 进料 | 闪底油进料 | 828269 | 368 | | | 838.0 |
| | 汽提蒸汽 | 8800 | 380 | | | 28.4 |
| | 闪顶气 | 124112 | 201 | 791 | | 98.2 |
| | 内回流 | $L$ | 200 | | 503 | 503$L$×10$^{-6}$ |
| | 合计 | | | | | 964.6+503$L$×10$^{-6}$ |

续表

| 项目 | | 流量/(kg/h) | 温度/℃ | 焓/(kJ/kg) | | 热量/($10^6$kJ/h) |
|---|---|---|---|---|---|---|
| | | | | 气相 | 液相 | |
| 出料 | 常顶油 | 167550 | 206 | 805 | | 134.9 |
| | 常一线 | 109550 | 206 | 762 | | 83.5 |
| | 常二线 | 106350 | 270 | | 686 | 73.0 |
| | 常三线 | 98600 | 335 | | 860 | 84.8 |
| | 常压渣油 | 470331 | 363 | | 871 | 409.7 |
| | 常二中取热 | | | | | 81.0 |
| | 内回流 | $L$ | 206 | 761 | | $761L\times10^{-6}$ |
| | 水蒸气 | 8800 | 206 | | | 25.4 |
| | 合计 | | | | | $892.1+761L\times10^{-6}$ |

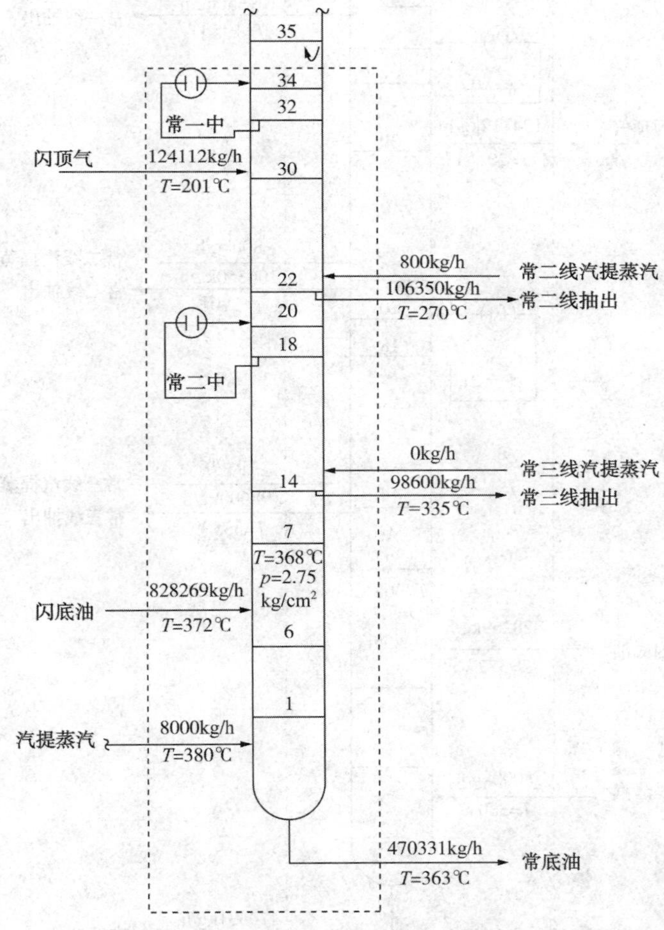


图 3-11　自常压塔塔底至常一中返回板(34层)计算框图

内回流取热 $\Delta Q=964.6-892.1=73(10^6\text{kJ/h})$

按中段循环取热占内回流取热 75%。

则，常一中循环取热 $Q_{一中}=54.4\times10^6\text{kJ/h}$。

常一中抽出温度222℃，焓值为562kJ/kg，常一中返塔温度163℃，焓值为404kJ/kg，计算得到常二中流量为：

$$L_{常一中}=54.4/(562-404)\times1000000=344206(kg/h)$$

根据标定数据，常一中流量为344t/h，与计算得到数据基本相符，认为常一中取热比例选取是准确的。

故，第35层板液相内回流量：

$$L_{35板}=73/(761-503)\times(1-75\%)\times1000000=70264(kg/h)$$

（十一）校核常一线抽出温度

常一线抽出温度为195℃，可取常一线上方板液相内回流温度为190℃。

自塔底至常一线抽出板(36层)上方进行热量平衡计算，见图3-12，结果见表3-35。

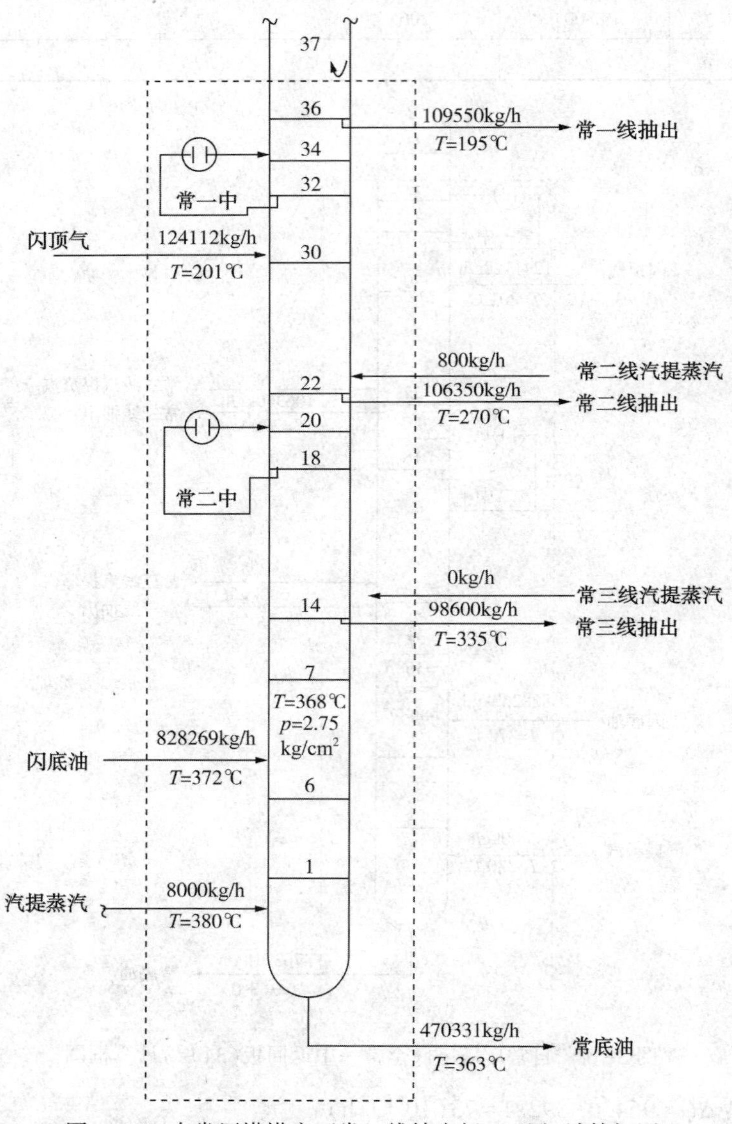


图3-12　自常压塔塔底至常一线抽出板(36层)计算框图

表 3-35　常一线热量计算表

| 项目 | | 流量/(kg/h) | 温度/℃ | 焓/(kJ/kg) | | 热量/($10^6$kJ/h) |
|---|---|---|---|---|---|---|
| | | | | 气相 | 液相 | |
| 进料 | 闪底油进料 | 828269 | 368 | | | 838 |
| | 汽提蒸汽 | 8800 | 380 | | | 28.4 |
| | 闪顶气 | 124112 | 201 | 791 | | 98.2 |
| | 内回流 | $L$ | 190 | | 481 | $481L\times10^{-6}$ |
| | 合计 | | | | | $965+481L\times10^{-6}$ |
| 出料 | 常顶油 | 167550 | 195 | 779 | | 130.5 |
| | 常一线 | 109550 | 195 | | 490 | 53.7 |
| | 常二线 | 106350 | 270 | | 686 | 73.0 |
| | 常三线 | 98600 | 335 | | 860 | 84.8 |
| | 常压渣油 | 470331 | 363 | | 871 | 409.7 |
| | 常一中取热 | | | | | 54.4 |
| | 常二中取热 | | | | | 81.0 |
| | 内回流 | $L$ | 195 | 743 | | $743L\times10^{-6}$ |
| | 水蒸气 | 8800 | 195 | | | 25.17 |
| | 合计 | | | | | $912+743L\times10^{-6}$ |

内回流量计算：

内回流热量差＝$743L-481L=262L$(kJ/h)

$$内回流质量流量\ L=(965-912)/262\times1000000=200275(kg/h)$$

常一线相对分子质量为159，此内回流相对分子质量稍小，取146，内回流摩尔流量：

$$N_L=200275/146=1372(kmol/h)$$

则，内回流量的油气分压 $p_L$：

$p_L=n_{内回流}/(n_{常一线抽出板总油气}+n_{常一线抽出板总蒸汽})\times p_{常一线抽出板}$

$=1372/(90+1736+44.4+444.4+1372)\times2.54=0.95kg/cm^2$(绝)

$0.95kg/cm^2$(绝)折合720mmHg，720mmHg≈常压。

查常一线油品的平衡汽化曲线(表3-36)，常压下泡点温度为162℃，10%汽化温度为188℃，30%汽化温度为194℃，可见，常一线抽出温度并不等于平衡汽化泡点温度，而是接近30%温度，认为分析化验数据可能存在较大偏差，尤其是初馏点数据。

表 3-36　常一线的平衡汽化数据

| 项目 | $d_4^{20}$/(g/cm$^3$) | $M$ | $K$ | 平衡汽化温度/℃ | | | | | | | $p_焦$/atm | $T_焦$/℃ |
|---|---|---|---|---|---|---|---|---|---|---|---|---|
| | | | | 0% | 10% | 30% | 50% | 70% | 90% | 100% | | |
| 常一线 | 0.7902 | 159 | 11.97 | 162 | 188 | 194 | 198 | 203 | 210 | 219 | 31.7 | 416 |

对常一线蒸馏曲线进行校正，得到的常一线平衡汽化曲线见表3-37。

表 3-37　校正后的常一线平衡汽化数据　℃

| 项目 | 平衡汽化温度 | | | | | | |
|---|---|---|---|---|---|---|---|
| | 0% | 10% | 30% | 50% | 70% | 90% | 100% |
| 常一线 | 192 | 194 | 197 | 201 | 206 | 213 | 222 |

考虑油气分压，计算得到的常一线抽出温度为191℃，与标定得到的常一线抽出温度195℃相差不大，认为温度测量基本准确，可以作为后续计算的依据。

（十二）确定常顶循环取热量

常压塔顶抽出的标定温度为137℃，以此数据进行后续计算。

根据内插法计算，第51层板温度为148℃，第50层板温度为151℃。

自塔底至常顶循返回板(50层)上方进行热量平衡计算，结果见表3-38。

**表3-38 常顶循热量计算表**

| 项目 | | 流量/(kg/h) | 温度/℃ | 焓/(kJ/kg) | | 热量/($10^6$kJ/h) |
|---|---|---|---|---|---|---|
| | | | | 气相 | 液相 | |
| 进料 | 闪底油进料 | 828269 | 368 | | | 838 |
| | 汽提蒸汽 | 10400 | 380 | | | 33.6 |
| | 闪顶气 | 124112 | 201 | 791 | | 98.2 |
| | 内回流 | $L$ | 148 | | 376 | $376L\times10^{-6}$ |
| | 合计 | | | | | $969.8+376L\times10^{-6}$ |
| 出料 | 常顶油 | 167550 | 151 | 682 | | 114.3 |
| | 常一线 | 109550 | 195 | | 490 | 53.7 |
| | 常二线 | 106350 | 270 | | 686 | 73.0 |
| | 常三线 | 98600 | 335 | | 860 | 84.8 |
| | 常压渣油 | 470331 | 363 | | 871 | 409.7 |
| | 常一中取热 | | | | | 54.4 |
| | 常二中取热 | | | | | 81.0 |
| | 内回流 | $L$ | 151 | 661 | | $661L\times10^{-6}$ |
| | 水蒸气 | 10400 | 151 | | | 28.8 |
| | 合计 | | | | | $900+661L\times10^{-6}$ |

内回流取热 $\Delta Q=969.8-900=70(10^6\text{kJ/h})$，按中段循环取热占内回流热75%。

则，常顶循取热 $Q_{常顶循}=52.7\times10^6\text{kJ/h}$。

常顶循抽出温度162℃，焓值为411kJ/kg，常顶循返塔温度101℃，焓值为256kJ/kg，计算得到常顶循流量为：

$$L_{常顶循}=52.7/(411-256)\times1000000=339875(\text{kg/h})$$

根据标定数据，常顶循流量为340t/h，与计算得到数据基本相符，认为常顶循取热比例选取是准确的。

故，第51层板液相内回流量：

$$L_{51板}=70/(661-376)\times(1-75\%)\times1000000=61615(\text{kg/h})$$

（十三）校核常压塔顶温度

常压塔顶抽出的标定温度为137℃，以此数据进行后续计算。

全塔进行热量平衡计算，见表3-39。

表 3-39 全塔热量计算表

| 项目 | | 流量/(kg/h) | 温度/℃ | 焓/(kJ/kg) | | 热量/($10^6$kJ/h) |
|---|---|---|---|---|---|---|
| | | | | 气相 | 液相 | |
| 进料 | 原油进料 | 828269 | 368 | | | 838 |
| | 汽提蒸汽 | 10400 | 380 | | | 33.6 |
| | 闪顶气 | 124112 | 201 | 791 | | 98.2 |
| | 塔顶冷回流 | $L$ | 40 | | 124 | $124L\times10^{-6}$ |
| | 合计 | | | | | $970+124L\times10^{-6}$ |
| 出料 | 常顶油 | 167550 | 137 | 653 | | 109.4 |
| | 常一线 | 109550 | 195 | | 490 | 53.7 |
| | 常二线 | 106350 | 270 | | 686 | 73.0 |
| | 常三线 | 98600 | 335 | | 860 | 84.8 |
| | 常压渣油 | 470331 | 363 | | 871 | 409.7 |
| | 常顶循取热 | | | | | 52.7 |
| | 常一中取热 | | | | | 54.4 |
| | 常二中取热 | | | | | 81.0 |
| | 内回流 | $L$ | 137 | 653 | | $653L\times10^{-6}$ |
| | 水蒸气 | 10400 | 137 | | | 28.5 |
| | 合计 | | | | | $947+653L\times10^{-6}$ |

塔顶内回流量计算：

塔顶内回流热量差$=653L-124L=529L$(kJ/h)

$$塔顶内回流质量流量\ L=(970-947)/529\times1000000=42947(\text{kg/h})$$

塔顶内回流相对分子质量取与常顶油一致为94，塔顶内回流摩尔流量：

$$N_L=42947/94=457(\text{kmol/h})$$

则，内回流量的油气分压 $p_L$：

$$p_L=(457+90+1736)/(457+90+1736+577.8)\times2.45=1.96\text{kgf/cm}^2(绝)$$

由于塔顶油气分压高于常压，常顶油焦点温度、压力分别为343℃、6.5MPa，在常顶油 $p-T-e$ 曲线上作图，用直线连接常压下常顶油气露点(112℃，1kgf/cm$^2$)、焦点(343℃，65kgf/cm$^2$)，与 $p=1.96$kgf/cm$^2$ 直线交于点(137℃，1.96kgf/cm$^2$)，具体见图3-13。常顶油平衡汽化曲线见表3-40。求得常顶温度为137℃，与标定测量温度相同，认为温度测量准确。

表 3-40 常顶油的平衡汽化数据

| 项目 | $d_4^{20}$/(g/cm$^3$) | $M$ | $K$ | 平衡汽化温度/℃ | | | | | | | $p_焦$/atm | $T_焦$/℃ |
|---|---|---|---|---|---|---|---|---|---|---|---|---|
| | | | | 0% | 10% | 30% | 50% | 70% | 90% | 100% | | |
| 常顶油 | 0.6975 | 94 | 12.42 | 35 | 49 | 64 | 78 | 91 | 103 | 112 | 65 | 343 |

核算塔顶是否有水蒸气冷凝：

塔顶水蒸气分压＝577.8/（457+90+1736+577.8）×2.45＝0.49kgf/cm$^2$（绝）

此分压下的水蒸气凝出温度，即水蒸气饱和温度，为81℃，远小于塔顶温度，因此，水蒸气不会凝出，减少了因水蒸气冷凝造成的塔顶腐蚀，也不会因为水分无法从塔顶排出而对全塔工艺过程造成影响。

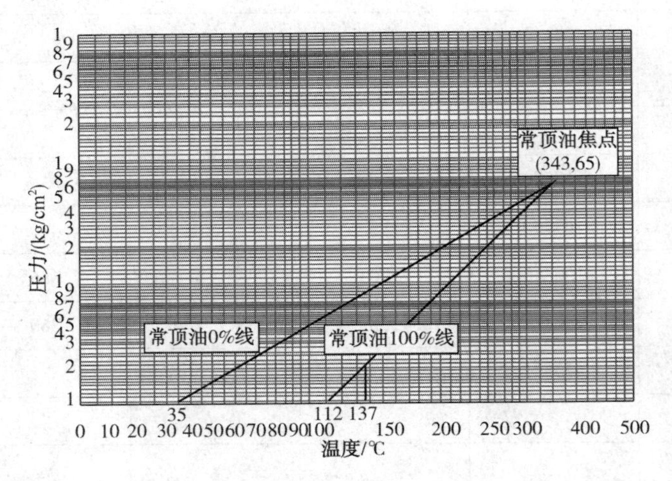


图 3-13　常顶油平衡汽化曲线图

（十四）确定常压塔各截面气、液负荷

1. 液相负荷

（1）塔顶第一块板的液相量

塔顶回流液相焓 $h_0$＝124kJ/kg。由塔顶温度137℃，则，塔顶第一块板（从下向上第52块板）气相焓 $H_{52}$＝653kJ/kg，塔顶第一块板液相焓 $h_{52}$＝350kJ/kg，塔顶第二块板温度根据塔顶温度与常一线温度内差求得，为148℃。则，塔顶第二块板气相焓 $H_{51}$＝668kJ/kg。故，塔顶第一块板液相量 $L_{52}$为 $L_{52}=L_0\times(H_{52}-h_0)/(H_{51}-h_{52})$＝71444kg/h。

（2）循环回流上、下内回流量

常顶循抽出板、常顶循返回上方板流量变化：

常顶循抽出板下方气相焓 $H_{47}$＝707kJ/kg，常顶循抽出板液相焓 $h_{48}$＝411kJ/kg，$\Delta L_{顶循}=Q_{顶循}/(H_{47}-h_{48})$＝177975kg/h。

常一中抽出板、常一中返回板上方板流量变化：

常一中抽出板液相焓 $h_{32}$＝562kJ/kg，常一中抽出板下方气相焓 $H_{31}$＝836kJ/kg，$\Delta L_{一中}=Q_{一中}/(H_{31}-h_{32})$＝54.4/（836−562）×1000000＝198484kg/h。

常二中抽出板、常二中返回板上方板流量变化：

常二中抽出板液相焓 $h_{18}$＝775kJ/kg，常二中抽出板下方气相焓 $H_{17}$＝1019kJ/kg，$\Delta L_{二中}=Q_{二中}/(H_{17}-h_{18})$＝81.0/（1019−775）×1000000＝331919kg/h。

（3）进料板液相量及进料段上层板液相量

自塔底至进料段进行热量平衡计算，见表3-41。

表 3-41　进料段热量计算表

| 项目 | | 流量/(kg/h) | 温度/℃ | 焓/(kJ/kg) | | 热量/($10^6$kJ/h) |
|---|---|---|---|---|---|---|
| | | | | 气相 | 液相 | |
| 进料 | $F_L$(进料段重油) | 449331 | 368 | | 886 | 398.1 |
| | $\Delta E$ | 21000 | 363 | | 945 | 19.8 |
| | $\Delta V$ | $\Delta V$ | 363 | | 945 | $945\Delta V\times10^{-6}$ |
| | 汽提蒸汽 | 8000 | 380 | | | 25.8 |
| | 合计 | | | | | $444+945\Delta V\times10^{-6}$ |
| 出料 | 常压渣油 | 470331 | 363 | | 871 | 409.7 |
| | $\Delta V$ | $\Delta V$ | 368 | 1115 | | $1117\Delta V\times10^{-6}$ |
| | 水蒸气 | 8000 | 368 | | | 25.7 |
| | 合计 | | | | | $435+1117\Delta V\times10^{-6}$ |

$\Delta V$ 流量计算：

$$\Delta V\text{ 回流热量差}=1115\Delta V-945\Delta V=170\Delta V(\text{kJ/h})$$

$$\Delta V\text{ 质量流量}=(444-435)/170\times1000000=49800(\text{kg/h})$$

则，进料段上方板的总液相量 $L_{进料段上方板}$ 为：

$$L_{进料段上方板}=\Delta E+\Delta V=21000+49800=70800(\text{kg/h})$$

2. 气相负荷

对任一截面而言，通过该截面的气相流量：

$$N=\sum N_i+N_L+N_S$$

式中　$N_i$——产品量，kmol/h；

$N_L$——内回流量，kmol/h；

$N_S$——水蒸气量，kmol/h。

则，塔内主要截面气、液相摩尔负荷见表 3-42。

表 3-42　塔内主要截面气、液相摩尔负荷表

| 塔板 | 液相内回流 | | | 气相负荷 | | |
|---|---|---|---|---|---|---|
| | 流量/(kg/h) | 分子量 | 摩尔流量/(kmol/h) | 摩尔流量/(kmol/h) | 温度/℃ | 压力(绝)/(kgf/cm²) |
| 52 | 71444 | 119 | 600 | 2861 | 137 | 2.450 |
| 51 | 61615 | 123 | 501 | 3005 | 148 | 2.456 |
| 50 | 120940 | 124 | 975 | 2905 | 151 | 2.462 |
| 48 | 239590 | 127 | 1887 | 3835 | 162 | 2.474 |
| 47 | | | 1840 | 4291 | 165 | 2.480 |
| 37 | 200275 | 146 | 1372 | 3634 | 192 | 2.539 |
| 36 | 90725 | 159 | 571 | 3568 | 195 | 2.545 |
| 35 | 70264 | 163 | 431 | 3502 | 200 | 2.551 |

续表

| 塔板 | 液相内回流 | | | 气相负荷 | | |
|---|---|---|---|---|---|---|
| | 流量/(kg/h) | 分子量 | 摩尔流量/(kmol/h) | 摩尔流量/(kmol/h) | 温度/℃ | 压力(绝)/($kgf/cm^2$) |
| 34 | 136426 | 168 | 812 | 3437 | 206 | 2.557 |
| 32 | 268748 | 172 | 1562 | 4193 | 222 | 2.568 |
| 31 | 263083 | 179 | 1510 | 4568 | 227 | 2.574 |
| 30 | 257418 | 187 | 1458 | 3141 | 243 | 2.580 |
| 23 | 217764 | 199 | 1094 | 3017 | 265 | 2.622 |
| 22 | 111414 | 213 | 523 | 2823 | 270 | 2.628 |
| 21 | 74385 | 218 | 341 | 2620 | 277 | 2.634 |
| 20 | 185025 | 224 | 826 | 2435 | 284 | 2.639 |
| 18 | 406305 | 233 | 1744 | 3378 | 302 | 2.651 |
| 17 | | | 1550 | 3837 | | 2.657 |
| 15 | 297505 | 256 | 1162 | 3618 | 325 | 2.669 |
| 14 | 198905 | 271 | 734 | 3508 | 335 | 2.675 |
| 8 | | | 282 | 2849 | 357 | 2.711 |
| 7 | 70800 | 343 | 206 | 2739 | 363 | 2.716 |
| 6 | 520131 | 465 | 1119 | 741 | 368 | 2.722 |
| 1 | 470331 | 505 | 931 | 444 | 363 | 2.752 |

塔内气、液相摩尔负荷分布见图3-14。

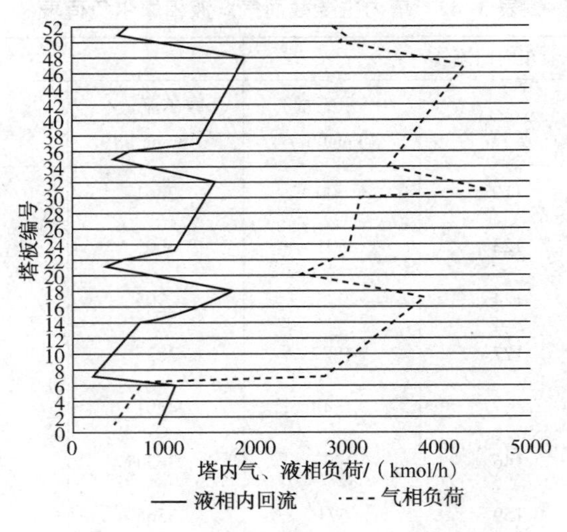


图3-14 塔内气、液相摩尔负荷分布图

将塔内气、液相负荷以体积进行表示。在低压下，气体性质接近理想气体，根据理想气体状态方程对气体体积进行计算，液体体积根据估算的液体操作密度进行计算，得到塔内主要截面气、液相体积负荷见表3-43。

**表3-43 塔内主要截面气、液相体积负荷表**

| 塔板 | 液相内回流 | | | 气相 | | | |
|---|---|---|---|---|---|---|---|
| | 流量/(kg/h) | 操作密度/($kg/m^3$) | 体积流量/($m^3/h$) | 体积流量/($10^2m^3/h$) | 摩尔流量/(kmol/h) | 温度/℃ | 压力(绝)/($kgf/cm^2$) |
| 52 | 71444 | 645 | 111 | 398 | 2861 | 137 | 2.450 |
| 51 | 61615 | 643 | 96 | 428 | 3005 | 148 | 2.456 |
| 50 | 120940 | 643 | 188 | 416 | 2905 | 151 | 2.462 |
| 48 | 239590 | 637 | 376 | 561 | 3835 | 162 | 2.474 |
| 47 | | 636 | 370 | 630 | 4291 | 165 | 2.480 |
| 37 | 200275 | 641 | 312 | 554 | 3634 | 192 | 2.539 |
| 36 | 90725 | 644 | 141 | 546 | 3568 | 195 | 2.545 |
| 35 | 70264 | 648 | 108 | 541 | 3502 | 200 | 2.551 |
| 34 | 136426 | 650 | 210 | 535 | 3437 | 206 | 2.557 |
| 32 | 268748 | 644 | 417 | 672 | 4193 | 222 | 2.568 |
| 31 | 263083 | 644 | 409 | 738 | 4568 | 227 | 2.574 |
| 30 | 257418 | 636 | 405 | 522 | 3141 | 243 | 2.580 |
| 23 | 217764 | 639 | 341 | 515 | 3017 | 265 | 2.622 |
| 22 | 111414 | 643 | 173 | 485 | 2823 | 270 | 2.628 |
| 21 | 74385 | 647 | 115 | 455 | 2620 | 277 | 2.634 |
| 20 | 185025 | 650 | 285 | 427 | 2435 | 284 | 2.639 |
| 18 | 406305 | 642 | 633 | 609 | 3378 | 302 | 2.651 |
| 17 | | 641 | 575 | 697 | 3837 | | 2.657 |
| 15 | 297505 | 646 | 461 | 667 | 3618 | 325 | 2.669 |
| 14 | 198905 | 653 | 305 | 651 | 3508 | 335 | 2.675 |
| 8 | | 675 | 132 | 551 | 2849 | 357 | 2.711 |
| 7 | 70800 | 682 | 104 | 533 | 2739 | 363 | 2.716 |
| 6 | 520131 | 764 | 681 | 145 | 741 | 368 | 2.722 |
| 1 | 470331 | 785 | 599 | 85 | 444 | 363 | 2.752 |

塔内气、液相体积负荷分布图见图3-15。

由图3-15可以看出，在塔顶部分，塔顶第一块板(52层板)的液相负荷最大，塔顶第二块板(51层板)的气相负荷最大，气相负荷向上经过塔顶第一块板后与塔顶冷回流接触，气相量明显降低。在常二线抽出至常一中抽出之间的几层塔盘上(第22块板至第32块板)，气相负荷曲线斜率与液相负荷曲线斜率相差明显，是因为闪顶气的进入，使得气相负荷曲线在第30块板后突增，但对液相负荷曲线的影响不大。

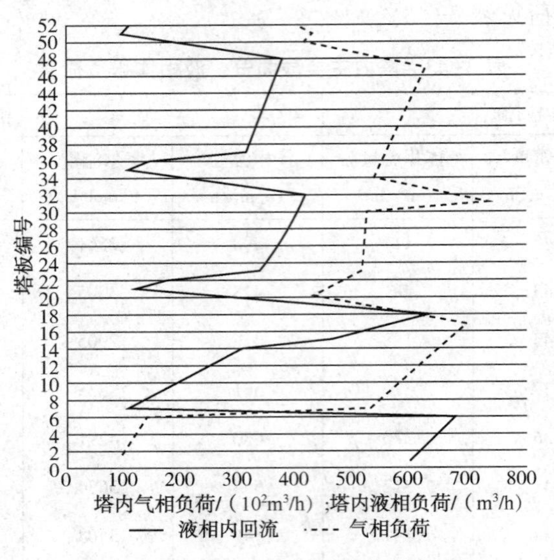


图3-15　塔内气、液相体积负荷分布图

从气液负荷曲线来看，塔内气相、液相负荷较为均匀，较为充分地利用了塔径空间。根据计算，常二中取热约占当层内回流总热量83%，常一中取热约占当层内回流总热量75%，常顶循取热约占当层内回流总热量75%，取热比例均在正常范围内。但常二中取热相对较多，继续增加取热有一定困难，容易造成常二中返回板上方板液相负荷低、板上液层高度低、液体分布不均匀及板效率降低。因此，较难再通过增加常二中循环的取热比例，降低常一中、常顶循的取热量来提高换热终温。

（十五）常压塔的严格法工艺计算

上述计算常压塔热平衡采用图表法进行计算，计算结果并不精确。计算中设定上层塔盘内回流液体的性质与抽出侧线性质基本一致，内回流的油气分压就是侧线产品的油气分压。由于侧线抽出本身馏程范围较宽，与上方、下方侧线抽出线的组分部分重叠，因此计算得到的油气分压不够精确，此外，采用上方侧线油气分压不计入的方法也存在误差。

当采用严格法计算塔侧线抽出温度，计算结果更为精确。通过借助模拟软件，把原油切割为若干个虚拟组分，采用理想模型、状态方程模型、液体活度模型、专有模型等计算相平衡常数$K$，再通过MESH方程组对组分在液体中的摩尔分数、气相组分摩尔分数等其他参数进行求解，最终得到需要的各个数据[2]。

MESH方程组具体见下：

① 物料平衡——M方程：

$$F=V+L$$

$$F_{Z_i}=V_{y_i}+L_{x_i}(i=1,2,\cdots,n-1)$$

② 相平衡方程——E方程：

$$y_i=K_i x_i$$

③ 组成加和方程——S方程：

$$\sum_{i=1}^{n} x_i=1,\ \sum_{i=1}^{n} y_i=1$$

④ 热量平衡——H 方程：

$$Fh_F = Vh_V + Lh_L$$

式中 $F$——进料摩尔流量，kmol/h；

$V$——气相摩尔流量，kmol/h；

$L$——液相摩尔流量，kmol/h；

$z_i$——进料中 $i$ 组分的摩尔分率；

$y_i$——气相中 $i$ 组分的摩尔分率；

$x_i$——液相中 $i$ 组分的摩尔分率；

$K_i$——$i$ 组分的气、液相平衡常数；

$h_F$——进料的摩尔热焓，kJ/kmol；

$h_V$——气相的摩尔热焓，kJ/kmol；

$h_L$——液相的摩尔热焓，kJ/kmol；

$n$——组分总数。

根据现场实测的各侧线抽出产品蒸馏曲线，采用严格法进行工艺模拟计算，得到的各侧线抽出温度与现场实测温度对比见表 3-44。

**表 3-44 模拟计算得到的各侧线抽出温度与现场实测温度对比** ℃

| 抽出位置 | 实测温度 | 计算温度 | 偏差 |
|---|---|---|---|
| 常一线 | 195 | 195 | 0 |
| 常二线 | 270 | 269 | 1 |
| 常三线 | 334 | 332 | 2 |

模拟计算得到的各侧线产品蒸馏曲线见图 3-16。

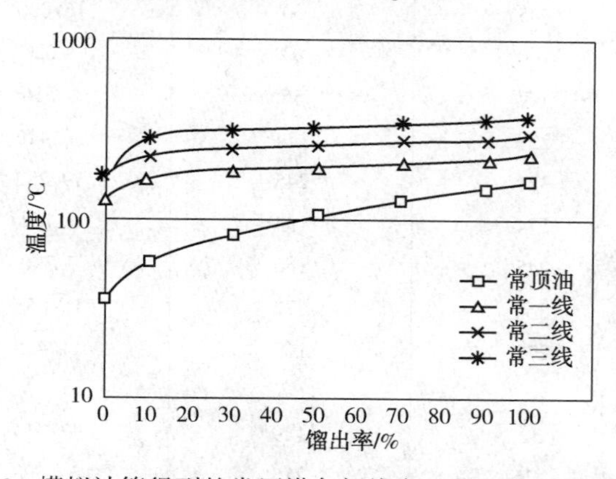


图 3-16 模拟计算得到的常压塔各侧线产品蒸馏曲线对数坐标图

可以看出，模拟得到的常一线、常二线及常三线蒸馏曲线与图 1-3 中的分析化验数据基本吻合，验证了严格计算方法的准确性。同时说明，分析化验数据是基本准确的，经验上认为常压塔各侧线蒸馏曲线在对数坐标中接近于直线是值得商榷的。此外，采用图表法进行侧线温度计算会存在一定的偏差，但为全塔热平衡的手动计算提供了可能，在工程上应用是可以接受的。

## 四、装置换热网络计算及分析

福建联合石化 8.0Mt/a 常减压装置在设计中从全装置能量利用的角度进行系统分析，优化装置的物料平衡和操作条件，在满足生产方案、产品质量要求的前提下最大限度回收装置余热，降低加工能耗。在不影响换热终温的前提下，利用窄点温位之下合适的物流向轻烃装置提供部分热量。在换热网络设计中，进行了换热网络的灵敏度分析和评估，通过换热网络的优化，在向轻烃回收装置提供热源的情况下，本装置在加工设计原油(沙轻：沙中=1：1)时的换热终温设计计算值为 311℃。根据标定数据，在加工当前混合原油条件下，换热终温达 309℃，基本达到设计目标，下面对换热网络进行核算来对换热网络情况进行分析。

### (一) 装置流股热量

装置冷、热流股热量数据列于表 3-45。

表 3-45　装置流股热量表

| 流股 | 进口温度/℃ | 出口温度/℃ | 换热负荷/(Mkcal/h) | 流量/(kg/h) |
|---|---|---|---|---|
| 热流 | | | | |
| 常顶油气 | 115 | 97 | 13.449 | 210497 |
| 常顶油气冷却 | 97 | 40 | 20.75 | 210497 |
| 常顶循 | 162 | 101 | 12.6 | 339875 |
| 常一中 | 222 | 163 | 13.0 | 344206 |
| 常二中前段 | 302 | 265 | 7.387 | 294503 |
| 常二中后段 | 225 | 205 | 3.8732 | 294503 |
| 常一线 | 185 | 44 | 8.794 | 109550 |
| 常二线 | 264 | 60 | 13.028 | 106350 |
| 常三线 | 335 | 60 | 16.830 | 98600 |
| 减一线+减顶循 | 160 | 63 | 7.620 | 138276 |
| 减顶循 | 63 | 55 | 0.516 | 119976 |
| 减二线+减一中 | 259 | 174 | 30.415 | 572295 |
| 减三线+减二中 | 321 | 245 | 19.282 | 363662 |
| 减二线 | 174 | 134 | 3.764 | 169890 |
| 减三线 | 245 | 150 | 5.390 | 85600 |
| 减渣+急冷油 | 360 | 272 | 15.058 | 232781 |
| 减渣 | 272 | 163 | 11.438 | 194781 |
| 冷流 | | | | |
| 原油 | 32 | 129 | 47.514 | 952381 |
| 脱盐油 | 125 | 215 | 50.598 | 952381 |
| 闪底油 | 201 | 320 | 65.135 | 828269 |

注：①由于受全厂公用工程条件限制，为满足轻烃回收装置稳定塔底重沸器取热的要求，需由常减压装置提供热源，由于此股所需热量较大、温位较高，由常二中提供最为合适。故将常二中为轻烃回收装置稳定塔底重沸器提供热源的部分热量视为固定取热，未计入表 3-45 常二中负荷中，不参与换热网络分析。其他所有工艺热物流热量皆计入。

②常一线、常二线、常三线、减一线皆为冷料出装置，表 3-45 中出装置温度为冷却后温度。

③为满足换热网络曲线作图需要，闪底油出口温度采用 320℃，高于换热终温，但高于换热终温的部分并不代表常压炉负荷。

④常顶油气流股代表参加常顶油气在换热网络中与原油换热的热量，常顶油气冷却流股代表常顶油气经常顶油气换热器后进空冷、水冷换热的热量，其热负荷通过模拟并根据工程经验校正后获得。

（二）问题表算法确定夹点温度

根据窄点温差数据对当前换热网络条件进行分析。假定窄点温差为18℃，将冷、热物流温度分别加、减9℃，得到改变后各流股温度区间见表3-46。

**表3-46　冷、热物流温度变换后数据表**

| 流股 | 物流代码 | 初始温度/℃ | 目标温度/℃ | 物流热量/[Mkcal/(h·℃)] | 换热负荷/(Mkcal/h) | $\pm\Delta T_{min}/2$/℃ | |
|---|---|---|---|---|---|---|---|
| 热流 | | | | | | | |
| 常顶油气 | AVAPOR | 115 | 97 | 0.725 | 13.05 | 106 | 88 |
| 常顶油气冷却 | AVAPORCOOL | 97 | 40 | 0.353 | 20.13 | 88 | 31 |
| 常顶循 | ATOPA | 162 | 101 | 0.200 | 12.22 | 153 | 92 |
| 常一中 | APA1 | 222 | 163 | 0.214 | 12.61 | 213 | 154 |
| 常二中前段 | APA2-1 | 302 | 265 | 0.192 | 7.17 | 293 | 256 |
| 常二中后段 | APA2-2 | 225 | 205 | 0.194 | 3.87 | 216 | 196 |
| 减一线+减顶循 | V1+VTOPC | 160 | 63 | 0.076 | 7.39 | 151 | 54 |
| 减顶循 | VTOPC | 63 | 55 | 0.066 | 0.50 | 54 | 46 |
| 减二线+减一中 | VPA1 | 259 | 174 | 0.348 | 29.50 | 250 | 165 |
| 减三线+减二中 | VPA2 | 321 | 245 | 0.238 | 18.20 | 312 | 236 |
| 常一线 | A1 | 185 | 44 | 0.060 | 8.53 | 176 | 35 |
| 常二线 | A2 | 264 | 60 | 0.062 | 12.64 | 255 | 51 |
| 常三线 | A3 | 335 | 60 | 0.059 | 16.33 | 326 | 51 |
| 减二线 | V2 | 174 | 134 | 0.091 | 3.65 | 165 | 125 |
| 减三线 | V3 | 245 | 150 | 0.055 | 5.23 | 236 | 141 |
| 减渣+急冷油 | VBOT | 360 | 272 | 0.166 | 14.61 | 351 | 263 |
| 减渣 | VBOT2 | 272 | 163 | 0.102 | 11.10 | 263 | 154 |
| 冷流 | | | | | | | |
| 原油 | CRUDE-1 | 32 | 129 | 0.488 | 47.51 | 41 | 138 |
| 脱盐油 | CRUDE-2 | 125 | 215 | 0.562 | 50.60 | 134 | 224 |
| 闪底油 | CRUDE-3 | 201 | 320 | 0.547 | 65.13 | 210 | 329 |

注：考虑散热损失，热流股减少的热量并没有完全转化为冷流股增加的热量，对流股实际换热量进行了适当调整。

纵向将所有节点温度按降序排列，横向表示物流质量热容，得到的各温度区间内物流总焓见表3-47。

表 3-47 各温度区间内物流总质量热容

| 温度/℃ | $Mc_p$/[Mkcal/(h·℃)] | | | | | | | | | | | | | | | | | | | |
|---|---|---|---|---|---|---|---|---|---|---|---|---|---|---|---|---|---|---|---|---|
| | AVAPOR | AVAPORcool | ATOPA | APA1 | APA2-1 | APA2-2 | $V_1$+VTOPC | VTOPC | $VPA_1$ | $VPA_2$ | $A_1$ | $A_2$ | $A_3$ | $V_2$ | $V_3$ | $V_{BOT}$ | $V_{BOT2}$ | CRUDE-1 | CRUDE-2 | CRUDE-3 |
| | 0.725 | 0.353 | 0.200 | 0.214 | 0.192 | 0.194 | 0.076 | 0.066 | 0.348 | 0.238 | 0.060 | 0.062 | 0.059 | 0.091 | 0.055 | 0.166 | 0.102 | 0.488 | 0.562 | 0.547 |
| 351 | | | | | | | | | | | | | | | | | | | | |
| 335 | | | | | | | | | | | | | | | | 0.166 | | | | |
| 320 | | | | | | | | | | | | | | | | 0.166 | | | | -0.547 |
| 312 | | | | | | | | | | | | | 0.059 | | | 0.166 | | | | -0.547 |
| 293 | | | | | | | | | | 0.238 | | | 0.059 | | | 0.166 | | | | -0.547 |
| 263 | | | | | 0.192 | | | | | 0.238 | | | 0.059 | | | 0.166 | | | | -0.547 |
| 256 | | | | | 0.192 | | | | | 0.238 | | | 0.059 | | | | 0.102 | | | -0.547 |
| 255 | | | | | | | | | | 0.238 | | | 0.059 | | | | 0.102 | | | -0.547 |
| 250 | | | | | | | | | | 0.238 | | 0.062 | 0.059 | | | | 0.102 | | | -0.547 |
| 236 | | | | | | | | | 0.348 | 0.238 | | 0.062 | 0.059 | | | | 0.102 | | | -0.547 |
| 224 | | | | | | | | | 0.348 | | | 0.062 | 0.059 | | 0.055 | | 0.102 | | | -0.547 |
| 216 | | | | | | | | | 0.348 | | | 0.062 | 0.059 | | 0.055 | | 0.102 | | -0.562 | -0.547 |
| 213 | | | | | | 0.194 | | | 0.348 | | | 0.062 | 0.059 | | 0.055 | | 0.102 | | -0.562 | -0.547 |
| 210 | | | | 0.214 | | 0.194 | | | 0.348 | | | 0.062 | 0.059 | | 0.055 | | 0.102 | | -0.562 | -0.547 |
| 196 | | | | 0.214 | | 0.194 | | | 0.348 | | | 0.062 | 0.059 | | 0.055 | | 0.102 | | -0.562 | |
| 176 | | | | 0.214 | | | | | 0.348 | | | 0.062 | 0.059 | | 0.055 | | 0.102 | | -0.562 | |
| 165 | | | | 0.214 | | | | | 0.348 | | 0.060 | 0.062 | 0.059 | | 0.055 | | 0.102 | | -0.562 | |

续表

| 温度/℃ | $Mc_p$/[Mkcal/(h·℃)] | | | | | | | | | | | | | | | | | | | |
|---|---|---|---|---|---|---|---|---|---|---|---|---|---|---|---|---|---|---|---|---|
| | AVA POR | AVAPO Rcool | ATOPA | APA1 | APA 2-1 | APA 2-2 | $V_1$+ VTOPC | VTOPC | $VPA_1$ | $VPA_2$ | $A_1$ | $A_2$ | $A_3$ | $V_2$ | $V_3$ | $V_{BOT}$ | $V_{BOT2}$ | CRU DE-1 | CRU DE-2 | CRU DE-3 |
| | 0. 725 | 0. 353 | 0. 200 | 0. 214 | 0. 192 | 0. 194 | 0. 076 | 0. 066 | 0. 348 | 0. 238 | 0. 060 | 0. 062 | 0. 059 | 0. 091 | 0. 055 | 0. 166 | 0. 102 | 0. 488 | 0. 562 | 0. 547 |
| 154 | | | | 0. 214 | | | | | | | 0. 060 | 0. 062 | 0. 059 | 0. 091 | 0. 055 | | 0. 102 | | -0. 562 | |
| 153 | | | | | | | | | | | 0. 060 | 0. 062 | 0. 059 | 0. 091 | 0. 055 | | | | -0. 562 | |
| 151 | | | 0. 200 | | | | | | | | 0. 060 | 0. 062 | 0. 059 | 0. 091 | 0. 055 | | | | -0. 562 | |
| 141 | | | 0. 200 | | | | 0. 076 | | | | 0. 060 | 0. 062 | 0. 059 | 0. 091 | 0. 055 | | | | -0. 562 | |
| 138 | | | 0. 200 | | | | 0. 076 | | | | 0. 060 | 0. 062 | 0. 059 | 0. 091 | | | | | -0. 562 | |
| 134 | | | 0. 200 | | | | 0. 076 | | | | 0. 060 | 0. 062 | 0. 059 | 0. 091 | | | | -0. 488 | -0. 562 | |
| 125 | | | 0. 200 | | | | 0. 076 | | | | 0. 060 | 0. 062 | 0. 059 | 0. 091 | | | | -0. 488 | | |
| 106 | | | 0. 200 | | | | 0. 076 | | | | 0. 060 | 0. 062 | 0. 059 | | | | | -0. 488 | | |
| 92 | 0. 725 | | 0. 200 | | | | 0. 076 | | | | 0. 060 | 0. 062 | 0. 059 | | | | | -0. 488 | | |
| 88 | 0. 725 | | | | | | 0. 076 | | | | 0. 060 | 0. 062 | 0. 059 | | | | | -0. 488 | | |
| 54 | | 0. 353 | | | | | 0. 076 | | | | 0. 060 | 0. 062 | 0. 059 | | | | | -0. 488 | | |
| 51 | | 0. 353 | | | | | | 0. 066 | | | 0. 060 | 0. 062 | 0. 059 | | | | | -0. 488 | | |
| 46 | | 0. 353 | | | | | | 0. 066 | | | 0. 060 | | | | | | | -0. 488 | | |
| 41 | | 0. 353 | | | | | | | | | 0. 060 | | | | | | | -0. 488 | | |
| 35 | | 0. 353 | | | | | | | | | 0. 060 | | | | | | | | | |
| 31 | | 0. 353 | | | | | | | | | | | | | | | | | | |

热量传递后所得到的总组合曲线数据见表3-48。可以看出，热量传递列中所需最大热量为-3.469Mkcal/h，对应温度为293℃，即窄点温度。因此，由于窄点温差为18℃，故热物流窄点为293+9=302℃，冷物流窄点为293-9=284℃。

**表3-48　总组合曲线数据表**

| 区间低温/℃ | 区间高温/℃ | $\Delta T_{INTERVAL}$/℃ | $\Sigma CP_C-\Sigma CP_H$/[Mkcal/(h·℃)] | $\Delta H_{INTERVAL}$/(Mkcal/h) | 热量传递 | |
|---|---|---|---|---|---|---|
| | | | | | 加入炉热负荷前/(Mkcal/h) | 加入炉热负荷后/(Mkcal/h) |
| 329 | 351 | 22 | -0.166 | -3.652 | 3.652 | 7.120 |
| 326 | 329 | 3 | 0.381 | 1.144 | 2.507 | 5.976 |
| 312 | 326 | 14 | 0.322 | 4.379 | -1.872 | 1.597 |
| 293 | 312 | 19 | 0.084 | 1.597 | -3.469 | 0.000 |
| 263 | 293 | 30 | -0.108 | -3.269 | -0.200 | 3.269 |
| 256 | 263 | 7 | -0.043 | -0.303 | 0.104 | 3.572 |
| 255 | 256 | 1 | 0.148 | 0.148 | -0.045 | 3.424 |
| 250 | 255 | 5 | 0.086 | 0.449 | -0.493 | 2.975 |
| 236 | 250 | 14 | -0.262 | -3.636 | 3.143 | 6.612 |
| 224 | 236 | 12 | -0.079 | -0.937 | 4.080 | 7.549 |
| 216 | 224 | 8 | 0.483 | 3.868 | 0.212 | 3.681 |
| 213 | 216 | 3 | 0.290 | 0.869 | -0.657 | 2.812 |
| 210 | 213 | 3 | 0.076 | 0.228 | -0.885 | 2.584 |
| 196 | 210 | 14 | -0.471 | -6.598 | 5.713 | 9.182 |
| 176 | 196 | 20 | -0.278 | -5.553 | 11.265 | 14.734 |
| 165 | 176 | 11 | -0.338 | -3.719 | 14.985 | 18.454 |
| 154 | 165 | 11 | -0.081 | -0.896 | 15.881 | 19.350 |
| 153 | 154 | 1 | 0.234 | 0.234 | 15.647 | 19.116 |
| 151 | 153 | 2 | 0.034 | 0.054 | 15.593 | 19.062 |
| 141 | 151 | 10 | -0.042 | -0.439 | 16.032 | 19.501 |
| 138 | 141 | 3 | 0.013 | 0.039 | 15.994 | 19.462 |
| 134 | 138 | 4 | 0.501 | 2.003 | 13.991 | 17.460 |
| 125 | 134 | 9 | -0.062 | -0.554 | 14.544 | 18.013 |
| 106 | 125 | 19 | 0.030 | 0.566 | 13.979 | 17.448 |
| 92 | 106 | 14 | -0.695 | -9.730 | 23.709 | 27.177 |
| 88 | 92 | 4 | -0.495 | -1.978 | 25.687 | 29.156 |
| 54 | 88 | 34 | -0.123 | -4.182 | 29.869 | 33.338 |
| 51 | 54 | 3 | -0.113 | -0.339 | 30.208 | 33.676 |
| 46 | 51 | 5 | 0.008 | 0.038 | 30.169 | 33.638 |

续表

| 区间低温/℃ | 区间高温/℃ | $\Delta T_{INTERVAL}$/℃ | $\Sigma CP_C - \Sigma CP_H$/[Mkcal/(h·℃)] | $\Delta H_{INTERVAL}$/(Mkcal/h) | 热量传递 | |
|---|---|---|---|---|---|---|
| | | | | | 加入炉热负荷前/(Mkcal/h) | 加入炉热负荷后/(Mkcal/h) |
| 41 | 46 | 6 | 0.074 | 0.430 | 29.739 | 33.208 |
| 35 | 41 | 6 | −0.414 | −2.316 | 32.055 | 35.524 |
| 31 | 35 | 4 | −0.353 | −1.412 | 33.467 | 36.936 |
| | 31 | | | | | |

（三）确定理想最低冷却负荷

根据表 3-48，热量传递列中所需最大热量为 3.469Mkcal/h，由于闪底油所需负荷只满足温度升高到 320℃，因此，此处计算的所需最大热量并不是常压炉负荷。最低冷却负荷为 36.936Mkcal/h，包括发生蒸汽负荷及装置全部空冷、水冷的负荷。

（四）换热网络总组成曲线

根据表 3-48，画出换热网络总组成曲线见图 3-17。

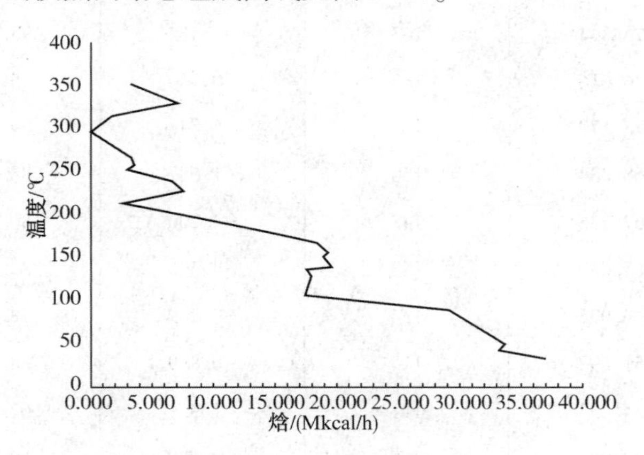


图 3-17　总组成曲线图

从图 3-17 中可以更加直观地看出，需冷却的负荷为 36.936Mkcal/h。

（五）换热网络冷热组成曲线

由表 3-47，对各温度区间内的热物流、冷物流焓值进行计算并求和，得到冷、热组成曲线数据见表 4-49。

**表 3-49　冷、热物流组成曲线数据表**

| 单温度区间热流焓/(Mkcal/h) | 热流总热焓值/(Mkcal/h) | 热流实际温度/℃ | 单温度区间冷流焓/(Mkcal/h) | 冷物流总焓值/(Mkcal/h) | 冷流实际温度/℃ |
|---|---|---|---|---|---|
| 3.652 | | | | | 342 |
| 0.498 | 193.062 | 338 | −1.642 | 200.182 | 320 |
| 3.065 | 192.564 | 335 | −7.444 | 198.540 | 317 |
| 8.803 | 189.499 | 321 | −10.400 | 191.096 | 303 |
| 19.908 | 180.697 | 302 | −16.639 | 180.697 | 284 |
| 4.135 | 160.788 | 272 | −3.831 | 164.057 | 254 |

续表

| 单温度区间热流焓/(Mkcal/h) | 热流总热焓值/(Mkcal/h) | 热流实际温度/℃ | 单温度区间冷流焓/(Mkcal/h) | 冷物流总焓值/(Mkcal/h) | 冷流实际温度/℃ |
|---|---|---|---|---|---|
| 0.399 | 156.654 | 265 | -0.547 | 160.226 | 247 |
| 2.397 | 156.254 | 264 | -2.846 | 159.679 | 246 |
| 11.244 | 153.857 | 259 | -7.608 | 156.832 | 241 |
| 7.451 | 142.613 | 245 | -6.513 | 149.224 | 227 |
| 5.009 | 135.162 | 233 | -8.876 | 142.711 | 215 |
| 2.459 | 130.153 | 225 | -3.329 | 133.834 | 207 |
| 3.100 | 127.694 | 222 | -3.329 | 130.506 | 204 |
| 14.469 | 124.593 | 219 | -7.871 | 127.177 | 201 |
| 16.797 | 110.125 | 205 | -11.244 | 119.306 | 187 |
| 9.904 | 93.328 | 185 | -6.184 | 108.062 | 167 |
| 7.081 | 83.424 | 174 | -6.184 | 101.878 | 156 |
| 0.328 | 76.344 | 163 | -0.562 | 95.694 | 145 |
| 0.846 | 76.016 | 162 | -0.900 | 95.132 | 144 |
| 6.286 | 75.170 | 160 | -5.847 | 94.232 | 142 |
| 1.648 | 68.884 | 150 | -1.687 | 88.385 | 132 |
| 2.197 | 67.236 | 147 | -4.200 | 86.699 | 129 |
| 4.944 | 65.039 | 143 | -4.390 | 82.498 | 125 |
| 8.703 | 60.095 | 134 | -9.269 | 78.108 | 116 |
| 16.559 | 51.392 | 115 | -6.829 | 68.840 | 97 |
| 3.930 | 34.833 | 101 | -1.951 | 62.010 | 83 |
| 20.767 | 30.903 | 97 | -16.586 | 60.059 | 79 |
| 1.802 | 10.135 | 63 | -1.463 | 43.473 | 45 |
| 2.205 | 8.333 | 60 | -2.244 | 42.010 | 42 |
| 2.399 | 6.128 | 55 | -2.829 | 39.766 | 37 |
| 2.316 | 3.729 | 50 | 0 | 36.936 | 32 |
| 1.412 | 1.412 | 44 | | | |
| 0.000 | 0.000 | 40 | | | |

由表3-49，得到冷、热组成曲线如图3-18所示。

从图3-18可以看出，装置的换热终温约为311℃，与现场的309℃基本一致，可以认为之前设定的夹点温度18℃是基本合适的，符合现场实际情况。由此可以认为，一方面，当前的换热网络能够较好地适应当前加工原油的性质及全厂总加工方案的要求，夹点温差较低，有效提高了当前换热器的面积利用率，全装置换热强度较高，达到较高换热终温，减少了加热炉负荷，同时发生了一部分蒸汽；另一方面，有效降低了装置冷却负荷，有利于装置节能，提高了经济效益。

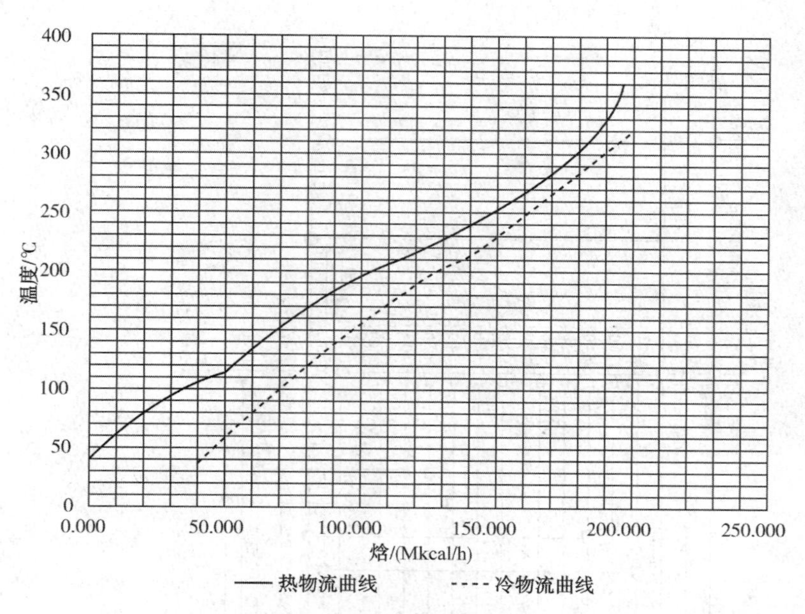


图 3-18　换热网络冷、热组成曲线

（六）换热网络网格图

根据装置各换热器校正后的进出口温度及冷、热物流焓值绘制换热网络网格图，具体见图 3-19。常二中中间部分给稳定塔底重沸器供热，未参与原油换热，在此图中不表示。

对换热网络网格图进行分析，有以下几点：

1）换热网络夹点温度为293℃，热夹点温度为302℃，冷夹点温度为294℃，与总组合曲线计算结果一致。

2）常二中 225℃→205℃温度段用来发生 1.0MPa 蒸汽是合适的，因其温度低于夹点温度，若参与换热网络与原油换热，不会对换热终温产生影响，反而需要增加装置冷却负荷。

3）在实际操作过程中，物流跨夹点换热是无法完全避免的，应尽可能控制跨夹点换热的物流数量及热量。可以看出，网络中跨夹点换热物流较少，换热网络设置、装置操作基本合理，也是换热终温较高的原因。

4）在本网络中，减二中与闪底油换热，热流温度低于热夹点温度，冷流温度跨冷夹点温度，属于跨夹点换热，换热温差小，不利于充分利用换热器面积，热强度小。减二中物流经此减二中(2)-闪底油换热器后返回减压塔，由于换热温差小，换热量可调整灵活性差，不利于灵活调整减二中取热量，对减压塔的灵活、稳定操作有一定影响。

5）当前常顶油气换热器取热量较为合理。若增加常顶油气换热器取热量，虽然减少了常压塔顶系统冷却负荷，但由于常顶油气温度低于夹点温度，增加取热并不能提高装置换热终温，而装置低温位热量充裕，势必增加其他热物流的冷却负荷。在考虑装置热出料温度不变的情况下，增加常顶油气换热器取热对换热网络的贡献基本可以忽略。

6）在一定程度上，装置换热终温已经不能代表装置的节能效果和能耗水平，换热终温亦受装置加工原油性质、产品加工方案等多种因素影响。在装置可以热出料的情况下，装置内的热负荷有多少仍被空冷、水冷冷却损失掉，更能体现装置节能水平的高低。

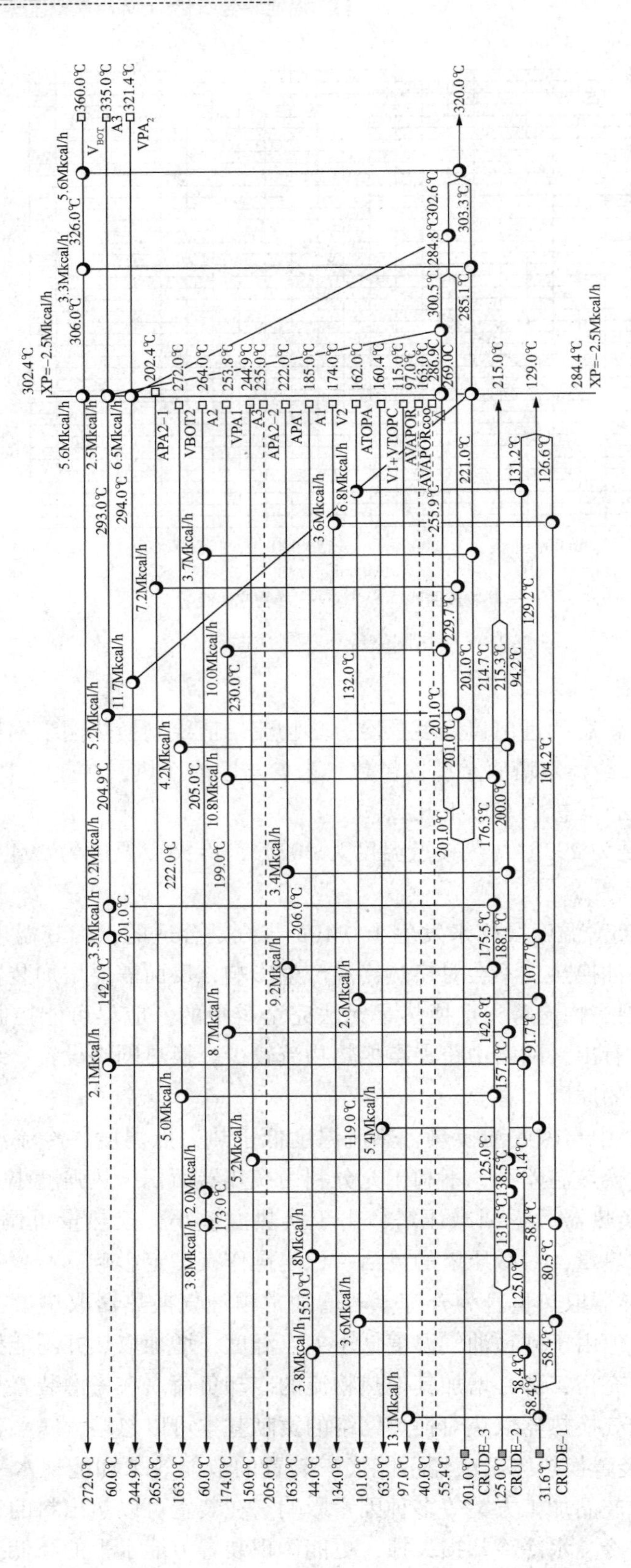


图3-19 换热网络网格图

（七）装置热输出

常减压装置热输出包括常二中供给轻烃回收装置稳定塔底重沸器热量、常二中蒸汽发生器热量、减一中蒸汽发生器热量以及物流热出料热量。

（1）稳定塔底重沸器取热量

常二中物流中段温位为稳定塔底重沸器提供热源，具体见表3-50。

表3-50 稳定塔底重沸器负荷

| 位置 | 名称 | 输入温度/℃ | 输出温度/℃ | $c_p$/[Mkcal/(h·℃)] | 热负荷 | |
|---|---|---|---|---|---|---|
| | | | | | Mkcal/h | kW |
| 稳定塔 | 常二中 | 265 | 225 | 0.1916 | 7.664 | 8912.7 |

（2）蒸汽发生器取热量

本装置共设置两台蒸汽发生器，常二中部分热量发生1.0MPa(表)蒸汽，减一中部分热量发生0.3MPa(表)蒸汽，具体见表3-51。发生蒸汽消耗的物料为除氧水，装置除氧水的消耗为14.99t/h。

表3-51 蒸汽发生器负荷

| 名称 | 发生蒸汽 | 输入温度/℃ | 输出温度/℃ | $c_p$/[Mkcal/(h·℃)] | 热负荷/(Mkcal/h) | 蒸汽发生量/(t/h) |
|---|---|---|---|---|---|---|
| 减一中 | 低低压蒸汽 | 187 | 174 | 0.3479 | 4.523 | 8.19 |
| 常二中 | 低压蒸汽 | 225 | 205 | 0.1916 | 3.832 | 6.8 |

（3）装置热出料

装置热出料计算时按照GB/T 50441—2016《石油化工设计能耗计算标准》中规定的指标及计算方法进行能耗计算。根据计算和评价方法规定，装置热进料或热出料热量的温度等于或大于120℃时，高于120℃的热量按1∶1的比例计算标准能源量；油品规定温度与120℃之间的热量折半计算标准能源量；油品规定温度以下的热量不计算标准能源量。计算能耗时，有关油品的规定温度是：汽油60℃、柴油70℃、蜡油80℃、渣油120℃。

根据上述原则，本装置的热出料见表3-52。

表3-52 装置热出料

| 物流名称 | 项目 | 出装置温度/℃ | 热出料规定温度/℃ | 比热容/[Mkcal/(h·℃)] | 热出料负荷 | |
|---|---|---|---|---|---|---|
| | | | | | Mkcal/h | kW |
| 减二线 | 蜡油 | 134 | 80 | 0.0941 | 3.199 | 3720.5 |
| 减三线 | 蜡油 | 150 | 80 | 0.0568 | 2.840 | 3302.7 |
| 减渣 | 渣油 | 163 | 120 | 0.1711 | 7.358 | 8557.3 |
| 总计 | | | | | 13.397 | 15580.5 |

（八）装置冷却负荷

装置内冷却皆采用空冷器和水冷器进行冷却，未涉及冷媒水等其他冷公用工程取热。装置内除工艺物流采用水冷器外，减顶抽空冷却、贫胺液冷却、含盐污水冷却也设置了水冷器，具体见表3-53。

表 3-53 其他工艺物流水冷负荷

| 项目 | 热负荷/(Mkcal/h) | 循环水入/℃ | 循环水出/℃ | 循环水用量/(t/h) |
|---|---|---|---|---|
| 减顶抽空系统冷却 | 14.738 | 30 | 41.6 | 1271 |
| 贫胺液冷却 | 0.281 | 30 | 41.6 | 24 |
| 含盐污水冷却 | 2.735 | 30 | 41.6 | 236 |
| 总计 | 17.754 | | | 1531 |

根据标定数据，循环冷水总耗量为 2465t/h，故换热网络中工艺物流的循环水消耗为 934t/h，冷却负荷为 10.84Mkcal/h，具体见表 3-54。

表 3-54 换热网络中工艺物流水冷负荷

| 项目 | 循环水入/℃ | 循环水出/℃ | 循环水 $c_p$/[Mkcal/(h·℃)] | 循环水用量/(t/h) | 热出料负荷 | |
|---|---|---|---|---|---|---|
| | | | | | Mkcal/h | kW |
| 工艺物流冷却 | 30.0 | 41.6 | 1.0000 | 934 | 10.84 | 12606.9 |

根据表 3-54，换热网络计算中最低冷却负荷为 36.936Mkcal/h，包括常二中、减一中发生蒸汽负荷及装置全部空冷、水冷的负荷。因常二中发生蒸汽负荷为 3.83Mkcal/h，减一中发生蒸汽负荷为 4.52Mkcal/h，换热网络中工艺物流水冷负荷为 10.84Mkcal/h，故：

$$空冷器冷却负荷=36.936-3.83-4.52-10.84=17.74(Mkcal/h)$$

（九）炉子热负荷

（1）常压炉有效热负荷

常压炉热有效负荷为加热工艺物流的有效热负荷，具体为常压炉出口油气焓值与闪底油在进常压炉前的焓值之差，见表 3-55。

表 3-55 常压炉热负荷计算表

| 项目 | 数值 |
|---|---|
| 换热终温 | 309℃ |
| 换热终温下的闪底油焓值 | 764.3kJ/kg |
| 换热终温下的闪底油热量 | $633\times10^6$kJ/h |
| 常压炉出口的闪底油热量 | $837\times10^6$kJ/h |
| 常压炉负荷 | $204\times10^6$kJ/h |
| | 56.65MW |

（2）减压炉有效热负荷

减压炉有效热负荷为加热工艺物流的有效热负荷，为减压炉出口油气焓值与常底油及减压过汽化油混合后进减压炉前的焓值之差，具体见表 3-56。

表 3-56 减压炉热负荷计算表

| 项目 | 数值 |
|---|---|
| 常底油温度 | 363℃ |
| 进减压炉的常底油焓值 | 871.0kJ/kg |
| 进减压炉的常底油热量 | $410\times10^6$kJ/h |

续表

| 项目 | 数值 |
| --- | --- |
| 返回减压炉的减压过汽化油焓值 | 854.1kJ/kg |
| 返回减压炉的减压过汽化油热量 | $29\times10^6$kJ/h |
| 炉管注汽热量 | $17.3\times10^6$kJ/h |
| 减压炉出口的油气热量 | $557.9\times10^6$kJ/h |
| 减压炉出口蒸汽热量 | $19.8\times10^6$kJ/h |
| 减压炉负荷 | $122\times10^6$kJ/h |
|  | 33.90MW |

（十）装置热回收率

根据表3-45装置流股热量表，初底油由201℃换至320℃热量为65.135Mkcal/h，故由201℃换至换热终温(309℃)的热量约为59.11Mkcal/h，又因为脱前原油换热为47.51Mkcal/h，脱后原油换热为50.60Mkcal/h，则换热网络热回收量为157.22Mkcal/h，合$658.1\times10^6$kJ/h。发生蒸汽的热量为8.35Mkcal/h，供给稳定塔底重沸器的热量为7.664Mkcal/h，电脱盐注水换热负荷为3.82Mkcal/h。向下游装置输出的热出料热量不计入装置热回收率中，则：

装置热回收率

=(换热网络热回收量+发生蒸汽热量+供轻烃回收热量+电脱盐注水换热量)/(热物流总热量)×100%

=(157.22+8.35+7.664+3.82)/(210.7+6.7)×100%

=81.45%

其中，热物流总热量为各热物流从抽出至出装置(或返塔)温度的总热量，包括发生蒸汽及供给轻烃的热量，也包括含盐污水从电脱盐抽出的热量。

## 五、电脱盐计算及分析

为降低$Cl^-$对本装置设备及工艺管道的腐蚀，同时减少金属离子特别是$Na^+$对下游装置二次加工的影响，原油深度电脱盐十分必要。根据加工原油的特性，本装置采用了二级国产高速电脱盐，采用油相进料，两个电脱盐罐罐体规格均为$\phi$4000mm×32000mm。

（一）电脱盐流程及结构

电脱盐流程简图见图3-20。

电脱盐罐内部极板结构见图3-21。罐内共布置四层极板，其中，从上至下，一、二、四层极板带电，形成四个电场，从上至下分别为高强电场、强电场、强电场、弱电场，原油分别从二、三极板间以及三、四极板间喷入。

（二）电脱盐基础数据

(1) 电脱盐操作温度

原油进电脱盐温度为129℃，脱后原油出电脱盐温度为126℃。

(2) 电脱盐基本结构及参数

电脱盐系统采用两级高速电脱盐罐，规格为$\phi$4000mm×32000mm，筒体切线长度为30m。

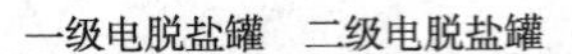


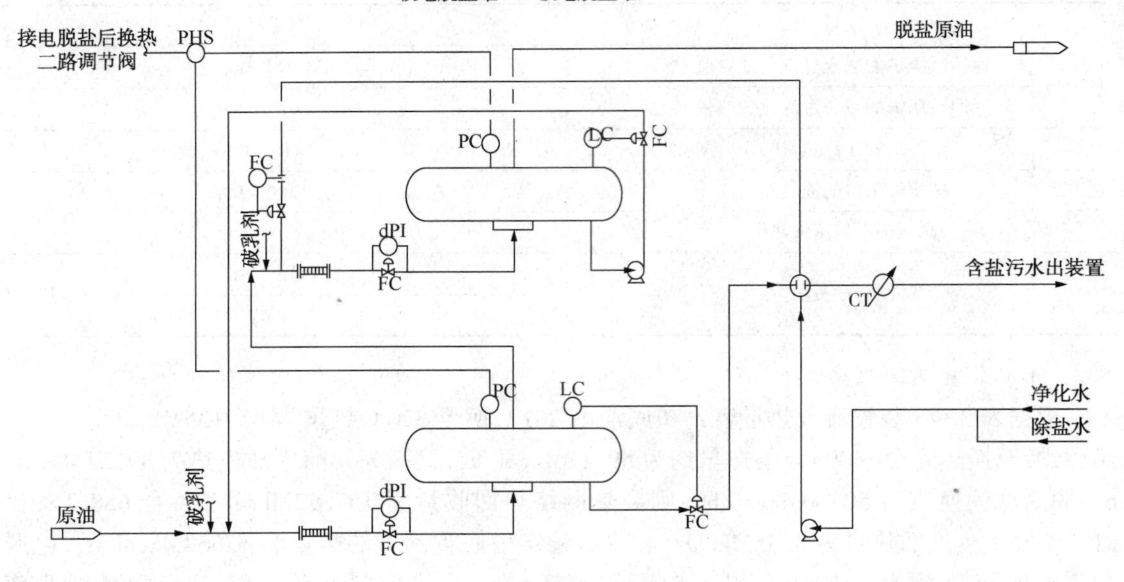


图 3-20　电脱盐流程简图

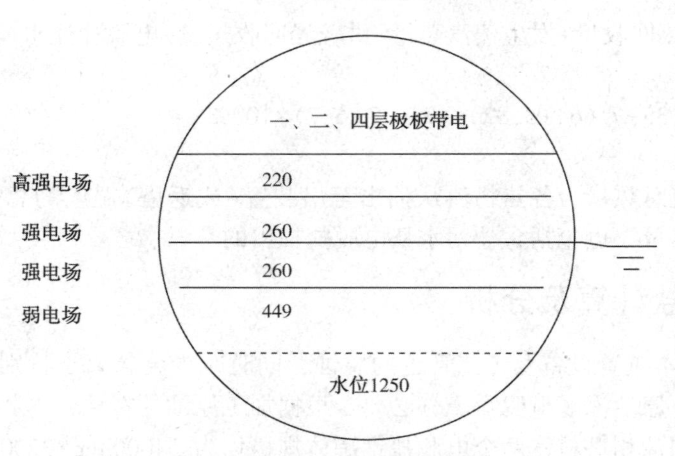


图 3-21　电脱盐罐内部极板结构

所形成的四个电场层高度从上到下依次为：220mm、260mm、260mm、449mm。

电脱盐封头半径为 3m，根据球缺体积计算方法得到两个封头的总容积为 29. 3m³，电脱盐直筒段容积为 376. 8m³，得到单个电脱盐罐总容积为：

单罐总容积 $V=376.8+29.3=406.1\text{m}^3$。

罐体最大横截面积 $S=4\times30=120\text{m}^2$。

（三）油流最大截面上升速度

原油进电脱盐流量为 925381kg/h，原油标准密度 $d_4^{20}$ 为 868. 7kg/m³。

根据油品性质计算公式[6]，在电脱盐操作温度 126℃下，原油操作密度为：

$$\rho=T(1.307d_4^{20}-1.817)+973.86d_4^{20}+36.34$$

式中　$\rho$——密度，kg/m³；

$T$——温度，℃。

得：$\rho = 796.5 kg/m^3$。故，电脱盐操作温度下原油体积流量为：$V = 925381/796.5 = 1195.7(m^3/h)$。

油流最大截面上升速度：

$$v_{油流最大截面上升速度} = V/S = 1195.7/120/3600 \times 1000 = 2.77 mm/s，合 16.6 cm/min$$

可以看出，此高速电脱盐的最大截面处油流上升速度较低速电脱盐一般设计值要高，节省了电脱盐罐体投资。

（四）水在电脱盐罐中停留时间

电脱盐水位距罐底高度为1.25m。根据球缺计算电脱盐水空间所占容积为100.65m³。

原油含水量为0.03%，约286kg/h，电脱盐注水量为64t/h，查表得水在126℃下的密度为938kg/m³。故水在电脱盐罐中停留时间为 $t_{水在电脱盐罐中停留时间} = 100.65/[(286+64000)/938] = 1.47(h)$，合88.1min。

（五）电脱盐罐中电场强度

电脱盐罐变压器输出电压分别为13kV、16kV、19kV、22kV、25kV，各电场高度分别为22cm、26cm、26cm、44.9cm，计算得到强电场在输出电压为19kV时的电场强度为19/26=0.73kV/cm，符合电脱盐强电场的电场强度一般要求。

电脱盐各电场的电场强度分布见表3-57。

**表3-57　电脱盐各电场的电场强度**

| 项目 | 数值 | | | | |
|---|---|---|---|---|---|
| 电脱盐罐变压器输出电压/kV | 13 | 16 | 19 | 22 | 25 |
| 高强电场电场强度/(kV/cm) | 1.02 | 1.26 | 1.50 | 1.73 | 1.97 |
| 强电场电场强度/(kV/cm) | 0.50 | 0.62 | 0.73 | 0.85 | 0.96 |
| 强电场电场强度/(kV/cm) | 0.50 | 0.62 | 0.73 | 0.85 | 0.96 |
| 弱电场电场强度/(kV/cm) | 0.29 | 0.36 | 0.42 | 0.49 | 0.56 |

可以看出，当变压器输出电压为16kV、19kV或22kV时，强电场强度满足0.6~1.0kV/cm的一般强电场设计范围，弱电场强度满足0.3~0.5kV/cm的一般弱电场设计范围，因此当加工原油性质发生变化时，需相应对电脱盐电压进行调整，以获得更适合所加工油品的操作方案，提高电脱盐效率。

（六）油品在电脱盐罐中的停留时间

原油在电脱盐罐中的停留时间一般指在强电场中的停留时间。根据电脱盐结构图，原油分别从二、三极板间以及三、四极板间喷入，即分别进入两个强电场。忽略电极板两端与电脱盐筒体切线位置的水平距离差异，按照电极板两端与电脱盐筒体切线位置平齐，计算得油品在强电场中的停留时间为：

$$原油在强电场中的停留时间 = (0.26 \times 4 \times 30/1195.7 + 0.13 \times 4 \times 30/1195.7) \times 60 = 2.35(min)$$

$$原油在高强电场中的停留时间 = 0.22 \times 4 \times 30/1195.7 \times 60 = 1.32(min)$$

$$原油在强电场及高强电场中的总停留时间 = 2.35 + 1.32 = 3.67(min)$$

（七）最小可沉降水滴直径

重力沉降是分离油水的基本方法，原油中的含盐水滴与油的密度不同，可以通过加热、静置使之沉降分离，其沉降速度可以根据斯托克斯公式[2]计算：

$$u=\frac{d^2\times(\rho_w-\rho)g}{18\mu}$$

式中 $u$——水滴沉降速度，m/s；

$d$——水滴直径，mm；

$\rho_w$——水(或盐水)密度，kg/m³；

$\rho$——原油的密度，kg/m³；

g——重力加速度，9.81m/s²；

$\mu$——油的黏度，Pa·s。

原油50℃运动黏度为4.43mm²/s，100℃运动黏度为1.95mm²/s，根据油品性质中的黏度计算公式[6]对电脱盐操作温度126℃下的原油黏度进行计算，得各参数值 $a=21.68$，$b=-3.67$，$c=0.66$。

故原油126℃下的运动黏度为：

$$\begin{aligned}\nu &=\exp\{\exp[a+b\times\ln(T+273)]\}-c\\ &=1.45(\mathrm{mm^2/s})\end{aligned}$$

其动力黏度为 $\mu=1.45\times796.5/1000=1.16$(Pa·s)。

当水滴沉降速率等于原油的上升速度时，水滴直径即为最小可沉降直径。由斯托克斯公式，得到最小可沉降水滴直径为 $d=\{18\mu\cdot u/[(\rho_w-\rho)g]\}^{0.5}=0.00020$mm，合0.20μm。

可以看出，最小可沉降水滴直径较小，是脱后原油指标优于设计值的重要原因。

## 六、加热炉计算及分析

本装置共设置1台常压炉、1台减压炉。常压炉对流段对0.3MPa(表)蒸汽、1.0MPa(表)蒸汽进行过热，燃料为来自全厂的燃料气及脱硫减顶气，由于减顶气与燃料气的低热值相近，流量小且只供常压炉使用，对炉效率计算结果影响不大，不再单独进行计算。

(一) 加热炉热负荷

(1) 常压炉热负荷

常压炉有效热负荷包括加热油品的供热以及过热蒸汽的供热，根据前述计算得到的常压炉出口物料总热量、换热终温计算常压炉热负荷，具体数据见表3-58。

**表3-58 常压炉有效热负荷计算表**

| 项目 | | 数值 |
|---|---|---|
| 油品 | 换热终温 | 309℃ |
| | 换热终温下的闪底油焓值 | 764.3kJ/kg |
| | 换热终温下的闪底油热量 | $633\times10^6$kJ/h |
| | 常压炉出口的闪底油热量 | $837\times10^6$kJ/h |
| | 常压炉油品热负荷 | $204\times10^6$kJ/h |
| | | 56.65MW |

续表

| 项目 | | 数值 |
|---|---|---|
| 蒸汽 | 0.3MPa(表)蒸汽流量 | 9701kg/h |
| | 0.3MPa(表)蒸汽入炉温度 | 160℃ |
| | 0.3MPa(表)蒸汽入炉温度下焓值 | 2716.8kJ/kg |
| | 0.3MPa(表)蒸汽出炉温度 | 356.2℃ |
| | 0.3MPa(表)蒸汽出炉温度下焓值 | 3118kJ/kg |
| | 1.0MPa(表)蒸汽流量 | 7353kg/h |
| | 1.0MPa(表)蒸汽入炉温度 | 188.9℃ |
| | 1.0MPa(表)蒸汽入炉温度下焓值 | 2739kJ/kg |
| | 1.0MPa(表)蒸汽出炉温度 | 200℃ |
| | 1.0MPa(表)蒸汽出炉温度下焓值 | 2763.7kJ/kg |
| | 加热蒸汽热负荷 | $4.07\times10^6$kJ/h |
| | | 1.13MW |

常压炉总有效热负荷为油品热负荷与蒸汽热负荷之和，为57.78MW。

（2）减压炉热负荷

减压炉有效热负荷包括加热常底油、返回减压过汽化油的供热以及加热炉管注入蒸汽的供热，具体数据见表3-59。

**表3-59 减压炉有效热负荷计算表**

| 项目 | 数值 |
|---|---|
| 常底油温度 | 363℃ |
| 进减压炉的常底油焓值 | 871.0kJ/kg |
| 进减压炉的常底油热量 | $410\times10^6$kJ/h |
| 返回减压炉的减压过汽化油焓值 | 854.1kJ/kg |
| 返回减压炉的减压过汽化油热量 | $29\times10^6$kJ/h |
| 炉管注汽热量 | $17.3\times10^6$kJ/h |
| 减压炉出口的油品热量 | $557.9\times10^6$kJ/h |
| 减压炉出口蒸汽热量 | $19.8\times10^6$kJ/h |
| 减压炉总负荷 | $122\times10^6$kJ/h |
| | 33.90MW |

减压炉总有效热负荷为33.90MW。

（二）燃料气发热值

计算加热炉热效率采用燃料的低发热值[7]，具体见表3-60。

表 3-60　高压燃料气低热值计算表

| 燃料气组成 | $O_2$ | $N_2$ | $CO_2$ | $H_2$ | 甲烷 | 乙烷 | 乙烯 | 丙烷 | 丙烯 | 异丁烷 | 正丁烷 | 正丁烯 | 异丁烯 | 反丁烯 | 顺丁烯 | $C_{5^+}$ | CO | $H_2S$ | 合计 |
|---|---|---|---|---|---|---|---|---|---|---|---|---|---|---|---|---|---|---|---|
| 组分体积分数/% | 0.955 | 9.42 | 0.42 | 52.04 | 16.3 | 9.252 | 1.775 | 4.477 | 1.09 | 1.43 | 0.997 | 0.042 | 0.052 | 0.047 | 0.032 | 0.65 | 0.447 | $6\times10^{-5}$ | |
| 组分相对分子质量 | 32 | 28 | 44 | 2.016 | 16 | 30.1 | 28.1 | 44.1 | 42.1 | 58.1 | 58.1 | 56.1 | 56.1 | 56.1 | 56.1 | 72.1 | 28 | 34.1 | |
| 组分质量分数/% | 0.021 | 0.18 | 0.013 | 0.072 | 0.179 | 0.191 | 0.034 | 0.135 | 0.031 | 0.057 | 0.040 | 0.002 | 0.002 | 0.002 | 0.001 | 0.032 | 0.009 | 0.000 | |
| 低发热值 $h_L$/(kJ/kg 组分) | | | | 120000 | 50000 | 47490 | 47190 | 46360 | 45800 | 45750 | 45750 | 45170 | 45170 | 45170 | 45170 | 45360 | 10100 | 15240 | |
| 低发热量/(kJ/kg 燃料) | | | | 8622 | 8927 | 9057 | 1612 | 6268 | 1439 | 2603 | 1815 | 73 | 90 | 81.6 | 55.5 | 1456 | 86.6 | 0.0 | 42187 |
| 理论空气用量 $L_o$/(kg 空气/kg 组分) | -4.32 | | | 34.29 | 17.24 | 16.09 | 14.79 | 15.46 | 14.79 | 15.46 | 15.46 | 14.79 | 14.79 | 14.79 | 14.79 | 15.33 | 2.47 | 6.08 | |
| 理论空气用量/(kg 空气/kg 燃料) | -0.09 | | | 2.464 | 3.078 | 3.069 | 0.505 | 2.090 | 0.465 | 0.880 | 0.613 | 0.024 | 0.030 | 0.027 | 0.018 | 0.492 | 0.021 | 0.0000 | 13.68 |
| $CO_2$ 生成量/($kgCO_2$/kg 组分) | | | 1 | | 2.74 | 2.93 | 3.14 | 2.99 | 3.14 | 3.03 | 3.03 | 3.14 | 3.14 | 3.14 | 3.14 | 3.05 | 1.57 | | |
| $CO_2$ 生成量/($kgCO_2$/kg 燃料) | 0 | 0 | 0.0127 | 0.000 | 0.489 | 0.559 | 0.107 | 0.404 | 0.099 | 0.172 | 0.120 | 0.005 | 0.006 | 0.0057 | 0.004 | 0.098 | 0.0135 | 0.00 | 2.096 |
| $H_2O$ 生成量/(kg/kg 组分) | | | | 8.94 | 2.25 | 1.8 | 1.28 | 1.63 | 1.28 | 1.55 | 1.55 | 1.28 | 1.28 | 1.28 | 1.28 | 1.5 | | 0.53 | |

续表

| 燃料气组成 | $O_2$ | $N_2$ | $CO_2$ | $H_2$ | 甲烷 | 乙烷 | 乙烯 | 丙烷 | 丙烯 | 异丁烷 | 正丁烷 | 正丁烯 | 异丁烯 | 反丁烯 | 顺丁烯 | $C_{5+}$ | CO | $H_2S$ | 合计 |
|---|---|---|---|---|---|---|---|---|---|---|---|---|---|---|---|---|---|---|---|
| $H_2O$ 生成量/(kg/kg 燃料) | 0 | 0 | 0 | 0.642 | 0.402 | 0.343 | 0.044 | 0.220 | 0.040 | 0.088 | 0.061 | 0.002 | 0.003 | 0.002 | 0.002 | 0.048 | 0.000 | 0.000 | 1.898 |
| $SO_2$ 生成量/(kg/kg 组分) | | | | | | | | | | | | | | | | | | 1.88 | |
| $SO_2$ 生成量/(kg/kg 燃料) | 0 | 0 | 0 | 0 | 0 | 0 | 0 | 0 | 0 | 0 | 0 | 0 | 0 | 0 | 0 | 0 | 0 | $2.63\times10^{-6}$ | $2.63\times10^{-6}$ |
| $N_2$ 生成量/(kg/kg 组分) | -3.32 | 1 | | 26.36 | 13.25 | 12.37 | 11.36 | 12.05 | 11.36 | 11.88 | 11.88 | 11.36 | 11.36 | 11.36 | 11.36 | 11.78 | 1.9 | 4.68 | |
| $N_2$ 生成量/(kg/kg 燃料) | -0.069 | 0.181 | 0.000 | 1.894 | 2.366 | 2.359 | 0.388 | 1.629 | 0.357 | 0.676 | 0.471 | 0.018 | 0.023 | 0.021 | 0.014 | 0.378 | 0.016 | 0.000 | 10.72 |
| 燃料入炉温度下的焓/(kJ/kg 组分) | 40 | 45 | | 686.0 | 115.0 | 90.34 | 85.67 | 85.19 | 84.86 | 80.80 | 80.80 | 76.24 | 76.24 | 76.24 | 76.24 | 78.13 | | 43.11 | |
| 燃料带来的热量 $\Delta h_f$/(kJ/kg 燃料) | 0.837 | 8.128 | 0.000 | 49.292 | 20.535 | 17.229 | 2.926 | 11.518 | 2.667 | 4.598 | 3.205 | 0.123 | 0.152 | 0.138 | 0.094 | 2.508 | 0.000 | 0.000 | 123.95 |

由表 3-60，燃料气的低热值为 42187kJ/kg 燃料。

（三）加热炉热效率

由于加热炉烟气只有混合烟气数据，无法准确测得常压炉、减压炉各自的效率，故加热炉热效率采用合并计算的方法。

(1) 正平衡法计算加热炉效率

烟气预热器入口空气温度 31℃，根据参考文献[7]查得 31℃下空气的焓值为 24kJ/kg。

集合烟道气采样数据见表 3-61，其中氧含量为 8.3%(体)，数值偏高。

**表 3-61　集合烟道气采样数据**

| 采样点 | 集合烟道气 | 采样点 | 集合烟道气 |
|---|---|---|---|
| 二氧化碳/%(体) | 9.6 | 二氧化硫/($mg/m^3$) | 109 |
| 氮气/%(体) | 86.4 | 氧含量/%(体) | 8.3 |
| 一氧化碳/%(体) |  | 尘排放量/(kg/h) | 3.2 |
| 氮氧化物/($mg/m^3$) | 84 |  |  |

由于常压炉、减压炉对流室测得氧气含量均不高于 4%(体)，认为集合烟道气氧含量高是由于空气泄漏的原因，故需根据对流室测量数据对氧气含量进行修正，取 4%。修正后烟气数据见表 6-62。

对二氧化硫、氮氧化物进行体积含量换算。以二氧化硫为例，可根据理想气体性质进行计算，其相对分子质量为 64，1mol 气体所占体积为 22.4L，故其体积含量为 $v_{SO_2}=109/1000/64\times22.4/1000=0.0038\%$(体)。

二氧化硫、氮氧化物含量计算数据见表 3-62。

**表 3-62　校正集合烟道气采样数据**　　%(体)

| 采样点 | 集合烟道气 | 采样点 | 集合烟道气 |
|---|---|---|---|
| 二氧化碳/%(体) | 9.6 | 氮氧化物/%(体) | 0.0063 |
| 氮气/%(体) | 86.4 | 二氧化硫/%(体) | 0.0038 |
| 一氧化碳/%(体) |  | 氧含量/%(体) | 4.0 |

由于加热炉燃料采用燃料气，燃料完全燃烧，过剩空气系数[8]为：

$$\alpha=\frac{21}{21-79\times\dfrac{V_{O_2}}{V_{N_2}}}=\frac{21}{21-79\times\dfrac{V_{O2}}{100-(V_{RO_2}+V_{O_2})}}$$

式中　$V_{O_2}$、$V_{N_2}$——干烟气中各组分的体积分数；

$V_{RO_2}$——干烟气中 $CO_2$ 和 $SO_2$ 的体积分数之和。

计算过剩空气系数为：

$$\alpha=\frac{21}{21-79\times\dfrac{4.0}{100-(0.0038+9.6+4.0)}}=1.21$$

理论空气用量为 13.68kg 空气/kg 燃料，则空气带入体系的热量 $\Delta h_a$ 为 $\Delta h_a=24\times1.21\times13.68=397.7$(kJ/kg 燃料)。

常压炉燃料气用量为 5642kg/h，减压炉燃料气用量为 4602kg/h，加热炉燃料气总用量

$B$=10244kg/h。装置不烧燃料油，不使用雾化蒸汽，雾化蒸汽带入热量 $\Delta h_m$ 为 0。燃料气带入体系的显热 $\Delta h_f$ 为 123.95kJ/kg 燃料。根据加热炉热效率计算公式[7]，得正平衡法计算加热炉热效率为：

$$
\begin{aligned}
e &= \frac{3.6\times10^3 Qd}{B(h_L+\Delta h_a+\Delta h_f+\Delta h_m)}\times100\% \\
&= \frac{3.6\times10^3\times(57.78+33.90)\times1000}{10244\times(42187+397.7+123.95+0)}\times100\% \\
&= 75.44\%
\end{aligned}
$$

正平衡计算的加热炉效率偏低，考虑燃料计量存在一定程度的偏差，需采用反平衡法对加热炉效率进行计算。

（2）反平衡法计算加热炉效率

根据加热炉热效率计算公式[7]计算反平衡加热炉效率：

$$e=\left[1-\frac{h_u+h_s+h_L\cdot\eta_r}{(h_L+\Delta h_a+\Delta h_f+\Delta h_m)}\right]\times100\%$$

装置烧燃料气，燃料完全燃烧，不完全燃烧损失 $h_u=0$。散热损失 $\eta_r$ 取 2.5%。

加热炉预热器排烟温度为 156℃，此温度下的烟气组分焓值按照参考文献[7]图查得，各组分焓值及加热炉排烟损失 $h_s$ 计算见表 3-63。

**表 3-63　加热炉排烟损失 $h_s$ 计算**

| 项目 | 生成量/(kg/kg 燃料) | 排烟温度下的焓/(kJ/kg) | 损失总计/(kJ/kg 燃料) |
|---|---|---|---|
| $CO_2$ | 2.10 | 134 | 280.8 |
| $H_2O$ | 1.90 | 255 | 484.0 |
| $SO_2$ | $2.63\times10^{-6}$ | 92 | $2.42\times10^{-4}$ |
| $N_2$ | 10.72 | 150 | 1608.2 |
| 过剩空气 | 2.89 | 140 | 404.1 |
| 总计 | | | 2777.2 |

则反平衡计算的加热炉效率为：

$$
\begin{aligned}
e &= \left[1-\frac{2777.2+42187\times2.5\%}{(42187+397.7+123.95+0)}\right]\times100\% \\
&= 91.03\%
\end{aligned}
$$

（3）加热炉效率计算结果分析

根据计算，反平衡加热炉效率为 91.03%，正平衡加热炉效率为 75.44%，两者差别较大。

对于反平衡法，主要依据燃料低热值、散热损失、排烟损失等系数进行计算。散热损失取经验值，实际情况下的散热损失虽会有所不同，但偏差有限，对热效率影响不大。燃料低热值按照分析化验数据进行计算，结果认为是可靠的。排烟损失按照排烟温度并依据烟气分析化验结果进行计算，结果也可以认为是可靠的。通过以上分析，反平衡法计算出的加热炉效率应是合理准确的。

对于正平衡法，主要依据加热炉加热负荷、燃料低热值、燃料消耗量等系数进行计算。燃料低热值按照分析化验数据进行计算，结果认为是可靠的。对于加热炉加热负荷，由于标定时所加工原油品种及混合比与设计原油一致，可认为加工油品性质与设计基本一致，同时，实际操作中的油品加工方案、物料平衡、装置拔出率皆与设计工况相近，因此，实际操作中的加热炉热负荷与设计工况的加热炉热负荷应是相近的。实际操作中的常压炉计算热负荷为57.78MW，减压炉计算热负荷为33.90MW，加热炉总负荷为91.68MW。设计工况中的常压炉热负荷为59.76MW，减压炉热负荷为32.18MW，加热炉总负荷为91.94MW。实际工况加热炉总负荷与设计工况加热炉总负荷相近，所以可以认为实际工况的加热炉负荷计算是准确的。而燃料气流量的测定偏差可能较大，认为是正平衡法计算加热炉效率偏小的主要原因。

通过以上分析，根据反平衡法与正平衡法计算加热炉效率应一致的原则，对燃料气流量进行校正。通过计算，当燃料气消耗量为8489kg/h时，正、反平衡计算的加热炉效率一致，为91.03%，故确定燃料气实际消耗量为8489kg/h。

## 七、换热器计算及分析

随着加工中东劣质油增多，国内常减压装置常压塔顶部系统常出现结盐现象，造成塔顶部系统的腐蚀，也出现过常顶循泵出口结盐腐蚀造成泄漏的情况，严重时影响装置的正常生产。本文对原油-常顶循(1)换热器E-104进行核算，通过对传热系数、管壳程压降进行计算并与设计值进行比较，作为换热器是否发生严重结垢的参考。

### (一)物流性质

根据油品性质计算公式[6]，导热系数计算公式为：

$$\lambda=(0.0199-0.0000656T+0.098)/(0.99417\gamma_4^{20}+0.009181)$$

则常顶循在换热器入口103℃下的导热系数为：

$$\lambda=(0.0199-0.0000656\times103+0.098)/(0.99417\times0.7585+0.009181)=0.1401$$

比热容计算公式为：

$$c_p=4.1855\times(0.6811-0.308\times(0.99417\gamma_4^{20}+0.009181)+(1.8T+32)\times(0.000815-0.000306(0.99417\gamma_4^{20}+0.009181))\times(0.055K_f+0.35)$$

式中 $c_p$——比热容，kJ/(kg·℃)；

$T$——温度,℃；

$K_f$——特性因数。

则常顶循在换热器入口103℃下的比热容为$c_p$=2.685kJ/(kg·℃)。

原油侧的物性计算方法同上。常顶循及原油的相关物性汇总见表3-64。

表3-64 介质物性表

| 物流名称 | 位置 | 温度/℃ | 导热系数/[W/(m·K)] | 比热容/[kJ/(kg·℃)] | 黏度/Pa·s | 密度/(kg/m³) | 垢阻/[(m²·K)/W] | 流量/(kg/h) |
|---|---|---|---|---|---|---|---|---|
| 常顶循(热流) | 入口($T_1$) | 162 | 0.1401 | 2.685 | 0.0002 | 636.3 | 0.000172 | 339875 |
| | 出口($T_2$) | 139 | 0.1420 | 2.583 | 0.0002 | 659.9 | | |
| 原油(冷流) | 入口($t_1$) | 98 | 0.1272 | 2.204 | 0.0016 | 813.2 | 0.000516 | 317460 |
| | 出口($t_2$) | 128 | 0.1250 | 2.328 | 0.0011 | 791.1 | | |

注：常顶循抽出温度采用常压塔热平衡计算得出的温度。

（二）换热器基本结构

由于是常顶循与原油换热，原油侧温度较低、黏度大、传热系数较低，因此，换热器中原油走壳程以提高膜传热系数，常顶循走管程。换热器型号为BES1400-4.0-540-6/25-2I，材质为碳钢，采用BES结构，管程数$N_{tp}$为2，管子根数$n_t$为1192根，中心管排数$n_x$为26，管子外径25mm，管子壁厚2.5mm，正方形转45°布管、管间距$P_t$为32mm。换热器总传热面积为540m$^2$，折流板形式采用单弓，折流板间距$B$采用300mm，弓缺$Z$为25%，折流板块数$N_b$为19块，管、壳侧进出口嘴子均采用350mm。

（三）计算定性温度

根据定性温度计算方法[2]，

$$冷流定性温度\ t_D=0.4t_h+0.6t_c=0.4\times128+0.6\times98=110(℃)$$

$$热流定性温度\ T_D=0.4T_h+0.6T_c=0.4\times162+0.6\times139=148.2(℃)$$

式中 $t_D$——流体定性温度，℃；

$t_h$——热端流体温度，℃；

$t_c$——冷端流体温度，℃。

对于黏度数据，由于介质进出换热器的温差不大，在此温度范围内，运动黏度的对数值随温度变化基本成一条直线，故计算黏度数据如下。

运动黏度为动力黏度除以操作密度，故对常顶循，162℃下运动黏度为$0.0002/636.3\times10^6=0.314$mm$^2$/s，对数值为-1.157，139℃下运动黏度为$0.000232/659.9\times10^6=0.352$mm$^2$/s，对数值为-1.045。由于运动黏度的对数值随温度变化基本成直线关系，故定性温度148.2℃下的运动黏度对数值为-1.09，得该温度下运动黏度为0.336mm$^2$/s，动力黏度为0.219cP。对于原油性质，由于评价报告中只给出了一个温度点下的运动黏度，通过模拟计算并与此温度下的黏度进行校准，得到原油的黏度98℃时为2.0mm$^2$/s，128℃时为1.42mm$^2$/s，用与常顶循计算相同的方法得到原油定性温度110℃下的运动黏度为1.742mm$^2$/s，动力黏度为1.402cP。

定性温度下的介质其他物性可由内插法进行计算，具体数据见表3-65。

**表3-65 定性温度下的介质物性表**

| 物流名称 | 管壳程选择 | 温度/℃ | 导热系数/[W/(m·K)] | 比热容/[kJ/(kg·℃)] | 黏度/Pa·s | 密度/(kg/m$^3$) | 垢阻/[(m$^2$·K)/W] | 流量/(kg/h) |
|---|---|---|---|---|---|---|---|---|
| 常顶循 | 管程 | 148 | 0.1413 | 2.623 | 0.00022 | 650.5 | 0.000172 | 339875 |
| 原油 | 壳程 | 110 | 0.1263 | 2.254 | 0.00140 | 804.4 | 0.000516 | 317460 |

（四）计算总传热负荷

由热物流计算总传热负荷$Q$为：

$$Q=W_{常顶循}\times c_{p\,常顶循}\times(T_1-T_2)=339875\times2.623\times(162-139)=5697(kW)$$

（五）计算对数平均温差

由$P=\dfrac{冷流体温升}{两流体的最初温度差}$，则$P=(t_2-t_1)/(T_1-t_1)=(128-98)/(162-98)=0.47$；由$R=\dfrac{热流体温降}{冷流体温升}$，则$R=(T_1-T_2)/(t_2-t_1)=(162-139)/(128-98)=0.77$；故，$|R-1|=0.23>10^{-3}$。

又因为[6]：

$$P_n=\frac{1-\left(\frac{1-P\cdot R^{\frac{1}{N_s}}}{1-P}\right)}{R-\left(\frac{1-P\cdot R^{\frac{1}{N_s}}}{1-P}\right)},\ \phi_m=\frac{\frac{\sqrt{R^2+1}}{R-1}\ln\left(\frac{1-P_n}{1-P_n\cdot R}\right)}{\ln\left(\frac{2/P_n-1-R+\sqrt{R^2+1}}{2/P_n-1-R+\sqrt{R^2+1}}\right)}$$

其中，$N_s$为壳程数。

得：$P_n=\{1-[(1-0.47\times0.77)/(1-0.47)]^{1/1}\}/\{0.77-[(1-0.47\times0.77)/(1-0.47)]^{1/1}\}=0.47$；计算得温差校正系数 $\phi_m=0.91>0.8$，故此换热器采用单壳程是合适的。

由有效平均温差计算公式：

$$\Delta t_m=\frac{(T_1-t_2)-(T_2-t_1)}{\ln\frac{T_1-t_2}{T_2-t_1}}\cdot\phi_m$$

有效平均温差：

$\Delta t_m=[(162-128)-(139-98)]/\ln[(162-128)/(139-98)]\times0.91=34.1$(℃)

(六) 计算雷诺数

(1) 计算管侧雷诺数 $Re_i$

管侧质量流率　$G_i=W_i/S_i=339875/3600/(\pi/4\times0.02^2\times1192/2)$

$=504.2[\mathrm{kg/(m^2\cdot s)}]$

管侧雷诺数 $Re_i=d_iG_i/\mu_i=0.02\times504.2/0.00022=46119$

(2) 计算壳侧雷诺数 $Re_o$

因换热器布管方式为正方形转45°，由壳侧当量直径计算公式[6]：

$$d_e=\frac{4\left(p_t^2-\frac{\pi}{4}d_o^2\right)}{\pi d_o}$$

壳侧当量直径 $d_e=4\times(0.032^2-\pi/4\times0.025^2)/(0.025\pi)=0.02715$(m)

又，壳侧质量流速：

$G_o=W_o/S_o=317460/3600/[(1.4-26\times0.025)\times0.3]=391.9[\mathrm{kg/(m^2\cdot s)}]$

故，壳侧雷诺数 $Re_o=d_eG_o/\mu_o=0.02715\times391.9/0.0014=7593$。

(七) 计算膜传热系数

由于温度变化不大，所以黏度壁温校正项可以忽略不计，取 $\phi_i\approx1$。

(1)计算管内膜传热系数

因 $Re_i\geqslant10^4$，故管内传热因子 $J_{Hi}=0.023Re_i^{0.8}=0.023\times46119^{0.8}=123.8$。

管内膜传热系数 $h_i=\lambda_i/d_o\times J_{Hi}\times Pr^{1/3}\times\phi_i$

$=0.1413/0.025\times123.8\times(2623\times0.00022/0.1413)^{1/3}\times1$

$=1116.3[\mathrm{W/(m^2\cdot K)}]$

式中 $h_i$——以管外表面积为基准的管内膜传热系数，W/(m²·K)；

$J_{Hi}$——管内传热因子，无因次；

$d_o$——管外径，m；

$\lambda_i$——管内介质导热系数，W/(m·K)；

$\phi_i$——黏度校正系数，无因次。

(2) 计算壳程膜传热系数：

因 $Re_o \geqslant 10^3$，正方形45°布管，故壳侧传热因子：

$$J_{H_o}=0.378R_{e_o}^{0.554}\cdot\left(\frac{Z-15}{10}\right)+0.41R_{e_o}^{0.5634}\cdot\left(\frac{25-Z}{10}\right)$$
$$=0.378\times7593^{0.554}\times[(25-15)/10]+0.41\times7593^{0.5634}\times[(25-25)/10]$$
$$=53.4$$

查旁路挡板传热与压力校正系数，得壳径1400mm对应的旁路挡板传热校正系数 $\varepsilon_h$ 为1.1，旁路挡板压降校正系数 $\varepsilon_{\Delta p}$ 为1.35。

由于温度变化不大，所以黏度壁温校正项可以忽略不计，取 $\phi_o \approx 1$，壳侧膜传热系数为：

$$h_o=\frac{\lambda_o}{d_e}\cdot J_{H_o}\cdot Pr^{1/3}\cdot\phi_o\cdot\varepsilon_h$$
$$=0.1263/0.02715\times53.4\times(2254\times0.0014/0.1263)^{1/3}\times1.1\times1$$
$$=798.4[\mathrm{W/(m^2\cdot K)}]$$

(八) 校核 $\phi_i$、$\phi_o$

求管壁温度：

当热流在管内时，管壁温度为：

$$t_w=\frac{h_{io}}{h_{io}+h_o}\cdot(t_{iD}-t_{oD})+t_{oD}$$
$$=1116.3/(1220.6+798.4)\times(148-110)+110$$
$$=132.3(℃)$$

对管内侧 $\phi_i$，计算得到壁温下管内流体密度为666kg/m³，故根据两点黏度数据，计算得到壁温下的动力黏度为0.363mm²/s，壁温下运动黏度 $\mu_{iw}$ 为0.242cP，则 $\phi_i=(\mu_i/\mu_{iw})^{0.14}=(0.219/0.242)^{0.14}=0.99\approx1$，所以 $\phi_i$ 数据选择合适。

同样方法计算 $\phi_o=1$，数据选择合适。

(九) 计算总传热系数

换热管采用碳钢，取碳钢管束导热系数为50W/(m·K)。

总传热系数 $K$ 计算公式为：

$$\frac{1}{K}=\frac{1}{h_o}+r_o+\frac{d_o}{d_m}\cdot\frac{t_s}{\lambda_w}+r_i\cdot\frac{d_o}{d_i}+\frac{1}{h_i}\cdot\frac{d_o}{d_i}$$

$$1/K=1/798.4+0.000516+25/22.5\times0.0025/50+0.000172\times25/20+1/1116.3\times25/20$$
$$=0.003159$$
$$K=316.6\mathrm{W/(m^2\cdot K)}$$

计算得到的总传热系数 $K$ 与设计工况总传热系数 $K$ 值368W/(m²·K)相差不大，侧面反映出当前换热器操作良好，未出现严重结垢的问题。

(十) 计算需要的传热面积和面积富裕度

根据计算，完成换热需要的换热面积为：

$$S_{需要}=Q/(K\cdot\Delta t_m)=5697\times1000/(316.6\times34.1)=528(\mathrm{m^2})$$

实际传热面积 $S_{实际}=540\mathrm{m^2}$，故，面积富裕度为 $(S_{实际}-S_{需要})/S_{需要}=2.26\%\approx0$。

由于冷、热物流全部经过换热器换热，换热器富余量接近为0，也说明计算结果是合理可靠的。

（十一）压降计算

（1）管程压降计算

① 管内流动压力降：

因 $10^3 \leqslant Re_i \leqslant 10^5$，管内摩擦系数 $f_i = 0.4513 Re_i^{-0.2653} = 0.0261$。

管内流动压力降：

$$\Delta p_i = \frac{G_i^2}{2\rho_{iD}} \cdot \frac{L \cdot N_{tp}}{d_i} \cdot \frac{f_i}{\phi_i}$$

$$= 504.2^2/(2\times650.5)\times(6\times2/0.02)\times0.0261/1$$

$$= 3064(\text{Pa})$$

② 回弯压力降：

$$\Delta p_r = \frac{G_i^2}{2\rho_{iD}} \cdot (4N_{tp})$$

得，回弯压力降 $\Delta p_r = 1563\text{Pa}$。

③ 进出口嘴子压力降：

$$\Delta p_N = \frac{1.5G_{Ni}^2}{2\rho_i}$$

进口质量流速 $G_{Ni} = 981\text{kg}/(\text{m}^2 \cdot \text{s})$，则 $\Delta p_{Ni} = (981^2\times1.5)/(2\times650.5) = 1110\text{Pa}$。

查管程压力降污垢校正系数 $F_i = 1.2$，则管侧总压降为：

$$\Delta p_t = (\Delta p_i + \Delta p_r)\times F_i + \Delta p_{Ni} = 6663\text{Pa}，合 6.7\text{kPa}。$$

计算出的管侧压力降较设计工况 0.02MPa 小，认为主要是由于实际操作过程中常顶循流量较设计流量小所致。压降较设计工况小，也从侧面反映出管侧并没有出现大面积结垢引起管束流道变窄造成的压降升高，这与当前现场操作状态是相符的。

（2）壳程压降计算

① 流体流动压力降：

由于采用单弓形折流板换热器，且 $1500 < Re_o \leqslant 15000$，故 $f_o' = 0.731 Re_o^{-0.0774} = 0.731\times 7593^{-0.0774} = 0.366$。

对于 $Z=25$ 的标准尺寸，壳程摩擦系数 $f_o = f'_o = 0.366$。

流体流动压力降为：

$$\Delta p_o = \frac{G_o^2}{2\rho_{oD}} \cdot \frac{D_S \cdot (N_b+1)}{d_e} \cdot \frac{f_o}{\phi_o} \cdot \varepsilon_{\Delta p}$$

$$= 391.9^2/(2\times804.4)\times1.4\times(19+1)/0.02715\times0.366/1\times1.35$$

$$= 48663(\text{Pa})$$

② 导流筒或导流板压降：

壳侧未设置导流板或导流筒，压降取 0kPa。

③ 进出口嘴子压降：

$$\Delta p_{No} = 1.5\frac{G_N^2}{2\rho_o}$$

$$= (1.5\times917^2)/(2\times804.4) = 783(\text{Pa})$$

④ 壳侧总压降：

查壳程压力降污垢校正系数 $F_o$=1.45，则壳侧总压降为：

$$\Delta p_s=\Delta p_o\times F_o+\Delta p_{ro}+\Delta p_{No}=71344\text{Pa}$$，合 71kPa。

壳侧压降稍高于设计工况压降(0.05MPa)，认为主要是实际原油黏度较设计值稍高所致，计算结果是合理可靠的。

(十二) 计算结果分析

换热器采用 BES 结构，$DN$1400mm×6000mm，4 管程，管子根数 1192，换热管规格为 ϕ25mm×2.5mm，正方形转 45°布管、管间距 32mm，换热器总传热面积为 540m²。总传热系数 316.6W/(m²·K)较为理想，管程压降 6.7kPa，壳程压降 71kPa，说明换热器选型合适，也从侧面说明换热器性能良好，没有发生大面积结垢而引起的压降增加、换热效率下降等问题。

## 八、板式塔水力学计算及分析

对常压塔内件水力学进行计算，以明确塔内部水力学状态，核算塔盘板在当前实际操作状态下的操作弹性，为装置加工量的可调整范围提供参考。

常压塔内件实际采用 ADV 浮阀，在此次计算中，水力学采用 F1 浮阀经典公式进行计算，具体数据与 ADV 浮阀实际性能会有偏差，但不影响作为塔内水力学实际状态的参考。

经典 F1 浮阀计算公式按照单溢流塔盘进行计算，当前常压塔采用双溢流塔盘，计算对公式中的液相负荷进行了修正[9]。

(一) 常压塔主要塔盘结构参数

常压塔主要塔盘结构参数见表 3-66。

**表 3-66 常压塔主要塔盘结构参数**

| 塔板编号 | 52 层板 | 48 层板 | 36 层板 | 32 层板 | 31 层板 | 23 层板 | 18 层板 | 14 层板 |
|---|---|---|---|---|---|---|---|---|
| 浮阀形式 | ADV | ADV | ADV | ADV | ADV | ADV | ADV | ADV |
| 塔径/m | 6.8 | 6.8 | 6.8 | 6.8 | 6.8 | 6.8 | 6.8 | 6.8 |
| 板间距/mm | 700 | 700 | 700 | 700 | 700 | 700 | 700 | 700 |
| 开孔率/% | 10.09 | 12.01 | 12.93 | 15.03 | 14.95 | 10.14 | 15.03 | 15.83 |
| 出口堰长/m | 6.779 | 6.752 | 6.779 | 6.752 | 6.779 | 6.779 | 6.752 | 6.779 |
| 出口堰高/m | 50 | 40 | 50 | 40 | 50 | 50 | 40 | 50 |
| 降液板底隙/mm | 60 | 90 | 60 | 90 | 80 | 60 | 90 | 60 |

(二) 塔盘选择及采用的物流数据

根据常压塔热量平衡计算，常二中抽出板(第 18 层板)的气相流量、液相流量最大，可认为常二中抽出板是影响当前常压塔处理能力的关键塔板，故对此层塔盘进行水力学计算。计算中采用的气相数据为进入常二中抽出板(第 18 层板)的气相体积流量，采用的液相数据为从常二中抽出板流出的液相体积流量，为常二中抽出板内回流、常二中中段循环流量之和。

塔盘截面积为 36.32m²，18 层板开孔总面积为 5.46m²，浮阀开孔个数为 4572 个，中间降液管面积 5.43m²，降液管总面积 10.87m²，占总截面积 29.9%，中间降液管宽 804mm，两边降液管溢流堰长 4547mm，两边降液管宽 872mm。此板为中间降液。

计算采用气相量为73658m³/h，液相量为常二中内回流及循环回流量之和，皆采用常压塔热平衡计算出的数值，为(294503+406305)/642=1091.6(m³/h)。计算采用物流数据见表3-67。

**表3-67 18层板水力学计算采用的物流数据**

| 项目 | | 数值 |
|---|---|---|
| 液相 | 质量流量/(kg/h) | 700808 |
| | 操作密度/(kg/m³) | 642 |
| | 体积流量/(m³/h) | 1091.6 |
| 气相 | 温度/℃ | 308 |
| | 压力/kPa | 265 |
| | 体积流量/(m³/h) | 73658 |
| | 操作密度/(kg/m³) | 8.7 |
| | 质量流量/(kg/h) | 640823 |

(三) 流动参数及临界、实际空塔气速

流动参数： $F_{lv}=\frac{L}{G}\left(\frac{\rho_G}{\rho_L}\right)^{0.5}=\frac{700808}{640823}\times\left(\frac{8.70}{642}\right)^{0.5}=0.1273$

实际空塔气速： $u=\frac{\text{气体体积流量}}{\text{塔截面积}}=\frac{73658}{36.32}/3600=0.5634(\text{m/s})$

采用两种方法计算允许最大空塔气速。

(1) 求空塔最大允许气体速度

塔板气相空间截面积的最大允许气体速度 $W_{max}$ 为：

$$W_{max}=\frac{0.055\sqrt{g\cdot H_t}}{1+2\frac{V_l}{V_V}\sqrt{\frac{\rho_L}{\rho_V}}}\sqrt{\frac{\rho_L-\rho_V}{\rho_V}}=0.98(\text{m/s})$$

则空塔最大允许气速为：

$$w_{max}=W_{max}\times\text{塔盘气相空间占塔盘横截面积比率}=0.98\times(1-0.299)=0.687(\text{m/s})$$

(2) 求极限空塔气速

液相的表面张力为：

$$\begin{aligned}\sigma&=\{673.7-[(T_c-T)/T_c]^{1.232}/K\}\times10^{-3}\\&=\{673.3-[(479.3-308)/(479.3+273.15)]^{1.232}/11.84\}\times10^{-3}\\&=9.2\times10^{-5}(\text{N/cm})\end{aligned}$$

根据史密斯关联图[10]得到液体表面张力 $\sigma=20\times10^{-5}$N/cm 时的系数 $C_{20}$ 为 0.12。其中，板间距 $H_T=0.7$m，故 $H_T-h_L$ 取 0.6m。

负荷系数校正 $C=C_{20}\left(\frac{\sigma}{20}\right)^{0.2}=0.12\times\left(\frac{9.2}{20}\right)^{0.2}=0.10$

极限空塔气速为：

$$u_{max}=C\sqrt{\frac{\rho_L-\rho_V}{\rho_V}}=0.10\times\sqrt{\frac{642-8.7}{8.7}}=0.877(\text{m/s})$$

可以看出，实际空塔气速较上述计算的允许空塔气速还有一定距离，但并不意味着此塔具有很大的操作余量，需对塔内件进行详细计算来进行判断。

（四）空塔 $F$ 因子、$C$ 因子

空塔 $C$ 因子：

$$C=u\sqrt{\frac{\rho_V}{\rho_L-\rho_V}}=0.5634\times\sqrt{\frac{8.7}{642-8.7}}=0.066(\mathrm{m/s})$$

空塔 $F$ 因子：

$$F=u\times\rho_V^{1/2}=0.5634\times8.7^{1/2}=1.66$$

（五）塔盘水力学计算

对常二中抽出板（第18层板）水力学进行计算。

（1）阀孔气速、阀孔动能因子及校正阀孔动能因子

由塔盘开孔率15.03%，空塔气速0.5634m/s，得：

阀孔气速：$$\omega_0=\frac{\text{空塔气速}}{\text{开孔率}}=\frac{0.5634}{15.03\%}=3.75(\mathrm{m/s})$$

阀孔动能因子 $F_0=\omega_0\times\sqrt{\rho_V}=3.75\times\sqrt{8.7}=11.06$。

校正动能因子 $F'_0=F_0\sqrt{1000/(\rho_L-\rho_V)}=11.06\times\sqrt{1000/(642-8.7)}=13.9$。

对浮阀而言，校正阀孔动能因子13.9已经接近上限，若气速继续增加，可能引起较大的雾沫夹带，甚至可能因气速增加造成塔板压降增加，引起塔板液泛。

（2）阀孔临界气速

阀孔临界气速指板上所有浮阀刚好全部开启时的阀孔气速[9]，阀孔临界气速为：

$$(W_h)_c=\left(\frac{72.8}{\rho_V}\right)^{0.548}=\left(\frac{72.8}{8.7}\right)^{0.548}=3.23(\mathrm{m/s})$$

由于阀孔实际气速大于阀孔临界气速，故此时浮阀全部开启。

（3）塔板压降计算

根据塔板压降计算公式[11]：

干板压降 $\Delta p_{干}=5.37\dfrac{\rho_G\omega_0^2}{2}=5.37\times\dfrac{8.7\times3.75^2}{2}=328.2(\mathrm{Pa})$。

$$\Delta p_{干}/\rho_L g=3282/(642\times9.81)=0.052(\mathrm{m}\ 液柱)$$

已知该层塔盘为双溢流，中间降液，中间降液管弦长 $l_w=6.752\mathrm{m}$，可取液流收缩系数 $k=1.0$，计算平口堰上的液层高度 $h_1$：

$$h_1=2.84\times10^{-3}k\left(\frac{L}{l_w}\right)^{2/3}=2.84\times10^{-3}\times1\times\left(\frac{1091.6}{2\times6.752}\right)^{2/3}=0.053(\mathrm{m})$$

气体通过塔板上液层的压力降为：

$$\Delta p_{液}=0.5(h_w+h_1)\cdot\rho_L g=0.5\times(0.04+0.053)\times642\times9.81=293(\mathrm{Pa})$$

$$\Delta p_{液}/\rho_L g=293/(642\times9.81)=0.047(\mathrm{m}\ 液柱)$$

忽略液层表面张力造成的压力降，则气体通过塔板的压力降为：

$\Delta p_p=\Delta p_{干}+\Delta p_{液}=328.2+293=621(\mathrm{Pa})$，合0.10m液柱。

（4）降液管中液面高度及降液管液泛百分数

根据公式[11]计算降液管中液面高度。

该层塔盘溢流堰长 $l_w=6.752\mathrm{m}$，降液管底隙距离 $h_s=0.09\mathrm{m}$。

液体通过降液管底隙的流速为：

$$\omega_s=\frac{L_s}{l_w\cdot h_s}=\frac{1091.6/2/3600}{6.752\times0.09}=0.25(\mathrm{m/s})$$

液体通过降液管底隙的液头损失：

$$\Delta h_f = 0.2\omega_s^2 = 0.2\times0.25^2 = 0.012(\text{m 液柱})$$

忽略液面落差 Δ，则降液管中的清液层高度 $H_d$ 为：

$$H_d = \Delta p_p + h_w + h_1 + \Delta h_f + \Delta = 0.10+0.04+0.053+0.012 = 0.204(\text{m})$$

$$\text{降液管液泛百分数} = (\Delta p_p + h_w + h_1 + \Delta h_f)/0.5/(H_T+H_w)\times100\%$$
$$= 2\times0.204/(0.7+0.04) = 55\%$$

该层塔盘板间距 $H_T = 0.7\text{m}$，出口堰高 $h_w = 0.04\text{m}$，故 $H_d < 0.5(H_T+h_w)$，降液管液泛百分数为 55%，故降液管不会发生液泛。

(5) 降液管中液体停留时间计算

根据公式[11]计算液体在降液管中停留时间。

由中间降液管的截面积 $A_d = 5.43\text{m}^2$，则液体在降液管中停留时间 $\tau$ 为：

$$\tau = \frac{H_d \times A_d}{L} = \frac{0.204\times5.43}{1091.6/3600} = 3.7(\text{s}) \quad (\text{式 1})$$

一般设计要求 $\tau \geqslant 3\sim5\text{s}$，而实际计算 $\tau$ 为 3.7s，可见液体在降液管中实际停留时间较短，容易发生液体夹带气相流入下层板的情况，引起板效率下降。由于降液管内液层高度较低，不会造成液泛。

而若使用塔板间距 $H_T$ 代替 $H_d$ 代入上式，如文献中所述[10]，计算得：

$$\tau = \frac{H_T \times A_d}{L} = \frac{0.7\times5.43}{1091.6/3600} = 13.1(\text{s}) \quad (\text{式 2})$$

笔者认为，式 1 计算出的 $\tau = 3.7\text{s}$ 更能代表现场操作实际，显示了液体在降液管中的实际停留时间，而式 2 计算出的 $\tau = 13.1\text{s}$ 更多体现的是降液管的流通能力，可作为最大限度液体流通负荷的参考。

再检验液体在降液管中的线速 $u_d$：

$$u_d = L_s/A_d = 1096.6/3600/5.43 = 0.06(\text{m/s})$$

一般要求 $u_d \leqslant 0.12\text{m/s}$，因此液体在降液管中的线速尚能满足操作要求。

(6) 雾沫夹带计算

根据泛点率计算公式[12]：

$$F_1 = \frac{100C_V + 136L_s Z_L}{KC_F A_b}、F_1 = \frac{100C_y}{0.78A_T KC_F}$$

式中，气相负荷因子 $C_V = V\sqrt{\frac{\rho_V}{\rho_L - \rho_V}} = \frac{73658}{3600}\times\sqrt{\frac{8.7}{642-8.7}} = 2.4(\text{m}^3/\text{s})$。

查表[12]得物性系数 $K=1$，液相流程长度 $Z_L = \frac{1}{2}(D-2W_d-W'_d) = 2.13(\text{m})$。

液流面积 $A_b = A_T - 2A_t - A'_f = 36.32-10.87 = 25.45(\text{m}^2)$

查图[12]得泛点负荷因子 $C_F = 0.144$，则泛点率：

$$F_1 = \frac{100C_v}{0.78A_T KC_F} = \frac{100\times2.4}{0.78\times36.32\times1\times0.144} = 58.8$$

$$F_1 = \frac{100C_v + 136L_S Z_L}{KC_F A_b} = \frac{100\times2.4+135\times1096.6/2/3600\times2.13}{1\times0.144\times25.45} = 77.4$$

一般认为，当雾沫夹带量控制在 0.1kg 液/kg 气以下时，$F_1$ 的数值应小于 80%～82%。取计算结果较大值，该层塔板泛点率 77.4%接近 80%，故可知按 $F_1$ 型浮阀计算的雾沫夹带量较大，接近 0.1kg 液/kg 气。

（六）塔盘性能曲线

（1）漏液线

根据漏液线计算公式[12]，取阀孔动能因子 $F_0=5$ 作为气相负荷下限，由 $F_0=u_0\sqrt{\rho_V}$，$u_0=\frac{V_S}{A_0N}$，得：

$$V_{smin}=\frac{F_0A_0}{\sqrt{\rho_V}}=\frac{5\times5.46}{\sqrt{8.7}}=9.25(m^3/s)$$

漏液线为平行于 $x$ 轴的直线，$V_{smin}=9.25m^3/s$。

（2）过量雾沫夹带线

根据泛点率计算公式[12]，按泛点率 80%求出不同液体负荷 $L$ 下相应的气相负荷 $V$，将相应的 $L$、$V$ 值标绘于图上。

$$F_1=\frac{C_V+1.36L_SZ_L}{KC_FA_b}=0.8$$

式中，$C_V=V\sqrt{\frac{\rho_V}{\rho_L-\rho_V}}=V\times\sqrt{\frac{8.7}{642-7.8}}=0.1172(Vm^3/s)$。

得 $V_S$-$L_S$关系为：

$$\frac{0.1172V_S+1.36\times2.13/2\times L_S}{1\times0.144\times25.4}=0.8$$

得：$0.1172V_S+1.446L_S=2.932$。

（3）液相负荷下限线

当塔板上液相负荷较小时，易造成板上液流不均匀，为此要保证一定的堰上液层高度 $h_{ow}$。取 $h_{ow}$ 为 6mm 作为液层高度下限。由堰上液流高度计算公式[12]：

$$h_{ow}=\frac{2.86}{1000}\cdot E\cdot\left(\frac{L_h}{l_W}\right)^{2/3}$$

取液流收缩系数 $E=1.0$，计算最低液相流量为：

$$L_{smin}=\left(\frac{1000h_{owmin}}{2.84E}\right)^{3/2}\cdot2l_W=\left(\frac{1000\times0.006}{2.84\times1}\right)^{3/2}\times2\times6.752=41.47(m^3/h)$$

41.47m³/h 合 0.0115m³/s。

（4）液相负荷上限线

塔板上最大允许液相负荷主要受降液管限制，通常可按如下原则确定：

1）出口堰上的液流强度一般不宜超过 60m³/(m·h)；

2）降液管内液体流速不宜超过 0.1m/s；

3）降液管内清液高度不宜超过板间距 $H_T$的一半；

4）降液管内液体停留时间一般应大于 3～5s。

根据以上原则，以 5s 作为液体在降液管中停留时间的下限。

塔板中间降液管的截面积 $A_d=5.43m^2$，板间距 $H_T=700mm$。

则最大液相流量 $L_{smax}$：

$$L_{smax}=\frac{A_d \times H_T}{\tau}=\frac{0.7\times5.43}{5}=0.76(m^3/s)$$

（5）液泛线

根据液泛线计算公式[12]，由 $(H_T+h_w)\geqslant H_d/\phi$

$$H_d=\Delta p_p+h_w+h_1+\Delta h_f+\Delta$$

干板压降：

$$\Delta p_{干}/\rho_L g=5.37\frac{\rho_G\omega_0^2}{2}/\rho_L g=0.000124V_S^2(\text{m 液柱})$$

气体通过塔板上液层的压力降：

$$\Delta p_{液}/\rho_L g=0.5(h_w+h_1)=0.5\times[0.04+2.84\times10^{-3}\times1\times\left(\frac{L}{2\times6.752}\right)^{2/3}]$$

$$=0.02+0.00025L^{2/3}(\text{m 液柱})$$

忽略液层表面张力造成的压力降，则气体通过塔板的压力降：

$$\Delta p_p=\Delta p_{干}+\Delta p_{液}=0.02+0.00025\times L_S^{2/3}+0.000124V_S^2$$

又 $h_w=0.04$m，

$$h_1=2.84\times10^{-3}\times1\times\left(\frac{L}{2\times6.752}\right)^{2/3}=0.0005\times L^{2/3}(\text{m})$$

$$\Delta h_f=0.2\omega_S^2=0.2\times\left(\frac{L_S}{2\times6.752\times0.09}\right)^2=0.1354L_S^2(\text{m})$$

忽略液面落差 Δ，则降液管中的清液高度 $H_d$ 为：

$$H_d=\Delta p_p+h_w+h_1+\Delta h_f+\Delta=0.06+0.00075\times L_S^{2/3}+0.1354L_S^2+0.000124V_S^2$$

取 $\phi=0.5$，得液泛线方程为：

$$0.06+0.00075\times L_S^{2/3}+0.1354L_S^2+0.000124V_S^2=0.37$$

根据上式得到的液泛线数据，见表 3-68。

**表 3-68　液泛线数据表**　　$m^3/s$

| 项目 | 数值 | | | |
|---|---|---|---|---|
| $L_S$ | 0.8 | 0.5 | 0.15 | 0.003 |
| $V_S$ | 42.30 | 47.06 | 49.64 | 49.90 |

（6）操作线及塔盘性能曲线图

操作点数据为 $L_s=0.303m^3/s$，$V_s=20.46m^3/s$。

根据以上计算得出常二中抽出板(18 层塔盘)性能图及操作线，如图 3-22 所示。

以 F1 浮阀参数计算的常二中抽出塔盘性能曲线见图 3-22，操作线如图中连接 0 点的斜线所示。当前操作点(操作线中间段空心三角形位置)已接近雾沫夹带线，说明常二中负荷较大，常压塔高温部位的取热较多，继续增加常二中取热量或增大常压塔负荷可能造成此板上雾沫夹带过量，相当量液体被携带到上方塔盘。但是，考虑操作点距离其他限制线距离较远，又考虑此板为常二中抽出板，主要作用是完成常二中段的取热，塔盘本身的分离作用并不显著，允许一定量的雾沫夹带，同时考虑实际采用 ADV 高效浮阀，塔盘性能在一定程度上高于 F1 浮阀，因此在实际操作中生产需要时，仍可适当提高常二中取热及常压塔负荷。

此外，对常一中抽出板下方板(31 层塔板)进行计算，其气相负荷较大，液相负荷相对常二中抽出板要少，得出其塔盘性能曲线见图 3-23。其中，塔盘开孔总面积为 5.43m²，浮阀开孔个数为 4546 个，中间降液管总面积 3.63m²，降液管占总截面积为 20%、合 7.27m²，中间降液管宽 536mm，两边降液管溢流堰长 4032mm，两边降液管宽 662mm。

31 层塔板操作点为(0.11，21.03)，由图 3-23 可以看出，当前操作状态距过量雾沫夹带线、漏液线相对较远，操作灵活性高，以当前实际操作数据为基准的操作弹性可以达到 60%~140%，具有良好的水力学状态，有利于常压塔的稳定操作。

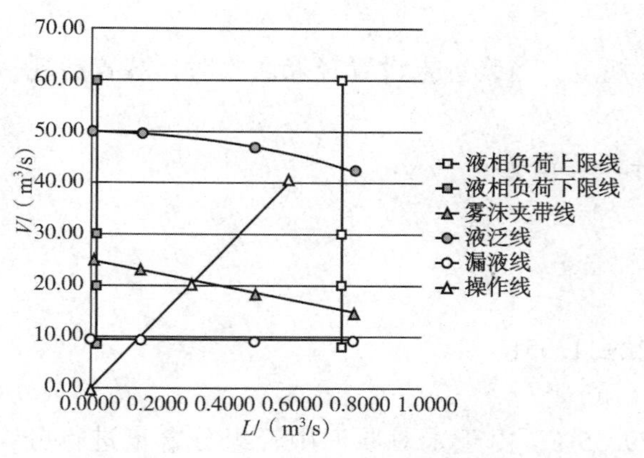


图 3-22　常二中抽出板性能图及操作线

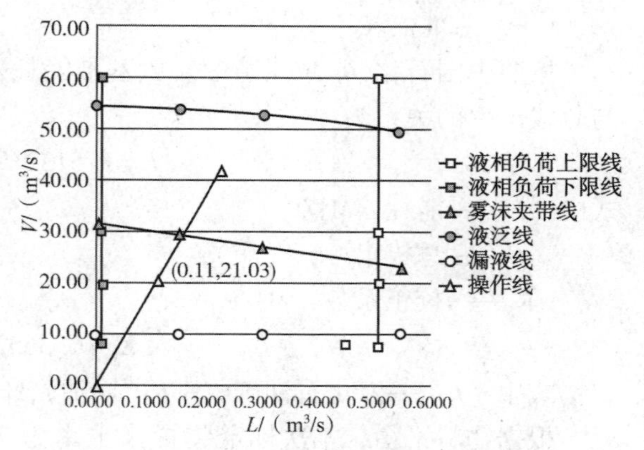


图 3-23　常一中抽出板下方板(31 层塔板)性能图及操作线

（七）对塔盘水力学计算的思考

根据上述计算，对塔盘水力学的计算思考如下：

1）在计算降液管内液体停留时间时，大部分资料皆使用塔盘板间距与出口堰高度之和作为计算停留时间的标准，只有少量资料[11]采用降液管内液层高度作为计算停留时间的标准。采用降液管内液层高度进行计算，更为真实地反映了实际操作过程中降液管内的液体流动状况。因此，当计算塔盘液体负荷上限线采用降液管停留时间作为依据时，大部分资料也使用塔盘板间距与出口堰高度之和作为计算标准，认为也应考虑实际液面高度要矮，这样考虑所得到的允许最大液相负荷应比当前计算得出的数据要小。

2）在计算单层塔盘各个参数时，所采用的为进入到此板的气相负荷和从此板流出的液相负荷。如图 3-24 所示，对第 $n$ 板进行计算时，由于要计算塔盘压降，采用的是进入到第 $n$ 板的气相负荷，由于要计算板上液层高度，采用的是从第 $n$ 板流出的液相，因此计算的降液管内液体清液层指的应是第 $n$ 板与第 $n+1$ 板之间的降液管，而此清液层高度是由第 $n+1$ 板之上液层高度和第 $n$ 板与第 $n+1$ 板的压降决定的，但为了数据统一，在计算中采用的是第 $n$ 板上液层高度和第 $n$ 板与第 $n+1$ 板之间的压降，事实上是不精确的，需要注意。在实际工作中，当相邻两板的气液相负荷相差不大，采用以上方法的计算结果基本能够满足工程计算需要。

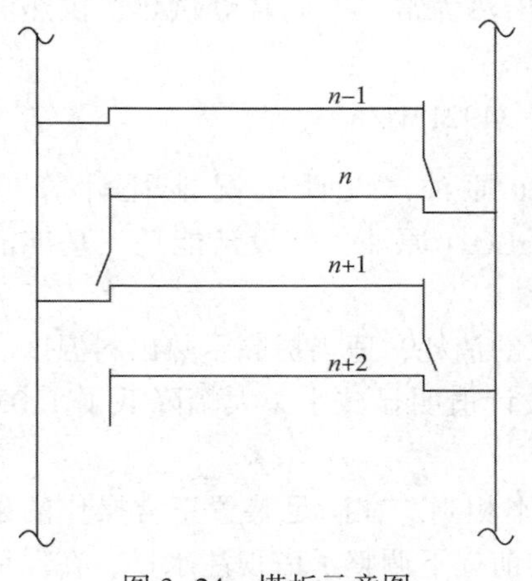


图 3-24　塔板示意图

3）在计算雾沫夹带时，为了数据统一，公式中采用的气相负荷为进入到塔盘的气相负荷，而笔者认为采用离开此层板的气相负荷更为合适。雾沫夹带随塔板间距的增大、塔板间气体速度的降低而减少，同时，塔板上清液层高度降低使雾沫量增大，但由于液层下降又增加了塔板间的净空，所以雾沫量有所减少。当前从资料中查到的计算公式缺少考虑塔板间距对雾沫夹带的影响，在后续工作中需要注意。

## 九、能耗计算及分析

（一）基准能耗

按照中国石化《常减压蒸馏装置基准能耗》规定，当装置未设置轻烃回收时，装置能耗与总拔出率的关系为：

$$E=3.5132C+206.68-K_1$$

式中 $E$——能耗，MJ/t；

$C$——总拔出率，%（质）；

$K_l$——校正系数，MJ/t。

$$K_l=6.3652L+11.351$$

式中 $L$——液化石油气收率（占原油），%（质）。

根据物料平衡，本次标定装置拔出率为79.55%，由于未对原油中轻组分含量进行分析，考虑当前加工原油油种及混合比例与设计原油基本一致，液化石油气收率采用设计原油数据，为1.26%。故本装置基准能耗为：$E=3.5132\times79.55+206.68-(6.3652\times1.26+11.351)=466.78$MJ/t，合11.15kgEO/t原油。

（二）能耗计算

本装置能耗按标准[13]中的指标及计算方法进行计算，具体见表1-21。热出料系按规定将减压渣油大于120℃的热量，以及减压蜡油大于80℃的热量计入，同时包括了给轻烃回收供热的部分常二中热量。本能耗计算包括了电脱盐设施的能量消耗。除氧水数据根据换热网络计算中得到的发生蒸汽消耗量进行了修正。净化风流量未计量，数值参考设计数据。燃料为根据正、反热效率计算后的修正值。根据上述计算，本装置能耗约为438.13MJ/t原油（10.465kgEO/t原油）。

（三）能耗分析

设计工况下的能耗计算见表1-20。装置向轻烃输出热为常二中向轻烃供热，供热温度为256℃，返回温度218℃，供热量38512MJ/h。

装置热出料包括减二线、减三线和减渣，热量共计34921MJ/h。

根据对比分析，装置基准能耗为11.15kgEO/t原油，设计工况能耗计算值为12.01kgEO/t原油，实际操作中能耗计算值为10.465kgEO/t原油，较设计能耗、基准能耗有较大降低，节能效果显著。

生产操作中装置采用热出料，尽可能降低了循环水的消耗，适当提高了热出料温度。

通过优化操作，减顶抽真空系统低压蒸汽耗量较设计值明显减小，大幅降低了1.0MPa（表）蒸汽消耗，而减顶真空度不受影响，操作稳定。

除氧水、0.3MPa（表）蒸汽、燃料耗量与设计值基本相当。在满足装置正常操作的条件下，适当降低了电脱盐注水量，在满足装置防腐要求的前提下调整了塔顶注水量，在保证产品质量的条件下减少了水蒸气用量，外排污水量相应降低。

电耗与设计值基本相当，但电耗绝对值较高，为1.81kgEO/t原油。而中国石化的先进指标不高于1.6kgEO/t原油，主要是装置部分机泵扬程偏高，电耗偏大。部分泵出口电动阀开度见表3-69。

**表3-69　部分泵出口电动阀开度**

| 编号 | 名称 | 运行泵出口电动阀开度/% |
|---|---|---|
| 1010-P105A | 闪底泵 | 备用 |
| 1010-P105B | 闪底泵 | 35 |
| 1010-P105C | 闪底泵 | 51 |
| 1010-P108A | 常顶循泵 | 备用 |
| 1010-P108B | 常顶循泵 | 36 |
| 1010-P109 | 常一中泵 | 21 |
| 1010-P110A | 常二中泵 | 30 |
| 1010-P110B | 常二中泵 | 备用 |
| 1010-P203A | 减一线及减顶循泵 | 备用 |
| 1010-P203B | 减一线及减顶循泵 | 11 |
| 1010-P204A | 减二线及减一中泵 | 备用 |
| 1010-P204B | 减二线及减一中泵 | 20 |
| 1010-P205A | 减三线及减二中泵 | 备用 |
| 1010-P205B | 减三线及减二中泵 | 43 |

泵出口阀开度小、压降大，泵多余的能量耗费在出口阀上，增加了能耗。由于扬程偏大的泵主要是中段循环泵，考虑中段循环泵能力大有利于增加装置换热网络灵活性，提高装置操作的稳定性，同时考虑加工原油性质变化的可能，认为可以维持当前操作不变。若能够保证加工原油性质在较长一段时间内相对稳定，可以对部分台位泵叶轮进行切削，以达到降低能耗的目的。

# 第四部分　检修改造建议

根据标定报告数据，加热炉烟气排出温度接近156℃，需进行分析计算以尽可能降低能耗。此外，根据当前国内油品销售情况，增产航煤有利于提高全厂经济效益，故对常压塔增产航煤的改造内容进行计算分析。

## 一、加热炉烟气露点计算及操作分析

随着节能工作的不断发展，要求管式加热炉的排烟温度越来越低，但是在空气预热器等余热回收设备的换热面上往往产生强烈的低温露点腐蚀，使管式炉无法正常运行。低温露点腐蚀温度成为降低管式炉排烟温度、提高热效率的重要影响因素。因此，对加热炉烟气露点温度进行计算，以尽可能降低排烟温度，在不影响装置稳定运行的情况下尽可能提高加热炉热效率，减少燃料消耗。

烟气露点温度除与烟气中 $SO_3$ 的含量有关外，还随烟气中水蒸气含量的增多而升高。根据本文第三部分表 3-63，排出烟气中水的体积含量为：

$$V_{烟气中水}=n_{水}/(n_{水}+n_{CO_2}+n_{SO_2}+n_{N_2}+n_{过剩空气})\times100\%$$
$$=1.9/18/(1.9/18+2.1/44+2.63\times10-6/64+10.72/28+2.89/29)\times100\%$$
$$=16.59\%$$

对于烟气中 $SO_3$ 的含量，一般按 $SO_2$ 转化率 3%考虑，则 $SO_3$ 的体积含量为：

$$V_{SO_3}=V_{SO_2}\times3\%=38.15\times10^{-6}/(1-16.59\%)\times3\%=0.955\times10^{-6}$$

查露点与烟气中水蒸气含量及液相中硫酸浓度的关系图[14]，得到排出烟气的露点温度为 124.5℃。

要求预热器壁温度不低于露点温度。根据计算得到的露点温度为 124.5℃，取操作温度比露点温度高 10℃，可调整操作将排烟温度控制在 135℃左右，较当前排烟温度 156℃低 21℃。调整后温度下的烟气组分焓值通过参考文献[7]查得各组分焓值及加热炉排烟损失 $h_s$ 计算见表 4-1。

**表 4-1　加热炉排烟损失 $h_s$ 计算**

| 项目 | 生成量/(kg/kg 燃料) | 排烟温度下的焓/(kJ/kg) | 损失总计/(kJ/kg 燃料) |
|---|---|---|---|
| $CO_2$ | 2.10 | 109 | 228.4 |
| $H_2O$ | 1.90 | 213 | 404.3 |
| $SO_2$ | $2.63\times10^{-6}$ | 76 | $2.0\times10^{-4}$ |
| $N_2$ | 10.72 | 124 | 1329.5 |
| 过剩空气 | 2.89 | 117 | 337.7 |
| 总计 | | | 2299.9 |

则反平衡计算的加热炉效率为：

$$e=[1-\frac{2299.9+42187\times2.5\%}{(42187+397.7+123.95+0)}]\times100\%$$
$$=92.15\%$$

燃料气消耗约为 10244×91.03%/92.15%＝10119(kg/h)

标准燃料消耗约为 8.66×91.03%/92.15%＝8.58(t/h)，合 9.01kgEO/t 原油。

与当前操作相比，调整排烟温度后，加热炉效率由 91.03%升高至 92.15%，提高了 1.12%。燃料气消耗由 10244kg/h 降低至 10119kg/h，减少了 125kg/h,。标准燃料消耗由 9.096kgEO/t 原油降低至 9.009kgEO/t 原油，降低了约 0.1kgEO/t 原油。能耗由 10.465kgEO/t 原油降低至 10.378kgEO/t 原油，有一定节能效果，若按照标油折价为 2600 元/t，则全年节省燃料消耗 208 万元。

## 二、增产航煤的改造分析

根据当前的国内市场形式，预计今后相当长一段时间内，国内汽油、煤油消费需求将保持强劲增长势头，压减柴油产量、增产航煤是炼油企业的优化方向。为满足市场需求，优化产品结构，提高经济效益，应配合全厂优化方案对常压塔进行改造，以求增加煤油产量。

对常减压装置而言，在考虑原油不变、后续装置加工能力能够满足要求的前提下，增产航煤、压减柴油产量，装置内物料平衡发生变化，塔内气液相负荷随之变化，常压塔中上部取热负荷增大，换热终温有下降的趋势，换热网络可能需相应进行调整。常顶循、常一中循环流量增加，需要对常顶循泵、常一中泵的流量、扬程进行核算。若同时考虑增产加氢裂化料等其他方面改造，甚至可能引起加热炉负荷变化较大等，同样需要对加热炉等进行改造。具体改造设计需进行装置优化综合考虑。在此，仅对煤油馏分产量增加引起的常压塔内负荷变化进行分析，考虑尽可能小的改造工程量，各侧线抽出位置不发生变化，以得出较为合理的常压塔内件改造方案。

在维持常顶油收率不变的情况下，常一线增产航煤，收率由当前的 11.5% 提高至 14.02%，对应原油的实沸点切割温度约为 160～245℃，常二线相应减少，考虑常三线流量不变，改造后常压塔物料平衡见表 4-2。

**表 4-2 改造后常压塔物料平衡**

| 项目 | 收率/%(质) | 流量 | | | 用途 |
|---|---|---|---|---|---|
| | | kg/h | t/d | $10^4$t/a | |
| 入方 | | | | | |
| 原油 | 100.00 | 952381 | 22857.1 | 800.00 | |
| 出方 | | | | | |
| 常顶气 | 0.37 | 3482 | 83.6 | 2.92 | 去轻烃回收 |
| 常顶油 | 17.23 | 164068 | 3937.6 | 137.82 | 去轻烃回收 |
| 常一线 | 14.02 | 133550 | 3205.2 | 112.18 | 去煤油加氢 |
| 常二线 | 8.65 | 82350 | 1976.4 | 69.17 | 去柴油加氢 |
| 常三线 | 10.35 | 98600 | 2366.4 | 82.82 | 去柴油加氢 |
| 常底油 | 49.38 | 470331 | 11287.9 | 395.08 | 去减压蒸馏 |

由于常一线流量增加，在常顶油、常顶冷回流流量不变的情况下，常顶循取热负荷增大，考虑塔上部塔板效率不变的条件下，回流比增加，常顶油与常一线之间的分离精度有变好的趋势，有利于降低常顶油干点、提高常一线闪点温度。为提高常一线收率同时满足航煤质量要求，需增加常一线与常二线之间的分离精度，在考虑塔板效率不变的条件下，增加常二线抽出板上方的内回流量。虽然常二线较改造前抽出量减少，但常二线抽出板上方的内回流量总体增加，在常三线抽出、全塔过汽化油量不变的情况下，常二中取热负荷势必减少，不利于维持换热终温。

借助模拟分析，对常压塔操作进行调整，改造后的常一线质量能够满足生产 3# 航煤的冰点、闪点、烟点、密度等要求，对常压塔内件进行核算。根据以上分析，常顶循取热负荷有少量增加，常顶循内回流量稍有增多，应在塔盘的操作范围内，故认为常顶循至常一线塔盘应可以利旧。对于常一中至常二线抽出之间的塔盘，由于为满足常一线与常二线的分离精度要求，负荷增加较大，可能需要更换。故对常顶循抽出塔盘、常一中抽出塔盘、常二线抽出上方塔盘进行水力学核算。

改造后计算得到的各块塔盘气液负荷数据见表4-3。

表4-3　改造后各块塔盘的气液负荷数据

| 板号 | 板位置 | 液相 | | | 气相 | | |
|---|---|---|---|---|---|---|---|
| | | 流量/(kg/h) | 操作密度/(kg/m³) | 体积流量/(m³/h) | 流量/(kmol/h) | 体积流量/(m³/h) | 操作密度/(kg/m³) |
| 48 | 常顶循抽出板 | 710138 | 636.4 | 1115.9 | 3837 | 70545 | 6.40 |
| 32 | 常一中抽出板 | 820111 | 646 | 1269.5 | 4462 | 74525 | 6.90 |
| 23 | 常二线抽出上方板 | 266049 | 637.8 | 417.1 | 3117 | 56106 | 8.05 |

塔盘结构参数见第三部分常压塔水力学计算中的表3-66。计算得到的增加常一线抽出后的常顶循抽出板操作曲线见图4-1。与上述分析基本一致，虽然常顶循循环量增大，但塔内负荷操作点(操作线中段空心三角形位置)仍处在较为合适的范围内，塔盘可以利旧。

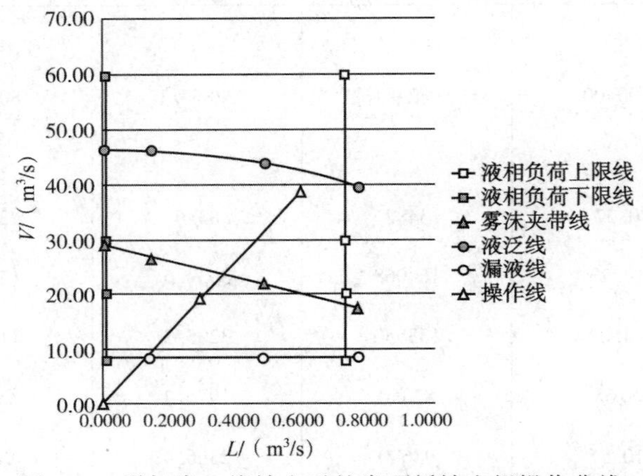


图4-1　增加常一线抽出后的常顶循抽出板操作曲线

增加常一线抽出后的常一中抽出板操作曲线见图4-2。常一中循环量增加较多，塔内负荷正常操作点(操作线中段空心三角形位置)已越过过量雾沫夹带线，考虑到常一线流量增加后常压塔依然需要一定的富余量来满足稳定操作的要求，建议对常一中的塔盘进行更换。

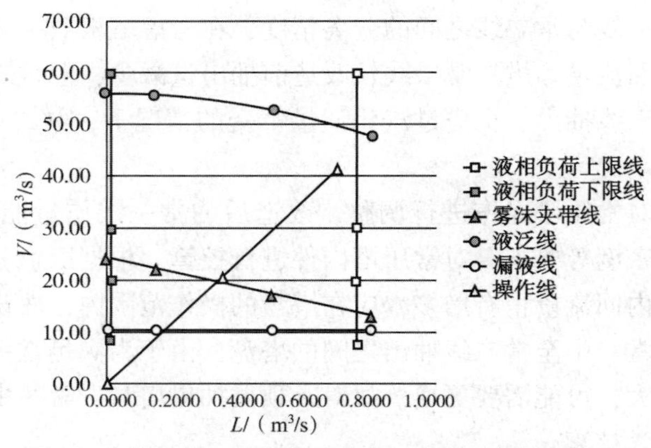


图4-2　增加常一线抽出后的常一中抽出板操作曲线

增加常一线抽出后的常二线抽出上方板操作曲线见图 4-3。增加常一线抽出后，常二线抽出上方板的操作点(操作线中段空心三角形位置)仍位于塔盘水力学较为合适的范围内，说明操作可调整范围仍较大，塔盘可以利旧。

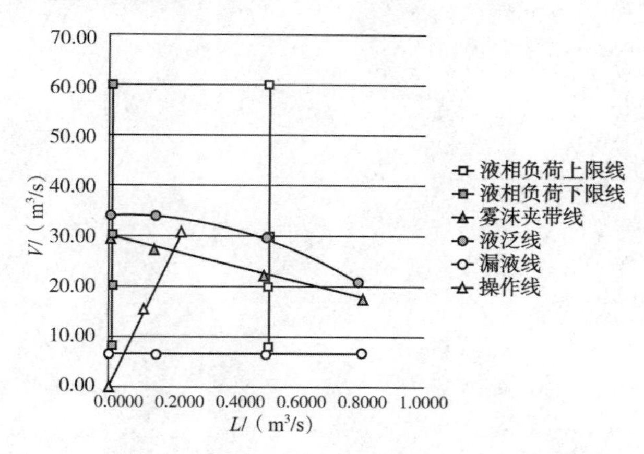


图 4-3 增加常一线抽出后的常二线抽出上方板操作曲线

综上所述，为增产航煤，根据对常顶循至常二线抽出部分塔盘的分析计算，建议对常一中部分 3 层塔盘(34~32 层)进行更换，常顶循至常二线抽出的其他塔盘(50~35 层、31~22 层)可以利旧，具体方案需由塔盘厂家根据所选择的塔盘技术进行详细水力学计算确定。此外，由于常顶循、常一中循环流量增加，需要对常顶循、常一中泵的扬程、流量进行核算，确保常一线收率增加后塔内设定的取热分配能够实现。

## 参 考 文 献

[1] 徐春明，杨朝合．石油炼制工程[M].4 版．北京：石油工业出版社，2009：54-98.

[2] 李志强．原油蒸馏工艺与工程[M]．北京：中国石化出版社，2010：183，283-373，831-850.

[3] 王庆华，仇汝臣，王洛春，等．石油馏分焦点温度和焦点压力的数学关联式[J]．青岛科技大学学报，2004，25(5)：412-414.

[4] 李少萍，徐心茹．石油加工过程设备[M]．上海：华东理工大学出版社，2009：148.

[5] 曹汉昌，郝希仁，张韩．催化裂化工艺计算与技术分析[M]．北京：石油工业出版社，2000：178-185.

[6] 刘巍，邓方义．冷换设备工艺计算手册[M].2 版．北京：中国石化出版社，2008：11，75，833.

[7] 白文康，黄焕民．石油化工管式炉热效率设计计算：SH/T 3045—2003[S]．北京：中国石化出版社，2004.

[8] 中国石化总公司石油化工规划院．炼油厂设备加热炉设计手册[M].1986：19-26.

[9] 石油化学工业部石油化工规划设计院．塔的工艺计算[M]．北京：石油化学工业出版社，1977：128-141.

[10] 陈常贵，柴诚敬，姚玉英．化工原理[M].2 版．天津：天津大学出版社，2004：106，110，163.

[11] 沈复，李阳初．石油加工单元过程原理化工原理[M]．北京：中国石化出版社，2004：254-259.

[12] 王松汉．石油化工设计手册：第 3 卷[M]．北京：化学工业出版社，2002：1430-1439.

[13] 中国石油化工集团公司．石油化工设计能耗计算标准：GB/T 50441—2016[S]．北京：中国计划出版社，2016.

[14] 钱家麟．管式加热炉[M].2 版．北京：中国石化出版社，2003：526.

# 九江石化5.0Mt/a常减压蒸馏装置工艺计算

完成人：钱锋
单　位：中国石化炼化工程广州公司

# 目　　录

# 第一部分　标定报告

## 一、装置概述

（一）装置规模

中国石化九江石化公司2#常减压装置规模为5.0Mt/a，年开工时数8400h，装置主要由一脱三注、换热、初馏、常压蒸馏、减压蒸馏等部分组成。装置设计加工长岭胜利管输、阿曼混合原油（4∶6），平均API度为28.04，平均硫含量为1.16%（按1.5%设防），平均酸值为0.92mgKOH/g（按1.0mgKOH/g设防）。

（二）工艺技术特点

装置采用脱前换热—电脱盐—脱后换热—初馏—初底油换热—常压炉—常压塔—减压炉—减压塔的三级蒸馏工艺技术路线。

1）初馏塔适当提压操作，使油气中轻烃组分溶解在石脑油中，以液态的形式通过机泵送至轻烃回收装置对液化气进行回收；设置一台螺杆压缩机（1500$Nm^3/h$）对初顶、常顶、减顶油气进行升压后送至轻烃回收装置回收液化气组分。

2）常顶采用两级冷凝，减轻轻烃回收装置的负荷。通过控制常顶一级产品冷凝冷却温度和压力，保证常顶一级油中轻组分含量不高于稳定塔底油的轻组分含量，可直接送出装置；常顶二级油送至轻烃回收装置回收轻烃组分。

3）减压塔采用规整高效填料塔技术，保证塔压降；进料口设置进料分配器，使进料油气分布均匀，减少雾沫夹带而确保蜡油质量；塔进料段以上设5段填料，即减一中段、柴油分馏段、减二中段、减三中段和洗涤段；塔底设6层抗堵塞固舌塔盘，防止操作末期加热炉或减压塔内有焦粒带到汽提段，造成阻塞。

4）通过常压塔底部采取高效汽提和减压塔设置柴油分馏段，有效地提高轻柴油收率。

5）减顶抽真空采用蒸汽抽真空+机械抽空组合工艺；液环真空泵与末级蒸汽抽空器互为备用，正常操作时开液环真空泵。

（三）生产加工方案

初顶石脑油、常顶二级油至轻烃回收装置，常顶一级油至二罐区；常一线、常二线、常三线混合柴油至4#柴油加氢装置；减一线、减二线、减三线混合蜡油至加氢裂化装置，冷蜡至新建重油罐区；减压渣油至渣油加氢装置，冷渣至七罐区。

## 二、标定基本情况

（一）标定时间

本次标定时间为6月8日16：00~6月9日16：00，持续24h；标定期间装置原油加工量按14285t/d（595.2t/h）控制，在6月9日8：00进行采样分析。

（二）标定目的

1）标定装置物料平衡，装置轻收、总拔、加工损失；

2）标定装置原料及各侧线硫平衡；

3）标定装置各公用工程消耗情况，计算装置能耗；

4）标定装置满负荷状态下各侧线产品的质量情况；

5)标定装置满负荷生产存在的瓶颈。

## 三、原料、产品性质

(一) 原油性质

(1) 原油一般性质

仪长管输原油的性质分析数据见表1-1 ~表1-3。原油的密度(20℃)为871.9kg/$m^3$，黏度(50℃)为9.02$mm^2$/s，凝点<-20℃，胶质和沥青质含量分别为26.58%(质)、0.90%(质)；酸值为0.72mgKOH/g，盐含量为28.71mgNaCl/L，硫含量为0.940%(质)。

原油第一关键馏分*API*度为36.6，第二关键馏分*API*度为25.4，按原油关键馏分法分类，该原油属含硫中间基原油。

**表1-1　仪长管输原油的一般性质**

| 分析项目 | 分析结果 | 分析项目 | 分析结果 |
|---|---|---|---|
| 密度(20℃)/(kg/$m^3$) | 871.9 | 水分/%(质) | 0.15 |
| *API* | 30.1 | 残炭/%(质) | 4.70 |
| 特性因素*K* | 11.9 | 灰分/%(质) | 0.02 |
| 黏度(50℃)/($mm^2$/s) | 9.02 | 盐含量/(mgNaCl/L) | 28.71 |
| 酸值/(mgKOH/g) | 0.72 | 胶质/%(质) | 26.58 |
| 元素分析 | | 沥青质/%(质) | 0.9 |
| 碳/%(质) | 85.93 | 恩氏蒸馏馏程 | |
| 氢/%(质) | 12.42 | 初馏点/℃ | 75 |
| 硫/%(质) | 0.940 | 120℃馏出/mL | 6.3 |
| 氮/(μg/g) | 2461.7 | 140℃馏出/mL | 8.8 |
| 金属含量/(μg/g) | | 160℃馏出/mL | 12.5 |
| 钙 | 11.89 | 180℃馏出/mL | 16.3 |
| 铜 | 0.01 | 200℃馏出/mL | 19.4 |
| 镁 | 0.43 | 220℃馏出/mL | 22.5 |
| 钠 | 4.43 | 240℃馏出/mL | 25.6 |
| 铁 | 4.54 | 260℃馏出/mL | 29.4 |
| 镍 | 10.40 | 280℃馏出/mL | 33.1 |
| 钒 | 13.64 | 300℃馏出/mL | 36.9 |
| 原油类别 | 含硫中间基 | 总馏出量/mL | 39.4 |

**表1-2　一后原油分析数据**

| 分析项目 | 数值 | 分析项目 | 数值 |
|---|---|---|---|
| 水分/% | 0.1 | 总氯含量/(mg/kg) | 9.12 |
| 含盐NaCl/(mg/L) | 9 | | |

表 1-3　二后原油分析数据

| 分析项目 | 数值 | 分析项目 | 数值 |
|---|---|---|---|
| 水分/% | 0.07 | 镍含量/(mg/kg) | |
| 含盐 NaCl/(mg/L) | 2.9 | 钒含量/(mg/kg) | |
| 总氯含量/(mg/kg) | 7.3 | 钠含量/(mg/kg) | |
| 钙含量/(mg/kg) | | 铁含量/(mg/kg) | |

(2) 原油实沸点蒸馏及宽馏分性质

原油实沸点蒸馏收率和宽馏分性质见表 1-4。

从原油实沸点蒸馏收率来看，<180℃馏分收率为 17.11%(质)，<240℃馏分收率为 25.66%(质)，<300℃馏分收率为 34.83%(质)，<350℃轻质油收率为 43.44%(质)，<540℃总拔出率为 70.26%(质)、渣油馏分收率为 27.42%(质)。

表 1-4　原油实沸点蒸馏及宽馏分性质

| 沸点范围/℃ | 占原油比例/%(质) | | 密度(20℃)/(kg/m³) | 特性因素 | *API* |
|---|---|---|---|---|---|
| | 每馏分 | 总收率 | | | |
| <180 | 17.11 | 17.11 | 726.0 | | |
| 180~240 | 8.55 | 25.66 | 807.9 | | |
| 240~300 | 9.17 | 34.83 | 839.5 | | |
| 300~350 | 8.61 | 43.44 | 861.7 | | |
| 350~540 | 26.82 | 70.26 | 914.5 | | |
| >540 | 27.42 | | 999.5 | | |
| 关键馏分 | | | | | |
| 250~275 | 3.72 | | 838.1 | 11.7 | 36.6 |
| 395~425 | 6.27 | | 898.1 | 11.9 | 25.4 |

(二) 产品性质

各产品性质见表 1-5~表 1-11。

表 1-5　塔顶油气分析数据

| 分析项目 | 初定油气 | 常顶油气 | 减顶油气 |
|---|---|---|---|
| 相对密度 | 1.7551 | 1.9275 | 1.5163 |
| 氢气/%(体) | 0 | 1.39 | 2.33 |
| 氮气/%(体) | 1.59 | 0.73 | 4.46 |
| 氧气/%(体) | 0.11 | 0.07 | 1.24 |
| 空气/%(体) | 1.7 | 0.8 | 5.7 |
| 甲烷/%(体) | 5.87 | 5.96 | 27.92 |
| 乙烷/%(体) | 10.12 | 14.15 | 10.06 |
| 乙烯/%(体) | 0 | 0.33 | 1.23 |

续表

| 分析项目 | 初定油气 | 常顶油气 | 减顶油气 |
| --- | --- | --- | --- |
| 丙烷/%(体) | 33.96 | 10.8 | 8.61 |
| 丙烯/%(体) | 0 | 0.36 | 3.28 |
| 异丁烷/%(体) | 9.61 | 4.56 | 0.88 |
| 正丁烷/%(体) | 24.28 | 21.15 | 4.5 |
| 丁烯/%(体) | 0 | 0.22 | 1.21 |
| 异丁烯/%(体) | 0.07 | 0.05 | 1.41 |
| 反丁烯/%(体) | 0 | 0.06 | 0.43 |
| 顺丁烯/%(体) | 0 | 0 | 0.46 |
| 异戊烷/%(体) | 5.84 | 16.61 | 1.28 |
| 正戊烷/%(体) | 4.98 | 13.29 | 2.51 |
| 总戊烯/%(体) | 1.32 | 3.93 | 5.23 |
| $C_6$/%(体) | 0.41 | 1.64 | 4.74 |
| 硫化氢/%(体) | 0.07 | 4.35 | 13.23 |
| 二氧化碳/%(体) | 1.77 | 0.3 | 1.79 |
| 一氧化碳/%(体) | 0 | 0.05 | 3.2 |
| 总计/%(体) | 100 | 100 | 100 |
| 硫化氢/(μL/L) | 994 | 61770 | 187866 |

**表 1-6　初、常顶石脑油分析数据表**

| 分析项目 | 初顶石脑油 | 常顶一级油 | 常顶二级油 |
| --- | --- | --- | --- |
| 密度(20℃)/($kg/m^3$) | 699.2 | 733.1 | 690.8 |
| 初馏点/℃ | 28 | 51 | 26 |
| 2%馏出温度/℃ | 34 | 68 | 30 |
| 5%馏出温度/℃ | 41 | 78 | 34 |
| 10%馏出温度/℃ | 51 | 86 | 39 |
| 50%馏出温度/℃ | 92 | 112 | 72 |
| 90%馏出温度/℃ | 134 | 136 | 117 |
| 95%馏出温度/℃ | 142 | 144 | 130 |
| 97%馏出温度/℃ | 145 | 154 | 134 |
| 终馏点/℃ | 154 | 174 | 145 |
| 全馏/% | 96.4 | 97.5 | 96.5 |
| 含硫/% | 0.0158 | 0.0252 | 0.0422 |
| 砷 | $3\times10^{-9}$ | $3\times10^{-9}$ | $3\times10^{-9}$ |
| 蒸汽压/ kPa | 91.7 | 26.9 | 103.5 |

表 1-7　常一、常二、常三线柴油分析数据表

| 分析项目 | 常一线 | 常二线 | 常三线 |
|---|---|---|---|
| 密度(20℃)/($kg/m^3$) | 787.8 | 828.4 | 853.1 |
| 初馏点/℃ | 143 | 179 | 219 |
| 2%馏出温度/℃ | 151 | 192 | 240 |
| 5%馏出温度/℃ | 163 | 214 | 260 |
| 10%馏出温度/℃ | 166 | 223 | 274 |
| 50%馏出温度/℃ | 181 | 253 | 316 |
| 90%馏出温度/℃ | 207 | 283 | 346 |
| 95%馏出温度/℃ | 215 | 291 | 353 |
| 97%馏出温度/℃ | 221 | 295 | 355 |
| 终馏点/℃ | 229 | 301 | 359 |
| 全馏/% | 99 | 99.1 | 99.2 |
| 闪点 | 41 | 73 | 104 |
| 含硫/% | 0.0028 | 0.155 | 0.495 |
| 氮含量/(mg/kg) | 2.57 | 22.09 | 141.8 |
| 黏度(20℃)/($mm^2/s$) | 1.41 | 3.04 | 8.17 |
| 黏度(-20℃)/($mm^2/s$) | 2.9 | | |
| 十六烷值 | 40.8 | | |
| 酸度/(mgKOH/100ML) | 9.55 | 30.21 | 39.9 |

表 1-8　减顶油、减一、减二、减三线分析数据表

| 项目 | 减顶油 | 减一线 | 减二线 | 减三线 |
|---|---|---|---|---|
| 密度(20℃)/($kg/m^3$) | 859.9 | 885.3 | 899.1 | 914.9 |
| 初馏点/℃ | 125 | 263 | 296 | 330 |
| 2%馏出温度/℃ | 136 | 270 | 321 | 357 |
| 5%馏出温度/℃ | 148 | 281 | 357 | 398 |
| 10%馏出温度/℃ | 178 | 286 | 362 | 415 |
| 50%馏出温度/℃ | 240 | 313 | 390 | 452 |
| 90%馏出温度/℃ | 278 | 341 | 443 | 503 |
| 95%馏出温度/℃ | 290 | 349 | 468 | 516 |
| 97%馏出温度/℃ | | 352 | 479 | 522 |
| 终馏点/℃ | 295 | 356 | 491 | 527 |
| 全馏/% | | 99.3 | | |
| 残炭/% | | | 0.09 | 0.25 |
| 含硫/% | 0.638 | 0.797 | 0.936 | 0.945 |
| 含氮/% | 32.3 | 230.8 | 439.7 | 878.5 |
| 金属(Fe)含量/(mg/kg) | | | 0.5 | 1 |
| 酸度/(mgKOH/100mL) | 15.6 | 34.2 | | |
| 酸值/(mgKOH/g) | | | 1.26 | 1.34 |

表 1-9 初底油、常底油、减压渣油分析数据表

| 分析项目 | 初底油 | 常底油 | 减压渣油 |
| --- | --- | --- | --- |
| 密度(20℃)/($kg/m^3$) | 914.4 | 950.7 | 988.3 |
| 初馏点/℃ | 133 | 271 | 414 |
| 2%馏出温度/℃ | 149 | 274 | |
| 5%馏出温度/℃ | 198 | 366 | 506 |
| 10%馏出温度/℃ | 258 | 402 | 533 |
| 50%馏出温度/℃ | 459 | 507 | 701 |
| 90%馏出温度/℃ | 648 | 677 | |
| 95%馏出温度/℃ | 718 | 722 | |
| 97%馏出温度/℃ | 749 | 741 | |
| 终馏点/℃ | 778 | 762 | |
| 全馏/% | | | |
| 80℃黏度/($mm^2/s$) | | 95.1 | |
| 100℃黏度/($mm^2/s$) | | | 782 |
| 残炭/% | | 1.65 | 15.71 |
| 含硫/% | | 1.389 | 1.917 |
| 含氮/% | | | 1699 |
| 350℃馏出量/mL | | 3 | |
| 500℃馏出量/mL | | 43.1 | 4.8 |
| 540℃馏出量/mL | | 51.5 | 12.8 |
| 560℃馏出量/mL | | | 15.5 |

表 1-10 高压瓦斯分析数据

| 分析项目 | 数值 | 分析项目 | 数值 |
| --- | --- | --- | --- |
| 相对密度 | 0.5222 | 反丁烯/%(体) | 0.02 |
| 氢气/%(体) | 37.9 | 顺丁烯/%(体) | 0.02 |
| 空气/%(体) | 8.59 | 异戊烷/%(体) | 0.07 |
| 甲烷/%(体) | 34.79 | 正戊烷/%(体) | 0.04 |
| 乙烷/%(体) | 13.93 | 总戊烯/%(体) | 0.06 |
| 乙烯/%(体) | 1.26 | $C_6$/%(体) | 0.02 |
| 丙烷/%(体) | 1.55 | 硫化氢/%(体) | 0 |
| 丙烯/%(体) | 0.57 | 二氧化碳/%(体) | 0.19 |
| 异丁烷/%(体) | 0.11 | 一氧化碳/%(体) | 0.28 |
| 正丁烷/%(体) | 0.45 | 总计 | 99.99 |
| 丁烯/%(体) | 0.06 | 硫化氢/(μL/L) | <3 |
| 异丁烯/%(体) | 0.08 | | |

表 1-11　烟气分析数据

| 分析项目 | 常压炉 | 减压炉 | 烟道 |
|---|---|---|---|
| 氧含量/%(体) | 5.37 | 5.33 | 5.3 |
| $SO_2$/($mg/m^3$) | 2 | 1 | 3 |
| $NO_x$/($mg/m^3$) | 53 | 29 | 41 |
| $CO_2$/%(体) | 8.36 | 8.35 | 7.97 |
| 林格曼黑度 | ≤1 | | |
| CO/%(体) | 0 | 0 | 0 |

1) 由表 1-5~表 1-11 中产品化验分析数据可知；装置产品质量控制情况较好，其中常一线密度、闪点、干点、20℃黏度等均符合航煤原料控制指标要求；减一线 95%点为 349℃，可做柴油(加氢料)，则装置轻收可达 39.54%。

2) 在标定期间为控制常压塔塔顶温度、控制常顶一级油干点，将 11t/h 常顶二级油补常顶回流，且常顶二级油泵 P108A/B 双泵运行，常顶产品控制存在瓶颈。

3) 从原油评价数据可知，原油中轻质油收率为 43.44%，总拔出率为 70.26%；装置标定期间，轻质油收率为 39.54%(若减一线作柴油)，总拔出率为 67.39%。

其中轻质油收率低 3.9%，即柴油抽出流量低 23.1t/h，常三线 95%点温度为 353℃，可适当提高抽出量，减一线 95%点温度为 349℃，也可以适当提高抽出量。

## 四、装置物料平衡

### (一) 装置物料平衡

标定期间装置物料平衡情况见表 1-12。

表 1-12　标定期间装置物料平衡表

| 项目 | 标定数据 | | |
|---|---|---|---|
| | 日加工量/(t/d) | 平均瞬时量/(t/h) | 收率/% |
| 入方 | | | |
| 原油 | 14221.1 | 592.5 | |
| 出方 | | | |
| 三顶不凝气 | 122.4 | 5.1 | 0.86 |
| 初顶石脑油 | 879.7 | 36.7 | 6.19 |
| 常顶一级油 | 286.4 | 11.9 | 2.01 |
| 常顶二级油 | 326.0 | 13.6 | 2.29 |
| 常一线 | 1002.4 | 41.765 | 7.05 |
| 常二线 | 1465.9 | 61.08 | 10.31 |
| 常三线 | 1117.9 | 46.58 | 7.86 |
| 减一线 | 544.0 | 22.67 | 3.83 |
| 减二线 | 1199.9 | 50.00 | 8.44 |
| 减三线 | 2639.0 | 109.96 | 18.56 |
| 减压渣油 | 4621.2 | 192.6 | 32.50 |
| 轻污油 | 6.6 | 0.3 | 0.05 |
| 损失 | 9.7 | 0.4 | 0.07 |
| 轻收 | 5078.3 | 211.6 | 35.71 |
| 总拔头油 | 9583.6 | 399.3 | 67.39 |

（二）装置硫平衡

装置硫分布情况见表1-13。

**表1-13　装置硫分布表**

| 项目 | 入方 | | | 出方 | | | 占比/% |
|---|---|---|---|---|---|---|---|
| | 标定流量/(t/h) | 硫含量 | | 标定流量/(t/h) | 硫含量 | | |
| | | 占比/%(质) | 流量/(t/h) | | 占比/%(质) | 流量/(t/h) | |
| 原油 | 592.5 | 0.964 | 5.7117 | | | | |
| 三顶不凝气 | | | | 5.10 | 0.0331 | 0.0017 | 0.03 |
| 初顶石脑油 | | | | 36.65 | 0.0158 | 0.0058 | 0.10 |
| 常顶一级油 | | | | 11.93 | 0.0252 | 0.0030 | 0.05 |
| 常顶二级油 | | | | 13.58 | 0.0422 | 0.0057 | 0.10 |
| 常一线 | | | | 41.77 | 0.0028 | 0.0012 | 0.02 |
| 常二线 | | | | 61.08 | 0.155 | 0.0947 | 1.65 |
| 常三线 | | | | 46.58 | 0.495 | 0.2306 | 4.03 |
| 减一线 | | | | 22.67 | 0.797 | 0.1807 | 3.16 |
| 减二线 | | | | 50.00 | 0.936 | 0.4680 | 8.18 |
| 减三线 | | | | 109.96 | 0.945 | 1.0391 | 18.16 |
| 减压渣油 | | | | 192.55 | 1.917 | 3.6912 | 64.51 |
| 合计 | | | | | | 5.7216 | |

由表1-13可知装置硫基本平衡，主要分布在减压渣油、蜡油和柴油中。

（三）装置水汽平衡

装置水汽平衡见图1-1。

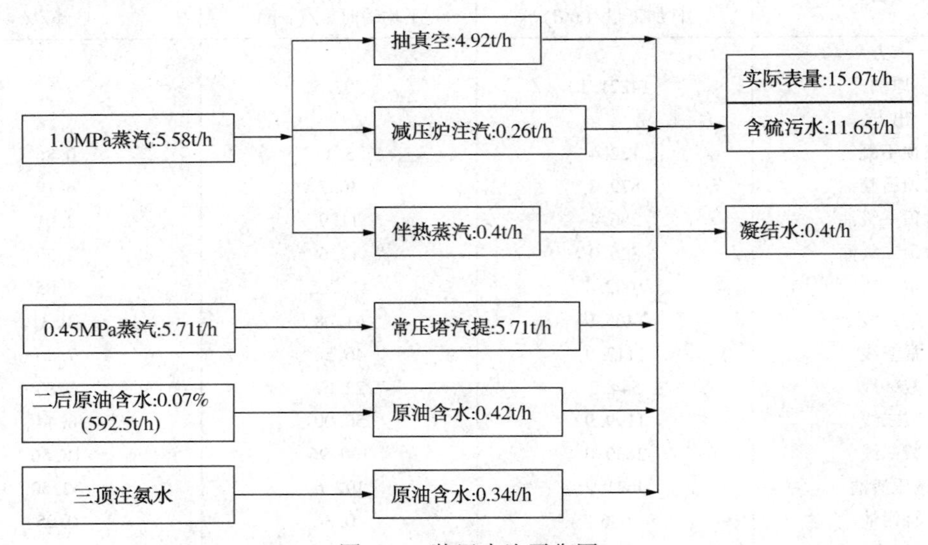


图1-1　装置水汽平衡图

标定期间氨水罐V-101A液位自40.83%下降至23.88%，仪表测量高度5.6m，罐直径2.8m，氨水密度为0.985g/cm$^3$，故注入的氨水体积为8.10m$^3$，注入水量约为8.10t，24h的平均瞬时量为0.34t/h。

(四)循环水平衡分布

装置满负荷24h标定期间循环水总用量为46384t，平均瞬时量为1932.7t/h。由于未对装置单独做水平衡测试，无各换热器、机泵等循环水用量的数据，故装置循环水平衡无法分析。

## 五、主要单元设备操作条件

(一) 电脱盐系统操作条件

电脱盐系统操作条件见表1-14。

**表1-14 电脱盐系统操作条件表**

| 项目 | 仪表位号 | 设计值 | 工艺卡片值 | 实际值 |
| --- | --- | --- | --- | --- |
| 原油进装置压力/MPa | PI10101 | | | 2.44 |
| 脱前原油一路流量/(t/h) | FIQ10102 | 297.6 | | 310 |
| 脱前原油二路流量/(t/h) | FIQ10301 | 297.6 | | 282 |
| 脱前原油一路换热温度/℃ | TI10201 | 142 | | 167.9 |
| 脱前原油二路换热温度/℃ | TI10403 | 143 | | 137.7 |
| 一级注水量/(t/h) | FIC40201 | 42 | | 37 |
| V101A压力/MPa | PIA11401 | 1.4~1.7 | 0.9~2.0 | 1.04 |
| V101A界位/% | LIC11401 | | 40~80 | 63 |
| V101A温度/℃ | TI11401 | 135~142 | 125~155 | 152 |
| 二级注水量/(t/h) | FIC40203 | 42 | | 37 |
| V101B压力/MPa | PIA11502 | 1.4~1.7 | 0.9~2.0 | 1.00 |
| V101B界位/% | LIC11503 | | 40~80 | 55 |
| V101B温度/℃ | TI11501 | 135~142 | 125~150 | 149.9 |

(二) 初馏塔操作条件

初馏塔操作条件见表1-15。

**表1-15 初馏塔操作条件表**

| 项目 | 仪表位号 | 设计值 | 工艺卡片值 | 实际值 |
| --- | --- | --- | --- | --- |
| 脱后原油一路流量/(t/h) | FIC10403 | 297.6 | | 301 |
| 脱后原油二路流量/(t/h) | FIC10701 | 297.6 | | 302 |
| 初馏塔进料温度/℃ | TI11601 | 220 | | 228.7 |
| 初馏塔顶压力/MPa | PI11601 | 0.12 | 0.02~0.38 | 0.16 |
| 初馏塔顶温度/℃ | TIC11607 | 126 | 100~150 | 120 |
| 初馏塔顶冷回流量/(t/h) | FIC11601 | 24.89 | | 44 |
| 初馏塔顶油气冷后温度/℃ | TI11703 | 40 | | 46.2 |
| 初馏塔底部温度/℃ | TI11608 | 218 | | 225 |
| 初馏塔底液位/% | LIC11601 | | 30~70 | 54 |
| 初顶油出装置流量/(t/h) | FIC11702 | 32.24 | | 36.7 |

（三）常压塔操作条件

常压塔操作条件见表1-16。

**表1-16 常压塔操作条件表**

| 名称 | 仪表位号 | 设计值 | 工艺卡片值 | 实际值 |
|---|---|---|---|---|
| 常压塔进料温度/℃ | TI12027 | 369 | | 360.9 |
| 常压塔塔底温度/℃ | TI12028 | 360 | | 350.4 |
| 塔底汽提蒸汽流量/(t/h) | FICQ12005 | 5.5 | ≤7.0 | 5.1 |
| 常压塔顶压力/MPa | PI12001 | 0.08 | ≤0.2 | 0.10 |
| 常压塔顶温度/℃ | TIC12002 | 134 | 100~150 | 119.0 |
| 常压塔顶回流温度/℃ | TI12005 | 90 | | 65.8 |
| 常压塔顶回流量/(t/h) | FIC12004 | 13.95 | | 29.5 |
| 常顶循流量/(t/h) | FI12003 | 321.07 | | 295 |
| 常顶循抽出温度/℃ | TI12006 | 149 | 110~150 | 123.2 |
| 常顶循返回温度/℃ | TI12004 | 114 | 70~120 | 113.7 |
| 常一中流量/(t/h) | FI12001 | 201.49 | | 264 |
| 常一中抽出温度/℃ | TI12013 | 216 | 180~240 | 209.8 |
| 常一中返回温度/℃ | TI12011 | 156 | 125~180 | 160.8 |
| 常二中流量/(t/h) | FI12002 | 221.27 | | 265 |
| 常二中抽出温度/℃ | TI12020 | 294 | 260~310 | 280.7 |
| 常二中返回温度/℃ | TI12018 | 234 | 190~250 | 224.7 |
| 常一线抽出温度/℃ | TI12012 | 190 | 150~220 | 179.9 |
| 常二线抽出温度/℃ | TI12019 | 262 | 230~270 | 250.9 |
| 常三线抽出温度/℃ | TI12025 | 314 | 290~325 | 310.9 |
| 常压塔底液位/% | LICA12001 | | 30~70 | 58 |
| 常顶回流罐压力/MPa | PI12201 | 0.06 | | 0.03 |
| 常顶回流罐液位/% | LIC12201 | | 30~70 | 47 |
| 常顶回流罐界位/% | LICA12202 | | 10~40 | 14 |
| 常顶回流罐温度/℃ | TI12201 | 90 | | 75.8 |
| 常顶一级油出装置流量/(t/h) | FIC12201 | 22.98 | | 11.9 |
| 常一线抽出流量/(t/h) | FIC11101 | 27.0 | | 41.8 |
| 常二线抽出流量/(t/h) | FIC10501 | 65.0 | | 61.1 |
| 常三线抽出流量/(t/h) | FIC10702 | 65.0 | | 45.6 |

（四）减压塔操作条件

减压塔操作条件见表1-17。

**表1-17　减压塔操作条件表**

| 项　　目 | 仪表位号 | 设计值 | 工艺卡片值 | 实际值 |
|---|---|---|---|---|
| 减压塔进料温度/℃ | TI20216 | 409 | 360~410 | 377 |
| 减压塔底温度/℃ | TI20218 | 360 | | 365.1 |
| 减压塔顶压力/kPa | PI20201 | -98.64 | -101.3~-96 | -99.03 |
| 减压塔顶温度/℃ | TIC20201 | 75 | 50~110 | 70.6 |
| 减一中回流温度/℃ | TI20203 | 50 | 20~65 | 40.5 |
| 减一中回流量/(t/h) | FIC20201 | 69.4 | | 100 |
| 减一线内回流填料温度/℃ | TI20206 | | | 174.5 |
| 减一线内回流量/(t/h) | FIC20202 | 21.08 | | 15 |
| 减一线抽出温度/℃ | TI20205 | 150 | 90~170 | 152.8 |
| 减一线抽出量/(t/h) | FIC11201 | 17.52 | | 22.7 |
| 减一线集油箱液位/% | LIC20201 | | | 95 |
| 减二线抽出温度/℃ | TI20209 | 254 | 200~270 | 232.8 |
| 减二中回流量/(t/h) | FIC20203 | 144.49 | | 220 |
| 减二线抽出量/(t/h) | FIC10402 | 79 | | 35.17 |
| 减二中回流返塔温度/℃ | TI20208 | 194 | 130~210 | 183 |
| 减二线集油箱液位/% | LIC20202 | | | 84.3 |
| 减三线抽出温度/℃ | TI20211 | 320 | 260~340 | 279 |
| 减三中回流量/(t/h) | FIC20204 | 219.55 | | 295 |
| 减三中回流返塔温度/℃ | TI20215 | 220 | 160~240 | 220 |
| 减三线抽出量/(t/h) | FIC10401 | 79 | | 124.79 |
| 减三线集油箱液位/% | LIC20203 | | | 106.7 |
| 减三线内回流量/(t/h) | FIC20205 | 88.31 | | 85 |
| 热蜡至加裂温度/℃ | TI10407 | 150 | 100~190 | 145.6 |
| 热蜡至加裂流量/(t/h) | FIQ10405 | 135.06 | | 143 |
| 冷蜡出装置温度/℃ | TI11301 | 90 | 60~110 | 47.3 |
| 冷蜡出装置流量/(t/h) | FIC10404 | 22.94 | | 39.5 |
| 减渣至罐区温度/℃ | TI10307 | 120 | 90~135 | 122.7 |
| 减渣至罐区流量/(t/h) | FIC11203 | 53.2 | | 85.3 |
| 热渣至渣加温度/℃ | TI10202 | 169 | | 174 |
| 热渣至渣加流量/(t/h) | FIQ10205 | 156.56 | | 107.3 |
| 减压塔底液位/% | LIC20205 | | 40~80 | 65.1 |
| 减压塔急冷油流量/(t/h) | FIC20211 | 47.19 | | 15.6 |
| 塔底汽提蒸汽流量/(t/h) | FIC20206 | 0.4 | 0~0.5 | 0 |
| 抽真空蒸汽流量/(t/h) | FIQ20307 | 5.2 | | 4.89 |

续表

| 项　　目 | 仪表位号 | 设计值 | 工艺卡片值 | 实际值 |
| --- | --- | --- | --- | --- |
| 抽真空蒸汽温度/℃ | TI20301 | 250 | | 231. 8 |
| 一级抽空器入口压力/kPa | PI20305 | -90. 64 | | -94. 0 |
| 二级抽空器入口压力/kPa | PI20306 | -71. 97 | | -81. 2 |
| 一级抽空器冷后温度/℃ | TI20302 | | | 33. 0 |
| 二级抽空器冷后温度/℃ | TI20303 | | | 29. 7 |

(五) 加热炉及烟气余热回收系统操作条件

常压炉操作条件见表 1-18，减压炉操作条件见表 1-19，烟气余热回收系统操作条件见表 1-20。

**表 1-18　常压炉操作条件表**

| 项　　目 | 仪表位号 | 设计值 | 工艺卡片值 | 实际值 |
| --- | --- | --- | --- | --- |
| 拔头原油一路流量/(t/h) | FI10601 | 277 | | 285 |
| 拔头原油二路流量/(t/h) | FI10801 | 277 | | 279 |
| 原油换热终温(总)/℃ | TI11901 | 315 | | 303 |
| 常压炉进料一路流量/(t/h) | FICA11911A | 70. 38 | | 66. 7 |
| 常压炉进料二路流量/(t/h) | FICA11912A | 70. 38 | | 66. 8 |
| 常压炉进料三路流量/(t/h) | FICA11913A | 70. 38 | | 65. 0 |
| 常压炉进料四路流量/(t/h) | FICA11914A | 70. 38 | | 67. 0 |
| 常压炉进料五路流量/(t/h) | FICA11915A | 70. 38 | | 67. 7 |
| 常压炉进料六路流量/(t/h) | FICA11916A | 70. 38 | | 65. 9 |
| 常压炉进料七路流量/(t/h) | FICA11917A | 70. 38 | | 65. 4 |
| 常压炉进料八路流量/(t/h) | FICA11918A | 70. 38 | | 66. 7 |
| 常压炉一路分支温度/℃ | TIC11902A | | | 363. 4 |
| 常压炉二路分支温度/℃ | TIC11902B | | | 365. 8 |
| 常压炉三路分支温度/℃ | TIC11902C | | | 360. 8 |
| 常压炉四路分支温度/℃ | TIC11902D | | | 364. 7 |
| 常压炉五路分支温度/℃ | TIC11902E | | | 364. 4 |
| 常压炉六路分支温度/℃ | TIC11902F | | | 363. 8 |
| 常压炉七路分支温度/℃ | TIC11902G | | | 363. 6 |
| 常压炉八路分支温度/℃ | TIC11902H | | | 364. 1 |
| 常压炉总出口温度/℃ | TIC11904 | 369 | 355~375 | 364. 4 |
| 常压炉辐射室温度(南)/℃ | TI11907A | | <800 | 693. 2 |
| 常压炉辐射室温度(北)/℃ | TI11907B | | <800 | 702. 1 |
| 常压炉炉膛氧含量/% | AIC11901 | | 2~6 | 3. 1 |
| 常压炉炉膛负压/Pa | PIC20103 | | -80~-5 | -58. 1 |
| 常压炉高压瓦斯流量/(t/h) | FIC11903 | 2. 545 | | 4344. 2Nm$^3$h |

**表 1-19　减压炉操作条件表**

| 项　　目 | 仪表位号 | 设计值 | 工艺卡片值 | 实际值 |
|---|---|---|---|---|
| 减压炉进料一路流量/(t/h) | FICA20111A | 47.0 | | 45.4 |
| 减压炉进料二路流量/(t/h) | FICA20112A | 47.0 | | 46.0 |
| 减压炉进料三路流量/(t/h) | FICA20113A | 47.0 | | 45.7 |
| 减压炉进料四路流量/(t/h) | FICA20114A | 47.0 | | 45.9 |
| 减压炉进料五路流量/(t/h) | FICA20115A | 47.0 | | 44.0 |
| 减压炉进料六路流量/(t/h) | FICA20116A | 47.0 | | 41.0 |
| 减压炉进料七路流量/(t/h) | FICA20117A | 47.0 | | 43.0 |
| 减压炉进料八路流量/(t/h) | FICA20118A | 47.0 | | 45.8 |
| 减压炉一路分支温度/℃ | TIC20102A | | | 395.0 |
| 减压炉二路分支温度/℃ | TIC20102B | | | 395.1 |
| 减压炉三路分支温度/℃ | TIC20102C | | | 393.9 |
| 减压炉四路分支温度/℃ | TIC20102D | | | 395.0 |
| 减压炉五路分支温度/℃ | TIC20102E | | | 395.7 |
| 减压炉六路分支温度/℃ | TIC20102F | | | 397.5 |
| 减压炉七路分支温度/℃ | TIC20102G | | | 393.8 |
| 减压炉八路分支温度/℃ | TIC20102H | | | 394.3 |
| 减压炉总出口温度/℃ | TIC20104 | 409 | 370~410 | 395.0 |
| 减压炉辐射室温度(南)/℃ | TI20107A | | <800 | 692.0 |
| 减压炉辐射室温度(北)/℃ | TI20107B | | <800 | 703.2 |
| 减压炉炉膛氧含量/% | AIC20101 | | 2~6 | 2.4 |
| 减压炉炉膛负压/Pa | PIC20103 | | -80~-5 | -46.3 |
| 减压炉高压瓦斯流量/(t/h) | FIC20103 | 1.779 | | 2731.0$Nm^3$/h |

**表 1-20　烟气余热回收系统操作条件表**

| 项　　目 | 仪表位号 | 设计值 | 工艺卡片值 | 实际值 |
|---|---|---|---|---|
| 常压炉热效率 $\eta_1$/% | | 93 | | 91.5 |
| 减压炉热效率 $\eta_2$/% | | 93 | | 91.6 |
| 烟气进预热器温度/℃ | TIA11809 | | | 320.8 |
| 烟气出预热器温度/℃ | TIS11816A | | 100~170 | 147.7 |
| 空气出预热器温度/℃ | TI11808 | | | 278.3 |

(六) 蒸汽及凝结水系统操作条件

蒸汽及凝结水系统操作条件见表1-21。

**表 1-21　蒸汽及凝结水系统操作条件表**

| 项　　目 | 仪表位号 | 设计值 | 工艺卡片值 | 实际值 |
|---|---|---|---|---|
| 0.45MPa 蒸汽出 V133 温度/℃ | TI50202 | 145 | | 216.7 |
| 0.45MPa 蒸汽压力/MPa | PI502011 | 0.45 | | 0.356 |
| 1.0MPa 蒸汽进装置流量/(t/h) | FIQ50203 | 13.76 | 13.3 | |
| 3.5MPa 蒸汽进装置流量/(t/h) | FIQ31103 | 3.6 | 0 | 停用 |
| 凝结水出装置流量/(t/h) | FIQ31001 | 7.3 | 6.74 | |

## 六、主要设备水力学计算

以2018年11月10日数据为例，常压塔塔盘水力学性质见表1-22~表1-27。

**表1-22　常顶循水力学性质**

| 项　目 | 数　值 | 项　目 | 数　值 |
|---|---|---|---|
| 气相负荷/($m^3$/s) | 9.85997 | 塔板压降/Pa | 555.8 |
| 空塔气速/(m/s) | 0.400 | 堰上液流强度/[$m^3$/(m·h)] | 61.53497 |
| 阀孔气速/(m/s) | 4.727 | 降液管底隙流速/(m/s) | 0.1899 |
| 阀孔动能因子 $F_o$ | 8.735 | 降液管停留时间/s | 10.9 |
| 临界阀孔气速/(m/s) | 5.360 | 降液管液层高度/mm | 187.2 |
| 液相负荷/($m^3$/s) | 0.06955 | 降液管安全系数 $\phi$ | 0.5 |
| 塔截面积/$m^2$ | 24.630 | 降液管安全高度/mm | 375 |
| 开孔面积/$m^2$ | 2.086 | 雾沫夹带量/(kg液/kg气) | 0.0010 |
| 开孔率/% | 8.47 | 液相负荷上限/($m^3$/s) | 0.151913 |
| 鼓泡区面积/$m^2$ | 22.866 | 气相负荷下限/($m^3$/s) | 5.644189 |
| 降液管面积/$m^2$ | 1.085 | 液相负荷下限/($m^3$/s) | 0.003471 |
| 堰上液层高度 $h_{ow}$/mm | 44.3 | | |
| 板上液层高度 $h_L$/mm | 94.3 | | |
| 干板阻力 $h_c$/mm液柱 | 40.3 | | |
| 充气因数 $\varepsilon_o$ | 0.5 | | |
| 液层阻力 $h_l$/mm液柱 | 47.1 | | |
| 塔板阻力 $h_p$/mm液柱 | 87.4 | | |
| 降液管阻力 $h_d$/mm液柱 | 5.5 | | |

**表1-23　常一线水力学性质**

| 项　目 | 数　值 | 项　目 | 数　值 |
|---|---|---|---|
| 气相负荷/($m^3$/s) | 5.65065 | 塔板压降/Pa | 462.2 |
| 空塔气速/(m/s) | 0.229 | 堰上液流强度/[$m^3$/(m·h)] | 22.10278 |
| 阀孔气速/(m/s) | 2.550 | 降液管底隙流速/(m/s) | 0.1228 |
| 阀孔动能因子 $F_o$ | 6.129 | 降液管停留时间/s | 22.6 |
| 临界阀孔气速/(m/s) | 4.017 | 降液管液层高度/mm | 146.7 |
| 液相负荷/($m^3$/s) | 0.02038 | 降液管安全系数 $\phi$ | 0.5 |
| 塔截面积/$m^2$ | 24.630 | 降液管安全高度/mm | 375 |
| 开孔面积/$m^2$ | 2.216 | 雾沫夹带量/(kg液/kg气) | 0.0002 |
| 开孔率/% | 9.00 | 液相负荷上限/($m^3$/s) | 0.092067 |
| 鼓泡区面积/$m^2$ | 22.866 | 气相负荷下限/($m^3$/s) | 4.609398 |
| 降液管面积/$m^2$ | 0.658 | 液相负荷下限/($m^3$/s) | 0.002832 |
| 堰上液层高度 $h_{ow}$/mm | 22.4 | | |

续表

| 项 目 | 数 值 | 项 目 | 数 值 |
|---|---|---|---|
| 板上液层高度 $h_L$/mm | 72.4 | | |
| 干板阻力 $h_c$/mm 液柱 | 35.8 | | |
| 充气因数 $\varepsilon_o$ | 0.5 | | |
| 液层阻力 $h_l$/ mm 液柱 | 36.2 | | |
| 塔板阻力 $h_p$/mm 液柱 | 72.0 | | |
| 降液管阻力 $h_d$/mm 液柱 | 2.3 | | |

**表 1-24　常一中水力学性质**

| 项 目 | 数 值 | 项 目 | 数 值 |
|---|---|---|---|
| 气相负荷/($m^3$/s) | 8.3903 | 塔板压降/Pa | 532.5 |
| 空塔气速/(m/s) | 0.341 | 堰上液流强度/[$m^3$/(m·h)] | 50.13123 |
| 阀孔气速/(m/s) | 3.786 | 降液管底隙流速/(m/s) | 0.1547 |
| 阀孔动能因子 $F_o$ | 8.781 | 降液管停留时间/s | 14.8 |
| 临界阀孔气速/(m/s) | 4.178 | 降液管液层高度/mm | 174.8 |
| 液相负荷($m^3$/s) | 0.05964 | 降液管安全系数 $\phi$ | 0.5 |
| 塔截面积/$m^2$ | 24.630 | 降液管安全高度/mm | 375 |
| 开孔面积/$m^2$ | 2.216 | 雾沫夹带量/(kg 液/kg 气) | 0.0012 |
| 开孔率/% | 9.00 | 液相负荷上限/($m^3$/s) | 0.175945 |
| 鼓泡区面积/$m^2$ | 22.866 | 气相负荷下限/($m^3$/s) | 4.777741 |
| 降液管面积/$m^2$ | 1.257 | 液相负荷下限/($m^3$/s) | 0.003653 |
| 堰上液层高度 $h_{ow}$/mm | 38.6 | | |
| 板上液层高度 $h_L$/mm | 88.6 | | |
| 干板阻力 $h_c$/mm 液柱 | 38.2 | | |
| 充气因数 $\varepsilon_o$ | 0.5 | | |
| 液层阻力 $h_l$/mm 液柱 | 44.3 | | |
| 塔板阻力 $h_p$/mm 液柱 | 82.5 | | |
| 降液管阻力 $h_d$/mm 液柱 | 3.7 | | |

**表 1-25　常二线水力学性质**

| 项 目 | 数 值 | 项 目 | 数 值 |
|---|---|---|---|
| 气相负荷/($m^3$/s) | 5.73073 | 塔板压降/Pa | 445.5 |
| 空塔气速/(m/s) | 0.233 | 堰上液流强度/[$m^3$/(m·h)] | 14.94561 |
| 阀孔气速/(m/s) | 2.450 | 降液管底隙流速/(m/s) | 0.0830 |
| 阀孔动能因子 $F_o$ | 6.456 | 降液管停留时间/s | 40.1 |
| 临界阀孔气速/(m/s) | 3.632 | 降液管液层高度/mm | 137.3 |
| 液相负荷/($m^3$/s) | 0.01575 | 降液管安全系数 $\phi$ | 0.5 |
| 塔截面积/$m^2$ | 24.630 | 降液管安全高度/mm | 375 |
| 开孔面积/$m^2$ | 2.339 | 雾沫夹带量/(kg 液/kg 气) | 0.0003 |

续表

| 项　目 | 数　值 | 项　目 | 数　值 |
| --- | --- | --- | --- |
| 开孔率/% | 9.50 | 液相负荷上限/($m^3$/s) | 0.126234 |
| 鼓泡区面积/$m^2$ | 22.866 | 气相负荷下限/($m^3$/s) | 4.438098 |
| 降液管面积/$m^2$ | 0.902 | 液相负荷下限/($m^3$/s) | 0.003236 |
| 堰上液层高度 $h_{ow}$/mm | 17.2 | | |
| 板上液层高度 $h_L$/mm | 67.2 | | |
| 干板阻力 $h_c$/mm 液柱 | 35.4 | | |
| 充气因数 $\varepsilon_o$ | 0.5 | | |
| 液层阻力 $h_l$/mm 液柱 | 33.6 | | |
| 塔板阻力 $h_p$/mm 液柱 | 69.0 | | |
| 降液管阻力 $h_d$/mm 液柱 | 1.1 | | |

**表 1-26　常二中水力学性质**

| 项　目 | 数　值 | 项　目 | 数　值 |
| --- | --- | --- | --- |
| 气相负荷/($m^3$/s) | 9.35912 | 塔板压降/Pa | 533.2 |
| 空塔气速/(m/s) | 0.380 | 堰上液流强度/[$m^3$/(m·h)] | 54.56045 |
| 阀孔气速/(m/s) | 3.306 | 降液管底隙流速/(m/s) | 0.1684 |
| 阀孔动能因子 $F_o$ | 9.217 | 降液管停留时间/s | 13.6 |
| 临界阀孔气速/(m/s) | 3.414 | 降液管液层高度/mm | 178.0 |
| 液相负荷/($m^3$/s) | 0.06491 | 降液管安全系数 $\phi$ | 0.5 |
| 塔截面积/$m^2$ | 24.630 | 降液管安全高度/mm | 375 |
| 开孔面积/$m^2$ | 2.831 | 雾沫夹带量/(kg 液/kg 气) | 0.0034 |
| 开孔率/% | 11.49% | 液相负荷上限/($m^3$/s) | 0.175945 |
| 鼓泡区面积/$m^2$ | 22.866 | 气相负荷下限/($m^3$/s) | 5.077094 |
| 降液管面积/$m^2$ | 1.257 | 液相负荷下限/($m^3$/s) | 0.003653 |
| 堰上液层高度 $h_{ow}$/mm | 40.9 | | |
| 板上液层高度 $h_L$/mm | 90.9 | | |
| 干板阻力 $h_c$/mm 液柱 | 37.4 | | |
| 充气因数 $\varepsilon_o$ | 0.5 | | |
| 液层阻力 $h_l$/mm 液柱 | 45.4 | | |
| 塔板阻力 $h_p$/mm 液柱 | 82.8 | | |
| 降液管阻力 $h_d$/mm 液柱 | 4.3 | | |

表 1-27 常三线水力学性质

| 项目 | 数值 | 项目 | 数值 |
|---|---|---|---|
| 气相负荷/($m^3$/s) | 6.93404 | 塔板压降/Pa | 453.6 |
| 空塔气速/(m/s) | 0.282 | 堰上液流强度/[$m^3$/(m·h)] | 19.81011 |
| 阀孔气速/(m/s) | 2.449 | 降液管底隙流速/(m/s) | 0.1101 |
| 阀孔动能因子 $F_o$ | 7.390 | 降液管停留时间/s | 30.2 |
| 临界阀孔气速/(m/s) | 3.131 | 降液管液层高度/mm | 143.9 |
| 液相负荷/($m^3$/s) | 0.02088 | 降液管安全系数 $\phi$ | 0.5 |
| 塔截面积/$m^2$ | 24.630 | 降液管安全高度/mm | 375 |
| 开孔面积/$m^2$ | 2.831 | 雾沫夹带量/(kg液/kg气) | 0.0011 |
| 开孔率/% | 11.49 | 液相负荷上限/($m^3$/s) | 0.126234 |
| 鼓泡区面积/$m^2$ | 22.866 | 气相负荷下限/($m^3$/s) | 4.691346 |
| 降液管面积/$m^2$ | 0.902 | 液相负荷下限/($m^3$/s) | 0.003236 |
| 堰上液层高度 $h_{ow}$/mm | 20.8 | | |
| 板上液层高度 $h_L$/mm | 70.8 | | |
| 干板阻力 $h_c$/mm液柱 | 35.9 | | |
| 充气因数 $\varepsilon_o$ | 0.5 | | |
| 液层阻力 $h_l$/mm液柱 | 35.4 | | |
| 塔板阻力 $h_p$/mm液柱 | 71.3 | | |
| 降液管阻力 $h_d$/mm液柱 | 1.9 | | |

## 七、装置能耗及用能分析

标定期间能耗值及设计指标对比详见表1-28。

表 1-28 装置标定期间能耗与设计指标对比表

| 项目 | 满负荷(24h) | | | 设计值 | | | 满负荷-设计 | |
|---|---|---|---|---|---|---|---|---|
| | 平均瞬时量(t/h) | 24h消耗量t | 单耗/(kgEO/t) | 平均瞬时量/(t/h) | 24h耗量t | 单耗/(kgEO/t) | 平均瞬时量/(t/h) | 单耗差/(kgEO/t) |
| 新鲜水 | 0.46 | 11 | 0.00 | 0 | 0 | 0 | 0.46 | 0.00 |
| 循环水 | 1932.7 | 46384 | 0.33 | 1224 | 29376 | 0.21 | 708.7 | 0.12 |
| 除盐水 | 0.00 | 0 | 0 | 0 | 0 | 0 | 0.00 | 0 |
| 1.0MPa蒸汽 | 5.58 | 134 | 0.72 | 5.8 | 139.2 | 0.74 | -0.22 | -0.02 |
| 0.45MPa蒸汽 | 5.71 | 137 | 0.64 | 6.5 | 156 | 0.72 | -0.79 | -0.08 |
| 燃料气 | 4.96 | 118.6 | 7.92 | 4.32 | 103.8 | 8.01 | 0.62 | -0.09 |
| 装置总能耗 | | | 10.09 | | | 8.72 | | 1.38 |
| 电/kW·h | 3888.7 | 93330 | 1.51 | 4283 | 102792 | 1.64 | -394.3 | -0.13 |
| 外输热量/kgEO | | -14467 | -1.02 | | | -2.60 | | 1.58 |
| 原油处理量/t | 592.5 | 14221 | | 596.898 | 14326 | | | |

与设计值相比，装置能耗差别较大的主要是循环水、电、1.0MPa蒸汽、0.4MPa蒸汽、燃料气、外输热量；其中，电、1.0MPa蒸汽、0.45MPa蒸汽、燃料气单耗比设计值低，循环水、外输热量单耗比设计值高。

对能耗差别较大的公用工程介质，在能耗计算时，其折能系数与设计值对比见表1-29。

**表1-29　装置公用工程介质单耗折能系数与设计值对比**

| 项目 | 标定能耗计算折能系数/(kgEO/t) | 设计折能系数/(kgEO/t) | 标定-设计/(kgEO/t) |
|---|---|---|---|
| 循环水 | 0.10 | 0.10 | 0 |
| 1.0MPa蒸汽 | 76.0 | 76.0 | 0 |
| 0.45MPa蒸汽 | 66.0 | 66.0 | 0 |
| 燃料气 | 950.0 | 1106.0 | -606 |
| 电/kW·h | 0.23 | 0.228 | 0.002 |
| 外输热量/kgEO(热输出) | 1.00 | | |

由表1-28、表1-29综合分析可知：

1）循环水：因2#常减压装置和轻烃回收装置公用循环水流量计，表1-28中1932.7t/h循环水用量为两装置用循环水量，设计2#常减压循环水用量为1224t/h(含电脱盐)，轻烃回收装置用循环318t/h水，两装置合用循环水较设计值高390.7t/h，存在较大优化空间。

2）电量：装置满负荷标定期间用电功率为3888.7kW，比设计用电功率4283kW低394.3kW，即能耗低0.13kgEO/t。主要是表1-30中设备用电量比设计工况低，使得装置电耗低于设计值。

**表1-30　装置耗电量低于设计值的主要设备用电功率对比表**　　kW

| 序号 | 位号 | 设备名称 | 设计用电功率 | 实际用电功率 | 实际-设计 |
|---|---|---|---|---|---|
| 1 | P103B | 初底油泵 | 589.40 | 530.86 | -58.54 |
| 2 | P112A | 常底油泵 | 273.80 | 264.90 | -8.9 |
| 3 | C101A | 不凝气螺杆压缩机 | 252.00 | 224.75 | -27.25 |
| 4 | P127 | 液环真空泵 | 206.00 | 180.51 | -25.49 |
| 5 | K101 | 引风机 | 162.00 | 60.12 | -101.88 |
| 6 | K102 | 鼓风机 | 130.00 | 74.44 | -55.56 |
| 7 | | 电脱盐 | 666 | 587.40 | -78.6 |
| 合计 | | | | | -356.22 |

其中鼓风机、引风机有变频器控制，省电量分别为62.89%、42.74%。考虑到2#常减压长期处于较低负荷，多数6000V高温油泵的运行负荷较设计正常工况低，若能增上变频器，装置省电效果显著，装置电耗将进一步降低。

3）1.0MPa蒸汽：表1-28中1.0MPa蒸汽用量为装置FIQ50203表量(320.25t)乘以系

数0.42。装置1.0MPa蒸汽消耗比设计值低0.22t/h，主要是减压炉炉管注汽量比设计用量稍低。

4）0.45MPa蒸汽：设计常压塔塔底汽提蒸汽5.5t/h、常二线汽提蒸汽0.6t/h、减压塔塔底汽提蒸汽0.4t/h，而装置0.45MPa过热蒸汽用量为5.71t/h，仅常压塔塔底使用，因此0.45MPa蒸汽单耗比设计值低。

5）燃料气：装置燃料气消耗为4.94t/h，比装置设计值4.32t/h高0.62t/h，但由于全厂瓦斯管网中$H_2$、$N_2$等组分的存在导致其燃烧低热值偏低，因此在计算能耗时，燃料气的折能系数仅为950，比设计值1106低156，因此在计算后燃料气单耗比设计值低0.087kgEO/t。

6）热输出：装置热量输出(含热输出、热出料、热输入)单耗-1.017 kgEO/t较设计值-2.60 kgEO/t高1.583 kgEO/t，差距明显。在后文中，对热量输出的公式及计算过程进行了详细分析，主要存在两个问题：

① 常二中为2#常减压装置向轻烃回收装置输出热量，因在MES中不能建立物料走向收付关系，故其仪表流量无法进行采集来进热量计算，为估算值，在装置调整后不能准确计量，准确性不高；

② 计算热输出能耗时，未计算装置低温热水输出与输入并进行计算。

经计算后，本次装置标定期间热输出在计算低温热水热量输出并按实际常二中热输出情况调整后，单耗为-1.89kgEO/t，比设计值-2.60 kgEO/t高0.71 kgEO/t。

主要差别在于：装置减压渣油总量为192.6t/h，作为热渣直供渣油仅107.3t/h，而设计为156.6t/h，直供料少49.3t/h，且热渣出装置温度达174℃比设计值169℃高5℃；常二中、蜡油热输出计算后均比设计值低。

## 八、装置存在问题分析

### (一) 计量仪表情况

装置计量仪表问题见表1-31。

**表1-31 装置计量仪表问题清单**

| 序号 | 仪表位号 | 介质 | 存在问题 |
|---|---|---|---|
| 1 | FI12301 | 常顶二级油 | 在常顶二级油补回流时，物料平衡时多计量 |
| 2 | FI11703 | 初、常顶瓦斯 | 计量不准确，比实际值大 |
| 3 | | 减顶瓦斯 | 减顶瓦斯无计量表 |
| 4 | | 压缩机 | 出入口无计量仪表 |

1）FI12301为装置常顶二级油流量，其孔板流量计在常顶二级油泵P108A/B出口之后、补常顶回流分支之前，若常顶二级油补常顶回流，则在物料平衡时多计算了该股补回流流量。建议将此孔板流量计和控制阀移位至补回流分支线之后，确保合理操作和准确计量。

2）FI11703为装置初常顶瓦斯流量计(孔板流量计)，现表量显示为5000Nm³/h左右，较实际值大，且装置减顶瓦斯无流量计进行计量。

建议：方案一，利用F101低压瓦斯的靶式流量计FI11904、F102减顶瓦斯的靶式流量计 FI20104 分别移位至初常顶瓦斯和减顶瓦斯线上进行计量，且若两炉烧低压瓦斯时，也需采集此两计量表数据作为能耗计算。方案二，在减顶瓦斯线上增加一块流量计计量，另对 FI11703 进行校准，若仍不准需考虑更换选型。

3）压缩机入口三顶瓦斯、出口不凝气及凝缩油均无计量仪表，无法对压缩机实际工况进行分析。

（二）装置提高处理量、质量控制方面存在的问题和瓶颈

（1）初顶冷却负荷不足

标定期间初顶油气冷却器 E131A、E131B 并联且两台循环水阀已全开初顶空冷器两台全开运行，初顶油气冷后温度仍达45℃，且初顶回流泵 P102A/B 出口流量仪表显示为80.7t/h（初顶回流 44t/h、外送初顶石脑油 36.7t/h），其中初顶回流量 FIC11601 量程仅为 40t/h，实际显示为44t/h，已超仪表测量量程，初顶回流量实际应高于 44t/h，即机泵 P102A/B 实际流量大于 80.7t/h。而机泵最大流量为77.6t/h（最大流量 $111m^3/h$，按密度699.2 $kg/m^3$计算），已超机泵最大负荷。在7~9月份气温更高的工况或者装置进一步提高处理量时，若初顶石脑油干点仍按现指标控制，初顶冷却负荷存在瓶颈，初顶回流泵 P102A/B 将严重超负荷运行。

建议：设计重新核算后，确定相应技改方案。

（2）常顶产品质量控制瓶颈

标定期间为控制常压塔塔顶温度，常顶二级油补回流流量达11t/h，且常顶二级油泵双泵运行。主要原因是设计考虑用常顶一级热油作为回流，温度达77℃，很难控制住常顶顶温，在常顶二级油（35℃）补 11t/h 回流后，塔顶回流温度降至65℃，回流温度下降12℃，常顶温度可以有效控制。但常顶二级油需开双泵运行。

建议：对常顶一级油流程进行技术改造，在顶一级油水冷器 E153A/B 后增设至常顶回流流程，将部分经 E153A/B 冷后的常顶一级油作为回流。

（3）三顶切水油含量高

三顶切水含油量高，在5%~10%之间，一是初常顶回流罐负荷比设计值偏大（初顶设计 57t/h，实际80.7 t/h，常顶设计35.8 t/h，实际41.4 t/h）；二是流罐内油抽出口采用突出罐内30cm设计，油水分离不充分。建议在大检修期间进行加隔板改造，以利于油水充分分离；减顶切水油含量高，主要是切水乳化原因造成，待攻关。

（三）装置换热网络的优化

装置脱前两路换热后温度偏差较大，装置标定期间，脱前一路平均瞬时流量为308.5t/h，换热后两路汇合前温度为160℃；脱前二路平均瞬时流量为276.5t/h，换热后两路汇合前温度仅136℃。对比可知，脱前一路换热负荷大。

建议：设计院对两路换热负荷进行重新核算后，确定相应技改方案。

# 第二部分　装置工艺流程

装置工艺原则流程图详见图2-1~图2-15。

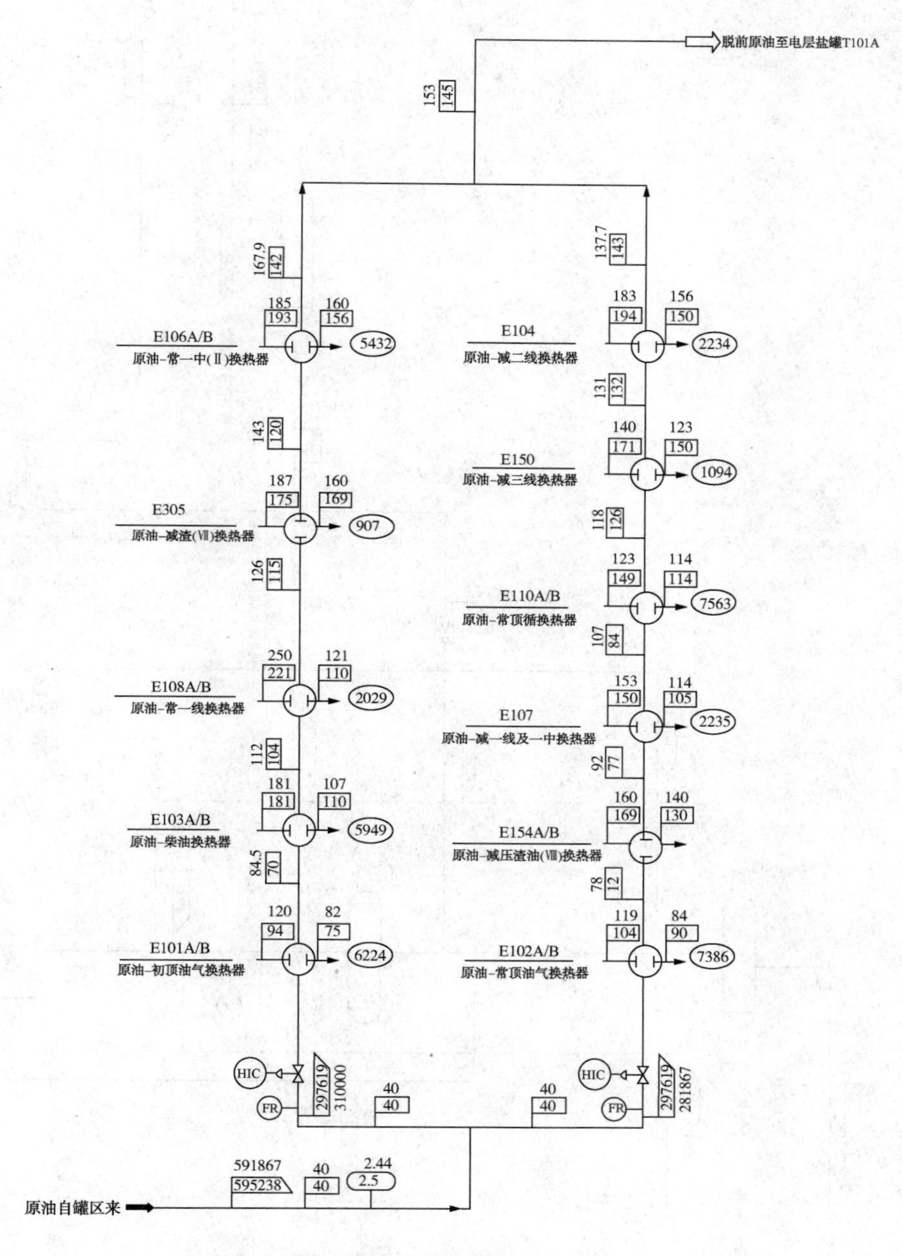


图 2-1　脱前换热部分原则流程图

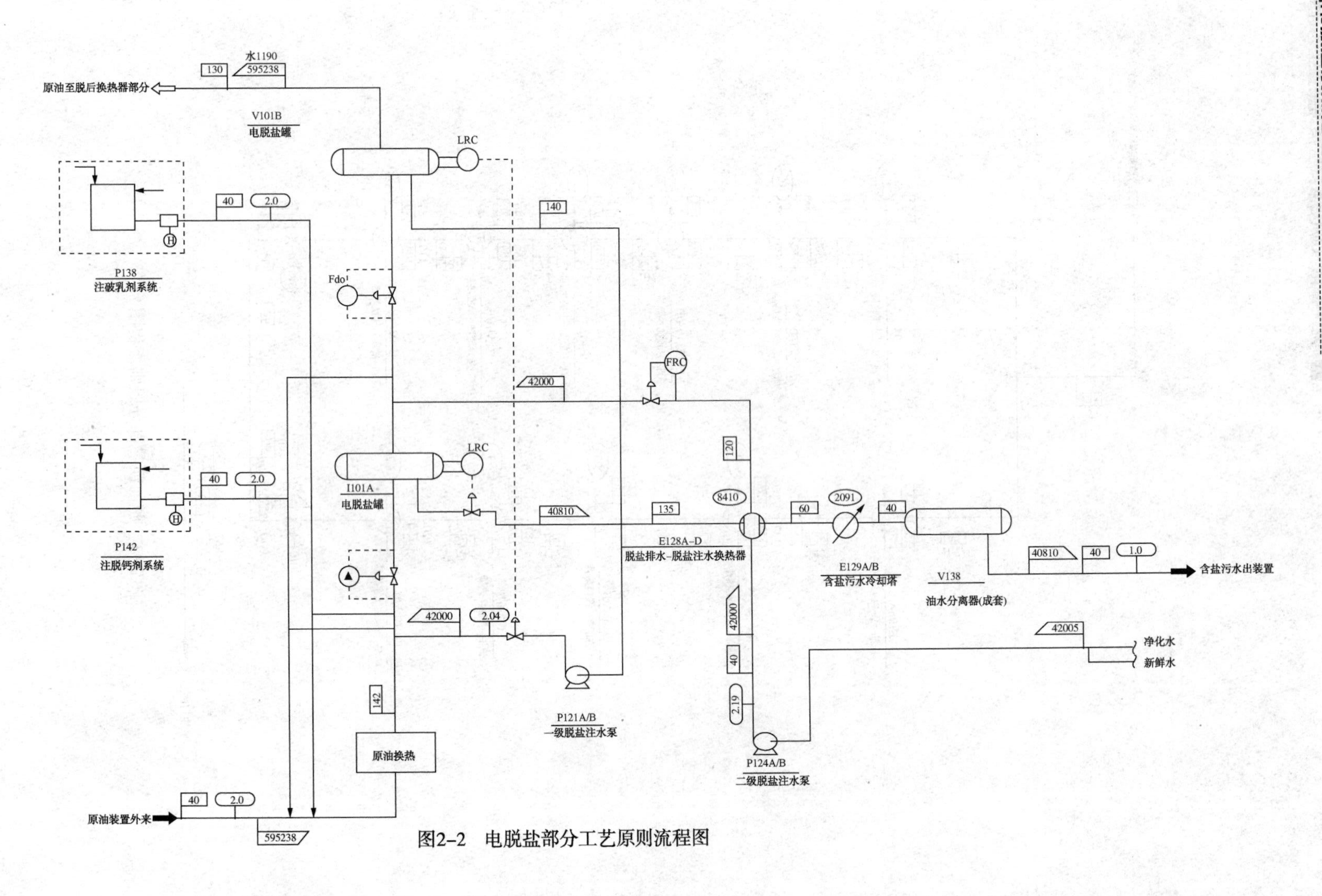


图2–2 电脱盐部分工艺原则流程图

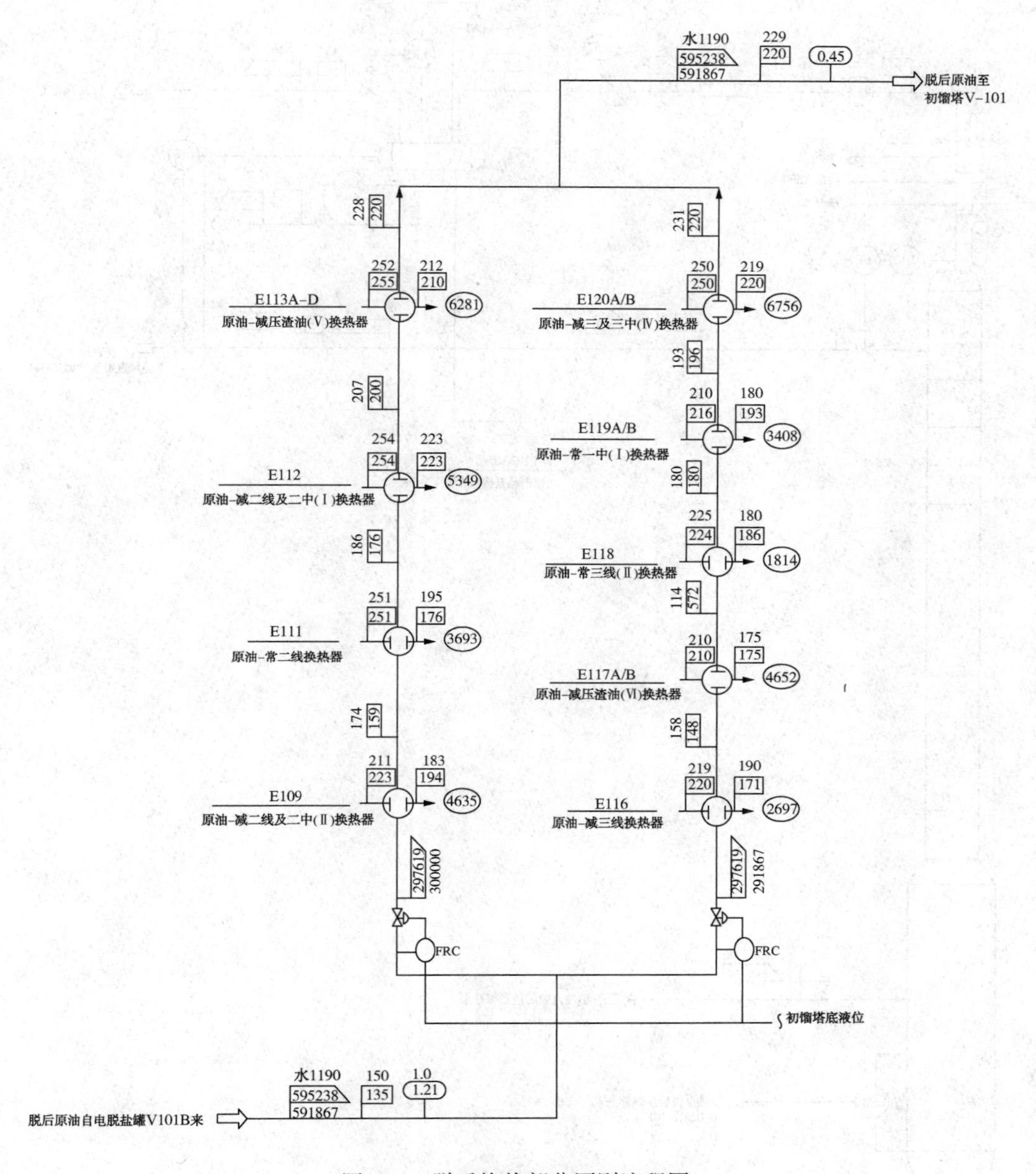


图 2-3　脱后换热部分原则流程图

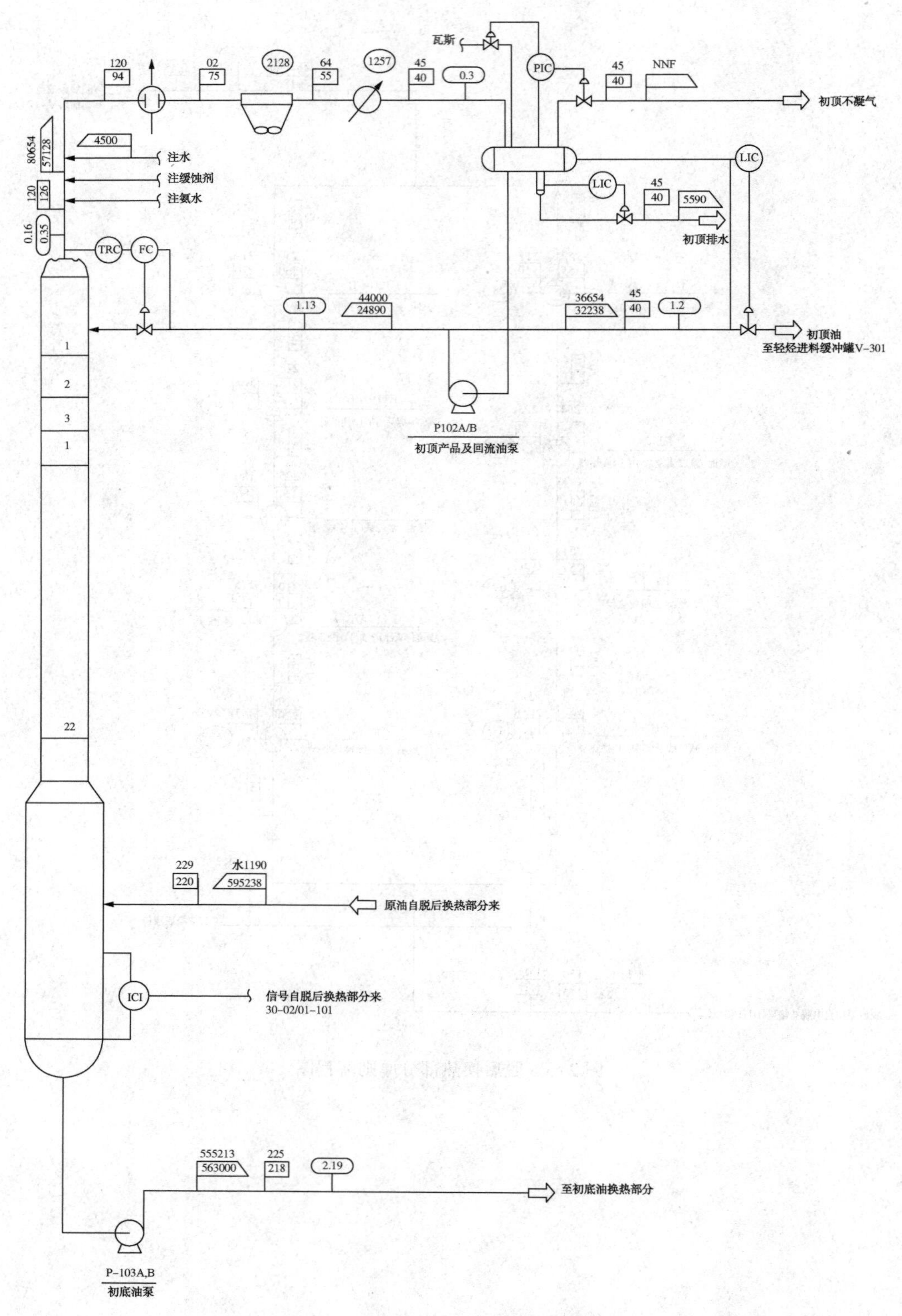


图 2-4　初馏塔部分工艺原则流程图

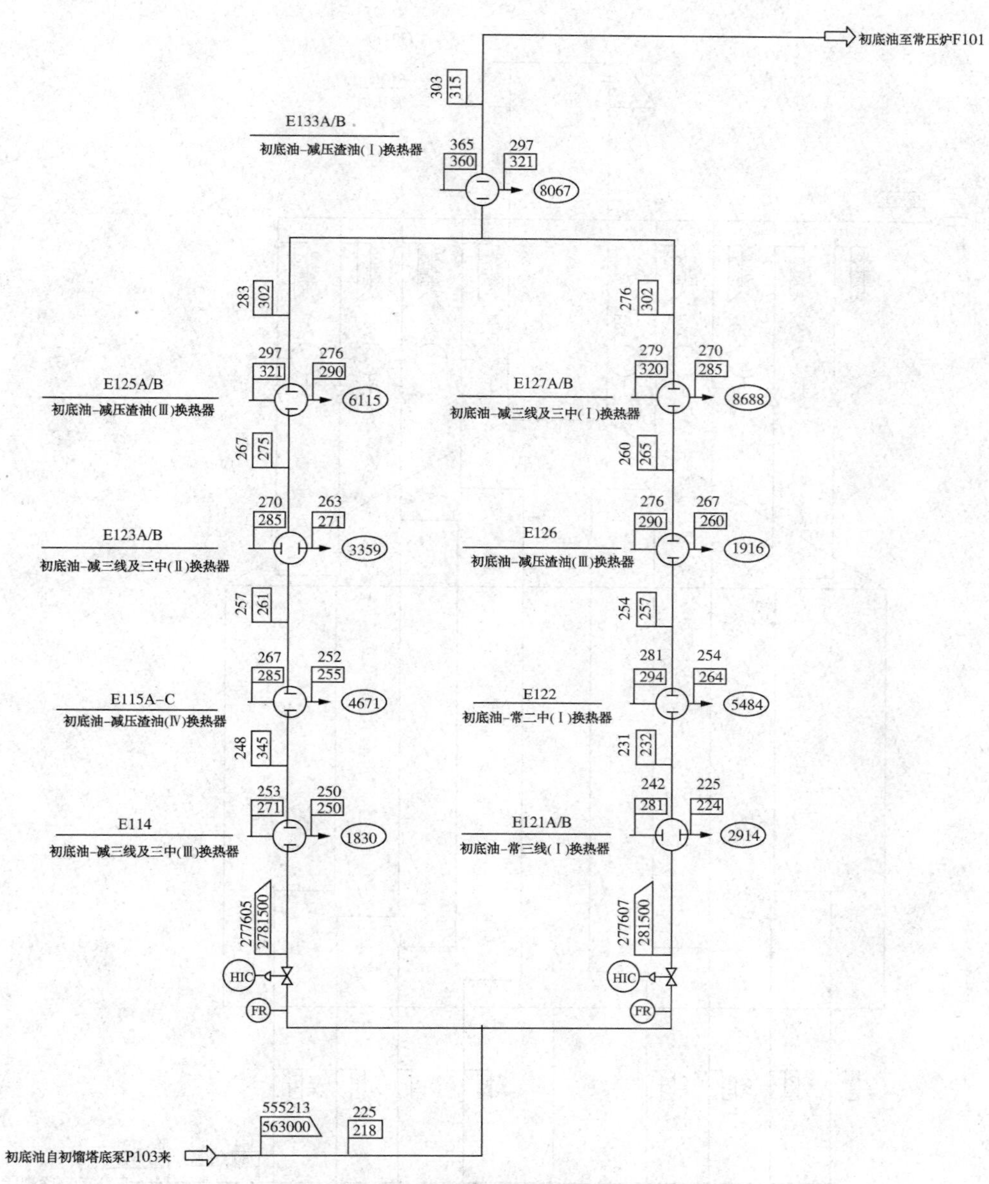


图 2-5 初底油换热部分工艺原则流程图

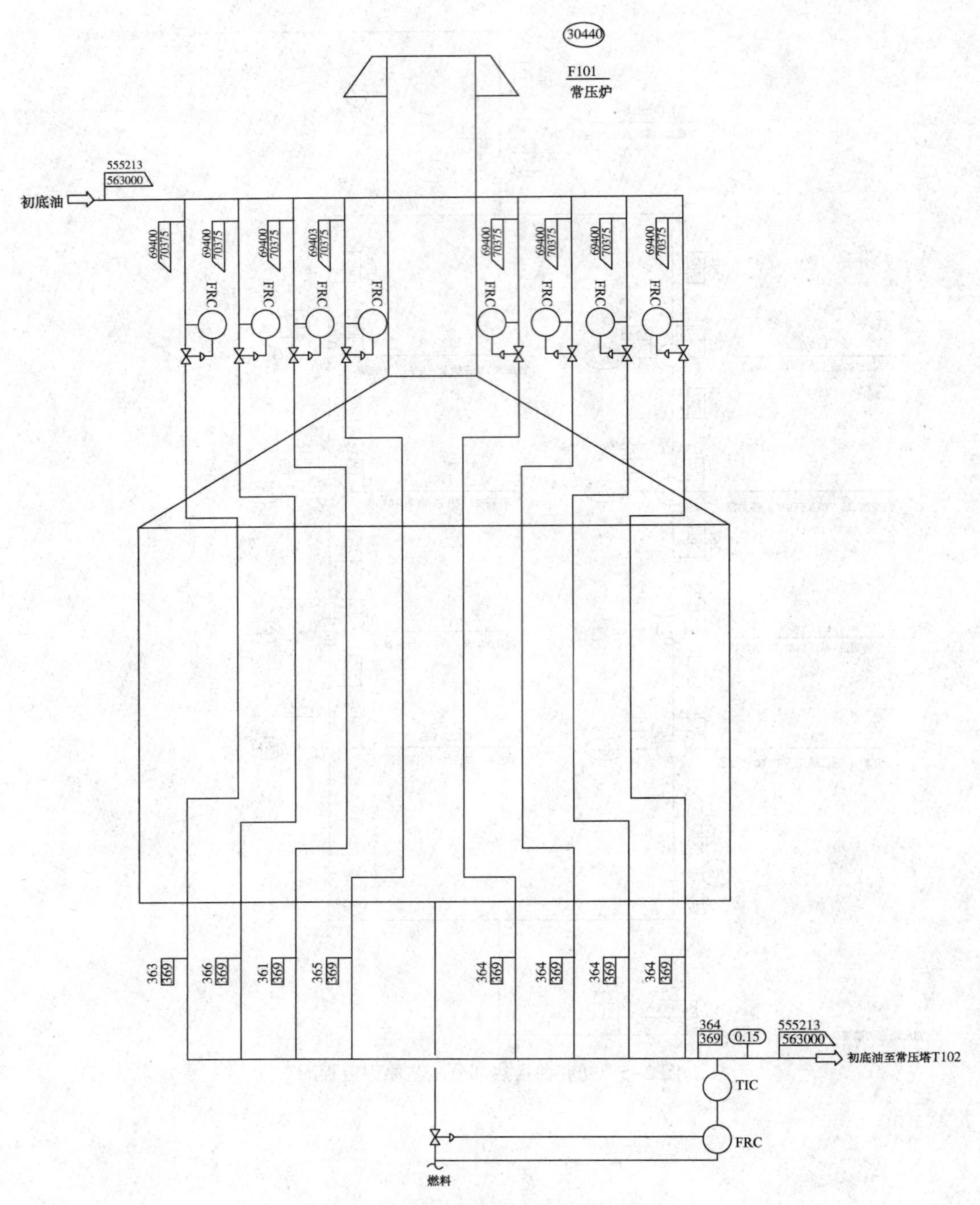


图 2-6　常压炉部分工艺原则流程图

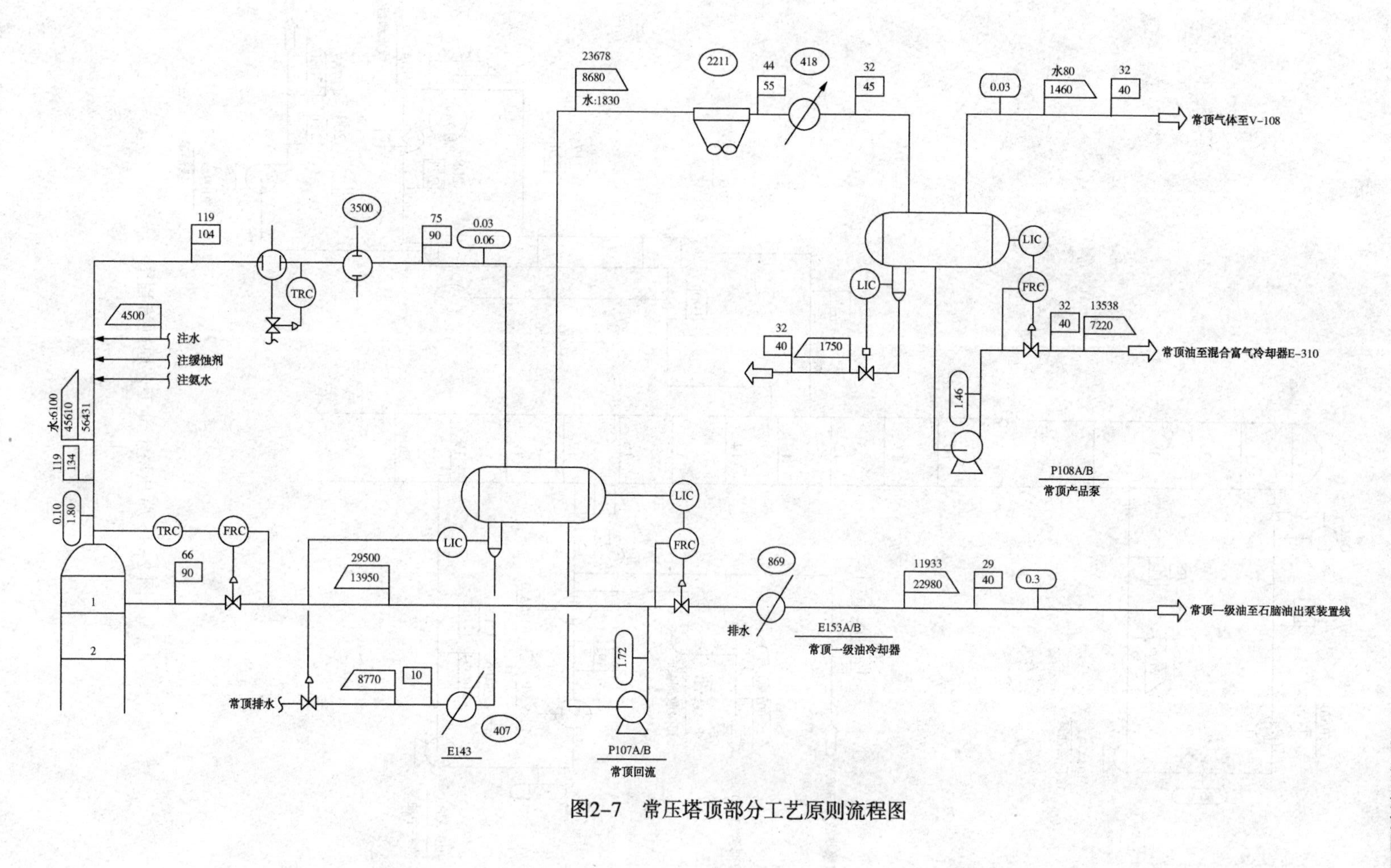


图2-7 常压塔顶部分工艺原则流程图

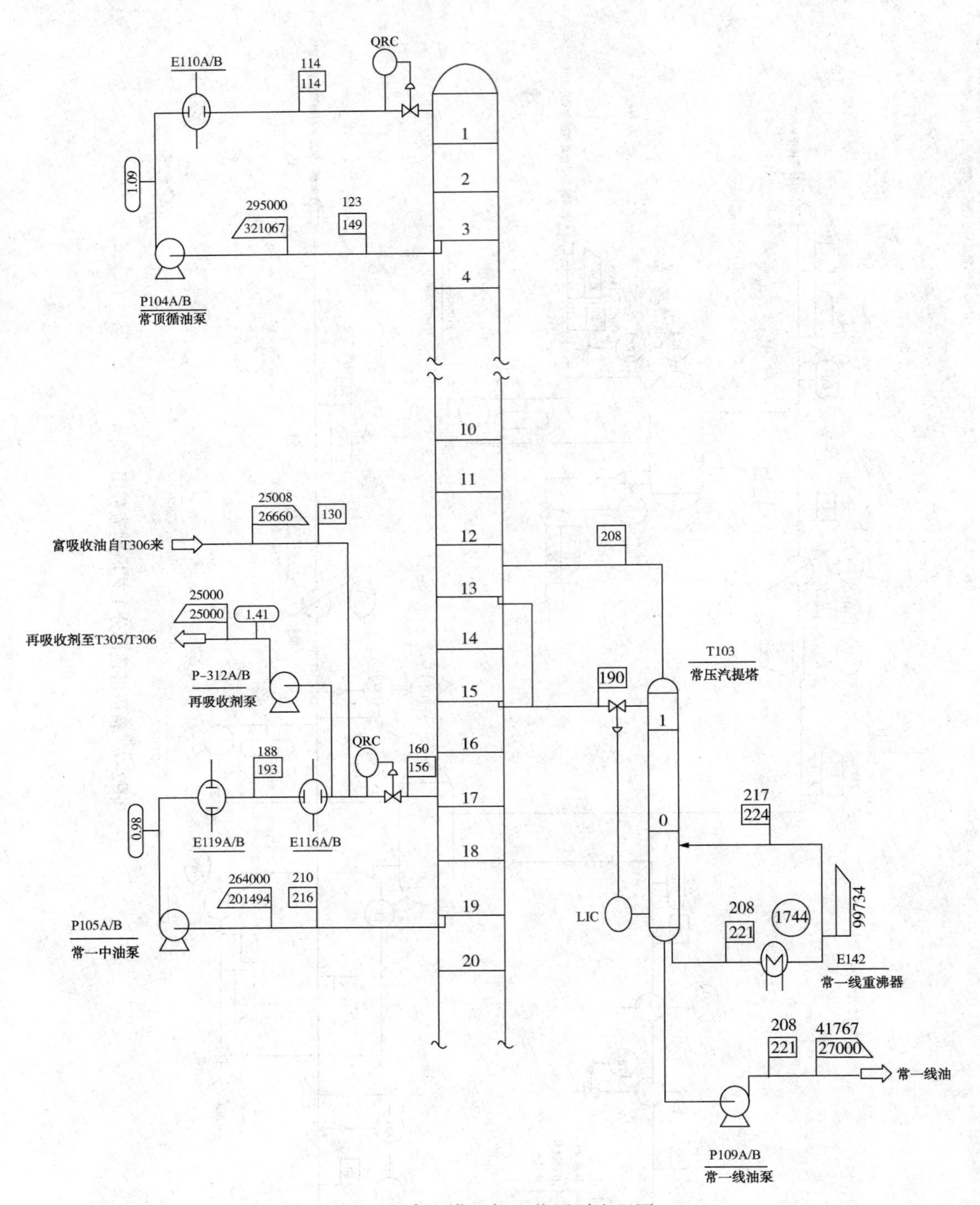


图 2-8　常压塔上部工艺原则流程图

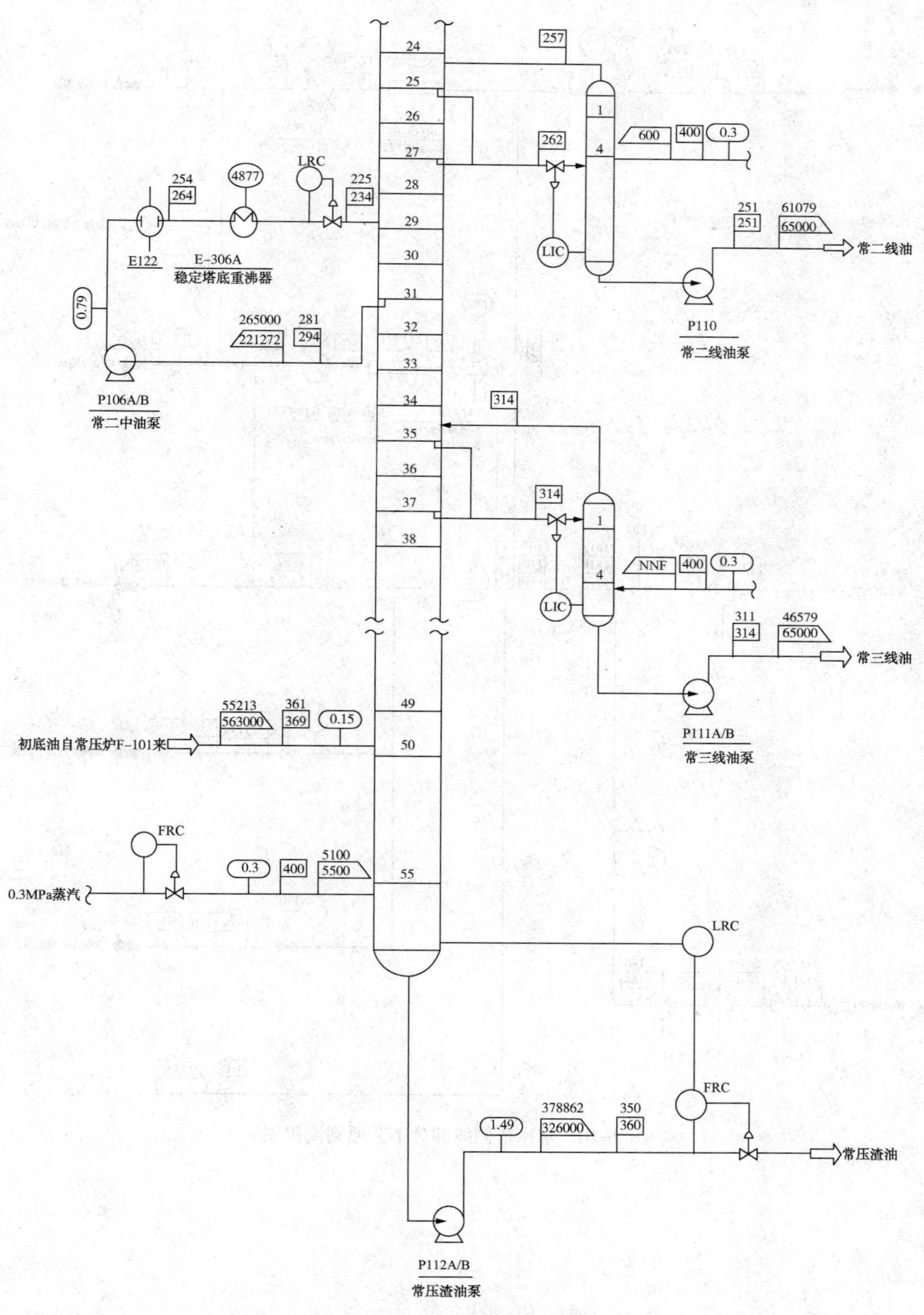

图 2-9　常压塔下部工艺原则流程图

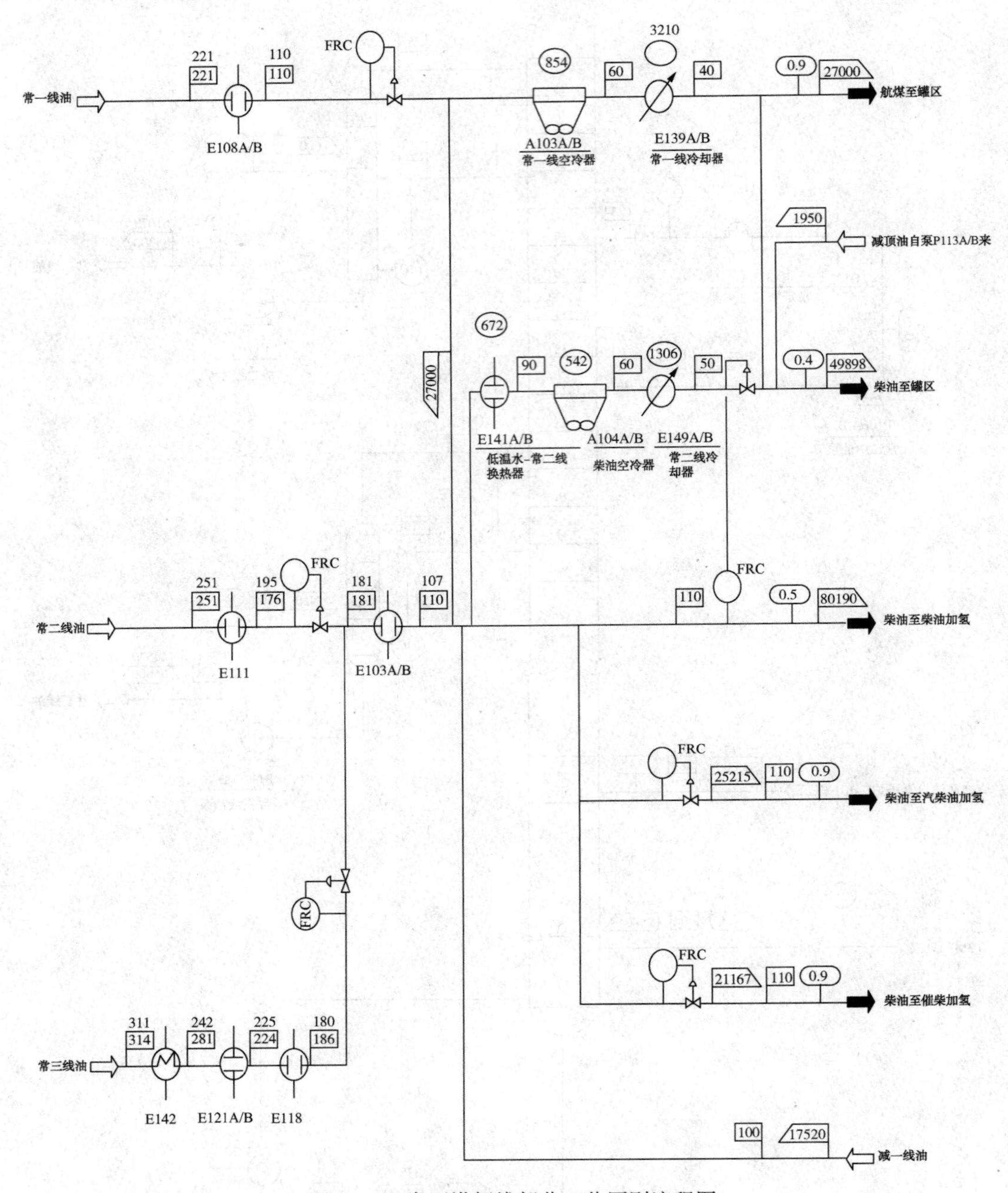


图 2-10　常压塔侧线部分工艺原则流程图

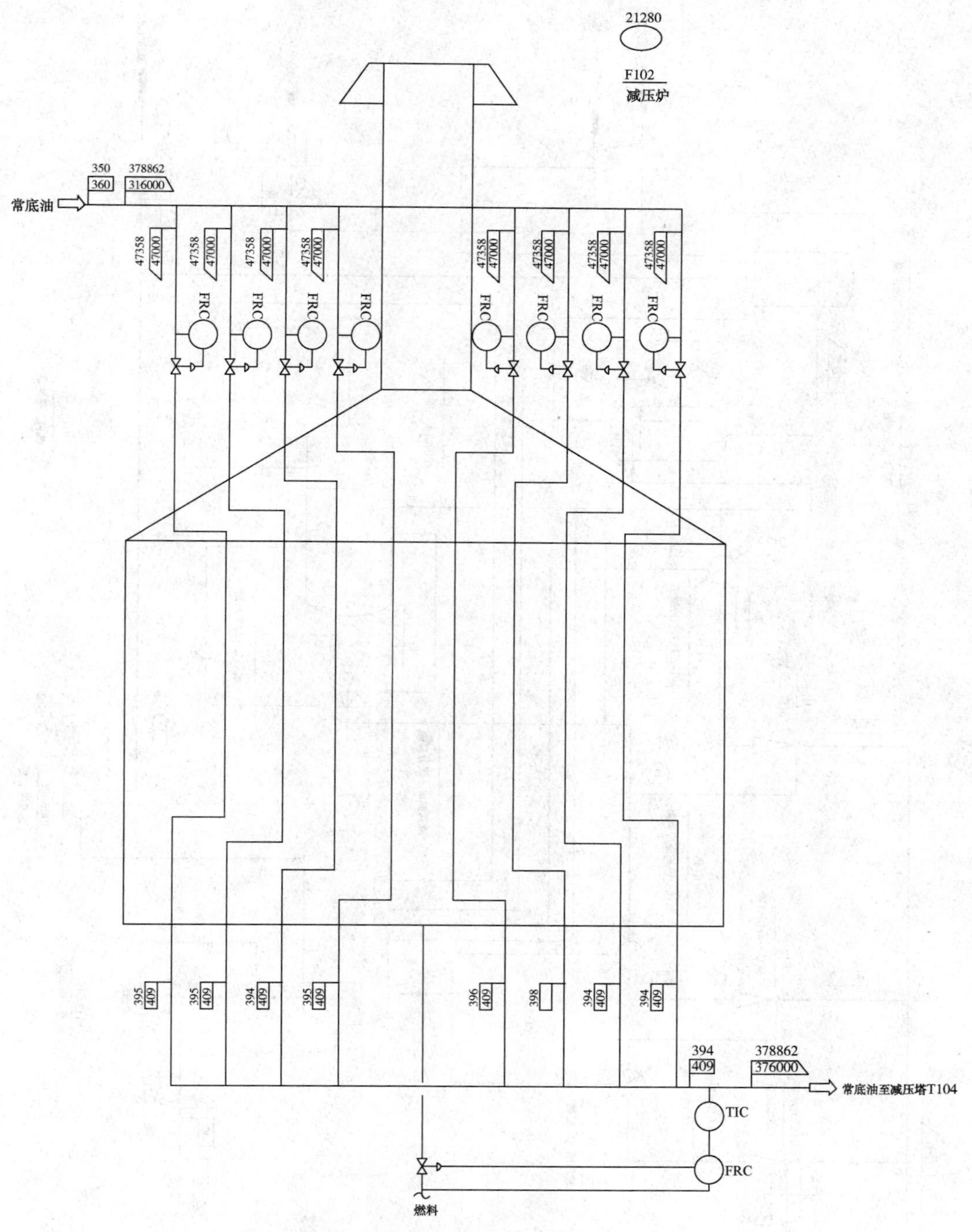


图 2-11　减压炉部分工艺原则流程图

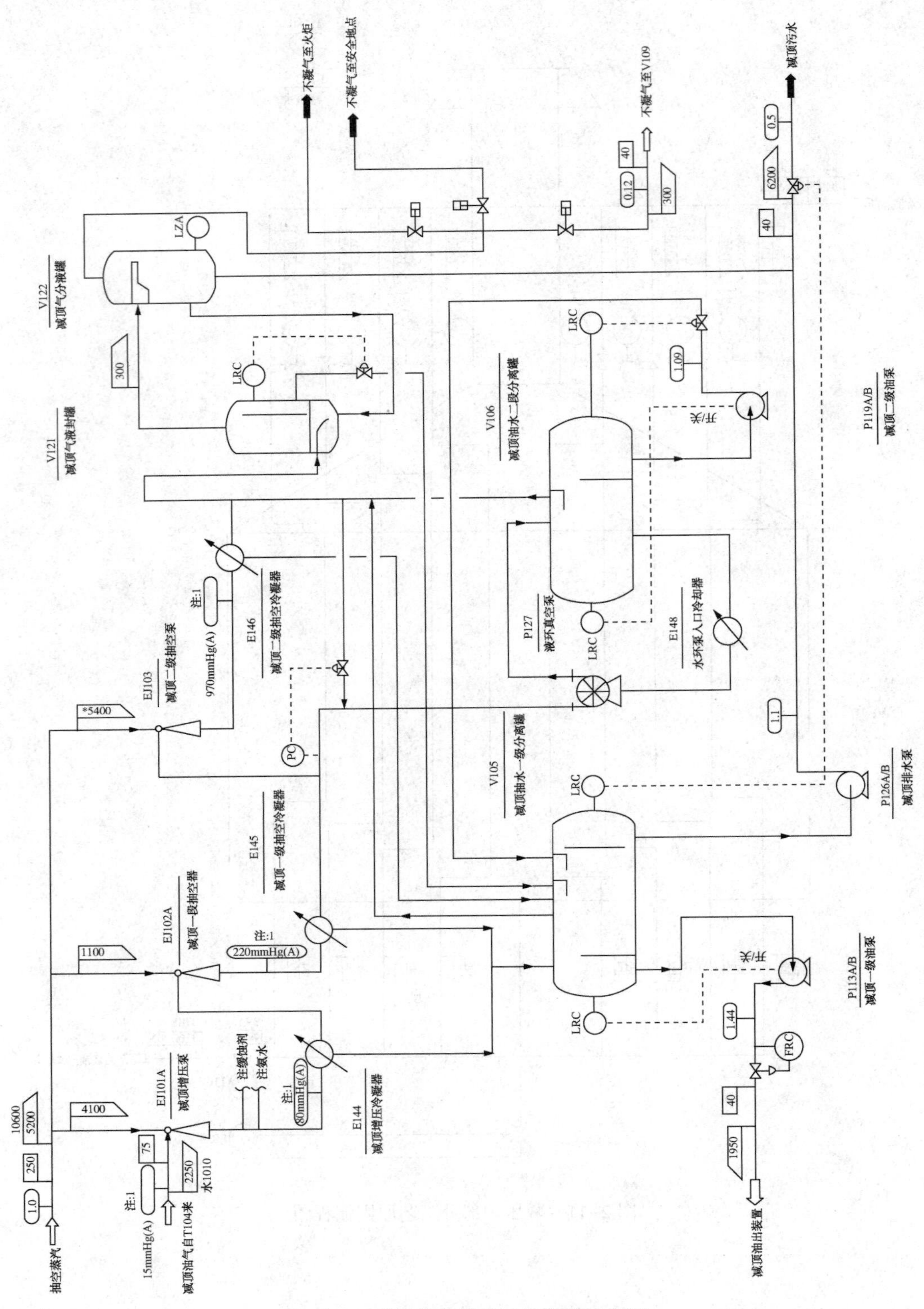


图 2-12　减顶抽空部分工艺原则流程图

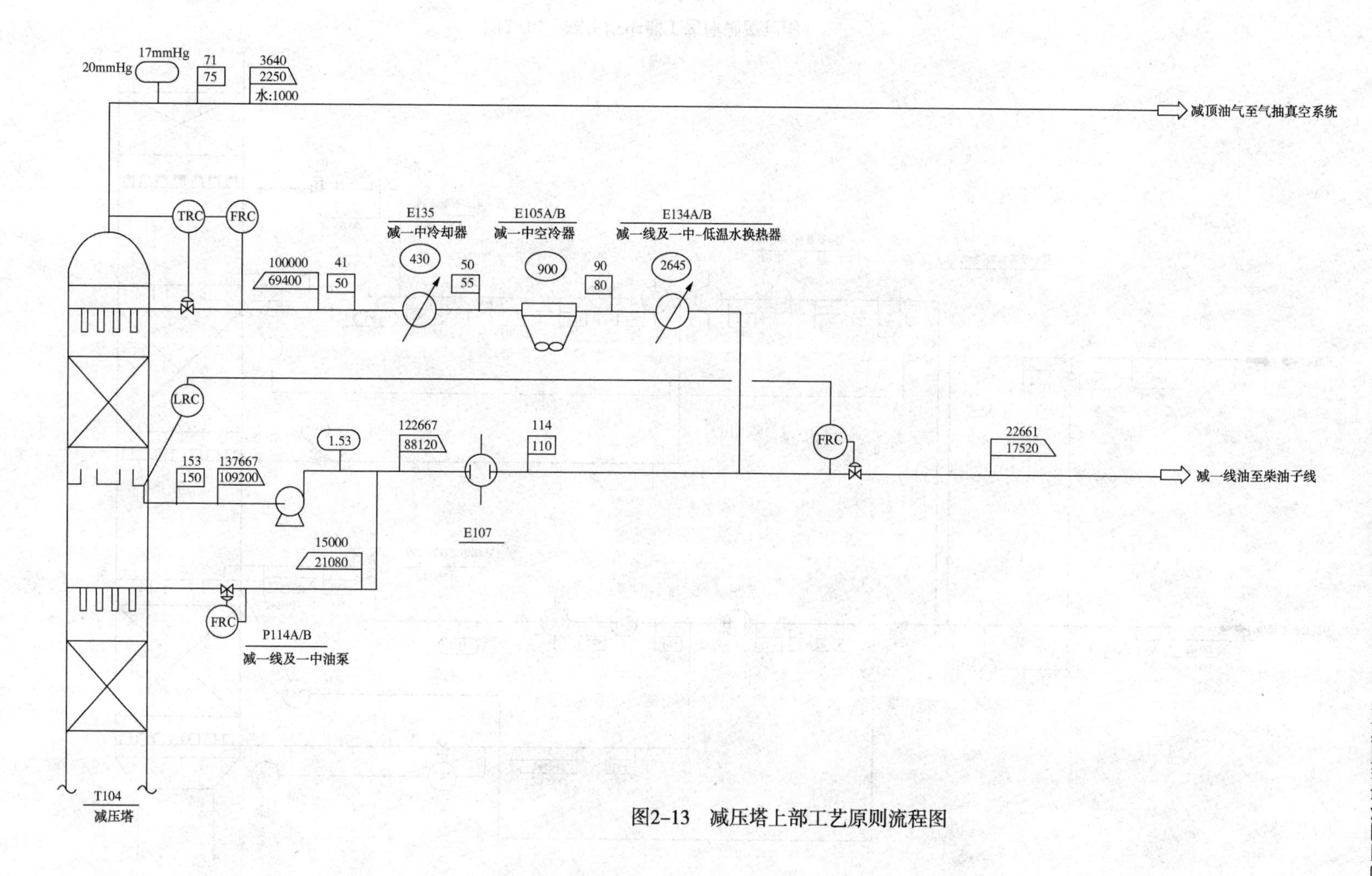

图2-13 减压塔上部工艺原则流程图

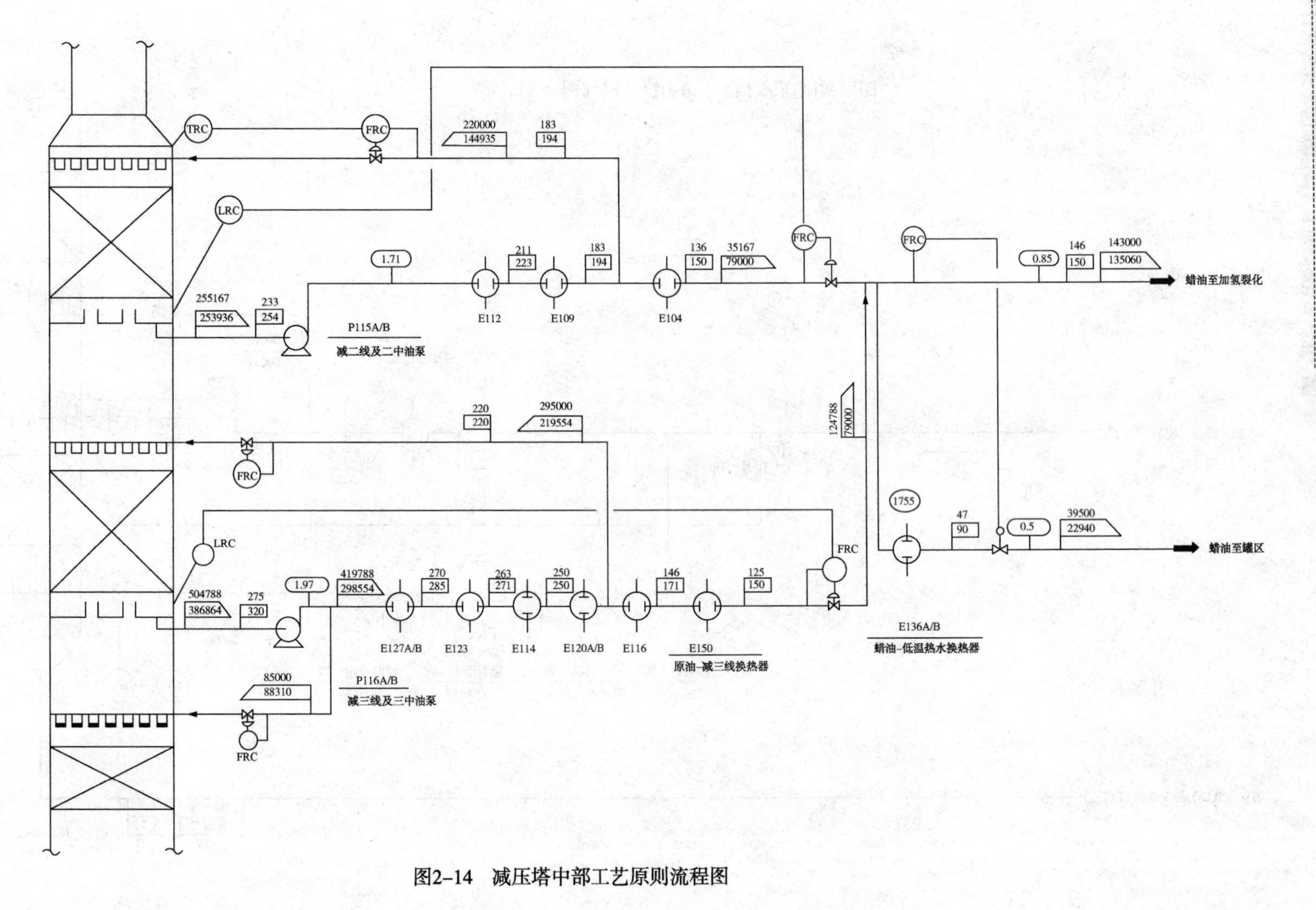


图2-14　减压塔中部工艺原则流程图

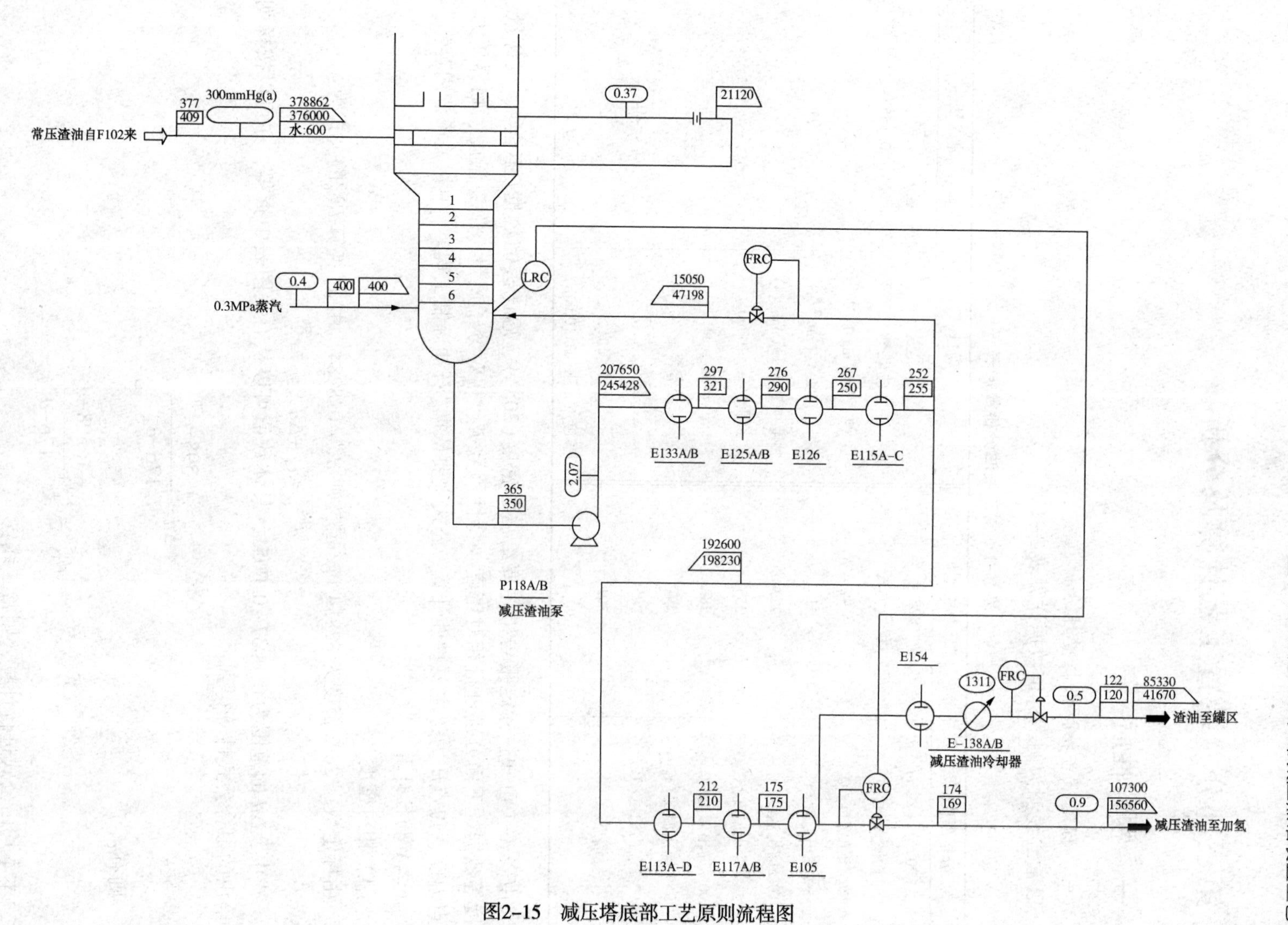


图2-15　减压塔底部工艺原则流程图

# 第三部分　装置工艺计算及分析

## 一、物料性质

(一) 标定报告物性数据整理分析

以常二线油为例，标定数据详见表 3-1。

表 3-1　常二线油分析数据表

| 分析项目 | 常二线 | 分析项目 | 常二线 |
|---|---|---|---|
| 密度(20℃)/(kg/m³) | 828.4 | 闪点 | 73 |
| 初馏点/℃ | 179 | 含硫量/% | 0.155 |
| 2%馏出温度/℃ | 192 | 氮含量/(mg/kg) | 22.09 |
| 5%馏出温度/℃ | 214 | 黏度(20℃)/(mm²/s) | 3.04 |
| 10%馏出温度/℃ | 223 | 黏度(-20℃)/(mm²/s) | |
| 50%馏出温度/℃ | 253 | 胶质/(mg/100mL) | |
| 90%馏出温度/℃ | 283 | 烟点/mm | |
| 95%馏出温度/℃ | 291 | 芳烃潜含量/% | |
| 97%馏出温度/℃ | 295 | 凝点/℃ | <-20 |
| 终馏点/℃ | 301 | 十六烷值 | |
| 全馏/% | 99.1 | 酸度/(mgKOH/100mL) | 30.21 |

由表 3-1 可知，标定报告中主要给出了密度(20℃)、恩氏蒸馏数据(不全)、氮含量、黏度等数据。下面分别进行相对密度、特性因数 $K$、相对分子质量、临界温度、临界压力、焦点温度、焦点压力等主要物性计算，公式主要依据《石油炼制工程》[1] 中相关章节内容。

(二) 物性计算

(1) 相对密度

由标定数据 20℃密度为 828.4 kg/m³，则 $d_4^{20}=0.8284$，由 $d_4^{20}$ 换算 $d_{15.6}^{15.6}$ 的公式为：

$$d_{15.6}^{15.6}=d_4^{20}+\Delta d$$

式中，$\Delta d$ 的范围为 0.0037~0.0051，具体数值可以从有关图表中查得，亦可以按杨朝合给出的拟合公式计算得到：

$$\Delta d=\frac{1.598-d_4^{20}}{176-d_4^{20}}$$

则有：

$$d_{15.6}^{15.6}=d_4^{20}+\frac{1.598-d_4^{20}}{176-d_4^{20}}$$

本本均由公式进行计算，则常二线：

$$d_{15.6}^{15.6}=d_4^{20}+\frac{1.598-d_4^{20}}{176-d_4^{20}}=0.8284+\frac{1.598-0.8284}{176-0.8284}=0.8327$$

另外，在欧美各国，对油品尤其是原油的相对密度还常用相对密度指数来表示，它又可

称为 $API$ 度，定义为：

$$API=\frac{141.5}{d_{15.6}^{15.6}}-131.5$$

则常二线：

$$API=\frac{141.5}{0.8327}-131.5=38.4$$

（2）Woston $K$ 值，UOP $K$ 值

根据油品的特性因数 $K$ 计算公式有：

$$K=\frac{1.216\times T^{1/3}}{S}$$

式中　$K$——油品的 $K$ 值；

$T$——油品的平均沸点，K；

$S$——油品的相对密度，$d_{15.6}^{15.6}$。

当计算 Watson $K$ 值时，$T$ 为中平均沸点；当计算 UOP $K$ 值时，$T$ 为体积平均沸点。

由公式可知，计算特性因数需要首先求得中平均沸点、体积平均沸点及相对密度。相对密度在上文已经求得，计算中平均沸点、体积平均沸点需要完整的 D86 分析数据，下面开展相关计算。

1）蒸馏数据补全。

本次标定报告常二线馏程数据为恩氏蒸馏 D86 数据，所给数据中主要缺乏 30%馏程和 50%馏程数据。

恩氏蒸馏数据的外推和内插有两种基本方法——概率坐标纸法和模型法。

a)坐标纸法：

对于不太宽的馏分油，其恩氏蒸馏数据在正态概率坐标纸上十分接近于一条直线，如图 3-1 所示。因此可以在其上标绘出不完整的恩氏蒸馏数据并作出直线，从而内插和外推，求出其他各点的馏出温度。

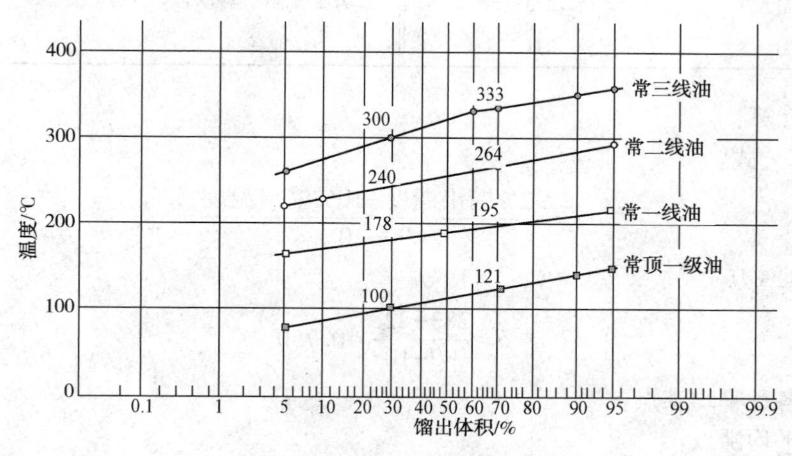


图 3-1　正态概率坐标纸

b）模型法：

采用恩氏蒸馏的曲线的数学模型，参见下式：

$$t=t_0+a\left[-\ln\left(1-\frac{V}{101}\right)\right]^b$$

式中　$a$、$b$——模型待定参数；

　　　$t_0$——初馏点的温度。

通过不少于两个点和初馏点的数据，应用该模型就可以回归出待定参数 $a$ 和 $b$。若无初馏点，则需要用三个不同馏出体积分数的数据点进行估计。

取$t_0=179$℃、$t_{10}=223$℃、$t_{50}=253$℃三个点推算，即：

$$223=179+a\left[-\ln\left(1-\frac{10}{101}\right)\right]^b$$

$$253=179+a\left[-\ln\left(1-\frac{50}{101}\right)\right]^b$$

解以上二元方程组，$a=82.21$，$b=0.2765$。

$$t_{30}=179+83.21\times\left[-\ln\left(1-\frac{30}{101}\right)\right]^{0.2765}=241.4(℃)$$

$$t_{70}=179+83.21\times\left[-\ln\left(1-\frac{70}{101}\right)\right]^{0.2765}=266.1(℃)$$

由上述计算可知，模型法与坐标纸法结果非常接近，本文均采用模型法进行求解，补充完整的 D86 数据见表 3-2。

**表 3-2　常二线 D86 数据**

| 分析项目 | 常二线 | 分析项目 | 常二线 |
|---|---|---|---|
| 密度(20℃)/(kg/m³) | 828.4 | 50%馏馏出温度/℃ | 253 |
| 初馏点/℃ | 179 | 70%馏馏出温度/℃ | 266 |
| 2%馏出温度/℃ | 192 | 90%馏馏出温度/℃ | 283 |
| 5%馏馏出温度/℃ | 214 | 95%馏馏出温度/℃ | 291 |
| 10%馏馏出温度/℃ | 223 | 97%馏馏出温度/℃ | 295 |
| 30%馏馏出温度/℃ | 241 | 终馏点/℃ | 301 |

2）斜率计算：

斜率计算公式：

$$S=\frac{90\%\text{馏出温度}-10\%\text{馏出温度}}{90-10}$$

常二线斜率为：

$$S=\frac{283-223}{90-10}=0.750$$

3）计算各种平均沸点：

a）体积平均沸点：

根据体积平均沸点公式：

$$t_v=\frac{t_{10}+t_{30}+t_{50}+t_{70}+t_{90}}{5}$$

有：

$$t_v = \frac{223+241+253+266+283}{5} = 253.3(℃)$$

相应转换成其他单位制下温度有：

开氏度：253.3℃+273.15=526.45K

华氏度：1.8×253.3℃+32=487.9 ℉；

兰氏度 ：1.8×253.3℃+491.67=947.6°R。

b）质量平均沸点：

根据质量平均沸点公式：

$$t_w = t_v + \Delta_w$$

$$\ln\Delta_w = -3.64991 - 0.027060\, t_v^{0.6667} + 5.16388\, S^{0.25}$$

式中 $t_w$——介质的质量平均沸点，℃；

$t_v$——介质的体积平均沸点，℃；

$S$——介质的蒸馏曲线斜率，℃/%；

将 $t_v$ 及 $S$ 数值代入上式可得：

$$t_w = 254.4℃$$

相应转换成其他单位制下温度有：

开氏度：254.4℃+273.15=527.5K；

华氏度：1.8℃+32=489.9 ℉；

兰氏度 1.8×254.4℃+491.67=949.5°R

c）实分子平均沸点：

根据实分子平均沸点公式：

$$t_m = t_v - \Delta_m$$

$$\ln\Delta_m = -1.15158 - 0.011810\, t_v^{0.6667} + 3.70684\, S^{0.3333}$$

式中 $t_m$——介质的实分子平均沸点，℃；

$t_v$——介质的体积平均沸点，℃；

$S$——介质的蒸馏曲线斜率，℃/%；

将 $t_v$ 及 $S$ 数值代入上式可得：

$$t_m = 247.6℃$$

相应转换成其他单位制下温度有：

开氏度：247.6℃+273.15=520.7K；

华氏度：1.8×247.6℃+32=477.6 ℉；

兰氏度：1.8×247.6℃+491.67=937.3°R；

d）立方平均沸点：

根据立方平均沸点公式：

$$t_{cu} = t_v - \Delta_{cu}$$

$$\ln\Delta_{cu} = -0.82368 - 0.089970\, t_v^{0.45} + 2.45679\, S^{0.45}$$

式中 $t_{cu}$——介质的立方平均沸点，℃；

$t_v$——介质的体积平均沸点，℃；

$S$——介质的蒸馏曲线斜率，℃/%；

将 $t_v$ 及 $S$ 数值代入上式可得：

$$t_{cu}=252℃$$

相应转换成其他单位制下温度有：

开氏度：252℃+273.15=525.2K；

华氏度：1.8×252℃+32=485.6°F；

兰氏度：1.8×252℃+491.67=945.3°R。

e）中平均沸点：

根据中平均沸点公式：

$$t_{Me}=t_v-\Delta_{Me}$$

$$\ln\Delta_{Me}=-1.53181-0.012800\,t_v^{0.6667}+3.64678\,S^{0.3333}$$

式中　$t_{Me}$——介质的中平均沸点，℃；

$t_v$——介质的体积平均沸点，℃；

$S$——介质的蒸馏曲线斜率，℃/%。

将 $t_v$ 及 S 数据代入上式可得：

$$t_{Me}=249.7℃$$

相应转换成其他单位制下温度有：

开氏度：249.7℃+273.15=522.9K；

华氏度：1.8×249.7℃+32=481.5°F；

兰氏度：1.8×249.7℃+491.67=941.2°R。

4）特性因数计算：

由以上计算结果，计算常二线特性因数：

$$WastonK=\frac{(1.8T)^{1/3}}{S}=\frac{(1.8\times249.7)^{1/3}}{0.8327}11.8$$

$$UOPK=\frac{(1.8T)^{1/3}}{S}=\frac{(1.8\times253.3)^{1/3}}{0.8327}11.8$$

两种特性因数结果一致。

（3）相对分子质量

石油产品都是复杂的混合物，所含化合物的相对分子质量是各不相同的，其范围往往又很宽，所以对它们只能用平均相对分子质量来加以表征。

在不具备实测条件的情况下，石油馏分段平均相对分子质量可以用一些经验公式近似地计算得到。《石油炼制工程》[1] 主要介绍了三种关联式。

1）Riazi 关联式：

$$M=42.965\left[\exp(2.097\times10^{-4}T-7.78712S+2.0848\times10^{-3}TS)\right]T^{1.26007}S^{4.98308}$$

式中　$M$——油品的平均相对分子质量；

$T$——油品的中平均沸点，K；

$S$——油品的相对密度，$d_{15.6}^{15.6}$。

该公式又称为 API-87 方法，适用的范围为油品的相对分子质量为 70~700，中平均沸点为 305~840K。

2）寿德清-向正为关系式：

$$M=184.5+2.295T-0.2332KT+1.329\times10^{-5}(KT)^2-0.6222\rho T$$

式中　$M$——油品的平均相对分子质量；

$T$——油品的中平均沸点，K；

$K$——油品的特性因数；

$\rho$——油品在20℃时的密度，$g/cm^3$。

此式系用国产原油直馏馏分油、催化裂化和焦化馏分油实测数据回归得到的。

3）杨朝合-孙昱东关联式：

$$M=0.010726\times T_b^{1.52849+0.06435\ln\left(\frac{T_b}{1078-T_b}\right)}/d_4^{20}$$

式中 $M$——油品的平均相对分子质量；

$T_b$——油品的中平均沸点，K；

$d_4^{20}$——油品相对密度；

1078——无限长碳链化合物的渐近沸点，K。

该式的适用范围为：$M$为76~1685，$T_b$为303~1013K，$d_4^{20}$为0.63~1.09。

4）课件公式：

$$\lg M=\sum_{i=0}^{2}\sum_{j=0}^{2}A_{ij}\ (1.8t+32)^i K^j$$

式中 $M$——油品相对分子质量；

$t$——油品中平均沸点，℃；

$K$——油品特性因数；

$A_{ij}$——常数，见表3-3。

**表3-3 常数表**

| $A_{ij}$ | 数值 | $A_{ij}$ | 数值 |
|---|---|---|---|
| $A_{00}$ | 0.6670202 | $A_{12}$ | $2.5008\times10^{-5}$ |
| $A_{01}$ | 0.1552531 | $A_{20}$ | $-2.698\times10^{-6}$ |
| $A_{02}$ | $-5.3785\times10^{-3}$ | $A_{21}$ | $3.876\times10^{-7}$ |
| $A_{10}$ | $4.5837\times10^{-3}$ | $A_{22}$ | $-1.5662\times10^{-8}$ |
| $A_{11}$ | $-5.755\times10^{-4}$ | | |

按照以上四种方法，分别计算常二线相对分子质量，结果见表3-4。

**表3-4 常二线相对分子质量**

| 计算方法 | 相对分子质量 | 计算方法 | 相对分子质量 |
|---|---|---|---|
| Riazi关联式 | 194.1 | 杨朝合-孙昱东关联式 | 180.6 |
| 寿德清-向正为关系式 | 183.4 | 课件公式 | 195.8 |

由上述计算结果可知，Riazi关联式与课件公式计算结果较为接近，相对较重，寿德清-向正为关系式与杨朝合-孙昱东关联式结果较为接近，相对较轻。通过ProⅡ软件进行模拟，常二线相对分子质量为200，与课件结果最为接近，故本文相对平均分子质量均按课件公式进行求取。

（4）临界温度、临界压力

1）假临界温度：

公式一[1]：

$$T'_c = 17.1419[\exp(-9.3145\times10^{-4}T_{Me}-0.54444d+6.4791\times10^{-4}T_{Me}d)]\times T_{Me}^{0.81067}d^{0.53691}$$

式中 $T'_c$——油品的假临界温度，K；

$T_{Me}$——油品的中平均沸点，K；

$d$——油品的相对密度($d_{15.6}^{15.6}$)。

公式二：

$$T'_c = 10.6443[\exp(-5.1747\times10^{-4}T_b-0.54444S+3.5995\times10^{-4}T_bS)]T_b^{0.81067}S^{0.53691}$$

式中 $T'_c$——油品的假临界温度，°R；

$T_b$——油品的中平均沸点，°R；

$S$——油品的相对密度($d_{15.6}^{15.6}$)。

将数据分别代入上面两式，结果见表3-5。

**表3-5 常二线假临界温度**

| 计算方法 | 假临界温度 | 折算 |
| --- | --- | --- |
| 公式一 | 1285.9 K | 1012.8℃ |
| 公式二 | 1285.9 °R | 441.3℃ |

由表3-5计算结果可知，公式一结果数值与公式二一致，但是单位明显有误，1012.8℃明显偏差过大，故应修正为兰氏温度。

2）真临界温度：

油品的真临界温度计算公式[1]：

$$t_c = 85.66+0.9259D-0.3959\times10^{-3}D^2$$

$$D = d(1.8t_V+132.0)$$

式中 $t_c$——油品的真临界温度，℃；

$t_V$——油品的体积平均沸点，℃；

$d$——油品的相对密度($d_{15.6}^{15.6}$)。

将相关数据代入上式，常二线真临界温度为444.1℃。

3）假临界压力：

根据油品的假临界压力计算公式[1]：

$$p'_c = 3.195\times10^4[\exp(-98.505\times10^{-3}T_{Me}-4.8014d+5.7490\times10^{-3}T_{Me}d)]T_{Me}^{-0.4844}d^{4.0846}$$

式中 $p'_c$——油品的假临界压力，MPa；

$T_{Me}$——油品的中平均沸点，K；

$d$——油品的相对密度($d_{15.6}^{15.6}$)。

将相关数据代入上式，常二线假临界压力为1.916 MPa。

4）真临界压力的计算[1]：

$$\lg p_c = 0.052321+5.656282\lg\frac{T'_c}{T'_c}+1.001047\lg p'_c$$

式中 $p'_c$——油品的真临界压力，MPa；

$T'_c$——油品的真临界温度，K；

$T'_c$——油品的假临界温度，K；

$p'_c$——油品的假临界压力，MPa。

将相关数据代入上式，常二线真临界压力为 2. 211MPa。

（5）焦点温度、焦点压力

1）焦点温度：

$$\Delta T_e = a_1 \times \left[ \frac{S+a_2}{a_3 \times S + a_4} + a_5 \times S \right] \times \left[ \frac{a_6}{a_7 \times t_V + a_8} + a_9 \right] + a_{10}$$

式中 $\Delta T_e$——焦点温度-临界温度的差值，℃；

$S$——恩氏蒸馏 10%～90%馏分的曲线斜率，℃/%；

$t_V$——恩氏蒸馏体积平均沸点，℃；

$a_1 \cdots a_{10}$——常数，见表 3-6。

**表 3-6 常数 *a***

| 项目 | 数值 | 项目 | 数值 |
|---|---|---|---|
| $a_1$ | 0. 14608029648 | $a_6$ | 13. 19556507 |
| $a_2$ | 0. 050887086388 | $a_7$ | 0. 081472347484 |
| $a_3$ | 0. 00025280271884 | $a_8$ | 18. 47914514 |
| $a_4$ | 0. 00048370492139 | $a_9$ | -0. 1585402804 |
| $a_5$ | 1. 9936695083 | $a_{10}$ | -4. 8588379673 |

将相关数据代入上式，常二线焦点温度为 470. 3℃。

2）焦点压力：

$$\Delta p_e = \left[ \frac{a_1 \times (S-0.3) + a_2}{S+a_3} \right] \times \left[ \frac{a_4}{a_5 \times (t_V + a_6 \times S) + a_7} + a_8 \right]$$

式中 $\Delta p_e$——焦点压力-临界压力的差值，MPa；

$S$——恩氏蒸馏 10%～90%馏分的曲线斜率，℃/%；

$t_V$——恩氏蒸馏体积平均沸点，℃；

$a_1 \cdots a_8$——常数，见表 3-7。

**表 3-7 焦点压力常数 *a***

| 项目 | 数值 | 项目 | 数值 |
|---|---|---|---|
| $a_1$ | 59. 527860086 | $a_5$ | 0. 015463010895 |
| $a_2$ | 13. 22730898 | $a_6$ | -16. 389020471 |
| $a_3$ | 0. 73484872053 | $a_7$ | 0. 23392534874 |
| $a_4$ | 0. 15246953667 | $a_8$ | -0. 014367666592 |

将相关数据代入上式，常二线焦点压力为 470. 3 ℃。

（6）蒸馏曲线换算

测定平衡汽化曲线、恩氏蒸馏曲线、实沸点曲线数据所需花费的实验工作量有很大差别，其中平衡汽化工作量最大，恩氏蒸馏的最小，实沸点居中。在工艺设计计算过程中，往往需要三种蒸馏曲线间的换算。

但由于各种蒸馏曲线体现的是特定实验条件下测试的结果和特殊的石油体系性质，故它们之间的换算不可能采用理论方法进行表征，只能普遍采用经验方法。在使用这些经验图表时，必须严格注意它们的使用范围以及可能的误差，只要有可能，应尽量采用实测的实验数据。

1）恩氏蒸馏曲线和实沸点蒸馏曲线的相互换算：

目前，常压下从恩氏蒸馏曲线转换成实沸点蒸馏曲线最常用的方法是 API 1987 方法，且此法不需要进行热裂化修正，已为各种商业流程模拟软件所推荐，见下式[1]：

$$t_{TBP}=\frac{5}{9}\left[a\left(\frac{9}{5}t_{D86}+491.67\right)^{b}-491.67\right]$$

式中　$t_{TBP}$、$t_{D86}$——分别为常压初馏点和 D86 的温度，℃；

$a$、$b$——随馏出体积分数变化的常数，见表 3-8。

**表 3-8　体积常数 $a$、$b$**

| 体积分数 | 0~5% | 10% | 30% | 50% | 70% | 90% | 95%~100% |
|---|---|---|---|---|---|---|---|
| $a$ | 0.916668 | 0.5277 | 0.7249 | 0.89303 | 0.87051 | 0.948975 | 0.80079 |
| $b$ | 1.001868 | 1.090011 | 1.042533 | 1.017560 | 1.02259 | 1.010955 | 1.03549 |

将相关数据代入上式，计算结果见表 3-9。

**表 3-9　常二线实沸点曲线**　℃

| 项　目 | D86 曲线 | 实沸点曲线 |
|---|---|---|
| 初馏点 | 179 | 179.1 |
| 10%馏出温度 | 223 | 209.5 |
| 30%馏出温度 | 241 | 225.6 |
| 50%馏出温度 | 253 | 256.8 |
| 70%馏出温度 | 266 | 275.2 |
| 90%馏出温度 | 283 | 296.1 |
| 95%馏出温度 | 291 | 304.4 |
| 终馏点 | 301 | 315.0 |

2）恩氏蒸馏曲线和平衡汽化蒸馏曲线的相互换算：

a）查图法：

恩氏蒸馏曲线和平衡汽化蒸馏曲线的换算可以采用《石油炼制工程》[1]的两图进行，如图 3-2 所示。该图适用于特性因数 $K$=11.8，沸点低于 427℃的油品，据若干实验数据核对，计算值与实验值偏差在 8.3℃以内。

采用图 3-2 将 D86 与平衡汽化曲线的 50%点温度进行换算，再将该蒸馏曲线分为若干线段（如 0%~10%，10%~30%，30%~50%，50%~70%，70%~90%和 90%~100%），以两种蒸馏曲线 50%点温度或温差为基点，然后进行相应温差的换算。

b）公式法：

根据《原油蒸馏工艺与工程》[2]中计算油品的平衡蒸发曲线的公式：

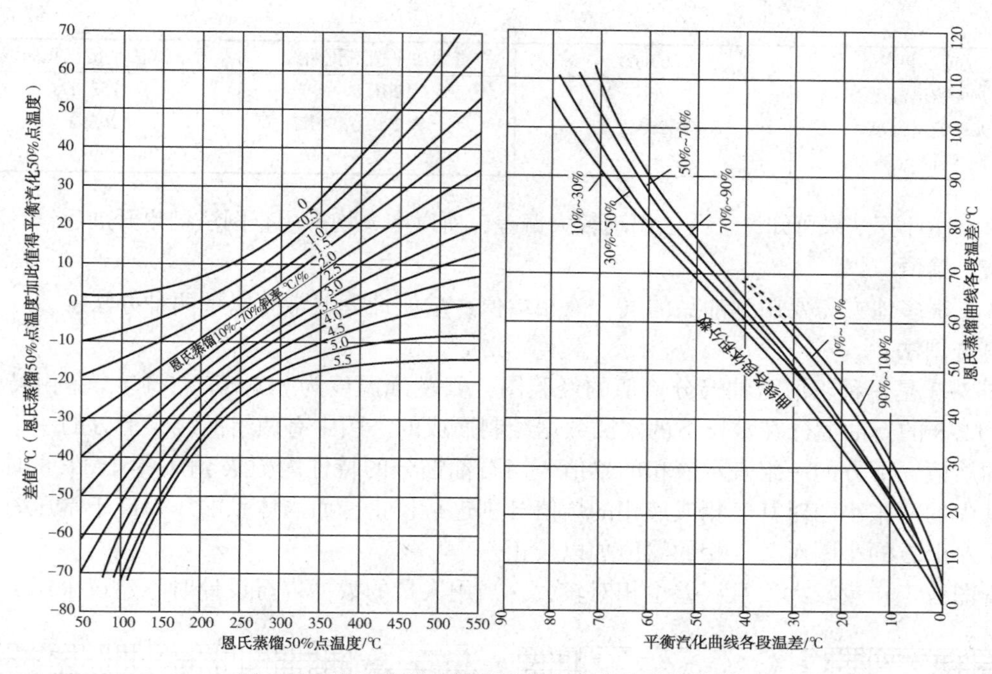

图 3-2　恩氏蒸馏曲线和平衡汽化蒸馏曲线换算图

$$t_{EFV}=a\ (t_{86}+273.15)^{b}S^{c}-273.15$$

式中　$t_{EFV}$——常用平衡汽化曲线各馏出体积下的温度，℃；

$t_{86}$——恩氏蒸馏温度，℃；

$S$——相对密度（$d_{15.6}^{15.6}$）。

该方法换算的结果，尤其在端点处，偶尔会有严重误差，该方法在表 3-10 温度范围以外不适用。

**表 3-10　公式法适用范围**　　℃

| 馏出体积 | 恩氏蒸馏温度范围 | 实沸点蒸馏温度范围 |
|---|---|---|
| 0 | 10.0～265.6 | 48.9～298.9 |
| 10% | 62.8～322.2 | 79.4～348.9 |
| 30% | 93.3～340.6 | 97.8～358.9 |
| 50% | 112.8～354.4 | 106.7～366.7 |
| 70% | 131.1～399.4 | 118.3～375.6 |
| 90% | 162.8～465.0 | 133.9～404.4 |
| 100% | 187.8～484.4 | 146.1～433.3 |

分别采用查图法和公式法计算常二线平衡汽化曲线，计算结果见表 3-11。

**表 3-11　计算结果对比表**　　℃

| 项　目 | D86 曲线 | 查图法平衡汽化曲线 | 公式法平衡汽化曲线 |
|---|---|---|---|
| 初馏点 | 179 | 235.4 | 246.1 |
| 10%馏出温度 | 223 | 242.4 | 244.1 |
| 30%馏出温度 | 241 | 249.4 | 251.7 |
| 50%馏出温度 | 253 | 256.0 | 247.3 |

续表

| 项 目 | D86 曲线 | 查图法平衡汽化曲线 | 公式法平衡汽化曲线 |
|---|---|---|---|
| 70%馏出温度 | 266 | 261.8 | 253.1 |
| 90%馏出温度 | 283 | 270.0 | 265.2 |
| 终馏点 | 301 | 275.5 | 269.7 |

由上述计算结果可知，公式法出现较大偏差，所以本文均采用查图法结果开展后续计算。

(7) 焓值

本文很多地方需要用到油品的气、液相焓值，焓值计算通常有以下两种办法：

1) 查图法：

图 3-3 是一种求取石油馏分焓值的经验图，其基准温度为-17.8℃(0℉)，是由特性因数 $K=11.8$ 的石油馏分在常压下的实测数据绘制而成的。图中有两组曲线，上方的一组表示气相的焓值，下方的一组表示液相的焓值。当石油馏分的特性因数 $K$ 值不等于 11.8 时，需要用其中的两张小图对其气相或液相的焓值分别进行校正，而当体系的压力高于常压时，还需要用左上方的小图对其气相的焓值加以校正。

查图法工作量较大，且误差也相对较大，当用大量的数据进行设计时不建议采用。

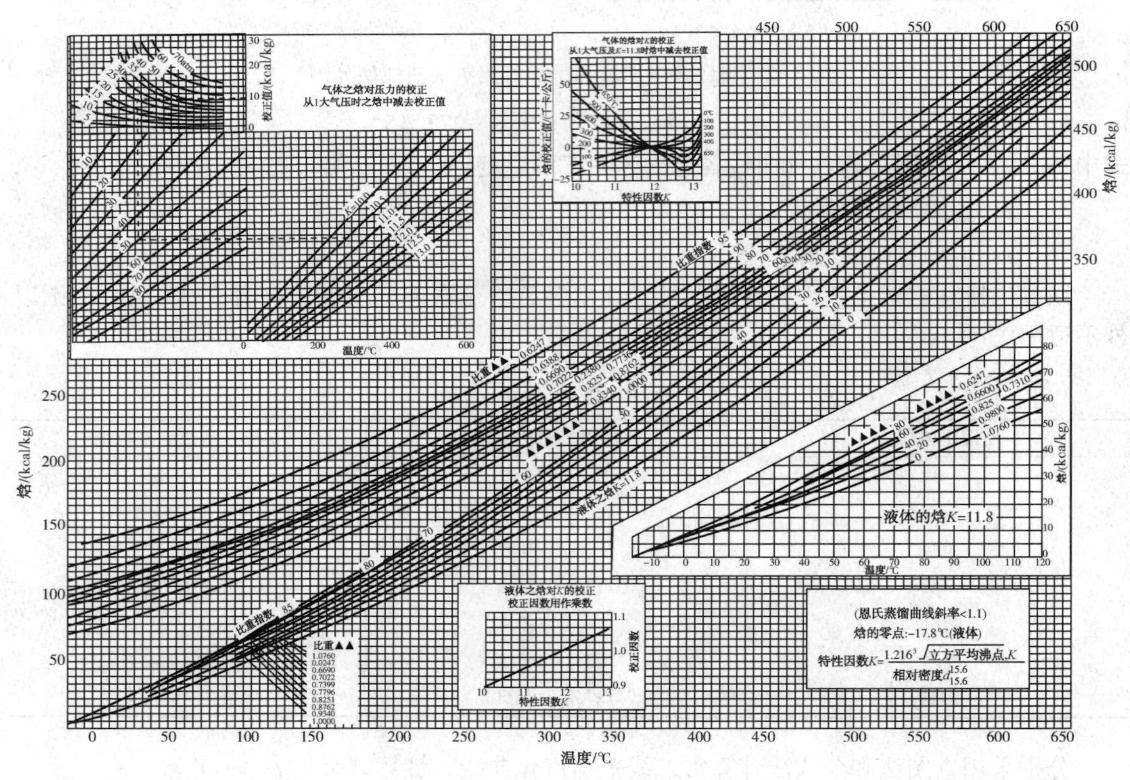


图 3-3 石油馏分焓值经验算图

2) 公式法：

已知油品的相对密度和特性因数 $K$ 时，可以采用以下焓值计算公式[3]。

a) 液相焓值计算公式：

$$h_{液}=4.1868\times(0.055\times K+0.35)\times\left[\begin{array}{l}1.8\times(0.0004061-0.000152\times S)\times(T+17.8)^2\\+(0.6783-0.3063\times S)\times(T+17.8)\end{array}\right]$$

b）油品的汽化潜热计算公式：

$$q_{潜}=\left[50+5.27\times\left(\frac{140.32-130.76\times S}{0.009+0.9944\times S}\right)^{0.542}-11.1\times(K-11.8)\right]\times 4.1868$$

c）油品气相焓值计算公式：

$$h_{气}=q_{潜}\left[\begin{array}{l}+0.556\times(0.045K-0.233)\times(1.8T+17.8)\\+0.000556\times(0.22+0.00885K)\times(1.8T+17.8)^{2}\\-0.0000000283\times(1.8T+17.8)^{3}\end{array}\right]\times 4.1868$$

式中 $h_{液}$——液相焓值，kJ/kg；

$q_{潜}$——汽化潜热，kJ/kg；

$h_{气}$——气相焓值，kJ/kg；

$K$——油品 $K$ 值；

$T$——油品温度，℃；

$S$——油品相对密度。

（8）黏度

油品黏度与温度的关系一般可用下列经验关联式关联[1]：

$$\lg\lg(v+a)=b+m\lg T$$

式中 $v$——运动黏度，mm²/s；

$T$——绝对温度，K；

A、$b$、$m$——随油品性质而异的经验常数，对于我国的油品，常数 $a$ 取0.6较为适宜。

若已知油品在两个不同温度下的黏度，即可求得该油品的 $b$ 及 $m$，这样便能利用上述公式计算出其他温度下的黏度。

标定报告中仅给出了常二线20℃的黏度为3.04 mm²/s，因此，需要另外一个温度点的黏度。通常采用画图法（详见图3-4）求取另外一个温度点下的黏度。通过作图求取另一个点的（98.9℃）黏度，从而可以通过公式计算任意温度下的油品液相黏度。

当压力增大时，液体分子间距离缩小，引力也就越强，黏度会相应增大。对于石油产品而言，只有当压力达到20MPa时，对黏度才有显著的影响。由于常减压装置操作压力通常较低，即使考虑泵关闭压力也不超过3MPa，因此，本文计算过程中不考虑压力对黏度的影响。

（9）分离精度

常二线分离精度见表3-12。

**表3-12 常二线分离精度**

| 分析项目 | 常一线 | 常二线 | 常三线 |
|---|---|---|---|
| 密度（20℃）/（kg/m³） | 787.8 | 828.4 | 853.1 |
| 初馏点/℃ | 143 | 179 | 219 |
| 2%馏出温度/℃ | 151 | 192 | 240 |
| 5%馏出温度/℃ | 163 | 214 | 260 |
| 10%馏出温度/℃ | 166 | 223 | 274 |
| 50%馏出温度/℃ | 181 | 253 | 316 |
| 90%馏出温度/℃ | 207 | 283 | 346 |
| 95%馏出温度/℃ | 215 | 291 | 353 |
| 97%馏出温度/℃ | 221 | 295 | 355 |
| 终馏点/℃ | 229 | 301 | 359 |
| 全馏/% | 99 | 99.1 | 99.2 |

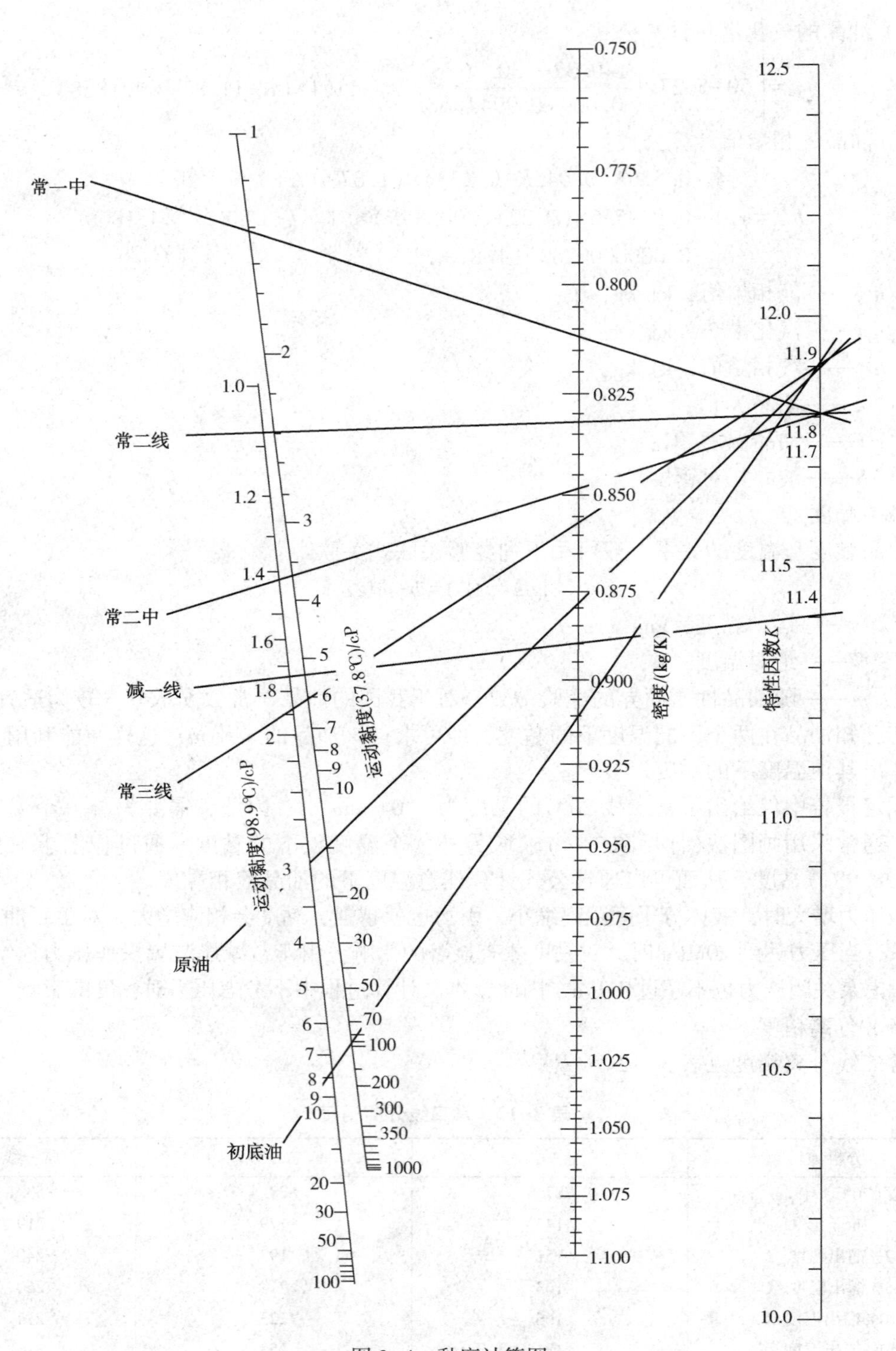


图 3-4　黏度计算图

由标定报告数据可知：常二线 D865%点温度-常一线 D8695%点温度=214-215=-1℃，常三线 D865%点温度-常二线 D8695%点温度=260-291=-31℃。

常一线出航煤组分，常二线出柴油组分，对常一线常二线间的分离有一定的要求。目前常二线与常一线重叠度只有 1℃，达到了较好的分离效果。

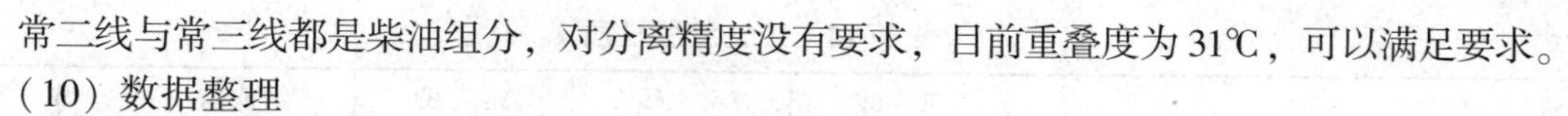


常二线与常三线都是柴油组分，对分离精度没有要求，目前重叠度为31℃，可以满足要求。

（10）数据整理

按照上述公式及计算方法，对常减压装置的主要工艺物流进行计算，获取主要物性，为后续工艺计算做好准备。工艺流股性质见表3-13~表3-19。

**表3-13 工艺流股性质**

| 项目 | | | 原油 | 初顶~石脑油 | 初底油 | 常顶一级油 | 常顶二级油 |
|---|---|---|---|---|---|---|---|
| 密度/(kg/m³) | | | 871.9 | 699.2 | 914.4 | 733.1 | 690.8 |
| 恩氏蒸馏/℃ | 初馏点 | | | | 133 | 51 | |
| | 5%馏出温度 | | 101 | 41 | 198 | 78 | 34 |
| | 10%馏出温度 | | 147 | 51 | 258 | 86 | 39 |
| | 30%馏出温度 | | 267 | 74 | 372 | 100 | 60 |
| | 50%馏出温度 | | 385 | 92 | 459 | 112 | 72 |
| | 70%馏出温度 | | 495 | 105 | 541 | 121 | 92 |
| | 90%馏出温度 | | 669 | 134 | 648 | 136 | 117 |
| | 95%馏出温度 | | | 142 | 718 | 144 | 130 |
| | 终馏点 | | | 154 | 778 | 174 | 145 |
| 相对密度 | $d_4^{20}$ | | 0.872 | 0.699 | 0.914 | 0.733 | 0.691 |
| | $d_{15.6}^{15.6}$ | | 0.876 | 0.704 | 0.918 | 0.738 | 0.696 |
| *API* | | | 30.0 | 69.4 | 22.6 | 60.2 | 71.8 |
| 斜率(90%~10%) | | | 6.525 | 1.038 | 4.875 | 0.625 | 0.975 |
| 平均沸点 | 体积平均沸点 $t_v$ | ℃ | 392.6 | 91.2 | 455.6 | 111.0 | 76.0 |
| | | K | 665.8 | 364.4 | 728.8 | 384.2 | 349.2 |
| | | °F | 738.7 | 196.2 | 852.1 | 231.8 | 168.8 |
| | | °R | 1198.4 | 655.8 | 1311.8 | 691.5 | 628.5 |
| | 质量平均沸点 $t_w$ | ℃ | 416.0 | 94.0 | 466.9 | 112.4 | 78.7 |
| | | K | 689.1 | 367.1 | 740.0 | 385.5 | 351.9 |
| | | °F | 780.8 | 201.1 | 872.3 | 234.3 | 173.7 |
| | | °R | 1240.4 | 660.8 | 1332.0 | 693.9 | 633.3 |
| | 实分子平均沸点 $t_m$ | ℃ | 221.6 | 80.6 | 371.3 | 105.3 | 65.9 |
| | | K | 494.8 | 353.7 | 644.5 | 378.4 | 339.1 |
| | | °F | 431.0 | 177.1 | 700.4 | 221.5 | 150.6 |
| | | °R | 890.6 | 636.7 | 1160.1 | 681.2 | 610.3 |
| | 立方平均沸点 $T_{cu}$ | ℃ | 357.2 | 88.5 | 439.6 | 109.5 | 73.4 |
| | | K | 630.3 | 361.7 | 712.7 | 382.6 | 346.5 |
| | | °F | 674.9 | 191.3 | 823.2 | 229.1 | 164.0 |
| | | °R | 1134.6 | 651.0 | 1282.9 | 688.7 | 623.7 |
| | 中平均沸点 $t_{Me}$ | ℃ | 293.5 | 84.5 | 406.5 | 107.4 | 69.6 |
| | | K | 566.7 | 357.7 | 679.7 | 380.5 | 342.8 |
| | | °F | 560.3 | 184.1 | 763.7 | 225.3 | 157.3 |
| | | °R | 1020.0 | 643.8 | 1223.4 | 684.9 | 617.0 |
| | 中平均沸点 $t_{Me}$ | ℃ | 289.4 | 84.6 | 405.5 | 107.4 | 69.6 |

表 3-14　工艺流股性质 1

| 项目 | | | 常一线 | 常二线 | 常三线 | 常顶循 | 常一中 |
| --- | --- | --- | --- | --- | --- | --- | --- |
| 密度/(kg/m$^3$) | | | 787.8 | 828.4 | 853.1 | 766.3 | 807.2 |
| 恩氏蒸馏/℃ | 初馏点 | | 143 | 179 | 219 | | |
| | 5%馏出温度 | | 163 | 214 | 260 | 118 | 189 |
| | 10%馏出温度 | | 166 | 223 | 274 | 122 | 193 |
| | 30%馏出温度 | | 178 | 241.4 | 300 | 128 | 204 |
| | 50%馏出温度 | | 181 | 253 | 316 | 130 | 211 |
| | 70%馏出温度 | | 195 | 266.1 | 333 | 139 | 217 |
| | 90%馏出温度 | | 207 | 283 | 346 | 142 | 227 |
| | 95%馏出温度 | | 215 | 291 | 353 | 146 | 233 |
| | 终馏点馏出温度 | | 229 | 301 | 359 | 161 | 250 |
| 相对密度 | $d_4^{20}$ | | 0.788 | 0.828 | 0.853 | 0.766 | 0.807 |
| | $d_{15.6}^{15.6}$ | | 0.792 | 0.8327 | 0.857 | 0.771 | 0.812 |
| *API* | | | 47.1 | 38.4 | 33.6 | 52.0 | 42.8 |
| 斜率(90%~10%) | | | 0.513 | 0.750 | 0.900 | 0.250 | 0.425 |
| 平均沸点 | 体积平均沸点 $t_v$ | ℃ | 185.4 | 253.3 | 313.8 | 132.2 | 210.4 |
| | | K | 458.6 | 526.5 | 587.0 | 405.4 | 483.6 |
| | | ℉ | 365.7 | 487.9 | 596.8 | 270.0 | 410.7 |
| | | °R | 825.4 | 947.6 | 1056.5 | 729.6 | 870.4 |
| | 质量平均沸点 $t_w$ | ℃ | 186.3 | 254.4 | 314.9 | 132.7 | 211.0 |
| | | K | 459.4 | 527.5 | 588.1 | 405.8 | 484.2 |
| | | ℉ | 367.3 | 489.9 | 598.9 | 270.9 | 411.9 |
| | | °R | 826.9 | 949.5 | 1058.6 | 730.5 | 871.6 |
| | 实分子平均沸点 $t_m$ | ℃ | 181.2 | 247.6 | 307.2 | 129.8 | 207.0 |
| | | K | 454.4 | 520.7 | 580.4 | 402.9 | 480.2 |
| | | ℉ | 358.2 | 477.6 | 585.0 | 265.6 | 404.6 |
| | | °R | 817.9 | 937.3 | 1044.7 | 725.3 | 864.3 |
| | 立方平均沸点 $T_{cu}$ | ℃ | 184.3 | 252.0 | 312.4 | 131.5 | 209.5 |
| | | K | 457.5 | 525.2 | 585.6 | 404.6 | 482.7 |
| | | ℉ | 363.8 | 485.6 | 594.4 | 268.6 | 409.2 |
| | | °R | 823.5 | 945.3 | 1054.0 | 728.3 | 868.8 |
| | 中平均沸点 $t_{Me}$ | ℃ | 182.8 | 249.7 | 309.8 | 130.7 | 208.3 |
| | | K | 455.9 | 522.9 | 582.9 | 403.8 | 481.4 |
| | | ℉ | 361.0 | 481.5 | 589.6 | 267.2 | 406.9 |
| | | °R | 820.6 | 941.2 | 1049.2 | 726.9 | 866.6 |
| | 中平均沸点 $t_{Me}$ | ℃ | 182.8 | 249.8 | 309.8 | 130.6 | 208.3 |

**表 3-15 工艺流股性质 2**

| 项目物料 | | | 常二中 | 常渣 | 减顶油 | 减一线 | 减二线 | 减三线 | 减渣 |
|---|---|---|---|---|---|---|---|---|---|
| 密度/(kg/m$^3$) | | | 842.3 | 950.7 | 859.9 | 885.3 | 899.1 | 914.9 | 988.3 |
| 恩氏蒸馏/℃ | 初馏点 | | | | | | | | |
| | 5%馏出温度 | | 249 | 366 | 148 | 281 | 357 | 398 | 506 |
| | 10%馏出温度 | | 257 | 402 | 178 | 286 | 362 | 415 | 533 |
| | 30%馏出温度 | | 275 | 463 | 221 | 302 | 370 | 435 | 572 |
| | 50%馏出温度 | | 287 | 507 | 240 | 313 | 390 | 452 | 606 |
| | 70%馏出温度 | | 295 | 565 | 256 | 325 | 405 | 478 | 659 |
| | 90%馏出温度 | | 311 | 677 | 278 | 341 | 443 | 503 | 870.0 |
| | 95%馏出温度 | | 318 | 722 | 290 | 349 | 468 | 516 | 919.0 |
| | 终馏点 | | 327 | 762 | 295 | 356 | 491 | 527 | |
| 相对密度 | $d_4^{20}$ | | 0.842 | 0.951 | 0.860 | 0.885 | 0.899 | 0.915 | 0.988 |
| | $d_{15.6}^{15.6}$ | | 0.847 | 0.954 | 0.864 | 0.889 | 0.903 | 0.919 | 0.992 |
| *API* | | | 35.6 | 16.8 | 32.3 | 27.6 | 25.2 | 22.5 | 11.2 |
| 斜率(90%-10%) | | | 0.675 | 3.438 | 1.250 | 0.688 | 1.013 | 1.100 | 4.213 |
| 平均沸点 | 体积平均沸点 $t_v$ | ℃ | 285.0 | 522.8 | 234.6 | 313.4 | 394.0 | 456.6 | 648.0 |
| | | K | 558.2 | 796.0 | 507.8 | 586.6 | 667.2 | 729.8 | 921.2 |
| | | ℉ | 545.0 | 973.0 | 454.3 | 596.1 | 741.2 | 853.9 | 1198.4 |
| | | °R | 1004.7 | 1432.7 | 914.0 | 1055.8 | 1200.9 | 1313.6 | 1658.1 |
| | 质量平均沸点 $t_w$ | ℃ | 285.9 | 527.9 | 236.8 | 314.2 | 395.1 | 457.6 | 653.6 |
| | | K | 559.0 | 801.0 | 509.9 | 587.4 | 668.2 | 730.8 | 926.7 |
| | | ℉ | 546.6 | 982.2 | 458.2 | 597.6 | 743.1 | 855.7 | 1208.5 |
| | | °R | 1006.2 | 1441.9 | 917.9 | 1057.3 | 1202.8 | 449.4 | 1668.1 |
| | 实分子平均沸点 $t_m$ | ℃ | 280.1 | 483.3 | 223.7 | 308.6 | 387.1 | 449.4 | 596.1 |
| | | K | 553.3 | 756.5 | 496.8 | 581.7 | 660.2 | 1722.5 | 869.2 |
| | | ℉ | 536.2 | 902.0 | 434.6 | 587.4 | 728.7 | 840.9 | 1104.9 |
| | | °R | 995.9 | 1361.6 | 894.3 | 1047.1 | 1188.4 | 1300.6 | 1564.6 |
| | 立方平均沸点 $t_{cu}$ | ℃ | 283.9 | 515.7 | 232.3 | 312.3 | 392.6 | 455.2 | 638.9 |
| | | K | 557.1 | 788.9 | 505.4 | 585.5 | 665.8 | 728.4 | 912.0 |
| | | ℉ | 543.0 | 960.3 | 450.1 | 594.2 | 738.7 | 851.4 | 1182.0 |
| | | °R | 1002.7 | 1420.0 | 909.8 | 1053.9 | 1198.4 | 1311.1 | 1641.6 |
| | 中平均沸点 $t_{Me}$ | ℃ | 282.0 | 499.7 | 227.8 | 310.4 | 389.8 | 452.2 | 618.1 |
| | | K | 555.1 | 772.8 | 501.0 | 583.6 | 662.9 | 725.4 | 891.2 |
| | | ℉ | 539.5 | 931.4 | 442.1 | 590.7 | 733.6 | 846.0 | 1144.5 |
| | | °R | 999.2 | 1391.1 | 901.8 | 1050.4 | 1193.3 | 1305.7 | 1604.2 |
| | 中平均沸点 $t_{Me}$ | ℃ | 282.0 | 499.5 | 228.0 | 310.5 | 389.8 | 452.3 | 617.5 |

**表 3-16 工艺流股性质 3**

| 项目 | | 原油 | 初顶石脑油 | 初底油 | 常顶一级油 | 常顶二级油 |
|---|---|---|---|---|---|---|
| 特性因数 $K$ | UoP | 12.1 | 12.3 | 11.9 | 12.0 | 12.3 |
| | Watson | 11.5 | 12.3 | 11.6 | 11.9 | 12.2 |
| 平均相对分子质量 | | 226.9 | 97.4 | 345.2 | 106.3 | 90.4 |
| 真临界温度 $t_c$ | ℃ | 552.2 | 261.6 | 592.5 | 288.6 | 245.0 |
| | K | 753.1 | 530.5 | 850.5 | 559.4 | 514.5 |
| | ℃ | 488.8 | 255.1 | 571.0 | 285.1 | 238.7 |
| 假临界温度 $t_{c'}$ | °R | 1375.8 | 959.4 | 1562.4 | 1013.1 | 930.0 |
| | ℃ | 491.2 | 259.9 | 594.8 | 289.7 | 243.5 |
| 假临界压力 $p_{c'}$/MPa | | 1.801 | 3.054 | 1.301 | 2.967 | 3.249 |
| 真临界压力 $p_{c'}$/MPa | | 3.139 | 3.512 | 1.446 | 3.316 | 3.730 |
| 偏心因子 | | 0.405 | 0.338 | 0.817 | 0.368 | 0.316 |
| 焦点温度/℃ | | 593.9 | 331.6 | 60.8 | 333.2 | 317.5 |
| 焦点压力/atm | | 40.6 | 65.2 | 19.7 | 49.4 | 72.8 |
| 焦点压力/MPa | | 4.113 | 6.607 | 1.999 | 5.010 | 7.380 |
| 实沸点蒸馏/℃ | 初馏点 | 74.0 | 18.3 | 164.2 | 52.6 | 11.7 |
| | 馏出温度 | 129.5 | 30.3 | 246.7 | 66.2 | 18.1 |
| | 30%馏出温度 | 251.5 | 57.8 | 358.2 | 83.6 | 43.9 |
| | 50%%馏出温度 | 392.4 | 92.3 | 468.6 | 112.7 | 71.9 |
| | 70%馏出温度 | 514.2 | 108.3 | 562.4 | 124.8 | 94.9 |
| | 90%馏出温度 | 696.8 | 142.2 | 675.0 | 144.2 | 124.7 |
| | 95%馏出温度 | -0.6 | 147.3 | 762.1 | 149.4 | 134.7 |
| | 终馏点馏出温度 | -0.6 | 159.9 | 827.1 | 180.9 | 150.4 |
| 实沸点蒸馏/℃ | 初馏点 | 74.1 | 18.3 | 164.3 | 52.7 | 11.8 |
| | 10%馏出温度 | 129.5 | 30.3 | 246.7 | 66.2 | 18.1 |
| | 30%馏出温度 | 264.4 | 65.9 | 373.8 | 92.4 | 51.7 |
| | 50%馏出温度 | 391.8 | 92.0 | 467.9 | 112.3 | 71.6 |
| | 70%馏出温度 | 514.2 | 108.3 | 562.5 | 124.8 | 94.9 |
| | 90%馏出温度 | 697.2 | 142.3 | 675.3 | 144.4 | 124.8 |
| | 95%馏出温度 | -0.6 | 147.3 | 762.2 | 149.4 | 134.7 |

**表 3-17 工艺流股性质 4**

| 项目 | | 常一线 | 常二线 | 常三线 | 常顶循 | 常一中 |
|---|---|---|---|---|---|---|
| 特性因数 $K$ | UoP | 11.8 | 11.8 | 11.9 | 11.7 | 11.8 |
| | Watson | 11.8 | 11.8 | 11.8 | 11.7 | 11.7 |
| 平均相对分子质量 | | 148.2 | 195.8 | 249.9 | 115.9 | 164.5 |
| 真临界温度 $t_c$ | ℃ | 373.4 | 444.1 | 497.5 | 317.5 | 401.4 |
| | K | 639.4 | 705.3 | 758.8 | 588.6 | 665.9 |
| | ℃ | 371.0 | 441.2 | 494.7 | 316.0 | 399.6 |
| 假临界温度 $t_{c'}$ | °R | 1161.8 | 1285.9 | 1387.6 | 1066.9 | 1211.5 |
| | ℃ | 372.3 | 441.3 | 497.7 | 319.6 | 399.9 |

续表

| 项目 | | 常一线 | 常二线 | 常三线 | 常顶循 | 常一中 |
|---|---|---|---|---|---|---|
| 假临界压力 $P_{c'}$/MPa | | 2.341 | 1.916 | 1.580 | 2.876 | 2.187 |
| 真临界压力 $P_c$/MPa | | 2.669 | 2.211 | 1.780 | 3.186 | 2.501 |
| 偏心因子 | | 0.462 | 0.551 | 0.664 | 0.392 | 0.493 |
| 焦点温度/℃ | | 400.1 | 470.3 | 520.2 | 336.2 | 421.5 |
| 焦点压力/atm | | 33.9 | 28.2 | 22.6 | 37.0 | 30.1 |
| 焦点压力/MPa | | 3.436 | 2.861 | 2.290 | 3.753 | 3.048 |
| 实沸点蒸馏温度/℃ | 初馏点 | 131.7 | 179.1 | 221.9 | 89.8 | 155.8 |
| | 10% | 149.4 | 209.5 | 263.8 | 103.4 | 177.8 |
| | 30% | 161.7 | 225.6 | 285.0 | 111.6 | 187.9 |
| | 50% | 183.1 | 256.8 | 321.4 | 131.0 | 213.8 |
| | 70% | 201.4 | 275.2 | 344.8 | 143.4 | 224.2 |
| | 90% | 217.5 | 296.1 | 361.3 | 150.4 | 238.2 |
| | 95% | 224.1 | 304.4 | 370.3 | 151.5 | 243.1 |
| | 终馏点 | 238.8 | 315.0 | 376.7 | 167.2 | 261.0 |
| 实沸点蒸馏温度/℃ | 初馏点 | 131.8 | 179.2 | 222.0 | 89.9 | 155.9 |
| | 10% | 149.3 | 209.4 | 263.8 | 103.4 | 177.7 |
| | 30% | 172.4 | 237.9 | 298.7 | 121.1 | 199.2 |
| | 50% | 182.7 | 256.3 | 320.9 | 130.7 | 213.4 |
| | 70% | 201.4 | 275.2 | 344.9 | 143.4 | 224.2 |
| | 90% | 217.7 | 296.3 | 361.6 | 150.6 | 238.4 |
| | 95% | 224.1 | 304.5 | 370.4 | 151.5 | 243.1 |

**表 3-18 工艺流股性质 5**

| 项目 | | 常二中 | 常渣 | 减顶油 | 减一线 | 减二线 | 减三线 | 减渣 |
|---|---|---|---|---|---|---|---|---|
| 特性因数 $K$ | UoP | 11.8 | 11.8 | 11.2 | 11.4 | 11.8 | 11.9 | 11.9 |
| | Watson | 11.8 | 11.7 | 11.2 | 11.4 | 11.7 | 11.9 | 11.8 |
| 平均相对分子质量 | | 223.5 | 464.3 | 170.3 | 240.5 | 329.9 | 412.4 | 645.0 |
| 真临界温度 $t_c$ | ℃ | 473.2 | 618.7 | 438.3 | 507.1 | 560.6 | 593.0 | 621.5 |
| | K | 734.4 | 928.7 | 697.7 | 770.4 | 832.9 | 882.2 | 1022.8 |
| | ℃ | 470.9 | 613.4 | 432.5 | 505.0 | 558.3 | 591.3 | 625.3 |
| 假临界温度 $t_{c'}$ | R | 1341.3 | 1712.8 | 1269.1 | 1408.6 | 1528.7 | 1622.3 | 1893.6 |
| | ℃ | 472.0 | 678.4 | 431.9 | 509.4 | 576.1 | 628.1 | 778.8 |
| 假临界压力 $p_{c'}$/MPa | | 1.727 | 1.046 | 2.323 | 1.747 | 1.318 | 1.090 | 0.809 |
| 真临界压力 $p_c$/MPa | | 1.967 | 0.818 | 2.760 | 1.940 | 1.339 | 0.982 | 0.365 |
| 偏心因子 | | 0.610 | 1.540 | 0.470 | 0.637 | 0.875 | | |
| 焦点温度/℃ | | 494.0 | 635.5 | 479.2 | 525.5 | 577.2 | 605.5 | 627.3 |
| 焦点压力/atm | | 24.3 | 11.0 | 37.2 | 23.4 | 16.6 | 12.1 | 4.7 |
| 焦点压力/MPa | | 2.465 | 1.110 | 3.767 | 2.367 | 1.682 | 1.226 | 0.476 |

续表

| 项目 | | 常二中 | 常渣 | 减顶油 | 减一线 | 减二线 | 减三线 | 减渣 |
|---|---|---|---|---|---|---|---|---|
| 实沸点蒸馏温度/℃ | 初馏点 | 211.6483 | 320.5029 | 117.7163 | 241.4163 | 312.128 | 350.2819 | 450.805 |
| | 10% | 245.637 | 402.0646 | 161.9644 | 276.6447 | 358.5784 | 416.2483 | 546.0495 |
| | 30% | 259.6063 | 451.357 | 205.009 | 286.9925 | 356.2023 | 422.6513 | 563.5325 |
| | 50% | 291.6741 | 518.0994 | 243.4862 | 318.3621 | 397.5185 | 461.3874 | 620.3805 |
| | 70% | 305.2479 | 587.6454 | 264.6797 | 336.4972 | 419.9977 | 496.3874 | 686.4867 |
| | 90% | 325.1003 | 705.1345 | 290.9443 | 356.1696 | 461.9253 | 524.2134 | 906.2361 |
| | 95% | 333.0885 | 766.4395 | 303.3801 | 366.0381 | 493.0415 | 544.4823 | 980.2456 |
| | 终馏点 | 342.6483 | 809.7392 | 308.6814 | 373.4866 | 517.6759 | 556.2867 | -0.59927 |
| 实沸点蒸馏温度/℃ | 初馏点 | 211.7691 | 320.6547 | 117.811 | 241.5456 | 312.2774 | 350.4423 | 450.9947 |
| | 10% | 245.6003 | 402.0151 | 161.9344 | 276.6055 | 358.5325 | 416.1976 | 545.9878 |
| | 30% | 272.7095 | 469.1691 | 216.771 | 300.7683 | 371.6779 | 439.7586 | 584.0985 |
| | 50% | 291.1814 | 517.4197 | 243.0338 | 317.8472 | 396.9381 | 460.7402 | 619.6172 |
| | 70% | 305.2808 | 587.6977 | 264.7099 | 336.5322 | 420.0383 | 496.4333 | 686.546 |
| | 90% | 325.3061 | 705.4924 | 291.1368 | 356.3875 | 462.1849 | 524.4978 | 906.6774 |
| | 95% | 333.1417 | 766.5362 | 303.4305 | 366.0946 | 493.1105 | 544.5564 | 980.3644 |

**表 3-19 工艺流股性质 6** ℃

| 项目 | | 初底油 | 常顶一级油 | 常顶二级油 | 常一线 | 常二线 | 常三线 |
|---|---|---|---|---|---|---|---|
| 平衡汽化曲线公式法 | 初馏点 | 252.8 | 100.9 | 52.7 | 189.9 | 246.1 | 294.2 |
| | 10%馏出温度 | 285.8 | 101.4 | 52.1 | 184.5 | 244.1 | 296.7 |
| | 30%馏出温度 | 395.0 | 100.0 | 57.2 | 183.3 | 251.7 | 314.9 |
| | 50%馏出温度 | 453.7 | 99.8 | 55.2 | 173.6 | 247.3 | 308.7 |
| | 70%馏出温度 | 492.0 | 105.9 | 67.3 | 182.7 | 253.1 | 312.8 |
| | 90%馏出温度 | 560.5 | 112.5 | 77.3 | 189.9 | 265.2 | 323.1 |
| | 终馏点馏出温度 | 644.8 | 127.7 | 86.0 | 195.8 | 269.7 | 325.7 |
| 平衡汽化曲线查图法 | 初馏点馏出温度 | 231.0 | 73.0 | 72.0 | 153.0 | 235.4 | 290.0 |
| | 10%馏出温度 | 303.0 | 89.0 | 72.0 | 172.0 | 242.4 | 305.0 |
| | 30%馏出温度 | 387.0 | 97.0 | 72.0 | 178.0 | 249.4 | 317.0 |
| | 50%馏出温度 | 453.0 | 105.0 | 72.0 | 179.0 | 256.0 | 325.0 |
| | 70%馏出温度 | 511.0 | 108.0 | 72.0 | 185.0 | 261.8 | 333.0 |
| | 90%馏出温度 | 581.0 | 116.0 | 72.0 | 190.0 | 270.0 | 338.1 |
| | 终馏点馏出温度 | 656.0 | 132.0 | 72.0 | 197.0 | 275.5 | 341.6 |

## 二、物料平衡

(一) 物料平衡

(1) 粗物料平衡

按照标定报告中原油馏程数据(标定报告部分，表 1-1~表 1-6)及各侧线产品的实沸点蒸馏数据(装置计算部分，表 3-13 ~表 3-19)可知，本次常减压拔出产品中：

石脑油与柴油的切割温度：

$$t_{石脑油}=(t_{100}^{石脑油}+t_{0}^{柴油})/2=(180.9+131.7)/2=156.3(℃)$$

柴油与蜡油的切割温度：

$$t_{柴油}=(t_{100}^{柴油}+t_0^{蜡油})/2=(376.7+312.1)/2=344.4(℃)$$

蜡油与减压渣油的切割温度：

$$t_{蜡油}=(t_{100}^{蜡油}+t_0^{减渣})/2=(556.2+451.0)/2=503.6(℃)$$

根据以上数据作图如图 3-5 所示。

根据原油蒸馏数据可知，石脑油质量收率约为 10.0%，柴油质量收率约为 34.3%，蜡油质量收率约为 27.8%，减压渣油质量收率约为 27.9%，按上述收率做出装置粗物料平衡见表 3-20。

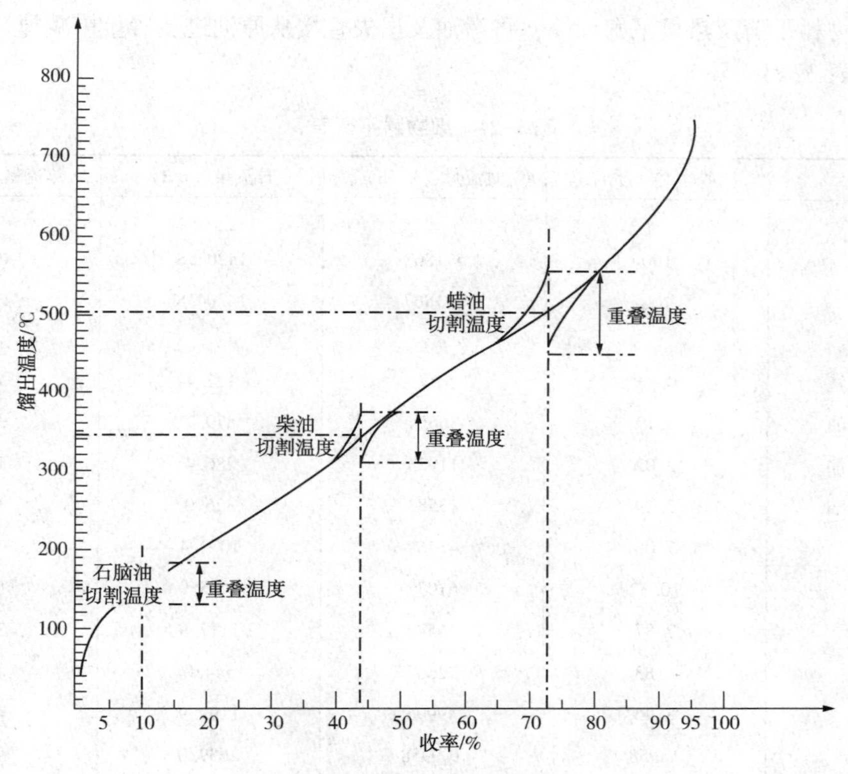


图 3-5 石油馏分切割温度图

**表 3-20 粗物料平衡表**

| 名称 | 计算收率/%(质) | 时流量/(kg/h) | 日流量/(t/d) | 年流量/($10^4$t/a) | 标定收率/%(质) |
|---|---|---|---|---|---|
| 原料 | | | | | |
| 原油 | 100 | 592546 | 14221.1 | 497.7 | |
| 总计 | 100 | 592546 | 14221.1 | 497.7 | |
| 产　品 | | | | | |
| 石脑油 | 10.00 | 59255 | 1422.1 | 49.8 | 10.5 |
| 柴油 | 34.30 | 203243 | 4877.8 | 170.7 | 29.08 |
| 蜡油 | 27.80 | 164728 | 3953.5 | 138.4 | 27.03 |
| 减压渣油 | 27.90 | 165320 | 3967.7 | 138.9 | 32.53 |
| 合计 | 100.00 | 592546 | 14221.1 | 497.7 | 100 |

由表 3-20 可知，计算所得粗物料平衡与实际标定数据在柴油和减压渣油收率上存在一定差距，主要是选用的计算方程算出的计算结果与实际情况有所偏离。

(2) 细物料平衡

由于前述计算的粗物料平衡与实际情况存在一定差距，故后续计算涉及物料平衡的数据仍以标定数据为主要计算基础。

根据标定报告中分析，加工损失主要为电脱盐罐 V 101A、初顶回流罐 V102、常顶回流罐 V103、减顶油水分离罐 V105 切水含油，其中 V102、V103 切水进 V130 进行沉降后污油进行回收，故装置加工实际损失能控制在 0.4t/h。

为后续物料平衡及热量平衡计算，将污油及损失直接从原油进装置量中减掉。整理后细物料平衡见表 3-21。

**表 3-21　细物料平衡表**

| 名称 | 收率/%(质) | 时流量/(kg/h) | 日流量/(t/d) | 年流量/($10^4$t/a) |
|---|---|---|---|---|
| 原料 | | | | |
| 原油 | 100 | 591867 | 14204.8 | 497.2 |
| 总计 | 100 | 591867 | 14204.8 | 497.2 |
| 产　品 | | | | |
| 三顶不凝气 | 0.86 | 5100 | 122.4 | 4.3 |
| 初顶石脑油 | 6.19 | 36654 | 879.7 | 30.8 |
| 常顶一级油 | 2.02 | 11933 | 286.4 | 10.0 |
| 常顶二级油 | 2.29 | 13583 | 326.0 | 11.4 |
| 常一线 | 7.06 | 41767 | 1002.4 | 35.1 |
| 常二线 | 10.32 | 61079 | 1465.9 | 51.3 |
| 常三线 | 7.87 | 46579 | 1117.9 | 39.1 |
| 减一线 | 3.83 | 22667 | 544.0 | 19.0 |
| 减二线 | 8.45 | 49996 | 1199.9 | 42.0 |
| 减三线 | 18.58 | 109958 | 2639.0 | 92.4 |
| 减压渣油 | 32.53 | 192550 | 4621.2 | 161.7 |
| 总计 | 100.00 | 591867 | 14204.8 | 497.2 |

(3) 水平衡

装置水平衡见表 3-22。

**表 3-22　水平衡表**

| 项目 | 物流 | 流量/(kg/h) | 含水率/%(质) | 含水量/(kg/h) |
|---|---|---|---|---|
| 入方 | 原油 | 591867 | 0.15 | 888 |
| | 三注用水 | 340 | 100 | 340 |
| | 抽空蒸汽 | 4920 | 100 | 4920 |
| | 减压炉注气 | 260 | 100 | 260 |
| | 常压塔汽提蒸汽 | 5700 | 100 | 5700 |
| | 合计 | | | 12108 |

续表

| 项目 | 物流 | 流量/(kg/h) | 含水率/%(质) | 含水量/(kg/h) |
|---|---|---|---|---|
| 出方 | 干气 | 5100 | 8.18 | 417.1 |
| | 初顶石脑油 | 36654 | 0.81 | 296.1 |
| | 常顶一级油 | 11933 | 0.53 | 62.6 |
| | 常顶二级油 | 13583 | 0.83 | 112.1 |
| | 含硫污水 | 11650 | 100 | 11220 |
| | 合计 | | | 12108 |

(4) 干基平衡

从各工艺物流中减去所含水分，列出物料干基平衡，见表3-23。

**表3-23 干基物料平衡表**

| 名称 | 收率/%(质) | 时流量/(kg/h) | 日流量/(t/d) | 年流量/($10^4$t/a) |
|---|---|---|---|---|
| 原料 | | | | |
| 原油 | 100 | 590979 | 14183.5 | 496 |
| 总计 | 100 | 590979 | 14183.5 | 496 |
| 产　品 | | | | |
| 三顶不凝气 | 0.79 | 4683 | 112.4 | 4 |
| 初顶石脑油 | 6.15 | 36358 | 872.6 | 31 |
| 常顶一级油 | 2.01 | 11871 | 284.9 | 10 |
| 常顶二级油 | 2.28 | 13471 | 323.3 | 11 |
| 常一线 | 7.07 | 41767 | 1002.4 | 35 |
| 常二线 | 10.34 | 61079 | 1465.9 | 51 |
| 常三线 | 7.88 | 46579 | 1117.9 | 39 |
| 减一线 | 3.84 | 22667 | 544.0 | 19 |
| 减二线 | 5.95 | 35167 | 844.0 | 30 |
| 减三线 | 21.12 | 124788 | 2994.9 | 105 |
| 减压渣油 | 32.58 | 192550 | 4621.2 | 162 |
| 总计 | 100.00 | 590979 | 14183.5 | 496 |

(二) 硫平衡

原油中的硫含量为0.94%，属于含硫原油。

馏分油中的硫主要存在于重质馏分中，随着馏分变重，馏分的硫含量也大幅度增加；蜡油和渣油的总硫分布高达70%(质)以上，原油中所有硫化物都将进入二次加工过程中。

原油中的硫化合物类型主要有元素硫、硫醇、硫醚、烷基硫醚、环烷基硫醚、噻吩、烷基噻吩和芳香基噻吩等，其中前5种硫化物可称为活泼硫，能与装置材料直接发生腐蚀作用，主要存在于轻质馏分中。而硫醚、噻吩以它们原始的形态不与装置发生腐蚀反应，因此称它们为非活性硫。然而，在高温和催化环境下，硫醚和噻吩类硫化合物可能分解成硫化氢等活性硫，此时，它们同样会对装置产生腐蚀作用。噻吩类硫化物主要存在于重质馏分中，馏分越重，噻吩类硫化物的比例也越高。硫分布平衡见表3-24。

表 3-24 硫分布平衡表

| 项目 | 标定流量/(kg/h) | 硫分布 | | 占比/% |
|---|---|---|---|---|
| | | 占比/%(质) | 流量/(kg/h) | |
| 入方 | | | | |
| 原油 | 591867 | 0.94 | 5563.5 | |
| 出方 | | | | |
| 三顶不凝气 | 5100 | 0.0331 | 1.7 | 0.03 |
| 初顶石脑油 | 36654 | 0.0158 | 5.8 | 0.1 |
| 常顶一级油 | 11933 | 0.0252 | 3.0 | 0.05 |
| 常顶二级油 | 13583 | 0.0422 | 5.7 | 0.1 |
| 常一线 | 41767 | 0.0028 | 1.2 | 0.02 |
| 常二线 | 61079 | 0.155 | 94.7 | 1.65 |
| 常三线 | 46579 | 0.495 | 230.6 | 4.03 |
| 减一线 | 22667 | 0.797 | 180.7 | 3.16 |
| 减二线 | 49996 | 0.936 | 468.0 | 8.18 |
| 减三线 | 109958 | 0.945 | 1039.1 | 18.16 |
| 减压渣油 | 192550 | 1.917 | 3691.2 | 64.51 |
| 合计 | | | 5721.5 | |

由表 3-24 可知，硫主要富集在重油中，蜡油占比约 26.34%，减压渣油占比为 64.15%，与研究规律一致。

(三) 氮平衡

装置加工原油氮含量为 0.246%。

通常原油中的平均氮含量约在 0.05%~0.5%，比硫含量约低一个数量级。当原油的氮含量>0.25%时，石油馏分中存在的氮可能会对催化剂有较大的毒害作用。我国大多数原油的含氮量在 0.1%~0.5%之间。

石油馏分中的氮含量随着沸点增加而增加，约 80%以上的氮存在于渣油中。

馏分油中氮的主要影响是使催化剂失活。因为大多数催化剂都具有酸性催化中心，原油中的碱性氮与催化剂接触，中和催化剂的酸性，影响催化剂的作用效果。含氮化合物对油品安定性也有影响。氮平衡情况见表 3-25。

表 3-25 氮平衡表

| 项目 | 标定流量/(kg/h) | 氮含量 | | 占比/% |
|---|---|---|---|---|
| | | 含量/(μg/g) | 流量/(kg/h) | |
| 入方 | | | | |
| 原油 | 591867 | 2467.1 | 1460.2 | |
| 出方 | | | | |
| 三顶不凝气 | 5100 | | 0.0 | |
| 初顶石脑油① | 36654 | 1.9 | 0.07 | 0.02 |
| 常顶一级油① | 11933 | 1.9 | 0.02 | 0.00 |

续表

| 项目 | 标定流量/(kg/h) | 氮含量 | | 占比/% |
|---|---|---|---|---|
| | | 含量/(μg/g) | 流量/(kg/h) | |
| 常顶二级油① | 13583 | 1.9 | 0.03 | 0.01 |
| 常一线 | 41767 | 2.57 | 0.11 | 0.02 |
| 常二线 | 61079 | 22.09 | 1.3 | 0.29 |
| 常三线 | 46579 | 141.8 | 6.6 | 1.44 |
| 减一线 | 22667 | 230.8 | 5.2 | 1.14 |
| 减二线 | 49996 | 439.7 | 22.0 | 4.79 |
| 减三线 | 109958 | 878.5 | 96.6 | 21.04 |
| 减压渣油 | 192550 | 1699 | 327.1 | 71.26 |
| 合计 | | | 459.0 | 100.00 |

①根据《2014年中国石化集团公司炼油生产装置基础数据汇编》中数据估算。

（四）总酸值平衡

原油酸值为0.72 mgKOH/g，属于含酸原油。

有研究表明，在原油蒸馏过程中，各种类型的石油酸都有分解，比较而言，碳数较大的和缺氢数多的石油酸分解较多。馏分油中柴油减渣酸值相对较低，蜡油酸值较高。酸值分布情况见表3-26。

**表3-26 酸值分布表**

| 项目 | 标定流量/(kg/h) | 酸值 | | 占比/% |
|---|---|---|---|---|
| | | mgKOH/g | kgKOH/h | |
| 入方 | | | | |
| 原油 | 591867 | 0.72 | 426.1 | |
| 出方 | | | | |
| 三顶不凝气 | 5100 | | 0.0 | |
| 初顶石脑油① | 36654 | 0.01 | 0.4 | 0.09 |
| 常顶一级油① | 11933 | 0.01 | 0.1 | 0.03 |
| 常顶二级油① | 13583 | 0.01 | 0.1 | 0.03 |
| 常一线 | 41767 | 0.121 | 5.1 | 1.18 |
| 常二线 | 61079 | 0.365 | 22.3 | 5.20 |
| 常三线 | 46579 | 0.468 | 21.8 | 5.08 |
| 减一线 | 22667 | 0.386 | 8.7 | 2.04 |
| 减二线 | 49996 | 1.26 | 63.0 | 14.69 |
| 减三线 | 109958 | 1.34 | 147.3 | 34.37 |
| 减压渣油① | 192550 | 0.83 | 159.8 | 37.28 |
| 合计 | | | 428.7 | |

①根据《高酸原油加工中的酸传递与酸分布》[4]中酸值分布规律估算值。

## 三、分馏塔物料平衡热平衡工艺计算

### （一）常压塔流程图

常压塔流程图见图 3-6。

为简化常压塔计算，将汽提塔作为常压塔相应分馏段内部塔盘处理。

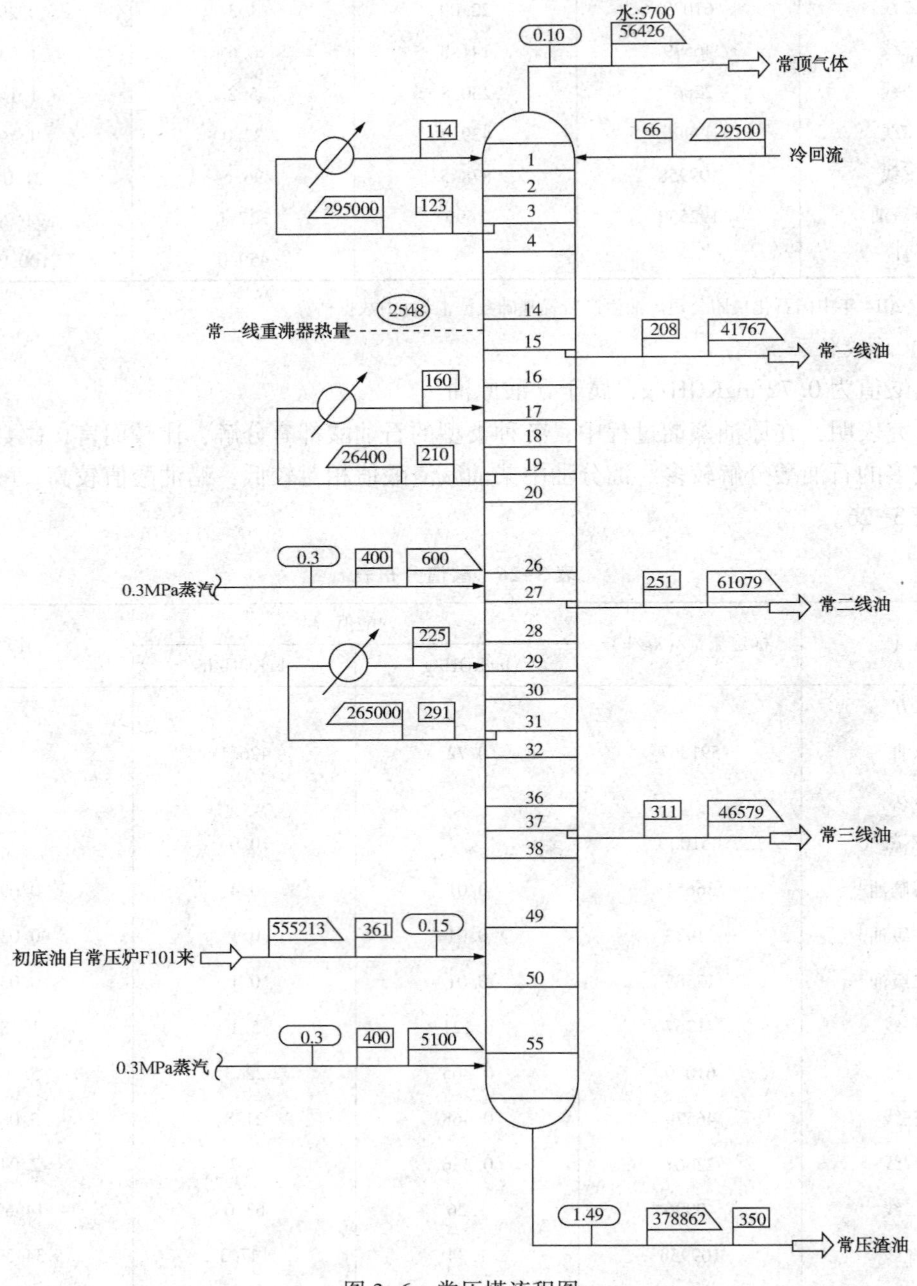


图 3-6　常压塔流程图

### （二）常压塔物料平衡

常压塔物料平衡情况见表 3-27。

**表 3-27　常压塔物料平衡表**

| 名称 | 收率 /%(质) | 时流量/(kg/h) | 日流量/(t/d) | 年流量 /($10^4$t/a) |
|---|---|---|---|---|
| 入方 | | | | |
| 初底油 | 94.0 | 555213 | 13325.1 | 466.4 |
| 塔顶回流 | 5.0 | 29500 | 708.0 | 24.8 |
| 汽提蒸汽 | 1.0 | 5700 | 136.8 | 4.8 |
| 总计 | 100 | 590413 | 14170 | 496 |
| 出方 | | | | |
| 塔顶油气 | 9.56 | 56426 | 1354.2 | 47.4 |
| 常一线 | 7.07 | 41767 | 1002.4 | 35.1 |
| 常二线 | 10.35 | 61079 | 1465.9 | 51.3 |
| 常三线 | 7.89 | 46579 | 1117.9 | 39.1 |
| 常底油 | 64.17 | 378862 | 9092.7 | 318.2 |
| 塔顶含水 | 0.97 | 5700 | 136.8 | 4.8 |
| 总计 | 100.00 | 590413 | 14170 | 496 |

（三）常压塔气液相负荷计算

（1）数据整理

根据物性整理章节部分计算结果，将计算塔盘所需数据摘录，见表 3-28。

**表 3-28　塔盘计算物流物性表**

| 项目 | 收率 | | 摩尔流量/(kmol/h) | $d_4^{20}$ | $M$ | $K$ | 平衡汽化数据 | | | | | | | $p_焦$/atm | $T_焦$/℃ |
|---|---|---|---|---|---|---|---|---|---|---|---|---|---|---|---|
| | 体积收率 | 质量收率 | | | | | 0% | 10% | 30% | 50% | 70% | 90% | 100% | | |
| 初底油 | | | 1824 | 0.914 | 304.4 | 11.9 | | | 258 | 323 | 398 | | | 19.7 | 621 |
| 常顶汽油 | 13.89 | 4.85 | 253 | 0.733 | 106.3 | 12 | 73 | 89 | 97 | 105 | 108 | 116 | 132 | 49.4 | 333.2 |
| 常一线 | 13.88 | 7.52 | 253 | 0.788 | 165 | 11.8 | 178 | 193 | 199 | 204 | 209 | 215 | 221 | 33.9 | 400.1 |
| 常二线 | 17.17 | 11.00 | 313 | 0.828 | 195 | 11.8 | 261 | 267 | 276 | 286 | 292 | 300 | 305 | 28.3 | 469.9 |
| 常三线 | 10.21 | 8.39 | 186 | 0.853 | 250 | 11.9 | 320 | 331 | 337 | 345 | 353 | 358.1 | 361.6 | 22.6 | 520.2 |
| 常渣 | 44.86 | 68.24 | 818 | 0.951 | 463 | 11.8 | | | | | | | | | |

塔顶、塔底的温度和压力采用标定数据作为初值，侧线抽出物流的性质以前文相关计算结果作为初值，其他中间塔盘相应温度、压力、相对分子质量等采用内插法计算初值，计算结果见表 3-29。

**表 3-29　常压塔各塔盘物性初值**

| 抽出段 | 塔盘数 | 压力/kPa(绝) | 温度/℃ | 相对密度 | 密度/(kg/m³) | 相对分子质量 | 液相焓/(kJ/kg) | 气相焓/(kJ/kg) |
|---|---|---|---|---|---|---|---|---|
| 常顶油气 | 1 | 196.00 | 119 | 0.733 | 648.0 | 83.3 | 304.5 | 608.7 |
| | 2 | 197.00 | 121.0 | 0.7495 | 664.9 | 99.6 | 302.9 | 608.9 |

续表

| 抽出段 | 塔盘数 | 压力/kPa(绝) | 温度/℃ | 相对密度 | 密度/(kg/m³) | 相对分子质量 | 液相焓/(kJ/kg) | 气相焓/(kJ/kg) |
|---|---|---|---|---|---|---|---|---|
| 常顶循 | 3 | 198.00 | 123 | 0.766 | 682.0 | 115.9 | 302.8 | 606.9 |
| | 4 | 199.00 | 128.6 | 0.7678 | 679.5 | 118.6 | 318.0 | 614.5 |
| | 5 | 200.00 | 134.2 | 0.7697 | 677.1 | 121.3 | 331.5 | 624.3 |
| | 6 | 201.00 | 139.8 | 0.7715 | 674.7 | 124.0 | 345.2 | 634.2 |
| | 7 | 202.00 | 145.3 | 0.7733 | 672.3 | 126.7 | 359.0 | 644.2 |
| | 8 | 203.00 | 150.9 | 0.7752 | 669.9 | 129.4 | 372.9 | 654.3 |
| | 9 | 204.00 | 156.5 | 0.7770 | 667.6 | 132.1 | 386.9 | 664.6 |
| | 10 | 205.00 | 162.1 | 0.7788 | 665.3 | 134.7 | 400.9 | 675.0 |
| | 11 | 206.00 | 167.7 | 0.7806 | 663.0 | 137.4 | 415.1 | 685.6 |
| | 12 | 207.00 | 173.3 | 0.7825 | 660.7 | 140.1 | 429.4 | 696.3 |
| | 13 | 208.00 | 178.8 | 0.7843 | 658.5 | 142.8 | 443.8 | 707.1 |
| | 14 | 209.00 | 184.4 | 0.7861 | 656.3 | 145.5 | 458.3 | 718.0 |
| 常一线 | 15 | 210.00 | 190 | 0.788 | 654.2 | 148.2 | 472.8 | 729.1 |
| | 16 | 211.00 | 195.0 | 0.7928 | 656.1 | 152.3 | 484.9 | 737.7 |
| | 17 | 212.00 | 200.0 | 0.7975 | 658.1 | 156.4 | 497.1 | 746.4 |
| | 18 | 213.00 | 205.0 | 0.8023 | 660.1 | 160.4 | 509.3 | 755.2 |
| 常一中 | 19 | 214.00 | 210 | 0.807 | 662.2 | 164.5 | 521.5 | 764.1 |
| | 20 | 215.00 | 215.1 | 0.8096 | 661.6 | 168.3 | 534.8 | 774.3 |
| | 21 | 216.00 | 220.3 | 0.8123 | 661.0 | 172.1 | 548.2 | 784.7 |
| | 22 | 217.00 | 225.4 | 0.8149 | 660.4 | 175.9 | 561.7 | 795.1 |
| | 23 | 218.00 | 230.5 | 0.8175 | 659.9 | 179.8 | 575.2 | 805.7 |
| | 24 | 219.00 | 235.6 | 0.8201 | 659.5 | 183.6 | 588.8 | 816.4 |
| | 25 | 220.00 | 240.8 | 0.8228 | 659.0 | 187.4 | 602.4 | 827.1 |
| | 26 | 221.00 | 245.9 | 0.8254 | 658.6 | 191.2 | 616.1 | 838.0 |
| 常二线 | 27 | 222.00 | 251 | 0.828 | 658.3 | 195 | 629.9 | 849.0 |
| | 28 | 223.00 | 258.5 | 0.8315 | 657.3 | 202.1 | 650.3 | 865.4 |
| | 29 | 224.00 | 266.0 | 0.8350 | 656.5 | 209.3 | 670.8 | 882.0 |
| | 30 | 225.00 | 273.5 | 0.8385 | 655.7 | 216.4 | 691.5 | 898.8 |
| 常二中 | 31 | 226.00 | 281 | 0.842 | 655.0 | 223.5 | 712.3 | 915.8 |
| | 32 | 227.00 | 286 | 0.8438 | 653.9 | 227.9 | 726.5 | 927.5 |
| | 33 | 228.00 | 291 | 0.8457 | 652.8 | 232.3 | 740.7 | 939.3 |
| | 34 | 229.00 | 296 | 0.8475 | 651.7 | 236.7 | 755.1 | 951.2 |
| | 35 | 230.00 | 301 | 0.8493 | 650.7 | 241.1 | 769.5 | 963.1 |
| | 36 | 231.00 | 306 | 0.8512 | 649.7 | 245.5 | 783.9 | 975.2 |
| 常三线 | 37 | 232.00 | 311 | 0.853 | 648.7 | 249.9 | 802.8 | 989.4 |
| | 38 | 233.00 | 313.9 | 0.8568 | 651.9 | 256.9 | 805.4 | 993.2 |
| | 39 | 234.00 | 316.8 | 0.8607 | 655.2 | 263.9 | 812.4 | 999.1 |
| | 40 | 235.00 | 319.8 | 0.8645 | 658.5 | 270.9 | 819.4 | 1005.0 |
| | 41 | 236.00 | 322.7 | 0.8683 | 661.8 | 277.9 | 826.3 | 1010.9 |
| | 42 | 237.00 | 325.6 | 0.8721 | 665.2 | 284.9 | 833.3 | 1016.9 |

续表

| 抽出段 | 塔盘数 | 压力/kPa(绝) | 温度/℃ | 相对密度 | 密度/(kg/m³) | 相对分子质量 | 液相焓/(kJ/kg) | 气相焓/(kJ/kg) |
|---|---|---|---|---|---|---|---|---|
| | 43 | 238.00 | 328.5 | 0.8760 | 668.6 | 291.9 | 840.2 | 1022.9 |
| | 44 | 239.00 | 331.4 | 0.8798 | 672.0 | 298.8 | 847.1 | 1028.9 |
| | 45 | 240.00 | 334.3 | 0.8836 | 675.5 | 305.8 | 854.1 | 1035.0 |
| | 46 | 241.00 | 337.3 | 0.8874 | 678.9 | 312.8 | 861.0 | 1041.1 |
| | 47 | 242.00 | 340.2 | 0.8913 | 682.5 | 319.8 | 867.8 | 1047.2 |
| | 48 | 243.00 | 343.1 | 0.8951 | 686.0 | 326.8 | 874.7 | 1053.3 |
| 过汽化段 | 49 | 245.00 | 346 | 0.8989 | 689.6 | 333.8 | 881.6 | 1059.4 |
| 进料段 | | | 355 | 0.8989 | 683.8 | 333.8 | 910.2 | 1084.1 |
| 常渣 | 50 | 246.00 | 350 | 0.951 | 761.6 | 464.3 | 860.0 | |

（2）确定进料段温度

过汽化率按3%考虑，则计算进料段体积汽化分率：

过汽化量 $\Delta E$ = 进料量×过汽化率 = 555213×0.03 = 16656kg/h；

过汽化油摩尔流率 $N_{过}$ = 质量流量/相对分子质量 = 16656/333.8 = 49.90kmol/h；

过汽化油占进料的体积分率 $e_{过}$ = 0.03×0.914/0.8989 = 0.031；

进料段原油体积汽化分率 $e_F$ = 0.1389 + 0.1388 + 0.1717 + 0.1021 + 0.031 = 0.5824 = 58.24%。

计算进料段油气分压：

$$N_{油} = N_{常顶油} + N_{常一线} + N_{常二线} + N_{常三线} + N_{过汽化油} = 253+253+313+186+49.9 = 1055.9(\text{kmol/h})$$

$N_{水}$ = 汽提蒸汽质量流量/相对分子质量 = 5100/18 = 283.3(kmol/h)

$$p_{油} = p_{49} \times \frac{N_{油}}{N_{油}+N_{水}} = 245\times1055.9/(1055.9+283.3) = 193(\text{kPa}) = 1.90(\text{atm})$$

在 $p$-$T$-$e$ 图上根据初底油平衡汽化曲线可以求得进料段温度约为355℃，与初值一致。详见图3-7。

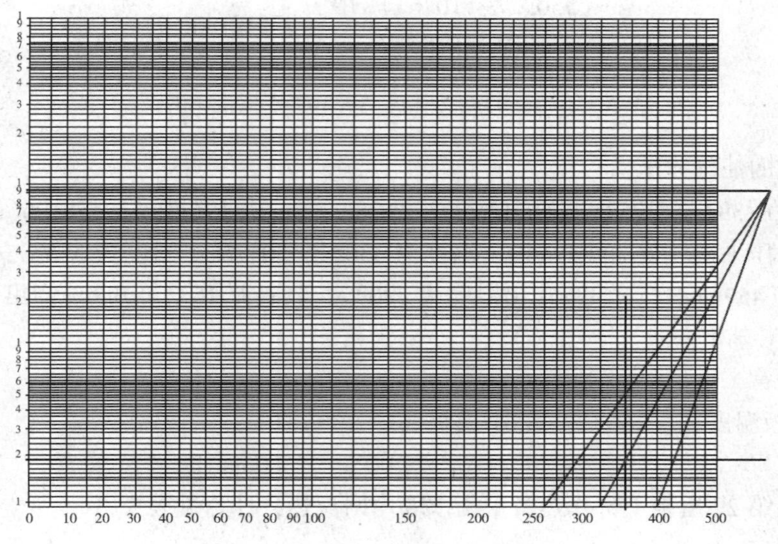


图3-7 初底油平衡汽化曲线

(3) 确定常三线抽出温度

设常三线(37层塔盘)抽出温度为311℃，36层向下内回流量为$L$，自塔底至37层上部进行热量平衡计算确定内回流量，见表3-30。

**表3-30 常三线内回流量计算**

| 项目 | | 流量 | 温度/℃ | 焓/(kJ/kg) | | 热量/(MJ/h) |
|---|---|---|---|---|---|---|
| | | | | 气相 | 液相 | |
| 进料 | 初底油 | 555213 | 361 | | | 513.57 |
| | 汽提蒸汽 | 5100 | 400 | 3274 | | 16.70 |
| | 内回流 | $L$ | 306 | | 783.9 | $783.9L\times10^{-6}$ |
| | 合计 | $560313+L$ | | | | $530.27+783.9L\times10^{-6}$ |
| 出料 | 汽油 | 26926 | 311 | 1046.8 | | 28.19 |
| | 一线 | 41767 | 311 | 1017.0 | | 42.48 |
| | 二线 | 61079 | 311 | 998.8 | | 61.01 |
| | 三线 | 46579 | 311 | | 802.8 | 37.39 |
| | 内回流 | $L$ | 311 | 989.4 | | $984.9L\times10^{-6}$ |
| | 水蒸气 | 5100 | 311 | 3094.5 | | 15.78 |
| | 常底 | 378862 | 350 | | 860.0 | 325.82 |
| | 合计 | $560313+L$ | | | | $510.67+984.9L\times10^{-6}$ |

由进出热量平衡有：

$$530.27+783.9L\times10^{-6}=510.67+984.9L\times10^{-6}$$

则内回流量：

$$L=\frac{(530.27-510.67)\times10^{6}}{984.9-783.9}=97512(\text{kg/h})$$

$$N_L=\frac{L}{M_L}=97512/245.5=397.2(\text{kmol/h})$$

内回流量的油气分压：

$$p_L=231\times397.2/(253+253+313+397.2+283.3)=61.19(\text{kPa})=458.96(\text{mmHg})$$

常三线常压平衡气化曲线0%馏出温度为330℃，50%馏出温度为345℃，温差为15℃，查图3-2可知459mmHg下50%馏出温度为320℃，取温差15℃可知0%馏出温度为305℃，与假设的311℃基本一致。

(4) 确定常二中取热回流量

第29层板温度$t_{29}=266$℃；第31层板温度$t_{31}=281$℃。

$$p_{29}=p_{顶}+\Delta p=224\text{kPa}=1680\text{mmHg}$$

自塔底至第29层板上部作热量平衡求取内回流热，计算见表3-31。

表 3-31　常二中内回热计算

| 项目 | | 流量/(kg/h) | 温度/℃ | 焓/(kJ/kg) | | 热量/($10^3$MJ/h) |
|---|---|---|---|---|---|---|
| | | | | 气相 | 液相 | |
| 进料 | 初底油 | 555213 | 361 | | 925 | 513.57 |
| | 汽提蒸汽 | 5100 | 400 | 3274 | | 16.70 |
| | 合计 | | | | | 530.27 |
| 出料 | 汽油 | 26926 | 266 | 931.2 | | 25.07 |
| | 一线 | 41767 | 266 | 903.5 | | 37.74 |
| | 二线 | 61079 | 266 | 885.2 | | 54.07 |
| | 三线 | 46579 | 311 | | 802.8 | 31.03 |
| | 水蒸气 | 5100 | 266 | 3003.9 | | 15.32 |
| | 常底 | 378862 | 350 | | 860.0 | 325.82 |
| | 合计 | | | | | 489.05 |

常二中内回流取热：

$$\Delta Q = Q_{入} - Q_{出} = (530.27-489.05)\times10^3 = 44.92\times10^3(\text{MJ/h})$$

常二中取热按80%考虑：

$$Q_{实} = 44.92\times10^3\times0.8 = 35.94\times10^3(\text{MJ/h})$$

则第28块板内回流量：

$$L = (44.92-35.94)\times10^6/(865-650.3) = 41825(\text{kg/h})$$

(5) 确定常二线抽出温度

设常二线(27层塔盘)抽出温度为251℃，26层向下内回流量为$L$，自塔底至27层上部进行热量平衡计算确定内回流量，见表3-32。

表 3-32　常二线内回流量计算

| 项目 | | 流量/(kg/h) | 温度/℃ | 焓/(kJ/kg) | | 热量/(MJ/h) |
|---|---|---|---|---|---|---|
| | | | | 气相 | 液相 | |
| 进料 | 初底油 | 555213 | 361 | | 925 | 513.57 |
| | 汽提蒸汽 | 5700 | 400 | 3274 | | 18.66 |
| | 内回流 | $L$ | 246 | | 616.1 | $616.6L\times10^{-6}$ |
| | 合计 | $560913+L$ | | | | $532.23+616.6L\times10^{-6}$ |
| 出料 | 汽油 | 26926 | 251 | 894.3 | | 24.08 |
| | 一线 | 41767 | 251 | 867.3 | | 36.22 |
| | 二线 | 61079 | 251 | | 629.9 | 38.47 |
| | 常二中 | | | | | 35.94 |
| | 三线 | 46579 | 311 | | 802.8 | 37.39 |
| | 内回流 | $L$ | 251 | 849.0 | | $849L\times10^{-6}$ |
| | 水蒸气 | 5700 | 251 | 2973.7 | | 16.95 |
| | 常底 | 378862 | 350 | | 860.0 | 325.82 |
| | 合计 | $560913+L$ | | | | $514.88+849L\times10^{-6}$ |

由进出热量平衡有：

$$532.23+616.6L\times10^{-6}=514.88+849L\times10^{-6}$$

内回流量：

$$L=\frac{(532.23-514.88)\times10^{6}}{849-616.6}=74656(\text{kg/h})$$

$$N_L=\frac{L}{M_L}=74656/195=382.85(\text{kmol/h})$$

内回流量的油气分压：

$$p_L=222\times382.85/(253+253+382.85+316.7)=70.5(\text{kPa})=528.8(\text{mmHg})$$

常二线常压平衡汽化曲线0%馏出温度为261℃，50%馏出温度为286℃，温差为25℃，查图3-2可知528.8mmHg下50%馏出温度为271℃，取温差25℃，可知0%馏出温度为246℃，与标定的251℃基本一致。

(6) 确定常一中取热回流量

第17层板温度 $t_{17}=200$℃，第19层板温度 $t_{19}=210$℃。

$$p_{19}=p_{顶}+\Delta p=214\text{kPa}=1605\text{mmHg}$$

自塔底至第17层板上部做热量平衡求取内回流热，计算见表3-33。

表3-33 内回流热计算

| 项目 | | 流量/(kg/h) | 温度/℃ | 焓/(kJ/kg) | | 热量/($10^3$MJ/h) |
|---|---|---|---|---|---|---|
| | | | | 气相 | 液相 | |
| 进料 | 初底油 | 555213 | 361 | | 925 | 513.57 |
| | 汽提蒸汽 | 5700 | 400 | 3274 | | 18.66 |
| | 合计 | 560913 | | | | 532.23 |
| 出料 | 汽油 | 26926 | 200 | 775.5 | | 20.88 |
| | 一线 | 41767 | 200 | 750.7 | | 31.36 |
| | 二线 | 61079 | 251 | | 629.9 | 38.47 |
| | 三线 | 46579 | 311 | | 802.8 | 37.39 |
| | 常二中 | | | | | 35.94 |
| | 水蒸气 | 5700 | 200 | 2871.2 | | 16.37 |
| | 常底 | 378862 | 350 | | 860.0 | 325.82 |
| | 合计 | 560913 | | | | 506.23 |

常一中内回流取热：

$$\Delta Q=Q_{入}-Q_{出}=(532.23-506.23)\times10^{3}=26\times10^{3}(\text{MJ/h})$$

常一中取热按80%考虑：

$$Q_{实}=26\times10^{3}\times0.8=20.8\times10^{3}(\text{MJ/h})$$

则第16块板内回流量：

$$L=(26-20.8)\times10^{6}/(746.4-484.9)=18604(\text{kg/h})$$

(7) 确定常一线抽出温度

设常一线(15层塔盘)抽出温度为190℃，14层向下内回流量为 $L$，温度为184℃，自塔底至15层上部进行热量平衡计算确定内回流量，见表3-34。

表 3-34　常一线内回流量计算

| 项目 | | 流量/(kg/h) | 温度/℃ | 焓/(kJ/kg) | | 热量/(MJ/h) |
|---|---|---|---|---|---|---|
| | | | | 气相 | 液相 | |
| 进料 | 初底油 | 555213 | 361 | | 925 | 513.57 |
| | 汽提蒸汽 | 5700 | 400 | 3274 | | 18.66 |
| | 常一线重沸器 | | | | | 9.17 |
| | 内回流 | $L$ | 184 | | 458.3 | $458.3L\times10^{-6}$ |
| | 合计 | $560913+L$ | | | | $541.41+458.3L\times10^{-6}$ |
| 出料 | 汽油 | 26926 | 190 | 753.4 | | 20.29 |
| | 一线 | 41767 | 190 | | 472.8 | 19.75 |
| | 二线 | 61079 | 251 | | 629.9 | 38.47 |
| | 三线 | 46579 | 311 | | 802.8 | 37.39 |
| | 常一中 | | | | | 20.80 |
| | 常二中 | | | | | 35.94 |
| | 内回流 | $L$ | 190 | 729.1 | | $729.1L\times10^{-6}$ |
| | 水蒸气 | 5700 | 251 | 2973.7 | | 16.95 |
| | 常底 | 378862 | 350 | | 860.0 | 325.82 |
| | 合计 | $560913+L$ | | | | $515.41+729.1\times10^{-6}$ |

由进出热量平衡有：

$$541.41+458.3L\times10^{-6}=515.41+729.1L\times10^{-6}$$

内回流量：

$$L=\frac{(541.41-515.41)\times10^{6}}{729.1-458.3}=96012(\text{kg/h})$$

$$N_{\mathrm{L}}=\frac{L}{M_L}=96012/148.2=647.85(\text{kmol/h})$$

内回流量的油气分压：

$p_{\mathrm{L}}=210\times647.85/(253+647.85+316.7)=111.74(\text{kPa})=838.1(\text{mmHg})=1.1(\text{atm})$

常一线常压平衡汽化曲线 0% 馏出温度为 178℃，根据常二线平衡汽化曲线可知，在 1.1atm 时常二线 0% 馏出温度约为 185℃，与标定数据 190℃基本一致。

(8) 确定常顶循取热回流量

第 3 层板温度 $t_3=123$℃，第 1 层板温度 $t_1=119$℃。

$$p_{顶}=196\text{kPa}=1470\text{mmHg}$$

自塔底至第 1 层板上部做热量平衡，计算见表 3-35。

表 3-35 常顶热量平衡计算

| 项目 | | 流量/(kg/h) | 温度/℃ | 焓/(kJ/kg) | | 热量/($10^3$MJ/h) |
|---|---|---|---|---|---|---|
| | | | | 气相 | 液相 | |
| 进料 | 初底油 | 555213 | 361 | | 925 | 513.57 |
| | 汽提蒸汽 | 5700 | 400 | 3274 | | 18.66 |
| | 常一线重沸器 | | | | | 9.17 |
| | 合计 | 560913+*L* | | | | 541.41 |
| 出料 | 汽油 | 26926 | 119 | 608.7 | | 16.39 |
| | 一线 | 41767 | 190 | | 472.8 | 19.75 |
| | 二线 | 61079 | 251 | | 629.9 | 38.47 |
| | 三线 | 46579 | 311 | | 802.8 | 37.39 |
| | 常一中 | | | | | 20.80 |
| | 常二中 | | | | | 35.94 |
| | 水蒸气 | 5700 | 251 | 2973.7 | | 16.95 |
| | 常底 | 378862 | 350 | | 860.0 | 325.82 |
| | 合计 | 560913+*L* | | | | 511.52 |

常顶循余热：

$$\Delta Q=Q_{入}-Q_{出}=(541.41-511.52)\times10^3=29.89\times10^3(\mathrm{MJ/h})$$

由于塔顶冷回流取热：

$$\Delta Q_{冷}=29500\times(608.7-176.6)=12.75\times10^3(\mathrm{MJ/h})$$

则顶循实际取热为：

$$Q_{实}=\Delta Q - Q_{冷}=(29.89-12.75)\times10^3=17.14\times10^3(\mathrm{MJ/h})$$

(9) 确定常顶温度

塔顶冷回流量为29500kg/h，则摩尔流量为：

$$N_{\mathrm{L}}=29500/83.3=354.1(\mathrm{kmol/h})$$

冷回流所占油气分压为：

$$p_{\mathrm{L}}=196\times354/(253+354+316.7)=75.12(\mathrm{kPa})=563.44(\mathrm{mmHg})$$

常顶油常压平衡气化曲线50%馏出温度为105℃，100%馏出温度为132℃，温差为27℃，查图3-2可知563.44mmHg下50%馏出温度为93℃，取温差27℃可知100%馏出温度为120℃，与标定数据119℃基本一致。

塔顶水蒸气所占分压为：

$$p_{\mathrm{L}}=196\times316.7/(253+354+316.7)=67.19(\mathrm{kPa})$$

查相关资料可知水在此压力下的饱和温度为88.9℃，故在塔顶无液相水析出。

(10) 计算各层气液相负荷

(a) 第1层板液相量：

塔顶冷回流 $L_{冷}=29500\mathrm{kg/h}$，顶循量 $L_{顶循}=Q_{顶}/\Delta H=17.14\times10^3\ \mathrm{MJ/h}/58.1\mathrm{kJ/kg}=295000\mathrm{kg/h}$。

则第一块板液相负荷：

$$L_1=L^{冷}+L^{顶循}=29500+295000=324500(\mathrm{kg/h})$$

第一块板气相负荷为塔顶气量：

$$V_1=L^{冷}+L^{汽油}=29500+26926=56426(kg/h)$$

（b）各抽出板气液相负荷：

各抽出侧线下方的液相量近似等于抽出侧线上方的液相量减去侧线抽出量。

常一线抽出段：$L_{15}=96012kg/h$，$L_{16}=96012-41767=48845kg/h$，$V_{15}{}^{油}=90612+26926=117538kg/h$，$V_{15}{}^{水蒸气}=5700kg/h$。

常二线抽出段：$L_{27}=74656kg/h$，$L_{28}=74656-61079=13577kg/h$，$V_{27}{}^{油}=74566+26926+41767=143259kg/h$，$V_{27}{}^{汽}=5100kg/h$。

常三线抽出段：$L_{37}=97512kg/h$，$L_{38}=97512-46579=50933kg/h$，$V_{37}{}^{油}=97512+26926+41767+61079=227284kg/h$，$V_{27}{}^{汽}=5100kg/h$。

常顶循段：

以第4层塔盘上部做热平衡，常顶循段热平衡见表3-36。

**表3-36　常顶循段热平衡**

| 项目 | | 流量/(kg/h) | 温度/℃ | 焓/(kJ/kg) | | 热量/($10^3$MJ/h) |
|---|---|---|---|---|---|---|
| | | | | 气相 | 液相 | |
| 进料 | 初底油 | 555213 | 361 | | 925 | 513.57 |
| | 汽提蒸汽 | 5700 | 400 | 3274 | | 18.66 |
| | 常一线重沸器 | | | | | 9.17 |
| | 合计 | 560913+L | | | | 541.41 |
| 出料 | 汽油 | 26926 | 129 | 627.8 | | 16.90 |
| | 一线 | 41767 | 190 | | 472.8 | 19.75 |
| | 二线 | 61079 | 251 | | 629.9 | 38.47 |
| | 三线 | 46579 | 311 | | 802.8 | 37.39 |
| | 常一中 | | | | | 20.80 |
| | 常二中 | | | | | 35.94 |
| | 水蒸气 | 5700 | 251 | 2973.7 | | 16.95 |
| | 常底 | 378862 | 350 | | 860.0 | 325.82 |
| | 合计 | 560913+L | | | | 512.03 |

$$\Delta Q=Q_{入}-Q_{出}=(541.41-512.03)\times10^3=29.38\times10^3(MJ/h)$$

则第3层塔盘内回流量：

$$L_3{}^{内}=\Delta Q/(H_4{}^{气}-H_3{}^{液})=29.38\times10^6/(614.5-302.8)=94257(kg/h)$$

则第3层板液相量：

$$L_3=L^{顶循}+L_3{}^{内}=295000+94257=389257(kg/h)$$

$$L_4=L_3{}^{内}=94257(kg/h)$$

$$V_4=L_3{}^{内}+V^{汽油}=94257+26926=121183(kg/h)$$

常一中段：$L_{16}=18604kg/h$，$L^{一中}=264000kg/h$，则 $L_{17}=L_{16}+L^{一中}=18604+264000=282604kg/h$。

以第20层板上部做热平衡，常一中段热平衡见表3-37。

表3-37　常一中段热平衡

| 项目 | | 流量/(kg/h) | 温度/℃ | 焓/(kJ/kg) | | 热量/($10^3$MJ/h) |
|---|---|---|---|---|---|---|
| | | | | 气相 | 液相 | |
| 进料 | 初底油 | 555213 | 361 | | 925 | 513.57 |
| | 汽提蒸汽 | 5700 | 400 | 3274 | | 18.66 |
| | 合计 | 560913 | | | | 532.23 |
| 出料 | 汽油 | 26926 | 215 | 809.4 | | 21.79 |
| | 一线 | 41767 | 215 | 783.9 | | 32.74 |
| | 二线 | 61079 | 251 | | 629.9 | 38.47 |
| | 三线 | 46579 | 311 | | 802.8 | 37.39 |
| | 常二中 | | | | | 35.94 |
| | 水蒸气 | 5700 | 200 | 2871.2 | | 16.37 |
| | 常底 | 378862 | 350 | | 860.0 | 325.82 |
| | 合计 | 560913 | | | | 508.53 |

$$\Delta Q=Q_{入}-Q_{出}=(541.41-512.03)\times10^3=23.7\times10^3(\text{MJ/h})$$

则第19层塔盘内回流量：

$$L_{19}^{内}=\Delta Q/(H_{20}^{气}-H_{19}^{液})=23.7\times10^6/(774.3-521.5)=93750(\text{kg/h})$$

则第19层板液相量：

$$L_{19}=L^{一中}+L_{19}^{内}=264000+93750=357750(\text{kg/h})$$

$$L_{20}=L_{19}^{内}=93750\text{kg/h}$$

$$V_{17}=L_{16}^{内}+V^{汽油}+V^{一线}=18604+26926+41767=87297(\text{kg/h})$$

$$V_{20}=L_{19}^{内}+V^{汽油}+V^{一线}=93750+26926+41767=162443(\text{kg/h})$$

常二中段：$L_{28}=41825\text{kg/h}$，$L^{二中}=265000\text{kg/h}$，则 $L_{29}=L_{28}+L^{二中}=41825+265000=306825\text{kg/h}$。

以第32层板上部做热平衡，常二中段热平衡见表3-38。

表3-38　常二中段热平衡

| 项目 | | 流量/(kg/h) | 温度/℃ | 焓/(kJ/kg) | | 热量/(MJ/h) |
|---|---|---|---|---|---|---|
| | | | | 气相 | 液相 | |
| 进料 | 初底油 | 555213 | 361 | | 925 | 513.57 |
| | 汽提蒸汽 | 5100 | 400 | 3274 | 925 | 16.70 |
| | 合计 | | | | | 530.27 |
| 出料 | 汽油 | 26926 | 286 | 981.6 | | 26.43 |
| | 一线 | 41767 | 286 | 953.0 | | 39.81 |
| | 二线 | 61079 | 286 | 934.7 | | 57.09 |
| | 三线 | 46579 | 311 | | 802.8 | 37.40 |
| | 水蒸气 | 5100 | 286 | 2996.2 | | 15.28 |
| | 常底 | 378862 | 350 | | 860.0 | 325.82 |
| | 合计 | | | | | 501.83 |

$$\Delta Q = Q_{入} - Q_{出} = (541.41 - 512.03) \times 10^3 = 28.44 \times 10^3 (\text{MJ/h})$$

则第 31 层塔盘内回流量：

$$L_{31}^{内} = \Delta Q / (H_{32}^{气} - H_{31}^{液}) = 28.44 \times 10^6 / (927.5 - 712.3) = 132156 (\text{kg/h})$$

则第 31 层板液相量：

$$L_{31} = L^{二中} + L_{31}^{内} = 265000 + 132156 = 397156 (\text{kg/h})$$

$$L_{32} = L_{31}^{内} = 132156 \text{kg/h}$$

$$V_{29} = L_{28}^{内} + V^{汽油} + V^{一线} + V^{二线} = 41825 + 26926 + 41767 + 61079 = 171597 (\text{kg/h})$$

$$V_{32} = L_{31}^{内} + V^{汽油} + V^{一线} + V^{二线} = 132156 + 26926 + 41767 + 61079 = 261928 (\text{kg/h})$$

提馏段热平衡计算见表 3-39。

**表 3-39　提馏段热平衡**

| 项目 | | 流量/(kg/h) | 温度/℃ | 焓/(kJ/kg) | | 热量/($10^3$MJ/h) |
|---|---|---|---|---|---|---|
| | | | | 气相 | 液相 | |
| 进料 | $\Delta E$ | 16656 | 346 | | 881.6 | 14.68 |
| | $\Delta V$ | $\Delta V$ | 346 | | 881.6 | $881.6\ \Delta V \times 10^{-3}$ |
| | $F_L$ | 362206 | 355 | | 871.0 | 315.48 |
| | 汽提蒸汽 | 5100 | 400 | 3275 | | 16.70 |
| | 合计 | $383962 + V$ | | | | $349.04 + 881.6 \Delta V \times 10^{-3}$ |
| 出料 | 提馏段气相 | $\Delta V$ | 355 | 1084 | | $1084 \Delta V \times 10^{-3}$ |
| | 常底油 | 378862 | 350 | | 860 | 325.82 |
| | 汽提蒸汽 | 5100 | 355 | 3179 | | 16.21 |
| | 合计 | $383962 + V$ | | | | $342.03 + 1084 \Delta V \times 10^{-3}$ |

由热量平衡：

$$349.04 + 881.6 \Delta V \times 10^{-3} = 342.03 + 1084 \Delta V \times 10^{-3}$$

可知，$\Delta V = 23913 \text{kg/h}$。

$$L_{49} = \Delta V + \Delta E = 23913 + 16656 = 40569 (\text{kg/h})$$

$$V_{49} = L_{49}^{内} + V^{汽油} + V^{一线} + V^{二线} + V^{三线} = 40569 + 26926 + 41767 + 61079 + 46579 = 216920 (\text{kg/h})$$

气液负荷相统计见表 3-40。

**表 3-40　气液相负荷统计表**

| 塔盘数 | 液相 | | | 气相 | | | | | |
|---|---|---|---|---|---|---|---|---|---|
| | | | | 油品 | | 水 | | 总计 | |
| | 液相流量/(kg/h) | 密度/(kg/m³) | 体积流量/(m³/h) | 质量流量/(kg/h) | 分子量/(kg/kmol) | 摩尔流量/(kmol/h) | 摩尔流量/(kmol/h) | 摩尔流量/(kmol/h) | 体积流量/(m³/h) |
| 1 | 324500 | 648.0 | 500.8 | 56426 | 83.3 | 677.4 | 316.7 | 994.0 | 16529 |
| 4 | 94257 | 679.5 | 138.7 | 121183 | 118.6 | 1021.9 | 316.7 | 1338.5 | 22457 |
| 15 | 96012 | 654.2 | 146.8 | 117538 | 148.2 | 793.1 | 316.7 | 1109.8 | 20342 |
| 17 | 282604 | 658.1 | 429.4 | 87297 | 156.4 | 558.3 | 316.7 | 875.0 | 16231 |

续表

| 塔盘数 | 液相 | | | 气相 | | | | | |
|---|---|---|---|---|---|---|---|---|---|
| | | | | 油品 | | 水 | | 总计 | |
| | 液相流量/(kg/h) | 密度/(kg/m³) | 体积流量/(m³/h) | 质量流量/(kg/h) | 分子量/(kg/kmol) | 摩尔流量/(kmol/h) | 摩尔流量/(kmol/h) | 摩尔流量/(kmol/h) | 体积流量/(m³/h) |
| 20 | 93750 | 661.6 | 141.7 | 162443 | 168.3 | 965.1 | 316.7 | 1281.8 | 24194 |
| 27 | 74656 | 658.3 | 113.4 | 143259 | 195.0 | 734.7 | 316.7 | 1051.3 | 20631 |
| 29 | 306825 | 656.5 | 467.4 | 171597 | 209.3 | 820.1 | 283.3 | 1103.4 | 22074 |
| 32 | 132156 | 653.9 | 202.1 | 261928 | 227.9 | 1149.3 | 283.3 | 1432.6 | 29331 |
| 37 | 97512 | 648.7 | 150.3 | 227284 | 249.9 | 909.5 | 283.3 | 1192.8 | 24964 |
| 49 | 40569 | 689.6 | 58.8 | 216920 | 333.8 | 649.9 | 283.3 | 933.2 | 19602 |

根据表 3-41 内容绘制塔盘气液相负荷图，如图 3-8 所示。

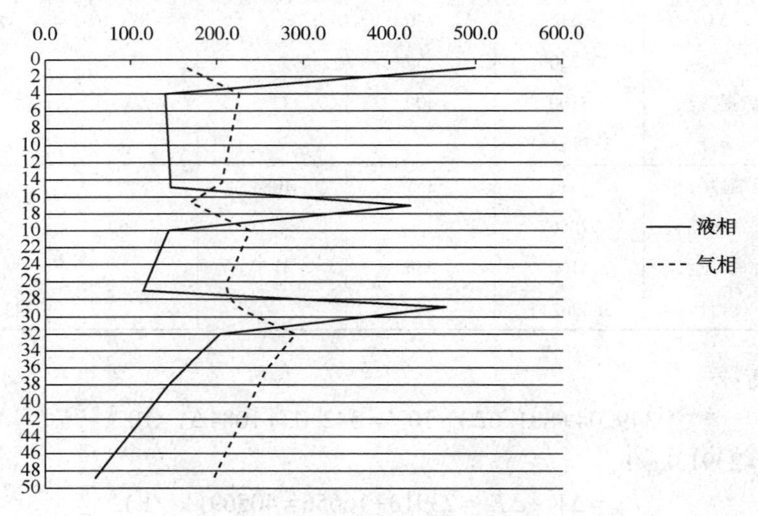


图 3-8 塔盘气液相负荷图

（四）常压塔热平衡

根据上述计算，有常压塔热量平衡，见表 3-41。

**表 3-41 常压塔热量平衡表**

| 名称 | 流量/(kg/h) | | 温度/℃ | 焓值/(kJ/kg) | | 热量/kW |
|---|---|---|---|---|---|---|
| | 气相 | 液相 | | 气相 | 液相 | |
| 入方 | | | | | | |
| 冷回流 | | 29500 | 66 | | 176.6 | 1447 |
| 常一线重沸器 | | | | | | 2548 |
| 常二线汽提蒸汽 | 600 | | 400 | 3274 | | 546 |
| 初底油进料 | 159695 | 395518 | 355 | 1084 | 910 | 148064 |
| 塔底汽提蒸汽 | 5100 | | 400 | 3274 | | 4638 |
| 总计 | | | | | | |

续表

| 名称 | 流量/(kg/h) | | 温度/℃ | 焓值/(kJ/kg) | | 热量/kW |
|---|---|---|---|---|---|---|
| | 气相 | 液相 | | 气相 | 液相 | |
| 出方 | | | | | | |
| 塔顶水蒸气 | 5700 | | | 2714 | | 4297 |
| 塔顶油气 | 56426 | | 119 | 602 | | 9436 |
| 常顶循 | | 295000 | 123~114 | | | 4761 |
| 常一线 | | 41767 | 208 | | 522.5 | 6062 |
| 常一中 | | 264000 | 210~160 | | | 5770 |
| 常二线 | | 61079 | 251 | | 629.9 | 10687 |
| 常二中 | | 265000 | 281~225 | | | 9980 |
| 常三线 | | 46579 | 311 | | 802.8 | 10387 |
| 常底油 | | 378862 | 350 | | 860.0 | 90506 |
| 总计 | | | | | | 151886 |

由表 3-41 可知：

常压塔散热=物流带入热量-物流带出热量=157243-151886=5357(kW)

根据常压塔设备图纸可以查得，常压塔表面积 1247$m^2$，则：

散热强度=散热量/表面积=5357/1247=4296($W/m^2$)

根据国家标准 GB 4272—92《设备及管道保温技术通则》，常年运行工况下，外表温度为50℃的设备允许最大散热损失为58$W/m^2$，故常压塔应加强保温工作。

## 四、换热网络及热平衡

(一) 冷热物流负荷图

将所有冷热流股热量统计汇总。

由于初顶油气及常顶油气在换热时存在相变，$c_p$值变化较大，不宜做线性处理，且工程设计时原油都先与油气换热，故在做换热网络分析时，可以不考虑这两股热物流，通过修改原油进网络温度(与油气的换后温度)的办法予以解决。

热流股热损失按 3%考虑，并计算流股热容流率(线性处理)。冷热流股负荷见表 3-42。

**表 3-42　冷热流股负荷表**

| 流股名称 | 流量/(kg/h) | 进口温度/℃ | 出口温度/℃ | 热负荷/kW | 热容流率/(kW/℃) |
|---|---|---|---|---|---|
| 热流股 | | | | | |
| 常一线 | 41767 | 208 | 110 | 2843 | 29.0 |
| 常二线 | 61079 | 251 | 107 | 6120 | 42.5 |
| 常三线 | 46579 | 311 | 107 | 6848 | 33.6 |
| 柴油至罐区 | 90200 | 107 | 29 | 4013 | 51.4 |
| 常顶循 | 295000 | 123 | 114 | 1751 | 194.5 |
| 常一中 | 264000 | 210 | 160 | 9402 | 188.0 |

续表

| 流股名称 | 流量/(kg/h) | 进口温度/℃ | 出口温度/℃ | 热负荷/kW | 热容流率/(kW/℃) |
|---|---|---|---|---|---|
| 常二中 | 265000 | 281 | 225 | 11638 | 207.8 |
| 减一线一中 | 122667 | 153 | 114 | 2919 | 74.8 |
| 减一中 | 100000 | 114 | 41 | 4027 | 55.2 |
| 减二线二中 | 255167 | 233 | 183 | 8889 | 177.8 |
| 减二线 | 35167 | 183 | 136 | 1067 | 22.7 |
| 减三线三中 | 419788 | 279 | 220 | 18289 | 310.0 |
| 减三线 | 124788 | 220 | 125 | 7782 | 81.9 |
| 蜡油至罐区 | 39500 | 125 | 47 | 1738 | 22.3 |
| 减渣及急冷油 | 207650 | 365 | 252 | 18204 | 161.1 |
| 减渣 | 192600 | 252 | 160 | 11809 | 128.4 |
| 减渣至罐区 | 85330 | 160 | 122 | 1936 | 51.0 |
| 冷流股 | | | | | |
| 脱前原油一路 | 310000 | 85 | 168 | 16534 | 199.2 |
| 脱前原油二路 | 281867 | 78 | 138 | 10523 | 175.4 |
| 脱后原油一路 | 300000 | 148 | 228 | 17044 | 213.0 |
| 脱后原油二路 | 291867 | 148 | 231 | 17244 | 207.8 |
| 初底油 | 555213 | 225 | 320 | 41597 | 437.9 |
| 常一线重沸器 | 99734 | 208 | 217 | 2677 | 297.4 |
| 稳定塔底重沸器 | 206414 | 179 | 188 | 6088 | 676.4 |

(二) 冷热物流综合曲线

按表3-42中数据对冷、热流股进行计算，算出每个温度段内冷热流股的热量，在温度-负荷图上进行绘制并平移，使得网络换热终温(303℃)与标定数据相一致。

冷热物流的负荷-温度计算结果详见表3-43，冷热物流负荷曲线见图3-9。

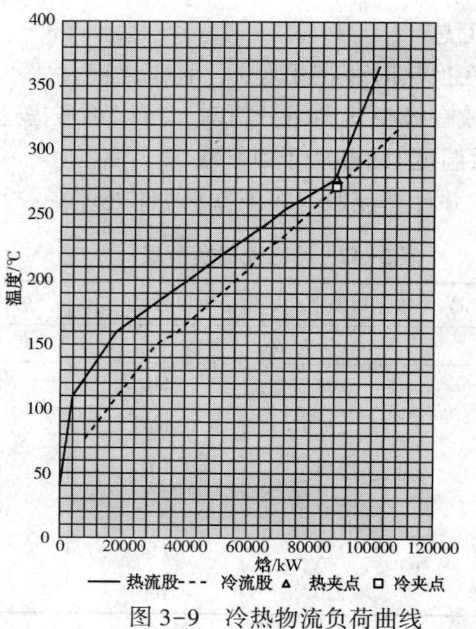


图3-9 冷热物流负荷曲线

表 3-43　夹点温度及换热终温

℃

| 项目 | 数值 | 项目 | 数值 |
|---|---|---|---|
| 冷流股夹点温度 | 269 | 换热终温 | 303 |
| 热流股夹点温度 | 279 | | |

（三）总组成曲线

根据冷热物流曲线，按照物流表法，做冷热物流总组成曲线，问题表详细结果见表3-42~表3-46，总组成曲线见图3-10。

表 3-44　问题表法计算结果

| 项目 | 数值 | 项目 | 数值 |
|---|---|---|---|
| 冷流股夹点温度/℃ | 269 | 热公用工程负荷/kW | 6986 |
| 热流股夹点温度/℃ | 279 | 换热终温/℃ | 303 |
| 冷公用工程负荷/kW | 14553 | | |

表 3-45　问题表法详细结果（热流股）

| 热流股 | | 常一线 | 常二线 | 常三线 | 柴油至罐区 | 常顶循 | 常一中 | 常二中 | 减一线一中 | 减一中 | 减二线二中 | 减二线 | 减三线三中 | 减三线 | 蜡油至罐区 | 减渣及急冷油 | 减渣 | 减渣至罐区 | 合计 |
|---|---|---|---|---|---|---|---|---|---|---|---|---|---|---|---|---|---|---|---|
| 温位 | 温差 | 29 | 42 | 34 | 51 | 195 | 188 | 208 | 75 | 55 | 178 | 23 | 310 | 82 | 22 | 161 | 128 | 51 | |
| 360 | | | | | | | | | | | | | | | | | | | 0 |
| 325 | 35 | | | | | | | | | | | | | | | 5639 | | | 5639 |
| 324 | 1 | | | | | | | | | | | | | | | 161 | | | 161 |
| 306 | 18 | | | | | | | | | | | | | | | 2900 | | | 2900 |
| 276 | 30 | | | 1007 | | | | | | | | | | | | 4833 | | | 5840 |
| 274 | 2 | | | 67 | | | | 416 | | | | | | | | 322 | | | 805 |
| 250 | 24 | | | 806 | | | | 4988 | | | | | 7440 | | | 3866 | | | 17100 |
| 247 | 3 | | | 101 | | | | 623 | | | | | 930 | | | 483 | | | 2137 |
| 246 | 1 | | | 34 | | | | 208 | | | | | 310 | | | | 128 | | 680 |
| 238 | 8 | | 340 | 269 | | | | 1663 | | | | | 2480 | | | | 1027 | | 5778 |
| 236 | 2 | | 85 | 67 | | | | 416 | | | | | 620 | | | | 257 | | 1444 |
| 233 | 3 | | 127 | 101 | | | | 623 | | | | | 930 | | | | 385 | | 2167 |
| 230 | 3 | | 127 | 101 | | | | 623 | | | | | 930 | | | | 385 | | 2167 |
| 228 | 2 | | 85 | 67 | | | | 416 | | | | | 620 | | | | 257 | | 1444 |
| 222 | 6 | | 255 | 201 | | | | 1247 | | | 1067 | | 1860 | | | | 770 | | 5400 |
| 220 | 2 | | 85 | 67 | | | | 416 | | | 356 | | 620 | | | | 257 | | 1800 |
| 215 | 5 | | 212 | 168 | | | | | | | 889 | | 1550 | | | | 642 | | 3461 |
| 213 | 2 | | 85 | 67 | | | | | | | 356 | | | 164 | | | 257 | | 928 |
| 205 | 8 | | 340 | 269 | | | | | | | 1422 | | | 655 | | | 1027 | | 3713 |
| 203 | 2 | | 85 | 67 | | | 376 | | | | 356 | | | 164 | | | 257 | | 1304 |

续表

| 热流股 | | 常一线 | 常二线 | 常三线 | 柴油至罐区 | 常顶循 | 常一中 | 常二中 | 减一线一中 | 减一中 | 减二线二中 | 减二线 | 减三线三中 | 减三线 | 蜡油至罐区 | 减渣及急冷油 | 减渣 | 减渣至罐区 | 合计 |
|---|---|---|---|---|---|---|---|---|---|---|---|---|---|---|---|---|---|---|---|
| 193 | 10 | 290 | 425 | 336 | | | 1880 | | | | 1778 | | | 819 | | | 1284 | | 6812 |
| 184 | 9 | 261 | 382 | 302 | | | 1692 | | | | 1600 | | | 737 | | | 1155 | | 6131 |
| 178 | 6 | 174 | 255 | 201 | | | 1128 | | | | 1067 | | | 492 | | | 770 | | 4087 |
| 173 | 5 | 145 | 212 | 168 | | | 940 | | | | | 114 | | 410 | | | 642 | | 2630 |
| 155 | 18 | 522 | 765 | 604 | | | 3385 | | | | | 409 | | 1475 | | | 2310 | | 9470 |
| 153 | 2 | 58 | 85 | 67 | | | | | | | | 45 | | 164 | | | | 102 | 521 |
| 149 | 4 | 116 | 170 | 134 | | | | | | | | 91 | | 328 | | | | 204 | 1043 |
| 148 | 1 | 29 | 42 | 34 | | | | | | | | 23 | | 82 | | | | 51 | 261 |
| 143 | 5 | 145 | 212 | 168 | | | | | 374 | | | 114 | | 410 | | | | 255 | 1677 |
| 131 | 12 | 348 | 510 | 403 | | | | | 898 | | | 272 | | 983 | | | | 611 | 4026 |
| 120 | 11 | 319 | 467 | 369 | | | | | 823 | | | | | 901 | | | | 560 | 3440 |
| 119 | 1 | 29 | 42 | 34 | | | | | 75 | | | | | | 22 | | | 51 | 253 |
| 118 | 1 | 29 | 42 | 34 | | | | | 75 | | | | | | 22 | | | 51 | 253 |
| 117 | 1 | 29 | 42 | 34 | | 194 | | | 75 | | | | | | 22 | | | 51 | 448 |
| 109 | 8 | 232 | 340 | 269 | | 1556 | | | 599 | | | | | | 178 | | | | 3173 |
| 105 | 4 | 116 | 170 | 134 | | | | | | 221 | | | | | 89 | | | | 730 |
| 102 | 3 | | 127 | 101 | | | | | | 165 | | | | | 67 | | | | 461 |
| 90 | 12 | | | | 617 | | | | | 662 | | | | | 267 | | | | 1547 |
| 83 | 7 | | | | 360 | | | | | 386 | | | | | 156 | | | | 902 |
| 42 | 41 | | | | 2109 | | | | | 2262 | | | | | 913 | | | | 5284 |
| 36 | 6 | | | | 309 | | | | | 331 | | | | | | | | | 640 |
| 24 | 12 | | | | 617 | | | | | | | | | | | | | | 617 |

**表 3-46　问题表法详细结果(冷流股)**

| 冷流股 | | 脱前原油一路 | 脱前原油二路 | 脱后原油一路 | 脱后原油二路 | 初底油 | 常一线重沸器 | 稳定塔底重沸器 | 合计 | 冷-热 | 无输入 | 有输入 |
|---|---|---|---|---|---|---|---|---|---|---|---|---|
| 温位 | 温差 | 199 | 175 | 213 | 208 | 438 | 297 | 676 | | | | |
| 360 | | | | | | | | | | | 0 | 6986 |
| 325 | 35 | | | | | | | | | −5639 | 5639 | 12625 |
| 324 | 1 | | | | | 438 | | | 438 | 277 | 5362 | 12348 |
| 306 | 18 | | | | | 7881 | | | 7881 | 4982 | 380 | 7366 |
| 276 | 30 | | | | | 13136 | | | 13136 | 7296 | −6916 | 70 |
| 274 | 2 | | | | | 876 | | | 876 | 71 | −6986 | 0 |
| 250 | 24 | | | | | 10509 | | | 10509 | −6591 | -396 | 6591 |
| 247 | 3 | | | | | 1314 | | | 1314 | −824 | 428 | 7414 |

续表

| 冷流股 | | 脱前原油一路 | 脱前原油二路 | 脱后原油一路 | 脱后原油二路 | 初底油 | 常一线重沸器 | 稳定塔底重沸器 | 合计 | 冷-热 | 无输入 | 有输入 |
|---|---|---|---|---|---|---|---|---|---|---|---|---|
| 246 | 1 | | | | | 438 | | | 438 | -242 | 670 | 7656 |
| 238 | 8 | | | | | 3503 | | | 3503 | -2275 | 2945 | 9931 |
| 236 | 2 | | | | | 876 | | | 876 | -569 | 3514 | 10500 |
| 233 | 3 | | | | 623 | 1314 | | | 1937 | -230 | 3744 | 10730 |
| 230 | 3 | | | 639 | 623 | 1314 | | | 2576 | 409 | 3335 | 10321 |
| 228 | 2 | | | 426 | 416 | | | | 842 | -603 | 3937 | 10923 |
| 222 | 6 | | | 1278 | 1247 | | | | 2525 | -2875 | 6813 | 13799 |
| 220 | 2 | | | 426 | 416 | | 595 | | 1436 | -364 | 7176 | 14162 |
| 215 | 5 | | | 1065 | 1039 | | 1487 | | 3591 | 130 | 7046 | 14032 |
| 213 | 2 | | | 426 | 416 | | 595 | | 1436 | 508 | 6538 | 13524 |
| 205 | 8 | | | 1704 | 1662 | | | | 3366 | -347 | 6884 | 13870 |
| 203 | 2 | | | 426 | 416 | | | | 842 | -463 | 7347 | 14333 |
| 193 | 10 | | | 2131 | 2078 | | | | 4208 | -2604 | 9951 | 16937 |
| 184 | 9 | | | 1917 | 1870 | | | 6088 | 9875 | 3745 | 6206 | 13192 |
| 178 | 6 | | | 1278 | 1247 | | | | 2525 | -1562 | 7768 | 14754 |
| 173 | 5 | | | 1065 | 1039 | | | | 2104 | -526 | 8295 | 15281 |
| 155 | 18 | 3586 | | 3835 | 3740 | | | | 11160 | 1690 | 6604 | 13590 |
| 153 | 2 | 398 | | 426 | 416 | | | | 1240 | 719 | 5886 | 12872 |
| 149 | 4 | 797 | | | | | | | 797 | -246 | 6131 | 13117 |
| 148 | 1 | 199 | | | | | | | 199 | -61 | 6193 | 13179 |
| 143 | 5 | 996 | | | | | | | 996 | -681 | 6874 | 13860 |
| 131 | 12 | 2390 | 2105 | | | | | | 4495 | 469 | 6405 | 13391 |
| 120 | 11 | 2191 | 1929 | | | | | | 4120 | 680 | 5725 | 12711 |
| 119 | 1 | 199 | 175 | | | | | | 375 | 121 | 5603 | 12589 |
| 118 | 1 | 199 | 175 | | | | | | 375 | 121 | 5482 | 12468 |
| 117 | 1 | 199 | 175 | | | | | | 375 | -73 | 5555 | 12541 |
| 109 | 8 | 1594 | 1403 | | | | | | 2997 | -176 | 5731 | 12717 |
| 105 | 4 | 797 | 702 | | | | | | 1498 | 768 | 4963 | 11949 |
| 102 | 3 | 598 | 526 | | | | | | 1124 | 663 | 4299 | 11285 |
| 90 | 12 | 2390 | 2105 | | | | | | 4495 | 2948 | 1351 | 8337 |
| 83 | 7 | | 1228 | | | | | | 1228 | 325 | 1026 | 8012 |
| 42 | 41 | | | | | | | | | -5284 | 6310 | 13296 |
| 36 | 6 | | | | | | | | | -640 | 6950 | 13936 |
| 24 | 12 | | | | | | | | | -617 | 7567 | 14553 |

（四）换热网络

根据现有实际网络结构绘制装置换热网络如图 3-11 所示。

（五）换热网络分析

（1）热回收率

实际换热网络热流股总热负荷、工艺介质换热负荷、非工艺介质换热负荷，公用工程冷却负荷计算见表 3-48。

由热量回收率计算公式：

$$\eta=\frac{(Q_1+Q_2)}{Q}\times100\%$$

式中 $\eta$——热量回收率；

$Q_1$——工艺介质换热负荷，kW；

$Q_2$——非工艺介质换热负荷，kW；

$Q$——热流股总热负荷，kW。

$$\eta=\frac{Q_1+Q_2}{Q}\times100\%=\frac{111953+3411}{123208}\times100\%=93.63\%$$

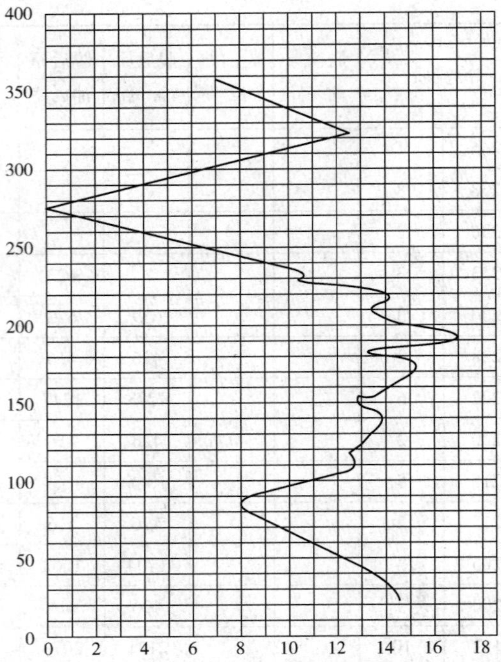

图 3-10 冷热物流总组成曲线

（2）热吸收率

换热网络中热流提供的工艺介质换热负荷为 111953kW，冷流股实际吸收的热量计算见表 3-47。

表 3-47 冷流股所需热量

| 序号 | 流股名称 | 总热负荷 | | | |
|---|---|---|---|---|---|
| | | 流 量/(kg/h) | 进口温度/℃ | 出口温度 /℃ | 热负荷/kW |
| 1 | 脱前原油一路 | 310000 | 85. 0 | 168. 0 | 16534 |
| 2 | 脱前原油二路 | 281867 | 78. 0 | 138. 0 | 10523 |
| 3 | 脱后原油一路 | 300000 | 148. 0 | 228. 0 | 17044 |
| 4 | 脱后原油二路 | 291867 | 148. 0 | 231. 0 | 17244 |
| 5 | 初底油 | 555213 | 225. 0 | 303. 0 | 34210 |
| 6 | 常一线重沸器 | 99734 | 208. 0 | 217. 0 | 2677 |
| 7 | 稳定塔底重沸器 | 206414 | 179. 0 | 188. 0 | 6088 |
| 合计 | | | | | 104319 |

则实际换热过程中热吸收率为：

$$e=\frac{冷流吸收热量}{热流提供热量}\times100\%=\frac{104319}{111953}\times100\%=93.18\%$$

低于常规 97%的热量吸收率，说明装置应加强保温，减少热损失。换热网络热量利用表见表 3-48。

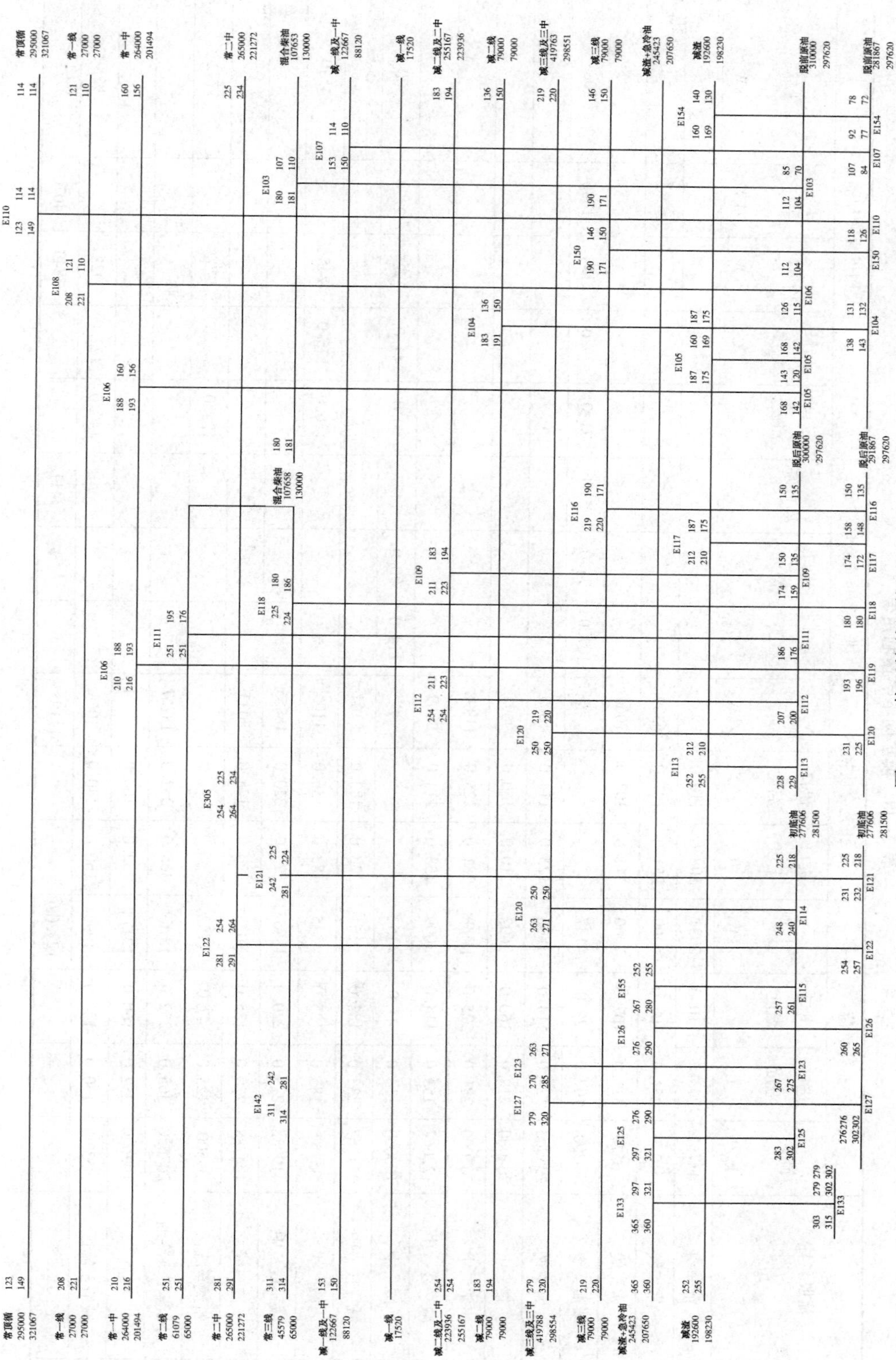

图3-11　装置换热网络图

表 3-48　换热网络热量利用表

| 序号 | 流股名称 | 总热负荷 | | | | 工艺介质换热 | | | 非工艺介质换热部分 | | | 公用工程冷却部分 | | | | |
|---|---|---|---|---|---|---|---|---|---|---|---|---|---|---|---|---|
| | | 流量 /(kg/h) | 进口温度 /℃ | 出口温度 /℃ | 热负荷 /kW | 进口温度 /℃ | 出口温度 /℃ | 热负荷 /kW | 进口温度 /℃ | 出口温度 /℃ | 热负荷 /kW | 进口温度 /℃ | 出口温度 /℃ | 热负荷 /kW | 空冷 /kW | 水冷 /kW |
| 1 | 常一线 | 41767 | 208.0 | 110.0 | 2931 | 208.0 | 110.0 | 2931 | | | | | | | | |
| 2 | 常二线 | 61079 | 251.0 | 107.0 | 6309 | 251.0 | 107.0 | 6309 | | | | | | | | |
| 3 | 常三线 | 46579 | 311.0 | 107.0 | 7060 | 311.0 | 107.0 | 7060 | | | | | | | | |
| 4 | 柴油至罐区 | 90200 | 107.0 | 29.0 | 4137 | | | | 107.0 | 71.0 | 1984 | 71.0 | 29.0 | 2154 | 1846 | 308 |
| 5 | 常顶循 | 295000 | 123.0 | 114.0 | 1805 | 123.0 | 114.0 | 1805 | | | | | | | | |
| 6 | 常一中 | 264000 | 210.0 | 160.0 | 9693 | 210.0 | 160.0 | 9693 | | | | | | | | |
| 7 | 常二中 | 265000 | 281.0 | 225.0 | 11998 | 281.0 | 225.0 | 11998 | | | | | | | | |
| 8 | 减一线一中 | 122667 | 153.0 | 114.0 | 3009 | 153.0 | 114.0 | 3009 | | | | | | | | |
| 9 | 减一中 | 100000 | 114.0 | 41.0 | 4152 | | | | 114.0 | 90.0 | 1427 | 90.0 | 41.0 | 2725 | 2224 | 500 |
| 10 | 减二线二中 | 255167 | 233.0 | 183.0 | 9164 | 233.0 | 183.0 | 9164 | | | | | | | | |
| 11 | 减二线 | 35167 | 183.0 | 125.0 | 1345 | 183.0 | 136.0 | 1100 | | | | 136.0 | 125.0 | 245 | | 245.0 |
| 12 | 减三线三中 | 419788 | 279.0 | 220.0 | 18855 | 279.0 | 220.0 | 18855 | | | | | | | | |
| 13 | 减三线 | 124788 | 220.0 | 125.0 | 8023 | 220.0 | 125.0 | 8023 | | | | | | | | |
| 14 | 蜡油至罐区 | 39500 | 125.0 | 47.0 | 1792 | | | | | | | 125.0 | 47.0 | 1792 | | 1792 |
| 15 | 减渣及急冷油 | 207650 | 365.0 | 252.0 | 18767 | 365.0 | 252.0 | 18767 | | | | | | | | |
| 16 | 减渣 | 192600 | 252.0 | 160.0 | 12174 | 252.0 | 160.0 | 12174 | | | | | | | | |
| 17 | 减渣至罐区 | 85330 | 160.0 | 122.0 | 1996 | 160.0 | 140.0 | 1068 | | | | 140.0 | 122.0 | 928 | | 928 |
| 合计 | | | | | 123208 | | | 111953 | | | 3411 | | | 7843 | 4070 | 3773 |

（3）热强度

经统计，装置换热网络面积见表3-49。

**表3-49 装置换热网络面积统计**

| 位号 | 名称 | 台数 | 型号 | 单台面积/$m^2$ | 总面积/$m^2$ |
|---|---|---|---|---|---|
| E103A/B | 原油-柴油换热器 | 2 | BES900-3.91/3.92-215-6/25-2ILB $B=450$ | 215 | 430 |
| E104 | 原油-减二线换热器 | 1 | BES1000-3.83/3.92-340-6/19-4ILB $B=480$ | 340 | 340 |
| E105 | 原油-减压渣油（Ⅶ）换热器 | 1 | BES1100-3.92/3.92-425-6/19-2I $B=450$ | 425 | 425 |
| E106A/B | 原油-常一中（Ⅱ）换热器 | 2 | BES1000-3.91/3.92-350-6/19-2I $B=480$ | 350 | 700 |
| E107 | 原油-减一线及一中换热器 | 1 | BES1000-3.92/3.92-265-6/25-4ILB $B=480$ | 265 | 265 |
| E108A/B | 原油-常一线换热器 | 2 | BESD900-3.64/3.92-205-6/25-4I $B=300$ 双弓板 | 205 | 410 |
| E109 | 原油-减二线及二中（Ⅱ）换热器 | 1 | BES1200-3.63/3.92-390-6/25-4I $B=480$ | 390 | 390 |
| E110A/B | 原油-常顶循换热器 | 2 | BES1400-4.0-687-6/19-4I $B=465$ | 687 | 1374 |
| E111 | 原油-常二线换热器 | 1 | BES1200-3.44/3.92-465-6/19-6I $B=480$ | 465 | 465 |
| E112 | 原油-减二线及二中（Ⅰ）换热器 | 1 | BES1300-3.42/3.42-622-6/19-2I $B=300$ | 622 | 622 |
| E113A-D | 原油-减压渣油（Ⅴ）换热器 | 4 | BES1400-3.41/3.41-690-6/19-2I $B=480$ | 690 | 2760 |
| E114 | 初底油-减三线及三中（Ⅲ）换热器 | 1 | BES1400-3.47/3.31-535-6/25-4ILB $B=300$ | 535 | 535 |
| E115 A-C | 初底油-减压渣油（Ⅳ）换热器 | 3 | BES1400-3.47/3.25-540-6/25-4I $B=450$ | 540 | 1620 |
| E116 | 原油-减三线换热器 | 1 | BES1000-3.32/3.92-340-6/19-4I $B=480$ | 340 | 340 |
| E117A/B | 原油-减压渣油（Ⅵ）换热器 | 2 | BES1200-3.92/3.71-500-6/19-2ILB $B=450$ | 500 | 1000 |
| E118 | 原油-常三线（Ⅱ）换热器 | 1 | BES900-3.62/3.92-205-6/25-4ILB $B=450$ | 205 | 205 |
| E119A/B | 原油-常一中（Ⅰ）换热器 | 2 | BES1400-3.67/3.67-692-6/19-2I $B=480$ | 692 | 1384 |
| E120A/B | 原油-减三线及三中（Ⅳ）换热器 | 2 | BES1300-3.44/3.44-595-6/19-2I $B=480$ | 595 | 1190 |
| E121A/B | 初底油-常三线（Ⅰ）换热器 | 2 | BES1100-3.47/3.56-415-6/19-4I $B=480$ | 415 | 830 |
| E122 | 初底油-常二中（Ⅰ）换热器 | 1 | BES1200-3.47/3.18-498-6/19-2ILB $B=300$ | 498 | 498 |
| E123A/B | 初底油-减三线及三中（Ⅱ）换热器 | 2 | QYB75-V-352 面积：230.6$m^2$，板片厚度1mm，间距5mm | 231 | 462 |

续表

| 位号 | 名称 | 台数 | 型号 | 单台面积/$m^2$ | 总面积/$m^2$ |
|---|---|---|---|---|---|
| E125A/B | 初底油-减压渣油(Ⅱ)换热器 | 2 | BES1500-3.46/3.03-807-6/19-2ILB $B=450$ | 807 | 1614 |
| E126 | 初底油-减压渣油(Ⅲ)换热器 | 1 | BES1100-3.47/3.2-425-6/19-2ILB $B=350$ | 425 | 425 |
| E127A/B | 初底油-减三线及三中(Ⅰ)换热器 | 2 | QYB75-V-502 面积：330.8$m^2$，板片厚度 1mm，间距 5mm | 331 | 662 |
| E133A/B | 初底油-减压渣油(Ⅰ)换热器 | 2 | BES1400-3.47/2.96-540-6/25-2ILB $B=450$ | 540 | 1080 |
| E150 | 原油-减三线换热器 | 1 | BES800-4.0-205-6/19-4I$B=450$ | 205 | 205 |
| E154A/B | 原油-减压渣油(Ⅷ)换热器 | 2 | BES1400-3.92-706-6.0/19-2I $B=300$ | 706 | 1412 |
|  |  |  |  | 合计 | 21643 |

换热网络热强度=111953kW/21643$m^2$=5.173kW/$m^2$，网络热强度较低。

(4) 网络低温热回收

目前装置仅产生少量低温热水热量，通过对装置换热网络热总组成曲线分析，换热网络总组成曲线如图 3-12 所示。

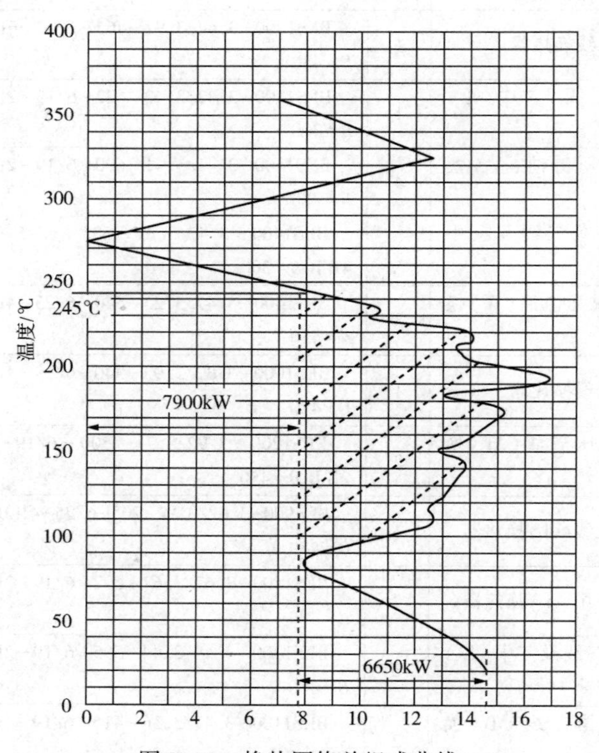


图 3-12　换热网络总组成曲线

由图 3-12 可知，装置理论上可产生 1.0MPa 蒸汽热量 7900kW，产蒸汽约 14.2t/h，需要公用工程冷却负荷为 6650kW。实际仅产生低温热水热量 3411kW，消耗冷公用工程负荷 7843kW。装置改造潜力巨大。

（5）换热终温

换热网络实际换热终温为303℃，与设计换热终温315℃偏差较大，根据上述计算，分析主要原因如下。

1）加热炉负荷低：

加热炉实际出口温度均低于设计温度，尤其是减压炉，设计出口温度409℃，实际出口温度为394℃。原因是2#常减压装置减压渣油去渣油加氢装置，减压未进行深拔，炉出口温度未提到设计值。因此装置高温位热源温位相对降低，热量减少，故终温低于设计值；

2）违反夹点理论规定：

夹点理论有三条重要规定：①热量不得跨越夹点换热；②夹点以上不得使用冷公用工程；③夹点之下不得使用热公用工程。

装置换热网络实际夹点温度为274℃（热流股279℃，冷流股269℃），夹点温差10℃，对应换热终温303℃。实际网络中存在跨夹点传热及违反最小传热温差传热的换热器，导致实际夹点温差小于10℃，实际换热强度低于常规设计值。

例如，常一线重沸器（E142），冷源温度为208~217℃，低于冷流夹点温度，热源（常三线）温度为311~242℃，有部分热量来自夹点之上，导致了换热终温的降低。

初底油-常三线换热器（E121A/B），热流股出口温度和冷流股入口温度均为225℃，可能存在反传热情况，换热强度仅有1.5 kW/m²，应进行相应调整。另外，网络换热强度仅有5.173 kW/m²，意味着网络实际夹点温差很小，如无违反夹点规则的情况，网络换热终温会有相应的提高。

（6）换热网络改造

换热网络应进行相应改造，改造目标如下：

1）调整换热位置，避免跨越夹点的情况发生，提高换热终温，降低燃料气消耗；

2）装置适当发生蒸汽，节能降耗。

改造内容详见第四部分装置检修改造建议。

## 五、加热炉计算

九江2#常减压装置有常压炉、减压炉两台加热炉，本次计算以常压炉为例。

常压炉炉型采用立管立式炉，底烧燃烧器，辐射室四周排管为单排单面辐射，中间排管为双排双面辐射，炉管受热面与火焰面平行。常压炉加热初底油，初底油分八路从对流段上部入炉下行，经对流转辐射转油线进入辐射室，最后从辐射室顶部出炉。

常压炉辐射段炉管以及对流段遮蔽段炉管材质采用P9，其中每管程的最后五根炉管采用TP316L。其他对流段炉管采用翅片管以强化传热，提高对流传热系数。翅片管炉管材质选用P5。

常压炉为八管程，辐射炉管规格为$\phi$168×8。辐射炉管长度为14m，每管程22根管，共设176根炉管；对流炉管规格为$\phi$141×8，对流炉管长度10.69m，传热有效长度为10.11m，其中设24根光管和96根翅片管。

辐射室底部采用16台气体燃烧器，燃料为天然气。燃烧器设置烧油火嘴，用于满足开工期间天然气不足的工况，燃烧器设置低压瓦斯火嘴，间断燃烧常顶油气、减顶油气。设计燃料燃烧过剩空气系数为15%。

常压炉工艺介质见表3-50。

表 3-50　加热炉进料

| 初底油 | 数值 | 初底油 | 数值 |
|---|---|---|---|
| 质量流量/(kg/h) | 555213 | 进口温度/℃ | 303 |
| 出口温度/℃ | 361 | | |

(一) 加热炉负荷

由加热炉入口至分馏塔进料段做热平衡，计算加热炉操作负荷。加热炉负荷见表 3-51。

表 3-51　加热炉负荷表

| 项目 | 温度/℃ | 相对密度 | 特性因数 $K$ | 液相焓/(kJ/kg) | 气相焓/(kJ/kg) | 流量/(kg/h) | 热负荷/MW |
|---|---|---|---|---|---|---|---|
| 加热炉入口 | | | | | | | |
| 初底油 | 303 | 0.914 | 11.9 | 745.5 | | 555213 | 114.98 |
| 加热炉出口 | | | | | | | |
| 塔顶油气 | 355.0 | 0.7440 | 12 | | 1161.7 | 26926 | 8.69 |
| 常一线 | 355.0 | 0.788 | 11.8 | | 1135.1 | 41767 | 13.17 |
| 常二线 | 355.0 | 0.8280 | 11.8 | | 1116.8 | 61079 | 18.95 |
| 常三线 | 355.0 | 0.853 | 11.9 | | 1108.5 | 46579 | 14.34 |
| 过汽化油 | 355.0 | 0.9510 | 11.8 | | 1058.8 | 16656 | 4.90 |
| 常底油 | 355.0 | 0.9510 | 11.8 | 877.0 | | 362206 | 88.24 |
| | | | | | | | 148.29 |
| 加热炉热负荷 | | | | | 33.311 | | |

该热负荷为加热炉提供的有效工艺热负荷。

(二) 炉管表面热强度

根据加热炉的炉管表面平均热强度定义：

$$q_R = \frac{Q_R}{A_R}$$

式中　$q_R$——炉管表面平均热强度，kW/m²；

$Q_R$——管内介质在炉管中的吸热量，kW；

$A_R$——以管外径为准的炉管传热面积，m²。

首先计算以管外径为准的炉管传热面积 $A_R$，已知条件见表 3-52。

表 3-52　加热炉机械数据

| 项目 | | 数值 |
|---|---|---|
| 辐射段 | 炉管外径/mm | 168 |
| | 炉管壁厚/mm | 8 |
| | 管程数 | 8 |
| | 单程炉管数/根 | 22 |
| | 单根炉管长度/m | 14 |
| | 炉管外表面积/m² | 1299.8 |

续表

| 项目 | | 数值 |
|---|---|---|
| 对流段 | 炉管外径/mm | 141 |
| | 炉管壁厚/mm | 8 |
| | 管程数 | 8 |
| | 单程炉管数/根 | 15 |
| | 单根炉管长度/mm | 10.11 |
| | 炉管外表面积/$m^2$ | 537.13 |

计算结果如下：

$$A_R = 1299.8 + 537.13 = 1836.9(m^2)$$

则炉管的表面平均热强度为：

$$q_R = \frac{Q_R}{A_R} = \frac{33311}{1836.9} = 18.13(kW/m^2)$$

通常对流段热负荷占加热炉负荷的30%，辐射段占70%，分别计算热强度：

$$q_{对流} = \frac{Q_{对流}}{A_{对流}} = \frac{33311 \times 0.3}{537.13} = 18.6(kW/m^2)$$

$$q_{辐射} = \frac{Q_{辐射}}{A_{辐射}} = \frac{33311 \times 0.7}{1299.8} = 17.94(kW/m^2)$$

加热炉对流段通常采用翅片管，故实际热强度低于辐射段。

（三）油膜温度

油品内膜温度的高低与油品温度的高低、局部热强度、内膜传热系数有关。最高内膜温度 $T_{fmax}$ 按下式计算：

$$T_{fmax} = T_b + \frac{q_{R,max}}{K_f}\left(\frac{D_o}{D_i}\right)$$

式中 $T_b$——油品温度，℃

$q_{R,max}$——辐射段最高局部热强度，$W/m^2$；

$K_f$——内膜传热系数，$W/(m^2 \cdot K)$；

$D_o$——管子外径，m；

$D_i$——管子内径，m。

油品温度高时，内膜温度高，故最高内膜温度大都发生在炉管出口部位。但如果炉管扩径不合适也可能造成最高内膜温度位置前移，增大结焦的概率。

$$q_{R,max} = F_{cir} F_L F_T q_{Rave} + q_{corw}$$

式中 $q_{R,max}$——辐射段最高局部热强度，$W/m^2$；

$F_{cir}$——周向热强度不均匀系数；

$F_L$——纵向热强度不均匀系数；

$F_T$——管子金属温度对辐射热强度的影响系数，在管壁温度较低处大于1，在管壁温度较高处小于1；

$q_{Rave}$——外表面平均辐射热强度，$W/m^2$；

$q_{corw}$——外表面平均对流热强度，$W/m^2$。

图 3-13 所示曲线适用于管子中心距耐火墙的距离为 1.5 倍管子名义直径，如距离与此值相差较大需另作考虑。

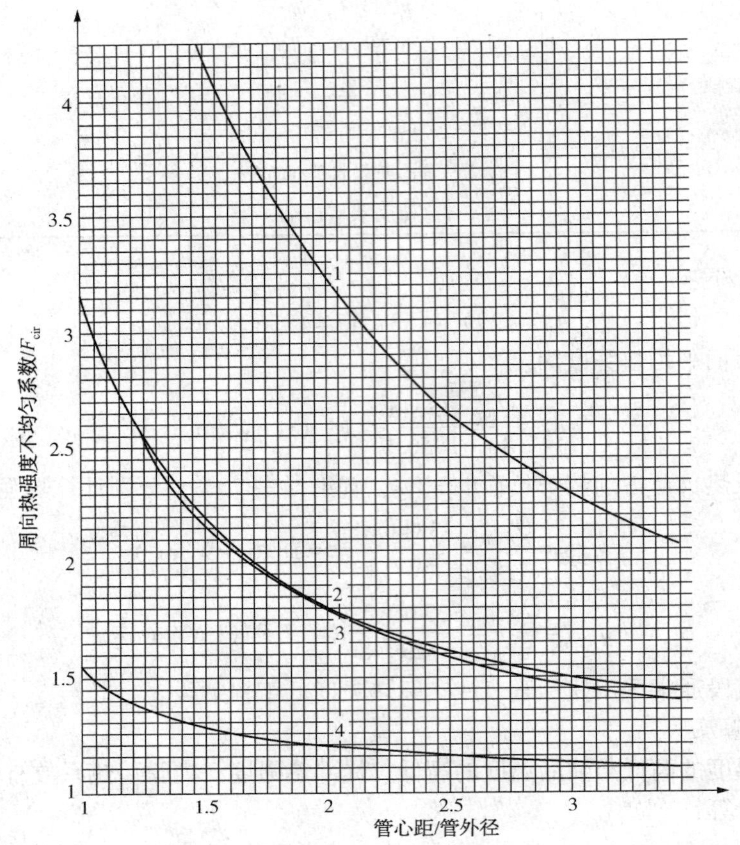


图 3-13　加热炉管不均匀系数图

1—双排管三角形排列，一面辐射，一面反射；

2—双排管双面辐射，排心距两倍直径(管子等距离)；

3—单排管，一面辐射，一面反射；4—单排管，双面辐射

图 3-13 中这些曲线未考虑对炉管的对流传热、管壁周向热传导或辐射段不同区域内热强度的变化。

这些曲线根据 H. C. Hottie 数据绘制。

常压炉采用立管立式炉，辐射室四周排管为单排单面辐射，中间排管为双排双面辐射，故 $F_{air}=1.8$。

立管的纵向不均匀系数通常在 1～1.5 之间，$F_L=1.25$，则辐射段最高局部热强度 $q_{R,max}=1.8\times1.25\times1\times17.94+18.6=58965(W/m^2)$。

参考管内膜传热系数方法，计算得管内传热系数为 942 $W/(m^2\ K)$，则最高油膜温度 $T_{fmax}=361+58965/942\times(168/152)=430(℃)$。

(四) 燃料发热值

已知燃料气各组分的体积百分数，计算出其质量百分数，再根据 SH/T 3045-2003 中表 A.1 查得燃料气各组分的低发热值，计算燃料气的总发热值，见表 3-53。

表 3-53 燃料气发热值计算

| 组成元素 | 体积分数 | 相对分子质量 | 质量分数 | 低发热值 $h_L$ | |
|---|---|---|---|---|---|
| | | | | kJ/kg | kJ/kg 燃料 |
| $H_2$ | 0.3790 | 2.016 | 0.0508 | 120000 | 6097.7 |
| $CO_2$ | 0.0019 | 44 | 0.0056 | | |
| CO | 0.0028 | 28 | 0.0052 | 10100 | 52.7 |
| $H_2S$ | 0.0001 | 34.1 | 0.0002 | 15240 | 3.5 |
| $CH_4$ | 0.3479 | 16 | 0.3702 | 50000 | 18509.6 |
| $C_2H_6$ | 0.1393 | 30.1 | 0.2788 | 47490 | 13242.6 |
| $C_2H_4$ | 0.0126 | 28.1 | 0.0235 | 47190 | 1111.2 |
| $C_3H_8$ | 0.0155 | 44.1 | 0.0455 | 46360 | 2107.5 |
| $C_3H_6$ | 0.0057 | 42.1 | 0.0160 | 45800 | 730.9 |
| $C_4H_{10}$ | 0.0056 | 58.1 | 0.0216 | 45750 | 989.9 |
| $C_4H_8$ | 0.0018 | 56.1 | 0.0067 | 45170 | 303.3 |
| $C_5H_{12}$ | 0.0011 | 72.1 | 0.0053 | 45360 | 239.3 |
| $C_5H_{10}$ | 0.0008 | 70.1 | 0.0037 | 44909 | 167.5 |
| $O_2$ | 0.0258 | 32 | 0.0549 | | |
| $N_2$ | 0.0601 | 28 | 0.1119 | | |
| 合计 | 1.000 | | 1.0000 | | 43555.6 |

燃料气的低发热值为 43555.6kJ/kg 燃料。

（五）正平衡和反平衡法加热炉效率

（1）正平衡计算加热炉效率

$$e=\frac{3600\times Q_{\mathrm{o}}}{B\times(h_{\mathrm{L}}+h_{\mathrm{a}}+h_{\mathrm{f}}+h_{\mathrm{m}})}\times100\%$$

式中 $e$——热效率，%；

$Q_o$——热负荷，kW；

$B$——燃料气量，kg/h；

$h_L$——燃料低发热量，kJ/kg 燃料；

$h_a$——由单位燃料所需的燃烧同空气带入体系的热量，kJ/kg 燃料；

$h_f$——由单位燃料量带入体系的显热，kJ/kg 燃料；

$h_m$——由雾化单位燃料油所需雾化剂带入体系的显热（常压炉烧燃料气，无雾化蒸汽）。

1）加热炉热负荷：

由前文计算有加热炉热负荷 $Q_o$ = 33311kW。

2）燃料气量：

由标定报告可知，常压炉燃料气消耗量为 4344.2Nm$^3$/h，折合质量流量为 2916.8kg/h。

3）燃料低发热量：

由上文计算有 $h_L$ = 43555.6 kJ/kg。

4）空气带入体系的热量：

首先计算过剩空气系数 $a$。烟气分析中氧含量5.37%（体），计算空气过剩系数（空气湿度影响忽略不计）：过剩空气中含氧物质的量/（烟气物质的量+过剩空气物质的量）= 烟气中含氧摩尔分数由表3-54可知，1mol的燃料气理论最小消耗空气量为0.509mol，生成烟气0.57mol。

表3-54　加热炉烟气计算

| 组分 | 体积分数 | 相对分子质量 | 理论空气量 $L_0$ | | $CO_2$生成量 | | $H_2O$生成量 | | $SO_2$生成量 | | $N_2$生成量 | |
|---|---|---|---|---|---|---|---|---|---|---|---|---|
| | | | kg/kg | kg/kg燃料 | kg/kg | kg/kg燃料 | kg/kg | kg/kg燃料 | kg/kg | kg/kg燃料 | kg/kg | kg/kg燃料 |
| $H_2$ | 0.3790 | 2.016 | 34.29 | 1.742 | | | 8.94 | 0.4543 | | | 26.35 | 1.3389 |
| $CO_2$ | 0.0019 | 44 | | | 1 | 0.0056 | | | | | | |
| CO | 0.0028 | 28 | 2.47 | 0.013 | 1.57 | 0.0082 | | | | | 1.9 | 0.0099 |
| $H_2S$ | 0.0001 | 34.1 | 6.08 | 0.001 | | | 0.53 | 0.0001 | 1.68 | 0.0004 | 4.68 | 0.0011 |
| $CH_4$ | 0.3479 | 16 | 17.24 | 6.382 | 2.74 | 1.0143 | 2.25 | 0.8329 | | | 13.25 | 4.9050 |
| $C_2H_6$ | 0.1393 | 30.1 | 16.09 | 4.487 | 2.93 | 0.8170 | 1.8 | 0.5019 | | | 12.37 | 3.4494 |
| $C_2H_4$ | 0.0126 | 28.1 | 14.79 | 0.348 | 3.14 | 0.0739 | 1.28 | 0.0301 | | | 11.36 | 0.2675 |
| $C_3H_8$ | 0.0155 | 44.1 | 15.68 | 0.713 | 2.99 | 0.1359 | 1.63 | 0.0741 | | | 12.06 | 0.5482 |
| $C_3H_6$ | 0.0057 | 42.1 | 14.79 | 0.236 | 3.14 | 0.0501 | 1.28 | 0.0204 | | | 11.36 | 0.1813 |
| $C_4H_{10}$ | 0.0056 | 58.1 | 15.46 | 0.335 | 3.03 | 0.0656 | 1.55 | 0.0335 | | | 11.88 | 0.2571 |
| $C_4H_8$ | 0.0018 | 56.1 | 14.79 | 0.099 | 3.14 | 0.0211 | 1.28 | 0.0086 | | | 11.36 | 0.0763 |
| $C_5H_{12}$ | 0.0011 | 72.1 | 15.33 | 0.081 | 3.05 | 0.0161 | 1.5 | 0.0079 | | | 11.78 | 0.0621 |
| $C_5H_{10}$ | 0.0008 | 70.1 | 14.76 | 0.055 | 3.14 | 0.0117 | 1.28 | 0.0048 | | | 11.34 | 0.0423 |
| $O_2$ | 0.0258 | 32 | 4.32 | 0.237 | | | | | | | 3.32 | 0.1823 |
| $N_2$ | 0.0601 | 28 | | | | | | | | | 1 | 0.1119 |
| 合计 | 1.000 | | | 14.255 | | 2.2195 | | 1.9687 | | 0.0004 | | 11.0688 |
| 摩尔量 | 1 | | | 0.5091 | | 0.0653 | | 0.1094 | | 6.0E06 | | 0.3953 |

则有 $0.509\times(a-1)\times0.21/[0.57+0.509\times(a-1)]=0.0537$，解得 $a=1.385$，则实际空气消耗 $L_a=a\times L_0=1.385\times14.255=19.74$ kg/kg燃料。

查图得空气焓值为27kJ/kg，则空气带入热量 $h_a=27\times19.74=532.98$ kJ/kg燃料。

5）燃料气带入热量：

由表3-55可知 $h_f=62.12$ kJ/kg（以15℃为计算基准）。

表3-55　燃料带入焓值

| 组分 | 质量分数/（kg/kg燃料） | 入炉温度/℃ | 入炉温度下的焓 | |
|---|---|---|---|---|
| | | | kJ/kg | kg/kg燃料 |
| $H_2$ | 0.0508 | 40 | 353.3 | 17.95 |
| $CO_2$ | 0.0056 | | 30 | 0.17 |
| CO | 0.0052 | | 30 | 0.16 |
| $H_2S$ | 0.0002 | | 22 | 0.005 |
| $CH_4$ | 0.3702 | | 58.23 | 21.56 |
| $C_2H_6$ | 0.2788 | | 45.23 | 12.61 |
| $C_2H_4$ | 0.0235 | | 42.73 | 1.01 |
| $C_3H_8$ | 0.0455 | | 42.5 | 1.93 |
| $C_3H_6$ | 0.0160 | | 42.37 | 0.68 |

续表

| 组分 | 质量分数/（kg/kg 燃料） | 入炉温度/℃ | 入炉温度下的焓 | |
|---|---|---|---|---|
| | | | kJ/kg | kg/kg 燃料 |
| $C_4H_{10}$ | 0.0216 | | 40.57 | 0.88 |
| $C_4H_8$ | 0.0067 | | 38.07 | 0.26 |
| $C_5H_{12}$ | 0.0053 | | 39.07 | 0.21 |
| $C_5H_{10}$ | 0.0037 | | 39.83 | 0.15 |
| $O_2$ | 0.0549 | | 22 | 1.21 |
| $N_2$ | 0.1119 | | 30 | 3.36 |
| 合计 | 1.0000 | | | 62.12 |

6）热效率：

$$e=\frac{3600\times Q_O}{B\times(h_L+h_a+h_f+h_m)}\times100\%=\frac{3600\times33311}{2916.8\times(43555.6+532.98+62.12)}\times100\%=93.12\%$$

（2）反平衡计算加热炉效率

$$e=(1-\frac{h_u+h_s+h_L\times\eta}{h_L+h_a+h_f+h_m})\times100\%$$

式中 $e$——热效率，%；

$h_L$——燃料低发热量，kJ/kg 燃料；

$h_a$——由单位燃料所需的燃烧同空气带入体系的热量，kJ/kg 燃料；

$h_f$——由单位燃料量带入体系的显热，kJ/kg 燃料；

$h_m$——由雾化单位燃料油所需雾化剂带入体系的显热(常压炉烧燃料气，无雾化蒸汽)；

$h_s$——按单位燃料计算的排烟损失，kJ/kg 燃料；

$h_u$——按单位燃料量计算的不完全燃烧损失，kJ/kg 燃料；

$\eta$——散热损失占燃料低发热量的百分数。

1）不完全燃烧损失 $h_u$：

本次常压炉燃料为高压瓦斯，且过剩空气系数较高，故该项损失可忽略不计。

2）排烟损失 $h_s$：

由表3-56可知排烟损失 $h_s$=2827.86 kJ/kg 燃料。

**表3-56　排烟损失**

| 烟气组分 | 在烟气中的量/（kg/kg 燃料） | 排烟温度下的焓值 | |
|---|---|---|---|
| | | kJ/kg | kJ/kg 燃料 |
| $CO_2$ | 2.220 | 120 | 266.34 |
| $H_2O$ | 1.969 | 240 | 472.50 |
| $N_2$ | 11.069 | 130 | 1438.94 |
| $SO_2$ | 0.000 | 115 | 0.04 |
| 空气 | 5.417 | 120 | 650.03 |
| 总计 | 20.674 | | 2827.86 |

3）散热损失：

本次常压炉为大型加热炉，散热损失按2%考虑。

4）热效率：

$$e=(1-\frac{h_u+h_s+h_L\times\eta}{h_L+h_a+h_f+h_m})\times100\%=(1-\frac{2827.86+43555.6\times2\%}{43555.6+532.98+62.12})\times100\%=91.6\%$$

（3）总结

标定报告中常压炉热效率为91.5%，与反平衡计算结果基本一致。

## 六、分馏塔内件水力学计算

分馏塔各段气、液相负荷及性质见表3-57，各段塔盘机械数据见表3-58。

表3-57　塔盘气液相负荷

| 塔盘数 | 馏分段 | 气相 | | | | 液相 | | | |
|---|---|---|---|---|---|---|---|---|---|
| | | 质量流量 | 密度 | 体积流量 | 黏度 | 液相流量 | 密度/(kg/m³) | 体积流量 | 表面张力 |
| 1 | 常顶循 | 121183 | 3.414 | 29455 | 0.0091 | 324500 | 648.0 | 500.8 | 17.54 |
| 15 | 常一线 | 117538 | 5.778 | 20342 | 0.0094 | 96012 | 654.2 | 146.8 | 12.89 |
| 17 | 常一中 | 162443 | 5.378 | 25146 | 0.0095 | 282604 | 658.1 | 429.4 | 12.79 |
| 27 | 常二线 | 143259 | 6.944 | 20630 | 0.0098 | 74656 | 658.3 | 113.4 | 11.60 |
| 29 | 常二中 | 261928 | 7.774 | 33693 | 0.0099 | 306825 | 656.5 | 467.4 | 11.52 |
| 37 | 常三线 | 227284 | 9.105 | 24963 | 0.0106 | 97512 | 648.7 | 150.3 | 10.42 |

表3-58　塔盘机械数据

| 馏分段 | | 常顶循 | 常一线 | 常一中 | 常二线 | 常二中 | 常三线 |
|---|---|---|---|---|---|---|---|
| 塔盘号 | | 1 | 15 | 17 | 27 | 29 | 37 |
| 塔结构参数 | 塔径/m | 5.6 | 5.6 | 5.6 | 5.6 | 5.6 | 5.6 |
| | 板间距/mm | 700 | 700 | 700 | 700 | 700 | 700 |
| | 开孔率/% | 8.5 | 9 | 9 | 9.5 | 11.5 | 11.5 |
| | 降液管面积/% | 20 | 10 | 15 | 10 | 15 | 10 |
| | 降液管底隙/mm | 90 | 50 | 90 | 50 | 90 | 50 |
| | 出口堰高/mm | 40 | 50 | 40 | 50 | 40 | 50 |
| | 出口堰长/mm | 4069 | 3320 | 4283 | 3794 | 4283 | 3794 |

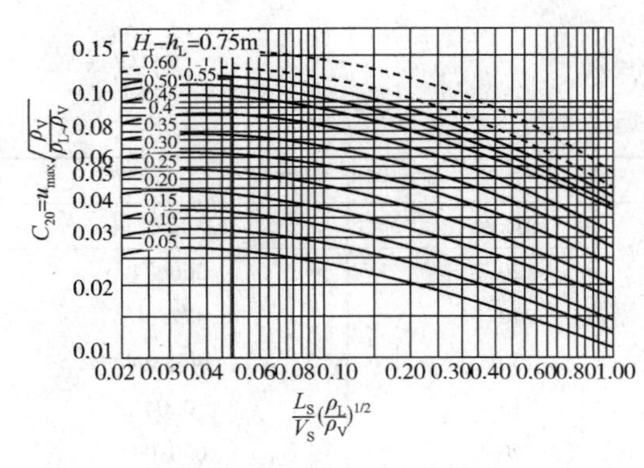


图3-14　史密斯关联图

以常顶循为例进行计算。

（一）流动参数

$$F_{1v}=\frac{L}{G}\left(\frac{\rho_G}{\rho_L}\right)^{0.5}=\frac{324500}{121183}\times\sqrt{\frac{3.414}{648}}=0.194$$

（二）空塔临界气速

首先求取负荷系数：

$$u_{max}=\sqrt{\frac{4gd}{3\xi}}\sqrt{\frac{\rho_L-\rho_v}{\rho_v}}=C\sqrt{\frac{\rho_L-\rho_v}{\rho_v}}$$

式中　$u_{max}$——极限空塔气速，m/s；

$C$——负荷系数。

图3-14为史密斯关联图，图中，$V_s$、$L_s$ 分别为塔内气、液两相的体积流量，m³/s；$\rho_v$、$\rho_L$ 分别为塔内气、液两相的度，kg/m³；$H_T$ 为塔板间距，m；$h_L$ 为板上液层高度，m。首先

计算横坐标“液气动能参数”。

液气动能参数$=\frac{500.8}{29455}\times\sqrt{\frac{648}{3.414}}=0.234$；曲线：$H_T-h_L=0.7-0.1=0.6$。查曲线得$C_{20}=0.10$。

根据实际表面张力校正负荷系数：

$$C=C_{20}\left(\frac{\sigma}{20}\right)^{0.2}=0.097$$

根据公式可知：

$$u_{max}=\sqrt{\frac{4gd}{3\xi}}\sqrt{\frac{\rho_L-\rho_v}{\rho_v}}=C\sqrt{\frac{\rho_L-\rho_v}{\rho_v}}=0.097\times\sqrt{\frac{648-3.414}{3.414}}=1.34$$

（三）空塔实际气速

$$u=V_S/S_{截}=29455/24.6=0.33(m/s)$$

（四）空塔$F$因子

$$F=u\times\sqrt{\rho_V}=0.33\times\sqrt{3.414}=0.61$$

（五）空塔$C$因子

$$F=u\times\sqrt{\frac{\rho_V}{\rho_L-\rho_V}}=0.33\times\sqrt{\frac{3.414}{648-3.414}}=0.024$$

计算其他各段物流，汇总整理见表3-59。

**表3-59　塔盘流动参数计算**

| 馏分段 | 流动参数$F_{lv}$ | 液气动能参数 | $H-h$ | $C_{20}$ | $C_T$ | 空塔临界气速/(m/s) | 空塔实际气速/(m/s) | 气速比值/% | 空塔$F$因子 | 空塔$C$因子/(m/s) |
|---|---|---|---|---|---|---|---|---|---|---|
| 常顶循 | 0.194 | 0.234 | 0.6 | 0.1 | 0.097 | 1.34 | 0.33 | 24.8 | 0.61 | 0.024 |
| 常一线 | 0.077 | 0.077 | 0.6 | 0.13 | 0.119 | 1.26 | 0.23 | 18.2 | 0.55 | 0.022 |
| 常一中 | 0.157 | 0.189 | 0.6 | 0.11 | 0.101 | 1.11 | 0.28 | 25.6 | 0.66 | 0.026 |
| 常二线 | 0.054 | 0.054 | 0.6 | 0.135 | 0.121 | 1.17 | 0.23 | 19.9 | 0.61 | 0.024 |
| 常二中 | 0.127 | 0.127 | 0.6 | 0.12 | 0.107 | 0.98 | 0.38 | 38.7 | 1.06 | 0.042 |
| 常三线 | 0.051 | 0.051 | 0.6 | 0.11 | 0.097 | 0.81 | 0.28 | 34.8 | 0.85 | 0.034 |

以流动参数$F_{lv}$作为判据，小于0.05采用规整填料，在0.05~0.4之间采用塔板，大于0.4采用散堆填料。根据计算结果，设计采用板式塔较为合理。

实际气速均小于临界气速，最大比值处为常二中段，38.7%，空塔动能因子也最高，故常压塔在选择塔径时通常受制于常二中段。

（六）水力学计算

仍然以常顶循段为例进行水力学计算。

（1）液流强度

常顶循液体体积流量为500.8m³/h，塔盘为双溢流，两侧降液管出口堰长4069mm，中间降液管堰长5530mm，两侧降液管堰上溢流强度=500.8/2/4.069=61.538m³/(m·h)，中间降液管堰上溢流强度 = 500.8/2/5.530 = 45.2m³/(m·h)。

(2) 阀孔 $F$ 因子

阀孔气速 $u_0$ = 气相体积流量/开孔总面积 = 29455/(24.63×0.85) = 4.73m/s，故阀孔动能因子 $F_O = 4.73\times\sqrt{3.414} = 0.61 = 8.74$。

(3) 塔盘压降

$$\Delta p = \Delta p_c + \Delta p_1 + \Delta p_6$$

即：$h_P = h_C + h_1 + h_\sigma$

1) 计算 $h_C$:

计算临界孔速：

$$u_\delta = {}^{1.825}\sqrt{\frac{73.1}{\rho_v}} = {}^{1.825}\sqrt{(73.1/3.414)} = 5.36$$

阀孔气速 = 4.73<5.35，故阀未全开，所以选用公式计算 $h_c$:

$$h_c = 19.9\frac{u_o^{0.175}}{\rho_L} = 40.3(\text{mm 液柱})$$

2) 计算 $h_1$:

根据公式计算平直堰堰上液层高度 $h_{ow}$:

$$h_{ow} = \frac{2.84}{1000}E\left(\frac{L_b}{l_W}\right)^{\frac{2}{3}} = 44.3(\text{mm})$$

板上液层高度 = 堰上液层高度 + 堰高 = 44.3+50 = 94.3(mm)

充气因数取 0.5，则 $h_1 = 94.3\times0.5 = 47.1$mm。

3) 计算 $h_6$:

$$h_o = \frac{2\sigma}{h\rho_L g} = 2\times17.54/(0.01\times648\times9.8) = 0.55(\text{mm})$$

由于数值通常很小，后续计算忽略。

则总压降为：

$$h_P = h_C + h_1 + h_\sigma = 40.3+47.1+0.55 = 87.95(\text{mm 液柱})$$

$$\Delta p = 648\times9.81\times87.95/1000 = 559(\text{Pa})$$

(4) 降液管液泛百分数

按照公式计算，其中，$K=1$ 查图 3-15 可得 $C_F = 0.15$。

$$\text{泛点率} = \frac{V\sqrt{\frac{\rho_V}{\rho_L-\rho_V}}}{0.78KC_FA_T}\times100\% = 24.9\%$$

(5) 画出塔板操作区

1) 雾沫夹带线：

根据泛点率公式有：

$$\text{泛点率} = \frac{V_S\times\sqrt{\frac{\rho_V}{\rho_L-\rho_V}}+1.36L_SZ_L}{K\times C_F\times A_b}$$

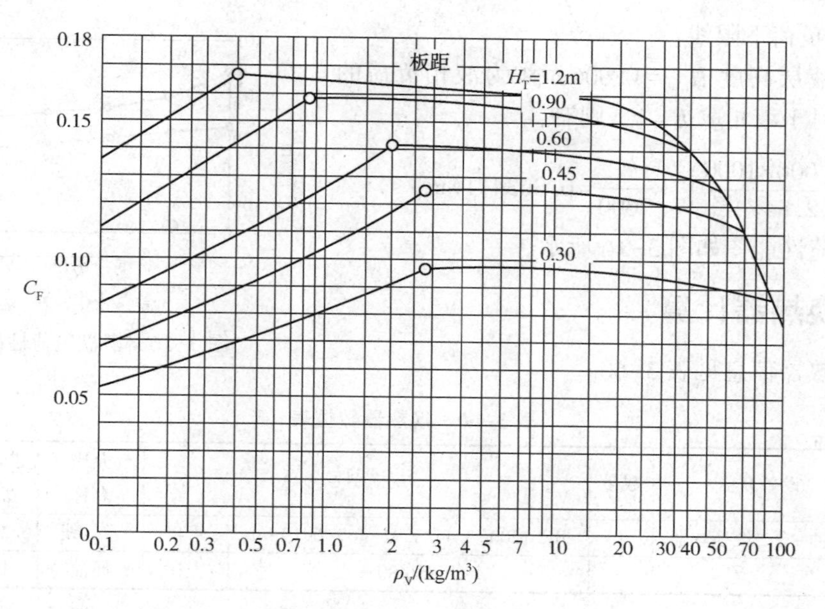

图 3-15 泛点负荷系数

泛点率按 80%计算如下：

$$0.8=\frac{V_S\times\sqrt{\frac{3.414}{648-3.414}}+1.36\times1.483\times L_S}{1\times0.15\times8.862}$$

$$1.063=V_S\times0.0727+2.017\times L_S$$

2）液泛线：

$$\phi\times(H_T+h_W)=5.34\times\frac{\rho_V\times u_O^2}{\rho_L\times2g}+0.153\times\left(\frac{L_S}{l_W\times h_O}\right)^2+(1+\varepsilon_O)\left[h_W+\frac{2.84}{1000}E\left(\frac{3600\times L_S}{l_W}\right)^{\frac{2}{3}}\right]$$

将数值代入上式，有：

$$0.7\times(0.7+0.05)=5.34\times\frac{3.414\times(\frac{V_S}{24.63\times0.0847})^2}{648\times2\times9.8}+0.153\times\left(\frac{L_S}{4.069\times0.09}\right)^2+$$

$$(1+0.35)\left[0.05+\frac{2.84}{1000}\times1\times\left(\frac{3600\times L_S}{4.069}\right)^{\frac{2}{3}}\right]$$

化简得：

$$0.458=0.0003298\,V_S^2+1.14\,L_S^2+0.3533\,L_S^{\frac{2}{3}}$$

3）液相负荷上限：

以 5s 作为液体在降液管停留下限，则 $L_{SMAX}=1.085\times0.7/5=0.1519\text{m}^3/\text{s}$。

4）漏液线：

以 $F_O=5$ 作为规定气体最小负荷标准：

$$V_{S\min}=\frac{\pi}{4}\times d_o^2\times N\times\frac{F_O}{\sqrt{\rho_V}}=2.086\times\frac{5}{\sqrt{3.414}}=5.644(\text{m}^3/\text{s})$$

5）液相负荷下限线：

取堰上液层高度 $H_{ow}=0.006$m 作为液相负荷的下限条件，对于液相取 $E=1$，则有：

$$L_{S\min}=\left(\frac{0.006\times1000}{2.84\times1}\right)^{\frac{3}{2}}\times\frac{l_W}{3600}=0.003471(\mathrm{m^3/s})$$

画出负荷性能图如图 3-16 所示。

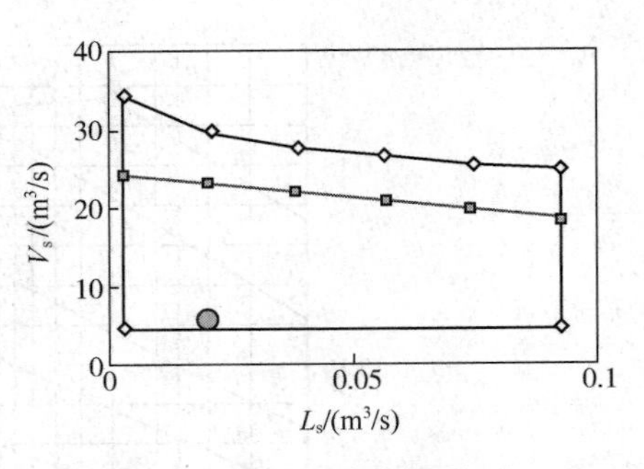


图 3-16　塔盘负荷性能图

## 七、换热器计算

选取换热器信息见表 3-60。

表 3-60　换热器数据表

| 设备位号 | 设备名称 | 数量 | 规格型号 | | 介质名称 | 进口温度/℃ | 出口温度/℃ |
|---|---|---|---|---|---|---|---|
| E111 | 原油-常二线换热器 | 1 | BES1200-3.44/3.92-465-6/19-6I | 管程 | 常二线 | 251 | 195 |
| | | | $B=480$ | 壳程 | 原油 | 174 | 186 |

（一）计算定性温度

$$t_{冷流}=0.4t_{热}+0.6t_{冷}=0.4\times186+0.6\times174=178.8(℃)$$

$$T_{热流}=0.4T_{热}+0.6T_{冷}=0.4\times251+0.6\times195=217.4(℃)$$

由《冷换设备工艺计算手册》[5] 中公式计算定性温度下相关物性，见表 3-61。

表 3-61　油品性质计算公式

| 名称 | 关联式 | 符号说明 |
|---|---|---|
| 热焓 | $H=4.1855\cdot(0.0533K_F+0.3604)(3.8192+0.2483API-0.002706API^2+0.3718T+0.001972T\cdot API+0.0004754T^2)$ | $T$—温度，℃<br>$K_F$—特性因数<br>$API$—相对密度指数<br>$H$—焓，kJ/kg |
| 焓差 | $\Delta H=4.1855\cdot(T_1-T_2)\cdot(0.0533K_F+0.3604)[(0.3718+0.001972API)+0.0004754\cdot(T_1+T_2)]$ | $\Delta H$—焓差，kJ/kg<br>$T_1$，$T_2$—端点温度，℃ |
| API 指数 | $API=\frac{141.5}{(0.99417\gamma_4^{20}+0.009181)}-131.5$ | $\gamma_4^{20}$—相对密度 |
| 密度 | $\rho=T\cdot(1.307\gamma_4^{20}-1.817)+973.86\gamma_4^{20}+36.34$ | $\rho$—密度，kg/m³<br>$\gamma$—温度，℃ |
| 比热容 | $C_p=4.1855[0.6811-0.308(0.99417\gamma_4^{20}+0.009181)+(1.8T+32)\cdot(0.000815-0.000306(0.99417\gamma_4^{20}+0.009181)]\cdot(0.055K_T+0.35)$ | $C_p$—kJ/(kg·℃)<br>$T$—温度，℃ |
| 导热系数 | $\lambda=(0.0199-0.0000656T+0.098)-(0.99417\gamma_4^{20}+0.009181)$ | $\lambda$—导热系数，W/(m·℃) |
| 黏度 | $\nu=\exp\{\exp[a+b\cdot\times\ln(T+273)]\}-C$ | $\nu$—运动黏度，mm²/s |
| | $\mu=\rho\cdot v\cdot10^{-3}$ | $\mu$—动力黏度，mPa·s |
| | $b=\frac{\ln[\ln(v_1+C)]-\ln[\ln(v_2+C)]}{\ln(T_1+273)-\ln(T_2+273)}$ | |
| | $a=\ln[\ln(v_1+C)]+b\cdot\ln(T_1+273)$ | |
| | 当 $\gamma_4^{20}\leqslant0.8$　$C=0.8$ | |
| | $\gamma_4^{20}\leqslant0.9$　$C=0.6$ | |
| | $0.8<\gamma_4^{20}<0.9$　$C=2.4-2.0\gamma_4^{20}$ | |

换热器物性数据见表3-62。

**表3-62 换热器物性数据**

| 项目 | 定性温度/℃ | 导热系数/[W/(m·℃)] | 比热容/[kJ/(kg·℃)] | 黏度/cP | 密度/(kg/m³) | 垢阻/[(m²·K)/W] |
|---|---|---|---|---|---|---|
| 原油 | 178.8 | 0.1202 | 2.5304 | 1.18 | 773.02 | 0.000516 |
| 常二线 | 217.4 | 0.1238 | 2.7586 | 0.81 | 689.24 | 0.000172 |

（二）计算换热器冷、热流负荷

$$Q_C = W_C \times c_{pc} \times (t_2 - t_1)$$

式中 $W_C$——流体流量，kg/s；

$c_{Pc}$——冷流定性温度下的比热容，J/(kg·K)；

$t_1$、$t_2$——冷流入、出口温度,℃。

冷流负荷：$Q_C = W_C \times C_{pc} \times (t_2 - t_1) = (300000/3600) \times 2530.4 \times (186-174) = 2530.4$(kW)；

热流负荷：$Q_h = W_h \times C_{ph} \times (T_1 - T_2) = (61079/3600) \times 2758.6 \times (251-195) = 2621.0$(kW)。

按照《冷换设备工艺计算手册》[5]，以热流体负荷作为总热负荷值，即 $Q_{总} = Q_h = 2621.0$kW。

（三）计算对数平均温差

$$P = \frac{t_2 - t_1}{T_1 - t_1} = \frac{186-174}{251-174} = 0.156$$

$$R = \frac{T_1 - T_2}{t_2 - t_1} = \frac{251-195}{186-174} = 4.67$$

式中 $P$——温度效率；

$R$——温度相关因数。

$$|R-1| = 3.67 > 10^{-3}$$

$$P_n = \frac{1 - \left(\frac{1 - P \cdot R}{1 - P}\right)^{\frac{1}{N_s}}}{R - \left(\frac{1 - P \cdot R}{1 - P}\right)^{\frac{1}{N_s}}} = 0.156$$

根据求得的 $P_n$ 计算对数平均温差校正系数：

$$F_T = \frac{\frac{\sqrt{R^2+1}}{R-1} \ln\left(\frac{1 - P_n}{1 - P_n \cdot R}\right)}{ln\left[\frac{\frac{2}{P_n} - 1 - R + \sqrt{R^2+1}}{\frac{2}{P_n} - 1 - R - \sqrt{R^2+1}}\right]} = 0.915$$

$F_T > 0.8$，可选用单台换热器。

$$\Delta t_m = \frac{\Delta t_h - \Delta t_c}{ln \frac{\Delta t_h}{\Delta t_c}} \times F_T = 35.64(℃)$$

（四）计算雷诺数

(1) 管程雷诺数

$N_i$ 为总管数，$N_t$ 为管程数，$d_i$ 为管内径。

管程流体质量流速：

$$G_i=\frac{W_i}{S_i}=\frac{W_i}{\frac{\pi}{4}d_i^2\frac{n_t}{2}}=427.56[\mathrm{kg/(m^2\cdot s)}]$$

雷诺准数：

$$Re_i=\frac{d_i\times G_i}{\mu_{iD}\div 1000}=7918$$

(2) 壳程雷诺数

壳程当量直径，当管子呈正方形排列时：

$$d_e=\frac{4\left(p_t^2-\frac{\pi}{4}d_o^2\right)}{\pi d_o}=0.0229\mathrm{m}$$

壳程流体质量流量：

$$G_o=\frac{W_o}{S_o\times 3600}=250.7\mathrm{kg/(m^2\cdot s)}$$

雷诺准数：

$$Re_o=\frac{d_o\times G_o}{\mu_{oD}\div 1000}=4866$$

(五) 计算膜传热系数

(1) 管内膜传热系数

当 $2100<Re_i<10000$ 时，传热因子 $J_{Hi}$ 为：

$$J_{Hi}=0.116\times(\mathrm{Re}_i^{\frac{2}{3}}-125)\times\left[1+\left(\frac{d_i}{L}\right)^{\frac{2}{3}}\right]=32.16$$

管程普兰特准数：

$$Pr=(c_p\times\mu/\lambda)_{iD}=18.05$$

式中 $c_{piD}$——介质定性温度下比热容；

$\mu_{iD}$——介质定性温度下黏度；

$\lambda_{iD}$——介质定性温度下导热系数。

先假定管程壁温传热校正系数 $\phi_i=1$，以光管外表面积为基准的管内膜传热系数 $h_{io}$ 为：

$$h_{io}=\frac{\lambda_i}{d_o}\cdot J_{Hi}\cdot Pr^{\frac{1}{3}}\cdot\phi_i=\frac{\lambda_i}{d_i}\cdot J_{Hi}\cdot\left(\frac{C_p\cdot\mu}{\lambda}\right)^{\frac{1}{3}}\cdot\phi_i=696[\mathrm{W/(m^2\cdot K)}]$$

(2) 管外膜传热系数

当 $200<Re_o\leqslant 5000$ 时，传热因子 $J_{Ho}$ 为：

$$J_{Ho}=0.378\times Re_o^{0.554}\times\left(\frac{Z-15}{10}\right)+0.41\times Re_o^{0.5634}\times\left(\frac{25-Z}{10}\right)=34.92$$

根据表 3-63，旁路挡板传热校正系数 $\varepsilon_h=1.1$。

**表 3-63 旁路挡板传热与压力降校正系数**

| 壳径/mm | 325 | 400 | 500 | 600 | 700 | 800 | 900 | 1000 | 1100 | 1200 | 1300 | 1400 | 1500 | 1600 | 1700 | 1800 |
|---|---|---|---|---|---|---|---|---|---|---|---|---|---|---|---|---|
| $\varepsilon_b$ | 1.30 | 1.26 | 1.23 | 1.20 | 1.18 | 1.17 | 1.15 | 1.14 | 1.13 | 1.12 | 1.11 | 1.10 | 1.09 | 1.08 | 1.07 | 1.06 |
| $\varepsilon_{\Delta p}$ | 1.90 | 1.87 | 1.85 | 1.73 | 1.64 | 1.58 | 1.52 | 1.51 | 1.50 | 1.45 | 1.40 | 1.35 | 1.30 | 1.25 | 1.20 | 1.15 |

设壳程壁温校正系数 $\phi_o=1$，计算管外膜传热系数 $h_o$：

$$h_o=\frac{\lambda_{oD}}{d_e}\times J_{Ho}\times Pr^{\frac{1}{3}}\times\phi_o\times\varepsilon_h=702.5[\mathrm{W/(m^2\cdot K)}]$$

（六）校核换热器换热面积

根据表3-64，选取管壁金属热阻，$r_p=0.000048\mathrm{m^2\cdot ℃/W}$。

则总传热系数 $K$ 为：

$$\frac{1}{K}=\frac{1}{h_0}+r_o+\frac{d_0}{d_m}\cdot\frac{t_s}{\lambda_w}+r_i\cdot\frac{d_o}{d_i}+\frac{1}{h_i}\cdot\frac{d_o}{d_i}=0.004673$$

所以，总传热系数 $K=226.7\mathrm{W/(m^2\cdot K)}$。

**表3-64 管壁金属热阻推荐值**

| 材质名称 | 导热系数/[W/(m·K)] | 金属热阻/[(m²·K)/W] $r_p=\frac{d_o}{2\lambda_w}\cdot\ln\left(\frac{d_o}{d_i}\right)$ | |
|---|---|---|---|
| | | $\phi$19mm×2mm | $\phi$25mm×2.5mm |
| 碳钢 | 46.7 | 0.000048 | 0.00006 |
| 铬钼钢 | 43.3 | 0.000052 | 0.000064 |
| 不锈钢 | 19 | 0.00012 | 0.00015 |

计算需要的换热面积和换热面积余量：

$$S=\frac{Q}{K\times\Delta T}=324.38(\mathrm{m^2})$$

实际选用面积 $S_1=465\mathrm{m^2}$。

换热面积余量 $\eta=43.35\%$。

（七）压降计算

（1）管程压力降计算

管内流动压力降：$\Delta p_t=\frac{G_t^2}{2\rho_t}\cdot\frac{LN_{tp}}{d_t}\cdot\frac{f_t}{\phi_t}$

回弯压力降：$\Delta p_r=\frac{G_i^2}{2\rho_t}\cdot(4N_{rp})$

进出口嘴子压力降：$\Delta p_{Ni}=\frac{(G_{Ni1}^2+0.5\cdot G_{Ni2}^2)}{2\rho_i}$

根据上述公式分别计算：

雷诺数 $Re_i>10^3$，计算管内摩擦系数：

$$f_i=0.4513,\ Re_i^{-0.2653}=0.0417$$

管内流动压力降 $\Delta p_i$ 为13273$Pa$，回弯压力降：$\Delta p_r$ 为3183Pa。

进出口管嘴压力降：$\Delta p_{Ni}$ 为20Pa。

由于管程结垢热阻为0.00034，查表3-65得管程压力降结垢校正系数 $F_i=1.35$，管程压力降为：$\Delta p_t=(\Delta p_i+\Delta p_i)\cdot F_i+\Delta p_{Ni}=22.24\mathrm{kPa}$。

管程压力降<50kPa，符合设计要求。

表 3-65　管程压力降结垢校正系灵敏表

| 结垢热阻/($m^2$·K/W) | 0 | 0.00017 | 0.00034 | 0.00043 | 0.0052 | 0.00069 | 0.00086 | 0.00129 | 0.00172 |
|---|---|---|---|---|---|---|---|---|---|
| $F_i$ | 1.00 | 1.20 | 1.35 | 1.40 | 1.45 | 1.50 | 1.60 | 1.70 | 1.80 |

（2）壳程压力降计算

对于 $Z=25$ 的标准尺寸，$f=f'$；对于其他尺寸按下式校核：

$$f_o=f'_o\cdot\frac{35}{Z+10}$$

对于正方形斜转 45°排列的光管，雷诺数在 1500～15000 范围内，弓形折流板缺圆高度百分数 $Z=25$ 时，壳程摩擦系数为：$f_o=f'_o=0.731\times Re_o^{-0.0774}=0.3789$。

根据表 3-63，取旁路挡板压力降校正系数 $\varepsilon\Delta p=1.45$。

折流板压力降：

$$\Delta p_o=\frac{G_o^2}{2\rho_{oD}}\cdot\frac{D_s\cdot(N_b+1)}{d_e}\cdot\frac{f_o}{\phi_o}\cdot\varepsilon_{\Delta p}=28427(\text{Pa})$$

根据表 3-63，取旁路挡板压力降校正系数 $\varepsilon\Delta p=1.35$。

导流板压力降：

$$\Delta p_o=\frac{G_o^2}{2\rho_{oD}}\cdot\frac{D_s(N_b+1)}{d_e}\cdot\frac{f_o}{\phi_o}\cdot\varepsilon\Delta P=12872(\text{Pa})$$

导流板压降：

$$\Delta P_{ro}=\frac{G_{No}^2}{2\rho_o}\varepsilon_{IP}=1708(\text{Pa})$$

进出口管嘴压力降：

壳程进出口管嘴直径均为 0.4m，$\Delta P_{No}=\dfrac{1.5G_{No}^2}{2\rho_{oD}}=427\text{Pa}$。

根据表 3-65，取壳程压力降结垢校正系数 $F_o=1.45$，计算壳程总压力降：

$$\Delta p_s=\Delta p_o\times F_o+\Delta p_{ro}+\Delta p_{No}=20.8\text{kPa}$$

壳程压力降<50kPa，符合设计要求。

## 八、电脱盐计算

九江石化 2[#]常减压装置电脱盐罐规格为 $\phi$5000mm×38220mm×44mm，电脱盐罐壳体材质为 Q345R。电脱盐内件采用华东石油成套设备扬中有限公司的复式高效交直流电脱盐技术成套设备。设备图见图 3-17。

（一）电场梯度

根据 SY/T0045—2008《原油电脱水设计规范》，电脱盐罐内强电场强度设计值宜为 0.8～4.0kV/cm；弱电场的电场强度设计值宜为 0.3～0.5kV/cm。电场强度=极板电压/极板间距。

（二）停留时间

原油在强电场和弱电场的停留时间(min)=电场体积($m^3$)/原油体积流量($m^3$/h)×60

（三）原油的上升速度

原油在电脱盐罐内为横向流动，折算上升速度计算如下：

原油质量流量 591862kg/h，153℃时的密度为 790.3kg/$m^3$，则原油体积流量 $V$=591862/790.3=748.9$m^3$/h。电脱盐罐横截面积 $S=34\times5=170m^2$，则原油上升速度 $u=V/S$=748.9/170=0.00122m/s=7.342cm/min。

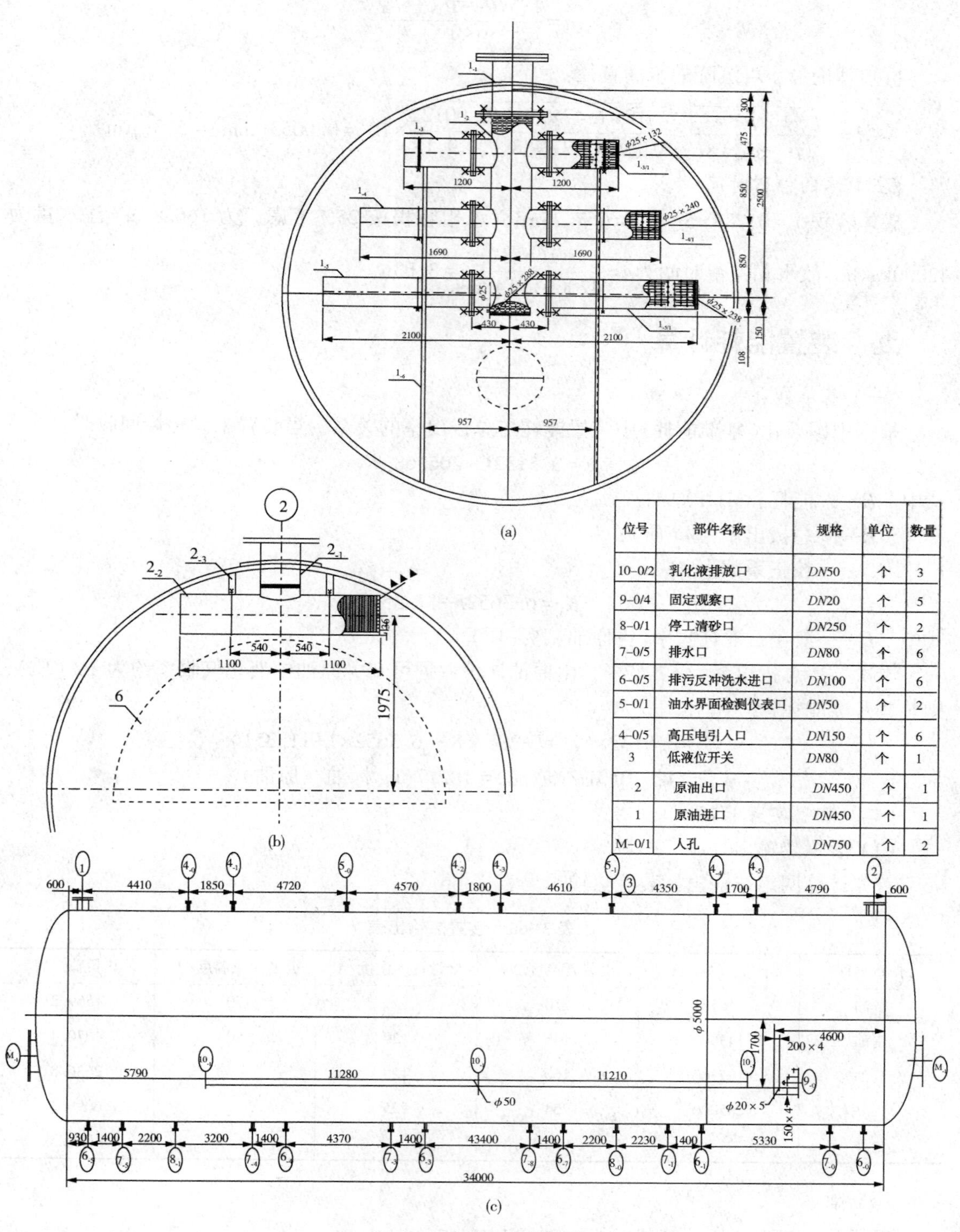


| 位号 | 部件名称 | 规格 | 单位 | 数量 |
|---|---|---|---|---|
| 10–0/2 | 乳化液排放口 | DN50 | 个 | 3 |
| 9–0/4 | 固定观察口 | DN20 | 个 | 5 |
| 8–0/1 | 停工清砂口 | DN250 | 个 | 2 |
| 7–0/5 | 排水口 | DN80 | 个 | 6 |
| 6–0/5 | 排污反冲洗水进口 | DN100 | 个 | 6 |
| 5–0/1 | 油水界面检测仪表口 | DN50 | 个 | 2 |
| 4–0/5 | 高压电引入口 | DN150 | 个 | 6 |
| 3 | 低液位开关 | DN80 | 个 | 1 |
| 2 | 原油出口 | DN450 | 个 | 1 |
| 1 | 原油进口 | DN450 | 个 | 1 |
| M–0/1 | 人孔 | DN750 | 个 | 2 |

图 3–17　电脱盐内件图

（四）理论最小可沉降的水滴直径

1.0MPa（表）、153℃时水的密度为914.33kg/m³。

原油密度为788.9 kg/m³，黏度为1.5cSt，由斯托克斯公式：

$$u=\frac{d^2\times(\rho_{水}-\rho_{油})\times g}{18\mu}$$

可知理论最小可沉降的水滴直径：

$$d=\sqrt{\frac{18\times\mu\times u}{(\rho_{水}-\rho_{油})\times g}}=\sqrt{\frac{18\times1.47\times10^{-6}\times0.00122}{(914.33-788.9)\times9.18}}\times10^3=0.0053(mm)=5.3(\mu m)$$

（五）水的停留时间

罐体容积 $V=0.785\times5^2\times34=667.25m^3$，水相容积按25%考虑，为166.8 m³·注水量为42000kg/h，故水相停留时间为 $t=\frac{166.8}{42000\div914.33}=3.63h$。

## 九、装置能耗计算

（一）基准能耗

根据中国石化《基准能耗》中装置能耗与总拔出率的关系，当装置未设轻烃回收时：

$$E=3.5132C+206.68-K_1$$

式中 $E$——能耗，MJ/t原油；

$C$——总拔出率，%（质）；

$K_1$——校正系数，MJ/t。

$$K_1=6.3652L+11.351$$

式中 $L$——液化石油气收率（占原油），%（质）。

本次装置总拔出率为67.47%，由原油评价数据可知，原油中液化气收率约为1%（质），则装置基准能耗：

$$E=3.5132\times67.47+206.68-(6.3652\times1+11.351)$$
$$=426.0(MJ/t原油)=10.17(kg标油/t原油)$$

（二）装置实际能耗

（1）装置热输出

首先计算网络热输出，装置热输出见表3-66。

表3-66 装置热输出表

| 介质名称 | 流量/(kg/h) | 出装置温度/℃ | 全量计入温度/℃ | 折半计入温度/℃ | 热负荷/kW |
|---|---|---|---|---|---|
| 柴油 | 126572 | 110 | | 70 | 1569.2 |
| 蜡油 | 143000 | 146 | 120 | 80 | 4070.4 |
| 渣油 | 107300 | 160 | 120 | | 2636.8 |
| 常二中 | 265000 | 254 | 225 | | 6099.2 |
| 合计 | | | | | 14375.6 |

（2）消耗

根据公用工程消耗计算装置能耗，见表3-67。

表 3-67 装置能耗

| 序号 | 项目 | 消耗量 | | 能源折算值(kgEO) | 单位能耗/(kgEO/t) |
|---|---|---|---|---|---|
| | | 单位耗量 | 小时耗量 | | |
| 1 | 燃料 | 8.3713 kg/t | 4960kg/h | 1.04kg/t | 8.71 |
| 2 | 电 | 6.5632kW·h/t | 3888.7kW·h/t | 0.22kg/kW·h | 1.44 |
| 3 | 1.0MPa 蒸汽 | 0.0094t/t | 5.58t/h | 76kg/t | 0.72 |
| 4 | 0.5MPa 蒸汽 | 0.0096t/t | 5.71t/h | 66kg/t | 0.64 |
| 5 | 脱硫净化水 | 0.0709t/t | 42t/h | 0.15kg/t | 0.01 |
| 6 | 循环水 | 3.2619t/t | 1932.7t/h | 0.1kg/t | 0.33 |
| 7 | 净化压缩空气 | 0.0135Nm$^3$/t | 8Nm$^3$/h | 0.038kg/Nm$^3$ | 0.00 |
| 8 | 污水 | 0.0899t/t | 53.29t/h | 1.1kg/t | 0.10 |
| 9 | 热出料 | | -14376kW | | -2.09 |
| | 合计 | | | | 9.85 |

(3) 小结

装置能耗 9.85kgEO/t 原油，低于基准能耗值。

# 第四部分 改造建议

通过第三部分的计算，发现目前常减压装置换热终温较低，散热损失较大，换热网络中存在反传热等现象，针对以上内容，提出以下建议。

## 一、加强现场保温

经统计计算，装置参与工艺换热的热流股提供热量为 111953kW，而冷流股实际吸收热量为 104319kW，则实际换热过程中热吸收率为：

$$e=\frac{冷流吸收热量}{热流提供热量}\times100\%=\frac{104319}{111953}\times100\%=93.18\%$$

散热损失达到 6.82%，正常散热损失按 3%考虑，则非正常散热损失为 4276.6kW，折合能耗为 0.62kg 标油/t 原油。

因此现场保温需要进一步加强，减少散热损失，降低装置能耗。

## 二、换热网络优化

由于装置加工原油实际性质与实际操作条件与设计值存在一定偏差，导致换热网络的夹点温度、夹点温差和换热终温也都偏离了设计值。换热网络中存在一些跨夹点传热和反传热情况，因此，应对换热网络进行优化。

根据第三部分计算结果，装置现有换热网络理论夹点温度为 274℃(热流股 279℃，冷流股 269℃)，夹点温差 10℃(实际最小换热温差趋于 0℃)，对应换热终温 303℃。由于工程实际很难做到与理论情况完全一致，且装置现有网络较为复杂，不宜做大范围调整。因此，经过进一步计算，优化后的换热网络，夹点温度为 275℃(热流股 279℃，冷流股 271℃)，夹点温差8℃(实际最小换热温差5℃)，对应换热终温303℃。具体优化措施如下。

(一) 夹点温度以上热量

(1) 常三线换热流程

常三线现有换热流程：抽出温度311℃，经常一线重沸器(E142，冷源温度为208~217℃)换热至259℃后进初底油-常三线换热器(E121A/B，冷源温度为225~231℃)，换热至225℃后至后续换热器。

现有换热流程存在跨夹点传热(E142)及违反夹点温差甚至反传热(E121A/B)情况，因此进行了以下调整：常三线(E121A/B)首先与夹点温度以上的初底油换热，换到279℃后再作为常一线重沸器(E142)热源换热至225℃后至后续换热器。

根据夹点理论，夹点以上换热时应满足：热流股 $c_P$<冷流股 $c_P$，且优先选择 $c_P$ 较大的冷流股，因此初底油-常三线换热器(E121A/B)在初底油的位置移至两路初底油汇合后。

优化后的常三线换热流程为：抽出温度311℃，经初底油-常三线换热器(E121A/B，冷源温度为271~273℃)换热至279℃后，进入常一线重沸器(E142，冷源温度为208~217℃)，换热至225℃后至后续换热器。

(2) 调整减渣换热

初底油-减压渣油(Ⅱ)换热器(E125A/B)目前换热情况为：热流股减压渣油进出口温度分别为297℃、276℃，冷流股初底油一路进出口温度分别为267℃、283℃，存在跨夹点传热的情况。

根据夹点理论，对减压渣油热量进行调整，夹点温度以上热量在初底油总路上进行换热，控制初底油两路支路的换后温度为271℃(冷流股夹点温度)。

(二) 夹点温度以下热量

(1) 产低压蒸汽

根据第三部分计算结果，装置理论上可产生1.0MPa蒸汽热量为7900kW，产蒸汽约14.2t/h。

根据优化后的网络实际换热情况，可在常一中增设蒸汽发生器，热源温度183~160℃，热量4220kW，产生0.3MPa蒸汽7.1t/h，折合能耗(减去除氧水消耗)为0.71kgEO/t原油。

(2) 部分换热器调整

现有网络中存在部分换热顺序不合理的情况，冷流股先与高温位热流股换热，再与低温位热流股换热。因此需要调整部分流股的换热顺序。

将E116冷流股“初底油二路”换热位置移至E119和E120之间；将E150和E104冷流股“脱前原油二路”换热位置对调；将E110和E107冷流股“脱前原油二路”换热位置对调。

(3) 停用/新增部分换热器

根据减渣热量调整情况，停用初底油-减压渣油(Ⅳ)换热器(E115A-C)。

根据常一中热量调整情况，停用原油-常一中(Ⅱ)换热器(E106A/B)，增设常一中蒸汽发生器。

## 三、总结

通过以上改造措施(见图4-1)，可降低装置能耗1.33kgEO/t原油，节能降耗效果明显，建议在下一个检修周期实施。

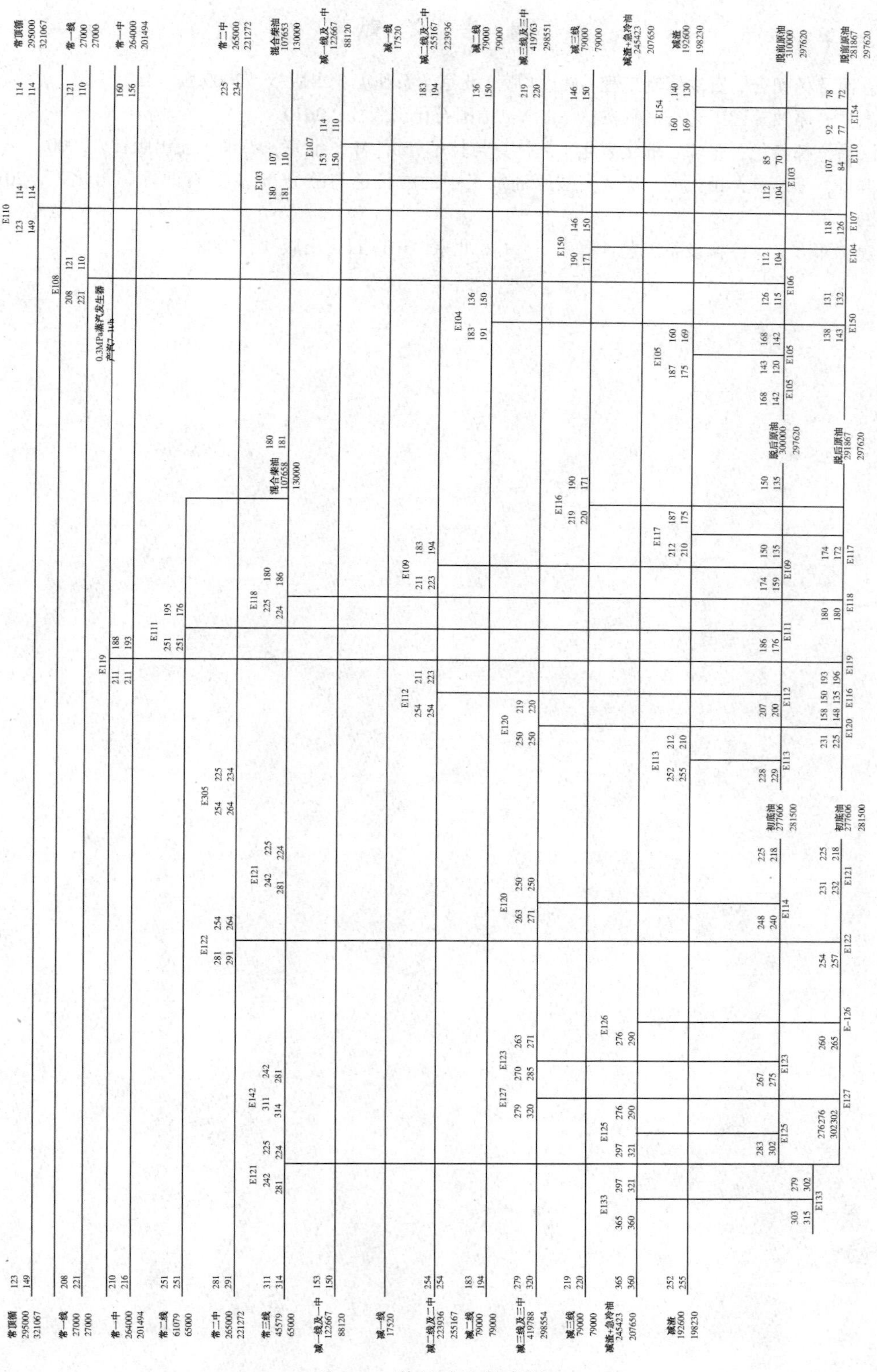

常顶循 295000 321067 123 149
常一线 27000 27000 208 221
常一中 264000 201494 210 216
常二线 61079 65000 251 251
常二中 265000 221272 281 291
常三线 45579 65000 311 314
减一线及一中 122667 88120 153 150
减一线 17520
减二线及二中 223936 255167 254 254
减二线 79000 79000 183 194
减三线及三中 419788 298554 279 320
减三线 79000 79000 219 220
减渣+急冷油 245423 207650 365 360
减渣 192600 198230 252 255
常顶循 295000 321067 114 114
常一线 27000 27000 121 110
常一中 264000 201494 160 156
常二中 265000 221272 225 234
混合柴油 107653 130000
减一线及一中 122667 88120
减一线 17520
减二线及二中 255167 223936 183 194
减二线 79000 79000 136 150
减三线及三中 419763 298551 219 220
减三线 79000 79000 146 150
减渣+急冷油 245423 207650
减渣 192600 198230 140 130
脱前原油 310000 297620
脱前原油 281867 297620
脱后原油 300000 297620
脱后原油 291867 297620
初底油 277606 281500
初底油 277606 281500
混合柴油 107658 130000 180 181
0.3MPa蒸汽发生器
产汽7.1t/h
E110 E108 E119 E111 E118 E103 E107 E109 E104 E150 E116 E117 E105 E154 E106 E112 E120 E113 E305 E121 E122 E114 E126 E123 E127 E142 E125 E133

图 4-1　装置改造示意图

## 参考文献

[1] 徐春明，杨朝合．石油炼制工程［M］.4版．北京：石油工业出版社，2009.
[2] 李志强．原油蒸馏工艺与工程[M]. 北京：中国石化出版社，2010.
[3] 曹汉昌，郝希仁，张韩．催化裂化工艺计算与技术分析[M]. 北京：石油工业出版社，2000.
[4] 章群丹，王继良，田松柏，等．高酸原油加工中的酸传递与酸分布[J]. 石油炼制与化工，2016，47(12)：3.
[5] 刘巍，邓方义．冷换设备工艺计算手册[M]. 北京：中国石化出版社，2008.

# 长岭炼化1.2Mt/a延迟焦化装置工艺计算

完成人：张文波
单　位：中国石化长岭炼化公司

# 目　录

# 第一部分　标定报告

## 一、装置概述

中国石化长岭炼化公司延迟焦化装置1971年建成投产，设计为两炉四塔型，加工大庆原油，加工能力为0.60Mt/a。1998年进行改造，加工能力扩大到0.80Mt/a。2002年，装置进一步的扩能改造，设计为两炉两塔型，加工管道油，加工能力为1.2Mt/a。装置采用两炉两塔、可调循环比、多点注水注汽工艺。2006年，装置新增吸收稳定系统和冷焦水密闭系统。

## 二、标定基本情况

（一）标定时间

标定时间为2017年7月11日06：00~7月13日06：00。

（二）标定目的

2017年6月2日开始，延迟焦化装置检修后一次开车成功，单炉生产，经过一段时间的摸索运行，生产基本上稳定下来，为了全面了解延迟焦化装置单炉生产期间，装置的加工能力、产品分布、收率、分馏塔运行状况、能耗、产品质量、硫平衡等情况，对装置进行了一次全流程标定。针对装置能耗、产品分布、产品质量和长周期运行等方面问题，以装置基础核算为依据，提出优化方案。

（三）标定情况

装置设计负荷为1.20Mt/a，年运行8000h。标定期间装置F303单炉运行，加热炉F301处于停炉状态。装置加工负荷为140t/h，装置负荷率为93%，生焦周期为24h。为了保证标定数据的准确性，在装置标定期间，不回炼浮渣，不回炼污油。为确保完成全月生产计划和维持全厂重油的平衡，标定期间两套催化油浆均进焦化装置掺炼；为降低罐区渣油库存，五垅罐区渣油不间断送至焦化原料罐。1#催化油浆的掺炼比例为7.70%，3#催化油浆的掺炼比例为11.57%，油浆总掺炼比例为19.27%。罐区渣油的掺炼比例为4.77%，其性质与3#常减压来渣油性质一致。

本次标定的化验数据主要由检验中心和科技开发公司提供，操作数据如流量、温度和压力等参数均取自数据库IP21系统，主要设备外表面温度等数据主要由设备研究所提供。

## 三、标定原始数据

（一）原料性质

焦化原料的性质见表1-1。

表1-1　焦化原料性质

| 项目 | 1#催化油浆 | 3#催化油浆 | 3#常压渣油 | 混合原料 |
|---|---|---|---|---|
| 采样时间 | 7月11日 | 7月11日 | 7月11日 | 7月11日 |
| 密度/(kg/m$^3$) | 1151.4 | 1152.1 | 1011.0 | 1023.6 |
| 初馏点/℃ | 274.5 | 354.0 | 303.0 | 278.5 |

续表

| 项目 | | 1#催化油浆 | 3#催化油浆 | 3#常压渣油 | 混合原料 |
|---|---|---|---|---|---|
| 10%馏出温度/℃ | | 393.5 | 420.0 | 520.0(5%) | 438.0 |
| 20%馏出温度/℃ | | 406.5 | 430.5 | | 500.0 |
| 30%馏出温度/℃ | | 414.0 | 438.5 | | |
| 40%馏出温度/℃ | | 422.5 | 447.0 | | |
| 50%馏出温度/℃ | | 431.0 | 460.0 | | |
| 60%馏出温度/℃ | | 443.5 | 476.5 | | |
| 70%馏出温度/℃ | | 459.0 | 493.0 | | |
| 80%馏出温度/℃ | | 489.5 | | | |
| 350℃含量/% | | 2.3 | | 1.3 | 2.0 |
| 500℃含量/% | | 83.0 | 72.5 | 3.5 | 20.5 |
| 520℃含量/% | | | | 5.0 | 19.5 |
| 总硫/% | | 0.8659 | 0.96 | 1.48 | 1.67 |
| 残炭/% | | | 29.1 | 20.3 | |
| 固含量/(g/L) | | 11.6 | | | |
| 灰分/% | | | 0.2 | | |
| 80℃黏度/($mm^2/s$) | | | | 3950 | |
| 100℃黏度/($mm^2/s$) | | | | 1480 | 485 |
| 重金属含量/(μg/g) | Ca | 1.80 | 10.625 | 0.05 | 25.35 |
| | Cu | <0.01 | 0.04 | 26.70 | 0.09 |
| | Fe | 8.99 | 28.75 | 0.67 | 98.50 |
| | Na | 1.30 | 12.45 | 62.60 | 7.13 |
| | Ni | 6.25 | 15.05 | 43.70 | 58.10 |
| | V | 3.31 | 5.93 | 0.05 | 35.60 |
| 元素分析/%(质) | C | 91.09 | 91.195 | 86.12 | 86.55 |
| | H | 6.78 | 6.94 | 10.71 | 10.09 |
| | S | 0.93 | | | |
| | N | 0.28 | 0.2745 | 0.828 | 0.78 |
| 四组分/%(质) | 饱和烃 | 5.02 | 4.995 | 13.46 | 14.13 |
| | 芳香烃 | 73.11 | 66.915 | 46.68 | 48.99 |
| | 胶质 | 9.91 | 12.325 | 33.75 | 28.37 |
| | 沥青质 | 9.50 | 14.215 | 4.25 | 5.55 |

（二）装置产品及中间产品性质

1. 气体组成

气体分析数据见表1-2。

**表1-2　气体分析数据**

| 项目 | 干气 | 液态烃 | V102富气 | 解析气 | 贫气 | 不凝气 |
|---|---|---|---|---|---|---|
| 采样时间 | 12日 | 11日 | 12日 | 12日 | 12日 | 12日 |
| $CH_4$/% | 62.32 | 0.00 | 46.21 | 9.20 | 4.32 | 0.01 |
| $C_2H_6$/% | 16.93 | 1.89 | 14.80 | 16.42 | 6.86 | 1.54 |
| $C_2H_4$/% | 2.23 | 0.00 | 1.92 | 2.22 | 0.87 | 0.00 |
| $C_3H_8$/% | 1.85 | 38.50 | 7.68 | 14.63 | 4.92 | 27.48 |
| $C_3H_6$/% | 1.35 | 14.60 | 3.86 | 7.39 | 2.54 | 30.47 |
| $i$-$C_4H_{10}$/% | 0.12 | 5.11 | 0.72 | 0.75 | 0.25 | 5.10 |
| $n$-$C_4H_{10}$/% | 0.35 | 20.91 | 2.99 | 1.83 | 0.49 | 13.42 |
| $t$-$C_4H_8$/% | 0.01 | 2.78 | 0.45 | 0.31 | 0.08 | 1.99 |
| $n$-$C_4H_8$/% | 0.04 | 8.35 | 1.14 | 0.90 | 0.24 | 7.23 |
| $i$-$C_4H_8$/% | 0.00 | 5.53 | 0.81 | 0.66 | 0.18 | 5.20 |
| $c$-$C_4H_8$/% | 0.03 | 1.91 | 0.33 | 0.22 | 0.06 | 1.18 |
| $i$-$C_5H_{12}$/% | 0.16 | 0.05 | 0.78 | 0.53 | 0.18 | 0.07 |
| $n$-$C_5H_{12}$/% | 0.23 | 0.00 | 1.52 | 0.85 | 0.21 | 0.02 |
| $>C_5$/% | 0.58 | 0.37 | 3.87 | 2.79 | 0.69 | 1.69 |
| $\sum R$/% | 86.21 | 100.00 | 87.10 | 58.70 | 21.91 | 95.40 |
| $CO_2$/% | 0.24 | | 0.19 | 0.21 | 0.23 | |
| $O_2$/% | 0.00 | | 0.00 | 0.00 | 0.00 | |
| $N_2$/% | 0.32 | | 0.13 | 2.28 | 6.91 | |
| CO/% | 0.00 | | 0.00 | 0.00 | 0.00 | |
| $H_2$/% | 11.23 | | 8.98 | 33.32 | 67.55 | |
| $H_2S$/% | 2.00 | | 3.60 | 5.50 | 3.40 | 4.60 |
| 总硫/(mg/m$^3$) | 30500 | 42000 | 54000 | 82500 | 51000 | 69000 |
| $H_2S$/(mg/m$^3$) | 28400 | 22720 | 51120 | 78100 | 48280 | 65320 |

2. 轻油馏程

顶循环油、凝缩油、吸收塔中段油的分析见表1-3。

**表1-3　轻油馏程(1)**

| 项目 | 顶循环油 | | | 凝缩油 | | | 吸收塔中段 | | |
|---|---|---|---|---|---|---|---|---|---|
| | 11日 | 12日 | 平均 | 11日 | 12日 | 平均 | 11日 | 12日 | 平均 |
| 密度/(kg/m$^3$) | 793 | 793 | 793 | 714 | 735 | 725 | 741 | 743 | 742 |
| 初馏点/℃ | 111 | 105 | 108 | 34 | 32 | 33 | 37 | 36 | 36 |

续表

| 项目 | 顶循环油 | | | 凝缩油 | | | 吸收塔中段 | | |
|---|---|---|---|---|---|---|---|---|---|
| | 11 日 | 12 日 | 平均 | 11 日 | 12 日 | 平均 | 11 日 | 12 日 | 平均 |
| 10%馏出温度/℃ | 153 | 156 | 155 | 65 | 66 | 65 | 78 | 76 | 77 |
| 20%馏出温度/℃ | 165 | 164 | 165 | 76 | 82 | 79 | 93 | 91 | 92 |
| 30%馏出温度/℃ | 172 | 171 | 171 | 85 | 97 | 91 | 107 | 106 | 106 |
| 40%馏出温度/℃ | 177 | 178 | 177 | 93 | 112 | 103 | 120 | 119 | 119 |
| 50%馏出温度/℃ | 182 | 182 | 182 | 101 | 125 | 113 | 132 | 131 | 131 |
| 60%馏出温度/℃ | 188 | 187 | 188 | 109 | 138 | 123 | 143 | 142 | 142 |
| 70%馏出温度/℃ | 194 | 192 | 193 | 118 | 150 | 134 | 154 | 153 | 154 |
| 80%馏出温度/℃ | 200 | 198 | 199 | 129 | 162 | 145 | 166 | 165 | 166 |
| 90%馏出温度/℃ | 208 | 207 | 208 | 145 | 180 | 162 | 181 | 180 | 181 |
| 95%馏出温度/℃ | 216 | 218 | 217 | 165 | 195 | 180 | 194 | 193 | 194 |
| 终馏点/℃ | 230 | 227 | 229 | 169 | 199 | 184 | 200 | 199 | 200 |
| 全馏/% | 98 | 97 | 98 | 98 | 98 | 98 | 97 | 98 | 98 |
| 总硫/(mg/kg) | 5099 | 4755 | 4927 | 4797 | 4570 | 4684 | 4874 | 4759 | 4816 |

脱乙烷汽油、T701 富吸收油和 T702 富吸收油的分析数据见表 1-4。

**表 1-4　轻油馏程(2)**

| 项目 | 脱乙烷汽油 | | | T701 富吸收油 | | | T702 富吸收油 | | |
|---|---|---|---|---|---|---|---|---|---|
| | 11 日 | 12 日 | 平均 | 11 日 | 12 日 | 平均 | 11 日 | 12 日 | 平均 |
| 密度/(kg/m$^3$) | 759 | 742 | 750 | 787 | 785 | 786 | 731 | 739 | 735 |
| 初馏点/(℃) | 46 | 38 | 42 | 51 | 48 | 49 | 40 | 36 | 38 |
| 10%馏出温度/℃ | 97 | 73 | 85 | 149 | 141 | 145 | 68 | 70 | 69 |
| 20%馏出温度/℃ | 113 | 89 | 101 | 161 | 161 | 161 | 85 | 87 | 86 |
| 30%馏出温度/℃ | 125 | 104 | 114 | 171 | 168 | 170 | 99 | 102 | 101 |
| 40%馏出温度/℃ | 135 | 117 | 126 | 177 | 175 | 176 | 113 | 116 | 114 |
| 50%馏出温度/℃ | 144 | 129 | 137 | 183 | 181 | 182 | 127 | 128 | 127 |
| 60%馏出温度/℃ | 153 | 141 | 147 | 188 | 186 | 187 | 139 | 140 | 140 |
| 70%馏出温度/℃ | 161 | 152 | 157 | 193 | 191 | 192 | 152 | 152 | 152 |
| 80%馏出温度/℃ | 171 | 165 | 168 | 200 | 198 | 199 | 166 | 165 | 165 |
| 90%馏出温度/℃ | 183 | 180 | 181 | 209 | 206 | 208 | 182 | 179 | 181 |
| 95%馏出温度/℃ | 193 | 193 | 193 | 222 | 215 | 218 | 200 | 193 | 196 |
| 终馏点/℃ | 203 | 200 | 202 | 230 | 225 | 227 | 202 | 199 | 200 |
| 全馏/% | 98 | 98 | 98 | 97 | 98 | 97 | 96 | 97 | 97 |
| 总硫/(mg/kg) | 4799 | 4779 | 4789 | 5274 | 4434 | 4854 | 4526 | 4779 | 4653 |

3. 汽柴油分析

粗汽油和稳定汽油的分析数据见表1-5。

**表1-5　汽油化验分析**

| 项目 | 粗汽油 | | | 稳定汽油 | | |
|---|---|---|---|---|---|---|
| | 11日 | 12日 | 平均 | 11日 | 12日 | 平均 |
| 密度/(kg/m³) | 748 | 750 | 749 | 738 | 736 | 737 |
| 初馏点/℃ | 41 | 38 | 40 | 46 | 39 | 42 |
| 10%馏出温度/℃ | 86 | 87 | 86 | 72 | 66 | 69 |
| 20%馏出温度/℃ | 103 | 103 | 103 | 83 | 78 | 81 |
| 30%馏出温度/℃ | 116 | 115 | 116 | 96 | 93 | 94 |
| 40%馏出温度/℃ | 127 | 126 | 126 | 110 | 109 | 109 |
| 50%馏出温度/℃ | 137 | 136 | 136 | 124 | 123 | 123 |
| 60%馏出温度/℃ | 146 | 145 | 146 | 137 | 136 | 136 |
| 70%馏出温度/℃ | 156 | 155 | 156 | 149 | 149 | 149 |
| 80%馏出温度/℃ | 167 | 166 | 166 | 162 | 161 | 161 |
| 90%馏出温度/℃ | 181 | 179 | 180 | 178 | 178 | 178 |
| 95%馏出温度/℃ | 192 | 190 | 191 | 192 | 192 | 192 |
| 终馏点/℃ | 202 | 198 | 200 | 202 | 202 | 202 |
| 全馏/% | 98 | 98 | 98 | 98 | 98 | 98 |
| 总硫/(mg/kg) | 4569 | 5117 | 4843 | 4668 | 4483 | 4575 |
| 碱氮/(μg/g) | | | | 181 | 170 | 176 |
| 芳烃/% | | | | 14 | 13 | 13 |
| 烯烃/% | | | | 31 | 32 | 31 |

柴油和中段油的分析数据见表1-6。

**表1-6　柴油及中段油化验分析**

| 项目 | 焦化柴油 | | | 中段油 |
|---|---|---|---|---|
| | 11日内调样 | 12日内调样 | 平均 | 2014年10月23日 |
| 密度/(kg/m³) | 850 | 851 | 851 | 896.3 |
| 初馏点/℃ | 166 | 166 | 166 | 217 |
| 10%馏出温度/℃ | 219 | 214 | 216 | 315 |
| 20%馏出温度/℃ | 236 | 230 | 233 | 336 |
| 30%馏出温度/℃ | 246 | 242 | 244 | 347 |
| 40%馏出温度/℃ | 258 | 256 | 257 | 355 |
| 50%馏出温度/℃ | 269 | 267 | 268 | 362 |
| 60%馏出温度/℃ | 281 | 278 | 279 | 368 |

续表

| 项目 | 焦化柴油 | | | 中段油 |
| --- | --- | --- | --- | --- |
| | 11 日内调样 | 12 日内调样 | 平均 | 2014 年 10 月 23 日 |
| 70%馏出温度/℃ | 294 | 292 | 293 | 374 |
| 80%馏出温度/℃ | 307 | 305 | 306 | 381 |
| 90%馏出温度/℃ | 323 | 321 | 322 | 395 |
| 95%馏出温度/℃ | 336 | 335 | 335 | 410 |
| 350℃含量/% | | | | 34. 5 |
| 终馏点/℃ | 346 | 348 | 347 | |
| 全馏/% | 98 | 98 | 98 | |
| 总硫/(mg/kg) | 6780 | 6633 | 6707 | 7400. 00 |
| 十六烷指数 | 46 | 46 | 46 | |
| 碱氮/(μg/g) | 1111 | 1129 | 1120 | 1484. 7 |
| 20℃黏黏度/cP | 4 | 4 | 4 | |
| 芳烃/% | 33 | 33 | 33 | |

注：1cP = $10^{-3}$ Pa · s。

4. 重油化验分析

塔底循环油和轻蜡油的分析数据见表 1-7。

**表 1-7　循环油和轻蜡油化验分析**

| 项目 | 循环油 | | | 轻蜡油 | | |
| --- | --- | --- | --- | --- | --- | --- |
| | 11 日内调样 | 12 日内调样 | 平均 | 11 日内调样 | 12 日内调样 | 平均 |
| 密度/(kg/m³) | 1035. 9 | 1049 | 1042. 25 | 946. 2 | 967. 7 | 956. 95 |
| 初馏点/℃ | 250 | 249 | 249. 5 | 226 | 248 | 237 |
| 10%馏出温度/℃ | 404 | 408 | 406 | 348 | 353 | 350. 5 |
| 20%馏出温度/℃ | 432 | 425 | 428. 5 | 366 | 372 | 369 |
| 30%馏出温度/℃ | 446 | 438 | 442 | 375 | 384 | 379. 5 |
| 40%馏出温度/℃ | 458 | 451 | 454. 5 | 384 | 393 | 388. 5 |
| 50%馏出温度/℃ | 469 | 462 | 465. 5 | 393 | 402 | 397. 5 |
| 60%馏出温度/℃ | 481 | 472 | 476. 5 | 400 | 410 | 405 |
| 70%馏出温度/℃ | 495 | 484 | 489. 5 | 410 | 422 | 416 |
| 80%馏出温度/℃ | | 500 | 500 | 422 | 432 | 427 |
| 90%馏出温度/℃ | | | | 439 | 451 | 445 |
| 95%馏出温度/℃ | | | | 453 | 467 | 460 |
| 350℃含量/% | 3. 5 | 3. 5 | 3. 5 | 12 | 9. 5 | 10. 75 |
| 500℃含量/% | 73 | 80 | 76. 5 | | | |

续表

| 项目 | 循环油 | | | 轻蜡油 | | |
|---|---|---|---|---|---|---|
| | 11日内调样 | 12日内调样 | 平均 | 11日内调样 | 12日内调样 | 平均 |
| 总硫/% | 1.27 | 1.30 | 1.29 | 1.12 | 1.08 | 1.10 |
| 50℃黏度/cP | 240.9 | 242.1 | 241.5 | 14.72 | 16.55 | 15.635 |
| 100℃黏黏度/cP | 15.18 | 17.76 | 16.47 | 4.145 | 5.616 | 4.8805 |

重蜡油的分析数据见表1-8。

**表1-8 重蜡油化验分析**

| 项目 | 重蜡油 | | |
|---|---|---|---|
| | 11日内调样 | 12日内调样 | 平均 |
| 密度/(kg/m$^3$) | 1020.6 | 1025.4 | 1023 |
| 初馏点/℃ | 260 | 265 | 262.5 |
| 10%馏出温度/℃ | 402 | 397 | 399.5 |
| 20%馏出温度/℃ | 425 | 417 | 421 |
| 30%馏出温度/℃ | 435 | 428 | 431.5 |
| 40%馏出温度/℃ | 444 | 436 | 440 |
| 50%馏出温度/℃ | 452 | 440 | 446 |
| 60%馏出温度/℃ | 459 | 445 | 452 |
| 70%馏出温度/℃ | 468 | 451 | 459.5 |
| 80%馏出温度/℃ | 480 | 462 | 471 |
| 90%馏出温度/℃ | | 481 | 481 |
| 95%馏出温度/℃ | | 493 | 493 |
| 350℃含量/% | 3.5 | 3.5 | 3.5 |
| 500℃含量/% | 89.5 | | 89.5 |
| 总硫/% | 1.22 | 1.20 | 1.21 |
| 50℃黏度/cP | 78.25 | 76.39 | 77.32 |
| 100℃黏黏度/cP | 10.62 | 10.18 | 10.4 |

5. 稳定汽油组成分析

稳定汽油的组成分析数据见表1-9。

**表1-9 稳定汽油组成分析**

| 碳数 | 正构烷烃/%(质) | 异构烷烃/%(质) | 烯烃/%(质) | 环烷烃/%(质) | 芳烃/%(质) | 按碳数加和/%(质) | 总氮/(ng/μL) |
|---|---|---|---|---|---|---|---|
| 3 | 0.00 | 0.00 | 0.00 | 0.00 | 0.00 | 0.00 | 175.50 |
| 4 | 0.56 | 0.04 | 0.37 | 0.00 | 0.00 | 0.96 | |

续表

| 碳数 | 正构烷烃/%(质) | 异构烷烃/%(质) | 烯烃/%(质) | 环烷烃/%(质) | 芳烃/%(质) | 按碳数加和/%(质) | 总氮/(ng/μL) |
|---|---|---|---|---|---|---|---|
| 5 | 4.26 | 1.70 | 5.57 | 0.51 | 0.00 | 12.03 | |
| 6 | 3.80 | 2.27 | 6.39 | 1.26 | 0.33 | 14.04 | |
| 7 | 4.18 | 1.52 | 4.34 | 3.56 | 1.16 | 14.75 | |
| 8 | 3.51 | 3.18 | 5.85 | 1.56 | 2.79 | 16.88 | |
| 9 | 3.12 | 3.49 | 3.42 | 3.52 | 3.84 | 17.38 | |
| 10 | 2.72 | 2.94 | 3.63 | 0.63 | 3.68 | 13.59 | |
| 11 | 1.90 | 1.48 | 1.89 | 0.13 | 1.41 | 6.80 | |
| 12 | 0.51 | 1.33 | 0.00 | 0.00 | 0.00 | 1.84 | |
| 合计 | 24.53 | 17.93 | 31.46 | 11.16 | 13.19 | 98.25 | |

6. 柴油组成分析

柴油组成的分析数据见表1-10。

**表1-10 柴油组成分析**

| 项目 | | 平均 |
|---|---|---|
| 总氮/(ng/μL) | | 1165 |
| C/%(质) | | 85.9 |
| H/%(质) | | 12.6 |
| 烃类组成/%(质) | 链烷烃 | 33 |
| | 一环烷烃 | 24.2 |
| | 二环烷烃 | 7.1 |
| | 三环烷烃 | 2.8 |
| | 总环烷烃 | 34 |
| | 总饱和烃 | 67 |
| | 烷基苯 | 10.3 |
| | 茚满或四氢萘 | 6.3 |
| | 茚类 | 4.4 |
| | 总单环芳烃 | 20.9 |
| | 萘 | 0.5 |
| | 萘类 | 5 |
| | 苊类 | 3.3 |
| | 苊烯类 | 1.9 |
| | 总双环芳烃 | 10.6 |
| | 三环芳烃 | 1.6 |
| | 总芳烃 | 33.1 |
| | 总计 | 100 |

7. 重油组成分析

轻蜡油和循环油的组成分析数据见表1-11。

表1-11 轻蜡油和循环油组成分析

| 项目 | 轻蜡油 | | | 循环油 | | |
|---|---|---|---|---|---|---|
| | 7月11日 | 7月12日 | 平均 | 7月12日 | 7月12日 | 平均 |
| C/%(质) | 87.02 | 87.48 | 87.25 | 88.22 | 88.3 | 88.26 |
| H/%(质) | 10.82 | 10.16 | 10.49 | 9.1 | 8.96 | 9.03 |
| 总氮/%(质) | 0.593 | 0.5865 | 0.590 | 0.899 | 0.924 | 0.911 |
| 酸值/(mgKOH/g) | 0.13 | 0.12 | 0.125 | <0.10 | <0.10 | <0.1 |
| 饱和烃/%(质) | 50.33 | 41.85 | 46.09 | 24.83 | 23.09 | 23.96 |
| 芳香烃/%(质) | 35.6 | 44.58 | 40.09 | 48.06 | 50.93 | 49.495 |
| 胶质/%(质) | 11.15 | 10.54 | 10.845 | 26.03 | 23.26 | 24.645 |
| 沥青质/%(质) | 0.17 | 0.23 | 0.2 | 1.07 | 0.99 | 1.03 |
| Ca/(μg/g) | 1.34 | 1.09 | 1.215 | 0.93 | 2.22 | 1.575 |
| Cu/(μg/g) | 0.03 | 0.03 | 0.03 | 0.01 | 0.02 | 0.015 |
| Fe/(μg/g) | 3.09 | 4.39 | 3.74 | 1.98 | 11.5 | 6.74 |
| Na/(μg/g) | 0.1 | <0.01 | 0.1 | <0.01 | <0.01 | <0.01 |
| Ni/(μg/g) | <0.01 | 0.2 | 0.2 | 1.64 | 1.53 | 1.585 |
| V/(μg/g) | <0.01 | <0.01 | <0.01 | 0.48 | 0.45 | 0.465 |

重蜡油的组成分析数据见表1-12。

表1-12 重蜡油组成分析

| 项目 | 重蜡油 | | |
|---|---|---|---|
| | 7月11日 | 7月12日 | 平均 |
| C/%(质) | 88.12 | 88.34 | 88.23 |
| H/%(质) | 9.3 | 9.14 | 9.22 |
| 总氮/%(质) | 0.781 | 0.818 | 0.799 |
| 酸值/(mgKOH/g) | 0.1 | 0.11 | 0.105 |
| 饱和烃/%(质) | 30.01 | 29.35 | 29.68 |
| 芳香烃/%(质) | 51.05 | 53.51 | 52.28 |
| 胶质/%(质) | 16.8 | 14.73 | 15.765 |
| 沥青质/%(质) | 0.13 | 0.18 | 0.155 |
| Ca/(μg/g) | 0.98 | <0.01 | 0.98 |
| Cu/(μg/g) | 0.02 | 0.03 | 0.025 |
| Fe/(μg/g) | 1.36 | 5.18 | 3.27 |
| Na/(μg/g) | <0.01 | 0.15 | 0.15 |
| Ni/(μg/g) | <0.01 | 0.75 | 0.75 |
| V/(μg/g) | <0.01 | <0.01 | <0.01 |

8. 焦炭分析数据

焦炭的分析数据见表1-13。

**表1-13 焦炭分析** %

| 焦炭(块焦) | 7月11日 | 7月12日 | 平均 |
|---|---|---|---|
| 挥发分 | 7.72 | 7.23 | 7.48 |
| 硫含量 | 1.55 | 1.57 | 1.56 |
| 灰分 | 0.27 | 0.28 | 0.28 |
| 水分 | 0.14 | 0.14 | 0.14 |

(三)环保分析

污水的分析数据见表1-14。

**表1-14 污水分析**

| 污染源名称 | 焦化容102污水 | 焦化容701污水 | 焦化容702污水 | 焦化容204污水 |
|---|---|---|---|---|
| pH值 | 10 | 9 | 9 | 10 |
| 石油类/(mg/L) | 22400 | 45.9 | 194 | 289 |
| COD/(mg/L) | 18700 | 18900 | 22100 | 3760 |
| 氨氮/(mg/L) | 3150 | 1460 | 3700 | 161 |
| 硫化物/(mg/L) | 5480 | 4240 | 8880 | 211 |
| 挥发分/(mg/L) | 302 | 3.52 | 50.5 | 22.3 |

燃料气的组成分析数据见表1-15。

**表1-15 燃料气组成分析**

| 项目 | 燃料气 | 项目 | 燃料气 |
|---|---|---|---|
| $CH_4$/%(体) | 48.19 | $i$-$C_5H_{12}$/%(体) | 0.12 |
| $C_2H_6$/%(体) | 14.47 | $n$-$C_5H_{12}$/%(体) | 0.14 |
| $C_2H_4$/%(体) | 2.09 | $>C_5$/%(体) | 0.61 |
| $C_3H_8$/%(体) | 2.86 | $\sum R$/%(体) | 72.43 |
| $C_3H_6$/%(体) | 3.07 | $CO_2$/%(体) | 0.10 |
| $i$-$C_4H_{10}$/%(体) | 0.22 | $O_2$/%(体) | 0.00 |
| $n$-$C_4H_{10}$/%(体) | 0.27 | $N_2$/%(体) | 1.92 |
| $t$-$C_4H_8$/%(体) | 0.08 | CO/%(体) | 0.00 |
| $n$-$C_4H_8$/%(体) | 0.11 | $H_2$/%(体) | 25.55 |
| $i$-$C_4H_8$/%(体) | 0.11 | 总硫/($mg/m^3$) | 930 |
| $c$-$C_4H_8$/%(体) | 0.09 | $H_2S$/($mg/m^3$) | 852 |

加热炉烟气的分析数据见表1-16。

**表1-16 加热炉烟气分析**

| 项目 | 炉303烟气 | | |
|---|---|---|---|
| 采样时间 | 7月11日 | 7月12日 | 平均 |
| $SO_2$/(mg/m³) | 17 | | 17 |
| $NO_X$/(mg/m³) | 191 | | 191 |
| $CO_2$/% | 9.8 | 9.4 | 9.6 |
| CO/(mg/m³) | | | |
| $O_2$/% | 2.8 | 3 | 2.9 |

(四)装置进出物料

装置进出物料数据见表1-17。

**表1-17 装置进出物料数据**

| 项目 | 计量形式 | 7月11日6:00 | 7月13日6:00 | 标定期间累计值 |
|---|---|---|---|---|
| 入方 | | | | |
| 3#常减压渣油/t | 楔式流量计 | 7058386 | 7063568 | 5183 |
| 罐区渣油/t | 检尺 | | | 320 |
| 1#催化油浆/m³ | 孔板流量计 | 201035 | 201573 | 538 |
| 3#催化油浆/t | 楔形流量计 | 648446 | 649203 | 757 |
| 出方 | | | | |
| 干气/Nm³ | 孔板流量计 | 198066512 | 198483312 | 416800 |
| 液态烃/t | 孔板流量计 | 95255 | 95430 | 176 |
| 稳定汽油/t | 质量流量计 | 430492 | 431313 | 821 |
| 柴油/t | 质量流量计 | 969548 | 970925 | 1378 |
| 轻蜡油/t | 孔板流量计 | 98533 | 100226 | 1693 |
| 重蜡油/t | 孔板流量计 | 145414 | 145586 | 171 |
| 焦炭/m | 检尺 | 单塔焦高 | | 24.3 |

(五)装置操作参数

标定当日的天气情况见表1-18。

**表1-18 天气情况**

| 项目 | 最高气温/℃ | 最低气温/℃ | 天气 | 风力/(m/s) | 湿度/% | 大气压/kPa |
|---|---|---|---|---|---|---|
| 2017年7月11日 | 30 | 27 | 多云 | 2.5 | 80 | |
| 2017年7月12日 | 33 | 28 | 多云 | 3.5 | 60 | |
| 平均值 | 31.5 | 27.5 | | 3 | 70 | 101 |

装置进出物料计量表的实际运行温度和压力见表1-19。

**表1-19　装置进出物料温度压力**

| 序号 | 项目 | 位号 | 标定数据 |
|---|---|---|---|
| 1 | 3#常减压出装置温度/℃ | CJY3_ 0201TI10511 | 226.9 |
| 2 | 1#催化油浆出装置温度/℃ | CHLH1_ TI3237 | 197.2 |
| 3 | 3#催化油浆出装置温度/℃ | CHLH3_ 0202TI20505 | 206.5 |
| 4 | 轻蜡油去渣油加氢温度/℃ | ZYJH_ 0217TI12001 | 185.3 |
| 5 | 重蜡油去渣油加氢温度/℃ | YCJH_ TI5115 | 283.5 |
| 6 | 液态烃出装置温度/℃ | YCJH_ TI5841 | 34.2 |
| 7 | 干气出装置温度/℃ | YCJH_ TI5809 | 39.5 |
| 8 | 干气出装置压力/MPa(表) | YCJH_ PI5805 | 1.064 |
| 9 | 粗汽油流量/(t/h) | YCJH_ FI5111 | 14.0 |

分馏塔的主要工艺参数见表1-20。

**表1-20　分馏塔主要工艺参数**

| 序号 | 项目 | 位号 | 标定数据 |
|---|---|---|---|
| 1 | 对流进料量/(t/h) | YCJH_ FI5303 | 138.2 |
| 2 | 分馏塔顶注水流量/(t/h) | YCJH_ FI5148 | 0.6 |
| 3 | 循环油流量/(t/h) | YCJH_ FI5160B | 72 |
| 4 | 循环油抽出温度/℃ | YCJH_ TI5111 | 353.5 |
| 5 | 循环油返回温度/℃ | YCJH_ TI5117 | 270.7 |
| 6 | 重蜡油返回流量/(t/h) | YCJH_ FI5104 | 56.5 |
| 7 | 重蜡油抽出温度/℃ | YCJH_ TI5108 | 380 |
| 8 | 重蜡油返回温度/℃ | YCJH_ TI5115 | 283.5 |
| 9 | 轻蜡油抽出流量/(t/h) | YCJH_ FI5172 | 35.3 |
| 10 | 轻蜡油抽出温度/℃ | YCJH_ TI5106 | 334.7 |
| 11 | 10层塔盘气相温度/℃ | YCJH_ TI5107 | 343.6 |
| 12 | 轻蜡油出装置温度/℃ | ZYJH_ 0217TI12001 | 185.3 |
| 13 | 中段油流量/(t/h) | YCJH_ FI5103 | 99 |
| 14 | 中段抽出温度/℃ | YCJH_ TI5105 | 295.8 |
| 15 | 中段返回温度/℃ | YCJH_ TI5114 | 185.7 |
| 16 | 中段出E708温度/℃ | YCJH_ TI5831 | 227.3 |
| 17 | 柴油回流流量/(t/h) | YCJH_ FI5102 | 131 |
| 18 | 柴油抽出温度/℃ | YCJH_ TI5103 | 204.5 |
| 19 | 柴油箱气相温度/℃ | YCJH_ TI5104 | 249.9 |
| 20 | 柴油回流温度/℃ | YCJH_ TI5113 | 129.8 |
| 21 | 柴油出E707温度/℃ | | 170 |
| 22 | 顶循流量/(t/h) | YCJH_ FI5101 | 100 |
| 23 | 顶循抽出温度/℃ | YCJH_ TI5101 | 127.9 |
| 24 | 顶循箱下部气相温度/℃ | YCJH_ TI5102 | 154.2 |
| 25 | 顶循1路返回温度/℃ | YCJH_ TI5112 | 113.2 |
| 26 | 顶循2路返塔温度/℃ | YCJH_ TI5816 | 47.2 |
| 27 | 顶循再吸收剂流量/(t/h) | YCJH_ FI5813 | 29 |

续表

| 序号 | 项目 | 位号 | 标定数据 |
|---|---|---|---|
| 28 | 分馏塔顶温度/℃ | YCJH_ TI5100 | 105.9 |
| 29 | 分馏塔顶压力/MPa(表) | YCJH_ PI5101 | 0.115 |
| 30 | 分馏塔底压力/MPa(表) | YCJH_ PI5102 | 0.172 |
| 31 | 分馏塔顶空冷冷后温度/℃ | YCJH_ TI5118 | 69.9 |
| 32 | 分馏塔顶水冷冷后温度/℃ | YCJH_ TI5119 | 41.5 |
| 33 | V104 底部温度/℃ | YCJH_ TI5304 | 328 |
| 34 | V101 底部温度/℃ | YCJH_ TI5302 | 205.3 |
| 35 | 分馏塔进料温度/℃ | YCJH_ TI5201.IN | 419.3 |
| 36 | 分馏塔蒸发段气相温度/℃ | YCJH_ TI5110 | 381.5 |
| 37 | 蜡油箱气相温度/℃ | YCJH_ TI5109 | 382.3 |
| 38 | 轻蜡油抽出温度/℃ | YCJH_ TI5106 | 334.7 |
| 39 | 中段泵变频/Hz | YCJH_ SIC5901 | 34.589 |
| 40 | 中段回流控制阀/% | YCJH_ FIC5103 | 99.827 |

加热炉主要工艺参数见表1-21。

**表1-21　加热炉主要工艺参数**

| 序号 | 项目 | 位号 | 标定数据 |
|---|---|---|---|
| 1 | A 路辐射进料量/(t/h) | YCJH_ FI5332A | 42.5 |
| 2 | B 路辐射进料量/(t/h) | YCJH_ FI5332B | 42.1 |
| 3 | C 路辐射进料量/(t/h) | YCJH_ FI5332C | 42.2 |
| 4 | D 路辐射进料量/(t/h) | YCJH_ FI5332D | 42.5 |
| 5 | 饱和蒸汽温度/℃ | YCJH_ TI5170 | 181 |
| 6 | 除氧水入口温度/℃ | YCJH_ TI5303 | 95 |
| 7 | 加热炉燃料气流量/(kg/h) | YCJH_ FI5385 | 2540 |
| 8 | 3.5MPa 蒸汽温度/℃ | YCJH_ TI5719 | 405 |
| 9 | 加热炉出口温度/℃ | YCJH_ TI5340A | 498 |
| 10 | 过热蒸汽出口温度/℃ | YCJH_ TI5338 | 280 |
| 11 | 对流出口温度/℃ | YCJH_ TI5341C | 378 |
| 12 | 加热炉注水对流出口温度/℃ | YCJH_ TI5348C2 | 199 |
| 13 | F303 总氧含量/% | YCJH_ AI5331C | 2.24 |
| 14 | F303 东氧含量/% | YCJH_ AI5331B | 5.36 |
| 15 | F303 西氧含量/% | YCJH_ AI5331A | 3.42 |
| 16 | 燃料气温度/℃ | YCJH_ TI5381 | 88 |
| 17 | 排烟温度/℃ | YCJH_ TI5346B | 141 |
| 18 | 空气温度/℃ |  | 32 |
| 19 | 烟气 CO 含量/(μL/L) |  | 300 |
| 20 | 过热蒸汽/(t/h) | YCJH_ FI5317 | 6.5 |
| 21 | 加热炉 A1 点注汽量/(kg/h) | YCJH_ FI5331A1 | 101 |
| 22 | 加热炉 B1 点注汽量/(kg/h) | YCJH_ FI5331B1 | 100 |
| 23 | 加热炉 C1 点注汽量/(kg/h) | YCJH_ FI5331C1 | 100 |
| 24 | 加热炉 D1 点注汽量/(kg/h) | YCJH_ FI5331D1 | 100 |
| 25 | 加热炉出口压力/MPa(表) | YCJH_ PI5333B | 0.52 |

续表

| 序号 | 项目 | 位号 | 标定数据 |
| --- | --- | --- | --- |
| 26 | 炉膛温度/℃ | YCJH_ TI5330B | 620 |
| 27 | B9 点管壁温度/℃ | YCJH_ TI5343B9 | 538 |
| 28 | B1 点管壁温度/℃ | YCJH_ TI5343B1 | 464 |
| 29 | B2 点管壁温度/℃ | YCJH_ TI5343B2 | 507 |
| 30 | B3 点管壁温度/℃ | YCJH_ TI5343B3 | 509 |
| 31 | B4 点管壁温度/℃ | YCJH_ TI5343B4 | 515 |
| 32 | B5 点管壁温度/℃ | YCJH_ TI5343B5 | 500 |
| 33 | B6 点管壁温度/℃ | YCJH_ TI5343B6 | 511 |
| 34 | B8 点管壁温度/℃ | YCJH_ TI5343B8 | 536 |

吸收稳定主要工艺参数见表 1-22。

**表 1-22 吸收稳定主要工艺参数**

| 序号 | 项目 | 位号 | 标定数据 |
| --- | --- | --- | --- |
| 1 | 吸收稳定注水量/(t/h) | YCJH_ FI5801 | 3.2 |
| 2 | 解吸塔总进料流量/(t/h) | YCJH_ FI5804 | 55 |
| 3 | 解吸塔冷进料流量/(t/h) | YCJH_ FI5805 | 11 |
| 4 | 解吸塔冷进料温度/℃ | YCJH_ TI5802 | 44 |
| 5 | 解吸塔热进料温度/℃ | YCJH_ TI5805 | 104 |
| 6 | 解吸塔抽出温度/℃ | YCJH_ TI5807 | 151 |
| 7 | 解吸塔重沸器返回温度/℃ | YCJH_ TI5806 | 165 |
| 8 | 解吸气流量/($Nm^3$/h) | YCJH_ FI5802 | 3214 |
| 9 | 稳定塔进料流量/(t/h) | YCJH_ FI5806 | 51.6 |
| 10 | 稳定塔进料温度/℃ | YCJH_ TI5821 | 164 |
| 11 | 稳定塔出料温度/℃ | YCJH_ TI5828 | 195 |
| 12 | 稳定塔重沸器返回温度/℃ | YCJH_ TI5827 | 201 |

焦炭塔及其他工艺参数见表 1-23。

**表 1-23 焦炭塔及其他工艺参数**

| 序号 | 项目 | 位号 | 标定数据 |
| --- | --- | --- | --- |
| 1 | E204 渣油流量/(t/h) | YCJH_ FI5851 | 18.6 |
| 2 | 渣油出 E204 温度/℃ | YCJH_ TI5852 | 154.1 |
| 3 | 系统来低温水温度/℃ | CHLH1_ TI3334 | 53.1 |
| 4 | 出 E204 低温水温度/℃ | YCJH_ TI5851 | 101.3 |
| 5 | E204 低温水流量/(t/h) | YCJH_ FI5852 | 14.1 |
| 6 | 系统蒸汽温度/℃ | YCJH_ TI5401 | 280 |
| 7 | 低温水出装置温度/℃ | YCJH_ TI5160 | 102.5 |
| 8 | 小吹汽及密封蒸汽量 | YCJH_ FI5204 | 5.82 |

主要计量数据见表1-24。

**表1-24　主要累计计量数据**

| 序号 | 项目 | 位号 | 初始值 | 最终值 | 耗量 |
|---|---|---|---|---|---|
| 1 | 东循环水量/t | YCJH_ FQ5405 | 32074722 | 32131760 | 57038 |
| 2 | 西循环水量/t | YCJH_ FQ5405A | 11208273 | 11228339 | 20066 |
| 3 | 除氧水总量/t | YCJH_ FQ5408A | 69848 | 69986 | 138 |
| 4 | 燃料气总量/kg | YCJH_ FQ5385 | 80255456 | 80377360 | 121904 |
| 5 | 低温水量出装置量/t | YCJH_ FQ5164 | 2872513 | 2876176 | 3663 |
| 6 | 3.5MPa蒸汽进装置量/t | YCJH_ FQ5711 | 542279 | 543424 | 1144 |
| 7 | 催化污水进装置量/t | YCJH_ FQ5149B | 104341 | 104511 | 170 |
| 8 | 含硫污水出装置量/t | YCJH_ FQ5407 | 331963 | 332463 | 500 |
| 9 | 分馏塔注水量/t | YCJH_ FQ5148 | 19302 | 19332 | 30 |
| 10 | 富气洗涤水量/t | YCJH_ FIQ5801 | 90632 | 90784 | 152 |
| 11 | 3.5MPa蒸汽进气压机量/t | YCJH_ FQ5711 | 542279 | 543424 | 1144 |
| 12 | 大吹汽量/t | YCJH_ FIQ5202 | 46368 | 46435 | 67 |
| 13 | 焦炭塔放空污水量/t | 经验推算 | | | 360 |
| 14 | 焦炭塔放空尾气量/$Nm^3$ | 经验推算 | | | 4000 |

## 四、装置物料平衡

### (一) 物料平衡

根据标定期间进装置的原料油(包括3#常减压渣油、罐区渣油、1#催化油浆和3#催化油浆)流量，并根据差压流量计的设计密度和实际密度的差值，对3#常减压渣油、1#催化油浆和3#催化油浆流量进行校准，得出装置的总进料量。

由标定期间孔板流量计测出的干气流量、轻蜡油流量和重蜡油流量，根据组分、压力、温度、密度等参数对孔板流量计进行校准；柴油流量计和液态烃流量计无须校准，得出部分装置出料的流量；由放空污水、含硫污水的总量和含油率计算装置加工损失的油品；最后根据进装置物料与出装置物料和加工损失的差值，计算得出焦炭的产量，最后得出装置的物料平衡见表1-25。

**表1-25　物料平衡**

| 项目 | 校准前数据/t | 校准后数据 | | |
|---|---|---|---|---|
| | | 标定期间总量/t | 流量/(t/h) | 比例/% |
| 入方 | | | | |
| 3#常减压渣油 | 5183 | 5100.50 | 106.26 | 75.96 |
| 罐区渣油 | 320 | 320.00 | 6.67 | 4.77 |
| 1#催化油浆 | 538 | 517.13 | 10.77 | 7.70 |
| 3#催化油浆 | 757 | 776.68 | 16.18 | 11.57 |
| 合计 | 6798 | 6714.31 | 139.88 | 100.00 |
| 出方 | | | | |
| 干气 | 384.46 | 341.87 | 7.12 | 5.09 |

续表

| 项目 | 校准前数据/t | 校准后数据 | | |
|---|---|---|---|---|
| | | 标定期间总量/t | 流量/(t/h) | 比例/% |
| 液态烃 | 175.62 | 175.62 | 3.66 | 2.62 |
| 稳定汽油 | 820.56 | 820.56 | 17.10 | 12.22 |
| 柴油 | 1377.69 | 1377.69 | 28.70 | 20.52 |
| 轻蜡油 | 1692.90 | 1770.60 | 36.89 | 26.37 |
| 重蜡油 | 171.19 | 184.42 | 3.84 | 2.75 |
| 含硫污水损失 | | 3.50 | 0.07 | 0.05 |
| 放空污水损失 | | 1.04 | 0.02 | 0.02 |
| 放空尾气损失 | | 3.45 | 0.07 | 0.05 |
| 损失小计 | | 7.99 | 0.17 | 0.12 |
| 焦炭 | 2175.70 | 2035.57 | 42.41 | 30.32 |
| 产品合计 | 6798.11 | 6714.31 | 139.88 | 100.00 |

(二) 水平衡

进装置的水和蒸汽主要包括1.0MPa和3.5MPa蒸汽、除氧水、1#催化含硫污水、软化水、新鲜水和循环水。焦化装置的水耗主要是焦炭带出的水分和焦池蒸发的水分，这部分水主要由机泵冷却后的水回收使用，具体的耗水情况如图1-1所示。

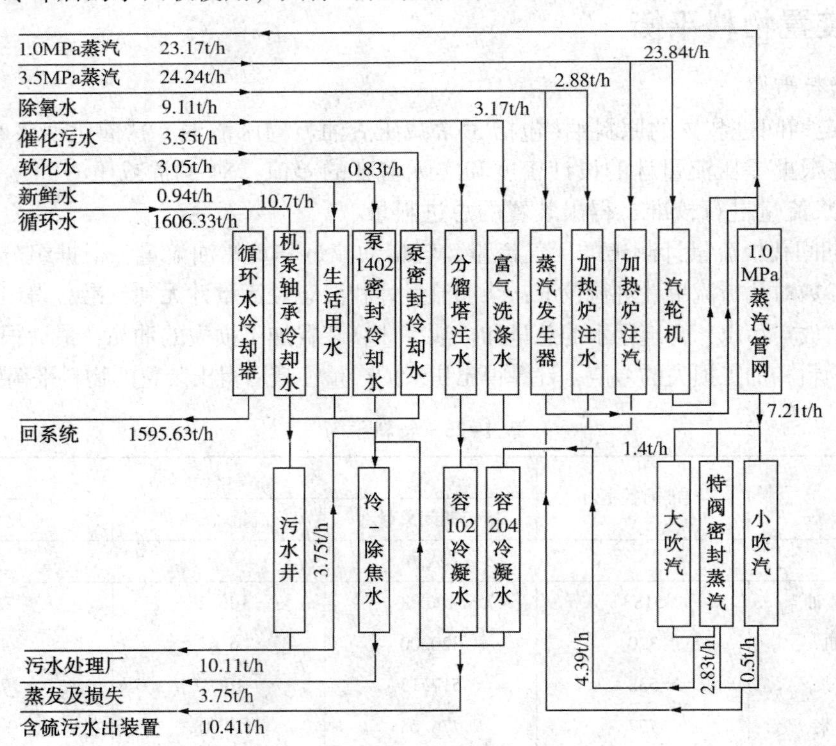


图1-1 焦化装置水平衡

(三) 硫平衡

装置的硫平衡数据见表1-26。

表 1-26　硫平衡

| 项目 | | 总量/t | 硫含量 | 硫含量/%(质) | 硫总量/t |
|---|---|---|---|---|---|
| 入方 | 1#催化油浆 | 517.13 | 0.87% | 0.87 | 4.48 |
| | 3#催化油浆 | 776.68 | 0.96% | 0.96 | 7.46 |
| | 减压渣油 | 5420.50 | 1.48% | 1.48 | 80.22 |
| | 合计 | | | | 92.16 |
| 出方 | 干气 | 341.87 | 30500mg/m³ | 3.54 | 12.10 |
| | 液态烃 | 175.62 | 42000mg/m³ | 1.91 | 3.35 |
| | 石脑油 | 820.56 | 4575.2mg/kg | 0.46 | 3.75 |
| | 柴油 | 1377.69 | 6706.65mg/kg | 0.67 | 9.24 |
| | 轻蜡油 | 1770.60 | 1.10% | 1.10 | 19.48 |
| | 重蜡油 | 184.42 | 1.21% | 1.21 | 2.23 |
| | 焦炭 | 2035.57 | 1.56% | 1.56 | 31.75 |
| | 含硫污水 | 499.69 | 5480mg/L | 0.55 | 2.74 |
| | 放空污水 | 360.00 | 211mg/L | 0.02 | 0.08 |
| | 放空尾气 | 3.45 | 30500mg/m³ | 3.54 | 0.12 |
| | 合计 | | | | 84.84 |

根据物料平衡和化验分析的数据，在标定期间，原料中的硫含量为92.16t，而产品及损失的硫总量为84.84t，存在7.32t的不平衡量。装置的物料量经过了校正，造成硫的不平衡主要因素是化验分析的偏差。

## 五、装置热平衡

### (一) 焦炭塔热量平衡

在焦炭塔正常生产期间，其进出热量及其所占比例见表1-27。

表 1-27　焦炭塔生焦热量平衡

| 项目 | | 热量/kW | 比例/% |
|---|---|---|---|
| 进焦炭塔 | 原料 | 60616 | 92.06 |
| | 蒸汽 | 4857 | 7.38 |
| | 急冷油 | 373 | 0.57 |
| | 合计 | 65845 | 100.00 |
| 出焦炭塔 | 产品 | 45237 | 68.70 |
| | 蒸汽 | 4864 | 7.39 |
| | 反应热 | 7897 | 11.99 |
| | 散热 | 1075 | 1.63 |
| | 合计 | 59073 | 89.71 |
| | 焦炭 | 6772 | 10.29 |

由表1-27可知，焦炭塔的反应热占比为11.99%。

在焦炭塔小吹汽结束后，对塔内焦炭和塔体进行冷却，冷却步骤包括大吹汽、小给水和大给水阶段。在一塔焦的冷却过程中，各阶段的冷却负荷见表1-28。

**表1-28　焦炭塔冷焦过程热平衡**

| 阶段 | 冷却负荷/MJ | 占比/% | 阶段 | 冷却负荷/MJ | 占比/% |
|---|---|---|---|---|---|
| 大吹汽 | 15648 | 3.36 | 大给水非汽化阶段 | 99452 | 21.37 |
| 小给水 | 209954 | 45.11 | 散热损失 | 16086 | 3.46 |
| 大给水汽化阶段 | 124315 | 26.71 | 合计 | 465455 | 100.00 |

由表1-28可知，焦炭的冷却主要集中在小给水阶段，在小给水期间冷却的负荷约为整个冷却过程的45%。

（二）分馏塔热平衡

分馏塔的热量平衡表见表1-29。

**表1-29　分馏塔热量平衡**

| 项目 | 介质 | 流量/(t/h) | 焓值/(kJ/kg) | | 热量/kW | 比例/% |
|---|---|---|---|---|---|---|
| | | | 气相 | 液相 | | |
| 进料 | 富气 | 13.92 | 1113.33 | | 4305 | 8.5 |
| | 粗汽油 | 13.96 | 1331.5 | | 5162 | 10.1 |
| | 柴油 | 28.70 | 1268.6 | | 10114 | 19.9 |
| | 轻蜡油 | 36.89 | 1195.5 | | 12250 | 24.1 |
| | 重蜡油 | 11.56 | 1135.7 | | 3646 | 7.2 |
| | 循环油 | 29.45 | 1116.7 | | 9137 | 17.9 |
| | $H_2O$ | 6.86 | 3311 | | 6308 | 12.4 |
| | 合计 | | | | 50920 | 100.0 |
| 出料 | 富气 | 13.92 | 249.94 | | 966 | 1.9 |
| | 粗汽油 | 13.96 | 579.5 | | 2247 | 4.4 |
| | 柴油 | 28.70 | | 484.5 | 3862 | 7.6 |
| | 轻蜡油 | 36.89 | | 778.2 | 7974 | 15.7 |
| | 重蜡油 | 11.56 | | 844.9 | 2713 | 5.3 |
| | 循环油 | 29.45 | | 755.6 | 6182 | 12.1 |
| | $H_2O$ | 6.86 | 2688 | | 5121 | 10.1 |
| | 合计 | | | | 29065 | 57.1 |
| 回流取热 | 顶循 | | | | 981 | 1.9 |
| | 柴油 | | | | 6080 | 11.9 |
| | 中段 | | | | 5390 | 10.6 |
| | 重蜡油 | | | | 3217 | 6.3 |
| | 循环油 | | | | 5392 | 10.6 |
| | 合计 | | | | 21060 | 41.4 |
| 不平衡热量 | | | | | 796 | 1.6 |

由表 1-29 可知，分馏塔热量有大量剩余，循环回流取热量占分馏塔总热量的 41%，散热损失约为 1.6%。

## 六、装置压力平衡

装置的压力平衡情况见表 1-30。

**表 1-30 装置压力平衡**

| 位置 | 位号 | 压力/MPa | 各段差压/kPa |
|---|---|---|---|
| 焦炭塔顶压力 | YCJH_ PI5201B | 0.186 | 10 |
| 分馏塔底压力 | YCJH_ PI5102 | 0.176 | 56 |
| 分馏塔顶压力 | YCJH_ PI5101 | 0.12 | 22 |
| 压缩机入口压力 | YCJH_ PI5710 | 0.098 | |
| 压缩机出口压力 | YCJH_ PI5710D | 1.183 | 41 |
| 凝缩油罐 V702 顶压力 | YCJH_ PI5806 | 1.142 | 78 |
| 吸收塔顶压力 | YCJH_ PI5805 | 1.064 | 6 |
| 再吸收塔顶压力 | YCJH_ PI5802 | 1.058 | |

由表 1-30 可知，焦化装置差压较大的地方在分馏塔和吸收塔。

## 七、分馏塔水力学计算

对分馏塔重蜡油抽出层、轻蜡油抽出层和柴油抽出层塔盘进行水力学计算，结果见表 1-31。

**表 1-31 分馏塔部分塔盘水力学性能**

| 项目 | 24# | 19# | 11# | 3# |
|---|---|---|---|---|
| 气相质量流量/(kg/h) | 83553 | 148672 | 113578 | 120398 |
| 气相体积流量/($m^3$/h) | 23134 | 28404 | 26163 | 26736 |
| 气相密度/(kg/$m^3$) | 3.61 | 5.23 | 4.34 | 4.50 |
| 液相质量流量/(kg/h) | 166822 | 85236 | 13255 | 65316 |
| 液相密度/(kg/$m^3$) | 720.0 | 710 | 732.0 | 782.0 |
| 液相体积流量/($m^3$/h) | 231.7 | 120.1 | 18.1 | 83.5 |
| 流动参数 | 0.141 | 0.049 | 0.009 | 0.041 |
| 空塔气速/(m/s) | 0.57 | 0.70 | 0.64 | 0.66 |
| 堰上液层高度 $h_{ow}$/m | 0.037 | 0.024 | 0.007 | 0.019 |
| 极限空塔气速/(m/s) | 1.21 | 1.18 | 1.33 | 1.36 |
| 气相动能因子 $F$ 因子 | 1.08 | 1.59 | 1.34 | 1.39 |
| 气相负荷因子 $C$ 因子 | 0.040 | 0.060 | 0.050 | 0.050 |
| 阀孔气速/(m/s) | 5.36 | 6.57 | 6.06 | 6.19 |
| 气体通过阀孔时的动能因数 $F_0$ | 10.18 | 15.04 | 12.62 | 13.13 |
| 临界阀孔气速/(m/s) | 5.20 | 4.24 | 4.70 | 4.60 |
| 干板压降 | 0.039 | 0.087 | 0.059 | 0.060 |
| 板上充气液层阻力/m | 0.026 | 0.022 | 0.017 | 0.021 |
| 塔盘阻力/m | 0.065 | 0.109 | 0.076 | 0.081 |
| 溢流强度 | 47.0 | 24.3 | 3.7 | 16.9 |
| 液体流经降液管的压降 $h_d$/m | 0.0213 | 0.0057 | 0.0001 | 0.0028 |

续表

| 项目 | 24# | 19# | 11# | 3# |
| --- | --- | --- | --- | --- |
| 降液管清液层高度 $H_d$/m | 0.173 | 0.188 | 0.133 | 0.152 |
| 防止液泛安全操作系数 $\phi$ | 0.27 | 0.29 | 0.20 | 0.23 |
| 泛点率 | 0.630 | 0.821 | 0.635 | 0.674 |
| 降液管停留时间/s | 24.92 | 48.10 | 318.93 | 69.14 |

对第24层塔盘的塔盘负荷曲线进行计算，并绘制塔板负荷性能图，如图1-2所示。

从图1-2中可以看出，24层塔盘的操作点处在适宜操作区内靠上部的位置，气相负荷略大。

塔盘的最大气相负荷主要由雾沫夹带线决定，在高液相负荷区域由液泛线决定；最小气相负荷由漏液线决定。

按照定的液气比，最小气相负荷 $V_{Smin}=11366m^3/h$，最大气相负荷 $V_{Smax}=29953m^3/h$。

$$操作弹性=\frac{V_{Smax}}{V_{Smin}}=2.63$$

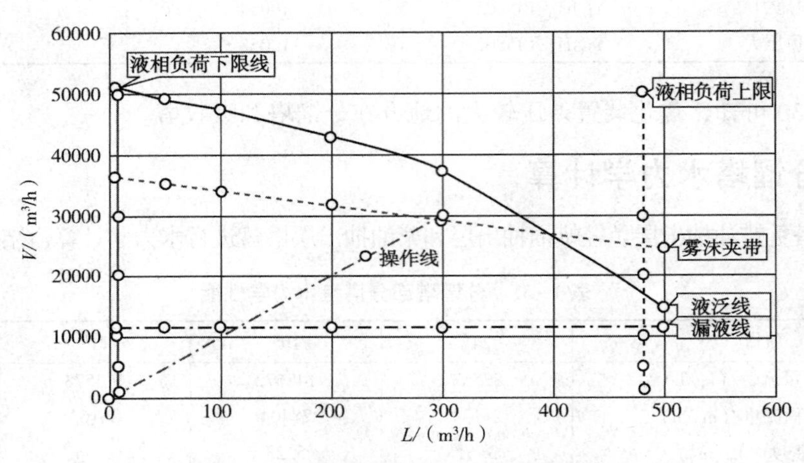


图1-2 分馏塔第24层塔盘负荷性能曲线

## 八、装置能耗及用能分析

焦化装置的能耗指标见表1-32。

**表1-32 焦化装置能耗** kgEO/t

| 项目 | 单耗 | 项目 | 单耗 |
| --- | --- | --- | --- |
| 新鲜水 | 0.002 | 原料油热进料 | 4.39 |
| 循环水 | 1.15 | 重蜡油热出料 | -0.28 |
| 除盐水 | 0.10 | 轻蜡油热出料 | -1.40 |
| 除氧水 | 0.62 | 柴油热出料 | -0.51 |
| 3.5MPa蒸汽 | 15.25 | 低温水热联合 | -2.61 |
| 1.0MPa蒸汽 | -12.59 | 柴油去气分 | -2.43 |
| 电 | 3.96 | 热联合小计 | -2.85 |
| 燃料气 | 17.25 | 合计 | 22.89 |

除去热联合，焦化装置水、电、蒸汽和燃料气的能耗比例如图 1-3 所示。

燃料气的能耗占装置能耗的主要部分。蒸汽能耗包括汽轮压缩机用 3.5MPa 中压蒸汽、汽轮机背压输出的 1.0MPa 蒸汽和装置产 1.0MPa 蒸汽；水能耗包括新鲜水、循环水、除氧水和除盐水的消耗。

装置用水的能耗分布如图 1-4 所示。

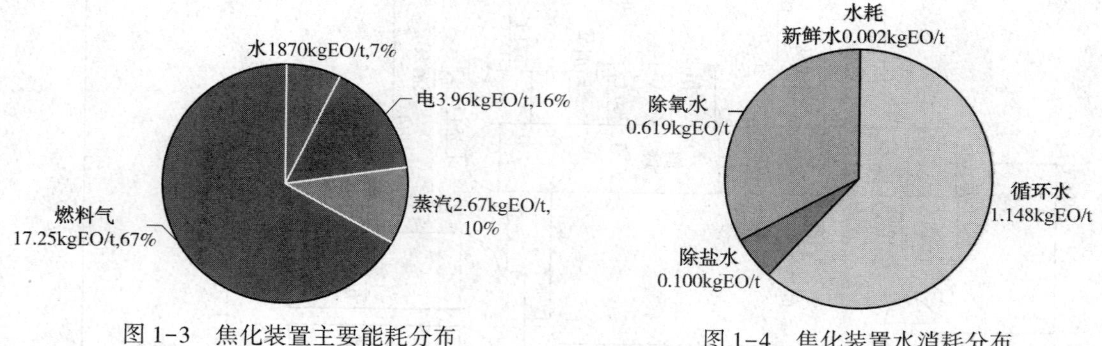


图 1-3　焦化装置主要能耗分布　　　　图 1-4　焦化装置水消耗分布

## 九、装置存在的问题分析

通过计算分析，装置存在的问题主要有以下几点。

（1）分馏塔分离效果差

装置分馏塔分离效果差，柴油、轻蜡油、重蜡油、循环油等组分重叠度过大，影响装置的轻油收率和液体油收率，分离精度见表 1-33。

表 1-33　分馏塔分离精度　℃

| 项目 | 粗汽油与柴油 | 柴油与轻蜡油 | 轻蜡油与重蜡油 | 重蜡油与循环油 |
|---|---|---|---|---|
| 数值 | -35 | -110 | -201 | -246 |

如降低柴油与轻蜡油的重叠度，最高可提高轻油收率 2%。

（2）污水中含油率高

本装置含硫污水中油品损失占处理量比例为 0.07%，污水中含油量为 7000mg/L，油品组分主要为汽油，送至下游装置后，影响污水汽提装置的运行。

放空产生的污水含油率较高，达 2890mg/L，且乳化严重，难以分离，含油量占加工损失的 0.02%。

针对含硫污水和放空污水含油的问题，可在大检修期间增加除油措施，减少装置加工损失和对下游装置的影响。

# 第二部分　工艺流程

延迟焦化总原则流程图如图 2-1 所示。

延迟焦化原料油流程图如图 2-2 所示。

延迟焦化焦炭塔流程图如图 2-3 所示。

延迟焦化分馏塔顶循和粗汽油流程图如图 2-4 所示。

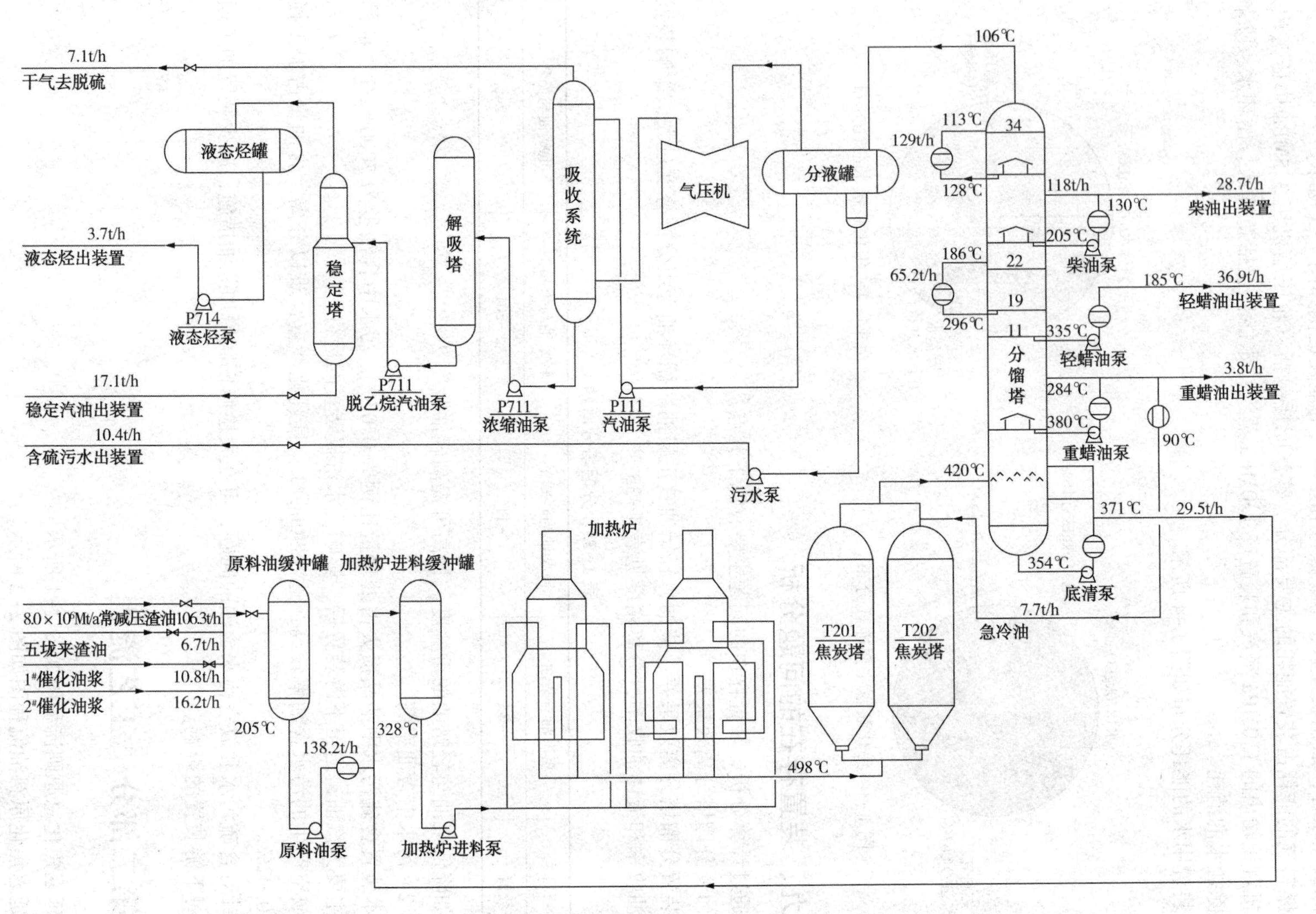


图2-1 延迟焦化装置原则流程图

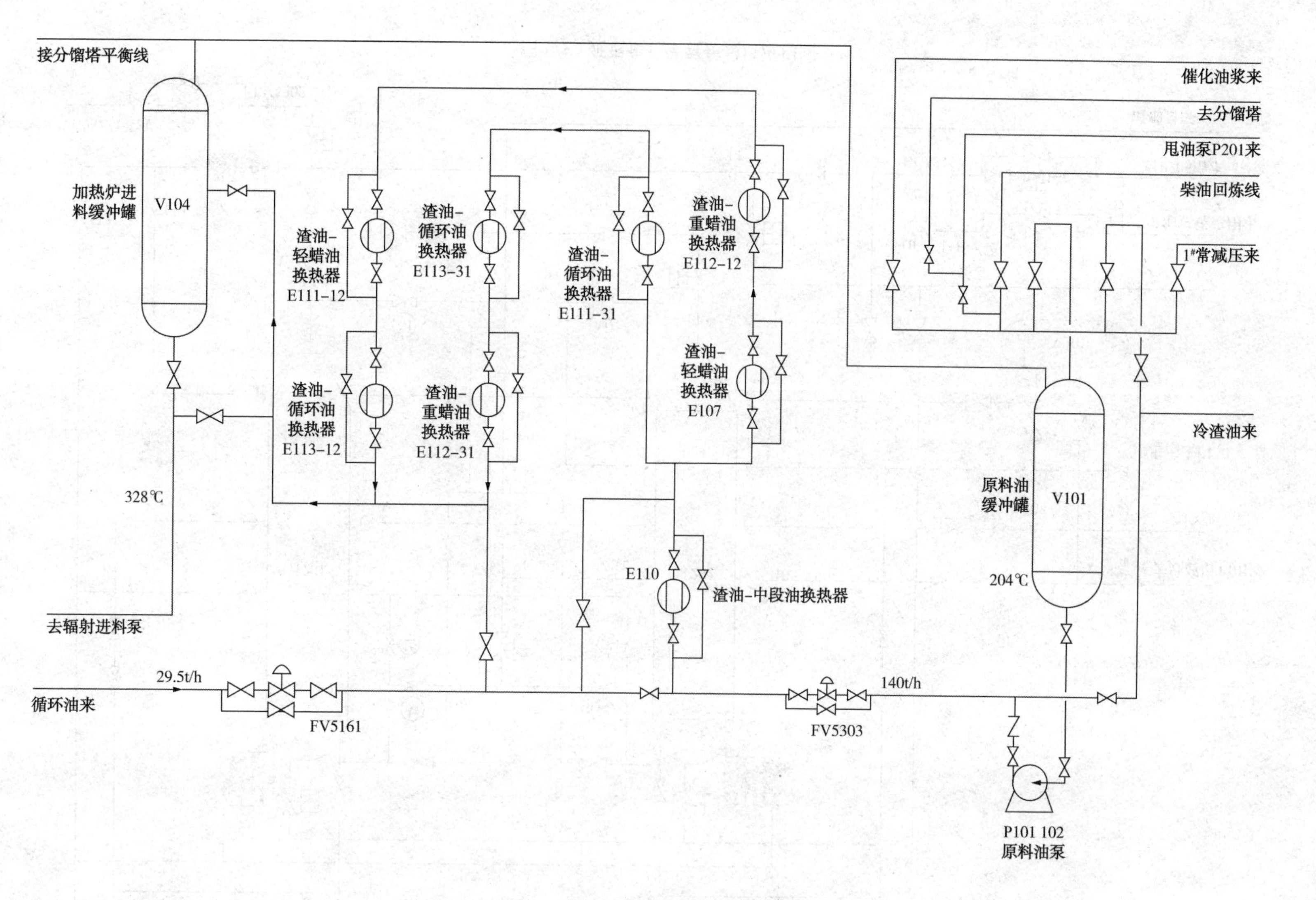


图2-2 延迟焦化装置原料油流程图

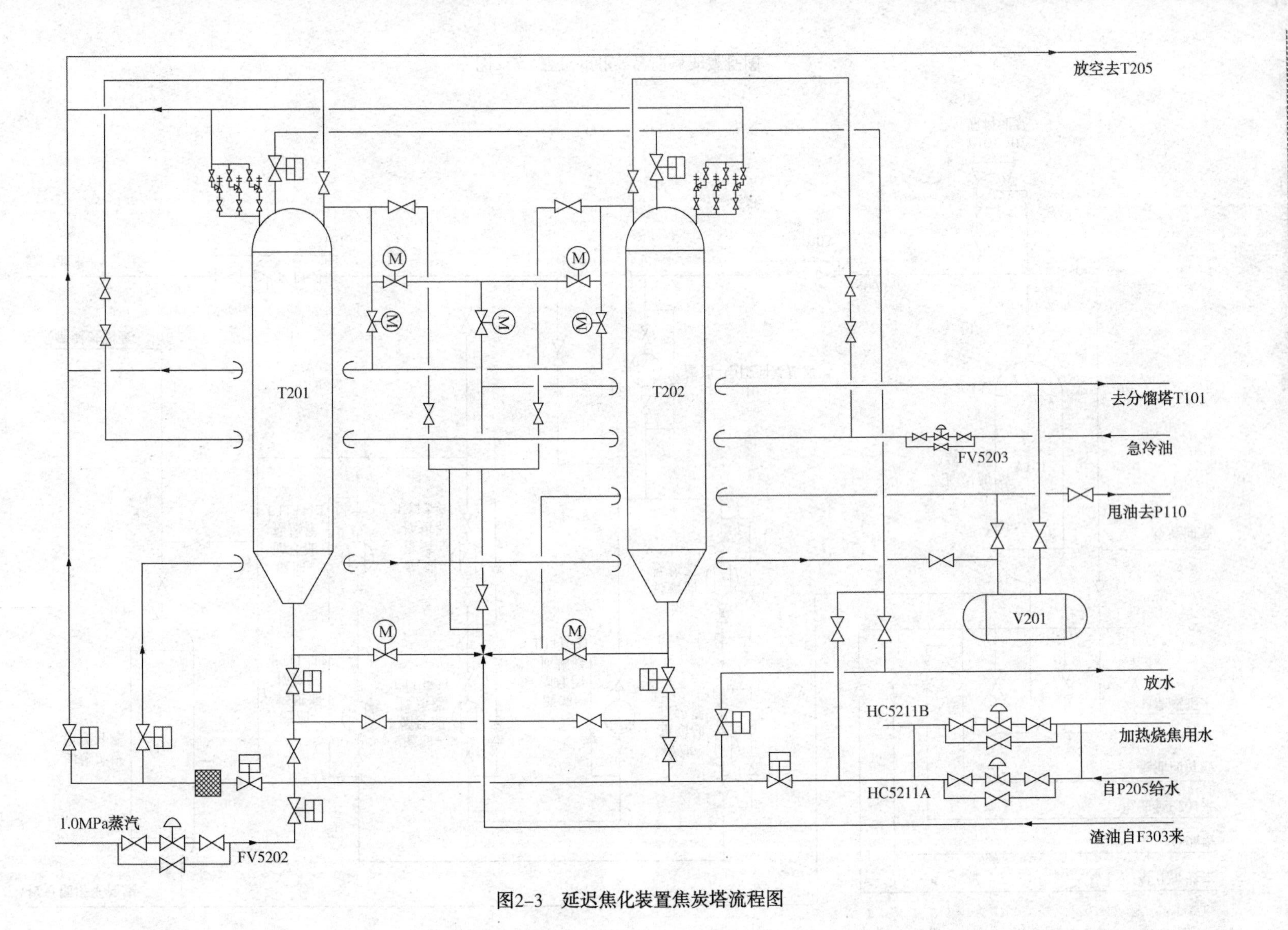


图2-3 延迟焦化装置焦炭塔流程图

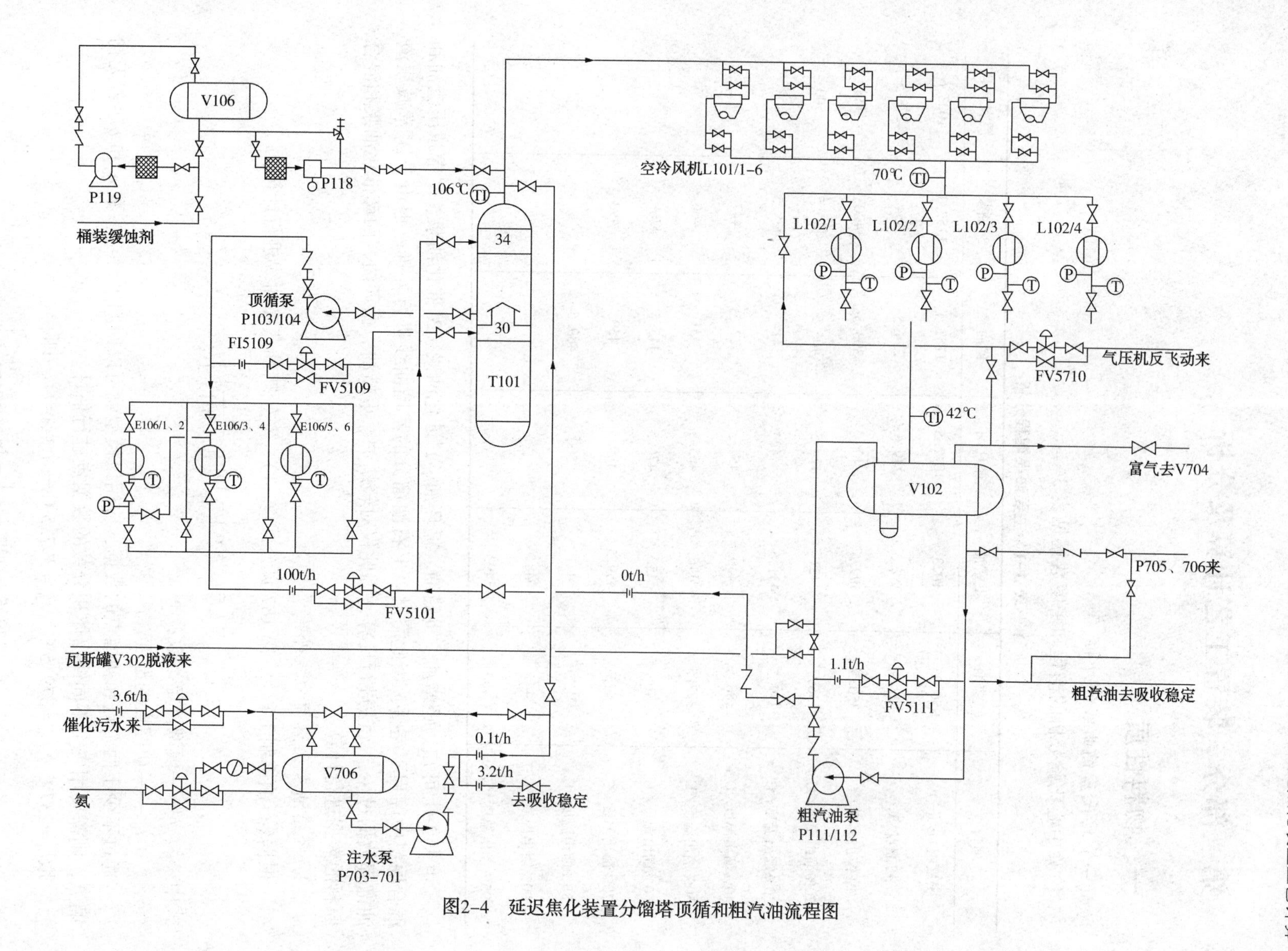


图2-4 延迟焦化装置分馏塔顶循和粗汽油流程图

# 第三部分　装置工艺计算及分析

## 一、物料性质

(一) 恩氏蒸馏曲线的外推

检验中心化验分析的馏程和密度数据见表 3-1。

表 3-1　主要油品馏程分析

| 项目 | 轻蜡油 | 重蜡油 | 循环油 | 1#油浆 | 3#油浆 | 混合原料 |
|---|---|---|---|---|---|---|
| 密度/(kg/m³) | 956.95 | 1023 | 1042.5 | 1151.4 | 1152.1 | 1023.6 |
| 初馏点/℃ | 237 | 262.5 | 249.5 | 274.5 | 354 | 278.5 |
| 10%馏出温度/℃ | 350.5 | 399.5 | 406 | 393.5 | 420 | 438 |
| 20%馏出温度/℃ | 369 | 421 | 428.5 | 406.5 | 430.5 | 500 |
| 30%馏出温度/℃ | 379.5 | 431.5 | 442 | 414 | 438.5 | |
| 40%馏出温度/℃ | 388.5 | 440 | 454.5 | 422.5 | 447 | |
| 50%馏出温度/℃ | 397.5 | 446 | 465.5 | 431 | 460 | |
| 60%馏出温度/℃ | 405 | 452 | 476.5 | 443.5 | 476.5 | |
| 70%馏出温度/℃ | 416 | 459.5 | 489.5 | 459 | 493 | |
| 80%馏出温度/℃ | 427 | 471 | 500 | 489.5 | | |
| 90%馏出温度/℃ | 445 | 481 | | | | |
| 95%馏出温度/℃ | 460 | 493 | | | | |

由表 3-1 可知，轻蜡油、重蜡油、循环油、1#催化油浆、3#催化油浆、3#常减压渣油和混合原料中馏程不完整，因此需对以上石油馏分的蒸馏曲线进行外推。但由于 3#常减压渣油馏程数据过少，无法进行计算，因此仅对轻蜡油、重蜡油、循环油、两套催化油浆和混合原料的数据进行计算。

1. 轻蜡油恩氏蒸馏曲线外推

根据《石油炼制工程》[2]第 187 页公式(6-1)，对轻蜡油蒸馏曲线进行计算：

$$t = t_0 + a\left[-\ln\left(1 - \frac{V}{101}\right)\right]^b$$

式中　$a$、$b$——模型待定参数；

$t_0$——初馏点的温度。

通过不少于两个点和初馏点的数据，应用该模型就可以回归出待定参数 $a$ 和 $b$。若无初馏点，则需要用三个不同馏出体积分数的数据点进行估计。

取$t_0$=237℃、$t_{30}$=379.5℃、$t_{50}$=397.5℃三个点推算，即：

$$379.5 = 237 + a\left[-\ln\left(1 - \frac{30}{101}\right)\right]^b$$

$$397.5 = 237 + a\left[-\ln\left(1-\frac{50}{101}\right)\right]^{b}$$

解以上二元方程组，$a=171.8$，$b=0.1795$。

$$t_{100} = t_0 + 171.8 \times \left[-\ln\left(1-\frac{100}{101}\right)\right]^{0.1795} = 463.1\ (℃)$$

2. 重蜡油恩氏蒸馏曲线外推

取$t_0=262.5℃$、$t_{30}=431.5℃$、$t_{50}=446℃$三个点推算，即：

$$431.5 = 262.5 + a\left[-\ln\left(1-\frac{30}{101}\right)\right]^{b}$$

$$446 = 262.5 + a\left[-\ln\left(1-\frac{50}{101}\right)\right]^{b}$$

解以上二元方程组，$a=192.4$，$b=0.1243$。

$$t_{100} = t_0 + 192.4 \times \left[-\ln\left(1-\frac{100}{101}\right)\right]^{0.1243} = 495.2\ (℃)$$

3. 循环油恩氏蒸馏曲线外推

取$t_0=249.5℃$、$t_{30}=442℃$、$t_{50}=465.5℃$三个点推算，即：

$$442 = 249.5 + a\left[-\ln\left(1-\frac{30}{101}\right)\right]^{b}$$

$$465.5 = 249.5 + a\left[-\ln\left(1-\frac{50}{101}\right)\right]^{b}$$

解以上二元方程组，$a=230.8$，$b=0.174$。

$$t_{90} = t_0 + 230.8 \times \left[-\ln\left(1-\frac{90}{101}\right)\right]^{0.174} = 514.5\ (℃)$$

$$t_{95} = t_0 + 230.8 \times \left[-\ln\left(1-\frac{95}{101}\right)\right]^{0.174} = 526\ (℃)$$

$$t_{100} = t_0 + 230.8 \times \left[-\ln\left(1-\frac{100}{101}\right)\right]^{0.174} = 550.7\ (℃)$$

4. 催化油浆(1#催化)恩氏蒸馏曲线外推

取 $t_0 = 274.5℃$、$t_{30} = 414℃$、$t_{80} = 489.5℃$三个点推算，即：

$$414 = 274.5 + a\left[-\ln\left(1-\frac{30}{101}\right)\right]^{b}$$

$$489.5 = 274.5 + a\left[-\ln\left(1-\frac{80}{101}\right)\right]^{b}$$

解以上二元方程组，$a=188.7$，$b=0.2895$。

$$t_{90} = t_0 + 188.7 \times \left[-\ln\left(1-\frac{90}{101}\right)\right]^{0.2895} = 512\ (℃)$$

$$t_{95} = t_0 + 188.7 \times \left[-\ln\left(1-\frac{95}{101}\right)\right]^{0.2895} = 529.3\ (℃)$$

$$t_{100} = t_0 + 188.7 \times \left[-\ln\left(1-\frac{100}{101}\right)\right]^{0.2895} = 568.3\ (℃)$$

5. 催化油浆(3#催化)恩氏蒸馏曲线外推

取$t_0=354$℃、$t_{30}=438.5$℃、$t_{70}=493$℃三个点推算，即：

$$438.5=354+a\left[-\ln\left(1-\frac{30}{101}\right)\right]^{b}$$

$$493=354+a\left[-\ln\left(1-\frac{70}{101}\right)\right]^{b}$$

解以上二元方程组，$a=129.8$，$b=0.4116$。

$$t_{80}=t_0+129.8\times\left[-\ln\left(1-\frac{80}{101}\right)\right]^{0.4116}=510.3\ (℃)$$

$$t_{90}=t_0+129.8\times\left[-\ln\left(1-\frac{90}{101}\right)\right]^{0.4116}=534.1\ (℃)$$

$$t_{95}=t_0+129.8\times\left[-\ln\left(1-\frac{95}{101}\right)\right]^{0.4116}=553\ (℃)$$

$$t_{100}=t_0+129.8\times\left[-\ln\left(1-\frac{100}{101}\right)\right]^{0.4116}=597.6\ (℃)$$

6. 混合原料的恩氏蒸馏曲线外推

取$t_0=278.5$℃、$t_{10}=438$℃、$t_{20}=500$℃三个点推算，即：

$$438=278.5+a\left[-\ln\left(1-\frac{10}{101}\right)\right]^{b}$$

$$500=278.5+a\left[-\ln\left(1-\frac{20}{101}\right)\right]^{b}$$

解以上二元方程组，$a=429.4$，$b=0.4381$。

$$t_{30}=t_0+429.4\times\left[-\ln\left(1-\frac{30}{101}\right)\right]^{0.4381}=550.4\ (℃)$$

$$t_{40}=t_0+429.4\times\left[-\ln\left(1-\frac{40}{101}\right)\right]^{0.4381}=596.6\ (℃)$$

$$t_{50}=t_0+429.4\times\left[-\ln\left(1-\frac{50}{101}\right)\right]^{0.4381}=641.9\ (℃)$$

$$t_{60}=t_0+429.4\times\left[-\ln\left(1-\frac{60}{101}\right)\right]^{0.4381}=688.8\ (℃)$$

$$t_{70}=t_0+429.4\times\left[-\ln\left(1-\frac{70}{101}\right)\right]^{0.4381}=740.4\ (℃)$$

$$t_{80}=t_0+429.4\times\left[-\ln\left(1-\frac{80}{101}\right)\right]^{0.4381}=801.8\ (℃)$$

$$t_{90}=t_0+429.4\times\left[-\ln\left(1-\frac{90}{101}\right)\right]^{0.4381}=887.1\ (℃)$$

$$t_{95}=t_0+429.4\times\left[-\ln\left(1-\frac{95}{101}\right)\right]^{0.4381}=955.1\ (℃)$$

$$t_{100}=t_0+429.4\times\left[-\ln\left(1-\frac{100}{101}\right)\right]^{0.4381}=1117.7\ (℃)$$

将以上油品的恩氏蒸馏曲线外推后，结果汇总见表3-2。

表 3-2 计算的油品馏程分析 ℃

| 馏程 | 轻蜡油 | 重蜡油 | 循环油 | 1#油浆 | 3#油浆 | 混合原料 |
|---|---|---|---|---|---|---|
| 初馏点 | 237 | 262.5 | 249.5 | 274.5 | 354 | 278.5 |
| 10%馏出温度 | 350.5 | 399.5 | 406 | 393.5 | 420 | 438 |
| 20%馏出温度 | 369 | 421 | 428.5 | 406.5 | 430.5 | 500 |
| 30%馏出温度 | 379.5 | 431.5 | 442 | 414 | 438.5 | 550.4 |
| 40%馏出温度 | 388.5 | 440 | 454.5 | 422.5 | 447 | 596.6 |
| 50%馏出温度 | 397.5 | 446 | 465.5 | 431 | 460 | 641.9 |
| 60%馏出温度 | 405 | 452 | 476.5 | 443.5 | 476.5 | 688.8 |
| 70%馏出温度 | 416 | 459.5 | 489.5 | 459 | 493 | 740.4 |
| 80%馏出温度 | 427 | 471 | 500 | 489.5 | 510.3 | 801.8 |
| 90%馏出温度 | 445 | 481 | 514.6 | 512.1 | 534.1 | 887.1 |
| 95%馏出温度 | 460 | 493 | 526.0 | 529.3 | 553.0 | 955.1 |
| 终馏点 | 463.11 | 495.2 | 550.7 | 568.3 | 597.6 | 1117.7 |

（二）相对密度计算

根据《石油炼制工程》[2]第 59 页关于相对密度的描述，物质的相对密度是其密度与 4℃下水的密度之比。利用以下公式计算相对密度：

$$d_4^{20} = \frac{\rho_{20}}{\rho_{水}}$$

式中 $d_4^{20}$ ——介质的相对密度；

$\rho_{20}$ ——介质 20℃下的密度，kg/m³；

$\rho_{水}$ ——水在 4℃的密度，kg/m³。

再根据《石油炼制工程》[2]第 59 页公式(3-23)和公式(3-24)，计算 $d_{15.6}^{15.6}$：

$$d_{15.6}^{15.6} = d_4^{20} + \frac{1.598 - d_4^{20}}{176.1 - d_4^{20}}$$

计算结果见表 3-3。

表 3-3 油品相对密度

| 油品 | $d_4^{20}$ | $d_{15.6}^{15.6}$ | 油品 | $d_4^{20}$ | $d_{15.6}^{15.6}$ |
|---|---|---|---|---|---|
| 粗汽油 | 0.749 | 0.754 | 中段油 | 0.896 | 0.9 |
| 顶循油 | 0.793 | 0.798 | 轻蜡油 | 0.957 | 0.961 |
| 凝缩油 | 0.725 | 0.73 | 重蜡油 | 1.023 | 1.026 |
| T702 中段 | 0.742 | 0.747 | 循环油 | 1.042 | 1.046 |
| 脱乙烷汽油 | 0.75 | 0.755 | 1#油浆 | 1.151 | 1.154 |
| T701 富吸收油 | 0.786 | 0.791 | 3#油浆 | 1.152 | 1.155 |
| T702 富吸收油 | 0.735 | 0.74 | 3#常压渣油 | 1.011 | 1.014 |
| 稳定汽油 | 0.737 | 0.741 | 混合原料 | 1.024 | 1.027 |
| 柴油 | 0.851 | 0.855 | | | |

(三) 蒸馏曲线斜率计算

根据《石油炼制工程》[2]第57页公式(3-13)计算介质蒸馏曲线的斜率：

$$S = \frac{90\%\text{馏出温度} - 10\%\text{馏出温度}}{90 - 10}$$

式中　$S$——蒸馏曲线的斜率,℃/%；

馏出温度——单位为℃。

计算结果见表3-4。

表3-4　油品恩氏蒸馏曲线斜率

| 项目 | 斜率 | 项目 | 斜率 |
|---|---|---|---|
| 粗汽油 | 1.17 | 柴油 | 1.32 |
| 顶循油 | 0.66 | 中段油 | 1 |
| 凝缩油 | 1.21 | 轻蜡油 | 1.18 |
| 吸收塔中段 | 1.3 | 重蜡油 | 1.02 |
| 脱乙烷汽油 | 1.21 | 循环油 | 1.34 |
| T701富吸收油 | 0.79 | 1#油浆 | 1.37 |
| T702富吸收油 | 1.39 | 3#油浆 | 1.29 |
| 稳定汽油 | 1.37 | 混合原料 | 5.2 |

(四) 平均沸点的计算

1. 体积平均沸点

根据《石油炼制工程》第57页公式计算体积平均沸点：

$$t_v = \frac{t_{10} + t_{30} + t_{50} + t_{70} + t_{90}}{5}$$

式中　$t_v$——体积平均沸点,℃；

$t_{10}$、$t_{30}$、$t_{50}$、$t_{70}$、$t_{90}$——恩氏蒸馏馏出温度,℃。

再根据以下公式将摄氏温度分别转换成开氏度、华氏度和兰氏度：

$$T\text{K} = t℃ + 273.15$$

$$n\text{℉} = 1.8t℃ + 32$$

$$r°\text{R} = 1.8t℃ + 491.67$$

计算结果见表3-5。

表3-5　油品体积平均沸点

| 项目 | 体积平均沸点/℃ | 体积平均沸点/K | 体积平均沸点/℉ | 体积平均沸点/°R |
|---|---|---|---|---|
| 粗汽油 | 134.7 | 407.8 | 274.4 | 734.1 |
| 顶循油 | 181.8 | 455 | 359.2 | 818.9 |
| 凝缩油 | 113.3 | 386.4 | 235.9 | 695.5 |
| 吸收塔中段 | 129.7 | 402.8 | 265.4 | 725 |
| 脱乙烷油 | 134.7 | 407.9 | 274.5 | 734.2 |

续表

| 项目 | 体积平均沸点/℃ | 体积平均沸点/K | 体积平均沸点/℉ | 体积平均沸点/°R |
|---|---|---|---|---|
| T701 富吸收油 | 179.2 | 452.4 | 354.6 | 814.3 |
| T702 富吸收油 | 125.9 | 399.1 | 258.6 | 718.3 |
| 稳定汽油 | 122.7 | 395.8 | 252.8 | 712.5 |
| 柴油 | 268.3 | 541.4 | 514.9 | 974.5 |
| 中段油 | 358.6 | 631.8 | 677.5 | 1137.2 |
| 轻蜡油 | 397.7 | 670.9 | 747.9 | 1207.5 |
| 重蜡油 | 443.5 | 716.7 | 830.3 | 1290 |
| 循环油 | 463.5 | 736.7 | 866.3 | 1326 |
| 1#油浆 | 441.9 | 715.1 | 827.5 | 1287.1 |
| 3#油浆 | 469.1 | 742.3 | 876.4 | 1336.1 |
| 混合原料 | 651.6 | 924.7 | 1204.8 | 1664.5 |

2. 质量平均沸点

根据《石油炼制工程》[2]第58页公式计算质量平均沸点：

$$t_w = t_V + \Delta_w$$

$$\ln\Delta_w = -3.64991 - 0.027060\, t_V^{0.6667} + 5.16388 S^{0.25}$$

式中 $t_w$——介质的质量平均沸点，℃；

$t_V$——介质的体积平均沸点，℃；

$S$——介质的蒸馏曲线斜率，℃/%。

计算出质量平均沸点后，再将摄氏度分别转换成开氏度、华氏度和兰氏度，计算结果见表3-6。

**表3-6 油品质量平均沸点**

| 项目 | 质量平均沸点/℃ | 质量平均沸点/K | 质量平均沸点/℉ | 质量平均沸点/°R |
|---|---|---|---|---|
| 粗汽油 | 137.4 | 410.6 | 279.4 | 739 |
| 顶循油 | 182.9 | 456.1 | 361.3 | 821 |
| 凝缩油 | 116.4 | 389.5 | 241.5 | 701.1 |
| 吸收塔中段 | 132.9 | 406 | 271.2 | 730.8 |
| 脱乙烷油 | 137.6 | 410.7 | 279.7 | 739.3 |
| T701 富吸收油 | 180.6 | 453.8 | 357.2 | 816.8 |
| T702 富吸收油 | 129.5 | 402.7 | 265.1 | 724.8 |
| 稳定汽油 | 126.2 | 399.4 | 259.2 | 718.9 |
| 柴油 | 270.4 | 543.5 | 518.7 | 978.4 |
| 中段油 | 359.8 | 632.9 | 679.6 | 1139.2 |
| 轻蜡油 | 399 | 672.2 | 750.2 | 1209.9 |

续表

| 项目 | 质量平均沸点/℃ | 质量平均沸点/K | 质量平均沸点/°F | 质量平均沸点/°R |
|---|---|---|---|---|
| 重蜡油 | 444.5 | 717.6 | 832 | 1291.7 |
| 循环油 | 464.9 | 738 | 868.7 | 1328.4 |
| 1#油浆 | 443.4 | 716.5 | 830.1 | 1289.7 |
| 3#油浆 | 470.4 | 743.5 | 878.7 | 1338.3 |
| 混合原料 | 659.8 | 933 | 1219.7 | 1679.4 |

3. 实分子平均沸点

根据《石油炼制工程》第58页公式计算实分子平均沸点：

$$t_m = t_V - \Delta_m$$

$$\ln \Delta_m = -1.15158 - 0.011810\, t_V^{0.6667} + 3.70684 S^{0.3333}$$

式中 $t_m$——介质的实分子平均沸点，℃；

$t_V$——介质的体积平均沸点，℃；

$S$——介质的蒸馏曲线斜率，℃/%。

计算出实分子平均沸点后，再将摄氏度分别转换成开氏度、华氏度和兰氏度，计算结果见表3-7。

**表3-7 油品实分子平均沸点**

| 项目 | 实分子平均沸点/℃ | 实分子平均沸点/K | 实分子平均沸点/°F | 实分子平均沸点/°R |
|---|---|---|---|---|
| 粗汽油 | 123.1 | 396.3 | 253.6 | 713.3 |
| 顶循油 | 176.3 | 449.5 | 349.4 | 809.1 |
| 凝缩油 | 100.8 | 373.9 | 213.4 | 673 |
| 吸收塔中段 | 116.3 | 389.5 | 241.4 | 701 |
| 脱乙烷油 | 122.7 | 395.9 | 252.9 | 712.6 |
| T701 富吸收油 | 172.6 | 445.7 | 342.7 | 802.3 |
| T702 富吸收油 | 111.1 | 384.3 | 232 | 691.7 |
| 稳定汽油 | 108.2 | 381.4 | 226.8 | 686.5 |
| 柴油 | 257 | 530.1 | 494.6 | 954.2 |
| 中段油 | 351.5 | 624.7 | 664.7 | 1124.4 |
| 轻蜡油 | 389.3 | 662.5 | 732.7 | 1192.4 |
| 重蜡油 | 436.9 | 710 | 818.4 | 1278 |
| 循环油 | 454.2 | 727.4 | 849.6 | 1309.3 |
| 1#油浆 | 432.1 | 705.3 | 809.8 | 1269.5 |
| 3#油浆 | 460.4 | 733.5 | 860.7 | 1320.3 |
| 混合原料 | 571.6 | 844.8 | 1061 | 1520.6 |

4. 立方平均沸点

根据《石油炼制工程》[2]第58页公式(3-21)计算立方平均沸点：

$$t_{cu} = t_V - \Delta_{cu}$$

$$\ln \Delta_{cu} = -0.82368 - 0.089970\, t_V^{0.45} + 2.45679 S^{0.45}$$

式中 $t_{cu}$——立方平均沸点,℃;

$t_V$——体积平均沸点,℃;

$S$——介质的蒸馏曲线斜率,℃/%。

计算出立方平均沸点后，再将摄氏度分别转换成开氏度、华氏度和兰氏度，计算结果见表3-8。

**表3-8 油品立方平均沸点**

| 项目 | 立方平均沸点/℃ | 立方平均沸点/K | 立方平均沸点/℉ | 立方平均沸点/°R |
|---|---|---|---|---|
| 粗汽油 | 132 | 405.1 | 269.5 | 729.2 |
| 顶循油 | 180.5 | 453.6 | 356.9 | 816.5 |
| 凝缩油 | 110.2 | 383.4 | 230.4 | 690.1 |
| 吸收塔中段 | 126.5 | 399.7 | 259.8 | 719.4 |
| 脱乙烷油 | 131.9 | 405.1 | 269.5 | 729.1 |
| T701富吸收油 | 177.7 | 450.8 | 351.8 | 811.5 |
| T702富吸收油 | 122.5 | 395.6 | 252.4 | 712.1 |
| 稳定汽油 | 119.3 | 392.4 | 246.7 | 706.4 |
| 柴油 | 265.9 | 539.1 | 510.7 | 970.3 |
| 中段油 | 357.2 | 630.3 | 674.9 | 1134.6 |
| 轻蜡油 | 396.1 | 669.2 | 744.9 | 1204.6 |
| 重蜡油 | 442.2 | 715.4 | 828 | 1287.6 |
| 循环油 | 461.8 | 734.9 | 863.2 | 1322.9 |
| 1#油浆 | 440.1 | 713.2 | 824.1 | 1283.8 |
| 3#油浆 | 467.5 | 740.6 | 873.5 | 1333.1 |
| 混合原料 | 637.088 | 910.238 | 1178.758 | 1638.428 |

5. 中平均沸点

根据《石油炼制工程》第58页公式计算中平均沸点：

$$t_{Me} = t_V - \Delta_{Me}$$

$$\ln \Delta_{Me} = -1.53181 - 0.012800\, t_V^{0.6667} + 3.64678 S^{0.3333}$$

式中 $t_{Me}$——介质的中平均沸点,℃;

$t_V$——体积平均沸点,℃;

$S$——介质的蒸馏曲线斜率,℃/%。

计算出中平均沸点后，再将摄氏度分别转换成开氏度、华氏度和兰氏度，计算结果见表3-9。

**表3-9 油品中平均沸点**

| 项目 | 中平均沸点/℃ | 中平均沸点/K | 中平均沸点/℉ | 中平均沸点/°R |
|---|---|---|---|---|
| 粗汽油 | 127.5 | 400.6 | 261.4 | 721.1 |
| 顶循油 | 178.4 | 451.5 | 353.1 | 812.7 |
| 凝缩油 | 105.4 | 378.6 | 221.8 | 681.4 |
| 吸收塔中段 | 121.3 | 394.5 | 250.4 | 710.1 |
| 脱乙烷油 | 127.2 | 400.4 | 261 | 720.7 |
| T701富吸收油 | 175.1 | 448.2 | 347.1 | 806.8 |

续表

| 项目 | 中平均沸点/℃ | 中平均沸点/K | 中平均沸点/℉ | 中平均沸点/°R |
|---|---|---|---|---|
| T702 富吸收油 | 116.7 | 389.8 | 242 | 701.7 |
| 稳定汽油 | 113.6 | 386.8 | 236.6 | 696.2 |
| 柴油 | 261.3 | 534.5 | 502.4 | 962.1 |
| 中段油 | 354.3 | 627.4 | 669.7 | 1129.3 |
| 轻蜡油 | 392.6 | 665.7 | 738.7 | 1198.3 |
| 重蜡油 | 439.5 | 712.6 | 823.1 | 1282.7 |
| 循环油 | 457.9 | 731.1 | 856.2 | 1315.9 |
| 1#油浆 | 436 | 709.2 | 816.8 | 1276.5 |
| 3#油浆 | 463.8 | 737 | 866.9 | 1326.6 |
| 混合原料 | 605.8558 | 879.0058 | 1122.54 | 1582.21 |

（五）特性因数 $K$ 的计算

根据《石油化工设计手册》[1]第 910 页公式计算油品的特性因数 $K$：

$$K=\frac{(1.8T)^{1/3}}{S}$$

式中 $K$——油品的 $K$ 值；

$T$——油品的平均沸点，K；

$S$——油品的相对密度（$d_{15.6}^{15.6}$）。

当计算 Watson $K$ 值时，$T$ 为中平均沸点，当计算 UOP $K$ 值时，$T$ 为体积平均沸点。计算结果见表 3-10。

**表 3-10 油品特性因数 $K$**

| 项目 | Uop $K$ | Watson $K$ | 项目 | Uop $K$ | Watson $K$ |
|---|---|---|---|---|---|
| 粗汽油 | 12 | 11.9 | 柴油 | 11.6 | 11.5 |
| 顶循油 | 11.7 | 11.7 | 中段油 | 11.6 | 11.6 |
| 凝缩油 | 12.1 | 12.1 | 轻蜡油 | 11.1 | 11.1 |
| 吸收塔中段 | 12 | 11.9 | 重蜡油 | 10.6 | 10.6 |
| 脱乙烷汽油 | 11.9 | 11.9 | 循环油 | 10.5 | 10.5 |
| T701 富吸收油 | 11.8 | 11.8 | 1#油浆 | 9.4 | 9.4 |
| T702 富吸收油 | 12.1 | 12 | 3#油浆 | 9.5 | 9.5 |
| 稳定汽油 | 12 | 11.9 | 混合原料 | 11.5 | 11.3 |

（六）平均相对分子质量

石油馏分平均相对分子质量的近似计算方法有多种，根据《石油炼制工程》[2]第 66 页公式(3-38)（Riazi 关联式）计算油品平均相对分子质量。该公式又称为 API-87 方法，适用的范围为相对分子质量为 70 ~700，中平均沸点为 305 ~840K，因此，混合原料的平均相对分子质量的计算不能适用此公式。

$$M=42.965\left[\exp(2.097\times10^{-4}T-7.78712S+2.0848\times10^{-3}TS)\right]T^{1.26007}S^{4.98308}$$

式中 $M$——油品的平均相对分子质量；

$T$——油品的中平均沸点，K；

$S$——油品的相对密度（$d_{15.6}^{15.6}$）。

计算结果见表3-11。

表3-11 油品平均相对分子质量（Riazi关联式）

| 项目 | 平均相对分子质量$M$ | 项目 | 平均相对分子质量$M$ |
|---|---|---|---|
| 粗汽油 | 115.3 | 柴油 | 200.6 |
| 顶循油 | 144.1 | 中段油 | 285 |
| 凝缩油 | 103.9 | 轻蜡油 | 312.4 |
| 吸收塔中段 | 112.1 | 重蜡油 | 347 |
| 脱乙烷汽油 | 115.1 | 循环油 | 363.9 |
| T701富吸收油 | 142.4 | 1#油浆 | 274.2 |
| T702富吸收油 | 109.7 | 3#油浆 | 309.2 |
| 稳定汽油 | 108 | 混合原料 | 667.8 |

（七）真临界温度的计算

根据《石油炼制工程》[2]第77页公式计算油品的真临界温度。

$$t_c = 85.66 + 0.9259D - 0.3959 \times 10^{-3}D^2$$

$$D = d(1.8t_V + 132.0)$$

式中 $t_c$——油品的真临界温度，℃；

$t_V$——油品的体积平均沸点，℃；

$d$——油品的相对密度（$d_{15.6}^{15.6}$）。

计算结果见表3-12。

表3-12 油品真临界温度 ℃

| 项目 | 真临界温度 | 项目 | 真临界温度 |
|---|---|---|---|
| 粗汽油 | 315.4 | 柴油 | 463 |
| 顶循油 | 371.7 | 中段油 | 539.8 |
| 凝缩油 | 288.7 | 轻蜡油 | 577.1 |
| 吸收塔中段 | 308.8 | 重蜡油 | 608.8 |
| 脱乙烷汽油 | 315.8 | 循环油 | 617 |
| T701富吸收油 | 367.4 | 1#油浆 | 623.1 |
| T702富吸收油 | 303.5 | 3#油浆 | 626.3 |
| 稳定汽油 | 300.8 | 混合原料 | 615.5 |

（八）假临界温度的计算

根据《石油炼制工程》[2]第77页公式计算油品的假临界温度：

$$T'_c = 17.1419[\exp(-9.3145 \times 10^{-4} T_{Me} - 0.54444d + 6.4791 \times 10^{-4} T_{Me}d)] \times T_{Me}^{0.81067}d^{0.53691}$$

式中 $T'_c$——油品的假临界温度，°R；

$T_{Me}$——油品的中平均沸点，K；

$d$——油品的相对密度（$d_{15.6}^{15.6}$）。

计算结果转换单位后，见表3-13。

表 3-13　油品假临界温度

| 项目 | 假临界温度/°R | 假临界温度/℃ | 项目 | 假临界温度/°R | 假临界温度/℃ |
|---|---|---|---|---|---|
| 粗汽油 | 1053.8 | 312.3 | 柴油 | 1315.8 | 457.9 |
| 顶循油 | 1157.4 | 369.9 | 中段油 | 1478.1 | 548 |
| 凝缩油 | 1006.1 | 285.8 | 轻蜡油 | 1573.8 | 601.2 |
| 吸收塔中段 | 1040.4 | 304.8 | 重蜡油 | 1689.2 | 665.3 |
| 脱乙烷汽油 | 1054 | 312.4 | 循环油 | 1731 | 688.5 |
| T701 富吸收油 | 1148.8 | 365.1 | 1#油浆 | 1774.2 | 712.5 |
| T702 富吸收油 | 1029.7 | 298.9 | 3#油浆 | 1821.6 | 738.9 |
| 稳定汽油 | 1025.2 | 296.4 | 混合原料 | 1916.2 | 791.4 |

（九）假临界压力的计算

根据《石油炼制工程》[2]第 77 页公式计算油品的假临界压力。

$$P'_c = 3.195 \times 10^4 [\exp(-98.505 \times 10^{-3} T_{Me} - 4.8014d + 5.7490 \times 10^{-3} T_{Me} d)] T_{Me}^{-0.4844} d^{4.0846}$$

式中　$P'_c$——油品的假临界压力，MPa；

$T_{Me}$——油品的中平均沸点，K；

$d$——油品的相对密度（$d_{15.6}^{15.6}$）。

计算结果见表 3-14。

表 3-14　油品假临界压力　MPa

| 项目 | 假临界压力 | 项目 | 假临界压力 |
|---|---|---|---|
| 粗汽油 | 2.784 | 柴油 | 1.946 |
| 顶循油 | 2.431 | 中段油 | 1.508 |
| 凝缩油 | 2.925 | 轻蜡油 | 1.585 |
| 吸收塔中段 | 2.818 | 重蜡油 | 1.668 |
| 脱乙烷汽油 | 2.798 | 循环油 | 1.676 |
| T701 富吸收油 | 2.422 | 1#油浆 | 2.484 |
| T702 富吸收油 | 2.835 | 3#油浆 | 2.319 |
| 稳定汽油 | 2.895 | 混合原料 | 0.98 |

（十）真临界压力的计算

根据《石油炼制工程》[2]第 77 页公式计算油品的真临界压力：

$$\lg p_c = 0.052321 + 5.656282\lg \frac{T_c}{T'_c} + 1.001047\lg p'_c$$

式中　$p_c$——油品的真临界压力，MPa；

$T_c$——油品的真临界温度，K；

$T'_c$——油品的假临界温度，K；

$p'_c$——油品的假临界压力，MPa。

计算的结果见表 3-15。

表 3-15　油品真临界压力　MPa

| 项目 | 真临界压力 | 项目 | 真临界压力 |
| --- | --- | --- | --- |
| 粗汽油 | 3.239 | 柴油 | 2.285 |
| 顶循油 | 2.789 | 中段油 | 1.608 |
| 凝缩油 | 3.404 | 轻蜡油 | 1.528 |
| 吸收塔中段 | 3.306 | 重蜡油 | 1.325 |
| 脱乙烷汽油 | 3.264 | 循环油 | 1.221 |
| T701 富吸收油 | 2.79 | 1#油浆 | 1.638 |
| T702 富吸收油 | 3.349 | 3#油浆 | 1.344 |
| 稳定汽油 | 3.414 | 混合原料 | 0.398 |

（十一）焦点温度的计算

石油馏分的焦点温度：

$$\Delta T_e = a_1 \times \left(\frac{S + a_2}{a_3 \times S + a_4} + a_5 \times S\right) \times \left(\frac{a_6}{a_7 \times t_V + a_8} + a_9\right) + a_{10}$$

式中　$\Delta T_e$——焦点温度-临界温度的差值，℃；

$S$——恩氏蒸馏10%~90%馏分的曲线斜率，℃/%；

$t_V$——恩氏蒸馏体积平均沸点，℃；

$a_1$、$a_2$、$a_3$、…、$a_{10}$——常数。

计算油品焦点温度的相关参数见表3-16。

表 3-16　计算油品焦点温度的相关参数

| 项目 | 数值 | 项目 | 数值 |
| --- | --- | --- | --- |
| $a_1$ | 0.14608029648 | $a_6$ | 13.19556507 |
| $a_2$ | 0.050887086388 | $a_7$ | 0.081472347484 |
| $a_3$ | 0.00025280271884 | $a_8$ | 18.47914514 |
| $a_4$ | 0.00048370492139 | $a_9$ | -0.1585402804 |
| $a_5$ | 1.9936695083 | $a_{10}$ | -4.8588379673 |

根据以上公式计算焦点温度的结果见表3-17。

表 3-17　油品焦点温度　℃

| 项目 | 焦点温度 | 项目 | 焦点温度 |
| --- | --- | --- | --- |
| 粗汽油 | 377 | 柴油 | 499.5 |
| 顶循油 | 404.9 | 中段油 | 559.6 |
| 凝缩油 | 358.2 | 轻蜡油 | 595.5 |
| 吸收塔中段 | 375.8 | 重蜡油 | 621.5 |
| 脱乙烷汽油 | 378.5 | 循环油 | 631 |
| T701 富吸收油 | 405.6 | 1#油浆 | 639.2 |
| T702 富吸收油 | 374.6 | 3#油浆 | 639.4 |
| 稳定汽油 | 372.2 | 混合原料 | 621.7 |

（十二）焦点压力的计算

求石油馏分的焦点温度：

$$\Delta p_e = \left[\frac{a_1 \times (S - 0.3) + a_2}{S + a_3}\right] \times \left[\frac{a_4}{a_5 \times (t_V + a_6 \times S) + a_7} + a_8\right]$$

式中 $\Delta p_e$——焦点压力-临界压力的差值，MPa；

$S$——恩氏蒸馏10%~90%馏分的曲线斜率，℃/%；

$t_V$——恩氏蒸馏体积平均沸点，℃；

$a_1$、$a_2$、$a_3$、…、$a_8$——常数。

计算油品焦点压力的相关参数见表3-18。

**表3-18 计算油品焦点压力的相关参数**

| 项目 | 数值 | 项目 | 数值 |
|---|---|---|---|
| $a_1$ | 59.527860086 | $a_5$ | 0.015463010895 |
| $a_2$ | 13.22730898 | $a_6$ | -16.389020471 |
| $a_3$ | 0.73484872053 | $a_7$ | 0.23392534874 |
| $a_4$ | 0.15246953667 | $a_8$ | -0.014367666592 |

根据以上公式计算焦点压力的结果见表3-19。

**表3-19 油品焦点压力** MPa

| 项目 | 焦点压力 | 项目 | 焦点压力 |
|---|---|---|---|
| 粗汽油 | 5.328 | 柴油 | 3.123 |
| 顶循油 | 3.75 | 中段油 | 2.026 |
| 凝缩油 | 6.059 | 轻蜡油 | 1.894 |
| 吸收塔中段 | 5.646 | 重蜡油 | 1.579 |
| 脱乙烷汽油 | 5.39 | 循环油 | 1.483 |
| T701富吸收油 | 3.897 | 1#油浆 | 1.942 |
| T702富吸收油 | 5.891 | 3#油浆 | 1.591 |
| 稳定汽油 | 6.01 | 混合原料 | 0.531 |

（十三）实沸点蒸馏曲线

根据《石油炼制工程》[2]第189页公式(6-6)将恩氏蒸馏曲线转换成实沸点蒸馏曲线。

$$t_{TBP} = \frac{5}{9}\left[a\left(\frac{9}{5}t_{D86} + 491.67\right)^b - 491.67\right]$$

式中 $t_{TBP}$、$t_{D86}$——常压初馏点和D86的温度，℃；

$a$、$b$——随馏出体积分数变化的常数，见表3-20。

**表3-20 常数 $a$、$b$ 的值**

| 体积分数 | 0~5% | 10% | 30% | 50% | 70% | 90% | 95%~100% |
|---|---|---|---|---|---|---|---|
| $a$ | 0.916668 | 0.5277 | 0.7249 | 0.89303 | 0.87051 | 0.948975 | 0.80079 |
| $b$ | 1.001868 | 1.090011 | 1.042533 | 1.017560 | 1.02259 | 1.010955 | 1.03549 |

以上方法是API1987法，且此法不需要进行热裂化修正。实沸点蒸馏曲线计算结果见表3-21。

**表3-21 油品实沸点蒸馏曲线**

℃

| 项目 | 粗汽油 | 稳汽 | 柴油 | 轻蜡 | 重蜡 | 循环油 | 1#油浆 | 3#油浆 | 混合原料 |
|---|---|---|---|---|---|---|---|---|---|
| 初馏点 | 16.9 | 19.4 | 134.0 | 200.5 | 224.2 | 212.1 | 235.4 | 309.3 | 239.1 |
| 10%馏出温度 | 66.4 | 48.3 | 202.1 | 346.1 | 399.3 | 406.4 | 392.8 | 421.7 | 441.4 |
| 30%馏出温度 | 99.1 | 78.1 | 227.7 | 365.9 | 419.1 | 429.8 | 401.2 | 426.2 | 541.3 |
| 50%馏出温度 | 137.3 | 124.1 | 271.7 | 405.2 | 455.2 | 475.3 | 439.7 | 469.6 | 657.5 |
| 70%馏出温度 | 160.6 | 153.8 | 302.9 | 431.5 | 477.0 | 508.4 | 476.5 | 512.1 | 772.2 |
| 90%馏出温度 | 189.6 | 187.6 | 336.0 | 464.0 | 501.4 | 536.3 | 533.7 | 556.6 | 924.1 |
| 95%馏出温度 | 198.7 | 199.5 | 351.4 | 484.5 | 519.8 | 555.2 | 558.8 | 584.2 | 1019.6 |
| 100%馏出温度 | 208.4 | 210.3 | 363.6 | 487.8 | 522.2 | 581.7 | 600.7 | 632.2 | 1197.1 |

（十四）平衡汽化曲线

根据《原油蒸馏工艺与工程》[3]第287页公式计算油品的平衡蒸发曲线。

$$t_{EFV} = a\,(t_{86} + 273.15)^{b} S^{c} - 273.15$$

式中 $t_{EFV}$——常用平衡汽化曲线各馏出体积下的温度,℃；

$t_{86}$——恩氏蒸馏温度,℃；

$S$——相对密度( $d_{15.6}^{15.6}$ )；

$a$、$b$、$c$——关联系数，见表3-22。

**表3-22 常数 $a$、$b$、$c$ 的值**

| 关联系数 | 0~5% | 10% | 30% | 50% | 70% | 90% | 95%~100% |
|---|---|---|---|---|---|---|---|
| $a$ | 2.97481 | 1.44594 | 0.8506 | 3.26805 | 8.2873 | 10.62656 | 7.99502 |
| $b$ | 0.8466 | 0.9511 | 1.0315 | 0.8274 | 0.6871 | 0.6529 | 0.6949 |
| $c$ | 0.4208 | 0.1287 | 0.0817 | 0.6214 | 0.934 | 1.1025 | 1.0737 |

本方法换算的结果，尤其在端点处，偶尔会有严重误差，本方法在表3-23所示的温度范围以外不适用。

**表3-23 适用范围**

℃

| 馏出体积 | 恩氏蒸馏温度范围 | 实沸点蒸馏温度范围 | 馏出体积 | 恩氏蒸馏温度范围 | 实沸点蒸馏温度范围 |
|---|---|---|---|---|---|
| 0% | 10.0~265.6 | 48.9~298.9 | 70% | 131.1~399.4 | 118.3~375.6 |
| 10% | 62.8~322.2 | 79.4~348.9 | 90% | 162.8~465.0 | 133.9~404.4 |
| 30% | 93.3~340.6 | 97.8~358.9 | 100% | 187.8~484.4 | 146.1~433.3 |
| 50% | 112.8~354.4 | 106.7~366.7 | | | |

因此，以上公式仅适用于粗汽油、稳定汽油、焦化柴油和轻蜡油的平衡汽化曲线转换，计算结果见表3-24。

**表 3-24 油品平衡汽化曲线** ℃

| 项目 | 粗汽油 | 稳定汽油 | 焦化柴油 | 轻蜡油 |
| --- | --- | --- | --- | --- |
| 初馏点 | 68.9 | 69.1 | 207.3 | 300.2 |
| 10%馏出温度 | 102.5 | 84.3 | 238.9 | 381.7 |
| 30%馏出温度 | 116.6 | 94.3 | 255.1 | 405.5 |
| 50%馏出温度 | 124.2 | 109.9 | 267.9 | 422.0 |
| 70%馏出温度 | 136.4 | 126.0 | 284.4 | 438.6 |
| 90%馏出温度 | 148.8 | 140.1 | 305.9 | 471.5 |
| 终馏点 | 153.3 | 147.0 | 315.9 | 479.1 |

（十五）分离精确度

根据《原油蒸馏工艺与工程》[3]第262页公式，分流精确度用恩氏蒸馏的间隙来表示。

$$恩氏蒸馏(0-100)间隙 = t_0^H - t_{100}^L$$

式中 $t_0^H$——重馏分的初馏点；

$t_{100}^L$——轻馏分的终馏点。

计算结果见表3-25。

**表 3-25 分馏塔各馏分油分离精度** ℃

| 项目 | 温度 | 项目 | 温度 |
| --- | --- | --- | --- |
| 粗汽油与柴油 | -34.6 | 轻蜡油与重蜡油 | -200.6 |
| 柴油与轻蜡油 | -109.75 | 重蜡油与循环油 | -245.7 |

（十六）气体分析

从化验分析数据来看，液态烃、燃料气的组分百分比中不包括$H_2S$，液态烃中硫化氢含量为22720mg/m$^3$，燃料气中硫化氢含量为852mg/m$^3$，转化为体积分数后，液态烃中硫化氢体积分数为0.783%，燃料气中硫化氢体积分数为0.056%。将$H_2S$体积含量加入后归一，所有气体的体积分数见表3-26。

**表 3-26 气体组成体积百分数** %

| 组分 | 燃料气 | 液态烃 | 干气 | V102富气 | 解析气 | 贫气 | 不凝气 |
| --- | --- | --- | --- | --- | --- | --- | --- |
| $CH_4$ | 48.17 | 0.00 | 62.32 | 46.21 | 9.20 | 4.32 | 0.01 |
| $C_2H_6$ | 14.46 | 1.86 | 16.93 | 14.80 | 16.42 | 6.86 | 1.54 |
| $C_2H_4$ | 2.09 | 0.00 | 2.23 | 1.92 | 2.22 | 0.87 | 0.00 |
| $C_3H_8$ | 2.86 | 37.93 | 1.85 | 7.68 | 14.63 | 4.92 | 27.48 |
| $C_3H_6$ | 3.07 | 14.39 | 1.35 | 3.86 | 7.39 | 2.54 | 30.47 |
| $i$-$C_4H_{10}$ | 0.22 | 5.03 | 0.12 | 0.72 | 0.75 | 0.25 | 5.10 |
| $n$-$C_4H_{10}$ | 0.27 | 20.60 | 0.35 | 2.99 | 1.83 | 0.49 | 13.42 |
| $t$-$C_4H_8$ | 0.08 | 2.74 | 0.01 | 0.45 | 0.31 | 0.08 | 1.99 |
| $n$-$C_4H_8$ | 0.11 | 8.23 | 0.04 | 1.14 | 0.90 | 0.24 | 7.23 |
| $i$-$C_4H_8$ | 0.11 | 5.45 | 0.00 | 0.81 | 0.66 | 0.18 | 5.20 |

续表

| 组分 | 燃料气 | 液态烃 | 干气 | V102 富气 | 解析气 | 贫气 | 不凝气 |
|---|---|---|---|---|---|---|---|
| $c-C_4H_8$ | 0.09 | 1.88 | 0.03 | 0.33 | 0.22 | 0.06 | 1.18 |
| $i-C_5H_{12}$ | 0.12 | 0.05 | 0.16 | 0.78 | 0.53 | 0.18 | 0.07 |
| $n-C_5H_{12}$ | 0.14 | 0.00 | 0.23 | 1.52 | 0.85 | 0.21 | 0.02 |
| $>C_5$ | 0.61 | 0.36 | 0.58 | 3.87 | 2.79 | 0.69 | 1.69 |
| ΣR | 0.00 | 98.53 | 86.21 | 87.10 | 58.70 | 21.91 | 95.40 |
| $CO_2$ | 0.10 | 0.00 | 0.24 | 0.19 | 0.21 | 0.23 | 0.00 |
| $O_2$ | 0.00 | 0.00 | 0.00 | 0.00 | 0.00 | 0.00 | 0.00 |
| $N_2$ | 1.92 | 0.00 | 0.32 | 0.13 | 2.28 | 6.91 | 0.00 |
| CO | 0.00 | 0.00 | 0.00 | 0.00 | 0.00 | 0.00 | 0.00 |
| $H_2$ | 25.54 | 0.00 | 11.23 | 8.98 | 33.32 | 67.55 | 0.00 |
| $H_2S$ | 0.06 | 1.47 | 2.00 | 3.60 | 5.50 | 3.40 | 4.60 |
| 合计 | 100.00 | 100.00 | 100.00 | 100.00 | 100.00 | 100.00 | 100.00 |

（十七）气体的平均相对分子质量计算

根据各组分的相对分子质量和体积分数，计算出其平均相对分子质量，结果见表3-27。

**表3-27　气体平均相对分子质量**

| 组分 | *M* | 燃料气 | 液态烃 | 干气 | V102 富气 | 解析气 | 贫气 | 不凝气 |
|---|---|---|---|---|---|---|---|---|
| $CH_4$ | 16.04 | 7.73 | 0.00 | 10.00 | 7.41 | 1.48 | 0.69 | 0.002 |
| $C_2H_6$ | 30.07 | 4.35 | 0.56 | 5.09 | 4.45 | 4.94 | 2.06 | 0.46 |
| $C_2H_4$ | 28.05 | 0.59 | 0.00 | 0.63 | 0.54 | 0.62 | 0.25 | 0.00 |
| $C_3H_8$ | 44.10 | 1.26 | 16.73 | 0.82 | 3.39 | 6.45 | 2.17 | 12.12 |
| $C_3H_6$ | 42.08 | 1.29 | 6.05 | 0.57 | 1.63 | 3.11 | 1.07 | 12.82 |
| $i-C_4H_{10}$ | 58.12 | 0.13 | 2.93 | 0.07 | 0.42 | 0.43 | 0.14 | 2.96 |
| $n-C_4H_{10}$ | 58.12 | 0.15 | 11.97 | 0.20 | 1.74 | 1.06 | 0.29 | 7.80 |
| $t-C_4H_8$ | 56.11 | 0.04 | 1.54 | 0.01 | 0.25 | 0.18 | 0.05 | 1.12 |
| $n-C_4H_8$ | 56.11 | 0.06 | 4.62 | 0.02 | 0.64 | 0.50 | 0.13 | 4.06 |
| $i-C_4H_8$ | 56.11 | 0.06 | 3.06 | 0.00 | 0.46 | 0.37 | 0.10 | 2.92 |
| $c-C_4H_8$ | 56.11 | 0.05 | 1.06 | 0.02 | 0.18 | 0.12 | 0.03 | 0.66 |
| $i-C_5H_{12}$ | 72.15 | 0.09 | 0.04 | 0.12 | 0.56 | 0.38 | 0.13 | 0.05 |
| $n-C_5H_{12}$ | 72.15 | 0.10 | 0.00 | 0.17 | 1.10 | 0.61 | 0.15 | 0.01 |
| $>C_5$ | 86.18 | 0.53 | 0.31 | 0.50 | 3.34 | 2.40 | 0.59 | 1.46 |
| ΣR | 0.00 | 0.00 | 0.00 | 0.00 | 0.00 | 0.00 | 0.00 | 0.00 |

续表

| 组分 | $M$ | 燃料气 | 液态烃 | 干气 | V102 富气 | 解析气 | 贫气 | 不凝气 |
|---|---|---|---|---|---|---|---|---|
| $CO_2$ | 44.01 | 0.04 | 0.00 | 0.10 | 0.09 | 0.09 | 0.10 | 0.00 |
| $O_2$ | 32.00 | 0.00 | 0.00 | 0.00 | 0.00 | 0.00 | 0.00 | 0.00 |
| $N_2$ | 28.01 | 0.54 | 0.00 | 0.09 | 0.04 | 0.64 | 1.94 | 0.00 |
| CO | 0.00 | 0.00 | 0.00 | 0.00 | 0.00 | 0.00 | 0.00 | 0.00 |
| $H_2$ | 2.02 | 0.51 | 0.00 | 0.23 | 0.18 | 0.67 | 1.36 | 0.00 |
| $H_2S$ | 34.08 | 0.02 | 0.50 | 0.68 | 1.23 | 1.87 | 1.16 | 1.57 |
| 合计 | | 17.54 | 49.36 | 19.31 | 27.63 | 25.94 | 12.43 | 48.01 |

(十八) 气体的标况密度计算

根据已计算的平均相对分子质量，计算出标况下气体的密度，结果见表3-28。

**表3-28 气体标况下密度** $kg/Nm^3$

| 组分 | 燃料气 | 液态烃 | 干气 | V102 富气 | 解析气 | 贫气 | 不凝气 |
|---|---|---|---|---|---|---|---|
| 密度 | 0.783 | 2.204 | 0.862 | 1.234 | 1.158 | 0.555 | 2.143 |

(十九) 小结

在利用油品的馏程和密度计算其他物性参数时，有采样多种方法计算的，均以第一种方法的数据作为最终数据和计算后续其他参数的依据。

减压渣油数据偏少，馏程数据难以外推，在后面工艺计算中，部分减压渣油的特性参数参照混合原料的数据。

在利用《石油炼制工程》[2]第77页公式计算油品假临界温度时，其结果的单位应为兰氏度，非开氏度。

装置分馏塔分离效果差，柴油、轻蜡油、重蜡油、循环油等组分重叠度过大，影响装置的轻油收率和液体油收率，分馏塔需进一步优化操作，降低组分间的重叠度。

## 二、物料平衡

(一) 粗物料平衡

1. 计量数据

装置原始计量数据见表3-29。

**表3-29 装置原始计量数据**

| 项目 | 计量形式 | 2017-7-11 | 2017-7-13 | 标定期间累计值 |
|---|---|---|---|---|
| 入方 | | | | |
| 3#常减压渣油/t | 楔式流量计 | 7058386 | 7063568 | 5183 |
| 罐区渣油/t | 检尺 | | | 320 |
| 1#催化油浆/$m^3$ | 孔板流量计 | 201035 | 201573 | 538 |
| 3#催化油浆/t | 楔形流量计 | 648446 | 649203 | 757 |

续表

| 项目 | 计量形式 | 2017-7-11 | 2017-7-13 | 标定期间累计值 |
| --- | --- | --- | --- | --- |
| 出方 | | | | |
| 干气/$Nm^3$ | 孔板流量计 | 198066512 | 198483312 | 416800 |
| 液态烃/t | 孔板流量计 | 95255 | 95430 | 176 |
| 稳定汽油/t | 质量流量计 | 430492 | 431313 | 821 |
| 柴油/t | 质量流量计 | 969548 | 970925 | 1378 |
| 轻蜡油/t | 孔板流量计 | 98533 | 100226 | 1693 |
| 重蜡油/t | 孔板流量计 | 145414 | 145586 | 171 |
| 焦炭/m | 检尺 | | | 24. 3 |

罐区渣油量为罐区报量，不需修正；稳定汽油流量计和柴油流量计为质量流量计，无需修正。其他流量计设计参数和实际参数见表 3-30。

**表 3-30　流量计设计参数与实际运行工况**

| 项目 | 设计温度/℃ | 设计压力/MPa | 设计密度/($kg/m^3$) | 实际温度/℃ | 实际压力/MPa |
| --- | --- | --- | --- | --- | --- |
| 3#常减压渣油 | | | 932. 6 | 226. 9 | |
| 1#催化油浆 | | | 862 | 197. 2 | |
| 3#催化油浆 | | | 1014. 2 | 206. 5 | |
| 干气 | 44. 3 | 0. 9 | 0. 9224 | 39. 5 | 1. 064 |
| 液态烃 | 40 | 1. 9 | 513 | 34. 2 | 1. 9 |
| 轻蜡油 | 210 | | 789. 9 | 185. 3 | |
| 重蜡油 | 272 | | 765. 1 | 283. 5 | |

液态烃流量计设计温度、设计压力与实际偏差不大，不进行校准。

2. 重油流量校准

首先计算减压渣油等重油在实际工况下的密度：

$$\rho_T = \rho_{20} - \gamma(T - 20)$$

$$\gamma = 0.002876 - 0.00398\rho_{20} + 0.001632\rho_{20}^2$$

式中　$\rho_T$——油品实际温度下的密度，$g/m^3$；

$\rho_{20}$——油品再 20℃下的密度，$g/m^3$；

$T$——油品实际温度，℃；

$\gamma$——油品膨胀系数。

再根据以下公式计算油品的实际体积和质量：

$$V_{实} = V_{设}\sqrt{\frac{\rho_{设}}{\rho_{实}}}$$

式中　$V_{实}$——油品的实际体积；

$V_{设}$——流量计指示流量；

$\rho_{设}$——流量计设计密度；

$\rho_{实}$ ——流量计实际密度。

重油流量计的校准结果见表 3-31。

**表 3-31　重油流量计的校准**

| 项目 | 20℃下相对密度 $d_4^{20}$ | 体积膨胀系数 $\gamma$ | 油品实际温度/℃ | 实际温度下的相对密度 $d_4^{t}$ | 设计密度下的体积/$m^3$ | 校准后油品体积/$m^3$ | 校准后的质量/t |
|---|---|---|---|---|---|---|---|
| 3#常减压渣油 | 1.011 | 0.000520321 | 227 | 0.903 | 5557 | 5646 | 5101 |
| 1#催化油浆 | 1.1514 | 0.000457006 | 197 | 1.070 | 538 | 483 | 517 |
| 3#催化油浆 | 1.1521 | 0.000456852 | 206 | 1.067 | 747 | 728 | 777 |
| 轻蜡油 | 0.95695 | 0.000561848 | 185 | 0.864 | 2143 | 2049 | 1771 |
| 重蜡油 | 1.023 | 0.000512395 | 284 | 0.888 | 224 | 208 | 184 |

实际温度下的密度根据两种方法进行计算，查图法与计算法得出的数据基本相同，在计算中，使用计算出的实际温度下的密度。

3. 干气流量校准

已计算出实际干气平均相对分子质量为 19.3，标况下密度为 0.862kg/$m^3$。干气孔板流量计设计其在标况下的密度为 0.9224kg/$m^3$。根据理想气体状态方程 $PV=NRT$，推导出气体在非标况下密度的计算公式：

$$\rho_{实}=\frac{\rho_{标}\times T_{标}\times p_{实}}{T_{实}\times p_{标}}$$

式中　$\rho_{实}$ ——实际温度压力下的密度，单位同 $\rho_{标}$；

$\rho_{标}$ ——标准状况下的密度，单位同 $\rho_{实}$；

$T_{标}$ ——标况温度，273.15K；

$p_{实}$ ——实际压力，Pa；

$T_{实}$ ——实际温度，K；

$p_{标}$ ——标准压力，101325Pa。

通过以上公式计算出干气在设计温度、压力下的密度和实际温度、压力下的密度，结果见表 3-32。

**表 3-32　干气流量校准**

| 项目 | 标况密度/(kg/$m^3$) | 标况温度/K | 标况压力/Pa | 温度/K | 压力/Pa | 真实密度/(kg/$m^3$) |
|---|---|---|---|---|---|---|
| 设计工况 | 0.9224 | 273 | 101325 | 44.3 | 0.9 | 7.84 |
| 实际工况 | 0.862 | 273 | 101325 | 39.5 | 1.06 | 8.66 |

再根据设计工况下的密度和实际工况下的密度计算干气校准后的体积：

$$V_{实}=V_{设}\sqrt{\frac{\rho_{设}}{\rho_{实}}}=416800\sqrt{\frac{7.84}{8.66}}=396649(Nm^3)$$

转换成质量后，干气总量为 $m_{干气}=(396649Nm^3\times0.862kg/m^3)/1000=341.9t$。

4. 加工损失

焦化装置加工损失主要包括分馏塔顶回流罐含硫污水中油品的损失，放空污水中油品的损失、放空尾气的损失和部分安全阀内漏的损失。

（1）含硫污水中油品损失

因分馏塔油气分离罐 V102 水包切水效果差，含硫污水带走的油品占加工损失的较大部分，根据装置含硫污水的采样分析和流量等数据，计算含硫污水中油品的损失量。

V102 和 V204 的污水分析数据见表 3-33。

**表 3-33 污水分析数据**

| 污染源名称 | 焦化容 102 污水 | 焦化容 204 污水 | 污染源名称 | 焦化容 102 污水 | 焦化容 204 污水 |
|---|---|---|---|---|---|
| pH 值 | 10 | 10 | 氨氮/(mg/L) | 3150 | 161 |
| 石油类/(mg/L) | 7000 | 2890 | 硫化物/(mg/L) | 5480 | 211 |
| COD/(mg/L) | 18700 | 3760 | 挥发分/(mg/L) | 302 | 22.3 |

已知在标定期间，共产生污水 499.7t，污水相对密度按 1 计算，污水中含油量为：

$$499.7t\times7000mg/L\times1kg/L=3.5t$$

（2）放空污水中油品损失

放空污水量为每次 180t，污油相对密度按 1 计算，放空污水中含油量为：

$$180t\times2890mg/kg=0.5t$$

标定期间 48h 共产生的污水中含油 1t。

（3）放空尾气中气体损失

根据经验，每次放空尾气量约 2000Nm$^3$，按干气密度计算，共损失 1.7t，标定期间共损失 3.4t。因此，焦化装置的加工损失为 3.5+1+3.4=7.99t。

（二）校准后物料平衡

根据以上校准后的物料，以及计算出的加工损失的物料，推算出焦炭的产量，并分别计算各自所占的百分比，得出以下物料平衡，见表 3-34。

**表 3-34 流量校准后的物料平衡**

| 项目 | 校准前数据/t | 校准后数据 | | |
|---|---|---|---|---|
| | | 标定期间总量/t | 流量/(t/h) | 比例/% |
| 入方 | | | | |
| 3#常减压渣油 | 5183 | 5100.50 | 106.26 | 75.96 |
| 罐区渣油 | 320 | 320.00 | 6.67 | 4.77 |
| 1#催化油浆 | 538 | 517.13 | 10.77 | 7.70 |
| 3#催化油浆 | 757 | 776.68 | 16.18 | 11.57 |
| 合计 | 6798 | 6714.31 | 139.88 | 100.00 |
| 出方 | | | | |
| 干气 | 384.46 | 341.87 | 7.12 | 5.09 |
| 液态烃 | 175.62 | 175.62 | 3.66 | 2.62 |
| 稳定汽油 | 820.56 | 820.56 | 17.10 | 12.22 |
| 柴油 | 1377.69 | 1377.69 | 28.70 | 20.52 |
| 轻蜡油 | 1692.90 | 1770.60 | 36.89 | 26.37 |
| 重蜡油 | 171.19 | 184.42 | 3.84 | 2.75 |

续表

| 项目 | 校准前数据/t | 校准后数据 | | |
|---|---|---|---|---|
| | | 标定期间总量/t | 流量/(t/h) | 比例/% |
| 含硫污水损失 | | 3.50 | 0.07 | 0.05 |
| 放空污水损失 | | 1.04 | 0.02 | 0.02 |
| 放空尾气损失 | | 3.45 | 0.07 | 0.05 |
| 损失小计 | | 7.99 | 0.17 | 0.12 |
| 焦炭 | 2175.70 | 2035.57 | 42.41 | 30.32 |
| 产品合计 | 6798.11 | 6714.31 | 139.88 | 100.00 |

(三) 水平衡

进焦化装置的水主要有新鲜水、循环水、软化水、除氧水、催化污水、3.5MPa 蒸汽等。

出装置的水主要有循环水回水、去污水处理厂污水、含硫污水、焦炭带走水分及焦池蒸发水分。

在正常生产期间，新鲜水主要用作除焦水回收泵 P1402 的密封冷却水和生活用水，P1402 的密封冷却水直接排进焦池，进入除焦水系统，生活污水进入污水井；循环水主要用作冷却器的冷却介质和机泵轴承冷却水，冷却器内的循环水直接回收进循环水系统，机泵轴承用的冷却水排入污水井；软化水主要用于分馏塔底循环油泵的密封冷却水；除氧水主要用于 F303 的炉管注水和蒸汽发生器用水；催化污水主要用于分馏塔顶注水和吸收稳定系统注水；3.5MPa 蒸汽主要用作驱动汽轮机做功，产生的 1.0MPa 蒸汽进入管网。1.0MPa 蒸汽主要用于焦炭塔大、小吹汽，产生的凝结水进入含硫污水或冷-除焦水系统；焦炭塔 10m 平台和 17m 平台特阀的密封蒸汽也使用 1.0MPa 蒸汽，产生的凝结水进入含硫污水系统和冷-除焦水系统。

装置用水量见表 3-35。

**表 3-35　焦化装置水平衡基础数据**

| 项目 | 取数方式 | 总量读数/t | 流量/(t/h) |
|---|---|---|---|
| 新鲜水 | 现场读数 | 45 | 0.94 |
| 循环水 | 质量流量计 | 57038 | 1188.29 |
| | 质量流量计 | 20066 | 418.04 |
| 循环水总量 | 推算 | 77104 | 1606.33 |
| 循环水回系统量 | 推算 | 76590 | 1595.63 |
| 软化水 | 现场读数 | 147 | 3.05 |
| 除氧水 | 质量流量计 | 138 | 2.88 |
| | 推算 | 314 | 6.54 |
| 除氧水总量 | 推算 | 452 | 9.42 |
| 催化污水 | 孔板 | 170 | 3.55 |
| 3.5MPa 蒸汽进气压机 | 孔板 | 1144 | 23.84 |
| 进装置 3.5MPa 蒸汽流量 | 推算 | 1164 | 24.24 |
| 含硫污水 | 孔板 | 500 | 10.41 |

续表

| 项目 | 取数方式 | 总量读数/t | 流量/(t/h) |
|---|---|---|---|
| 循环水进机泵冷却水 | 现场临时测量 | 514 | 10.70 |
| 生活用新鲜水 | 估算 | 5 | 0.10 |
| P1402 密封冷却水 | 推算 | 40 | 0.83 |
| 富气洗涤水 | 孔板 | 152 | 3.17 |
| 分馏塔注水 | 推算 | 18 | 0.38 |
| 加热炉注水 | 质量流量计 | 138 | 2.88 |
| 蒸汽发生器 | 孔板 | 314 | 6.54 |
| 加热炉注汽 | 文丘里 | 19 | 0.40 |
| 小吹汽量 | 经验 | 24 | 0.50 |
| 小吹汽及密封蒸汽量 | 孔板 | 279 | 5.82 |
| 密封蒸汽进含硫污水量 | 推算 | 136 | 2.83 |
| 密封蒸汽进冷-除焦水 | 推算 | 143 | 2.99 |
| 大吹汽量 | 孔板 | 67 | 1.40 |
| 密封蒸汽和大吹汽进入冷-除焦水量 | | 211 | 4.39 |
| 装置耗 1.0MPa 蒸汽总量 | | 346 | 7.21 |
| 出装置 1.0MPa 蒸汽总量 | | 1112 | 23.17 |
| 焦炭中蒸发及带走水量 | 经验 | 180 | 3.75 |
| 进污水井水量 | 推算 | 665 | 13.86 |
| 排去污水处理厂量 | 推算 | 485 | 10.11 |

将以上数据进行整理，得出焦化装置系统的水平衡情况见表 3-36。

**表 3-36　焦化装置水平衡表**

| 项目 | 总量读数/t | 流量/(t/h) |
|---|---|---|
| 入方 | | |
| 循环水 | 77104 | 1606.33 |
| 新鲜水 | 45 | 0.94 |
| 软化水 | 147 | 3.05 |
| 催化污水 | 170 | 3.55 |
| 除氧水 | 452 | 9.41 |
| 3.5MPa 蒸汽 | 1164 | 24.24 |
| 出方 | | |
| 循环水回系统 | 76590 | 1595.63 |
| 去污水处理厂 | 485 | 10.11 |
| 蒸发及损失 | 180 | 3.75 |
| 含硫污水 | 500 | 10.41 |
| 1.0MPa 蒸汽 | 1112 | 23.17 |

（四）硫平衡

根据物料平衡中原料和产品的量，分析数据中各原料产品的硫含量，计算各组分中的硫总量。其中，放空尾气物性参照干气，其硫含量也参照干气硫含量。

焦化装置的硫平衡见表3-37。

**表3-37 焦化装置硫平衡**

| 项目 | | 总量/t | 硫含量 | 硫含量/%(质) | 硫总量/t |
|---|---|---|---|---|---|
| 入方 | 1#催化油浆 | 517.13 | 0.87% | 0.87 | 4.48 |
| | 3#催化油浆 | 776.68 | 0.96% | 0.96 | 7.46 |
| | 减压渣油 | 5420.50 | 1.48% | 1.48 | 80.22 |
| | 合计 | | | | 92.16 |
| 出方 | 干气 | 341.87 | 30500mg/m³ | 3.54 | 12.10 |
| | 液态烃 | 175.62 | 42000mg/m³ | 1.91 | 3.35 |
| | 石脑油 | 820.56 | 4575.2mg/kg | 0.46 | 3.75 |
| | 柴油 | 1377.69 | 6706.65mg/kg | 0.67 | 9.24 |
| | 轻蜡油 | 1770.60 | 1.10% | 1.10 | 19.48 |
| | 重蜡油 | 184.42 | 1.21% | 1.21 | 2.23 |
| | 焦炭 | 2035.57 | 1.56% | 1.56 | 31.75 |
| | 含硫污水 | 499.69 | 5480mg/L | 0.55 | 2.74 |
| | 放空污水 | 360.00 | 211mg/L | 0.02 | 0.08 |
| | 放空尾气 | 3.45 | 30500mg/m³ | 3.54 | 0.12 |
| | 合计 | | | | 84.84 |

（五）预测产品分布

根据《延迟焦化工艺与工程》[4]第447页公式，计算产品收率。

焦化原料主要以减压渣油为主，本次计算主要依据减压渣油的分析数据。已知减压渣油康氏残炭值(*CCR*)为20.3%，硫含量为1.48%。

硫化氢收率：

$$H_2S = 0.25\times 原料硫含量 = 0.25\times 1.48\% = 0.37\%$$

干气收率：

$$RG = 3.5\% + 0.1\times CCR = 3.5\% + 0.1\times 20.3\% = 5.53\%$$

液化石油气收率：

$$LPG = 4.3\% + 0.044\times 20.3\% = 5.19\%$$

焦化石脑油收率：

$$Nao = 11.38\% + 0.335\times CCR = 11.38\% + 0.335\times 20.3\% = 18.18\%$$

焦炭收率：

$$COK = 1.60\times CCR = 1.60\times 20.3\% = 32.48\%$$

总瓦斯油收率：

$$TGO = 100\% - H_2S - RG - LPG - Nao - COK$$
$$= 100\% - 0.37\% - 5.53\% - 5.19\% - 18.18\% - 32.48\% = 38.25\%$$

焦化柴油对总瓦斯油的收率比：

$$R=\frac{CGO}{TGO}=0.38+0.011\times CCR-3.1\times(10^{-4})\times CCR$$

$$=0.38+0.011\times20.3-3.1\times(10^{-4})\times20.3=0.597$$

焦化柴油收率：

$$CGO=R\times TGO=0.597\times38.25\%=22.83\%$$

焦化蜡油收率：

$$CVGO=TGO-CGO=38.25\%-22.83\%=15.41\%$$

将预测的产品分布于实际产品分布进行对比，结果见表3-38。

**表3-38　焦化装置产品实际收率与预测收率** %

| 项目 | 实际收率 | 预测收率 | 项目 | 实际收率 | 预测收率 |
|---|---|---|---|---|---|
| 硫化氢 | | 0.37 | 柴油 | 20.52 | 22.83 |
| 干气 | 5.09 | 5.53 | 蜡油 | 29.12 | 15.41 |
| 液态烃 | 2.62 | 5.19 | 焦炭 | 30.32 | 32.48 |
| 石脑油 | 12.22 | 18.18 | 损失 | 0.12 | |

由表3-38可知，焦炭、蜡油等产率的预测值与实际值存在较大的偏差。主要原因是本预测值是在特定条件下[残炭15%左右，压力0.17MPa(表)，循环比0.4]测试出来的，而本装置原料中渣油的实际残炭值为20%，焦炭塔操作压力为0.19MPa，循环比为0.21，与预测的条件相差较大，导致焦炭等产品的预测收率和实际收率存在偏差。另外，焦化柴油、蜡油等油品的切割点与预测条件可能存在较大差别，也导致某些油品的收率偏差较大。

（六）预测的硫、氮分布

根据《延迟焦化工艺与工程》[4]第448页公式，预测产品硫和氮分布情况。

焦化原料主要以减压渣油为主，本次计算主要依据减压渣油的分析数据。已知减压渣油硫含量$S_f$为1.48%，氮含量$N_n$为0.828%。

石脑油硫含量：

$$S_n=0.14S_f=0.14\times1.48\%=0.21\%$$

石脑油氮含量：

$$N_n=0.01N_f=0.01\times0.828\%=0.01\%$$

柴油硫含量：

$$S_C=0.45S_f=0.45\times1.48\%=0.67\%$$

柴油氮含量：

$$N_C=0.24N_f=0.24\times0.828\%=0.20\%$$

蜡油硫含量：

$$S_{cvgo}=0.82S_f=0.82\times1.48\%=1.21\%$$

蜡油氮含量：

$$N_{cvgo}=0.63N_f=0.63\times0.828\%=0.52\%$$

焦炭硫含量：

$$S_{cok} = (100.0 \times S_f - 0.2353 \times S_f - S_n \times Nao - S_C \times CGO - S_{cvgo} \times CVGO)/COK = 2.93\%$$

焦炭氮含量：

$$S_{cok} = (100.0 \times N_f - N_n \times Nao - N_C \times CGO - N_{cvgo} \times CVGO)/COK = 2.09\%$$

预测的硫分布与实际硫分布见表3-39。

**表3-39 焦化装置预测的硫分布和实际硫分布** %

| 项目 | 预测硫分布 | 实际硫分布 | 项目 | 预测硫分布 | 实际硫分布 |
|---|---|---|---|---|---|
| 石脑油 | 0.21 | 0.46 | 蜡油 | 1.21 | 1.21 |
| 柴油 | 0.67 | 0.67 | 焦炭 | 2.93 | 1.56 |

由于标定化验分析中仅有蜡油的总氮分析，其他产品无氮含量分析，预测的氮分布于实际氮分布见表3-40。

**表3-40 焦化装置预测的氮分布** %

| 项目 | 预测氮分布 | 实际氮分布 | 项目 | 预测氮分布 | 实际氮分布 |
|---|---|---|---|---|---|
| 石脑油 | 0.01 | | 蜡油 | 0.52 | 0.09 |
| 柴油 | 0.20 | | 焦炭 | 2.09 | |

（七）小结

焦化装置的加工损失主要为含硫污水和放空污水中油的损失，放空尾气中气体的损失。本装置含硫污水中油品损失占处理量比例为0.07%，污水中含油量为7000mg/L，油品组分主要为汽油，送至下游装置后，影响污水汽提装置的运行。2014年装置新上焦炭塔安全联锁系统后，需蒸汽做密封汽的阀门增多，进入分馏塔顶分液罐的水量增多，污水沉降时间相应减少，油水分离困难，造成含油污水中含油量高。

放空时气体的损失也占装置加工损失的一大部分，根据火炬岗位的经验数据，焦炭塔一次放空的气体约为2000Nm$^3$，占装置加工量的0.07%。

针对含硫污水和放空污水含油的问题，可在大检修期间增加除油措施，减少装置加工损失和对下游装置的影响。

## 三、分馏塔物料平衡热平衡工艺计算

分馏塔是1994年底根据焦化扩大处理量的总体技改方案设计的。该塔塔径3.8m，高度42.142m，壁厚14.0mm，容积423m$^3$，筒体材质为复合钢板（外层为20$^\#$钢，内层为321不锈钢）。2002年根据扩能改造的需要，对分馏塔内部结构进行改造，将原来双溢流浮阀塔盘更换为ADV微分塔盘，并提高塔盘开孔率。同时将柴油抽出口、轻蜡油抽出口位置适当上移。设置具有防堵性能的人字形挡板代替原来的三层换热挡板，改善分馏塔操作条件，塔内构件全部采用18-8不锈钢。

分馏塔共设三个集油箱：塔顶循环回流集油箱、柴油集油箱、重蜡油集油箱。共设有汽油、柴油、轻蜡油、重蜡油、循环油五个抽出口。两个循环回流：中段循环回流、塔顶循环回流。分馏塔在仪表控制方面，蜡油箱、柴油箱液面与蜡油、柴油出装置流量分别串级控制。各回流量对蜡油、柴油、塔顶温度控制。

（一）分馏塔物料平衡

1. 富气量计算

装置富气流量为V锥式流量计，在压缩机反飞动返回处和压缩机入口之间，在焦炭塔放空预热期间，压缩机反飞动阀门经常打开，难以表征出分馏塔的富气流量。因此，可以根据干气、液态烃和稳定汽油出装置的总量，减去粗汽油的流量，得出出分馏塔的富气流量。

已知粗汽油流量为13.96t/h，在之前已计算过校正后的干气流量为7.12t/h，液态烃流量为3.66t/h，稳定汽油流量为17.1t/h。因此富气流量为：

$$富气流量=7.12+3.66+17.1-13.96=13.92(t/h)$$

2. 循环油回炼流量计算

根据加热炉总辐射进料量与新鲜进料量的差值，计算循环油回炼的流量。已知加热炉F303四路辐射进料流量分别为42.53t/h、42.11t/h、42.2t/h、42.49t/h，新鲜进料量为139.88t/h。循环油回炼流量为：

$$循环油回炼流量=42.53+42.11+42.2+42.49-139.88=29.45(t/h)$$

3. 进分馏塔水蒸气计算

进分馏塔的蒸汽主要有加热炉注水注汽、焦炭塔底盖机等特阀密封蒸汽、小吹汽，这些蒸汽在分馏塔顶部冷却后，形成液态水进入分馏塔顶分液罐，经污水泵送至污水汽提装置。由于吸收稳定富气洗涤水和分馏塔顶注水最终进分馏塔顶分液罐V102，可通过含硫污水总量和其他水量的差值计算进分馏塔的蒸汽量。

已知含硫污水量为10.41t/h，分馏塔顶注水流量为0.38t/h，吸收稳定富气洗涤水流量为3.17t/h。因此进入分馏塔的蒸汽流量为：

$$进分馏塔蒸汽流量=10.41-0.38-3.17=6.86(t/h)$$

以分馏塔本体为界限，循环油和急冷油在装置内循环，但应作为分馏塔的进料和出料。急冷油的流量根据焦炭塔的热平衡计算得出，为7.7t，与实际取值的5.0t相差2.7t。

4. 分馏塔物料平衡

根据分馏塔的出料推算分馏塔的进料。出分馏塔的物料流量见表3-41。

**表3-41　分馏塔物料平衡**

| 介质 | 流量/(t/h) | 相对分子质量 | 摩尔流量/(kmol/h) |
|---|---|---|---|
| 富气 | 13.9 | 27.6 | 503.7 |
| 粗汽油 | 14.0 | 115.3 | 121.1 |
| 柴油 | 28.7 | 200.6 | 143.1 |
| 轻蜡油 | 36.9 | 312.4 | 118.1 |
| 重蜡油 | 3.8 | 347.0 | 11.1 |
| 循环油 | 29.5 | 365.9 | 80.5 |
| 急冷油 | 7.7 | 347.0 | 22.2 |
| 凝结水 | 6.9 | 18.0 | 381.0 |
| 合计 | 141.3 | | 1380.7 |

分馏塔的物料平衡图如图 3-1 所示。

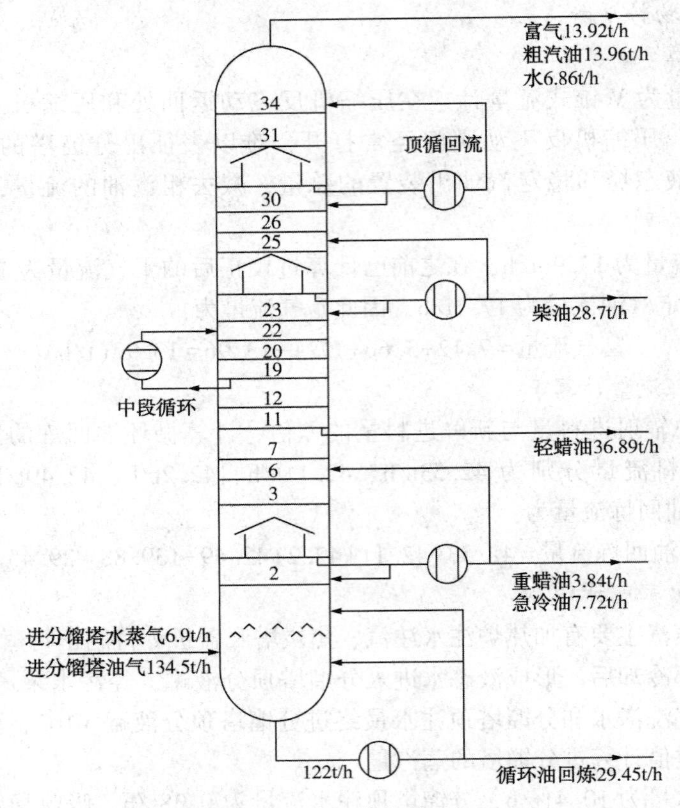


图 3-1　分馏塔物料平衡

（二）分馏塔热量平衡

1. 回流取热量

从分馏塔底部至分馏塔顶部，共有塔底循环回流、重蜡油六层回流、中段回流、柴油 25 层回流、顶循回流、分馏塔顶冷回流，目前分馏塔顶冷回流未投用。

在计算分馏塔热平衡时，对分馏塔的部分回流量进行了调整。主要调整如下：

1）将分馏塔底循环油流量乘以 1. 7。循环油流量为孔板流量计，平均流量为 71. 8t/h，而在对分馏塔底部进行热平衡计算时，循环油流量严重偏低；若按实际流量进行热量计算，2 层塔盘内回流量达 70t/h，而实际内回流量基本为 0，与实际严重不符。查分馏塔底循环油泵电机功率为 250kW，额定电流为 29. 2A，泵最大流量为 $200m^3/h$。现场实测电机电流为 25A，由此判断机泵流量指示偏小，根据分馏塔底的热平衡计算，将分馏塔底循环油流量系数乘以 1. 7 后，才满足分馏塔底部的热量平衡。

2）将重蜡油流量乘以 0. 7。根据分馏塔轻蜡油以下段进行热量平衡计算，重蜡油流量若按实际流量进行计算，分馏塔轻蜡油抽出层塔盘的下一层塔盘将出现干板，而实际生产中，轻蜡油泵从未抽空，因此将重蜡油回流的取热量进行适当调整。

3）将中段油流量乘以 0. 66。中段油泵电机为变频控制，最大流量为 $93m^3/h$。流量计为孔板流量计，在标定期间显示流量为 98. 8t/h。根据 IP21 数据库的记录数据，中段油泵电机变频平均值为 34. 6Hz，流量计指示偏小，因此根据中段油泵的变频值推算实际流量，将中段油流量乘以系数 0. 66。

已知各回流的抽出和返回温度、回流流量、各回流介质的密度和 $K$ 值，根据《催化裂化工艺计算与技术分析》[5]第182页焓值计算公式，分别计算各回流介质的抽出温度下的焓值和返回温度下的焓值。

$$h_{液} = 4.1868 \times (0.055 \times K + 0.35) \times [1.8 \times (0.0004061 - 0.0001521 \times S) \times (T + 17.8)^2 + (0.6783 - 0.3063 \times S) \times (T + 17.8)]$$

式中 $h_{液}$——液相焓值，kJ/kg；

$K$——油品 $K$ 值；

$S$——油品相对密度；

$T$——油品温度，℃。

计算结果见3-42。

**表3-42 分馏塔循环回流取热比例**

| 流股 | 流量/(t/h) | 初始温度/℃ | 目标温度/℃ | 初始温度液相焓/(kJ/kg) | 终点温度液相焓/(kJ/kg) | 热负荷/kW | 占比/% |
|---|---|---|---|---|---|---|---|
| 顶循油 | 100.0 | 128 | 113 | 309 | 274 | 981 | 4.66 |
| 柴油 | 118.0 | 205 | 130 | 484 | 299 | 6080 | 28.87 |
| 中段 | 65.2 | 296 | 186 | 720 | 422 | 5390 | 25.59 |
| 重蜡油 | 45.2 | 380 | 284 | 845 | 589 | 3217 | 15.27 |
| 循环油 | 92.6 | 353 | 271 | 756 | 546 | 5392 | 25.60 |
| 合计 | 421.0 | | | | | 21060 | 100.00 |

各取热比例如图3-2所示。

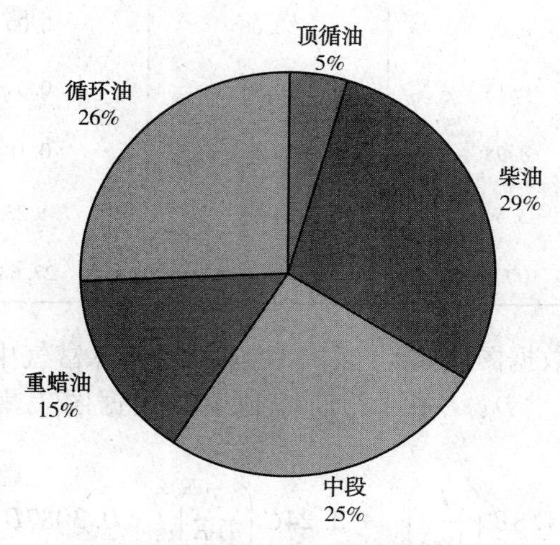


图3-2 分馏塔各回流取热比例

2. 物料带出热量

分馏塔抽出物料包括循环油、重蜡油、轻蜡油、柴油、粗汽油、富气和水蒸气。

首先计算富气的焓值，根据已知的富气各组分体积百分数，计算富气各组分的质量分数，见表3-43。

表 3-43　富气质量分数计算

| 组分 | 体积分数/% | 相对分子质量 | 平均相对分子质量 | 质量分数/% |
|---|---|---|---|---|
| $CH_4$ | 46.21 | 16.04 | 7.41 | 26.83 |
| $C_2H_6$ | 14.80 | 30.07 | 4.45 | 16.10 |
| $C_2H_4$ | 1.92 | 28.05 | 0.54 | 1.95 |
| $C_3H_8$ | 7.68 | 44.10 | 3.39 | 12.26 |
| $C_3H_6$ | 3.86 | 42.08 | 1.63 | 5.88 |
| $i-C_4H_{10}$ | 0.72 | 58.12 | 0.42 | 1.51 |
| $n-C_4H_{10}$ | 2.99 | 58.12 | 1.74 | 6.29 |
| $t-C_4H_8$ | 0.45 | 56.11 | 0.25 | 0.92 |
| $n-C_4H_8$ | 1.14 | 56.11 | 0.64 | 2.32 |
| $i-C_4H_8$ | 0.81 | 56.11 | 0.46 | 1.65 |
| $c-C_4H_8$ | 0.33 | 56.11 | 0.18 | 0.67 |
| $i-C_5H_{12}$ | 0.78 | 72.15 | 0.56 | 2.04 |
| $n-C_5H_{12}$ | 1.52 | 72.15 | 1.10 | 3.97 |
| $>C_5$ | 3.87 | 86.18 | 3.34 | 12.07 |
| $CO_2$ | 0.19 | 44.01 | 0.09 | 0.31 |
| $O_2$ | 0.00 | 32.00 | 0.00 | 0.00 |
| $N_2$ | 0.13 | 28.01 | 0.04 | 0.13 |
| $H_2$ | 8.98 | 2.02 | 0.18 | 0.66 |
| $H_2S$ | 3.60 | 34.08 | 1.23 | 4.44 |
| 合计 | 100.00 | | 27.63 | 100.00 |

根据《石油炼制设计数据图表集》[6]第 231 页公式计算富气中各组分在一定温度下的焓值，其中常数 $A$、$B$、$C$、$D$、$E$ 由《石油炼制设计数据图表集》[6]第 235 页表 7-1-2 查得。

$$h^0 = h_0^0 + A\left(\frac{T}{100}\right) + 1.8B\left(\frac{T}{100}\right)^2 + 3.24C\left(\frac{T}{100}\right)^3 + 0.3087D\left(\frac{100}{T}\right) + 0.55556E$$

式中　$h^0$——理想气体在 $T$K 时的焓，kcal/kg；

$h_0^0$——基准焓值，对烃类 $h_0^0=0$kcal/kg(－129℃时饱和液相的焓)，对非烃类则以 0K 时的理想气体的焓 $h_0^0=0$；

$A$、$B$、$C$、$D$、$E$——系数。

富气在分馏塔顶温度下的焓值计算结果见表 3-44。

表 3-44　富气焓值计算

| 组分 | 质量分数/% | A | B | C | D | E | 温度/℃ | 气体总焓值/(kJ/kg) |
|---|---|---|---|---|---|---|---|---|
| $CH_4$ | 26. 8282129 | 36. 81703 | 2. 00616 | -0. 0038246 | 46. 13815 | 74 | 105. 938 | 80. 43 |
| $C_2H_6$ | 16. 10436843 | 14. 00854 | 3. 1357 | -0. 0305121 | 43. 45345 | 160. 8 | 105. 938 | 37. 88 |
| $C_2H_4$ | 1. 953156434 | 15. 98819 | 2. 49064 | -0. 0259352 | 38. 01414 | 150. 6 | 105. 938 | 4. 11 |
| $C_3H_8$ | 12. 25613517 | 8. 0382 | 3. 49075 | -0. 039606 | 27. 5298 | 166. 17 | 105. 938 | 27. 36 |
| $C_3H_6$ | 5. 882246618 | 9. 6891 | 2. 91098 | -0. 0331552 | 40. 47386 | 164. 2 | 105. 938 | 11. 69 |
| $i\text{-}C_4H_{10}$ | 1. 509481276 | 6. 52586 | 3. 59274 | -0. 0430144 | 2. 02569 | 155. 695 | 105. 938 | 3. 38 |
| $n\text{-}C_4H_{10}$ | 6. 285188442 | 8. 29348 | 3. 46 | -0. 0402109 | 30. 35096 | 153. 044 | 105. 938 | 13. 95 |
| $t\text{-}C_4H_8$ | 0. 919688001 | 9. 2915 | 2. 98685 | -0. 0343961 | 19. 090524 | 168. 463 | 105. 938 | 1. 88 |
| $n\text{-}C_4H_8$ | 2. 322673434 | 8. 44931 | 3. 07222 | -0. 0362195 | 19. 63025 | 160. 435 | 105. 938 | 4. 73 |
| $i\text{-}C_4H_8$ | 1. 650799577 | 9. 42967 | 3. 01596 | -0. 0351505 | -6. 19902 | 170. 273 | 105. 938 | 3. 47 |
| $c\text{-}C_4H_8$ | 0. 665390983 | 5. 83875 | 3. 1012 | -0. 0357789 | 60. 73675 | 166. 56 | 105. 938 | 1. 23 |
| $i\text{-}C_5H_{12}$ | 2. 043810024 | 6. 3752 | 3. 56081 | -0. 0423158 | 8. 98274 | 145. 71 | 105. 938 | 4. 51 |
| $n\text{-}C_5H_{12}$ | 3. 974037532 | 8. 02314 | 3. 4488 | -0. 0405672 | 21. 82802 | 149. 209 | 105. 938 | 8. 79 |
| $>C_5$ | 12. 07381822 | 7. 81747 | 3. 4444 | -0. 0408828 | 18. 71184 | 143. 979 | 105. 938 | 26. 58 |
| $CO_2$ | 0. 309054758 | 20. 84396 | 0. 33672 | -0. 000941 | 19. 442 | 0 | 105. 938 | 0. 38 |
| $O_2$ | 0 | 19. 75583 | 0. 24852 | -0. 0027109 | 18. 86205 | 0 | 105. 938 | 0. 00 |
| $N_2$ | 0. 126909908 | 23. 69959 | 0. 09764 | 0. 0005949 | 15. 60296 | 0 | 105. 938 | 0. 16 |
| $H_2$ | 0. 655064985 | 341. 34548 | -0. 17541 | 0. 023314 | -129. 56586 | 0 | 105. 938 | 11. 73 |
| $H_2S$ | 4. 439963311 | 20. 84396 | 0. 33672 | 0. 0941 | 19. 442 | 0 | 105. 938 | 7. 68 |
| 合计 | 100 | | | | | | | 249. 94 |

计算得出分馏塔顶富气焓值为 249. 94kJ/kg。

查得分馏塔顶水蒸气焓值为 2688kJ/kg。

已知循环油、重蜡油、轻蜡油、柴油和粗汽油的物理性质、抽出温度，根据《催化裂化工艺计算与技术分析》[5]第 182 页焓值计算公式，分别计算各组分在出分馏塔温度下的焓值。

$$h_{液} = 4.1868 \times (0.055 \times K + 0.35) \times [1.8 \times (0.0004061 - 0.0001521 \times S) \times (T + 17.8)^2 + (0.6783 - 0.3063 \times S) \times (T + 17.8)]$$

$$q_{潜} = \left[50 + 5.27 \times \left(\frac{140.32 - 130.76 \times S}{0.009 + 0.9944 \times S}\right)^{0.542} - 11.1 \times (K - 11.8)\right] \times 4.1868$$

$$h_{气} = q_{潜} + [0.556 \times (0.045K - 0.233) \times (1.8T + 17.8) + 0.000556 \times (0.22 + 0.00885K) \times (1.8T + 17.8)^2 - 0.0000000283 \times (1.8T + 17.8)^3] \times 4.1868$$

式中　$h_{液}$——液相焓值，kJ/kg；

$q_{潜}$——汽化潜热，kJ/kg；

$h_{气}$——气相焓值，kJ/kg；

$K$——油品 $K$ 值；

$T$——油品温度，℃。

$S$——油品相对密度。

然后根据已知的各介质的抽出流量，计算其热量。计算出的各组分带出的热量见表 3-45。

**表 3-45　出分馏塔物料带出的热量**

| 介质 | 流量/(t/h) | 焓值/(kJ/kg) | | 热量/kW | $K$ | 相对密度 | 温度/℃ | 汽化潜热/(kJ/kg) |
|---|---|---|---|---|---|---|---|---|
| | | 气相 | 液相 | | | | | |
| 富气 | 13.92 | 249.94 | | 966 | | | 106 | |
| 粗汽油 | 13.96 | 579.5 | | 2247 | 11.9 | 0.749 | 106 | 401.0 |
| 柴油 | 28.70 | | 484.5 | 3862 | 11.5 | 0.851 | 205 | 370.5 |
| 轻蜡油 | 36.89 | | 778.2 | 7974 | 11.1 | 0.957 | 335 | 342.5 |
| 重蜡油 | 11.56 | | 844.9 | 2713 | 10.6 | 1.023 | 380 | 326.1 |
| 循环油 | 29.45 | | 755.6 | 6182 | 10.5 | 1.042 | 353 | 316.3 |
| $H_2O$ | 6.86 | 2688 | | 5121 | | | 106 | |
| 合计 | | | | 29065 | | | | |

3. 进分馏塔热量

分馏塔底部进料，对分馏塔进料无法进行化验分析。因此根据分馏塔抽出物料的性质反推进料的性质。

分馏塔进料为全气相。已知分馏塔进料温度为 416℃，根据第三部分富气焓值计算方法计算 416℃下的富气焓值为 1113.33kJ/kg。

查得水蒸气在分馏塔入口温度下的气相焓值为 3311kJ/kg。

根据第三部分油品气相焓值计算公式分别计算粗汽油、柴油、轻蜡油、重蜡油、塔底循环油的气相焓值。根据已知的各介质的抽出流量，计算其热量。计算结果见表 3-46。

**表 3-46　进分馏塔热量**

| 项目 | 介质 | 流量/(t/h) | 焓值/(kJ/kg) | | 热量/kW | 比例/% |
|---|---|---|---|---|---|---|
| | | | 气相 | 液相 | | |
| 进料 | 富气 | 13.92 | 1113.33 | | 4305 | 8.5 |
| | 粗汽油 | 13.96 | 1331.5 | | 5162 | 10.1 |
| | 柴油 | 28.70 | 1268.6 | | 10114 | 19.9 |
| | 轻蜡油 | 36.89 | 1195.5 | | 12250 | 24.1 |
| | 重蜡油 | 11.56 | 1135.7 | | 3646 | 7.2 |
| | 循环油 | 29.45 | 1116.7 | | 9137 | 17.9 |
| | $H_2O$ | 6.86 | 3311 | | 6308 | 12.4 |
| | 合计 | | | | 50920 | 100.0 |

4. 分馏塔总热量

根据已计算出的分馏塔进料热量、出料热量和循环回流取热量，计算系统散热损失。分馏塔的热量平衡见表3-47。

表3-47 分馏塔热量平衡

| 项目 | 介质 | 流量/(t/h) | 焓值/(kJ/kg) | | 热量/kW | 比例/% |
|---|---|---|---|---|---|---|
| | | | 气相 | 液相 | | |
| 进料 | 富气 | 13.92 | 1113.33 | | 4305 | 8.5 |
| | 粗汽油 | 13.96 | 1331.5 | | 5162 | 10.1 |
| | 柴油 | 28.70 | 1268.6 | | 10114 | 19.9 |
| | 轻蜡油 | 36.89 | 1195.5 | | 12250 | 24.1 |
| | 重蜡油 | 11.56 | 1135.7 | | 3646 | 7.2 |
| | 循环油 | 29.45 | 1116.7 | | 9137 | 17.9 |
| | $H_2O$ | 6.86 | 3311 | | 6308 | 12.4 |
| | 合计 | | | | 50920 | 100.0 |
| 出料 | 富气 | 13.92 | 249.94 | | 966 | 1.9 |
| | 粗汽油 | 13.96 | 579.5 | | 2247 | 4.4 |
| | 柴油 | 28.70 | | 484.5 | 3862 | 7.6 |
| | 轻蜡油 | 36.89 | | 778.2 | 7974 | 15.7 |
| | 重蜡油 | 11.56 | | 844.9 | 2713 | 5.3 |
| | 循环油 | 29.45 | | 755.6 | 6182 | 12.1 |
| | $H_2O$ | 6.86 | 2688 | | 5121 | 10.1 |
| | 合计 | | | | 29065 | 57.1 |
| 回流取热 | 顶循 | | | | 981 | 1.9 |
| | 柴油 | | | | 6080 | 11.9 |
| | 中段 | | | | 5390 | 10.6 |
| | 重蜡油 | | | | 3217 | 6.3 |
| | 循环油 | | | | 5392 | 10.6 |
| | 合计 | | | | 21060 | 41.4 |
| 不平衡热量 | | | | | 796 | 1.6 |

不平衡热量为796kW，为散热损失部分。

(三) 分馏塔内回流量计算

1. 第2层塔盘内回流

自分馏塔底至分馏塔蜡油箱做热量平衡，如图3-3所示。

已知分馏塔的进料温度，各组分性质，计算分馏塔进料温度下的焓值。

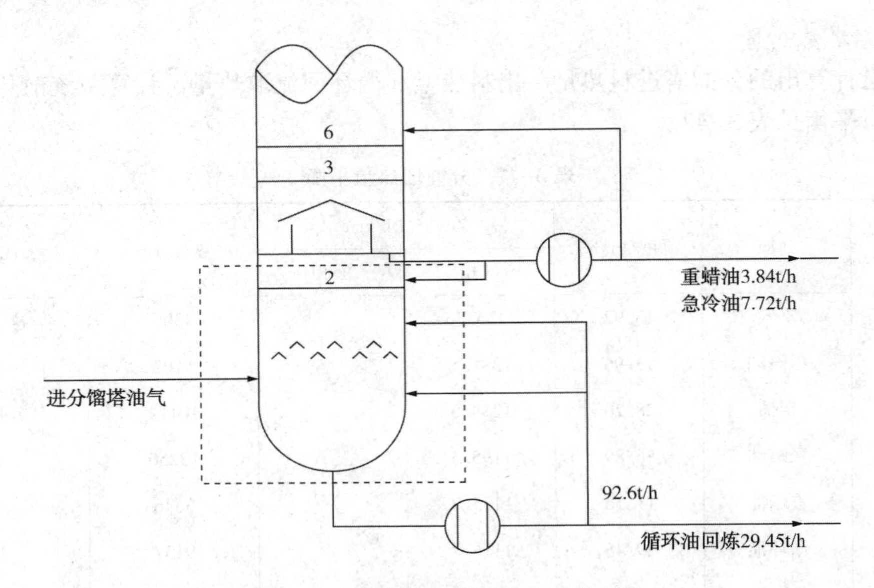


图 3-3　分馏塔第 3 层塔盘以下热平衡

(1) 出料的焓值计算

从以上区域内抽出的物料主要包括塔底循环油、离开 2 层塔盘的气相组成(包括水蒸气、富气、粗汽油、柴油、轻蜡油和重蜡油)。

已知第 2 层塔盘和蜡油箱的温度，分别求得富气、粗汽油、柴油、轻蜡油和水蒸气在 2 层塔盘温度下的焓值和热量，再求得塔底循环油在抽出温度下的液相焓值。

首先根据富气的焓值计算方法，计算出 2 层塔盘温度下富气的焓值，二层塔盘温度为 382℃，富气在该温度下的焓值为 1004. 74kJ/kg。

查得水蒸气在 382℃下的气相焓值为 3239kJ/kg。

该温度下的循环油为液态，其他介质为气态，计算出各油品的焓值，结果见表 3-48。

**表 3-48　出料焓值计算**

| 介质 | 流量/(t/h) | 焓值/(kJ/kg) | | 热量/kW | 温度/℃ |
|---|---|---|---|---|---|
| | | 气相 | 液相 | | |
| 富气 | 13. 92 | 1004. 74 | | 3885 | 382 |
| 粗汽油 | 13. 96 | 1233. 2 | | 4781 | 382 |
| 柴油 | 28. 70 | 1173. 1 | | 9353 | 382 |
| 轻蜡油 | 36. 89 | 1104. 0 | | 11312 | 382 |
| 重蜡油 | 11. 56 | 1048. 0 | | 3365 | 382 |
| 循环油 | 29. 45 | | 755. 6 | 6182 | 353 |
| $H_2O$ | 6. 86 | 3239 | | 6171 | 382 |

(2) 二层塔盘内回流计算

已知分馏塔底循环回流取热负荷，假设 2 层内回流量为 $L$，假定进入 2 层塔盘的介质与第三层塔盘上的液相相同，第 3 层塔盘温度与蜡油箱温度相同。从分馏塔底至 2 层塔盘做热平衡计算，计算 2 层塔盘上部内回流量，结果见表 3-49。

表 3-49　第 2 层塔盘内回流量计算

| 项目 | 介质 | 流量/(t/h) | 焓值/(kJ/kg) | | 热量/kW |
|---|---|---|---|---|---|
| | | | 气相 | 液相 | |
| 进料 | 富气 | 13.92 | 1113.33 | | 4305 |
| | 粗汽油 | 13.96 | 1331.5 | | 5162 |
| | 柴油 | 28.70 | 1268.6 | | 10114 |
| | 轻蜡油 | 36.89 | 1195.5 | | 12250 |
| | 重蜡油 | 11.56 | 1135.7 | | 3646 |
| | 循环油 | 29.45 | 1116.7 | | 9137 |
| | $H_2O$ | 6.86 | 3311 | | 6308 |
| | 内回流 | $L$ | | 844.9 | 844.9$L$ |
| | 合计 | | | | 50920+844.9$L$ |
| 出料 | 富气 | 13.92 | 1004.74 | | 3885 |
| | 粗汽油 | 13.96 | 1233.2 | | 4781 |
| | 柴油 | 28.70 | 1173.1 | | 9353 |
| | 轻蜡油 | 36.89 | 1104.0 | | 11312 |
| | 重蜡油 | 11.56 | 1048.0 | | 3365 |
| | 循环油 | 29.45 | | 755.6 | 6182 |
| | $H_2O$ | 6.86 | 3239 | | 6171 |
| | 内回流 | $L$ | 1048.0 | | 1048$L$ |
| | 合计 | | | | 45051+1048$L$ |
| 取热量 | 循环油 | | | | 5392.4 |
| | 合计 | | | | 5392.4 |

进料热负荷=出料热负荷+回流取热量，因此 2 层塔盘上部的内回流量为 8.52t/h。因为二层塔盘的内回流是从重蜡油集油箱经重蜡油泵抽出后返回分馏塔内，实际流量基本为 0，而计算出的内回流量为 8.52t/h，偏差较小。

2. 第 10 层塔盘内回流

从分馏塔底至第 10 层塔盘进行热量平衡计算，如图 3-4 所示。

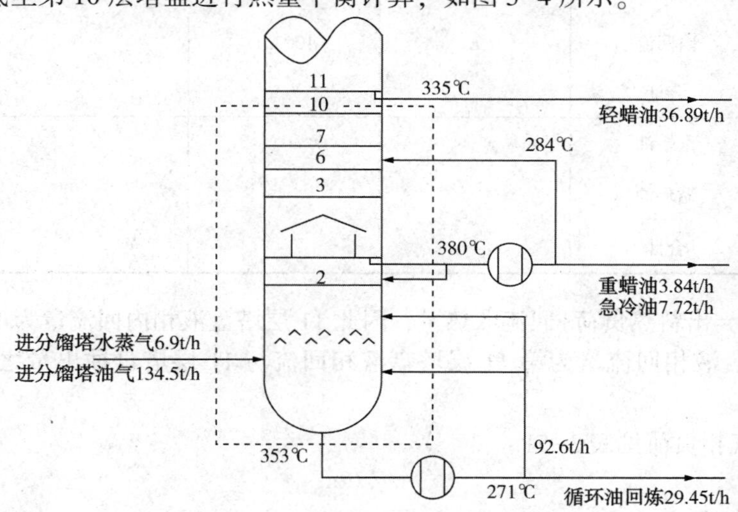


图 3-4　分馏塔第 11 层塔盘以下热平衡

已知，第 10 层塔盘温度为 344℃，富气焓值为 883. 93kJ/kg，水蒸气在 344℃下的焓值为 3161kJ/kg。

假设第 10 层塔盘上部内回流量为 $L$，重蜡油和循环油为液相，对分馏塔 10 层塔盘及以下部分进行热平衡计算，见表 3-50。

**表 3-50　第 10 层塔盘内回流量计算**

| 项目 | 介质 | 流量/(t/h) | 焓值/(kJ/kg) | | 热量/kW |
|---|---|---|---|---|---|
| | | | 气相 | 液相 | |
| 进料 | 富气 | 13. 92 | 1113. 33 | | 4305 |
| | 粗汽油 | 13. 96 | 1331. 5 | | 5162 |
| | 柴油 | 28. 70 | 1268. 6 | | 10114 |
| | 轻蜡油 | 36. 89 | 1195. 5 | | 12250 |
| | 重蜡油 | 11. 56 | 1135. 7 | | 3646 |
| | 循环油 | 29. 45 | 1116. 7 | | 9137 |
| | $H_2O$ | 6. 86 | 3311 | | 6308 |
| | 内回流 | $L$ | | 778. 2 | 778. 2$L$ |
| | 合计 | | | | 50920+778. 2$L$ |
| 出料 | 富气 | 13. 92 | 883. 93 | | 3418 |
| | 粗汽油 | 13. 96 | 1124. 5 | | 4360 |
| | 柴油 | 28. 70 | 1067. 7 | | 8512 |
| | 轻蜡油 | 36. 89 | 1003. 1 | | 10278 |
| | 重蜡油 | 11. 56 | | 844. 9 | 2713 |
| | 循环油 | 29. 45 | | 755. 6 | 6182 |
| | $H_2O$ | 6. 86 | 3161 | | 6022 |
| | 内回流 | $L$ | 1003. 1 | | 1003. 1$L$ |
| | 合计 | | | | 41484+1003. 1$L$ |
| 取热 | 重蜡油 | | | | 3216. 5 |
| | 循环油 | | | | 5392. 4 |
| | 合计 | | | | 8608. 9 |

进料热负荷=出料热负荷+回流取热量，因此 11 层塔盘液相内回流量为 13. 25t/h。

第 12 层塔盘液相回流量为第 11 层塔盘液相回流与 11 层塔盘抽出量之和，$L_{12} = L_{11} + G_{轻蜡油} = 50.1$t/h。

11 层塔盘气相负荷见表 3-51。

**表 3-51　第 11 层塔盘气相负荷**

| 项目 | 质量流量/(t/h) | 相对分子质量 | 摩尔流量/(kmol/h) |
|---|---|---|---|
| 水 | 6.86 | 18 | 381.0 |
| 富气 | 13.92 | 27.6 | 503.7 |
| 粗汽油 | 13.96 | 115.3 | 121.1 |
| 柴油 | 28.70 | 200.6 | 143.1 |
| 内回流 | 50.14 | 312.4 | 160.5 |
| 合计 | 106.72 | | 1309.4 |

已知，分馏塔底压力和分馏塔顶压力，根据插值法，计算第 11 层塔盘的压力：

$$p_{11}=0.255\text{MPa(绝)}$$

根据内回流量的摩尔分数，计算内回流介质的油气分压：

$$p_{内11}=p_{11}\times\frac{N_{内}}{N_{富气}+N_{粗汽油}+N_{柴油}+N_{水蒸气}+N_{内}}$$

$$=0.0312\text{MPa}=0.308\text{atm}=234\text{mmHg}$$

轻蜡油平衡汽化曲线 0%点温度为 300℃，50%点温度为 422℃，差值为 122℃。

绘制出轻蜡油的 $p-T-e$ 图，如图 3-5 所示，查得 0.31atm(1atm=101325Pa)压力下，轻蜡油 50%点在常压下的温度为 430℃。

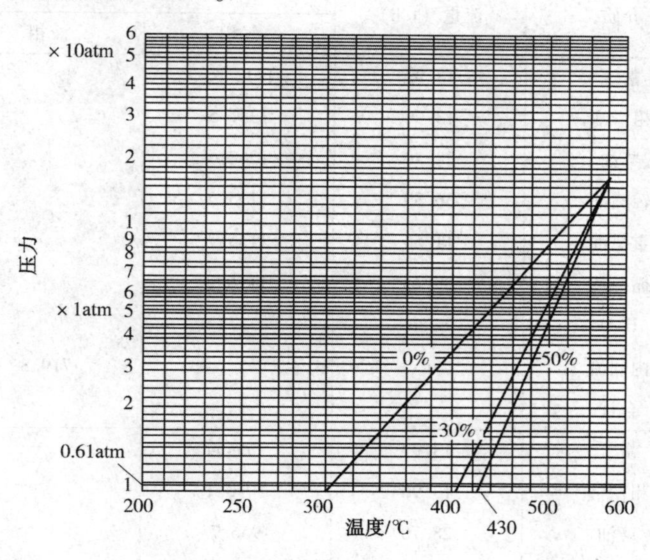


图 3-5　轻蜡油 $p-T-e$ 图

再根据《石油加工过程设备》[7]第 149 页图 3-3 转换成减压下 50%点的温度为 460℃。

按照常压、减压各段温度相等的假设，求得轻蜡油的泡点温度为 338℃，与实际蜡油抽出温度 335℃相差不大。

3. 第 18 层塔盘内回流

从分馏塔底至第 18 层塔盘上部进行热量平衡计算，如图 3-6 所示。

已知，第 19 层塔盘温度为 296℃，根据插值法，计算第 18 层塔盘温度为 300.1℃，富气在第 18 层塔盘温度下的焓值为 755.54kJ/kg，水蒸气在 300.1℃下的焓值为 3074kJ/kg。

假设第 18 层塔盘上部的内回流量为 $L$，进行热平衡计算，见表 3-52。

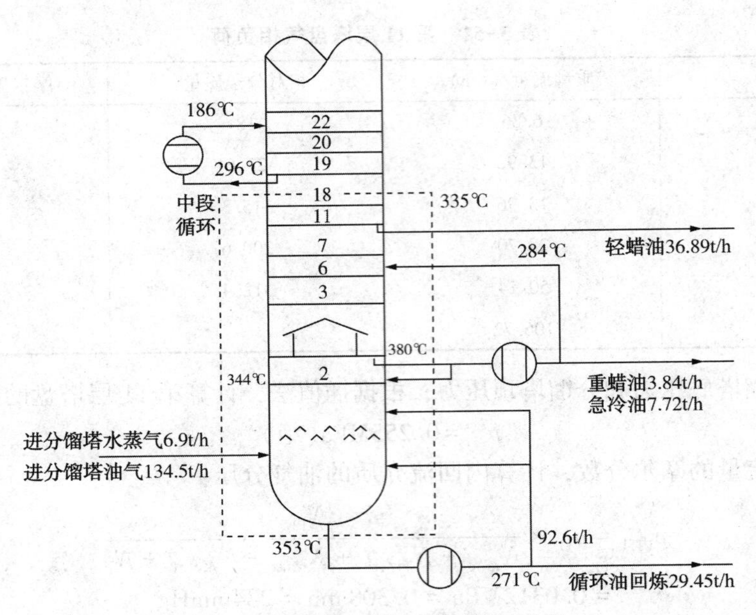


图 3-6　第 19 层塔盘以下热量平衡

**表 3-52　第 18 层塔盘内回流量计算**

| 项目 | 介质 | 流量/(t/h) | 焓值/(kJ/kg) | | 热量/kW |
|---|---|---|---|---|---|
| | | | 气相 | 液相 | |
| 进料 | 富气 | 13.92 | 1113.33 | | 4305 |
| | 粗汽油 | 13.96 | 1331.5 | | 5162 |
| | 柴油 | 28.70 | 1268.6 | | 10114 |
| | 轻蜡油 | 36.89 | 1195.5 | | 12250 |
| | 重蜡油 | 11.56 | 1135.7 | | 3646 |
| | 循环油 | 29.45 | 1116.7 | | 9137 |
| | $H_2O$ | 6.86 | 3311 | | 6308 |
| | 内回流 | *L* | | 719.8 | 719.8*L* |
| | 合计 | | | | 50920+719.8*L* |
| 出料 | 富气 | 13.92 | 755.54 | | 2921 |
| | 粗汽油 | 13.96 | 1010.1 | | 3916 |
| | 柴油 | 28.70 | 956.7 | | 7628 |
| | 轻蜡油 | 36.89 | | 778.2 | 7974 |
| | 重蜡油 | 11.56 | | 844.9 | 2713 |
| | 循环油 | 29.45 | | 755.6 | 6182 |
| | $H_2O$ | 6.86 | 3074 | | 5856 |
| | 内回流 | *L* | 936.1 | | 924.4*L* |
| | 合计 | | | | 37190+924.4*L* |
| 取热 | 重蜡油 | | | | 3216.5 |
| | 循环油 | | | | 5392.4 |
| | 合计 | | | | 8608.9 |

进料热负荷=出料热负荷+回流取热量，因此18层塔盘内回流量为85.24t/h。

4. 第23层塔盘内回流

从分馏塔底至第23层塔盘进行热量平衡计算，如图3-7所示。

已知，第23层塔盘温度为250℃，富气焓值为611.41kJ/kg，水蒸气在250℃下的焓值为2971kJ/kg。

假设第23层塔盘内回流量为$L$，进行热平衡计算，见表3-53。

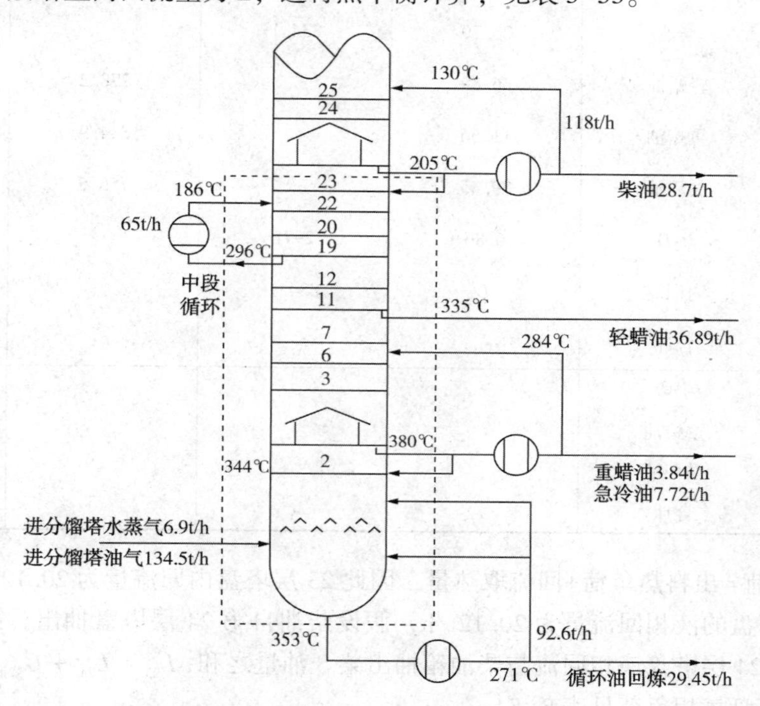


图3-7　第24层塔盘以下热量平衡

表3-53　第23层塔盘内回流量计算

| 项目 | 介质 | 流量/(t/h) | 焓值/(kJ/kg) | | 热量/kW |
|---|---|---|---|---|---|
| | | | 气相 | 液相 | |
| 进料 | 富气 | 13.92 | 1113.33 | | 4305 |
| | 粗汽油 | 13.96 | 1331.5 | | 5162 |
| | 柴油 | 28.70 | 1268.6 | | 10114 |
| | 轻蜡油 | 36.89 | 1195.5 | | 12250 |
| | 重蜡油 | 11.56 | 1135.7 | | 3646 |
| | 循环油 | 29.45 | 1116.7 | | 9137 |
| | $H_2O$ | 6.86 | 3311 | | 6308 |
| | 内回流 | $L$ | | 484.5 | $484.5L$ |
| | 合计 | | | | $50920+484.5L$ |

续表

| 项目 | 介质 | 流量/(t/h) | 焓值/(kJ/kg) | | 热量/kW |
|---|---|---|---|---|---|
| | | | 气相 | 液相 | |
| 出料 | 富气 | 13.92 | 611.41 | | 2364 |
| | 粗汽油 | 13.96 | 883.4 | | 3425 |
| | 柴油 | 28.70 | 834.1 | | 6650 |
| | 轻蜡油 | 36.89 | | 778.2 | 7974 |
| | 重蜡油 | 11.56 | | 844.9 | 2713 |
| | 循环油 | 29.45 | | 755.6 | 6182 |
| | $H_2O$ | 6.86 | 2971 | | 5660 |
| | 内回流 | $L$ | 834.1 | | $834.1L$ |
| | 合计 | | | | $34967+834.1L$ |
| 取热 | 中段 | | | | 5390.0 |
| | 重蜡油 | | | | 3216.5 |
| | 循环油 | | | | 5392.4 |
| | 合计 | | | | 13998.9 |

进料热负荷=出料热负荷+回流取热量，因此23层塔盘内回流量为20.12t/h。

第24层塔盘的液相回流量为20.12t/h，假设柴油自第24层塔盘抽出，第25层塔盘液相回流量为第24层塔盘液相回流与柴油箱抽出柴S油量之和，$L_{25}=L_{24}+G_{柴油}=48.82$t/h。

第24层塔盘气相负荷见表3-54。

**表3-54 第24层塔盘气相负荷**

| 项目 | 质量流量/(t/h) | 摩尔质量/(g/mol) | 摩尔流量/(kmol/h) |
|---|---|---|---|
| 水 | 6.86 | 18 | 381.0 |
| 富气 | 13.92 | 27.6 | 503.7 |
| 粗汽油 | 13.96 | 115.3 | 121.1 |
| 内回流 | 48.82 | 200.6 | 243.3 |
| 合计 | 76.70 | | 1249.1 |

已知分馏塔底压力和分馏塔顶压力，根据插值法，计算第24层塔盘的压力：

$$p_{24}=0.233\text{MPa(绝)}$$

根据内回流量的摩尔分数，计算内回流介质的油气分压：

$$p_{内24}=p_{24}\times\frac{N_{内}}{N_{富气}+N_{粗汽油}+N_{水蒸气}+N_{内}}$$

$$=0.0454\text{MPa}=0.448\text{atm}=340.6\text{mmHg}$$

柴油平衡汽化曲线0%点温度为207℃，50%点温度为268℃，差值为61℃。

绘制出柴油的 $p-T-e$ 图，如图 3-8 所示，查得 0.45atm 压力下，柴油 50%点温度为 269℃。

再根据《石油加工过程设备》[7] 第 149 页图 3-3 转换成减压下 50%点的温度为 260℃。

按照常压、减压各段温度相等的假设，求得柴油的泡点温度为 199℃，与实际柴油箱的抽出温度 205℃相差不大。

5. 第 30 层塔盘内回流

从分馏塔底至第 30 层塔盘进行热量平衡计算，如图 3-9 所示。

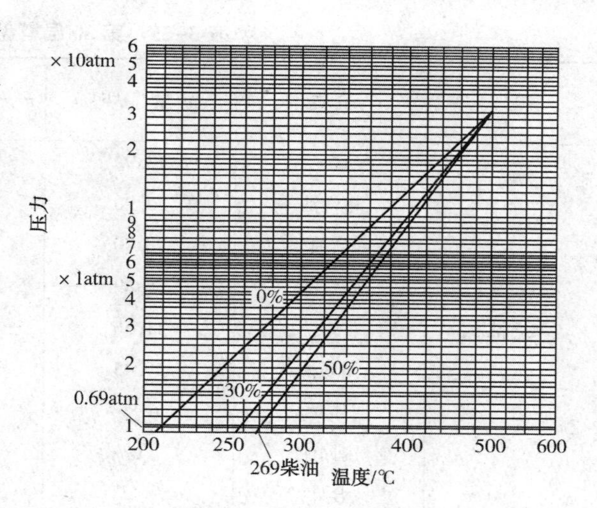


图 3-8 柴油 $p-T-e$ 图

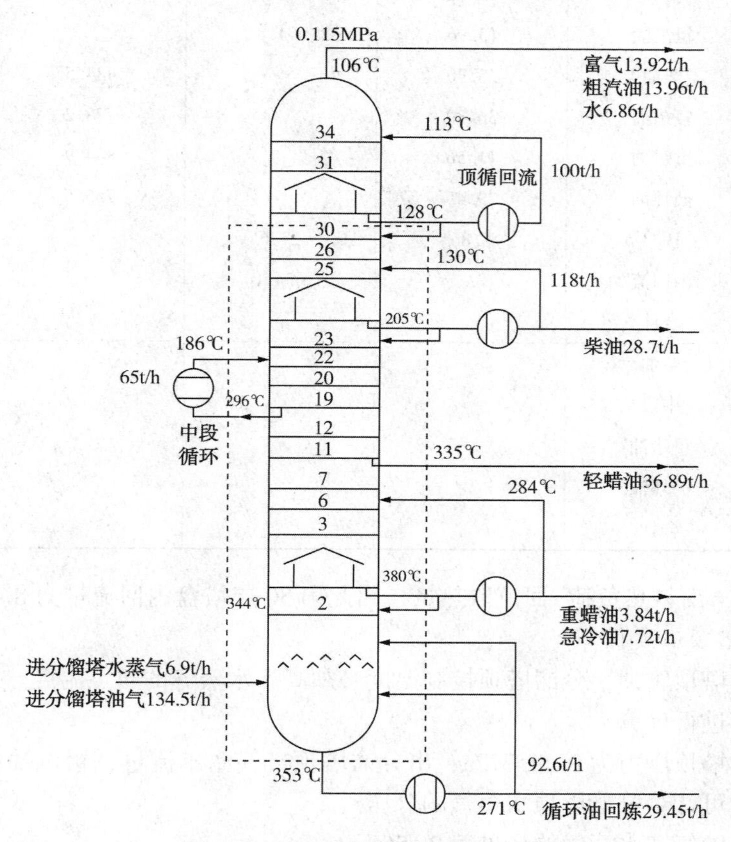


图 3-9 第 31 层塔盘以下热量平衡

已知，第 30 层塔盘温度为 154℃，顶循集油箱温度为 127.9℃，富气焓值为 363.09kJ/kg，水蒸气在 154℃下的焓值为 2776kJ/kg。

假设第 30 层塔盘内回流量为 $L$，进行热平衡计算，见表 3-55。

表 3-55　第 30 层塔盘内回流量计算

| 项目 | 介质 | 流量/(t/h) | 焓值/(kJ/kg) | | 热量/kW |
|---|---|---|---|---|---|
| | | | 气相 | 液相 | |
| 进料 | 富气 | 13.92 | 1113.33 | | 4305 |
| | 粗汽油 | 13.96 | 1331.5 | | 5162 |
| | 柴油 | 28.70 | 1268.6 | | 10114 |
| | 轻蜡油 | 36.89 | 1195.5 | | 12250 |
| | 重蜡油 | 11.56 | 1135.7 | | 3646 |
| | 循环油 | 29.45 | 1116.7 | | 9137 |
| | $H_2O$ | 6.86 | 3311 | | 6308 |
| | 内回流 | $L$ | | 309.1 | 309.1$L$ |
| | 合计 | | | | 50920+309.1$L$ |
| 出料 | 富气 | 13.92 | 363.09 | | 1404 |
| | 粗汽油 | 13.96 | 671.8 | | 2605 |
| | 柴油 | 28.70 | | 484.5 | 3862 |
| | 轻蜡油 | 36.89 | | 778.2 | 7974 |
| | 重蜡油 | 11.56 | | 844.9 | 2713 |
| | 循环油 | 29.45 | | 755.6 | 6182 |
| | $H_2O$ | 6.86 | 2776 | | 5288 |
| | 内回流 | $L$ | 654.1 | | 654.1$L$ |
| | 合计 | | | | 30028+654.1$L$ |
| 取热 | 柴油 | | | | 6080.0 |
| | 中段 | | | | 5390.0 |
| | 重蜡油 | | | | 3216.5 |
| | 循环油 | | | | 5392.4 |
| | 合计 | | | | 20079.0 |

进料热负荷=出料热负荷+回流取热量，因此第 30 层塔盘内回流量为 8.49t/h。

（四）分馏塔顶温度核算

为避免分馏塔顶腐蚀，分馏塔顶控制温度必须高于水蒸气的露点温度。首先对分馏塔顶水蒸气露点温度进行计算。

已知，分馏塔顶压力为 0.115MPa，出分馏塔顶富气摩尔流量、粗汽油摩尔流量、水蒸气摩尔流量，即可计算分馏塔顶水蒸气的分压。

出分馏塔顶油气和水蒸气的量见表 3-56。

表 3-56　分馏塔顶油气量　　kmol/h

| 介质 | 富气 | 粗汽油 | 水 |
|---|---|---|---|
| 摩尔流量 | 503.7 | 121.1 | 381.0 |

分馏塔顶水蒸气的分压为：

$$p=(0.115\text{MPa}+0.1013\text{MPa})\times\frac{381.0\text{kmol/h}}{503.7\text{kmol/h}+121.1\text{kmol/h}+381.0\text{kmol/h}}=0.082\text{MPa}$$

根据安托因公式[8]，计算该压力下水蒸气的饱和温度。

$$\lg p=A-\frac{B}{T+C}$$

推导出一定压力下水蒸气饱和温度的计算公式：

$$T=\frac{B}{A-\lg P}-C$$

其中，$A$、$B$、$C$ 为常数，可根据参考文献[13]附录十查得 $A=7.07406$，$B=1657.46$，$C=227.02$，求得 $T=94.2$℃。

已知，分馏塔顶的温度为106℃，高于水蒸气的露点温度10℃以上，不存在露点腐蚀问题，分馏塔顶温度符合要求。

(五) 气液相负荷

1. 液相负荷

在前文已计算出第2、第3、第10、第11、第18、第23、第24、第30层等塔盘的气相内回流量，根据 $n$ 层塔盘的气相内回流量与 $n+1$ 层塔盘的液相内回流相等的原则，计算相应塔盘的液相内回流量，结果见表3-57。

表3-57 分馏塔内回流量

t/h

| 塔盘 | 气相内回流量 | 液相内回流量 | 塔盘 | 气相内回流量 | 液相内回流量 |
|---|---|---|---|---|---|
| 塔顶 | | 0 | 18 | 85.24 | |
| 34 | 0 | | 12 | | 50.14 |
| 31 | | 8.49 | 11 | 50.14 | 13.25 |
| 30 | 8.49 | | 10 | 13.25 | |
| 25 | | 48.82 | 4 | | 20.07 |
| 24 | 48.82 | 20.12 | 3 | 20.07 | 8.52 |
| 23 | 20.12 | | 2 | 8.52 | |
| 19 | | 85.24 | | | |

根据化验分析，重蜡油、轻蜡油、中段油、柴油、顶循油、汽油等的密度，将与之相邻塔盘的油品近似看作同一种介质，以此计算各塔盘液相回流油品的密度。

已知第2、第3、第10、第11、第19、第23、第24、第30、第31层塔盘的温度，根据插值法，计算第12、第18层塔盘的温度；由于4~6层、23~25层塔盘为回流塔盘，传质效果差，近似看作一块塔盘，因此第25层塔盘温度与第24层塔盘温度相等，第4层塔盘温度与第3层塔盘温度相等，结果见表3-58。

表 3-58　分馏塔各塔盘内回流温度

| 塔盘 | 气相内回流量/(t/h) | 液相内回流量/(t/h) | 20℃密度/(kg/m$^3$) | 实际温度/℃ |
|---|---|---|---|---|
| 塔顶 | | 0 | 748.9 | 106 |
| 34 | 0 | | | 106 |
| 31 | | 8.49 | 793.15 | 128 |
| 30 | 8.49 | | | 154 |
| 25 | | 48.82 | 850.8 | 205 |
| 24 | 48.82 | 20.12 | 850.8 | 205 |
| 23 | 20.12 | | | 250 |
| 19 | | 85.24 | 896.3 | 296 |
| 18 | 85.24 | | | 301 |
| 12 | | 50.14 | 956.95 | 330 |
| 11 | 50.14 | 13.25 | 956.95 | 335 |
| 10 | 13.25 | | | 344 |
| 4 | | 20.07 | 1023 | 380 |
| 3 | 20.07 | 8.52 | 1023 | 380 |
| 2 | 8.52 | | | 382 |

根据图 3-10 常压下的石油馏分液体密度图，查各油品在实际温度下的密度。

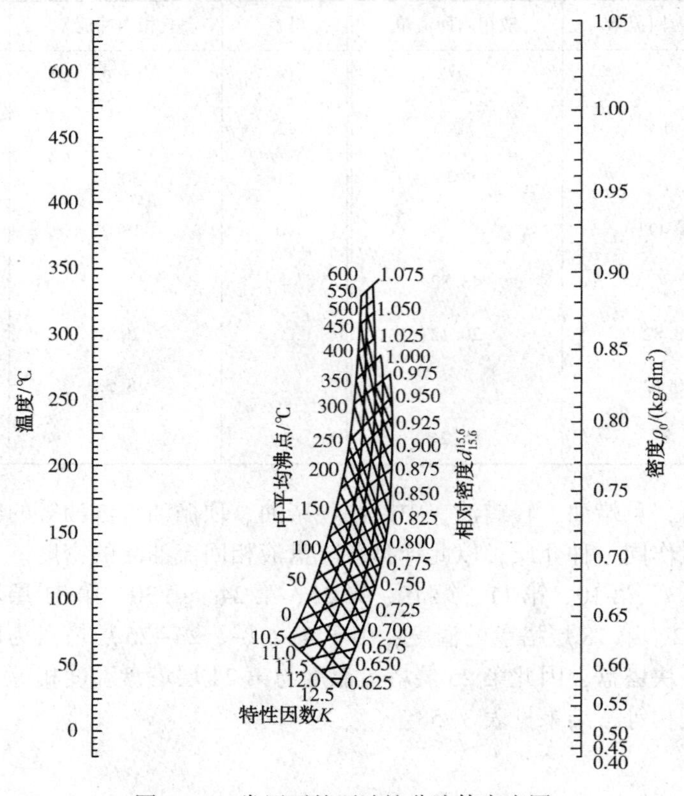


图 3-10　常压下的石油馏分液体密度图

根据各油品的实际温度、中平均沸点和15.6℃下的相对密度，查得各油品的实际密度，结果见表3-59。

表3-59 分馏塔各塔盘液相内回流实际密度

| 塔盘 | 实际温度/℃ | 中平均沸点/℃ | 15.6℃相对密度 | 实际温度下相对密度 |
|---|---|---|---|---|
| 塔顶 | 106 | 127 | 0.754 | 0.670 |
| 31 | 128 | 178 | 0.798 | 0.690 |
| 25 | 205 | 261 | 0.855 | 0.720 |
| 24 | 205 | 261 | 0.855 | 0.720 |
| 19 | 296 | 354 | 0.900 | 0.710 |
| 12 | 330 | 393 | 0.961 | 0.735 |
| 11 | 335 | 393 | 0.961 | 0.732 |
| 4 | 380 | 439 | 1.026 | 0.782 |
| 3 | 380 | 439 | 1.026 | 0.782 |

塔盘的液相负荷即为各塔盘的液相内回流量，将其转换为体积流量后，结果见表3-60。

表3-60 分馏塔各塔盘液相内回流体积流量

| 塔盘 | 液相内回流量/(t/h) | 实际温度/℃ | 实际温度下相对密度 | 体积流量/($m^3$/h) |
|---|---|---|---|---|
| 塔顶 | 0 | 106 | 0.670 | 0.0 |
| 31 | 8.49 | 128 | 0.690 | 12.3 |
| 25 | 48.82 | 205 | 0.720 | 67.8 |
| 24 | 20.12 | 205 | 0.720 | 27.9 |
| 19 | 85.24 | 296 | 0.710 | 120.1 |
| 12 | 50.14 | 330 | 0.735 | 68.2 |
| 11 | 13.25 | 335 | 0.732 | 18.1 |
| 4 | 20.07 | 380 | 0.782 | 25.7 |
| 3 | 8.52 | 380 | 0.782 | 10.9 |

2. 气相负荷

塔盘的气相负荷包括该塔盘的内回流量、通过塔盘的水蒸气量和通过该塔盘的各产品流量之和，根据已计算的气相内回流的质量流量，换算成摩尔流量，再计算通过各塔盘的气相负荷，结果见表3-61。

表3-61 分馏塔各塔盘气相摩尔流量 kmol/h

| 塔盘 | 内回流摩尔流量 | 水蒸气 | 富气 | 粗汽油 | 柴油 | 轻蜡油 | 重蜡油 | 气相负荷 |
|---|---|---|---|---|---|---|---|---|
| 塔顶<br>34 | 0 | 381 | 504 | 121 | | | | 1006 |

续表

| 塔盘 | 内回流摩尔流量 | 水蒸气 | 富气 | 粗汽油 | 柴油 | 轻蜡油 | 重蜡油 | 气相负荷 |
|---|---|---|---|---|---|---|---|---|
| 31 | | | | | | | | |
| 30 | 59 | 381 | 504 | 121 | | | | 1065 |
| 25 | | | | | | | | |
| 24 | 243 | 381 | 504 | 121 | | | | 1249 |
| 23 | 100 | 381 | 504 | 121 | 143 | | | 1249 |
| 19 | | | | | | | | |
| 18 | 299 | 381 | 504 | 121 | 143 | | | 1448 |
| 12 | | | | | | | | |
| 11 | 161 | 381 | 504 | 121 | 143 | | | 1309 |
| 10 | 42 | 381 | 504 | 121 | 143 | 118 | | 1309 |
| 4 | | | | | | | | |
| 3 | 58 | 381 | 504 | 121 | 143 | 118 | | 1325 |
| 2 | 25 | 381 | 504 | 121 | 143 | 118 | 33 | 1325 |

已知分馏塔顶和分馏塔底压力，根据插值法，计算各塔盘上的绝对要，再转换成一定温度压力下的体积流量，结果见表3-62。

**表3-62　分馏塔各塔盘气相负荷体积流量**

| 塔盘 | 实际温度/℃ | 气相负荷/(kmol/h) | 压力/kPa(绝) | 气相体积流量/($m^3$/h) |
|---|---|---|---|---|
| 塔顶 | 106 | | 216 | |
| 34 | 106 | 1006 | 216 | 14650 |
| 31 | 128 | | | |
| 30 | 154 | 1065 | 223 | 16959 |
| 25 | 205 | | | |
| 24 | 205 | 1249 | 233 | 21279 |
| 23 | 250 | 1249 | 235 | 23134 |
| 19 | 296 | | | |
| 18 | 301 | 1448 | 243 | 28404 |
| 12 | 330 | | | |
| 11 | 335 | 1309 | 255 | 25956 |
| 10 | 344 | 1309 | 257 | 26163 |
| 4 | 380 | | | |
| 3 | 380 | 1325 | 268 | 26808 |
| 2 | 382 | 1325 | 270 | 26736 |

3. 气液相负荷曲线

分馏塔各塔盘气液相负荷见表 3-63。

**表 3-63　分馏塔各塔盘气液相负荷**　　$m^3/h$

| 塔盘 | 液相体积流量 | 气相体积流量 | 塔盘 | 液相体积流量 | 气相体积流量 |
|---|---|---|---|---|---|
| 塔顶 | | | 18 | | 28404 |
| 34 | 0 | 14650 | 12 | 68 | |
| 31 | 12 | | 11 | 18 | 25956 |
| 30 | | 16959 | 10 | | 26163 |
| 25 | 68 | | 4 | 26 | |
| 24 | 28 | 21279 | 3 | 11 | 26808 |
| 23 | | 23134 | 2 | | 26736 |
| 19 | 120 | | | | |

绘制成气液相负荷曲线，如图 3-11 所示。

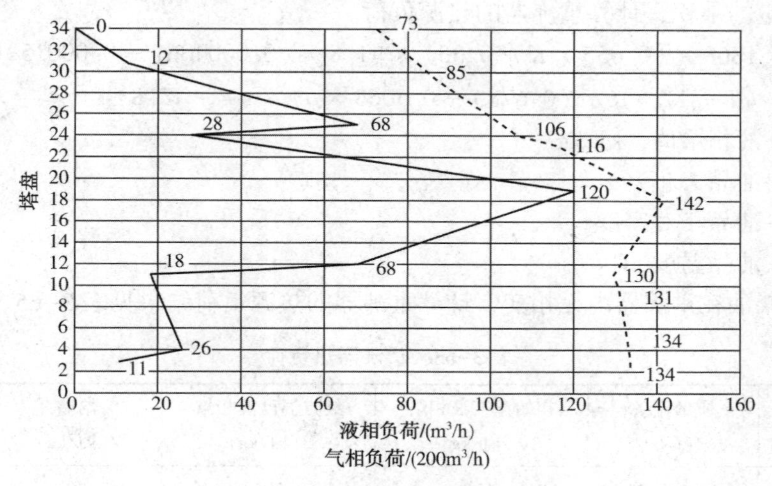


图 3-11　分馏塔气液相负荷曲线

——液相负荷　------气相负荷

（六）小结

在对分馏塔进行热量平衡计算过程中，首先以分馏塔内气相温度和液相温度的热偶指示为准，分别计算各塔盘的内回流量，计算出的内回流量与实际的内回流量进行对比（实际内回流量为有集油箱侧线的下部回流量）。

根据抽出口塔盘的馏分在该塔盘处的气相分率和油品恩氏蒸馏曲线转化的平衡汽化蒸馏曲线，计算理论塔盘的泡点抽出温度，然后与实际抽出温度进行对比，轻蜡油抽出层和柴油抽出温度理论与实际相符，重蜡油无平衡汽化曲线，未进行对比。

对分馏塔各回流量进行了多次调整，特别是分馏塔底循环油流量。本装置分馏塔重蜡油设有集油箱，实际生产中，重蜡油下回流流量基本为 0，若使用分馏塔底实际流量进行计算，分馏塔重蜡油下部回流量约 70t/h，与实际不符，因此调整了分馏塔底循环油流量。

对分馏塔气液相负荷进行计算，分馏塔气液相负荷最大的位置均在中段回流抽出层的下 1 层塔盘。

## 四、换热网络及热平衡

(一) 重沸器热源负荷

吸收稳定系统解吸塔T703底和稳定塔T704底重沸器分别以柴油和中段油作热源，分别对重沸器热源负荷进行计算。

已知两个重沸器热源的流量、进出口温度、中段油和柴油的$K$值和密度，见表3-64。

**表3-64 重沸器介质性质**

| 项目 | 质量流量/(t/h) | 进口温度/℃ | 出口温度/℃ | $K$值 | 相对密度 |
|---|---|---|---|---|---|
| 柴油进E707 | 146.7 | 205 | 170 | 11.5 | 0.851 |
| 中段油进E708 | 65.2 | 296 | 227 | 11.6 | 0.896 |
| 合计 | 211.9 | | | | |

利用$K$值、相对密度和温度，用以下公式分别计算进重沸器的焓值和出重沸器的焓值，利用焓差与流量的乘积，计算重沸器的热源负荷。

$$h_{液}=4.1868\times(0.055\times K+0.35)\times[1.8\times(0.0004061-0.0001521\times\rho)\times(T+17.8)^2+(0.6783-0.3063\times\rho)\times(T+17.8)]$$

式中 $h_{液}$——液相焓值，kJ/kg；

$K$——油品$K$值；

$\rho$——油品相对密度；

$T$——油品温度，℃。

中段油和柴油在重沸器内无相变，计算重沸器的热源负荷结果见表3-65。

**表3-65 重沸器热负荷**

| 项目 | 质量流量/(t/h) | 初始温度液相焓/(kJ/kg) | 终点温度液相焓/(kJ/kg) | 焓差/(kJ/kg) | 热负荷/kW |
|---|---|---|---|---|---|
| 柴油进E707 | 147 | 484 | 396 | 89 | 3610 |
| 中段油进E708 | 65 | 720 | 529 | 191 | 3454 |
| 合计 | 212 | | | | 7064 |

(二) 发生蒸汽热负荷

焦化装置共三台蒸汽发生器，分别是轻蜡油-蒸汽发生器E101，中段油-蒸汽发生器E102，柴油-蒸汽发生器E103。除氧水自系统来，温度为90℃，与轻蜡油-除氧水换热器E104换热后，分三路进入三台蒸汽发生器，产1.0MPa蒸汽经加热炉对流室过热后并入系统。目前轻蜡油-除氧水换热器E104和柴油-蒸汽发生器停用。

通过水和水蒸气焓值计算软件分别计算除氧水和饱和蒸汽的焓值。已知除氧水温度为95℃，饱和蒸汽温度为181.2℃，结果计算如下：

$$h_{水}=398\text{kJ/kg}$$

$$h_{蒸汽}=2778\text{kJ/kg}$$

发生蒸汽负荷见表3-66。

表 3-66 发生蒸汽负荷

| 除氧水入口温度/℃ | 饱和蒸汽出口温度/℃ | 除氧水焓值/(kJ/kg) | 饱和蒸汽焓值/(kJ/kg) | 饱和蒸汽流量/(t/h) | 总负荷/kW |
|---|---|---|---|---|---|
| 95 | 181.2 | 398.0 | 2778.0 | 6.537 | 4321.7 |

发生蒸汽的负荷为4321.7kW。

(三) 热进出料热负荷

根据中国石化《炼油厂能量消耗计算与评价方法》，计算高出如下规定温度下的部分能量。热联合规定的温度见表3-67。

表 3-67 热联合规定温度 ℃

| 介质 | 规定温度 | 介质 | 规定温度 |
|---|---|---|---|
| 汽油 | 60 | 柴油 | 70 |
| 蜡油 | 80 | 重油 | 120 |

因此，原料油进料、重蜡油出料、轻蜡油出料和柴油出料均需计算热进出料负荷。

已知原料油等油品的 $K$ 值和相对密度，根据油品的液相焓值计算公式，计算规定温度和物料实际进出温度下的焓值，再根据焓差和流量计算热进出物料的负荷，结果见表3-68。

表 3-68 装置热进出料负荷

| 介质 | 流量/(t/h) | 规定温度/℃ | 进/出装置温度/℃ | $K$ 值 | 相对密度 | 规定温度焓值/(kJ/kg) | 进/出装置温度焓值/(kJ/kg) | 热负荷/kW |
|---|---|---|---|---|---|---|---|---|
| 原料油 | 139.9 | 120 | 205 | 11.3 | 1.024 | 240 | 423 | 7125 |
| 重蜡油 | 3.8 | 80 | 284 | 10.6 | 1.023 | 156 | 589 | 462 |
| 轻蜡油 | 36.9 | 80 | 185 | 11.1 | 0.957 | 169 | 391 | 2278 |
| 柴油 | 28.7 | 70 | 118 | 11.5 | 0.851 | 167 | 272 | 835 |
| 合计 | | | | | | | | 10699 |

(四) 空冷负荷

焦化装置共3组空冷风机，分别为分馏塔顶空冷风机、放空塔顶空冷风机和冷焦水冷却风机，仅对分馏塔顶空冷风机负荷进行计算。

分馏塔顶抽出物料分为富气、粗汽油和水蒸气三个组分，分别对三组物料的热负荷进行计算。

1. 富气热负荷

分馏塔顶富气经空冷 L101 冷却后，进入循环水冷却器 L102，已知分馏塔顶温度为106℃，空冷 L101 冷后温度为70℃。在冷却过程中，富气无相变。

根据富气焓值的计算方法，计算得出分馏塔顶温度下富气焓值为249.94kJ/kg(-17.8℃为基准温度)。

用同样的方法，计算空冷后温度下富气的焓值，空冷冷却后的富气焓值为170.96kJ/kg。富气流量为13.92t/h，因此富气的空冷冷却负荷为：

$$(249.94kJ/kg-170.96kJ/kg)\times13.92t/h\times1000/3600=305.4kW$$

2. 水蒸气冷却负荷

分馏塔顶空冷入口温度为106℃，出口温度为70℃，分馏塔顶压力为0.115MPa，之前计算过分馏塔顶露点温度为94℃，空冷入口温度下 $H_2O$ 为气态，出口温度下为液态，存在相变。

通过水蒸气及水焓值计算软件分别计算 $H_2O$ 在分馏塔顶温度106℃下的气相焓值和空冷冷却后70℃下水的液相焓值：

$$h_{气}=2688kJ/kg$$
$$h_{液}=293kJ/kg$$

$H_2O$ 流量为6.63t/h，因此 $H_2O$ 的冷却负荷为：

$(2688kJ/kg-293kJ/kg)\times6.9t/h\times1000/3600=4563kW$

3. 粗汽油冷却负荷

粗汽油在塔顶为气相状态，在空冷后暂无法判断其气化率。因标定期间无空冷后的压力数据，粗汽油在空冷后的油气摩尔分数为20%，压力对粗汽油的气化率影响较小，故在计算粗汽油气化率时忽略分馏塔空冷管束的压降，根据粗汽油的摩尔分数和分馏塔顶压力计算粗汽油的分压，结果见表3-69。

**表3-69 空冷后油气分压计算**

| 项目 | 质量流量/(t/h) | 摩尔质量/(kg/kmol) | 摩尔流量/(kmol/h) | 摩尔分数/% | 分压/kPa |
|---|---|---|---|---|---|
| 富气 | 13.92 | 27.63 | 503.69 | 80.62 | 174.4 |
| 粗汽油 | 13.96 | 115.27 | 121.08 | 19.38 | 41.9 |
| 合计 | | | 624.77 | 100.00 | 216.3 |

根据《石油加工过程设备》[7]第149页图3-3查得粗汽油70℃时在0.41atm(312mmHg)的常压平衡蒸发温度为96℃。

粗汽油的平衡汽化曲线0%点温度为69℃，10%点温度为103℃，可知96℃对应平衡汽化曲线的8%点，因此可判断粗汽油在空冷后水冷前的汽化率为8%。

另根据Aspen Hysys模拟软件，查得粗汽油在41.9kPa(0.41atm)的压力和70℃下的汽化率为8%。分别计算粗汽油在空冷前的气相焓值和空冷后的气液相焓值。

(1) 粗汽油在空冷入口焓值

空冷入口介质温度为106℃，计算粗汽油在106℃下的气相焓值需用以下公式计算。

$$q_{潜}=\left[50+5.27\times\left(\frac{140.32-130.76\times\rho}{0.009+0.9944\times\rho}\right)^{0.542}-11.1\times(K-11.8)\right]\times4.1868$$

$$h_{气}=q_{潜}+[0.556\times(0.045K-0.233)\times(1.8T+17.8)+0.000556\times(0.22+0.00885K)\times(1.8T+17.8)^2-0.0000000283\times(1.8T+17.8)^3]\times4.1868$$

式中 $q_{潜}$——汽化潜热，kJ/kg；

$h_{气}$——气相焓值，kJ/kg；

$K$——油品 $K$ 值；

$\rho$——油品相对密度；

$T$——油品温度，℃。

已知，粗汽油的 $K$ 值为 11.9，相对密度为 0.749，分馏塔顶温度为 106℃，计算其汽化潜热和气相焓值。

$$q_{潜} = \left\{50 + 5.27 \times \left[\frac{140.32 - 130.76 \times \rho}{0.009 + 0.9944 \times \rho}\right]^{0.542} - 11.1 \times (K - 11.8)\right\} \times 4.1868$$

$$= \left\{50 + 5.27 \times \left[\frac{140.32 - 130.76 \times 0.749}{0.009 + 0.9944 \times 0.749}\right]^{0.542} - 11.1 \times (11.9 - 11.8)\right\} \times 4.1868 = 401(\mathrm{kJ/kg})$$

$$h_{气} = q_{潜} + [0.556 \times (0.045K - 0.233) \times (1.8T + 17.8) + 0.000556 \times (0.22 + 0.00885K) \times (1.8T + 17.8)^2 - 0.0000000283 \times (1.8T + 17.8)^3] \times 4.1868$$

$$= 401 + [0.556 \times (0.045 \times 11.9 - 0.233) \times (1.8 \times 106 + 17.8) + 0.000556 \times (0.22 + 0.00885 \times 11.9) \times (1.8 \times 106 + 17.8)^2 - 0.0000000283 \times (1.8 \times 106 + 17.8)^3] \times 4.1868 = 579.5(\mathrm{kJ/kg})$$

（2）粗汽油在空冷出口焓值

粗汽油在空冷出口温度为70℃，其汽化分率为8%，因此需计算粗汽油的气相焓值和液相焓值。粗汽油气相焓值可根据油品气相焓值公式进行计算；粗汽油的液相焓值可根据油品液相焓值计算公式进行计算，结果见表3-70。

**表 3-70　空冷后粗汽油焓值**

| 组分 | 质量分数/% | 温度/℃ | 液相焓值/(kJ/kg) | 汽化潜热/(kJ/kg) | 气相焓值/(kJ/kg) | 焓值/(kJ/kg) |
|---|---|---|---|---|---|---|
| 汽油(气相) | 8 | 70 | | 401 | 517 | 41 |
| 汽油(液相) | 92 | 70 | 182 | | | 168 |
| 合计 | | | | | | 209 |

计算粗汽油在空冷后的焓值为209kJ/kg。

（3）粗汽油冷却负荷

根据以上计算的粗汽油在空冷前后的焓值和粗汽油的质量流量，得出粗汽油的冷却负荷，结果见表3-71。

**表 3-71　空冷粗汽油冷却负荷**

| 介质 | 入口温度/℃ | 出口温度/℃ | 入口焓值/(kJ/kg) | 出口焓值/(kJ/kg) | 质量流量/(t/h) | 冷却负荷/kW |
|---|---|---|---|---|---|---|
| 粗汽油 | 106 | 70 | 579 | 209 | 14 | 1436 |

4. 空冷总热负荷

汇总计算数据，计算空冷负荷，结果见表3-72。

表 3-72　空冷总冷却负荷

| 介质 | 入口温度/℃ | 出口温度/℃ | 入口焓值/(kJ/kg) | 出口焓值/(kJ/kg) | 质量流量/(t/h) | 冷却负荷/kW |
|---|---|---|---|---|---|---|
| 富气 | 106 | 70 | 250 | 171 | 14 | 305 |
| 水 | 106 | 70 | 2688 | 293 | 7 | 4563 |
| 粗汽油 | 106 | 70 | 579 | 209 | 14 | 1436 |
| 合计 | | | | | 35 | 6304 |

空冷总热负荷为 6304kW。

(五) 水冷负荷

1. 分馏塔顶水冷负荷

分馏塔顶水冷的介质与分馏塔空冷相同，分别为富气、粗汽油和水。水冷前温度为 70℃，水冷后温度为 42℃，空冷和水冷压降忽略不计，水冷前后压力为 0.115MPa。

在水冷器前后，富气和水均无相变，粗汽油在水冷器前气化率为 9%，水冷器后全为液相。

(1) 富气冷却负荷

根据富气焓值的计算方法，计算富气在水冷器后的焓值为 112.4kJ/kg。

在前文已计算出空冷后(即水冷器前)富气焓值为 170.96kJ/kg，富气流量为 13.92t/h，因此富气的水冷冷却负荷为：

$$(170.96\text{kJ/kg}-112.4\text{kJ/kg})\times 13.92\text{t/h}\times 1000/3600=226.4\text{kW}$$

(2) 水的冷却负荷

分馏塔顶水冷器入口温度为 70℃，出口温度为 42℃，分馏塔顶压力为 0.115MPa，水冷器出入口温度下 $H_2O$ 均为液态，不存在相变。

通过水焓值计算软件分别计算 $H_2O$ 在分馏塔顶水冷器前温度 70℃下的焓值和水冷冷却后 42℃下水的焓值：

$$h_{入}=293\text{kJ/kg}$$

$$h_{出}=176\text{kJ/kg}$$

$H_2O$ 流量为 6.63t/h，因此，$H_2O$ 的冷却负荷为：

$$(293\text{kJ/kg}-176\text{kJ/kg})\times 6.9\text{t/h}\times 1000/3600=222.9\text{kW}$$

(3) 粗汽油的冷却负荷

粗汽油在水冷器出口温度(42℃)下为液相，通过液相焓值的计算公式计算粗汽油在水冷器出口温度下的焓值，结果见表 3-73。

表 3-73　循环水冷却器冷后粗汽油焓值

| 介质 | 流量/(t/h) | 温度/℃ | *K* 值 | 相对密度 | 液相焓值/(kJ/kg) |
|---|---|---|---|---|---|
| 粗汽油 | 14.0 | 42 | 11.9 | 0.749 | 119.8 |

在前文已计算出空冷后(即水冷器前)粗汽油的焓值，先计算出水冷器前后粗汽油的焓值差，再根据粗汽油的质量流量，计算粗汽油的冷却负荷，结果见表 3-74。

表 3-74　循环水冷却器粗汽油的冷却负荷

| 介质 | 流量/(t/h) | 入口焓值/(kJ/kg) | 出口焓值/(kJ/kg) | 焓值差/(kJ/kg) | 冷却负荷/kW |
|---|---|---|---|---|---|
| 粗汽油 | 14.0 | 209 | 120 | 89 | 347 |

粗汽油的水冷负荷为347kW。

(4) 水冷总负荷

汇总计算结果，得出水冷器的总负荷，结果见表 3-75。

表 3-75　分馏塔顶循环水冷却器总冷却负荷

| 介质 | 入口温度/℃ | 出口温度/℃ | 入口焓值/(kJ/kg) | 出口焓值/(kJ/kg) | 质量流量/(t/h) | 负荷/kW |
|---|---|---|---|---|---|---|
| 富气 | 70 | 42 | 171 | 112 | 13.9 | 226 |
| 水 | 70 | 42 | 293 | 176 | 6.9 | 223 |
| 粗汽油 | 70 | 42 | 209 | 120 | 14.0 | 347 |
| 合计 | | | | | 34.7 | 796 |

分馏塔顶水冷器的冷却负荷为796kW。

2. 其他水冷负荷

在换热网络中，焦炭塔急冷油和顶循油由低温水换热器冷却，分别根据油品的 $K$ 值、相对密度和冷却器出入口温度计算其焓值，再根据冷却器出入口焓差和油品流量计算冷却器的负荷，结果见表 3-76。

表 3-76　其他水冷却器冷却负荷

| 介质 | 流量/(t/h) | 初始温度/℃ | 目标温度/℃ | 初始温度液相焓/(kJ/kg) | 终点温度液相焓/(kJ/kg) | 热负荷/kW |
|---|---|---|---|---|---|---|
| 急冷油 | 7.72 | 284 | 90 | 589 | 174 | 890 |
| 顶循油 | 128.98 | 128 | 113 | 309 | 274 | 1265 |
| 合计 | | | | | | 2155 |

(六) 换热负荷

参与换热的热流股有循环油、重蜡油、轻蜡油、分馏塔中段油、柴油，冷流股有原料油(催化油浆和减压渣油)、塔底循环油回炼部分、解吸塔底油和稳定塔底油。

如图 3-12 所示，分馏塔底出来的循环油换热后温度为 270.7℃，与换热后的原料油混合后，温度为 328℃。因此在换热网络中，将循环油进加热炉回炼这股物料当作冷流股。

原料油的目标温度按加热炉对流室的出口温度计算，各流股的流量、初始温度和目标温度见表 3-77。

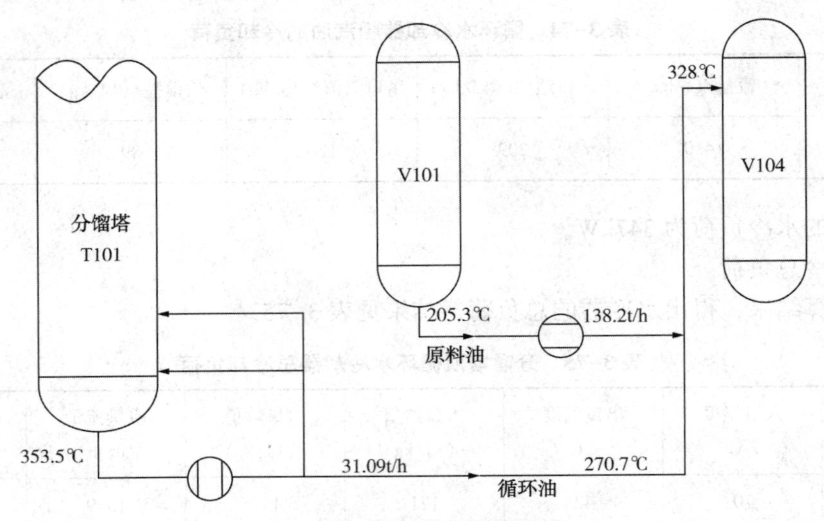


图 3-12　原料换热部分流程

**表 3-77　换热流股**

| 流股 | 包括项目 | 流量/(t/h) | 初始温度/℃ | 目标温度/℃ |
|---|---|---|---|---|
| 循环油 | 回流+循环油回炼 | 122. 0 | 353 | 271 |
| 重蜡油 | 回流+出装置+急冷油流量 | 56. 8 | 380 | 284 |
| 轻蜡油 | 轻蜡油 | 35. 3 | 335 | 185 |
| 中段油 | 中段油 | 65. 2 | 296 | 186 |
| 柴油 | 回流+出装置 | 146. 7 | 205 | 130 |
| 循环油回炼 | 循环油进入原料油部分 | 29. 5 | 271 | 378 |
| 原料油 | 油浆+渣油 | 138. 2 | 205 | 378 |

已知循环油、重蜡油、轻蜡油、中段油、柴油的 $K$ 值和密度，且其在换热过程中均无相变，可利用油品液相焓计算公式，分别计算以上油品的换热前焓值和换热后焓值，结果见表 3-78。

**表 3-78　换热流股焓值**

| 流股 | 流量/(t/h) | 初始温度/℃ | 目标温度/℃ | 初始温度液相焓/(kJ/kg) | 终点温度液相焓/(kJ/kg) |
|---|---|---|---|---|---|
| 循环油 | 122. 0 | 353 | 271 | 756 | 546 |
| 重蜡油 | 56. 8 | 380 | 284 | 845 | 589 |
| 轻蜡油 | 35. 3 | 335 | 185 | 778 | 391 |
| 中段油 | 65. 2 | 296 | 186 | 720 | 422 |
| 柴油 | 146. 7 | 205 | 130 | 484 | 299 |
| 循环油回炼 | 29. 5 | 271 | 328 | 546 | 689 |
| 原料油 | 138. 2 | 205 | 328 | 423 | 734 |

计算各流股的初始温度下焓值和终点温度下的焓值，通过各流股的质量流量计算各流股的热负荷，结果见表3-79。

表3-79 换热负荷

| 流股 | 流量/(t/h) | 初始温度液相焓/(kJ/kg) | 终点温度液相焓/(kJ/kg) | 热负荷/kW |
|---|---|---|---|---|
| 循环油 | 122.0 | 756 | 546 | 7108 |
| 重蜡油 | 56.8 | 845 | 589 | 4039 |
| 轻蜡油 | 35.3 | 778 | 391 | 3791 |
| 中段油 | 65.2 | 720 | 422 | 5390 |
| 柴油 | 146.7 | 484 | 299 | 7559 |
| 循环油回炼 | 29.5 | 546 | 689 | 1167 |
| 原料油 | 138.2 | 423 | 734 | 11941 |

（七）各流股热负荷

1. 实际各流股热负荷

将以上结果汇总，见表3-80，其中，1~8流股为热流股，9~12流股为冷流股。

表3-80 实际换热流股热负荷

| 序号 | 流股 | 流量/(t/h) | 初始温度/℃ | 目标温度/℃ | 热负荷/kW |
|---|---|---|---|---|---|
| 1 | 循环油 | 122.03 | 353 | 271 | 7108 |
| 2 | 重蜡油 | 56.80 | 380 | 284 | 4039 |
| 3 | 轻蜡油 | 35.28 | 335 | 185 | 3791 |
| 4 | 中段油 | 65.19 | 296 | 186 | 5390 |
| 5 | 柴油 | 146.70 | 205 | 130 | 7559 |
| 6 | 急冷油 | 7.72 | 284 | 90 | 890 |
| 7 | 顶循油 | 128.98 | 128 | 113 | 1265 |
| 8 | 分馏塔顶油气 | 34.73 | 106 | 42 | 7100 |
| 9 | 循环油回炼 | 29.45 | 271 | 328 | 1167 |
| 10 | 原料油 | 138.24 | 205 | 328 | 17414 |
| 11 | 解吸塔底油 |  | 151 | 165 | 3610 |
| 12 | 稳定塔底油 |  | 195 | 201 | 3454 |

2. 窄点设计流股负荷

为考察装置最大的热回收率，提高加热炉进料温度，降低装置的冷却负荷，对各流股的目标温度重新设定。

循环油进原料油部分、循环油回流、重蜡油回流、中段回流、柴油回流和顶循回流的目标温度均按实际温度计算。

重蜡油出装置和急冷油目标温度、轻蜡油目标温度、柴油出装置部分目标温度均按表 3-67 规定的温度进行计算；冷流股中循环油回炼和原料油的目标温度按加热炉对流室的出口温度进行计算。得出的各流股的热负荷，见表 3-81。

表 3-81　理想条件下换热流股热负荷

| 序号 | 流股 | 流量 /(t/h) | 初始温度 /℃ | 目标温度 /℃ | 初始温度焓值 /(kJ/kg) | 目标温度焓值 /(kJ/kg) | 热负荷 /kW |
|---|---|---|---|---|---|---|---|
| 1 | 循环油 | 122.03 | 353 | 271 | 756 | 546 | 7108 |
| 2 | 重蜡油 | 56.80 | 380 | 284 | 845 | 589 | 4039 |
| 3 | 轻蜡油 | 35.28 | 335 | 80 | 778 | 169 | 5970 |
| 4 | 中段油 | 65.19 | 296 | 186 | 720 | 422 | 5390 |
| 5 | 柴油 | 146.70 | 205 | 130 | 484 | 299 | 7559 |
| 6 | 出装置蜡油及急冷油 | 11.56 | 284 | 80 | 589 | 156 | 1390 |
| 7 | 出装置柴油 | 28.7 | 130 | 70 | 299 | 167 | 1052 |
| 8 | 顶循油 | 128.98 | 128 | 113 | 309 | 274 | 1265 |
| 9 | 分馏塔顶油气 | 34.73 | 106 | 42 | | | 7100 |
| 10 | 循环油回炼 | 29.45 | 271 | 378 | | | 2261 |
| 11 | 原料油 | 138.24 | 205 | 378 | | | 17414 |
| 12 | 解吸塔底油 | | 151 | 165 | | | 3610 |
| 13 | 稳定塔底油 | | 195 | 201 | | | 3454 |

（八）冷热物流的综合曲线

1. 热流股综合曲线

计算热流股在不同温度阶段下的热负荷、各温度阶段下的热流股的热负荷总和、最高温度至各温度点阶段的热负荷，见表 3-82。

表 3-82　理想条件下换热流股热负荷

| 温度/℃ | 热流股/kW | | | | | | | | | 各温差阶段热量/kW | 热量/kW |
|---|---|---|---|---|---|---|---|---|---|---|---|
| | 循环油 | 重蜡油 | 轻蜡油 | 中段油 | 柴油 | 出装置蜡油 | 出装置柴油 | 顶循油 | 分馏塔顶 | | |
| 380.0 | | 1109 | | | | | | | | 1109 | 40872 |
| 353.5 | 1617 | 788 | | | | | | | | 2405 | 39763 |
| 334.7 | 3340 | 1629 | 912 | | | | | | | 5881 | 37358 |
| 295.8 | 1051 | 512 | 287 | 599 | | | | | | 2448 | 31476 |
| 283.5 | 1100 | | 300 | 627 | | 87 | | | | 2115 | 29028 |
| 270.7 | | | 1551 | 3240 | | 452 | | | | 5243 | 26913 |
| 204.5 | | | 443 | 924 | 1910 | 129 | | | | 3406 | 21670 |

续表

| 温度/℃ | 热流股/kW | | | | | | | | | 各温差阶段热量/kW | 热量/kW |
|---|---|---|---|---|---|---|---|---|---|---|---|
| | 循环油 | 重蜡油 | 轻蜡油 | 中段油 | 柴油 | 出装置蜡油 | 出装置柴油 | 顶循油 | 分馏塔顶 | | |
| 185.7 | | | 1309 | | 5649 | 381 | | | | 7340 | 18264 |
| 129.8 | | | 45 | | | 13 | 34 | | | 92 | 10924 |
| 127.9 | | | 345 | | | 100 | 259 | 1265 | | 1969 | 10832 |
| 113.2 | | | 170 | | | 49 | 127 | | | 347 | 8863 |
| 106 | | | 608 | | | 177 | 456 | | 2859 | 4101 | 8517 |
| 80.0 | | | | | | | 176 | | 1102 | 1278 | 4416 |
| 70.0 | | | | | | | | | 3138 | 3138 | 3138 |
| 42 | | | | | | | | | | 0 | 0 |

以温度为纵坐标，热量的累加值为横坐标，作出热流股的总和曲线，如图3-13所示。

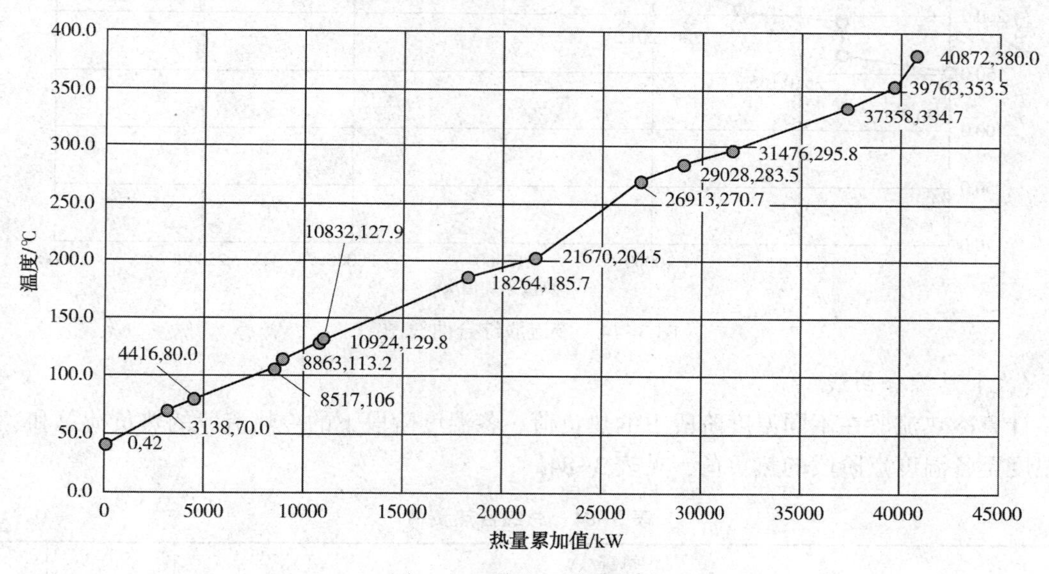


图3-13　热流股综合曲线

2. 冷流股综合曲线

计算冷流股在不同温度阶段下的热负荷、各温度阶段下的冷流股的热负荷总和、最高温度至各温度点阶段的热负荷，见表3-83。

**表3-83　冷流股综合曲线**

| 温度/℃ | 热流股/kW | | | | 各温差阶段热量/kW | 热量/kW |
|---|---|---|---|---|---|---|
| | 循环油回炼 | 原料油 | 解吸塔底油 | 稳定塔底油 | | |
| 378.0 | 2261 | 10815 | | | 13076 | 26740 |
| 270.7 | | 6599 | | | 6599 | 13663 |
| 205.3 | | | | | 0 | 7064 |
| 201.2 | | | | 3454 | 3454 | 7064 |

续表

| 温度/℃ | 热流股/kW | | | | 各温差阶段热量/kW | 热量/kW |
|---|---|---|---|---|---|---|
| | 循环油回炼 | 原料油 | 解吸塔底油 | 稳定塔底油 | | |
| 195.1 | | | | | 0 | 3610 |
| 165.3 | | | 3610 | | 3610 | 3610 |
| 151.3 | | | | | 0 | 0 |

以温度为纵坐标，热量的累加值为横坐标，作出冷流股的总和曲线，如图 3-14 所示。

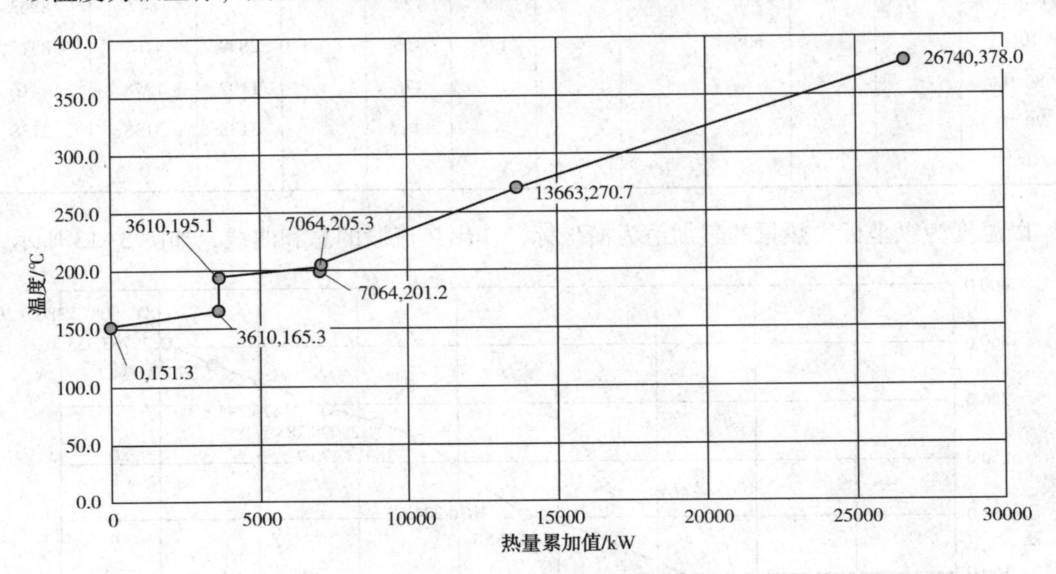


图 3-14　冷流股综合曲线图

（九）总综合曲线

计算冷热流股在不同温度阶段下的热负荷、各温度阶段下的冷热流股的热负荷总和、最高温度至各温度点阶段的热负荷，见表 3-84。

**表 3-84　总综合热负荷**

| 温度/℃ | 热量/kW | | | | | | | | | | | | | 热量/kW | 累加热量/kW | 总负荷/kW |
|---|---|---|---|---|---|---|---|---|---|---|---|---|---|---|---|---|
| | 循环油 | 重蜡油 | 轻蜡油 | 中段油 | 柴油 | 出装置蜡油及急冷油 | 出装置柴油 | 顶循油 | 分馏塔顶油气 | 循环油回炼 | 原料油 | 解吸塔底油 | 稳定塔底油 | | | |
| 380.0 | | | | | | | | | | | | | | | | 2231 |
| 378.0 | | 81 | | | | | | | | | | | | 81 | 81 | 2231 |
| 353.5 | | 1028 | | | | | | | | −517 | −2473 | | | −1962 | −1881 | 2312 |
| 334.7 | 1617 | 788 | | | | | | | | −397 | −1897 | | | 111 | −1770 | 350 |
| 295.8 | 3340 | 1629 | 912 | | | | | | | −820 | −3920 | | | 1141 | −629 | 461 |
| 283.5 | 1051 | 512 | 287 | 599 | | | | | | −258 | −1233 | | | 958 | 329 | 1602 |
| 270.7 | 1100 | | 300 | 627 | | 87 | | | | −270 | −1291 | | | 554 | 882 | 2559 |
| 205.3 | | | 1535 | 3205 | | 447 | | | | | −6599 | | | −1413 | −530 | 3113 |

续表

| 温度/℃ | 热量/kW | | | | | | | | | | | | | 热量/kW | 累加热量/kW | 总负荷/kW |
|---|---|---|---|---|---|---|---|---|---|---|---|---|---|---|---|---|
| | 循环油 | 重蜡油 | 轻蜡油 | 中段油 | 柴油 | 出装置蜡油及急冷油 | 出装置柴油 | 顶循油 | 分馏塔顶油气 | 循环油回炼 | 原料油 | 解吸塔底油 | 稳定塔底油 | | | |
| 204.5 | | | 17 | 35 | | 5 | | | | | | | | 57 | -473 | 1701 |
| 201.2 | | | 78 | 163 | 336 | 23 | | | | | | | | 600 | 126 | 1758 |
| 195.1 | | | 143 | 298 | 615 | 42 | | | | | | | -3454 | -2357 | -2231 | 2357 |
| 185.7 | | | 222 | 464 | 959 | 65 | | | | | | | | 1710 | -521 | 0 |
| 165.3 | | | 477 | | 2056 | 139 | | | | | | | | 2671 | 2150 | 1710 |
| 151.3 | | | 329 | | 1422 | 96 | | | | | | -3610 | | -1763 | 387 | 4381 |
| 129.8 | | | 503 | | 2171 | 147 | | | | | | | | 2821 | 3208 | 2618 |
| 127.9 | | | 45 | | | 13 | 34 | | | | | | | 92 | 3300 | 5439 |
| 113.2 | | | 345 | | | 100 | 259 | 1265 | | | | | | 1969 | 5269 | 5531 |
| 105.9 | | | 170 | | | 49 | 127 | | | | | | | 347 | 5615 | 7500 |
| 80.0 | | | 608 | | | 177 | 456 | | 2859 | | | | | 4101 | 9716 | 7846 |
| 70.0 | | | | | | | 176 | | 1102 | | | | | 1278 | 10994 | 11947 |
| 41.5 | | | | | | | | | 3138 | | | | | 3138 | 14132 | 16363 |

以温度为纵坐标，总负荷为横坐标，绘制综合曲线图，如图3-15所示。

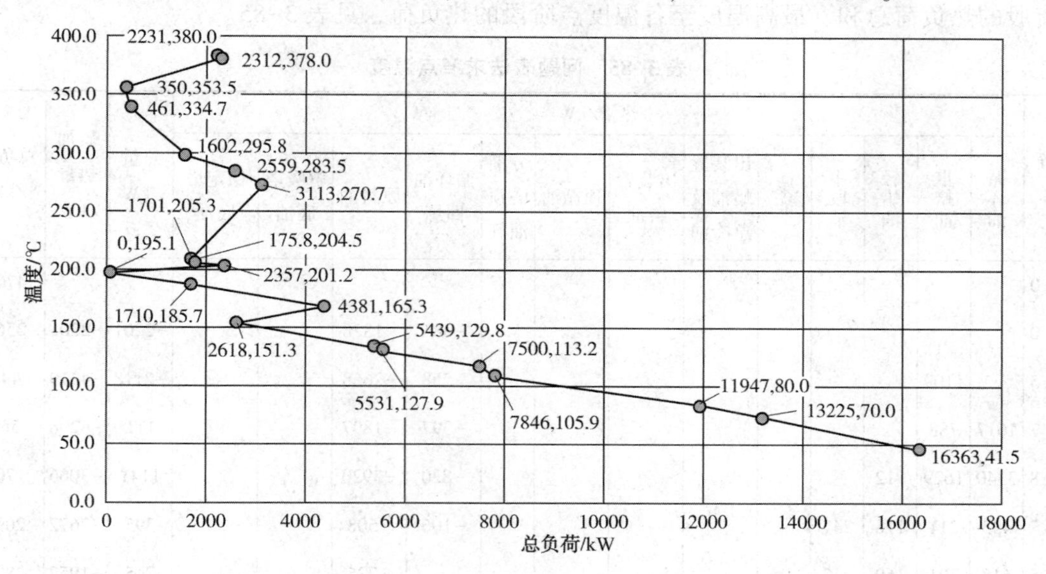


图3-15　总综合曲线图

（十）窄点温度计算

1. 作图法求窄点温度

设$\Delta T_{min}=20$℃，右移冷流股曲线，使之在热流股右侧。通过寻找热流股与冷流股的最近点，由冷热流股图可以看出，最近点为冷流股的195.1℃的端点或热流股的353.5℃端点上，继续平移冷流股曲线，使冷流股上195.1℃对应的端点与热流股曲线的高度差为20℃，此时热流股的353.5℃端点距冷流股的竖直方向温度差为23.7℃，因此可判断冷流股的195.1℃点为冷流股的夹点温度，所得到的曲线如图3-16所示。

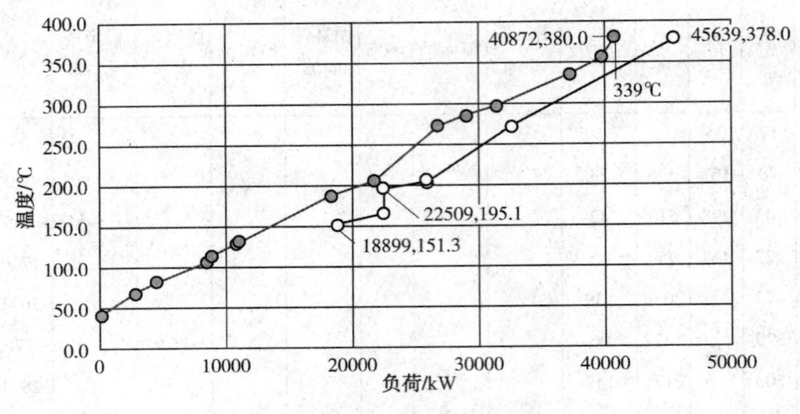


图3-16　作图法求窄点温度

热流股夹点温度为215℃，冷流股夹点温度为195℃。

由图3-16可知最高换热终温为339℃，最低加热炉负荷(这里指加热炉对流室内原料油的加热负荷)为4767kW，冷却负荷为18899kW。

2. 问题表法求窄点温度

假设$\Delta T_{\min}=20$℃，分别将热流股的初始温度和目标温度分别加10℃，冷流股的初始温度和目标温度分别减10℃，计算冷热流股在不同温度阶段下的热负荷、各温度阶段下的冷热流股的热负荷总和、最高温度至各温度点阶段的热负荷，见表3-85。

表3-85　问题表法求窄点温度

| 温度/℃ | 热量/kW | | | | | | | | | | | | | 热量/kW | 累加热量/kW | 总负荷/kW |
|---|---|---|---|---|---|---|---|---|---|---|---|---|---|---|---|---|
| | 循环油 | 重蜡油 | 轻蜡油 | 中段油 | 柴油 | 出装置蜡油及急冷油 | 出装置柴油 | 顶循油 | 分馏塔顶油气 | 循环油回炼 | 原料油 | 解吸塔底油 | 稳定塔底油 | | | |
| 388.0 | | | | | | | | | | | | | | | | 4767 |
| 370.0 | | | | | | | | | | -381 | -1820 | | | -2201 | -2201 | 2565 |
| 343.5 | | 1109 | | | | | | | | -558 | -2668 | | | -2118 | -4319 | 448 |
| 324.7 | 1617 | 788 | | | | | | | | -397 | -1897 | | | 111 | -4208 | 559 |
| 285.8 | 3340 | 1629 | 912 | | | | | | | -820 | -3920 | | | 1141 | -3066 | 1700 |
| 280.7 | 433 | 211 | 118 | 247 | | | | | | -106 | -508 | | | 395 | -2672 | 2095 |
| 273.5 | 618 | 301 | 169 | 352 | | | | | | | -725 | | | 715 | -1957 | 2809 |
| 260.7 | 1100 | | 300 | 627 | | 87 | | | | | -1291 | | | 824 | -1134 | 3633 |
| 215.3 | | | 1066 | 2226 | | 311 | | | | | -4583 | | | -981 | -2115 | 2652 |
| 211.2 | | | 95 | 198 | | 28 | | | | | | | | 320 | -1794 | 2972 |
| 205.1 | | | 143 | 298 | | 42 | | | | | | | -3454 | -2972 | -4767 | 0 |

续表

| 温度/℃ | 热量/kW | | | | | | | | | | | | | 热量/kW | 累加热量/kW | 总负荷/kW |
|---|---|---|---|---|---|---|---|---|---|---|---|---|---|---|---|---|
| | 循环油 | 重蜡油 | 轻蜡油 | 中段油 | 柴油 | 出装置蜡油及急冷油 | 出装置柴油 | 顶循油 | 分馏塔顶油气 | 循环油回炼 | 原料油 | 解吸塔底油 | 稳定塔底油 | | | |
| 194.5 | | | 248 | 519 | | 72 | | | | | | | | 839 | -3927 | 839 |
| 175.7 | | | 443 | 924 | 1910 | 129 | | | | | | | | 3406 | -521 | 4245 |
| 175.3 | | | 8 | | 33 | 2 | | | | | | | | 43 | -478 | 4288 |
| 161.3 | | | 329 | | 1422 | 96 | | | | | | -3610 | | -1763 | -2242 | 2525 |
| 119.8 | | | 972 | | 4194 | 283 | | | | | | | | 5449 | 3208 | 7974 |
| 117.9 | | | 45 | | | 13 | 34 | | | | | | | 92 | 3300 | 8067 |
| 103.2 | | | 345 | | | 100 | 259 | 1265 | | | | | | 1969 | 5269 | 10035 |
| 95.9 | | | 170 | | | 49 | 127 | | | | | | | 347 | 5615 | 10382 |
| 70.0 | | | 608 | | | 177 | 456 | | 2859 | | | | | 4101 | 9716 | 14483 |
| 60.0 | | | | | | | 176 | | 1102 | | | | | 1278 | 10994 | 15761 |
| 31.5 | | | | | | | | | 3138 | | | | | 3138 | 14132 | 18899 |

以温度为纵坐标，总负荷为横坐标，绘制总组成曲线，如图 3-17 所示。

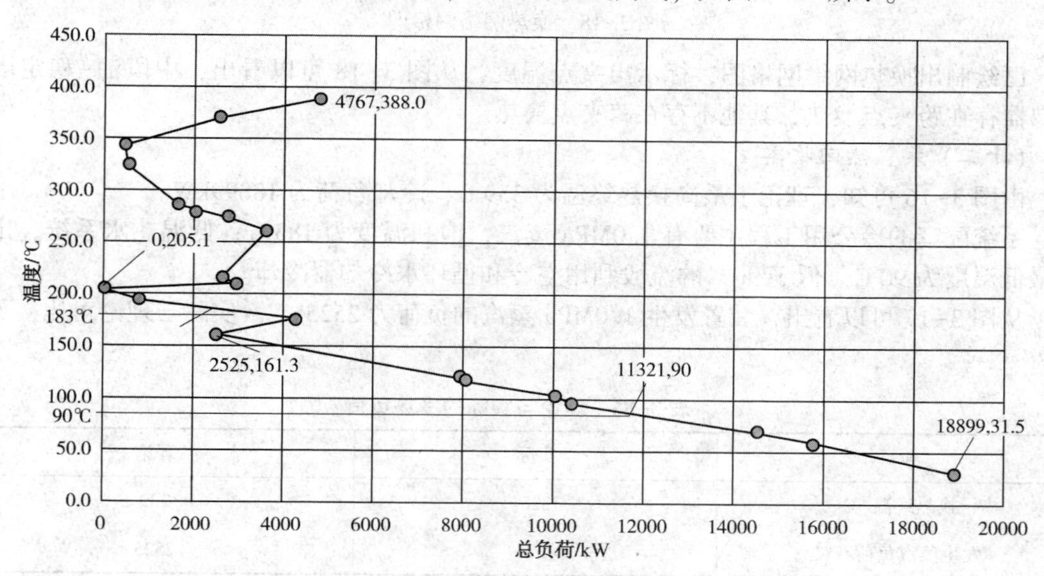


图 3-17　总综合曲线

由图 3-17 可以看出，本换热网络的窄点温度点为 205.1℃，即热流股的窄点温度为 215.1℃，冷流股的窄点温度为 195.1℃，与作图法得出的窄点温度相同。

加热炉的理想负荷是 4687kW，理想冷却负荷为 15088kW，与作图法的结果一致。

（十一）换热网络网格图

换热网络网格图如图 3-18 所示。

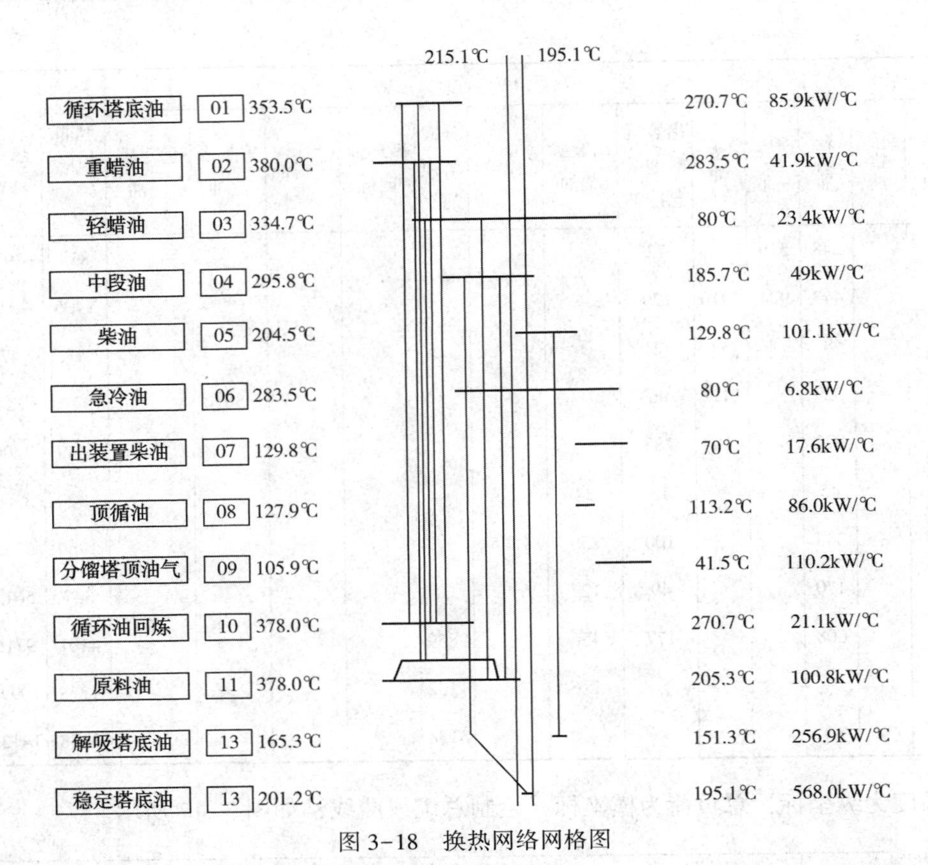


图 3-18　换热网络网格图

已绘制出换热网络网格图，标示出夹点温度，从图 3-18 可以看出，中段油-稳定塔底重沸器存在跨夹点换热，其他不存在跨夹点换热。

（十二）装置热回收率

由图 3-16 可知，理论上最高换热终温为 339℃，冷却负荷为 18899kW。

系统配套的冷公用工程主要有 1.0MPa 蒸汽，饱和温度为 183℃；低温热水系统，出装置最低温度为 90℃。低于 90℃的流股利用空冷和循环水冷却器冷却。

从图 3-17 可以看出，装置发生 1.0MPa 蒸汽的负荷为 2525kW。实际与理论对比，见表 3-86。

**表 3-86　理论与实际的冷热负荷**

| 项目 | 实际 | 理论 |
|---|---|---|
| 换热终温/℃ | 328 | 339 |
| 发生蒸汽负荷/kW | 4321 | 2525 |

（十三）小结

本节中以夹点理论对换热网络进行了梳理和计算，在冷流股部分，热循环油与原料油换热冷却至 270℃左右后，与换热后的 300℃以上的原料油一起进入加热炉进料缓冲罐。这股进入加热炉进料缓冲罐的循环油存在冷却后再加热的现象。可以考虑在不影响循环油-渣油换热器总传热系数的情况下，将这股循环油直接引入加热炉进料缓冲罐。

在绘制装置换热网络网格图的过程中，发现中段油-稳定塔底重沸器存在跨夹点换热。

中段油先与稳定塔底油换热后，再与原料油换热，建议改为先与原料油换热，再与稳定塔底重沸器换热。

## 五、加热炉计算

焦化加热炉 F303 是 2002 年建造的，设计热负荷为 32.55MW。辐射室和对流室包括原料油加热部分、注水部分及过热蒸汽部分。辐射室有炉管材质 1Cr9Mo 光管 144 根，规格为 $\phi$114.3×8.56×17500；对流室中有 1Cr9Mo 合金炉管 24 根、1Cr5Mo 翅片管 48 根，规格为 $\phi$114.3×8.56×16300。原料油首先进入对流室，在对流室内部转入辐射室顶部，从炉膛中出来进入辐射室底部，最后从辐射室顶部出来经转油线通过 10m 平台四通阀进入焦炭塔。四路进口采用流量控制，采用出口温度与炉膛膛温串级控制的方案。注水部分在对流室四排共 48 根，材质为碳钢，注水管规格为 $\phi$60×5×16300。注水注汽采用三点注入，第一点注 3.5MPa 蒸汽，注入位置为对流室入口；第二点和第三点注加热后的 2.2MPa 除氧水，第二点注水位置为对流转辐射的转油线上，第三点注水位置为辐射室出口管线上。过热蒸汽管材质为 15CrMo，上排 8 根翅片管，规格为 $\phi$127×8×16300。每排设置 17 台燃烧器，共 8 排 136 个。

（一）计算燃料发热值

已知燃料气各组分的体积分数，计算出其质量分数，再根据 GB/T 11062—1998 中第 206 表 4 查得燃料气各组分的低发热值，计算燃料气的总发热值(其中 $C_{5+}$组分按己烷计算)。燃料气中各纯组分的低发热值见表 3-87。

**表 3-87　燃料气低发热值**

| 组分 | 体积分数/% | 相对分子质量 | 平均相对分子质量 | 质量分数/% | 低发热量/(kJ/kg) | 低发热量/(kJ/kg 燃料) |
|---|---|---|---|---|---|---|
| $CH_4$ | 48.19 | 16.04 | 7.73 | 44.10 | 50032 | 22063.9 |
| $CH_4$ | 14.47 | 30.07 | 4.35 | 24.81 | 47510 | 11788.5 |
| $C_2H_6$ | 2.09 | 28.05 | 0.59 | 3.35 | 47170 | 1577.9 |
| $C_2H_4$ | 2.86 | 44.10 | 1.26 | 7.20 | 46340 | 3338.1 |
| $C_3H_8$ | 3.07 | 42.08 | 1.29 | 7.38 | 45770 | 3376.7 |
| $C_3H_6$ | 0.22 | 58.12 | 0.13 | 0.74 | 45560 | 337.9 |
| $i\text{-}C_4H_{10}$ | 0.27 | 58.12 | 0.15 | 0.88 | 45720 | 403.7 |
| $n\text{-}C_4H_{10}$ | 0.08 | 56.11 | 0.04 | 0.24 | 45100 | 109.0 |
| $t\text{-}C_4H_8$ | 0.11 | 56.11 | 0.06 | 0.36 | 45290 | 162.6 |
| $n\text{-}C_4H_8$ | 0.11 | 56.11 | 0.06 | 0.34 | 44990 | 152.7 |
| $i\text{-}C_4H_8$ | 0.09 | 56.11 | 0.05 | 0.28 | 45160 | 126.9 |
| $c\text{-}C_4H_8$ | 0.12 | 72.15 | 0.09 | 0.49 | 45250 | 221.6 |
| $i\text{-}C_5H_{12}$ | 0.14 | 72.15 | 0.10 | 0.56 | 45350 | 254.7 |

续表

| 组分 | 体积分数/% | 相对分子质量 | 平均相对分子质量 | 质量分数/% | 低发热量/(kJ/kg) | 低发热量/(kJ/kg 燃料) |
|---|---|---|---|---|---|---|
| $n-C_5H_{12}$ | 0.61 | 86.18 | 0.53 | 3.01 | 45150 | 1360.0 |
| $>C_5$ | 0.10 | 44.01 | 0.04 | 0.24 | 15200 | 37.2 |
| $O_2$ | 0.00 | 32.00 | 0.00 | 0.00 | 0 | 0.0 |
| $N_2$ | 1.92 | 28.01 | 0.54 | 3.07 | 0 | 0.0 |
| $H_2$ | 25.55 | 2.02 | 0.52 | 2.94 | 119930 | 3523.5 |
| 合计 | 100.00 | | 17.53 | 100.00 | | 48835 |

燃料气的低发热值为 48835kJ/kg 燃料。

(二) 反平衡计算加热炉热效率

1. 燃料气发热量

燃料气流量计为质量流量计，已知加热炉燃料气流量为 2539.8kg/h，前文已计算燃料气的低发热值，因此燃料气的燃烧低发热量为：

$$\frac{48835\text{kJ/kg}\times2539.8\text{kg/h}}{3600\text{s}}=34453\text{kW}$$

已知燃料气进入加热炉前温度为 88.4℃，根据《石油炼制设计数据图表集》[6] 第 231 页公式计算燃料气中各组分在一定温度下的焓值。

基准温度按 15.6℃计算。

将燃料气的基准温度校准为 15.6℃下的焓值，结果见表 3-88。

**表 3-88 燃料气显热**

| 组分 | 质量分数/% | 以 15.6℃为基准的焓值/(kJ/kg) | 燃料气总焓值/(kJ/kg) |
|---|---|---|---|
| $CH_4$ | 44.10 | 178.4 | 78.7 |
| $C_2H_6$ | 24.81 | 141.0 | 35.0 |
| $C_2H_4$ | 3.35 | 126.0 | 4.2 |
| $C_3H_8$ | 7.20 | 134.1 | 9.7 |
| $C_3H_6$ | 7.38 | 119.3 | 8.8 |
| $i-C_4H_{10}$ | 0.74 | 134.3 | 1.0 |
| $n-C_4H_{10}$ | 0.88 | 133.3 | 1.2 |
| $t-C_4H_8$ | 0.24 | 122.3 | 0.3 |
| $n-C_4H_8$ | 0.36 | 122.2 | 0.4 |
| $i-C_4H_8$ | 0.34 | 125.8 | 0.4 |
| $c-C_4H_8$ | 0.28 | 111.7 | 0.3 |
| $i-C_5H_{12}$ | 0.49 | 132.3 | 0.6 |

续表

| 组分 | 质量分数/% | 以15.6℃为基准的焓值/(kJ/kg) | 燃料气总焓值/(kJ/kg) |
|---|---|---|---|
| $n$-$C_5H_{12}$ | 0.56 | 132.8 | 0.7 |
| $>C_5$ | 3.01 | 132.1 | 4.0 |
| $CO_2$ | 0.24 | 73.5 | 0.2 |
| $O_2$ | 0.00 | 66.5 | 0.0 |
| $N_2$ | 3.07 | 74.5 | 2.3 |
| $H_2$ | 2.94 | 1053.0 | 30.9 |
| 合计 | | | 178.8 |

燃料在88℃下的焓值为178.8kJ/kg燃料，燃料气流量为2539.8kJ/kg，因此燃料气带入的显热为：

$$\frac{178.8\text{kJ/kg}\times 2539.8\text{kg/h}}{3600\text{s}}=126.1\text{kW}$$

已知标定期间装置内部平均气温为32℃，空气湿度为70%，大气压为101kPa。

(1) 理论耗空气量计算

假设干空气中氧含量为21%(体)，氮气含量为79%(体)。氧气的相对分子质量为32，氮气的相对分子质量为28，计算出干空气中氧气和氮气的质量分数，见表3-89。

**表3-89 空气组分**

| 项目 | 体积分数/% | 相对分子质量 | 质量分数/% |
|---|---|---|---|
| 干空气 $O_2$ | 21 | 32 | 23.3 |
| 干空气 $N_2$ | 79 | 28 | 76.7 |

干空气的相对分子质量为：

$$21\%\times 32+79\%\times 28=28.85$$

根据燃料气中各组分燃烧需要的氧气量，推算各组分所需干空气量。以甲烷为例：

$$CH_4+2\,O_2=C\,O_2+2H_2O$$

$$16+64=44+36$$

完全燃烧16g的燃料气需要消耗64g的氧气，根据已计算的干空气中氧气质量分数，计算出燃烧1g的燃料气需要消耗干空气17.13g。再计算燃料气中其他各组分的理论耗干空气量，根据燃料气各组分的质量分数，计算出燃料气的理论耗干空气量，结果见表3-90。

**表3-90 燃烧理论空气耗量**

| 组分 | 质量分数/% | 理论空气耗量/(kJ/kg) | 理论空气耗量/(kJ/kg燃料) |
|---|---|---|---|
| $CH_4$ | 44.10 | 17.13 | 7.55 |
| $C_2H_6$ | 24.81 | 15.99 | 3.97 |
| $C_2H_4$ | 3.35 | 14.69 | 0.49 |

续表

| 组分 | 质量分数/% | 理论空气耗量/(kJ/kg) | 理论空气耗量/(kJ/kg 燃料) |
| --- | --- | --- | --- |
| $C_3H_8$ | 7.20 | 15.58 | 1.12 |
| $C_3H_6$ | 7.38 | 14.69 | 1.08 |
| $i$-$C_4H_{10}$ | 0.74 | 15.36 | 0.11 |
| $n$-$C_4H_{10}$ | 0.88 | 15.36 | 0.14 |
| $t$-$C_4H_8$ | 0.24 | 14.69 | 0.04 |
| $n$-$C_4H_8$ | 0.36 | 14.69 | 0.05 |
| $i$-$C_4H_8$ | 0.34 | 14.69 | 0.05 |
| $c$-$C_4H_8$ | 0.28 | 14.69 | 0.04 |
| $i$-$C_5H_{12}$ | 0.49 | 15.23 | 0.07 |
| $n$-$C_5H_{12}$ | 0.56 | 15.23 | 0.09 |
| >$C_5$ | 3.01 | 15.15 | 0.46 |
| $CO_2$ | 0.24 | 4.68 | 0.01 |
| $O_2$ | 0 | 0 | 0 |
| $N_2$ | 3.07 | 0 | 0 |
| $H_2$ | 2.94 | 34.08 | 1.00 |
| 合计 | 100.00 | | 16.3 |

1kg 燃料气理论消耗 16.28kg 干空气，因此加热炉的理论空气消耗量为：

$$16.28\text{kg 空气/kg 燃料气}\times 2539.8\text{kg 燃料气/h} = 41348\text{kg 空气/h}$$

（2）湿空气中水分计算

已知大气环境温度为 32℃，大气压为 101kPa，根据安托因公式[13]，计算环境温度下水蒸气饱和蒸气压。

$$p = 10^{7.07406-\frac{1657.46}{32+227.02}} = 4.733(\text{kPa}) = 4733(\text{Pa})$$

根据已知的空气湿度为 70%，计算湿空气中水的质量分数：

$$\text{湿空气中水的质量分数} = \frac{p_{\text{vap}}}{\text{大气压}}\times\text{湿度}\times\frac{M_{\text{水}}}{M_{\text{空}}} = \frac{4.733}{101}\times 70\%\times\frac{18}{28.85}$$

$$= 0.02048(\text{kg 水/kg 湿空气})$$

湿空气中各组分的百分数见表 3-91。

**表 3-91　湿空气组分**

| 项目 | 相对分子质量 | 质量分数/% |
| --- | --- | --- |
| 湿空气 $O_2$ | 32 | 22.82 |
| 湿空气 $N_2$ | 28 | 75.17 |
| 湿空气 $H_2O$ | 18 | 2.01 |

（3）理论烟气生成量

计算燃料气各组分生成的 $CO_2$ 量、$H_2O$ 量和 $N_2$ 量，根据燃料气的质量分数，计算理论烟气量，结果见表 3-92。

**表 3-92　理论烟气生成量**

| 组分 | 质量分数/% | $CO_2$ 生成量 | | $H_2O$ 生成量 | | $N_2$ 生成量 | |
|---|---|---|---|---|---|---|---|
| | | kJ/kg | kJ/kg 燃料 | kJ/kg | kJ/kg 燃料 | kJ/kg | kJ/kg 燃料 |
| $CH_4$ | 44.10 | 2.74 | 1.21 | 2.25 | 0.99 | 13.14 | 5.79 |
| $C_2H_6$ | 24.81 | 2.93 | 0.73 | 1.80 | 0.45 | 12.27 | 3.04 |
| $C_2H_4$ | 3.35 | 3.14 | 0.10 | 1.28 | 0.04 | 11.27 | 0.38 |
| $C_3H_8$ | 7.20 | 2.99 | 0.22 | 1.63 | 0.12 | 11.95 | 0.86 |
| $C_3H_6$ | 7.38 | 3.14 | 0.23 | 1.28 | 0.09 | 11.27 | 0.83 |
| $i$-$C_4H_{10}$ | 0.74 | 3.03 | 0.02 | 1.55 | 0.01 | 11.79 | 0.09 |
| $n$-$C_4H_{10}$ | 0.88 | 3.03 | 0.03 | 1.55 | 0.01 | 11.79 | 0.10 |
| $t$-$C_4H_8$ | 0.24 | 3.14 | 0.01 | 1.28 | 0.00 | 11.27 | 0.03 |
| $n$-$C_4H_8$ | 0.36 | 3.14 | 0.01 | 1.28 | 0.00 | 11.27 | 0.04 |
| $i$-$C_4H_8$ | 0.34 | 3.14 | 0.01 | 1.28 | 0.00 | 11.27 | 0.04 |
| $c$-$C_4H_8$ | 0.28 | 3.14 | 0.01 | 1.28 | 0.00 | 11.27 | 0.03 |
| $i$-$C_5H_{12}$ | 0.49 | 3.05 | 0.01 | 1.50 | 0.01 | 11.69 | 0.06 |
| $n$-$C_5H_{12}$ | 0.56 | 3.05 | 0.02 | 1.50 | 0.01 | 11.69 | 0.07 |
| $>C_5$ | 3.01 | 3.06 | 0.09 | 1.46 | 0.04 | 11.62 | 0.35 |
| $CO_2$ | 0.24 | 0 | 0 | 0.41 | 0.00 | 3.59 | 0.01 |
| $O_2$ | 0 | 0 | 0 | 0 | 0 | 0 | 0 |
| $N_2$ | 3.07 | 0 | 0 | 0 | 0 | 1 | 0.03 |
| $H_2$ | 2.94 | 0 | 0 | 8.94 | 0.26 | 26.14 | 0.77 |
| 合计 | 100.00 | | 2.70 | | 2.06 | | 12.5 |

（4）实际耗空气量

实际耗空气量包括理论湿空气量、过剩干空气量和过剩空气中的水含量。

1）理论湿空气耗量：

已计算出湿空气中 $H_2O$ 质量分数为 2.01%，理论干空气耗量为 16.28kg 空气/kg 燃料，故理论湿空气量为：

$$\frac{16.28\text{kg 空气/kg 燃料}}{1-2.01\%}=16.61\text{kg 湿空气/kg 燃料}$$

2）燃烧理论需要湿空气中的水分：

$$16.61\text{kg 湿空气/kg 燃料}\times 2.01\%=0.33\text{kg 水/kg 燃料}$$

3）燃料燃烧理论产生的水：

包括燃烧产生的水和湿空气中水分，不包括过剩空气中的水分：

$$2.06\text{kg/kg 燃料}+0.33\text{kg/kg 燃料}=2.39\text{kg/kg 燃料}$$

4）过剩空气量：

已知烟气中氧含量为 2.24%，根据生成的烟气量计算理论过剩干空气量：

$$\text{每 kg 燃料燃烧的过剩空气量}=\frac{(M_{空}\times 氧含量)\times 单位质量产生的理论烟气总物质的量}{空气中氧含量-氧含量\times\left(\dfrac{每 kg 燃料燃烧所需湿空气中含水的物质的量}{每 kg 燃料燃烧理论空气的物质的量}+1\right)}$$

$$=\frac{(28.85\times 2.24)\times\left(\dfrac{燃烧产生 CO_2}{M_{CO_2}}+\dfrac{燃烧产生 N_2}{M_{N_2}}+\dfrac{燃烧产生 H_2O}{M_{H_2O}}\right)}{21-2.24\times\left(\dfrac{M_{空}}{M_{H_2O}}\times\dfrac{含 H_2O 量}{理论空气量}+1\right)}$$

$$=\frac{(28.858\times 2.24)\times\left(\dfrac{2.70}{44}+\dfrac{12.52}{28}+\dfrac{2.06}{18}\right)}{21-2.24\times\left(\dfrac{28.85}{18}\times\dfrac{0.29}{16.28}+1\right)}=2.19\text{kg(干空气/kg 燃料)}$$

5）过剩空气的水含量：

$$\text{过剩空气中的水含量}=\frac{过剩空气量}{1-湿空气中含水量}\times 湿空气含水量$$

$$=\frac{2.19}{1-0.0201}\times 0.0201=0.045\text{(kg 水/kg 燃料)}$$

实际耗空气量为：

16.61kg 湿空气/kg 燃料+2.19kg 干空气/kg 燃料+0.045kg 水/kg 燃料=18.85kg 空气/kg 燃料

（5）冷空气带入热量

冷空气包括理论空气量和过剩空气量，再分别计算空气中 $N_2$、$O_2$ 和 $H_2O$ 的量，根据《石油炼制设计数据图表集》[6] 第 231 页公式计算空气中各组分在一定温度下的焓值，结果见表 3-93。

**表 3-93　冷空气带入热量**

| 组分 | 1kg 燃料所需的/kg | 基准温度/K | 空气温度/℃ | 基准温度焓值/(kJ/kg) | 环境温度下焓值/(kJ/kg) | 基准温度下焓值/(kJ/kg) | 热量/(kJ/kg 燃料) |
|---|---|---|---|---|---|---|---|
| 理论空气中的 $O_2$ | 3.791 | 288.75 | 32 | 262.0 | 276.7 | 14.8 | 56.0 |
| 理论空气中的 $N_2$ | 12.485 | 288.75 | 32 | 299.8 | 316.4 | 16.6 | 207.8 |
| 理论空气中的 $H_2O$ | 0.333 | 288.75 | 32 | 532.2 | 562.1 | 29.9 | 10.0 |
| 过剩空气中的 $O_2$ | 0.511 | 288.75 | 32 | 262.0 | 276.7 | 14.8 | 7.5 |
| 过剩空气中的 $N_2$ | 1.682 | 288.75 | 32 | 299.8 | 316.4 | 16.6 | 28.0 |
| 过剩空气中的 $H_2O$ | 0.045 | 288.75 | 32 | 532.2 | 562.1 | 29.9 | 1.3 |
| 合计 | | | | | | | 310.7 |

在以 15.6℃ 为基准温度的情况下，每 kg 燃料燃烧需的空气带入的热量为 310.7kJ/kg 燃料。

冷空气带入加热炉的热量为：

$$\frac{310.7\text{kJ/kg}\times 2539.8\text{kg/h}}{3600\text{s}}=219.2\text{kW}$$

2. 排烟损失

加热炉排烟组分主要有燃料燃烧产生的$CO_2$、$H_2O$和$N_2$，过剩空气中的$CO_2$、$H_2O$和$N_2$，理论空气中的$H_2O$。分别对其排烟温度下的焓值进行计算，结果见表3-94。

**表3-94 排烟损失热量**

| 组分 | 1kg燃料产生的/kg | 基准温度/K | 排烟温度/℃ | 基准温度下焓值/(kJ/kg) | 排烟温度下焓值/(kJ/kg) | 15.6℃基准下焓值/(kJ/kg) | 热量/(kJ/kg燃料) |
|---|---|---|---|---|---|---|---|
| 燃烧产生$CO_2$ | 2.700 | 289 | 141 | 204.6 | 317.9 | 113.3 | 305.8 |
| 燃烧产生$H_2O$ | 2.056 | 289 | 141 | 532.2 | 766.0 | 233.8 | 480.6 |
| 燃烧产生$N_2$ | 12.516 | 289 | 141 | 299.8 | 428.6 | 128.8 | 1611.9 |
| 理论空气中$H_2O$ | 0.333 | 289 | 141 | 532.2 | 766.0 | 233.8 | 77.9 |
| 过剩空气中$N_2$ | 1.682 | 289 | 141 | 299.8 | 428.6 | 128.8 | 216.7 |
| 过剩空气中$O_2$ | 0.511 | 289 | 141 | 262.0 | 377.5 | 115.6 | 59.0 |
| 过剩空气中$H_2O$ | 0.045 | 289 | 141 | 532.2 | 766.0 | 233.8 | 10.5 |
| 合计 | | | | | | | 2762.5 |

每kg燃料燃烧产生烟气带走的热量为2762.5kJ/kg燃料。

排烟损失的热量为：

$$\frac{2762.5\text{kJ/kg}\times 2539.8\text{kg/h}}{3600\text{s}}=1948.9\text{kW}$$

3. 散热损失

大气温度为29.5℃，炼油厂实际温度按32℃计算，风速按表3-95中数据计算。

**表3-95 加热炉表面温度**

| 部位 | | 表面积/$m^2$ | 环境温度/℃ | 风速/(m/s) | 表面温度/℃ |
|---|---|---|---|---|---|
| 东炉对流室 | 东面 | 55.2 | 32 | 1 | 70 |
| | 西面 | 55.2 | 32 | 1 | 75 |
| | 南面 | 4.9 | 32 | 0.5 | 80 |
| | 北面 | 4.9 | 32 | 0.5 | 80 |
| 西炉对流室 | 东面 | 55.2 | 32 | 1 | 70 |
| | 西面 | 55.2 | 32 | 1 | 75 |
| | 南面 | 4.9 | 32 | 0.5 | 80 |
| | 北面 | 4.9 | 32 | 0.5 | 80 |
| 东炉辐射室 | 东面 | 119.4 | 32 | 1 | 70 |
| | 西面 | 119.4 | 32 | 1 | 75 |
| | 南面 | 42.5 | 32 | 0.5 | 80 |
| | 北面 | 42.5 | 32 | 0.5 | 80 |
| 东炉底 | | 126.2 | 32 | 1 | 140 |

续表

| 部位 | | 表面积/m² | 环境温度/℃ | 风速/(m/s) | 表面温度/℃ |
|---|---|---|---|---|---|
| 西炉辐射室 | 东面 | 119.4 | 32 | 1 | 70 |
| | 西面 | 119.4 | 32 | 1 | 75 |
| | 南面 | 42.5 | 32 | 0.5 | 80 |
| | 北面 | 42.5 | 32 | 0.5 | 80 |
| 西炉底 | | 126.2 | 32 | 1 | 140 |
| 空预器 | 东面 | 57.8 | 32 | 1 | 65 |
| | 西面 | 57.8 | 32 | 1 | 60 |
| | 南面 | 43.7 | 32 | 0.5 | 60 |
| | 北面 | 43.7 | 32 | 0.5 | 60 |
| 合计 | | 1343.4 | | | |

炉墙外壁对大气的散热损失包括对流传热和辐射传热部分。首先计算炉墙对大气的对流散热系数。

根据《管式加热炉》[9]第309页公式，计算与风速有关的系数$\xi$：

$$\xi = \sqrt{\frac{u + 0.348}{0.348}}$$

取与炉墙表面所处位置有关的系数$A$，对于竖直散热表面(如侧壁)，$A=2.2$；对于散热面朝上(如炉顶)，$A=2.8$；对于散热面朝下(如炉底)，$A=1.4$。然后计算对流传热系数$\alpha_{nC}$：

$$\alpha_{nC} = A \cdot \xi \cdot \sqrt[4]{t_{n+1} - t_n}$$

式中 $\alpha_{nC}$——炉墙对大气的对流传热系数，W/(m²·K)；

$A$——与炉墙表面所处位置有关的系数；

$t_{n+1}$——炉墙外壁温度,℃；

$t_n$——环境温度,℃。

根据《管式加热炉》[9]第309页公式计算炉墙对大气的辐射散热系数：

$$\alpha_{nR} = \frac{4.9\epsilon\left[\left(\frac{t_{n+1} + 273}{100}\right)^4 - \left(\frac{t_n + 273}{100}\right)^4\right]}{t_{n+1} - t_n}$$

式中 $\alpha_{nR}$——炉墙对大气的辐射传热系数，W/(m²·K)；

$\epsilon$——炉墙外表面的黑毒，一般取$\epsilon = 0.8$；

$t_{n+1}$——炉墙外壁温度,℃；

$t_n$——环境温度,℃。

根据《管式加热炉》[9]第309页公式计算炉墙对大气的散热系数：

$$\alpha_n = \alpha_{nC} + \alpha_{nR}$$

式中 $\alpha_n$——炉墙对大气的散热系数，W/(m²·K)；

$\alpha_{nC}$——炉墙对大气的对流传热系数，W/(m²·K)；

$\alpha_{nR}$——炉墙对大气的辐射传热系数，W/(m²·K)。

计算结果见表 3-96。

表 3-96 加热炉外壁散热损失

| 部位 | | 与风速有关系数 | 系数 $A$ | 对流传热系数 /[W/(m²·℃)] | 辐射传热系数 /[W/(m²·℃)] | 总传热系数 /[W/(m²·℃)] | 散热量 /kW |
|---|---|---|---|---|---|---|---|
| 东对流室 | 东面 | 1.97 | 2.2 | 10.8 | 5.4 | 16.1 | 33.8 |
| | 西面 | 1.97 | 2.2 | 11.1 | 5.5 | 16.6 | 39.3 |
| | 南面 | 1.56 | 2.2 | 9.0 | 5.6 | 14.7 | 3.4 |
| | 北面 | 1.56 | 2.2 | 9.0 | 5.6 | 14.7 | 3.4 |
| 西对流室 | 东面 | 1.97 | 2.2 | 10.8 | 5.4 | 16.1 | 33.8 |
| | 西面 | 1.97 | 2.2 | 11.1 | 5.5 | 16.6 | 39.3 |
| | 南面 | 1.56 | 2.2 | 9.0 | 5.6 | 14.7 | 3.4 |
| | 北面 | 1.56 | 2.2 | 9.0 | 5.6 | 14.7 | 3.4 |
| 东辐射室 | 东面 | 1.97 | 2.2 | 10.8 | 5.4 | 16.1 | 73.1 |
| | 西面 | 1.97 | 2.2 | 11.1 | 5.5 | 16.6 | 85.1 |
| | 南面 | 1.56 | 2.2 | 9.0 | 5.6 | 14.7 | 29.9 |
| | 北面 | 1.56 | 2.2 | 9.0 | 5.6 | 14.7 | 29.9 |
| 东炉底 | | 1.97 | 1.4 | 8.9 | 7.4 | 16.3 | 222.2 |
| 西辐射室 | 东面 | 1.97 | 2.2 | 10.8 | 5.4 | 16.1 | 73.1 |
| | 西面 | 1.97 | 2.2 | 11.1 | 5.5 | 16.6 | 85.1 |
| | 南面 | 1.56 | 2.2 | 9.0 | 5.6 | 14.7 | 29.9 |
| | 北面 | 1.56 | 2.2 | 9.0 | 5.6 | 14.7 | 29.9 |
| 西炉底 | | 1.97 | 1.4 | 8.9 | 7.4 | 16.3 | 222.2 |
| 空预器 | 东面 | 1.97 | 2.2 | 10.4 | 5.2 | 15.6 | 29.8 |
| | 西面 | 1.97 | 2.2 | 10.0 | 5.1 | 15.1 | 24.4 |
| | 南面 | 1.56 | 2.2 | 7.9 | 5.1 | 13.0 | 15.9 |
| | 北面 | 1.56 | 2.2 | 7.9 | 5.1 | 13.0 | 15.9 |
| 合计 | | | | | | | 1126.1 |

散热损失为 1126.1kW。

4. 化学能损失

首先根据已计算出的烟气组成，计算 1kg 燃料产生的干烟气的组成和量，结果见表 3-97。

表 3-97 加热炉化学能损失

| 组分 | 1kg 燃料产生的 | |
|---|---|---|
| | kg | Nm³ |
| $CO_2$ | 2.70 | 1.37 |
| $N_2$ | 14.20 | 11.35 |
| $O_2$ | 0.51 | 0.36 |
| 合计 | 17.41 | 13.09 |

根据《管式加热炉》[9]第40页公式计算化学能的损失：

$$q_2 = \frac{V''_g}{Q_1}(0.1264\text{CO 含量} + 0.1074\text{H}_2\text{ 含量} + 0.3571\text{CH}_4\text{ 含量})$$

式中 $q_2$——化学不完全燃烧损失的热量与燃料低热值之比；

$V''_g$——干烟气量，$Nm^3/kg$ 燃料；

$Q_1$——燃料气低发热值，MJ/kg 燃料。

由此推算出化学能损失为：

$$q_{化} = V''_g(0.1264\text{CO 含量} + 0.1074\text{H}_2\text{ 含量} + 0.3571\text{CH}_4\text{ 含量})$$

已知烟气中 CO 含量为 300μL/L，即 0.03%，无 $H_2$ 和 $CH_4$ 组分。

$$\begin{aligned} q_{化} &= V''_g(0.1264\text{CO 含量} + 0.1074\text{H}_2\text{ 含量} + 0.3571\text{CH}_4\text{ 含量}) \\ &= 13.09\text{Nm}^3/\text{kg 燃料} \times 0.1264 \times 0.03 \\ &= 0.049\text{MJ/kg 燃料} \end{aligned}$$

化学能损失为：

0.049MJ/kg 燃料×2539.8kg/h×1000÷3600＝35kW

以上分别计算了燃料气的低发热量、燃料气显热、冷空气带入热量、排烟损失热量、散热损失热量和化学能损失热量。加热炉输入的总热量主要为燃料气的低发热量、燃料气显热和冷空气带入热量，而损失的热量主要有排烟损失热量、散热损失热量和化学不完全燃烧产生的热量，将以上计算结果列入表 3-98。

**表 3-98 反平衡计算加热炉热效率**

| 项目 | 热量/kW | 所占比例/% |
| --- | --- | --- |
| 燃料气的燃烧热量 | 34452.9 | 99.01 |
| 燃料气带入显热 | 126.1 | 0.36 |
| 冷空气带入的热量 | 219.2 | 0.63 |
| 合计 | 34798.2 | 100.0 |
| 排烟带走的热量 | 1948.9 | 5.60 |
| 散热损失 | 1126.1 | 3.24 |
| 化学能损失 | 35.0 | 0.10 |
| 小计 | | 8.94 |
| 加热炉效率 | | 91.06 |

利用反平衡法计算加热炉热效率：$\eta$＝91.06%。

（三）正平衡计算加热炉热效率

加热有效负荷包括过热蒸汽加热负荷、炉管注水注汽加热负荷、原料油加热负荷和反应吸热，根据已知的加热炉输入能量，计算加热炉的热效率。

1. 过热蒸汽、炉管注水注汽负荷

加热炉过热蒸汽仅进对流室，炉管注水注汽先进对流室，再进入辐射室，根据水和蒸汽焓值计算软件，分别计算过热蒸汽，炉管注水注汽在对流入口、对流出口和辐射出口的焓值，结果见表 3-99。

**表 3-99 水蒸气焓值**

| 项目 | 对流入口温度/℃ | 对流出口温度/℃ | 辐射出口温度/℃ | 对流入口液相焓值/(kJ/kg) | 对流入口气相焓值/(kJ/kg) | 对流出口气相焓值/(kJ/kg) | 辐射出口气相焓值/(kJ/kg) |
|---|---|---|---|---|---|---|---|
| 过热蒸汽 | 181 | 280 | | | 2778 | 3014 | |
| 炉管注汽 | 405 | 378 | 498 | | 3267 | 3218 | 3446 |
| 炉管注水 | 95 | 199 | 498 | 400 | | 2836 | 3446 |

根据已知的介质流量，计算其热负荷，结果见表 3-100。

**表 3-100 加热炉注水注汽和过热蒸汽热负荷**

| 项目 | 流量/(t/h) | 对流室负荷/kW | 辐射室负荷/kW | 总负荷/kW |
|---|---|---|---|---|
| 过热蒸汽 | 6.5 | 428.5 | | 428.5 |
| 加热炉注汽 | 0.4 | -5.5 | 25.4 | 19.9 |
| 加热炉注水 | 2.9 | 1946.3 | 487.4 | 2433.7 |
| 合计 | | 2369.4 | 512.8 | 2882.2 |

2. 反应热计算

“反应热为经验值，和加热炉出口的转化率有关，转化率高，炉管内裂化反应多，吸热反应热就高，一般为(1.0~2.0)×$10^4$kcal/t 进料。”

本装置加热炉原料油反应热按 1.4 × $10^4$ kcal/t 进料计算，已知加热炉总进料为 169.3t/h，因此反应热总负荷为：

$$1.4\times10^4\text{kcal/t}\times10000\times4.186\text{kJ/kcal}\times169.3\text{t/h}=2756.6\text{kW}$$

3. 原料油加热负荷

由于进加热炉的油品性质未做化验分析，其性质按原料油性质计算。已知原料油在对流室入口、对流室出口和辐射室出口的温度，根据油品焓值计算公式，计算原料油在对流室入口、对流室出口和辐射室出口温度下的气液相焓值。

“加热炉出口汽化率和渣油性质、炉出口温度、循环比及压力有关，一般为 30%~40%。”

本装置加热炉辐射室出口的汽化率按 40%计算，其进出口焓值见表 3-101。

**表 3-101 原料油在炉进出口焓值**

| 项目 | 对流入口温度/℃ | 对流出口温度/℃ | 辐射出口温度/℃ | 对流入口液相焓值/(kJ/kg) | 对流出口液相焓值/(kJ/kg) | 辐射出口温度液相焓值/(kJ/kg) | 辐射出口温度气相焓值/(kJ/kg) |
|---|---|---|---|---|---|---|---|
| 气相部分 | 328 | 378 | 498 | 734.2 | 876.7 | | 1413.3 |
| 液相部分 | 328 | 378 | 498 | 734.2 | 876.7 | 1205.5 | |

根据加热炉总进料量和气化率，计算加热炉原料油加热部分的负荷，见表 3-102。

**表 3-102 原料油加热负荷**

| 项目 | 比例/% | 流量/(t/h) | 对流室负荷/kW | 辐射室负荷/kW | 总负荷/kW |
|---|---|---|---|---|---|
| 气相部分 | 40 | 68 | 2682 | 10097 | 12778 |
| 液相部分 | 60 | 102 | 4022 | 9281 | 13303 |
| 合计 | | | 6704 | 19378 | 26082 |

原料油加热部分的负荷为 26082kW。

4. 加热炉热效率

将以上计算结果进行汇总，见表 3-103。

**表 3-103 正平衡计算加热炉热效率**

<table>
<tr><th colspan="3">项目</th><th>热负荷/kW</th><th>比例/%</th></tr>
<tr><td colspan="2" rowspan="4">供入能</td><td>燃料气低发热值</td><td>34452.9</td><td>99.01</td></tr>
<tr><td>燃料气显热</td><td>126.1</td><td>0.36</td></tr>
<tr><td>冷空气热量</td><td>219.2</td><td>0.63</td></tr>
<tr><td>合计</td><td>34798.2</td><td>100.0</td></tr>
<tr><td rowspan="10">有效能</td><td rowspan="5">对流室</td><td>过热蒸汽</td><td>428.5</td><td>1.23</td></tr>
<tr><td>注水</td><td>1946.3</td><td>5.59</td></tr>
<tr><td>注汽</td><td>-5.5</td><td>-0.02</td></tr>
<tr><td>原料油</td><td>6704.0</td><td>19.27</td></tr>
<tr><td>合计</td><td>9073.3</td><td>26.07</td></tr>
<tr><td rowspan="5">辐射室</td><td>注水</td><td>487.4</td><td>1.40</td></tr>
<tr><td>注汽</td><td>25.4</td><td>0.07</td></tr>
<tr><td>原料油</td><td>19377.6</td><td>55.69</td></tr>
<tr><td>反应热</td><td>2756.6</td><td>7.92</td></tr>
<tr><td>合计</td><td>22647.0</td><td>65.08</td></tr>
<tr><td colspan="2">正平衡加热炉热效率</td><td></td><td></td><td>91.16</td></tr>
</table>

加热炉对流室的热负荷为 9073.3kW，辐射室的热负荷为 22647kW，总有效负荷为 31720kW，加热炉正平衡的热效率为 91.16%。

(四) 炉管表面热强度

根据《延迟焦化工艺与工程》[4]第 581 页公式，计算加热炉的炉管表面平均热强度：

$$q_R = \frac{Q_R}{A_R}$$

式中 $q_R$——炉管表面平均热强度，$kW/m^2$；

$Q_R$——管内介质在炉管中的吸热量，kW；

$A_R$——以管外径为准的炉管传热面积，$m^2$。

首先计算以管外径为准的炉管传热面积 $A_R$，已知条件见表 3-104。

表 3-104 加热炉基本参数

| 项目 | 数值 | 项目 | 数值 |
|---|---|---|---|
| 炉管外径/mm | 114.3 | 单程炉管根数 | 36 |
| 炉管壁厚/mm | 8.56 | 单根炉管长度/m | 17.5 |
| 管程数 | 4 | | |

计算结果如下：

$$A_R = 4\times36\times3.14\times(114.3/1000)\times17.5 = 904.4(m^2)$$

之前已计算出辐射室的热负荷为 20442.5kW，辐射室炉管的表面平均热强度为：

$$q_R = \frac{Q_R}{A_R} = \frac{22647}{904.4} = 25.04(kW/m^2)$$

(五) 管内流型

焦化加热炉的最高油膜温度在加热炉出口处，因此计算加热炉出口处的油膜温度。

1. 管内流速

(1) 两相流体流量

已计算出加热炉出口处油品的液相质量流量和气相质量流量，加热炉出口处还包括加热注水注汽的蒸汽流量，见表 3-105。

表 3-105 加热炉出口气液相流量

| 项目 | 流量/(t/h) | 摩尔质量/(g/mol) | 摩尔流量/(kmol/h) |
|---|---|---|---|
| 油品气相流量 | 67.7 | 668 | 101 |
| 蒸汽气相流量 | 3.3 | 18 | 182 |
| 气相流量小计 | 71 | 686 | 283 |
| 油品液相流量 | 101.6 | 668 | 152 |
| 合计 | 173 | 1354 | 436 |

气相质量流量 $W_g = 71t/h = 19.7kg/s$，液相质量流量 $W_L = 101.6t/h = 28.2kg/s$。

加热炉的内截面积为 0.007417m²，因此气相表观质量流速为 $G_g = 664.8kg/(m^2\cdot s)$，液相表观质量流速 $G_g = 951.2kg/(m^2\cdot s)$。

(2) 两相流体密度

首先根据已知的加热炉出口温度和加热炉出口处压力，计算气相组分的实际体积流量和密度，结果见表 3-106。

表 3-106 加热炉出口气相密度

| 项目 | 流量/(kg/s) | 出口压力/MPa | 出口温度/℃ | 摩尔质量/(g/mol) | 摩尔流量/(kmol/h) | 体积流量/(m³/h) | 密度/(kg/m³) |
|---|---|---|---|---|---|---|---|
| 油品气相流量 | 18.82 | 0.518 | 498 | 668 | 101 | 1049.78 | 64.52 |
| 蒸汽气相流量 | 0.91 | 0.518 | 498 | 18 | 182 | 1884.56 | 1.74 |

气相总体积流量 $V_g = 2934.34m^3/h$，因此气相密度为：

$$\rho_g = \frac{W_g}{V_g} = 24.2kg/m^3$$

已知液相介质的温度、$K$ 值和中平均沸点，根据《石油炼制工程》[2] 第 60 页图 3-3 查得液相密度 $\rho_L=820kg/m^3$。

(3) 炉管内流速

炉管出口处液相质量流量 $W_L=101.6t/h$，液相密度 $\rho_L=820kg/m^3$，因此液相体积流量为：

$$V_L=\frac{W_L}{\rho_L}=124(m^3/h)$$

炉管内的总体积流量为 $V=V_L+V_g=3058.2m^3/h$ 。

单程炉管的体积流量为 $764.6m^3/h$。

加热炉出口处炉管内截面积为 $0.00742m^2$。

因此，计算炉出口处的流速 $u=28.63m/s$。

2. 管内流体物性

(1) 液相黏度

将原料油近似看作渣油，知渣油在 80℃ 的运动黏度为 3950 $mm^2/s$，100℃ 下的运动黏度为 1480 $mm^2/s$，根据《冷换设备工艺计算手册》[10] 第 75 页附表 1-7 中计算公式，计算炉出口温度下的油品黏度。

首先计算参数 $b$：

$$b=\frac{\ln[\ln(v_1+C)]-\ln[\ln(v_2+C)]}{\ln(T_1+273)-\ln(T_2+273)}$$

式中 $C$——参数，0.6；

$v_1$、$v_2$——对应温度下的油品运动黏度，$mm^2/s$；

$T_1$、$T_2$——温度，℃。

计算得出参数 $b=-2.29$。

参数 $a$ 由以下公式计算：

$$a=\ln[\ln(v_1+C)]-b\cdot\ln(T_1+273)$$

计算得出参数 $a=15.54$。

利用以下公式计算炉出口温度下油品的运动黏度：

$$v=\exp\{\exp[a+b\times\ln(T+273)]\}-C$$

计算得出原料油在炉出口温度下的运动黏度为 $3.4mm^2/s$。

再根据以下公式将运动黏度转换成动力黏度：

$$\mu=\rho\cdot v\cdot 10^{-3}$$

式中 $\mu$——动力黏度，mPa · s 或 cP；

$\rho$——油品在该温度下的密度，$kg/m^3$；

$v$——油品在该温度下的运动黏度，$mm^2/s$。

渣油在炉出口温度下的黏度为 $\mu_{oD}=2.38mPa\cdot s$。

(2) 液相表面张力

根据《石油化工设计手册》[1] 第 971 页公式 7-110 计算石油馏分的表面张力。

$$\sigma=\frac{0.6737}{K}\left(1-\frac{T+273.15}{T_{pc}+273.15}\right)^{1.232}$$

式中 $\sigma$——液体的表面张力，$J/m^2$；

$K$——特性因数；

$T$——温度,℃;

$T_{pc}$——假临界温度,℃。

已知原料油的特性因数 $K=11.3$，温度 $T=498$℃，假临界温度 $T_{pc}=791$℃，计算得出油品的表面张力 $\sigma_L=12.14\text{mN/m}=12.14\text{dyn/cm}$。

(3) 液相导热系数

根据《石油化工设计手册》[1]第981页公式(7-127)计算液相导热系数。

对于压力 $p\leqslant3.45$MPa 的液相，导热系数为：

$$k = 0.13121 - 1.4199 \times 10^{-4}t$$

式中 $k$——导热系数，W/(m·℃)；

$t$——温度,℃。

计算其在炉出口温度下的导热系数 $k=0.061$W/(m·℃)。

(4) 液相比定压热容

根据《石油化工设计手册》[1]第955页公式(7-81)计算液相定压热容：

$$c_p = A_1 + A_2T + A_3T^2$$

$$A_1 = -4.90383 + (0.099319 + 0.104281S)K + (4.81407 - 0.194833K)/S$$

$$A_2 = (1.0 + 0.82463K)(8.453551 - 2.082565/S)(10^{-4})$$

$$A_3 = -(1.0 + 0.82463K)(3.937580 - 0.9625617/S)(10^{-7})$$

式中 $K$——特性因数；

$S$——15.6℃下的相对密度。

计算得出液相比定压热容 $c_p=3.26$kJ/(kg·℃)

(5) 气相导热系数

根据《石油化工设计手册》[1]第981页公式(7-129)计算气相的导热系数：

$$k = 0.00376 + \frac{0.70595}{M^{1.086497}} + \left(0.102684 + \frac{3.308}{M^{1.7}}\right)\frac{t}{1000}$$

式中 $k$——导热系数，W/(m·℃)；

$M$——相对分子质量；

$t$——温度,℃。

气相组分以原料油和水蒸气组成，计算其平均相对分子质量 $M=250$。

计算其在炉出口温度下的导热系数 $k=0.057$W/(m·℃)。

(6) 气相黏度

根据《石油化工设计手册》[1]第979页公式(7-123)计算气相黏度：

$$\mu = 18.9943 + 0.061819t + 0.017352M + 9.08118 \times 10^{-6}tM - 1.00638 \times 10^{-5}t^2 - 1.04832 \times 10^{-4}M^2 - 0.136695\frac{t}{M} - 3.20527\ln M - 8.35025 \times 10^{-3}t\ln M$$

式中 $\mu$——油气黏度，cP；

$t$——温度,℃;

$M$——摩尔质量。

计算炉出口温度下气相的黏度 $\mu=5.24\text{cP}=18.9\text{kg/(m·h)}$

(7) 气相比热容

气相比热容参照水蒸气的比热容，$c_g=2.15$kJ/(kg·℃)。

3. 流型判断

根据图 3-19Baker 流型来判断加热炉出口的流型。

该图的纵坐标为：

$$Y=\frac{G_g}{\left[\left(\frac{\rho_g}{\rho_a}\right)\left(\frac{\rho_L}{\rho_w}\right)\right]^{\frac{1}{2}}}$$

横坐标为：

$$X=\left[\left(\frac{\rho_g}{\rho_a}\right)\left(\frac{\rho_L}{\rho_w}\right)\right]^{\frac{1}{2}}\left[\left(\frac{\mu_L}{\mu_w}\right)\left(\frac{\rho_w}{\rho_L}\right)^2\right]^{\frac{1}{3}}\left(\frac{\sigma_w}{\sigma}\right)\left(\frac{G_L}{G_g}\right)$$

式中 $G_g$——两相流中气相的表观质量流速，kg/(m$^2$·s)；

$G_L$——两相流中液相的表观质量流速，kg/(m$^2$·s)；

$\rho_g$——气相密度，kg/m$^3$；

$\rho_L$——液相密度，kg/m$^3$；

$\rho_a$——压力为 101.3kPa、温度为 20℃时，空气的密度，$\rho_a$ = 1.2kg/m$^3$；

$\rho_w$——水在 20℃时的密度，$\rho_w$=998kg/m$^3$；

$\mu_L$——两相流中液相的动力黏度，Pa·s；

$\mu_w$——水在 20℃时的动力黏度，$\mu_w$=0.001Pa·s；

$\sigma_w$——水在 20℃下的表面张力，$\sigma_w$=0.073N/m；

$\sigma$——液相表面张力，N/m。

计算得出 $X$=1.03，$Y$=163.3。

根据图 3-19Baker 流型图，判断加热炉出口处的流型为雾状流。

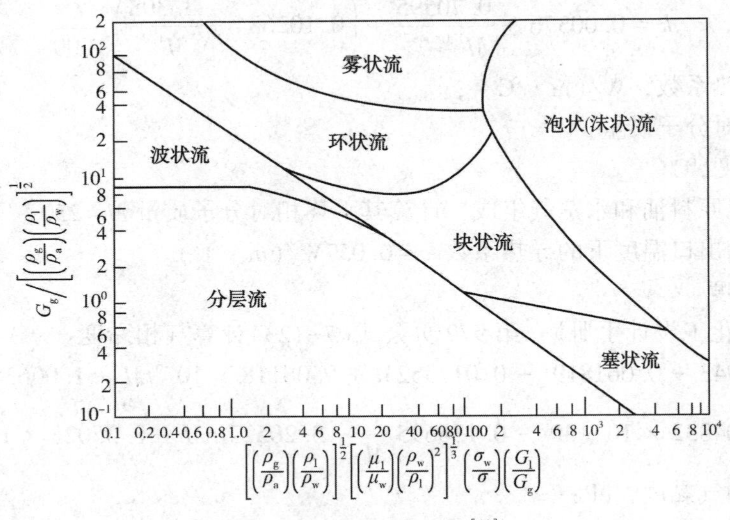


图 3-19 Baker 流型图[11]

（六）小结

在反平衡计算加热炉热效率时，加热炉的化学能损失占加热炉效率的 0.1%，每小时多消耗 2.5kg 燃料气。加热炉现有部分燃烧器存在不完全燃烧，每年多消耗 22t 燃料气。若将加热炉烟气 CO 含量降为 0，每年将节省成本 4.4 万元。

在正平衡计算加热炉热效率过程中，将加热炉注水注汽加热至炉出口温度所耗能量占加热炉总能耗的7.1%，注水占7.04%，若将注水改为注汽，可节省能耗2000kW以上，可节省瓦斯100kg/h以上。同时将增加加热炉注3.5MPa蒸汽2.88t/h。

## 六、分馏塔内件水力学

从分馏塔气液相负荷图中可以看出，气相负荷最大的位置在分馏塔第19层塔盘，最小在分馏塔顶，液相负荷最大在第19层塔盘，最小负荷在第3层塔盘，因此选取气液相负荷最大和最小的塔盘进行水力学进行计算。

选取分馏塔的第3层塔盘(重蜡油箱上一层塔盘)、第11层塔盘(轻蜡油抽出层塔盘)、第19层塔盘(中段抽出层)和第24层塔盘(柴油集油箱上一层塔盘)进行分馏塔内件水力学计算。

### (一) 分馏塔盘基本参数

分馏塔基本参数见表3-107。

**表3-107 分馏塔基本参数**

| 项目 | 参数 | 项目 | 参数 |
|---|---|---|---|
| 分馏塔直径/mm | 3800 | 降液管底隙/m | 0.04 |
| 板间距/m | 0.6 | 安定区宽度 $W_s$/m | 0.08 |
| 溢流堰长 $l_w$/mm | 2467 | 边缘区宽度 $W_c$/m | 0.05 |
| 溢流堰类型 | 平直堰 | 进口堰 | 有 |
| 出口堰高/m | 0.05 | 浮阀尺寸长/m | 0.06 |
| 侧面降液管宽度/m | 0.455 | 浮阀尺寸宽/m | 0.025 |
| 中间降液管宽度/m | 0.408 | | |

### (二) 流动参数

1. 塔盘气相质量流量

从第2层塔盘到第3层塔盘上升的气体主要有水蒸气、富气、粗汽油、柴油、轻蜡油、重蜡油和内回流量；从第10层塔盘到第11层塔盘的气体有水蒸气、富气、粗汽油、柴油、轻蜡油和第10层塔盘气相内回流量；从第18层到第19层塔盘上升的气体有水蒸气、富气、粗汽油、柴油和第18层的气相内回流量；从第23层到第24层塔盘上升的气体有水蒸气、富气、粗汽油、柴油和第23层的气相内回流量。第2层、第10层、第19层、第23层塔盘的气相质量流量见表3-108。

**表3-108 分馏塔主要塔盘气相质量流量** t/h

| 塔盘 | 水蒸气 | 富气 | 粗汽油 | 柴油 | 轻蜡油 | 重蜡油 | 内回流 | 合计 |
|---|---|---|---|---|---|---|---|---|
| 23# | 6.9 | 13.9 | 14.0 | 28.7 | | | 20.1 | 83.6 |
| 18# | 6.9 | 13.9 | 14.0 | 28.7 | | | 85.2 | 148.7 |
| 10# | 6.9 | 13.9 | 14.0 | 28.7 | 36.9 | | 13.3 | 113.6 |
| 2# | 6.9 | 13.9 | 14.0 | 28.7 | 36.9 | 11.56 | 8.5 | 120.4 |

2. 塔盘液相质量流量

从第 3 层塔盘流下的液相主要有第 3 层塔盘的液相回流、进入蜡油的液相蜡油和蜡油外循环回流量；从第 11 层塔盘流下的液相有 11 层塔盘的液相回流；从第 24 层塔盘流下的液相主要有 24 层塔盘液相回流、进入柴油集油箱的柴油量和柴油外循环回流量。各塔盘液相质量流量见表 3-109。

表 3-109　分馏塔主要塔盘液相质量流量　　t/h

| 塔盘 | 内回流 | 外回流 | 合计 |
|---|---|---|---|
| 24# | 48.82 | 118.00 | 166.82 |
| 19# | 85.2 | | 85.2 |
| 11# | 13.25 | | 13.25 |
| 3# | 20.07 | 45.24 | 65.32 |

3. 塔盘气相密度

根据已计算的塔盘气相质量流量和已计算出的各塔盘气相体积流量，计算塔盘的气相密度，结果见表 3-110。

表 3-110　分馏塔主要塔盘气相密度

| 塔盘 | 23# | 19# | 10# | 2# |
|---|---|---|---|---|
| 气相质量流量/(kg/h) | 83553 | 148672 | 113578 | 120398 |
| 气相体积流量/($m^3$/h) | 23134 | 28404 | 26163 | 26736 |
| 气相密度/(kg/$m^3$) | 3.61 | 5.23 | 4.34 | 4.50 |

4. 流动参数

根据《原油蒸馏工艺与工程》[3]第 666 页公式计算各塔盘的流动参数。

$$F_{LV} = \frac{W}{G}\sqrt{\frac{\rho_G}{\rho_L}}$$

式中　$F_{LV}$——流动参数；

$W$——液相质量流量，kg/h；

$G$——气相质量流量，kg/h；

$\rho_G$——气相密度，kg/$m^3$；

$\rho_L$——液相密度，kg/$m^3$。

计算第 3 块塔盘时，液相质量流量为第 3 块塔盘流至第 2 块塔盘的流量，气相质量流量为第 2 块塔盘流至第 3 块塔盘的流量，计算结果见表 3-111。

表 3-111　分馏塔主要塔盘流动参数

| 塔盘 | 24# | 19# | 11# | 3# |
|---|---|---|---|---|
| 气相质量流量 $G$/(kg/h) | 83553 | 148672 | 113578 | 120398 |
| 气相密度 $\rho_G$/(kg/$m^3$) | 3.61 | 5.23 | 4.34 | 4.50 |
| 液相质量流量 $W$/(kg/h) | 166822 | 85236 | 13255 | 65316 |
| 液相密度 $\rho_L$/(kg/$m^3$) | 720.0 | 710 | 732.0 | 782.0 |
| 流动参数 $F_{LV}$ | 0.141 | 148672 | 0.009 | 0.041 |

（三）空塔气速

计算各层塔盘的空塔气速：

$$u = \frac{V_S}{\frac{\pi}{4}D^2 \times 3600}$$

式中　$u$——空塔气速，m/s；

$V_S$——气相体积流量，$m^3/h$；

$D$——塔直径，m。

计算结果见表3-112。

**表3-112　分馏塔主要塔盘空塔气速**

| 塔盘 | 24# | 19# | 11# | 3# |
|---|---|---|---|---|
| 气相体积流量 $V_S$ /($m^3$/h) | 23134 | 28404 | 26163 | 26736 |
| 空塔气速 $u$ /(m/s) | 0.57 | 0.70 | 0.64 | 0.66 |

（四）临界气速

1. 负荷因数 $C_{20}$

首先计算塔盘间距 $H_T$ 与板上液层高度 $h_L$ 的差值，其中，板间距已知。

根据《化工原理》[12]第161页公式计算板上液层高度 $h_L$：

$$h_L = h_W + h_{OW}$$

式中　$h_L$——板上液层高度，m；

$h_W$——堰高，m；

$h_{OW}$——堰上液层高度，m。

计算平直堰上液层高度 $h_{OW}$：

$$h_{ow} = \frac{2.84}{1000}E\left(\frac{L_s}{l_w}\right)^{\frac{2}{3}}$$

式中　$E$——液流收缩系数，取1；

$L_s$——塔内液体流量，$m^3/h$，由于是双溢流塔盘，塔内液体流量取总流量的一半；

$l_w$——堰长，m。

计算结果见表3-113。

**表3-113　分馏塔主要塔盘堰上液层高度**

| 塔盘 | 24# | 19# | 11# | 3# |
|---|---|---|---|---|
| 塔内液体流量 $L_s$ /($m^3$/h) | 115.8 | 60.0 | 9.1 | 41.8 |
| 堰长 $l_w$ /m | 2.467 | 2.467 | 2.467 | 2.467 |
| 堰上液层高度 $h_{ow}$ /m | 0.037 | 0.024 | 0.007 | 0.019 |
| 堰高 $h_W$ /m | 0.050 | 0.050 | 0.050 | 0.050 |
| 板上液层高度 $h_L$ /m | 0.087 | 0.074 | 0.057 | 0.069 |
| 板间距 $H_T - h_L$ /m | 0.51 | 0.53 | 0.54 | 0.53 |

计算液气动能参数：

$$液气动能参数 = \frac{L_S}{V_S}\left(\frac{\rho_L}{\rho_V}\right)^{1/2}$$

式中　$L_S$——塔内液相体积流量，$m^3/h$；

$V_S$——塔内气相体积流量，$m^3/h$；

$\rho_L$——塔内液相密度，$kg/m^3$；

$\rho_V$——塔内气相密度，$kg/m^3$。

塔内气液相流量均使用截面的总流量，气液相流量计算结果见表3-114。

**表3-114　分馏塔主要塔盘液气动能参数**

| 塔盘 | 24# | 19# | 11# | 3# |
|---|---|---|---|---|
| 气相体积流量/($m^3$/h) | 23134 | 28404 | 26163 | 26736 |
| 气相密度/($kg/m^3$) | 3.61 | 5.23 | 4.34 | 4.50 |
| 液相密度/($kg/m^3$) | 720.0 | 710 | 732.0 | 782.0 |
| 液相体积流量/($m^3$/h) | 231.7 | 120.1 | 18.1 | 83.5 |
| 液气动能参数 | 0.141 | 0.049 | 0.009 | 0.041 |

由以上计算出的参数，根据图3-20史密斯关联图查得负荷因数。

查图结果见表3-115。

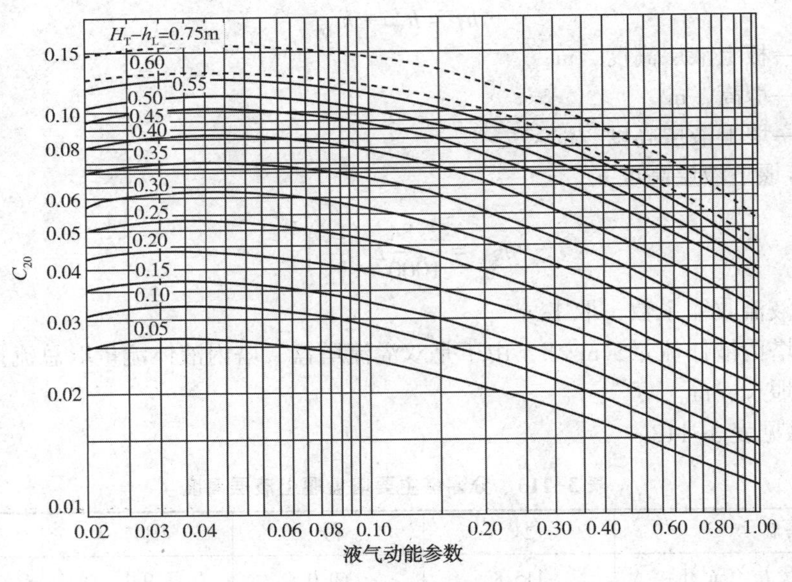


图3-20　史密斯关联图

**表3-115　分馏塔主要塔盘负荷因数 $C_{20}$**

| 塔盘 | 24# | 19# | 11# | 3# |
|---|---|---|---|---|
| 液气动能参数 | 0.141 | 0.049 | 0.009 | 0.041 |
| 板间距 $H_T$-板上液层高度 $h_L$/m | 0.51 | 0.53 | 0.54 | 0.53 |
| 查图得 $C_{20}$ | 0.09 | 0.11 | 0.11 | 0.11 |

2. 负荷因数校正

根据《石油化工设计手册》[1]第971公式计算石油馏分的表面张力：

$$\sigma = \frac{0.6737}{K}\left(1 - \frac{T + 273.15}{T_{pc} + 273.15}\right)^{1.232}$$

式中 $\sigma$——液体的表面张力，$J/m^2$；

$K$——特性因数；

$T$——温度，℃；

$T_{pc}$——假临界温度，℃。

计算结果见表3-116。

**表3-116 分馏塔主要塔盘液相表面张力**

| 塔盘 | 24# | 19# | 11# | 3# |
|---|---|---|---|---|
| 温度/℃ | 205 | 296 | 335 | 380 |
| 假临界温度/℃ | 458 | 548 | 601 | 665 |
| 特性因素 $K$ | 11.5 | 11.6 | 11.1 | 10.6 |
| 表面张力/($J/m^2$) | 0.016 | 0.014 | 0.014 | 0.015 |
| 表面张力/(mN/m) | 16 | 14 | 14 | 15 |

根据《化工原理》[12]第159页公式对负荷因数$C$进行校正：

$$C = C_{20}\left(\frac{\sigma}{20}\right)^{0.2}$$

式中 $C$——油品的负荷系数；

$C_{20}$——物系表面张力，为20mN/m的负荷系数；

$\sigma$——操作物系的液体表面张力，mN/m。

校正后的负荷系数见表3-117。

**表3-117 分馏塔主要塔盘校正后的负荷因数**

| 塔盘 | 24# | 19# | 11# | 3# |
|---|---|---|---|---|
| 查图得 $C_{20}$ | 0.09 | 0.11 | 0.11 | 0.11 |
| 校正后的负荷因子 $C$ | 0.09 | 0.10 | 0.10 | 0.10 |

3. 临界气速

根据《化工原理》[12]第157页公式计算极限空塔气速：

$$u_{max} = C\sqrt{\frac{\rho_L - \rho_V}{\rho_V}}$$

式中 $u_{max}$——临界空塔气速，m/s；

$\rho_L$——塔内液相密度，$kg/m^3$；

$\rho_V$——塔内气相密度，$kg/m^3$。

计算结果见表3-118。

表 3-118 分馏塔主要塔盘临界气速

| 塔盘 | 24# | 19# | 11# | 3# |
|---|---|---|---|---|
| 气相密度/(kg/m³) | 3.61 | 5.23 | 4.34 | 4.50 |
| 液相密度/(kg/m³) | 720.0 | 710 | 732.0 | 782.0 |
| 校正后的负荷因子 C | 0.09 | 0.10 | 0.10 | 0.10 |
| 极限空塔气速/(m/s) | 1.21 | 1.18 | 1.33 | 1.36 |

(五) 空塔 F 因子和 C 因子

根据《化工原理》[12]第 165 页公式计算动能因数(空塔 F 因子):

$$F = u\sqrt{\rho_V}$$

式中 $F$——空塔动能因数;

$u$——空塔气速, m/s;

$\rho_V$——气体密度, kg/m³。

计算结果见表 3-119。

表 3-119 分馏塔主要塔盘动能因数 F 因子

| 塔盘 | 24# | 19# | 11# | 3# |
|---|---|---|---|---|
| 气相密度/(kg/m³) | 3.61 | 5.23 | 4.34 | 4.50 |
| 空塔气速/(m/s) | 0.57 | 0.70 | 0.64 | 0.66 |
| 动能因数 F 因子 | 1.08 | 1.59 | 1.34 | 1.39 |

空塔 C 因子通过以下公式计算:

$$C = u\sqrt{\frac{\rho_V}{\rho_L - \rho_V}}$$

式中 $C$——空塔 C 因子;

$\rho_L$——塔内液相密度, kg/m³;

$\rho_V$——塔内气相密度, kg/m³。

计算结果见表 3-120。

表 3-120 分馏塔主要塔盘气相负荷因子 C 因子

| 塔盘 | 24# | 19# | 11# | 3# |
|---|---|---|---|---|
| 气相密度/(kg/m³) | 3.61 | 5.23 | 4.34 | 4.50 |
| 液相密度/(kg/m³) | 720.0 | 710 | 732.0 | 782.0 |
| 空塔气速/(m/s) | 0.57 | 0.70 | 0.64 | 0.66 |
| 气相负荷因子 C 因子 | 0.040 | 0.06 | 0.050 | 0.050 |

(六) 塔盘压降

根据《化工原理》[12]第 167 页公式计算气体通过一层浮阀塔盘的压力降:

$$h_p = h_c + h_1 + h_\sigma$$

式中 $h_p$——与气体通过一层浮阀塔盘的总压力降相当的液柱高度, m;

$h_c$——与气体克服干板阻力所产生的压力降相当的液柱高度, m;

$h_l$ ——与气体克服板上充气液层的静压所产生的压降相当的液柱高度，m；

$h_\sigma$ ——与气体克服液体表面张力所产生的压降相当的液柱高度，m。

1. 干板压力降

(1) 阀孔气速

单个浮阀尺寸为60mm×25mm，每层塔盘共800个，故塔盘开孔面积为1.2m²。

根据每层塔盘的气体流量，计算出阀孔气速，结果见表3-121。

**表3-121　分馏塔主要塔盘阀孔气速**

| 塔盘 | 24# | 19# | 11# | 3# |
| --- | --- | --- | --- | --- |
| 气相体积流量/($m^3$/h) | 23134 | 28404 | 26163 | 26736 |
| 开孔面积/($m^2$) | 1.20 | 1.20 | 1.20 | 1.20 |
| 阀孔气速/(m/s) | 5.36 | 6.57 | 6.06 | 6.19 |

(2) 阀孔动能因数

根据《化工原理》[12]第165页公式，推导出气体通过阀孔的动能因数 $F_0$ 的公式：

$$F_0 = u_0 \sqrt{\rho_V}$$

式中　$F_0$——气体通过阀孔的动能因数；

$u_0$ ——气体通过阀孔时的速度，m/s；

$\rho_V$ ——塔内气相密度，kg/m³。

计算结果见表3-122。

**表3-122　分馏塔主要塔盘阀孔动能因数**

| 塔盘 | 24# | 19# | 11# | 3# |
| --- | --- | --- | --- | --- |
| 气相密度/(kg/$m^3$) | 3.61 | 5.23 | 4.34 | 4.50 |
| 阀孔气速/(m/s) | 5.36 | 6.57 | 6.06 | 6.19 |
| 气体通过阀孔时的动能因数 $F_0$ | 10.18 | 15.04 | 12.62 | 13.13 |

(3) 临界孔速

根据《化工原理》[12]第167页公式3-21计算临界孔速：

$$u_\infty = \sqrt[1.825]{\frac{73.1}{\rho_V}}$$

式中　$u_\infty$ ——阀孔临界气速，m/s；

$\rho_V$ ——塔内气相密度，kg/m³。

计算结果见表3-123。

**表3-123　分馏塔主要塔盘临界孔速**

| 塔盘 | 24# | 19# | 11# | 3# |
| --- | --- | --- | --- | --- |
| 气相密度/(kg/$m^3$) | 3.61 | 5.23 | 4.34 | 4.50 |
| 临界阀孔气速/(m/s) | 5.20 | 4.24 | 4.70 | 4.60 |

(4) 干板压降

根据《化工原理》[12]第167页公式，(将分馏塔浮阀当作F1型浮阀进行计算)当阀全开前，$u_0 \leqslant u_{\propto}$，干板压降通过以下公式计算得出：

$$h_c = 19.9\frac{u_0^{0.175}}{\rho_L}$$

根据《化工原理》[12]第167页公式，当阀全开后，$u_0 \geqslant u_{\propto}$，干板压降通过以下公式计算得出：

$$h_c = 5.34\frac{\rho_V u_0^2}{2\rho_L g}$$

式中　$h_c$——干板压降，m；

$u_0$——阀孔气速，m/s；

$u_{\propto}$——阀孔临界气速，m/s；

$\rho_V$——塔内气相密度，$kg/m^3$；

$\rho_L$——塔内液相密度，$kg/m^3$；

$g$——重力加速度，9.81$m/s^2$。

第24层、第19层、第11层和第3层塔盘阀全开，计算结果见表3-124。

**表3-124　分馏塔主要塔盘干板压降**

| 塔盘 | 24# | 19# | 11# | 3# |
|---|---|---|---|---|
| 气相密度/($kg/m^3$) | 3.61 | 5.23 | 4.34 | 4.50 |
| 液相密度/($kg/m^3$) | 720.0 | 710 | 732.0 | 782.0 |
| 阀孔气速/(m/s) | 5.36 | 6.57 | 6.06 | 6.19 |
| 临界阀孔气速/(m/s) | 5.20 | 4.24 | 4.70 | 4.60 |
| 干板压降/m | 0.039 | 0.087 | 0.059 | 0.060 |

2. 板上充气液层阻力

根据《化工原理》[12]第168中公式计算板上充气液层阻力：

$$h_l = \varepsilon_0 h_L$$

式中　$h_l$——板上液层充气阻力，m；

$h_L$——板上液层高度，m；

$\varepsilon_0$——反应板上液层充气程度的因数，当介质为油时，$\varepsilon_0 = 0.2 \sim 0.35$，这里取$\varepsilon_0 = 0.3$。

计算结果见表3-125。

**表3-125　分馏塔主要塔盘板上充气液层阻力**

| 塔盘 | 24# | 19# | 11# | 3# |
|---|---|---|---|---|
| 板上液层高度 $h_L$/m | 0.087 | 0.074 | 0.057 | 0.069 |
| 充气因数 $\varepsilon_0$ | 0.3 | 0.3 | 0.3 | 0.3 |
| 板上充气液层阻力 $h_l$/m | 0.026 | 0.022 | 0.017 | 0.021 |

3. 塔盘压力降

根据《化工原理》[11]第167页公式计算塔盘压降：

$$h_p = h_c + h_l + h_\sigma$$

式中　$h_p$——塔盘压力降，m；

$h_c$——干板压降，m；

$h_l$——板上充气液层阻力，m；

$h_\sigma$——液体表面张力所造成的阻力，m。

液体表面张力所造成的阻力忽略不计。塔盘压降主要由干板压降和板上充气液层阻力两部分构成，结果见表3-126。

**表3-126　分馏塔主要塔盘压力降**

| 塔盘 | 24# | 19# | 11# | 3# |
| --- | --- | --- | --- | --- |
| 干板压降/m | 0.039 | 0.087 | 0.059 | 0.060 |
| 板上充气液层阻力/m | 0.026 | 0.022 | 0.017 | 0.021 |
| 塔盘阻力/m | 0.065 | 0.109 | 0.076 | 0.081 |

（七）降液管清液层高度

降液管内的清液层高度用来克服相邻两层塔盘的压力降、板上液层阻力和液体流过降液管的阻力。

根据《化工原理》[12]第168页公式计算降液管内的清液层高度：

$$H_d = h_p + h_L + h_d$$

式中　$H_d$——降液管内清液层高度，m；

$h_p$——上升气体通过一层塔板的压降所相当的液柱高度，m；

$h_L$——板上液层高度，m；

$h_d$——与液体流过降液管的压降相当的液柱高度，m。

塔板口设有进口堰，计算与液体流过降液管的压降相当的液柱高度 $h_d$：

$$h_d = 0.2\left(\frac{L_S/3600}{l_w h_o}\right)^2$$

式中　$h_d$——与液体流过降液管的压降相当的液柱高度，m；

$L_S$——液体流量，$m^3/h$；

$l_w$——堰长，m；

$h_o$——降液管底隙高度，m。

塔内流体流量按总流量的一半进行计算，计算结果见表3-127。

**表3-127　分馏塔主要塔盘降液管清液层高度**

| 塔盘 | 24# | 19# | 11# | 3# |
| --- | --- | --- | --- | --- |
| 塔内液体流量 $L_S$/($m^3$/h) | 115.8 | 60 | 9.1 | 41.8 |
| 板上液层高度 $h_L$/m | 0.087 | 0.074 | 0.057 | 0.069 |
| 塔盘阻力 $h_p$/m | 0.065 | 0.109 | 0.076 | 0.081 |
| 降液管清液层高度 $H_d$/m | 0.173 | 0.188 | 0.133 | 0.152 |

根据《化工原理》[12]第 168 页公式计算防止液泛的安全操作系数 $\phi$：

$$H_d \leqslant \phi(H_T + h_w)$$

根据已知的板间距 $H_T$ 和和堰高 $h_w$，计算安全系数 $\phi$，结果见表 3-128。

**表 3-128 分馏塔主要塔盘防止液泛的安全操作系数**

| 塔盘 | 24# | 19# | 11# | 3# |
|---|---|---|---|---|
| 降液管清液层高度 $H_d$ /m | 0. 173 | 0. 188 | 0. 133 | 0. 152 |
| $H_T+h_w$/m | 0. 650 | 0. 65 | 0. 650 | 0. 650 |
| $\phi$ | 0. 27 | 0. 29 | 0. 20 | 0. 23 |

安全系数 $\phi$<0. 4，符合要求。

（八）降液管停留时间

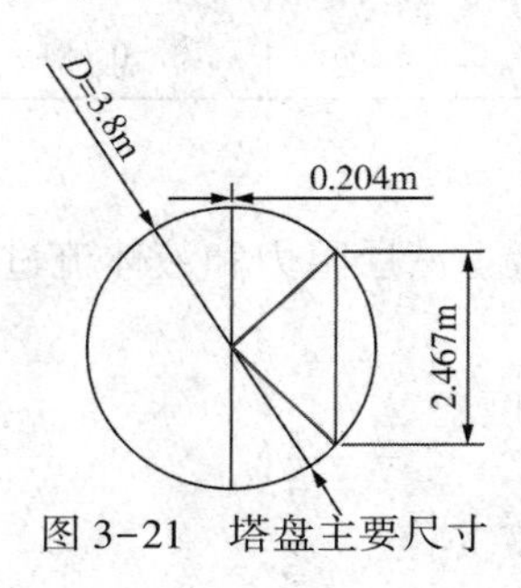

图 3-21 塔盘主要尺寸

已知第 3 层、第 11 层、第 19 层、第 24 层塔盘尺寸，如图 3-21 所示。

计算塔盘靠塔壁侧的降液槽的面积：

$$A_f = 1.34\ \text{m}^2$$

根据《化工原理》[12]第 163 页公式计算液体在降液管的停留时间。对于双溢流塔盘，塔内液体流量按总流量的一半进行计算。

$$\theta = \frac{A_f H_T}{L_S/3600}$$

式中 $\theta$——液体在降液管的停留时间，m；

$A_f$——降液管截面积，$m^2$；

$H_T$——板间距，m；

$L_S$——塔内液体流量，$m^3/h$。

计算结果见表 3-129。

**表 3-129 分馏塔主要塔盘降液管停留时间**

| 塔盘 | 24# | 19# | 11# | 3# |
|---|---|---|---|---|
| 塔内液体流量 $L_s$/($m^3$/h) | 115. 8 | 60 | 9. 1 | 41. 8 |
| 板间距 $H_T$/m | 0. 6 | 0. 6 | 0. 6 | 0. 6 |
| 降液管截面积/$m^2$ | 1. 34 | 1. 34 | 1. 34 | 1. 34 |
| 降液管停留时间/s | 24. 92 | 48. 10 | 318. 93 | 69. 14 |

（九）液泛百分数

根据《化工原理》[12]第 169 页公式计算泛点率：

$$泛点率 = \frac{\frac{V_s/2}{3600}\sqrt{\frac{\rho_v}{\rho_L - \rho_v}} + 1.36\frac{L_s/2}{3600}Z_L}{KC_F A_b}$$

式中 $V_s$——塔内气相负荷，$m^3/h$；

$L_s$ ——塔内液相负荷，$m^3/h$；

$\rho_v$ ——塔内气相密度，$kg/m^3$；

$K$——物性系数；

$C_F$ ——泛点负荷系数；

$Z_L$ ——单侧板上液体流径长度，m；

$A_b$ ——板上液流面积，$m^2$。

根据塔盘的平面图，计算得出单侧板上液体流径长度 $Z_L = 1.241m$，板上液流面积 $A_b = 3.56\ m^2$。

根据《化工原理》[12]第170页表3-4查得 $K=0.9$。

根据《化工原理》[12]第170页图3-15查得泛点负荷系数 $C_F = 0.14$。

计算出的泛点率见表3-130。

**表3-130　分馏塔主要塔盘泛点率**

| 塔盘 | 24# | 19# | 11# | 3# |
|---|---|---|---|---|
| 气相体积流量/($m^3$/h) | 23134 | 148672 | 26163 | 26736 |
| 气相密度/($kg/m^3$) | 3.61 | 5.23 | 4.34 | 4.50 |
| 液相密度/($kg/m^3$) | 720.0 | 710 | 732.0 | 782.0 |
| 液相体积流量/($m^3$/h) | 231.7 | 120.1 | 18.1 | 83.5 |
| 物性系数 $K$ | 0.9 | 0.9 | 0.9 | 0.9 |
| 流径长度 $Z_L$/m | 1.241 | 1.241 | 1.241 | 1.241 |
| 板上液流面积 $A_b/m^2$ | 3.56 | 3.56 | 3.56 | 3.56 |
| 泛点负荷系数 $C_F$ | 0.14 | 0.14 | 0.14 | 0.14 |
| 泛点率 | 0.630 | 0.821 | 0.635 | 0.674 |

（十）柴油段塔板负荷性能图

塔板负荷性能图由雾沫夹带线、液泛线、液相负荷上限线、漏液线和液相负荷下限线共五条线组成。以下以第24层塔盘内油品性质计算塔板负荷性能图。

1. 雾沫夹带线

对于大分馏塔，泛点率按80%计算。对于双溢流塔盘，气液相流量均取总流量的一半。

$$80\% = \frac{\frac{V_S/2}{3600}\sqrt{\frac{\rho_V}{\rho_L - \rho_V}} + 1.36\frac{L_S/2}{3600}Z_L}{KC_F A_b}$$

根据图3-21，计算得出单侧板上液体流径长度 $Z_L = 1.55m$，板上液流面积 $A_b = 4.96m^2$。

上式中气相密度 $\rho_V = 3.93kg/m^3$，液相密度 $\rho_L = 720kg/m^3$，$K=0.9$，$C_F = 0.14$。

全塔的雾沫夹带线如下：

$$0.5 = 9.86 \times 10^{-6}V_S + 2.9278 \times 10^{-4}L_S$$

式中　$V_S$ ——塔内气相负荷，$m^3/h$；

$L_S$ ——塔内液相负荷，$m^3/h$。

在操作范围内选取若干个塔内液相负荷的值，相应计算出气相负荷的值，见表3-131。

表 3-131　分馏塔第 24 层塔盘雾沫夹带线　　$m^3/h$

| $L_S$ | 5 | 50 | 100 | 200 | 300 | 500 |
|---|---|---|---|---|---|---|
| $V_S$ | 36254 | 35185 | 33996 | 31619 | 29242 | 24488 |

2. 液泛线

根据公式 $\phi(H_T + h_w) = h_p + h_L + h_d$，确定液泛线。

$$h_p = h_c + h_l + h_\sigma = 5.34\frac{\rho_V u_0^2}{2\rho_L g} + \varepsilon_0 h_L + h_\sigma$$

其中，与克服表面张力的压降相当的液柱高度 $h_\sigma$ 忽略不计。

$$\phi(H_T + h_w) = 5.34\frac{\rho_V u_0^2}{2\rho_L g} + \varepsilon_0 h_L + h_L + h_d$$

对于双溢流塔盘，气液相流量均取总流量的一半。

$$\phi(H_T + h_w) = 5.34\frac{\rho_V u_0^2}{2\rho_L g} + (\varepsilon_0 + 1)h_L + 0.2\left(\frac{L_S/2/3600}{l_w h_o}\right)^2$$

而：

$$h_L = h_w + h_{ow} = h_w + \frac{2.84}{1000}E\left(\frac{L_s/2}{l_w}\right)^{\frac{2}{3}}$$

液泛线为：

$$\phi(H_T + h_w) = 5.34\frac{\rho_V u_0^2}{2\rho_L g} + (\varepsilon_0 + 1)\left[h_w + \frac{2.84}{1000}E\left(\frac{L_s/2}{l_w}\right)^{\frac{2}{3}}\right] + 0.2\left(\frac{L_S/2/3600}{l_w h_o}\right)^2$$

对于一般的物系，取 $\phi = 0.4$。

已知，塔板间距 $H_T = 0.6$m，出口堰高度 $h_w = 0.05$m，板上液层充气系数 $\varepsilon_0 = 0.3$，液相密度 $\rho_L = 720\text{kg/m}^3$，气相密度 $\rho_V = 3.61\text{kg/m}^3$，流体收缩系数 $E = 1$，塔盘液体流量 $L_s$ 作为未知数，溢流堰长 $l_w = 1.9$m，降液管底隙高度 $h_o = 0.04$m。

$$0.4(0.6 + 0.05) = 5.34\frac{\rho_V u_0^2}{2\rho_L g} + (0.3 + 1)\left[0.05 + \frac{2.84}{1000} \times 1 \times \left(\frac{L_s/2}{1.9}\right)^{\frac{2}{3}}\right] + 0.2\left(\frac{L_S/2/3600}{1.9 \times 0.04}\right)^2$$

阀孔气速：

$$u_0 = \frac{V_s/3600}{A_a} = \frac{V_s/3600}{1.2} = \frac{V_s}{4320}$$

简化后得出液泛线：

$$0.195 = 7.32 \times 10^{-11}V_S^2 + 1.274 \times 10^{-3}L_S^{\frac{2}{3}} + 3.961 \times 10^{-7}L_S^2$$

式中　$V_S$——塔内气相负荷，$m^3/h$；

$L_S$——塔内液相负荷，$m^3/h$。

在操作范围内选取若干个塔内液相负荷的值，相应计算出气相负荷的值，见表 3-132。

表 3-132　分馏塔第 24 层塔盘液泛线　　$m^3/h$

| $L_S$ | 5 | 50 | 100 | 200 | 300 | 500 |
|---|---|---|---|---|---|---|
| $V_S$ | 51131 | 49149 | 47289 | 43052 | 37389 | 14668 |

3. 液相负荷上限线

假设液体的最大流量应保证在降液管的停留时间不低于12s。对于双溢流塔盘，气液相流量均取总流量的一半。

$$\theta = \frac{A_f H_T}{L_S/2/3600}$$

式中　$\theta$——液体在降液管的停留时间，m；

$A_f$——降液管截面积，$m^2$；

$H_T$——板间距，m；

$L_S$——塔内液体流量，$m^3/h$。

已知，液体在降液管的停留时间 $\theta \geqslant 12s$，降液管截面积 $A_f = 1.34m^2$，板间距 $H_T = 0.6m$。

求得塔内液体流量 $L_S \leqslant 481m^3/h$。

4. 漏液线

对于本装置条形浮阀，$F_0 = 5$。

$$F_0 = u_0\sqrt{\rho_V} = \frac{V_S}{3600 \times S_{孔}}\sqrt{\rho_V} = 5$$

式中　$F_0$——气体通过阀孔的动能因数；

$u_0$——气体通过阀孔时的速度，m/s；

$\rho_V$——塔内气相密度，$kg/m^3$；

$S_{孔}$——开孔总面积，$m^2$。

已知开孔总面积 $S_{孔} = 1.2m^2$，塔内气相密度 $\rho_V = 3.93kg/m^3$。计算得出漏液线 $V_S = 11366m^3/h$。

5. 液相负荷下限线

根据堰上液层高度大于0.006m的要求，求得液相负荷的下限线。

$$h_{ow} = \frac{2.84}{1000}E\left(\frac{L_s}{l_w}\right)^{\frac{2}{3}} = 0.006$$

式中　$E$——液流收缩系数，取1；

$L_s$——塔内液体流量，$m^3/h$，由于是双溢流塔盘，塔内液体流量取总流量的一半；

$l_w$——堰长，m。

已知，液流收缩系数 $E=1$，堰长 $l_w = 2.47m$。

将公式简化后，得出液相负荷的下限线 $L_s = 7.58m^3/h$

6. 塔板负荷性能图

从图3-22可以看出，24层塔盘的操作点处在适宜操作区内靠右侧的位置，液相负荷略大。

塔盘的最大气相负荷主要由液泛线决定，在低液相负荷区域由雾沫夹带线决定；最小气相负荷由漏液线决定。

按照定的液气比，最小气相负荷 $V_{Smin} = 11366m^3/h$；最大气相负荷 $V_{Smax} = 29953m^3/h$。

$$操作弹性 = \frac{V_{Smax}}{V_{Smin}} = 2.63$$

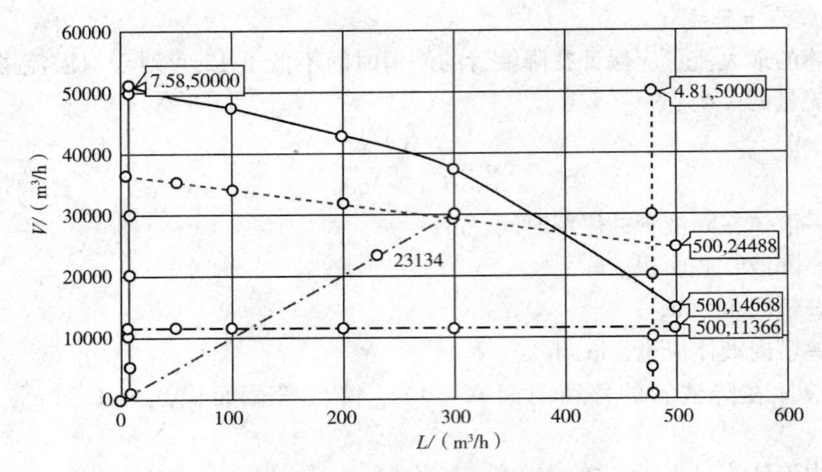


图 3-22　第 24 层塔盘负荷性能图

（十一）中段塔盘负荷性能图

对中段第 19 层塔盘的负荷性能图进行计算，结果如下。

1. 雾沫夹带线

$$0.359 = 1.197 \times 10^{-5} V_S + 2.3444 \times 10^{-4} L_S$$

2. 液泛线

$$0.195 = 1.075 \times 10^{-10} V_S^2 + 1.274 \times 10^{-3} L_S^{\frac{2}{3}} + 3.961 \times 10^{-7} L_S^2$$

3. 液相负荷上限线

$$L_S \leqslant 481 \mathrm{m^3/h}$$

4. 漏液线

$$V_S = 9441 \mathrm{m^3/h}$$

5. 液相负荷下限线

$$L_S = 7.6 \mathrm{m^3/h}$$

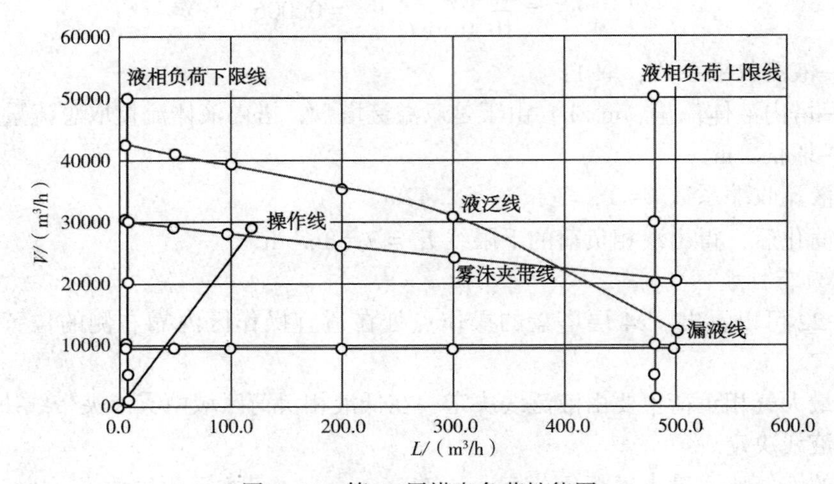


图 3-23　第 19 层塔盘负荷性能图

6. 塔板负荷性能图

从图3-23可以看出，第19层塔盘的操作点在雾沫夹带线以上，存在雾沫夹带现象，这也是轻蜡油和柴油分离效果不好的原因。

## 七、换热器计算

（一）换热器基本情况

渣油-低温水换热器E204的作用是冷却常减压装置来的减压渣油，在渣油来量大于装置的处理能力时，将部分渣油冷却，送至罐区。E204一共四台，管程为低温水、壳程为减压渣油，四台串联。

单台换热器的参数见表3-133。

表3-133 换热器设备结构尺寸

| 项目 | 管程 | 壳程 | 项目 | 管程 | 壳程 |
|---|---|---|---|---|---|
| 管子根数 | 606 | | 换热面积/$m^2$ | 277.9 | |
| 中心管排数 | 19 | | 壳体直径/mm | | 1000 |
| 管子长度/mm | 6000 | | 材质 | Q345R | 20# |
| 管子外径/mm | 25 | | 管子排列方式 | 正方形 | |
| 管子内径/mm | 20 | | 管心距/mm | 32 | |
| 管束型式 | 光管 | | 管嘴直径/mm | 250 | 250 |
| 管程数 | 2 | 1 | 折流板板厚/mm | | 10 |
| 折流板间距/mm | 350 | | 弓缺 | | 25 |
| 折流板块数 | | 16 | | | |

四台换热器的工艺流程如图3-24所示。

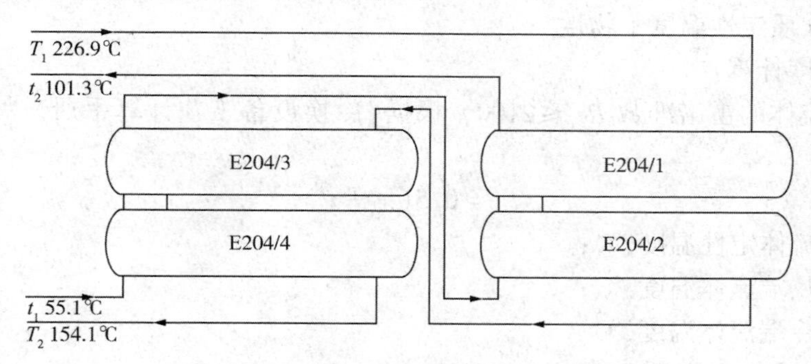


图3-24 换热器工艺流程

四台换热器的工艺参数见表3-134。

表3-134 换热器主要工艺参数

| 项目 | 壳程(减压渣油) | | 管程(水) | |
|---|---|---|---|---|
| | 入口 | 出口 | 入口 | 出口 |
| 流体流量/(t/h) | 18.6 | | 14.1 | |
| 温度/℃ | 226.9 | 154.1 | 53.1 | 101.3 |

（二）传热系数计算

1. 定性温度下介质物性

（1）管内定性温度下介质物性

1）定性温度计算：

假设管内流体的雷诺准数 $Re_i>2100$，根据《冷换设备工艺计算手册》[10]第 19 页公式，计算定性温度：

$$t_D = 0.4t_h + 0.6t_c$$

式中 $t_D$——流体定性温度，℃；

$t_h$——热端流体温度，℃；

$t_c$——冷端流体温度，℃。

管内流体的定性温度为 $t_{iD}=72.4$℃。

2）定性温度下的介质物性：

管内介质为低温水，根据《化工原理》[12]附录 2 中水的物理性质，查得水在 70℃的密度、黏度、比热容、导热系数和普朗特准数，然后根据插值法，计算定性温度 72.4℃下其物理性质，结果见表 3-135。

**表 3-135 管内介质定性温度下的物理性质**

| 温度/℃ | 密度 $\rho_{iD}$ /(kg/m³) | 动力黏度 $\mu_{iD}$ /cP | 比热容 $c_{p\,iD}$ /[kJ/(kg·℃)] | 导热系数 $\lambda_{iD}$ /[W/(m·℃)] | 普朗特准数 $Pr_{iD}$ |
|---|---|---|---|---|---|
| 70 | 977.8 | 0.405 | 4.167 | 0.667 | 2.55 |
| 80 | 971.8 | 0.355 | 4.196 | 0.674 | 2.21 |
| 72.4 | 976.3 | 0.393 | 4.174 | 0.669 | 2.47 |

（2）管外介质定性温度下物性

1）定性温度计算：

假设管内流体的雷诺准数 $Re_i\leqslant 2100$，根据《冷换设备工艺计算手册》[10]第 19 页公式，计算定性温度：

$$t_D = 0.5(t_h + t_c)$$

式中 $t_D$——流体定性温度，℃；

$t_h$——热端流体温度，℃；

$t_c$——冷端流体温度，℃。

管内流体的定性温度为 $t_{oD}=190.5$℃。

2）定性温度下的介质物性：

换热器管外介质为减压渣油，利用相关公式分别计算渣油定性温度下的密度、黏度、比热容、导热系数和普朗特准数。

① 定性温度下渣油密度 $\rho_{oD}$：

已知渣油在 20℃下的相对密度，根据《冷换设备工艺计算手册》[10]第 75 页公式，计算定性温度下的渣油密度。

$$\rho = T\cdot(1.307\gamma_4^{20} - 1.817) + 973.86\gamma_4^{20} + 36.34$$

式中 $\rho$——一定温度下的密度，kg/m³；

$\gamma_4^{20}$——介质20℃下的相对密度；

$T$——温度,℃。

计算得出定性温度 $t_{oD}=190.5$℃下渣油密度为 $\rho_{oD}=926.5\text{kg/m}^3$。

② 定性温度下渣油黏度 $\mu_{oD}$：

已知渣油在80℃的运动黏度为3950mm²/s，100℃下的运动黏度为1480mm²/s，根据《冷换设备工艺计算手册》[10]第75页公式，计算定性温度下的渣油黏度。

首先计算参数 $b$：

$$b=\frac{\ln[\ln(\upsilon_1+C)]-\ln[\ln(\upsilon_2+C)]}{\ln(T_1+273)-\ln(T_2+273)}$$

式中　参数 $C=0.6$；

$\upsilon_1$、$\upsilon_2$——对应温度下的油品运动黏度，mm²/s；

$T_1$、$T_2$——温度,℃。

计算得出参数 $b=-2.29$。

参数 $a$ 由以下公式计算：

$$a=\ln[\ln(\upsilon_1+C)]-b\cdot\ln(T_1+273)$$

计算得出参数 $a=15.54$。

利用以下公式计算定性温度下渣油的运动黏度：

$\upsilon=\exp\{\exp[a+b\times\ln(T+273)]\}-C$

计算得出渣油在定性温度下的运动黏度为84.19mm²/s。

再根据以下公式将运动黏度转换成动力黏度：

$$\mu=\rho\cdot\upsilon\cdot10^{-3}$$

式中　$\mu$——动力黏度，mPa·s或cP；

$\rho$——油品在该温度下的密度，kg/m³；

$\upsilon$——油品在该温度下的运动黏度，mm²/s。

渣油在定性温度 $t_{oD}=190.5$℃下的黏度为 $\mu_{oD}=78\text{mPa}\cdot\text{s}$。

③ 定性温度下渣油比热容 $c_{poD}$：

已知油品的特性因数 $K$ 和20℃下的相对密度 $\gamma_4^{20}$，根据《冷换设备工艺计算手册》[10]第75页公式，计算定性温度下的渣油比热容：

$$c_p=4.1855\{0.6811-0.308(0.99417\gamma_4^{20}+0.009181)+(1.8T+32)\cdot[0.000815-0.000306(0.99417\gamma_4^{20}+0.009181)]\}\cdot(0.055K_F+0.35)$$

式中　$c_p$——比热容，kJ/(kg·℃)；

$\gamma_4^{20}$——油品20℃下的相对密度；

$T$——温度,℃；

$K_F$——油品特性因数。

计算得出在定性温度 $t_{oD}=190.5$℃下的油品比热容为 $c_{poD}=2.27\text{kJ/(kg}\cdot℃)$。

④ 定性温度下渣油导热系数 $\lambda_{oD}$：

已知油品20℃的相对密度，根据《冷换设备工艺计算手册》[10]第75页公式，计算定性温度下的渣油导热系数：

$$\lambda=\left(\frac{0.0199-0.0000656T+0.098}{0.99417\gamma_4^{20}+0.009181}\right)$$

式中 $\lambda$——导热系数，W/(m·℃)；

$T$——温度,℃；

$\gamma_4^{20}$——油品 20℃下的相对密度。

计算得出在定性温度 $t_{oD}$ =190.5℃下的油品导热系数为 $\lambda_{oD}$ =0.104W/(m·℃)。

⑤ 定性温度下渣油普朗特系数 $Pr_{oD}$：

之前已计算出渣油在定性温度下的比热容、动力黏度和导热系数，根据《冷换设备工艺计算手册》[10]第 24 页公式，计算渣油在定性温度下的普朗特准数：

$$Pr_o = \left(\frac{c_p \cdot \mu}{\lambda}\right)_{oD}$$

式中 $Pr_o$——油品普朗特准数；

$c_p$——油品比热容，kJ/(kg·℃)；

$\mu$——油品动力黏度，mPa·s；

$\lambda$——油品导热系数，W/(m·℃)。

计算得出在定性温度 $t_{oD}$ =190.5℃下的油品普朗特准数为 $Pr_o$ = 1707。

(3) 计算结果汇总

渣油在定性温度下的物性参数见表 3-136。

**表 3-136 管外介质定性温度下的物理性质**

| 温度 $T$/℃ | 密度 $\rho_{oD}$ /(kg/m³) | 动力黏度 $\mu_{oD}$ /cP | 比热容 $c_{poD}$ /[kJ/(kg·℃)] | 导热系数 $\lambda_{oD}$ /[W/(m·℃)] | 普朗特准数 $Pr_o$ |
|---|---|---|---|---|---|
| 190.5 | 926.5 | 78 | 2.27 | 0.104 | 1707 |

2. 内膜传热系数计算

(1) 管程流通面积

已知单台换热器的管子数量、管程数和管内径，根据《冷换设备工艺计算手册》[10]第 19 页公式计算管程流通面积：

$$S_i = \frac{N_t}{N_{tp}} \cdot \frac{\pi}{4} d_i^2$$

式中 $S_i$——管程流通面积，m²；

$N_t$——管子总数；

$N_{tp}$——管程数；

$d_i$——管内径，m。

计算得出管程流通面积 $S_i$ = 0.095m²。

(2) 管内流体质量流速

已知换热器管程低温水的流量，根据《冷换设备工艺计算手册》[10]第 19 页公式计算管内流体质量流速：

$$G_i = \frac{W_i}{S_i}$$

式中 $G_i$——管内流体质量流速，kg/(m²·s)；

$W_i$——管内流体流率，kg/s；

$S_i$ ——管程流通面积，$m^2$。

计算得出管内流体质量流速为 $G_i = 41.3 kg/(m^2 \cdot s)$。

（3）雷诺准数

已知管束内径、管内介质定性温度下黏度，已计算出管内流体质量流速，根据《冷换设备工艺计算手册》[10]第19页公式计算管内流体雷诺准数：

$$Re_i = \frac{d_i \cdot G_i}{\mu_{iD}}$$

式中 $Re_i$ ——管内流体雷诺准数；

$d_i$ ——管内径，m；

$G_i$ ——管内流体质量流速，$kg/(m^2 \cdot s)$。

计算得出雷诺准数 $Re_i = 2102$，符合前文假设的 $Re_i > 2100$ 的条件。

（4）管程传热因子

已知管子内径和长度，已计算出管内流体雷诺准数，根据《冷换设备工艺计算手册》[10]第20页公式计算管内传热因子：

$$J_{Hi} = 0.116 \cdot (Re_i^{\frac{2}{3}} - 125) \cdot \left[1 + \left(\frac{d_i}{L}\right)^{\frac{2}{3}}\right]$$

式中 $J_{Hi}$ ——管内传热因子；

$Re_i$ ——管内流体雷诺准数；

$d_i$ ——管内径，m；

$L$——管长，m。

计算得出管内传热因子 $J_{Hi} = 4.64$。

（5）内膜传热系数

已知管内流体定性温度下的导热系数、管外径，已计算出管内传热因子和普朗特准数，根据《冷换设备工艺计算手册》[10]第20页公式计算以管外表面积为基准的管内膜传热系数：

$$h_{io} = \frac{\lambda_{iD}}{d_o} \cdot J_{Hi} \cdot Pr^{\frac{1}{3}} \cdot \phi_i$$

式中 $h_{io}$ ——以管外表面积为基准的管内膜传热系数，$W/(m^2 \cdot ℃)$；

$\lambda_{iD}$ ——管内流体定性温度下的导热系数，$W/(m \cdot ℃)$；

$d_o$ ——管外径，m；

$J_{Hi}$ ——管内传热因子；

$Pr$ ——管内介质普朗特常数。

假设管壁温度校正系数 $\phi_i = 1$，计算得出以管外表面积为基准的管内膜传热系数 $h_{io} = 167.7 W/(m^2 \cdot ℃)$。

3. 外膜传热系数计算

（1）管子的当量直径

已知换热器管束外径及管心距，根据《冷换设备工艺计算手册》[10]第23页公式计算管子的当量直径。

当管子呈正方形排列时：

$$d_e = \frac{4\left(p_t^2 - \frac{\pi}{4}d_o^2\right)}{\pi d_o}$$

式中　$p_t$——管心距，m；

$d_o$——管外径，m。

计算得出管子的当量直径 $d_e = 0.027\text{m}$。

(2) 壳程流通面积

已知换热器壳径、中心管排数、管外径、板间距和板厚，根据《冷换设备工艺计算手册》[10]第60页附表1-1(b)的说明，计算壳程流通面积：

$$S_o = (D_s - N_c \times d_o) \times (B - \delta)$$

式中　$S_o$——壳程流通面积，$m^2$；

$D_s$——壳径，m；

$N_c$——中心管排数；

$d_o$——管外径，m；

$B$——板间距，m；

$\delta$——折流板板厚度，m。

计算得出壳程的流通面积 $S_o = 0.1785\text{m}^2$。

(3) 壳程流体质量流速

已知壳程流体的流量，已计算出壳程的流通面积，根据《冷换设备工艺计算手册》[10]第23页公式计算壳程流体的质量流速：

$$G_o = \frac{W_o}{S_o}$$

式中　$G_o$——壳程流体质量流速，kg/($m^2$·s)；

$W_o$——壳程流体质量流率，kg/s；

$S_o$——壳程流通面积，$m^2$。

计算得出壳程流体质量流速 $G_o = 28.9\text{kg/(m}^2\cdot\text{s)}$。

(4) 壳程流体雷诺准数

已计算出管子的当量直径、流体质量流速和渣油定性温度下的黏度，根据《冷换设备工艺计算手册》[9]第23页公式，计算壳程的雷诺准数：

$$Re_o = d_e \cdot \frac{G_o}{\mu_{oD}}$$

式中　$Re_o$——壳程流体雷诺准数；

$d_e$——管子的当量直径，m；

$G_o$——壳程流体质量流速，kg/($m^2$·s)；

$\mu_{oD}$——渣油在定性温度下的黏度，Pa·s。

计算得出壳程流体雷诺准数 $Re_o = 10.1$。

符合前文假设条件 $Re_o \leqslant 2100$。

（5）壳程传热因子

已知 $Re_o=10.1$，弓缺 $Z=25$，当 $Re_o\leqslant 200$ 时，根据《冷换设备工艺计算手册》[10]第24页公式，计算壳程传热因子：

$$J_{Ho}=0.641\,Re_o^{0.46}\cdot\left(\frac{Z-15}{10}\right)+0.731\,Re_o^{0.473}\cdot\left(\frac{Z-15}{10}\right)$$

式中　$J_{Ho}$——壳程传热因子；

$Re_o$——壳程流体雷诺准数；

$Z$——弓缺百分数。

计算得出换热器的壳程传热因子 $J_{Ho}=1.855$。

（6）管外膜传热系数

根据《冷换设备工艺计算手册》[10]第24页公式，计算以光管外表面积为基准的管外膜传热系数：

$$h_o=\frac{\lambda_{oD}}{d_e}\cdot J_{Ho}\cdot Pr^{\frac{1}{3}}\cdot\phi_o\cdot\varepsilon_h$$

式中　$h_o$——管外膜传热系数，W/(m²·℃)；

$\lambda_{oD}$——在定性温度下管外流体的导热系数，W/(m·℃)；

$d_e$——管子的当量直径，m；

$J_{Ho}$——壳程传热因子；

$Pr$——管外介质普朗特常数；

$\phi_o$——壳程壁温校正系数；

$\varepsilon_h$——旁路挡板传热校正系数。

根据《冷换设备工艺计算手册》[10]第24页表1-16，查得旁路挡板传热校正系数 $\varepsilon_h=1.14$。取壳程壁温校正系数 $\phi_o=1$，计算得出管外膜传热系数 $h_o=96.61$W/(m²·℃)。

4. 内外膜传热系数校正

根据《冷换设备工艺计算手册》[10]第21页公式，计算管壁温度。

当冷流在管内时：

$$t_w=\frac{h_o}{h_o+h_{io}}\cdot(t_{oD}-t_{iD})+t_{iD}$$

式中　$t_w$——管壁温度，℃；

$h_o$——管外膜传热系数，W/(m²·℃)；

$h_{io}$——以管外表面积为基准的管内膜传热系数，W/(m²·℃)；

$t_{oD}$——壳程定性温度，℃；

$t_{iD}$——管程定性温度。

计算得出管壁温度 $t_w=115.6$℃。

（1）内膜传热系数校正

1）管壁温度下管程介质黏度：

根据《化工原理》[13]附录2中水的物理性质，根据插值法，计算管壁温度下水的黏度 $\mu_{iw}=0.255$mPa·s。

2）管程管壁温度校正系数：

根据《冷换设备工艺计算手册》[10]第 20 页公式计算管程管壁温度校正系数：

$$\phi_i = \left(\frac{\mu_{iD}}{\mu_w}\right)^{0.14}$$

式中　$\phi_i$——管壁温度校正系数；

$\mu_{iD}$——定性温度下管内介质动力黏度，Pa·s；

$\mu_w$——管壁温度下管内介质的动力黏度，Pa·s。

计算得出管壁温度校正系数 $\phi_i = 1.062$。

3）内膜传热系数校核：

根据《冷换设备工艺计算手册》[10]第 20 页公式计算以管外表面积为基准的管内膜传热系数：

$$h_{io} = \frac{\lambda_{iD}}{d_o} \cdot J_{Hi} \cdot Pr^{\frac{1}{3}} \cdot \phi_i$$

得出校正后的以管外表面积为基准的管内膜传热系数 $h_{io} = 178.1 W/(m^2 \cdot ℃)$

（2）外膜传热系数校正

1）管壁温度下渣油的密度：

根据《冷换设备工艺计算手册》[10]第 75 页公式，计算管壁温度下的渣油密度：

$$\rho = T \cdot (1.307\gamma_4^{20} - 1.817) + 973.86\gamma_4^{20} + 36.34$$

式中　$\rho$——一定温度下的密度，$kg/m^3$；

$\gamma_4^{20}$——介质 20℃下的相对密度；

$T$——温度，℃。

计算得出管壁温度 $t_w = 115.6℃$ 下渣油密度为 $\rho_{ow} = 963.6 kg/m^3$。

2）管壁温度下渣油黏度

根据《冷换设备工艺计算手册》[10]第 75 页公式，计算管壁温度下的渣油黏度：

$$\upsilon = \exp\{\exp[a + b \times \ln(T + 273)]\} - C$$

在前文已计算出渣油关于黏度的参数 $a = 15.54$，$b = -2.29$，$C = 0.6$，计算得出渣油在管壁温度下的运动黏度为 $770 mm^2/s$。

再根据以下公式将运动黏度转换成动力黏度：

$$\mu = \rho \cdot \upsilon \cdot 10^{-3}$$

式中　$\mu$——动力黏度，mPa·s 或 cP；

$\rho$——油品在该温度下的密度，$kg/m^3$；

$\upsilon$——油品在该温度下的运动黏度，$mm^2/s$。

渣油在定性温度 $t_w = 115.6℃$ 下的黏度为 $\mu_{ow} = 741.98 mPa \cdot s$。

3）壳程管壁温度校正系数

根据《冷换设备工艺计算手册》[10]第 24 页公式计算管壁温度校正系数：

$$\phi_o = \left(\frac{\mu_{oD}}{\mu_w}\right)^{0.14}$$

式中　$\phi_o$——管壁温度校正系数；

$\mu_{oD}$——定性温度下管外介质动力黏度，Pa·s；

$\mu_w$——管壁温度下管内介质的动力黏度，Pa·s。

计算得出壳程管壁温度校正系数 $\phi_o = 0.73$。

4）外膜传热系数校正

根据《冷换设备工艺计算手册》[10]第24页公式，重新计算以光管外表面积为基准的管外膜传热系数：

$$h_o = \frac{\lambda_{oD}}{d_e} \cdot J_{Ho} \cdot Pr^{\frac{1}{3}} \cdot \phi_o \cdot \varepsilon_h$$

式中 $h_o$ ——管外膜传热系数，W/(m²·℃)；

$\lambda_{oD}$ ——在定性温度下管外流体的导热系数，W/(m·℃)；

$d_e$ ——管子的当量直径，m；

$J_{Ho}$ ——壳程传热因子；

$Pr$ ——管外介质普朗特常数；

$\phi_o$ ——壳程壁温校正系数；

$\varepsilon_h$ ——旁路挡板传热校正系数。

计算得出管外膜传热系数 $h_o$ = 70.48W/(m²·℃)。

5. 总传热系数

根据《冷换设备工艺计算手册》[10]第10页中表1-10，查得规格为 $\phi$25mm×2.5mm 的碳钢管金属热阻为：

$$r_p = 0.00006(m^2 \cdot ℃)/W$$

根据《冷换设备工艺计算手册》[10]第16页表1-12，查得管程为水的管内结构热阻为：

$$r_i = 0.00034(m^2 \cdot ℃)/W$$

壳程参照《冷换设备工艺计算手册》[10]表1-12中重燃料油的结构热阻数据：

$$r_o = 0.00086(m^2 \cdot ℃)/W$$

根据《冷换设备工艺计算手册》[10]第9页公式，计算总传热系数：

$$K = \frac{1}{\frac{A_o}{A_i} \cdot \left(\frac{1}{h_i} + r_i\right) + \left(\frac{1}{h_o} + r_o\right) + r_p}$$

式中 $K$ ——总传热系数，W/(m²·℃)；

$h_i$ ——管内流体膜传热系数，W/(m²·℃)；

$h_o$ ——管外流体膜传热系数，W/(m²·℃)；

$r_i$ ——管内结垢热阻，(m²·℃)/W；

$r_o$ ——管外结垢热阻，(m²·℃)/W；

$r_p$ ——管壁金属热阻，W/(m²·℃)。

对于以管外表面积为基准的管内膜传热系数，式中 $\frac{A_o}{A_i} = 1$。

计算得出总传热系数 $K$ = 56.9W/(m²·℃)。

（三）总传热系数校核

1. 换热器热负荷计算

已知换热器管壳程的进出口温度，介质的性质和流量，分别计算壳程减压渣油在进出口的焓值，查得管程水在进出口温度下的焓值，分别计算管壳程的热负荷，见表3-137。

表 3-137 换热器管壳程换热负荷

| 介质 | 流量/(t/h) | 入口温度/℃ | 出口温度/℃ | K 值 | 相对密度 $d_4^{20}$ | 入口焓值/(kJ/kg) | 出口焓值/(kJ/kg) | 热负荷/kW |
|---|---|---|---|---|---|---|---|---|
| 壳程 | 18.6 | 226.9 | 154.1 | 11.3 | 1.011 | 478.8 | 313.0 | 855.1 |
| 管程水 | 14.1 | 53.1 | 101.3 | | | 222.7 | 424.9 | 794.5 |

以热流热负荷作为换热器的总热负荷值，即 $Q=855.1\text{kW}$。

2. 有效平均温差

(1) 对数平均温差

热端温差：

$$\Delta t_h = T_1 - t_2 = 125.6℃$$

冷端温差：

$$\Delta t_c = T_2 - t_1 = 100.9℃$$

$\left|\frac{\Delta t_h}{\Delta t_c}-1\right|=0.245$，根据《冷换设备工艺计算手册》[10]第 11 页公式，计算对数平均温差：

$$\Delta T_m = \frac{\Delta t_h - \Delta t_c}{\ln\left(\frac{\Delta t_h}{\Delta t_c}\right)}$$

得出对数平均温差 $\Delta T_m = 112.8℃$。

(2) 对数平均温差校正系数

根据《冷换设备工艺计算手册》[10]第 11 页公式，计算温度相关因数和温度效率。

温度相关因数：

$$R = \frac{T_1 - T_2}{t_2 - t_1} = 1.512$$

温度效率：

$$P = \frac{t_2 - t_1}{T_1 - t_1} = 0.277$$

$|R-1| = 0.512$，根据《冷换设备工艺计算手册》[10]第 11 页公式计算对数平均温差校正系数：

$$P_n = \frac{1-\left(\frac{1-P\cdot R}{1-P}\right)^{1/N_s}}{R-\left(\frac{1-P\cdot R}{1-P}\right)^{1/N_s}}$$

$$F_T = \frac{\frac{\sqrt{R^2+1}}{R-1}\ln\left(\frac{1-P_n}{1-P_n\cdot R}\right)}{\ln\left[\frac{2/P_n-1-R+\sqrt{R^2+1}}{2/P_n-1-R-\sqrt{R^2+1}}\right]}$$

式中 $F_T$——对数平均温度校正系数；

$P$——温度效率；

$R$——温度相关系数；

$N_s$ ——壳程数，$N_s = 4$。

计算得出 $P_n = 0.094$，对数平均温差校正系数 $F_T = 0.997$。

(3) 有效平均温差

根据《冷换设备工艺计算手册》[10]第12页公式，计算有效平均温差：

$$\Delta T = \Delta T_m \cdot F_T$$

式中 $\Delta T$ ——有效平均温差，℃；

$\Delta T_m$ ——对数平均温差，℃；

$F_T$ ——对数平均温差校正系数。

计算得出有效平均温差为 $\Delta T = 112.5$℃。

3. 实际总传热系数

已计算出换热器的负荷、有效平均温差，已知换热器的换热面积，根据《冷换设备工艺计算手册》[10]第9页公式，推导出总传热系数的公式：

$$K = \frac{Q}{A \cdot \Delta T}$$

式中 $K$——总传热系数，W/(m²·℃)；

$A$——换热面积，m²；

$\Delta T$ ——有效平均温差，℃；

$Q$——热负荷，W。

计算得出总传热系数 $K = 6.84$W/(m²·℃)。

4. 附加热阻

前文计算出的总传热系数偏差较大。根据《冷换设备工艺计算手册》[10]第16页表1-12的说明，计算附加热阻。

$$r' = \frac{1}{K_1} - \frac{1}{K_2} = \frac{1}{6.84} - \frac{1}{56.9} = 0.129(\text{m}^2 \cdot ℃)/\text{W}$$

(四) 换热器压降计算

1. 管程压力降

换热器的管程压力降包括因摩擦阻力引起的直管压力降、回弯压力降和进出口管嘴压力降三部分。

(1) 管程直管压力降

管程雷诺准数 $Re_i = 2102$，根据《冷换设备工艺计算手册》[10]第22页公式计算管内摩擦系数，对于光管，当 $10^3 < Re_i < 10^5$ 时，

$$f_i = 0.4513 \cdot Re_i^{-0.2653}$$

计算得出管内摩擦系数 $f_i = 0.0593$。

再根据《冷换设备工艺计算手册》[10]第22页公式计算直管压力降：

$$\Delta p_i = \frac{G_i^2}{2\rho_{iD}} \cdot \frac{L \cdot N_{tp}}{d_i} \cdot \frac{f_i}{\phi_i}$$

式中 $\Delta p_i$ ——管程直管压力降，Pa；

$G_i$ ——管内流体的质量流速，kg/(m²·s)；

$\rho_{iD}$ ——定性温度下管内介质的密度，kg/m³；

$L$——管长，m；

$N_{tp}$ ——管程数；

$d_i$ ——管内径，m；

$f_i$ ——管内摩擦系数；

$\phi_i$ ——管程壁温校正系数。

换热器由四台串联，因此管程数 $N_{tp} = 2 \times 4 = 8$。

计算得出管程直管压力降 $\Delta p_i = 117\text{Pa}$。

(2) 管程回弯压力降

根据《冷换设备工艺计算手册》[10]第 22 页公式计算回弯压力降：

$$\Delta p_r = \frac{G_i^2}{2\rho_{iD}} \cdot (4N_{tp})$$

式中 $\Delta p_r$ ——管程回弯压力降，Pa；

$G_i$ ——管内流体的质量流速，$\text{kg/(m}^2 \cdot \text{s)}$；

$\rho_{iD}$ ——定性温度下管内介质的密度，$\text{kg/m}^3$；

$N_{tp}$ ——管程数。

计算得出管程回弯压力降 $\Delta p_r = 28\text{Pa}$。

(3) 管程进出口管嘴压力降

换热器管程进出口管嘴均为 $DN250$，根据《冷换设备工艺计算手册》[10]第 23 页公式计算回弯压力降：

$$\Delta p_{Ni} = \frac{1.5G_{Ni}^2}{2\rho_{iD}}$$

式中 $G_{Ni}$ ——管程流体流经进出口管嘴的质量流速，$\text{kg/(m}^2 \cdot \text{s)}$；

$$G_{Ni} = \frac{W_i}{\frac{\pi}{4}d_{Ni}^2}$$

式中 $W_i$ ——管内流体质量流速，kg/s；

$d_{Ni}$ ——管程进出口管嘴直径，m。

计算得出管程流体流经进出口管嘴的质量流速为 $G_{Ni} = 80.1\text{kg/(m}^2 \cdot \text{s)}$；管程回弯压力降 $\Delta p_{Ni} = 19.69\text{Pa}$。

(4) 管程总压力降

根据《冷换设备工艺计算手册》[10]第 22 页公式计算管程压力降：

$$\Delta p_t = (\Delta p_i + \Delta p_r) \cdot F_i + \Delta p_{Ni}$$

式中 $\Delta p_t$ ——管程压力降，Pa；

$\Delta p_i$ ——管程直管压力降，Pa；

$\Delta p_r$ ——管程回弯压力降，Pa；

$\Delta p_{Ni}$ ——管程进出口管嘴压力降，Pa；

$F_i$ ——管程压力降结构校正系数与结构热阻有关，根据《冷换设备工艺计算手册》[10]第 22 页表 1-15 查得，其值为 1.35。

计算换热器管程总压力降 $\Delta p_t = 215\text{Pa}$ 。

2. 壳程压力降

换热器壳程压力降包括壳程管束压力降、导流筒压力降、进出口管嘴压力降。

（1）壳程管束压力降

壳程雷诺准数 $Re_o = 10.1$，根据《冷换设备工艺计算手册》[10]第27页公式计算壳程摩擦系数，对于光管、正方形排列的管束，当 $10 < Re_o < 100$ 时，

$$f'_o = 119.3 \cdot Re_o^{-0.93}$$

计算得出壳程摩擦系数 $f'_o = 13.93$。

再根据《冷换设备工艺计算手册》[10]第28页公式对壳程摩擦系数进行校正：

$$f_o = f'_o \cdot \frac{35}{Z + 10}$$

其中，$Z$ 为折流板弓缺，对于弓缺为25%的折流板，$f_o = f'_o = 13.93$。

根据《冷换设备工艺计算手册》[10]第27页公式计算壳程管束压力降：

$$\Delta p_o = \frac{G_o^2}{2\rho_{oD}} \cdot \frac{D_s \cdot (N_b + 1)}{d_e} \cdot \frac{f_o}{\phi_o} \cdot \varepsilon_{\Delta p}$$

式中　$\Delta p_o$ ——壳程管束压力降，Pa；

$G_o$ ——壳程流体的质量流速，kg/(m$^2$ · s)；

$\rho_{oD}$ ——定性温度下壳程介质的密度，kg/m$^3$；

$D_s$ ——壳径，m；

$N_b$ ——折流板块数；

$d_e$ ——当量直径，m；

$f_o$ ——壳程摩擦系数；

$\phi_o$ ——壳程壁温校正系数；

$\varepsilon_{\Delta p}$ ——旁路挡板压力降准系数。

根据《冷换设备工艺计算手册》[10]第24页表1-16，查得旁路挡板传热校正系数 $\varepsilon_{\Delta p} = 1.51$。计算得出单台换热器的壳程管束压力降 $\Delta p_o = 8126$Pa 。

（2）壳程导流筒压力降

根据《冷换设备工艺计算手册》[10]第29页公式计算壳程导流筒压力降：

$$\Delta p_{ro} = \frac{G_{No}^2}{2\rho_{oD}} \cdot \varepsilon_{tP}$$

式中　$\Delta p_{ro}$ ——壳程导流筒压力降，Pa；

$G_{No}$ ——流体流经壳程进出口管嘴的质量流速，kg/(m$^2$ · s)；

$\rho_{oD}$ ——定性温度下壳程介质的密度，kg/m$^3$；

$\varepsilon_{tp}$ ——导流筒的压力降系数，取 $\varepsilon_{tp} = 6$。

流体流经壳程进出口管嘴的质量流速 $G_{No}$ 通过以下公式计算：

$$G_{No} = \frac{4W_O}{\pi d_{No}^2}$$

式中　$W_O$ ——壳程流体质量流速，kg/s；

$d_{No}$ ——壳程进出口管嘴直径，m。

计算得出流体流经壳程进出口管嘴的质量流速 $G_{No} = 105.1$kg/(m$^2$ · s)；壳程导流筒压力降 $\Delta p_{ro} = 35.8$Pa 。

(3) 壳程进出口管嘴压力降

根据《冷换设备工艺计算手册》[10]第 29 页公式计算壳程进出口管嘴的压力降：

$$\Delta p_{No} = 1.5\frac{G_{No}^2}{2\rho_{oD}}$$

式中 $\Delta p_{No}$——壳程进出口管嘴压力降，Pa；

$G_{No}$——流体流经壳程进出口管嘴的质量流速，kg/(m$^2$·s)；

$\rho_{oD}$——定性温度下壳程介质的密度，kg/m$^3$。

计算得出壳程进出口管嘴的压力降 $\Delta p_{No}=8.9$Pa。

(4) 壳程总压力降

根据《冷换设备工艺计算手册》[10]第 27 页公式计算换热器壳程的总压力降：

$$\Delta p_s = \Delta p_o \cdot F_o + \Delta p_{ro} + \Delta p_{No}$$

其中，$F_o$ 为壳程压力降结垢校正系数，参考《冷换设备工艺计算手册》[10]第 27 页表 1-17，$F_o=1.5$。

单台换热器壳程的压力降为 12233Pa，四台换热器壳程的压力降为 48932Pa。

## 八、焦炭塔计算

### (一) 焦炭塔基本情况

本装置焦炭塔一共两座，2002 年新建，全高 37.18m，筒体高度为 26m，塔下段 21.76m 材质为 15CrMo 钢，塔上段 15.42m 材质为 15CrMo+0Cr13AL。在焦炭塔上、中、下三个部位分别设有 1 支测塔壁温度的热电偶。2014 年焦炭塔检修新增底盖机。

1. 焦炭塔结构尺寸

焦炭塔结构尺寸见表 3-138。

表 3-138 焦炭塔设备结构尺寸

| 项目 | 尺寸 | 项目 | 尺寸 |
|---|---|---|---|
| 直径/mm | 8400 | 塔底口直径/mm | 1800 |
| 筒体高度/mm | 26000 | 塔壁平均厚度/mm | 30 |
| 塔顶半球直径/mm | 8400 | 椎段高度/mm | 6961 |
| 塔底球台直径/mm | 8400 | 焦炭塔质量/kg | 224000 |

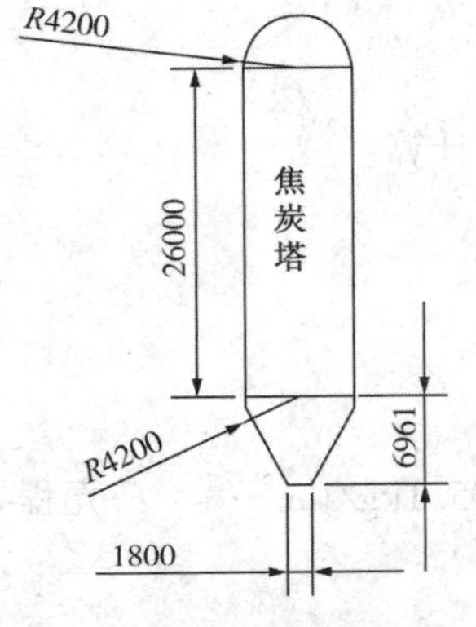


图 3-25 焦炭塔结构尺寸

焦炭塔的部分结构尺寸如图 3-25 所示。

2. 焦炭塔工艺参数

取处理塔在除焦期间、生产塔的工艺参数，见表 3-139。

3. 焦炭塔物料平衡

进入焦炭塔的部分包括从塔底部进入的经加热炉加热的原料油，特阀与底盖机的密封蒸汽，加热炉的注水注汽，从顶部进入焦炭塔的急冷油。

经焦炭塔反应后，产生的富气、粗汽油、柴油、循环油等随水蒸气从塔顶逸出，焦炭留在塔内，具体物料及其流量见表 3-140。

表 3-139 焦炭塔工艺参数

| 项目 | 数值 | 项目 | 数值 |
|---|---|---|---|
| 加热炉出口温度/℃ | 498 | 急冷油温度/℃ | 90 |
| 焦炭塔进料温度/℃ | 488 | 焦炭塔顶压力/MPa(表) | 0 |
| 焦炭塔出口温度/℃ | 420 | 1.0MPa 蒸汽温度/℃ | 280 |
| 焦炭塔壁温 1/℃ | 430 | 冷焦水温度/℃ | 69 |
| 焦炭塔壁温 2/℃ | 430 | 放水温度/℃ | 90 |
| 焦炭塔壁温 3/℃ | 432 | | |

表 3-140 焦炭塔正常生产时物料平衡

t/h

| 项目 | | 相态 | 流量 |
|---|---|---|---|
| 入方 | 原料油(气相) | 气态 | 67.73 |
| | 原料油(液相) | 液态 | 101.60 |
| | 特阀密封蒸汽 | 气态 | 1.60 |
| | 底盖机密封蒸汽 | 气态 | 0.40 |
| | 加热炉注水注汽 | 气态 | 3.28 |
| | 急冷油 | 液态 | 7.72 |
| | 合计 | | 182.33 |
| 出方 | 水蒸气 | 气态 | 5.28 |
| | 富气 | 气态 | 13.99 |
| | 粗汽油 | 气态 | 14.03 |
| | 柴油 | 气态 | 28.72 |
| | 轻蜡油 | 气态 | 36.89 |
| | 急冷油 | 气态 | 7.72 |
| | 重蜡油 | 气态 | 3.84 |
| | 循环油 | 气态 | 29.45 |
| | 合计 | | 139.92 |
| 焦炭 | | 固态 | 42.41 |

4. 急冷油量计算

焦炭塔内油气在注急冷油前的平均温度为440℃，根据焦炭塔油气注急冷油前的焓值与急冷油后油气的焓值之差，计算焦炭塔的急冷油流量。

对焦炭塔内急冷油前后油气进行热量平衡计算，见表3-141。

表 3-141　焦炭塔急冷油量计算

| 项目 | 介质 | 流量/(t/h) | 气相焓值/(kJ/kg) | 液相焓值/(kJ/kg) | 热量/kW |
|---|---|---|---|---|---|
| 始态 | 富气 | 13.92 | 1193.34 | | 4614 |
| | 粗汽油 | 13.96 | 1404.3 | | 5444 |
| | 柴油 | 28.70 | 1339.2 | | 10677 |
| | 轻蜡油 | 36.89 | 1263.3 | | 12944 |
| | 重蜡油 | 3.84 | 1200.6 | | 1281 |
| | 循环油 | 29.45 | 1181.1 | | 9663 |
| | 急冷油 | $L$ | | 174.0 | $174L$ |
| | $H_2O$ | 5.28 | 3362 | | 4928 |
| | 合计 | | | | $49550+174L$ |
| 终态 | 富气 | 13.92 | 1127.24 | | 4358 |
| | 粗汽油 | 13.96 | 1344.2 | | 5211 |
| | 柴油 | 28.70 | 1280.8 | | 10212 |
| | 轻蜡油 | 36.89 | 1207.3 | | 12370 |
| | 重蜡油 | 3.84 | 1146.9 | | 1224 |
| | 循环油 | 29.45 | 1127.9 | | 9228 |
| | 急冷油 | $L$ | 1146.9 | | $961.1L$ |
| | $H_2O$ | 5.28 | 3318 | | 4864 |
| | 合计 | | | | $47467+961.1L$ |

计算得出急冷油量 $L=7.72$ t/h，而实际急冷油量读数为5t/h，原计量表存在误差。

（二）焦炭塔热量平衡

1. 原料供热

加热炉F303将原料油加热至一定温度后，经加热炉出口旋塞阀、转油线、四通阀、进料隔断阀后，由底盖机处进入焦炭塔底。加热炉出口旋塞阀、四通阀、进料隔断阀和底盖机均设有蒸汽密封。

进入焦炭塔内的热量主要为原料油带入的热量、密封蒸汽带入的热量和加热炉注水注汽带入的热量。

原料油带入的热量在前文已计算出，再查得1.0MPa蒸汽的焓值和炉出口温度下水蒸气的焓值，计算进入焦炭塔底的热量，见表3-142。

表 3-142　进入焦炭塔内的热量

| 项目 | 流量/(t/h) | 温度/℃ | 气相焓值/(kJ/kg) | 液相焓值/(kJ/kg) | 热量/kW |
|---|---|---|---|---|---|
| 原料油(气相) | 67.7 | 498.0 | 1413.3 | | 26592 |
| 原料油(液相) | 101.6 | 498.0 | | 1205.5 | 34024 |
| 加热炉注水注汽 | 3.3 | 498.0 | 3482.0 | | 3170 |

续表

| 项目 | 流量/(t/h) | 温度/℃ | 气相焓值/(kJ/kg) | 液相焓值/(kJ/kg) | 热量/kW |
|---|---|---|---|---|---|
| 特阀密封蒸汽 | 1.6 | 280.0 | 3036.0 | | 1349 |
| 底盖机密封蒸汽 | 0.4 | 280.0 | 3036.0 | | 337 |
| 合计 | | | | | 65472 |

进入焦炭塔底部的热量为65472kW。

2. 焦炭塔散热

根据《石油化工设备和管道绝热工程设计规范》[11]公式分别计算绝热层外表面向大气的散热系数和每平方米绝热层外表面的散热损失量。

$$\alpha = 11.6 + 7 \times \sqrt{f}$$

$$q = \alpha \times (t_n - t_a)$$

式中 $\alpha$——表面换热系数，W/(m$^2$·℃)；

$f$——风速，m/s；

$q$——散热强度，W/m$^2$；

$t_n$——外壁平均温度；

$t_a$——环境温度。

焦炭塔底部和顶部的散热强度均近似按筒体计算，分别计算各部分表面积，得出散热损失见表3-143。

**表3-143　焦炭塔散热损失**

| 项目 | 表面积/m$^2$ | 算数平均温度/℃ | 风速/(m/s) | 环境温度/℃ | 散热强度/(W/m$^2$) | 散热损失/kW |
|---|---|---|---|---|---|---|
| 顶部 | 221.6 | 80 | 3 | 29.5 | 1198.1 | 265 |
| 筒体 | 685.8 | 75 | 3 | 29.5 | 1079.5 | 740 |
| 锥段 | 91.8 | 70 | 1 | 29.5 | 753.3 | 69 |
| 合计 | 999.1 | | | | | 1075 |

焦炭塔在正常生产期间的散热损失为1075kW。

3. 焦炭塔反应热

原料油进入焦炭塔后，发生缩合和裂解反应，这里计算的反应热包括转油线内的反应热和焦炭塔内的反应热。

根据进入焦炭塔的原料油和水蒸气热量、出焦炭塔油气和水蒸气的热量、急冷油的进出温度下的焓差，计算焦炭塔内的反应热。

首先根据富气焓值的计算方法计算焦炭塔顶温度下富气的焓值，焦炭塔顶出口温度为420℃，该温度下的富气焓值为1127.24kJ/kg。

焦炭的比热容取0.3kcal/(kg·℃)，即1.256kJ/(kg·℃)，以-17.8℃为基准温度，分别计算各温度下焦炭的焓值。假设留在焦炭塔内的焦炭平均温度为440℃，计算其焓值如下所示：

$$H = 1.256\text{kJ/(kg}\cdot{}^\circ\text{C)} \times [440^\circ\text{C} - (-17.8^\circ\text{C})] = 574.9\text{kJ/kg}$$

焦炭塔反应热见表 3-144。

**表 3-144　焦炭塔反应热计算**

| 项目 | | 相态 | 流量/(t/h) | 温度/℃ | 气相焓值/(kJ/kg) | 液相焓值/(kJ/kg) | 热量/kW |
|---|---|---|---|---|---|---|---|
| 进料 | 原料油(气相) | 气态 | 67.7 | 498 | 1413.345 | | 26592 |
| | 原料油(液相) | 液态 | 101.6 | 498 | | 1205.5 | 34024 |
| | 特阀密封蒸汽 | 气态 | 1.6 | 280 | 3036.0 | | 1349 |
| | 底盖机密封蒸汽 | 气态 | 0.4 | 280 | 3036.0 | | 337 |
| | 加热炉注水注汽 | 气态 | 3.3 | 498 | 3482.0 | | 3170 |
| | 急冷油 | 液态 | 7.7 | 90 | | 174.0 | 373 |
| | 合计 | | 182.3 | | | | 65845 |
| 出料 | 水蒸气 | 气态 | 5.3 | 420 | 3318 | | 4864 |
| | 富气 | 气态 | 14.0 | 420 | 1127.24 | | 4381 |
| | 粗汽油 | 气态 | 14.0 | 420 | 1344.2 | | 5238 |
| | 柴油 | 气态 | 28.7 | 420 | 1280.8 | | 10219 |
| | 轻蜡油 | 气态 | 36.9 | 420 | 1207.3 | | 12370 |
| | 急冷油 | 气态 | 7.7 | 420 | 1146.9 | | 2458 |
| | 重蜡油 | 气态 | 3.8 | 420 | 1146.9 | | 1224 |
| | 循环油 | 气态 | 29.5 | 420 | 1142.3 | | 9346 |
| | 焦炭 | 固态 | 42.4 | 440 | | 574.9 | 6772 |
| | 合计 | | 182.3 | | | | 56873 |
| 散热 | | | | | | | 1075 |
| 反应热 | | | | | | | 7897 |

焦炭塔内的反应热为 7897kW。再根据进入焦炭塔的原料油流量，得出焦炭塔内的反应热 $Q$=167.9kJ/kg 原料=40108kcal/t 原料。

而在前文已知，加热炉的反应吸热量为 2756.6kW，焦炭塔内的反应吸热量为加热炉内的 2~3 倍，也印证了延迟焦化反应主要在焦炭塔内进行这一说法。

4. 小吹汽阶段热量平衡

小吹汽阶段时间为切换四通阀后，一共 2 h。小吹汽进入焦炭塔的热量为小吹汽用 1.0MPa 蒸汽。从塔顶出来的有大量油气，一部分按粗汽油计算，总量按焦炭质量的 3%计算；另一部分按轻蜡油计算，总量为焦炭总质量的 5%。在小吹汽前，轻油为气相，重油为液相。在小吹汽过程中，轻、重油无相变。

焦炭塔塔体的比热容取 0.11kcal/(kg · ℃)，即 0.46kJ/(kg · ℃)，以-17.8℃为基准温度，分别计算各温度下焦炭塔塔体的焓值。焦炭塔小吹汽末期焦炭塔平均温度为 418℃，计算其焓值如下所示：

$$H = 0.46\text{kJ/(kg}\cdot{}^\circ\text{C)} \times [418^\circ\text{C} - (-17.8^\circ\text{C})] = 200.7\text{kJ/kg}$$

在小吹汽阶段，焦炭塔塔体的散热量与正常生产时基本相同，小吹汽时间为 2h，因此散热损失为7739MJ。

由于焦炭塔刚切换生产，还会伴随少量的焦化反应，反应热量和焦炭塔小吹汽阶段的热量平衡见表3-145。

**表3-145　焦炭塔小吹汽阶段热量平衡**

| 项目 | 介质 | 相态 | 质量/t | 温度/℃ | 气相焓值/(kJ/kg) | 液、固相焓值/(kJ/kg) | 热量/MJ |
|---|---|---|---|---|---|---|---|
| 始态 | 焦炭 | 固态 | 1017.8 | 440 | | 574.9 | 585129 |
| | 轻油 | 气态 | 30.5 | 440 | 1404.3 | | 42878 |
| | 重油 | 气态 | 50.9 | 440 | | 1101.5 | 56053 |
| | 小吹汽 | 气态 | 12.0 | 280 | 3036.0 | | 36432 |
| | 底盖机密封蒸汽 | 气态 | 0.8 | 280 | 3036.0 | | 2429 |
| | 焦炭塔塔体 | 固态 | 224.0 | 440 | | 210.8 | 47219 |
| | 合计 | | 1336.0 | | | | 770140 |
| 终态 | 焦炭 | 固态 | 1017.8 | 418 | | 547.3 | 557010 |
| | 轻油 | 气态 | 30.5 | 418 | 1337.8 | | 40849 |
| | 重油 | 液态 | 50.9 | 418 | | 1030.5 | 52441 |
| | 蒸汽 | 气态 | 12.8 | 418 | 3309 | | 42355 |
| | 塔体 | 固态 | 224.0 | 418 | | 200.7 | 44950 |
| | 合计 | | 1336.0 | | | | 737606 |
| 热损失 | | | | | | | 7739 |
| 反应热 | | | | | | | 24795 |

5. 大吹汽阶段热量平衡

在焦炭塔大吹汽阶段，焦炭塔顶压力降低，大量水蒸气进入后，油气分压降低，焦炭塔内的重油汽化。塔内无焦化反应，大吹汽的终态温度为402℃，大吹汽量为15t/h，共吹气2h。在大吹汽期间，小吹气未停。

大吹汽阶段的热量平衡见表3-146。

**表3-146　焦炭塔大吹汽阶段热量平衡**

| 项目 | | 相态 | 质量/t | 温度/℃ | 气相焓值/(kJ/kg) | 液、固相焓值/(kJ/kg) | 热量/MJ |
|---|---|---|---|---|---|---|---|
| 初始状态 | 焦炭 | 固态 | 1017.8 | 418.0 | | 547.3 | 557010 |
| | 重油 | 液态 | 50.9 | 418.0 | | 1030.5 | 52441 |
| | 小吹汽 | 气态 | 12.0 | 280.0 | 3036.0 | | 36432 |
| | 大吹汽 | 气态 | 30 | 280.0 | 3036.0 | | 91080 |
| | 底盖机密封蒸汽 | 气态 | 0.8 | 280.0 | 3036.0 | | 2429 |
| | 焦炭塔塔体 | 固态 | 224.0 | 418.0 | | 200.7 | 44950 |
| | 合计 | | | | | | 784342 |

续表

| 项目 | | 相态 | 质量/t | 温度/℃ | 气相焓值/(kJ/kg) | 液、固相焓值/(kJ/kg) | 热量/MJ |
|---|---|---|---|---|---|---|---|
| 最终状态 | 焦炭 | 固态 | 1017.8 | 402 | | 527.2 | 536560 |
| | 重油 | 气态 | 50.9 | 402 | 1157.3 | | 58894 |
| | 蒸汽 | 气态 | 42.8 | 402 | 3275 | | 140170 |
| | 塔体 | 固态 | 224.0 | 402 | | 193.3 | 43299 |
| | 合计 | | | | | | 778923 |
| 散热损失 | | | | | | | 5419 |

6. 小给水阶段热量平衡

在焦炭塔大吹汽结束后，开始小给水冷焦。冷焦水进焦炭塔后全部汽化，小给水时间约3 h，总流量75t。小给水末期的温度为250℃。期间的热量平衡见表3-147。

表3-147 焦炭塔小给水阶段热量平衡

| 项目 | | 相态 | 质量/t | 温度/℃ | 气相焓值/(kJ/kg) | 液相焓值/(kJ/kg) | 热量/MJ |
|---|---|---|---|---|---|---|---|
| 初始状态 | 焦炭 | 固态 | 1017.8 | 402 | | 527.2 | 536560 |
| | 冷焦水 | 液态 | 75 | 68.8 | | 288.0 | 21600 |
| | 塔体 | 固态 | 224.0 | 402 | | 193.3 | 43299 |
| | 合计 | | 1316.8 | | | | 601460 |
| 最终状态 | 焦炭 | 固态 | 1017.8 | 250 | | 336.3 | 342284 |
| | 水蒸气 | 气态 | 75 | 250 | 3034 | | 227550 |
| | 塔体 | 固态 | 224.0 | 250 | | 123.3 | 27622 |
| | 合计 | | 1316.8 | | | | 597456 |
| 散热损失 | | | | | | | 4004 |

7. 大给水阶段热量平衡

大给水期间冷焦水部分汽化，根据产生的污水量，推算大给水的汽化量为48t。汽化后的温度为160℃，对焦炭塔大给水期间的汽化部分进行热量平衡的计算，见表3-148。

表3-148 焦炭塔大给水阶段热量平衡(汽化阶段)

| 项目 | | 相态 | 质量/t | 温度/℃ | 气相焓值/(kJ/kg) | 液相焓值/(kJ/kg) | 热量/MJ |
|---|---|---|---|---|---|---|---|
| 初始状态 | 焦炭 | 固态 | 1017.8 | 250 | | 336.3 | 342284 |
| | 冷焦水 | 液态 | 48 | 68.8 | | 288.0 | 13824 |
| | 塔体 | 固态 | 224.0 | 250 | | 123.3 | 27622 |
| | 合计 | | 1289.8 | | | | 383730 |

续表

| 项目 | | 相态 | 质量/t | 温度/℃ | 气相焓值/(kJ/kg) | 液相焓值/(kJ/kg) | 热量/MJ |
|---|---|---|---|---|---|---|---|
| 最终状态 | 焦炭 | 固态 | 1017.8 | 160 | | 223.3 | 227252 |
| | 水蒸气 | 气态 | 48 | 160 | 2796 | | 134208 |
| | 塔体 | 固态 | 224.0 | 160 | | 81.9 | 18339 |
| | 合计 | | 1289.8 | | | | 379799 |
| 散热损失 | | | | | | | 3931 |

大给水时间约4h，总给水量为1200t。冷焦水放水时的温度为88℃。对焦炭塔大给水期间的未汽化部分进行热量平衡的计算，见表3-149。

**表3-149　焦炭塔大给水阶段热量平衡(非汽化阶段)**

| 项目 | | 相态 | 质量/t | 温度/℃ | 焓值/(kJ/kg) | 热量/MJ |
|---|---|---|---|---|---|---|
| 初始状态 | 焦炭 | 固态 | 1017.8 | 160.0 | 223.3 | 227252 |
| | 冷焦水 | 液态 | 1200.0 | 68.8 | 288.0 | 345600 |
| | 塔体 | 固态 | 224.0 | 160.0 | 81.9 | 18339 |
| | 合计 | | | | | 591191 |
| 最终状态 | 焦炭 | 固态 | 1017.8 | 88.0 | 132.9 | 135226 |
| | 水 | 液态 | 1200.0 | 88.0 | 368.6 | 442320 |
| | 塔体 | 固态 | 224.0 | 88.0 | 48.7 | 10913 |
| | 合计 | | | | | 588459 |
| 散热损失 | | | | | | 2732 |

(三) 焦炭塔水力学性能

1. 焦炭塔高度

(1) 计算焦炭塔底部容积

已知焦炭塔下塔口直径为1800mm，球台半径与筒体半径一致 $R=4200$mm，圆筒段、球台段和椎台段相切，球台段上表面至椎台段下表面的高度 $H=6961$mm，利用以上数据分别计算其他几何尺寸，如图3-26所示。

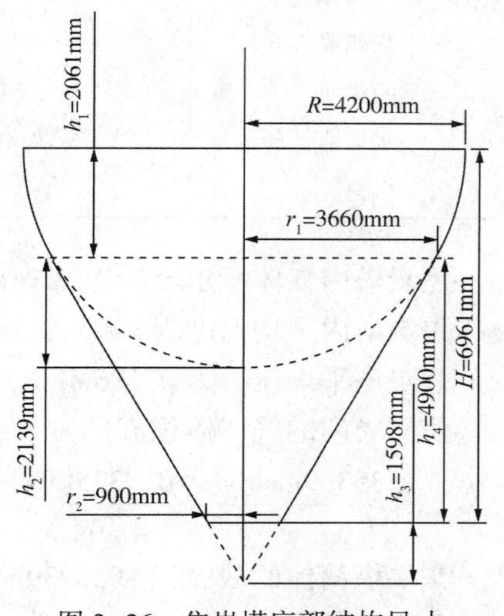

图3-26　焦炭塔底部结构尺寸

1) 椎台体积：

$$V_1=\frac{\pi r_1^2\times(h_3+h_4)}{3}-\frac{\pi r_2^2\times h_3}{3}$$

根据以上尺寸计算椎台的体积为 $V_1=89.8\text{m}^3$。

2) 球台体积：

$$V_2=\frac{2\pi R^3}{3}-\frac{\pi}{6}(3\times r_1^2\times h_2+h_2^3)$$

根据以上已知尺寸计算球台体积为 $V_2=105m^3$。

焦炭塔底部容积 $V_1+V_2=194.7m^3$。

(2) 焦炭层高度

在物料平衡部分已计算出一塔焦的总质量为 1017.8t，焦炭的堆密度为 890kg/m³，计算焦层生焦高度。

焦炭塔直筒段生焦高度：

$$H_{筒}=\frac{\dfrac{1017.8\times10^3kg}{890kg/m^3}-194.7m^3}{\dfrac{\pi}{4}\times(8.4m)^2}=17.4m$$

焦炭层高度包括直筒段生焦高度和底部锥段高度，焦炭层高度为：

$$H_{焦}=17.4m+6.9m=24.3m$$

(3) 焦炭塔空高

焦炭塔泡沫层高度为 4m，切线高度为 26m，直筒段生焦高度为 17.4m，因此焦炭塔空高为：

$$H_{空}=26m-17.4m-4m=4.6m$$

2. 焦炭塔实际气速

在焦炭塔正常生产期间(本次取处理塔在除焦期间的数据)，焦层上部介质主要有水蒸气、富气、粗汽油、柴油、轻蜡油、重蜡油和循环油组分。已知各组分的质量流量和相对分子质量，计算其摩尔流量，见表 3-150。

**表 3-150 焦炭塔内气相摩尔流量**

| 项目 | 质量流量/(t/h) | 相对分子质量 | 摩尔流量/(kmol/h) |
|---|---|---|---|
| 水蒸气 | 5.28 | 18.0 | 293.2 |
| 富气 | 13.99 | 27.6 | 506.3 |
| 粗汽油 | 14.03 | 115.3 | 121.7 |
| 柴油 | 28.72 | 200.6 | 143.2 |
| 轻蜡油 | 36.89 | 312.4 | 118.1 |
| 重蜡油 | 3.84 | 347.0 | 11.1 |
| 循环油 | 29.45 | 365.9 | 80.5 |
| 合计 | 132.2 | | 1274.0 |

焦炭塔内气体摩尔流量为 1274kmol/h，即 353.9mol/s。

焦炭塔内平均温度为 440℃，转换成开氏度，即 713K。

焦炭塔平均压力为 0.186MPa(表)，转换成绝对压力为 287.3kPa。

焦炭塔内的气体体积流量为：

$$\left(\frac{353.9mol/s\cdot101.325kPa\cdot22.4L/mol}{273K}\cdot\frac{713K}{287.3kPa}\right)/(1000L/m^3)=7.03m^3/s$$

焦炭塔筒体的截面积为 55.39m²。

焦炭塔的实际气速为：

$$\frac{7.03m^3/s}{55.39m^2}=0.13m/s$$

3. 焦炭塔临界气速

根据前文已计算出的焦炭塔内气体质量流量和体积流量，计算得出焦炭塔内气体的密度。

$$\rho_v=\frac{132.2t/h\cdot(1000kg/t)/(3600s/h)}{7.03m^3/s}=5.03kg/m^3$$

泡沫层密度一般为30~300kg/m³，取泡沫层密度为$\rho_L=100kg/m^3$，利用以下公式计算塔内允许气相线速度：

$$u_c=0.048\sqrt{\frac{\rho_L-\rho_v}{\rho_v}}$$

计算得出焦炭塔内允许气相限速$u_c=0.21m/s$。允许气相限速大于实际气速。

4. 可沉降焦粉

前文计算焦炭塔气速时已计算出焦炭塔内油气质量流量为132.2t/h，摩尔流量为1274kmol/h，可计算出塔内油气的摩尔质量$M=103.8$。

根据《石油化工设计手册》[1]第979页公式计算焦炭塔内油气黏度：

$$\mu=18.9943+0.061819t+0.017352M+9.08118\times10^{-6}tM-1.00638\times10^{-5}t^2-1.04832\times10^{-4}M^2-0.136695\frac{t}{M}-3.20527\ln M-8.35025\times10^{-3}t\ln M$$

式中 $\mu$——油气黏度，cP；

$t$——温度，℃；

$M$——摩尔质量。

计算得出440℃下焦炭塔内油气黏度$\mu=12.82cP=0.01282Pa\cdot s$。

根据斯托克斯沉降原理，计算能沉降的最小焦粉粒径：

$$d=\sqrt{\frac{18\mu}{(\rho_w-\rho_0)g}}\cdot\sqrt{u}$$

式中 $d$——能够沉降下来的最小颗粒直径，mm；

$\rho_w$——泡沫层密度，kg/m³；

$\rho_0$——气体密度，kg/m³；

$\mu$——气体黏度，Pa·s；

$g$——重力加速度，9.81m/s²；

$u$——焦炭塔内气速，m/s。

已知焦炭塔气速$u$、泡沫层和气体密度、气体黏度为0.01282Pa·s，计算得出焦炭塔内沉降的最小焦粉粒径$d=0.0057mm$。

（四）小结

通过计算焦炭塔冷却过程中的热量平衡，可以看出焦炭塔的最大冷却负荷在小给水阶段，冷焦水在焦炭塔内汽化后，进入放空系统，这部分热量通过放空塔回收，用来对污油进行脱水，提高热量的利用率。

本装置焦炭塔在生焦高度达到24m以上的情况下，空高有4m以上，而焦炭塔顶部结构为球形结构，距塔口仍有4.2m高度，符合空高控制在3~5m的规定，有利于降低焦粉的携带。

## 九、装置能耗计算

(一) 基准能耗

根据中国石化《延迟焦化装置基准能耗》，利用反向法计算焦化装置基准能耗。

计算所需数据见表 3-151。

**表 3-151　计算基准能耗的基础数据**

| 项目 | 数值 | 项目 | 数值 |
|---|---|---|---|
| 原料 | | 原料 | |
| 新鲜进料量 $Q$/(t/h) | 139.88 | 循环比 $R$ | 0.21 |
| 新鲜进料相对分子质量 $M_c$ | 667.84 | 加热炉效率 $\eta$ | 0.92 |
| 产品收率 | | 注汽率 $R_W$/% | 1.94 |
| 干气 $Y_F$/%(质) | 5.09 | 成套规模(一炉两塔)$S$/($10^4$t/a) | 120 |
| 液化气 $Y_L$/%(质) | 2.62 | 富气压缩机采用背压透平 | |
| 汽油 $Y_G$/%(质) | 12.22 | 有完整的吸收稳定 | |
| 柴油 $Y_{LO}$/%(质) | 20.52 | 低温余热回收 | |
| 蜡油 $Y_{CGO}$/%(质) | 29.12 | 汽轮机设计功率 $E_L$/kW | 1369 |
| 焦炭 $Y_{CK}$/%(质) | 30.32 | 装置负荷率 $L$/% | 0.93 |

1. 化学焓差能耗 $E_1$

首先根据《延迟焦化装置基准能耗》第 9 页公式计算产品的平均分子量：

$$M_P = \frac{(Y_{CGO} + Y_{LO} + Y_G + Y_L + Y_F)}{2.86 \times 10^{-3} Y_{CGO} + 5 \times 10^{-3} Y_{LO} + 0.01 Y_G + 0.02 Y_L + 5.56 \times 10^{-2} Y_F}$$

计算得出产品的平均相对分子质量为 $M_P$ = 108.11。

另根据产品的质量流量和各产品相对分子质量，计算各产品的摩尔流量，最后计算产品的平均分子量，结果见表 3-152。

**表 3-152　产品平均相对分子质量**

| 产品名称 | 质量流量/(t/h) | 分子量 | 摩尔流量/(kmol/h) | 平均分子量 |
|---|---|---|---|---|
| 干气 | 7.12 | 19 | 368.9 | |
| 液态烃 | 3.66 | 49 | 74.1 | |
| 稳定汽油 | 17.10 | 108 | 158.3 | |
| 柴油 | 28.70 | 201 | 143.1 | |
| 轻蜡油 | 36.89 | 312 | 118.1 | |
| 重蜡油 | 3.84 | 347 | 11.1 | |
| 合计 | 97.31 | | 873.5 | 111.4 |

两种方法计算的产品平均相对分子质量基本相同。

再根据《延迟焦化装置基准能耗》第 9 页公式计算化学焓差能耗：

$$E_1 = 24158\frac{M_C - M_P}{M_C \cdot M_P}$$

计算得出化学焓差能耗 $E_1 = 108.11$MJ/t。

2. 加热炉散热与排烟能耗 $E_2$

根据《延迟焦化装置基准能耗》第 10 页公式计算加热炉散热与排烟能耗：

$$E_2 = 628(1 + R)\left(\frac{1}{\eta} - 1\right)$$

计算得出加热炉散热与排烟能耗 $E_2 = 68.59$MJ/t。

3. 装置电耗 $E_3$

根据《延迟焦化装置基准能耗》第 10 页公式计算装置电耗：

$$E_3 = 120 + 43.1R$$

装置电耗 $E_3 = 129.08$MJ/t。

4. 蒸汽能耗 $E_4$

根据《延迟焦化装置基准能耗》第 10 页公式计算装置蒸汽能耗：

$$E_4 = 63.6 + 6.3R_w$$

装置蒸汽能耗 $E_4 = 75.79$MJ/t。

5. 富气压缩机能耗 $E_5$

根据《延迟焦化装置基准能耗》第 10 页公式计算富气压缩机能耗。

装置富气压缩机采用中亚蒸汽背压机(背压汽 1.0MPa)驱动，因此富气压缩机能耗：

$$E_5 = \frac{8.3E_L}{Q}$$

计算得出富气压缩机能耗 $E_5 = 81.23$MJ/t。

6. 工艺利用与回收环节的散热能耗 $E_6$

根据《延迟焦化装置基准能耗》第 10 页公式计算工艺利用与回收环节的散热能耗：

$$E_6 = 397S^{-0.5}$$

本装置为一炉两塔 1.2Mt/a，$S = 120$。

计算得出工艺利用与回收环节的散热能耗 $E_6 = 36.24$MJ/t。

7. 装置排弃能耗 $E_7$

根据《延迟焦化装置基准能耗》第 11 页公式计算装置排弃能耗：

$$E_7 = 11.50Y_F + 6.88Y_L + 6.55Y_G + 0.477Y_{LO} + 0.574Y_{CGO} + 28.73R_w + 2.763Y_{CK} - 6.7(1 + R) + 15$$

计算得出装置排弃能耗 $E_7 = 329.36$MJ/t。

8. 装置排弃能消耗的循环水和新鲜水能耗 $E_8$

根据《延迟焦化装置基准能耗》第 11 页公式计算装置排弃能消耗的循环水和新鲜水能耗：

$$E_8 = 9.33\text{MJ/t}$$

9. 吸收稳定系统能耗 $E_9$

根据《延迟焦化装置基准能耗》第 11 页公式计算吸收稳定系统能耗。

本装置是带有重沸器的完整吸收稳定系统，因此：

$$E_9 = 230\text{MJ/t}$$

10. 装置输出低温余热所降低的能耗 $E_{10}$

根据《延迟焦化装置基准能耗》第 11 页计算装置输出低温余热所降低的能耗。

本装置低温余热全部利用，因此：

$$E_{10}=-(5.95Y_F+4.22Y_L+2.83Y_G+0.79Y_{LO}+0.78Y_{CGO}+3.06R_w)$$

计算得出装置输出低温余热所降低的能耗 $E_{10}$=-120.76MJ/t。

11. 装置基准能耗

将以上计算结果汇总，并计算装置基准能耗：

$$E_B=\sum_{i=1}^{10}E_i$$

结果见表 3-153。

**表 3-153 焦化装置基准能耗**

| 项目 | 基准能耗 | |
|---|---|---|
| | MJ/t | kgEO/t |
| 化学焓差能耗 $E_1$ | 187.29 | 4.47 |
| 加热炉散热与排烟能耗 $E_2$ | 68.59 | 1.64 |
| 装置电耗 $E_3$ | 129.08 | 3.08 |
| 蒸汽能耗 $E_4$ | 75.79 | 1.81 |
| 富气压缩机能耗 $E_5$ | 81.23 | 1.94 |
| 工艺利用与回收环节的散热能耗 $E_6$ | 36.24 | 0.87 |
| 装置排弃能耗 $E_7$ | 329.36 | 7.86 |
| 装置排弃能消耗的循环水和新鲜水能耗 $E_8$ | 9.33 | 0.22 |
| 吸收稳定系统能耗 $E_9$ | 230.00 | 5.49 |
| 装置输出低温余热所降低的能耗 $E_{10}$ | -120.76 | -2.88 |
| 合计 $E_B$ | 1134.26 | 27.08 |

装置的基准能耗 $E_B$=1134MJ/t=27.08kgEO/t。

12. 基准能耗校正

根据《延迟焦化装置基准能耗》第 12 页公式对基准能耗进行校正。

首先计算焦化装置固定能耗(不包括吸收稳定系统)占总能耗的比例：

$$\theta=\frac{0.3E_2+0.48E_3+E_4+E_6+E_8}{E_B}$$

得出 $\theta=0.18$。

再计算近似的校正后的能耗 $E_C$：

$$E_C=(1-\theta)E_B+\theta\frac{E_B}{L}$$

校正后的装置基准能耗 $E_C$=1149.01MJ/t=27.43kgEO/t。

(二) 实际能耗

首先计算装置热联合能耗。

焦化装置进料均采取热联合，进料温度在 200℃以上，重蜡油、轻蜡油柴油均采取热联合出料。根据前文已计算出的油品在规定温度以上的热进出料负荷，计算其热联合，结果见表 3-154。

表 3-154　装置热联合

| 项目 | 热负荷/kW | 热量/MJ |
| --- | --- | --- |
| 原料油进装置 | 7125.1 | 1231222 |
| 重蜡油出装置 | -462.0 | -79828 |
| 轻蜡油出装置 | -2277.5 | -393557 |
| 柴油出装置 | -1076.0 | -185932 |
| 合计 |  | 571904 |

计算低温水的热输出量和柴油去气分装置的热输出量，见表 3-155。

表 3-155　装置低温热输出

| 项目 | 流量/t | 进装置温度/℃ | 出装置温度/℃ | 进装置焓值/(kJ/kg) | 出装置焓值/(kJ/kg) | 热量/MJ |
| --- | --- | --- | --- | --- | --- | --- |
| 低温水 | 3663.25 | 53.144 | 102.513 | 230 | 430 | -732650 |
| 柴油去气分 | 7041.81 | 170 | 130 | 395.86 | 298.97 | -682290 |

将各能耗消耗转换成 kgEO 后，计算新鲜水等单耗，最终计算出装置的总能耗，见表 3-156。

表 3-156　焦化装置实际能耗

| 项目 | 耗量 | 转成成标油的系数 | kgEO | 单耗 kgEO/t |
| --- | --- | --- | --- | --- |
| 新鲜水 | 90t | 0.17 | 15.3 | 0.002 |
| 循环水 | 77104t | 0.1 | 7710.4 | 1.15 |
| 除盐水 | 293t | 2.3 | 673.9 | 0.10 |
| 除氧水 | 452t | 9.2 | 4156.9 | 0.62 |
| 3.5MPa 蒸汽 | 1164t | 88 | 102404.3 | 15.25 |
| 1.0MPa 蒸汽 | -1112t | 76 | -84510.1 | -12.59 |
| 电 | 102360kW · h | 0.26 | 26613.6 | 3.96 |
| 燃料气 | 122t | 950 | 115808.8 | 17.25 |
| 原料油热进料 | 1231222MJ | 0.0239 | 29443.8 | 4.39 |
| 重蜡油热出料 | -79828MJ | 0.0239 | -1909.0 | -0.28 |
| 轻蜡油热出料 | -393557MJ | 0.0239 | -9411.6 | -1.40 |
| 柴油热出料 | -144262MJ | 0.0239 | -3449.9 | -0.51 |
| 低温水热联合 | -732650MJ | 0.0239 | -17520.8 | -2.61 |
| 柴油去气分 | -682290MJ | 0.0239 | -16316.5 | -2.43 |
| 热联合小计 |  |  |  | -2.85 |
| 加工量 | 6714.3t |  |  |  |
| 合计 |  |  |  | 22.89 |

（三）小结

本次标定是在装置检修后运行初期进行的，能耗较基准能耗低。主要表现在加热炉的能耗上，加热炉运行初期，炉管结焦不明显，加热炉热效率高。其次，原料油换热终温较高，各换热器垢阻低，传热效果好，大幅提高了加热炉的进料温度，最终使加热炉瓦斯单耗降低。

装置充分提高热联合，热联合总体输出，装置能耗水平处在较高的水平。

# 第四部分　拓展部分

## 一、分馏塔顶温的核算

(一) 背景

焦化分馏塔存在一定的特殊性，在焦炭塔预热、小吹汽、大吹汽等不同阶段，进入分馏塔顶的油气量、水蒸气量并不相同。因此，利用以上方法对不同阶段分馏塔顶的露点温度进行核算。

(二) 计算分析

在焦炭塔正常生产阶段，进入分馏塔的水蒸气有加热炉注水注汽、生产塔的顶底盖机和特阀的密封蒸汽；在焦炭塔预热阶段，进入分馏塔的水蒸气有加热炉注水注汽、生产塔和预热塔两个塔的顶底盖机和特阀的密封蒸汽；在小吹汽阶段，进入分馏塔的水蒸气主要有加热炉注汽、两个塔的顶底盖机和特阀的密封蒸汽、小吹汽用蒸汽；在放空阶段，进入分馏塔的蒸汽恢复为正常生产时的状态。

选取焦炭塔周期内各阶段分馏塔顶气相流量，然后计算水蒸气的分压，利用安托因公式，计算其饱和温度，结果见表4-1，不同阶段分馏塔顶露点温度的曲线如图4-1所示。

**表4-1　焦炭塔不同操作阶段分馏塔顶的露点温度**

| 项目 | 预热 | 小吹汽 | 大吹汽 | 冷焦 | 除焦 |
|---|---|---|---|---|---|
| 干气流量/(kmol/h) | 360.7 | 353.5 | 349.4 | 358.9 | 376.9 |
| 液态烃流量/(kmol/h) | 74.1 | 67.4 | 80.6 | 76.6 | 74.0 |
| 稳定汽油流量/(kmol/h) | 148.0 | 152.7 | 166.6 | 156.2 | 156.0 |
| 凝结水/(kmol/h) | 366.7 | 455.3 | 373.0 | 373.1 | 376.9 |
| 分馏塔顶压力/kPa(绝) | 215.3 | 220.3 | 206.3 | 218.3 | 221.3 |
| 水蒸气分压/kPa | 83.2 | 97.5 | 79.4 | 84.4 | 84.8 |
| 露点温度/℃ | 94.6 | 98.9 | 93.3 | 95.0 | 95.1 |

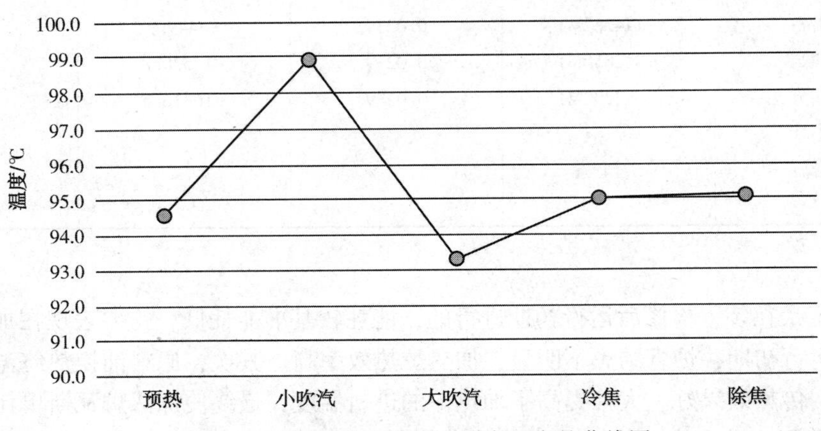


图4-1　不同阶段分馏塔顶露点温度的曲线图

（三）结论

由图 4-1 可以看出，在焦炭塔小吹汽阶段，分馏塔顶水蒸气露点温度最高。主要原因是在焦炭塔小吹汽阶段，刚切换生产，焦炭塔反应进入分馏塔的油气偏少，而小吹汽的水蒸气进入分馏塔，导致分馏塔顶的水蒸气量增加，油气量减少，水蒸气的分压增加，因此，分馏塔露点温度最高。

在焦炭塔放空阶段，老塔油气和水蒸气进入放空塔，相较于冷焦除焦阶段，进入分馏塔顶的水蒸气量和油气量没变化，但分馏塔顶压力略有降低，导致水蒸气分压降低，露点温度最低。

在焦炭塔小吹汽阶段，应适当提高分馏塔的顶部温度。

## 二、加热炉空预器漏风判断

（一）背景

加热炉 F303 在夏季排烟温度高，难以降下来，但冬季很容易降到 100℃以下。利用现有的烟气数据和空气的数据判断空预器或总烟道挡板是否漏风。

（二）数据分析

已知加热炉空气及烟气的进出口温度，见表 4-2。

表 4-2　加热炉空预器工艺参数　℃

| 项目 | 位号 | 温度 |
|---|---|---|
| 进空预器烟气温度 | YCJH_ TI5346A | 312 |
| 出空预器烟气温度 | YCJH_ TI5346B | 141 |
| 热空气温度 | YCJH_ TI5346C | 299 |
| 冷空气温度 | | 32 |

根据已计算出的烟气的组成，计算空预器入口和出口温度下烟气的焓值，烟气在空预器入口热量的计算结果见表 4-3。

表 4-3　烟气进空预器的热量计算

| 组分 | 1kg 燃料产生的/kg | 基准温度/K | 进空预器温度/℃ | 基准温度下焓值/(kJ/kg) | 排烟温度下焓值/(kJ/kg) | 15.6℃基准下焓值/(kJ/kg) | 热量/(kJ/kg 燃料) |
|---|---|---|---|---|---|---|---|
| 燃烧产生 $CO_2$ | 2.700 | 289 | 312 | 204.6 | 489.8 | 285.1 | 769.9 |
| 燃烧产生 $H_2O$ | 2.056 | 289 | 312 | 532.2 | 1103.3 | 571.1 | 1174.2 |
| 燃烧产生 $N_2$ | 12.516 | 289 | 312 | 299.8 | 610.3 | 310.6 | 3886.9 |
| 理论空气中 $H_2O$ | 0.333 | 289 | 312 | 532.2 | 1103.3 | 571.1 | 190.4 |
| 过剩空气中 $N_2$ | 1.682 | 289 | 312 | 299.8 | 610.3 | 310.6 | 522.5 |
| 过剩空气中 $O_2$ | 0.511 | 289 | 312 | 262.0 | 544.4 | 282.5 | 144.3 |
| 过剩空气中 $H_2O$ | 0.045 | 289 | 312 | 532.2 | 1103.3 | 571.1 | 25.7 |
| 合计 | | | | | | | 6713.8 |

烟气在空预器出口热量的计算结果见表 4-4。

**表 4-4　烟气出空预器的热量计算**

| 组分 | 1kg 燃料产生的/kg | 基准温度/K | 出空预器温度/℃ | 基准温度下焓值/(kJ/kg) | 排烟温度下焓值/(kJ/kg) | 15.6℃基准下焓值/(kJ/kg) | 热量/(kJ/kg 燃料) |
|---|---|---|---|---|---|---|---|
| 燃烧产生 $CO_2$ | 2.700 | 289 | 141 | 204.6 | 317.9 | 113.3 | 305.8 |
| 燃烧产生 $H_2O$ | 2.056 | 289 | 141 | 532.2 | 766.0 | 233.8 | 480.6 |
| 燃烧产生 $N_2$ | 12.516 | 289 | 141 | 299.8 | 428.6 | 128.8 | 1611.9 |
| 理论空气中 $H_2O$ | 0.333 | 289 | 141 | 532.2 | 766.0 | 233.8 | 77.9 |
| 过剩空气中 $N_2$ | 1.682 | 289 | 141 | 299.8 | 428.6 | 128.8 | 216.7 |
| 过剩空气中 $O_2$ | 0.511 | 289 | 141 | 262.0 | 377.5 | 115.6 | 59.0 |
| 过剩空气中 $H_2O$ | 0.045 | 289 | 141 | 532.2 | 766.0 | 233.8 | 10.5 |
| 合计 | | | | | | | 2762.5 |

空预器入口温度下空气的焓值计算见表 4-5。

**表 4-5　空预器空气入口温度下的焓值**

| 组分 | 1kg 燃料所需的/kg | 基准温度/K | 空气温度/℃ | 基准温度焓值/(kJ/kg) | 环境温度下焓值/(kJ/kg) | 基准温度下焓值/(kJ/kg) | 热量/(kJ/kg 燃料) |
|---|---|---|---|---|---|---|---|
| 理论空气中的 $O_2$ | 3.791 | 289 | 32 | 262.0 | 276.7 | 14.8 | 56.0 |
| 理论空气中的 $N_2$ | 12.485 | 289 | 32 | 299.8 | 316.4 | 16.6 | 207.8 |
| 理论空气中的 $H_2O$ | 0.333 | 289 | 32 | 532.2 | 562.1 | 29.9 | 10.0 |
| 过剩空气中的 $O_2$ | 0.511 | 289 | 32 | 262.0 | 276.7 | 14.8 | 7.5 |
| 过剩空气中的 $N_2$ | 1.682 | 289 | 32 | 299.8 | 316.4 | 16.6 | 28.0 |
| 过剩空气中的 $H_2O$ | 0.045 | 289 | 32 | 532.2 | 562.1 | 29.9 | 1.3 |
| 合计 | | | | | | | 310.7 |

空预器出口温度下空气的焓值计算见表 4-6。

**表 4-6　空预器空气出口温度下的焓值**

| 组分 | 1kg 燃料所需的/kg | 基准温度/K | 空气温度/℃ | 基准温度焓值/(kJ/kg) | 环境温度下焓值/(kJ/kg) | 基准温度下焓值/(kJ/kg) | 热量/(kJ/kg 燃料) |
|---|---|---|---|---|---|---|---|
| 理论空气中的 $O_2$ | 3.791 | 289 | 299 | 262.0 | 532.2 | 270.3 | 1024.5 |
| 理论空气中的 $N_2$ | 12.485 | 289 | 299 | 299.8 | 597.1 | 297.4 | 3712.8 |
| 理论空气中的 $H_2O$ | 0.333 | 289 | 299 | 532.2 | 1078.6 | 546.4 | 182.1 |
| 过剩空气中的 $O_2$ | 0.511 | 289 | 299 | 262.0 | 532.2 | 270.3 | 138.1 |
| 过剩空气中的 $N_2$ | 1.682 | 289 | 299 | 299.8 | 597.1 | 297.4 | 500.3 |
| 过剩空气中的 $H_2O$ | 0.045 | 289 | 299 | 532.2 | 1078.6 | 546.4 | 24.5 |
| 合计 | | | | | | | 5582.4 |

（三）结论

空预器进出口热量见表4-7。

表4-7　空预器出入口热量

| 项目 | 温度/℃ | 热量/(kJ/kg燃料) | 焓差/(kJ/kg燃料) |
|---|---|---|---|
| 冷空气 | 32 | 310.7 | 5271.7 |
| 热空气 | 299 | 5582.4 | |
| 入口烟气 | 312 | 6713.8 | 3951.4 |
| 出口烟气 | 141 | 2762.5 | |

由表4-7可知，空气获得的热量大于烟气的供热量。从装置工艺流程图的加热炉烟气预热器部分可以看出，空气的热量在正常范围。总烟道挡板存在漏风，部分烟气循环，导致空预器的入口温度偏低。

## 三、加热炉热效率影响因素

加热炉热效率的影响因素主要有烟气中氧含量、排烟温度。但烟气中CO含量和大气湿度对加热炉热效率也有一定的影响。以本装置标定期间数据为准，分析改变其中一个因素时对加热炉热效率的影响。

（一）加热炉烟气中氧含量与热效率的关系

加热烟气氧含量每提高1%，加热炉效率约下降0.3%，如图4-2所示。

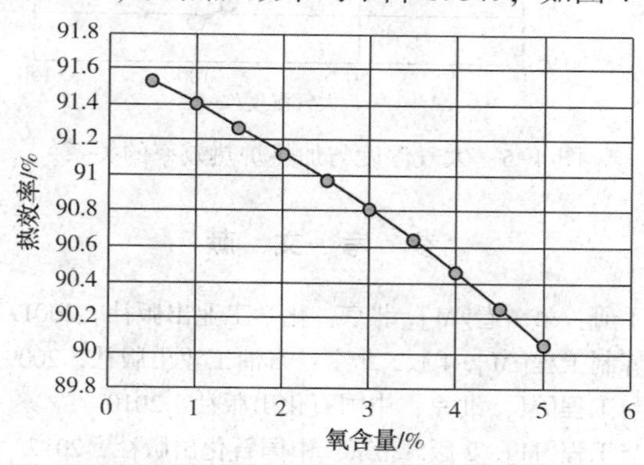


图4-2　烟气氧含量与加热炉热效率关系

（二）加热炉排烟温度与热效率的关系

加热炉排烟温度每提高10℃，加热炉热效率约降低0.5%，如图4-3所示。

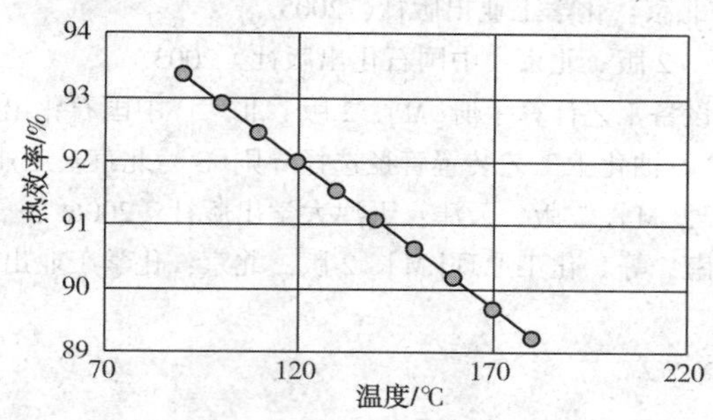


图4-3　排烟温度与热效率关系

（三）烟气 CO 含量与热效率关系

加热炉烟气中 CO 含量每增加 100μL/L，热效率降低 0.03%，如图 4-4 所示。

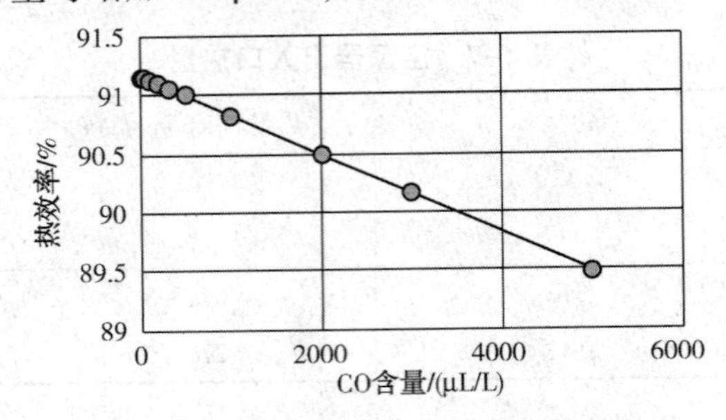


图 4-4 烟气 CO 含量与热效率关系

（四）大气湿度与热效率的关系

大气湿度主要影响湿空气带入加热炉内的水蒸气量，大气湿度每增加 10%，加热炉热效率约降低 0.03%，如图 4-5 所示。

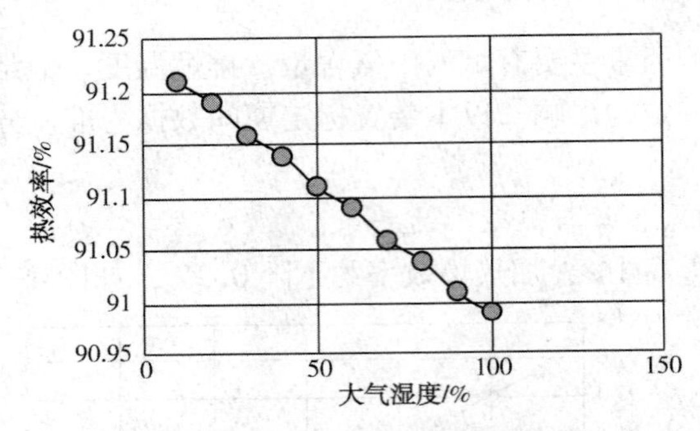


图 4-5 大气湿度与加热炉热效率的关系

## 参 考 文 献

[1] 王松汉．石油化工设计手册：第 1 卷[M]．北京：化学工业出版社，2001.

[2] 徐春明，杨朝合．石油炼制工程[M]．4 版．北京：石油工业出版社，2009.

[3] 李志强．原油蒸馏工艺与工程[M]．北京：中国石化出版社，2010.

[4] 瞿国华．延迟焦化工艺与工程[M]．2 版．北京：中国石化出版社，2017.

[5] 曹汉昌，郝希仁，张韩．催化裂化工艺计算与技术分析[M]．北京：石油工业出版社，2000.

[6] 上海化工学院炼油教研组．石油炼制设计数据图表集[M]．1978.

[7] 李少萍，徐心茹．石油加工过程设备[M]．上海：华东理工大学出版社，2009.

[8] 王志魁．化工原理[M]．北京：化学工业出版社，2005.

[9] 钱家麟．管式加热炉[M]．2 版．北京：中国石化出版社，2003.

[10] 刘巍，邓方义等．冷换设备工艺计算手册[M]．2 版．北京：中国石化出版社，2008.

[11] 张建华．SHT3035-2017 石油化工工艺装置管径选择导则[S]．北京：工业和信息化部，2017.

[12] 夏清，陈常贵．化工原理[M]．2 版．天津：天津大学出版社，2006.

[13] 陈敏恒，丛德滋，方图南，等．化工原理[M]．2 版．北京：化学工业出版社，1999.

# 镇海炼化2.1Mt/a延迟焦化装置工艺计算

完成人：苑方伟
单　位：中国石化镇海炼化公司

# 目　录

# 第一部分　标定报告

## 一、概况

（一）装置概述

中国石化镇海炼化公司Ⅲ套延迟焦化装置（简称Ⅲ焦化，下同）设计规模为2.1Mt/a，以常减压蒸馏装置的减压渣油及催化油浆为原料，主要产品为焦化酸性干气、焦化酸性液化气、稳定汽油、柴油、蜡油和焦炭。具有单系列规模国内最大、超低循环比、超低压力、操作流程简洁适用、自动化程度高、更加注重安全、环保和劳动生产率等显著特点，装置设计生焦周期为18h。装置于2014年10月8日投料，2014年10月10日成功产出第一塔石油焦。

（二）标定时间

2015年4月16日0:00～2015年4月19日18:00。

（三）标定目的

为更好、更全面地了解装置的运行情况，考察装置的实际处理能力、装置能耗及产品质量是否达到设计要求；考察装置主要经济技术指标是否达到设计要求；考察装置主要设备的运行及效率；考察装置污染物排放情况，环保是否达到设计要求。通过此次标定，找出制约装置处理能力的瓶颈以及装置目前存在的主要问题。

1）考察装置在设计生焦周期模式下总体运行情况。

2）考察装置的物料平衡、加工量和各种产品产量及分布。

3）考察装置的能耗情况，考察装置的实物消耗、综合能耗及能量回收等情况。

4）考察装置关键设备的负荷，包括加热炉效率，分馏塔、焦炭塔、吸收稳定系统的操作数据，考察关键设备负荷适应能力及效率。

5）考察富气压缩机C001出入口压力、温度、富气流量及负荷。

6）考察产品质量，包括干气中$C_3$以上组分，液化气中$C_2$、$C_5$含量，柴油95%馏出温度，蜡油残炭，石油焦挥发分。

7）考察含硫污水、含油污水排放及组成；考察环境及职业卫生是否符合国家标准。

## 二、原料、产品及部分物流性质

混合原料分析数据见表1－1。

**表1－1　混合原料分析数据**

| 分析项目 | 数　值 | 分析项目 | 数　值 |
|---|---|---|---|
| 20℃密度/（kg/m$^3$） | 1031.0 | 150℃黏度/cSt | 146.4 |
| 酸值/（mgKOH/g） | 0.26 | 350℃馏出/%（体） | 0.8 |
| 硫/%（质） | 3.92 | 500℃馏出/%（体） | 15.1 |
| 氮/（mg/kg） | 3451 | 530℃馏出/%（体） | 20.5 |
| 100℃黏度/cSt | 2236 | | |

干气组成分析数据见表1－2。

液化气组成分析数据见表1－3。

表1-2　干气组成分析数据

| 项　目 | 数　值 | 项　目 | 数　值 |
|---|---|---|---|
| $H_2$/%(体) | 6.80 | 反丁烯/%(体) | 0.03 |
| 空气/%(体) | 2.44 | 顺丁烯/%(体) | 0.02 |
| 甲烷/%(体) | 53.72 | $C_5$/%(体) | 0.08 |
| 乙烷/%(体) | 19.56 | CO/%(体) | 0.30 |
| 乙烯/%(体) | 2.32 | $CO_2$/%(体) | 0.16 |
| 丙烷/%(体) | 1.06 | $H_2S$/%(体) | 12.17 |
| 丙烯/%(体) | 0.78 | 气体比重/(kg/m³) | 0.743 |
| 异丁烷/%(体) | 0.10 | 总计/%(体) | 100.75 |
| 正丁烷/%(体) | 0.29 | $C_3$及以上/%(体) | 2.54 |
| 正异丁烯/%(体) | 0.20 | | |

表1-3　液化气组成分析数据

%(体)

| 项　目 | 数　值 | 项　目 | 数　值 |
|---|---|---|---|
| $H_2S$ | 5.29 | $ni-C_4^=$ | 9.61 |
| $C_2$ | 0.06 | $t-C_4^=$ | 2.00 |
| $C_3^0$ | 45.04 | $c-C_4^=$ | 1.53 |
| $C_3^=$ | 17.75 | $C_5$ | 0.91 |
| $i-C_4$ | 3.71 | 合计 | 100.01 |
| $n-C_4^0$ | 14.11 | | |

汽油质量分析数据见表1-4。

表1-4　汽油质量分析数据

| 项　目 | 数　值 | 项　目 | 数　值 |
|---|---|---|---|
| 20℃密度/(kg/m³) | 750.6 | 50%馏出温度/℃ | 149 |
| 硫/%(质) | 0.874 | 70%馏出温度/℃ | 181 |
| 氮/(mg/kg) | 130.7 | 90%馏出温度/℃ | 212 |
| 初馏点/℃ | 39 | 95%馏出温度/℃ | 223 |
| 5%馏出温度/℃ | 59 | 终馏点/℃ | 228 |
| 10%馏出温度/℃ | 71 | 全馏程/mL | 97.6 |
| 30%馏出温度/℃ | 113 | | |

柴油质量分析数据见表1-5。

表1-5　柴油质量分析数据

| 项　目 | 数　值 | 项　目 | 数　值 |
|---|---|---|---|
| 20℃密度/(kg/m³) | 899.6 | 50%馏出温度/℃ | 299 |
| 硫/%(质) | 2.34 | 70%馏出温度/℃ | 326 |
| 氮/(mg/kg) | 1104 | 90%馏出温度/℃ | 351 |
| 初馏点/℃ | 208 | 95%馏出温度/℃ | 364 |
| 5%馏出温度/℃ | 239 | 溴价/(gBr/100g) | 40.36 |
| 10%馏出温度/℃ | 248 | 苯胺点/℃ | 53.5 |
| 30%馏出温度/℃ | 275 | | |

蜡油质量分析数据见表1-6。

表1-6　蜡油质量分析数据

| 项　目 | 数　值 | 项　目 | 数　值 |
|---|---|---|---|
| 密度/(kg/m³) | 972.8 | 70%馏出温度/℃ | 439 |
| 残炭/% | 1.12 | 90%馏出温度/℃ | 476 |
| 硫/% | 2.96 | 95%馏出温度/℃ | 495 |
| 初馏点/℃ | | 终馏点/℃ | 513 |
| 5%馏出温度/℃ | 318 | 350℃馏出体积/mL | 11.2 |
| 10%馏出温度/℃ | 346 | 500℃馏出体积/mL | 95.8 |
| 30%馏出温度/℃ | 392 | 100℃黏度/cSt | 5.85 |
| 50%馏出温度/℃ | 417 | 80℃黏度/cSt | 11.06 |

石油焦分析数据见表1-7。

表1-7　石油焦质量分析数据

| 项　目 | 数　值 | 项　目 | 数　值 |
|---|---|---|---|
| 挥发分/%(质) | 9.28 | 硫含量/%(质) | 5.55 |
| 灰分/%(质) | 0.27 | 水含量/%(质) | 10.3 |

富气组成分析数据见表1-8。

表1-8　富气组成分析数据

| 项　目 | 数　值 | 项　目 | 数　值 |
|---|---|---|---|
| $H_2S$/%(体) | 10.86 | 正异丁烯/%(体) | 2.11 |
| $H_2$/%(体) | 4.48 | 反丁烯/%(体) | 0.50 |
| 甲烷/%(体) | 41.33 | 顺丁烯/%(体) | 0.32 |
| 乙烷/%(体) | 15.75 | $C_5$/%(体) | 6.99 |
| 乙烯/%(体) | 1.85 | CO/%(体) | 0.21 |
| 丙烷/%(体) | 7.68 | $CO_2$/%(体) | 0.13 |
| 丙烯/%(体) | 3.64 | 总计/%(体) | 99.99 |
| 异丁烷/%(体) | 0.72 | 相对分子质量 | 29.69 |
| 正丁烷/%(体) | 3.42 | | |

循环油质量分析数据见表1-9。

表1-9　循环油质量分析数据

| 项　目 | 数　值 | 项　目 | 数　值 |
|---|---|---|---|
| 硫/%(质) | 3.35 | 30%馏出温度/℃ | 442 |
| 氮/(mg/kg) | 3179 | 50%馏出温度/℃ | 480 |
| 残炭/%(质) | 6.54 | 350℃馏出体积/mL | 5.2 |
| 初馏点/℃ | | 500℃馏出体积/mL | 61.4 |
| 5%馏出温度/℃ | 349 | 80℃黏度/cSt | 37.51 |
| 10%馏出温度/℃ | 386 | 密度/(kg/m³) | 1004.8 |

解析气组成分析数据见表1-10。

表1-10　解析气组成分析数据

| 项　　目 | 数　　值 | 项　　目 | 数　　值 |
| --- | --- | --- | --- |
| $H_2S$/%(体) | 31.37 | 正丁烷/%(体) | 2.35 |
| $H_2$/%(体) | 0 | 正异丁烯/%(体) | 1.50 |
| 空气/%(体) | 4.01 | 反丁烯/%(体) | 0.33 |
| 甲烷/%(体) | 8.71 | 顺丁烯/%(体) | 0.21 |
| 乙烷/%(体) | 26.06 | $C_5$/%(体) | 4.63 |
| 乙烯/%(体) | 1.80 | $CO_2$/%(体) | 0.08 |
| 丙烷/%(体) | 12.13 | 总计/%(体) | 100.00 |
| 丙烯/%(体) | 6.25 | 气体密度/($kg/m^3$) | 1.236 |
| 异丁烷/%(体) | 0.58 | | |

燃料气组成分析数据见表1-11。

表1-11　燃料气组成分析数据

| 组　　分 | 分析值 | 组　　分 | 分析值 |
| --- | --- | --- | --- |
| 氢气/%(体) | 5.57 | 反丁烯/%(体) | <0.01 |
| 空气/%(体) | 3.54 | 正丁烯+异丁烯/%(体) | 0.04 |
| 甲烷/%(体) | 73.24 | 顺丁烯/%(体) | <0.01 |
| 乙烷/%(体) | 14.43 | $C_5$/%(体) | 0.02 |
| 乙烯/%(体) | 0.46 | 一氧化碳/%(体) | <0.01 |
| 丙烷/%(体) | 2.02 | 二氧化碳/%(体) | 0.06 |
| 丙烯/%(体) | 0.21 | 硫化氢/%(体) | <0.01 |
| 异丁烷/%(体) | 0.14 | 总计/%(体) | 99.99 |
| 正丁烷/%(体) | 0.26 | 相对密度 | 0.6432 |

## 三、装置标定及设计主要操作参数

标定及设计主要操作参数见表1-12。

表1-12　标定及设计主要操作参数

| 序号 | 项目 | 标定值 |
| --- | --- | --- |
| 1 | 混合原料进装置温度/℃ | 145~165 |
| 2 | 混合原料换热终温/℃ | 310~330 |
| 3 | 加热炉进料流量/(kg/h) | 40000~50000 |
| 4 | 加热炉注汽流量/(kg/h) | 600~750 |
| 5 | 加热炉出口温度/℃ | 495~505 |
| 7 | 焦炭塔顶急冷前温度/℃ | 430~440 |
| 8 | 焦炭塔急冷后温度/℃ | 415~430 |
| 9 | 焦炭塔顶压力/MPa | 0.1~0.15 |
| 10 | 加热炉排烟温度/℃ | 120~150 |
| 11 | 分馏塔顶压力/MPa | 0.04~0.08 |
| 12 | 分馏塔顶温度/℃ | 135~142 |
| 13 | 顶循抽出温度/℃ | 150~160 |
| 14 | 顶循返回温度/℃ | 120~140 |
| 15 | 顶循抽出流量/(kg/h) | 170000~190000 |
| 16 | 顶循下回流流量/(kg/h) | 25000~35000 |
| 17 | 富柴油吸收油返回温度/℃ | 150~160 |
| 18 | 柴油回流返回温度/℃ | 170~185 |
| 19 | 柴油回流流量/(kg/h) | 350000~450000 |

续表

| 序号 | 项目 | 标定值 |
| --- | --- | --- |
| 20 | 柴油抽出温度/℃ | 210～220 |
| 21 | 柴油下回流流量/(kg/h) | 20000～35000 |
| 22 | 蜡油回流返回温度/℃ | 220～230 |
| 23 | 蜡油回流流量/(kg/h) | 250000～350000 |
| 24 | 蜡油抽出温度/℃ | 340～350 |
| 25 | 蜡油下回流流量/(kg/h) | 40000～50000 |
| 28 | 循环油流量/(kg/h) | 15000～25000 |
| 29 | 循环油抽出温度/℃ | 340～360 |
| 31 | 柴油出装置流量/(kg/h) | 46～60 |
| 32 | 贫吸收柴油流量/(kg/h) | 25000～35000 |
| 34 | 蜡油出装置流量/(kg/h) | 70000～100000 |
| 40 | 补充吸收剂流量/(kg/h) | 70000～90000 |
| 43 | 干气出装置流量/(kg/h) | 10000～15000 |
| 46 | 再吸收塔顶压力/MPa | 1.15～1.25 |
| 49 | 稳定塔塔顶温度/℃ | 50～65 |
| 52 | 液化气出装置流量/(kg/h) | 7000～10000 |
| 54 | 稳定汽油出装置流量/(kg/h) | 40000～60000 |
| 58 | 放空塔底温度/℃ | 180～220 |
| 59 | 放空塔顶温度/℃ | 140～180 |

# 四、装置物料平衡

装置标定期间物流的物料平衡数据见表1－13。

**表1－13　物料平衡数据**

| 物料名称 | | 累计量/t | 收率/% |
| --- | --- | --- | --- |
| 原料 | 渣油 | 21758.6 | 92.68 |
| | 催化油浆 | 1717.5 | 7.32 |
| | 合计 | 23476.1 | 100.00 |
| 产品 | 干气 | 1270.6 | 5.41 |
| | 液化气 | 647.1 | 2.76 |
| | 焦化汽油 | 3964.2 | 16.89 |
| | 焦化柴油 | 4415.3 | 18.81 |
| | 焦化蜡油 | 6104.5 | 26.00 |
| | 石油焦 | 6783.9 | 28.89 |
| | 合计 | 23216.5 | 98.76 |

经过流量校正及含硫污水带油校正，装置标定期间物流的细物料平衡数据见表1－14。

**表1-14　细物料平衡数据**

| 项目 | | 计量表量/t | 校正流量/t | 收率/% | 校正说明 |
| --- | --- | --- | --- | --- | --- |
| 原料 | 渣油 | 21758.6 | 21594.7 | 91.99 | 由原料与催化油浆流量计算而得。 |
| | 催化油浆 | 1717.5 | 1881.4 | 8.01 | 孔板测量校正。 |
| | 原料合计 | 23476.1 | 23476.1 | 100.0 | 质量流量计，无需校正。 |
| 产品 | 干气 | 1270.6 | 1212.4 | 5.16 | ①涡街流量计温压校正；②去水含量；③按比例将富气放低瓦的量还原 |
| | 液化气 | 647.1 | 673.3 | 2.87 | 按比将富气放低瓦的流量还原 |
| | 焦化汽油 | 3964.2 | 3982.6 | 16.96 | 增加含硫污水带油量 |
| | 焦化柴油 | 4415.3 | 4415.3 | 18.81 | 质量流量计，无需校正 |
| | 焦化蜡油 | 6104.5 | 6104.5 | 26.00 | 质量流量计，无需校正 |
| | 石油焦 | 6783.9 | 6783.9 | 28.90 | 根据焦高计算，无需校正 |
| | 产品合计 | 23127.8 | 23134.2 | 98.70 | |
| 损失① | | 290.5 | 304.1 | 1.30 | |

① 经细物料平衡计算后，加工损失为1.30%，仍较大，原因为焦炭的质量是根据焦炭塔的体积及估算的堆密度计算而得，误差较大。

硫平衡数据见表1-15。

**表1-15　硫平衡数据**

| 物料 | | 物料流量/t | 硫含量/% | 归一化处理/% | 总流量/t | 预测的硫含量/% | 预测总硫量/t |
| --- | --- | --- | --- | --- | --- | --- | --- |
| 混合原料 | | 23476.1 | 3.92 | 3.92 | 920.3 | 3.92 | 920.3 |
| 产品 | 干气 | 1212.4 | 15.14 | 16.3 | 197.5 | 11.48 | 216.7 |
| | 液化气 | 673.3 | 3.57 | 3.8 | 25.9 | | |
| | 汽油 | 3982.6 | 0.87 | 0.9 | 37.3 | 0.55 | 21.9 |
| | 柴油 | 4415.3 | 2.34 | 2.5 | 111.2 | 1.76 | 77.7 |
| | 蜡油 | 6104.5 | 2.96 | 3.2 | 194.4 | 3.21 | 196.0 |
| | 石油焦① | 7088.0 | 4.85 | 5.2 | 354.0 | 5.75 | 407.8 |
| | 合计 | | | | 920.3 | | 920.3 |

① 表中石油焦量为计算的石油焦量与加工损失之和。

从产品硫含量分析数据与预测数据对比可以看出，干气、液化气、汽油及柴油产品中的硫含量较预测值高，蜡油产品中的硫含量与预测值基本相等，石油焦产品中的硫含量较预测值低，说明原料中硫的形态偏向于非噻吩类，在原料发生热反应时，硫相对易于裂解，并向气体产品或轻馏分油终转移。

氮平衡数据见表1－16。

**表1－16　氮平衡数据**

| 物料 | | 物料流量/t | 物料含氮/mg/kg | 总氮量/t | 预测的氮含量/% | 预测总氮量/t |
|---|---|---|---|---|---|---|
| 混合原料 | | 23476.1 | 3451 | 81.0 | 3451 | 81.0 |
| 产品 | 干气 | 1212.4 | 0 | 0 | 0 | 0 |
| | 液化气 | 673.3 | 0 | 0 | 0 | 0 |
| | 汽油 | 3982.6 | 131 | 0.5 | 34.5 | 0.1 |
| | 柴油 | 4415.3 | 1104 | 4.9 | 828.2 | 3.7 |
| | 蜡油 | 6104.5 | 2985 | 18.2 | 2174.1 | 13.3 |
| | 石油焦① | 6783.9 | 8461 | 57.4 | 9425.9 | 63.9 |
| | 合计 | | | 81.0 | | 81.0 |

① 表中石油焦产品的氮含量为平衡计算而得。

分馏塔物料平衡数据见表1－17。

**表1－17　分馏塔物料平衡数据**

| 物料 | | 流量/(kg/h) | 计算及校正说明 |
|---|---|---|---|
| 进料 | 油气 | 233374 | 侧线抽出流量合计 |
| | 加热炉注汽 | 3724 | 孔板流量计校正 |
| | 汽提蒸汽 | 805 | 孔板流量计校正 |
| | 小吹汽 | 0 | |
| | 顶盖机注汽 | 50 | 孔板流量计校正 |
| | 底盖机注汽 | 413 | 孔板流量计校正 |
| | 特阀注汽 | 6042 | 根据含硫污水量、干气带水量及其他蒸汽量计算 |
| 出料 | 干气 | 13528 | 孔板流量计校正；干基校正；放低瓦富气还原校正 |
| | 液化气 | 8205 | 放低瓦富气还原校正 |
| | 汽油 | 46477 | 含硫污水带油量校正 |
| | 柴油 | 50116 | |
| | 蜡油 | 85861 | 部分封油流量校正 |
| | 循环油 | 20984 | 孔板流量计校正 |
| | 含硫污水 | 10982 | 含硫污水带油量校正 |
| | 干气带水 | 51 | 干气带水量校正 |

① 该物料平衡为分馏塔正常生产阶段的数据，即切四通4h至下次切四通6h生产相对稳定阶段的数据。

分馏系统水平衡数据见表1－18。

**表1－18　分馏系统水平衡数据**

| 物料 | | 累计流量/t | 校正流量/t | 校正说明 |
|---|---|---|---|---|
| 进料蒸汽 | 加热炉注汽 | 29.10 | 29.79 | 孔板流量计校正 |
| | 汽提蒸汽 | 6.41 | 6.44 | 孔板流量计校正 |
| | 顶盖机注汽 | 0.4 | 0.40 | 孔板流量计校正 |
| | 底盖机注汽 | 3.29 | 3.30 | 孔板流量计校正 |
| | 特阀注汽 | 50.26 | 49.49 | 平衡计算而得 |
| | 合计 | 89.46 | 89.42 | |

续表

| 物料 | | 累计流量/t | 校正流量/t | 校正说明 |
|---|---|---|---|---|
| 出料 | 干气带水 | 0 | 0.43 | 干气带水校正 |
| | 分馏塔顶含硫污水流量 | 89.46 | 88.99 | 去除带油量 |
| | 合计 | 89.46 | 89.42 | |

① 该物料平衡为分馏塔正常生产阶段的数据，即切四通4h至下次切四通6h生产相对稳定阶段的数据。

## 五、热量平衡

分馏塔(焦炭塔正常生产阶段)热量平衡数据见表1－19。

**表1－19　分馏塔(焦炭塔正常生产阶段)热平衡数据**

| 项目 | 质量流量/(kg/h) | 摩尔流量/(kmol/h) | 温度/℃ | 焓值/(kJ/kg) | | 热量/($10^6$kJ/h) |
|---|---|---|---|---|---|---|
| | | | | 气相 | 液相 | |
| 油气进料(含注汽) | 235504 | 2359.7 | 424.7 | | | 312.07 |
| 汽提蒸汽 | 805 | 44.7 | 268.1 | 2973.3 | | 2.39 |
| 合计 | 236309 | 2404.4 | | | | 314.34 |
| 干气 | 13528 | 636.0 | 138.8 | 320.2 | | 4.33 |
| 液化气 | 8205 | 173.0 | 138.8 | 278.3 | | 2.28 |
| 汽油 | 46477 | 393.4 | 138.8 | 637.8 | | 29.65 |
| 柴油 | 50116 | 228.1 | 214.3 | | 483.0 | 24.21 |
| 蜡油 | 85966 | 265.2 | 347.7 | | 803.5 | 69.07 |
| 循环油 | 20984 | 51.2 | 350.2 | | 789.9 | 16.58 |
| 蒸汽 | 11033 | 612.9 | 133.0 | 2761.0 | | 30.48 |
| 顶循取热 | | | | | | 11.28 |
| 再吸收柴油取热 | | | | | | 3.92 |
| 柴油回流取热 | | | | | | 32.54 |
| 蜡油回流取热 | | | | | | 89.70 |
| 合计 | | | | | | 314.34 |

① 该物料平衡为分馏塔正常生产阶段的数据，即切四通4h至下次切四通6h生产相对稳定阶段的数据。

## 六、水力学数据

分馏塔(焦炭塔正常生产阶段)水力学数据见表1－20。

**表1－20　分馏塔(焦炭塔正常生产阶段)各层塔盘水力学部分数据**

| 塔盘编号 | 空塔气速 | 流动参数 | 空塔 $C$ 因子 | 空塔 $F$ 因子 |
|---|---|---|---|---|
| 31 | 0.61 | 0.1169 | 0.032 | 0.824 |
| 30 | 0.66 | 0.1043 | 0.036 | 0.945 |
| 29 | 0.68 | 0.1013 | 0.037 | 0.993 |
| 28 | 0.69 | 0.0148 | 0.038 | 1.032 |
| 27 | 0.69 | 0.0142 | 0.038 | 1.025 |

续表

| 塔盘编号 | 空塔气速 | 流动参数 | 空塔 $C$ 因子 | 空塔 $F$ 因子 |
|---|---|---|---|---|
| 26 | 0.68 | 0.0137 | 0.038 | 1.017 |
| 25 | 0.68 | 0.0131 | 0.037 | 1.010 |
| 24 | 0.68 | 0.0125 | 0.037 | 1.002 |
| 23 | 0.68 | 0.0119 | 0.036 | 0.995 |
| 22 | 0.67 | 0.0113 | 0.036 | 0.988 |
| 21 | 0.67 | 0.0107 | 0.036 | 0.980 |
| 20 | 0.67 | 0.0101 | 0.035 | 0.973 |
| 19 | 0.67 | 0.0095 | 0.035 | 0.965 |
| 18 | 0.67 | 0.0089 | 0.035 | 0.958 |
| 17 | 0.67 | 0.0083 | 0.034 | 0.951 |
| 16 | 0.66 | 0.0083 | 0.034 | 0.944 |
| 15 | 0.66 | 0.2087 | 0.034 | 0.943 |
| 14 | 0.71 | 0.2016 | 0.037 | 1.042 |
| 13 | 0.77 | 0.1851 | 0.043 | 1.205 |
| 12 | 0.82 | 0.0098 | 0.049 | 1.355 |
| 11 | 0.82 | 0.0088 | 0.048 | 1.346 |
| 10 | 0.83 | 0.0078 | 0.048 | 1.337 |
| 9 | 0.83 | 0.0068 | 0.047 | 1.328 |
| 8 | 0.83 | 0.0058 | 0.047 | 1.319 |
| 7 | 0.84 | 0.0048 | 0.047 | 1.310 |
| 6 | 0.84 | 0.0038 | 0.046 | 1.301 |
| 5 | 0.85 | 0.0028 | 0.046 | 1.291 |
| 4 | 0.85 | 0.1306 | 0.045 | 1.282 |
| 3 | 0.95 | 0.1152 | 0.055 | 1.555 |
| 2 | 1.01 | 0.1120 | 0.060 | 1.703 |
| 1 | 1.08 | 0.1087 | 0.066 | 1.862 |

分馏塔(焦炭塔正常生产阶段)蜡油抽出塔盘水力学数据见表1－21。

**表1－21　分馏塔(焦炭塔正常生产阶段)蜡油抽出塔盘水力学数据**

| 参　数 | 数　据 | 参　数 | 数　据 |
|---|---|---|---|
| 流动参数 | 0.1047 | 液泛率/% | 56.3 |
| 空塔 $C$ 因子 | 0.069 | 塔板液相负荷上限/(m/s) | 0.33 |
| 空塔 $F$ 因子 | 1.93 | 塔盘漏液线/(m/s) | 10.09 |
| 极限空塔气速/(m/s) | 3.10 | 塔盘液相负荷下限/(m/s) | 0.0053 |
| 塔板压降/Pa | 485 | 操作弹性 | 3.22 |
| 泛点率/% | 52.8 | | |

分馏塔(焦炭塔正常生产阶段)蜡油抽出塔盘操作区域及操作点见图1－1。根据图1－1操作线与雾沫夹带线的交叉点即为气相负荷上限，为32.48m/s，操作线与液相负荷下限的交叉点即为气相负荷下限，为10.09m/s，则操作弹性为：

$$操作弹性 = \frac{32.48}{10.09} = 3.22$$

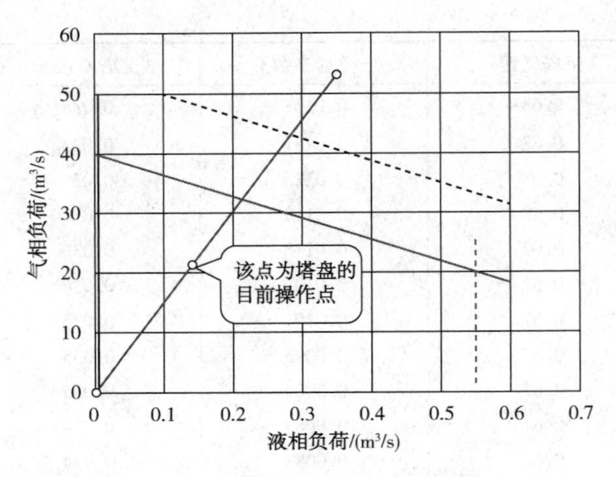


图1-1　分馏塔(焦炭塔正常生产阶段)
蜡油抽出塔盘操作区域及操作点

## 七、装置能耗

根据装置标定的实物公用工程消耗及《石油化工设计能耗计算标准》(GB/T 50441—2016)，列出各能量消耗及折算标油数据见表1-22。

表1-22　装置标定能耗数据

| 项目 | 本期消耗/(t或kW·h) | 折算值/(kgEO/t) | 标定能耗/(kgEO/t) | 设计能耗/(kgEO/t) | 偏差/(kgEO/t) | 偏差率/% |
|---|---|---|---|---|---|---|
| 能耗合计 | | | 23.26 | 24.14 | -0.880 | -3.65 |
| 新鲜水 | 3031 | 0.15 | 0.019 | 0.007 | 0.012 | 1.77 |
| 循环水 | 79754 | 0.06 | 0.204 | 0.513 | -0.309 | -0.60 |
| 软化水 | 2955 | 0.2 | 0.025 | 0.279 | -0.254 | -0.91 |
| 凝结水 | 2230 | 6 | 0.570 | -0.332 | 0.902 | -2.72 |
| 电 | 347529 | 0.22 | 3.257 | 4.006 | -0.749 | -0.19 |
| 3.5MPa蒸汽 | 4751.6 | 88 | 17.811 | 16.797 | 1.014 | 0.06 |
| 1.0MPa蒸汽 | -3384 | 76 | -10.955 | -10.433 | -0.522 | 0.05 |
| 0.35MPa蒸汽 | -1055.5 | 66 | -2.967 | -2.058 | -0.909 | 0.44 |
| 燃料气 | 378 | 950 | 15.296 | 17.159 | -1.863 | -0.11 |

## 八、技术分析

### (一) 原料性质

标定期间主要原料是伊轻、锡瑞、卡斯蒂利亚、索鲁士、达混及催化油浆等混合渣油。混合原料20℃密度为1031.0 kg/m³，略低于1041kg/m³的设计值；残炭为22.21%(质)，略低于22.91%(质)的设计值。

### (二) 装置处理量

装置标定期间装置日均加工量6259.1t，平均260.8t/h，为设计负荷的99.35%，主要原因是：

1）标定期间富气产量较大，平均值约为26000Nm³/h，高于21900Nm³/h的设计值，压缩机超负荷运行，处理量无法提升，虽然富气部分放低瓦，但为防止突破火炬（低瓦总量大于2000Nm³/h时突破火炬），低瓦出装置总量控制在1500Nm³/h以内，故装置负荷仍受限。

2）标定期间每路蜡油下回流流量平均值均是22.1t/h，较24.5t/h的设计值低，但循环油流量平均值是23.4t/h，仍大于13.2t/h的设计值，导致装置循环比偏高，限制了处理量的进一步提升，约影响加工量10.2t/h。

（三）能耗分析

由能耗统计表可以看出，装置设计综合能耗为24.14kgEO/t，装置基准能耗为27.66kgEO/t，标定期间实际能耗为23.37kgEO/t（能耗统计按18h生焦计算），低于设计值约0.67kgEO/t。分析如下：

1）新鲜水消耗。原设计冷切焦水补水为乙烯高盐污水，而由于乙烯高盐污水无法供水，目前冷切焦水采用新鲜水补水，导致新鲜水消耗较设计上升，相应能耗上升0.015kgEO/t。

2）循环水消耗。标定期间气温处于偏低水平，装置空冷效果较好，使循环水消耗较少，相应能耗下降0.173kgEO/t。

软化水和凝结水消耗绝对值相差较小，分别为84t和164t，能耗偏差较小。

3）除氧水消耗。设计项目中除氧水消耗未单独列出，故未进行比较分析。

4）电能消耗。标定期间气温较低，空冷效果较好，空冷运行台数及时间较少，节省电耗，相应能耗降低0.601kgEO/t。

5）标定期间富气量较大，除去放低瓦的部分，压缩机入口平均富气量为24681kNm³/h，大于21900 kNm³/h，使3.5MPa蒸汽消耗增加，相应能耗增加0.595kgEO/t。

6）由于压缩机3.5MPa蒸汽消耗增加，故对应的背压1.0MPa蒸汽产出量增加，故使得1.0MPa蒸汽能耗下降了0.472kgEO/t。

7）标定期间由于原料进装置温度较高，使柴油抽出温度在196℃左右，返回温度约为176℃，温差为36℃。而设计抽出温度为189℃，返回温度为168℃，温差为21℃，使得0.35MPa蒸汽发汽量有所增加。

8）燃料气消耗。装置标定期间混合原料换热终温按320℃控制，高于303℃的设计值，使得加热炉负荷降低，燃料气消耗减少，相应能耗降低1.86kgEO/t。

（四）装置循环比

按设计条件操作时，实际循环比为0.12。为了进一步降低循环比，将蜡油下回流降至最低为21t/h，使得标定期间循环比较正常生产时有所下降，平均值为0.089，但仍未达到设计值；为防止焦炭塔顶大油气线结焦，焦炭塔后急冷后温度建议不宜长期维持在425℃以上，在此工况下，循环比偏高，不利于装置处理量和液收提高。

（五）产品质量

1. 干气中$C_3$以上组分

从干气组成分析数据可以看出，干气中$C_3$以上组分平均值为2.54%（体），满足设计指标，但仍高于1.41%（体）的设计值。

2. 液化气中$C_2$和$C_5$组分含量

从液化气组成分析数据可以看出，液化气中$C_2$组分含量为0.08%（体），满足≤1%

(体)的设计指标。$C_5$组分为0.91%(体)，满足≤1%(体)的设计指标。

3. 液体产品质量

从汽油、柴油和蜡油的分析数据可以看出，标定期间汽油的终馏点、柴油的95%馏出点均达到设计指标；蜡油残炭为1.12%(质)，高于≤1%(质)的设计指标。标定期间，蜡油95%馏出温度为495℃，低于519℃的设计值，主要原因是标定期间循环比为0.089，高于0.05的设计值。循环比高说明油气中较多的重组分进入循环油，蜡油中重组分含量减少。

4. 石油焦产品质量

从石油焦分析数据可以看出，标定期间石油焦挥发分为9.28%(质)，超过≤9%(质)的设计指标。标定期间焦炭塔入口温度、吹汽量、吹汽时间等条件基本与设计值接近，但由于焦炭塔顶压力0.115MPa，而设计值为0.103MPa，焦炭塔压力的上升不利于石油焦挥发分的降低。

(六) 存在的主要问题与建议

1) 装置的换热网络窄点为31.5℃，高于正常情况下18℃左右的窄点温度。共有7台换热器的实际温差偏高，最高的达到了63.1℃，其中稳定汽油的几台换热器的换热温差均偏高，导致稳定汽油物料的高温位热量用于低温物料加热。建议增加稳定汽油与原料换热器，回收部分热量，蜡油回流富裕出的热量用于发汽，具体是否可行需要进一步进行核算与评估。此外，装置的部分低温热没有很好地利用，比如压缩机一级出口、柴油及蜡油空冷部分的低温热可用作燃料气、除盐水等取热。但从现有的装置实际情况看，这样调整改动工作量太大，而且投资较高，回收热量小，不切合实际，不建议进行改造。

2)装置加热炉效率为91.68%，还存在一定的优化空间，尤其在排烟温度方面。据了解目前可将排烟温度进一步降低。根据计算，如果降低排烟温度105℃，则加热炉热效率可提高至93.33%。建议在现有空预器不变的情况下，再增加一套空预器串联操作，进一步降低排烟温度，回收热量，降低能耗。从能耗的数据看燃料气能耗为15.296kgEO/t，降低排烟温度后可降低为：

$$15.296 \times \frac{91.11}{92.76} = 15.024(\mathrm{kgEO/t})$$

则装置能耗降低15.296 - 15.024 = 0.272(kgEO/t)。

3) 柴油95%馏出温度与蜡油5%馏出温度重叠度为46℃，说明这两个馏分分离精度不好，原因为装置原设计换热终温为303℃，而装置操作换热终温为316.2℃，该部分热量来自蜡油回流换热，导致蜡油回流取热量大，内回流变小，分离精度下降。建议可以根据产品的质量要求适当降低换热终温，但装置能耗会增加，需要根据装置实际需求进行综合调整。

4)分馏塔顶酸性水带油。质技中心人员肉眼观察含油量约3% ~8%，油水呈乳化状态。设计分馏塔顶含硫污水量是20.4t/h，实际是11.12t/h左右，虽然流量未超设计值，但因油水乳化严重，在目前有限的停留时间下，油水分离不充分造成。已对多种破乳剂进行过筛选，但目前还未发现效果较好的破乳剂。建议在分离罐后面流程上再增加分离罐，并在分离罐内增设高效聚结材料，促进油水的快速分离。

5) 标定期间焦炭塔顶大油气管线振动较大，甚至导致油气法兰泄漏。由焦炭塔的气速计算数据可以看出，正常生产时焦炭塔气速为0.21m/s，符合0.213m/s的设计气速。管线振动主要原因为标定期间生产3~5mm的弹丸焦，弹丸焦在塔内气体的带动下，上下翻滚，引起焦炭塔塔体晃动。建议由原设计单位或专业的建筑设计单位进行震动核算与改造。

# 第二部分　工艺计算及分析

## 一、物料性质计算

### (一) 公式法计算石油馏分恩氏蒸馏曲线

以混合原料为例，根据参考文献[1]第309页公式：

$$t = t_0 + a \times \left[ -\ln\left(1 - \frac{V}{101}\right)\right]^b$$

式中　$t$——石油馏分馏出体积为$V$%时的馏出温度,℃；

$t_0$——石油馏分的初馏点,℃；

$V$——石油馏分的馏出体积,%；

$a$、$b$——常数，无因次。

标定期间混合原料恩氏蒸馏数据见表2-1。

**表2-1　混合原料的三个不同温度下馏出体积的平均值数据**

| 馏出温度/℃ | 馏出体积/% | 馏出温度/℃ | 馏出体积/% |
|---|---|---|---|
| 350 | 0.8 | 530 | 20.5 |
| 500 | 15.1 | | |

将表2-1数据代入公式，成立方程组：

$$\begin{cases} 350 = t_0 + a \times [-\ln(1-0.8 \div 101)]^b \\ 500 = t_0 + a \times [-\ln(1-15.1 \div 101)]^b \\ 530 = t_0 + a \times [-\ln(1-20.5 \div 101)]^b \end{cases}$$

解方程组，求得：

$$t_0 = 279.5℃$$

$$a = 439.0982008446$$

$$b = 0.3783582792$$

得出混合原料馏程的计算公式为：

$$t = 279.5 + 439.0982008446 \times \left[ -\ln\left(1 - \frac{V}{101}\right)\right]^{0.3783582792}$$

根据上述公式，进而求得混合原料的恩氏蒸馏数据，见表2-2。

**表2-2　混合原料恩氏蒸馏馏程数据**

| 馏出体积/% | 馏出温度/℃ | 馏出体积/% | 馏出温度/℃ |
|---|---|---|---|
| 0 | 279.5 | 70 | 747.1 |
| 5 | 421.7 | 90 | 873.0 |
| 10 | 466.2 | 95 | 929.8 |
| 30 | 575.4 | 100 | 1062.7 |
| 50 | 659.7 | | |

### (二) 图表法计算石油馏分恩氏蒸馏曲线

以蜡油为例，根据参考文献[1]第309页，补充石油馏分恩氏蒸馏曲线还可以用概率坐标纸法进行外延或内插。在概率坐标上恩氏蒸馏曲线近似一条直线，根据已有恩氏蒸馏数据，在恩氏蒸馏曲线坐标纸上，可得蜡油馏分的初馏点约为342℃，详见图2－1。

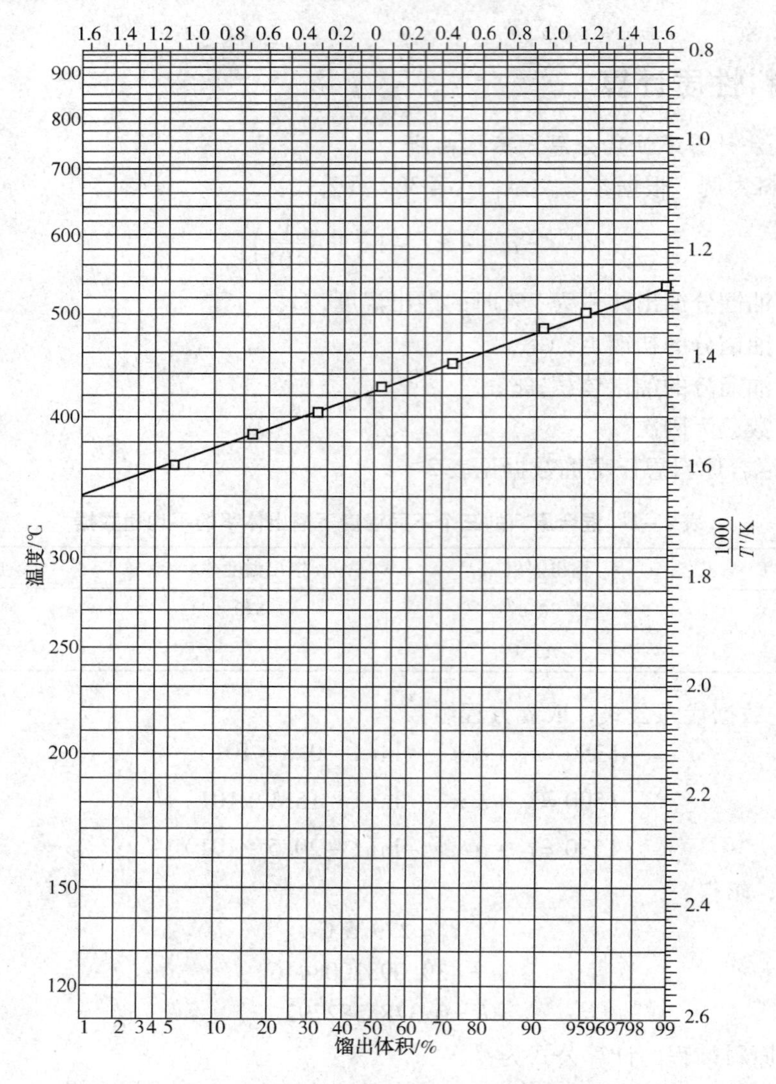


图2－1　恩氏蒸馏曲线坐标纸(110～900℃)

（三）计算石油馏分比重

以混合原料为例，根据表1－1可知，混合原料20℃的密度为1.0310g/cm³（镇海炼化化验室），即：

$$d_4^{20}=1.0310$$

根据《石油炼制工程》[5]第71页公式：

$$d_{15.6}^{15.6}=d_4^{20}+\Delta d$$

$$\Delta d=9.181\times10^{-3}-5.83\times10^{-3}\times d_4^{20}$$

式中　$d_{15.6}^{15.6}$——15.6℃相对密度，无因次；

$d_4^{20}$——20℃相对密度，无因次；

$\Delta d$——相对密度修正值，无因次。

求得混合原料相对密度校正值为：

$\Delta d = 9.181 \times 10^{-3} - 5.83 \times 10^{-3} \times d_4^{20} = 9.181 \times 10^{-3} - 5.83 \times 10^{-3} \times 1.0310 = 0.0032$

进而求得混合原料 15.6℃相对密度为：

$$d_{15.6}^{15.6} = d_4^{20} + \Delta d = 1.031 + 0.003 = 1.0342$$

（四）计算石油馏分的 Waston $K$ 值

以混合原料为例，根据《石油炼制工程》[5]第 68 页公式：

$$t_v = \frac{t_{10} + t_{30} + t_{50} + t_{70} + t_{90}}{5}$$

式中 $t_v$——石油馏分体积中平均沸点，℃；

$t_{10}$、$t_{30}$、$t_{50}$、$t_{70}$、$t_{90}$——石油馏分 10%、30%、50%、70%、90%馏出温度，℃。

求得混合原料的体积平均沸点为：

$$t_v = \frac{566 + 653 + 709 + 764 + 827}{5} = 664.3℃$$

根据《石油炼制工程》[5]第 68 页公式：

$$S = \frac{t_{90} - t_{10}}{90 - 10}$$

式中 $S$——石油馏分馏程斜率，无因次；

$t_{10}$、$t_{90}$——石油馏分 10%、90%馏出温度，℃。

求得混合原料馏程斜率为：

$$S = \frac{827 - 566}{80} = 5.09$$

根据《石油炼制工程》[5]第 70 页公式：

$$t_{Me} = t_v - \Delta_{Me}$$

$$\ln \Delta_{Me} = -1.53181 - 0.012800\, t_v^{0.6667} + 3.64678\, S^{0.3333}$$

式中 $t_{Me}$——石油馏分馏中平均沸点，℃；

$t_v$——石油馏分体积平均沸点，℃；

$\Delta_{Me}$——石油馏分体积平均沸点与中平均沸点的校正值，℃。

求得混合原料体积平均沸点与中平均沸点校正值为：

$$\Delta_{Me} = \exp(-1.53181 - 0.012800\, t_v^{0.6667} + 3.64678\, S^{0.3333})$$

$$= \exp(-1.53181 - 0.012800 \times 664.3^{0.6667} + 3.64678 \times 5.09^{0.3333}) = 43.1℃$$

进而求得混合原料中平均沸点为：

$$t_{Me} = t_v - \Delta_{Me} = 664.3 - 43.1 = 621.1℃ = 894.3\text{K}$$

根据《石油炼制工程》[5]第 74 页公式：

$$K = \frac{1.216\, T^{1/3}}{d_{15.6}^{15.6}}$$

式中 $K$——石油馏分 Watson $K$ 值，无因次；

$d_{15.6}^{15.6}$——石油馏分 15.6℃相对密度，无因次；

$T$——石油馏分中平均沸点，K。

求得混合原料 Watson $K$ 值为：

$$K = \frac{1.216 \times 894.3^{1/3}}{1.0342} = 11.22$$

（五）计算石油馏分的 UOP $K$ 值

以混合原料为例，根据《石油炼制工程》[5]第 74 页公式：

$$K=\frac{1.216\ T^{1/3}}{d_{15.6}^{15.6}}$$

式中 $K$——石油馏分 UOP $K$ 值，无因次；

$d_{15.6}^{15.6}$——石油馏分 15.6℃相对密度，无因次；

$T$——石油馏分体积平均沸点，K。

求得混合原料的 UOP $K$ 值为：

$$K=\frac{1.216\times 937.4^{1/3}}{1.0342}=11.40$$

（六）计算石油馏分的平均相对分子质量

以混合原料为例，根据《石油炼制工程》[5]第 78 页公式：

$$M=42.928\times[\exp(2.097\times10^{-4}T-7.78712S+2.0848\times10^{-3}TS)]T^{1.26007}S^{4.98308}$$

式中 $M$——石油馏分平均相对分子质量，无因次；

S——石油馏分 15.6℃相对密度，无因次；

$T$——石油馏分中平均沸点，K。

求得混合原料的相对平均相对分子质量为：

$$M=42.928\times[\exp(2.097\times10^{-4}\times894.3-7.78712\times1.0441+2.0848\times10^{-3}\times894.3\times1.0441)]\times894.3^{1.26007}\times1.0441^{4.98308}=693$$

（七）计算石油馏分的真临界温度

以混合原料为例，根据《美国石油协会标准规范(2016)》公式：

$$t_{cm}=186.16+1.6667\Delta-0.7127\times10^{-3}\times\Delta^2$$

$$\Delta=SG\times(VABP+100)$$

式中 $t_{cm}$——石油馏分真临界温度，℉；

SG——石油馏分 15.6℃相对密度，无因次；

VABP——石油馏分体积平均沸点，℉。

求得混合原料的真临界温度为：

$$t_{cm}=186.16+1.6667\times1.0441\times(1227.7+100)-0.7127\times10^{-3}\times[1.0441\times(1227.7+100)]^2$$
$$=1127.0(℉)=608.3(℃)$$

（八）计算石油馏分的假临界温度

以混合原料为例，根据《美国石油学会标准规范(2016)》公式：

$$T_{pc}=10.6443\exp(-5.1747\times10^{-4}T_b-0.54444S+3.5995\times10^{-4}T_bS)T_b^{0.81067}S^{0.53691}$$

式中 $T_{pc}$——石油馏分假临界温度，°R；

$T_b$——石油馏分中平均沸点，°R；

$S$——石油馏分 15.6℃相对密度，无因次。

求得混合原料的假临界温度为：

$$T_{pc}=10.6443\times\exp(-5.1747\times10^{-4}\times1609.7-0.54444\times1.0441+3.5995\times10^{-4}\times1609.7\times1.0441)\times1609.7^{0.81067}\times1.0441^{0.53691}=1953.9(°R)=1085.5(K)$$

（九）计算石油馏分的假临界压力

以混合原料为例，根据《美国石油学会标准规范(2016)》公式：

$$P_{pc}=6.162\times10^6[\exp(-4.725\times10^{-3}T_b-4.8014S+3.1939\times10^{-3}T_bS)]T_b^{-0.4844}S^{4.0846}$$

式中　$P_{pc}$——石油馏分假临界压力，lbf/in²（1bf/in² = 6894.757Pa，下同）；

$T_b$——石油馏分中平均沸点，°R；

$S$——石油馏分15.6℃相对密度，无因次。

求得混合原料的假临界压力为：

$$P_{pc}=6.162\times10^6\times\exp(-4.725\times10^{-3}\times1609.7-4.8014\times1.0441+3.1939\times10^{-3}\times1609.7\times1.0441)\times1609.7^{-0.4844}\times1.0441^{4.0846}=145.8\text{lbf/in}^2=1005450.6\text{Pa}$$

（十）计算石油馏分的真临界压力

以混合原料为例，根据《美国石油学会标准规范(2016)》公式：

$$\ln p_c=0.050052+5.656282\ln(T_c/T_{pc})+1.001047\ln p_{pc}$$

式中　$p_c$——石油馏分真临界压力，lbf/in²；

$p_{pc}$——石油馏分假临界压力，lbf/in²；

$T_c$——石油馏分真临界温度，°R；

$T_{pc}$——石油馏分假临界温度，°R。

求得：

$$\ln p_c=0.050052+5.656282\times\ln[(1127.0+459.7)/1953.9]+1.001047\times\ln1005450.6=12.7$$

进而求得混合原料的真临界压力为：

$$p_c=\exp(12.7)=330411.6(\text{Pa})$$

（十一）计算石油馏分的焦点温度与焦点压力

以混合原料为例，公式：

$$\Delta T_e=a_1\times[(S+a_2)/(a_3\times S+a_4)+a_5\times S]\times[a_6/(a_7\times t_v+a_8)+a_9]+a_{10}$$

$$\Delta p_e=\{[a_1\times(S-0.3)+a_2]/(S+a_3)\}\times\{a_4/[a_5\times(t_v+a_6\times S)+a_7]+a_8\}$$

式中　$\Delta T_e$——焦点温度 - 临界温度，℃；

$\Delta p_e$——焦点压力 - 临界压力，MPa；

$S$——石油馏分恩氏蒸馏曲线10% - 90%斜率，℃/%；

$t_V$——石油馏分恩氏蒸馏体积平均沸点，℃；

$a_i$——常数，$i$ = 1、2、3…10，具体数据见表2-3。

**表2-3　石油馏分焦点温度和焦点压力计算公式常数**

| 序号 | 项目 | 焦点温度公式常数值 | 焦点压力公式常数值 |
|---|---|---|---|
| 1 | $a_1$ | 0.14608029648 | 59.527860086 |
| 2 | $a_2$ | 0.050887086388 | 13.22730898 |
| 3 | $a_3$ | 0.00025280271884 | 0.73484872053 |
| 4 | $a_4$ | 0.00048370492139 | 0.15246953667 |
| 5 | $a_5$ | 1.9936695083 | 0.015463010895 |
| 6 | $a_6$ | 13.19556507 | -16.389020471 |
| 7 | $a_7$ | 0.081472347484 | 0.23392534874 |
| 8 | $a_8$ | 18.47914514 | -0.014367666592 |
| 9 | $a_9$ | -0.1585402804 | 0.0 |
| 10 | $a_{10}$ | -4.8588379673 | 0.0 |

求得混合原料的焦点温度为：

$$T_e=t_{cm}+\Delta T_e=608.3+0.14608029648\times[(5.09+0.050887086388)/(0.00025280271884\times$$

$5.09+0.00048370492139)+1.9936695083\times5.09]\times$

$[13.19556507/(0.081472347484\times664.3+18.47914514)-$

$0.1585402804]-4.8588379673=613.4(℃)$

混合原料的焦点压力为：

$p_e=p_c+\Delta p_e=0.3304+\{[59.527860086\times(5.09-0.3)+13.22730898]/(5.09+0.73484872053)\}\times\{0.15246953667/[0.015463010895\times(664.3-16.389020471\times5.09)+0.23392534874]-0.014367666592\}=0.4418(MPa)$

根据上述方法，分别计算汽油、顶循油、柴油、蜡油的物料性质，见表2-4。

**表2-4　混合原料及各侧线物性数据**

| 物性 | 混合原料 | 循环油 | 蜡油 | 柴油 | 顶循油 | 汽油 |
|---|---|---|---|---|---|---|
| 初馏点/℃ | 279.5 | 316.4 | 311.0 | 208.0 | 123 | 39.0 |
| 5%馏出温度/℃ | 421.7 | 360.0 | 318.0 | 239.0 | 188.6 | 59.0 |
| 10%馏出温度/℃ | 466.2 | 392.0 | 346.0 | 248.0 | 195 | 71.0 |
| 30%馏出温度/℃ | 575.4 | 444.0 | 392.0 | 275.0 | 214 | 113.0 |
| 50%馏出温度/℃ | 659.7 | 486.0 | 417.0 | 299.0 | 224 | 149.0 |
| 70%馏出温度/℃ | 747.1 | 531.0 | 439.0 | 326.0 | 232 | 181.0 |
| 90%馏出温度/℃ | 873.0 | 597.7 | 476.0 | 351.0 | 241 | 212.0 |
| 95%馏出温度/℃ | 929.8 | 628.5 | 495.0 | 364.0 | 245 | 223.0 |
| 终馏点/℃ | 1062.7 | 701.9 | 513.0 | 431.3 | 251 | 228.0 |
| 15.6℃相对密度 | 1.0441 | 1.0109 | 0.9763 | 0.9035 | 0.8239 | 0.7554 |
| Waston *K* 值 | 11.22 | 10.92 | 10.95 | 11.14 | 11.65 | 11.92 |
| UOP *K* 值 | 11.40 | 10.99 | 10.99 | 11.18 | 11.67 | 12.04 |
| 平均相对分子质量 | 693.5 | 410.2 | 323.8 | 219.7 | 169.9 | 118.1 |
| 真临界温度/℃ | 608.3 | 618.8 | 588.2 | 501.7 | 414.6 | 325.8 |
| 假临界温度/℃ | 812.4 | 687.5 | 618.3 | 500.1 | 412.2 | 317.6 |
| 假临界压力/Pa | 1005451 | 1404634 | 1588342 | 1960661 | 2161279 | 2719701 |
| 真临界压力/Pa | 330412 | 985015 | 1396302 | 2118773 | 2353253 | 3139475 |
| 焦点温度/℃ | 613.4 | 636.7 | 609.2 | 532.9 | 439.2 | 400.0 |
| 焦点压力/Pa | 441786 | 1295829 | 1791669 | 2802099 | 3010527 | 5574946 |

（十二）石油馏分蒸馏曲线换算

1. 方法一（以蜡油为例）

根据《原油蒸馏工艺与工程》[1]第287页常压恩氏蒸馏50%点与平衡汽化50%点换算图（图2-2），蜡油馏分恩氏蒸馏数据求的曲线10%~70%馏分体积斜率为：

$$S=\frac{439-346}{70-10}=1.55$$

根据表2-4可知，蜡油馏分恩氏蒸馏曲线50%馏出温度为417℃，通过查图2-2，可知蜡油馏分平衡汽化曲线50%馏出温度与恩氏蒸馏汽化曲线50%馏出温度之差为22℃，故蜡油馏分平衡汽化曲线50%馏出温度为：

$$t_{EFV}=417+22=439(℃)$$

注：该公式只适用于427℃以下的馏分。

根据表2-4计算可知，蜡油馏分恩氏蒸馏曲线0~10%、10%~30%及30%~50%馏出体积的温度差分别为35℃、46℃和25℃，再通过查平衡汽化曲线温度差图（图2-3），分

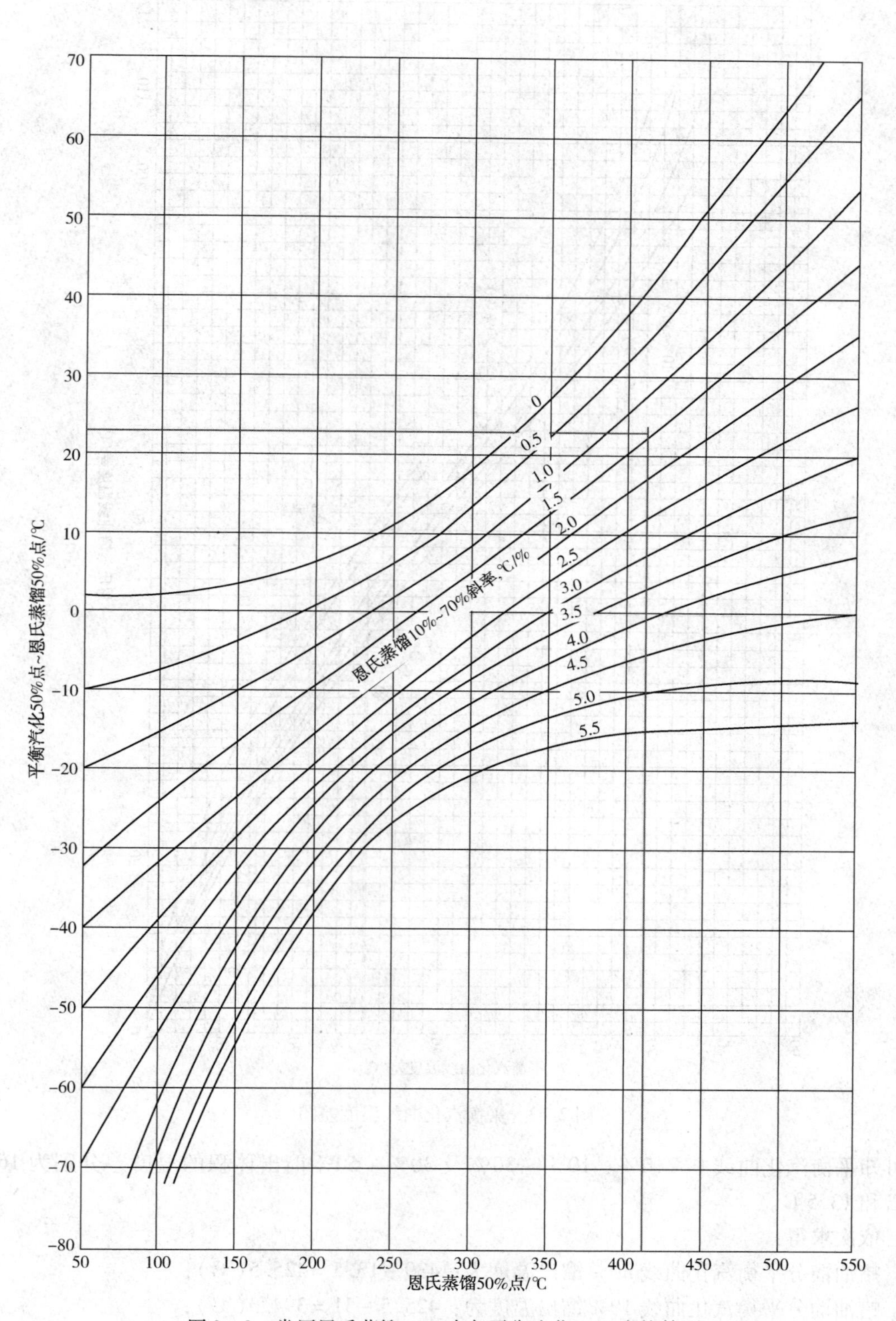


图2-2　常压恩氏蒸馏50%点与平衡汽化50%点换算图

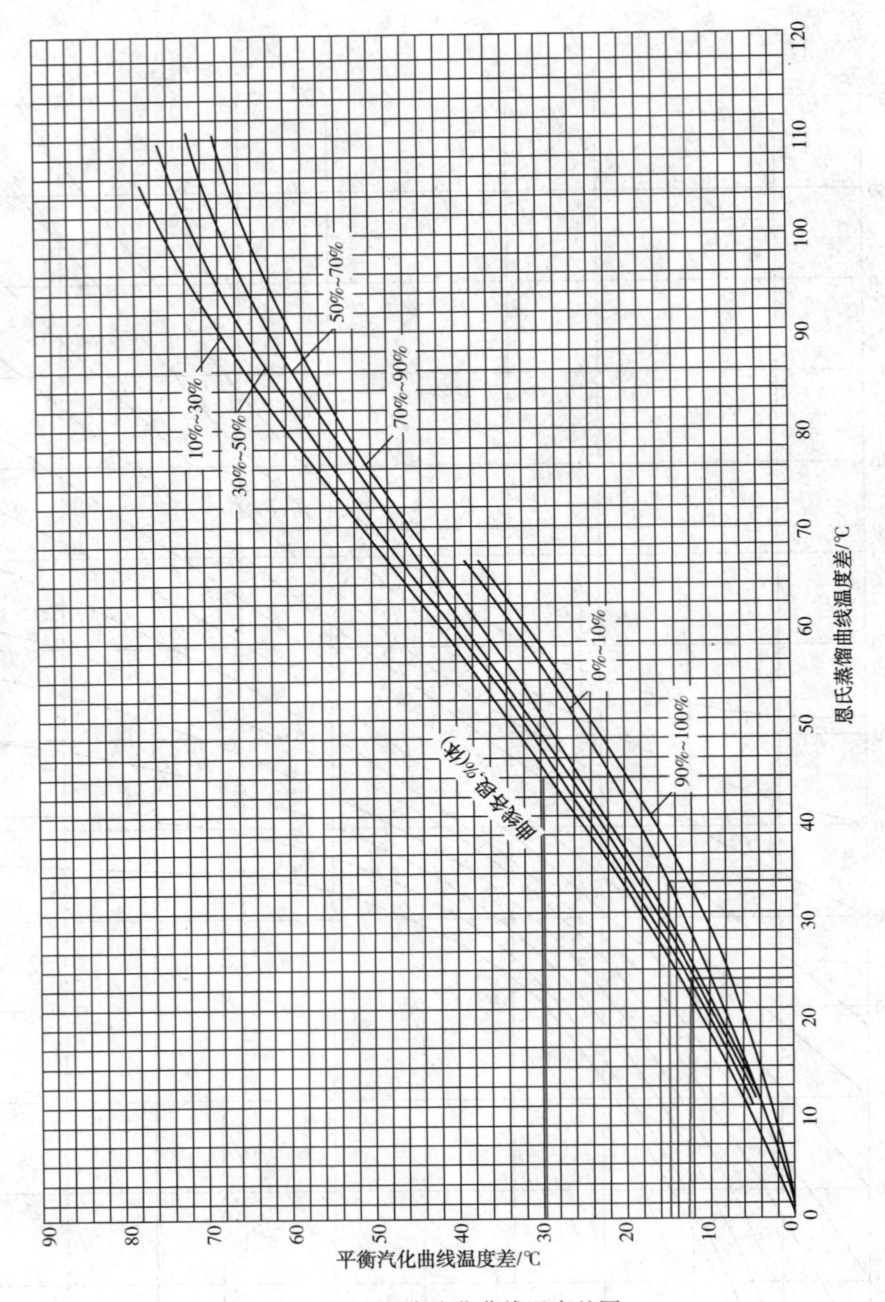


图2-3　平衡汽化曲线温度差图

别可知平衡汽化曲线0~10%、10%~30%及30%~50%馏出体积的温度差分别为16℃、31℃和13.5℃。

依次求得：

蜡油馏分平衡汽化曲线30%馏出温度为：439-13.5=425.5(℃)；

蜡油馏分平衡汽化曲线10%馏出温度为：425.5-31=394.5(℃)；

蜡油馏分平衡汽化曲线0%馏出温度为：394.5-16=378.5(℃)。

2. 方法二(以柴油为例)

根据《原油蒸馏工艺与工程》[1]第287页公式:

$$t_{EFV}=a\ (t_{D86})^{b}S^{c}$$

式中 $t_{D86}$——ASTMD86各馏出体积下的温度，K;

$t_{EFV}$——常压平衡气化曲线各馏出体积下的温度，K;

$S$——相对密度，($d_{15.6}^{15.6}$);

$a$、$b$、$c$——与馏出体积有关的关联系数，见表2-5。

**表2-5 石油馏分恩氏蒸馏与平衡汽化转换公式常数**

| 关联系数 | 馏出体积 | | | | | | |
|---|---|---|---|---|---|---|---|
| | 0~5% | 10% | 30% | 50% | 70% | 90% | 95%-100% |
| a | 2.97481 | 1.44594 | 0.85060 | 3.26805 | 8.28734 | 10.62656 | 7.99502 |
| b | 0.8466 | 0.9511 | 1.0315 | 0.8274 | 0.6871 | 0.6529 | 0.6949 |
| c | 0.4208 | 0.1287 | 0.0817 | 0.6214 | 0.9340 | 1.1025 | 1.0737 |

则柴油平衡汽化50%点温度为:

$$t_{EFV}=3.26805\times(299+273.15)^{0.8274}\times0.9035^{0.6214}-273.15=313.6(℃)$$

以此类推，分别计算出汽油、顶循油及柴油的各馏出点平衡汽化温度，列于表2-6。

**表2-6 各产品平衡汽化馏程数据**

| 馏出体积 | 馏出温度/℃ | | | |
|---|---|---|---|---|
| | 蜡油 | 柴油 | 顶循油 | 汽油 |
| 初馏点 | 378.5 | 258.6 | 160.8 | 68.8 |
| 5% | | 287.5 | 220.9 | 87.2 |
| 10% | 394.5 | 274.6 | 215.6 | 87.6 |
| 30% | 425.5 | 290.9 | 222.5 | 114.1 |
| 50% | 439.0 | 313.6 | 220.1 | 135.1 |
| 70% | | 337.4 | 225.0 | 153.8 |
| 90% | | 362.0 | 232.3 | 169.1 |
| 95% | | 363.9 | 226.6 | 168.6 |
| 终馏点 | | 410.0 | 230.6 | 171.7 |

(十三)恩氏蒸馏曲线与实沸点蒸馏曲线的换算

根据《原油蒸馏工艺与工程》[1]第285页公式:

$$t_{TBP}=a\ (t_{D86})^{b}$$

式中 $t_{TBP}$——常压下各馏出体积下的温度，K;

$t_{D86}$——常压下ASTMD 86各馏出体积温度，K;

$a$、$b$——与馏出体积有关的系数，见表2-7。

表 2-7　石油馏分恩氏蒸馏与实沸点蒸馏数据转换公式常数

| 关联系数 | 馏出体积 | | | | | | |
|---|---|---|---|---|---|---|---|
| | 0~5 % | 10% | 30 % | 50 % | 70 % | 90 % | 95%~100 % |
| $a$ | 0.917675 | 0.5564 | 0.7617 | 0.90230 | 0.88215 | 0.955105 | 0.81767 |
| $b$ | 1.001868 | 1.090011 | 1.042533 | 1.017560 | 1.02259 | 1.010955 | 1.03549 |

当恩氏蒸馏温度超过246℃时，换算时需考虑热裂化作用，需要进行温度校正。根据《原油蒸馏工艺与工程》[1]第285页公式：

$$\lg D = 0.00852t - 1.691$$

式中　$D$——温度校正值，℃；

$t$——超过246℃的恩氏蒸馏温度，℃；

上述公式适用于恩氏蒸馏22.8~398.9℃之间，故对该温度区间内的馏分油进行曲线换算，以蜡油30%馏出点为例：

$$t_{\text{TBP}} = 0.7617 \times (398 + 273.15)^{1.042533} - 273.15 = 401.1(℃)$$

因恩氏蒸馏温度超过246℃，故需要修正：

$$D = 10^{0.00852 \times 398 - 1.691} = 50.1(℃)$$

故蜡油馏分30%实沸点馏出温度为：

$$t_{\text{TBP}} = 272.8 + 50.1 = 451.2(℃)$$

以此类推，分别计算出蜡油30%馏出体积以下，及柴油、顶循油和汽油的实沸点各馏出温度，见表2-8。

表 2-8　各产品实沸点蒸馏数据

| 馏出体积 | 馏出温度/℃ | | | |
|---|---|---|---|---|
| | 蜡油 | 柴油 | 顶循油 | 汽油 |
| 初馏点 | 314.9 | 174.7 | 94.7 | 16.4 |
| 5% | 340.1 | 204.6 | 156.3 | 35.0 |
| 10% | 409.8 | 238.7 | 180.8 | 50.9 |
| 30% | 451.2 | 277.3 | 211.0 | 106.0 |
| 50% | | 311.2 | 228.8 | 150.8 |
| 70% | | 349.7 | 241.7 | 187.6 |
| 90% | | 386.5 | 255.0 | 224.1 |
| 95% | | 407.7 | 258.2 | 234.1 |
| 终馏点 | | 550.1 | 264.9 | 239.6 |

（十四）馏分切割精度计算

以轻馏分的95%馏出温度和重馏分的5%点馏出温度作为各馏分之间的切割精度计算，已知汽油的95%馏出体积恩氏蒸馏温度为223℃，柴油5%馏出体积恩氏蒸馏温度为239℃，则汽油与柴油馏分的切割精度为：223-239=-16(℃)。同理，柴油与蜡油的分离精度为：364-318=46(℃)。

## 二、计算物料平衡

（一）粗物料平衡

装置标定期间物料进出原始数据，见表2-9。

**表2-9 装置标定期间物料进出原始数据**

| 物料 | | 仪表读数 | 数据来源 |
|---|---|---|---|
| 原料 | 渣油/t | 21758.6 | 由混合原料与催化油浆差值计算而得 |
| | 催化油浆/t | 1717.5 | 孔板流量计 |
| | 混合原料/t | 23476.1 | 质量流量计 |
| 产品 | 干气/$kNm^3$ | 1632.3 | 涡街流量计 |
| | 液化气/t | 647.1 | 质量流量计 |
| | 焦化汽油/t | 3964.2 | 质量流量计 |
| | 焦化柴油/t | 4415.3 | 质量流量计 |
| | 焦化蜡油/t | 6104.5 | 质量流量计 |
| | 石油焦/t | 6783.9 | 根据焦高计算而得 |
| | 低瓦流量/$Nm^3$ | 86232.8 | 超声波流量计 |

1)由于标定期间生产富气量较设计值大，压缩机负荷无法满足要求，为提高装置的处理量，采用压缩机入口放低瓦的方法，故表格中的低瓦流量为标定期间的富气放低瓦的流量。

2）石油焦产量根据焦高计算而得，石油焦堆密度按850$kg/m^3$计算。

装置标定期间物料平衡见表2-10。

**表2-10 装置标定期间物料平衡数据**

| 物料 | | 设计 | | 标定数据 | |
|---|---|---|---|---|---|
| | | 流量/(t/h) | 收率/% | 累计量/t | 收率/% |
| 原料 | 渣油 | 229.7 | 87.5 | 21758.6 | 92.68 |
| | 催化油浆 | 32.8 | 12.5 | 1717.5 | 7.32 |
| | 原料合计 | 262.5 | 100.0 | 23476.1 | 100.00 |
| 产品 | 干气① | 12.7 | 4.85 | 1270.6 | 5.41 |
| | 液化气 | 7.4 | 2.83 | 647.1 | 2.76 |
| | 焦化汽油 | 34.3 | 13.05 | 3964.2 | 16.89 |
| | 焦化柴油 | 58.1 | 22.13 | 4415.3 | 18.81 |
| | 焦化蜡油 | 75.8 | 28.88 | 6104.5 | 26.00 |
| | 石油焦② | 74.2 | 28.26 | 6783.9 | 28.89 |
| | 产品合计 | 262.5 | 100.0 | 23216.5 | 98.76 |
| | 损失③ | 0 | 0 | 290.5 | 1.24 |
| | 液收 | 175.6 | 66.89 | 15162.0 | 69.87 |

① 干气质量流量为测量的体积流量与实测密度的计算而得。

② 石油焦产量根据焦高计算而得，石油焦堆密度按850$kg/m^3$计算，具体计算过程见焦炭质量计算章节。

③ 加工损失为1.1%，损失较大的原因为干气出装置流量计为窝街流量计，设计的操作条件为温度42℃、压力1.27MPa，密度0.8839$kg/m^3$，而操作条件为温度34.5℃、压力1.19MPa、密度0.743$kg/m^3$，需要进行温压补偿校正。此外，石油焦的产量是根据焦高计算而得，存在一定的误差。

1)表3-10物料平衡数据中混合原料、干气、液化气、汽油、柴油及蜡油以表量为准，取自PI系统，其中干气为涡街流量计，液化气、汽油、柴油、蜡油、混合原料为质量流量计，催化油浆为孔板流量计，渣油无流量计，由混合原料与催化油浆计算而得。

2）表3－10中数据为4月16日0：00～4月19日18：00标定时间内装置进出物料的累计值。

3）富气放低瓦部分根据干气和液化气实际收率比例分别计算在干气和液化气产品中。

（二）计算焦炭质量

根据焦炭塔图纸可知，焦炭塔锥段按照球台与圆台相结合的方式。

已知球台体积的计算公式为：

$$V=\frac{\pi h[3(R^2+r^2)+h^2]}{6}$$

式中 $V$——球台体积，$m^3$；

$h$——球台的高，m；

$R$——球台的上表面半径，m；

$r$——球台的下表面半径，m；

$\pi$——圆周率，取3.14。

已知圆台的体积公式为：

$$V=\frac{\pi h(R^2+r^2+Rr)}{3}$$

式中 $V$——圆台体积，$m^3$；

$h$——圆台的高，m；

$R$——圆台的上表面半径，m；

$r$——圆台的下表面半径，m；

$\pi$——圆周率，取3.14。

则焦炭塔下锥段体积：

$$V_{锥段}=V_{球台}+V_{圆台}$$

标定期间共生产5塔焦，以第1塔焦的焦高为25.6m为例

则，该塔焦的焦炭体积 $V$ 为：

$$V=V_{锥段}+V_{直筒}=1596.204(m^3)$$

以焦炭堆密度850kg/m³计算，则该塔焦的焦炭质量 $G$ 为：

$G=850V=850\times1596.20=1356773(kg)=1356.773(t)$

以此类推，计算出标定期间的5塔焦的质量，见表2－11。

**表2－11 标定期间各塔石油焦质量计算**

| 焦高编号 | $H_1$ | $H_2$ | $H_3$ | $H_4$ | $H_5$ | 合计 |
|---|---|---|---|---|---|---|
| 焦高/m | 25.6 | 25.7 | 25.5 | 26.2 | 25.0 | |
| 焦炭塔体积/$m^3$ | 1596.205 | 1603.743 | 1588.665 | 1641.44 | 1550.97 | 7981.02 |
| 焦炭重量/t | 1356.77 | 1363.18 | 1350.36 | 1395.22 | 1318.32 | 6783.87 |

（三）水平衡

延迟焦化装置为半间歇性生产装置，原料在焦炭塔中生焦后，需要经过小吹汽、大吹汽、给水冷焦、放水、除焦等步骤，在冷焦及除焦等步骤会导致大量水被焦炭带走或挥发到大气中无法测量和计算，而且大吹汽和冷焦期间，蒸汽冷凝后进入放空塔顶含硫污水系统，与分馏塔顶的含硫污水混合计量后出装置，故装置的整体水平衡无法计算，水平衡只计算正常生焦阶段（切四通后4h至预热前6h）的分馏系统部分水平衡。

2014 年 4 月 19 日 4：00 ~12：00 焦 -2 处于生焦阶段，无预热等操作，分馏塔系统与焦 -2 单独为一个系统进行水平衡计算。该时间段内含硫污水出装置总量读数为 303. 36t，其中放空塔顶含硫污水累计流量为 213. 90t，故分馏塔顶含硫污水累计流量为：

$$Q_{分馏含硫污水}=303.4-213.9=89.46(t)$$

取加热炉六路管程注汽流量为 29. 10t，柴油汽提塔汽提蒸汽累计流量为 6. 41t，蜡油汽提塔蒸汽未投用，流量为 0t。

由于该阶段无小吹汽和大吹汽操作，故小吹汽流量为 0t。

顶盖机注汽流量为 0. 40t，底盖机注汽流量为 3. 29t，由于特阀注汽后路无法明确，不同流程上的注汽后路去向也不同，且没有单独的计量仪表，故特阀注汽量可根据分馏系统的水平衡进行计算：

$$Q_{特阀注汽}=Q_{分馏含硫污水}-Q_{炉子注汽}-Q_{柴油汽提蒸汽}-Q_{蜡油汽提蒸汽}-Q_{小吹汽}-Q_{顶盖机注汽}-Q_{底盖机注汽}=89.46-29.10-6.41-0.40-3.29=50.26(t)$$

压缩机出口分液罐 V012 和预饱和罐 V028 所分离出的含硫污水返回到分馏塔顶分液罐 V007，故该部分含硫污水已计算在内，详细数据见表 2 -12。

**表 2 -12 分馏系统水平衡数据**

t

| 物料 | | 累计流量 |
|---|---|---|
| 蒸汽 | 加热炉注汽 | 29. 10 |
| | 柴油汽提蒸汽 | 6. 41 |
| | 蜡油汽提蒸汽 | 0 |
| | 小吹汽 | 0 |
| | 顶盖机注汽 | 0. 4 |
| | 底盖机注汽 | 3. 29 |
| | 特阀注汽 | 50. 26 |
| | 合计 | 89. 46 |
| 分馏塔顶含硫污水流量 | | 89. 46 |

（四）细物料平衡

1. 干气出装置流量校正

进出装置原始数据中，混合原料进装置流量、液化气出装置流量、汽油出装置流量、柴油出装置流量及蜡油出装置的流量均使用质量流量计，不需对其进行校正。干气出装置流量计为涡街流量计、富气放低瓦流量计为超声波流量计、催化油浆进装置流量计为孔板流量计，均需要进行流量校正。

干气出装置流量计为涡街流量计。涡街流量计是根据卡门涡街原理研究生产的测量气体、蒸汽或液体的体积流量、标况的体积流量或质量流量的体积流量计。其特点是压力损失小，量程范围大，精度高，在测量工况体积流量时几乎不受流体密度、压力、温度、黏度等参数的影响。其测量原理为在流体中设置三角柱型旋涡发生体，则从旋涡发生体两侧交替地产生有规则的旋涡，旋涡列在旋涡发生体下游非对称地排列，旋涡的释放频率与流过旋涡发生体的流体平均速度及旋涡发生体特征宽度有关，可用下式表示：

$$f=\frac{S_t v}{d}$$

式中 $f$——旋涡的释放频率，Hz；

$v$——流过旋涡发生体的流体平均速度，m/s；

$d$——为旋涡发生体特征宽度，m；

$S_t$——斯特劳哈尔数，是雷诺数的函数，无因次，数值在0.14～0.27范围内。

$$S_t = f\left(\frac{1}{Re}\right)$$

式中 $Re$——雷诺数，当雷诺数 $Re$ 在$10^2$～$10^5$范围内时，$S_t$约为0.2。

根据《冷换设备工艺计算手册》[6]

$$Re = \frac{d \times G}{\mu}$$

式中 $Re$——流体雷诺数，无因次；

$d$——管道内径，m；

$G$——管内流体质量流速，kg/(m$^2$·s)；

$\mu$——管内流体动力黏度，Pa·s。

由于设计条件下与标定条件下，干气的黏度和质量流速及黏度比较接近，$S_t$可看为常数，故已知型号的涡街流量计的测得的操作条件下的实际体积流量只与流体释放的频率有关，流体性质的影响可忽略不计。

对于某一固定气体，再根据理想气体状态方程 $PV = nRT$，得：

$$\frac{V_1}{V_0} = \frac{p_0 T_1}{p_1 T_0}$$

表的显示流量$V_{表量}$是按照设计工况进行计算的，故实际体积流量为：

$$V_{操作} = V_{表量}\frac{p_{标准} T_{设计}}{p_{设计} T_{标准}}$$

式中 $V_{操作}$——实际操作条件测得的体积，km$^3$；

$V_{表量}$——计量仪表显示的流量，km$^3$；

$p_{设计}$——设计的操作压力，MPa；

$T_{设计}$——设计的操作温度，K；

$p_{标准}$——标准密度时的压力，MPa；

$T_{标准}$——标准密度时的温度，K。

而标定条件下的实际标准体积流量为：

$$V_{标定} = V_{操作}\frac{p_{操作} T_{标准}}{p_{标准} T_{操作}} = V_{表量} \cdot \frac{p_{标准} T_{设计}}{p_{设计} T_{标准}} \cdot \frac{p_{操作} T_{标准}}{p_{标准} T_{操作}} = V_{表量} \cdot \frac{p_{操作} T_{设计}}{p_{设计} T_{操作}}$$

式中 $V_{标定}$——标定条件下的实际标准体积流量，km$^3$；

$p_{操作}$——标定条件下的实际操作压力，MPa；

$T_{操作}$——标定条件下的实际操作温度，K。

标定期间干气表的累计读数取1632.3kNm$^3$。干气出装置流量计的设计条件为：温度42℃，压力1.27MPa(绝)，密度0.8839kg/m$^3$；取操作条件为：温度34.5℃，压力1.19MPa(绝)，密度0.743kg/m$^3$。

故干气的标定条件下的体积流量为：

$$V_{标定} = V_{表量}\frac{p_{标定} T_{设计}}{p_{设计} T_{标定}} = 1632.3 \times \frac{(1.19 + 0.1) \times (42 + 237.15)}{(1.27 + 0.1) \times (34.5 + 237.15)} = 1574.5(\text{kNm}^3)$$

干气出装置的质量流量为：

$$M_{干气}=V_{标定}\rho_{标定}=1574.5\times1000\times0.743\approx1169.8(\mathrm{t})$$

2. 侧线产品带水量校正

液相侧线产品携带的水量很少，此处忽略不计。

干气携带的水量，根据干气所在温度、压力下的饱和分压计算，即是在再吸收塔内的温度(34.5℃)、压力(1.19MPa)条件下所携带的饱和水蒸气量。

查询《石油化工设计手册》[2]第561页。水的相关热力学性质表，水在34℃、35℃的饱和蒸汽压为分别为5.318kPa、5.622kPa，经过插值计算，则34.5℃下水的饱和蒸汽压为5.47kPa。

根据道尔顿定律，求得干气中水的体积含量为：

$$\varphi_{水}=\frac{5.47}{1.19\times1000}\times100\%=0.46\%$$

再将水的组成列入干气的组成中，按照水的体积含量为0.46%，对干气组成进行归一化处理后干气的组成见表2-13。则1mol干气的质量为：

$$\begin{aligned}Q_{干气}=&22.4\times(6.94\%\times2+54.79\%\times16+19.95\%\times30+2.37\%\times28+1.08\%\times44+0.8\%\\&\times42+0.1\%\times58+0.3\%\times58+0.2\%\times58+0.03\%\times56+0.02\%\times56+0.08\%\times72\\&+0.31\%\times28+0.16\%\times44+12.41\%\times34+0.46\%\times18)=476.14(\mathrm{g})\end{aligned}$$

故求得干气中水的质量分数为：

$$\omega_{水}=\frac{22.4\times0.46\%\times18}{476.14}=0.39\%$$

**表2-13 干气组成分析数据归一化处理及质量分数**

| 项目 | 原始组成/%(体) | 增加水组分并归一化处理 | 相对分子质量 | 质量分数/% |
|---|---|---|---|---|
| $H_2$ | 6.80 | 6.94 | 2 | 0.66 |
| 甲烷 | 53.72 | 54.79 | 16 | 41.41 |
| 乙烷 | 19.56 | 19.95 | 30 | 28.27 |
| 乙烯 | 2.32 | 2.37 | 28.00 | 3.13 |
| 丙烷 | 1.06 | 1.08 | 44.00 | 2.25 |
| 丙烯 | 0.78 | 0.80 | 42.00 | 1.58 |
| 异丁烷 | 0.10 | 0.10 | 58.00 | 0.28 |
| 正丁烷 | 0.29 | 0.080.30 | 58.00 | 0.81 |
| 正异丁烯 | 0.20 | 0.20 | 56.00 | 0.54 |
| 反丁烯 | 0.03 | 0.03 | 56.00 | 0.08 |
| 顺丁烯 | 0.02 | 0.02 | 56.00 | 0.05 |
| $C_5$ | 0.08 | 0.08 | 72.00 | 0.28 |
| CO | 0.30 | 0.31 | 28.00 | 0.40 |
| $CO_2$ | 0.16 | 0.16 | 44.00 | 0.34 |
| $H_2S$ | 12.17 | 12.41 | 34.00 | 19.93 |
| $H_2O$ | | 0.46 | 18.00 | 0.39 |
| 总计 | 100.0 | 100.0 | | 100.0 |

求得干气中携带的水量为：

$$Q_{水}=1169.8\times0.39\%=4.6(\mathrm{t})$$

干气经过干基校正后的流量为：

$$Q_{干气}=1169.8\times(1-0.39)=1165.3(\mathrm{t})$$

此外，计算水平衡的时间段内干气出装置流量为108.22t，则该段时间内干气带水累计量为$108.22\times0.39\%=0.42(\mathrm{t})$。

3. 富气放低瓦流量校正

富气放低瓦系统的流量计为超声波流量计，超声波流量计的计量原理为测量管线内流体流速，再根据管线的尺寸推算出体积流量，假设密度及操作条件对声速影响忽略不计，仪表测得的操作条件下的实际体积不受流体性质影响，故推算过程与涡街流量计的推算过程相同。

$$V_{标定}=V_{表量}\times\frac{p_{操作}T_{设计}}{p_{设计}T_{操作}}$$

式中 $V_{标定}$——标定条件下的实际标准体积流量，$\mathrm{km}^3$；

$p_{操作}$——标定条件下的操作压力，MPa；

$T_{操作}$——标定条件下的操作温度，K；

$V_{表量}$——计量仪表显示的流量，$\mathrm{km}^3$；

$p_{设计}$——设计的实际操作压力，MPa；

$T_{设计}$——设计的实际操作温度，K。

该流量计的设计操作密度为$1.933\mathrm{kg/Nm^3}$，操作温度为200℃，操作压力为0.1MPa，标定工况下富气的操作密度为$1.027\mathrm{kg/Nm^3}$，操作温度为27.5℃，操作压力为4.8kPa，标定期间表的累计读数为$86324\mathrm{Nm^3/h}$。故校正后的实际标准流量为：

$$V_{标定}=86324\times\frac{(0.0048+0.1\times(200+273.15)}{(0.1+0.1)\times(27.5+273.15)}=71452(\mathrm{Nm^3})$$

富气放低瓦的质量为：

$$M_{富气}=V_{标定}\rho_{标定}=71452\times1.027=73.4(\mathrm{t})$$

将放低瓦的富气量按照干气和液化气的收率比例还原至干气和液化气产品中，则干气的产量为：

$$M'_{干气}=M_{干气}+M_{富气}\times\frac{M_{干气}}{M_{干气}+M_{液化气}}=1165.3+73.4\times\frac{1165.3}{1165.3+647.1}=1212.4(\mathrm{t})$$

液化气的产量为：

$$M'_{液化气}=M_{液化气}+M_{富气}\times\frac{M_{液化气}}{M_{干气}+M_{液化气}}=647.1+73.4\times\frac{647.1}{1165.3+645.3}=673.3(\mathrm{t})$$

4. 蒸汽流量校正

以加热炉注汽为例，蒸汽的测量均也为孔板流量计，但蒸汽的体积受温度和压力影响较大，需要进行校正。孔板流量计是利用孔板前后的压差变化计算流体的体积流量，其计算公式为：

$$V=\frac{C}{\sqrt{1-\beta^4}}\varepsilon\frac{\pi}{4}d^2\sqrt{\frac{2\Delta p}{\rho_1}}\times60$$

实际生产过程中，当孔板和管道物理条件确定后，则$C$、$d$、$\beta$均为固定值，且实际测量过程中前后压差是已知条件，故可以认为$\frac{C}{\sqrt{1-\beta^4}}\varepsilon\frac{\pi}{4}d^2\sqrt{2\Delta p}\times 60$是一个常数$a$，即物料的体积流量为：

$$V=\frac{a}{\sqrt{\rho_1}}$$

物料的质量流量为：

$$M=V\rho_1=\frac{a}{\sqrt{\rho_1}}\rho_1=a\sqrt{\rho_1}$$

根据理想气体状态方程$pV=nRT$得：

$$\frac{\rho_2}{\rho_1}=\frac{p_2T_1}{p_1T_2}$$

故：

$$\frac{M_{标定}}{M_{设计}}=\sqrt{\frac{\rho_{标定}}{\rho_{设计}}}=\sqrt{\frac{p_{标定}T_{设计}}{p_{设计}T_{标定}}}$$

$$M_{标定}=M_{设计}\sqrt{\frac{p_{标定}T_{设计}}{p_{设计}T_{标定}}}$$

式中 $M_{标定}$——标定条件下的实际质量流量，kg；

$M_{设计}$——按设计操作条件计算出质量流量，即表量，kg；

$p_{标定}$——标定条件下的操作温度，K；

$T_{标定}$——标定条件下的操作温度，K；

$p_{设计}$——设计的操作压力，MPa；

$T_{设计}$——设计的操作温度，K。

加热炉注汽设计压力为3.42MPa，设计温度为409℃，标定工况下操作压力3.572MPa，操作温度为406.1℃，已知水平衡时间段内加热炉注汽流量计累计读数为29.10t，故加热炉注汽的校正后累计流量为：

$$Q_{标定}=Q_{设计}\sqrt{\frac{p_{标定}T_{设计}}{p_{设计}T_{标定}}}=29.10\times\sqrt{\frac{(3.572+0.1)\times(409+273.15)}{(3.42+0.1)\times(406.1+273.15)}}=29.79(\text{t})$$

同理分别计算出柴油汽提蒸汽、顶盖机注汽及底盖机注汽的校正后累计流量，见表2-14。

**表2-14 加热炉注汽、汽提蒸汽及顶底盖机注汽流量校正数据**

| 物料名称 | 累计流量 | 校正后累计流量 |
|---|---|---|
| 加热炉注汽/t | 29.10 | 29.79 |
| 柴油汽提蒸汽/kg | 6.41 | 6.44 |
| 顶盖机注汽/kg | 0.40 | 0.40 |
| 底盖机注汽/kg | 3.29 | 3.30 |

5. 催化油浆流量校正

催化油浆流量计为孔板流量计，测量的液体因液体的体积受温度和压力影响很小，故可以忽略不计，催化油浆设计条件下的体积流量和标定条件下的体积流量可近似看作相同，在换算为质量流量时只对密度进行校正。

已知催化油浆孔板流量计设计的标准密度和实际的标准密度分别为950kg/m³和1092kg/

$m^3$，根据《冷换设备工艺计算手册》[6]第75页公式：

$$\rho = T(1.307\ \gamma_4^{20} - 1.817) + 973.86\ \gamma_4^{20} + 36.34$$

式中　$\rho$——介质操作温度下的密度，$kg/m^3$；

$\gamma_4^{20}$——介质与20℃水的对比温度，无因次。

计算设计温度130℃下的密度：

$$\rho_{130} = 130 \times (1.307 \times 0.95 - 1.817) + 973.86 \times 0.95 + 36.34 = 886.7(kg/m^3)$$

计算操作温度91.9℃(该温度取自罐区)下的密度为：

$$\rho_{91.9} = 91.9 \times (1.307 \times 1.092 - 1.817) + 973.86 \times 1.092 + 36.34 = 1064.0(kg/m^3)$$

已知催化油浆流量计累计读数为1717.5t，根据蒸汽流量校正公式的推算过程，可知：

$$M_{标定} = \sqrt{\frac{\rho_{标定}}{\rho_{设计}}} \times M_{表量}$$

故催化油浆校正后的质量流量为：

$$M_{标定} = \sqrt{\frac{1064.0}{886.7}} \times 1717.5 = 1881.4(t)$$

6. 含硫污水带油量校正

含硫污水主要来自分馏塔顶及放空塔顶，标定期间流量数据见表2-15。

**表2-15　放空塔顶和分馏塔顶含硫污水的流量原始数据**

| 污水来源 | 标定期间累计值/t | 小时平均值/(t/h) |
|---|---|---|
| 分馏塔顶含硫水流量 | 972.4 | 10.8 |
| 放空塔顶含硫无数流量 | 2501.4 | 27.8 |
| 含硫污水出装置总量 | 3473.8 | 38.6 |

由于含硫污水油含量波动较大，为提高计算的准确性，含硫污水中油含量取2015年全年平均值5271mg/L作为计算依据。

标定期间含硫污水出装置累计量为3473.8t，实验室分析含油量为常温(约25℃)条件下，该条件下水的密度为0.997074kg/L，故含硫污水带油量折合为质量浓度为：

$$C_{质量浓度} = 5271 \div 0.997074 = 5286(mg/kg)$$

故含硫污水出装置总量带油量为：

$$Q_{带油} = 3473.8 \times 5286 \div 1000000 = 18.4(t)$$

水平衡计算中含硫污水的测量为孔板流量计，但因水的体积和密度受温度和压力的影响很小，故水的流量无需进行校正，但因含硫污水中含油，故需要对含油量进行校正。

放空塔顶含硫污水含油量分析数据见表2-16。

**表2-16　放空塔顶含硫污水含油量分析数据**　　mg/L

| 序号 | 样品名称 | 数据 |
|---|---|---|
| 1 | 放空塔顶含硫污 | 74.6 |
| 2 | 放空塔顶含硫污 | 27.7 |
| 3 | 放空塔顶含硫污 | 13.0 |
| 4 | 平均值 | 38.4 |

同样，实验室分析含油量为常温（约25℃）条件下，该条件下水的密度为0.997074kg/L，故含硫污水带油量折合为质量浓度为：

$$C_{质量浓度}=38.4\div0.997074=38.5(mg/kg)$$

放空塔顶含硫污水含油量为：

$$Q_{油含量}^{放空塔}=Q_{含硫污水}^{放空塔}\times38.5\div1000000=2501.4\times38.5\div1000000=0.096(t)$$

已知总的含硫污水带油量为18.4t，故分馏塔顶含硫污水带油量为：

$$Q_{油含量}^{分馏塔}=18.4-0.096=18.3(t)$$

含硫污水中所含的油基本以汽油组分为主，故该部分油的量计算在汽油产品中，故汽油产品的流量为：

$$Q_{汽油}=3964.2+18.4=3982.6(t)$$

而生焦阶段水平衡中含硫污水的校正后量为：

$$M_{含硫污水}=89.46\times(1-\frac{5286}{1000000})=88.99(t)$$

7. 细物料平衡表

经流量校正、水含量校正、带水量校正等修正后的细物料平衡数据见表2-17。

**表2-17 装置标定细物料平衡数据**

| 指标名称 | | 表量/t | 校正流量/t | 收率/% | 校正说明 |
|---|---|---|---|---|---|
| 原料 | 渣油 | 21758.6 | 21594.7 | 91.99 | 由原料与催化油浆流量计算而得 |
| | 催化油浆 | 1717.5 | 1881.4 | 8.01 | 孔板测量校正 |
| | 原料合计 | 23476.1 | 23476.1 | 100.0 | 质量流量计，无需校正 |
| 产品 | 干气 | 1270.6 | 1212.4 | 5.16 | ① 涡街流量计温压校正；② 去水含量；③ 按比例将富气放低瓦的量还原 |
| | 液化气 | 647.1 | 673.3 | 2.87 | 按比将富气放低瓦的流量还原 |
| | 焦化汽油 | 3964.2 | 3982.6 | 16.96 | 增加含硫污水带油量 |
| | 焦化柴油 | 4415.3 | 4415.3 | 18.81 | 质量流量计，无需校正 |
| | 焦化蜡油 | 6104.5 | 6104.5 | 26.00 | 质量流量计，无需校正 |
| | 石油焦 | 6783.9 | 6783.9 | 28.90 | 根据焦高计算，无需校正 |
| | 产品合计 | 23127.8 | 23134.2 | 98.70 | |
| 损失 | | 290.5 | 304.1 | 1.30 | |

① 经细物料平衡计算后，加工损失为1.30%，仍较大，原因为焦炭的质量是根据焦炭塔的体积及估算的堆密度计算而得，误差较大。

经流量校正、带水量校正和含油量校正后的水平衡数据见表2-18。

（五）产品分布预测

根据《延迟焦化装置工艺技术手册》[9]第37页的延迟焦化装置产品分布预测公式，推算各产品收率，并列入表2-19。

$$焦炭收率=1.6CCR=1.6\times22.21\%=35.5\%$$

$$富气收率=7.8+0.144CCR=7.8+0.144\times22.21\%=11.0\%$$

$$汽油收率=11.29+0.343CCR=11.29+0.343\times22.21\%=18.9\%$$

$$柴油收率=0.648\times(100\%-焦炭收率-富气收率-汽油收率)=22.4\%$$

蜡油收率 =0.352 ×(100% - 焦炭收率 - 富气收率 - 汽油收率) =12.2%

**表 2-18　分馏系统水平衡校正后数据**

| | 物料名称 | 累计流量/t | 校正流量/t | 校正说明 |
|---|---|---|---|---|
| 进料蒸汽 | 加热炉注汽 | 29.10 | 29.79 | 孔板流量计校正 |
| | 柴油汽提蒸汽 | 6.41 | 6.44 | 孔板流量计校正 |
| | 顶盖机注汽 | 0.4 | 0.40 | 孔板流量计校正 |
| | 底盖机注汽 | 3.29 | 3.30 | 孔板流量计校正 |
| | 特阀注汽 | 50.26 | 49.49 | 平衡计算而得 |
| | 合计 | 89.46 | 89.42 | |
| 出料 | 干气带水 | 0 | 0.43 | 干气带水校正 |
| | 分馏塔顶含硫污水流量 | 89.46 | 88.99 | 去除带油量 |
| | 合计 | 89.46 | 89.42 | |

**表 2-19　装置标定产品实际分布与预测分布**

| 产品名称 | 实际产品分布/% | 预测产品分布/% |
|---|---|---|
| 干气 | 5.16 | 11.0 |
| 液化气 | 2.87 | |
| 汽油 | 16.96 | 18.9 |
| 柴油 | 18.81 | 22.4 |
| 蜡油 | 26.00 | 12.2 |
| 焦炭 | 28.90 | 35.5 |
| 损失 | 1.30 | 0 |
| 合计 | 100.0 | 100.0 |

由表 2-19 可知，干气、液化气、汽油及柴油产品收率较预测值低，而蜡油收率较预测值高很多，石油焦收率较预测值低很多。说明该公式以传统焦化装置为基准，当前焦化装置为提高液收、增加经济效益，均采用低循环比操作，需要进行适当的修正，根据产品的实际收率对公式系数进行校正如下。根据装置实际的残炭和液收数据对公式进行校正如下。

焦炭收率 =1.25CCR

富气收率 =4.73 +0.212CCR

汽油收率 =16.56 +0.123CCR

柴油收率 =0.411 ×(100% - 焦炭收率 - 富气收率 - 汽油收率)

蜡油收率 =0.589 ×(100% - 焦炭收率 - 富气收率 - 汽油收率)

(六) 预测产品的硫分布

已知原料中硫含量为 3.92%，则产品中硫含量预测计算如下，结果见表 2-20。

汽油产品硫含量为：$S_n = 0.14(S_f) = 0.14 \times 3.92\% = 0.55\%$

柴油产品硫含量为：$S_{lc} = 0.45(S_f) = 0.45 \times 3.92\% = 1.76\%$

蜡油产品硫含量为：$S_{hc} = 0.82(S_f) = 0.82 \times 3.92\% = 3.21\%$

石油焦产品硫含量为：

$$S_{cok} = \frac{100.0(S_f) - 0.2353(S_f) - (S_n) \times (N_{ao}) - (S_{lc}) \times (l_{cgo}) - (S_{hc}) \times (h_{cgo})}{\text{cok}} = 9.14\%$$

气体产品中的硫含量为：

$$S_{gas}=\frac{0.2353(S_f)}{gas}=\frac{0.2353\times3.92}{8.03}=11.49\%$$

式中 $S_n$、$S_{lc}$、$S_{hc}$、$S_{cok}$、$S_f$——汽油、柴油、蜡油、石油焦、原料及气体产品中的硫含硫，%；

$N_{ao}$、$l_{cgo}$、$h_{cgo}$、Sgas、cok——汽油、柴油、蜡油、气体产品及石油焦的收率，%。

**表2－20　硫平衡数据**

| 物料 | | 物料流量/t | 硫含量/% | 归一化处理/% | 总流量/t | 预测硫含量/% | 预测总硫量/t |
|---|---|---|---|---|---|---|---|
| 原料 | 混合渣油 | 23476.1 | 3.92 | 3.92 | 920.3 | 3.92 | 920.3 |
| 产品 | 干气 | 1212.4 | 15.14 | 16.3 | 197.5 | 11.48 | 216.7 |
| | 液化气 | 673.3 | 3.57 | 3.8 | 25.9 | | |
| | 汽油 | 3982.6 | 0.87 | 0.9 | 37.3 | 0.55 | 21.9 |
| | 柴油 | 4415.3 | 2.34 | 2.5 | 111.2 | 1.76 | 77.7 |
| | 蜡油 | 6104.5 | 2.96 | 3.2 | 194.4 | 3.21 | 196.0 |
| | 石油焦① | 7088.0 | 4.85 | 5.2 | 354.0 | 5.75 | 407.8 |
| | 合计 | | | | 920.3 | | 920.3 |

① 表中石油焦量为计算的石油焦量与加工损失之和。

由表2－20可知，干气、液化气、汽油及柴油产品中的硫含量较预测值高，蜡油产品中的硫含量与预测值基本相等，石油焦产品中的硫含量较预测值低，说明原料中硫的形态偏向于非噻吩类，在原料发生热反应时，硫相对易于裂解，并向气体产品或轻馏分油中转移。

（七）预测产品的氮分布

已知原料中氮含量为3451mg/kg，则产品中氮含量预测计算如下，结果见表2－21。

汽油产品氮含量为：$N_n=0.01(N_f)=0.01\times3451=34.5$(mg/kg)

柴油产品氮含量为：$N_{lc}=0.24(S_f)=0.24\times3451=828.2$(mg/kg)

蜡油产品氮含量为：$N_{hc}=0.63(Sf)=0.82\times3451=2174.1$(mg/kg)

石油焦产品氮含量为：

$$N_{cok}=\frac{100.0N_f-N_n\times N_{ao}-N_{lc}\times l_{cgo}-N_{hc}\times h_{cgo}}{cok}=9425.9(\text{mg/kg})$$

式中 $N_n$、$N_{lc}$、$N_{hc}$、$N_{cok}$、$N_f$——汽油、柴油、蜡油、石油焦及原料中的氮含硫，mg/kg。

**表2－21　氮平衡数据**

| 物料名称 | | 物料流量/t | 物料含氮/(mg/kg) | 总氮量/t | 预测氮含量/% | 预测总氮量/t |
|---|---|---|---|---|---|---|
| 原料 | 混合渣油 | 23476.1 | 3451 | 81.0 | 3451 | 81.0 |
| 产品 | 干气 | 1212.4 | 0 | 0 | 0 | 0 |
| | 液化气 | 673.3 | 0 | 0 | 0 | 0 |
| | 汽油 | 3982.6 | 131 | 0.5 | 34.5 | 0.1 |
| | 柴油 | 4415.3 | 1104 | 4.9 | 828.2 | 3.7 |
| | 蜡油 | 6104.5 | 2985 | 18.2 | 2174.1 | 13.3 |
| | 石油焦① | 6783.9 | 8461 | 57.4 | 9425.9 | 63.9 |
| | 合计 | | | 81.0 | | 81.0 |

① 表中石油焦产品的氮含量为平衡计算而得。

## 三、计算分馏塔物料平衡及热平衡

### （一）分馏塔物料平衡

由于延迟焦化装置的特点，分馏塔物料自焦炭塔反应后的油气来，并包含急冷油、特阀注汽、顶底盖机注汽及加热炉注汽等物料，且反应无法准确计算，故分馏塔的进料需由产品倒推而来。

由于焦化的半间歇性生产的特点，分馏塔的负荷会随着生焦、冷焦及预热等各步骤的不同而不同，本次计算则以正常生产时为例，即是生焦后4h到预热前的时间为准(4月19日4：00~4月19日12：00)，再经过各流量校正、干基校正的方法对流量进行校正后，得到分馏塔进料组成数据，见表2-22。

**表2-22　分馏塔正常生产阶段物料平衡数据**

| 物料名称 | | 流量/(kg/h) | 计算及校正说明 |
|---|---|---|---|
| 进料 | 油气 | 225171 | 侧线抽出流量与循环油量合计 |
| | 加热炉注汽 | 3724 | 孔板流量计校正 |
| | 柴油汽提塔蒸汽 | 805 | 孔板流量计校正 |
| | 蜡油汽提塔蒸汽 | 0 | |
| | 小吹汽 | 0 | |
| | 顶盖机注汽 | 50 | 孔板流量计校正 |
| | 底盖机注汽 | 413 | 孔板流量计校正 |
| | 特阀注汽 | 6041 | 根据含硫污水量、干气带水量及其他蒸汽量计算 |
| | 合计 | 235504 | |
| 出料 | 干气 | 13528 | ①孔板流量计校正；②干基校正；③放低瓦富气还原校正 |
| | 液化气 | 8205 | 放低瓦富气还原校正 |
| | 汽油 | 46477 | 含硫污水带油量校正 |
| | 柴油 | 50116 | |
| | 蜡油 | 85966 | 部分封油流量校正 |
| | 循环油 | 20984 | 孔板流量计校正 |
| | 含硫污水 | 10982 | 含硫污水带油量校正 |
| | 干气带水 | 51 | 干气带水量校正 |
| | 合计 | 235504 | |

1）混合原料进入分馏塔底，与循环油混合后，直接去加热炉，相当于加热炉进料缓冲罐，与分馏塔的热量平衡无关，此处未计算物料平衡。

2）该装置急冷油为冷焦及预热产生的污油，由放空塔底来，该物料平衡时间段内，急冷油进入分馏塔后生产侧线产品，已计入侧线产品中，不再计算。

3）封油为蜡油产品侧线流量计前抽出，流量为22197kg/h。共注入原料泵、加热炉进料泵、放空塔底及蜡油回流泵及蜡油产品泵等10台机泵，其中注入蜡油产品泵的已计入蜡油产量中，注入蜡油回流泵的相当于部分蜡油回流，而注入原料泵、加热炉进料泵及放空塔底泵的则是在分馏塔侧线及入口之间循环，需要计算在入口油气中，注入这6台机泵的封油量约为：

$$M_{封油}=22197\times\frac{6}{10}=13318(kg/h)$$

故表中蜡油的流量为蜡油产品量和部分封油量之和，为：

$$M_{蜡油抽出}=13318+72648=85966(kg/h)$$

（二）分馏塔热量平衡计算

1. 计算分馏塔进料焓

根据物料平衡计算结果可知，入塔原料为干气、液化气、汽油、柴油、蜡油及蒸汽的混合物，取入塔温度为424.7℃，入塔压力为58.5kPa(表)，分别计算入塔物料中各物料的焓值，进而根据各组分的质量分数求得入塔热量。

（1）计算汽油馏分的液相焓值

根据《催化化裂化工艺计算与技术分析》[4]第182页公式：

$$H_L=(0.055\times K+0.35)\times[1.8\times(0.0004061-0.0001521\times S)\times(t+17.8)^2+(0.6783-0.3063\times S)\times(t+17.8)]\times4.1861$$

式中 $H_L$——石油馏分的液相焓，kJ/kg；

$K$——石油馏分的特性因数，无因次；

$t$——石油馏分的温度，℃；

$S$——石油馏分20℃的密度，kg/L。

求得汽油馏分的液相焓为：

$$H_{L汽油}=(0.055\times12.04+0.35)\times[1.8\times(0.0004061-0.0001521\times0.7506)\times(424.7+17.8)^2+(0.6783-0.3063\times0.7506)\times(424.7+17.8)]\times4.1861=1276.6(kJ/kg)$$

为求得汽油馏分在气态时的焓值，需先求取-17.8℃下的汽化潜热。

根据《催化化裂化工艺计算与技术分析》[4]第182页公式：

$$H^0=\{50+5.27\times[(140.32-130.76\times S)/(0.009+0.9944\times S)]^{0.542}-11.1\times(K-11.8)\}\times4.1868(kJ/kg)$$

求得汽油馏分在-17.8℃下的汽化潜热为：

$$H^0_{汽油}=\{50+5.27\times[(140.32-130.76\times0.7506)/(0.009+0.9944\times0.7506)]^{0.542}-11.1\times(12.04-11.8)\}\times4.1868=393.4(kJ/kg)$$

根据《催化化裂化工艺计算与技术分析》[4]第182页气相焓计算公式：

$$H_V=H^0+[0.556\times(0.045\times K-0.233)\times(1.8\times t+17.8)+0.556\times10^{-3}\times(0.22+0.00885\times K)\times(1.8\times t+17.8)^2-0.0283\times10^{-6}\times(1.8\times t+17.8)^3]\times4.1868$$

故，汽油馏分气态下的焓为：

$$H_{V汽油}=393.4+[0.556\times(0.045\times12.04-0.233)\times(1.8\times424.7+17.8)+0.556\times10^{-3}\times(0.22+0.00885\times12.04)\times(1.8\times424.7+17.8)^2-0.0283\times10^{-6}\times(1.8\times424.7+17.8)^3]\times4.1868=1364.1(kJ/kg)$$

同样，分别计算出柴油、蜡油及循环油气态下的焓值分别为1254.1kJ/kg、1208.7kJ/kg及1188.9kJ/kg。

（2）计算干气和液化气的焓值

干气的焓值计算，是根据干气中各组分的焓值及含量计算而得，首先计算甲烷的焓值，步骤如下：

根据《石油炼制数据图表集》第231页公式：

$$h^0 = h_0^0 + A\left(\frac{T}{100}\right) + 1.8B\left(\frac{T}{100}\right)^2 + 3.24C\left(\frac{T}{100}\right)^3 + 0.3078D\left(\frac{100}{T}\right) + 0.55556E$$

式中　$h^0$——理想气体T开氏度时的焓值，kcal/kg(1kcal = 4.1868kJ，下同)；

$h_0^0$——理想气体的基准焓值，对于烃类$h_0^0 = 0$kcal/kg(−129℃时饱和液相的焓值)；

$T$——气体的温度，K；

$A$、$B$、$C$、$D$、$E$——常数。

由于石油馏分的焓值计算公式是以−17.8℃为基准的，为了计算的统一性，把甲烷的焓值计算基准也变换为以−17.8℃度为基准，计算公式为：

$$h = h_T^0 - h_{-17.8}^0 = A\left[\frac{T}{100} - \frac{-17.8+273.15}{100}\right] + 1.8B\left[\left(\frac{T}{100}\right)^2 - \left(\frac{-18.8+273.15}{100}\right)^2\right] + 3.24C\left[\left(\frac{T}{100}\right)^3 - \left(\frac{-18.8+273.15}{100}\right)^3\right] + 0.3087D\left(\frac{100}{T} - \frac{100}{-17.8+273.15}\right) + 0.55556E$$

求得甲烷的焓值为：

$$h_{甲烷} = 341.34548 \times \left[\frac{424.7+273.15}{100} - \frac{-17.8+273.15}{100}\right] + 1.8 \times (-0.17541) \times \left[\left(\frac{424.7+273.15}{100}\right)^2 - \left(\frac{-18.8+273.15}{100}\right)^2\right] + 3.24 \times 0.023314 \times \left[\left(\frac{424.7+273.15}{100}\right)^3 - \left(\frac{-18.8+273.15}{100}\right)^3\right] + 0.3087 \times (-129.56586) \times \left(\frac{100}{424.7+273.15} - \frac{100}{-17.8+273.15}\right) + 0.55556 \times 0 = 1287.8(\text{kJ/kg})$$

查上海化工学院炼油教研组选编《石油炼制数据图表集》第30页，表1-1-3，查得甲烷的临界压力为45.8个大气压(绝)，临界温度为−82.5℃，求得甲烷的对比压力为：

$$p_{r甲烷} = \frac{58.5+101.325}{45.8 \times 101.325} = 0.034$$

求得甲烷的临界温度为−82.5℃，则甲烷的对比温度为：

$$T_{r甲烷} = \frac{424.7+273.15}{-82.5+273.15} = 3.66$$

根据上海化工学院炼油教研组选编《石油炼制数据图表集》第232页，公式(7-5-1)和公式(7-5-2)，计算压力对气体焓值的影响。

$$h = h_0 - \frac{RT_C}{M}\left(\frac{H^0-H}{RT_C}\right)$$

$$\left(\frac{H^0-H}{RT_C}\right) = \left(\frac{H^0-H}{RT_C}\right)^{(0)} + \theta\left(\frac{H^0-H}{RT_C}\right)^{(1)}$$

式中　$\left(\frac{H^0-H}{RT_C}\right)$——压力对焓值的影响，无因次；

$\left(\frac{H^0-H}{RT_C}\right)^{(0)}$——简单流体压力对焓值的影响，无因次；

$\left(\frac{H^0-H}{RT_C}\right)^{(1)}$——非简单流体压力对焓值的影响，无因次；

$T_C$——临界温度，K；

$R$——气体常数 = 1.987kcal/(kg·K)；

$H$——压力下的分子热焓，kcal/kg；

$H^0$——理想气体热焓，kcal/kg。

压力为焓值的影响修正值图如图 2-4 所示。

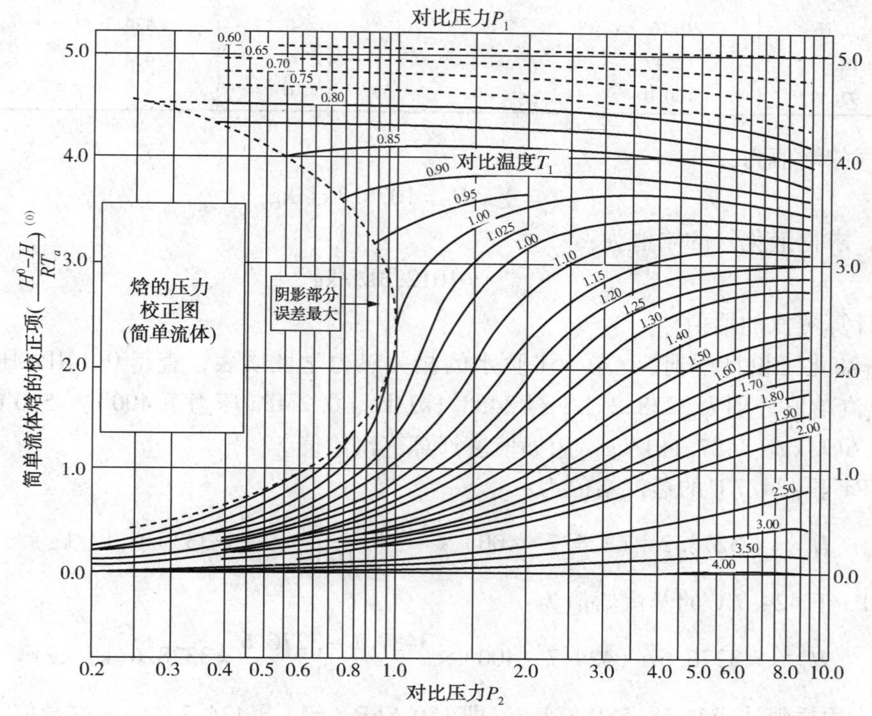


图 2-4 压力对焓值的影响修正值图

压力对甲烷焓值的影响几乎为零，故忽略不计。则以 -17.8℃为零基准的甲烷的焓值为1287.8kJ/kg。

从表 1-2 可知干气的组分，其中空气含量为采样或分析过程中混入的，计算时应扣除，并进行归一化处理。根据各组分的体积分数和相对分子质量求出质量分数。采用甲烷焓值的计算方法分别计算干气中其余组分的焓值，并根据各组分的含量计算干气的焓值，见表 2-23。

**表 2-23 干气及其组分焓值计算数据**

| 项目 | 体积分数/% | 去除空气并归一化 | 相对分子质量 | 质量分数/% | 温度/℃ | 焓值/(kJ/kg) |
|---|---|---|---|---|---|---|
| $H_2$ | 6.8 | 6.97 | 2 | 0.66 | 424.7 | 6410.7 |
| 空气 | 2.44 | | | | | 0 |
| 甲烷 | 53.72 | 55.05 | 16 | 41.41 | 424.7 | 1287.8 |
| 乙烷 | 19.56 | 20.04 | 30 | 28.27 | 424.7 | 1108.3 |
| 乙烯 | 2.32 | 2.38 | 28 | 3.13 | 424.7 | 961.8 |
| 丙烷 | 1.06 | 1.09 | 44 | 2.25 | 424.7 | 1075.8 |
| 丙烯 | 0.78 | 0.80 | 42 | 1.58 | 424.7 | 946.3 |
| 异丁烷 | 0.1 | 0.10 | 58 | 0.28 | 424.7 | 1051.5 |
| 正丁烷 | 0.29 | 0.30 | 58 | 0.81 | 424.7 | 1067.2 |
| 正异丁烯 | 0.2 | 0.20 | 56 | 0.54 | 424.7 | 967.7 |

续表

| 项目 | 体积分数/% | 去除空气并归一化 | 相对分子质量 | 质量分数/% | 温度/℃ | 焓值/(kJ/kg) |
|---|---|---|---|---|---|---|
| 反丁烯 | 0.03 | 0.03 | 56 | 0.08 | 424.7 | 964.2 |
| 顺丁烯 | 0.02 | 0.02 | 56 | 0.05 | 424.7 | 917.4 |
| $C_5$ | 0.08 | 0.08 | 72 | 0.28 | 424.7 | 1059.8 |
| CO | 0.3 | 0.31 | 28 | 0.40 | 424.7 | 470.6 |
| $CO_2$ | 0.16 | 0.16 | 44 | 0.34 | 424.7 | 431.3 |
| $H_2S$ | 12.17 | 12.47 | 34 | 19.93 | 424.7 | 482.7 |
| 总计 | 97.59 | 100.0 | | 100.0 | | |

则干气的焓值为：

$$h_{干气} = \sum x_i H_i = 1078.3\text{kJ/kg}$$

同样，求得液化气的焓值为：

$$h_{液化气} = 1012.3\text{kJ/kg}$$

(3) 计算蒸汽的焓值

查《石油化工设计手册》[2]第561页水的相关热力学性质表，查得0.1MPa压力400℃、500℃的蒸汽焓值分别为3278.2kJ/kg、3488.1kJ/kg，0.2MPa压力下400℃、500℃的焓值分别为3276.6kJ/kg、3487.1kJ/kg，用插值法计算蒸汽焓值。

0.1MPa下424.7℃的蒸汽焓值为：

$$H_{424.7}^{0.1} = 3278.2 + (424.7 - 400) \times \frac{3488.1 - 3278.2}{100} = 3330.0(\text{kJ/kg})$$

0.2MPa下424.7℃的蒸汽焓值为：

$$H_{424.7}^{0.2} = 3276.6 + (424.7 - 400) \times \frac{3487.1 - 3276.6}{100} = 3328.6(\text{kJ/kg})$$

进一步用插值法求得58.5kPa(表)，即159.8kPa(绝)下424.7℃的蒸汽焓值为：

$$H_{424.7}^{0.1598} = 3330.0 - (0.1598 - 0.1) \times \frac{3330.0 - 3328.6}{0.1} = 3331.5(\text{kJ/kg})$$

(4) 计算干气和液化气相对分子质量

已知干气中各组分的相对分子质量，则干气的相对分子质量为：

$$M_{r干气} = \sum y_i M_{ri} = 21.27$$

式中 $M_{r干气}$——干气的相对分子质量，无因次；

$y_i$——组分 $i$ 的体积分数,%；

$M_{ri}$——组分 $i$ 的相对分子质量，无因次。

同样，求出液化气的相对分子质量为：47.43

(5) 计算进料油气中各组分的摩尔流量

从表2-4可知汽油、柴油、蜡油及循环油的平均相对分子质量为：118.15、219.70、323.77及410.22，且已知水的相对分子质量18。根据各组分的质量流量，求得油气各组分及侧线抽出量的摩尔流量为：

$$N_{干气} = \frac{13528}{21.27} = 636.0(\text{kmol/h})$$

$$N_{液化气} = \frac{8205}{47.43} = 173.0(\text{kmol/h})$$

$$N_{汽油} = \frac{46477}{118.15} = 393.4(\mathrm{kmol/h})$$

$$N_{柴油} = \frac{50116}{219.70} = 228.1(\mathrm{kmol/h})$$

$$N_{蜡油} = \frac{85966}{323.77} = 265.2(\mathrm{kmol/h})$$

$$N_{循环油} = \frac{20984}{410.22} = 51.2(\mathrm{kmol/h})$$

$$N_{汽油} = \frac{11033}{18} = 612.9(\mathrm{kmol/h})$$

根据分馏塔进料各组分质量流量、摩尔流量、温度、压力、焓值求得进料总焓值，见表2－24。

**表2－24　分馏塔进料各组分流量、温度、压力及焓值数据**

| 项目 | 质量流量/(kg/h) | 摩尔流量/(kmol/h) | 温度/℃ | 焓/(kJ/kg) | | 热量/($10^6$kJ/h) |
|---|---|---|---|---|---|---|
| | | | | 气相 | 液相 | |
| 干气 | 13528 | 636.0 | 424.7 | 1078.4 | | 14.59 |
| 液化气 | 8205 | 173.0 | 424.7 | 1012.4 | | 8.31 |
| 汽油 | 46477 | 393.4 | 424.7 | 1364.1 | | 63.40 |
| 柴油 | 50116 | 228.1 | 424.7 | 1254.1 | | 62.85 |
| 蜡油 | 85861 | 265.2 | 424.7 | 1208.7 | | 103.91 |
| 循环油 | 20984 | 51.2 | 424.7 | 1188.9 | | 24.95 |
| 蒸汽 | 10228 | 562.8 | 424.7 | 3331.5 | | 34.07 |
| 合计 | 236204 | 2359.7 | | | | 312.07 |

注：蒸汽流量为加热炉注汽、顶盖机注汽、底盖机注汽及特阀注汽之和。

2. 校核蜡油抽出温度

根据表1－16标定数据，取循环油抽出温度为350.2℃，自循环油集油箱下方至第1层塔盘上方做热量平衡。

蜡油抽出温度为347.7℃，柴油抽出温度为214.3℃进行计算，按照蜡油抽出与柴油抽出之间各塔盘之间温差相等，则各层塔盘之间的温差为：

$$\Delta t = \frac{347.7 - 214.3}{12} = 11.1(℃)$$

故第2层塔盘液相内回流温度为：

$$T_2 = 347.7 - 11.1 = 336.6(℃)$$

假设整塔各层塔盘压降相等，则各层塔盘压差为：

$$\Delta p = \frac{58.5 - 43.9}{31} = 0.47(\mathrm{kPa})$$

故第1层塔盘上方的压力为：

$$p_1 = 58.5 - 0.47 = 58.03[\mathrm{kPa}(表)] = 159.36[\mathrm{kPa}(绝)]$$

分别计算347.7℃下干气、液化气、汽油、柴油的气相焓，计算蜡油和循环油的液相焓，计算蒸汽焓。根据蜡油和柴油的产品质量，线性差值法计算第2块塔盘物料的密度及特性因数，并根据焓值计算方法，计算第2块塔盘的液相回流焓值为775.9kJ/kg，第1块塔盘的气相回流焓值为1007.2kJ/kg。假设第2层塔盘向下的内回流质量流量为$L$，自第一层塔盘上部计算热量平衡，见表2-25。

**表2-25　自循环油集油箱下方至第1层塔盘上方热量平衡数据**

| 项目 | | 质量流量/(kg/h) | 摩尔流量/(kmol/h) | 温度/℃ | 焓/(kJ/kg) | | 热量/($10^6$kJ/h) |
|---|---|---|---|---|---|---|---|
| | | | | | 气相 | 液相 | |
| 进料 | 进料油气 | 235504 | 2315.3 | 424.7 | | | 312.07 |
| | 内回流 | $L$ | | 336.6 | | 775.9 | $775.9\times10^{-6}L$ |
| | 合计 | $235504+L$ | | | | | $312.07+775.9\times10^{-6}L$ |
| 出料 | 干气 | 13528 | 636.0 | 347.7 | 853.9 | | 11.55 |
| | 液化气 | 8205 | 173.0 | 347.7 | 789.4 | | 6.48 |
| | 汽油 | 46477 | 393.4 | 347.7 | 1139.4 | | 52.96 |
| | 柴油 | 50116 | 228.1 | 347.7 | 1045.4 | | 52.39 |
| | 蜡油 | 85966 | 265.2 | 347.7 | | 803.5 | 69.07 |
| | 循环油 | 20984 | 51.2 | 350.2 | | 789.9 | 16.58 |
| | 蒸汽 | 10228 | 562.8 | 347.7 | 2908.0 | | 29.74 |
| | 内回流 | $L$ | | 347.7 | 1007.2 | | $1007.2\times10^{-6}L$ |
| | 合计 | $235399+L$ | | | | | $241.48+1007.2\times10^{-6}L$ |

内回流热：

$$\Delta Q=(312.07-241.48)\times10^6=70.59\times10^6(\text{kJ/h})$$

内回流量：

$$L=70.59\times10^6\div(1007.2-775.9)=305178(\text{kg/h})$$

内回流摩尔流量为：

$$N_L=305178\div315.10=968.5(\text{kmol/h})$$

内回流的油气分压为：

$$p_L=159.36\times968.5\div(636.0+173.0+393.4+228.1+568.2+968.5)=52.02(\text{kPa})=390.2(\text{mmHg})$$

从表2-6查得，蜡油馏分平衡汽化曲线0%馏出点和30%馏出点分别为378.5℃和425.5℃。通过常压与减压平衡汽化换算图(图2-5)，查得390.2mmHg压力下，蜡油30%馏出点约为395℃，根据常压、减压下各段温度相等的假设，在分压下蜡油馏分的泡点温度约为395-(425.5-374.3)=348(℃)，比蜡油抽出温度347.7℃高0.3℃，实际基本相符。

3. 计算蜡油回流取热量

根据表1-16标定数据，取蜡油回流流量为284958kg/h，蜡油抽出温度为347.7℃，蜡油回流返回温度为228.3℃，分别计算347.7℃和228.3℃下的蜡油的液相焓值分别为807.1kJ/kg和488.7kJ/kg，故蜡油回流取热量为：

$$Q_{蜡油回流}=284958\times(803.5-488.7)=89.70\times10^6(\text{kJ/kg})$$

4. 校核柴油抽出温度

根据表1-16标定数据，取柴油抽出温度214.3℃，塔顶温度138.8℃，则柴油抽出和

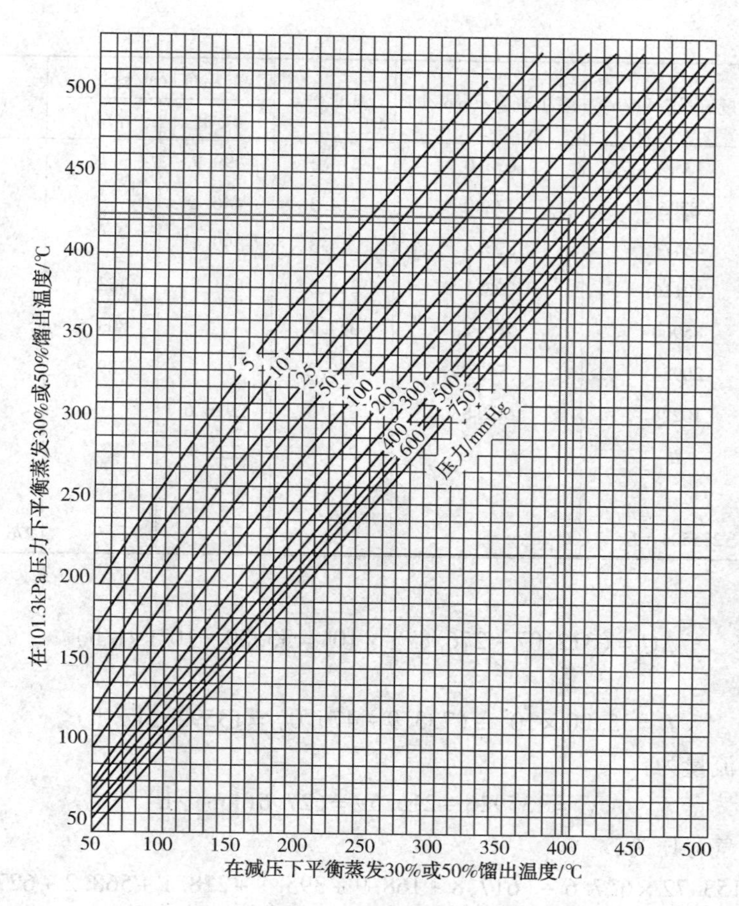


图 2-5　常压与减压平衡汽化曲线换算图

塔顶之间的平均板间温差为：

$$\Delta t=\frac{214.3-138.8}{18}=4.2(℃)$$

求得第 14 层塔板温度为：

$$T_{14}=214.3-4.2=210.1(℃)$$

第 13 层塔盘压力为

$$p_{13}=58.5-0.47\times13=52.39[\text{kPa(表)}]=153.72[\text{kPa(绝)}]$$

采用与校核蜡油抽出温度计算方法同样的方法，在 13 层塔盘上方做热量平衡，见表 2-26。

**表 2-26　自循环油集油箱下方至柴油抽出塔盘上方热量平衡数据**

| 项目 | | 质量流量/(kg/h) | 摩尔流量/(mol/h) | 温度/℃ | 焓/(kcal/kg) | | 热量/($10^6$kJ/h) |
|---|---|---|---|---|---|---|---|
| | | | | | 气相 | 液相 | |
| 进料 | 进料油气 | 235504 | 2315.3 | 424.7 | | | 312.07 |
| | 内回流 | $L$ | | 210.1 | | 475.0 | $475\times10^{-6}L$ |
| | 合计 | $235399+L$ | | | | | $312.07+475\times10^{-6}L$ |

续表

| 项目 | | 质量流量/(kg/h) | 摩尔流量/(mol/h) | 温度/℃ | 焓/(kcal/kg) | | 热量/($10^6$kJ/h) |
|---|---|---|---|---|---|---|---|
| | | | | | 气相 | 液相 | |
| 出料 | 干气 | 13528 | 636.0 | 214.3 | 499.9 | | 6.76 |
| | 液化气 | 8205 | 173.0 | 214.3 | 446.1 | | 3.66 |
| | 汽油 | 46477 | 393.4 | 214.3 | 799.5 | | 37.16 |
| | 柴油 | 50116 | 228.1 | 214.3 | | 483.0 | 24.21 |
| | 蜡油 | 85966 | 265.2 | 347.7 | | 803.5 | 69.07 |
| | 循环油 | 20984 | 54.3 | 350.2 | | 789.9 | 16.58 |
| | 蒸汽 | 10228 | 562.8 | 214.3 | 2926.6 | | 29.74 |
| | 内回流 | $L$ | | 214.3 | 733.9 | | $733.9\times10^{-6}L$ |
| | 蜡油回流 | | | | | | 89.70 |
| | 合计 | $235504+L$ | | | | | $276.87++733.9\times10^{-6}L$ |

内回流热：

$$\Delta Q=(312.07-276.87)\times10^6=35.20\times10^6(\text{kJ/h})$$

内回流量：

$$L=35.20\times10^6\div(733.9-475.0)=135926(\text{kg/h})$$

内回流摩尔流量为：

$$N_L=135926\div216.59=627.6(\text{kmol/h})$$

内回流的油气分压为：

$$\begin{aligned}p_L&=153.72\times627.6\div(617.8+168.9+395.1+228.1+568.2+627.6)\\&=36.73(\text{kPa})=275.5(\text{mmHg})\end{aligned}$$

从表2-6查得，柴油馏分平衡汽化曲线0%馏出点和30%馏出点分别为258.6℃和290.9℃。通过常压与减压平衡汽化换算图(图2-5)，查得275.5mmHg压力下，柴油的30%馏出点约为247℃，根据常压、减压下各段温度相等的假设，在分压下柴油馏分的泡点温度约为247-(290.9-258.6)=214.7(℃)，与假设的214.3℃相差0.4℃，相符。

5. 计算柴油回流及再吸收油取热量

根据表1-16标定数据，取柴油回流抽出量为371129kg/h，柴油回流抽出温度为214.3℃，返回温度为177.6℃，分别计算焓值为483.0kJ/kg和392.6kJ/kg。故柴油回流取热量为：

$$Q_{\text{柴油回流}}=371129\times(483.0-392.6)=33.55\times10^6(\text{kJ/h})$$

根据表1-16标定数据，取柴油再吸收流量为27248kg/h，柴油再吸收抽出温度为214.3℃，返回温度为152.9℃，分别计算液相焓值为483.0和334.7℃。故柴油再吸收油取热量为：

$$Q_{\text{再吸收油}}=27248\times(483.0-334.7)=4.04\times10^6(\text{kJ/h})$$

6. 计算顶循取热量

根据表1-16标定数据，取顶循回流抽出量为165419g/h，顶循回流抽出温度为155.3℃，返回温度为126.5℃，分别计算焓值为370.1kJ/kg和299.8kJ/kg。故顶循回流取热量为：

$$Q_{顶循回流} = 165419 \times (370.1 - 299.8) = 11.63 \times 10^6 (kJ/h)$$

7. 校核塔顶温度(方法一)

取分馏塔塔顶温度 138.8℃ 为假设温度，自循环油集油箱下方至第 31 块塔盘上部做热量平衡，数据见表 2－27。

**表 2－27 自循环油集油箱下方至第 31 层塔盘上方做热量平衡数据(一)**

| 项目 | 质量流量/(kg/h) | 摩尔流量/(kmol/h) | 温度/℃ | 焓/(kJ/kg) | | 热量/($10^6$kJ/h) |
|---|---|---|---|---|---|---|
| | | | | 气相 | 液相 | |
| 油气进料 | 235504 | 2359.7 | 424.7 | | | 312.07 |
| 柴油汽提蒸汽 | 805 | 44.7 | 268.1 | 2973.3 | | 2.39 |
| 合计 | 236309 | 2404.4 | | | | 314.34 |
| 干气 | 13528 | 636.0 | 138.8 | 320.2 | | 4.33 |
| 液化气 | 8205 | 173.0 | 138.8 | 278.3 | | 2.28 |
| 汽油 | 46477 | 393.4 | 138.8 | 637.8 | | 29.65 |
| 柴油 | 50116 | 228.1 | 214.3 | | 483.0 | 24.21 |
| 蜡油 | 85966 | 265.2 | 347.7 | | 803.5 | 69.07 |
| 循环油 | 20984 | 51.2 | 350.2 | | 789.9 | 16.58 |
| 蒸汽 | 11033 | 612.9 | 133.0 | 2761.0 | | 30.46 |
| 顶循油取热 | | | | | | 11.63 |
| 再吸收柴油取热 | | | | | | 4.04 |
| 柴油回流取热 | | | | | | 33.55 |
| 蜡油回流取热 | | | | | | 89.70 |
| 合计 | | | | | | 315.84 |

内回流热：

$$\Delta Q = (314.46 - 315.84) \times 10^6 = -1.38 \times 10^6 (kJ/h)$$

不符合实际情况，继续试差计算，当假设温度为 133℃时，进出热量几乎相等。即塔顶温度为 133℃，热平衡数据见表 2－28。

**表 2－28 自循环油集油箱下方至第 31 层塔盘上方做热量平衡数据(二)**

| 项目 | 质量流量/(kg/h) | 摩尔流量/(kmol/h) | 温度/℃ | 焓/(kcal/kg) | | 热量/kW |
|---|---|---|---|---|---|---|
| | | | | 气相 | 液相 | |
| 油气进料 | 235504 | 2315.3 | 424.7 | | | 312.07 |
| 柴油汽提蒸汽 | 805 | 44.7 | | 2973.3 | | 2.39 |
| 合计 | 236204 | 2404.4 | | | | 314.46 |
| 干气 | 13528 | 636.0 | 133.0 | 307.1 | | 4.15 |
| 液化气 | 8205 | 173.0 | 133.0 | 266.3 | | 2.18 |
| 汽油 | 46477 | 393.4 | 133.0 | 626.4 | | 29.11 |
| 柴油 | 50116 | 228.1 | 214.3 | | 483.0 | 24.21 |
| 蜡油 | 85966 | 265.2 | 347.7 | | 803.5 | 68.99 |
| 循环油 | 20984 | 51.2 | 350.2 | | 789.9 | 16.58 |
| 蒸汽 | 11033 | 612.9 | 133.0 | 2744.4 | | 30.28 |
| 顶循 | | | | | | 11.63 |
| 富吸收油 | | | | | | 4.04 |
| 柴油内回流 | | | | | | 33.55 |
| 蜡油内回流 | | | | | | 89.70 |
| 合计 | | | | | | 314.48 |

8. 校核塔顶温度(方法二)

由于该装置标定期间，分馏塔顶未打冷回流，全部由顶循取热，故塔顶温度即为塔顶压力下，汽油馏分所在分压下的露点温度：

塔顶压力为：

$$p_{31}=43.9\text{kPa(表)}=145.23\text{kPa(绝)}$$

汽油馏分的分压为：

$$p_{汽油}=145.23\times\frac{汽油摩尔流量}{干气摩尔流量+液化气摩尔流量+蒸汽摩尔流量+汽提蒸汽摩尔流量+汽油摩尔流量}$$

$$=\frac{393.4}{636.0+173.0+562.8+44.7+393.4}=31.57[\text{kPa(绝)}]=236.8(\text{mmHg})$$

已知汽油馏分平衡汽化曲线50%馏出点和100%馏出点分别为135.1℃和171.7℃。通过常压与减压平衡汽化换算图(图2-5)查得，236.8mmHg压力下，汽油馏分的50%馏出点约为97℃，根据常压、减压下各段温度相等的假设，在分压下汽油馏分的露点温度约为97+(171.7-135.1)=133.6(℃)。

9. 问题分析

从计算的塔顶温度看，较装置操作温度低，原因是顶循或柴油上回流取热量计算误差较大，一般情况下温度的测量是比较准确的，故顶循油和柴油上回流或再吸收柴油计量误差较大。故应根据装置塔顶的温度做热量平衡，并根据热量对取热量进行校正，数据见表2-29。

**表2-29　自循环油集油箱下方至第31层塔盘上方做热量平衡数据(三)**

| 项目 | 质量流量/(kg/h) | 摩尔流量/(kmol/h) | 温度/℃ | 焓/(kJ/kg) | | 热量/($10^6$kJ/h) |
|---|---|---|---|---|---|---|
| | | | | 气相 | 液相 | |
| 油气进料 | 235504 | 2359.7 | 424.7 | | | 312.07 |
| 柴油汽提蒸汽 | 805 | 44.7 | 268.1 | 2973.3 | | 2.39 |
| 合计 | 236309 | 2404.4 | | | | 314.34 |
| 干气 | 13528 | 636.0 | 138.8 | 320.2 | | 4.33 |
| 液化气 | 8205 | 173.0 | 138.8 | 278.3 | | 2.28 |
| 汽油 | 46477 | 393.4 | 138.8 | 637.8 | | 29.65 |
| 柴油 | 50116 | 228.1 | 214.3 | | 483.0 | 24.21 |
| 蜡油 | 85966 | 265.2 | 347.7 | | 803.5 | 69.07 |
| 循环油 | 20984 | 51.2 | 350.2 | | 789.9 | 16.58 |
| 蒸汽 | 11033 | 612.9 | 133.0 | 2761.0 | | 30.48 |
| 蜡油回流取热 | | | | | | 89.70 |
| 合计 | | | | | | 266.27 |

柴油回流、再吸收柴油及顶循油的取热总量：

$$\Delta Q=(312.07-266.27)\times10^6=48.18\times10^6(\text{kJ/h})$$

与计算的取热量之比为：

$$a=\frac{48.18}{49.22}=0.97$$

按比例对柴油回流、再吸收柴油和顶循油流量及取热量进行校正。

柴油回流量为371129×0.97=359995(kg/h)，取热量为359995×(483.0-392.6)=

32.54(J/h)。

再吸收柴油量为27248×0.97=26430(kg/h)，取热量为26430×(483.0-334.7)=3.92(kJ/h)。

顶循油流量为165419×0.97=160456(kg/h)，取热量为160456×(370.1-299.8)=11.28(kJ/h)。

（三）分馏塔塔内主界面气、液相负荷计算

1. 计算各层塔盘基础数据

根据表1-6标定数据可知，塔顶压力、塔底压力，塔顶温度、第29层、第15层、第13层、第4层及第1层温度，已知汽油、顶循油、柴油蜡油的密度、特性因数及相对分子质量，用线性插值法计算出各塔盘的温度、压力及物流的密度、特性因数、相对分子质量及操作条件下的密度，并根据物性数据及条件计算出各塔液相内回流焓值和气相内回流焓值。其中液相内回流焓值为塔盘液相物流所在温度下的焓值，而气相回流焓值为上一层塔盘物流在本层塔盘温度下的焓值。见表2-30。

**表2-30　分馏塔各层塔盘内回来物性数据**

| 塔盘 | 温度/℃ | 压力/kPa | 密度/(kg/m³) | 操作密度/(kg/m³) | 特性因数 | 相对分子质量 | 液相内回流焓值/(kJ/kg) | 气相内回流焓值/(kJ/kg) |
|---|---|---|---|---|---|---|---|---|
| 31 | 138.8 | 145.23 | 0.7736 | 677.8 | 11.92 | 135.40 | 344.5 | |
| 30 | 147.1 | 145.70 | 0.7965 | 698.0 | 11.79 | 152.65 | 357.6 | 645.66 |
| 29 | 155.3 | 146.17 | 0.8195 | 718.6 | 11.67 | 169.90 | 370.1 | 653.33 |
| 28 | 157.3 | 146.64 | 0.8245 | 723.0 | 11.64 | 173.01 | 373.3 | 648.50 |
| 27 | 159.3 | 147.11 | 0.8295 | 727.4 | 11.61 | 176.13 | 376.4 | 650.61 |
| 26 | 161.4 | 147.58 | 0.8345 | 731.8 | 11.58 | 179.24 | 379.5 | 652.72 |
| 25 | 163.4 | 148.06 | 0.8395 | 736.3 | 11.55 | 182.35 | 382.5 | 654.82 |
| 24 | 165.4 | 148.53 | 0.8445 | 740.8 | 11.52 | 185.46 | 385.5 | 656.91 |
| 23 | 167.4 | 149.00 | 0.8495 | 745.4 | 11.49 | 188.58 | 388.5 | 658.99 |
| 22 | 169.5 | 149.47 | 0.8545 | 749.9 | 11.46 | 191.69 | 391.5 | 661.05 |
| 21 | 171.5 | 149.94 | 0.8596 | 754.5 | 11.43 | 194.80 | 394.4 | 663.11 |
| 20 | 173.5 | 150.41 | 0.8646 | 759.1 | 11.39 | 197.91 | 397.3 | 665.15 |
| 19 | 175.5 | 150.88 | 0.8696 | 763.7 | 11.36 | 201.03 | 400.2 | 667.17 |
| 18 | 177.5 | 151.35 | 0.8746 | 768.4 | 11.33 | 204.14 | 403.1 | 669.18 |
| 17 | 179.6 | 151.82 | 0.8796 | 773.1 | 11.30 | 207.25 | 405.9 | 671.18 |
| 16 | 181.6 | 152.29 | 0.8846 | 777.8 | 11.27 | 210.36 | 408.7 | 673.16 |
| 15 | 183.6 | 152.77 | 0.8896 | 782.5 | 11.24 | 213.48 | 411.4 | 675.1 |
| 14 | 199.0 | 153.24 | 0.8946 | 778.7 | 11.21 | 216.59 | 447.0 | 704.16 |
| 13 | 214.3 | 153.71 | 0.8996 | 775.0 | 11.18 | 219.7 | 483.0 | 733.92 |
| 12 | 221.5 | 154.18 | 0.9057 | 778.1 | 11.16 | 228.37 | 498.8 | 746.88 |
| 11 | 228.7 | 154.65 | 0.9118 | 781.3 | 11.15 | 237.05 | 514.5 | 759.45 |
| 10 | 235.9 | 155.12 | 0.9179 | 784.6 | 11.13 | 245.72 | 530.3 | 772.15 |
| 9 | 243.1 | 155.59 | 0.9240 | 788.0 | 11.12 | 254.39 | 546.1 | 784.98 |
| 8 | 250.4 | 156.06 | 0.9301 | 791.6 | 11.10 | 263.06 | 561.9 | 797.93 |
| 7 | 257.6 | 156.53 | 0.9362 | 795.2 | 11.09 | 271.74 | 577.7 | 810.99 |
| 6 | 264.8 | 157.00 | 0.9423 | 799.0 | 11.07 | 280.41 | 593.5 | 824.17 |
| 5 | 272.0 | 157.48 | 0.9484 | 802.9 | 11.05 | 289.08 | 609.4 | 837.45 |
| 4 | 279.2 | 157.95 | 0.9545 | 806.9 | 11.04 | 297.75 | 625.2 | 850.84 |
| 3 | 302.0 | 158.42 | 0.9606 | 802.2 | 11.02 | 306.43 | 683.3 | 901.35 |
| 2 | 324.9 | 158.89 | 0.9667 | 797.9 | 11.01 | 315.10 | 742.7 | 953.48 |
| 1 | 347.7 | 159.36 | 0.9728 | 794.0 | 10.99 | 323.77 | 803.4 | 1007.2 |
| 塔底 | | 159.83 | | | | | | |

2. 计算第31块塔盘液相内回流流量

自循环油集油箱下方至第30层塔盘上方做热量平衡，数据见表2-31。

表 2－31　自循环油集油箱下方至第 30 层塔盘上方热量平衡数据

| 项目 | 质量流量/(kg/h) | 摩尔流量/(kmol/h) | 温度/℃ | 焓/(kJ/kg) | | 热量/($10^6$kJ/h) |
|---|---|---|---|---|---|---|
| | | | | 气相 | 液相 | |
| 油气进料 | 235504 | 2359.70 | 424.7 | | | 312.07 |
| 汽提蒸汽 | 805 | 44.7 | 268.1 | 2973.3 | | 2.39 |
| 顶循返回 | 160456 | 1185.1 | 138.8 | | 329.4 | 52.86 |
| 液相内回流 | $L$ | | 138.8 | | 344.5 | $344.5\times10^{-6}L$ |
| 合计 | $396765+L$ | 2404.4 | | | | $367.32+344.5\times10^{-6}L$ |
| 干气 | 13528 | 636.0 | 147.1 | 339.2 | | 4.59 |
| 液化气 | 8205 | 173.0 | 147.1 | 295.8 | | 2.43 |
| 汽油 | 46477 | 393.4 | 147.1 | 654.4 | | 30.42 |
| 顶循油抽出 | 160456 | 1185.1 | 155.3 | | 362.7 | 58.20 |
| 柴油 | 50116 | 228.1 | 214.3 | | 483.0 | 24.21 |
| 蜡油 | 85966 | 265.5 | 347.7 | | 803.5 | 69.07 |
| 循环油 | 20984 | 51.2 | 350.2 | | 789.9 | 16.58 |
| 蒸汽 | 11033 | 612.9 | 2754.0 | 2777.5 | | 30.64 |
| 气相内回流 | $L$ | 113.9 | 3168.6 | 645.8 | | $645.8\times10^{-6}L$ |
| 再吸收柴油取热 | | | | | | 3.92 |
| 柴油回流 | | | | | | 32.54 |
| 蜡油回流 | | | | | | 89.70 |
| 合计 | | | | | | $362.29+645.8\times10^{-6}L$ |

内回流热：

$$\Delta Q=(367.46-362.83)\times10^{6}=5.03\times10^{6}(\text{kJ/h})$$

则第 31 块塔盘的液相内回流质量流量为：

$$L_{31}=\frac{5.03\times10^{6}}{645.8-344.5}=16700(\text{kg/h})$$

则第 31 块塔盘的液相内回流体积流量为：

$$V_{L31}=\frac{16700}{677.8}=24.6(\text{m}^{3}/\text{h})$$

3. 计算第 29 块塔盘液相内回流流量

第 29 块塔盘为顶循抽出塔盘，取下回流流量为 30160kg/h，则第 29 块塔盘的液相下回流体积负荷为：

$$V_{L29}=\frac{30160}{718.6}=42.0(\text{m}^{3}/\text{h})$$

4. 计算第 16 块塔盘的液相内回流流量

自循环油集油箱下方至第 15 层塔盘上方做热量平衡，数据见表 2－32。

表 2－32　自循环油集油箱下方至第 15 层塔盘上方热量平衡数据

| 项目 | 质量流量/(kg/h) | 摩尔流量/(kmol/h) | 温度/℃ | 焓/(kcal/kg) | | 热量/($10^6$kJ/h) |
|---|---|---|---|---|---|---|
| | | | | 气相 | 液相 | |
| 油气进料 | 235504 | 2359.7 | 424.7 | | | 312.07 |
| 液相内回流 | $L$ | | 181.6 | | 408.7 | $408.7\times10^{-6}L$ |
| 合计 | $235399+L$ | 2359.7 | | | | $312.07+408.7\times10^{-6}L$ |
| 干气 | 13528 | 636.0 | 183.6 | 424.9 | | 5.75 |
| 液化气 | 8205 | 173.0 | 183.6 | 375.4 | | 3.08 |

续表

| 项目 | 质量流量/(kg/h) | 摩尔流量/(kmol/h) | 温度/℃ | 焓/(kcal/kg) | | 热量/($10^6$kJ/h) |
|---|---|---|---|---|---|---|
| | | | | 气相 | 液相 | |
| 汽油 | 46477 | 393.4 | 183.6 | 730.8 | | 33.97 |
| 柴油 | 50116 | 228.1 | 214.3 | | 483.0 | 24.21 |
| 蜡油 | 85966 | 265.5 | 347.7 | | 803.5 | 69.07 |
| 循环油 | 20984 | 51.2 | 350.2 | | 789.9 | 16.58 |
| 蒸汽 | 10228 | 568.2 | 2754.0 | 2850.2 | | 29.15 |
| 气相内回流 | $L$ | 66.2 | 183.6 | 675.1 | | $675.1\times10^{-6}L$ |
| 再吸收柴油取热 | | | | | | 3.92 |
| 柴油回流 | | | | | | 32.54 |
| 蜡油回流 | | | | | | 89.70 |
| 合计 | | | | | | $307.96+675.1\times10^{-6}L$ |

内回流热：

$$\Delta Q=(312.07-307.96)\times10^6=4.11\times10^6(\text{kJ/h})$$

则第16块塔盘的液相内回流质量流量为：

$$L_{31}=\frac{4.11\times10^6}{675.1-408.7}=15439(\text{kg/h})$$

5. 16 块塔盘的液相内回流体积流量为：

$$V_{L31}=\frac{15439}{777.8}=19.8(\text{m}^3/\text{h})$$

6. 15 块塔盘液相内回流流量

自循环油集油箱下方至第14层塔盘上方做热量平衡，数据见表2－33。

**表2－33　自循环油集油箱下方至第14层塔盘上方热量平衡数据**

| 项目 | 质量流量/(kg/h) | 摩尔流量/(kmol/h) | 温度/℃ | 焓/(kcal/kg) | | 热量/($10^6$kJ) |
|---|---|---|---|---|---|---|
| | | | | 气相 | 液相 | |
| 油气进料 | 235399 | 2359.70 | 298.7 | | | 312.07 |
| 柴油富吸收油返回 | 26430 | | 183.6 | | 407.0 | 10.76 |
| 柴油回流返回 | 359995 | | 183.6 | | 407.0 | 146.52 |
| 液相内回流 | $L$ | | 183.6 | | 411.4 | $411.4\times10^{-6}L$ |
| 合计 | | | | | | $469.34+411.4\times10^{-6}L$ |
| 干气 | 13528 | 636.0 | 199.0 | 462.2 | | 6.25 |
| 液化气 | 8205 | 173.0 | 199.0 | 410.4 | | 3.37 |
| 汽油 | 46477 | 393.4 | 199.0 | 764.7 | | 35.54 |
| 富吸收油抽出 | 25430 | | 214.3 | | 483.0 | 12.77 |
| 柴油回流抽出 | 359995 | | 214.3 | | 483.0 | 173.87 |
| 柴油 | 50116 | 228.1 | 214.3 | | 483.0 | 24.21 |
| 蜡油 | 85966 | 265.2 | 347.7 | | 803.5 | 69.07 |
| 循环油 | 20984 | 51.2 | 350.2 | | 789.9 | 16.58 |

续表

| 项目 | 质量流量/(kg/h) | 摩尔流量/(kmol/h) | 温度/℃ | 焓/(kcal/kg) | | 热量/($10^6$kJ) |
|---|---|---|---|---|---|---|
| | | | | 气相 | 液相 | |
| 蒸汽 | 10228 | 568.2 | 2754.0 | 2875.8 | | 29.46 |
| 气相内回流 | $L$ | | 199.0 | 704.3 | | $704.3\times10^{-6}L$ |
| 蜡油回流取热 | | | | | | 89.76 |
| 合计 | | | | | | $460.81+704.3\times10^{-6}L$ |
| 内回流分压 | | 9.63 | 72.2 | | | 8.25221572 |

内回流热：

$$\Delta Q=(469.34-460.81)\times10^{6}=8.53\times10^{6}(\text{kJ/h})$$

则第15块塔盘的液相内回流质量流量为：

$$L_{15}=\frac{8.53\times10^{6}}{704.3-411.4}=29128(\text{kg/h})$$

则第15块塔盘的液相内回流体积流量为：

$$V_{L31}=\frac{229128}{782.5}=36.0(\text{m}^3/\text{h})$$

7.13块塔盘的液相内回流流量

由于第13块塔盘为柴油抽出层，取下回流流量为28798kg/h，则第13块塔盘的液相内回流流量是蜡油下回流与柴油抽出量之和，为：

$$L_{13}=28798+50116=78914(\text{kg/h})$$

体积流量为：

$$V_{L13}=\frac{78914}{775.0}=101.8(\text{m}^3/\text{h})$$

8. 蜡油段及蜡油回流返塔各层塔盘的液相内回流

数据见表2-34。

**表2-34 蜡油段关键塔盘液相内回流流量**

| 塔盘 | 液相内回流流量/(kg/h) |
|---|---|
| 5 | 7129 |
| 4 | 51127 |
| 1 | 118114 |

根据上述各关键塔盘的液相内回流负荷，采用线性插值的方法计算出其他各层塔盘的液相内回流负荷，其中柴油抽出下方至蜡油回流上方的塔盘线性插值时，柴油抽出的内回流应减去柴油侧线抽出的流量，只用柴油下回流的流量进行计算。以第12块塔盘液相内回流量为例，取第5块塔盘的液相内回流为7129kg/h，第13块塔盘的液相内回流按照78914－50116＝28798(kg/h)进行线性插值计算。

则第12块塔盘的液相内回流量为：

$$L_{12}=28798-\frac{28798-7129}{13-5}=26089(\text{kg/h})$$

则第12块塔盘的液相内回流体积流量为：

$$V_{L12}=\frac{26089}{778.1}=33.5(m^3/h)$$

9. 计算各层塔盘气相负荷

根据各层塔盘以计算出的液相内回流负荷，计算下一层塔盘的气相内回流负荷。

第30块塔盘的气相摩尔流量为：

$$N_{30}=\frac{16700}{135.40}+636.0+173.0+393.4+612.9=1815.3(kmol/h)$$

根据理想状态方程，第30块塔盘的气相体积负荷为：

$$V_{30}=1815.3\times 22.4\times\frac{(147.1+273.15)\times 101.33}{273.15\times 145.23}=42788(m^3/h)$$

有侧线抽出的塔盘下方的气相内回流，应减去侧线抽出的流量，以柴油抽出下方的第12块塔盘气相负荷为例，第12块塔盘的气相摩尔流量为：

$$N_{12}=\frac{78914-50116}{219.7}+636.0+173.0+393.4+612.9=1949.0(kmol/h)$$

根据理想状态方程，第12块塔盘的气相体积负荷为：

$$V_{15}=1949.0\times 22.4\times\frac{(147.1+273.15)\times 101.33}{273.15\times 145.23}=51361(m^3/h)$$

同理根据各塔盘的液相内回流计算出所有塔盘的气相内负荷，数据见表2－35。

**表2－35　分塔路各层塔盘气、液相内回流流量数据**

| 塔盘 | 液相内回流质量流量/(kg/h) | 外循环质量流量/(kg/h) | 液相总负荷质量流量/(kg/h) | 液相总负荷体积流量/(m³/h) | 气相负荷摩尔流量/(kmol/h) | 气相负荷体积流量/(m³/h) |
|---|---|---|---|---|---|---|
| 31 | 16700 | 160456 | 177156 | 261.4 | 1815.3 | 42788 |
| 30 | 23430 | 160456 | 183886 | 263.5 | 1938.6 | 46460 |
| 29 | 30160 | 160456 | 190616 | 265.3 | 1968.8 | 47953 |
| 28 | 29028 | | 29028 | 40.2 | 1992.8 | 48611 |
| 27 | 27801 | | 27801 | 38.2 | 1983.1 | 48445 |
| 26 | 26574 | | 26574 | 36.3 | 1973.1 | 48273 |
| 25 | 25347 | | 25347 | 34.4 | 1963.6 | 48109 |
| 24 | 24121 | | 24121 | 32.6 | 1954.3 | 47951 |
| 23 | 22894 | | 22894 | 30.7 | 1945.4 | 47800 |
| 22 | 21667 | | 21667 | 28.9 | 1936.7 | 47655 |
| 21 | 20440 | | 20440 | 27.1 | 1928.3 | 47516 |
| 20 | 19214 | | 19214 | 25.3 | 1920.2 | 47383 |
| 19 | 17987 | | 17987 | 23.6 | 1912.4 | 47255 |
| 18 | 16760 | | 16760 | 21.8 | 1904.8 | 47132 |
| 17 | 15533 | | 15533 | 20.1 | 1897.4 | 47013 |
| 16 | 15439 | | 15439 | 19.8 | 1890.2 | 46900 |
| 15 | 29128 | 359995 | 389123 | 497.3 | 1888.7 | 46924 |
| 14 | 54021 | 359995 | 414016 | 531.7 | 1951.7 | 49967 |
| 13 | 78914 | 359995 | 438909 | 566.3 | 2064.7 | 54410 |
| 12 | 26089 | | 26089 | 33.5 | 2174.5 | 57973 |
| 11 | 23381 | | 23381 | 29.9 | 2157.6 | 58185 |

续表

| 塔盘 | 液相内回流质量流量/(kg/h) | 外循环质量流量/(kg/h) | 液相总负荷质量流量/(kg/h) | 液相总负荷体积流量/($m^3$/h) | 气相负荷摩尔流量/(kmol/h) | 气相负荷体积流量/($m^3$/h) |
|---|---|---|---|---|---|---|
| 10 | 20672 | | 20672 | 26.3 | 2142.0 | 58416 |
| 9 | 17964 | | 17964 | 22.8 | 2127.5 | 58664 |
| 8 | 15255 | | 15255 | 19.3 | 2114.0 | 58927 |
| 7 | 12546 | | 12546 | 15.8 | 2101.4 | 59204 |
| 6 | 9838 | | 9838 | 12.3 | 2089.6 | 59491 |
| 5 | 7129 | | 7129 | 8.9 | 2078.5 | 59790 |
| 4 | 51127 | 284958 | 336085 | 416.5 | 2068.1 | 60097 |
| 3 | 73456 | 284958 | 358414 | 446.8 | 2215.1 | 66832 |
| 2 | 95785 | 284958 | 380743 | 477.2 | 2283.1 | 71406 |
| 1 | 118114 | 284958 | 403072 | 507.6 | 2347.4 | 75994 |

10. 气液相负荷图

根据液相和气相总负荷的体积流量，画出塔的气液相负荷图，见图2－6。

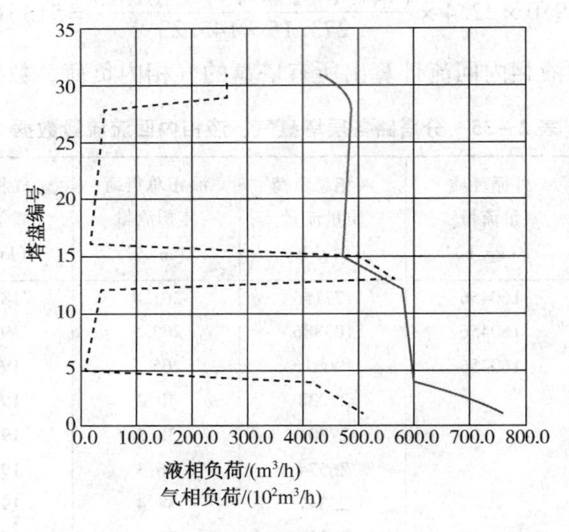


图2－6 分馏塔气、液相负荷图

┄┄液相负荷 ——气相负荷

## 四、换热网络计算

（一）计算各流股物料的单位温度焓变

1）分别计算干气、汽油、柴油、蜡油及混合原料中在起始温度和换热终温下的焓值，并根据温差计算出单位温度的焓变。

2）计算稳定塔顶液化气的单位温度焓变。

3）由于稳定塔顶液化气存在相变，故焓变计算过程中应考虑液化气的相变焓。首先，采用计算分馏塔进料焓的方法计算出气相液化气在塔顶温度54.2℃和34℃的气相焓值分别为1115.3kJ/kg和781.9kJ/kg。查《石油化工设计手册》[2]，得液化气各组分的近似汽化潜热，并根据液化气的组成计算出液化气的汽化潜热，见表2-36。

表2-36 液化气各组分汽化潜热数据

| 项目 | 质量分数/% | 汽化潜热/(kJ/kg) | 质量分数下的汽化潜热/(kJ/kg) |
|---|---|---|---|
| $H_2S$ | 3.79 | 345.0 | 13.08048 |
| $C_2$ | 0.04 | 139.2 | 0.052829 |
| $C_3{}^0$ | 41.78 | 297.7 | 124.3655 |
| $C_3{}^=$ | 15.72 | 297.7 | 46.7839 |
| $i-C_4$ | 4.54 | 334.0 | 15.1502 |
| $n-C_4{}^0$ | 17.25 | 334.0 | 57.61976 |
| $niC_4{}^=$ | 11.34 | 334.0 | 37.89028 |
| $t-C_4{}^=$ | 2.36 | 334.0 | 7.885595 |
| $c-C_4{}^=$ | 1.81 | 334.0 | 6.03248 |
| $C_5$ | 1.38 | 358.2 | 4.947314 |
| 合计 | 100.0 | | 313.8 |

故液化气冷却后34℃下的液相焓为：

$$H_{液化气}^{液}=781.9-313.8=468.1(kJ/kg)$$

4）压缩机一级出口和二级出口富气近似于干气和液化气的混合物，分别计算起始温度和换热终温下的焓值，进而计算单位温度焓变。

5）解析气无流量计且组分未知，则参考设计文件中的流量和热熔值。

6）放空塔底油单位焓变计算：

放空塔底油为部分柴油和蜡油的混合物，取出温度为198.5℃，已知柴油的平衡汽化曲线初馏点和10%体积馏出温度分别为160.8℃和215.6℃，用插值法计算198.5℃时，柴油的体积馏出为：

$$V_{柴油}=\frac{198.5-160.8}{215.6-160.8}=6.9\%$$

则放空塔底物料为蜡油产品流量与93.1%柴油产品流量的混合物料，采用计算分馏塔进料焓的方法，分别计算柴油198.5℃和210℃下的焓值分别为443.4kJ/kg和472.1kJ/kg，蜡油198.5℃和210℃的焓值分别为415.6kJ/kg和442.5kJ/kg。故按照柴油和蜡油产品的比例计算198.5℃下放空塔底物料的焓为：

$$H_{放空塔底油}=443.4\times\frac{50116\times0.931}{50116\times0.931+72648}+415.6\times\frac{72648}{50116\times0.931+72648}=426.5(kJ/kg)$$

210℃下的焓值为：

$$H_{放空塔底油}=472.1\times\frac{50116\times0.931}{50116\times0.931+72648}+442.5\times\frac{72648}{50116\times0.931+72648}=454.1(kJ/kg)$$

取放空塔底物料流量为107126kg/h（孔板流量计校正后），则放空塔底物料的单位温度焓变为：

$$\Delta H_{放空塔底物料}=103554\times\frac{454.1-426.5}{210-198.5}=248530(kJ/℃)$$

7）计算解析塔进料、上部重沸器和中部重沸器物流单位焓变：

取解析塔进料流量为136278kg/h（孔板流量计校正后），与之换热的稳定汽油流量为121362kg/h，稳定汽油换热前后的稳定汽油温度为111.9℃和86.9℃，根据计算分馏塔进料焓的计算方法，稳定汽油换热前后的焓值分别为283.9kJ/kg、223.3kJ/kg，则该换热器的换热负荷为7538016kJ。

取解析塔底进料换热前后的温度分别为33.8℃、55.1℃，则解析塔进料的单位焓变比热容为：

$$C_{P解析塔进料} = 121362 \times \frac{7347904}{55.1 - 33.8} = 344972(\text{kJ/℃})$$

8）同样方法，分别计算解析塔上部重沸器流股的单位温度焓变为420556kJ/℃，解析塔中部重沸器流股的单位温度焓变为471477kJ/kg。

9）计算解析塔底重沸器流股单位温度焓变：

解析塔底重沸器采用蒸汽加热，蒸汽控制阀后的压力为0.805MPa，查《石油化工设计手册》[2]第561页水的相关热力学性质表，该压力下饱和蒸汽和水的焓值分别为2769.4kJ/kg和722.2kJ/kg，校正后的蒸汽的流量为6438kg/h，取解析塔底物料抽出温度为158.0℃，返回温度为170.8℃，则解析塔底重沸器物料单位温度的焓变为：

$$H_{解析塔底重沸器} = \frac{6438 \times (2769.4 - 722.2)}{170.8 - 158.0} = 1029678(\text{kJ/℃})$$

10）计算稳定塔底重沸器流股单位温度焓变：

稳定塔底重沸器采用蒸汽加热，蒸汽控制阀后的压力为2.20MPa，查《石油化工设计手册》[2]第561页水的相关热力学性质表，该压力下饱和蒸汽和水的焓值分别为2801.3kJ/kg、931.1kJ/kg，校正后的蒸汽的流量为10997kg/h，稳定塔底物料抽出温度为202.3℃，返回温度为213.8℃，则解析塔底重沸器物料单位温度的焓变为：

$$H_{稳定塔底重沸器} = \frac{10997 \times (2801.3 - 931.1)}{213.8 - 202.3} = 1788399(\text{kJ/℃})$$

11）计算分馏塔塔顶油气单位温度焓变：

分馏塔塔顶油气组分干气、液化气、汽油及蒸汽，其组分构成见表2-37。

**表2-37　分馏塔塔顶油气组成数据**

| 项目 | 质量流量/(kg/h) | 摩尔流量/(mol/h) |
|---|---|---|
| 干气 | 13551 | 637.1 |
| 液化气 | 8066 | 170.0 |
| 汽油 | 46476 | 393.4 |
| 蒸汽 | 10783 | 599.1 |
| 合计 | 78876 | 1799.6 |

取该油气起始温度为138.8℃，冷却终温为30℃，换热过程中存在相变过程，为准确地计算各段的单位温度焓变，将该流股分为3个温度段（设计上一般分为5段，为简化计算，该处只按3段计算）分别计算各段的单位温度焓变，温度梯度分别为138.8℃、102.5℃、66.3℃及30℃。

① 计算102.5℃时的油气中汽油和水的汽化率：

该温度下，油气中的干气、液化气及水蒸气均为气相，假设汽油的平衡汽化分馏为

60%，则气相中汽油的分压为：

$$p_{汽油}=145.23\times\frac{0.6\times393.4}{637.1+170.0+0.6\times393.4+599.1}=20.87(\text{kPa})=157[\text{mmHg(绝)}]$$

已知常压下汽油平衡汽化50%体积馏出温度为135.1℃，查图2-5得该分压下汽油平衡汽化50%汽化分率约为86℃。

已知常压下汽油平衡汽化50%和70%汽化分率的温度分别为135.1℃和153.8℃，用插值法计算常压下汽油平衡汽化60%汽化分率时的温度为：

$$t_{0.6}=\frac{135.1+153.8}{2}=144.4(℃)$$

故汽油馏分所在分压下平衡汽化60%汽化分率的温度为：

$$t'_{0.6}=86+(144.4-135.1)=95.3(℃)$$

与102.5℃相差较大，继续迭代计算。当假设汽油平衡汽化分率为0.65时，气相中汽油的分压为：

$$p_{汽油}=145.23\times\frac{0.65\times393.4}{637.1+170.0+0.65\times393.4+599.1}=22.35(\text{kPa})=168[\text{mmHg(绝)}]$$

该分压下查的汽油平衡汽化50%汽化分率约为88℃。

已知常压下汽油平衡汽化50%和70%汽化分率的温度分别为135.1℃和153.8℃，用插值法计算常压下汽油平衡汽化65%汽化分率时的温度为：

$$t_{0.65}=135.1+(0.65-0.5)\times\frac{153.8-135.1}{0.2}=149.1(℃)$$

故汽油馏分所在分压下平衡汽化65%汽化分率的温度为：

$$t'_{0.75}=88+(149.1-135.1)=102.1(℃)$$

与102.5℃接近，故汽油的汽化分率为65%。

② 计算66.3℃下油气中汽油和水的汽化率：

查《石油化工设计手册》[2]第561页水的相关热力学性质表，65℃和70℃时，饱和蒸汽的压力为25.03kPa和31.19kPa，用插值法计算66.3℃时饱和蒸汽的压力为：

$$t_{水}^{66.3}=25.03+(66.3-65)\times\frac{31.19-25.03}{5}=26.63(\text{kPa})$$

取塔顶的压力为145.23kPa(绝)，假设汽油馏分的汽化分率为40%，则：

$$\frac{N_{水}}{N_{干气}+N_{液化气}+0.4\times N_{汽油}}=\frac{22.63}{145.23-22.63}$$

则水的摩尔流量为：

$$N_{水}=\frac{22.63\times(N_{干气}+N_{液化气}+0.4\times N_{汽油})}{145.23-22.63}=\frac{22.63\times(637.1+170.0+0.4\times393.4)}{145.23-22.63}$$
$$=178.0(\text{mol/h})$$

则汽油馏分的分压为：

$$p_{汽油}=145.23\times\frac{0.3\times393.4}{637.1+170.0+0.65\times393.4+178.0}=21.76(\text{kPa})=163[\text{mmHg(绝)}]$$

该分压下查得汽油平衡汽化50%汽化分率约为88℃。

已知常压下汽油馏分平衡汽化30%和50%汽化分率的温度为114.1℃和135.1℃，用插值法计算常压下汽油平衡汽化65%汽化分率时的温度为：

$$t_{0.4}=\frac{135.1-114.1}{2}=124.6(℃)$$

故汽油馏分所在分压下平衡汽化40%汽化分率的温度为：

$$t'_{0.4}=88-(135.1-1124.6)=71.5(℃)$$

与66.3℃相差较大，继续迭代计算。当假设汽油的汽化分率为35%时，则水的摩尔流量为174.4mol/h，则汽油馏分的分压为：

$$p_{汽油}=145.23\times\frac{0.3\times393.4}{637.1+170.0+0.65\times393.4+174.4}=19.11(kPa)=143[mmHg(绝)]$$

该分压下查得汽油的50%汽化分率约为83℃。

已知常压下汽油平衡汽化30%和50%汽化分率的温度为114.1℃和135.1℃，用插值法计算常压下汽油平衡汽化35%汽化分率时的温度为：

$$t_{0.35}=114.1+(0.35-0.3)\frac{135.1-114.1}{0.2}=119.4(℃)$$

故汽油馏分所在分压下平衡汽化35%汽化分率的温度为：

$$t'_{0.35}=83-(135.1-119.4)=67.3(℃)$$

与66.3℃相对接近，则汽油的汽化分率为35%，水的汽化分率为：

$$a=\frac{174.4}{599.1}\times100\%=29.1\%$$

③ 计算各温度段的单位温度焓变：

根据各段温度下，气、液相的组成，再分别计算焓值，求得138.8℃时的各组分焓值及总焓值见表2－38。

**表2－38　138℃分馏塔顶油气组成及焓值**

| 组分及状态 | 流量/(kg/h) | 焓值/(kJ/kg) | 总焓/(kJ/h) |
|---|---|---|---|
| 干气 | 13551 | 320.3 | 4340385 |
| 液化气 | 8066 | 278.4 | 2245574 |
| 汽油(气相) | 46476 | 638.0 | 29651588 |
| 汽油(液相) | 0 | | |
| 水(气相) | 10783 | 2732.3 | 29462391 |
| 水(液相) | 0 | | |
| 合计 | | | 67500039 |

求得102.5℃时的各组分焓值及总焓值见表2－39。

**表2－39　102.5℃分馏塔顶油气组成及焓值**

| 组分及状态 | 流量/(kg/h) | 焓值/(kJ/kg) | 总焓/(kJ/h) |
|---|---|---|---|
| 干气 | 13551 | 239.6 | 3246820 |
| 液化气 | 8066 | 205.2 | 1655143 |
| 汽油(气相) | 30209.4 | 569.0 | 17189149 |
| 汽油(液相) | 16266.6 | 260.8 | 4242329 |
| 水(气相) | 10783 | 2680 | 28898440 |
| 水(液相) | 0 | | |
| 合计 | | | 55231881 |

求得66.3℃时的各组分焓值及总焓值见表2-40。

**表2-40　66.3℃分馏塔顶油气组成及焓值**

| 组分及状态 | 流量/(kg/h) | 焓值/(kJ/kg) | 总焓/(kJ/h) |
|---|---|---|---|
| 干气 | 13551 | 162.9 | 2207458 |
| 液化气 | 8066 | 137.2 | 1106655 |
| 汽油(气相) | 16266.6 | 506.0 | 8230900 |
| 汽油(液相) | 30209.4 | 175.5 | 5301750 |
| 水(气相) | 3137.9 | 2287.5 | 7177839 |
| 水(液相) | 7645.1 | 277.5 | 2121528 |
| 合计 | | | 26146129 |

求得30℃时的各组分焓值及总焓值见表2-41。

**表2-41　30℃分馏塔顶油气组成及焓值**

| 组分及状态 | 流量/(kg/h) | 焓值/(kJ/kg) | 总焓/(kJ/h) |
|---|---|---|---|
| 干气 | 13551 | 89.8 | 1216880 |
| 液化气 | 8066 | 74.3 | 599304 |
| 汽油(气相) | | | 0 |
| 汽油(液相) | 46476 | 95.9 | 4457048 |
| 水(气相) | | | 0 |
| 水(液相) | 10783.0 | 125.8 | 1356394 |
| 合计 | | | 7629626 |

故138.8~102.5℃，分馏塔顶油气的平均比热容为：

$$C_{P1}=\frac{65700039-55231881}{138.8-102.5}=288379(kJ/℃)$$

故102.5~66.3℃，分馏塔顶油气的平均比热容为：

$$C_{P2}=\frac{55231881-26146129}{102.5-66.3}=803474(kJ/℃)$$

故66.3~30℃，分馏塔顶油气的平均比热容为：

$$C_{P3}=\frac{26146129-7629626}{66.3-30}=510097(kJ/℃)$$

计算加热炉进料物流焓变：

加热炉进料焓变根据加热炉热效率反向平衡计算中计算的每千克燃料燃烧被介质吸收的热量为40707kJ/kg。已知燃料气的流量为4185kg/h，加热炉入口温度为320.3℃，出口温度为499.5℃，则加热炉进料的单位温度焓变为：

$$C_{P加热炉进料}=\frac{40707\times4185}{499.5-320.3}=950663(kJ/℃)$$

所有流股的起始温度、换热终温、单位温度焓变及考虑3%散热损失后的单位温度焓变见表2-42。

表 2-42　各股物料温度计焓值变化数据

| 物料 | 开始温度/℃ | 结束温度/℃ | 单位温度焓变/(kJ/℃) | 总焓变/kJ | 考虑散热损失后的焓变/(kJ/℃) |
|---|---|---|---|---|---|
| 加热炉进料 | 320.3 | 499.5 | 950663 | 170358795 | 922143 |
| 混合原料 | 159.5 | 316.2 | 642896 | 100741854 | 623609 |
| 燃料气 | 30 | 105.9 | 10063 | 763763 | 9761 |
| 放空塔底循环油 | 198.5 | 210 | 242735 | 2791448 | 235453 |
| 稳定塔底重沸物料 | 202.3 | 213.8 | 1788399 | 20566589 | 1734747 |
| 解析塔底重沸物料 | 158 | 170.8 | 1029678 | 13179878 | 998788 |
| 解析塔中部重沸器物料 | 103.6 | 144.4 | 471477 | 19236262 | 457332 |
| 解析塔上部重沸器物料 | 76.6 | 94.4 | 420556 | 7485897 | 407940 |
| 解析塔进料 | 33.8 | 55.1 | 344972 | 7347904 | 334623 |
| 富柴油吸收油 | 42.5 | 152.9 | 77379 | 8542644 | 75058 |
| 蜡油回流 | 347.7 | 228.3 | 756562 | 90333503 | 733865 |
| 蜡油产品 | 339.3 | 136.3 | 233701 | 47441221 | 226690 |
| 封油 | 136.3 | 101.1 | 44623 | 1570730 | 43285 |
| 柴油回流 | 214.3 | 177.6 | 886746 | 32543559 | 860144 |
| 柴油产品与贫柴油吸收剂 | 213.6 | 42.5 | 175991 | 30112060 | 170711 |
| 贫柴油吸收剂 | 42.5 | 26.5 | 54712 | 875392 | 53071 |
| 顶循油 | 155.3 | 126.5 | 391669 | 11280056 | 379919 |
| 稳定塔汽油及补充吸收剂 | 202.3 | 37.6 | 305022 | 50237123 | 295871 |
| 吸收塔底油 | 46 | 31 | 340196 | 5102940 | 329990 |
| 分馏塔顶富气 1 | 138.8 | 102.5 | 288379 | 10468158 | 279728 |
| 分馏塔顶富气 2 | 102.5 | 66.3 | 803474 | 29085759 | 779370 |
| 分馏塔顶富气 3 | 66.3 | 30 | 510097 | 18516521 | 494794 |
| 压缩机一级出口富气 | 114.1 | 34.2 | 42378 | 3386011 | 41107 |
| 压缩机二级出口富气 | 86.4 | 31 | 41191 | 2281965 | 39955 |
| 液化气 | 54.2 | 34 | 14095 | 284719 | 13672 |
| 解析气 | 59 | 31 | 15845 | 237679 | 15370 |
| 干气 | 37.1 | 34.7 | 26492 | 63581 | 25698 |

## (二) 温焓图法计算窄点温度

根据表 2-42 中热股物流的温差及单位温度焓变，画出各股热物流的温焓图，见图2-7。

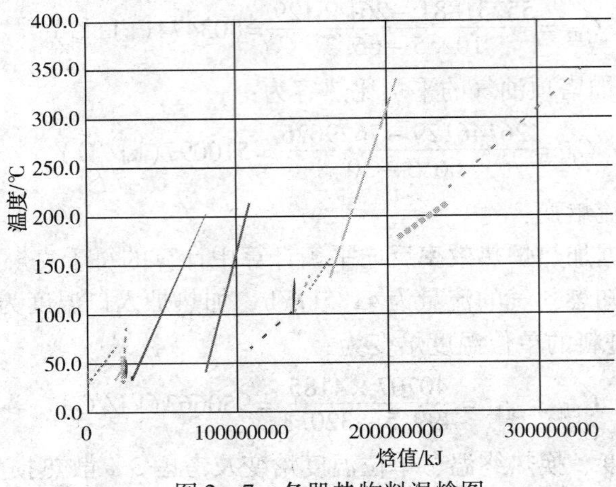


图 2-7　各股热物料温焓图

根据各股热物流的温焓图，将所有热物流分成不同的温度段，并求得各温度段所包含的物流及总焓变，见表 2-43。

表 2-43　热物料温度梯度及焓变数据

| 温度梯度/℃ | | 贫柴油吸收剂/(kJ/℃) | 分馏塔顶富气3/(kJ/℃) | 吸收塔底油/(kJ/℃) | 解析气(kJ/℃) | 压缩机二级出口富气/(kJ/℃) | 液化气/(kJ/℃) | 压缩机一级出口富气/(kJ/℃) | 干气/(kJ/℃) | 稳定塔汽油及补充吸收剂/(kJ/℃) | 柴油产品与贫柴油吸收剂/(kJ/℃) | 分馏塔顶富气2/(kJ/℃) | 封油/(kJ/℃) | 分馏塔顶富气1/(kJ/℃) | 顶循油/(kJ/℃) | 蜡油产品/(kJ/℃) | 柴油回流/(kJ/℃) | 蜡油回流/(kJ/℃) | 单位温度焓变/(kJ/℃) | 焓变/kJ |
|---|---|---|---|---|---|---|---|---|---|---|---|---|---|---|---|---|---|---|---|---|
| 26.5 | 30 | 53071 | | | | | | | | | | | | | | | | | 53071 | 185749 |
| 30 | 31 | 53071 | 494794 | | | | | | | | | | | | | | | | 547865 | 547865 |
| 31 | 34 | 53071 | 494794 | 329990 | 15370 | 39955 | | | | | | | | | | | | | 933180 | 2799540 |
| 34 | 34.2 | 53071 | 494794 | 329990 | 15370 | 39955 | 13672 | | | | | | | | | | | | 946852 | 189370 |
| 34.2 | 34.7 | 53071 | 494794 | 329990 | 15370 | 39955 | 13672 | 41107 | | | | | | | | | | | 987959 | 493980 |
| 34.7 | 37.1 | 53071 | 494794 | 329990 | 15370 | 39955 | 13672 | 41107 | 25698 | | | | | | | | | | 1013657 | 2432777 |
| 37.1 | 37.6 | 53071 | 494794 | 329990 | 15370 | 39955 | 13672 | 41107 | | | | | | | | | | | 987959 | 493980 |
| 37.6 | 42.5 | 53071 | 494794 | 329990 | 15370 | 39955 | 13672 | 41107 | | 295871 | | | | | | | | | 1283830 | 6290767 |
| 42.5 | 46 | | 494794 | 329990 | 15370 | 39955 | 13672 | 41107 | | 295871 | 170711 | | | | | | | | 1401470 | 4905145 |
| 46 | 54.2 | | 494794 | | 15370 | 39955 | 13672 | 41107 | | 295871 | 170711 | | | | | | | | 1071480 | 8786137 |
| 54.2 | 59 | | 494794 | | 15370 | 39955 | | 41107 | | 295871 | 170711 | | | | | | | | 1057808 | 5077479 |
| 59 | 66.3 | | 494794 | | | 39955 | | 41107 | | 295871 | 170711 | | | | | | | | 1042438 | 7609798 |
| 66.3 | 86.4 | | | | | 39955 | | 41107 | | 295871 | 170711 | 779369.78 | | | | | | | 1327014 | 26672977 |
| 86.4 | 101.1 | | | | | | | 41107 | | 295871 | 170711 | 779369.78 | | | | | | | 1287059 | 18919764 |
| 101.1 | 102.5 | | | | | | | 41107 | | 295871 | 170711 | 779369.78 | 43285 | | | | | | 1330344 | 1862481 |
| 102.5 | 114.1 | | | | | | | 41107 | | 295871 | 170711 | | 43285 | 279728 | | | | | 830702 | 9636139 |
| 114.1 | 126.5 | | | | | | | | | 295871 | 170711 | | 43285 | 279728 | | | | | 789595 | 9790973 |
| 126.5 | 136.3 | | | | | | | | | 295871 | 170711 | | 43285 | 279728 | 379919 | | | | 1169514 | 11461234 |
| 136.3 | 138.8 | | | | | | | | | 295871 | 170711 | | | 279728 | 379919 | 226690 | | | 1352919 | 3382297 |
| 138.8 | 155.3 | | | | | | | | | 295871 | 170711 | | | | 379919 | 226690 | | | 1073191 | 17707652 |
| 155.3 | 177.6 | | | | | | | | | 295871 | 170711 | | | | | 226690 | | | 693272 | 15459966 |
| 177.6 | 202.3 | | | | | | | | | 295871 | 170711 | | | | | 226690 | 860144 | | 1580018 | 39024665 |
| 202.3 | 213.6 | | | | | | | | | | 170711 | | | | | 226690 | 860144 | | 1284147 | 14510861 |
| 213.6 | 214.3 | | | | | | | | | | | | | | | 226690 | 860144 | | 1113436 | 779405 |
| 214.3 | 228.3 | | | | | | | | | | | | | | | 226690 | | | 226690 | 3173660 |
| 228.3 | 339.3 | | | | | | | | | | | | | | | 226690 | | 733865 | 960555 | 106621605 |
| 339.3 | 347.7 | | | | | | | | | | | | | | | | | 733865 | 733865 | 6164466 |

根据各温度段的焓值变化，画出热物流的焓图，见图2－8。

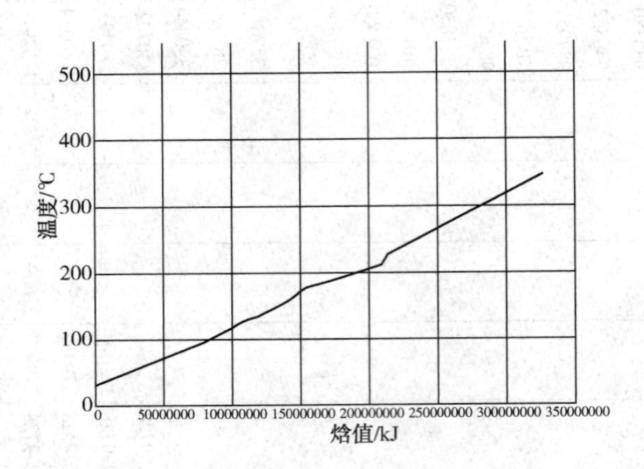


图2－8 热物料总温焓图

根据表3－43中冷股物料的温差及单位温度焓变，画出各股冷物料的温焓图，见图2－9。

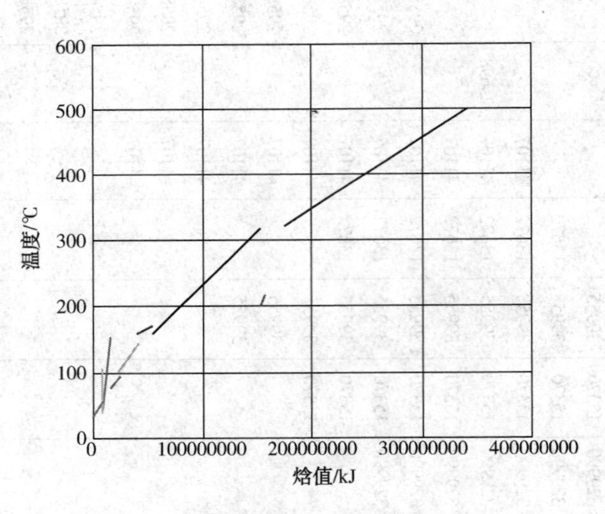


图2－9 各冷物料温焓图

根据各股冷物料的温焓图，将所有冷物流分成不同的温度段，并求得各温度段所包含的物流及总焓变，见表2－44。

表 2-44　冷物料温度梯度及焓变数据

| 温度梯度/℃ | | 解析塔进料/(kJ/℃) | 燃料气/(kJ/℃) | 富吸收柴油/(kJ/℃) | 解析塔上部重沸器物料/(kJ/℃) | 解析塔中部重沸器物料/(kJ/℃) | 解析塔底重沸物料/(kJ/℃) | 混合原料/(kJ/℃) | 放空塔底循环油/(kJ/℃) | 稳定塔底重沸物料/(kJ/℃) | 加热炉进料/(kJ/℃) | 单位温度焓变/(kJ/℃) | 焓变/kJ |
|---|---|---|---|---|---|---|---|---|---|---|---|---|---|
| 33.8 | 38.0 | 334623 | | | | | | | | | | 334623 | 1405417 |
| 38.0 | 42.5 | 334623 | 9761 | | | | | | | | | 344384 | 1549728 |
| 42.5 | 55.1 | 334623 | 9761 | 75058 | | | | | | | | 419442 | 5284969 |
| 55.1 | 76.6 | | 9761 | 75058 | | | | | | | | 84819 | 1823609 |
| 76.6 | 94.4 | | 9761 | 75058 | 407940 | | | | | | | 492759 | 8771110 |
| 94.4 | 103.6 | | 9761 | 75058 | | | | | | | | 84819 | 780335 |
| 103.6 | 105.9 | | 9761 | 75058 | | 457332 | | | | | | 542151 | 1246947 |
| 105.9 | 144.4 | | | 75058 | | 457332 | | | | | | 532390 | 20497015 |
| 144.4 | 152.9 | | | 75058 | | | | | | | | 75058 | 637993 |
| 152.9 | 158.0 | | | | | | | | | | | 0 | 0 |
| 158.0 | 159.5 | | | | | | 998788 | | | | | 998788 | 1498182 |
| 159.5 | 170.8 | | | | | | 998788 | 623609 | | | | 1622397 | 18333086 |
| 170.8 | 198.5 | | | | | | | 623609 | | | | 623609 | 17273969 |
| 198.5 | 202.3 | | | | | | | 623609 | 235453 | | | 859062 | 3264436 |
| 202.3 | 210.0 | | | | | | | 623609 | 235453 | 1734747 | | 2593809 | 19972329 |
| 210.0 | 213.8 | | | | | | | 623609 | | 1734747 | | 2358356 | 8961753 |
| 213.8 | 316.2 | | | | | | | 623609 | | | | 623609 | 63857562 |
| 316.2 | 320.3 | | | | | | | | | | | 0 | 0 |
| 320.3 | 499.5 | | | | | | | | | | 922143 | 922143 | 165248026 |

根据各温度段的焓值变化，画出冷物料总温焓图，见图2-10。

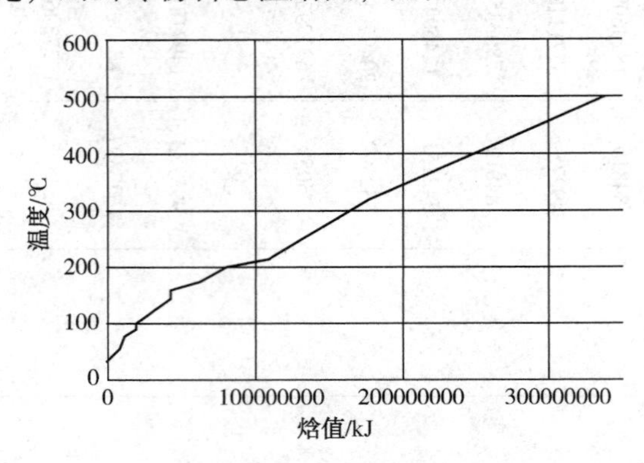


图2-10　冷物料总温焓图

将冷、热流股温焓图合并为一张图，并平移冷物流温焓图曲线，见图2-11。根据工程经验，考虑到换热器的制造成本等因素，按最小换热温差18℃为准，找出两条曲线纵坐标差值为18℃的位置，即为换热网络的夹点温度。

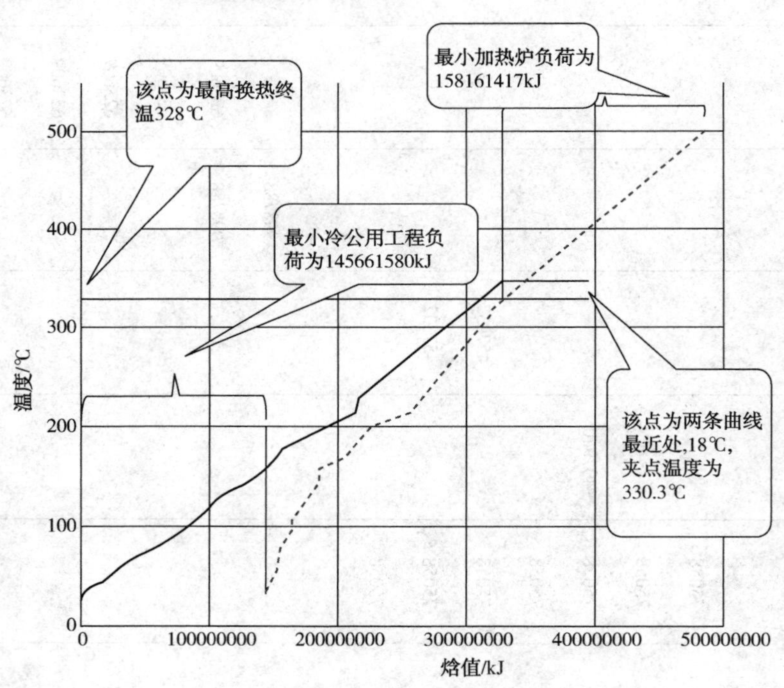


图2-11　冷热物料总温焓图

┈┈热物流　——冷物流

从图2-11可以找出夹点温度为330.3℃，故该换热网络热物流的夹点温度为330.3+9=339.3(℃)，冷物流的夹点温度为330.3-9=321.3(℃)。最高换热终温为328.0℃，最小加热炉负荷为158144097kJ，最小冷公用工程负荷为145661580kJ。

（三）问题表算法确定窄点温度

已知各物流的起始温度和目标温度，将所有物料的温度变化画在一张图中，制作问题表，见表2-45。

**表 2－45　冷热物流温度梯度及焓值数据**

| 温度/℃ | 冷物流 | | | | | | | | | | | | | | | | | 热物流 | | | | | | | | | | 温差/℃ | 单位温度焓差/(kJ/℃) | 焓差/kJ | 进剩/不足 |
|---|---|---|---|---|---|---|---|---|---|---|---|---|---|---|---|---|---|---|---|---|---|---|---|---|---|---|---|---|---|---|---|
| | 贫柴油吸收剂 | 分馏塔顶富气3 | 吸收塔底油 | 解析气 | 压缩机二级出口富气 | 液化气 | 压缩机一级出口富气 | 干气 | 稳定塔汽油及补充吸收剂 | 柴油产品与贫柴油吸收剂 | 分馏塔顶富气2 | 封油 | 分馏塔顶富气1 | 顶循油 | 蜡油产品 | 柴油回流 | 蜡流回油 | 解析塔进料 | 燃料气 | 富吸收柴油 | 解析塔上部重沸器物料 | 解析塔中部重沸器物料 | 解析塔底重沸物料 | 混合原料 | 放空塔底循环油 | 稳定塔底重沸物料 | 加热炉进料 | | | | |
| 508.5 | | | | | | | | | | | | | | | | | | | | | | | | | | | | | | | |
| 338.7 | | | | | | | | | | | | | | | | | | | | | | | | | | | | 160.8 | 922143 | 156579881 | 不足 |
| 330.3 | | | | | | | | | | | | | | | | | | | | | | | | | | | | 8.4 | 188278 | 1581535 | 不足 |
| 329.3 | | | | | | | | | | | | | | | | | | | | | | | | | | | | 1.0 | －38412 | －38412 | 过剩 |
| 325.2 | | | | | | | | | | | | | | | | | | | | | | | | | | | | 4.1 | －960555 | －3938276 | 过剩 |
| 222.8 | | | | | | | | | | | | | | | | | | | | | | | | | | | | 102.4 | －336946 | －34503270.4 | 过剩 |
| 219.3 | | | | | | | | | | | | | | | | | | | | | | | | | | | | 3.5 | 1397801 | 4892303.5 | 不足 |
| 219.0 | | | | | | | | | | | | | | | | | | | | | | | | | | | | 0.3 | 2131666 | 639499.8 | 不足 |
| 211.3 | | | | | | | | | | | | | | | | | | | | | | | | | | | | 7.7 | 2367119 | 18226816.3 | 不足 |
| 207.5 | | | | | | | | | | | | | | | | | | | | | | | | | | | | 3.8 | 632372 | 2403013.6 | 不足 |
| 205.3 | | | | | | | | | | | | | | | | | | | | | | | | | | | | 2.2 | 396919 | 873221.8 | 不足 |
| 204.6 | | | | | | | | | | | | | | | | | | | | | | | | | | | | 0.7 | －536687 | －375680.9 | 过剩 |
| 193.3 | | | | | | | | | | | | | | | | | | | | | | | | | | | | 11.3 | －707398 | －7993597.4 | 过剩 |
| 179.8 | | | | | | | | | | | | | | | | | | | | | | | | | | | | 13.5 | －1003269 | －13544131.5 | 过剩 |
| 168.6 | | | | | | | | | | | | | | | | | | | | | | | | | | | | 11.2 | －4481 | －50187.2 | 不足 |
| 168.5 | | | | | | | | | | | | | | | | | | | | | | | | | | | | 0.1 | 929125 | 92912.5 | 不足 |
| 167.0 | | | | | | | | | | | | | | | | | | | | | | | | | | | | 1.5 | 305516 | 458274 | 不足 |
| 161.9 | | | | | | | | | | | | | | | | | | | | | | | | | | | | 5.1 | －693272 | －3535687.2 | 过剩 |
| 153.4 | | | | | | | | | | | | | | | | | | | | | | | | | | | | 8.5 | －618214 | －5254819 | 过剩 |
| 146.3 | | | | | | | | | | | | | | | | | | | | | | | | | | | | 7.1 | －160882 | －114226.2 | 过剩 |
| 129.8 | | | | | | | | | | | | | | | | | | | | | | | | | | | | 16.5 | －582862 | －9617223 | 过剩 |
| 127.3 | | | | | | | | | | | | | | | | | | | | | | | | | | | | 2.5 | －862590 | －2156474.075 | 过剩 |
| 117.5 | | | | | | | | | | | | | | | | | | | | | | | | | | | | 9.8 | －679185 | －6656009.374 | 过剩 |
| 114.9 | | | | | | | | | | | | | | | | | | | | | | | | | | | | 2.6 | －257205 | －668732.038 | 过剩 |
| 112.6 | | | | | | | | | | | | | | | | | | | | | | | | | | | | 2.3 | －247444 | －569120.349 | 过剩 |
| 105.1 | | | | | | | | | | | | | | | | | | | | | | | | | | | | 7.5 | －704776 | －5285817.225 | 过剩 |
| 103.4 | | | | | | | | | | | | | | | | | | | | | | | | | | | | 1.7 | －745883 | －1268000.471 | 过剩 |
| 99.1 | | | | | | | | | | | | | | | | | | | | | | | | | | | | 4.3 | －337943 | －1453153.309 | 过剩 |
| 95.5 | | | | | | | | | | | | | | | | | | | | | | | | | | | | 5.6 | －337943 | －1892478.728 | 过剩 |
| 92.1 | | | | | | | | | | | | | | | | | | | | | | | | | | | | 1.4 | －837585 | －1172618.692 | 过剩 |
| 85.6 | | | | | | | | | | | | | | | | | | | | | | | | | | | | 6.5 | －794300 | －5162948.57 | 过剩 |
| 77.4 | | | | | | | | | | | | | | | | | | | | | | | | | | | | 8.2 | －1202240 | －9858366.196 | 过剩 |
| 64.1 | | | | | | | | | | | | | | | | | | | | | | | | | | | | 13.3 | －1242195 | －16521190.57 | 过剩 |
| 57.3 | | | | | | | | | | | | | | | | | | | | | | | | | | | | 6.8 | －907572 | －6171488.104 | 过剩 |
| 51.5 | | | | | | | | | | | | | | | | | | | | | | | | | | | | 5.8 | －622996 | －3613377.322 | 过剩 |
| 50.0 | | | | | | | | | | | | | | | | | | | | | | | | | | | | 1.5 | －698054 | －1047081.135 | 过剩 |
| 47.0 | | | | | | | | | | | | | | | | | | | | | | | | | | | | 3 | －713424 | －2140272.27 | 过剩 |
| 45.2 | | | | | | | | | | | | | | | | | | | | | | | | | | | | 1.8 | －723185 | －1301733.162 | 过剩 |
| 42.8 | | | | | | | | | | | | | | | | | | | | | | | | | | | | 2.4 | －736957 | －1768457.016 | 过剩 |
| 37.0 | | | | | | | | | | | | | | | | | | | | | | | | | | | | 5.8 | －1071480 | －6214584.522 | 过剩 |
| 33.5 | | | | | | | | | | | | | | | | | | | | | | | | | | | | 3.5 | －1401470 | －4905145.315 | 过剩 |
| 28.6 | | | | | | | | | | | | | | | | | | | | | | | | | | | | 4.9 | －1283830 | －6290767.441 | 过剩 |
| 28.1 | | | | | | | | | | | | | | | | | | | | | | | | | | | | 0.5 | －987959 | －493979.545 | 过剩 |
| 25.7 | | | | | | | | | | | | | | | | | | | | | | | | | | | | 2.4 | －1013657 | －2432775.968 | 过剩 |
| 25.2 | | | | | | | | | | | | | | | | | | | | | | | | | | | | 0.5 | －987959 | －493979.545 | 过剩 |
| 25.0 | | | | | | | | | | | | | | | | | | | | | | | | | | | | 0.2 | －946852 | －189370.418 | 过剩 |
| 22.0 | | | | | | | | | | | | | | | | | | | | | | | | | | | | 3 | －933180 | －2799540.27 | 过剩 |
| 21.0 | | | | | | | | | | | | | | | | | | | | | | | | | | | | 1 | －547865 | －547865.09 | 过剩 |
| 17.5 | | | | | | | | | | | | | | | | | | | | | | | | | | | | 3.5 | －53071 | －185748.5 | 过剩 |

1. 冷热物流各温度节点的焓值

冷热物流各温度节点的焓值，见表2－46。

**表2－46　冷热物流各温度节点焓值数据**

| 温差/℃ | | 单位温度焓差/(kJ/℃) | 焓差/kJ | 过剩/不足 | 输入公用工程热量/kJ | |
|---|---|---|---|---|---|---|
| 508.5 | | | | | 0 | 158161417 |
| 338.7 | 169.8 | 922143 | 156579881 | 不足 | －156579881 | 1581535 |
| 330.3 | 8.4 | 188278 | 1581535 | 不足 | －158161417 | 0 |
| 329.3 | 1.0 | －38412 | －38412 | 过剩 | －158123005 | 38412 |
| 325.2 | 4.1 | －960555 | －3938276 | 过剩 | －154184729 | 3976688 |
| 222.8 | 102.4 | －336946 | －34503270.4 | 过剩 | －119681459 | 38479958 |
| 219.3 | 3.5 | 1397801 | 4892303.5 | 不足 | －124573762 | 33587654 |
| 219.0 | 0.3 | 2131666 | 639499.8 | 不足 | －125213262 | 32948155 |
| 211.3 | 7.7 | 2367119 | 18226816.3 | 不足 | －143440078 | 14721338 |
| 207.5 | 3.8 | 632372 | 2403013.6 | 不足 | －145843092 | 12318325 |
| 205.3 | 2.2 | 396919 | 873221.8 | 不足 | －146716314 | 11445103 |
| 204.6 | 0.7 | －536687 | －375680.9 | 过剩 | －146340633 | 11820784 |
| 193.3 | 11.3 | －707398 | －7993597.4 | 过剩 | －138347035 | 19814381 |
| 179.8 | 13.5 | －1003269 | －13544131.5 | 过剩 | －124802904 | 33358513 |
| 168.6 | 11.2 | －4481 | －50187.2 | 不足 | －124752717 | 33408700 |
| 168.5 | 0.1 | 929125 | 92912.5 | 不足 | －124845629 | 33315787 |
| 167.0 | 1.5 | 305516 | 458274 | 不足 | －125303903 | 32857513 |
| 161.9 | 5.1 | －693272 | －3535687.2 | 过剩 | －121768216 | 36393201 |
| 153.4 | 8.5 | －618214 | －5254819 | 过剩 | －116513397 | 41648020 |
| 146.3 | 7.1 | －160882 | －1142262.2 | 过剩 | －115371135 | 42790282 |
| 129.8 | 16.5 | －582862 | －9617223 | 过剩 | －105753912 | 52407505 |
| 127.3 | 2.5 | －862590 | －2156474.075 | 过剩 | －103597438 | 54563979 |
| 117.5 | 9.8 | －679185 | －6656009.374 | 过剩 | －96941428 | 61219988 |
| 114.9 | 2.6 | －257205 | －668732.038 | 过剩 | －96272696 | 61888720 |
| 112.6 | 2.3 | －247444 | －569120.349 | 过剩 | －95703576 | 62457841 |
| 105.1 | 7.5 | －704776 | －5285817.225 | 过剩 | －90417759 | 67743658 |
| 103.4 | 1.7 | －745883 | －1268000.471 | 过剩 | －89149758 | 69011658 |
| 99.1 | 4.3 | －337943 | －1453153.309 | 过剩 | －87696605 | 70464812 |
| 93.5 | 5.6 | －337943 | －1892478.728 | 过剩 | －85804126 | 72357290 |
| 92.1 | 1.4 | －837585 | －1172618.692 | 过剩 | －84631508 | 73529909 |

续表

| 温差/℃ | | 单位温度焓差/(kJ/℃) | 焓差/kJ | 过剩/不足 | 输入公用工程热量/kJ | |
|---|---|---|---|---|---|---|
| 85.6 | 6.5 | -794300 | -5162948.57 | 过剩 | -79468559 | 78692858 |
| 77.4 | 8.2 | -1202240 | -9858366.196 | 过剩 | -69610193 | 88551224 |
| 64.1 | 13.3 | -1242195 | -16521190.57 | 过剩 | -53089002 | 105072414 |
| 57.3 | 6.8 | -907572 | -6171488.104 | 过剩 | -46917514 | 111243903 |
| 51.5 | 5.8 | -622996 | -3613377.322 | 过剩 | -43304137 | 114857280 |
| 50.0 | 1.5 | -698054 | -1047081.135 | 过剩 | -42257056 | 115904361 |
| 47.0 | 3 | -713424 | -2140272.27 | 过剩 | -40116783 | 118044633 |
| 45.2 | 1.8 | -723185 | -1301733.162 | 过剩 | -38815050 | 119346366 |
| 42.8 | 2.4 | -736857 | -1768457.016 | 过剩 | -37046593 | 121114823 |
| 37.0 | 5.8 | -1071480 | -6214584.522 | 过剩 | -30832009 | 127329408 |
| 33.5 | 3.5 | -1401470 | -4905145.315 | 过剩 | -25926863 | 132234553 |
| 28.6 | 4.9 | -1283830 | -6290767.441 | 过剩 | -19636096 | 138525321 |
| 28.1 | 0.5 | -987959 | -493979.545 | 过剩 | -19142116 | 139019300 |
| 25.7 | 2.4 | -1013657 | -2432775.968 | 过剩 | -16709340 | 141452076 |
| 25.2 | 0.5 | -987959 | -493979.545 | 过剩 | -16215361 | 141946056 |
| 25.0 | 0.2 | -946852 | -189370.418 | 过剩 | -16025990 | 142135426 |
| 22.0 | 3 | -933180 | -2799540.27 | 过剩 | -13226450 | 144934966 |
| 21.0 | 1 | -547865 | -547865.09 | 过剩 | -12678585 | 145482832 |
| 17.5 | 3.5 | -53071 | -185748.5 | 过剩 | -12492837 | 145668580 |

由表2-46可知，当热公共工程输入量为0时，热流量最低时为-158161417kJ，由于热量不能为负，故公共工程输入量为158161417kJ，得出夹点温度为330.3℃，热公用工程负荷为158161417kJ，表中最下行剩余的热量即为最小冷公共工程负荷，为145668580kJ。

2. 总组成曲线图

根据问题表数据，画出总组成曲线图，见图2-12。

从总组成曲线及数据表数据分析，夹点下方有很多剩余热量，可首先用于发汽和加热热水，根据公司蒸汽管网的实际情况，可分别发3.5MPa、1.0MPa和0.4MPa蒸汽及加热热水，剩余热量则用循环水和空冷取热。

查《石油化工设计手册》第561页水的相关热力学性质表，按3.5MPa蒸汽饱和温度242.6℃、1.0MPa蒸汽饱和温度179.9℃、0.4MPa蒸汽饱和温度143.6℃计算。考虑到最小换热温差，冷物流温度$+\Delta T/2$计算得，3.5MPa蒸汽温度为251.6℃，1.0MPa蒸汽温度为188.9℃，0.4MPa蒸汽温度为152.6℃；热水从40℃加热到90℃，换热温度为49℃到99℃。考虑“口袋区”上下热量抵消的因素，在总组成曲线中分别画出3.5MPa蒸汽温焓图、1.0MPa蒸汽温焓图、0.4MPa蒸汽温焓图和热水的温焓曲线。

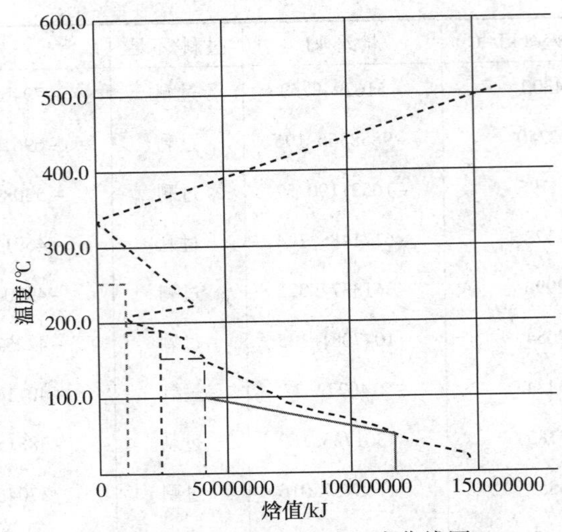

图 2－12　冷热物流总组成曲线图

根据 3.5MPa 蒸汽、1.0MPa 蒸汽、0.3MPa 蒸汽和热水对应的焓值计算得出，发 3.5MPa 蒸汽的最大潜力负荷为 8743961kJ，1.0MPa 蒸汽的最大潜力负荷为 12437753kJ，发 0.4MPa 蒸汽最大的潜力负荷为 17480360kJ，产热水的最大潜力负荷为 81972097kJ，剩余热量用循环水或空冷冷却，负荷为 29580088kJ。

以 40℃除盐水作为发汽介质，查《石油化工设计手册．第一卷》[2] 第 561 页水的相关热力学性质表，各压力下饱和蒸汽及不同温度水的焓值见表 2－47。

**表 2－47　不同压力下饱和蒸汽焓值**

| 物料 | 焓值/(kJ/kg) | 物料 | 焓值/(kJ/kg) |
|---|---|---|---|
| 3.5MPa 饱和蒸汽 | 2803.4 | 90℃水 | 377.0 |
| 1.0MPa 饱和蒸汽 | 2779.1 | 40℃水 | 167.6 |
| 0.4MPa 饱和蒸汽 | 2738.6 | | |

则可发 3.5MPa 蒸汽量为：

$$M_{3.5\text{MPa蒸汽}}=\frac{11445103}{2803.4-167.6}=4342(\text{kg})$$

可发 1.0MPa 蒸汽量为：

$$M_{1.0\text{MPa蒸汽}}=\frac{12783662}{2779.1-167.6}=4895(\text{kg})$$

可发 0.4MPa 蒸汽量为：

$$M_{0.4\text{MPa蒸汽}}=\frac{17547960}{2738.6-167.6}=6825(\text{kg})$$

可加热热水的量为：

$$M_{\text{热水}}=\frac{74841060}{377.0-167.6}=357407(\text{kg})$$

以上是以 18℃为最小换热温差，计算出的最优换热网络情况下的最低加热炉负荷、最小冷公用工程负荷、最高换热终温最大发汽量及最大产生热水的量。但实际生产中，因部分物料热量较少和换热器制造成本等因素，不能实现最优化，需根据工程实际情况编制换热网络。

(四)实际换热网络图

绘制装置换热网络图，见图2－13。

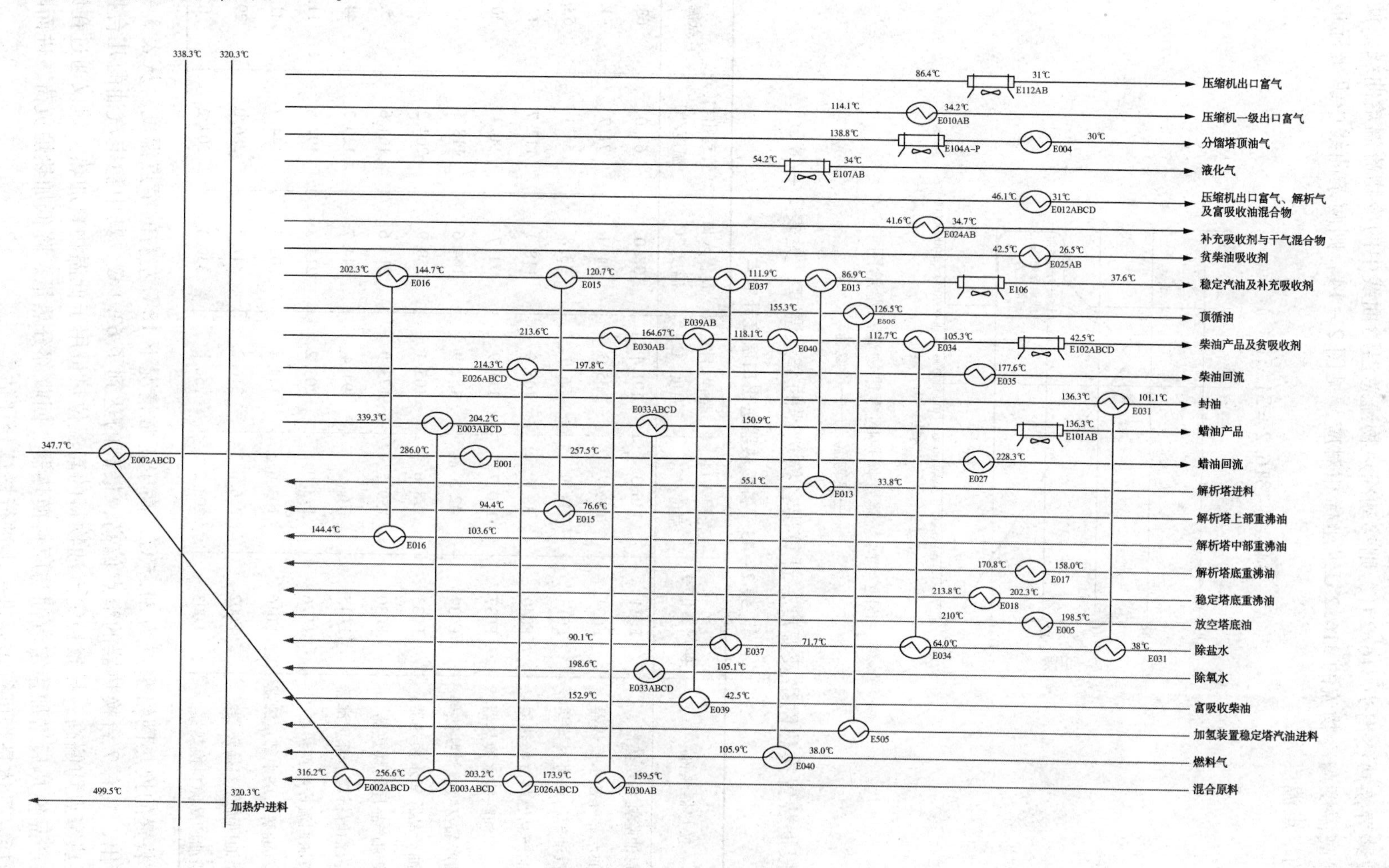


图2－13　装置换热网络图

取装置换热终温为316.2℃，则移动冷热物流总温焓曲线中的冷物流温焓曲线，使热物流的最高温度与冷物流的316.2℃纵坐标相对应，见图2－14。则两条曲线中纵坐标最小为装置的窄点温度为：

$$347.7-316.2=31.5(℃)$$

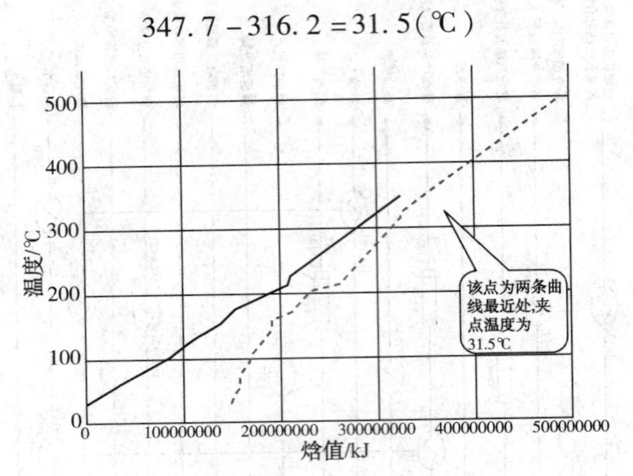


图2－14　装置换热网冷热物流总温焓图

——热物流　——冷物流

根据装置换热网络及温度，计算出各换热器的窄点温度，见表2－48。

**表2－48　各换热器进出口温度计窄点**

| 换热器名称 | 换热器位号 | 壳程入口温度/℃ | 壳程出口温度/℃ | 管程入口温度/℃ | 管程出口温度/℃ | 窄点温度/℃ |
|---|---|---|---|---|---|---|
| 封油除盐水换热器 | E031 | 136.3 | 101.1 | 38.0 | 64.0 | 63.1 |
| 柴油产品除盐水换热器 | E034 | 112.7 | 105.3 | 64.0 | 71.7 | 41.0 |
| 稳定汽油解析塔进料换热器 | E013 | 111.9 | 86.9 | 33.8 | 55.1 | 53.1 |
| 柴油产品燃料气换热器 | E040 | 38.0 | 105.9 | 118.1 | 112.7 | 12.2 |
| 稳定汽油除盐水换热器 | E037 | 120.7 | 111.9 | 71.7 | 90.1 | 30.6 |
| 柴油产品富吸收油换热器 | E039 | 42.5 | 152.9 | 164.6 | 118.1 | 11.7 |
| 蜡油产品除氧水换热器 | E033 | 198.6 | 105.1 | 150.9 | 204.2 | 5.6 |
| 柴油产品原料换热器 | E030 | 159.5 | 173.9 | 213.6 | 164.6 | 5.1 |
| 稳定汽油解析塔上部重沸器 | E015 | 76.6 | 94.4 | 144.7 | 120.7 | 44.1 |
| 柴油回流原料换热器 | E026 | 173.9 | 203.2 | 214.3 | 197.8 | 11.1 |
| 稳定汽油解析塔中部重沸器 | E016 | 103.6 | 144.4 | 202.3 | 144.7 | 41.1 |
| 蜡油回流原料换热器 | E002 | 256.6 | 316.2 | 347.7 | 286.0 | 29.4 |
| 蜡油产品原料换热器 | E003 | 203.2 | 256.6 | 339.3 | 204.2 | 1.0 |

装置的换热网络窄点为31.5℃，高于正常情况下18℃左右的窄点温度。从表3－48可以看出，共有7台换热器的窄点偏高，最高的达到了63.1℃，其中稳定汽油的几台换热器的换热窄点均偏高，导致稳定汽油物料的高温位热量用于低温物料加热。建议通过在原料与柴油产品换热后增加稳定汽油与原料换热器，回收部分热量，降低加热炉负荷，进而降低装置能耗，具体是否可行需要进一步进行核算与评估。

此外，装置的部分低温热没有很好地利用，比如压缩机一级出口、柴油及蜡油空冷部分的低温热可用作燃料气、除盐水等取热，进而可以将高温位的热量用于原料预热，提高换热终温。但从现有的装置实际情况看，这样调整动改工作量太大，而且投资较高，不切合实际，不建议进行改造。

## 五、加热炉计算

（一）反向法计算加热炉效率

加热炉热净效率为：

$$e=\frac{\text{燃料低发热值}+\text{燃料带入热量}+\text{空气带入热量}-\text{烟气热损失}-\text{散热损失}}{\text{燃料低发热值}+\text{燃料带入热量}+\text{空气带入热量}}\times100\%$$

已知宁波当地的年平均空气湿度为79%，年平均气温为16.6℃，通过查《石油炼制设计数据图表集》第37页表1-3-6（饱和蒸汽和饱和水性质表），16℃和17℃下的水蒸气饱和分压分别为0.018527kg/cm$^2$和0.019745kg/cm$^2$，通过插值计算16.7℃下水蒸气的饱和分压为0.019380kg/cm$^2$。

已知相对湿度为79%，则空气中水的分压为：

$$p_{水}=0.019380\times79\%=0.015310(\text{kg/cm}^2)=1.5(\text{kPa})$$

则空气中水的体积分率为：

$$V_{水}=\frac{1.5}{101.3}\times100\%=1.5\%$$

则空气中$O_2$的体积分率为：

$$V_{氧气}=21\%\times(1-0.015)=20.7\%$$

空气中$N_2$的体积分率为：

$$V_{氮气}=79\%\times(1-0.015)=77.8\%$$

则空气的相对分子质量为：

$$M_{空气}=18\times0.015+32\times0.207+28\times0.778=28.68$$

空气中水的质量分率为：

$$\omega_{水}=0.015\times\frac{18}{28.68}=0.09414(\text{kg/kg 空气})$$

已知燃料的组成的体积分率，并进行去除空气和归一化处理后，根据各组分的相对分子质量，计算出各组分的质量分率，再计算各组分的理论空气量，以$CH_4$为例。

已知燃料气组分中$CH_4$的体积分率为73.24%，经去除空气归一化处理后的体积分率为75.90%，质量分率为66.60%，1个$CH_4$分子理论需要2个氧气分子，则1kg燃料中$CH_4$需要的氧气的质量为：

$$m_{氧气}=\frac{66.60\%}{16.0}\times2\times32=2.664(\text{kg/kg 燃料})$$

则1kg燃料中$CH_4$中理论需要的空气量为：

$$m_{空气}=\frac{2.664\times28.67}{32\times0.21\times(1-0.015)}=11.521(\text{kg/kg 燃料})$$

1个$CH_4$分子生产2个$H_2O$分子，则1kg燃料中$CH_4$生产的$H_2O$量为：

$$m_{水}=\frac{66.60\%}{16.0}\times2\times18=1.499(\text{kg/kg 燃料})$$

1个$CH_4$分子生产1个$CO_2$分子，则1kg燃料中$CH_4$生产的$CO_2$量为：

$$m_{CO_2}=\frac{66.60\%}{16.0}\times 1\times 44=1.832(\text{kg/kg 燃料})$$

同样方法，计算出燃料气中各组分燃烧的理论空气量、生产 $H_2O$ 量及生产 $CO_2$ 量，见表2－49。

**表 2－49 各组分燃烧的理论空气量、生产 $H_2O$ 量及生产 $CO_2$ 量**

| 组分 | 体积分率 /%(体) | 相对分子质量 | 质量分数 /%(质) | 理论空气量 /(kg/kg 燃料) | $CO_2$生成量 /(kg/kg 燃料) | $H_2O$ 生产量 /(kg/kg 燃料) |
|---|---|---|---|---|---|---|
| $H_2$ | 5.77 | 2.0 | 0.63 | 0.241 | 0 | 0.057 |
| 甲烷 | 75.90 | 16.0 | 66.60 | 12.686 | 1.832 | 1.499 |
| 乙烷 | 14.95 | 30.1 | 24.69 | 4.374 | 0.722 | 0.443 |
| 乙烯 | 0.48 | 28.1 | 0.73 | 0.120 | 0.023 | 0.009 |
| 丙烷 | 2.09 | 44.1 | 5.06 | 0.875 | 0.152 | 0.083 |
| 丙烯 | 0.22 | 42.1 | 0.50 | 0.082 | 0.016 | 0.006 |
| 异丁烷 | 0.15 | 58.1 | 0.46 | 0.079 | 0.014 | 0.007 |
| 正丁烷 | 0.27 | 58.1 | 0.86 | 0.146 | 0.026 | 0.013 |
| 正异丁烯 | 0.04 | 56.1 | 0.13 | 0.023 | 0.004 | 0.002 |
| 反丁烯 | 0.01 | 56.1 | 0.03 | 0.005 | 0.001 | 0.000 |
| 顺丁烯 | 0.01 | 56.1 | 0.03 | 0.005 | 0.001 | 0.000 |
| $C_5$ | 0.02 | 72.2 | 0.08 | 0.014 | 0.003 | 0.001 |
| CO | 0.01 | 28.0 | 0.02 | 0.000 | 0.000 | 0.000 |
| $CO_2$ | 0.06 | 44.0 | 0.15 | 0.000 | 0.002 | 0.000 |
| $H_2S$ | 0.0005 | 34.1 | 0.001 | 0.001 | 0 | 0.000 |
| 合计 | 100.0 | 625.2 | 100.0 | 18.651 | 2.794 | 2.121 |

由于燃料气中没有 $N_2$组分，生产物中也没有 $N_2$组分，故燃料在理论空气下燃烧产生的 $N_2$即为空气中携带的 $N_2$，则 1kg 燃料气燃烧过程中产生的 $N_2$量为：

$$M_{N_2}=\frac{18.651}{28.68}\times 0.778\times 28=14.166(\text{kg/kg 燃料})$$

假设 1kg 燃料的过剩空气量为 $M$，则：

$$M_{O_2}=\frac{\frac{M}{28.68}\times 0.207}{\frac{M}{28.68}+\frac{2.121}{18}+\frac{2.794}{44}+\frac{14.166}{28}}$$

取烟气中氧含量为 3.16%，则过剩空气量为：

$$M=\frac{O_2\%\times(\frac{2.121}{18}+\frac{2.794}{44}+\frac{14.166}{28})}{\frac{0.207}{28.68}-\frac{O_2\%}{28.68}}=\frac{3.16\%\times(\frac{2.121}{18}+\frac{2.794}{44}+\frac{14.166}{28})}{\frac{0.207}{28.68}-\frac{3.16\%}{28.68}}$$

$$=3.551(\text{kg/kg 燃料})$$

过剩空气系数为：

$$\frac{18.651+3.551}{18.651}=1.19$$

则1kg燃料燃烧所需要的空气中本身所携带的$H_2O$的量为：

$$M_{H_2O}=(18.651+3.551)\times0.009414=0.209(\text{kg/kg 燃料})$$

1kg燃料燃烧过程中空气中所剩余的$O_2$的量为：

$$M_{剩余}=\frac{3.551}{28.68}\times0.207\times32=0.820(\text{kg/kg 燃料})$$

1kg燃料气燃烧在过剩空气下燃烧产生的$N_2$量为：

$$M_{过剩}=\frac{18.651+3.551}{28.68}\times0.778\times28=16.864(\text{kg/kg 燃料})$$

则1kg燃料燃烧后烟气的组成见表2-50，且已知排烟温度为127.9℃，通过查《一般炼油装置用火焰加热炉》标准，第152页和153页的焓图，分别得15℃基准下的焓值，计算排烟温度127.9℃下，烟气带走的热量，见表2-50。

**表2-50　烟气组成及焓值**

| 组分 | 每千克燃料生成组分量/kg | 排烟温度下的焓值/(kJ/kg) | 热焓/(kJ/kg 燃料) |
|---|---|---|---|
| $CO_2$ | 2.794 | 93.2 | 260.4 |
| $H_2O$ | 2.121 | 202.7 | 429.9 |
| $N_2$ | 16.864 | 114.7 | 1934.3 |
| $O_2$ | 0.820 | 100.6 | 82.5 |
| 合计 | 22.599 | | 2707.1 |

水、一氧化碳、二氧化碳和硫化氢焓图如图2-15所示，氮气、空气和氧气焓图如图2-16所示。

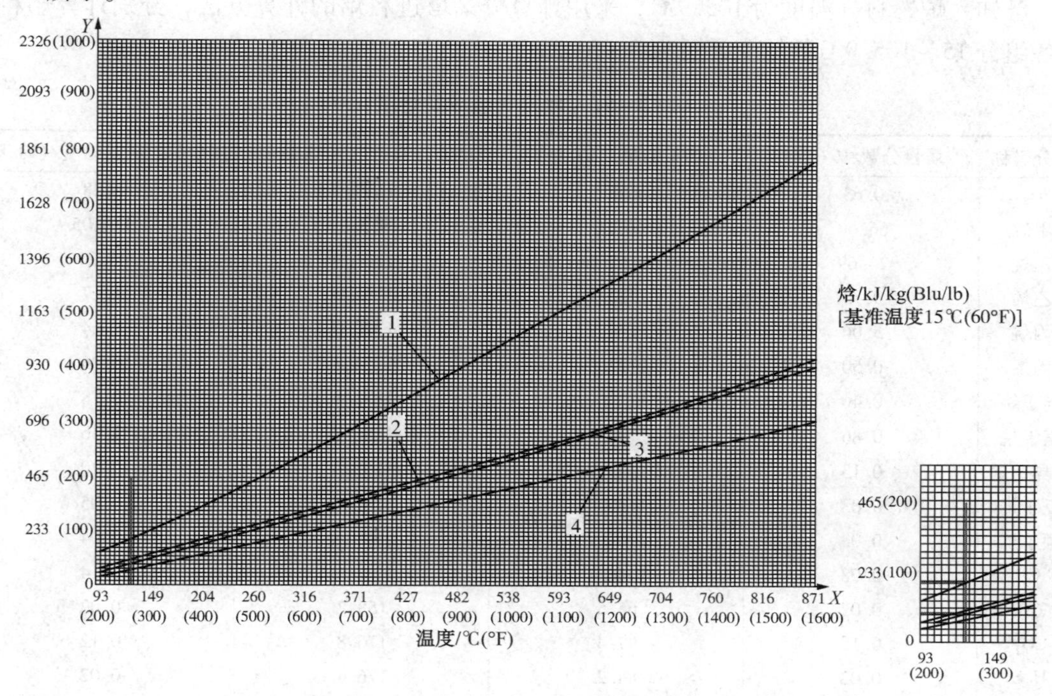


图2-15　水、一氧化碳、二氧化碳和硫化氢焓图

1—水蒸气；2—一氧化碳；3—二氧化碳；4—硫化氢

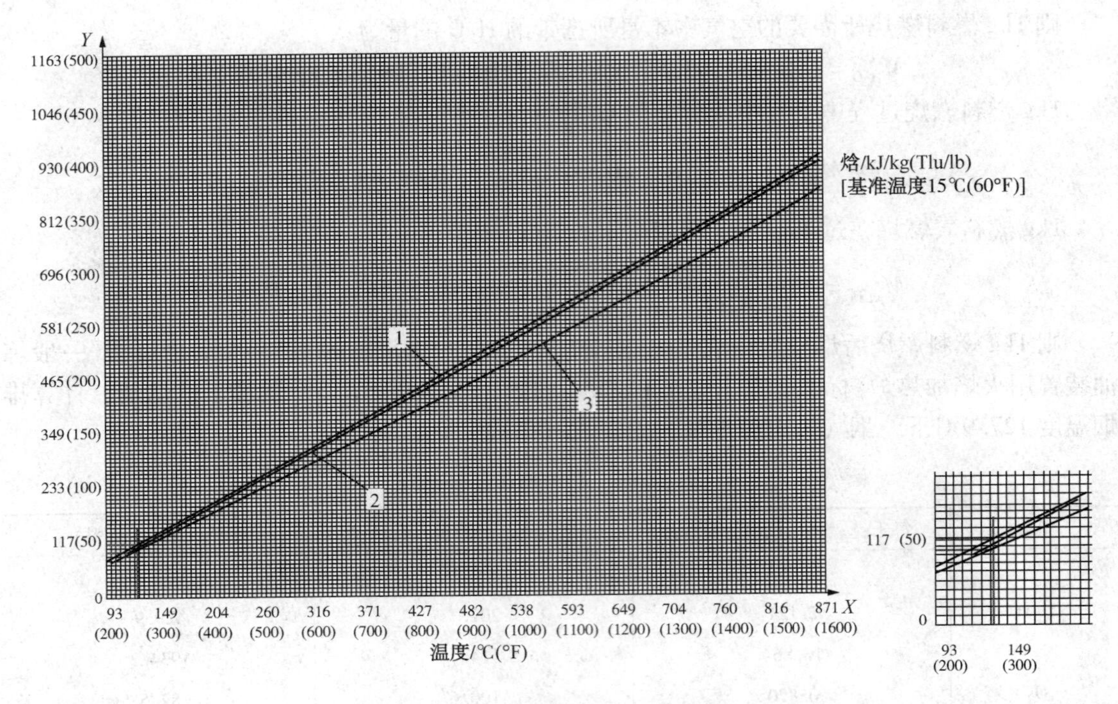


图 2-16　氮气、空气和氧气焓图

1—氮气；2—空气；3—氧气

则在排烟温度下，每千克燃料产生的烟气带走的热量为$h_G = 2707.1$kJ/kg 燃料。

已知入炉燃料气温度为 105.9℃，采用计算分馏塔进料焓的计算方法，分别计算燃料气中各组分 15～105.9℃的焓变，见表 2-51。

**表 2-51　燃料气组成及焓值**

| 组分名称 | 质量分数/%（质） | 15℃焓值/（kJ/kg） | 105.9℃焓值/（kJ/kg） | 质量分数下的焓变/（kJ/kg） |
|---|---|---|---|---|
| $H_2$ | 0.63 | 338.6 | 1653.0 | 8.28 |
| 甲烷 | 66.60 | 660.6 | 885.9 | 150.05 |
| 乙烷 | 24.69 | 1142.0 | 1321.3 | 44.27 |
| 乙烯 | 0.73 | 1022.1 | 1181.9 | 1.17 |
| 丙烷 | 5.06 | 1178.2 | 1349.0 | 8.64 |
| 丙烯 | 0.50 | 1122.5 | 1274.3 | 0.76 |
| 异丁烷 | 0.46 | 1109.9 | 1278.8 | 0.78 |
| 正丁烷 | 0.86 | 1116.5 | 1286.2 | 1.46 |
| 正异丁烯 | 0.13 | 1099.9 | 1255.3 | 0.20 |
| 反丁烯 | 0.03 | 1130.0 | 1285.4 | 0.05 |
| 顺丁烯 | 0.03 | 1167.2 | 1309.8 | 0.04 |
| $C_5$ | 0.08 | 1046.8 | 1215.8 | 0.14 |
| CO | 0.02 | 65.5 | 158.7 | 0.02 |
| $CO_2$ | 0.15 | 97.4 | 176.8 | 0.12 |
| $H_2S$ | 0.02 | 84.2 | 176.4 | 0.02 |
| 合计 | 100.0 | | | 215.99 |

则以 15℃为基准，在 105.9℃下 1kg 燃料气带入的热量为：

$$h_{燃料气} = 215.99\text{kJ/kg 燃料}$$

式中　$h_{燃料气}$——燃料气带入系统的热量，kJ/kg。

已知空气的温度为16.6℃，采用计算分馏塔进料焓的计算方法，分别计算空气中各组分15～16.6℃的焓变，见表2－52。

**表2－52　空气组成及焓值**

| 组分名称 | 体积分数/%（体） | 质量分数/%（质） | 15℃焓值/（kJ/kg） | 16.6℃焓值/（kJ/kg） | 质量分数下的焓变/（kJ/kg） |
|---|---|---|---|---|---|
| $H_2$0 | 0.015 | 0.941 | 129.5 | 132.4 | 0.03 |
| O2 | 0.207 | 23.098 | 71.3 | 72.8 | 0.35 |
| N2 | 0.778 | 75.961 | 58.6 | 60.2 | 1.22 |
| 合计 | 100.0 | 100.0 | | | 1.59 |

则以15℃为基准，在16.6℃下1kg燃料气燃烧所需空气所带入的热量为：

$$h_{空气} = 1.59 \times (18.651 + 3.551) = 35.30(\text{kJ/kg 燃料})$$

式中　$h_{空气}$——1kg燃料气燃烧需要的空气所带入系统的热量，kJ/kg燃料。

通过查《管式加热炉》[3]第26页表2－6，得燃料气各组分的低热值量，并根据各组分的质量分数，计算出1kg燃料气的低热值，列于表3－53。

$$Q_{CH_4} = 49.86 \times 66.60\% = 33.21(\text{MJ/kg 燃料})$$

同样方法，计算出燃料气中各组分燃烧的理论空气量、生产$H_2O$量、生产$CO_2$量及低热值，见表2－53。

**表2－53　燃料燃烧低热值数据**

| 组分名称 | 体积分率/%（体） | 相对分子质量 | 质量分数/%（质） | 低热值/（MJ/kg） | 低热值/（MJ/kg 燃料气） |
|---|---|---|---|---|---|
| $H_2$ | 5.77 | 2.0 | 0.63 | 119.64 | 0.76 |
| 甲烷 | 75.90 | 16.0 | 66.60 | 49.86 | 33.21 |
| 乙烷 | 14.95 | 30.1 | 24.69 | 47.37 | 11.69 |
| 乙烯 | 0.48 | 28.1 | 0.73 | 47.49 | 0.35 |
| 丙烷 | 2.09 | 44.1 | 5.06 | 46.24 | 2.34 |
| 丙烯 | 0.22 | 42.1 | 0.50 | 46 | 0.23 |
| 异丁烷 | 0.15 | 58.1 | 0.46 | 45.64 | 0.21 |
| 正丁烷 | 0.27 | 58.1 | 0.86 | 45.64 | 0.39 |
| 正异丁烯 | 0.04 | 56.1 | 0.13 | 45.4 | 0.06 |
| 反丁烯 | 0.01 | 56.1 | 0.03 | 45.4 | 0.01 |
| 顺丁烯 | 0.01 | 56.1 | 0.03 | 45.4 | 0.01 |
| $C_5$ | 0.02 | 72.2 | 0.08 | 45.26 | 0.04 |
| CO | 0.01 | 28.0 | 0.02 | 10.11 | 0.00 |
| $CO_2$ | 0.06 | 44.0 | 0.15 | 0 | 0.00 |
| $H_2S$ | <0.01 | 34.1 | 0.02 | 15.19 | 0.00 |
| 合计 | 100.0 | | 100.0 | | 49.31114 |

燃料气的低发热值为：$h_L = 49311.14$kJ/kg

计算炉墙散热损失：

加热炉散热损失按燃料气的低发热值的1.5%计算，则散热损失为：

$$h_r = h_L \times 1.5\% = 43911.14 \times 1.5\% = 658.67(\text{kJ/kg 燃料})$$

式中 $h_r$——每千克燃料燃烧的散热损失，kJ/kg 燃料；

$h_L$——燃料低发热值，kJ/kg 燃料。

则加热炉热净效率为：

$$e = \frac{\text{燃料低发热值}+\text{燃料带入热量}+\text{空气带入热量}-\text{烟气热损失}-\text{散热损失}}{\text{燃料低发热值}+\text{燃料带入热量}+\text{空气带入热量}} \times 100\%$$

$$= \frac{43911.14 + 215.99 + 35.30 - 2797.1 - 878.3}{43911.14 + 215.99 + 35.30} \times 100\%$$

$$= 91.68\%$$

（二）正向法计算加热炉效率

加热炉的进料量为混合原料、循环油及加热炉注汽。其中取混合原料流量为267579kg/h，换热终温为316.2℃，循环油流量为20984kg/h（孔板流量计校正后），温度为350.2℃；加热炉注汽压力为3.572MPa，温度为406.1℃，流量为3724kg/h，采用计算分馏塔进料焓的计算方法，则渣油316.2℃下的焓值为694.4kJ/kg，循环油350.2℃下的焓值为789.8kJ/kg，加热炉注汽的焓值为3235.1kJ/kg。

故加热炉进料的总焓值为：

$$H_{\text{加热炉入口}} = 267579 \times 694.4 + 20984 \times 789.8 + 3724 \times 3235.1 = 214427533(\text{kJ})$$

根据经验，假设延迟焦化装置加热炉出口混合原料裂化率为10%，循环油全部汽化，则根据物料平衡数据，则加热炉出口油气流量为：

$$V = 0.1 \times 267579 + 20984 = 47742(\text{kg/h})$$

加热炉出口液相油流量为：

$$L = 0.9 \times L_F = 0.9 \times 267579 = 240821(\text{kg/h})$$

加热炉注汽406.1℃，3.57MPa水蒸气焓值 $H_{\text{蒸汽入}} = 3233.5$kJ/kg。

加热炉出口温度499.5℃、压力0.52MPa（绝）条件下焓值为：$H_{\text{蒸汽出}} = 3488.4$kJ/kg。

根据经验，原料反应热按照 $1.74 \times 10^4$kcal/t 计算。

加热炉进出气相油气和油的焓值则根据其密度由焓值表查得，见表2-54。

表2-54 加热炉进出口物料焓值数据

| 物料名称 | | 流量/(kg/h) | 温度/℃ | 压力/MPa | 气相焓值/(kJ/kg) | 液相焓值/(kJ/kg) | 热量/(kJ/h) |
|---|---|---|---|---|---|---|---|
| 进料 | 新鲜进料 | 267579 | 316.2 | 2.2 | | 694.4 | 185805887 |
| | 循环油 | 20984 | 350.2 | 2.2 | | 789.8 | 16572931 |
| | 注汽 | 3724 | 406.1 | 3.5 | 3236.7 | | 12053471 |
| | 合计 | | 0.1 | 0.25 | | | 214432288 |
| 出口 | 液相渣油 | 240821 | 499.5 | 0.5 | | 1248.4 | 300644406 |
| | 干气 | 1922.3 | 499.5 | 0.5 | 1309.9 | | 2517993 |
| | 液化气 | 1101.9 | 499.5 | 0.5 | 1244.7 | | 1371512 |

续表

| 物料名称 | | 流量/(kg/h) | 温度/℃ | 压力/MPa | 气相焓值/(kJ/kg) | 液相焓值/(kJ/kg) | 热量/(kJ/h) |
|---|---|---|---|---|---|---|---|
| 出口 | 汽油 | 6517.7 | 499.5 | 0.5 | 1600.2 | | 10429546 |
| | 柴油 | 7225.8 | 499.5 | 0.5 | 1474.0 | | 10650575 |
| | 蜡油 | 9990.3 | 499.5 | 0.5 | 1425.1 | | 14236617 |
| | 气相循环油 | 20984 | 499.5 | 0.5 | 1405.3 | | 29488027 |
| | 加热炉注汽 | 3724 | 499.5 | 0.42 | 3488.4 | | 12990802 |
| | 合计 | | | | | | 382329478 |
| 进出口物料焓差 | | | | | | | 167897189 |

加热炉进出口物料焓差：

$$Q_{介质吸热}=38220478-214432288=167897189(\mathrm{kJ})$$

取燃料气流量为4185kg/h，根据分馏塔热量平衡计算过程中干气焓值的计算方法，加热炉每小时燃烧的燃料气及燃料气、空气带入的热量总计为：

$$Q_{燃料气}=4185\times(43911+216+35.3)=184819226(\mathrm{kJ})$$

则加热炉的效率为：

$$\eta_{加热炉}=\frac{167897189}{184819226}\times100\%=90.84\%$$

上述两种方法的结果计算误差为：

$$\eta_{误差}=\frac{92.17\%-90.84\%}{92.17\%}\times100\%=1.44\%$$

从两种方法的计算结果看，反向计算方法更准确一些，该方法中燃料气的流量、组成、低发热值及烟气等数据均可相对准确地测量或计算，而正向计算方法裂化率为估算值，且该值与原料性质、循环比及温度等操作参数关系较大，估算误差较大。

（三）计算烟气露点温度

根据装置标定的原始分析数据可知烟气燃料气中 $H_2S$ 的体积分数为0.001%，则燃料气中 $H_2S$ 的质量分数为0.0019%。1个 $H_2S$ 分子燃烧生产1个 $SO_2$，则1kg燃料完全燃烧产生的 $SO_2$ 的质量为：

$$w_{SO_2}=\frac{0.00094\%}{34.1}\times1\times64=0.000035(\mathrm{kg/kg}\ 燃料)$$

则烟气中 $SO_2$ 的体积浓度为：

$$\frac{\frac{0.000035}{64}}{\frac{3.551}{28.68}+\frac{2.121}{18}+\frac{2.794}{44}+\frac{14.166}{28}+\frac{0.000035}{64}}=0.00000068$$

已知过剩空气系数为1.19，根据《管式加热炉》[3]第527页图13－5可查得 $SO_3$ 转化率为1.7%，即是：

$$\frac{SO_3}{SO_2+SO_3}\times100\%=1.7\%$$

则 $SO_3$ 含量为：

$$SO_3=\frac{1.7\times SO_2}{98.3}=\frac{1.7\times 0.0000068}{98.3}=0.000000012$$

烟气压力按1个大气压计算，则烟气中$SO_3$的分压为：

$$0.000000012\times 101325=0.0012(\text{Pa})$$

烟气中水蒸气的体积浓度为：

$$\frac{\frac{2.121}{18}}{\frac{3.551}{28.68}+\frac{2.121}{18}+\frac{2.794}{44}+\frac{14.166}{28}+\frac{0.000035}{64}}=0.145$$

烟气中水蒸气的分压为：

$$0.145\times 101325=14721(\text{Pa})$$

根据贾明生主编《工业锅炉2003(6)》中的论文《烟气算露点温度的影视因素及其计算方法》。荷兰学者A. G. Okkes提出的方程：

$$t_{sld}=10.8809+27.6\lg p_{H_2O}+10.83\lg p_{SO_3}+1.06\ (\lg p_{SO_3}+2.9943)^{2.19}$$

式中　$t_{sld}$——烟气酸露点温度,℃；

$p_{H_2O}$——烟气中水蒸汽分压，Pa；

$p_{SO_3}$——烟气中$SO_3$分压，Pa。

则烟气酸露点为：

$$t_{sld}=10.8809+27.6\times\lg 14721+10.83\times\lg 0.0012+1.06\times(\lg 0.0012+2.9943)^{2.19}=94.2℃$$

装置的排烟温度为127.9℃，还有进一步降低的空间，按照排烟温度高于露点温度10℃计算，则排烟温度可降至105℃左右，通过查《一般炼油装置用火焰加热炉》(SHT 3036—2012)第152页和153页的焓图，分别得15℃基准下的焓值，计算排烟温度105℃下烟气带走的热量，见表2-55。

**表2-55　排烟温度为105℃时烟气带走的热量**

| 组分 | 每千克燃料生成组分量/kg | 105℃下的焓值/(kJ/kg) | 热焓/(kJ/kg燃料) |
|---|---|---|---|
| $CO_2$ | 2.794 | 69.9 | 162.8 |
| $H_2O$ | 2.121 | 156.1 | 276.7 |
| $N_2$ | 16.864 | 87.8 | 1262.8 |
| $O_2$ | 0.820 | 76.1 | 53.7 |
| 合计 | 22.599 | | 2069.4 |

则加热炉的热效率为：

$$e=\frac{\text{燃料低发热值}+\text{燃料带入热量}+\text{空气带入热量}-\text{烟气热损失}-\text{散热损失}}{\text{燃料低发热值}+\text{燃料带入热量}+\text{空气带入热量}}\times 100\%$$

$$=\frac{43911.14+215.99+35.30-2069.4-878.3}{43911.14+215.99+35.30}=93.33\%$$

加热炉热效率可提高1.65%。

(四)计算炉管表面热强度

已知炉管型号为$\phi$114，则炉管的外径为114mm，炉管长度为19799mm，6组辐射室共计168根辐射炉管，故辐射炉管的外表面积为：

$$S_{\text{辐射炉管}} = 3.14 \times 0.114 \times 19.799 \times 168 = 1190.7(\text{m}^2)$$

取加热炉对流出口温度为427.1℃，加热炉入口压力为2.36MPa，出口压力为0.42MPa，单管程对流炉管14根，辐射炉管28根，按差值计算，则对流出口压力为：

$$p_{\text{对流出口}} = 2.36 - (2.36 - 0.42) \times \frac{14}{14 + 28} = 1.71(\text{MPa})$$

分别计算出427.1℃下的新鲜原料焓值为1015.1kJ/kg，循环油焓值为1017.2kJ/kg，蒸汽的焓值为3311.6kJ/kg。又从正向法计算加热炉效率步骤可知，对流入口的总焓值为214427533kJ。

故对流段的吸热量为：

$$\begin{aligned} Q_{\text{对流}} &= 267579 \times 1015.1 + 20984 \times 1017.2 + 3724 \times 3311.6 - 214427533 \\ &= 90869233(\text{kJ}) \end{aligned}$$

又已知加热炉有效热负荷为170358795kJ，故加热炉辐射段的热量为：

$$Q_{\text{辐射}} = 170358795 - 90869233 = 79489562(\text{kJ})$$

则加热炉辐射段炉管平均表面热强度为：

$$Q_r = \frac{79489562 \div 3600}{1190.7} = 18.54(\text{kW/m}^2)$$

## 六、分馏塔塔盘水力学计算

从分馏塔汽液相负荷可以看出，第1块蜡油抽出塔盘气相负荷最大，故计算该塔盘的相关水力学数据。根据分馏塔气液相负荷数据和查找图纸，列出该塔盘的相关数据如下，见表2-56。

表2-56 分馏塔第1层塔盘相关数据

| 参数 | 数据 | 参数 | 数据 |
| --- | --- | --- | --- |
| 液相体积流量/($\text{m}^3$/h) | 507.6 | 浮阀开孔面积/$\text{m}^2$ | 3.56 |
| 液体质量流量/(kg/h) | 403072 | 出口堰高度/m | 0.04 |
| 液体密度/(kg/$\text{m}^3$) | 794 | 堰长/m | 3.131 |
| 气体体积流量/($\text{m}^3$/h) | 75994 | 受液盘宽度/m | 0.472 |
| 气体质量流量/(kg/h) | 227789 | 降液管底隙/m | 0.12 |
| 气体密度/(kg/$\text{m}^3$) | 3.11 | 降液管面积/$\text{m}^2$ | 2.36 |
| 塔内径/m | 5 | 塔板间距/m | 0.915 |
| 塔盘溢流数 | 2 | | |

### （一）计算空塔气速

已知塔内径为5m，该塔盘的气相负荷为772276$\text{m}^3$/h，则该塔盘的空塔气速为：

$$V_s = \frac{\dfrac{75999}{3600}}{3.14 \times \left(\dfrac{5}{2}\right)^2} = 1.08(\text{m/s})$$

### （二）计算流动参数$F_{lv}$

$$F_{lv} = \frac{L}{G}\left(\frac{\rho_V}{\rho_L}\right)^{0.5} = \frac{403072}{227789} \times \left(\frac{3.0}{794}\right)^{0.5} = 0.1087$$

式中 $F_{lv}$——流动参数，无因次；

*L*——液体质量流量，kg/h；

*G*——气体质量流量，kg/h；

$\rho_V$——气体密度，kg/h；

$\rho_L$——液体密度，kg/h。

（三）计算空塔 *C* 因子

由《化工原理》[7] 158 页公式可以推出：

$$C = u\sqrt{\frac{\rho_V}{\rho_L - \rho_V}} = 1.08 \times \sqrt{\frac{3.0}{794 - 3.0}} = 0.066(\text{m/s})$$

式中　*C*——空塔 *C* 因子，无因次；

*u*——空塔气速，m/s。

（四）计算空塔 *F* 因子

根据《化工原理》[7] 165 页公式，空塔 *F* 因子为：

$$F = u\sqrt{\rho_v} = 1.08 \times \sqrt{3.0} = 1.86$$

式中　*F*——空塔 *F* 因子，无因次。

同理，根据分馏塔气液相负荷数据，分别计算出各层塔盘的空塔气速、流动参数、空塔 *C* 因子和空塔 *F* 因子，见表 2-57。

**表 2-57　分馏塔各层塔盘 *C* 因子和 *F* 因子**

| 塔盘 | 空塔气速 | 流动参数 | 空塔 *C* 因子 | 空塔 *F* 因子 |
|---|---|---|---|---|
| 31 | 0.61 | 0.1169 | 0.032 | 0.824 |
| 30 | 0.66 | 0.1043 | 0.036 | 0.945 |
| 29 | 0.68 | 0.1013 | 0.037 | 0.993 |
| 28 | 0.69 | 0.0148 | 0.038 | 1.032 |
| 27 | 0.69 | 0.0142 | 0.038 | 1.025 |
| 26 | 0.68 | 0.0137 | 0.038 | 1.017 |
| 25 | 0.68 | 0.0131 | 0.037 | 1.010 |
| 24 | 0.68 | 0.0125 | 0.037 | 1.002 |
| 23 | 0.68 | 0.0119 | 0.036 | 0.995 |
| 22 | 0.67 | 0.0113 | 0.036 | 0.988 |
| 21 | 0.67 | 0.0107 | 0.036 | 0.980 |
| 20 | 0.67 | 0.0101 | 0.035 | 0.973 |
| 19 | 0.67 | 0.0095 | 0.035 | 0.965 |
| 18 | 0.67 | 0.0089 | 0.035 | 0.958 |
| 17 | 0.67 | 0.0083 | 0.034 | 0.951 |
| 16 | 0.66 | 0.0083 | 0.034 | 0.944 |
| 15 | 0.66 | 0.2087 | 0.034 | 0.943 |
| 14 | 0.71 | 0.2016 | 0.037 | 1.042 |

续表

| 塔盘 | 空塔气速 | 流动参数 | 空塔 $C$ 因子 | 空塔 $F$ 因子 |
|---|---|---|---|---|
| 13 | 0. 77 | 0. 1851 | 0. 043 | 1. 205 |
| 12 | 0. 82 | 0. 0098 | 0. 049 | 1. 355 |
| 11 | 0. 82 | 0. 0088 | 0. 048 | 1. 346 |
| 10 | 0. 83 | 0. 0078 | 0. 048 | 1. 337 |
| 9 | 0. 83 | 0. 0068 | 0. 047 | 1. 328 |
| 8 | 0. 83 | 0. 0058 | 0. 047 | 1. 319 |
| 7 | 0. 84 | 0. 0048 | 0. 047 | 1. 310 |
| 6 | 0. 84 | 0. 0038 | 0. 046 | 1. 301 |
| 5 | 0. 85 | 0. 0028 | 0. 046 | 1. 291 |
| 4 | 0. 85 | 0. 1306 | 0. 045 | 1. 282 |
| 3 | 0. 95 | 0. 1152 | 0. 055 | 1. 555 |
| 2 | 1. 01 | 0. 1120 | 0. 060 | 1. 703 |
| 1 | 1. 08 | 0. 1087 | 0. 066 | 1. 862 |

（五）计算极限空塔气速

根据《化工原理》[7]第 156 页公式，极限空塔气速为：

$$u_{\mathrm{MAX}} = C\sqrt{\frac{\rho_{\mathrm{L}} - \rho_{\mathrm{V}}}{\rho_{\mathrm{V}}}}$$

式中 $u_{\mathrm{MAX}}$——极限空塔气速，m/s；

$C$——负荷系数，无因次。

已知板间距为 0. 915m，已知出口堰高为 0. 040m，降液管宽度为 0. 511mm，计算出堰长为 3. 131m，该塔盘为双溢流，则：

$$\frac{L_{\mathrm{h}}}{l_{\mathrm{W}}^{2.5}} = \frac{507.6 \div 2}{3.131^{2.5}} = 15.17$$

式中 $l_{\mathrm{W}}$——溢流堰长度，m。

查《化工原理》[7]第 161 页如图 2－17 所示，得液流收缩系数约为 1. 0。

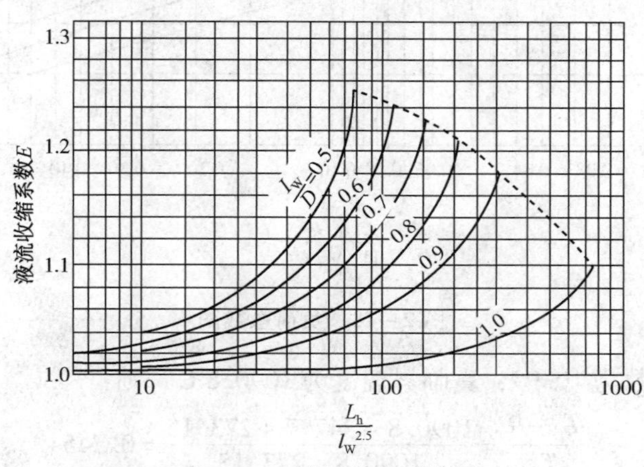


图 2－17 液流收缩系数图

根据《化工原理》[7]第161页公式，堰上液层高度为：

$$h_{OW}=\frac{2.84}{1000}E\left(\frac{L_h}{l_W}\right)^{\frac{2}{3}}=\frac{2.84}{1000}\times 1.0\times\left(\frac{507.6}{3.131\times 2}\right)^{\frac{2}{3}}=0.053(m)$$

式中　$h_{OW}$——堰上液层高度，m；

$E$——液流收缩系数，无因次。

根据《化工原理》[7]第161页公式，板上液层高度为：

$$h_L=h_W+h_{OW}=0.04+0.053=0.093(m)$$

式中　$h_L$——塔板上液层高度，m；

$h_W$——溢流堰高度，m。

此外，求得：

$$H_T-h_L=0.915-0.093=0.822(m)$$

式中　$H_T$——塔板间距，m。

此外，求得：

$$\frac{L_S}{V_S}\left(\frac{\rho_L}{\rho_V}\right)^{\frac{1}{2}}=\frac{507.6}{75994}\times\left(\frac{794}{3.0}\right)^{\frac{1}{2}}=0.109$$

式中　$L_S$——液体体积流量，$m^3/h$；

$V_S$——气体体积流量，$m^3/h$。

查《化工原理》第158页，如图2－18所示，得负荷系数约为0.17。

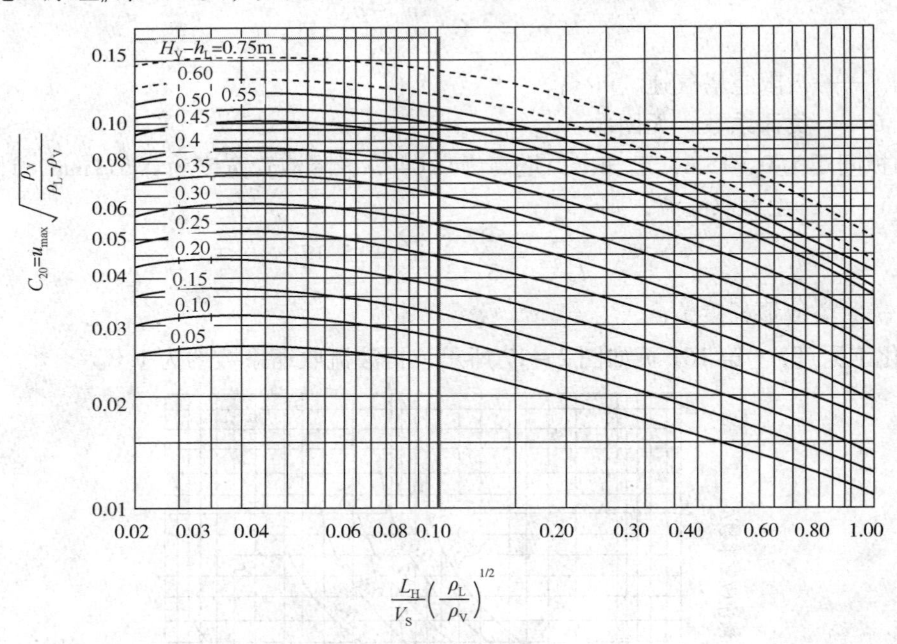


图2－18　负荷系数图

已知蜡油特性因数为10.99，真临界温度为1090.8℃，则：

$$\frac{T_C-T}{T_C}=\frac{1090.8-347.7+273.15}{1090.8+273.15}=0.745$$

式中　$T_C$——液体的真临界温度，K；

$T$——液体的操作温度，K。

查《石油炼制设计数据图表集》第570页图，如图2－19所示，得动态表面张力与特性因数的乘积为480，则表面张力为：

$$\sigma=\frac{480}{10.99}=43.7(\mathrm{mN/m})$$

式中 $\sigma$——液体表面张力，mN/m。

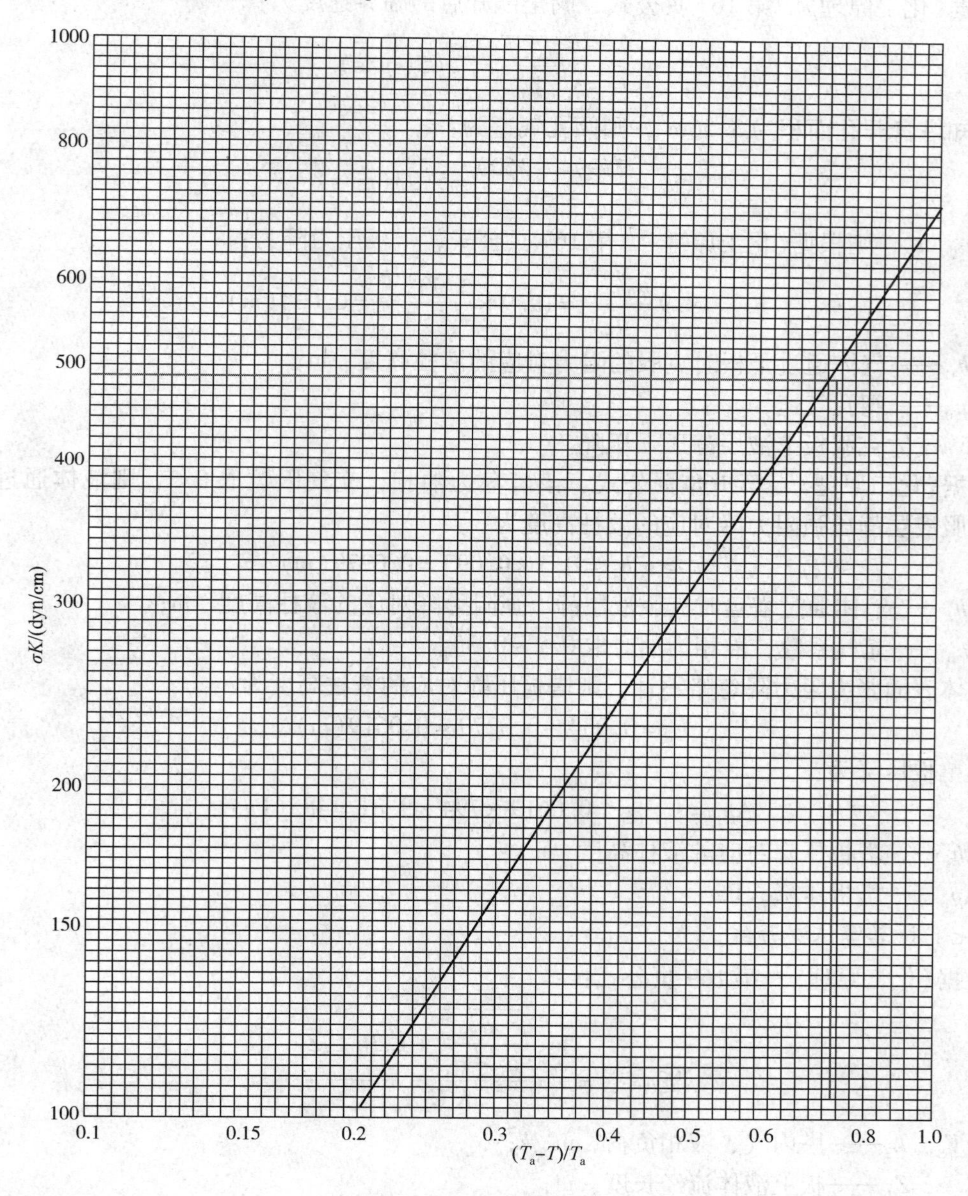


图2－19 表面张力图

根据《化工原理》[7]第159页公式，校正后的负荷系数为：

$$C=C_{20}\left(\frac{\sigma}{20}\right)^{0.2}=0.17\times\left(\frac{43.7}{20}\right)^{0.2}=0.194$$

式中 $C_{20}$——表面张力为20mN/m时的负荷系数。

则极限空塔气速为：

$$u_{MAX} = C\sqrt{\frac{\rho_L - \rho_V}{\rho_V}} = 0.194 \times \sqrt{\frac{794 - 3.0}{3.0}} = 3.16(m/s)$$

（六）计算塔板压降

计算干板压降。

根据《化工原理》[7]第167页公式，阀全部开启的临界速度为：

$$u_{\infty} = \sqrt[1.825]{\frac{73.1}{\rho_v}} = 7.65(m/s)$$

已知塔盘开孔面积为3.56m$^2$，则阀孔气速为：

$$u_0 = \frac{75994 \div 3600}{3.56} = 5.93(m/s)$$

因$u_0 < u_{\infty}$，则根据《化工原理》[7]第167页公式，干板压力降为：

$$h_C = 19.9\frac{u_0^{0.175}}{\rho_L} = 19.9 \times \frac{5.93^{0.175}}{794} = 0.034(m)$$

式中　$h_C$——气体通过干板时克服的阻力对应的液柱高度，m；

$u_0$——阀孔气速，m/s。

计算气体克服板上液层静压强压降。

根据《化工原理》[7]第168页公式，该塔盘为油相，充气因数取0.3，则液体通过塔盘时，克服液层静压强阻力降对应的液柱高度为：

$$h_1 = \varepsilon_0 h_L = 0.3 \times 0.093 = 0.0279(m)$$

式中　$h_1$——液体通过塔盘时克服液层静压强阻力降对应的液柱高度，m；

$\varepsilon_0$——充气系数，液相为油时取0.2~0.35。

液体表面张力阻力降忽略不计，则塔板压降对应的液柱高度为：

$$h_p = 0.034 + 0.0279 = 0.0619(m)$$

故单板压降为：

$$\Delta p_p = h_p \rho_L g = 0.0619 \times 794 \times 9.81 = 485(Pa)$$

式中　$h_p$——塔板压降对应的液柱高度，m；

$\Delta p_p$——塔板压降，Pa。

（七）计算雾沫夹带线

根据《化工原理》[7]第169页公式：

$$泛点率 = \frac{V_s\sqrt{\frac{\rho_V}{\rho_L - \rho_V}} + 1.36L_S Z_L}{K C_F A_b}$$

式中　$V_S$、$L_S$——塔内气、液相负荷，m$^3$/s；

$Z_L$——板上液体流经长度，m；

$A_b$——板上液流面积，m$^2$

$C_F$——泛点负荷数；

$K$——物性系数。

根据已知受液盘宽度为0.472mm，降液管宽度为0.551mm，且该塔盘为双溢流，则板上液体流经长度为：

$$Z_L = 2.5 - 0.551 - \frac{0.472}{2} = 1.713(\text{mm})$$

已知降液管面积占总面积的12%，则板上液流面积为：

$$A_b = 5^2 - 2.36 = 22.64(\text{m}^2)$$

查《化工原理》[7]第170页，如图2－20所示，得泛点负荷率$C_F = 0.16$。

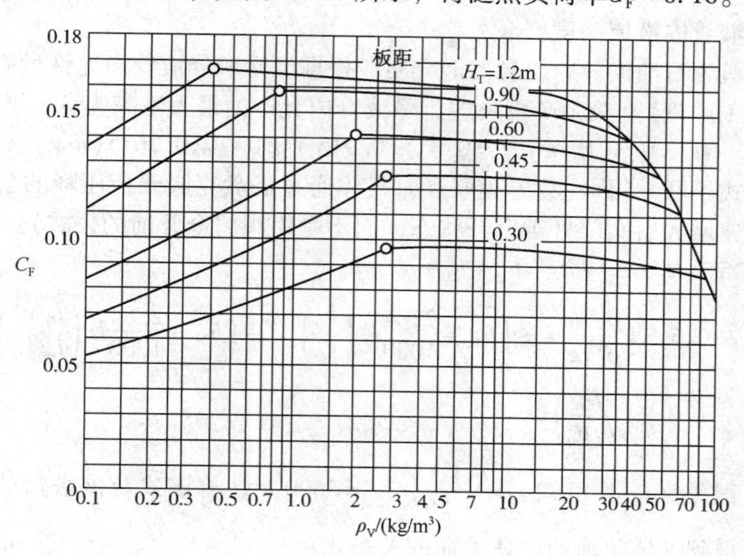


图2－20 泛点负荷率图

参考《化工原理》[7]第170页表2－4，得物性数据$K = 0.9$。则泛点率为：

$$泛点率 = \frac{\frac{75994}{3600} \times \sqrt{\frac{3.0}{794 - 3.0}} + 1.36 \times \frac{507.6}{3600} \times 1.713}{0.9 \times 0.16 \times 22.64} \times 100\% = 49.9\%$$

为保证雾沫夹带量$e < 0.1$时，泛点率一般控制在80%以下，可以推出：

$$0.8 = \frac{V_s\sqrt{\frac{\rho_V}{\rho_L - \rho_V}} + 1.36 L_S Z_L}{K C_F A_b}$$

进而推出雾沫夹带在$e = 0.1$的情况下，气相负荷与液相负荷的关系式，并根据关系式可画出雾沫夹带线。

$$V_s = \frac{0.8K C_F A_b - 1.36 L_S Z_L}{\sqrt{\frac{\rho_V}{\rho_L - \rho_V}}} = 42.37 - 37.84 L_S$$

（八）计算液泛线

已知降液管底隙高度为0.12m，堰长为3.131m，则液体流过降液管底隙的流速为：

$$u'_0 = \frac{507.6 \div 3600}{0.12 \times 3.131 \times 2} = 0.188(\text{m/s})$$

式中 $u'_0$——液体通过降液管底隙时的流速，m/s。

该塔盘设有溢流堰，则根据《化工原理》[7]第169页表2－26，则液体流过降液管的压强阻力对应的液高为：

$$h_d = 0.2\left(\frac{L_s}{l_W h_0}\right)^2 = 0.2 \times \left(\frac{506 \div 3600}{3.131 \times 0.12 \times 2}\right)^2 = 0.007(\text{m})$$

式中　$h_d$——液体通过降液管克服的阻力降对应的液柱高度，m。

根据《化工原理》[7]第169页表2-24，浆液管液体高度为：

$$H_d = h_p + h_L + h_d$$

式中　$H_d$——降液管内液层高度，m。

由于塔内物料为石油馏分，属易发泡介质，根据经验取降液管内允许最高液高的系数为0.3，则根据《化工原理》[7]第167页公式，降液管内允许的最大液高为：

$$H_d = 0.3(H_t + h_w) = 0.3 \times (0.915 + 0.04) = 0.2625(\text{m})$$

将上述两个式子联立得(注意方程联立时气体通过塔盘克服干板压降的公式要用阀开启后的公式，因气速增大后阀门处于全开状态，而不是用阀门全开前的公式)：

$$\begin{aligned}0.2625 &= h_p + h_L + h_d = h_C + h_1 + h_L + h_d \\ &= 5.34\frac{\rho_V u_0^2}{\rho_L 2g} + \varepsilon_0\left(h_W + \frac{2.84}{1000}E\left(\frac{L_h}{l_W}\right)^{\frac{2}{3}}\right) + \left(h_W + \frac{2.84}{1000}E\left(\frac{L_h}{l_W}\right)^{\frac{2}{3}}\right) + \\ &\quad 0.2\left(\frac{L_s}{l_W h_0}\right)^2\end{aligned}$$

根据阀孔面积3.56m²，可知$u_0 = \dfrac{V_s}{3.56}$，$L_h = 3600\,L_s$，将该式及该塔盘的所有固有数据代入上式，即可得到气体负荷与液体负荷的关系式：

$$V_S^2 = 204.87 - 248.41\,L_S^{\frac{2}{3}} - 344.63\,L_S^2$$

按此式即可画出液泛线。

装置实际的降液管内清夜层高度为：

$$H_d = h_p + h_L + h_d = 0.0619 + 0.093 + 0.007 = 0.1479(\text{m})$$

则液泛率为：

$$\text{液泛率} = \frac{0.1479}{0.2625} \times 100\% = 56.3\%$$

(九) 计算液相负荷上限

液体为石油馏分，属于易携带泡沫的流体，故最短停留时间按5s计算，则液体的负荷上限为：

$$L_{S(MAX)} = \frac{2.36 \times 0.915}{5} = 0.33(\text{m}^3/\text{s})$$

(十) 计算漏液线

取浮阀动能$F = 5$，则：

$$u_0\sqrt{\rho_v} = \frac{V_s}{3.56}\sqrt{\rho_v} = 5$$

求得漏液线为：

$$V_s = \frac{5 \times 3.56}{\sqrt{3.0}} = 10.3\ (\text{m}^3/\text{s})$$

(十一) 计算液相负荷下限

按照堰上液层高度为0.006m作为液相下限，代入公式$h_{OW} = \dfrac{2.84}{1000}E\left(\dfrac{L_h}{l_W}\right)^{\frac{2}{3}}$，得液相流量

下限为：

$$h_{OW}=\frac{2.84}{1000}E\left(\frac{L_h}{l_W}\right)^{\frac{2}{3}}$$

$$L_s=\sqrt[\frac{2}{3}]{\frac{0.006\times1000}{2.84}}\times3.131\times2\div3600=0.0053(m/s)$$

（十二）塔板操作区

根据上述计算画出塔板操作区，如图 2－21 所示，并列出塔板的水力学计算数据，见表 2－58。

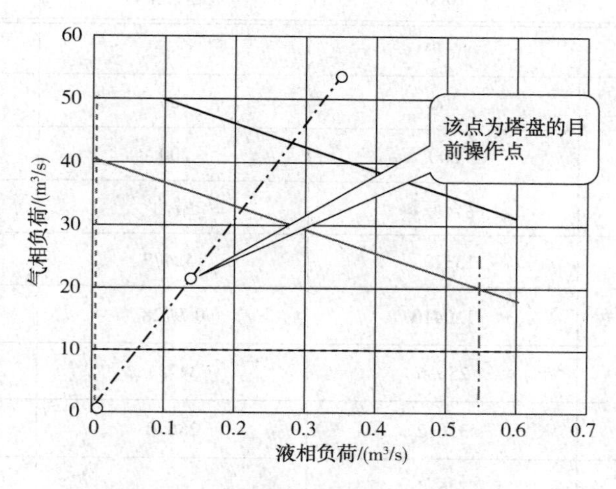


图 2－21　分馏塔第 1 层塔盘操作区

根据图 3－22 操作线与雾沫夹带线的交叉点即为气相负荷上限，为 32.48m/s，操作线与液相负荷下限的交叉点即为气相负荷下限 10.09m/s，则操作弹性为：

$$操作弹性=\frac{32.48}{10.09}=3.22$$

**表 2－58　分馏塔蜡油抽出塔板水力学计算结果**

| 参数名称 | 数据 | 参数名称 | 数据 |
|---|---|---|---|
| 流动参数 | 0.1047 | 液泛率/% | 56.3 |
| 空塔 $C$ 因子 | 0.069 | 塔板液相负荷上限/(m/s) | 0.33 |
| 空塔 $F$ 因子 | 1.93 | 塔盘漏液线/(m/s) | 10.09 |
| 极限空塔气速/(m/s) | 3.10 | 塔盘液相负荷下限/(m/s) | 0.0053 |
| 塔板压降/Pa | 485 | 操作弹性 | 3.22 |
| 泛点率/% | 52.8 | | |

## 七、计算换热器传热系数及压力降

以蜡油回流－混合原料换热器为例，已知蜡油回流－混合原料换热器共计 4 台，连接方式为 2 台串联，串联的 2 组再并联，而进出温度为串联后的进出口温度，故该组换热器计算按照 2 壳程进行计算。冷热流股流量则按装置实际物料的 50% 计算，其余物性数据按照化验分析及物性计算数据。换热器参数数据查图纸而得，已知条件见表2-59。

**表2-59 蜡油回路-混合原料换热器尺寸数据**

| 壳体直径/mm | 1300 | 壳程数 | 2 |
|---|---|---|---|
| 折流板间距/mm | 250(第一块)/200 | 管程数 | 6/台 |
| 换热面积/$m^2$ | 528.7 | 换热管根数 | 972/台 |
| 换热管直径/mm | $\phi25\times2$ | 换热管间距 | 32 |
| 换热管长度/mm | 7000 | 中心管排数 | 24 |
| 参数 | 壳程 | 管程 | |
| 入口管嘴直径/mm | 200 | 200 | |
| 出口管嘴直径/mm | 200 | 200 | |
| 介质 | 混合原料 | 蜡油 | |
| 流量/(kg/h) | 133790 | 142479 | |
| 20℃密度/(kg/L) | 1.0410 | 0.9728 | |
| 入口温度/℃ | 256.6 | 347.7 | |
| 出口温度/℃ | 316.2 | 286.0 | |
| 150℃黏度/cSt | 146.4 | | |
| 100℃黏度/cSt | 2236 | 5.85 | |
| 80℃黏度/cSt | | 11.06 | |
| 特性因数 | 11.40 | 10.99 | |

(一) 计算定性温度

暂按管、壳程雷诺系数 $Re>2100$ 计算，根据《冷换设备工艺计算手册》[6]第19页公式得：

$$t_D=0.4t_h+0.6t_c=0.4\times316.2+0.6\times256.6=280.4(℃)$$

$$T_D=0.4T_h+0.6T_c=0.4\times347.7+0.6\times286.0=310.7(℃)$$

式中 $t_D$——壳程冷物流定性温度，℃；

$T_D$——管程热物流定性温度，℃；

$t_h$——壳程冷物流高温端温度，℃；

$t_c$——壳程冷物流低温端温度，℃；

$T_h$——管程热物流高温端温度，℃；

$T_c$——管程热物流低温端温度，℃。

(二) 计算定性温度下的比热容

比热容计算公式为：

$C_p=4.1855\{0.6811-0.308(0.99417\gamma_4^{20}+0.009181)+(1.8T+32)[0.000815-$

$0.000306(0.99417\gamma_4^{20}+0.009181)]\}(0.055K_F+0.35)$

式中 $C_p$——比热容，kJ/(kg·℃)；

$K_F$——特性因数(无因次)；

$\gamma_4^{20}$——20℃相对密度(无因次)；

$C_{p\,iD}$——管程物流定性温度下的比热容，kJ/(kg·℃)；

$K_{iF}$——管程物流特性因数(无因次)；

$C_{p\,oD}$——壳程物流定性温度下的比热容，kJ/(kg·℃)；

$K_{oF}$——壳程物流特性因数(无因次)。

管程物流定性温度下的比热容为：

$$C_{piD}=4.1855\times\{0.6811-0.308\times(0.99417\times0.9728+0.009181)+(1.8\times310.7+32)\times[0.000815-0.000306\times(0.99417\times0.9728+0.009181)]\}\times(0.055\times10.99+0.35)$$
$$=2.739\ [kJ/(kg\cdot℃)]$$

壳程物流定性温度下的比热容为：

$$C_{poD}=4.1855\times\{0.6811-0.308\times(0.99417\times1.0410+0.009181)+(1.8\times280.4+32)\times[0.000815-0.000306\times(0.99417\times1.0410+0.009181)]\}\times(0.055\times11.40+0.35)$$
$$=2.558[kJ/(kg\cdot℃)]$$

（三）计算特性温度下的导热系数

根据公式：

$$\lambda=(0.0199-0.0000656T+0.098)/(0.99417\gamma_4^{20}+0.009181)$$

式中 $\lambda$——导热系数，W/(m·℃)；

$\lambda_{iD}$——管程物流定性温度下的导热系数，W/(m·℃)；

$\lambda_{oD}$——壳程物流定性温度下的导热系数，W/(m·℃)。

则管程物流定性温度下的导热系数为：

$$\lambda_{iD}=(0.0199-0.0000656\times310.7+0.098)\div(0.99417\times0.9728+0.009181)$$
$$=0.0999[W/(m\cdot℃)]$$

则壳程物流定性温度下的导热系数为：

$$\lambda_{oD}=(0.0199-0.0000656\times280.4+0.098)\div(0.99417\times1.0410+0.009181)$$
$$=0.0953[W/(m\cdot℃)]$$

（四）计算特性温度下的黏度

计算管程流股定性温度下的黏度

管程物流由于 $\gamma_{i4}^{20}=0.9728>0.9$，则常数 $c_i=0.6$，根据公式：

$$b_i=\frac{\ln[\ln(V_{i1}+c)]-\ln[\ln(V_{i2}+c)]}{\ln(T_1+273)-\ln(T_2+273)}=\frac{\ln[\ln(5.85+0.6)]-\ln[\ln(11.06+0.6)]}{\ln(100+273)-\ln(80+273)}$$
$$=-3.4608$$

$$a_i=\ln[\ln(V_{i1}+c)]-b\cdot\ln(T_1+273)$$
$$=\ln[\ln(0.4478+0.8)]+4.1027\times\ln(95.2+273)$$
$$=30.2609$$

管程物流特性因数下的运动黏度为：

$$V_{iD}=\exp\{\exp[a_i+b_i\cdot\ln(T_D+273)]\}-c_i$$
$$=\exp\{\exp[30.2609+(-3.4608)\times\ln(310.7+273)]\}-0.6$$
$$=0.6192(mm^2/s)$$

管程物流定性温度下的密度为：

$$\rho_{iD}=T\cdot(1.307\gamma_{i4}^{20}-1.817)+973.86\gamma_{i4}^{20}+36.34$$
$$=310.7\times(1.307\times0.9728-1.817)+973.86\times0.9728+36.34$$
$$=814.2(kg/m^3)$$

管程物流定性温度下的动力黏度为：

$$\mu_{iD}=\rho_{iD}\cdot V_{iD}\cdot10^{-3}=814.2\times0.6192\times10^{-3}=0.5042(cP)$$

式中 $V_{ih}$——管程物流高温端的运动黏度，$mm^2/s$；

$V_{ic}$——管程物流低温端的运动黏度，$mm^2/s$；

$\mu_{ih}$——管程物流高温端的动力黏度，cP；

$\mu_{ic}$——管程物流低温端的动力黏度，cP；

$\rho_{ih}$——管程物流高温端的密度，$kg/m^3$；

$\rho_{ic}$——管程物流低温端的密度，$kg/m^3$；

$V_{iD}$——管程物流定性温度下的运动黏度，$mm^2/s$；

$\mu_{iD}$——管程物流定性温度下的动力黏度，cP；

$\rho_{iD}$——管程物流定性温度下的密度，$kg/m^3$；

$a_i$、$b$、$c_i$——常数(无因次)。

计算壳程流股定性温度下的黏度。

由于壳程流股为减压渣油，$\gamma_{o4}^{20}=1.0410>0.9$，则常数 $c_o=0.6$，根据公式：

$$b_o=\frac{\ln[\ln(V_{i1}+c))-\ln[\ln(V_{i2}+c)]}{\ln(T_1+273)-\ln(T_2+273)}$$
$$=\frac{\ln[\ln(146.4+0.6)]-\ln[\ln(2236+0.)]}{\ln(150+273)-\ln(100+273)}=-5.0051$$

$$a_o=\ln[\ln(V_{i1}+c)]-b\cdot\ln(T_1+273)$$
$$=\ln[\ln(146.4+0.6)]+(-5.0051)\times\ln(150+273)$$
$$=22.5363$$

壳程物流特性因数下的运动黏度为：

$$V_{oD}=\exp\{\exp[a_o+b_o\cdot\ln(T_D+273)]\}-c_o$$
$$=\exp\{\exp[22.5363-5.0051\times\ln(280.4+273)]\}-0.6$$
$$=6.5607(mm^2/s)$$

壳程程物流定性温度下的密度为：

$$\rho_{oD}=T\cdot(1.307\gamma_{o4}^{20}-1.817)+973.86\gamma_{o4}^{20}+36.34$$
$$=280.4\times(1.307\times1.041-1.817)+973.86\times1.041+36.34$$
$$=922.1(kg/m^3)$$

壳程物流定性温度下的动力黏度为：

$$\mu_{oD}=\rho_{oD}\cdot V_{oD}\cdot10^{-3}=922.1\times6.5607\times10^{-3}=6.0498(cP)$$

式中 $V_{oh}$——壳程物流高温端的运动黏度，$mm^2/s$；

$V_{oc}$——壳程物流低温端的运动黏度，$mm^2/s$；

$\mu_{oh}$——壳程物流高温端的动力黏度，cP；

$\mu_{oc}$——壳程物流低温端的动力黏度，cP；

$\rho_{oh}$——壳程物流高温端的密度，$kg/m^3$；

$\rho_{oc}$——壳程物流低温端的密度，$kg/m^3$；

$V_{oD}$——壳程物流定性温度下的运动黏度，$mm^2/s$；

$\mu_{oD}$——壳程物流定性温度下的动力黏度，cP；

$\rho_{oD}$——壳程物流定性温度下的密度，$kg/m^3$；

$a_o$、$b_o$、$c_o$——常数(无因次)。

求得的冷、热物流定性温度下的相关物性见表2-60。

**表2-60　冷热物流定性温度下的物性数据**

| 物流 | 定性温度/℃ | 密度/($kg/m^3$) | 黏度/cP | 比热容/[kJ/(kg·℃)] | 导热系数/[W/(m·℃)] |
|---|---|---|---|---|---|
| 冷物流 | 280.4 | 922.1 | 6.0498 | 2.558 | 0.0953 |
| 热物流 | 310.7 | 814.2 | 0.5042 | 2.739 | 0.0999 |

（五）计算有效温差

$$P=\frac{\text{冷流体的温升}}{\text{两流体的最初温差}}=\frac{316.2-256.6}{347.7-256.6}=0.6542$$

$$R=\frac{\text{热流体的温降}}{\text{冷流体的温升}}=\frac{347.7-286.0}{316.2-256.6}=1.0352$$

已知该换热器为2壳程，根据《冷换设备工艺计算手册》[6]第11页公式：

$$P_n=\frac{1-\left(\frac{1-P\cdot R}{1-P}\right)^{\frac{1}{N_S}}}{R-\left(\frac{1-P\cdot R}{1-P}\right)^{\frac{1}{N_S}}}=\frac{1-\left(\frac{1-0.6542\times 10.352}{1-0.6542}\right)^{\frac{1}{2}}}{1.0352-\left(\frac{1-0.6542\times 1.0352}{1-0.6542}\right)^{\frac{1}{2}}}=0.4904$$

$$F_T=\frac{\frac{\sqrt{R^2+1}}{R-1}\ln\left(\frac{1-P_n}{1-P_n\cdot R}\right)}{\ln\left(\frac{2/P_n-1-R+\sqrt{R^2+1}}{2/P_n-1-R-\sqrt{R^2+1}}\right)}=\frac{\frac{\sqrt{1.0352^2+1}}{1.0352-1}\ln\left(\frac{1-0.4904}{1-0.4904\times 1.0352}\right)}{\ln\left(\frac{2/0.4904-1-1.0352+\sqrt{1.0352^2+1}}{2/0.4904-1-1.0352-\sqrt{1.0352^2+1}}\right)}=0.80$$

采用《冷换设备工艺计算手册》第11页公式，有效换热效温差为：

$$\Delta t_m=\frac{(T_1-t_2)-(T_2-t_1)}{\ln\frac{T_1-t_2}{T_2-t_1}}\times F=\frac{(347.7-256.6)-(286.0-256.6)}{\ln\frac{347.7-316.2}{286.0-256.6}}\times 0.80=24.5(℃)$$

式中　$\Delta t_m$——有效换热温差，℃；

$T_1$——热物流入口温度，℃；

$T_2$——热物流出口温度，℃；

$t_1$——冷物流入口温度，℃；

$t_2$——冷物流出口温度，℃。

（六）计算雷诺数

计算管程流股雷诺系数。

根据《冷换设备工艺计算手册》第19页公式，求管程物流雷诺系数：

$$d_i = d_o - 2t_s = 0.025 - 2 \times 0.002 = 0.021(\text{m})$$

$$G_i = \frac{W_i}{S_i} = \frac{W_i}{\frac{\pi}{4}d_i^2\frac{n_t}{2}} = \frac{142479}{0.785 \times 0.021^2 \times 1944 \div 12 \times 3600} = 705.7[\text{kg/(m}^2 \cdot \text{s)}]$$

$$Re_i = \frac{d_i G_i}{\mu_{iD}} = \frac{0.021 \times 705.7}{0.5042 \times 10^{-3}} = 29394$$

式中 $G_i$——管程质量流速，kg/(m² · s)；

$W_i$——管程质量流量，kg/h；

$S_i$——单程管管程流通面积，m²；

$d_i$——换热管内径，m；

$d_o$——换热管外径，m；

$t_s$——换热管壁厚，m；

$n_t$——换热管数量，根；

$\mu_{iD}$——管程物流定性温度下的黏度，Pa · s；

$Re_i$——管程雷诺系数(无因次)。

管程物流雷诺系数 $Re_i = 29394 > 2100$，也证明管程物流的特性温度计算公式是正确的。

该换热器换热管按正方形45°排列，根据《冷换设备工艺计算手册》[7]第23页分式，求壳程物流雷诺系数：

$$d_e = \frac{4\left(P_t^2 - \frac{\pi}{4}d_o^2\right)}{\pi d_o} = \frac{4 \times 0.032^2 - 3.14 \times 0.025^2}{3.14 \times 0.025} = 0.027(\text{m})$$

$$G_o = \frac{W_o}{S_o} = \frac{W_o}{(D_i - n_x d_o)B} = \frac{133790 \div 3600}{(1.3 - 24 \times 0.025) \times 0.2} = 265.5[\text{kg/(m}^2 \cdot \text{s)}]$$

$$Re_o = \frac{d_e G_o}{\mu_{oD}} = \frac{0.027 \times 265.5}{6.0498 \times 10^{-3}} = 1193$$

式中 $d_e$——壳程当量直径，m；

$P_t$——换热管中心距，m；

$D_i$——壳程直径，m；

$d_o$——换热管外径，m；

$W_o$——壳程物流质量流量，kg/s；

$S_o$——壳程流通面积，m²；

$d_i$——壳程内径，m；

$n_x$——中心管排数，根；

$B$——折流板间距，m；

$G_o$——壳程物流质量流速，kg/(m² · s)；

$Re_o$——壳程雷诺系数(无因次)；

$\mu_{oD}$——壳程物流定性温度下的黏度，Pa · s。

计算壳程流股雷诺系数：

壳程物流雷诺系数 $Re_o = 1193 < 2100$，则重新计算特性温度为：

$$T_D = (316.2 + 256.6)/2 = 286.4(℃)$$

进而重新计算壳程特性温度下物性，见表2－61。

表2－61　重新计算的冷热物流定性温度下的物性数据

| 物流 | 定性温度/℃ | 密度/(kg/m³) | 黏度/cP | 比热容/[kJ/(kg·℃)] | 导热系数/[W/(m·℃)] |
|---|---|---|---|---|---|
| 冷物流 | 286.4 | 919.4 | 5.5768 | 2.580 | 0.0949 |
| 热物流 | 310.7 | 814.2 | 0.5042 | 2.739 | 0.0999 |

重新计算，进而求得壳程流股雷诺系数为1294。

（七）计算膜传热系数

1. 计算管程膜传热系数

由于管程物流雷诺系数 $Re_i=24440>10^4$，根据《冷换设备工艺计算手册》[6]第20页公式，管内传热因子为：

$$J_{Hi}=0.023\times Re_i^{0.8}=0.023\times 24440^{0.8}=86.4$$

式中　$J_{Hi}$——管程传热因子(无因次)；

$Re_i$——管程物流雷诺系数(无因次)。

根据《冷换设备工艺计算手册》第19页公式，管程普兰特准数为：

$$Pr_i=Cp_{iD}\times\mu_{iD}\div\lambda_{iD}=2.739\times10^3\times0.5042\times10^{-3}\div0.0999=13.8$$

式中　$Pr_i$——管程普兰特准数(无因次)；

$Cp_{iD}$——管程物流定性温度下的比热容，J/(kg·K)；

$\mu_{iD}$——管程物流定性温度下的黏度，Pa·s；

$\lambda_{iD}$——管程物流定性温度下的导热系数，W/(m·℃)。

黏度校正系数暂时按 $\phi_i\approx1$ 计算，则管程的膜传热系数为：

$$h_{io}=\frac{\lambda_{iD}}{d_o}\cdot J_{Hi}\cdot Pr_i^{\frac{1}{3}}\cdot\phi_i=\frac{0.0999}{0.025}\times86.4\times13.8^{\frac{1}{3}}\times1=828.2[W/(m^2\cdot K)]$$

式中　$h_{io}$——以管外面积为基准的管程传热系数，W/(m²·K)；

$\lambda_{iD}$——管程物流定性温度下的导热系数，W/(m·℃)；

$d_o$——换热管外径，m。

该换热器换热管为正方形45°排列，且壳程 $Re_o=1294>10^3$，根据《冷换设备工艺计算手册》第24页公式，壳程传热因子为：

$$J_{Ho}=0.378\,Re_o^{0.554}\cdot\left(\frac{Z-15}{10}\right)+0.41\,Re_0^{0.5634}\cdot\left(\frac{25-Z}{10}\right)$$

$$=0.378\times1294^{0.554}\times\left(\frac{25-15}{10}\right)+0.41\times1294^{0.5634}\times\left(\frac{25-25}{10}\right)=20.0$$

式中　$J_{Ho}$——壳程传热因子(无因次)；

$Re_o$——壳程物流雷诺系数(无因次)；

$Z$——折流板弓缺，%。

根据《冷换设备工艺计算手册》第24页公式，壳程普兰特准数为：

$$Pr_o=C_{poD}\times\mu_{oD}\div\lambda_{oD}=2.580\times10^3\times5.5768\times10^{-3}\div0.0949=151.5$$

式中　$Pr_o$——壳程普兰特准数(无因次)；

$C_{poD}$——壳程物流定性温度下的比热容，J/(kg·℃)；

$\mu_{oD}$——壳程物流定性温度下的黏度，Pa·s；

$\lambda_{oD}$——壳程物流定性温度下的导热系数，W/(m·℃)。

通过查询《冷换设备工艺计算手册》[6]第 24 页表 1-16，该换热器旁路挡板传热校正系数为：

$$\varepsilon_h = 1.10。$$

根据《冷换设备工艺计算手册》第 24 页公式，黏度校正系数暂时按 $\phi_o \approx 1$ 计算，则壳程膜传热系数为：

$$h_o = \frac{\lambda_{oD}}{d_e} \cdot J_{Ho} \cdot Pr^{\frac{1}{3}} \cdot \phi_o \cdot \varepsilon_h = \frac{0.0949}{0.027} \times 20.0 \times 151.5^{\frac{1}{3}} \times 1 \times 1.10 = 431.5[W/(m^2 \cdot K)]$$

式中 $h_o$——壳程传热系数，W/(m²·K)；

$d_e$——壳程当量直径，m；

$\lambda_{OD}$——壳程物流定性温度下的导热系数，W/(m·℃)；

$J_{Ho}$——壳程传热因子(无因次)；

$Pr_o$——壳程普兰特准数(无因次)；

$\varepsilon_h$——旁路挡板传热校正系数(无因次)；

$\phi_o$——壳程黏度校正系数(无因次)。

该换热器热流在管程，根据《冷换设备工艺计算手册》[6]第 21 页公式，则换热器壁温为：

$$t_w = \frac{h_{io}}{h_o + h_{io}} \cdot (T_D - t_D) + t_D = \frac{828.2}{431.5 + 828.2} \times (310.7 - 286.4) + 286.4 = 302.4(℃)$$

式中 $t_w$——换热器壁温,℃；

$h_{io}$——管程传热系数，W/(m²·K)；

$h_o$——壳程传热系数，W/(m²·K)；

$T_D$——管程物流定性温度,℃；

$t_D$——壳程物流定性温度,℃。

管程物流管壁温度下的运动黏度为：

$$\begin{aligned} V_{iW} &= \exp\{\exp[a_i + b_i \cdot \ln(t_W + 273)]\} - c_i \\ &= \exp\{\exp[30.2609 + (-3.4608) \times \ln(302.4 + 273)]\} - 0.6 \\ &= 0.6374(mm^2/s) \end{aligned}$$

管程物流管壁温度下的密度为：

$$\begin{aligned} \rho_{iW} &= t_W \cdot (1.307\gamma_{i4}{}^{20} - 1.817) + 973.86\gamma_{i4}{}^{20} + 36.34 \\ &= 302.4 \times (1.307 \times 0.9728 - 1.817) + 973.86 \times 0.9728 + 36.34 \\ &= 818.8(kg/m^3) \end{aligned}$$

管程物流管壁温度下动力黏度为：

$$\mu_{iW} = \rho_{iW} \cdot V_{iW} \cdot 10^{-3} = 818.8 \times 0.6374 \times 10^{-3} = 0.5218(cP)$$

式中 $\mu_{iW}$——管程物流管壁温度下的动力黏度，cP；

$\rho_{iW}$——管程物流管壁温度下的密度，kg/m³；

$V_{iW}$——管程物流管壁温度下的运动黏度，mm²/s。

根据《冷换设备工艺计算手册》[6]第 20 页公式，管程黏度校正系数为：

$$\phi_i = (\mu_{iD}/\mu_{iW})^{0.14} = (05942\ /0.5218)^{0.14} = 0.9952$$

式中 $\phi_i$——管程黏度校正系数(无因次);

$\mu_{iD}$——管程物流定性温度下的动力黏度,cP;

$\mu_{iW}$——管程物流壁温下的动力黏度,cP。

校正后的管程传热系数为:

$$h_{io} = 1114.1 \times 0.9952 = 824.2 \text{W/(m}^2 \cdot \text{K)}$$

2. 计算壳程膜传热系数

壳程物流管壁温度下的运动黏度为:

$$\begin{aligned} V_{oW} &= \exp\{\exp[a_o + b_o \cdot \ln(t_W + 273)]\} - c_o \\ &= \exp\{\exp[22.5363 - 5.0051 \times \ln(302.4 + 273)]\} - 0.6 \\ &= 4.9899(\text{mm}^2/\text{s}) \end{aligned}$$

壳程物流管壁温度下的密度为:

$$\begin{aligned} \rho_{OW} &= t_W \cdot (1.307\gamma_{i4}^{20} - 1.817) + 973.86\gamma_{i4}^{20} + 36.34 \\ &= 302.4 \times (1.307 \times 1.041 - 1.817) + 973.86 \times 1.041 + 36.34 \\ &= 912.1(\text{kg/m}^3) \end{aligned}$$

壳程物流管壁温度下动力黏度为:

$$\mu_{oW} = \rho_{oW} \cdot V_{oW} \cdot 10^{-3} = 912.1 \times 4.9899 \times 10^{-3} = 4.5514(\text{cP})$$

式中 $\mu_{oW}$——壳程物流管壁温度下的动力黏度,cP;

$\rho_{oW}$——壳程物流管壁温度下的密度,$kg/m^3$;

$V_{oW}$——壳程物流管壁温度下的运动黏度,$mm^2/s$。

根据《冷换设备工艺计算手册》[6]第20页公式,壳程黏度校正系数为:

$$\phi_o = (\mu_{oD}/\mu_{oW})^{0.14} = (6.0498/4.5514)^{0.14} = 1.0289$$

式中 $\phi_o$——壳程黏度校正系数(无因次);

$\mu_{oD}$——壳程物流定性温度下的动力黏度,cP;

$\mu_{oW}$——壳程物流壁温下的动力黏度,cP。

校正后的壳传热系数为:

$$h_o = 431.5 \times 1.0289 = 443.9[\text{W/(m}^2 \cdot \text{K)}]$$

(八) 计算总传热系数

根据《冷换设备工艺计算手册》[6]第9页公式,且管程传热系数计算是以管内面积为基准,则以管外面积为基准的总传热系数为:

$$\frac{1}{K} = \frac{A_o}{A_i}\left(\frac{1}{h_i} + r_i\right) + \frac{1}{h_o} + r_o + r_p$$

其中管程传热系数计算是以管内面积为基准,则此处省略$\frac{A_o}{A_i}$,即。

$$\frac{1}{K} = \frac{1}{h_o} + r_o + \frac{1}{h_i} + r_i + r_p$$

式中 $K$——总传热系数,$W/(m^2 \cdot K)$;

$K_o$——清洁状态总传热系数,$W/(m^2 \cdot K)$;

$h_o$——壳程传热系数,$W/(m^2 \cdot K)$;

$h_i$——管程传热系数,$W/(m^2 \cdot K)$;

$r_o$——壳程物流污垢热阻系数,$m^2 \cdot K/W$;

$r_i$——管程物流污垢热阻系数，$m^2 \cdot K/W$；

$r_p$——金属热阻，$m^2 \cdot K/W$。

参考《冷换设备工艺计算手册》[6]第10页表1-10，该换热器材质为不锈钢，金属热的导热系数为19W/(m·k)，则金属热阻为：

$$r_P = \frac{d_o}{2\lambda_i}\ln\left(\frac{d_o}{d_i}\right) = \frac{0.025}{2 \times 19} \times \ln\left(\frac{0.025}{0.021}\right) = 0.000115(m^2 \cdot K/W)$$

参考《冷换设备工艺计算手册》[6]第18页表1-14(C)，管程蜡油结垢热阻为$r_i$ = 0.00053 $m^2 \cdot K/W$，壳程混合原料$r_o$ = 0.00176 $m^2 \cdot K/W$，则换热器的总传热系数为：

$$K = \frac{1}{\frac{1}{443.9} + 0.00176 + \frac{1}{824.2} + 0.00053 + 0.000115} = 170.3[W/(m^2 \cdot K)]$$

清洁总传热系数为：

$$K_o = \frac{1}{\frac{1}{h_o} + \frac{1}{h_i} + r_p} = \frac{1}{\frac{1}{443.9} + \frac{1}{824.2} + 0.000115} = 279.3[W/(m^2 \cdot K)]$$

式中 $K$——总传热系数，$W/(m^2 \cdot K)$；

$K_o$——清洁状态总传热系数，$W/(m^2 \cdot K)$；

$h_o$——壳程传热系数，$W/(m^2 \cdot K)$；

$h_i$——管程传热系数，$W/(m^2 \cdot K)$；

$r_o$——壳程物流污垢热阻系数，$m^2 \cdot K/W$；

$r_i$——管程物流污垢热阻系数，$m^2 \cdot K/W$；

$r_p$——金属热阻，$m^2 \cdot K/W$。

根据计算物流的有效换热温差为24.5℃，换热器实际的换热负荷为冷物流的焓变，根据3.2.1节计算冷物流的进出口焓值分别为540.7k/kg和694.5kJ/kg，故换热器的热负荷为：

$$Q_{热物流} = 142479 \times (803.5 - 633.0) = 24292670(kJ) = 5715.8(kW)$$

已知换热器的单台换热面积为528.7$m^2$，则串联的2台的面积为1057.4 $m^2$，则标定期间换热器的实际传热系数为需要的换热面积为：

$$K = \frac{Q}{S\Delta t} = \frac{5715.8 \times 1000}{1057.4 \times 24.5} = 221.6[W/(m^2 \cdot K)]$$

该传热系数介于清洁传热系数与结垢状态的传热系数之间，故标定期间该换热器已有轻微结垢现象。

（九）计算压力降

1. 计算管程压力降

根据《冷换设备工艺计算手册》[6]第27页公式，管程雷诺系数$10^3 < Re_h = 29394 < 10^5$，则管内摩擦系数为：

$$f_i = 0.4513Re_i^{-0.2653} = 0.4513 \times 29394^{-0.2653} = 0.0294$$

式中 $f_i$——管内摩擦系数，无因次。

则管内流动压力降为：

$$\Delta p_i = \frac{G_i^2}{2\rho_{iD}} \cdot \frac{L \cdot N_{tp}}{d_i} \cdot \frac{f_i}{\phi_i} = \frac{705.7^2}{2 \times 814.2} \times \frac{7 \times 6}{0.021} \times \frac{0.0294}{0.9952} = 18098(Pa)$$

式中 $\Delta p_i$——管程直管压力降，Pa；

$N_{tp}$——管程数；

$L$——管束长度，m。

回弯压力降为：

$$\Delta p_r = \frac{G_i^{\ 2}}{2\rho_{iD}} \cdot (4N_{tp}) = \frac{705.7^2}{2\times 814.2}\times(4\times 6) = 7304(\text{Pa})$$

管程进出口管嘴质量流速为：

$$G_{Ni} = \frac{W_i}{\frac{\pi}{4}D_i^2} = \frac{142479\div 3600}{0.785\times 0.4^2} = 1260.4[\text{kg}/(\text{m}^2\cdot\text{s})]$$

管程出入口管嘴相同，则管程进出口管嘴压力降为：

$$\Delta p_{Ni} = \frac{1.5G_{Ni}^{\ 2}}{2\rho_i} = \frac{1.5\times 1260.4^2}{2\times 814.2} = 1463(\text{Pa})$$

管程物流污垢热阻系数为0.000172，通过《冷换设备工艺计算手册》[6]第22页表1－15，管程压力降结构系数为：

$$F_o = 1.45$$

管程压力降为：

$$\Delta p_a = (\Delta p_i + \Delta p_r)\cdot F_o + \Delta p_{Ni} = (18098 + 7304)\times 1.45 + 1463 = 31989(\text{Pa}) \approx 32(\text{kPa})$$

式中 $f_i$——管内摩擦系数(无因次)；

$Re_i$——管程物流雷诺系数(无因次)；

$G_i$——管程物流质量流速，kg/(m$^2$·s)；

$L$——换热管长度，m；

$N_{tp}$——管程数，个；

$\Delta p_i$——管程流动压力降，Pa；

$\rho_{iD}$——管程物流定性温度下的密度，kg/m$^3$；

$d_i$——换热管内径，m；

$\phi_i$——管程物流黏度校正系数(无因次)；

$\Delta p_r$——管程物流回弯压力，Pa；

$G_{Ni}$——管程物流进出口管嘴质量流速，kg/(m$^2$·s)；

$W_i$——管程物流质量流速，kg/(m$^2$·s)；

$D_i$——管程进出口管嘴直径，m；

$\Delta p_{Ni}$——管程物流进出口管嘴压力降，Pa；

$F_o$——管程压力降结构校正系数(无因次)；

$\Delta p_a$——管程总压力降，Pa。

2. 计算壳程压力降

壳程雷诺系数 $1500 < Re_o = 1294 < 15000$，且弓缺为25%，根据《冷换设备工艺计算手册》[6]第27页公式，壳程摩擦系数为：

$$\begin{aligned} f_0 &= 0.402 + 3.1Re_o^{\ -1} + 3.51\times 10^4 Re_o^{\ -2} - 6.85\times 10^6 Re_o^{\ -3} + 4.175\times 10^8 Re_o^{\ -4} \\ &= 0.402 + 3.1\times 443.9^{-1} + 3.51\times 10^4\times 443.9^{-2} - 6.85\times 10^6\times 443.9^{-3} + \\ &\quad 4.175\times 10^8\times 443.9^{-4} = 0.5196 \end{aligned}$$

壳程内径为1.3m。

壳程旁路挡板压力降校正系数为：

$$\varepsilon_{\Delta p}=1.40$$

壳程流动压力降为：

$$\Delta p_o=\frac{G_o^{\ 2}}{2\rho_{oD}}\cdot\frac{D_s\cdot(N_b+1)}{d_e}\cdot\frac{f_o}{\phi_o}\cdot\varepsilon_{\Delta p}=\frac{265.5^2}{2\times 919.4}\times\frac{0.2\times(34+1)}{0.027}\times\frac{0.5196}{1.0289}\times 1.4=7026(\mathrm{Pa})$$

壳程进出口管嘴质量流速为：

$$G_{No}=\frac{W_o}{\frac{\pi}{4}\cdot D_o^{\ 2}}=\frac{133790\div 3600}{0.785\times 0.2^2}=1183.6[\mathrm{kg/(m^2\cdot s)}]$$

取导流板压力降系数$\varepsilon_{IP}=6$(经验一般取5~7)，则壳程导流筒压力降为：

$$\Delta p_{ro}=\frac{G_{NO}^{\ 2}}{2\rho_{oD}}\cdot\varepsilon_{IP}=\frac{1183.6^2}{2\times 919.4}\times 6=4571(\mathrm{Pa})$$

壳程进出口管嘴直径相同，进出口管嘴压力降为：

$$\Delta p_{NO}=\frac{1.5G_{NO}^{\ 2}}{2\rho_{oD}}=\frac{1.5\times 1183.6^2}{2\times 919.4}=1143(\mathrm{Pa})$$

壳程物流污垢热阻系数为0.00176，通过查表得壳程压力降污垢系数为：

$$F_o=1.75$$

壳程总压力降为：

$$\Delta p_S=\Delta p_o\cdot F_o+\Delta p_{ro}+\Delta p_{NO}=7026\times 1.75+4571+1143=18010(\mathrm{Pa})$$

式中 $f_o$——壳程物流摩擦系数(无因次)；

$Re_o$——壳程物流雷诺系数(无因次)；

$\varepsilon_{\Delta p}$——壳程挡板压力降校正系数(无因次)；

$\Delta p_o$——壳程流动压力降，Pa；

$G_o$——壳程质量流速，kg/(m$^2$·s)；

$\rho_{oD}$——壳程物流定性温度下的密度，kg/(m$^3$)；

$D_s$——壳程折流板间距，m；

$N_b$——壳程折流板数量，个；

$d_e$——壳程当量直径，m；

$\phi_o$——壳程黏度校正系数(无因次)；

$\varepsilon_{IP}$——导流板压力降系数(无因次)；

$\Delta p_{ro}$——壳程导流筒压力降，Pa；

$W_o$——壳程物流质量流速，kg/(m$^2$·s)；

$D_o$——壳程进出口管嘴直径，m；

$\Delta p_{NO}$——壳程进出口管嘴压力降，Pa；

$G_{NO}$——壳程物流进出口管嘴质量流速，kg/(m$^2$·s)；

$F_o$——壳程压力降结构校正系数(无因次)；

$\Delta p_s$——壳程总压力降，Pa。

## 八、焦炭塔计算

### （一）计算焦炭塔热平衡

1. 焦炭塔正常操作期间热平衡

（1）计算焦炭塔散热损失

已知焦炭塔直径为9.8m，直筒段高度为27m，则直筒段的表面积为：

$$S_{直筒段}=\pi DL=3.14\times 9.8\times 27=830.8(m^2)$$

由图2-4可知，焦炭塔下锥段圆台部分上底面半径为4.244m，下底面半径为0.75m，圆台的高为6.051m，故圆台的母线长度为：

$$L=\sqrt{(R-r)^2+h^2}=\sqrt{(4.224-0.75)^2+6.051^2}=6.987(m)$$

则圆台的侧表面积为：

$$S=\pi RL+\pi rL=3.14\times 4.244\times 6.987+3.14\times 0.75\times 6.987=109.6(m^2)$$

式中 $S$——圆台侧表面积，$m^2$；

$R$——圆台底面半径，m；

$r$——圆台顶面半径，m；

$L$——圆台母线长度，m。

从图2-4可知，球台部分上底面半径为4.9m，下底面半径为4.244m，球台高度为2.45m，根据球冠面积的计算公式 $S=2\pi Rh$ 得，球台的侧表面积为：

$$S_{球台侧面积}=2\pi RH-2\pi(H-h)=2\pi Rh=2\times 3.14\times 4.9\times 2.45=75.4(m^2)$$

已知焦炭塔底盖机的直径为1.5m，则底盖机的面积为：

$$S_{底盖机}=\frac{\pi d^2}{4}=\frac{3.14\times 1.5^2}{4}=1.8(m^2)$$

已知焦炭塔上封头为二分之一椭圆体，轴长分别为4.9m、4.9m和2.45m，则封头的表面积为：

$$S_{椭球冠面积}=\frac{1}{2}\times\frac{4}{3}\pi(ab+bc+ac)=\frac{1}{2}\times\frac{4}{3}\times 3.14\times(4.9\times 4.9+4.9\times 2.45+4.9\times 2.45c)$$
$$=32.0(m^2)$$

故焦炭塔的表面积为：

$$S_{焦炭塔}=830.0+109.6+75.4+1.8+32.0=1049.6(m^2)$$

根据《SHT 3010-2013 石油化工设备和管道绝热工程设计规范》中公式7.3.1-2和公式7.2.7-2，分别计算绝热层外表面向大气的散热系数和每平方米绝热层外表面的散热损失量。

$$\alpha=11.6+7\times\sqrt{f}$$

$$q=\alpha\times(t_n-t_a)$$

式中 $\alpha$——表面换热系数，W/($m^2$·℃)；

$f$——风速，m/s；

$q$——散热强度，W/$m^2$；

$t_n$——外壁平均温度，℃；

$t_a$——环境温度，℃。

测得现场焦炭塔保温外表面的温度约为45℃，风速约5m/s，以全年平均温度16.6℃为计算依据，则焦炭塔的散热损失为：

$$Q_{散热}=1049.6\times(11.6+7\times\sqrt{5})\times(45-16.6)\times3600\div1000\times18=52(\mathrm{kJ})$$

（2）计算原料反应热

计算焦炭塔热平衡时应以1塔焦的量进行计算，标定时焦炭塔的生产周期为18h生焦，将1塔焦的物料列于表2-62。

**表2-62　生产1塔焦的物料平衡数据**

| 项目 | 物料 | 流量/kg |
|---|---|---|
| 进料 | 混合进料 | 4816422 |
| | 循环油 | 377712 |
| | 加热炉注汽 | 67032 |
| | 加热炉有效热 | 75330 |
| | 急冷油 | 162301 |
| | 汽封蒸汽 | 117090 |
| | 合计 | 5615887 |
| 出料 | 干 气 | 243504 |
| | 液化气 | 147690 |
| | 汽 油 | 836586 |
| | 柴 油 | 902088 |
| | 蜡 油 | 1545498 |
| | 循环油 | 377712 |
| | 蒸汽 | 184122 |
| | 焦炭 | 1303357 |

根据经验，原料反应热取45000kcal/t（1kcal=4.1868kJ，下同）原料计算，则原料的总反应热为：

$$Q_{反应}=45000\times4.1868\times4816422=907\times10^{6}\mathrm{kJ}$$

（3）计算焦炭的热量

焦炭的比热参考煤的比热为0.3kcal/(kg·℃)，焦炭层的温度参考焦炭塔表面热偶温度437.9℃，则以-17.8℃为基准焦炭的焓值为：

$$H_{焦炭}=0.3\times4.1868\times(435.9+17.8)\times1303357=743\times10^{6}(\mathrm{kJ})$$

（4）计算焦炭进料流股的焓值

从加热炉热效率计算的过程看，加热炉热有效热负荷（介质在加热炉中的吸热量）从燃料气燃烧的角度进行计算更准确一些，故此处的焦炭塔进料焓值为加热炉入口焓值与燃料气燃烧的有效热之和。从加热炉效率正平衡计算可知，加热炉入口新鲜原料的焓值为694.4kJ/kg，循环油的焓值为789.9kJ/kg，加热炉注汽焓值为3235.1kJ/kg。

从加热炉效率反向计算可知，每燃烧1kg燃料传给介质的有效热量为40707kJ/kg燃料，燃料气消耗为4185kg/h，故加热炉出口物流的焓值为：

$$H_{加热炉出口}=40707\times4185\times18=851794(\mathrm{kJ})$$

已知焦炭塔本体重量为580366kg，金属的比热按照0.11kcal/(kg·℃)计算，焦炭塔进料前温度（即预热温度）为230℃，则以-17.8℃为基准计算焦炭塔的热量为：

$$H_{焦炭塔}=580366\times0.11\times(230+17.8)\times4.1868=114.1(kJ/kg)$$

焦炭塔出料以急冷后的油气计算，组分及流量为侧线产品之和，与进料流量平衡后剩余流量为焦炭质量。焦炭塔的进料还包括急冷油、顶底盖机注汽及部分球阀注汽等，分别计算各组分所在温度下的焓值，见表2－63。

**表2－63　焦炭塔正常操作期间热平衡数据**

| 项目 | 物料 | 流量/kg | 温度/℃ | 焓值/$10^6$kJ |
|---|---|---|---|---|
| 进料 | 混合进料 | 4816422 | 316.2 | 3345 |
| | 循环油 | 377712 | 350.2 | 298 |
| | 加热炉注汽 | 67032 | 406.1 | 217 |
| | 加热炉有效热 | | | 3066 |
| | 急冷油 | 162301 | 198.5 | 67 |
| | 汽封蒸汽 | 117090 | 268.1 | 348 |
| | 焦炭塔体 | 580366 | 230.0 | 66 |
| | 合计 | | | 7342 |
| 出料 | 干气 | 243504 | 429.0 | 266 |
| | 液化气 | 147690 | 429.0 | 151 |
| | 汽油 | 836586 | 429.0 | 1152 |
| | 柴油 | 902088 | 429.0 | 1142 |
| | 蜡油 | 1545498 | 429.0 | 1887 |
| | 循环油 | 377712 | 429.0 | 454 |
| | 蒸汽 | 184122 | 429.0 | 625 |
| | 焦炭 | 1303357 | 435.9 | 743 |
| | 反应热 | | | 907 |
| | 热损失 | | | 52 |
| | 焦炭塔体 | | | 121 |
| | 合计 | | | 7500 |

热平衡误差率：

$$\Delta=\frac{7500-7342}{7342}\times100\%=2.16\%$$

根据表中热量数据反算反应热为：

$$Q_{反应}=\frac{(7342-6593)\times10^6}{1303357\div1000}=155510(kJ/t)=37143(kcal/t\ 原料)$$

2. 计算小吹汽始态和终态的热平衡

以塔顶出口急冷前的油气温度作为塔内温度，取小吹汽前该温度为435.9℃，小吹汽后该温度为424.8℃。焦炭层中的轻油和重油分别按照焦炭质量的5%和10%进行估算。则热平衡数据见表2－64。

表 2-64　焦炭塔小吹汽热平衡数据

| 项目 | 物料 | 流量/kg | 温度/℃ | 焓值/$10^6$kJ |
|---|---|---|---|---|
| 始态 | 焦炭 | 1303357 | 435.9 | 743 |
| | 可挥发轻油(液相) | 65168 | 435.9 | 73 |
| | 可挥发重油(液相) | 130336 | 435.9 | 147 |
| | 蒸汽(小吹汽) | 3082 | 268.1 | 9 |
| | 焦炭塔体 | 580366 | 435.9 | 121 |
| | 合计 | 1501948 | | 1093 |
| 终态 | 焦炭 | 1303362 | 424.8 | 725 |
| | 可挥发轻油(气相) | 65168 | 424.8 | 73 |
| | 可挥发重油(液相) | 130336 | 424.8 | 135 |
| | 蒸汽(小吹汽) | 3082 | 424.8 | 10 |
| | 焦炭塔提 | 580366 | 424.8 | 118 |
| | 散热 | | | 3 |
| | 合 计 | | | 1064 |

热平衡误差率：

$$\Delta = \frac{1064 - 1093}{1093} \times 100\% = -2.69\%$$

3. 计算大吹汽起始状态和结束状态的热平衡

计算方法与小吹汽热平衡相同，具体数据见表 2-65。

表 2-65　焦炭塔大吹汽热平衡数据

| 项目 | 物料 | 流量/(kg/h) | 温度/℃ | 焓值/$10^6$kJ |
|---|---|---|---|---|
| 始态 | 焦炭 | 1303357 | 424.8 | 725 |
| | 可挥发轻油 | | 424.8 | 0 |
| | 可挥发重油 | 130336 | 424.8 | 135 |
| | 焦炭塔提 | 580336 | 424.8 | 118 |
| | 蒸汽(小吹汽) | 3258 | 268.1 | 10 |
| | 合计 | 1436956 | | 988 |
| 出料 | 焦炭 | 1303357 | 417.2 | 712 |
| | 可挥发轻油 | 0 | 417.2 | 0 |
| | 可挥发重油 | 130336 | 417.2 | 155 |
| | 蒸汽(小吹汽) | 3258 | 417.2 | 11 |
| | 焦炭塔体 | 580366 | 417.2 | 116 |
| | 散热 | | | 3 |
| | 合 计 | | | 997 |

热平衡误差率：

$$\Delta = \frac{997 - 988}{988} \times 100\% = 0.94\%$$

（二）计算焦炭塔气速

1. 焦炭塔气速计算

焦炭塔正常生产状态下，焦炭塔顶出来的油气为各侧线产品流量、循环油流量、加热炉注汽流量、底盖机汽封蒸汽流量及部分特阀注汽流量，由于特阀注汽量无法计算，此处以总特阀注汽量的一半进行计算。

$$Q_{蒸汽}=3638+411+\frac{6231}{2}=7165(\mathrm{kg/h})$$

蒸汽的相对分子质量为18，则蒸汽的摩尔流量为：

$$N_{蒸汽}=\frac{7165}{18}=398(\mathrm{kmol/h})$$

蒸汽的标准体积流量为：

$$V_{蒸汽}=398\mathrm{kmol/h}\times 22.4\mathrm{L/mol}=8916\mathrm{N\ m^3/h}$$

焦炭塔顶的温度为435.9℃，压力为116kPa(表)，根据理想状态方程，$PV=nRT$，则蒸汽的操作条件下的体积流量为：

$$V'_{蒸汽}=8916\times\frac{(435.9+273.15)\times 101}{273.15\times(116+101)}=10773(\mathrm{m^3/h})$$

同样方法，根据分馏塔物料平衡所计算的数据，分别计算出油气中各组分的体积流量，见表2-66。

**表2-66　焦炭塔顶油气出口组成及流量**

| 物料 | 质量流量/(kg/h) | 相对分子质量 | 摩尔流量/(mol/h) | 体积流量/(m³/h) |
|---|---|---|---|---|
| 干气 | 13551 | 21.27 | 637051 | 17241 |
| 液化气 | 8066 | 47.43 | 170048 | 4602 |
| 汽油 | 46476 | 118.15 | 393370 | 10646 |
| 柴油 | 50116 | 219.70 | 228114 | 6174 |
| 蜡油 | 72648 | 323.77 | 224383 | 6073 |
| 循环油 | 22286 | 410.22 | 54327 | 1470 |
| 蒸汽 | 10783 | 18.00 | 398056 | 10773 |

焦炭塔中气相体积流量为各组分体积流量之和：

$$V_{油气}=56978\ \mathrm{m^3/h}=15.83\ \mathrm{m^3/s}$$

焦炭塔的截面积：

$$S=\frac{\pi d^2}{4}=\frac{3.14\times 9.8^2}{4}=75.39(\mathrm{m^2})$$

空塔气速：

$$U=\frac{15.83}{75.39}=0.21(\mathrm{m/s})$$

2. 计算焦炭塔最大允许气速

根据《延迟焦化工艺与工程》[8]第611页公式：

$$U_C=0.048\sqrt{\frac{\rho_L-\rho_V}{\rho_V}}$$

式中　$U_C$——焦炭塔允许气速，m/s；

$\rho_L$——泡沫相密度，$kg/m^3$；

$\rho_V$——气相密度，$kg/m^3$。

根据焦炭塔的实际气速计算可知，焦炭塔内气相的体积流量和质量流量分别为56978$m^3/h$和220308kg/h，故气相的密度为：

$$\rho_V = \frac{220308}{56978} = 3.87(kg/m^3)$$

泡沫相密度根据经验取100$kg/m^3$进行计算，则焦炭塔的最大允许气速为：

$$U_C = 0.048 \times \sqrt{\frac{100 - 3.87}{3.87}} = 0.24(m/s)$$

（三）计算焦炭塔层高度

焦炭层高度的计算，分别求出焦炭塔锥段的体积和直筒段的横截面积，按照原料流量和焦炭收率计算出焦炭产量，再按照850$kg/m^3$的堆密度，计算焦炭的体积，进而计算出该塔焦层的高度，其中焦炭塔锥段体积和横截面积的计算见物料平衡章节。以18h生焦，进料流量为267579kg/h，焦炭收率为28.9%为例，则焦炭产量为：

$$M_{焦炭} = 18 \times 267579 \times 28.9\% = 1391946(kg)$$

焦炭的体积为：

$$V_{焦炭} = \frac{1391946}{850} = 1638(m^3)$$

已知焦炭的锥段高度为8.5m，体积为307$m^3$，焦炭塔直筒段横截面积为75.4$m^2$，则焦高为：

$$H_{焦炭} = \frac{1638 - 307}{75.4} + 8.5 = 26.1(m)$$

已知焦炭塔的整体高度（底盖机法兰至顶盖机法兰）为35.9m，则空高为：

$$H_{空高} = 35.9 - 26.1 = 9.8(m)$$

（四）计算能够沉降的最大焦粉颗粒

根据《原油蒸馏工艺与工程》[1]第183页斯托克斯公式：

$$u = \frac{d^2 \times (\rho_w - \rho)g}{18u}$$

式中 $u$——焦粉沉降速度，m/s；

$d$——焦粉直径，mm；

$\rho_w$——油气密度，$kg/m^3$；

$\rho$——焦粉颗粒密度，$kg/m^3$；

$g$——重力加速度，9.81$m/s^2$；

$\mu$——油气的黏度，Pa·s。

当焦粉的沉降速度等于气速时，能够沉降最大焦粉颗粒，即：

$$d = \sqrt{\frac{18u}{(\rho_{焦粉} - \rho)g}}$$

其中气体的黏度，根据《石油化工设计手册》[2]第979页公式：

$$\mu = 18.9943 + 0.061819t + 0.017352M + 9.08118 \times 10^{-6}tM - 1.00638 \times 10^{-5}t^2 - 1.04812 \times 10^{-4}M^2 - 0.136695\frac{t}{M} - 3.20527\ln M - 8.35025 \times 10^{-3}t\ln M = 12.71(cP) \approx 0.013(Pa \cdot S)$$

式中 $\mu$——气体黏度，cP；

$t$——气体的温度，℃；

$M$——摩尔质量，g/mol，根据焦炭塔顶油气中各馏分的组成及相对分子质量计算而得。

焦粉颗粒的密度按照1250kg/m³计算，则能够沉降的最大焦粉颗粒为：

$$d=\sqrt{\frac{18\times0.013}{(1250-3.87)\times9.81}}=0.0044(\text{mm})$$

## 九、计算装置基准能耗

利用反向算法，计算装置基准能耗。根据装置标定数据，列出计算基准能耗所需数据，见表2－67。

**表2－67 装置标定期间基准能耗计算所需数据**

| 序号 | 项目 | 数据 |
|---|---|---|
| 1 | 原料 | |
| | 新鲜进料 $Q/(\text{t/h})$ | 260.8 |
| | 新鲜进料分子量$M_C$ | 693.5 |
| 2 | 产品收率 | |
| | 干气$Y_F$/%(质) | 5.16 |
| | 液化气$Y_L$/%(质) | 2.87 |
| | 汽油$Y_G$/%(质) | 16.96 |
| | 柴油$Y_{LO}$/%(质) | 18.81 |
| | 蜡油$Y_{CGO}$/%(质) | 26.00 |
| | 焦炭$Y_{CK}$/%(质) | 30.2 |
| 3 | 循环比 $R$ | 0.09 |
| | 加热炉效率 $\eta$ | 0.92 |
| | 注汽率$R_W$/%(质) | 1.4 |
| | 规模 | $210\times10^4$t/a |

### （一）计算化学焓差能耗

1. 产品平均相对分子质量

$$M_P=\frac{Y_{CGO}+Y_{LO}+Y_G+Y_L+Y_F}{2.86\times10^{-3}Y_{CGO}+5\times10^{-3}Y_{LO}+0.01\,Y_G+0.02\,Y_L+5.56\times10^{-2}Y_F}$$

$$=\frac{26.0+18.81+16.96+2.87+5.16}{2.86\times10^{-3}\times26.0+5\times10^{-3}\times18.81+0.01\times16.96+0.02\times2.87+5.56\times10^{-2}\times5.16}$$

$$=102.3$$

2. 化学焓差能

$$E_1=24158\times\frac{M_C-M_P}{M_CM_P}=24158\times\frac{693.5-102.3}{693.5\times102.3}=201.3(\text{MJ/t})$$

### （二）加热炉散热与排烟能耗

$$E_2=628(1+R)\left(\frac{1}{\eta}-1\right)=628\times(1+0.09)\times\left(\frac{1}{0.92}-1\right)=59.5(\text{MJ/t})$$

（三）装置电耗

$$E_3 = 120 + 43.1R = 120 + 43.1 \times 0.09 = 123.9(\text{MJ/t})$$

（四）蒸汽能耗

$$E_4 = 63.6 + 6.3R_W = 63.6 + 6.3 \times 1.4 = 72.4(\text{MJ/t})$$

（五）富气压缩机能耗

本装置富气压缩机采用中压蒸汽驱动，背压为1.0MPa蒸汽。富气压缩机电耗估计为：

$$E_L = 1.26(Y_L + Y_F)Q = 1.26 \times (5.16 + 2.87) \times 260.8 = 2738.7(\text{MJ/t})$$

则富气压缩机能耗为：

$$E_5 = 8.3\frac{E_L}{Q} = 8.3 \times \frac{2738.7}{260.8} = 87.2(\text{MJ/t})$$

（六）工艺利用与回收环节的散热损失

$$E_6 = 397\text{S}^{-0.5} = 397 \times 210^{-0.5} = 27.4(\text{MJ/t})$$

（七）装置排弃能耗

$$E_7 = 11.50Y_F + 6.88Y_L + 6.55Y_G + 0.477Y_{LO} + 0.574Y_{CGO} + 28.73R_W + 2.763Y_{CK} - 6.7(1+R) + 15 = 11.50 \times 5.16 + 6.88 \times 2.87 + 6.55 \times 16.96 + 0.477 \times 18.81 + 0.574 \times 26 + 28.73 \times 1.4 + 2.763 \times 30.2 - 6.7(1 + 0.09) + 15 = 345.4(\text{MJ/t})$$

（八）装置排弃能消耗的循环水和新鲜水能耗

$$E_8 = 9.3(\text{MJ/t})$$

（九）吸收稳定系统能耗

本装置解析塔底和稳定塔底均设有重沸器，故：

$$E_9 = 230(\text{MJ/t})$$

（十）装置输出低温热

装置输出低温热未利用，则：

$$E_{10} = 0(\text{MJ/t})$$

（十一）装置基准能耗

$$E_B = 201.3 + 59.5 + 123.9 + 72.4 + 87.2 + 27.4 + 345.4 + 9.3 + 230 = 1156.4(\text{MJ/t}) = 27.66(\text{kgEO/t})$$

（十二）计算装置实际能耗

根据装置标定的实物公用工程消耗及《石油化工设计能耗计算标准》，列出各能量消耗及折算标油数据，见表2-68。

表2-68　装置标定期间实际能耗数据

| 项目 | 本期消耗 /t(或kW·h) | 折算值 /(kgEO/t) | 标定能耗 /(kgEO/t) | 设计能耗 /(kgEO/t) | 偏差 /(kgEO/t) | 偏差率 /% |
|---|---|---|---|---|---|---|
| 能耗合计 | | | 23.26 | 24.14 | -0.880 | -3.65 |
| 新鲜水 | 3031 | 0.15 | 0.019 | 0.007 | 0.012 | 1.77 |
| 循环水 | 79754 | 0.06 | 0.204 | 0.513 | -0.309 | -0.60 |
| 软化水 | 2955 | 0.2 | 0.025 | 0.279 | -0.254 | -0.91 |
| 凝结水 | 2230 | 6 | 0.570 | -0.332 | 0.902 | -2.72 |

续表

| 项目 | 本期消耗 /t或(kW·h) | 折算值 /(kgEO/t) | 标定能耗 /(kgEO/t) | 设计能耗 /(kgEO/t) | 偏差 /(kgEO/t) | 偏差率 /% |
|---|---|---|---|---|---|---|
| 电 | 347529 | 0.22 | 3.257 | 4.006 | -0.749 | -0.19 |
| 3.5MPa蒸汽 | 4751.6 | 88 | 17.811 | 16.797 | 1.014 | 0.06 |
| 1.0MPa蒸汽 | -3384 | 76 | -10.955 | -10.433 | -0.522 | 0.05 |
| 0.35MPa蒸汽 | -1055.5 | 66 | -2.967 | -2.058 | -0.909 | 0.44 |
| 燃料气 | 378 | 950 | 15.296 | 17.159 | -1.863 | -0.11 |

由能耗统计表可以看出，装置设计综合能耗为24.14kgEO/t，装置基准能耗为27.66kgEO/t，标定期间实际能耗为23.37kgEO/t(能耗统计按18h生焦计算)，低于设计值约0.77kgEO/t。分析如下：

1）新鲜水消耗。原设计冷切焦水补水为乙烯高盐污水，而由于乙烯高盐污水无法供水，目前冷切焦水采用新鲜水补水，导致新鲜水消耗较设计上升，相应能耗上升0.015kgEO/t。

2）循环水消耗。标定期间气温处于偏低水平，装置空冷效果较好，使循环水消耗较少，相应能耗下降0.173kgEO/t。

3）软化水和凝结水消耗绝对值相差较小，分别为84t和164t，能耗偏差较小。

4）除氧水消耗。设计项目中除氧水消耗未单独列出，故未进行比较分析。

5）电能消耗。标定期间气温较低，空冷效果较好，空冷运行台数及时间较少，节省电耗，相应能耗降低0.601kgEO/t。

6）标定期间富气量较大，除去放低瓦的部分，压缩机入口平均富气量为24681kNm$^3$/h，大于21900 kNm$^3$/h，使3.5MPa蒸汽消耗增加，相应能耗增加0.595kgEO/t。

7）由于压缩机3.5MPa蒸汽消耗增加，故对应的背压1.0MPa蒸汽产出量增加，故使得1.0MPa蒸汽能耗下降了0.472kgEO/t。

8）标定期间由于原料进装置温度较高，使柴油抽出温度在196℃左右，返回温度约为176℃，温差为36℃。而设计抽出温度为189℃，返回温度为168℃，温差为21℃，使得0.35MPa蒸汽发汽量有所增加。

9）燃料气消耗。装置标定期间混合原料换热终温按320℃控制，高于303℃的设计值，使得加热炉负荷降低，燃料气消耗减少，相应能耗降低1.86kgEO/t。

## 十、存在的问题及建议

1）装置的换热网络窄点为31.5℃，高于正常情况下18℃左右的窄点温度。共有7台换热器的窄点偏高，最高的达到了63.1℃，其中稳定汽油的几台换热器的换热窄点均偏高，导致稳定汽油物料的高温位热量用于低温物料加热。建议通过在原料与柴油产品换热后增加稳定汽油与原料换热器，回收部分热量，降低加热炉负荷，进而降低装置能耗，具体是否可行需要进一步进行核算与评估。此外，装置的部分低温热没有很好地利用，比如压缩机一级出口、柴油及蜡油空冷部分的低温热可用作燃料气、除盐水等取热，进而可以将高温位的热量用于原料预热，提高换热终温。但从现有的装置实际情况看，这样调整动改工作量太大，而且投资较高，不切合实际，不建议进行改造。

2）装置加热炉效率为91.68%，还存在一定的优化空间，尤其在排烟温度方面。据了解，目前可将排烟温度进一步降低，根据计算，如果降低排烟温度值105℃，则加热炉热效率可提高至93.33%。建议在现有空预器不变的情况下，再增加一套空预器串联操作，进一步降低排烟温度，回收热量，降低能耗。从能耗的数据看燃料气能耗为15.296kgEO/t，降低排烟温度后可降低为：

$$15.296 \times \frac{92.17}{93.82} = 15.027(\mathrm{kgEO/t})$$

则装置能耗降低0.269kgEO/t。

3）柴油95%馏出温度与蜡油5%馏出温度重叠度为46℃，说明这两个馏分分离精度不好，原因为装置原设计换热终温为303℃，而装置操作换热终温为316.2℃，该部分热量来自蜡油回流换热，导致蜡油回流取热量大，内回流变小，分离精度下降。建议可以根据产品的质量要求适当降低换热终温，但装置能耗会增加，需要根据装置实际需求进行综合调整。

## 参考文献


[1]李志强．原油蒸馏工艺与工程．[M]．北京：中国石化出版社，2010.

[2]王松汉．石油化工设计手册[M]．北京：化学工业出版社，2001.

[3]钱家麟．管式加热炉[M]．北京：中国石化出版社，2003.

[4]曹汉昌，郝希仁，张韩．催化裂化工艺计算与技术分析[M]．北京：石油工业出版社，2000.

[5]林世雄．石油炼制工程[M]．3版．北京．石油工业出版社，2000.

[6]刘巍．冷换设备工艺计算手册[M]．2版．北京：中国石化出版社，2008.

[7]姚玉英．化工原理[M]．天津：天津大学出版社，2004.

[8]瞿国华．延迟焦化工艺与工程[M]．北京：中国石化出版社．2017.

[9]胡尧良．延迟焦化装置技术手册[M]．北京：中国石化出版社，2013.

# 金陵石化1.85Mt/a延迟焦化装置工艺计算

完成人：薛　鹏
单　位：中国石化金陵石化公司

# 目　录

# 第一部分　标定报告

## 一、装置概述

中国石化金陵石化分公司Ⅲ延迟焦化装置2004年底建成投产，装置规模为1.6Mt/a，循环比0.20，生焦周期24h，年开工时间8000h。

2008年12月进行扩容改造，扩容改造后装置规模为1.85Mt/a，可调循环比，生焦周期20.5h。装置包含焦化和吸收稳定两大组成部分，焦化部分包括反应、分馏、吹汽放空、水力除焦、切焦水和冷焦水；吸收稳定部分包括压缩机和吸收稳定。

## 二、标定基本情况

### （一）标定时间

2018年09月25日06：00～09月27日06：00。

### （二）标定目的

由于装置加工原料性质差异大，装置运行情况变化较大，为考察当前装置实际运行情况、产品情况及能耗水平等，并为装置核算提供数据支持，通过计算分析找出影响装置运行水平的原因，并为装置技术改造提供必要的基础数据，以及提出下一步的优化改造方案。

## 三、原始数据

### （一）原料分析数据

原料分析数据见表1－1。

**表1－1　原料分析数据表**

| 项　目 | 油　浆 | 渣　油 | 污　油 |
|---|---|---|---|
| 密度/(kg/m$^3$) | 1100.1 | 995 | 897 |
| 初馏点/℃ | 254 | 290 | 235 |
| 5%馏出温度/℃ | 300 | 365 | |
| 10%馏出温度/℃ | 371 | 384 | 257 |
| 30%馏出温度/℃ | 411 | 451 | 278.5 |
| 50%馏出温度/℃ | 433 | | 298 |
| 70%馏出温度/℃ | 478 | | 320.6 |
| 90%馏出温度/℃ | | | 356.7 |
| 终馏点/℃ | | | |
| 全馏量/% | 84 | 40 | |
| 总硫/(mg/kg) | 0.87% | 2.39% | 1.71% |
| 总氮/(mg/kg) | 2346.9 | 4587.2 | 2021.3 |

续表

| 项　　目 | 油　　浆 | 渣　　油 | 污　　油 |
| --- | --- | --- | --- |
| 残炭/% | 18.36 | 12.15 | |
| 固含量/(g/L) | 4.9 | | |
| 黏度(100℃)/($mm^2/s$) | 22.56 | 110.8 | 5.074 |
| 500℃含量/% | 76 | 35.5 | |

（二）产品分析数据

1. 液体产品分析数据

液体产品分析数据见表1-2。

**表1-2　液体产品分析数据表**

| 项目 | 粗汽油 | 稳定汽油 | 柴油 | 顶循环油 | 中段循环 | 底循环油 | 轻蜡油 | 重蜡油 |
| --- | --- | --- | --- | --- | --- | --- | --- | --- |
| 密度/($kg/m^3$) | 740.3 | 731.2 | 868.6 | 780 | 896.3 | 957.2 | 930 | 946.2 |
| 初馏点/℃ | 45 | 30 | 193 | 112 | 217 | 252 | 318 | 353 |
| 5%馏出温度/℃ | | | | | | 335 | 313 | 338 |
| 10%馏出温度/℃ | 86 | 56 | 228 | 156 | 315 | 374 | 342 | 362 |
| 30%馏出温度/℃ | 127.4 | 96.4 | 253 | 167.6 | 347 | 422 | 370 | 404 |
| 50%馏出温度/℃ | 145 | 127 | 277 | 175 | 362 | 444 | 383 | 423 |
| 70%馏出温度/℃ | 162.3 | 151.6 | 303.2 | 182.4 | 374 | 472 | 400 | 443 |
| 90%馏出温度/℃ | 186 | 180 | 332 | 192 | 395 | 524 | 418 | 500 |
| 95%馏出温度/℃ | | | 343 | | | | | |
| 终馏点/℃ | 202 | 198 | 353 | 200 | 427 | | 439 | 522 |
| 全馏量/% | 97 | 97 | 98 | 97.8 | 97 | 94 | 99 | 90 |
| 总硫/(mg/kg) | 6965 | 6807 | 0.96% | 0.66% | 1.06% | 1.80% | 1.24% | 1.49% |
| 总氮/(mg/kg) | 210.4 | 204.4 | 1825.9 | 548.8 | 2547.2 | 5955 | 3919.5 | 5044.6 |
| 残炭/% | | | | | | 6.77 | 0.12 | 1.76 |
| 黏度(50℃)/($mm^2/s$) | | | | | | 82.71 | 12.032 | 35.767 |
| 黏度(100℃)/($mm^2/s$) | | | | | | 14.52 | 3.352 | 6.408 |
| 500℃含量/% | | | | | | 83 | | 90 |

2. 气体分析数据

气体分析数据见表1-3、表1-4。

表 1-3 焦化干气分析数据表

| 干气 | 甲烷 | 乙烷 | 乙烯 | 丙烷 | 丙烯 | 异丁烷 | 正丁烷 | 丁烯 | 碳五 | 二氧化碳 | 氧气 | 氮气 | 氢气 | 硫化氢 |
|---|---|---|---|---|---|---|---|---|---|---|---|---|---|---|
| 组分 | $CH_4$ | $C_2H_6$ | $C_2H_4$ | $C_3H_8$ | $C_3H_6$ | $i$-$C_4H_{10}$ | $n$-$C_4H_{10}$ | $C_4H_8$ | $C_5H_{12}$ | $CO_2$ | $O_2$ | $N_2$ | $H_2$ | $H_2S$ |
| 体积分数/% | 49.8 | 12.8 | 1.5 | 4.3 | 1.6 | 0.2 | 0.8 | 0.5 | 0.3 | 0.6 | 1.4 | 4.9 | 15.9 | 5.4 |

表 1-4 焦化液态烃分析数据表

| 液态烃 | 丙烷 | 丙烯 | 异丁烷 | 正丁烷 | 反丁烯 | 顺丁烯 | 正异丁烯 | 碳五 | 硫化氢 |
|---|---|---|---|---|---|---|---|---|---|
| 组分 | $C_3H_8$ | $C_3H_6$ | $i$-$C_4H_{10}$ | $n$-$C_4H_{10}$ | $t$-$C_4H_8$ | $n$-$C_4H_8$ | $C_4H_8$ | $C_5H_{12}$ | $H_2S$ |
| 体积分数/% | 48.20 | 17.40 | 5.10 | 15.40 | 1.80 | 1.30 | 10.50 | 0.20 | 0.10 |

3. 焦炭分析数据

焦炭分析数据见表1-5。

表 1-5 石油焦分析数据表

| 焦炭 | 挥发分 | 硫含量 | 灰分 | 水分 |
|---|---|---|---|---|
| 质量分数/% | 9.265 | 2.84 | 0.45 | 0.315 |

（三）相关分析数据

加热炉瓦斯及烟气分析数据见表1-6、表1-7。

表 1-6 加热炉烟气分析数据表

| 烟气<br>测试位置 | 温度/℃ | $O_2$/% | CO/μL/L | $SO_2$/(mg/m³) | $CO_2$/% | NO/μL/L | $NO_x$/(mg/m³) |
|---|---|---|---|---|---|---|---|
| 预热器前 | 276.6 | 6.52 | 16 | 4 | 8.2 | 12 | 33 |
| 预热器后 | 117.8 | 7.95 | 26 | 8 | 7.93 | 11 | 31 |

表 1-7 加热炉瓦斯分析数据表

| 组分 | $CH_4$ | $C_2H_6$ | $CO_2$ | $O_2$ | $N_2$ | $H_2$ | 合计 |
|---|---|---|---|---|---|---|---|
| 体积分数/% | 85.10 | 0.20 | 0.5 | 2.40 | 0 | 11.80 | 100 |

## 四、物料平衡

（一）油品平衡

1. 粗物料平衡分析

1）加工原料分别为减压渣油、催化油浆、罐区冷渣、罐区污油。前三者进装置原料罐，进加热炉、焦炭塔参与生焦反应，而罐区污油进焦化分馏塔内直接回炼后出装置。因此，在计算装置总物料平衡时，罐区污油作为入方原料。但在进行加热炉、焦炭塔物料衡算时，污油不纳入物料计算，因此各单元计算时，将分别做物料平衡。

2）焦化产品分别为干气、液化气、汽油、柴油、轻蜡油、重蜡油、石油焦，分别出装置。其中，轻收为37.2%、总液收为64.8%、焦炭+损失为27.1%。标定期间，装置加工管道及沙重减压渣油，催化油浆掺炼比例为9.4%。另外，装置循环比控制较高，循环比计算得0.26，建议进一步降低循环比操作，提高装置处理量，并进一步提高液体产品收率。

3）由于装置进、出气体，液体物料均设有质量流量计，各质量流量计型号及位号见表3-2-1，因此装置总物料平衡时暂不需流量校正。但由于焦化装置焦炭量属于固体计量，准确计量较为困难，因此，装置日常生产及标定期间，焦炭及加工损失通过进出物料质量衡算得到。

4）加工损失分析：焦炭塔老塔处理吹出油、焦炭塔预热放瓦斯外甩油改造后直接进放空塔再回炼至分馏塔，不计入物料外输；因此，装置主要加工损失有焦炭塔老塔改溢流后，放空尾气放火炬损失部分、含硫污水含油损失部分、放空污水含油损失部分导致加工损失，另外装置现场有少量跑冒滴漏情况伴随发生。

2. 细物料平衡分析

根据不同的需要，装置物料平衡，除粗物料平衡方法外，还可使用细物料平衡，主要是由于：①干气和液态烃分离不佳，且干气和液态烃中不同组分有不同的用途，需做细物料平衡，即求出所得产物中干气和液态烃各组分的产率。②细物料平衡（考虑汽油中的气体）：稳定汽油作为稳定吸收出装置产品，含有少量的未解析的碳四组分。为了估算稳定汽油中的碳四组分，也需做细物料平衡。而干气、液态烃中的碳五及更重的部分则并入汽油中。所做出的细物料平衡中，气体是焦化装置所得的真实气体量，汽油是$C_{5+}$汽油。③受分离精度影响，焦化柴油与蜡油重叠、焦化柴油与稳定汽油重叠，也需做细物料平衡。④焦化重蜡油与轻蜡油混合出装置，仅控制重蜡油残炭指标，二者不进行细分。

通过细物料平衡计算发现，装置馏出口收率与细物料真实收率偏差较大，一是因为实际生产及操作原因，导致产品重叠度高，分离不清；二是化验分析数据在馏程端点处，存在误差，导致计算实沸点数据时存在误差问题；三是塔的分离效率问题。针对实际问题，总结如下：

1）装置液态烃收率相对偏低，不仅干气和液态烃的分离效果不佳，而且稳定汽油中含烃，因此还有进一步优化空间。

2）汽油、柴油产率较细物料平衡真实收率相比，仍有提高的余地。计算发现，柴油初馏点、干点控制偏低，导致汽油柴油重叠发生。同样，蜡油与柴油重叠，一部分柴油未被分离出。

3）要从提高分馏塔分馏精度入手：当塔的负荷较低时，可适当增大塔顶回流流量或顶循流量，降低中段回流流量并搞好各侧线间的物料平衡。

（二）水平衡

由于焦化装置间歇操作工艺较多，且使用的水工质较多，主要有新鲜水、循环水、软化水、MBR水、循环热水、冷媒水、蒸汽汽提、生活水、假定净水、凝结水、雨水回收等。本文仅研究连续生产的含硫污水水平衡，公用工程部分不做研究。

分馏塔顶出装置含硫污水11t/h，焦炭塔无小吹汽操作、放空塔无低压瓦斯回收。因此，含硫污水主要含加热炉注汽消耗3075kg/h（校正后3.26t/h）、二层特阀汽封使用3.5MPa蒸汽减压至1.0MPa消耗1.5t/h（校正后1.61t/h）、三层特阀、旋塞阀、底盖机、溢流线、消泡剂线汽封等耗量均无计量，仅能通过其他计量倒推或者通过蒸汽管线阀门开度、限流孔板尺寸进行估算。

（三）硫平衡

根据化验分析数据，装置进出物料均进行硫含量分析，但由于放空污水流量无计量表，仅能通过罐容标定得到；放空尾气携带至火炬部分，根据其他物料倒推。放空污水、含硫污水由于改造至沥青罐区沉降，再送至污水汽提，因此放空污水和含硫污水硫含量影响硫分布较小，因此，采用2008年6月17日两次标定数据计算。干气、液态烃硫含量根据硫化氢体积占比分率计算求得。

根据装置硫平衡计算，装置产品硫分布主要集中于干气和焦炭产品，本装置焦化原料（含污油）65.53%硫进入到干气与焦炭中，因此化验分析及计算符合焦化装置硫分布规律[1]。焦化原料中约60%的硫进入到焦化干气和焦炭中，进入汽油中的硫为3.9%，其他30%左右硫进入焦化装置其他馏分油及污水中。

（四）氮平衡

根据化验分析数据，装置进出物料部分进行氮含量分析，石油焦部分含氮归一化得到：

根据装置氮平衡计算，装置产品氮分布主要集中于焦炭产品，本装置焦化原料（含污油）61.5%氮进入到焦炭中，进入汽油中的氮为0.61%，进入蜡油的氮为27.59%，其他氮进入焦化装置柴油中。因此化验分析及计算符合焦化装置氮分布规律[1]，其中，焦化原料中约75%的氮进入到石油焦里，进入汽油里的氮约1%，进入馏分油里的氮为24%。

## 五、热平衡

（一）分馏塔热平衡

1）分馏塔侧线抽出温度计算值与装置实际操作抽出温度偏差较大，一方面，主要是由于在恩氏蒸馏数据转化为平衡蒸发数据时，公式法计算50%点与图表转换法存在较大误差，公式法50%点为438.8℃，图表法50%点为445℃；另一方面是由于化验分析数据存在一定误差。因此，抽出温度计算值较实际操作值偏低。

2）分馏塔设有塔顶循环回流和中段循环回流，中段循环回流起着至关重要的作用，可以调节塔内的负荷均匀程度，由于中段回流取走一部分回流热，则其上部回流量可以减少，塔顶负荷也会减少，从而实现全塔气液相负荷均匀；操作较优时，可以提高塔的处理能力，达到接近塔径相当的设计负荷。

分馏塔全塔热平衡计算总回流热与各中段回流取热之和有$6\times10^{6}$kJ/h之差，刨除塔及系统的散热损失，顶循环和中段回流取热占全塔回流热的比例为43%，介于40%~60%。在实际操作过程中，中段回流取热必须在保证产品收率和质量的前提下进行，因此实际操作过程中段回流取热不能过高过低，以免影响塔中段的塔盘操作。例如，由于中段回流上部回流比减小，可以对中段回流的取热量适当限制以保证塔上部的分馏精确度能满足要求。

3）计算得顶循环和中段回流进出温差分别为67℃和78℃，介于60~80℃之间。进出温差越大，越可能导致高温位热量利用不高。

4）在分馏塔气液相负荷计算中，分析计算出塔内气液负荷分布图，也为分析塔内传质状况提供了依据。从焦化分馏塔气液相负荷图中可以看出，塔内的气液相流量在中段回流返回塔板出现明显的波动，液相流量在中段返回塔以上出现明显的降低。

5）在分馏塔气液相负荷计算中，分析计算出分馏塔下方内回流量相对较小，反之在分馏塔上部，温度较低，内回流量相对较多。

6）循环回流处，由于循环回流上下方回流量的变化，会引起气相流量发生相应变化。

7）在分馏塔顶计算水露点，通过安托因方程计算发现，尽管当前正常操作，不存在露点问题，但装置一旦启用塔顶冷回流，塔顶冷回流温度在30～40℃之间，必然会造成局部温度偏低，造成局部露点腐蚀；其次，装置正常生产期间含硫污水量较大，当掺炼污油带水或者小吹汽期间，水量增加导致水分压提高，水露点温度也会相应提高。因此，需要加强塔顶腐蚀问题的操作监控。

（二）加热炉热平衡

1）加热炉正平衡、反平衡效率计算值基本接近，稍有误差。二者计算方法不同，但均是计算燃料效率，因此燃料工质低热值影响炉效较大。

2）加热炉计算过剩空气率48.25%、过剩空气系数接近1.5，主要原因是空气预热器内漏导致采样失准，另外加热炉C炉由于挡板故障，烟气中氧含量DCS控制3.5%，计算过剩空气系数为1.2，也是超过烧气加热炉过剩空气系数常规水平。因此，大量的过剩空气将排入大气，加大排烟损失，使热效率降低。过剩空气过大，会加速炉管氧化、加速二氧化硫转化导致露点腐蚀问题。所以，一方面，建议在检修及日常维护中，减少炉膛漏风，提高挡板调节能力；另一方面，需加强操作，优化F3101ABC三炉室负压及配风均匀。

3）通过计算，辐射炉管表面热强度为27.54kW/m²，低于设计值35.7kW/m²，一方面，由于加热炉炉管结焦情况发生，管壁温度有超620℃情况发生，因此目前加热炉提量时，提高炉管表面热强度，尽管炉膛内炉管平均温度没有超出结焦限度，但因炉膛内传热的不均匀性，炉管表面热强度在沿炉管的圆周、长度方向以及炉管和炉管之间不同，个别炉管的某些部位却会接近或达到结焦的限度，造成局部炉管管壁温度随之升高，造成靠近管壁处的渣油可能因过热而分解或结焦，这也是影响加热炉处理量的瓶颈。另一方面，管内介质的性质、温度、压力、流速等也会影响到炉管热强度，例如计算炉管管内质量流速：$\phi114.3\times8.56$管内质量流速 $G_F=\dfrac{W}{N\cdot F_0}=\dfrac{251900/3600}{6\times\dfrac{\pi}{4}(114.3-17.12)^2}\times10^6=1573[\text{kg}/(\text{m}^2\cdot\text{s})]$，$\phi127\times10$管内质量流速 $G_F=\dfrac{W}{N\cdot F_0}=\dfrac{251900/3600}{6\times\dfrac{\pi}{4}(127-20)^2}\times10^6=1297[\text{kg}/(\text{m}^2\cdot\text{s})]$，通过对比辐射炉管表面热强度和管内质量流速的经验数据[2]，管内质量流速明显低于1700～2200kg/(m²·s)。流体在管内的流速低，边界层易变厚，传热系数变小，管壁温度越高，介质在炉内的停留时间也越长，最终结果也导致介质在炉管内结焦。

（三）焦炭塔热平衡

1）通过计算，焦炭塔散热损失较大，尤其是正常生焦阶段，散热损失高达$48\times10^4$kcal/h，因此通过计算反应热得，每小时散热损失可以为9.2t原料提供反应热。由此可见，尤其需要重视焦炭塔保温工作，理论研究表明每提高焦炭塔介质温度5.6℃，装置液收增加1.1%。因此，改善焦炭塔保温不仅节能效益明显，经济效益也会明显提高。

2）焦炭塔允许气速为0.22m/s，实际气速为0.18m/s，虽未超过允许气速，正常生产期间泡沫层不会大量携带。但实际气速已超过计算临界气速0.15m/s，即可沉降颗粒直径58μm，大于50μm焦粉颗粒。由于焦粉颗粒越小，焦粉越容易达到悬浮状态。因此，当前气速下油气易携带细小焦粉进入分馏塔及后续系统，这就解释了为什么本装置焦化富气、汽油、柴油、污水中含有特别细小的焦粉，影响下游装置操作。

（四）换热网络

1）由于本计算中，换热温差选取56℃，造成换热网络夹点温度较高，较多换热器存在跨夹点换热现象。但在对比换热温差为18℃时，冷夹点为139.3℃、热夹点为157.3℃，换热器E3101CD、E3406，冷却器E3109、E3114跨夹点换热，其中只有两台高温换热器跨夹点换热。因此，换热温差的选取影响夹点的位置较为严重。

2）一方面，传热温差较小时，推动力较小，可以考虑增加部分高温位换热器换热面积，提高传热量。另一方面，装置计算总传热负荷不变的情况下，最小传热温差假设值选取56℃能与之对应，与工程设计值18℃、20℃相比偏大，根据 $Q = KA\Delta T$，说明装置换热器传热效果明显下降或者有效传热面积减少。

3）假设不同换热温差，最小公用工程情况汇总如下，假设的最小传热温差计算对照见表1－8。

**表1－8　假设最小传热温差计算对照表**

| 工况<br>1 | $\Delta T_{min}$ /℃ | 热夹点 /℃ | 冷夹点 /℃ | 最小热工 /kW | 最小冷工 /kW |
|---|---|---|---|---|---|
| 2 | 56 | 233.2 | 177.2 | 33590 | 11428 |
| 3 | 51 | 233.2 | 182.2 | 32608 | 10446 |
| 4 | 30 | 169.3 | 139.3 | 28910 | 6748 |
| 5 | 18 | 157.3 | 139.3 | 27692 | 5529 |

因此，当实际最小传热温差为30℃时，实际夹点随之改变，最小热公用工程为28910kW，此时的换热终温理论可达到314.5℃，说明目前装置实际换热终温仍有优化空间。

4）假设56℃为最小传热温差时，E3101AB、E3102、E3103AB、E3105CD重油换热器跨夹点换热；假设换热温差为18℃时，换热器E3101CD、E3406跨夹点换热。建议大修期间对高温位原料换热器进行清洗，提高传热系数，降低跨夹点传热量。

5）因E3101AB、E3102、E3103AB、E3105CD渣油换热器跨夹点换热，理论上可以考虑在夹点之上将渣油分流分别与分馏塔侧线换热，提高换热终温，消除夹点换热。

6）分馏塔章节计算得顶循环和中段回流进出温差分别为67℃和78℃，介于60～80℃之间。进出温差越大，可能导致高温位热量利用不高。例如，作为热源温位较高的中段回流（E3102），抽出温度高于夹点温度，返塔温度低于夹点温度时，优化时应设法提高返塔回流的温度，使低于夹点部分的热源转变为高于夹点的热源，从而改善换热条件，消除跨夹点换热，减少加热负荷。

## 六、水力学

在分馏塔气液相负荷计算中，分析计算出塔内气液负荷分布图，也为分析塔内传质状况提供了依据。从焦化分馏塔气液相负荷图中可以看出，塔内的气液相流量在中段回流返回塔板出现明显的波动，液相流量在中段返回塔以上出现明显的降低。因此，本次塔盘水力学计算，特选取部分典型塔盘进行研究。选取焦化分馏塔塔顶循环抽出第4层塔盘、中段循环第19层塔盘进行塔盘水力学计算。

根据顶循塔盘雾沫夹带线、液泛线、液相负荷上限线、漏液线和液相负荷下限线绘制塔板负荷曲线图，由塔盘负荷性能图可以看出：

1）当前的气液负荷操作点 $P$，处在适宜操作区位置。

2）塔盘的气相负荷上限完全由雾沫夹带控制，操作下限由漏液控制说明计算得 0.40m/s 的空塔气速较为适宜。

3）按照固定的液气比，根据塔盘负荷性能图，计算得横坐标液相负荷为 169.1m$^3$/h，气相负荷上限$V_{S\max}$为 39738.5m$^3$/h；气相负荷下限$V_{S\min}$为 12870m$^3$/h。

则操作弹性：$\frac{V_{S\max}}{V_{S\min}}=3.1$。

## 七、装置能耗及用能分析

装置由于具体的原料、产品、规模等差别，可以达到的能耗目标是不同的，用能耗因数 $EF$ 并结合装置与基准能耗设定的条件对比，分析评价各装置的能量利用水平，即：

$$能耗标准一：EF=\frac{实际能耗}{校正后的基准能耗}=\frac{25.69}{27.96}=0.92$$

$$能耗标准二：EF=\frac{实际能耗}{校正后的基准能耗}=\frac{26.46}{27.96}=0.95$$

$EF$ 值愈大，说明装置的实际能耗与基准能耗的差距愈大，能量利用水平愈低，节能潜力愈大，$EF$ 值愈接近 1，表示能量利用水平愈高。因此，本装置总体能耗对比基准能耗较低，但在计算和现场实际过程中仍存在一定的节能空间，主要分为几项组成：

1）在换热网络计算过程中，换热网络存在一定的跨夹点换热量，估算传热温差偏离工程值偏多，建议提高换热器传热效果，减少跨夹点传热量；发现装置换热终温偏低，仍有较大的节能潜力，通过提高换热终温，从而减少瓦斯消耗。

2）装置标定期间能耗，总体能耗低于基准能耗。主要单耗：燃料气单耗为 18.17kgEO/t，低于设计值 19.41kgEO/t，主要是由于燃料低热值不同导致，因为焦化装置近西气东输天然气站，装置烧天然气组分较多。中压蒸汽单耗 16.18kgEO/t，远大于设计值 13.74kgEO/t。一方面，由于汽轮机做功等机械效率问题；另一方面，因为焦化装置在管网末端，中压蒸汽温度及压力达不到 410℃、3.5MPa 设计值，影响蒸汽品质及做工效率问题。装置实际电单耗 4.24kgEO/t，高于设计值 3.26kgEO/t，主要是装置新增部分尾气等用电设施。装置实际热水输出单耗 6.34kgEO/t，高于设计值 5.89kgEO/t，主要是装置新增部分低温取热，例如塔顶热水取热；其次，根据换热器计算，原料换热网络效果变差，低温热水换热器出入口温度提高，影响换热器的金属壁温、传热系数，以及流体导热系数等，进而低温热水取热量提高。

## 八、装置存在问题分析

1）通过细物料平衡计算发现，装置馏出口收率与细物料真实收率偏差较大，一是因为实际生产及操作原因，导致产品重叠度高，分离不清；二是化验分析数据在馏程端点处，存在误差，导致计算实沸点数据时存在误差问题；三是塔的分离效率问题。针对实际问题，总结如下：

① 装置液态烃收率相对偏低，不仅干气和液态烃的分离效果不佳，而且稳定汽油中含烃，因此还有进一步优化空间。

② 汽油、柴油产率较细物料平衡真实收率相比，仍有提高的余地。计算发现，柴油初馏点、干点控制偏低，导致汽油柴油重叠发生。同样，蜡油与柴油重叠，一部分柴油未被分

离出。

③ 要从提高分馏塔分馏精度入手：当塔的负荷较低时，可适当增大塔顶回流流量或顶循流量，降低中段回流流量并搞好各侧线间的物料平衡。

2）通过计算分馏塔顶水露点，正常操作期间不存在露点问题，但装置启用塔顶冷回流期间，塔顶冷回流温度在30～40℃，必然会造成局部温度偏低，造成局部露点腐蚀；其次，装置正常生产期间含硫污水量较大，当分馏塔掺炼污油带水或者小吹汽期间，水量增加导致水分压提高，水露点温度也会相应提高。因此，需要加强塔顶腐蚀问题的操作监控以及检维修策略准备。

3）加热炉计算过剩空气率48.25%、过剩空气系数接近1.5，主要原因是空气预热器内漏导致采样失准，另外加热炉C炉由于挡板故障，烟气中氧含量DCS控制3.5%，计算过剩空气系数为1.2，也是超过烧气加热炉过剩空气系数常规水平。因此，大量的过剩空气将排入大气，加大排烟损失，使热效率降低。过剩空气过大，会加速炉管氧化、加速二氧化硫转化导致露点腐蚀问题。所以，一方面，建议在检修及日常维护中，减少炉膛漏风，提高挡板调节能力；另一方面，需加强操作，优化F3101ABC三炉室负压及配风均匀。

4）通过换热网络计算，发现高温换热面积下降、跨夹点换热、换热终温偏低等问题：

① 一方面，传热温差较小时，推动力较小，可以考虑增加部分高温位换热器换热面积，提高传热量；另一方面，装置计算总传热负荷不变的情况下，最小传热温差假设值选取56℃能与之对应，与工程设计值18℃、20℃相比偏大，根据 $Q = KA\Delta T$，说明装置换热器传热效果明显下降或者有效传热面积减少，检修期间需加强高温换热器清洗及检维修。

② 当实际最小传热温差为30℃时，实际夹点随之改变，最小热公用工程为28910kW，此时的换热终温理论可达到314.5℃，说明目前装置实际换热终温仍有优化空间。

③ 假设56℃为最小传热温差，E3101AB、E3102、E3103AB、E3105CD重油换热器跨夹点换热；假设换热温差为18℃，换热器E3101CD、E3406跨夹点换热。建议大修期间进行高温位原料换热器进行清洗，提高传热系数，降低跨夹点传热量。

④ 分馏塔顶循环和中段回流进出温差分别为67℃和78℃，介于60～80℃。进出温差越大，可能导致高温位热量利用不高。例如，作为热源温位较高的中段回流（E3102），抽出温度高于夹点温度，返塔温度低于夹点温度时，优化时应设法提高返塔回流的温度，使低于夹点部分的热源转变为高于夹点的热源，从而改善换热条件，消除跨夹点换热，减少加热负荷。

5）本装置总体能耗对比基准能耗较低，但在计算和现场实际过程中仍存在一定的节能空间，主要分为几项组成：

① 在换热网络计算过程中，换热网络存在一定的跨夹点换热量，估算传热温差偏离工程值偏多，建议提高换热器传热效果，减少跨夹点传热量；发现装置换热终温偏低，仍有较大的节能潜力，通过提高换热终温，从而减少瓦斯消耗。

② 装置标定期间能耗，总体能耗低于基准能耗。主要问题：中压蒸汽单耗16.18kgEO/t，远大于设计值13.74 kgEO/t，一方面，由于汽轮机做功等机械效率问题；另一方面，因为焦化装置在管网末端，中压蒸汽温度及压力达不到410℃、3.5MPa设计值，影响蒸汽品质及做工效率问题。装置实际电单耗4.24kgEO/t，高于设计值3.26kgEO/t，主要是装置新增部分尾气等用电设施。

# 第二部分　工艺流程

## 一、工艺流程图

原料进料及换热流程见图 2－1。

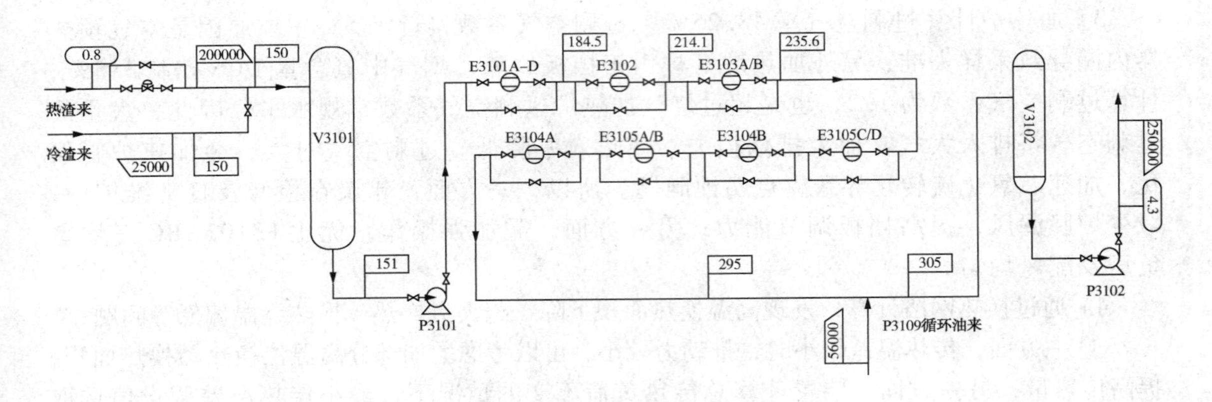


图 2－1　原料进料及换热流程图

加热炉工艺流程见图 2－2。

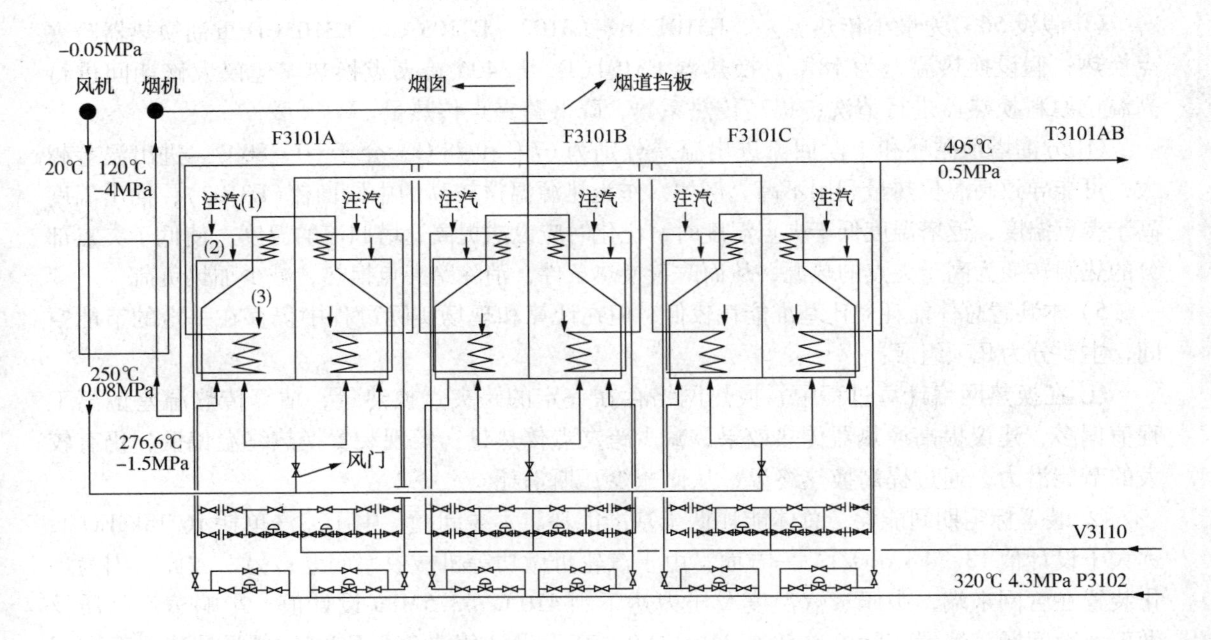


图 2－2　加热炉工艺流程图

加热炉注汽流程见图2－3。

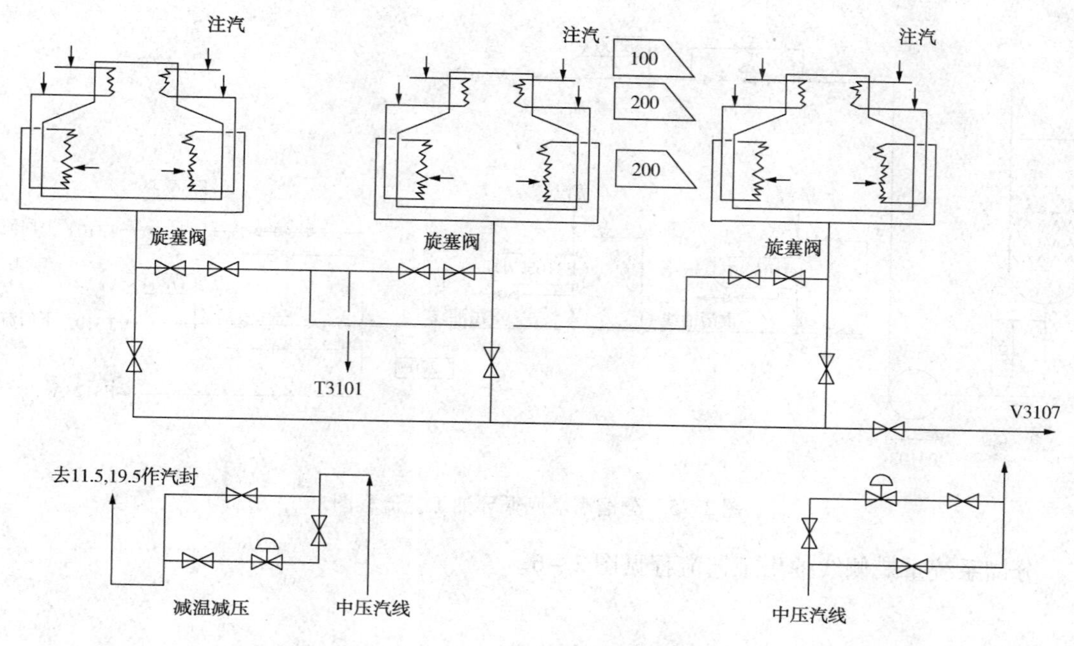


图2－3　加热炉注汽流程图

焦炭塔工艺流程见图2－4。

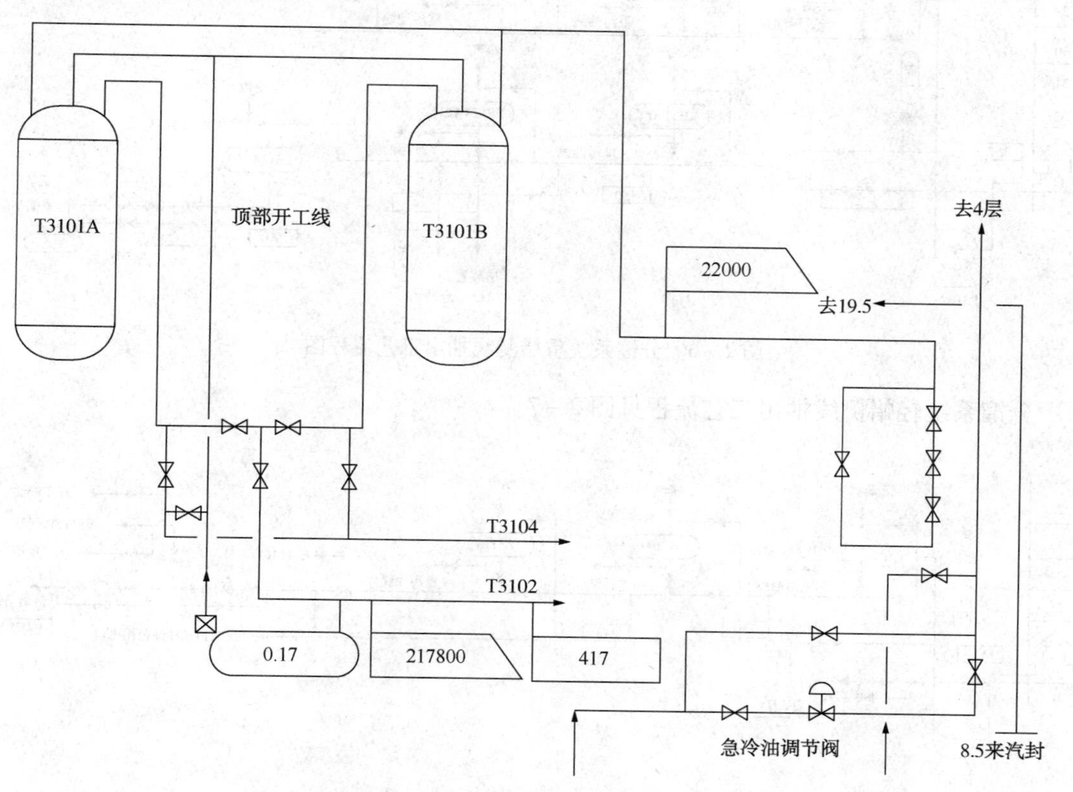


图2－4　焦炭塔工艺流程图

分馏塔塔底循环油工艺流程见图2－5。

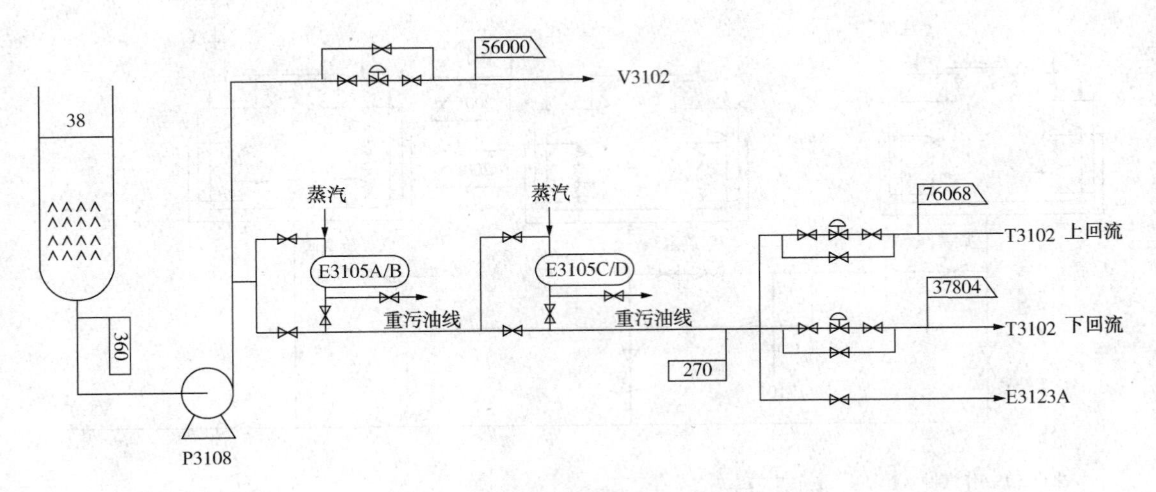


图2－5 分馏塔塔底循环油工艺流程图

分馏系统重蜡侧线抽出工艺流程见图2－6。

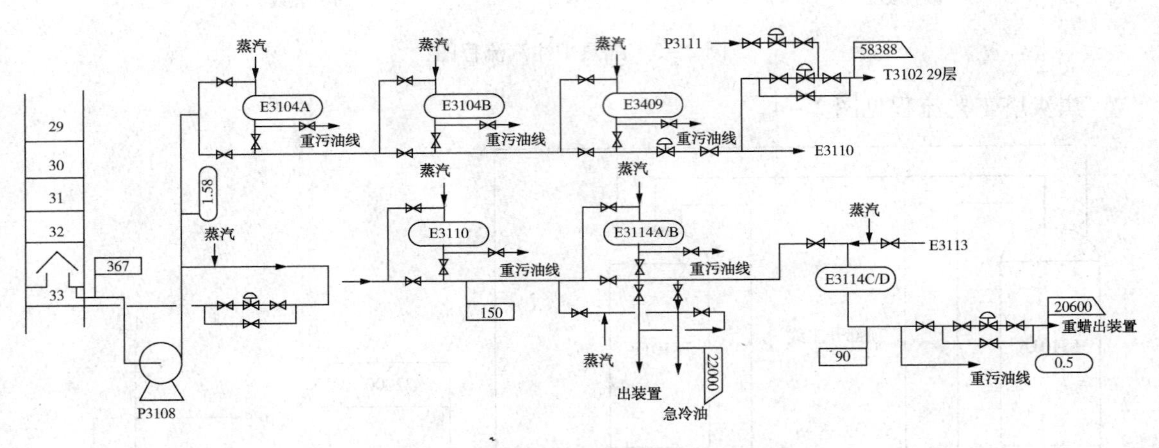


图2－6 分馏系统重蜡侧线抽出工艺流程图

分馏系统轻蜡侧线抽出工艺流程见图2－7。

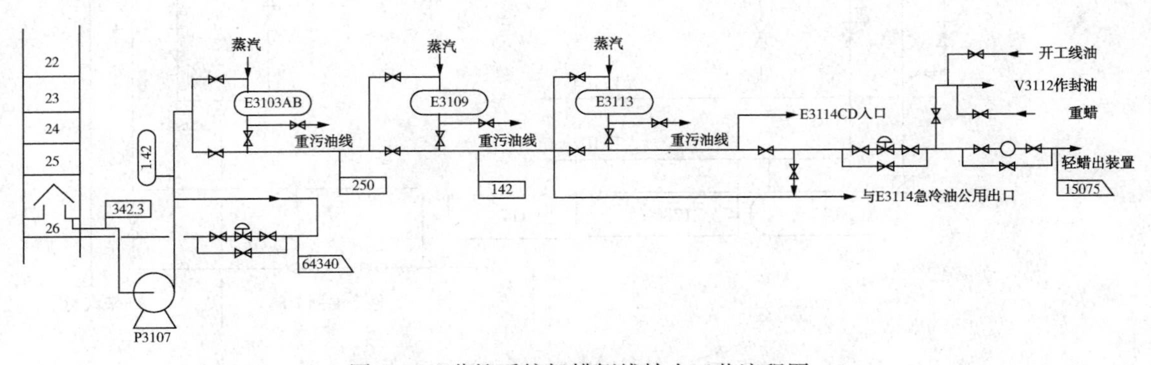


图2－7 分馏系统轻蜡侧线抽出工艺流程图

分馏系统中段循环工艺流程见图2－8。

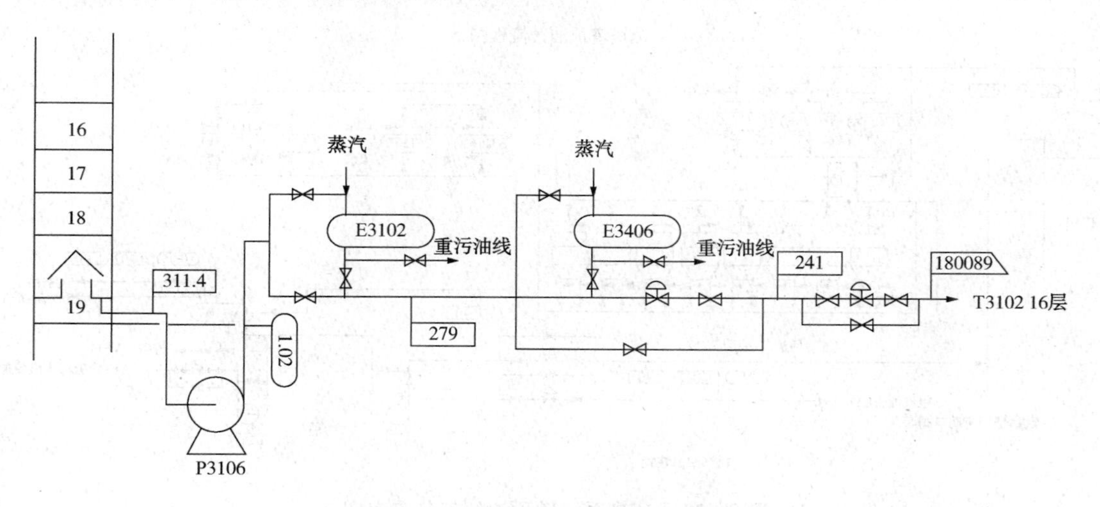


图2－8　分馏系统中段循环工艺流程图

分馏系统柴油侧线工艺流程见图2－9。

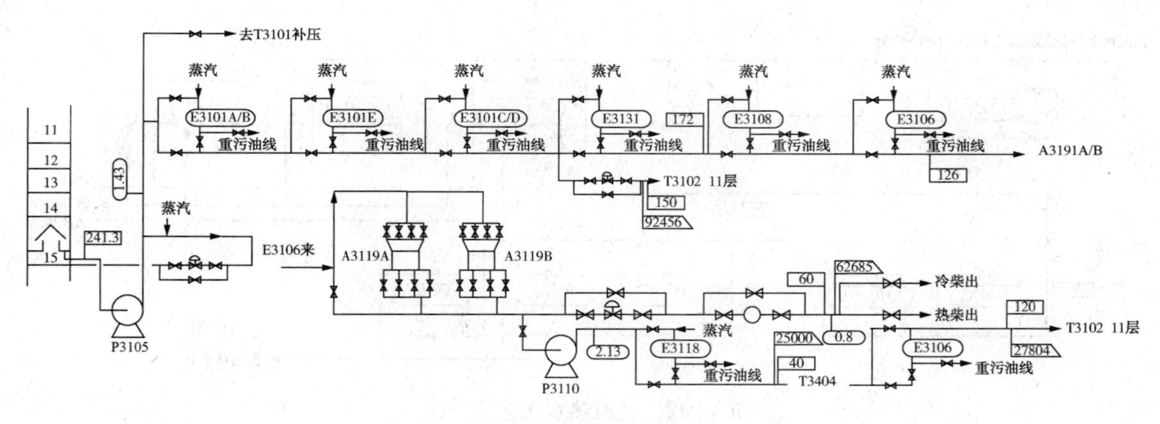


图2－9　分馏系统柴油侧线工艺流程图

分馏系统塔顶循环工艺流程见图2－10。

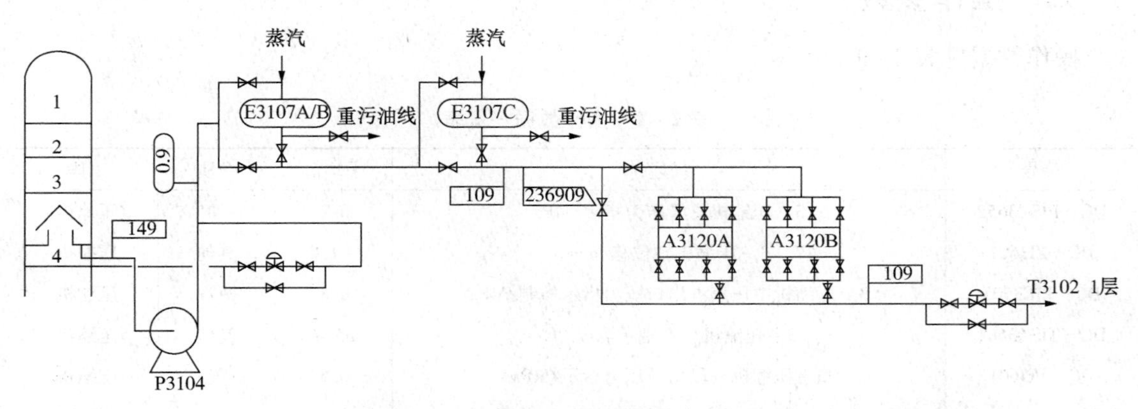


图2－10　分馏系统塔顶循环工艺流程图

分馏系统塔顶油气工艺流程见图2－11。

分馏塔塔顶油气流程图

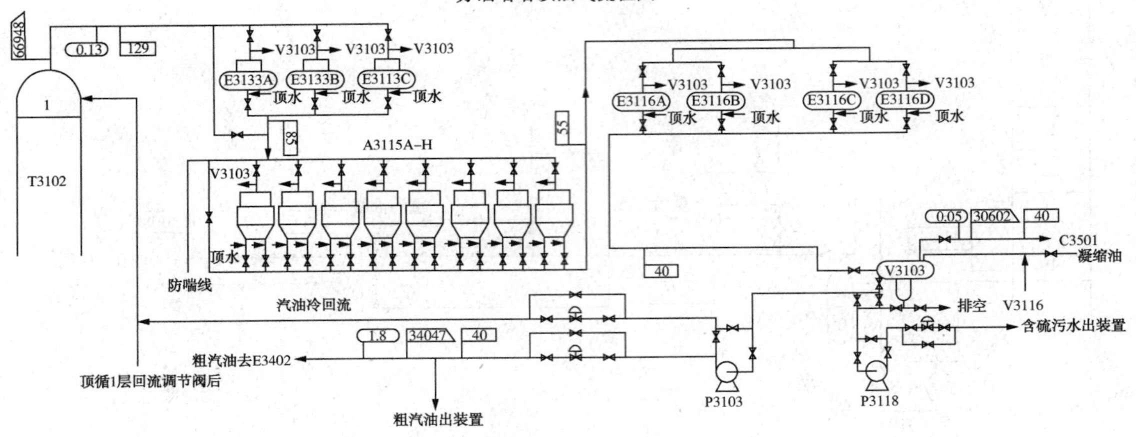


图2－11　分馏系统塔顶油气工艺流程图

低温热水工艺流程见图2－12。

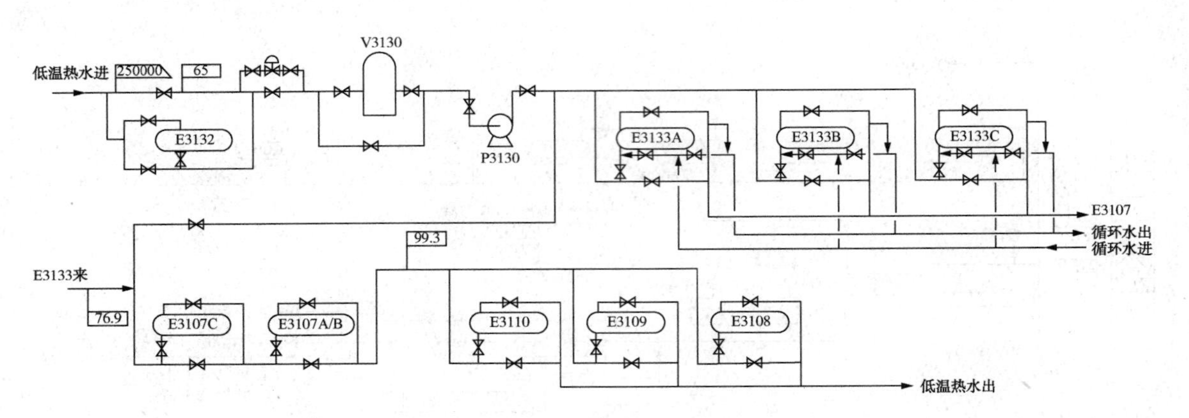


图2－12　低温热水工艺流程图

注：设计数据。

## 二、操作参数

操作数据见表2－1。

**表2－1　操作数据一览表**

| 位号 | 描述 | 平均值 | 介质 | 工段 |
|---|---|---|---|---|
| DC－PISA3652 | 3－压缩机总管压力指示/MPa | 0.2 | 油 | 压缩机 |
| DC－ZI3601 | 3－压缩机轴位移/mm | －1.0 | 其他 | 压缩机 |
| DC－PIC3505 | 3－压缩机中压蒸汽出口压力指示控制/MPa | 0.8 | 蒸汽 | 压缩机 |
| DC－TISA3601 | 3－压缩机止推轴承温度/℃ | 55.4 | 其他 | 压缩机 |
| DC－PI3601 | 3－压缩机一段出口压力指示/MPa | 0.5 | 气 | 压缩机 |
| DC－PIA3614 | 3－压缩机润滑油总管压力指示/MPa | 0.3 | 油 | 压缩机 |

续表

| 位号 | 描述 | 平均值 | 介质 | 工段 |
|---|---|---|---|---|
| DC－PISA3652 | 3－压缩机总管压力指示/MPa | 0.2 | 油 | 压缩机 |
| DC－PIC3614 | 3－压缩机润滑油去管压力指示控制/MPa | 0.3 | 油 | 压缩机 |
| DC－PIC3611 | 3－压缩机润滑油泵压力指示控制/MPa | 0.9 | 油 | 压缩机 |
| DC－PIC3502 | 3－压缩机入口压力指示，控制/MPa | 1.0 | 气 | 压缩机 |
| DC－ZI3641 | 3－压缩机汽轮机轴位移/mm | －68.7 | 其他 | 压缩机 |
| DC－PDISA3682 | 3－压缩机密封汽/平衡气差压/MPa | 0.4 | 气 | 压缩机 |
| DC－FIC3502 | 3－压缩机反喘流量指示控制/% | 150.0 | 气 | 压缩机 |
| DC－PIA3651 | 3－压缩机动力油压力指示/MPa | －0.4 | 油 | 压缩机 |
| DC－LICA3601 | 3－压缩机 V3501 液面指示控制/% | 29.8 | 油 | 压缩机 |
| DC－LDICA3603 | 3－压缩机 V3501 界面指示控制/% | 59.8 | 油 | 压缩机 |
| DC－PDIA3681 | 3－压缩机 N2 过滤器差压指示/kPa | 1.3 | 气 | 压缩机 |
| DC－FT3418 | 3－装置外来富气流量指示/($m^3$/h) | 18.6 | 气 | 稳定吸收 |
| DC－FI3416 | 3－液态烃出装置流量指示/($m^3$/h) | 27.4 | 烃 | 稳定吸收 |
| DC－FI3417 | 3－稳定汽油出装置流量指示/($m^3$/h) | 76.7 | 油 | 稳定吸收 |
| DC－FT3407 | 3－干气出装置流量指示/($m^3$/h) | 15099.3 | 气 | 稳定吸收 |
| DC－FT3403 | 3－补充吸收剂流量指示/(t/h) | 56.4 | 油 | 稳定吸收 |
| DC－LICA3408 | 3－V3402 液面指示控制/% | 48.0 | 烃 | 稳定吸收 |
| DC－LT3408 | 3－V3402 液面指示/% | 48.0 | 烃 | 稳定吸收 |
| DC－LICA3401 | 3－V3401 液位指示控制/% | 50.0 | 油 | 稳定吸收 |
| DC－LT3401 | 3－V3401 液面指示/% | 50.0 | 油 | 稳定吸收 |
| DC－PIC3402 | 3－T3404 顶压指示控制/mPa | 1.0 | 气 | 稳定吸收 |
| DC－LICA3405 | 3－T3404 底液面指示控制/% | 50.0 | 油 | 稳定吸收 |
| DC－TI3429 | 3－T3403 回流温度/℃ | 30.3 | 烃 | 稳定吸收 |
| DC－PIC3404 | 3－T3403 顶压指示控制/mPa | 1.0 | 烃 | 稳定吸收 |
| DC－PT3404 | 3－T3403 顶压指示/mPa | 1.0 | 烃 | 稳定吸收 |
| DC－TI3427 | 3－T3403 顶温指示/℃ | 57.5 | 烃 | 稳定吸收 |
| DC－FIC3414 | 3－T3403 顶回流流量指示控制/(t/h) | 36.8 | 烃 | 稳定吸收 |
| DC－LICA3407 | 3－T3403 底液面指示控制/% | 50.0 | 油 | 稳定吸收 |
| DC－TIC3430 | 3－T3403 底温指示控制/℃ | 181.3 | 油 | 稳定吸收 |
| DC－LICA3406 | 3－T3402 底液面指示控制/% | 49.9 | 油 | 稳定吸收 |
| DC－TIC3421 | 3－T3402 底温指示控制/℃ | 141.2 | 油 | 稳定吸收 |
| DC－LICA3404 | 3－T3401 底液面指示控制/% | 50.0 | 油 | 稳定吸收 |
| DC－FIC3403 | 3－T3401 补充吸收剂流量指示控制/(t/h) | 56.4 | 油 | 稳定吸收 |
| DC－TI3434 | 3－E3408 出口温度/℃ | 28.6 | 烃 | 稳定吸收 |
| DC－LI3205 | 3－冷焦水污油收集罐/% | －1.2 | 油 | 冷焦水 |
| DC－LI3204 | 3－冷焦水储水罐液面指示/% | 58.9 | 水 | 冷焦水 |
| DC－LI3203 | 3－冷焦水沉降罐液面指示/% | 40.8 | 水 | 冷焦水 |

续表

| 位号 | 描述 | 平均值 | 介质 | 工段 |
|---|---|---|---|---|
| DC-LIA3451 | 3-冷焦水沉降罐液面指示/% | 37.7 | 水 | 冷焦水 |
| DC-TI3205 | 3-V3204 温度指示/℃ | 26.6 | 油 | 冷焦水 |
| DC-TI3203 | 3-V3203B 温度指示/℃ | 74.4 | 水 | 冷焦水 |
| DC-TI3451 | 3-V3203B 温度指示/℃ | 94.1 | 水 | 冷焦水 |
| DC-TI3202 | 3-V3203A 温度指示/℃ | 63.9 | 水 | 冷焦水 |
| DC-TI3204 | 3-V3202 温度指示/℃ | 42.9 | 水 | 冷焦水 |
| DC-TI3201 | 3-V3201 温度指示/℃ | 73.3 | 水 | 冷焦水 |
| DC-TI3206 | 3-A3201A~C 入口温度指示/℃ | 66.0 | 水 | 冷焦水 |
| DC-TI3207 | 3-A3201A~C 出口温度指示/℃ | 34.2 | 水 | 冷焦水 |
| DC-LICA3116 | 3-用油缸液位指示调节/% | 8.2 | 油 | 焦炭塔 |
| DC-FIC3145 | 3-焦炭塔急冷油注入流量指示调节/(t/h) | 17.7 | 油 | 焦炭塔 |
| DC-TI3123D | 加热炉炉管表面温度(A炉)/℃ | 575.9 | 油 | 加热炉 |
| DC-TI3123E | 加热炉炉管表面温度(A炉)/℃ | 540.0 | 油 | 加热炉 |
| DC-TI3123F | 加热炉炉管表面温度(A炉)/℃ | 555.0 | 油 | 加热炉 |
| DC-TI3124F | 加热炉炉管表面温度(A炉)/℃ | 555.0 | 油 | 加热炉 |
| DC-FIC3111 | 3-蒸汽至炉管流量指示调节/(kg/h) | 57.3 | 汽 | 加热炉 |
| DC-FIC3112 | 3-蒸汽至炉管流量指示调节/(kg/h) | 68.4 | 汽 | 加热炉 |
| DC-FIC3113 | 3-蒸汽至炉管流量指示调节/(kg/h) | 111.2 | 汽 | 加热炉 |
| DC-FIC3114 | 3-蒸汽至炉管流量指示调节/(kg/h) | 120.0 | 汽 | 加热炉 |
| DC-FIC3115 | 3-蒸汽至炉管流量指示调节/(kg/h) | 120.0 | 汽 | 加热炉 |
| DC-FIC3116 | 3-蒸汽至炉管流量指示调节/(kg/h) | 114.0 | 汽 | 加热炉 |
| DC-FIC3117 | 3-蒸汽至炉管流量指示调节/(kg/h) | 312.4 | 汽 | 加热炉 |
| DC-FIC3118 | 3-蒸汽至炉管流量指示调节/(kg/h) | 330.0 | 汽 | 加热炉 |
| DC-FIC3119 | 3-蒸汽至炉管流量指示调节/(kg/h) | 330.0 | 汽 | 加热炉 |
| DC-FIC3120 | 3-蒸汽至炉管流量指示调节/(kg/h) | 330.0 | 汽 | 加热炉 |
| DC-FIC3121 | 3-蒸汽至炉管流量指示调节/(kg/h) | 330.0 | 汽 | 加热炉 |
| DC-FIC3122 | 3-蒸汽至炉管流量指示调节/(kg/h) | 236.3 | 汽 | 加热炉 |
| DC-FIC3123 | 3-蒸汽至炉管流量指示调节/(kg/h) | 147.0 | 汽 | 加热炉 |
| DC-PIC3121 | 3-预热气入口热烟道压力指示/kPa | -4.0 | 空气 | 加热炉 |
| DC-TI3129B | 3-炉膛温度指示/℃ | 805.1 | 油 | 加热炉 |
| DC-TI3129C | 3-炉膛温度指示/℃ | 801.4 | 油 | 加热炉 |
| DC-TI3130B | 3-炉膛温度指示/℃ | 790.8 | 油 | 加热炉 |
| DC-TI3130C | 3-炉膛温度指示/℃ | 782.2 | 油 | 加热炉 |
| DC-TI3131B | 3-炉膛温度指示/℃ | 753.1 | 油 | 加热炉 |
| DC-TI3131C | 3-炉膛温度指示/℃ | 790.5 | 油 | 加热炉 |
| DC-TI3132B | 3-炉膛温度指示/℃ | 774.7 | 油 | 加热炉 |
| DC-TI3132C | 3-炉膛温度指示/℃ | 752.6 | 油 | 加热炉 |

续表

| 位号 | 描述 | 平均值 | 介质 | 工段 |
|---|---|---|---|---|
| DC－TI3133B | 3－炉膛温度指示/℃ | 687.5 | 油 | 加热炉 |
| DC－TI3133C | 3－炉膛温度指示/℃ | 804.3 | 油 | 加热炉 |
| DC－TI3134B | 3－炉膛温度指示/℃ | 759.0 | 油 | 加热炉 |
| DC－TI3134C | 3－炉膛温度指示/℃ | 775.1 | 油 | 加热炉 |
| DC－TI3126B | 3－炉辐射室炉管管壁温度指示/℃ | 555.0 | 油 | 加热炉 |
| DC－FICA3129 | 3－炉辐射进料支炉流量指示调节/(kg/h) | 41120.6 | 油 | 加热炉 |
| DC－FICA3130 | 3－炉辐射进料支炉流量指示调节/(kg/h) | 41526.6 | 油 | 加热炉 |
| DC－FICA3131 | 3－炉辐射进料支炉流量指示调节/(kg/h) | 41670.4 | 油 | 加热炉 |
| DC－FICA3132 | 3－炉辐射进料支炉流量指示调节/(kg/h) | 41324.4 | 油 | 加热炉 |
| DC－FICA3133 | 3－炉辐射进料支炉流量指示调节/(kg/h) | 41575.7 | 油 | 加热炉 |
| DC－FICA3134 | 3－炉辐射进料支炉流量指示调节/(kg/h) | 42346.2 | 油 | 加热炉 |
| DC－TIC3119 | 3－炉出口温度指示调节/℃ | 495.3 | 油 | 加热炉 |
| DC－TIC3120 | 3－炉出口温度指示调节/℃ | 496.0 | 油 | 加热炉 |
| DC－PI3102 | 3－加热炉总出口压力指示/MPa | 0.4 | 渣油 | 加热炉 |
| DC－PIA3120 | 3－加热炉长明灯压力指示，报警/MPa | 0.2 | 瓦斯 | 加热炉 |
| DC－PI3116 | 3－加热炉烟道压力指示/kPa | 0.2 | 烟气 | 加热炉 |
| DC－PI3103 | 3－加热炉辐射总入口压力指示/MPa | 3.6 | 渣油 | 加热炉 |
| DC－PIC3133 | 3－鼓风机入口风道压力指示调节/kPa | 0.0 | 空气 | 加热炉 |
| DC－PICA3122 | 3－高压瓦斯缸顶压力指示调节/MPa | 0.3 | 气 | 加热炉 |
| DC－TI3123A | 3－辐射室炉管管壁温度指示/℃ | 610.0 | 油 | 加热炉 |
| DC－TI3123B | 3－辐射室炉管管壁温度指示/℃ | 568.8 | 油 | 加热炉 |
| DC－TI3123C | 3－辐射室炉管管壁温度指示/℃ | 609.8 | 油 | 加热炉 |
| DC－TI3124A | 3－辐射室炉管管壁温度指示/℃ | 590.2 | 油 | 加热炉 |
| DC－TI3124B | 3－辐射室炉管管壁温度指示/℃ | 619.3 | 油 | 加热炉 |
| DC－TI3124C | 3－辐射室炉管管壁温度指示/℃ | 590.3 | 油 | 加热炉 |
| DC－TI3124D | 3－辐射室炉管管壁温度指示/℃ | 526.6 | 油 | 加热炉 |
| DC－TI3124E | 3－辐射室炉管管壁温度指示/℃ | 514.8 | 油 | 加热炉 |
| DC－PIC3117 | 3－辐射室顶压力指示调节/kPa | 0.0 | | 加热炉 |
| DC－PIC3118 | 3－辐射室顶压力指示调节/kPa | 0.0 | | 加热炉 |
| DC－PIC3119 | 3－辐射室顶压力指示调节/kPa | 0.0 | | 加热炉 |
| DC－TIC3117 | 3－辐射进料分支出口温度指示调节/℃ | 495.8 | 油 | 加热炉 |
| DC－TIC3121 | 3－辐射进料分支出口温度指示调节/℃ | 496.0 | 油 | 加热炉 |
| DC－TI3116A | 3－辐射进料分支出口温度指示/℃ | 14440.8 | 油 | 加热炉 |
| DC－TI3117A | 3－辐射进料分支出口温度指示/℃ | －6176.0 | 油 | 加热炉 |
| DC－TI3118A | 3－辐射进料分支出口温度指示/℃ | －109209.7 | 油 | 加热炉 |
| DC－TI3119A | 3－辐射进料分支出口温度指示/℃ | －23702.0 | 油 | 加热炉 |
| DC－TI3120A | 3－辐射进料分支出口温度指示/℃ | 496.6 | 油 | 加热炉 |

续表

| 位号 | 描述 | 平均值 | 介质 | 工段 |
|---|---|---|---|---|
| DC－TI3121A | 3－辐射进料分支出口温度指示/℃ | 495.4 | 油 | 加热炉 |
| DC－TI3122 | 3－辐射进料分支出口温度指示/℃ | 287.1 | 油 | 加热炉 |
| DC－TT3116 | 3－辐射进料分支出口温度指示/℃ | 496.1 | 油 | 加热炉 |
| DC－TIC3131 | 3－辐射段温度指示调节/℃ | 740.9 | 油 | 加热炉 |
| DC－TIC3132 | 3－辐射段温度指示调节/℃ | 779.8 | 油 | 加热炉 |
| DC－TIC3133 | 3－辐射段温度指示调节/℃ | 795.7 | 油 | 加热炉 |
| DC－TIC3134 | 3－辐射段温度指示调节/℃ | 744.6 | 油 | 加热炉 |
| DC－TIC3184 | 3－辐射段温度指示调节/℃ | 0.0 | 油 | 加热炉 |
| DC－TIC3118 | 3－辐射出口温度指示调节/℃ | 496.0 | 油 | 加热炉 |
| DC－TIC3116 | 3－辐射出口温度调节/℃ | 496.0 | 油 | 加热炉 |
| DC－PIA3127 | 3－C炉西分支瓦斯压力指示，报警/MPa | 0.1 | 瓦斯 | 加热炉 |
| DC－PI3114 | 3－C炉西分支辐射出口压力指示/MPa | 0.0 | 渣油 | 加热炉 |
| DC－PI3108 | 3－C炉西分支对流入口压力指示/MPa | 1.7 | 渣油 | 加热炉 |
| DC－PIA3128 | 3－C炉东分支瓦斯压力指示，报警/MPa | 0.1 | 瓦斯 | 加热炉 |
| DC－PI3115 | 3－C炉东分支辐射出口压力指示/MPa | 0.0 | 渣油 | 加热炉 |
| DC－PI3109 | 3－C炉东分支对流入口压力指示/MPa | 1.7 | 渣油 | 加热炉 |
| DC－PIA3125 | 3－B炉西分支瓦斯压力指示，报警/MPa | 111.7 | 瓦斯 | 加热炉 |
| DC－PI3112 | 3－B炉西分支辐射出口压力指示/MPa | －69.9 | 渣油 | 加热炉 |
| DC－PI3106 | 3－B炉西分支对流入口压力指示/MPa | 1.7 | 渣油 | 加热炉 |
| DC－PIA3126 | 3－B炉东分支瓦斯压力指示，报警/MPa | 0.0 | 瓦斯 | 加热炉 |
| DC－PI3113 | 3－B炉东分支辐射出口压力指示/MPa | 0.0 | 渣油 | 加热炉 |
| DC－PI3107 | 3－B炉东分支对流入口压力指示/MPa | 1.7 | 渣油 | 加热炉 |
| DC－PIA3123 | 3－A炉西分支瓦斯压力指示，报警/MPa | 223.4 | 瓦斯 | 加热炉 |
| DC－PI3104 | 3－A炉西分支对流入口压力指示/MPa | 1.8 | 渣油 | 加热炉 |
| DC－PI3110 | 3－A炉西分支出口压力指示/MPa | 0.0 | 渣油 | 加热炉 |
| DC－PIA3124 | 3－A炉东分支瓦斯压力指示，报警/MPa | 111.7 | 瓦斯 | 加热炉 |
| DC－PI3105 | 3－A炉东分支对流入口压力指示/MPa | 1.7 | 渣油 | 加热炉 |
| DC－PI3111 | 3－A炉东分支出口压力指示/MPa | 0.0 | 渣油 | 加热炉 |
| DC－LICA3101 | 3－原料油缓冲缸液面指示调节/% | 76.2 | 油 | 分馏塔 |
| DC－FIC3147 | 3－循环油至分馏塔底回流流量指示调节/(t/h) | 80.1 | 油 | 分馏塔 |
| DC－FIC3149 | 3－循环油至V3102流量调节/(t/h) | 54.3 | 油 | 分馏塔 |
| DC－FIC3148 | 3－循环油至T3102下层回流流量指示调节/(t/h) | 25.1 | 油 | 分馏塔 |
| DC－LICA3109 | 3－炉进料缓冲缸液面指示调节/% | 66.1 | 油 | 分馏塔 |
| DC－FIC3158 | 3－粗汽油泵出口流量指示调节/(t/h) | 27.1 | 油 | 分馏塔 |
| DC－FIC3156 | 3－T3102重蜡油泵出口至T3102回流流量调节/(t/h) | 9.2 | 油 | 分馏塔 |
| DC－FIC3152 | 3－T3102重蜡回流流量指示调节/(t/h) | 68.2 | 油 | 分馏塔 |
| DC－FIC3151 | 3－T3102中段回流流量指示调节/(t/h) | 119.2 | 油 | 分馏塔 |

续表

| 位号 | 描述 | 平均值 | 介质 | 工段 |
| --- | --- | --- | --- | --- |
| DC - FIC3157 | 3 - T3102 轻蜡油泵出口至 T3102 回流流量调节/(t/h) | 16.7 | 油 | 分馏塔 |
| DC - FIC3153 | 3 - T3102 顶循回流流量指示调节/(t/h) | 177.7 | 油 | 分馏塔 |
| DC - FIC3154 | 3 - T3102 顶循泵出口至 T3102 回流流量指示调节/(t/h) | 23.3 | 油 | 分馏塔 |
| DC - FIC3150 | 3 - T3102 柴油回流量指示调节/(t/h) | 160.1 | 油 | 分馏塔 |
| DC - FIC3155 | 3 - T3102 柴油泵出口至 T3102 回流流量调节/(t/h) | 2.6 | 油 | 分馏塔 |
| DC - TI3115 | 加热炉出口总管温度/℃ | 489.9 | 油 | 分馏 |
| DC - FIC3104 | 3 - 重蜡油出装置流量指示调节/(t/h) | 0.0 | 油 | 分馏 |
| DC - TI3104 | 3 - 重蜡出装置温度指示/℃ | 95.0 | 油 | 分馏 |
| DC - TI3114 | 3 - 中压蒸汽入炉温度指示/℃ | 381.0 | 油 | 分馏 |
| DC - LIA3102 | 3 - 原料罐液面指示，报警/% | -97616.6 | 热渣 | 分馏 |
| DC - TI3101 | 3 - 原料缸入口温度指示/℃ | 163.6 | 油 | 分馏 |
| DC - TI3102 | 3 - 原料缸底出口温度指示/℃ | 150.9 | 油 | 分馏 |
| DC - FIC3103 | 3 - 轻蜡油出装置流量指示调节/(t/h) | 27.4 | 油 | 分馏 |
| DC - TI3103 | 3 - 轻蜡出装置温度指示/℃ | 89.0 | 油 | 分馏 |
| DC - PI3134 | 3 - 汽油罐顶压力指示/kPa | 103.4 | 瓦斯 | 分馏 |
| DC - FIC3107 | 3 - 炉进料缓冲缸入口流量指示调节/(t/h) | 202.4 | 油 | 分馏 |
| DC - LI3110 | 3 - 加热炉进料缓冲罐液面指示/% | 66.1 | 渣油 | 分馏 |
| DC - LICA3135 | 3 - 封油缸液位指示调节/% | 60.0 | 油 | 分馏 |
| DC - PIC3140 | 3 - 封油泵出口压力指示调节/MPa | 1.4 | 油 | 分馏 |
| DC - PI3131 | 3 - 分馏塔顶压力指示/kPa | 147.8 | 油气 | 分馏 |
| DC - LI3119 | 3 - 分馏塔重蜡液面指示/% | 54.0 | 重蜡油 | 分馏 |
| DC - TIC3175 | 3 - 分馏塔塔底塔盘温度指示调节/℃ | 387.7 | 油 | 分馏 |
| DC - TIC3173 | 3 - 分馏塔十五层塔盘温度指示调节/℃ | 253.8 | 油 | 分馏 |
| DC - TIC3174 | 3 - 分馏塔十六层塔盘温度指示调节/℃ | 345.7 | 油 | 分馏 |
| DC - TIC3160 | 3 - 分馏塔顶油气出口温度指示调节/℃ | 118.8 | 油气 | 分馏 |
| DC - LI3121 | 3 - 分馏塔底液面指示/% | 58.9 | 循环油 | 分馏 |
| DC - PI3132 | 3 - 分馏塔底压力指示/kPa | 374.2 | 循环油 | 分馏 |
| DC - TI3107 | 3 - 低温水进装置温度指示/℃ | 0.0 | 水 | 分馏 |
| DC - TI3108 | 3 - 低温水出装置温度指示/℃ | 121.8 | 油 | 分馏 |
| DC - FIC3109 | 3 - 柴油吸收剂流量指示调节/(t/h) | 0.6 | 油 | 分馏 |
| DC - TI3112 | 3 - 柴油出装置温度指示/℃ | 91.9 | 油 | 分馏 |
| DC - FIC3108 | 3 - 柴油出装置流量指示调节/(t/h) | 84.0 | 油 | 分馏 |
| DC - LICA3421 | 3 - V3130 液面控制指示/% | 80.2 | 水 | 分馏 |

续表

| 位号 | 描述 | 平均值 | 介质 | 工段 |
|---|---|---|---|---|
| DC－LICA3127 | 3－V3103 液位指示调节/% | 49.2 | 油 | 分馏 |
| DC－LICA3126 | 3－V3103 分水包界位指示调节/% | 30.5 | 水 | 分馏 |
| DC－TI3111 | 3－V3102 入口温度指示/℃ | 297.1 | 油 | 分馏 |
| DC－LICA3120 | 3－T3102 重蜡油液位指示调节/% | 54.0 | 油 | 分馏 |
| DC－LICA3122A | 3－T3102 塔底液位指示调节/% | 58.9 | 油 | 分馏 |
| DC－LICA3123 | 3－T3102 轻蜡油液面指示调节/% | 55.1 | 油 | 分馏 |
| DC－LICA3124 | 3－T3102 顶循环油油液位指示调节/% | 64.9 | 油 | 分馏 |
| DC－LICA3125 | 3－T3102 柴油油液位指示调节/% | 57.7 | 油 | 分馏 |
| DC－TI3113 | 3－E3118 循环水出口温度指示/℃ | 37.6 | 油 | 分馏 |
| DC－TI3106 | 3－E3114 循环水出口温度指示/℃ | 27.8 | 水 | 分馏 |
| DC－LICA3132 | 3－油水分离器液位指示/% | 4.4 | 油水 | 反应 |
| DC－LICA3133 | 3－油水分离缸界位指示/% | 3.4 | 水 | 反应 |
| DC－LI3201 | 3－冷焦水缓冲罐液面指示/% | 39.6 | 水 | 反应 |
| DC－LI3202 | 3－冷焦水沉降罐液面指示/% | 42.1 | 水 | 反应 |
| DC－PI3130 | 3－焦炭塔油罐顶压力指示/MPa | 0.2 | 油气 | 反应 |
| DC－LI3115 | 3－焦炭塔用油罐液面指示/% | 1.7 | 抽出油 | 反应 |
| DC－FI3202 | 3－焦炭塔给水流量指示/(kg/h) | 109478.4 | 水 | 反应 |
| DC－PIC3129 | 3－焦炭塔顶油气出口压力指示调节/MPa | 0.0 | 油气 | 反应 |
| DC－TIC3152 | 3－焦炭塔顶油气出口温度指示/℃ | 419.5 | 气 | 反应 |
| DC－LI3114A | 3－焦炭塔 B 塔 30 米料位计指示/% | 9.7 | 焦炭 | 反应 |
| DC－LI3114B | 3－焦炭塔 B 塔 25 米料位计指示/% | 17.3 | 焦炭 | 反应 |
| DC－LI3114C | 3－焦炭塔 B 塔 11 米料位计指示/% | 50.7 | 焦炭 | 反应 |
| DC－LI3113A | 3－焦炭塔 A 塔 30 米料位计指示/% | 10.7 | 焦炭 | 反应 |
| DC－LI3113B | 3－焦炭塔 A 塔 25 米料位计指示/% | 18.0 | 焦炭 | 反应 |
| DC－LI3113C | 3－焦炭塔 A 塔 11 米料位计指示/% | 62.1 | 焦炭 | 反应 |
| DC－PI3136 | 3－放空尾气压力指示，调节/kPa | 0.1 | 瓦斯 | 反应 |
| DC－PI3135 | 3－放空塔顶压力指示/kPa | 0.1 | 瓦斯 | 反应 |
| DC－FIC3160 | 3－放空塔顶回流指示调节/(t/h) | 73.4 | 油 | 反应 |
| DC－TIC3180 | 3－放空塔顶出口温度指示调节/℃ | 94.5 | 油 | 反应 |
| DC－LICA3130 | 3－放空塔底液位指示调节/% | 80.7 | 油 | 反应 |
| DC－LI3131 | 3－放空塔底液面指示/% | 80.7 | 吹出油 | 反应 |
| DC－TI3156B | 3－T3101B 塔底温度指示/℃ | 314.0 | 油 | 反应 |
| DC－TI3156A | 3－T3101A 塔底温度指示/℃ | 322.8 | 油 | 反应 |

# 第三部分　装置工艺计算及分析

## 一、物料性质

（一）相对密度

物质的相对密度是指其密度与规定温度下水的密度之比，量纲为1。通常将温度为 $t$ 的油品密度与4℃时水的密度之比称为相对密度。我国常用 $d_4^{20}$ 表示相对密度，公式为[3]：

$$d_4^{20}=\frac{\rho_{20}}{\rho_{水}}$$

其中　$d_4^{20}$——介质的相对密度；

$\rho_{20}$——介质在20℃下的密度，kg/m³；

$\rho_{水}$——水在4℃的密度，kg/m³。

$$d_{15.6}^{15.6}=d_4^{20}+\Delta d$$

$$\Delta d=\frac{1.598-d_4^{20}}{176.1-d_4^{20}}$$

$$d_{15.6}^{15.6}=d_4^{20}+\frac{1.598-d_4^{20}}{176.1-d_4^{20}}$$

相对密度计算结果见表3－1。

**表3－1　油品相对密度计算一览表**

| 项目 | 粗汽油 | 稳汽油 | 柴油 | 顶循油 | 循环油 | 轻蜡油 | 重蜡油 | 污油 | 油浆 | 渣油 | 中段 |
|---|---|---|---|---|---|---|---|---|---|---|---|
| $d_4^{20}$ | 0.740 | 0.731 | 0.869 | 0.780 | 0.957 | 0.930 | 0.946 | 0.897 | 1.100 | 0.995 | 0.896 |
| $d_{15.6}^{15.6}$ | 0.745 | 0.736 | 0.873 | 0.785 | 0.961 | 0.934 | 0.950 | 0.901 | 1.103 | 0.998 | 0.900 |

（二）密度

1. 液体油品密度

液体油品密度，根据公式[4]：

$$\rho=T\cdot(1.307\gamma_4^{20}-1.817)+973.86\gamma_4^{20}+36.34$$

式中　$T$——温度，℃；

$\gamma_4^{20}$——相对密度；

$\rho$——密度，kg/m³。

2. 气体密度

（1）低压气体（＜0.3MPa）

根据理想气体状态方程 $pV=nRT$，一定质量下，气体在非标况下密度的计算公式[3]：

$$pM=\rho RT$$

式中　$M$——摩尔质量；

$\rho$——密度。

（2）压力较高时

使用真实气体状态方程求取密度[3,5]：

$$\rho = \frac{pM}{ZRT}$$

式中　$Z$——气体压缩系数。

涉及本文计算中，仅有干气(1.05MPa)出装置流量计(孔板)校正，但干气出装置流量新增一台质量流量计，不影响物料平衡计算。

(三) 恩氏蒸馏曲线的外推

化验分析的馏程和密度数据见表3-2。

**表3-2　油品常压蒸馏数据一览表**

| 项目 | 油浆 | 渣油 | 循环油 | 轻蜡油 | 重蜡油 | 污油 |
|---|---|---|---|---|---|---|
| 密度/(kg/m³) | 1100.1 | 995 | 957.2 | 930 | 946.2 | 897 |
| 初馏点/℃ | 254 | 290 | 252 | 235 | 257 | 235 |
| 5%馏出温度/℃ | 300 | 365 | 335 | 313 | 338 | |
| 10%馏出温度/℃ | 371 | 384 | 374 | 342 | 362 | 257 |
| 30%馏出温度/℃ | 411 | 451 | 422 | 370 | 404 | 278.5 |
| 50%馏出温度/℃ | 433 | | 444 | 383 | 423 | 298 |
| 70%馏出温度/℃ | 478 | | 472 | 400 | 443 | 320.6 |
| 90%馏出温度/℃ | - | | 524 | 418 | 500 | 356.7 |
| 终馏点/℃ | 540 | | 540 | 439 | 522 | |

因此，渣油、循环油、油浆、污油馏程不完整，且部分终馏点数据均选取540℃。因此，需对以上石油馏分进行蒸馏曲线外推。

1. 渣油恩氏蒸馏曲线外推

根据公式[3,6]对渣油油蒸馏曲线进行计算：

$$t = t_0 + a\left[-\ln\left(1-\frac{V}{101}\right)\right]^b$$

式中　$a$、$b$——模型待定参数；

$t_0$——初馏点的温度。

通过不少于2个点和初馏点的数据，应用该模型就可以回归出待定参数 $a$ 和 $b$。若无初馏点，则需要用3个不同馏出体积分数的数据点进行估计。

取 $t_0 = 290℃$、$t_{10} = 384℃$、$t_{30} = 451℃$，即：

$$384 = 290 + a\left[-\ln\left(1-\frac{10}{101}\right)\right]^b$$

$$451 = 290 + a\left[-\ln\left(1-\frac{30}{101}\right)\right]^b$$

解以上二元方程组，$a = 255.2$，$b = 0.442$，外推得：

$$t_{50} = t_0 + 255.2\times\left[-\ln\left(1-\frac{50}{101}\right)\right]^{0.442} = 505.7(℃)$$

$$t_{70} = t_0 + 255.2\times\left[-\ln\left(1-\frac{70}{101}\right)\right]^{0.442} = 564.7(℃)$$

$$t_{90} = t_0 + 255.2\times\left[-\ln\left(1-\frac{90}{101}\right)\right]^{0.442} = 652.8(℃)$$

$$t_{100}=t_0+255.2\times\left[-\ln\left(1-\frac{100}{101}\right)\right]^{0.442}=791.6(℃)$$

2. 循环油恩氏蒸馏曲线外推

取 $t_0=252℃$、$t_{10}=374℃$、$t_{70}=472℃$，即：

$$374=252+a\left[-\ln\left(1-\frac{10}{101}\right)\right]^{b}$$

$$472=252+a\left[-\ln\left(1-\frac{70}{101}\right)\right]^{b}$$

解以上二元方程组，$a=211.3$，$b=0.243$，外推得：

$$t_{100}=t_0+211.3\times\left[-\ln\left(1-\frac{100}{101}\right)\right]^{0.243}=558(℃)$$

3. 油浆恩氏蒸馏曲线外推

取 $t_0=254℃$、$t_{10}=371℃$、$t_{70}=478℃$，即：

$$371=254+a\left[-\ln\left(1-\frac{10}{101}\right)\right]^{b}$$

$$478=254+a\left[-\ln\left(1-\frac{70}{101}\right)\right]^{b}$$

解以上二元方程组，$a=214.2$，$b=0.267$，外推得：

$$t_{90}=t_0+214.2\times\left[-\ln\left(1-\frac{90}{101}\right)\right]^{0.267}=519.1(℃)$$

$$t_{100}=t_0+214.2\times\left[-\ln\left(1-\frac{100}{101}\right)\right]^{0.267}=576.6(℃)$$

4. 污油恩氏蒸馏曲线外推

取 $t_0=235℃$、$t_{10}=257℃$、$t_{50}=298℃$，即：

$$257=235+a\left[-\ln\left(1-\frac{10}{101}\right)\right]^{b}$$

$$298=235+a\left[-\ln\left(1-\frac{50}{101}\right)\right]^{b}$$

解以上二元方程组，$a=78.0$，$b=0.560$，外推得：

$$t_{100}=t_0+78\times\left[-\ln\left(1-\frac{100}{101}\right)\right]^{0.560}=418.5(℃)$$

将以上油品的恩氏蒸馏曲线外推后，油品常压蒸馏数据见表3－3。

**表3－3　油品常压蒸馏数据外推一览表**

| 项目 | 油浆 | 渣油 | 循环油 | 轻蜡油 | 重蜡油 | 污油 |
|---|---|---|---|---|---|---|
| 密度/(kg/m³) | 1100.1 | 995 | 957.2 | 930 | 946.2 | 897 |
| 初馏点/℃ | 254 | 290 | 252 | 235 | 257 | 235 |
| 5%馏出温度/℃ | 300 | 365 | 335 | 313 | 338 | |
| 10%馏出温度/℃ | 371 | 384 | 374 | 342 | 362 | 257 |
| 30%馏出温度/℃ | 411 | 451 | 422 | 370 | 404 | 278.5 |
| 50%馏出温度/℃ | 433 | 505.7 | 444 | 383 | 423 | 298 |
| 70%馏出温度/℃ | 478 | 564.7 | 472 | 400 | 443 | 320.6 |
| 90%馏出温度/℃ | 519.1 | 652.8 | 524 | 418 | 500 | 356.7 |
| 终馏点/℃ | 576.6 | 791.6 | 558 | 439 | 522 | 418.5 |

（四）实沸点蒸馏曲线计算

根据恩氏蒸馏曲线转换成实沸点蒸馏曲线最常用的方法是 API 1987 法，且此法不需要进行热裂化修正[3]。

$$t_{TBP}=\frac{5}{9}\left[a\left(\frac{9}{5}t_{D86}+491.67\right)^{b}-491.67\right]$$

式中 $t_{TBP}$、$t_{D86}$——常压 TBP 和 D86 的温度，℃；

$a$、$b$——随馏出体积分数变化的常数，见表 3－4。

**表 3－4　随馏出体积分数变化的常数表**

| 体积分数 | 0～5% | 10% | 30% | 50% | 70% | 90% | 95%～100% |
|---|---|---|---|---|---|---|---|
| $a$ | 0.916668 | 0.5277 | 0.7249 | 0.89303 | 0.87051 | 0.948975 | 0.80079 |
| $b$ | 1.001868 | 1.090011 | 1.042533 | 1.017560 | 1.02259 | 1.010955 | 1.03549 |

实沸点蒸馏曲线计算结果见表 3－5。

**表 3－5　实沸点蒸馏数据一览表**

| 项目 | 粗汽油 | 稳汽油 | 柴油 | 轻蜡油 | 重蜡油 | 污油 | 油浆 | 渣油 |
|---|---|---|---|---|---|---|---|---|
| 初馏点/℃ | 22.0 | 8.0 | 159.6 | 198.6 | 219.1 | 198.6 | 216.3 | 22.0 |
| 10%馏出温度/℃ | 66.2 | 35.4 | 214.8 | 336.9 | 358.6 | 245.6 | 368.3 | 66.2 |
| 30%馏出温度/℃ | 111.0 | 80.0 | 237.3 | 356.2 | 390.9 | 263.2 | 398.1 | 111.0 |
| 50%馏出温度/℃ | 146.3 | 128.0 | 281.4 | 390.3 | 431.5 | 303.0 | 441.8 | 146.3 |
| 70%馏出温度/℃ | 167.5 | 156.4 | 313.8 | 414.8 | 459.7 | 331.9 | 496.4 | 167.5 |
| 90%馏出温度/℃ | 195.8 | 189.6 | 346.8 | 436.0 | 521.1 | 372.4 | 540.9 | 195.8 |
| 终馏点/℃ | 210.4 | 206.2 | 370.3 | 462.0 | 550.9 | 440.1 | 609.6 | 210.4 |

（五）平衡气化曲线计算

1）根据公式计算油品的平衡汽化曲线[6]：

$$t_{EFV}=a(t_{86}+273.15)^{b}S^{c}$$

式中 $t_{EFV}$——常用平衡汽化曲线各馏出体积下的温度，K；

$t_{86}$——恩氏蒸馏温度，K；

$S$——相对密度（$d_{15.6}^{15.6}$）。

$a$、$b$、$c$ 关联系数，见表 3－6。

**表 3－6　关联系数 $a$、$b$ 和 $c$ 的值**

| 项目 | 0～5% | 10% | 30% | 50% | 70% | 90% | 95%～100% |
|---|---|---|---|---|---|---|---|
| $a$ | 2.97481 | 1.44594 | 0.85060 | 3.26805 | 8.28734 | 10.62656 | 7.99502 |
| $b$ | 0.8466 | 0.9511 | 1.0315 | 0.8274 | 0.6871 | 0.6529 | 0.6949 |
| $c$ | 0.4208 | 0.1287 | 0.0817 | 0.6214 | 0.9340 | 1.1025 | 1.0737 |

本方法换算的结果，尤其在端点处偶尔会有严重误差，本方法在以下温度范围以外不适用。公式不适用温度范围见表 3－7。

表 3-7 公式不适用温度范围

| 馏出体积/% | 恩氏蒸馏温度范围/℃ | 实沸点蒸馏温度范围/℃ |
|---|---|---|
| 0 | 10.0~265.6 | 48.9~298.9 |
| 10% | 62.8~322.2 | 79.4~348.9 |
| 30% | 93.3~340.6 | 97.8~358.9 |
| 50% | 112.8~354.4 | 106.7~366.7 |
| 70% | 131.1~399.4 | 118.3~375.6 |
| 90% | 162.8~465.0 | 133.9~404.4 |
| 100% | 187.8~484.4 | 146.1~433.3 |

因此，公式法仅适用于粗汽油、稳定汽油、焦化柴油和轻蜡油的平衡汽化曲线转换。

2）焦化重蜡油使用常压恩氏蒸馏50%点与平衡汽化50%点换算图、平衡汽化曲线各段温差与恩氏蒸馏曲线各段温差关系图[5]。计算如下：

① 平衡汽化50%点计算：

常压恩氏蒸馏50%点与平衡汽化50%点关系见图3-1。

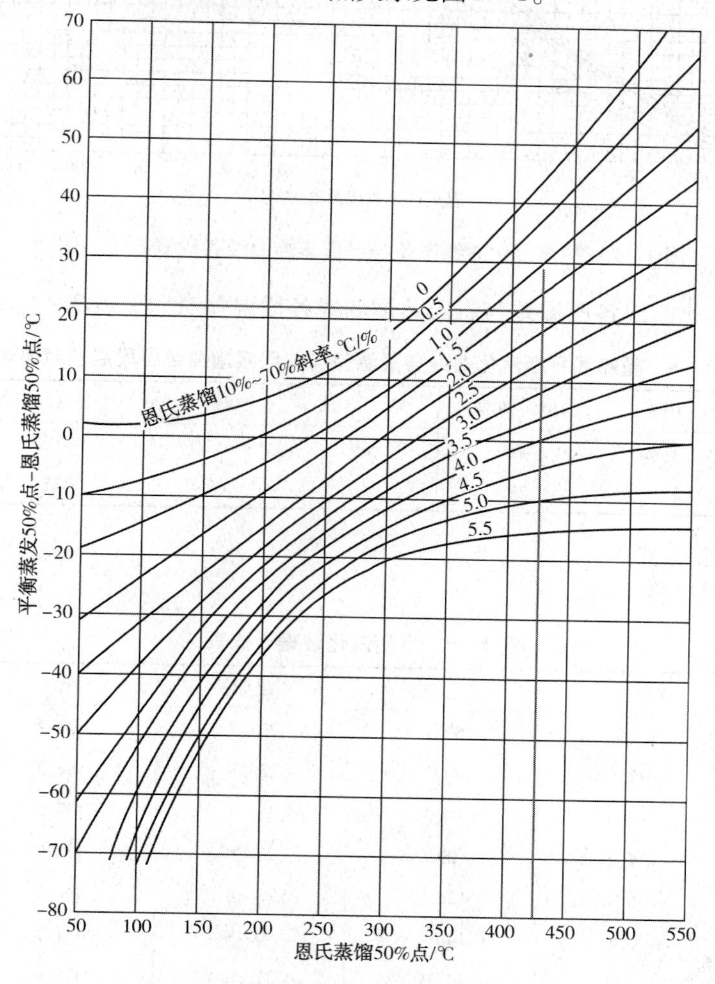


图 3-1 常压恩氏蒸馏50%点与平衡汽化50%点关系图

② 平衡汽化曲线各段温差与恩氏蒸馏曲线各段温差计算：

以50%~70%为例，恩氏蒸馏温差为20℃，平衡汽化温差为9.8℃。平衡汽化曲线温差与恩氏蒸馏曲线各段温差关系见图3-2。

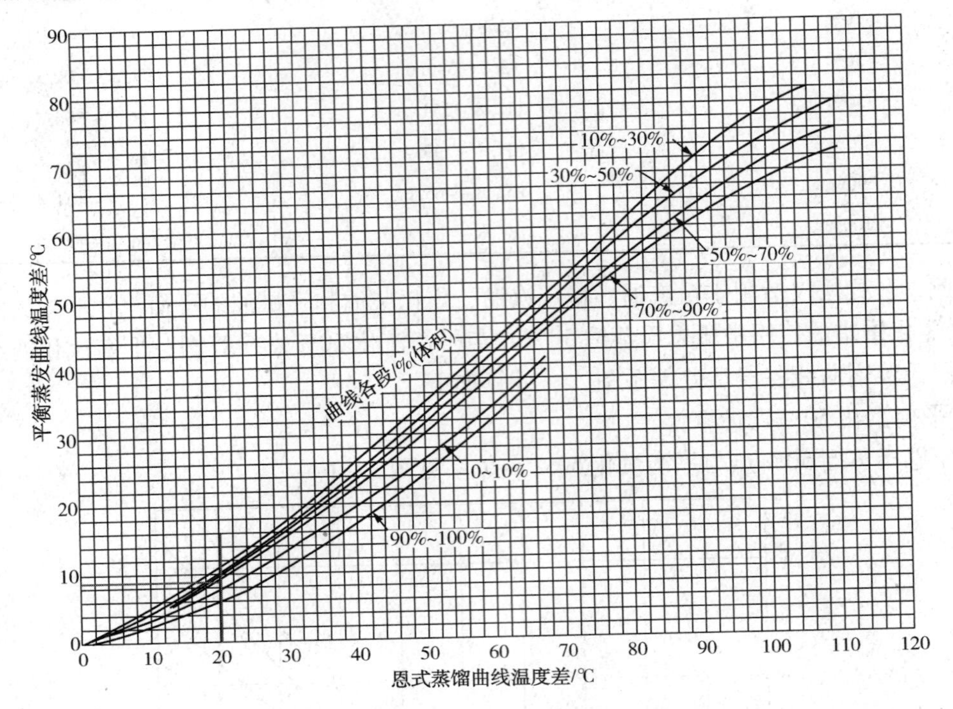


图3-2 平衡汽化曲线温差与恩氏蒸馏曲线各段温差关系图

重蜡油平衡汽化曲线各段温差与恩氏蒸馏曲线各段温差对照见表3-8。

**表3-8 重蜡油平衡汽化曲线各段温差与恩氏蒸馏曲线各段温差对照表** ℃

| 项目 | 0~10% | 10%~30% | 30%~50% | 50%~70% | 70%~90% | 90%~100% |
|---|---|---|---|---|---|---|
| 常压恩氏 | 9 | 42 | 19 | 20 | 57 | 22 |
| 平衡蒸发 | 3 | 28 | 10 | 9.8 | 35.8 | 7.5 |

③ 计算结果汇总：

平衡汽化数据见表3-9。

**表3-9 平衡汽化数据一览表** ℃

| 项目 | 粗汽油 | 稳定汽油 | 焦化柴油 | 轻蜡油 | 重蜡油 |
|---|---|---|---|---|---|
| 初馏点 | 68.9 | 69.1 | 207.3 | 300.2 | 314 |
| 10%馏出温度 | 102.5 | 84.3 | 238.9 | 381.7 | 317 |
| 30%馏出温度 | 116.6 | 94.3 | 255.1 | 405.5 | 345 |
| 50%馏出温度 | 124.2 | 109.9 | 267.9 | 422.0 | 445 |
| 70%馏出温度 | 136.4 | 126.0 | 284.4 | 438.6 | 454.9 |
| 90%馏出温度 | 148.8 | 140.1 | 305.9 | 471.5 | 490.7 |
| 终馏点 | 153.3 | 147.0 | 315.9 | 479.1 | 498.2 |

（六）蒸馏曲线斜率计算

根据公式计算介质蒸馏曲线的斜率[3]，此斜率表示从馏出10%到90%之间，每馏出1%的沸点平均升高值。

$$\text{斜率}S = \frac{90\%\text{馏出温度} - 10\%\text{馏出温度}}{90 - 10}$$

式中　斜率 $S$——蒸馏曲线的斜率，℃/%；

馏出温度——单位为℃。

蒸馏曲线斜率见表3－10。

**表3－10　蒸馏曲线斜率一览表**

℃/%

| 项目 | 粗汽油 | 稳汽油 | 柴油 | 顶循油 | 循环油 | 轻蜡油 | 重蜡油 | 污油 | 油浆 | 渣油 | 中段 |
|---|---|---|---|---|---|---|---|---|---|---|---|
| 斜率 | 1.25 | 1.55 | 1.30 | 0.45 | 1.875 | 0.95 | 1.725 | 1.246 | 1.851 | 3.36 | 1.0 |

（七）平均沸点的计算

1. 体积平均沸点

根据公式计算体积平均沸点[3]：

$$t_v = \frac{t_{10} + t_{30} + t_{50} + t_{70} + t_{90}}{5}$$

式中　$t_v$——体积平均沸点，℃；

$t_{10}$、$t_{30}$、$t_{50}$、$t_{70}$、$t_{90}$——恩氏蒸馏馏出温度，℃。

体积平均沸点计算结果见表3－11。

**表3－11　体积平均沸点一览表**

| 项目 | 粗汽油 | 稳汽油 | 柴油 | 顶循油 | 循环油 | 轻蜡油 | 重蜡油 | 污油 | 油浆 | 渣油 | 中段 |
|---|---|---|---|---|---|---|---|---|---|---|---|
| 摄氏度(℃) | 141.3 | 122.2 | 278.6 | 174.6 | 447.2 | 382.6 | 426.4 | 302.2 | 442.4 | 511.6 | 358.6 |
| 开氏度(K) | 414.5 | 395.4 | 551.8 | 447.8 | 720.4 | 655.8 | 699.6 | 575.3 | 715.6 | 784.8 | 631.8 |

2. 质量平均沸点

根据公式计算质量平均沸点[3]：

$$t_w = t_v + \Delta_w$$

$$\ln\Delta_w = -3.64991 - 0.027060 t_v^{0.6667} + 5.16388 S^{0.25}$$

式中　$t_w$——介质的质量平均沸点，℃；

$t_v$——介质的体积平均沸点，℃；

$S$——介质的蒸馏曲线斜率，℃/%。

质量平均沸点见表3－12。

**表3－12　质量平均沸点一览表**

| 项目 | 粗汽油 | 稳汽油 | 柴油 | 顶循油 | 循环油 | 轻蜡油 | 重蜡油 | 污油 | 油浆 | 渣油 | 中段 |
|---|---|---|---|---|---|---|---|---|---|---|---|
| 摄氏度(℃) | 144.3 | 126.4 | 280.7 | 175.4 | 449.4 | 383.6 | 428.5 | 304.0 | 444.7 | 516.6 | 359.8 |
| 开氏度(K) | 417.4 | 399.6 | 553.8 | 448.5 | 722.6 | 656.8 | 701.6 | 577.1 | 717.8 | 789.8 | 632.9 |

3. 实分子平均沸点

根据公式计算实分子平均沸点[3]：

$$t_m = t_v - \Delta_m$$

$$\ln\Delta_m = -1.15158 - 0.011810 t_v^{0.6667} + 3.70684 S^{0.3333}$$

式中 $t_m$——介质的实分子平均沸点，℃；

$t_v$——介质的体积平均沸点，℃；

$S$——介质的蒸馏曲线斜率，℃/%。

实分子平均沸点见表3－13。

**表3－13 实分子平均沸点一览表**

| 项目 | 粗汽油 | 稳汽油 | 柴油 | 顶循油 | 循环油 | 轻蜡油 | 重蜡油 | 污油 | 油浆 | 渣油 | 中段 |
|---|---|---|---|---|---|---|---|---|---|---|---|
| 摄氏度(℃) | 128.9 | 105.0 | 267.7 | 170.9 | 431.9 | 376.1 | 412.6 | 292.1 | 427.3 | 473.4 | 351.5 |
| 开氏度(K) | 402.0 | 378.1 | 540.9 | 444.0 | 705.0 | 649.3 | 685.7 | 565.3 | 700.5 | 746.5 | 624.7 |

4. 立方平均沸点

根据公式计算立方平均沸点[3]：

$$t_{cu} = t_v - \Delta_{cu}$$

$$\ln\Delta_{cu} = -0.82368 - 0.089970 t_v^{0.45} + 2.45679 S^{0.45}$$

式中 $t_{cu}$——介质的立方平均沸点，℃；

$t_v$——介质的体积平均沸点，℃；

$S$——介质的蒸馏曲线斜率，℃/%。

立方平均沸点见表3－14。

**表3－14 立方平均沸点一览表**

| 项目 | 粗汽油 | 稳汽油 | 柴油 | 顶循油 | 循环油 | 轻蜡油 | 重蜡油 | 污油 | 油浆 | 渣油 | 中段 |
|---|---|---|---|---|---|---|---|---|---|---|---|
| 摄氏度(℃) | 138.5 | 118.2 | 276.4 | 173.6 | 444.4 | 381.3 | 423.8 | 300.1 | 439.6 | 504.8 | 357.2 |
| 开氏度(K) | 411.6 | 391.3 | 549.5 | 446.8 | 717.5 | 654.4 | 697.0 | 573.3 | 712.8 | 777.9 | 630.3 |

5. 中平均沸点

根据公式计算中平均沸点[3]：

$$t_{Me} = t_v - \Delta_{Me}$$

$$\ln\Delta_{Me} = -1.53181 - 0.012800 t_v^{0.6667} + 3.64678 S^{0.3333}$$

式中 $t_{Me}$——介质的中平均沸点，℃；

$t_v$——介质的体积平均沸点，℃；

$S$——介质的蒸馏曲线斜率，℃/%。

中平均沸点计算结果见表3－15。

**表3－15 中平均沸点一览表**

| 项目 | 粗汽油 | 稳汽油 | 柴油 | 顶循油 | 循环油 | 轻蜡油 | 重蜡油 | 污油 | 油浆 | 渣油 | 中段 |
|---|---|---|---|---|---|---|---|---|---|---|---|
| 摄氏度(℃) | 133.6 | 111.5 | 271.9 | 172.2 | 438.0 | 378.6 | 418.1 | 296.0 | 433.4 | 489.2 | 354.3 |
| 开氏度(K) | 406.7 | 384.6 | 545.1 | 445.4 | 711.2 | 651.8 | 691.2 | 569.2 | 706.5 | 762.3 | 627.4 |

（八）相对分子质量

1. 油品相对分子质量

（1）Riazi 关联式

根据公式计算油品平均相对分子质量。该公式又被称为 API－87 法，适用范围为相对分子质量为70～700，中平均沸点为305～840K[3]。

$$M=42.965[\exp(2.097\times10^{-4}T-7.78712S+2.0848\times10^{-3}TS)]T^{1.26007}S^{4.98308}$$

式中 $M$——平均相对分子质量；

$T$——中平均沸点，K；

$S$——相对密度，$d_{15.6}^{15.6}$。

（2）寿德清－向正为关系式

根据公式（寿德清－向正为关系式）计算油品平均相对分子质量。此式系用国产原油直馏馏分油、催化裂化和焦化馏分油实测数据回归得到的[3]。

$$M=184.5+2.295T-0.2332KT+1.329\times10^{-5}(KT)^2-0.6222\rho T$$

式中 $M$——平均相对分子质量；

$T$——中平均沸点，K；

$K$——特性因数；

$\rho$——油品在20℃时的密度，g/cm³。

（3）杨朝合－孙昱东关联式

根据公式（杨朝合－孙昱东关联式）计算油品平均相对分子质量。该式的适用范围为 $M$ 在76～1685，$T_b$ 在303～1013K，$d_4^{20}$ 在0.63～1.09[3]。

$$M=0.010726\cdot T_b^{1.52849+0.06435\ln\left(\frac{T_b}{1078-T_b}\right)}/d_4^{20}$$

式中 $M$——平均相对分子质量；

$T_b$——中平均沸点，K；

$d_4^{20}$——油品相对密度；

1078——无限长碳链化合物的渐近沸点，K。

（4）根据 *API* 公式计算油品平均相对分子质量

$$\lg M=\sum_{i=0}^{2}\sum_{j=0}^{2}A_{ij}(1.8t+32)^iK^j$$

式中 $M$——油品相对分子质量；

$t$——油品中平均沸点，℃；

$K$——油品特性因数；

$A_{ij}$——参数，见表3－16。

**表3－16 $A_{ij}$一览表**

| $A_{ij}$ | 数值 | $A_{ij}$ | 数值 |
|---|---|---|---|
| $A_{00}$ | 0.6670202 | $A_{12}$ | $2.5008\times10^{-5}$ |
| $A_{01}$ | 0.1552531 | $A_{20}$ | $-2.698\times10^{-6}$ |
| $A_{02}$ | $-5.3785\times10^{-3}$ | $A_{21}$ | $3.876\times10^{-7}$ |
| $A_{10}$ | $4.5837\times10^{-3}$ | $A_{22}$ | $-1.5662\times10^{-8}$ |
| $A_{11}$ | $-5.755\times10^{-4}$ | | |

各公式求得的油品平均相对分子质量见表3－17。

表 3－17　油品平均相对分子质量一览表

| 项目 | 粗汽油 | 稳汽油 | 柴油 | 顶循油 | 循环油 | 轻蜡油 | 重蜡油 | 污油 | 油浆 | 渣油 | 中段 |
|---|---|---|---|---|---|---|---|---|---|---|---|
| Riazi 关联式 | 119.1 | 107.0 | 206.8 | 141.0 | 375.3 | 304.3 | 350.8 | 223.0 | 298.6 | 440.0 | 285.0 |
| 寿德清－向正为公式 | 105.2 | 98.4 | 205.6 | 130.5 | 377.4 | 306.8 | 352.9 | 227.1 | 344.2 | 440.3 | 282.2 |
| 杨朝合－孙昱东公式 | 116.2 | 104.6 | 189.8 | 134.0 | 339.0 | 275.5 | 316.9 | 203.6 | 289.6 | 399.5 | 259.2 |
| *API* | 121.5 | 108.9 | 206.8 | 141.8 | 367.7 | 302.8 | 346.1 | 223.0 | 315.6 | 420.0 | 286.0 |

2. 气体相对分子质量

根据理想气体状态方程 $pV=nRT$，一定质量下，气体在非标况下密度的计算公式：$pM=\rho RT$。

干气、液态烃相对分子质量见表 3－18、表 3－19。

表 3－18　干气相对分子质量一览表

| 项目 | 空气 | 甲烷 | 二氧化碳 | 乙烯 | 乙烷 | 硫化氢 | 丙烯 | 丙 烷 | 异丁烷 | 正丁烷 | 丁烯 | 碳五 | 氢 | 合计 |
|---|---|---|---|---|---|---|---|---|---|---|---|---|---|---|
| 体积分数/% | 6.3 | 49.8 | 0.6 | 1.5 | 12.8 | 5.4 | 1.6 | 4.3 | 0.2 | 0.8 | 0.5 | 0.3 | 15.9 | |
| 相对分子质量 | 28.9 | 16 | 44 | 28 | 30 | 34 | 42 | 44 | 46 | 58 | 56 | 72 | 2 | |
| 分子量 | 1.82 | 7.97 | 0.26 | 0.42 | 3.84 | 1.836 | 0.67 | 1.89. | 0.09 | 0.46 | 0.28 | 0.21 | 0.32 | 20.1 |

表 3－19　液态烃相对分子质量一览表

| 项目 | 硫化氢 | 丙烯 | 丙烷 | 异丁烷 | 正异丁烯 | 正丁烷 | 丁烯 | 戊烷 | 合计 |
|---|---|---|---|---|---|---|---|---|---|
| 体积分数/% | 0.1 | 17.4 | 48.2 | 5.1 | 10.5 | 15.4 | 3.1 | 0.2 | |
| 相对分子质量 | 34 | 42 | 44 | 58 | 56 | 58 | 56 | 72 | |
| 分子量 | 0.034 | 7.31 | 21.21 | 2.95 | 5.88 | 8.93 | 1.73. | 0.14 | 48.20 |

分馏塔进料油气相对分子质量计算如下[3]：

$$M=\frac{\sum_{i=1}^{n}W_i}{\sum_{i=1}^{n}\frac{W_i}{M_i}}=\frac{11+16.6+2.8+26+49.5+24.9+28.3+17.8+53.4-4.6}{\frac{11}{18}+\frac{16.6}{20.1}+\frac{2.8}{48.2}+\frac{26}{119.1}+\frac{49.5}{206.8}+\frac{24.9}{304.3}+\frac{28.3}{350.8}+\frac{17.8}{350.8}+\frac{53.4}{375.3}-\frac{4.6}{223}}=104.0$$

(九)特性因数 $K$ 的计算

根据公式[7,8]计算油品的特性因数 UOP $K$：

$$\text{UOP }K=\frac{(1.8t_c)^{1/3}}{d_{15.6}^{15.6}}$$

式中　UOP $K$——UOP 特性因数值；

$t_c$——立方平均沸点，K；

$d_{15.6}^{15.6}$——相对密度，1。

根据公式计算油品的特性因数 Watson $K$[8]：

$$\text{Watson }K=\frac{(1.8t_{Me})^{1/3}}{d_{15.6}^{15.6}}$$

式中　Watson $K$——Watson 特性因数 $K$ 值；

$t_{Me}$——中平均沸点，K；

$d_{15.6}^{15.6}$——相对密度。

原料特性因素 $K$ 值的高低，最能说明该原料的生焦倾向和裂化性能。原料的 $K$ 值越高，它就越易于进行裂化反应，而且生焦倾向也越小；反之，原料的 $K$ 值越低，它就越难于进行裂化反应，而且生焦倾向也越大。

当计算 Watson $K$ 值时，$T$ 为中平均沸点，当计算 UOP $K$ 值时，$T$ 为体积平均沸点。

特性因数 $K$ 计算结果见表 3－20。

**表 3－20　特性因数 $K$ 一览表**

| 项目 | 粗汽油 | 稳汽油 | 柴油 | 顶循油 | 循环油 | 轻蜡油 | 重蜡油 | 污油 | 油浆 | 渣油 | 中段 |
|---|---|---|---|---|---|---|---|---|---|---|---|
| UOP $K$ | 12.2 | 12.1 | 11.4 | 11.9 | 11.3 | 11.3 | 11.4 | 11.2 | 9.9 | 11.2 | 11.6 |
| Watson $K$ | 12.1 | 12.0 | 11.4 | 11.8 | 11.3 | 11.3 | 11.3 | 11.2 | 9.8 | 11.1 | 11.6 |

（十）分离精度计算

根据公式，分离精确度用恩氏蒸馏的间隙来表示[6]：

$$恩氏蒸馏(0-100)间隙 = t_0^H - t_{100}^L$$

式中　$t_0^H$、$t_{100}^L$——分别表示重馏分的初馏点和轻馏分的终馏点。

分离精度计算结果见表 3－21。

**表 3－21　分离精度一览表**　　℃

| 项目 | 粗汽油与柴油 | 柴油与轻蜡油 | 轻蜡油与重蜡油 | 重蜡油与循环油 |
|---|---|---|---|---|
| 分离精度 | －9 | －118 | －182.0 | －270.0 |

（十一）黏度计算

1. 液体油品黏度计算

根据油品两个已知温度下黏度值，可以求得其他黏度值[4]：

$$\mu = \rho \cdot \nu \cdot 10^{-3}$$

$$\nu = \exp\{\exp[a + b \cdot \ln(T+273)]\} - C$$

$$a = \ln[\ln(\nu_1 + C)] - b \cdot \ln(T_1 + 273)$$

$$b = \frac{\ln[\ln(\nu_1 + C)] - \ln[\ln(\nu_2 + C)]}{\ln(T_1 + 273) - \ln(T_2 + 273)}$$

式中　$\nu$——油品运动黏度，$mm^2/s$；

$\mu$——动力黏度，mPa . s；

$a$、$b$——未知数。

当相对密度 $\gamma_4^{20} \leqslant 0.8$ 时，$C = 0.8$；当 $\gamma_4^{20} \geqslant 0.9$ 时，$C = 0.6$；当 $0.8 < \gamma_4^{20} < 0.9$ 时，$C = 2.4 - 2.0 \times \gamma_4^{20}$。

2. 气体黏度计算

（1）方法一：焦炭塔气体黏度计算

计算焦炭塔内油气黏度[7]：

$$\mu = -0.0092696 + (0.00138323 - 5.97124 \times 10^{-5} M^{0.5}) T^{0.5} + 1.1249 \times 10^{-5} M = 0.0134(cP)$$

式中　$\mu$——黏度，cP；

$T$——温度，K；

$M$——相对分子质量。

（2）方法二

根据《石油化工工艺计算图表》[5]查图，烃蒸汽常压黏度见图3－3。

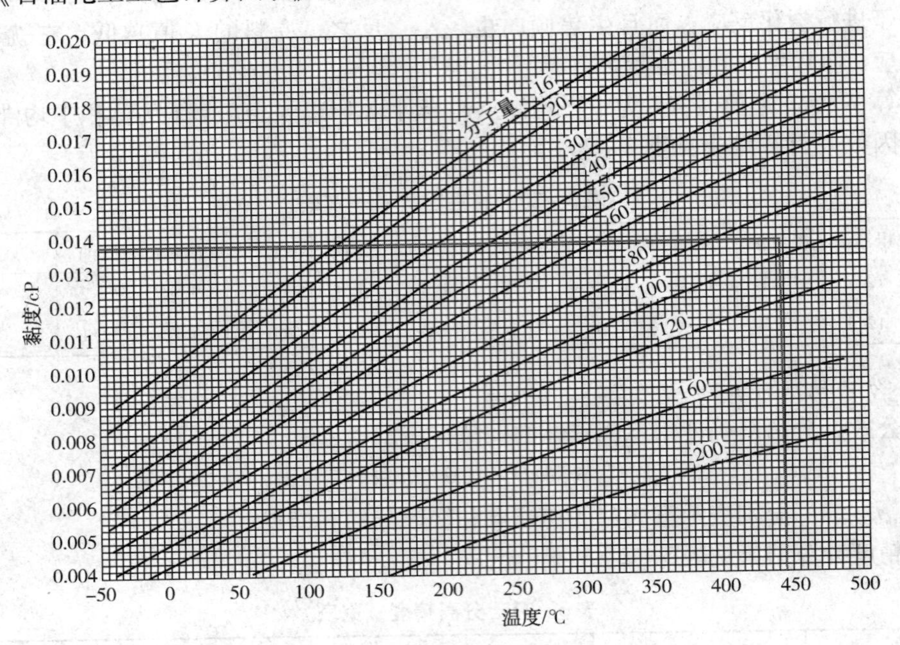


图3－3　烃蒸汽常压黏度图

计算得焦炭塔油气气体相对分子质量为93，查图3－3得，焦炭塔内油气黏度为0.0136cP，与公式基本一致。

（十二）比热容计算

油品比热容计算[4]：

$$c_P = 4.1855[0.6811 - 0.308(0.99417\gamma_4^{20} + 0.009181) + (1.8T + 32) \cdot (0.000815 - 0.000306(0.99417\gamma_4^{20} + 0.009181)] \cdot (0.055K_F + 0.35)$$

式中　$c_P$——比热容，kJ/(kg·℃)；

$T$——温度，℃；

$\gamma_4^{20}$——相对密度；

$K_F$——特性因数。

（十三）导热系数计算

油品导热系数计算[4]：

$$\lambda = \frac{0.0199 - 0.0000656T + 0.098}{(0.99417\gamma_4^{20} + 0.009181)}$$

式中　$\lambda$——导热系数，W/(m·℃)；

$T$——温度，℃；

$\gamma_4^{20}$——相对密度。

（十四）焓计算

计算焓的公式很多，由于焓是相对数量，首先需统一焓的基准或零点，本次计算统一采

用焓的基准温度为 -17.8℃，以便于计算。并且，计算发现使用《石油化工工艺计算图表》[5]公式，在计算乙烯焓值时，温度越高，焓值越低。

因此，气体焓计算采用《石油炼制设计数据图表集》[9]公式；液体焓计算采用《催化裂化工艺计算与技术分析》[10]公式。

其中，液相焓以 -17.8℃为基准，使用《催化裂化工艺计算与技术分析》[10]焓值公式：

$$h_{液} = 4.1868 \times (0.055 \times K + 0.35) \times [1.8 \times (0.0004061 - 0.0001521 \times S) \times (T + 17.8)^2 + (0.6783 - 0.3063 \times S) \times (T + 17.8)]$$

式中 $h_{液}$——液相焓值，kJ/kg；

$K$——油品 $K$ 值；

$S$——相对密度；

$T$——温度，℃。

纯烃气相焓以《石油炼制设计数据图表集》[9]公式计算，计算时基准需换算至 -17.8℃基准：

$$h^0 = h_0^0 + A\left(\frac{T}{100}\right) + 1.8B\left(\frac{T}{100}\right)^2 + 3.24C\left(\frac{T}{100}\right)^3 + 0.3087D\left(\frac{100}{T}\right) + 0.55556E$$

式中 $h^0$——理想气体在 $T^0$K 时的焓，kcal/kg；

$h_0^0$——基准焓值，对烃类 $h_0^0 = 0$kcal/kg（-129℃时饱和液相的焓），对非烃类则以 $0^0$K 时的理想气体的焓 $h_0^0 = 0$；

$A$、$B$、$C$、$D$、$E$——系数，见《石油炼制设计数据图表集》表 7-1-2[9]。

（十五）临界性质计算

1. 真临界温度的计算

1）根据《石油炼制工程》[3]公式 3-51 和公式 3-52 计算油品的真临界温度：

$$t_c = 85.66 + 0.9259D - 0.3959 \times 10^{-3} D^2$$

$$D = d(1.8t_v + 132.0)$$

式中 $t_c$——真临界温度，℃；

$t_v$——体积平均沸点，℃；

$d$——相对密度（$d_{15.6}^{15.6}$）。

2）根据《原油蒸馏工艺与工程》[5]公式 4-12，计算油品的真临界温度[6]：

$$T_c = 189.83 + 450.56SG + (0.4244 + 0.1174SG)T_b + (0.1441 + 1.00688SG) \times 10^5 / T_b$$

式中 $T_c$——真临界温度，K；

$T_b$——中平均沸点，K；

$SG$——相对密度（$d_{15.6}^{15.6}$）。

3）根据《API Technical Data Book》[11]公式计算油品的真临界温度：

$$T_c = 186.16 + 1.6667\Delta - 0.7127(10^{-3})\Delta^2$$

$$\Delta = (SG) \times (VABP + 100)$$

式中 $T_c$——真临界温度，℉；

$VABP$——中平均沸点，℉；

$SG$——相对密度（$d_{15.6}^{15.6}$）。

真临界温度计算结果见表 3-22。

表3-22 真临界温度一览表

℃

| 项目 | 粗汽油 | 稳汽油 | 柴油 | 顶循油 | 循环油 | 轻蜡油 | 重蜡油 | 污油 | 油浆 | 渣油 |
|---|---|---|---|---|---|---|---|---|---|---|
| 方法一 | 319.4 | 299.0 | 476.6 | 361.3 | 598.3 | 562.7 | 587.8 | 502.7 | 618.6 | 621.5 |
| 方法二 | 311.6 | 289.6 | 462.3 | 355.2 | 615.9 | 563.3 | 597.6 | 490.3 | 668.2 | 666.5 |
| 方法三 | 312.1 | 288.6 | 471.4 | 359.1 | 594.9 | 560.6 | 584.1 | 498.2 | 616.4 | 617.1 |

2. 假临界温度的计算

1）根据《石油炼制工程》[3]公式3-53计算油品的假临界温度：

$$T_c' = 17.1419[\exp(-9.3145\times10^{-4}T_{Me} - 0.54444d + 6.4791\times10^{-4}T_{Me}d)]\times T_{Me}^{0.81067}d^{0.53691}$$

式中 $T_c'$——假临界温度，K；

$T_{Me}$——中平均沸点，K；

$d$——相对密度（$d_{15.6}^{15.6}$）。

假临界温度计算结果见表3-23。

表3-23 假临界温度一览表

℃

| 项目 | 粗汽油 | 稳汽油 | 柴油 | 顶循油 | 循环油 | 轻蜡油 | 重蜡油 | 污油 | 油浆 | 渣油 |
|---|---|---|---|---|---|---|---|---|---|---|
| 假临界温度 | 786.9 | 746.0 | 1068.7 | 868.1 | 1364.2 | 1262.2 | 1328.7 | 1121.1 | 1461.8 | 1464.1 |

根据《石油化工工艺计算图表》[5]图2-3-6、图2-3-7判断，假临界温度计算数据有误。

2）根据《API Technical Data Book》[11]公式对油品的假临界温度计算：

$$T_c' = 10.6443[\exp(-5.1747\times10^{-4}T_b - 0.54444S + 3.5995\times10^{-4}T_bS)]T_b^{0.81067}S^{0.53691}$$

式中 $T_c'$——假临界温度，°R；

$T_b$——中平均沸点，°R；

$S$——相对密度（$d_{15.6}^{15.6}$）。

假临界温度计算结果见表3-24。

表3-24 假临界温度一览表

℃

| 项目 | 粗汽油 | 稳汽油 | 柴油 | 顶循油 | 循环油 | 轻蜡油 | 重蜡油 | 污油 | 油浆 | 渣油 |
|---|---|---|---|---|---|---|---|---|---|---|
| 假临界温度 | 315.7 | 293.1 | 472.3 | 360.9 | 636.5 | 579.8 | 616.7 | 501.4 | 690.7 | 692.0 |

3. 假临界压力的计算

1）根据《石油炼制工程》[3]公式3-54计算油品的假临界压力：

$$p_c' = 3.195\times10^4[\exp(-98.505\times10^{-3}T_{Me} - 4.8014\mathrm{d} + 5.7490\times10^{-3}T_{Me}d)]T_{Me}^{-0.4844}d^{4.0846}$$

式中 $p_c'$——假临界压力，MPa；

$T_{Me}$——中平均沸点，K；

$d$——相对密度（$d_{15.6}^{15.6}$）。

假临界压力计算结果见表3-25。

表3-25 假临界压力一览表

MPa

| 项目 | 粗汽油 | 稳汽油 | 柴油 | 顶循油 | 循环油 | 轻蜡油 | 重蜡油 | 污油 | 油浆 | 渣油 |
|---|---|---|---|---|---|---|---|---|---|---|
| 假临界压力 | 2.626 | 2.884 | 1.959 | 2.412 | 1.342 | 1.530 | 1.390 | 1.924 | 2.159 | 1.283 |

2）根据《API Technical Data Book》[11]假临界压力计算公式计算：

$$p_{pc}=6.162\times10^{6}[\exp(-4.725\times10^{-3}T_b-4.8014S+3.1939\times10^{-3}T_bS)]T_b^{-0.4844}S^{4.0846}$$

式中 $p_{pc}$——假临界压力，psi(绝)；

$T_b$——中平均沸点，°R；

$S$——相对密度($d_{15.6}^{15.6}$)。

假临界压力计算结果见表3－26。

**表3－26 假临界压力一览表**

MPa

| 项目 | 粗汽油 | 稳汽油 | 柴油 | 顶循油 | 循环油 | 轻蜡油 | 重蜡油 | 污油 | 油浆 | 渣油 |
|---|---|---|---|---|---|---|---|---|---|---|
| 假临界压力 | 2.63 | 2.89 | 1.96 | 2.41 | 1.34 | 1.53 | 1.39 | 1.92458 | 2.1597 | 1.283 |

4. 真临界压力的计算

1）根据《石油炼制工程》[3]公式3－55计算油品的真临界压力：

$$\lg p_c=0.052321+5.656282\lg\frac{T_c}{T_c'}+1.001047\lg p_c'$$

式中 $p_c$——真临界压力，MPa；

$T_c$——真临界温度，K；

$T_c'$——假临界温度，K；

$p_c'$——假临界压力，MPa。

真临界压力计算结果见表3－27。

**表3－27 真临界压力一览表**

MPa

| 项目 | 粗汽油 | 稳汽油 | 柴油 | 顶循油 | 循环油 | 轻蜡油 | 重蜡油 | 污油 | 油浆 | 渣油 |
|---|---|---|---|---|---|---|---|---|---|---|
| 真临界压力 | 3.072 | 3.454 | 2.284 | 2.734 | 1.188 | 1.540 | 1.301 | 2.191 | 1.570 | 0.942 |

2）根据API真临界压力计算公式计算[11]：

$$\ln p_c=0.050052+5.656282\ln\left(\frac{T_c}{T_{pc}}\right)+1.001047\ln p_{pc}$$

式中 $p_c$——油品真临界压力，psi(绝)；

$T_c$——油品真临界温度，°R；

$T_{pc}$——假临界温度，°R；

$p_{pc}$——假临界压力，psi(绝)。

真临界压力计算结果见表3－28。

**表3－28 真临界压力一览表**

MPa

| 项目 | 粗汽油 | 稳汽油 | 柴油 | 顶循油 | 循环油 | 轻蜡油 | 重蜡油 | 污油 | 油浆 | 渣油 |
|---|---|---|---|---|---|---|---|---|---|---|
| 真临界压力 | 3.072 | 3.454 | 2.284 | 2.734 | 1.188 | 1.540 | 1.301 | 2.191 | 1.570 | 0.942 |

## 二、物料平衡

### （一）粗物料平衡

1. 计量数据

装置原始计量数据见表3－29。

表 3－29　装置物料平衡一览表

| 项目 | 计量方式 | 位号 | 型号规格 | 平均量/(t/d) |
|---|---|---|---|---|
| 入方 | | | | |
| 热渣 | 质量流量计 | FIQ3101A | CMF400M425NQBDMZZZ | 3466.3 |
| 罐区冷渣 | 质量流量计 | FIQ3101B | 80FIH－AAASAACEBAAA | 851.4 |
| 油浆 | 质量流量计 | FIQ3418 | P050D100XZAI1M1Z | 447.7 |
| 污油 | 质量流量计 | FIQ3508 | ZLJC75P | 109.5 |
| 出方 | | | | |
| 干气 | 质量流量计 | FIQ3407B | LZL11000USYHD150P4.0 | 398.1 |
| 液态烃 | 质量流量计 | FIQ3416 | CMF200M418 | 66.7 |
| 稳定汽油 | 质量流量计 | FIQ3417 | P80D100X2TT1 | 624.8 |
| 柴油 | 质量流量计 | FIQ3138 | P100D100X5AJM1Z | 1187.6 |
| 轻蜡油 | 质量流量计 | FIQ3102 | P080D100X2A11M1Z | 607.2 |
| 重蜡油 | 质量流量计 | FIQ3105 | P080D100X2A11M1Z | 681.0 |
| 石油焦＋损失 | 汽车衡/静态轨道衡 | | | 1309.5 |

2. 粗物料平衡分析

1）加工原料分别为减压渣油、催化油浆、罐区冷渣、罐区污油。前三者进装置原料罐，进加热炉、焦炭塔参与生焦反应，而罐区污油进焦化分馏塔内直接回炼后出装置。因此，在装置总物料平衡时，罐区污油作为入方原料。但在加热炉、焦炭塔物料衡算时，污油不纳入物料计算，因此各单元计算时，将分别做物料平衡。

2）焦化产品分别为干气、液化气、汽油、柴油、轻蜡油、重蜡油、石油焦，分别出装置。其中，轻收为37.2%、总液收为64.8%、焦炭＋损失为27.1%。标定期间，装置加工管道及沙重减压渣油，催化油浆掺炼比例为9.4%。另外，装置循环比控制较高，循环比计算得0.26，建议进一步降低循环比操作，提高装置处理量，并进一步提高液体产品收率。

3）由于装置进、出气体，液体物料均设有质量流量计，因此装置总物料平衡时暂不需流量校正。但由于焦化装置焦炭量属于固体计量，准确计量较为困难，因此，装置日常生产及标定期间，焦炭及加工损失通过进出物料质量衡算得到。

4）加工损失分析：焦炭塔老塔处理吹出油、焦炭塔预热放瓦斯外甩油改造后直接进放空塔再回炼至分馏塔，不计入物料外输。因此，装置主要加工损失有焦炭塔老塔改溢流后，放空尾气放火炬损失部分、含硫污水含油损失部分、放空污水含油损失部分导致加工损失，另外装置现场有少量跑冒滴漏情况伴随发生。

（二）细物料平衡

根据不同的需要，装置物料平衡，除粗物料平衡方法外，还可使用细物料平衡，主要是由于：①干气和液态烃分离不佳，且干气和液态烃中不同组分有不同的用途，需做细物料平衡，即求出所得产物中干气和液态烃各组分的产率。②细物料平衡（考虑汽油中的气体）：稳定汽油作为稳定吸收出装置产品，含有少量的未解析的碳四组分。为了估算稳定汽油中的碳四组分，也需做细物料平衡。而干气、液态烃中的碳五及更重的部分则并入汽油中。所做出的细物料平衡中，气体是焦化装置所得的真实气体量，汽油是$C_{5+}$汽油。③受分离精度影响，焦化柴油与蜡油重叠，焦化柴油与稳定汽油重叠，也需做细物料平衡。④焦化重蜡油与轻蜡油混合出装置，仅控制重蜡油残炭指标，二者不进行细分。

1. 干气组分细物料切割

干气组分细物料切割见表3－30。

**表3－30　干气组分细物料切割一览表**

| 干气 | 体积分数/% | 相对分子质量 | 平均分子量 | 分子分率/% | 质量流量/(t/h) | 纯干气流量/(t/h) |
|---|---|---|---|---|---|---|
| 甲烷 | 49.80 | 16.04 | 7.99 | 39.64 | 6.58 | 6.58 |
| 乙烷 | 12.80 | 30.07 | 3.85 | 19.10 | 3.17 | 3.17 |
| 乙烯 | 1.50 | 28.05 | 0.42 | 2.09 | 0.35 | 0.35 |
| 丙烷 | 4.30 | 44.10 | 1.90 | 9.41 | 1.56 | 1.56 |
| 丙烯 | 1.60 | 42.08 | 0.67 | 3.34 | 0.55 | 0.55 |
| 异丁烷 | 0.20 | 58.12 | 0.12 | 0.58 | 0.10 | 0.00 |
| 正丁烷 | 0.80 | 58.12 | 0.46 | 2.31 | 0.38 | 0.00 |
| 丁烯 | 0.50 | 56.11 | 0.28 | 1.39 | 0.23 | 0.00 |
| 碳五 | 0.30 | 72.15 | 0.22 | 1.07 | 0.18 | 0.00 |
| 二氧化碳 | 0.60 | 44.01 | 0.26 | 1.31 | 0.22 | 0.22 |
| 氧气 | 1.40 | 32.00 | 0.45 | 2.22 | 0.37 | 0.37 |
| 氮气 | 4.90 | 28.01 | 1.37 | 6.81 | 1.13 | 1.13 |
| 氢 | 15.90 | 2.02 | 0.32 | 1.59 | 0.26 | 0.26 |
| 硫化氢 | 5.40 | 34.08 | 1.84 | 9.13 | 1.52 | 1.52 |
| 合计 | 100.00 | | 20.15 | 100.00 | 16.59 | 15.70 |

通过计算，干气中$C_3$以上组分0.89t/h应并入液态烃内，真实干气流量为15.7t/h。

2. 液态烃组分细物料切割

液态烃组分细物料切割见表3－31。

**表3－31　液态烃组分细物料切割一览表**

| 液态烃 | 体积分数/% | 分子量 | 平均分子量 | 分子分率/% | 质量流量/(t/h) | 纯液态烃流量/(t/h) |
|---|---|---|---|---|---|---|
| 丙烷 | 48.20 | 44.10 | 21.25 | 44.00 | 1.22 | 1.22 |
| 丙烯 | 17.40 | 42.08 | 7.32 | 15.16 | 0.42 | 0.42 |
| 异丁烷 | 5.10 | 58.12 | 2.96 | 6.14 | 0.17 | 0.17 |
| 正丁烷 | 15.40 | 58.12 | 8.95 | 18.53 | 0.52 | 0.52 |
| 反丁烯 | 1.80 | 56.11 | 1.01 | 2.09 | 0.06 | 0.06 |
| 顺丁烯 | 1.30 | 56.11 | 0.73 | 1.51 | 0.04 | 0.04 |
| 正异丁烯 | 10.50 | 56.11 | 5.89 | 12.20 | 0.34 | 0.34 |
| 碳五 | 0.20 | 72.15 | 0.14 | 0.30 | 0.01 | 0 |
| 硫化氢 | 0.10 | 34.08 | 0.03 | 0.07 | 0.00 | 0.00 |
| 合计 | 100.00 | | 48.30 | 100.00 | 2.78 | 2.77 |

通过计算，液态烃中$C_5$及以上组分0.01t/h应并入稳定汽油内，液态烃内纯烃组分为

2.77t/h。

3. 稳定汽油细物料切割

根据本文物料性质计算章节稳定汽油的实沸点蒸馏曲线画图，稳定汽油实沸点蒸馏曲线见图3-4。

由于标定期间，未进行汽油中$C_4$组分化验分析，根据公司每日优化方案汽油沸点范围为35~215℃、柴油为215~350℃，将汽油中35℃以下组分并入液态烃中，由图计算得汽油中含9.85%（体）$C_4$及以下组分，根据液态烃密度521kg/m$^3$与汽油密度731.2kg/m$^3$均值估算这部分质量，计算得汽油中$C_4$及以下组分，流量为2.20t/h并入液态烃中。汽油终馏点低于优化指标，因此不含柴油组分。

$$\text{汽油中含烃组分}=\frac{\text{汽油总流量}}{\text{汽油密度}}\times V\times\rho_{\text{汽油中烃组分}}=\frac{26.03}{731.2}\times 9.85\%\times 626.1=2.20(\text{t/h})$$

则去除汽油中烃组分，汽油中纯汽油组分为23.83t/h。

综上，根据干气、液态烃和稳定汽油细物料切割，真实液态烃流量应为：

$$\text{干气内含烃组分}+\text{液态烃内纯烃组分}+\text{汽油内含烃组分}=0.89+2.77+2.20=5.87(\text{t/h})$$

4. 焦化柴油细物料切割

根据本文物料性质计算章节焦化柴油的实沸点蒸馏曲线画图，焦化柴油实沸点蒸馏曲线见图3-5。

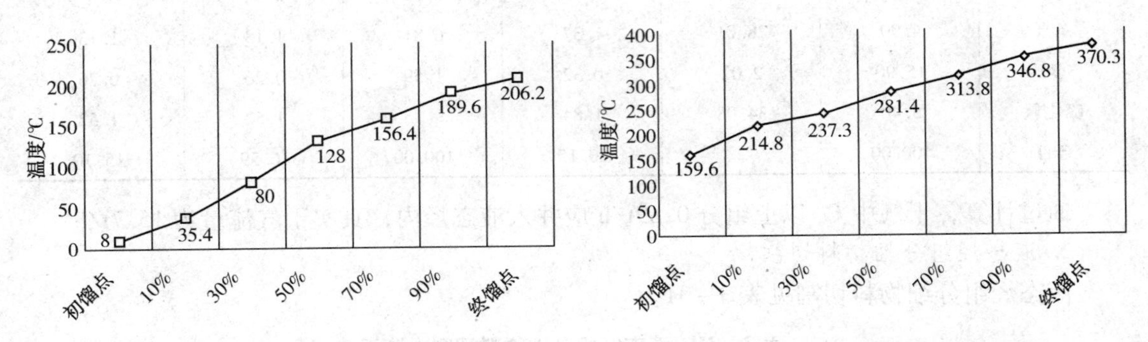


图3-4　稳定汽油实沸点蒸馏曲线图　　图3-5　焦化柴油实沸点蒸馏曲线图

由于标定期间，根据公司每日优化方案汽油沸点范围为35~215℃、柴油为215~350℃，需将柴油中215℃以下组分应并入稳定汽油中，计算得柴油中10.18%（体）汽油组分，根据柴油密度868.6kg/m$^3$与汽油密度731.2kg/m$^3$均值估算这部分质量流量并入汽油中：

$$\text{柴油中含汽油组分}=\frac{\text{柴油总流量}}{\text{柴油密度}}\times V\times\rho_{\text{柴油中含汽油组分}}=\frac{49.48}{868.6}\times 10.18\%\times 799.9=4.64(\text{t/h})$$

则柴油中含汽油组分为4.64t/h。

柴油中350℃以上组分应并入轻蜡油中，计算得柴油中8.64%（体）轻蜡油组分，根据柴油密度868.6kg/m$^3$与轻蜡油密度930kg/m$^3$均值估算这部分质量流量并入蜡油中：

$$\text{柴油中含蜡油组分}=\frac{\text{柴油总流量}}{\text{柴油密度}}\times V\times\rho_{\text{柴油中含蜡油组分}}=\frac{49.48}{868.6}\times 8.64\%\times 899.3=4.43(\text{t/h})$$

则柴油中含蜡油组分为4.43t/h。

因此，去除柴油中汽油、蜡油组分，柴油中纯柴油组分为40.41t/h。

综上，根据液态烃、稳定汽油和柴油细物料切割，真实汽油流量应为：

$$\text{液态烃内汽油组分}+\text{汽油内纯汽油组分}+\text{柴油内含汽油组分}=0.01+23.83+4.64=28.48(t/h)$$

5. 焦化轻蜡油细物料切割

根据本文物料性质计算章节焦化轻蜡油的实沸点蒸馏曲线画图，焦化蜡油实沸点蒸馏曲线见图3-6。

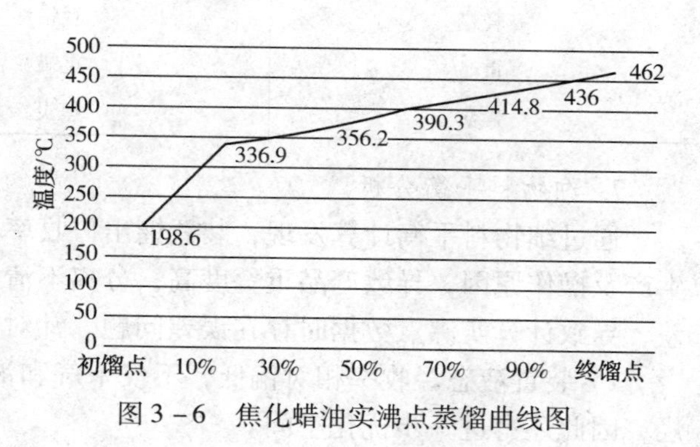


图3-6 焦化蜡油实沸点蒸馏曲线图

由于标定期间，根据公司每日优化方案柴油为215～350℃，需要将蜡油中350℃以下组分并入柴油中，计算得蜡油中23.58%（体）柴油组分，根据柴油密度868.6kg/m³与轻蜡油密度930kg/m³均值估算这部分质量流量并入柴油中：

$$\text{轻蜡油中含柴油组分}=\frac{\text{蜡油总流量}}{\text{蜡油密度}}\times V\times\rho_{\text{蜡油中含柴油组分}}$$

$$=\frac{25.3}{930}\times23.58\%\times799.9=5.13(t/h)$$

则蜡油中含柴油组分为5.13t/h。

综上，根据稳定汽油、柴油和轻蜡油细物料切割，真实柴油流量应为：

$$\text{汽油内含柴油组分}+\text{柴油内纯柴油组分}+\text{蜡油内柴油组分}=0+40.41+5.13=45.54(t/h)$$

6. 细物料平衡

装置细物料平衡见表3-32。

**表3-32 装置细物料平衡一览表**

t/h

| 项目 | 组分 | 流量 |
|---|---|---|
| 干气 | 甲烷 | 6.58 |
| | 乙烷 | 3.17 |
| | 乙烯 | 0.35 |
| | 丙烷 | 1.56 |
| | 丙烯 | 0.55 |
| | 氢 | 0.26 |
| 硫化氢 | 硫化氢 | 1.52 |
| 液态烃 | 丙烷 | 1.22 |
| | 丙烯 | 0.42 |
| | 异丁烷 | 0.27 |
| | 正丁烷 | 0.90 |
| | 丁烯 | 0.67 |
| | 汽油中$C_4$ | 2.20 |
| 汽油 | 汽油 | 28.48 |

续表

| 项目 | 组分 | 流量 |
|---|---|---|
| 柴油 | 柴油 | 45.54 |
| 轻蜡 | 轻蜡 | 20.17 |
| 重蜡 | 重蜡 | 28.38 |
| 焦炭 | 焦炭 | 54.56 |

7. 细物料平衡分析

通过细物料平衡计算发现，装置馏出口收率与细物料真实收率偏差较大，一是因为实际生产及操作原因，导致产品重叠度高，分离不清；二是化验分析数据在馏程端点处，存在误差，导致计算实沸点数据时存在误差问题。针对实际问题，总结如下：

1）装置液态烃收率相对偏低，不仅干气和液态烃的分离效果不佳，而且稳定汽油中含烃，因此还有进一步优化空间。

2）汽油、柴油产率较细物料平衡真实收率相比，仍有提高的余地。计算发现，柴油初馏点、干点控制偏低，导致汽油柴油重叠发生。同样，蜡油与柴油重叠，一部分柴油未被分离出。

（三）流量校准

1. 液体流量校准

将节流装置安装在圆管中，当流体流经节流装置时，其上、下游侧之间就会产生压力差，根据伯努利方程，经推导可得到流量基本方程式即孔板流量计计算公式[12]：

$$q_m = \frac{C\varepsilon}{\sqrt{1-\beta^4}} \times \frac{\pi}{4} \times d^2 \times \sqrt{2\rho_1 \Delta p}$$

式中 $q_m$——质量流量，kg/s；

$C$——流出系数；

$\varepsilon$——可膨胀性系数；

$d$——节流件开孔直径，m；

$\beta$——直径比，$\beta = d/D$；

$D$——管道内径，m；

$\rho_1$——被测流体密度，$kg/m^3$；

$\Delta p$——差压，Pa。

因此，液体流量偏离设计工况校正公式为：

$$Q_S = Q_{OP}\sqrt{\frac{\rho_{op}}{\rho_{设}}}$$

式中 $Q_{OP}$——操作条件下流量(孔板指示值)，kg/h；

$Q_s$——标准条件下流量(校正后的流量)，kg/h；

$\rho_{设}$——设计条件下密度，$kg/m^3$；

$\rho_{op}$——操作条件下密度，$kg/m^3$。

液体油品密度根据《冷换设备工艺计算手册》[4]公式：

$$\rho = T \cdot (1.307\gamma_4^{20} - 1.817) + 973.86\gamma_4^{20} + 36.34$$

式中 $T$——温度,℃；

$\gamma_4^{20}$——相对密度；

$\rho$——密度，kg/m³。

各孔板流量计校准见表3-33。

**表3-33 装置液体流量校准一览表**

| 物料名称 | 仪表位号 | 仪表型号 | 设计密度/(kg/m³) | 表量/(t/h) | 操作温度/℃ | 相对密度 | 操作密度/(kg/m³) | 实际流量/(t/h) |
|---|---|---|---|---|---|---|---|---|
| 补充吸收剂 | FE-3403 | 孔板流量计 | 705 | 56 | 34.8 | | | |
| 富吸收油 | FE-3404 | 孔板流量计 | 675 | 75.5 | 54 | | | |
| 富吸收油 | FE-3405 | 孔板流量计 | 705 | 16 | 50 | | | |
| 柴油 | FE-3408 | 孔板流量计 | 836 | 25.1 | 60 | 0.8686 | 842.6 | 25.2 |
| 粗汽油 | FE-3410 | 孔板流量计 | 716 | 27 | 46 | 0.74 | 718.6 | 27.0 |
| 液态烃 | FE-3414 | 孔板流量计 | 521 | 36.8 | 30 | | | |
| 液态烃 | FE-3415 | 孔板流量计 | 521 | 3.4 | 30 | | | |
| 轻蜡油 | FE-3103 | 孔板流量计 | 931 | 35.6 | 96.2 | 0.93 | 885.3 | 34.7 |
| 重蜡油 | FE-3104 | 孔板流量计 | 937 | 23.5 | 83.1 | 0.9462 | 910.2 | 23.2 |
| 低温水 | FE-3106 | 孔板流量计 | 980 | 182.3 | 53 | | 987 | 183 |
| 柴油 | FE-3108 | 孔板流量计 | 839.6 | 50 | 97.4 | 0.8686 | 818.3 | 49.4 |
| 粗汽油 | FE-3142 | 孔板流量计 | 724 | 28 | | 0.74 | 756.5 | 28.6 |
| 急冷油(重蜡) | FE-3145 | 孔板流量计 | 898.6 | 17.7 | 85 | 0.9462 | 909.1 | 17.8 |
| 循环油 | FE-3147/FE-3148 | 孔板流量计 | 833.8 | 183 | 285 | 0.9572 | 808.4 | 180.2 |
| 循环油 | FE-3149 | 孔板流量计 | 790.3 | 54.3 | 363.5 | 0.9572 | 764.3 | 53.4 |
| 柴油 | FE-3150 | 孔板流量计 | 757.6 | 160 | 178.5 | 0.8686 | 765.5 | 160.8 |
| 中段 | FE-3151 | 孔板流量计 | 793.2 | 119.2 | 218.1 | 0.8963 | 773.5 | 117.7 |
| 重蜡油 | FE-3152 | 孔板流量计 | 854.7 | 68.2 | 277 | 0.9462 | 799.4 | 66.0 |
| 顶循 | FE-3153 | 孔板流量计 | 713.2 | 177.7 | 83 | 0.78 | 731.8 | 180.0 |
| 柴油 | FE-3155 | 孔板流量计 | 729.5 | 11.3 | 258 | 0.8686 | 713.8 | 11.2 |
| 重蜡油 | FE-3156 | 孔板流量计 | 775 | 16.8 | 365 | 0.9462 | 749.1 | 16.5 |
| 轻蜡油 | FE-3157 | 孔板流量计 | 784.6 | 11.5 | 326 | 0.93 | 750.6 | 11.2 |
| 粗汽油 | FE-3158 | 孔板流量计 | 724 | 28.9 | 40 | 0.74 | 723.5 | 28.9 |
| 冷焦水 | FE-3202 | 孔板流量计 | 990 | 80 | 50 | | 988 | 79.9 |

2. 气体流量校准

以混合干气为例，混合干气体积测量使用孔板节流装置，根据《催化裂化工艺计算与技术分析》[10]公式5-6，进行混合干气偏离设计工况体积流量校正：

$$V_{实} = V_{设}\sqrt{\frac{\rho_{设} \times p_{实} \times T_{设}}{\rho_{实} \times p_{设} \times T_{实}}}$$

式中 $\rho_{实}$——实际操作条件下标准条件下密度，kg/m³；

$p_{实}$——实际操作条件下气体绝对压力，kPa；

$T_{实}$——实际操作条件下温度，K；

$\rho_{设}$——设计条件下标准条件下密度，$kg/m^3$；

$T_{设}$——设计条件下温度，K；

$p_{设}$——设计条件下气体绝对压力，kPa；

$V_{设}$、$V_{实}$——校正前后混合干气的标准条件下体积流量，$Nm^3/h$。

以干气(1.05MPa)出装置流量计(孔板)校正为例，干气密度可以由流程模拟取得，由于干气出装置流量新增一台质量流量计，计算仍以质量流量计为准，不影响物料平衡计算。校准结果见表3－34。

表3－34　装置气体流量校准一览表

| 物料名称 | 仪表位号 | 仪表型号 | 设计密度/($kg/m^3$) | 操作密度/($kg/m^3$) | 设计温度/℃ | 操作温度/℃ | 设计压力/MPa | 操作压力/MPa | $V_{实}/V_{设}$ | 表量/(t/h) | 实际流量/(t/h) |
|---|---|---|---|---|---|---|---|---|---|---|---|
| 3.5MPa蒸汽 | FE－3111－FE－3128 | 孔板流量计 | 11.73 | 12.28 | 410 | 381 | 3.5 | 3.6 | 1.013 | 0.33 | 0.35 |
| 1.0MPa蒸汽 | FE－3404 | 孔板流量计 | 5.27 | 4.5 | 200 | 220.3 | 1.1 | 0.97 | 0.995 | 4.1 | 3.5 |
| 干气 | FE－3407 | 孔板流量计 | 0.798 | 0.95 | 320.5 | 341 | 0.910 | 1.15 | 0.9989 | 15000$Nm^3/h$ | 14983$Nm^3/h$ |

(四) 水平衡

由于焦化装置间歇操作工艺较多，且使用的水工质较多，主要有新鲜水、循环水、软化水、循环热水、冷媒水、蒸汽汽提、生活水、假定净水、凝结水、雨水回收等。本文仅研究连续生产的含硫污水水平衡，公用工程部分不做研究。

分馏塔顶出装置含硫污水11t/h，焦炭塔无小吹汽操作、放空塔无低压瓦斯回收。因此，含硫污水主要含加热炉注汽消耗3075kg/h(校正后3.26t/h)，二层特阀汽封使用3.5MPa蒸汽减压至1.0MPa消耗1.5t/h(校正后1.61t/h)，三层特阀、旋塞阀、底盖机、溢流线、消泡剂线汽封等耗量均无计量，仅能通过其他计量倒推或者通过蒸汽管线阀门开度、限流孔板尺寸进行估算。

装置含硫污水水平衡见表3－35。

表3－35　装置含硫污水水平衡一览表　　t/h

| 项目 | | 校正前流量 | 校正后流量 |
|---|---|---|---|
| 入方 | 蒸汽(加热炉注汽) | 3.075 | 3.26 |
| | 蒸汽(二层特阀汽封) | 1.5 | 1.61 |
| | 蒸汽(三层特阀、旋塞阀、底盖机、溢流线、消泡剂线汽封) | | 6.13 |
| | 合计 | | 11 |
| 出方 | 含硫污水 | | 11 |
| | 合计 | | 11 |

(五) 硫平衡

根据化验分析数据，装置进出物料均进行硫含量分析，但由于放空污水流量无计量表，仅能通过罐容标定得到；放空尾气携带至火炬部分，根据其他物料倒推。放空污水、含硫污水由于改造至沥青罐区沉降，再送至污水汽提，因此放空污水和含硫污水硫含量影响硫分布较小，因此，采用2008年6月17日两次标定数据计算。干气、液态烃硫含量根据硫化氢体积占比分率计算求得。

装置硫平衡见表3-36。

表3-36 装置硫平衡一览表

| 项目 | | 平均量/(t/d) | 硫含量/%(质) | 总硫/t | 硫分布/% |
|---|---|---|---|---|---|
| 入方 | 渣油 | 4317.70 | 0.0239 | 103.19 | 94.71 |
| | 油浆 | 447.7 | 0.0087 | 3.89 | 3.57 |
| | 污油 | 109.5 | 0.0171 | 1.87 | 1.72 |
| | 合计 | | | 108.96 | 100.00 |
| 出方 | 干气 | 398.1 | 0.0859 | 34.21 | 31.40 |
| | 液态烃 | 66.7 | 0.00066 | 0.044 | 0.04 |
| | 稳定汽油 | 624.8 | 0.0068 | 4.25 | 3.90 |
| | 柴油 | 1187.60 | 0.0096 | 11.4 | 10.46 |
| | 轻蜡油 | 607.2 | 0.0124 | 7.53 | 6.91 |
| | 重蜡油 | 681 | 0.0149 | 10.15 | 9.31 |
| | 石油焦 | 1309.50 | 0.0284 | 37.19 | 34.13 |
| | 放空污水 | 450 | 0.000325 | 0.15 | 0.13 |
| | 含硫污水 | 264 | 0.004315 | 1.14 | 1.05 |
| | 放空尾气 | | | 2.95 | 2.71 |
| | 合计 | | | 108.96 | 100.00 |

根据装置硫平衡计算，装置产品硫分布主要集中于干气和焦炭产品，本装置焦化原料(含污油)65.53%硫进入到干气与焦炭中，因此化验分析及计算符合焦化装置硫分布规律[1]。进入汽油中的硫为3.9%，其他30%左右硫进入焦化装置其他馏分油及污水中。

(六) 氮平衡

根据化验分析数据，装置进出物料部分进行氮含量分析，石油焦部分含氮归一化，装置氮平衡见表3-37。

表3-37 装置氮平衡一览表

| 项目 | | 平均量/(t/d) | 氮含量/%(质) | 总氮/t | 氮分布/% |
|---|---|---|---|---|---|
| 入方 | 渣油 | 4317.70 | 0.0459 | 198.06 | 93.97 |
| | 油浆 | 447.7 | 0.0235 | 10.51 | 4.98 |
| | 污油 | 109.5 | 0.0202 | 2.21 | 1.05 |
| | 合计 | | | 210.78 | 100.00 |
| 出方 | 干气 | 398.1 | 0 | 0 | 0 |
| | 液态烃 | 66.7 | 0 | 0 | 0 |
| | 稳定汽油 | 624.8 | 0.0020 | 1.28 | 0.61 |
| | 柴油 | 1187.60 | 0.0183 | 21.68 | 10.29 |
| | 轻蜡油 | 607.2 | 0.0392 | 23.780 | 11.29 |
| | 重蜡油 | 681 | 0.0504 | 34.35 | 16.30 |
| | 石油焦 | 1309.50 | | 129.67 | 61.5 |
| | 合计 | | | 210.78 | 100 |

根据装置氮平衡计算，装置产品氮分布主要集中于焦炭产品，本装置焦化原料（含污油）61.5%氮进入到焦炭中，进入汽油中的氮为0.61%，进入蜡油的氮为27.59%，其他氮进入焦化装置柴油中。因此化验分析及计算符合焦化装置氮分布规律[1]。

## 三、分馏塔工艺计算

焦炭塔的反应油气从分馏塔闪蒸段下部进入焦化分馏塔，中间设置脱过热人字形洗涤挡板。反应油气经过分馏塔洗涤板从蒸发段上升，与洗涤油换热后，进入蜡油集油箱以上的分馏段，分馏出富气、汽油、柴油和蜡油馏分。该分馏塔设置5个回流，依次为塔顶循环回流段、柴油回流段、中部取热回流段、重蜡油回流段、塔底循环回流段。本次标定中，重蜡段回流掺炼4.6t/h污油，化验组分接近轻蜡油，按照轻蜡油出产品计算。分馏段设有38层塔盘，底部蒸发段设有7层脱过热人字形洗涤板。设计按循环比0.2操作，本次标定实际核算为0.26。

根据实际，如图3－7所示，确定塔基本位置和侧线等，塔底塔顶及抽出板压力。板压力降为0.80kPa，可得每层板压力以及各进料、侧线相对密度等数据，便于查表复核。塔顶压力为131.7kPa。各抽出板上方压力，按每层塔板阻力降0.53kPa计算。

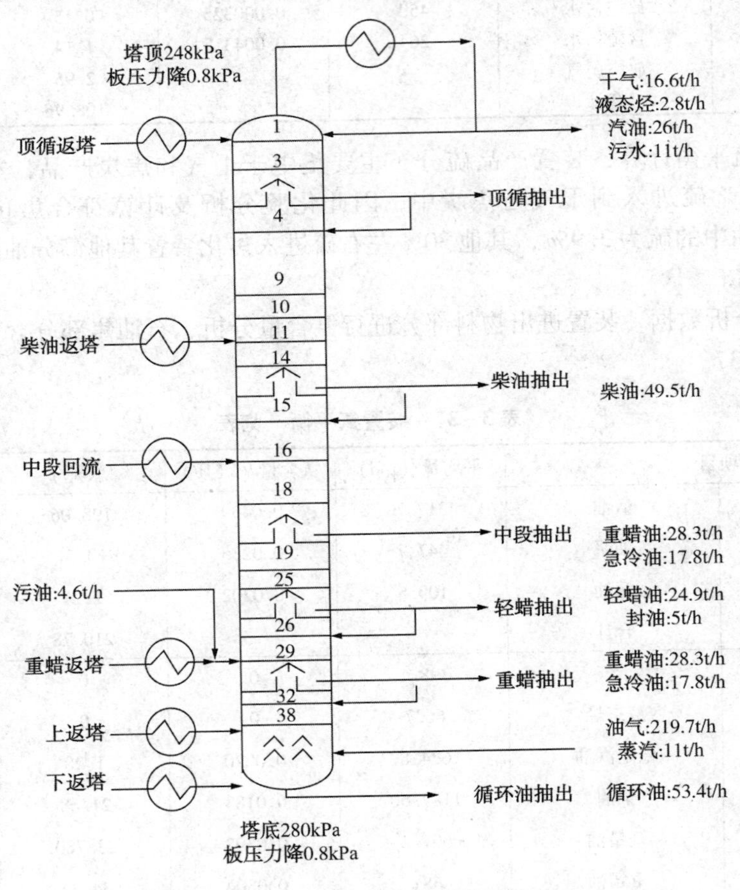


图3－7 分馏塔工艺计算图

### （一）分馏塔物料平衡

首先，根据装置物料平衡及焦炭塔计算等，得出分馏塔的物料平衡见表3－38。

表 3-38　焦化分馏塔物料平衡一览表

| 物料平衡 | 物料 | 质量流量/(t/h) | 摩尔质量/(g/mol) | 摩尔流量/(kmol/h) |
|---|---|---|---|---|
| 进方 | 油气(包含焦炭塔顶油气与急冷油) | 224.3 | | |
| | 蒸汽 | 11 | | |
| | 污油 | 4.6 | | |
| | 合计 | 235.3 | | |
| 出方 | 干气 | 16.6 | 20.2 | 823.73 |
| | 液态烃 | 2.8 | 48.3 | 57.97 |
| | 稳定汽油 | 26 | 107.0 | 242.99 |
| | 柴油 | 49.5 | 206.8 | 239.37 |
| | 轻蜡油 | 29.9 | 304.3 | 98.27 |
| | 重蜡油 | 46.1 | 350.8 | 131.42 |
| | 循环油 | 53.4 | 375.3 | 142.29 |
| | 水蒸气 | 11 | 18.0 | 611.11 |
| | 合计 | 235.3 | | |

(二) 分馏塔热平衡

1. 热平衡计算说明

(1) 液相焓计算公式

$$h_{液}=4.1868\times(0.055\times K+0.35)\times[1.8\times(0.0004061-0.0001521\times S)\times(T+17.8)^2+(0.6783-0.3063\times S)\times(T+17.8)]$$

(2) 纯烃气相焓计算公式

$$h^0=h_0^0+A\left(\frac{T}{100}\right)+1.8B\left(\frac{T}{100}\right)^2+3.24C\left(\frac{T}{100}\right)^3+0.3087D\left(\frac{100}{T}\right)+0.55556E$$

2. 分馏塔全塔热平衡

分馏塔全塔热平衡计算见图 3-8。

根据各侧线及抽出温度假定，作出全塔的热平衡，计算回流热，分馏塔全塔热平衡见表 3-39。

表 3-39　分馏塔全塔热平衡一览表

| 项目 | 介质 | 温度/℃ | 流量/(t/h) | 焓值/(kJ/kg) | | 热量/kW | 热量/(1000kJ/h) |
|---|---|---|---|---|---|---|---|
| | | | | 气相 | 液相 | | |
| 进料 | 干气 | 420.0 | 16.6 | 1147.23 | | 5290 | 19044 |
| | 液态烃 | 420.0 | 2.8 | 1024.29 | | 797 | 2868 |
| | 稳定汽油 | 420.0 | 26.0 | 1355.5 | | 9790 | 35243 |
| | 柴油 | 420.0 | 49.5 | 1262.9 | | 17365 | 62515 |
| | 轻蜡油 | 420.0 | 25.3 | 1229.7 | | 8642 | 31112 |
| | 重蜡油 | 420.0 | 46.1 | 1223.0 | | 15661 | 56381 |
| | 循环油 | 420.0 | 53.4 | 1216.3 | | 18042 | 64953 |
| | 污油 | 100.0 | 4.6 | | 218.7 | 279 | 1006 |
| | 水蒸气 | 420.0 | 11.0 | 3318 | | 10138 | 36498 |
| | 合计 | | 235.3 | | | 86005 | 309619 |

续表

| 项目 | 介质 | 温度/℃ | 流量/(t/h) | 焓值/(kJ/kg) | | 热量/kW | 热量/(1000kJ/h) |
|---|---|---|---|---|---|---|---|
| | | | | 气相 | 液相 | | |
| 出料 | 干气 | 120.0 | 16.6 | 297.62 | | 1372 | 4940 |
| | 液态烃 | 120.0 | 2.8 | 245.6 | | 191 | 688 |
| | 稳定汽油 | 120.0 | 26.0 | 608.9 | | 4397 | 15830 |
| | 柴油 | 215.0 | 49.5 | | 499.9 | 6874 | 24747 |
| | 轻蜡油 | 335.0 | 25.3 | | 803.2 | 5644 | 20320 |
| | 重蜡油 | 355.0 | 46.1 | | 854.5 | 10942 | 39392 |
| | 循环油 | 363.5 | 53.4 | | 872.1 | 12936 | 46571 |
| | 污油 | 335.0 | 4.6 | | 817.2 | 1044 | 3759 |
| | 水蒸气 | 120.0 | 11.0 | 2706 | | 8268 | 29766 |
| | 合计 | | 235.3 | | | 51671 | 186014 |

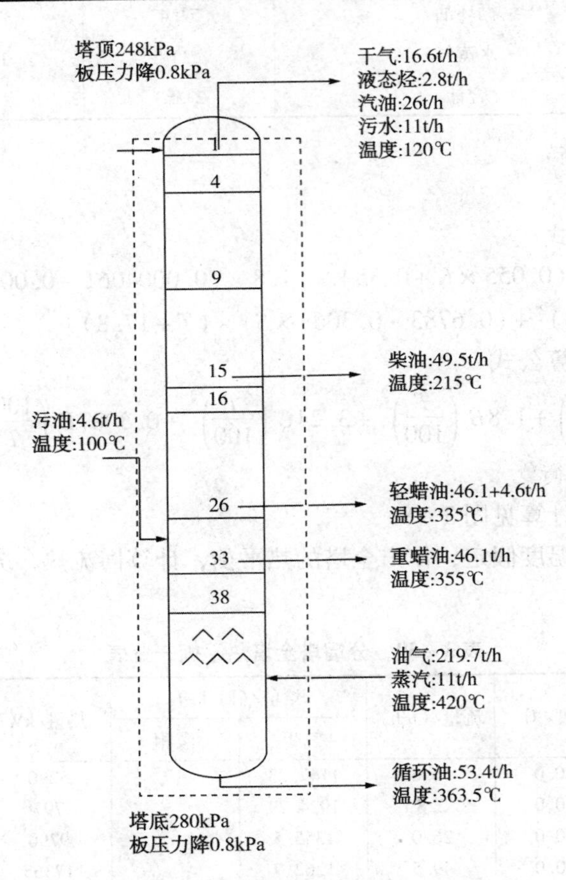


图3-8　分馏塔全塔热平衡计算图

计算得，回流热为$(309619-186014)\times10^3=123.605\times10^6$(kJ/h)。

3. 回流取热衡算

在塔的衡算中，塔的进出物流及热量、各取热比例固定，为核算塔的各侧线抽出温度，先将塔的取热比例计算固定。根据实际物流的流量以及进出温差、焓差公式计算各物流，由此得回流热负荷具体计算结果见表3-40。

**表3-40　分馏塔回流热计算一览表**

| 回流流股 | 流量/(t/h) | 初始温度/℃ | 目标温度/℃ | 初始温度液相焓(以-17.8℃为基准)/(kJ/kg) | 终点温度液相焓(以-17.8℃为基准)/(kJ/kg) | 热量/(1000kJ/h) | 占比/% |
|---|---|---|---|---|---|---|---|
| 顶循油 | 180.0 | 150.7 | 83.0 | 317.2 | 176.7 | 25274.8 | 21.49 |
| 柴油 | 161 | 233.2 | 178.5 | 548.2 | 407.2 | 22710.8 | 19.31 |
| 中段 | 117.7 | 296.4 | 218.1 | 719.6 | 503.3 | 25454.6 | 21.65 |
| 重蜡油 | 66 | 377.0 | 277.0 | 921.6 | 631.6 | 19137.2 | 16.27 |
| 循环油 | 105.00 | 363.5 | 280.0 | 872.1 | 633.8 | 25021.6 | 21.28 |

分馏塔回流热比例见图3-9。

(三)分馏塔气液相负荷计算

1. 塔内液相负荷计算

(1)人字形挡板上方塔盘核算

油气离开人字形挡板温度为388℃，第38层向下流的内回流液体流量为$L$，自塔底至人字形挡板上部进行热量衡算，人字形挡板取做两层塔盘处理压降。

分馏塔底热量衡算见图3-10。

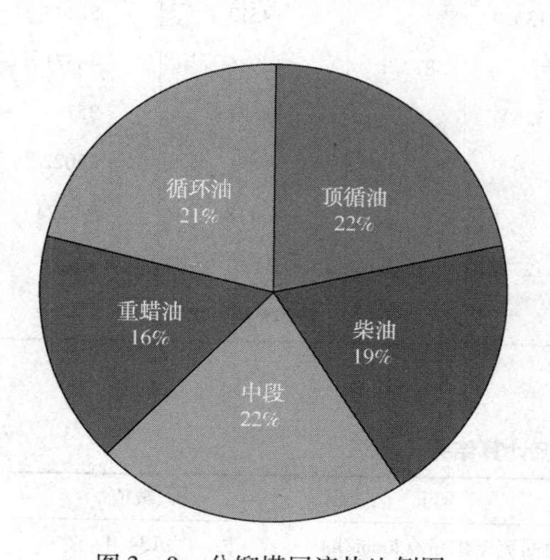


图3-9　分馏塔回流热比例图

■ 顶循油 ■ 柴油 ■ 中段 ■ 重蜡油 ■ 循环油

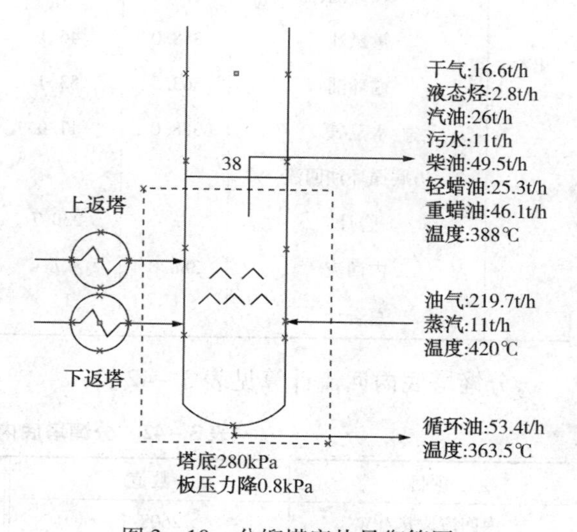


图3-10　分馏塔底热量衡算图

分馏塔底热量衡算见表3-41。

**表3-41　分馏塔底热量衡算一览表**

| 项目 | 介质 | 温度/℃ | 流量/(t/h) | 焓值/(kJ/kg) | | 热量/kW | 热量/(1000kJ/h) |
|---|---|---|---|---|---|---|---|
| | | | | 气相 | 液相 | | |
| 进料 | 干气 | 420.0 | 16.6 | 1147.23 | | 5290 | 19044 |
| | 液态烃 | 420.0 | 2.8 | 1024.29 | | 797 | 2868 |

续表

| 项目 | 介质 | 温度/℃ | 流量/(t/h) | 焓值/(kJ/kg) | | 热量/kW | 热量/(1000kJ/h) |
|---|---|---|---|---|---|---|---|
| | | | | 气相 | 液相 | | |
| 进料 | 稳定汽油 | 420.0 | 26.0 | 1355.5 | | 9790 | 35243 |
| | 柴油 | 420.0 | 49.5 | 1262.9 | | 17365 | 62515 |
| | 轻蜡油 | 420.0 | 25.3 | 1229.7 | | 8642 | 31112 |
| | 重蜡油 | 420.0 | 46.1 | 1223.0 | | 15661 | 56381 |
| | 循环油 | 420.0 | 53.4 | 1216.3 | | 18042 | 64953 |
| | 水蒸气 | 420.0 | 11.0 | 3318 | | 10138 | 36498 |
| | 合计 | | 230.7 | | | 85726 | 308613 |
| | 内回流 | 385.0 | *L* | | 939.0 | 261*L* | |
| | 总合计 | | | | | 85726 +261*L* | |
| 出料 | 干气 | 388.0 | 16.6 | 1044.04 | | 4814 | 17331 |
| | 液态烃 | 388.0 | 2.8 | 927.3 | | 721 | 2597 |
| | 稳定汽油 | 388.0 | 26.0 | 1260.4 | | 9103 | 32771 |
| | 柴油 | 388.0 | 49.5 | 1172.8 | | 16126 | 58053 |
| | 轻蜡油 | 388.0 | 25.3 | 1140.3 | | 8014 | 28849 |
| | 重蜡油 | 388.0 | 46.1 | 1133.4 | | 14513 | 52248 |
| | 循环油 | 363.5 | 53.4 | | 872.1 | 12936 | 46571 |
| | 水蒸气 | 388.0 | 11.0 | 3253 | | 9940 | 35783 |
| | 塔底循环油回流 | | | | | 6950 | 25022 |
| | 合计 | | 230.7 | | | 83118 | 299224 |
| | 内回流 | 388.0 | *L* | 1127.8 | | 313*L* | |
| | 总合计 | | | | | 83118 +313*L* | |

分馏塔底内回流计算见表 3 -42。

**表 3 -42 分馏塔底内回流计算结果一览表**

| 项目 | 数值 | 项目 | 数值 |
|---|---|---|---|
| 内回流取热/kW | 2608.1 | 内回流摩尔量/(kmol/h) | 134.4 |
| 内回流量/(t/h) | 49.7306 | 内回流的油气分压/kPa | 16.1 |

(2) 第 33 层上方塔盘核算

假设重蜡抽出温度为 355℃，第 32 层向下流的内回流液体流量为 *L*，自塔底至第 33 层塔板上部进行热量衡算，见图 3 -11、表 3 -43。

根据热量衡算得：

内回流热：

$$\Delta Q = 308613 - 293610 = 15003 \times 10^3 (\text{kJ/h})$$

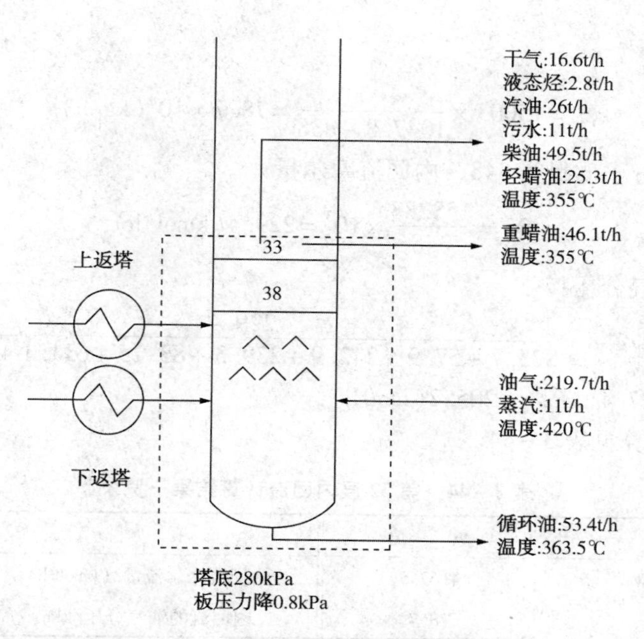


图 3－11　分馏塔底至 33 层热量衡算图

**表 3－43　分馏塔底至 33 层热量衡算一览表**

| 项目 | 介质 | 温度/℃ | 流量/(t/h) | 焓值/(kJ/kg) | | 热量/kW | 热量/(1000kJ/h) |
|---|---|---|---|---|---|---|---|
| | | | | 气相 | 液相 | | |
| | 干气 | 420.0 | 16.6 | 1147.23 | | 5290 | 19044 |
| | 液态烃 | 420.0 | 2.8 | 1024.29 | | 797 | 2868 |
| | 稳定汽油 | 420.0 | 26.0 | 1355.5 | | 9790 | 35243 |
| | 柴油 | 420.0 | 49.5 | 1262.9 | | 17365 | 62515 |
| | 轻蜡油 | 420.0 | 25.3 | 1229.7 | | 8642 | 31112 |
| 进料 | 重蜡油 | 420.0 | 46.1 | 1223.0 | | 15661 | 56381 |
| | 循环油 | 420.0 | 53.4 | 1216.3 | | 18042 | 64953 |
| | 水蒸气 | 420.0 | 11.0 | 3318 | | 10138 | 36498 |
| | 合计 | | 230.7 | | | 85726 | 308613 |
| | 内回流 | 348.0 | $L$ | | 837.7 | $253L$ | |
| | 总合计 | | | | | $85546+253L$ | $308613+838L$ |
| | 干气 | 355.0 | 16.6 | 940.72 | | 4338 | 15616 |
| | 液态烃 | 355.0 | 2.8 | 830.6 | | 646 | 2326 |
| | 稳定汽油 | 355.0 | 26.0 | 1165.9 | | 8420 | 30313 |
| | 柴油 | 355.0 | 49.5 | 1083.3 | | 14895 | 53621 |
| | 轻蜡油 | 355.0 | 25.3 | 1051.5 | | 7390 | 26602 |
| | 重蜡油 | 355.0 | 46.1 | | 854.5 | 10942 | 39392 |
| 出料 | 循环油 | 363.5 | 53.4 | | 872.1 | 12936 | 46571 |
| | 水蒸气 | 355.0 | 11.0 | 3182.8 | | 9725 | 35011 |
| | 塔底循环油回流 | | | | | 6950 | 25022 |
| | 重蜡回流 | | | | | 5316 | 19137 |
| | 合计 | | 230.7 | | | 81558 | 293610 |
| | 内回流 | 355.0 | $L$ | 1047.8 | | $306L$ | |
| | 总合计 | | | | | $83846+306L$ | $293610+1048L$ |

内回流量：

$$L = 15003 \times \frac{1000}{1047.8 - 838} = 78.7 \times 10^3 (\text{kg/h})$$

取内回流相对分子质量为348，内回流摩尔量：

$$N_L = \frac{158283}{348} \times 10^3 = 229.4 (\text{kmol/h})$$

内回流量的油气分压：

$$p_{油} = 272.8 \times \frac{229.4}{823.7 + 57.9 + 242.9 + 239.3 + 83.15 + 611.1 + 229.3}$$
$$= 27.4 (\text{kPa}) = 205.2 (\text{mmHg})$$

32层内回流计算见表3－44。

**表3－44　第32层内回流计算结果一览表**

| 项　　目 | 数　　值 | 项　　目 | 数　　值 |
|---|---|---|---|
| 内回流取热/kW | 4167.5 | 内回流摩尔流量/(kmol/h) | 229.4 |
| 内回流量/(t/h) | 78.7 | 内回流的油气分压/kPa | 27.4 |

重蜡抽出温度验证：

重蜡的平衡气化50%与0%点温度差为438.8－405.6＝33.2℃。按照常压、减压各段温度相等的假设，查图3－12得到205.2mmHg下50%点平衡汽化温度为383℃，得到该压力下泡点温度为383－33＝350℃，与所假设的355℃基本相符，即重蜡抽出温度为355℃。

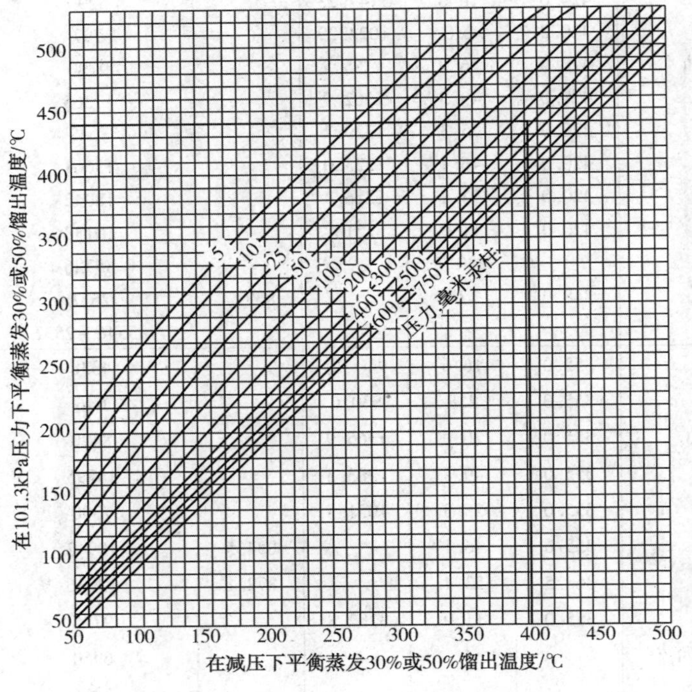


图3－12　重蜡抽出泡点温度计算图[13]

(3)26层上方塔盘核算

假设轻蜡抽出温度为335℃，第25层向下流的内回流液体流量为$L$，自塔底至第26层塔板上部进行热量衡算。

分馏塔底至第26层热量衡算见图3－13、表3－45。

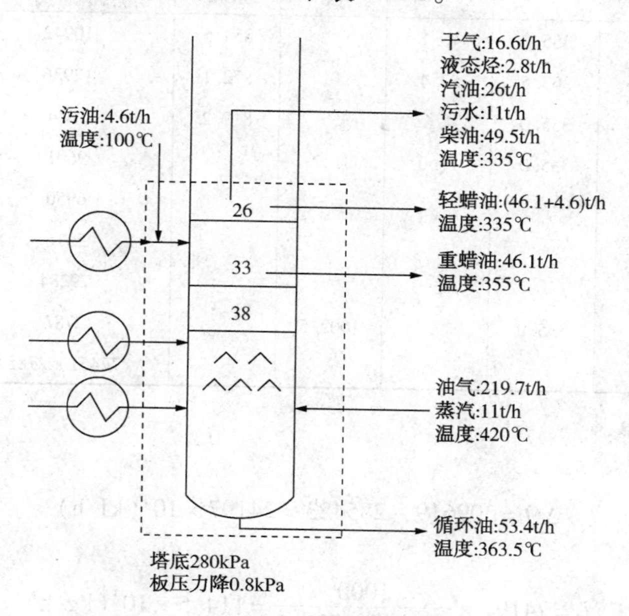


图3－13　分馏塔底至第26层热量衡算图

**表3－45　分馏塔底至第26层热量衡算一览表**

| 项目 | 介质 | 温度/℃ | 流量/(t/h) | 焓值/(kJ/kg) | | 热量/kW | 热量/(MJ/h) |
|---|---|---|---|---|---|---|---|
| | | | | 气相 | 液相 | | |
| 进料 | 干气 | 420.0 | 16.6 | 1147.23 | | 5290 | 19044 |
| | 液态烃 | 420.0 | 2.8 | 1024.29 | | 797 | 2868 |
| | 稳定汽油 | 420.0 | 26.0 | 1355.5 | | 9790 | 35243 |
| | 柴油 | 420.0 | 49.5 | 1262.9 | | 17365 | 62515 |
| | 轻蜡油 | 420.0 | 25.3 | 1229.7 | | 8642 | 31112 |
| | 重蜡油 | 420.0 | 46.1 | 1223.0 | | 15661 | 56381 |
| | 循环油 | 420.0 | 53.4 | 1216.3 | | 18042 | 64953 |
| | 污油 | 100.0 | 4.6 | | 218.7 | 279 | 1006 |
| | 水蒸气 | 420.0 | 11.0 | 3318 | | 10138 | 36498 |
| | 合计 | | 235.3 | | | 86005 | 309619 |
| | 内回流 | 330.0 | $L$ | | 791.1 | $220L$ | $309619+791.1L$ |
| | 总合计 | | | | | $85825+220L$ | |
| 出料 | 干气 | 335.0 | 16.6 | 879.63 | | 4056 | 14602 |
| | 液态烃 | 335.0 | 2.8 | 773.6 | | 602 | 2166 |
| | 稳定汽油 | 335.0 | 26.0 | 1110.4 | | 8019 | 28870 |
| | 柴油 | 335.0 | 49.5 | 1030.7 | | 14173 | 51022 |
| | 轻蜡油 | 335.0 | 25.3 | | 803.2 | 5644 | 20320 |

续表

| 项目 | 介质 | 温度/℃ | 流量/(t/h) | 焓值/(kJ/kg) | | 热量/kW | 热量/(MJ/h) |
|---|---|---|---|---|---|---|---|
| | | | | 气相 | 液相 | | |
| 出料 | 重蜡油 | 355.0 | 46.1 | | 854.5 | 10942 | 39392 |
| | 循环油 | 363.5 | 53.4 | | 872.1 | 12936 | 46571 |
| | 污油 | 335.0 | 4.6 | | 817.2 | 1044 | 3759 |
| | 水蒸气 | 335.0 | 11.0 | 3142 | | 9601 | 34562 |
| | 塔底循环油回流 | | | | | 6950 | 25022 |
| | 重蜡循环回流 | | | | | 5316 | 19137 |
| | 合计 | | 235.3 | | | 79284 | 285423 |
| | 内回流 | 335.0 | $L$ | 1002.5 | | $278L$ | |
| | 总合计 | | | | | $77451+278L$ | $285423+1002.5L$ |

根据热量衡算得：

内回流热：

$$\Delta Q=309619-285423=24197\times10^3\,(\text{kJ/h})$$

内回流量：

$$L=24197\times\frac{1000}{1002.5-791.1}=114.5\times10^3\,(\text{kg/h})$$

取内回流分子量为330，内回流摩尔流量：

$$N_\text{L}=\frac{24197}{330}\times10^3=386.5\,(\text{kmol/h})$$

内回流量的油气分压：

$$p_{\text{油}}=268\times\frac{386.5}{823.7+57.9+242.9+239.3+611.1+386.5}=43.5\,(\text{kPa})$$

$$=326.1\,(\text{mmHg})$$

第25层内回流计算见表3－46。

**表3－46　第25层内回流计算结果一览表**

| 项　目 | 数　值 | 项　目 | 数　值 |
|---|---|---|---|
| 内回流取热/kW | 6721.3 | 内回流摩尔流量/(kmol/h) | 386.5 |
| 内回流量/(t/h) | 114.5 | 内回流的油气分压/kPa | 43.5 |

轻蜡抽出温度验证：

轻蜡的平衡气化50%与0%点温度差为397.6－368.7＝29℃。按照常压、减压各段温度相等的假设，查图3－12得到326mmHg下50%点平衡汽化温度为361℃，得到该压力下泡点温度为361－29＝332℃，与所假设的335℃相符，所以假设正确，即轻蜡油抽出温度为335℃。

（4）第15层上方塔盘核算

假设柴油抽出温度为215℃，第14层向下流的内回流液体流量为$L$，自塔底至第15层塔板上部进行热量衡算。

分馏塔底至15层热量衡算见图3－14。

分馏塔底至第15层热量衡算见表3－47。

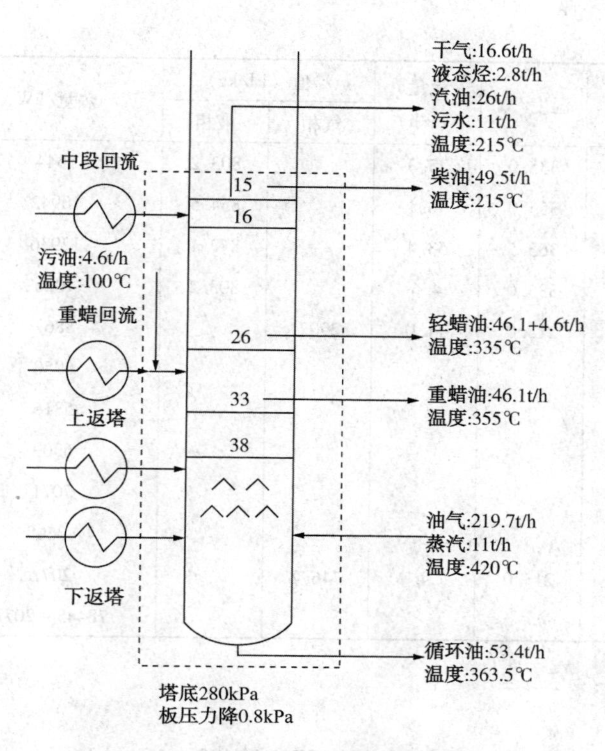


图 3－14　分馏塔底至 15 层热量衡算图

**表 3－47　分馏塔底至第 15 层热量衡算一览表**

| 项目 | 介质 | 温度/℃ | 流量/(t/h) | 焓值/(kJ/kg) | | 热量/kW | 热量/(MJ/h) |
|---|---|---|---|---|---|---|---|
| | | | | 气相 | 液相 | | |
| 进料 | 干气 | 420.0 | 16.6 | 1147.23 | | 5290 | 19044 |
| | 液态烃 | 420.0 | 2.8 | 1024.29 | | 797 | 2868 |
| | 稳定汽油 | 420.0 | 26.0 | 1355.5 | | 9790 | 35243 |
| | 柴油 | 420.0 | 49.5 | 1262.9 | | 17365 | 62515 |
| | 轻蜡油 | 420.0 | 25.3 | 1229.7 | | 8642 | 31112 |
| | 重蜡油 | 420.0 | 46.1 | 1223.0 | | 15661 | 56381 |
| | 循环油 | 420.0 | 53.4 | 1216.3 | | 18042 | 64953 |
| | 污油 | 100.0 | 4.6 | | 218.7 | 279 | 1006 |
| | 水蒸气 | 420.0 | 11.0 | 3318 | | 10138 | 36498 |
| | 合计 | | 235.3 | | | 86005 | 309619 |
| | 内回流 | 208.0 | $L$ | | 482.3 | $134L$ | |
| | 总合计 | | | | | $85825+134L$ | $309619+482L$ |
| 出料 | 干气 | 215.0 | 16.6 | 537.70 | | 2479 | 8926 |
| | 液态烃 | 215.0 | 2.8 | 458.8 | | 357 | 1285 |
| | 稳定汽油 | 215.0 | 26.0 | 807.9 | | 5835 | 21006 |
| | 柴油 | 215.0 | 49.5 | | 499.9 | 6874 | 24747 |

续表

| 项目 | 介质 | 温度/℃ | 流量/(t/h) | 焓值/(kJ/kg) | | 热量/kW | 热量/(MJ/h) |
|---|---|---|---|---|---|---|---|
| | | | | 气相 | 液相 | | |
| 出料 | 轻蜡油 | 335.0 | 25.3 | | 803.2 | 5644 | 20320 |
| | 重蜡油 | 355.0 | 46.1 | | 854.5 | 10942 | 39392 |
| | 循环油 | 363.5 | 53.4 | | 872.1 | 12936 | 46571 |
| | 污油 | 335.0 | 4.6 | | 803.2 | 1026 | 3695 |
| | 水蒸气 | 215.0 | 11.0 | 2902 | | 8867 | 31922 |
| | 塔底循环油回流 | | | | | 6950 | 25022 |
| | 重蜡循环回流 | | | | | 5316 | 19137 |
| | 柴油回流 | | | | | 6309 | 22711 |
| | 中段回流 | | | | | 7071 | 25455 |
| | 合计 | | 235.3 | | | 80608 | 290187 |
| | 内回流 | 215.0 | $L$ | 746.2 | | $207L$ | |
| | 总合计 | | | | | $78445+207L$ | $290187+746L$ |

根据热量衡算得：

内回流热：

$$\Delta Q=309619-290187=19432\times10^3(\text{kJ/h})$$

内回流量：

$$L=19432\times\frac{1000}{746.2-482.3}=73.6\times10^3(\text{kg/h})$$

取内回流分子量为200，内回流摩尔流量：

$$N_L=\frac{19432}{200}\times10^3=368.1(\text{kmol/h})$$

内回流量的油气分压：

$$p_{油}=259.2\times\frac{368.1}{823.7+57.9+242.9+611.1+368.1}=45.4(\text{kPa})=340.1(\text{mmHg})$$

第14层内回流计算见表3-48。

**表3-48 第14层内回流计算结果一览表**

| 项　目 | 数　值 | 项　目 | 数　值 |
|---|---|---|---|
| 内回流取热/kW | 5397.7 | 内回流摩尔流量/(kmol/h) | 368.1 |
| 内回流量/(t/h) | 73.6 | 内回流的油气分压/kPa | 45.4 |

柴油抽出温度验证：

柴油的平衡气化50%与0%点温度差为282.8-237.1=45.7℃。按照常压、减压各段温度相等的假设，查图3-12得到340mmHg下50%点平衡汽化温度为258℃，得到该压力下泡点温度为258-45.7=212℃，与所假设的215℃相符，所以假设正确，即柴油抽出温度为215℃。

（5）第1层上方塔盘核算

假塔顶温度120℃，$D$层向下流的内回流液体流量为$L$，自塔底至1层塔板塔顶上部进行热量衡算。

分馏塔底至第1层热量衡算见图3-15、表3-49。

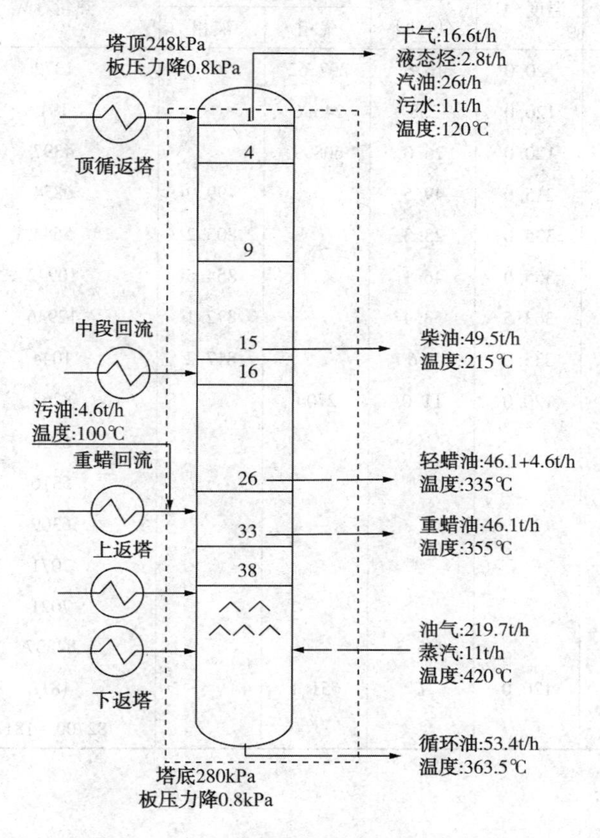


图3-15 分馏塔底至1层热量衡算图

分馏塔底至第1层热量衡算见表3-49。

**表3-49 分馏塔底至第1层热量衡算一览表**

| 项目 | 介质 | 温度/℃ | 流量/(t/h) | 焓值/(kJ/kg) | | 热量/kW | 热量/(MJ/h) |
|---|---|---|---|---|---|---|---|
| | | | | 气相 | 液相 | | |
| 进料 | 干气 | 420.0 | 16.6 | 1147.23 | | 5290 | 19044 |
| | 液态烃 | 420.0 | 2.8 | 1024.29 | | 797 | 2868 |
| | 稳定汽油 | 420.0 | 26.0 | 1355.5 | | 9790 | 35243 |
| | 柴油 | 420.0 | 49.5 | 1262.9 | | 17365 | 62515 |
| | 轻蜡油 | 420.0 | 25.3 | 1229.7 | | 8642 | 31112 |
| | 重蜡油 | 420.0 | 46.1 | 1223.0 | | 15661 | 56381 |
| | 循环油 | 420.0 | 53.4 | 1216.3 | | 18042 | 64953 |
| | 污油 | 100.0 | 4.6 | | 218.7 | 279 | 1006 |
| | 水蒸气 | 420.0 | 11.0 | 3318 | | 10138 | 36498 |
| | 合计 | | 235.3 | | | 86005 | 309619 |
| | 内回流 | 119.0 | $L$ | | 321.2 | $89L$ | |
| | 总合计 | | | | | $85186+89L$ | $309619+321L$ |

续表

| 项目 | 介质 | 温度/℃ | 流量/(t/h) | 焓值/(kJ/kg) | | 热量/kW | 热量/(MJ/h) |
|---|---|---|---|---|---|---|---|
| | | | | 气相 | 液相 | | |
| 出料 | 干气 | 120.0 | 16.6 | 297.62 | | 1372 | 4940 |
| | 液态烃 | 120.0 | 2.8 | 245.6 | | 191 | 688 |
| | 稳定汽油 | 120.0 | 26.0 | 608.9 | | 4397 | 15830 |
| | 柴油 | 215.0 | 49.5 | | 499.9 | 6874 | 24747 |
| | 轻蜡油 | 335.0 | 25.3 | | 803.2 | 5644 | 20320 |
| | 重蜡油 | 355.0 | 46.1 | | 854.5 | 10942 | 39392 |
| | 循环油 | 363.5 | 53.4 | | 872.1 | 12936 | 46571 |
| | 污油 | 335.0 | 4.6 | | 817.2 | 1044 | 3759 |
| | 水蒸气 | 120.0 | 11.0 | 2706 | | 8268 | 29766 |
| | 塔底循环油回流 | | | | | 6950 | 25022 |
| | 重蜡循环回流 | | | | | 5316 | 19137 |
| | 柴油回流 | | | | | 6309 | 22711 |
| | 中段回流 | | | | | 7071 | 25455 |
| | 顶循回流 | | | | | 7021 | 25275 |
| | 合计 | | 235.3 | | | 84337 | 303613 |
| | 内回流 | 120.0 | $L$ | 651.1 | | $181L$ | |
| | 总合计 | | | | | $82700+181L$ | $303613+651L$ |

根据热量衡算得：

内回流热：

$$\Delta Q = 309619 - 303613 = 6006 \times 10^3 (\text{kJ/h})$$

内回流量：

$$L = 6006 \times \frac{1000}{651 - 321} = 18.2 \times 10^3 (\text{kg/h})$$

取内回流分子量为107，内回流摩尔流量：

$$N_L = \frac{6006}{107} \times 10^3 = 170.2 (\text{kmol/h})$$

内回流量的油气分压：

$$p_{油} = 248 \times \frac{170.2}{823.7 + 57.9 + 242.9 + 611.1 + 170.2} = 22.1 (\text{kPa}) = 166.1 (\text{mmHg})$$

塔顶内回流计算见表3-50。

**表3-50　塔顶内回流计算结果一览表**

| 项　目 | 数　值 | 项　目 | 数　值 |
|---|---|---|---|
| 内回流取热/kW | 1668.4 | 内回流摩尔流量/(kmol/h) | 170.2 |
| 内回流量/(t/h) | 18.208 | 内回流的油气分压/kPa | 22.1 |

顶抽出温度验证：

汽油的平衡气化100%与50%点温度差为54.4℃，按照常压、减压各段温度相等的假设，查图3－12得到166.1mmHg下50%点平衡汽化温度为67℃，得到该压力下100%馏出温度为67＋54.4＝121.4℃。由于塔顶馏出物有惰性气体，塔顶温度为121.4×0.97＝117.8℃，与假设温度120℃相符，即塔顶温度为120℃。

（6）中段16层上方塔盘核算

验证中段回流取热，柴油抽出温度为225℃，按照柴油线与轻蜡线的温度求得板间温差，得中段第16层温度为238.8，第16层上部压力为260kPa。

自塔底至16层板上部作热量衡算，求取内回流取热，分馏塔底至第16层热量衡算见表3－51。

**表3－51　分馏塔底至第16层热量衡算一览表**

| 项目 | 介质 | 温度/℃ | 流量/(t/h) | 焓值/(kJ/kg) | | 热量/kW | 热量/(MJ/h) |
|---|---|---|---|---|---|---|---|
| | | | | 气相 | 液相 | | |
| 进料 | 干气 | 420.0 | 16.6 | 1147.23 | | 5290 | 19044 |
| | 液态烃 | 420.0 | 2.8 | 1024.29 | | 797 | 2868 |
| | 稳定汽油 | 420.0 | 26.0 | 1355.48 | | 9790 | 35243 |
| | 柴油 | 420.0 | 49.5 | 1262.94 | | 17365 | 62515 |
| | 轻蜡油 | 420.0 | 25.3 | 1229.72 | | 8642 | 31112 |
| | 重蜡油 | 420.0 | 46.1 | 1223.01 | | 15661 | 56381 |
| | 循环油 | 420.0 | 53.4 | 1216.34 | | 18042 | 64953 |
| | 污油 | 100.0 | 4.6 | | 218.7 | 279 | 1006 |
| | 水蒸气 | 420.0 | 11.0 | 3318 | | 10138 | 36498 |
| | 合计 | | 235.3 | | | 86005 | 309619 |
| 出料 | 干气 | 238.8 | 16.6 | 602.13 | | 2776 | 9995 |
| | 液态烃 | 238.8 | 2.8 | 517.4 | | 402 | 1449 |
| | 稳定汽油 | 238.8 | 26.0 | 863.6 | | 6237 | 22453 |
| | 柴油 | 238.8 | 49.5 | 797.8 | | 10970 | 39491 |
| | 轻蜡油 | 335.0 | 25.3 | | 803.2 | 5644 | 20320 |
| | 重蜡油 | 355.0 | 46.1 | | 854.5 | 10942 | 39392 |
| | 循环油 | 363.5 | 53.4 | | 872.1 | 12936 | 46571 |
| | 污油 | 335.0 | 4.6 | | 817.2 | 1044 | 3759 |
| | 水蒸气 | 238.8 | 11.0 | 2949 | | 9011 | 32439 |
| | 塔底循环油回流 | 420.0 | | | | 6950 | 25022 |
| | 重蜡循环回流 | 420.0 | | | | 5316 | 19137 |
| | 合计 | | 235.3 | | | 72230 | 285482 |

根据热量衡算得：

内回流热：

$$\Delta Q = 309619 - 285482 = 49592 \times 10^3\ (\mathrm{kJ/h})$$

中段回流取热占内回流取热比例：

$$\frac{25455}{49592} \times 100\% = 51.3\%$$

(7) 塔内主要截面气液相负荷核算

1) 第1块板内回流液相量:

对塔顶、第一层、第二层,分两个隔离体系做热量衡算,得:

$$L_D = \frac{\Delta Q_{0-1}}{h_{L1}^{V} - h_{L0}^{L}}$$

$$L_1 = \frac{\Delta Q_{1-2}}{h_{L2}^{V} - h_{L1}^{L}}$$

$$\Delta Q_{0-1} \cong \Delta Q_{1-2}$$

通过板间温差计算得,第二层塔板温度为118℃,计算得焓值后计算如下:

$$L_1 = \frac{\Delta Q_{0-1}}{h_{L2}^{V} - h_{L1}^{L}} = \frac{6006 \times 1000}{605.9 - 298.8} = 19561(\mathrm{kg/h})$$

$$N_L = \frac{19561}{107} = 183(\mathrm{kmol/h})$$

2) 第4块板循环回流上、下内回流量变化量:

$$\Delta_L = \frac{Q_{中}}{\Delta_h}$$

式中 $Q_{中}$——顶循回流取热量;

$\Delta_h$——第4层板下部塔板气相焓与抽出板液相焓差值,第4层板温度取132℃,相对密度取0.83,气相温度取144℃。

$$\Delta_L = \frac{31920 \times 1000}{655.8 - 337.1} = 79307(\mathrm{kg/h})$$

取内回流分子量为141,内回流摩尔流量:

$$N_L = \frac{6006}{141} \times 10^3 = 701.2(\mathrm{kmol/h})$$

3) 第10块板内回流液相量:

第11层塔板温度为175℃,从塔底至第11层板上部进行热量衡算,分馏塔底至第11层热量衡算见表3-52。

**表3-52 分馏塔底至第11层热量衡算一览表**

| 项目 | 介质 | 温度/℃ | 流量/(t/h) | 焓值/(kJ/kg) | | 热量/kW | 热量/(MJ/h) |
|---|---|---|---|---|---|---|---|
| | | | | 气相 | 液相 | | |
| 进料 | 干气 | 420.0 | 16.6 | 1147.23 | | 5290 | 19044 |
| | 液态烃 | 420.0 | 2.8 | 1024.29 | | 797 | 2868 |
| | 稳定汽油 | 420.0 | 26.0 | 1355.5 | | 9790 | 35243 |
| | 柴油 | 420.0 | 49.5 | 1262.9 | | 17365 | 62515 |
| | 轻蜡油 | 420.0 | 25.3 | 1229.7 | | 8642 | 31112 |
| | 重蜡油 | 420.0 | 46.1 | 1223.0 | | 15661 | 56381 |
| | 循环油 | 420.0 | 53.4 | 1216.3 | | 18042 | 64953 |
| | 污油 | 100.0 | 4.6 | | 218.7 | 279 | 1006 |
| | 水蒸气 | 420.0 | 11.0 | 3318 | | 10138 | 36498 |
| | 合计 | | 235.3 | | | 86005 | 309619 |

续表

| 项目 | 介质 | 温度/℃ | 流量/(t/h) | 焓值/(kJ/kg) | | 热量/kW | 热量/(MJ/h) |
|---|---|---|---|---|---|---|---|
| | | | | 气相 | 液相 | | |
| | 内回流 | 165.0 | $L$ | | 374.6 | $104L$ | |
| | 总合计 | | | | | $86005+104L$ | $309619+375L$ |
| 出料 | 干气 | 175.0 | 16.6 | 433.26 | | 1998 | 7192 |
| | 液态烃 | 175.0 | 2.8 | 365.0 | | 284 | 1022 |
| | 稳定汽油 | 175.0 | 26.0 | 719.5 | | 5196 | 18707 |
| | 柴油 | 215.0 | 49.5 | | 499.9 | 6874 | 24747 |
| | 轻蜡油 | 335.0 | 25.3 | | 803.2 | 5644 | 20320 |
| | 重蜡油 | 355.0 | 46.1 | | 854.5 | 10942 | 39392 |
| | 循环油 | 363.5 | 53.4 | | 872.1 | 12936 | 46571 |
| | 污油 | 335.0 | 4.6 | | 803.2 | 1026 | 3695 |
| | 水蒸气 | 175.0 | 11.0 | 2819 | | 8614 | 31009 |
| | 塔底循环油回流 | | | | | 6950 | 25022 |
| | 重蜡循环回流 | | | | | 5316 | 19137 |
| | 柴油回流 | | | | | 6309 | 22711 |
| | 中段回流 | | | | | 7071 | 25455 |
| | 合计 | | 235.3 | | | 79161 | 284979 |
| | 内回流 | 175.0 | $L$ | 661.4 | | $184L$ | |
| | 总合计 | | | | | $79161+184L$ | $284979+661L$ |

根据热量衡算得：

内回流热：

$$\Delta Q=309619-284979=24640\times10^{3}(\text{kJ/h})$$

内回流量：

$$L=24640\times\frac{1000}{661-375}=85.9\times10^{3}(\text{kg/h})$$

取内回流分子量为200，内回流摩尔流量：

$$N_{\text{L}}=\frac{24640}{200}\times10^{3}=429.6(\text{kmol/h})$$

柴油回流取热占内回流取热比例：

$$\frac{22710}{24640}\times100\%=92\%$$

4）第11块进料板液流量：

设第12层塔板温度为189℃，从塔底至第12层板上部进行热量衡算：

分馏塔底至第12层热量衡算见表3－53。

表 3-53 分馏塔底至第 12 层热量衡算一览表

| 项目 | 介质 | 温度/℃ | 流量/(t/h) | 焓值/(kJ/kg) 气相 | 焓值/(kJ/kg) 液相 | 热量/kW | 热量/(MJ/h) |
|---|---|---|---|---|---|---|---|
| 进料 | 干气 | 420.0 | 16.6 | 1147.23 | | 5290 | 19044 |
| | 液态烃 | 420.0 | 2.8 | 1024.29 | | 797 | 2868 |
| | 稳定汽油 | 420.0 | 26.0 | 1355.5 | | 9790 | 35243 |
| | 柴油 | 420.0 | 49.5 | 1262.9 | | 17365 | 62515 |
| | 轻蜡油 | 420.0 | 25.3 | 1229.7 | | 8642 | 31112 |
| | 重蜡油 | 420.0 | 46.1 | 1223.0 | | 15661 | 56381 |
| | 循环油 | 420.0 | 53.4 | 1216.3 | | 18042 | 64953 |
| | 污油 | 100.0 | 4.6 | | 218.7 | 279 | 1006 |
| | 水蒸气 | 420.0 | 11.0 | 3318 | | 10138 | 36498 |
| | 合计 | | 235.3 | | | 86005 | 309619 |
| 出料 | 内回流 | 181.0 | $L$ | | 413.8 | $115L$ | 115 |
| | 总合计 | | | | | $86005+115L$ | $309619+414L$ |
| | 干气 | 189.0 | 16.6 | 474.46 | | 2188 | 7876 |
| | 液态烃 | 189.0 | 2.8 | 401.8 | | 313 | 1125 |
| | 稳定汽油 | 189.0 | 26.0 | 749.7 | | 5415 | 19492 |
| | 柴油 | 215.0 | 49.5 | | 499.9 | 6874 | 24747 |
| | 轻蜡油 | 335.0 | 25.3 | | 803.2 | 5644 | 20320 |
| | 重蜡油 | 355.0 | 46.1 | | 854.5 | 10942 | 39392 |
| | 循环油 | 363.5 | 53.4 | | 872.1 | 12936 | 46571 |
| | 污油 | 335.0 | 4.6 | | 803.2 | 1026 | 3695 |
| | 水蒸气 | 189.0 | 11.0 | 2848 | | 8702 | 31328 |
| | 塔底循环油回流 | | | | | 6950 | 25022 |
| | 重蜡循环回流 | | | | | 5316 | 19137 |
| | 柴油回流 | | | | | 6309 | 22711 |
| | 中段回流 | | | | | 7071 | 25455 |
| | 合计 | | 235.3 | | | 79686 | 286871 |
| | 内回流 | 189.0 | $L$ | 689.8 | | $192L$ | 192 |
| | 总合计 | | | | | $79686+192L$ | $286870+690L$ |

根据热量衡算得：

内回流热：

$$\Delta Q = 309619 - 286870 = 22749 \times 10^3 (\text{kJ/h})$$

内回流量：

$$L = 22749 \times \frac{1000}{690-414} = 82.4 \times 10^3 (\text{kg/h})$$

取内回流相对分子质量为 195，内回流摩尔流量：

$$N_L = \frac{24640}{200} \times 10^3 = 422.8(\text{kmol/h})$$

5）第14块板内回流液相量：

通过计算第15层板热量平衡得(同第15层上方塔盘核算)：

$$L_{m-1} = \frac{\Delta Q_m}{h_{Lm}^V - h_{Lm-1}^L}$$

$$L = \Delta Q_{15}/(H_{15}^V - h_{14}^L) = 19432 \times 1000/(746.2 - 482.3) = 73634(\text{kg/h})$$

$$N_L = 73634/207.7 = 355(\text{kmol/h})$$

6）第15块板内回流液相量：

抽出侧线量近似等于抽出侧线上方液相量减去侧线抽出量：

$$L_{15} = L_{14} - G_{柴} = 73633 - 49500 = 23134(\text{kg/h})$$

$$N_{L15} = 24134/208.7 = 115.6(\text{kmol/h})$$

7）第19块板循环回流上、下内回流量变化：

中段回流抽出板(第19层)的内回流温度取252℃，进入第19层板的气相温度为261℃，计算中段循环回流取热引起的内回流变化量：

$$\Delta_L = \frac{Q_{中}}{\Delta_h}$$

$$\Delta_L = \frac{25455 \times 1000}{837.4 - 593.9} = 104533(\text{kg/h})$$

设计计算中，由于中段回流返回塔盘第16层与柴油抽出侧线第15层板只间隔一块塔板，该塔板由于内回流量小分离效果较差，可以近似认为循环回流塔盘第16层上方的内回流量与柴油抽出第15层下方的内回流量相等。因此，中段循环回流第19层抽出板的内回流量应等于第16层返回板上方的内回流量与因循环回流取热造成内回流冷凝量 $\Delta L$ 之和[13]。

抽出侧线向下的内回流量近似等于抽出侧线上方内回流量减去侧线抽出量[13]。

$$L_{15下} = L_{15上} - G_{柴} = 67.3 - 49.5 = 24.1(\text{t/h})$$

取内回流分子量为285，内回流摩尔流量：

$$N_L = \frac{24125}{285} \times 10^3 = 84.6(\text{kmol/h})$$

$$L_{19} = L_{16} + \Delta_L = L_{15下} + \Delta_L = 23.4 + 105 = 128.4(\text{t/h})$$

$$N_L = \frac{128400}{141} \times 10^3 = 451.4(\text{kmol/h})$$

8）第25块板内回流液相量：

$$L_{25} = \Delta Q_{26}/(H_{26} - h_{25}) = 24197 \times 1000/(1002.5 - 791.1) = 114461(\text{kg/h})$$

$$N_{L25} = \frac{114461}{296.2} = 386(\text{kmol/h})$$

9）第26块板内回流液相量：

$$L_{26} = L_{25} - G_{轻蜡} = 136464 - 29900 = 84561(\text{kg/h})$$

$$N_{L18} = 84561/304 = 278(\text{kmol/h})$$

10）第28块板内回流液相量：

第29层塔板温度为344℃，从塔底至第29层板上部进行热量衡算，分馏塔底至第29层热量衡算见表3-54。

表 3－54　分馏塔底至第 29 层热量衡算一览表

| 项目 | 介质 | 温度/℃ | 流量/(t/h) | 焓值/(kJ/kg) 气相 | 液相 | 热量/kW | 热量/(MJ/h) |
|---|---|---|---|---|---|---|---|
| 进料 | 干气 | 420.0 | 16.6 | 1147.23 | | 5290 | 19044 |
| | 液态烃 | 420.0 | 2.8 | 1024.29 | | 797 | 2868 |
| | 稳定汽油 | 420.0 | 26.0 | 1355.5 | | 9790 | 35243 |
| | 柴油 | 420.0 | 49.5 | 1262.9 | | 17365 | 62515 |
| | 轻蜡油 | 420.0 | 25.3 | 1229.7 | | 8642 | 31112 |
| | 重蜡油 | 420.0 | 46.1 | 1223.0 | | 15661 | 56381 |
| | 循环油 | 420.0 | 53.4 | 1216.3 | | 18042 | 64953 |
| | 水蒸气 | 420.0 | 11.0 | 3318 | | 10138 | 36498 |
| | 合计 | | 235.3 | | | 85726 | 308613 |
| | 内回流 | 341.0 | $L$ | | 815.7 | $227L$ | |
| | 总合计 | | | | | $85546+227L$ | $308613+816L$ |
| 出料 | 干气 | 344.0 | 16.6 | 906.97 | | 4182 | 15056 |
| | 液态烃 | 344.0 | 2.8 | 799.1 | | 621 | 2237 |
| | 稳定汽油 | 344.0 | 26.0 | 1135.2 | | 8199 | 29515 |
| | 柴油 | 344.0 | 49.5 | 1054.2 | | 14495 | 52183 |
| | 轻蜡油 | 344.0 | 25.3 | 1022.7 | | 7187 | 25873 |
| | 重蜡油 | 355.0 | 46.1 | | 854.5 | 10942 | 39392 |
| | 循环油 | 363.5 | 53.4 | | 872.1 | 12936 | 46571 |
| | 水蒸气 | 344.0 | 11.0 | 3161 | | 9659 | 34771 |
| | 塔底循环油回流 | | | | | 6950 | 25022 |
| | 重蜡循环回流 | | | | | 5316 | 19137 |
| | 柴油回流 | | | | | | |
| | 中段回流 | | | | | | |
| | 合计 | | 235.3 | | | 80488 | 289757 |
| | 内回流 | 344.0 | $L$ | 1050.3 | | $292L$ | |
| | 总合计 | | | | | $78576+292L$ | $289757+1050L$ |

根据热量衡算得：

内回流热：

$$\Delta Q = 308613 - 289757 = 18856 \times 10^3 \text{(kJ/h)}$$

内回流量：

$$L = 18856 \times \frac{1000}{1050 - 816} = 80.4 \times 10^3 \text{(kg/h)}$$

取内回流分子量为 300，内回流摩尔流量：

$$N_L = \frac{80368}{300} \times 10^3 = 267.9 \text{(kmol/h)}$$

11）第 29 块板进料板液流量：

第30层塔板温度为347℃，从塔底至第30层板上部进行热量衡算，分馏塔底至第30层热量衡算见表3－55。

**表3－55　分馏塔底至第30层热量衡算一览表**

| 项目 | 介质 | 温度/℃ | 流量/(t/h) | 焓值/(kJ/kg) | | 热量/kW | 热量/(1000kJ/h) |
|---|---|---|---|---|---|---|---|
| | | | | 气相 | 液相 | | |
| 进料 | 干气 | 420.0 | 16.6 | 1147.23 | | 5290 | 19044 |
| | 液态烃 | 420.0 | 2.8 | 1024.29 | | 797 | 2868 |
| | 稳定汽油 | 420.0 | 26.0 | 1355.5 | | 9790 | 35243 |
| | 柴油 | 420.0 | 49.5 | 1262.9 | | 17365 | 62515 |
| | 轻蜡油 | 420.0 | 25.3 | 1229.7 | | 8642 | 31112 |
| | 重蜡油 | 420.0 | 46.1 | 1223.0 | | 15661 | 56381 |
| | 循环油 | 420.0 | 53.4 | 1216.3 | | 18042 | 64953 |
| | 水蒸气 | 420.0 | 11.0 | 3318 | | 10138 | 36498 |
| | 合计 | | 235.3 | | | 85726 | 308613 |
| | 内回流 | 343.0 | $L$ | | 821.6 | $228L$ | 228 |
| | 总合计 | | | | | $85546+228L$ | $308613+822L$ |
| 出料 | 干气 | 347.0 | 16.6 | 916.14 | | 4224 | 15208 |
| | 液态烃 | 347.0 | 2.8 | 367.6 | | 286 | 1029 |
| | 稳定汽油 | 347.0 | 26.0 | 1143.5 | | 8259 | 29731 |
| | 柴油 | 347.0 | 49.5 | 1062.1 | | 14604 | 52573 |
| | 轻蜡油 | 347.0 | 25.3 | 1030.5 | | 7242 | 26071 |
| | 重蜡油 | 355.0 | 46.1 | | 854.5 | 10942 | 39392 |
| | 循环油 | 363.5 | 53.4 | | 872.1 | 12936 | 46571 |
| | 水蒸气 | 347.0 | 11.0 | 3167 | | 9677 | 34837 |
| | 塔底循环油回流 | | | | | 6950 | 25022 |
| | 重蜡循环回流 | | | | | 5316 | 19137 |
| | 柴油回流 | | | | | | 0 |
| | 中段回流 | | | | | | 0 |
| | 合计 | | 235.3 | | | 80437 | 289572 |
| | 内回流 | 347.0 | $L$ | 1058.1 | | $294L$ | 294 |
| | 总合计 | | | | | $78343+294L$ | $289572+1058L$ |

根据热量衡算得：

内回流热：

$$\Delta Q = 308613 - 289572 = 19041 \times 10^3 (\text{kJ/h})$$

内回流量：

$$L = 19041 \times \frac{1000}{1058 - 822} = 80.5 \times 10^3 (\text{kg/h})$$

取内回流分子量为303，内回流摩尔流量：

$$N_L = \frac{80505}{303} \times 10^3 = 265.7(\text{kmol/h})$$

12）第 32 块板内回流液相量：

$$L_{m-1} = \frac{\Delta Q_m}{h_{Lm}^V - h_{Lm-1}^L}$$

$$L_{32} = \Delta Q_{33}/(H_{33}^V - h_{32}^L) = 15003 \times 1000/(1047.2 - 857.8) = 79236(\text{kg/h})$$

$$N_{L32} = 79236/343.2 = 231(\text{kmol/h})$$

13）第 33 块板内回流液相量：

抽出侧线量近似等于抽出侧线上方液相量减去侧线抽出量：

$$L_{15} = L_{14} - G_{柴} = 79236 - 46100 = 33136(\text{kg/h})$$

$$N_{L15} = 33136/304.2 = 109(\text{kmol/h})$$

2. 塔内气相负荷核算

对任一截面而言，通过该截面的气相流量：

$$N = \sum N_i + N_L + N_S$$

式中 $N_i$——产品量，kmol/；

$N_L$——内回流量，kmol/h；

$N_S$——水蒸气量，kmol/h。

液体密度根据《冷换设备工艺计算手册》公式[4]：

$$\rho = T \cdot (1.307\gamma_4^{20} - 1.817) + 973.86\gamma_4^{20} + 36.34$$

式中 $T$——温度，℃；

$\gamma_4^{20}$——相对密度；

$\rho$——密度，kg/m³。

低压气体体积流量根据理想气体状态方程计算：

$$pV = nRT$$

分馏塔塔内主要截面气液相负荷见表 3－56。

**表 3－56　分馏塔塔内主要截面气液相负荷表**

| 塔板 | 液相内回流 | | | 气相 | | | |
|---|---|---|---|---|---|---|---|
| | 质量流量/(kg/h) | 密度(20℃)/(t/m³) | 体积流量/(m³/h) | 流量/(kmol/h) | 温度/℃ | 压力/kPa | 体积流量/(m³/h) |
| 塔顶 | 18208 | 0.650 | 28 | | | | |
| 1 | 19561 | 0.650 | 30 | 1918.6 | 120 | 248 | 25278 |
| 4 | 98868 | 0.708 | 140 | 2436.8 | 132 | 250.4 | 32769 |
| 10 | 85914 | 0.760 | 113 | 2165.4 | 183 | 255.2 | 32170 |
| 11 | 82449 | 0.756 | 109 | 2158.6 | 190 | 256 | 32459 |
| 14 | 73634 | 0.743 | 99 | 2090.8 | 208 | 258.4 | 32359 |
| 15 | 23134 | 0.739 | 31 | 1851.4 | 215 | 259.2 | 28981 |
| 16 | 24125 | 0.766 | 31 | 2059.8 | 229 | 260 | 33065 |

续表

| 塔板 | 液相内回流 | | | 气相 | | | |
|---|---|---|---|---|---|---|---|
| | 质量流量 /(kg/h) | 密度(20℃) /(t/m³) | 体积流量 /(m³/h) | 流量 /(kmol/h) | 温度 /℃ | 压力 /kPa | 体积流量 /(m³/h) |
| 19 | 128450 | 0.751 | 171 | 2425.7 | 252 | 262.4 | 40351 |
| 25 | 114461 | 0.758 | 151 | 2361.2 | 330 | 267.2 | 44303 |
| 26 | 84561 | 0.755 | 112 | 2253.2 | 335 | 268 | 42500 |
| 28 | 80368 | 0.758 | 106 | 2346.8 | 341 | 269.6 | 44438 |
| 29 | 80505 | 0.756 | 106 | 2324.0 | 344 | 270.4 | 44090 |
| 32 | 79236 | 0.749 | 106 | 2289.3 | 352 | 272.8 | 43608 |
| 33 | 33136 | 0.757 | 44 | 2167.3 | 355 | 273.6 | 41361 |
| 38 | 49731 | 0.752 | 66 | 2192.7 | 388 | 276.8 | 43535 |

3. 塔内气液相负荷分布图

根据塔内主要截面气液相负荷表，即可得到沿塔气、液相负荷分布图。

分馏塔气液相负荷分布见图3-16。

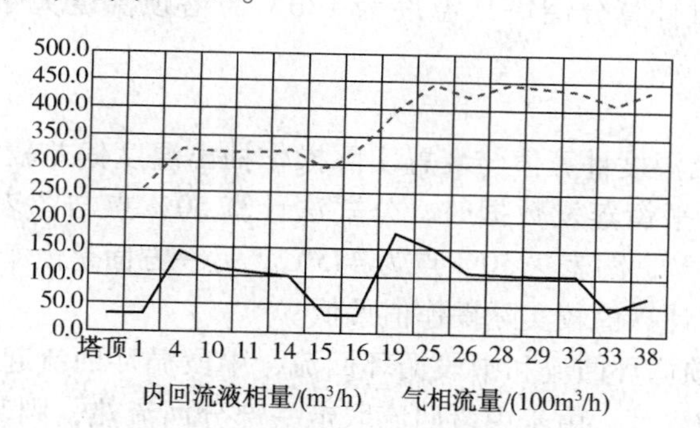


图3-16 分馏塔气液相负荷分布图

——内回流液相量 ----气相流量

(四) 分馏塔顶露点核算

根据分馏塔顶的水蒸气分压计算分馏塔顶露点温度，分馏塔顶的所有介质合并为一项，计算蒸汽分压。

分馏塔顶露点计算基础数据见表3-57。

**表3-57 分馏塔顶露点计算基础数据表**

| 塔顶物流 | 流量 /(t/h) | 摩尔质量 /(g/mol) | 摩尔流量 /(kmol/h) | 摩尔分数 /% |
|---|---|---|---|---|
| 液态烃 | 2.8 | 48.3 | 57.97 | 3.34 |
| 干气 | 16.6 | 20.15 | 823.82 | 47.46 |
| 稳定汽油 | 26 | 107 | 242.99 | 14.00 |
| 水蒸气 | 11 | 18 | 611.11 | 35.20 |
| 总计 | 56.4 | | 1735.89 | 100.00 |

分馏塔顶水蒸气摩尔分数：

$$=\frac{\dfrac{\text{蒸汽量}}{\text{蒸汽平均分子量}}}{\dfrac{\text{液态烃量}}{\text{液态烃平均分子量}}+\dfrac{\text{干气量}}{\text{干气平均分子量}}+\dfrac{\text{汽油量}}{\text{汽油平均分子量}}+\dfrac{\text{蒸汽量}}{\text{蒸汽平均分子量}}}\times 100\%$$

$=35.20\%$

分馏塔顶压力为248kPa(绝)，分馏塔顶的水蒸气分压计算：

$$\text{分馏塔顶的水蒸气分压}=\text{分馏塔顶压力}\times\text{分馏塔顶水蒸气摩尔分数}$$
$$=248\text{kPa}\times 0.352=87.30\text{kPa}$$

安托因方程在1.333～199.98kPa范围内误差小[14]。

安托因方程[7]：$\lg p=A-\dfrac{B}{t+C}$

$$t=\frac{1657.46}{7.07406-\lg(87.30)}-227.02=95.9(^\circ\text{C})$$

式中　$A$、$B$、$C$——Antoine常数，可查数据表得$A$为7.07406，$B$为1657.46，$C$为227.02。

通过安托因方程得87.30kPa水蒸气对应的露点温度为95.9℃，即分馏塔顶露点温度为95.9℃。因此，通过计算分馏塔顶温度为120℃，塔顶温度大于95.9℃，不存在露点腐蚀。

（五）小结

1）分馏塔侧线抽出温度计算值与装置实际操作抽出温度偏差较大，一方面主要是由于在恩氏蒸馏数据转化为平衡蒸发数据时，公式法计算50%点与图表转换法存在较大误差，公式法50%点为438.8℃、图表法50%点为445℃；另一方面是由于化验分析数据存在一定误差。因此，抽出温度计算值较实际操作值偏低。

2）分馏塔设有塔顶循环回流和中段循环回流，中段循环回流起着至关重要的作用，可以调节塔内的负荷均匀程度，由于中段回流取走一部分回流热，则其上部回流量可以减少，塔顶负荷也会减少，从而实现全塔气液相负荷均匀；操作较优时，可以提高塔的处理能力，接近塔径相当的设计负荷。

分馏塔全塔热平衡计算总回流热与各中段回流取热之和差$6\times10^6$kJ/h，刨除塔及系统的散热损失，顶循环和中段回流取热占全塔回流热的比例为43%，介于40%～60%。在实际操作过程中，中段回流取热必须在保证产品收率和质量的前提下进行，因此实际操作过程中段回流取热不能过高过低，以免影响塔中段的塔盘操作。例如，由于中段回流上部回流比减小，可以对中段回流的取热量适当限制以保证塔上部的分馏精确度能满足要求。

3）计算得顶循环和中段回流进出温差分别为67℃和78℃，介于60～80℃之间。进出温差越大，越可能导致高温位热量利用不高。

4）在分馏塔气液相负荷计算中，分析计算出塔内气液负荷分布图，也为分析塔内传质状况提供了依据。从焦化分馏塔气液相负荷图中可以看出，塔内的气液相流量在中段回流返回塔板出现明显的波动，液相流量在中段返回塔以上出现明显的降低。

5）在分馏塔气液相负荷计算中，分析计算出分馏塔下方内回流量相对较小，反之在分馏塔上部，温度较低，内回流量相对较多。

6）循环回流处，循环回流上下方回流量的变化，会引起气相流量发生相应变化。

7）在分馏塔顶计算水露点，通过安托因方程计算发现，尽管当前正常操作不存在露点问题，但装置一旦启用塔顶冷回流，塔顶冷回流温度在30～40℃，必然会造成局部温度偏低，造成局部露点腐蚀；其次，装置正常生产期间含硫污水量较大，当掺炼污油带水或者小吹汽期间，水量增加导致水分压提高，水露点温度也会相应提高。因此，需要加强塔顶腐蚀问题的操作监控。

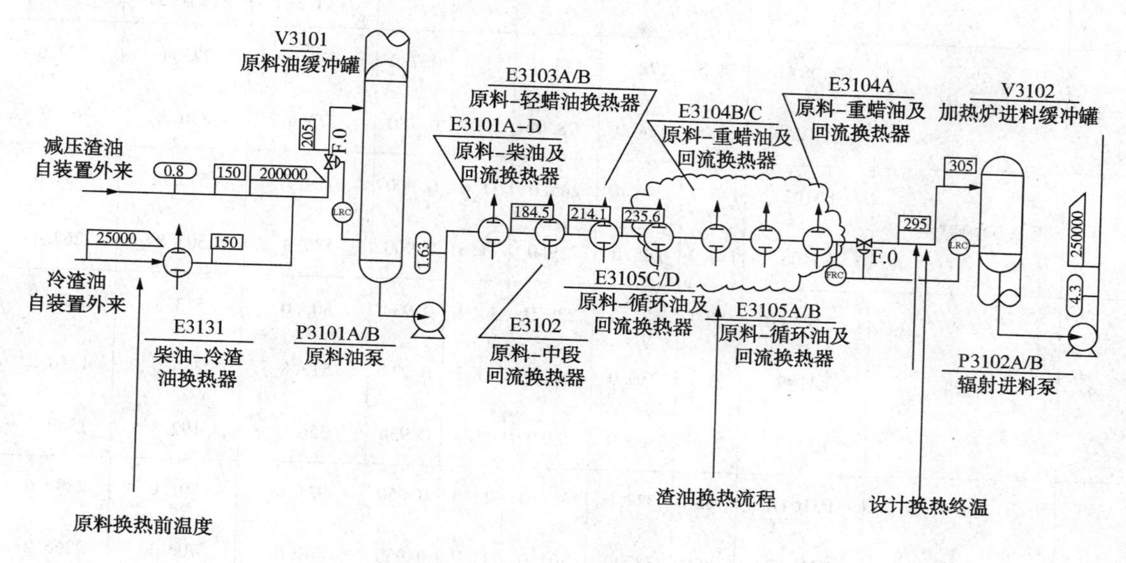


图3－17 换热网络流程图

## 四、换热网络工艺计算

### （一）换热网络介绍

原料送至缓冲罐（V3101）后，由原料泵（P3101A/B）抽出，经原料－柴油及回流换热器（E3101C/D）、原料－柴油及回流换热器（E3101E）、原料－柴油及回流换热器（E3101A/B）、原料－中段回流换热器（E3102）、原料－轻蜡油换热器（E3103A/B）、原料－循环油及回流换热器（E3105C/D）、原料－重蜡油及回流换热器（E3104B）、原料－循环油及回流换热器（E3105A/B）、原料－重蜡油及回流换热器（E3104A）换热至295℃，与焦化分馏塔底循环油混合后，换热至约305℃进入加热炉进料缓冲罐（V3102），然后由加热炉辐射进料泵（P3102A/B）抽出分六路进入加热炉（F3101），加热到500℃经过四通阀进入焦炭塔（T3101A/B）底部。换热流程如图3－17所示。

换热物流基础数据见表3－58。

表3－58 换热物流基础数据一览表

| 物流 | 流股 | 设备 | 流量/（t/h） | 初始温度/℃ | 目标温度/℃ | *K*值 | 相对密度 | 初始温度液相焓（以－17.8℃为基准）/（kJ/kg） | 终点温度液相焓（以－17.8℃为基准）/（kJ/kg） | 热负荷/kW |
|---|---|---|---|---|---|---|---|---|---|---|
| 1 | 柴油回流 | E3101CD、E、AB | 161 | 233.2 | 178.5 | 11.4 | 0.780 | 583.9 | 433.9 | 6706.0 |

续表

| 物流 | 流股 | 设备 | 流量/(t/h) | 初始温度/℃ | 目标温度/℃ | K值 | 相对密度 | 初始温度液相焓(以-17.8℃为基准)/(kJ/kg) | 终点温度液相焓(以-17.8℃为基准)/(kJ/kg) | 热负荷/kW |
|---|---|---|---|---|---|---|---|---|---|---|
| 2 | 柴油出 | E3108AB | 74.5 | 178.5 | 114.0 | 11.4 | 0.780 | 433.9 | 273.4 | 3322.6 |
| | | E3106 | 74.5 | 114.0 | 98.0 | 11.4 | 0.780 | 273.4 | 236.3 | 767.9 |
| 3 | 中段 | E3102 | 117.7 | 296.4 | 245.0 | 11.6 | 0.900 | 719.7 | 575.0 | 4732.8 |
| | | E3406 | 117.7 | 245.0 | 219.0 | 11.6 | 0.900 | 575.0 | 505.8 | 2262.4 |
| 4 | 轻蜡 | E3103AB | 29.9 | 335.0 | 230.0 | 11.3 | 0.934 | 803.0 | 513.8 | 2402.5 |
| | | E3109 | 29.9 | 230.0 | 165.0 | 11.3 | 0.934 | 513.8 | 356.0 | 1310.0 |
| | | E3113 | 29.9 | 165.0 | 89.0 | 11.3 | 0.934 | 356.0 | 192.3 | 1359.7 |
| 5 | 重蜡 | E3104A | 86 | 377.0 | 337.0 | 11.3 | 0.950 | 921.6 | 801.0 | 2880.6 |
| | | E3104B | 86 | 337.0 | 304.0 | 11.3 | 0.950 | 801.0 | 706.1 | 2266.2 |
| | | E3409 | 86 | 304.0 | 277.0 | 11.3 | 0.950 | 706.1 | 631.6 | 1779.9 |
| 6 | 重蜡出 | E3110 | 46.1 | 277.0 | 200.0 | 11.3 | 0.950 | 631.6 | 434.5 | 2524.4 |
| | | E3114AB | 46.1 | 200.0 | 95.0 | 11.3 | 0.950 | 434.5 | 202.3 | 2973.1 |
| 7 | 循环油 | E3105AB、CD | 105 | 363.5 | 280.0 | 11.3 | 0.961 | 872.1 | 633.8 | 6950.4 |
| 8 | 富吸收柴油 | E3106 | 25 | 46.0 | 96.9 | 11.4 | 0.780 | 123.2 | 233.7 | -767.9 |
| 9 | 稳定塔底油 | E3409 | | 185 | 198.8 | | | | | -1779.9 |
| 10 | 解析塔底油 | E3406 | | 139.3 | 156.4 | | | | | -2262.4 |
| 11 | 原料(渣油+油浆) | NET | 198.5 | 153.0 | 285.0 | | | | | -25938.6 |
| 12 | 原料(渣油+油浆+循环油) | Fuel | | 285.0 | 495.0 | | | | | -33633.9 |

(二)冷热物流复合曲线

以假定换热最小接近温差18 ℃为准,画出冷热组成曲线,确定夹点位置。

热物流曲线数据见表3-59。

表 3－59　热物流曲线数据一览表

| 物流热量/[kW/℃] | 物流 | 流股 | 初始温度/℃ | 温度/℃ | 温度/℃ | 温度/℃ | 温度/℃ | 温度/℃ | 温度/℃ | 目标温度/℃ | 温度/℃ | 温度/℃ | 温度/℃ | 温度/℃ | 温度/℃ | 温度/℃ | 温度/℃ | 温度/℃ | 温度/℃ | 温度/℃ | 温度/℃ |
|---|---|---|---|---|---|---|---|---|---|---|---|---|---|---|---|---|---|---|---|---|---|
| 69.3 | 5 | 重蜡 | 377.0 | 363.5 | 337.0 | 335 | 304.0 | 296.4 | 280 | 277 | | | | | | | | | | | |
| 83.2 | 7 | 循环油 | | 363.5 | 337.0 | 335 | 304.0 | 296.4 | 280 | | | | | | | | | | | | |
| 20.6 | 4 | 轻蜡 | | | | 335 | 304.0 | 296.4 | 280 | 277 | 245 | 233.2 | 230 | 219 | 200 | 178.5 | 165 | 114 | 98 | 95 | 89 |
| 90.4 | 3 | 中段 | | | | | | 296.4 | 280 | 277 | 245 | 233.2 | 230 | 219 | | | | | | | |
| 30.2 | 6 | 重蜡出 | | | | | | | | 277 | 245 | 233.2 | 230 | 219 | 200 | 178.5 | 165 | 114 | 98 | 95 | |
| 122.6 | 1 | 柴油回流 | | | | | | | | | | 233.2 | 230 | 219 | 200 | 178.5 | | | | | |
| 50.8 | 2 | 柴油出 | | | | | | | | | | | | | | 178.5 | 165 | 114 | 98 | | |
| 温度/℃ | | | 377.0 | 363.5 | 337.0 | 335.0 | 304.0 | 296.4 | 280.0 | 277.0 | 245.0 | 233.2 | 230.0 | 219.0 | 200.0 | 178.5 | 165.0 | 114.0 | 98.0 | 95.0 | 89.0 |
| 总热物流各温度段比热容/(kW/℃) | | | 69.3 | 152.5 | 152.5 | 173.1 | 173.1 | 263.5 | 180.3 | 141.2 | 141.2 | 263.8 | 263.8 | 173.4 | 173.4 | 101.6 | 101.6 | 101.6 | 50.8 | 20.6 | |
| 温差/℃ | | | 13.5 | 26.5 | 2.0 | 31.0 | 7.6 | 16.4 | 3.0 | 32.0 | 11.8 | 3.2 | 11.0 | 19.0 | 21.5 | 13.5 | 51.0 | 16.0 | 3.0 | 6.0 | 13.5 |
| 总热物流焓差/kW | | | 935.1 | 4041.4 | 305.0 | 5366.9 | 1315.8 | 4321.4 | 540.8 | 4518.5 | 1666.2 | 844.2 | 2901.8 | 3295.0 | 3728.5 | 1372.1 | 5183.5 | 1626.2 | 152.5 | 123.7 | 935.1 |
| 总热物流焓/kW | | | 42238.5 | 41303.4 | 37262.0 | 36957.0 | 31590.1 | 30274.3 | 25952.9 | 25412.1 | 20893.6 | 19227.4 | 18383.3 | 15481.5 | 12186.5 | 8458.0 | 7085.9 | 1902.4 | 276.2 | 123.7 | 42238.5 |

冷物流曲线数据见表 3-60。

**表 3-60　冷物流曲线数据一览表**

| 物流热量/[kW/℃] | 物流 | 流股 | 初始温度/℃ | 目标温度/℃ | 温度/℃ | 温度/℃ | 温度/℃ | 温度/℃ | 温度/℃ | 温度/℃ | 温度/℃ |
|---|---|---|---|---|---|---|---|---|---|---|---|
| 15.1 | 8 | 富吸收柴油 | 46 | 97 | | | | | | | |
| 132.3 | 10 | 解析塔底油 | | | 139.3 | 153 | 156.4 | | | | |
| 196.5 | 11 | 原料(渣油+油浆) | | | | 153 | 156.4 | 185 | 198.8 | 285 | |
| 129.0 | 9 | 稳定塔底油 | | | | | | 185 | 198.8 | | |
| 160.2 | 12 | 原料(渣油+油浆+循环油) | | | | | | | | 285 | 495 |
| 温差/℃ | | | -51 | -42.3 | -13.7 | -3.4 | -28.6 | -13.8 | -86.2 | -210 | -51 |
| 总热物流各温度段比热容/(kW/℃) | | | 15.1 | 0.0 | 132.3 | 328.8 | 196.5 | 325.5 | 196.5 | 160.2 | 15.1 |
| 总冷物流焓差/kW | | | 769.562 | 0 | 1812.581 | 1117.953 | 5620.028 | 4491.699 | 16938.69 | 33633.9 | 769.562 |
| 总冷物流焓/kW | | | 769.562 | 769.56195 | 2582.143 | 3700.096 | 9320.124 | 13811.82 | 30750.51 | 64384.41 | 769.562 |

以冷、热物流温度、热焓差做散点图(冷热物流复合曲线)，冷物流向左平移 8000kW，得冷热物流复合曲线。冷热物流复合曲线见图 3-18。

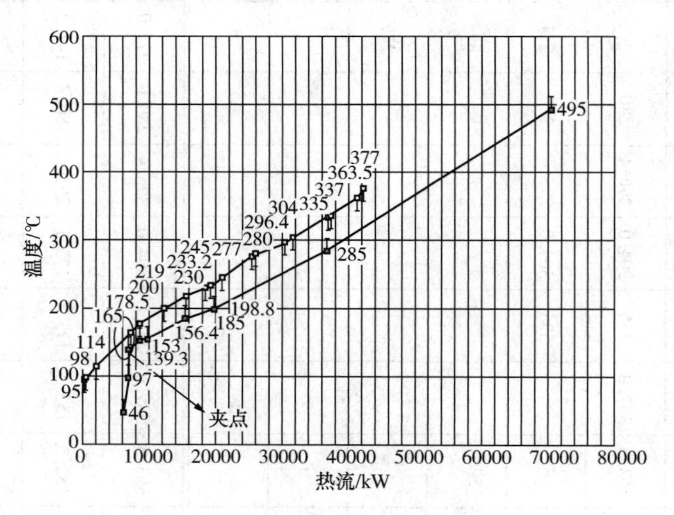


图 3-18　冷热物流复合曲线图

—■— 热物流　—■— 冷物流

通过冷热物流复合曲线，读图 3-18 得最小传温差为 18℃时，换热网络夹点出现在冷物流 139.3℃，出现最小传热温差。因此换热网络冷夹点为 139.3℃、热夹点为 157.3℃。由此，通过冷热物流总复合曲线绘制，夹点位置确定。

论证：

夹点之上：热物流 165℃→114℃、冷物流 139.3℃→153℃，$c_{p热} = 101.6 < c_{p冷} = 132.3$，符合夹点原理；

夹点之下：热物流 165℃→114℃、冷物流 97℃→139. 3℃，$c_{p热}=101.6>c_{p冷}=15.1$，符合夹点原理。

（三）问题表法

用问题表算法确定夹点温度，并画出总复合曲线。

（1）第一步：根据 $\Delta T_{\min}$ 调整温度

$\Delta T_{\min}=18$℃，热物流移动 $-\frac{1}{2}\Delta T_{\min}$，冷物流移动 $+\frac{1}{2}\Delta T_{\min}$，得物流调整后温度数据见表 3－61。

**表 3－61　问题表法数据一览表**　　℃

| 物流 | 流股 | $T$ | $T_T$ | $T'$ | $T_{T'}$ |
|---|---|---|---|---|---|
| 1 | 柴油回流 | 233. 20 | 178. 50 | 224. 2 | 169. 5 |
| 2 | 柴油出 | 178. 50 | 98. 00 | 169. 5 | 89. 0 |
| 3 | 中段 | 296. 40 | 219. 00 | 287. 4 | 210. 0 |
| 4 | 轻蜡 | 335. 00 | 89. 00 | 326. 0 | 80. 0 |
| 5 | 重蜡 | 377. 00 | 277. 00 | 368. 0 | 268. 0 |
| 6 | 重蜡出 | 277. 00 | 95. 00 | 268. 0 | 86. 0 |
| 7 | 循环油 | 363. 50 | 280. 00 | 354. 5 | 271. 0 |
| 8 | 富吸收柴油 | 46. 00 | 96. 89 | 55. 0 | 105. 9 |
| 9 | 稳定塔底油 | 185. 00 | 198. 80 | 194. 0 | 207. 8 |
| 10 | 解析塔底油 | 139. 30 | 156. 40 | 148. 3 | 165. 4 |
| 11 | 原料（渣油＋油浆） | 153. 00 | 285. 00 | 162. 0 | 294. 0 |
| 12 | 原料（渣油＋油浆＋循环油） | 285. 00 | 495. 00 | 294. 0 | 504. 0 |

（2）第二步：确定物流温度节点

冷热物流温度节点见图 3－19。

（3）第三步：计算物流温度节点间的热量平衡

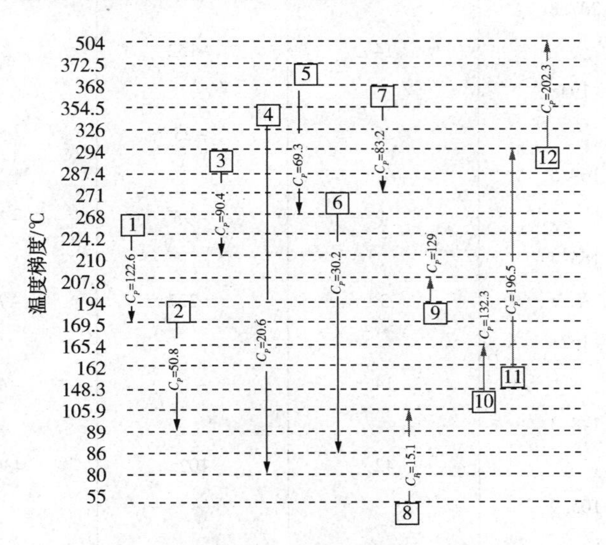


图 3－19　冷热物流温度节点图

物流温度节点间热量平衡见表3－62。

**表3－62　物流温度节点间热量平衡一览表**

| 能量 | 温度/℃ | 温差/℃ | $\sum c_{pc}-\sum c_{ph}$/(kW/℃) | $\Delta H$/kW | 过剩/不足 |
|---|---|---|---|---|---|
| | 504 | | | | |
| 1 | | 136 | －160 | －21782 | 不足 |
| | 368 | | | | |
| 2 | | 14 | －91 | －1227 | 不足 |
| | 354. 5 | | | | |
| 3 | | 29 | －8 | －218 | 不足 |
| | 326 | | | | |
| 4 | | 32 | 13 | 415 | 不足 |
| | 294 | | | | |
| 5 | | 7 | －23 | －154 | 不足 |
| | 287. 4 | | | | |
| 6 | | 16 | 67 | 1099 | 过剩 |
| | 271 | | | | |
| 7 | | 3 | －16 | －49 | 不足 |
| | 268 | | | | |
| 8 | | 44 | －55 | －2427 | 不足 |
| | 224. 2 | | | | |
| 9 | | 14 | 67 | 954 | 过剩 |
| | 210 | | | | |
| 10 | | 2 | －23 | －51 | 不足 |
| | 207. 8 | | | | |
| 11 | | 14 | －152 | －2100 | 不足 |
| | 194 | | | | |
| 12 | | 25 | －23 | －568 | 不足 |
| | 169. 5 | | | | |
| 13 | | 4 | －95 | －389 | 不足 |
| | 165. 4 | | | | |
| 14 | | 3 | －227 | －773 | 不足 |
| | 162 | | | | |
| 15 | | 14 | －31 | －422 | 不足 |
| | 148. 3 | | | | |
| 16 | | 42 | 102 | 4306 | 过剩 |
| | 105. 9 | | | | |
| 17 | | 17 | 86 | 1460 | 过剩 |

续表

| 能量 | 温度/℃ | 温差/℃ | $\sum c_{pc}-\sum c_{ph}$ /(kW/℃) | $\Delta H$ /kW | 过剩/不足 |
|---|---|---|---|---|---|
| | 89.0 | | | | |
| 18 | | 3.0 | 35.6 | 106.9 | 过剩 |
| | 86 | | | | |
| 19 | | 6 | 5.5 | 33.2 | 过剩 |
| | 80 | | | | |
| 20 | | 25 | -15.1 | -377.2 | 不足 |
| | 55 | | | | |

（4）第四步

调整注入的热流量，以消除热量流动中的负值。

注入热流量为27692kW时，物流内流量全部由负值变为正值，并且在148.3℃处，出现零点，由此可确定夹点位置。

问题表法计算见表3-63。

**表3-63　问题表法计算表**

| 子网络 | 温度/℃ | 有能量负值/kW | 注入热量/kW | 消除能量负值/kW | 注入热量/kW |
|---|---|---|---|---|---|
| | 504 | ▼ | 0 | ▼ | 27692 |
| 1 | | -21782 | | -21782 | |
| | 368 | ▼ | -21782 | ▼ | 5910 |
| 2 | | -1227 | | -1227 | |
| | 354.5 | ▼ | -23009 | ▼ | 4682 |
| 3 | | -218 | | -218 | |
| | 326 | ▼ | -23227 | ▼ | 4464 |
| 4 | | 415 | | 415 | |
| | 294 | ▼ | -22812 | ▼ | 4879 |
| 5 | | -154 | | -154 | |
| | 287.4 | ▼ | -22967 | ▼ | 4725 |
| 6 | | 1099 | | 1099 | |
| | 271 | ▼ | -21868 | ▼ | 5824 |
| 7 | | -49 | | -49 | |
| | 268 | ▼ | -21917 | ▼ | 5775 |
| 8 | | -2427 | | -2427 | |
| | 224.2 | ▼ | -24343 | ▼ | 3348 |
| 9 | | 954 | | 954 | |
| | 210 | ▼ | -23389 | ▼ | 4302 |
| 10 | | -51 | | -51 | |

续表

| 子网络 | 温度/℃ | 有能量负值/kW | 注入热量/kW | 消除能量负值/kW | 注入热量/kW |
|---|---|---|---|---|---|
| | 207.8 | ▼ | -23440 | ▼ | 4251 |
| 11 | | -2100 | | -2100 | |
| | 194 | ▼ | -25540 | ▼ | 2152 |
| 12 | | -568 | | -568 | |
| | 169.5 | ▼ | -26108 | ▼ | 1584 |
| 13 | | -389 | | -389 | |
| | 165.4 | ▼ | -26497 | ▼ | 1194 |
| 14 | | -773 | | -773 | |
| | 162 | ▼ | -27270 | ▼ | 422 |
| 15 | | -422 | | -422 | |
| | 148.3 | ▼ | -27692 | 夹点 ▼ | 0 |
| 16 | | 4306 | | 4306 | |
| | 105.9 | ▼ | -23385 | ▼ | 4306 |
| 17 | | 1460 | | 1460 | |
| | 89 | ▼ | -30782 | ▼ | 5766 |
| 18 | | 106.9092 | | 106.9092 | |
| | 86 | ▼ | -30675.1 | ▼ | 5873 |
| 19 | | 33.17549 | | 33.17549 | |
| | 80 | ▼ | -30641.9 | ▼ | 5906 |
| 20 | | -377.236 | | -377.236 | |
| | 55 | ▼ | -31019.1 | ▼ | 5529 |

$Q_{Hmin}=27692kW$，$Q_{Cmin}=5529kW$，$T_{夹点}=148.3℃$，$T_{热夹点}=157.3℃$，$T_{冷夹点}=139.3℃$。

根据问题表法计算出的最小热公用工程27692kW，再结合图3-18冷热物流复合曲线，即可求出在最小传热温差为18℃时，最小热公用工程为27692kW（纵坐标），装置理论换热终温可达到322.1℃（横坐标）。

（5）重新调整最小传热温差

因以上假设，加热炉最小负荷为27692kW，重新假设装置实际最小传热温差，使加热炉热负荷与现场对应，得到合适的最小传热温差，假设最小传热温差对照见表3-64。

**表3-64 假设最小传热温差对照表**

| 工况 | $\Delta T_{min}$/℃ | 热夹点/℃ | 冷夹点/℃ | 最小热工/kW | 最小冷工/kW |
|---|---|---|---|---|---|
| 1 | 65 | 233.2 | 168.2 | 35359 | 13197 |
| 2 | 60 | 233.2 | 173.45 | 34327 | 12165 |
| 3 | 56 | 233.2 | 177.2 | 33590 | 11428 |
| 4 | 51 | 233.2 | 182.2 | 32608 | 10446 |
| 5 | 30 | 169.3 | 139.3 | 28910 | 6748 |

因此，通过假设发现，换热网络最小传热温差为56℃时，换热网络最小热工为33590kW，与实际较为对应，本次按此工况讨论。问题表法计算见表3－65。

**表3－65　物流温度节点间热量平衡一览表**

| 能量 | 温度/℃ | 温差/℃ | $\sum c_{pc}-\sum c_{ph}$ /(kW/℃) | $\Delta H$ /kW | 过剩/不足 |
| --- | --- | --- | --- | --- | --- |
|  | 523 |  |  |  |  |
| 1 |  | 174 | －160 | －27868 | 不足 |
|  | 349 |  |  |  |  |
| 2 |  | 13.5 | －91 | －1227 | 不足 |
|  | 335.5 |  |  |  |  |
| 3 |  | 22.5 | －8 | －172 | 不足 |
|  | 313 |  |  |  |  |
| 4 |  | 6 | －44 | －264 | 不足 |
|  | 307 |  |  |  |  |
| 5 |  | 38.6 | －23 | －902 | 不足 |
|  | 268.4 |  |  |  |  |
| 6 |  | 16.4 | 67 | 1099 | 过剩 |
|  | 252 |  |  |  |  |
| 7 |  | 3 | －16 | －49 | 不足 |
|  | 249 |  |  |  |  |
| 8 |  | 22.2 | －55 | －1230 | 不足 |
|  | 226.8 |  |  |  |  |
| 9 |  | 13.8 | －184 | －2544 | 不足 |
|  | 213 |  |  |  |  |
| 10 |  | 7.8 | －55 | －432 | 不足 |
|  | 205.2 |  |  |  |  |
| 11 |  | 14.2 | 67 | 954 | 过剩 |
|  | 191 |  |  |  |  |
| 12 |  | 6.6 | －23 | －153 | 不足 |
|  | 184.4 |  |  |  |  |
| 13 |  | 3.4 | －155 | －529 | 不足 |
|  | 181 |  |  |  |  |
| 14 |  | 13.7 | 41 | 562 | 过剩 |
|  | 167.3 |  |  |  |  |
| 15 |  | 16.8 | 173 | 2912 | 过剩 |
|  | 150.5 |  |  |  |  |
| 16 |  | 25.6 | 102 | 2601 | 过剩 |
|  | 124.9 |  |  |  |  |

续表

| 能量 | 温度/℃ | 温差/℃ | $\sum c_{pc}-\sum c_{ph}$ /(kW/℃) | $\Delta H$ /kW | 过剩/不足 |
|---|---|---|---|---|---|
| 17 | | 50.9 | 86 | 4399 | 过剩 |
| | 74 | | | | |
| 18 | | 4 | 102 | 406 | 过剩 |
| | 70 | | | | |
| 19 | | 3 | 51 | 152 | 过剩 |
| | 67 | | | | |
| 20 | | 6 | 21 | 124 | 过剩 |
| | 61 | | | | |

注入热流量为33590kW时，物流内流量全部由负值变为正值，并且在205.2℃处，出现零点，由此可确定夹点位置。

假设56℃最小传热温差问题表法见表3－66。

**表3－66　假设56℃最小传热温差问题表法计算表**

| 子网络 | 温度/℃ | 有能量负值/kW | 注入热量/kW | 消除能量负值 | 注入热量/kW |
|---|---|---|---|---|---|
| | 523 | ▼ | 0 | ▼ | 33590 |
| 1 | | －27868 | | －27868 | |
| | 349 | ▼ | －27868 | ▼ | 5722 |
| 2 | | －1227 | | －1227 | |
| | 335.5 | ▼ | －29095 | ▼ 4495 | |
| 3 | | －172 | | －172 | |
| | 313 | ▼ | －29267 | ▼ 4323 | |
| 4 | | －264 | | －264 | |
| | 307 | ▼ | －29531 | ▼ | 4059 |
| 5 | | －902 | | －902 | |
| | 268.4 | ▼ | －30434 | ▼ | 3156 |
| 6 | | 1099 | | 1099 | |
| | 252 | ▼ | －29335 | ▼ | 4255 |
| 7 | | －49 | | －49 | |
| | 249 | ▼ | －29384 | ▼ | 4207 |
| 8 | | －1230 | | －1230 | |
| | 226.8 | ▼ | －30614 | ▼ | 2977 |
| 9 | | －2544 | | －2544 | |
| | 213 | ▼ | －33158 | ▼ | 432 |
| 10 | | －432 | | －432 | |
| | 205.2 | ▼ | －33590 | 夹点 ▼ | 0 |

续表

| 子网络 | 温度/℃ | 有能量负值/kW | 注入热量/kW | 消除能量负值 | 注入热量/kW |
|---|---|---|---|---|---|
| 11 | | 954 | | 954 | |
| | 191 | ▼ | -32636 | ▼ | 954 |
| 12 | | -153 | | -153 | |
| | 184.4 | ▼ | -32789 | ▼ | 801 |
| 13 | | -529 | | -529 | |
| | 181 | ▼ | -33318 | ▼ | 272 |
| 14 | | 562 | | 562 | |
| | 167.3 | ▼ | -32756 | ▼ | 834 |
| 15 | | 2912 | | 2912 | |
| | 150.5 | ▼ | -29844 | ▼ | 3746 |
| 16 | | 2601 | | 2601 | |
| | 124.9 | ▼ | -27244 | ▼ | 6347 |
| 17 | | 4399 | | 4399 | |
| | 74 | ▼ | -22844 | ▼ | 10746 |
| 18 | | 406 | | 406 | |
| | 70 | ▼ | -22438 | ▼ | 11152 |
| 19 | | 152 | | 152 | |
| | 67 | ▼ | -22286 | ▼ | 11304 |
| 20 | | 124 | | 124 | |
| | 61 | ▼ | -22162 | ▼ | 11428 |

由此可得，换热网络在最小传热温差为56℃时，夹点及最小公用工程结果如下：$Q_{\mathrm{Hmin}}=33590\mathrm{kW}$，$Q_{\mathrm{Cmin}}=11428\mathrm{kW}$，$T_{夹点}=205.2℃$，$T_{热夹点}=233.2℃$，$T_{冷夹点}=177.2℃$。

（6）总复合曲线

总复合曲线见图3-20。

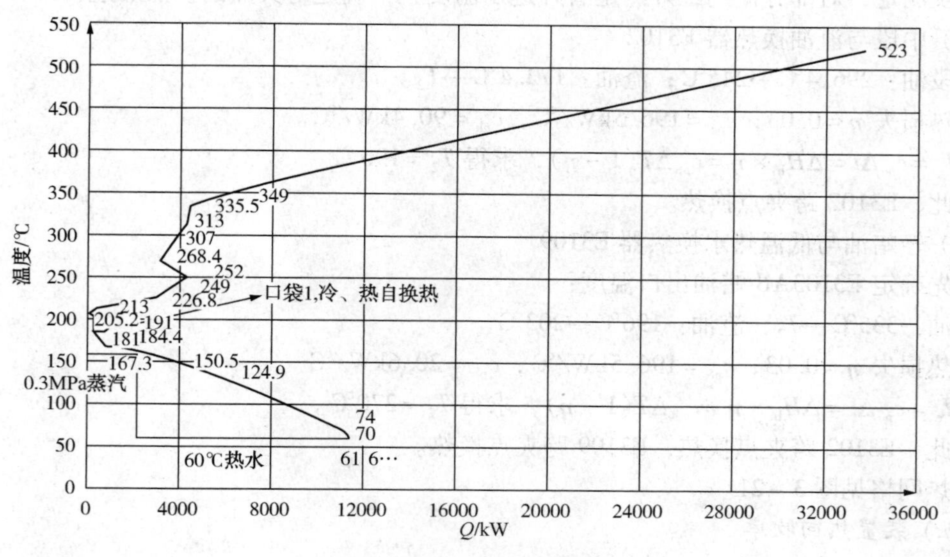


图3-20 总复合曲线图

(7) 确定可发生蒸汽的等级及最大潜力

根据0.3MPa、1.0MPa蒸汽饱和温度134℃、180℃得，在总复合曲线里确定夹点之下热量回收潜力时，先将口袋进行自换热后，再根据最小传热温差56℃，在布置蒸汽发生器时，需满足最小传热温差，所以物流实际温度需大于190℃、236℃，体现在总物流复合曲线里需大于162℃、208℃(夹点之上)。并通过总复合曲线上下直线点计算，确定可发生蒸汽见表3－67。

**表3－67　确定可发生蒸汽计算表**

| 项目 | X轴(Q) | Y轴(T) | 项目 | X轴(Q) | Y轴(T) |
|---|---|---|---|---|---|
| 产0.3MPa蒸汽 | 834 | 167.3 | 产1.0MPa蒸汽 | | |
| | 3746 | 150.5 | | | |
| | 1753＋272－954 | 143 | | 0 | 208 |

因此，通过计算，夹点之下可产1.0MPa蒸汽0kW。

方案一，根据总复合曲线口袋1，口袋边界焓坐标为272kW，温度坐标为181℃，口袋另一边界焓坐标为954kW，温度坐标为191℃，因此可以产0.3MPa蒸汽1071kW，以及有产60℃热水11428－1753＝9675kW的能力。

方案二，根据装置实际情况，装置可提供全厂120℃热水热量4000kW，见表3－68。

**表3－68　确定可供热水计算表**

| 项目 | X轴(Q) | Y轴(T) |
|---|---|---|
| 产120℃热水 | 3746 | 150.5 |
| | 6347 | 124.9 |
| | 4000kW | 148 |

(四) 换热网格图

由于夹点确定，换热器根据夹点温度和换热网格图，已经明确跨夹点换热，并且根据现场热偶及测定，对部分使用红外测定管外进出温度且不确定跨夹点的换热器进行计算如下：

(1) 中段与渣油换热器E3102

中段油：296.4℃→245℃；渣油：172.4℃→$T_2$。

散热损失$\eta=0.03$，$c_{pc}=196.5\text{kW/℃}$，$c_{ph}=90.4\text{kW/℃}$。

$\Delta H_c=c_{pc}\Delta t=\Delta H_h\times\eta=c_{ph}\Delta T(1-\eta)$，求得$T_2=196$℃。

因此，E3102跨夹点换热。

(2) 轻蜡油与低温热水换热器E3109

首先确定E3103AB蜡油出口温度：

蜡油：335℃→$T_2$，渣油：196℃→203℃。

散热损失$\eta=0.03$，$c_{pc}=196.5\text{kW/℃}$，$c_{ph}=20.6\text{kW/℃}$。

$\Delta H_c=c_{pc}\Delta t=\Delta H_h\times\eta=c_{ph}\Delta T(1-\eta)$，求得$T_2=270$℃。

因此，E3102跨夹点换热，E3109跨夹点换热。

换热网格见图3－21。

(五) 装置热回收率

装置热回收计算见表3－69。

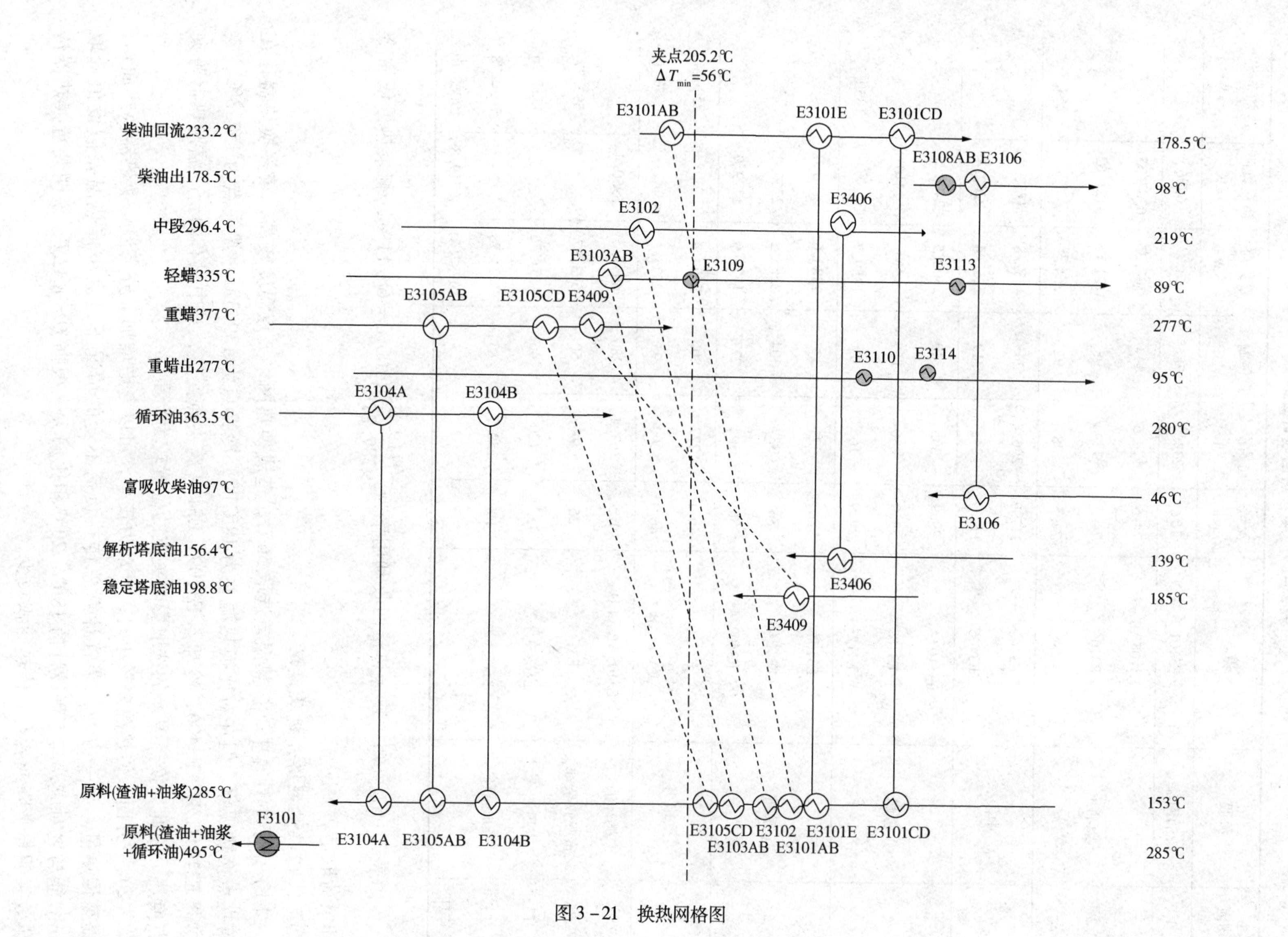

夹点205.2℃
$\Delta T_{min}$=56℃
E3101AB
E3101E
E3101CD
柴油回流233.2℃
178.5℃
E3108AB E3106
柴油出178.5℃
98℃
E3102
E3406
中段296.4℃
219℃
E3103AB
E3109
E3113
轻蜡335℃
89℃
E3105AB
E3105CD E3409
重蜡377℃
277℃
E3110
E3114
重蜡出277℃
95℃
E3104A
E3104B
循环油363.5℃
280℃
富吸收柴油97℃
46℃
E3106
解析塔底油156.4℃
139℃
E3406
稳定塔底油198.8℃
185℃
E3409
原料(渣油+油浆)285℃
153℃
F3101
原料(渣油+油浆+循环油)495℃
E3104A E3105AB E3104B
E3105CD E3102 E3101E E3101CD
E3103AB E3101AB
285℃


图3-21　换热网格图

表 3－69　装置热回收计算表

| 物流 | 流股 | 设备 | 流量/(t/h) | 初始温度/℃ | 目标温度/℃ | 总负荷/kW | 换热负荷/kW | 冷却负荷/kW |
|---|---|---|---|---|---|---|---|---|
| 1 | 柴油回流 | E3101 | 161 | 233.2 | 178.5 | 6706 | 6706 | |
| 2 | 柴油出 | E3108AB | 74.5 | 178.5 | 114 | 6307.35 | 6307.35 | |
| | | E3106 | 74.5 | 114 | 98 | 3121.65 | 3121.65 | |
| | | 空冷 | 74.5 | 98 | 92 | 264.8 | | 264.8 |
| 3 | 中段 | E3102 | 117.7 | 296.4 | 245 | 4732.8 | 4732.8 | |
| | | E3406 | 117.7 | 245 | 219 | 2262.4 | 2262.4 | |
| 4 | 轻蜡 | E3103AB | 29.9 | 335 | 230 | 2402.5 | 2402.5 | |
| | | E3109 | 29.9 | 230 | 165 | 1310 | 1310 | |
| | | E3113 | 29.9 | 165 | 89 | 1359.7 | | 1359.7 |
| 5 | 重蜡 | E3104A | 86 | 377 | 337 | 2880.6 | 2880.6 | |
| | | E3104B | 86 | 337 | 304 | 2266.2 | 2266.2 | |
| | | E3409 | 86 | 304 | 277 | 1779.9 | 1779.9 | |
| 6 | 重蜡出 | E3110 | 46.1 | 277 | 200 | 2524.4 | | 2524.4 |
| | | E3114AB | 46.1 | 200 | 95 | 2973.1 | | 2973.1 |
| 7 | 循环油 | E3105AB、CD | 105 | 363.5 | 280 | 6950.4 | 6950.4 | |
| 8 | 富吸收柴油 | E3118 | 25 | 98 | 50 | 593.87 | | 593.87 |
| 13 | 塔顶油气 | 空冷＋水冷 | 45.4 | 120 | 46 | 4331.36 | | 4331.36 |
| 14 | 塔顶循环 | 空冷＋水冷 | 180 | 150.7 | 83 | 7020.78 | | 7020.78 |
| 合计 | | | | | | 59787.81 | 40719.8 | 19068.01 |

由表 3－67 可知，装置热量回收利用率为$\frac{40719.8}{59787.81}\times100\%=68.11\%$，剩余热量依靠冷却负荷取走。

(六)换热网络分析及建议

1）由于本计算中，换热温差选取 56℃，造成换热网络夹点温度较高，较多换热器存在跨夹点换热现象。但在对比换热温差为 18℃时，冷夹点为 139.3℃，热夹点为 157.3℃，换热器 E3101C/D、E3406，冷却器 E3109、E3114 跨夹点换热，其中只有两台高温换热器跨夹点换热。因此，换热温差的选取影响夹点的位置较为严重。

2）一方面，传热温差较小时，推动力较小，可以考虑增加部分高温位换热器换热面积，提高传热量。另一方面，装置计算总传热负荷不变的情况下，最小传热温差假设值选取 56℃能与之对应，与工程设计值 18℃、20℃相比偏大，根据 $Q=KA\Delta T$，说明装置换热器传热效果明显下降或者有效传热面积减少。

3）假设不同换热温差，最小公用工程情况见表 3－70。

表 3-70 假设最小传热温差计算对照表

| 工况 | $\Delta T_{min}$ /℃ | 热夹点 /℃ | 冷夹点 /℃ | 最小热工 /kW | 最小冷工 /kW |
|---|---|---|---|---|---|
| 1 | 56 | 233.2 | 177.2 | 33590 | 11428 |
| 2 | 51 | 233.2 | 182.2 | 32608 | 10446 |
| 3 | 30 | 169.3 | 139.3 | 28910 | 6748 |
| 4 | 18 | 157.3 | 139.3 | 27692 | 5529 |

因此，当实际最小传热温差为30℃时，实际夹点随之改变，最小热公用工程为28910kW，此时的换热终温理论可达到314.5℃，说明目前装置实际换热终温仍有优化空间。

4）假设56℃为最小传热温差时，E3101A/B、E3102、E3103A/B、E3105C/D重油换热器跨夹点换热；假设换热温差为18℃时，换热器E3101C/D、E3406跨夹点换热，建议大修期间进行高温位原料换热器进行清洗，提高传热系数，降低跨夹点传热量。

5）因E3101A/B、E3102、E3103A/B、E3105C/D渣油换热器跨夹点换热，理论上可以考虑在夹点之上将渣油分流分别与分馏塔侧线换热，提高换热终温，消除夹点换热。

6）分馏塔章节计算得顶循环和中段回流进出温差分别为67℃和78℃，介于60~80℃之间。进出温差越大，越可能导致高温位热量利用不高。例如，作为热源温位较高的中段回流（E3102），抽出温度高于夹点温度，返塔温度低于夹点温度时，优化时应设法提高返塔回流的温度，使低于夹点部分的热源转变为高于夹点的热源，从而改善换热条件，消除跨夹点换热，减少加热负荷。

## 五、加热炉工艺计算

### （一）加热炉工艺简介

加热炉工艺见图3-22。

加热炉分A、B、C三个单元，共用一个供风和排烟系统，各单元辐射、对流室可单独运行。三单元的辐射室共有6管程，原设计总计156（26×6）根$\phi$114.3mm×8.56mm×17500mm辐射炉管，后经改造辐射室辐射管出口增加$\phi$127mm×10mm炉管6×6=36根。改造后加热炉负荷为57336kW，辐射室负荷为46834kW，对流室负荷为10117kW。

### （二）燃料燃烧计算

加热炉热效率计算时，基准温度选取15℃[15]。燃料燃烧计算见表3-71。

表 3-71 加热炉燃料燃烧计算表

| 组分 | 单位 | $CH_4$ | $C_2H_6$ | $CO_2$ | $O_2$ | $N_2$ | $H_2$ | 合计 |
|---|---|---|---|---|---|---|---|---|
| 体积分数 | % | 85.10 | 0.20 | 0.5 | 2.40 | 0 | 11.80 | |
| 分子量 | | 16.0 | 30.1 | 44.0 | 32.0 | 28.0 | 2.0 | |
| 平均分子量 | | 13.7 | 0.1 | 0.2 | 0.8 | 0.0 | 0.2 | 14.9 |
| 质量分数 | % | 91.39 | 0.40 | 1.47 | 5.14 | 0.00 | 1.59 | |
| 低发热量 | kJ/kg | 50032 | 47510 | 15200 | 0 | 0 | 11993 | |
| | kJ/kg 燃料 | 45724.86 | 191.27 | 223.90 | 0.00 | 0.00 | 190.97 | 46331 |

续表

| 组分 | 单位 | $CH_4$ | $C_2H_6$ | $CO_2$ | $O_2$ | $N_2$ | $H_2$ | 合计 |
|---|---|---|---|---|---|---|---|---|
| 理论空气耗量 | kg/kg | 15.55 | 14.52 | 4.25 | 0.00 | 0.00 | 30.94 | |
| | kg/kg 燃料 | 14.21 | 0.06 | 0.06 | 0.00 | 0.00 | 0.49 | 14.8 |
| $CO_2$ 生成量 | kg/kg | 2.74 | 2.93 | 0.00 | 0.00 | 0.00 | 0.00 | |
| | kg/kg 燃料 | 2.51 | 0.01 | 0.00 | 0.00 | 0.00 | 0.00 | 2.5 |
| $H_2O$ 生成量 | kg/kg | 2.25 | 1.80 | 0.41 | 0.00 | 0.00 | 8.94 | |
| | kg/kg 燃料 | 2.05 | 0.01 | 0.01 | 0.00 | 0.00 | 0.14 | 2.21 |
| $N_2$ 生成量 | kg/kg | 11.56 | 10.79 | 3.16 | 0.00 | 1.00 | 23.00 | |
| | kg/kg 燃料 | 10.57 | 0.04 | 0.05 | 0.00 | 0.00 | 0.37 | 11.0 |

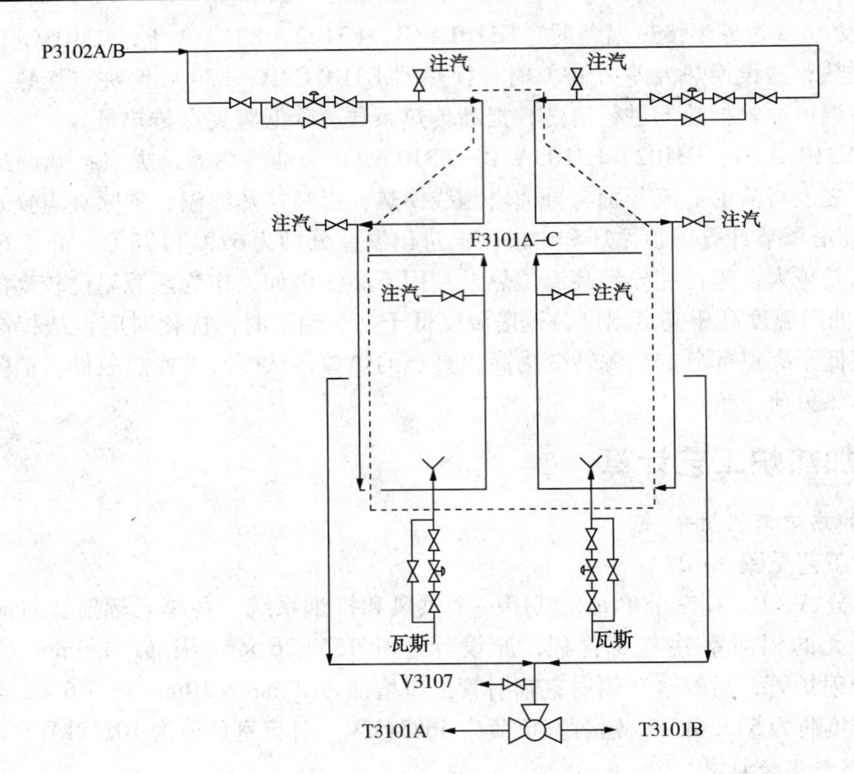


图 3－22　加热炉工艺简图

(三) 反平衡法加热炉热效率

根据反平衡计算加热炉效率公式[15]：

$$e = \left(1 - \frac{h_u + h_s + h_L \times \eta}{h_L + h_a + h_f + h_m}\right) \times 100\%$$

式中　$e$——热效率，%；

$h_L$——燃料低发热量，kJ/kg 燃料；

$h_a$——由单位燃料所需的燃烧同空气带入体系的热量，kJ/kg 燃料；

$h_f$——由单位燃料量带入体系的显热，kJ/kg 燃料；

$h_m$——由雾化单位燃料油所需雾化剂带入体系的显热（常压炉烧燃料气，无雾化蒸汽）；

$h_s$——按单位燃料计算的排烟损失，kJ/kg 燃料；

$h_u$——按单位燃料量计算的不完全燃烧损失，kJ/kg 燃料；

$\eta$——散热损失占燃料低发热量的百分数。

1. 加热炉热效率计算物料平衡

加热炉燃烧物料平衡见图 3－23。

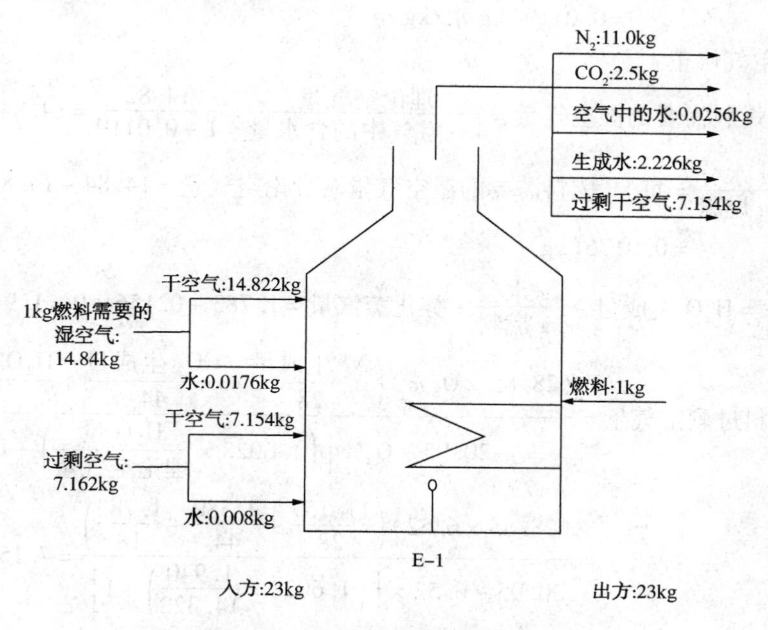


图 3－23　加热炉燃烧物料平衡图

为求得加热炉进出物料平衡，需计算入炉空气、入炉燃料，以及出炉烟气和过剩空气，计算如下：

（1）相对湿度修正

$$空气中含水量 = \frac{p_{vapour}}{p_{air}} \times \frac{大气相对湿度}{100} \times \frac{18}{28.85}$$

式中　$p_{vapour}$——环境温度下的水的蒸气压（绝），mbar。

$p_{air} = 1013.3\text{mbar}$。

$$安托因方程：\lg p = A - B/(T + C)$$

式中　$A$、$B$、$C$——物性常数；

$p$——温度 $t$ 对应下的纯液体饱和蒸气压，mmHg；

$T$——温度，℃。

不同物质对应于不同的 $A$、$B$、$C$ 的值，该方程适用于大多数化合物。

对于另外一些只需常数 $B$ 与 $C$ 值的物质，则可采用下式进行计算：

$$\lg p = -52.23B/T + C$$

式中　$p$——温度 $t$ 对应下的纯液体饱和蒸气压，mmHg；

$T$——绝对温度，K。

对于水蒸气，0～60℃时，$A = 8.10765$，$B = 1750.286$，$C = 235$，则：

25.4℃环境温度下的水的蒸气压：

$$\lg p = A - \frac{B}{T+C} = 8.10765 - \frac{1750.286}{25.4+235} = 1.386$$

则，$p_{vapour} = 24.32\text{mmHg} = 32.42\text{mbar}$。

$$\text{空气中含水量} = \frac{p_{vapour}}{p_{air}} \times \frac{\text{大气相对湿度}}{100} \times \frac{18}{28.85} = \frac{32.42}{1013.3} \times \frac{60}{100} \times \frac{18}{28.85}$$

$$= 0.0119(\text{kg 水/kg 空气})$$

（2）过剩空气修正

$$\text{每 kg 燃料需要的湿空气量} = \frac{\text{理论空气量}}{1-\text{空气中的含水量}} = \frac{14.82}{1-0.0119} = 14.84(\text{kg})$$

$$\frac{\text{kg 水分}}{\text{kg 燃料}} = \text{每 kg 燃料需要的湿空气量} - \text{理论空气量} = 14.84 - 14.82$$

$$= 0.0176(\text{kg})$$

$$\frac{\text{kgH}_2\text{O}}{\text{kg 燃料}} = \text{H}_2\text{O 生成量} + \frac{\text{kg 水分}}{\text{kg 燃料}} + \text{雾化蒸汽量} = 1.783 + 0.156 + 0 = 1.940(\text{kg})$$

$$\text{每 kg 燃料过剩空气量} = \frac{(28.85 \times \text{O}_2\%)\left(\frac{\text{N}_2\text{ 生成量}}{28} + \frac{\text{CO}_2\text{ 生成量}}{44} + \frac{\text{H}_2\text{O 生成量}}{18}\right)}{20.95 - \text{O}_2\%\left[\left(1.6028 \times \frac{\text{H}_2\text{O 量}}{\text{理论空气量}}\right) + 1\right]}$$

$$= \frac{(28.85 \times 6.52)\left(\frac{11.157}{28} + \frac{2.380}{44} + \frac{1.783}{18}\right)}{20.95 - 6.52 \times \left[\left(1.6028 \times \frac{1.940}{14.322}\right) + 1\right]} = 7.154(\text{kg})$$

$$\text{过剩空气\%} = \frac{\text{每 kg 燃料过剩空气量}}{\text{理论空气量}} \times 100\% = \frac{7.154}{14.822} \times 100\% = 48.25\%$$

（3）理论空气耗量

干空气中氧含量为 23.2%（体），氮气含量为 76.8%[15]。则干空气中组分计算见表 3－72。

表 3－72 干空气组分表

| 干空气组分 | 体积分数/% | 相对分子质量 | 质量分数/% |
|---|---|---|---|
| 氧气 | 23.2 | 32 | 25.7 |
| 氮气 | 76.8 | 28 | 74.3 |

燃料中各组分根据化学燃烧，计算得燃料气的理论耗干空气量，见表 3－73。

表 3－73 燃料气理论耗干空气量表

| 组分 | | $CH_4$ | $C_2H_6$ | $CO_2$ | $O_2$ | $N_2$ | $H_2$ | 合计 |
|---|---|---|---|---|---|---|---|---|
| 体积分数/% | | 85.10 | 0.20 | 0.5 | 2.40 | 0 | 11.80 | |
| 质量分数/% | | 91.39 | 0.40 | 1.47 | 5.14 | 0.00 | 1.59 | |
| 理论空气耗量 | kg/kg | 15.55 | 14.52 | 4.25 | 0.00 | 0.00 | 30.94 | |
| | kg/kg 燃料 | 14.21 | 0.06 | 0.06 | 0.00 | 0.00 | 0.49 | 14.8 |

1kg 燃料气理论消耗 14.8kg 干空气，则加热炉的理论空气消耗量为：

$$14.8 \times 3810 = 56388(kg/h)$$

（4）实际空气耗量

1）理论湿空气耗量：

$$每kg燃料需要的湿空气量 = \frac{理论空气量}{1 - 空气中的含水量} = \frac{14.82}{1 - 0.0119} = 14.84(kg)$$

2）燃烧理论需要湿空气中的水分：

$$\frac{kg水分}{kg燃料} = 每kg燃料需要的湿空气量 - 理论空气量 = 14.84 - 14.82$$

$$= 0.0176(kg)$$

3）燃料燃烧理论产生的水：

$$\frac{kgH_2O}{kg燃料} = H_2O生成量 + \frac{kg水分}{kg燃料} + 雾化蒸汽量 = 1.783 + 0.156 + 0 = 1.940(kg)$$

4）过剩空气量：

$$每kg燃料过剩空气量 = \frac{(28.85 \times O_2\%)\left(\frac{N_2生成量}{28} + \frac{CO_2生成量}{44} + \frac{H_2O生成量}{18}\right)}{20.95 - O_2\%\left[\left(1.6028 \times \frac{H_2O量}{理论空气量}\right) + 1\right]}$$

$$= \frac{(28.85 \times 6.52)\left(\frac{11.157}{28} + \frac{2.380}{44} + \frac{1.783}{18}\right)}{20.95 - 6.52 \times \left[\left(1.6028 \times \frac{1.940}{14.322}\right) + 1\right]} = 7.154(kg)$$

5）过剩空气的水含量：

$$过剩空气中的水含量 = \frac{湿空气含水率}{1 - 湿空气中含水率} \times 过剩空气量$$

$$= \frac{0.001196}{1 - 0.001196} \times 7.154 = 0.008(kg水/kg燃料)$$

实际耗空气量为：

14.84kg 湿空气/kg 燃料 +7.154g 干空气/kg 燃料 +0.008kg 水/kg 燃料 =22kg 空气/kg 燃料

（5）理论烟气生成量

加热炉理论烟气生成见表 3－74[15]。

**表 3－74 加热炉理论烟气生成表**

| 组分 | 单位 | $CH_4$ | $C_2H_6$ | $CO_2$ | $O_2$ | $N_2$ | $H_2$ | 合计 |
|---|---|---|---|---|---|---|---|---|
| 体积分数 | % | 85.10 | 0.20 | 0.5 | 2.40 | 0 | 11.80 | |
| 质量分数 | % | 91.39 | 0.40 | 1.47 | 5.14 | 0.00 | 1.59 | |
| $CO_2$ 生成量 | kg/kg | 2.74 | 2.93 | 0.00 | 0.00 | 0.00 | 0.00 | |
| | kg/kg 燃料 | 2.51 | 0.01 | 0.00 | 0.00 | 0.00 | 0.00 | 2.5 |
| $H_2O$ 生成量 | kg/kg | 2.25 | 1.80 | 0.41 | 0.00 | 0.00 | 8.94 | |
| | kg/kg 燃料 | 2.05 | 0.01 | 0.01 | 0.00 | 0.00 | 0.14 | 2.21 |
| $N_2$ 生成量 | kg/kg | 11.56 | 10.79 | 3.16 | 0.00 | 1.00 | 23.00 | |
| | kg/kg 燃料 | 10.57 | 0.04 | 0.05 | 0.00 | 0.00 | 0.37 | 11.0 |

（6）物料平衡

加热炉热效率计算物料平衡如图3-24所示，以每千克燃料为单位进行研究，其中燃料气总计量为质量流量计，其余物料均为计算获得。

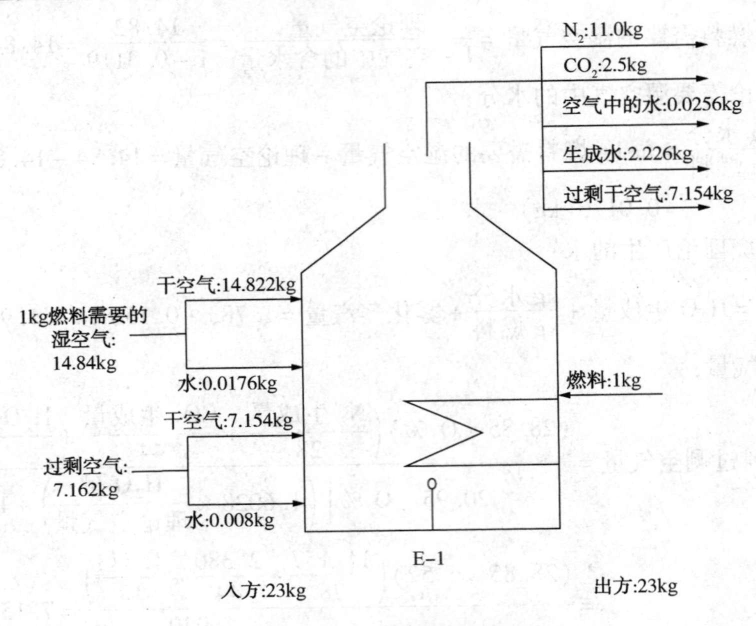


图3-24　加热炉燃烧物料平衡图

2. 燃料气总发热量

燃料气的燃烧低发热量为46331kJ/kg燃料，燃料气耗量为3810kg。

$$燃料总发热量 = \frac{46331 \times 3810}{3600} = 4903.4(\mathrm{kW})$$

3. 燃料显热

燃料炉前温度为25℃，则根据《石油炼制设计数据图表集》[9]公式7-1-1计算燃料气中各组分在一定温度下的焓值。

加热炉热效率计算时，基准温度取15℃[15]。

加热炉燃料显热计算见表3-75。

**表3-75　加热炉燃料显热计算一览表**

| 组分 | $CH_4$ | $C_2H_6$ | $CO_2$ | $O_2$ | $N_2$ | $H_2$ | 合计 |
|---|---|---|---|---|---|---|---|
| 体积分数/% | 85.10 | 0.20 | 0.5 | 2.40 | 0.00 | 11.80 | |
| 质量分数/% | 91.39 | 0.40 | 1.47 | 5.14 | 0.00 | 1.59 | |
| *A* | 36.81703 | 14.00854 | 20.84396 | 19.75583 | 23.69959 | 341.34548 | |
| *B* | 2.00616 | 3.1357 | 0.33672 | 0.24852 | 0.09764 | -0.17541 | |
| *C* | -0.003825 | -0.0305121 | -0.000941 | -0.002711 | 0.0005949 | 0.023314 | |
| *D* | 46.13815 | 43.45345 | 19.442 | 18.86205 | 15.60296 | -129.56586 | |
| *E* | 74 | 160.8 | 0 | 0 | 0 | 0 | |
| 15℃焓值（烃以-129℃为基准，非烃以-273.15℃为基准）/（kJ/kg） | 761.1 | 748.7 | 280.9 | 261.4 | 299.2 | 4055.8 | |

续表

| 组分 | $CH_4$ | $C_2H_6$ | $CO_2$ | $O_2$ | $N_2$ | $H_2$ | 合计 |
|---|---|---|---|---|---|---|---|
| 25℃焓值(烃以 -129℃为基准，非烃以 -273.15℃为基准)/(kJ/kg) | 784.6 | 766.7 | 290.8 | 270.4 | 309.3 | 4200.7 | |
| 以15℃为基准的焓值/(kJ/kg) | 23.4 | 18.0 | 9.9 | 9.0 | 10.1 | 144.9 | |
| 燃料气总焓值/(kJ/kg) | 21.4 | 0.1 | 0.1 | 0.5 | 0.0 | 2.3 | 24.4 |

因此，25.4℃下燃料的焓值为24.4kJ/kg燃料，燃料气耗量为3810kg，则燃料显热为：

$$燃料显热 = \frac{24.4 \times 3810}{3600s} = 25.8(kW)$$

4. 空气显热

环境温度为25.4℃，空气湿度为60%，大气压为101.16kPa。

空气包括理论空气量和过剩空气量，则根据《石油炼制设计数据图表集》[9]公式7-1-1计算燃料气中各组分在一定温度下的焓值。

加热炉空气显热计算见表3-76。

**表3-76 加热炉空气显热计算一览表**

| 组分 | | 1kg燃料所需/kg | 15℃焓值(非烃以-273.15℃为基准)/(kJ/kg) | 空气温度下焓值(非烃以-273.15℃为基准)/(kJ/kg) | 以15℃为基准的焓值/(kJ/kg) | 热量/(kJ/kg燃料) |
|---|---|---|---|---|---|---|
| 理论空气 | 理论空气中的$O_2$ | 3.803 | 261.4 | 270.8 | 9.3 | 35.6 |
| | 理论空气中的$N_2$ | 11.022 | 299.2 | 309.7 | 10.5 | 116.2 |
| | 理论空气中的$H_2O$ | 0.018 | 531.1 | 550.1 | 18.9 | 0.3 |
| 过剩空气 | 过剩空气中的$O_2$ | 1.835 | 261.4 | 270.8 | 9.3 | 17.2 |
| | 过剩空气中的$N_2$ | 5.318 | 299.2 | 309.7 | 10.5 | 56.1 |
| | 过剩空气中的$H_2O$ | 0.009 | 531.1 | 550.1 | 18.9 | 0.2 |
| 合计 | | 310.7 | | | | 225.5 |

因此，基准温度的情况下，每kg燃料燃烧需的空气显热为225.5kJ/kg燃料。

$$空气总显热 = \frac{225.5 \times 3810}{3600} = 238.4(kW)$$

5. 排烟损失

当基准温度为$t_b$℃时，烟气各组分的热焓为[2]：

$$I_i = \frac{A}{100}(t_g - t_b) + \frac{1.8B}{10000}[(t_g + 273.16)^2 - (t_b + 273.16)^2] + \frac{3.24C}{1000000}$$

$$\left[(t_g + 273.16)^3 - (t_b + 273.16)^3 + 0.3087D \times 100 \times \left(\frac{1}{t_g + 273.16} - \frac{1}{t_b + 273.16}\right)\right]$$

总烟气的热焓为：

$$I_g = G_{CO_2}I_{CO_2} + G_{SO_2}I_{SO_2} + G_{H_2O}I_{H_2O} + G_{O_2}I_{O_2} + G_{N_2}I_{N_2}$$

烟气的比热容为：

$$C_g = \frac{I_g}{t_g}$$

加热炉排烟损失计算见表3－77。

**表3－77　加热炉排烟损失计算一览表**

| 组分 | | 1kg燃料产生/kg | 15℃焓值（非烃以－273.15℃为基准） | 排烟温度下焓值（非烃以－273.15℃为基准）/（kJ/kg） | 以15℃为基准的焓值/（kJ/kg） | 热量/（kJ/kg燃料） |
|---|---|---|---|---|---|---|
| 1 | 燃烧产生$CO_2$ | 2.519 | 204.1 | 296.4 | 92.3 | 232.4 |
| | 燃烧产生$H_2O$ | 2.208 | 531.1 | 722.4 | 191.3 | 422.3 |
| | 燃烧产生$N_2$ | 11.022 | 299.2 | 404.7 | 105.6 | 1163.6 |
| 2 | 理论空气中$H_2O$ | 0.018 | 531.1 | 722.4 | 191.3 | 3.4 |
| | 过剩空气中$N_2$ | 5.318 | 299.2 | 404.7 | 105.6 | 561.5 |
| | 过剩空气中$O_2$ | 1.835 | 261.4 | 356.0 | 94.5 | 173.5 |
| | 过剩空气中$H_2O$ | 0.009 | 531.1 | 722.4 | 191.3 | 1.6 |
| 合计 | | | | | | 2558.3 |

因此，每kg燃料燃烧产生烟气带走的热量为2558.3kJ/kg燃料，则排烟损失为：

$$\frac{2558.3 \times 3810}{3600} = 2704.4(\text{kW})$$

6. 散热损失

加热炉标定期间，对加热炉整体外部进行红外测温，具体测定数据见表3－78。

**表3－78　加热炉散热数据一览表**

| 加热炉 | | 表面积/$m^2$ | 环境温度/℃ | 风速/（m/s） | 表面温度平均值/℃ |
|---|---|---|---|---|---|
| 炉底 | 总 | 360 | 25.4 | 0.1 | 98.9 |
| 辐射室 | 东 | 774 | 25.4 | 0.2 | 59.3 |
| | 南 | 261.9 | 25.4 | 0.4 | 44.5 |
| | 西 | 774 | 25.4 | 0.2 | 48.6 |
| 辐射室 | 北 | 261.9 | 25.4 | 0.2 | 53.7 |
| | 顶 | 455.6 | 25.4 | 0.3 | 48.6 |
| 对流室 | 东 | 54 | 25.4 | 0.3 | 70.2 |
| | 南 | 83.8 | 25.4 | 0.5 | 48.2 |
| | 西 | 54 | 25.4 | 0.3 | 64.4 |
| | 北 | 83.8 | 25.4 | 0.3 | 50.2 |
| | 顶 | 196.4 | 25.4 | 0.7 | 73.6 |
| 空气预热器 | 总 | 100.5 | 25.4 | 0.3 | 49.6 |
| 烟道 | 总 | 72.3 | 25.4 | 0.5 | 42.4 |
| 合计 | | 3532.2 | | | |

（1）对流散热系数

计算与风速有关的系数$\xi$[2]：

$$\xi = \sqrt{\frac{u + 0.348}{0.348}}$$

对流传热系数$a_{nC}$：

$$a_{nC} = A \cdot \xi \cdot \sqrt[4]{t_{n+1} - t_n}$$

式中 $a_{nC}$——炉墙对大气的对流传热系数，W/(m²·K)；

$A$——与炉墙表面所处位置有关的系数；

$t_{n+1}$——炉墙外壁温度，℃；

$t_n$——环境温度，℃。

取与炉墙表面所处位置有关的系数$A$，对于竖直散热表面(如侧壁)，$A=2.2$；对于散热面朝上(如炉顶)，$A=2.8$；对于散热面朝下(如炉底)，$A=1.4$。

（2）辐射散热系数

计算炉墙对大气的辐射散热系数[2]：

$$a_{nR} = \frac{4.9\epsilon\left[\left(\frac{t_{n+1}+273}{100}\right)^4 - \left(\frac{t_n+273}{100}\right)^4\right]}{t_{n+1} - t_n}$$

式中 $a_{nR}$——炉墙对大气的辐射传热系数，W/(m²·K)；

$\epsilon$——炉墙外表面的黑度，一般取$\epsilon=0.8$；

$t_{n+1}$——炉墙外壁温度，℃；

$t_n$——环境温度，℃。

（3）总散热系数

计算炉墙对大气的总散热系数[2]：

$$a_n = a_{nC} + a_{nR}$$

式中 $a_n$——炉墙对大气的散热系数，W/(m²·K)；

$a_{nC}$——炉墙对大气的对流传热系数，W/(m²·K)；

$a_{nR}$——炉墙对大气的辐射热系数，W/(m²·K)。

加热炉散热损失计算见表3－79。

**表3－79　加热炉散热损失计算一览表**

| 加热炉 | | 表面积/m² | 对流散热系数/[W/(m²·℃)] | 辐射散热系数/[W/(m²·℃)] | 总散热系数/[W/(m²·℃)] | 散热量/kW |
|---|---|---|---|---|---|---|
| 炉底 | 总 | 360 | 4.7 | 6.0 | 10.6 | 281.1 |
| 辐射室 | 东 | 774 | 6.7 | 4.9 | 11.6 | 304.2 |
| | 南 | 261.9 | 6.7 | 4.6 | 11.3 | 56.7 |
| | 西 | 774 | 6.1 | 4.7 | 10.7 | 192.8 |
| | 北 | 261.9 | 6.4 | 4.8 | 11.2 | 82.8 |
| | 顶 | 455.6 | 8.4 | 4.7 | 13.1 | 138.1 |

续表

| 加热炉 | | 表面积/$m^2$ | 对流散热系数/[W/($m^2$·℃)] | 辐射散热系数/[W/($m^2$·℃)] | 总散热系数/[W/($m^2$·℃)] | 散热量/kW |
|---|---|---|---|---|---|---|
| 对流室 | 东 | 54 | 7.8 | 5.2 | 13.0 | 31.4 |
| | 南 | 83.8 | 7.5 | 4.7 | 12.2 | 23.3 |
| | 西 | 54 | 7.5 | 5.1 | 12.6 | 26.4 |
| | 北 | 83.8 | 6.7 | 4.7 | 11.4 | 23.7 |
| | 顶 | 196.4 | 12.8 | 5.3 | 18.1 | 171.3 |
| 空气预热器 | 总 | 100.5 | 6.7 | 4.7 | 11.4 | 27.6 |
| 烟道 | 总 | 72.3 | 7.0 | 4.5 | 11.5 | 14.1 |
| 合计 | | 3532.2 | 3532.2 | | | 1373.4 |

因此，加热炉整体散热损失为1373.4kW。

7. 化学能损失

根据计算的烟气组成，计算1kg燃料产生的干烟气的组成和量，加热炉化学能损失计算见表3-80。

**表3-80 加热炉化学能损失计算一览表**

| 组分 | 1kg燃料产生量 | |
|---|---|---|
| | 质量/kg | 体积/$Nm^3$ |
| $CO_2$ | 2.70 | 1.37 |
| $N_2$ | 14.20 | 11.35 |
| $O_2$ | 0.51 | 0.36 |
| 合计 | 17.41 | 13.09 |

化学不完全燃烧损失的热量与燃料低热值之比[2]：

$$q_2 = \frac{V_g'}{Q_1}(0.1264\eta_{CO} + 0.1074\eta_{H_2} + 0.3571\eta_{CH_4})$$

式中 $q_2$——化学不完全燃烧损失的热量与燃料低热值之比；

$V_g'$——干烟气量，$Nm^3$/kg燃料；

$\eta_{CO}$——CO含量，μL/L；

$\eta_{H_2}$——$H_2$含量，μL/L；

$\eta_{CH_4}$——$CH_4$含量，μL/L；

$Q_1$——燃料气低发热值，MJ/kg燃料。

烟气中CO含量为16μL/L，$H_2$、$CH_4$无，化学能损失为：

$$q_化 = V_g'(0.1264\eta_{CO} + 0.1074\eta_{H_2} + 0.3571\eta_{CH_4})$$
$$= 15.63 \times 0.1264 \times 0.000016 \times 1000 \times 100 = 3.16(\text{kJ/kg燃料})$$

化学能损失为：

$$3.16 \times 3810/3600 = 3.34(\text{kW})$$

8. 加热炉反平衡效率

通过以上计算，加热炉反平衡效率计算见表3-81。

表 3－81　加热炉反平衡效率计算一览表

| 加热炉热量 | 热量 | 热量/kW | 所占比例/% |
|---|---|---|---|
| 入方 | 燃料燃烧热 | 48976.44 | 99.46 |
| | 燃料显热 | 25.81 | 0.05 |
| | 空气显热 | 238.39 | 0.48 |
| | 小计 | 49240.64 | 100% |
| 损失 | 排烟损失 | 2704.41 | 5.49 |
| | 散热损失 | 1373.44 | 2.79 |
| | 化学能损失 | 3.34 | 0.01 |
| 反平衡效率 | 加热炉热效率 | | 91.71 |

因此，反平衡法加热炉热效率为 $\eta = 91.71\%$。

（四）正平衡法加热炉热效率

本装置加热炉有效负荷包括炉管注汽吸热、介质吸热和反应吸热。根据已知的有效负荷和输入能量，正向计算加热炉的热效率。

1. 注汽吸热

加热炉有炉管注汽，加热炉注汽吸热计算见表 3－82。

表 3－82　加热炉注汽吸热计算一览表

| 项目 | 流量/(t/h) | 炉入口焓/(kJ/kg) | 炉出口焓/(kJ/kg) | 注汽吸热/kW |
|---|---|---|---|---|
| 加热炉注汽 | 3.26 | 3176 | 3473 | 269.0 |

2. 反应吸热

加热炉内反应热可取经验值进行验证，反应热和加热炉出口的转化率有关，转化率高，炉管内裂化反应多，吸热反应热就高，一般为 $1.0 \sim 2.0 \times 10^4$kcal/t 进料。假定裂化率达到 8%（循环油不做裂化假定），反应热取 $1.75 \times 10^4$kcal/t。加热炉渣油及循环油进料量为 251.9t/h，则反应热为：

$$1.75 \times 10^4 \times 251.9 = 440.8 \times 10^4 (\text{kcal/h}) = 5125.8 (\text{kW})$$

3. 介质吸热

假定介质在辐射出口的气化率为 20%（介质），8% 转化率为渣油与油浆的比例，假设循环油不继续转化，物料平衡以焦炭塔出料比例进行分配。对流入口温度为 298℃，对流出口温度为 357℃，辐射出口温度为 495℃，对流出口温度不汽化处理，则加热炉内介质物料平衡及加热负荷见表 3－83。

表 3－83　加热炉介质吸热计算一览表

| 项目 | 物料 | 流量/(t/h) | 炉入口液相焓值/(kJ/kg) | 对流出口液相焓值/(kJ/kg) | 辐射出口温度液相焓值/(kJ/kg) | 辐射出口温度气相焓值/(kJ/kg) | 对流室负荷/kW | 辐射室负荷/kW | 总负荷/kW |
|---|---|---|---|---|---|---|---|---|---|
| 气相部分 | 干气 | 1.6 | | 1163.6 | | 1400.5 | | 104.3 | 104.3 |
| | 液化气 | 0.3 | | 1039.7 | | 1262.9 | | 16.6 | 16.6 |
| | 汽油 | 2.5 | 828.0 | 1033.0 | | 1590.7 | 141.4 | 384.6 | 526.0 |

续表

| 项目 | 物料 | 流量/(t/h) | 炉入口液相焓值/(kJ/kg) | 对流出口液相焓值/(kJ/kg) | 辐射出口温度液相焓值/(kJ/kg) | 辐射出口温度气相焓值/(kJ/kg) | 对流室负荷/kW | 辐射室负荷/kW | 总负荷/kW |
|---|---|---|---|---|---|---|---|---|---|
| 气相部分 | 柴油 | 4.7 | 730.3 | 911.9 | | 1486.2 | 238.4 | 754.1 | 992.5 |
| | 轻蜡油 | 2.4 | 695.8 | 869.2 | | 1451.3 | 116.4 | 390.7 | 507.0 |
| | 重蜡油 | 4.4 | 688.8 | 860.5 | | 1445.1 | 210.0 | 714.9 | 924.9 |
| | 循环油 | 35.7 | 682.4 | 852.6 | | 1438.0 | 1686.3 | 5799.3 | 7485.6 |
| 液相部分 | 渣油 | 165.5 | 657.0 | 821.2 | 1190.0 | | 7546.3 | 16956.8 | 24503.1 |
| | 循环油 | 17.7 | 682.4 | 852.6 | 1234.8 | | 838.7 | 1883.3 | 2722.0 |
| | 油浆 | 17.1 | 559.7 | 700.2 | 1016.5 | | 667.7 | 1503.5 | 2171.2 |
| 合计 | | 251.9 | | | | | 11445.2 | 28508.1 | 39953.2 |

因此，加热炉内原料介质吸热为39953.2kW。

4. 加热炉正平衡热效率

通过以上计算，加热炉热量计算具体结果见表3－84。

**表3－84　加热炉正平衡效率计算一览表**

| 加热炉热量 | 热量 | 热量/kW | 比例/% |
|---|---|---|---|
| 供方 | 燃料燃烧热 | 48976.44 | 100 |
| | 小计 | 48976.44 | 100 |
| 出方 | 注汽吸热 | 269 | 0.55 |
| | 反应吸热 | 5125.8 | 10.47 |
| | 介质吸热 | 39953.2 | 81.58 |
| 反平衡效率 | 加热炉热效率 | | 92.59 |

因此，正平衡法加热炉热效率为$\eta=92.59\%$。

（五）炉管表面热强度

加热炉的炉管表面平均热强度[1]：

$$q_R=\frac{Q_R}{A_R}$$

式中　$q_R$——炉管表面平均热强度，$kW/m^2$；

$Q_R$——管内介质在炉管中的吸热量，kW；

$A_R$——以管外径为准的炉管传热面积，$m^2$。

首先计算以管外径为准的炉管传热面积$A_R$，已知条件如下：加热炉辐射段共有192根炉管，炉管规格为$\phi114.3mm\times8.56mm/\phi127mm\times10mm$，长度为17.5m，炉管传热面积$A_R=1231.03m^2$。

辐射热负荷为28508.1kW，辐射室炉管的表面平均热强度为：

$$q_R = \frac{Q_R}{A_R} = \frac{28508.1}{1231.03} = 27.54(\text{kW/m}^2)$$

（六）小结

1）加热炉正平衡、反平衡效率计算值基本接近，稍有误差。二者计算方法不同，但均是计算燃料效率，因此燃料工质低热值影响炉效较大。

2）加热炉计算过剩空气率为48.25%，过剩空气系数接近1.5，主要原因是空气预热器内漏导致采样失准，另外加热炉C炉由于挡板故障，烟气中氧含量DCS控制在3.5%，计算过剩空气系数为1.2，也是超过烧气加热炉过剩空气系数常规水平。因此，大量的过剩空气将排入大气，加大排烟损失，使热效率降低。过剩空气过大，会加速炉管氧化、加速二氧化硫转化导致露点腐蚀问题。所以，一方面，建议在检修及日常维护中，减少炉膛漏风，提高挡板调节能力；另一方面，需加强操作，优化F3101ABC三炉室负压及配风均匀。

3）通过计算，辐射炉管表面热强度为27.54kW/m²，低于设计值35.7kW/m²，一方面，由于加热炉炉管结焦情况发生，管壁温度有超620℃情况发生，因此目前加热炉提量时，提高炉管表面热强度，尽管炉膛内炉管平均温度没有超出结焦限度，但因炉膛内传热的不均匀性，炉管表面热强度在沿炉管的圆周、长度方向以及炉管和炉管之间不同，个别炉管的某些部位却会接近或达到结焦的限度，造成局部炉管管壁温度随之升高，造成靠近管壁处的渣油可能因过热而分解或结焦，这也是影响加热炉处理量的瓶颈。另一方面，管内介质的性质、温度、压力、流速等也会影响到炉管热强度，例如计算炉管管内质量流速，$\phi$114.3mm × 8.56mm 管内质量流速 $G_F = \frac{W}{N \cdot F_0} = \frac{251900/3600}{6 \times \frac{\pi}{4}(114.3-17.12)^2} \times 10^6 = 1573[\text{kg/(m}^2 \cdot \text{s)}]$，

$\phi$127mm × 10mm 管内质量流速 $G_F = \frac{W}{N \cdot F_0} = \frac{251900/3600}{6 \times \frac{\pi}{4}(127-20)^2} \times 10^6 = 1297[\text{kg/(m}^2 \cdot \text{s)}]$，

通过对比辐射炉管表面热强度和管内质量流速的经验数据[2]，管内质量流速明显低于1700～2200kg/(m²·s)。流体在管内的流速低，边界层易变厚，传热系数变小，管壁温度越高，介质在炉内的停留时间也越长，最终结果也导致介质在炉管内结焦。

## 六、塔盘水力学计算

在分馏塔气液相负荷计算中，分析计算出塔内气液负荷分布图，也为分析塔内传质状况提供了依据。从焦化分馏塔气液相负荷图中可以看出，塔内的气液相流量在中段回流返回塔板出现明显的波动，液相流量在中段返回塔板以上出现明显的降低。因此，本次塔盘水力学计算，特选取部分典型塔盘进行研究。

选取焦化分馏塔塔顶循环抽出第4层塔盘、中段循环第19层塔盘进行塔盘水力学计算。

（一）塔盘基本参数

塔盘参数见表3-85。

表 3-85　塔盘参数一览表

| 项　目 | 参　数 | 项　目 | 参　数 |
|---|---|---|---|
| 分馏塔直径 $D$/mm | 5400 | 进口堰 | 有 |
| 板间距 $H_T$/mm | 600 | 浮阀尺寸长/mm | 60 |
| 溢流堰长即降液管底隙长度 $l_w$/mm | 3240 | 浮阀尺寸宽/mm | 25 |
| 溢流堰类型 | 平直堰 | 开孔率(1# ~3#)/% | 6.8 |
| 出口堰高 $h_w$/mm | 50 | 开孔率(4# ~11#)/% | 9.3 |
| 降液管宽度 $W_d$ | 0.55 | 开孔率(12# ~14#)/% | 10.1 |
| 降液管底隙高度 $h_0$ | 0.04 | 开孔率(15# ~38#)/% | 14.4 |

(二) 塔段流动参数计算

1. 气液相负荷

根据分馏塔气液相负荷计算，分析计算出塔内气液负荷分布图，焦化分馏塔塔顶循环抽出第4层塔盘、中段循环第19层塔盘气液相负荷见表3-86。

表 3-86　塔盘负荷一览表

| 塔盘 | 气相负荷 | | | | | | | 液相负荷 |
|---|---|---|---|---|---|---|---|---|
| | 水蒸气/(t/h) | 富气/(t/h) | 汽油/(t/h) | 柴油/(t/h) | 内回流/(t/h) | 总质量/(t/h) | 总体积/(m³/h) | 内回流/(t/h) |
| 4 | 11.0 | 19.4 | 26.0 | | 99.0 | 155.4 | 32769 | 98.80 |
| 19 | 11.0 | 19.4 | 26.0 | 49.5 | 128.4 | 234.4 | 40351 | 128.4 |

根据已计算的塔盘气相质量流量和气相体积流量，低压气体根据理想气体状态方程：$PM=\rho RT$，计算各塔盘的气相密度，结果如下：

第4层：4.7kg/m³；

第19层：5.8kg/m³。

2. 液气流动参数

液气流动参数特性：液体动能和气体动能之比，也可简单看作是液气比，内件选型最重要的依据之一，也决定着塔板的鼓泡状态。

计算各塔盘的流动参数[6]：

$$F_{LV}=\frac{W}{G}\sqrt{\frac{\rho_G}{\rho_L}}$$

式中，$F_{LV}$——流动参数；

$W$——液相质量流量，kg/h；

$G$——气相质量流量，kg/h；

$\rho_G$——气相密度，kg/m³；

$\rho_L$——液相密度，kg/m³。

第4层：0.052；

第19层：0.048。

以流动参数 $F_{lv}$ 作为塔内件选择判据，小于0.05采用规整填料，0.05~0.4采用塔板，大于0.4采用散堆填料。

3. 空塔气速

计算各层塔盘的空塔气速：

$$u=\frac{V_S}{\frac{\pi}{4}D^2\times 3600}$$

式中 $u$——空塔气速，m/s；

$V_S$——气相体积流量，$m^3/h$；

$D$——塔径，m。

第4层：0.40m/s；

第19层：0.49m/s。

4. 极限空塔气速

(1) 负荷因数 $C_{20}$

1）塔盘间距 $H_T$ 与板上液层高度 $h_L$ 差值；

计算板上液层高度 $h_L$[16]：

$$h_L=h_W+h_{OW}$$

式中 $h_L$——板上液层高度，m；

$h_W$——堰高，m；

$h_{OW}$——堰上液层高度，m。

计算平直堰上液层高度 $h_{OW}$[16]：

$$h_{ow}=\frac{2.84}{1000}E\left(\frac{L_s}{l_w}\right)^{\frac{2}{3}}$$

式中 $E$——液流收缩系数，取1；

$L_s$——塔内液体流量，$m^3/h$，双溢流塔盘，液体流量取总流量的一半；

$l_w$——堰长，m。

塔盘参数计算见表3-87。

**表3-87 塔盘参数计算一览表**

| 塔盘 | 4 | 19 | 塔盘 | 4 | 19 |
|---|---|---|---|---|---|
| 塔内液体流量 $L_s/(m^3/h)$ | 69.77 | 84.9 | 堰高 $h_W$/m | 0.05 | 0.05 |
| 堰长 $l_w$/m | 3.24 | 3.24 | 板上液层高度 $h_L$/m | 0.072 | 0.075 |
| 堰上液层高度 $h_{ow}$/m | 0.022 | 0.025 | 板间距 $H_T-h_L$/m | 0.528 | 0.525 |

2）液气动能参数：

液气动能参数反应的是液气两相流量与密度的影响。根据《化工原理》[16]图3-7，计算液气动能参数：

$$液气动能参数=\frac{L_S}{V_S}\left(\frac{\rho_L}{\rho_V}\right)^{1/2}$$

式中 $L_S$——塔内液相体积流量，$m^3/h$；

$V_S$——塔内气相体积流量，$m^3/h$；

$\rho_L$——塔内液相密度，$kg/m^3$；

$\rho_V$——塔内气相密度，$kg/m^3$。

塔板温度下塔内液相密度[4]：

$$\rho = T \cdot (1.307\gamma_4^{20} - 1.817) + 973.86\gamma_4^{20} + 36.34$$

式中 $T$——温度，℃；

$\gamma_4^{20}$——相对密度；

$\rho$——密度，$kg/m^3$。

液气动能参数计算得：第4层为0.052m/s，第19层为0.048m/s。

3）负荷因数：

负荷因数取决于阻力系数和液滴直径。研究表面，负荷因数与气液流量、密度和沉降高度、表面张力有关。因此，根据图3-25，查得负荷因数：

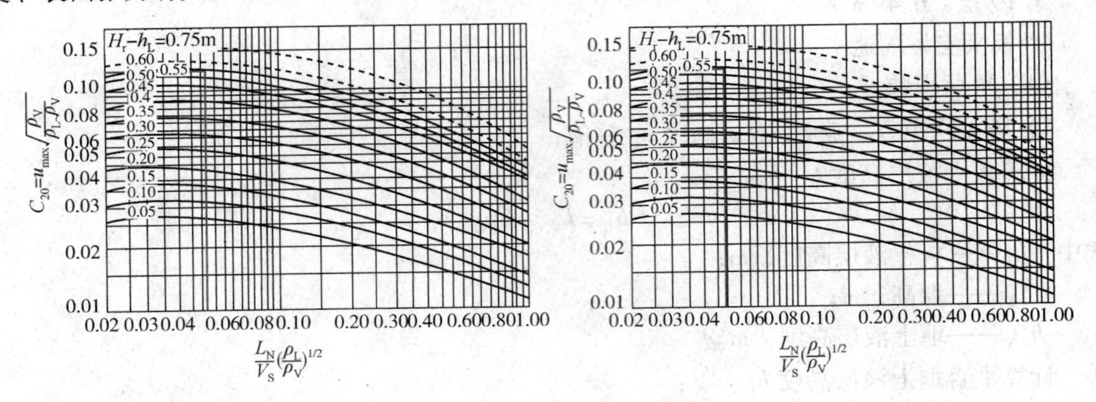


图3-25　史密斯关联图[16]

第4层负荷因数为0.12，第19层负荷因数为0.11。

(2) 极限空塔气速

计算极限空塔气速[16]：

$$u_{max} = C\sqrt{\frac{\rho_L - \rho_V}{\rho_V}}$$

式中 $u_{max}$——极限空塔气速，m/s；

$C$——空塔$C$因子；

$\rho_L$——塔内液相密度，$kg/m^3$；

$\rho_V$——塔内气相密度，$kg/m^3$。

极限空塔气速：第4层为1.40m/s，第19层为1.22m/s。

5. 动能因数

浮阀的开度与阀孔处气相动压有关，气体的动压与气体速度与密度有关，因此二者组成的空塔$F$因子即衡量气体流动的动压。

计算动能因数[16]：

$$F = u\sqrt{\rho_V}$$

式中 $F$——空塔动能因数；

$u$——空塔气速，m/s；

$\rho_V$——气体密度，$kg/m^3$。

则动能因数：

第4层为12.73，第19层为12.68。

6. 空塔C因子

空塔C因子特性：密度校正后的气体流速。替代气体流速，具有普遍性。减压塔、常压塔、主分馏塔、轻烃回收、稳定吸收都可以统一到一个标准。

空塔C因子通过公式计算：

$$C = u\sqrt{\frac{\rho_V}{\rho_L - \rho_V}}$$

式中 $C$——空塔C因子；

$\rho_L$——塔内液相密度，$kg/m^3$；

$\rho_V$——塔内气相密度，$kg/m^3$。

则空塔C因子：

第4层为0.033，第19层：0.043。

（三）塔盘水力学计算

1. 塔盘压降

计算气体通过一层浮阀塔盘的压力降[16]：

$$\Delta p_P = \Delta p_c + \Delta p_l + \Delta p_\sigma$$

式中 $\Delta p_P$——气体通过一层浮阀塔盘总压降，Pa；

$\Delta p_c$——气体克服干板阻力所产生的压力降，Pa；

$\Delta p_l$——气体克服板上充气液层的静压所产生的压降，Pa；

$\Delta p_\sigma$——气体克服液体表面张力所产生的压降，Pa。

习惯转换成液体高度公式：

$$h_p = h_c + h_l + h_\sigma$$

式中 $h_p$——与气体通过一层浮阀塔盘的总压力降相当的液柱高度，m；

$h_c$——与气体克服干板阻力所产生的压力降相当的液柱高度，m；

$h_l$——与气体克服板上充气液层的静压所产生的压降相当的液柱高度，m；

$h_\sigma$——与气体克服液体表面张力所产生的压降相当的液柱高度，m。

（1）干板压力降

气体通过浮阀塔板的干板阻力，在浮阀全部开启前后有不同的规律。板上浮阀刚好全部开启时，气体通过阀孔的速度称为临界孔速，以$u_\infty$表示。

采用F1型浮阀时，当阀全开前，$u_0 \leqslant u_\infty$，干板压降通过以下公式计算[16]：

$$h_c = 19.9\frac{u_0^{0.175}}{\rho_L}$$

当阀全开后，$u_0 \geqslant u_\infty$，干板压降通过以下公式计算：

$$h_c = 5.34\frac{\rho_V u_0^2}{2\rho_L g}$$

式中 $h_c$——干板压降，m；

$u_0$——阀孔气速，m/s；

$u_\infty$——阀孔临界气速，m/s；

$\rho_V$——塔内气相密度，$kg/m^3$；

$\rho_L$——塔内液相密度，kg/m$^3$；

$g$——重力加速度，9.81m/s$^2$。

1）阀孔气速：

阀孔气速根据通过塔盘的气相体积流量与塔板开孔面积比值计算。

第4层：浮阀尺寸为60mm×25mm，数量1038，开孔率6.8%，开孔面积1.56m$^2$，阀孔气速5.85m/s。

第19层：浮阀尺寸为60mm×25mm，数量1420，开孔率9.3%，开孔面积2.13m$^2$，阀孔气速5.26m/s。

2）阀孔动能因数：

根据《化工原理》[16]公式，推导出气体通过阀孔的动能因数$F_0$的公式：

$$F_0 = u_0\sqrt{\rho_V}$$

式中 $F_0$——气体通过阀孔的动能因数；

$u_0$——气体通过阀孔时的速度，m/s；

$\rho_V$——塔内气相密度，kg/m$^3$。

则气体通过阀孔的动能因数$F_0$：

第4层为12.73，第19层为12.68。

3）临界孔速：

根据干板压降公式可推导出$u_\infty$，计算临界孔速[16]：

$$u_\infty = \sqrt[1.825]{\frac{73.1}{\rho_V}}$$

式中 $u_\infty$——临界孔速，m/s；

$\rho_V$——塔内气相密度，kg/m$^3$。

则临界孔速：第4层为4.48，第19层为5.26。

4）干板压降：

计算板上充气液层阻力[16]：

$$h_1 = \varepsilon_0 h_L$$

式中 $h_1$——板上液层充气阻力，m；

$h_L$——板上液层高度，m；

$\varepsilon_0$——反应板上液层充气程度的因数，当介质为油时，$\varepsilon_0 = 0.2 \sim 0.35$，这里取$\varepsilon_0 = 0.3$。

则板上充气液层阻力：第4层为0.022m，第19层为0.023m。

(2) 塔盘压力降

计算塔盘压降[16]：

$$h_p = h_c + h_1 + h_\sigma$$

式中 $h_p$——塔盘压力降，m；

$h_c$——干板压降，m；

$h_1$——板上充气液层阻力，m；

$h_\sigma$——液体表面张力所造成的阻力，m。

液体表面张力所造成的阻力$h_\sigma$忽略不做计算。

因此，塔盘压降由干板压降和板上充气液层阻力两部分计算得：第4层为0.084m，第

19层为0.081m。

2. 泛点率

通常用操作时的空塔气速比发生液泛时的空塔气速估算雾沫夹带量，此比值即泛点率。公式[16]为：

$$泛点率=\frac{V_S\sqrt{\frac{\rho_V}{\rho_L-\rho_V}}+1.36L_sZ_L}{KC_FA_b}$$

式中 $V_S$——塔内气相负荷，$m^3/s$；

$L_s$——塔内液相负荷，$m^3/s$；

$\rho_V$——塔内气相密度，$kg/m^3$；

$K$——物性系数；

$C_F$——泛点负荷系数；

$Z_L$——单侧板上液体流径长度，m；

$A_b$——板上液流面积，$m^2$。

泛点负荷系数见图3-26。

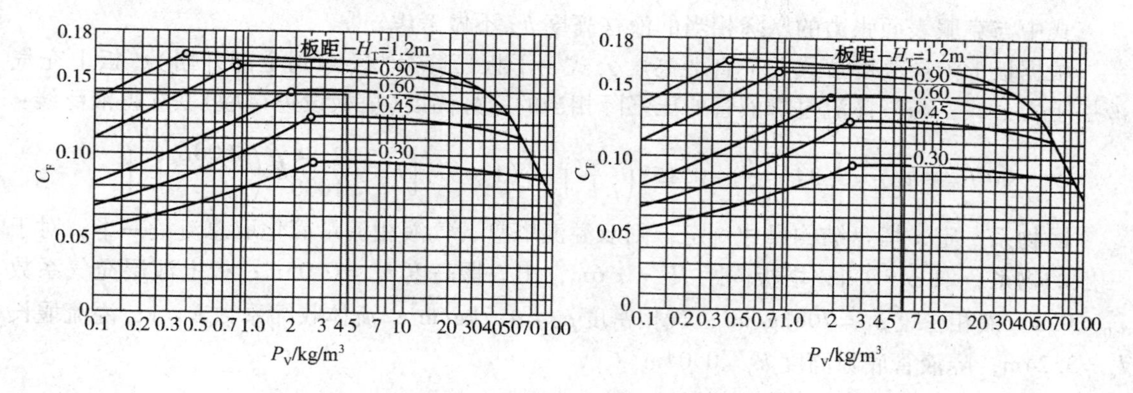


图3-26 泛点负荷系数图[16]

查得物性系数$K=1.0$[16]。

根据图3-25查得两板泛点负荷系数$C_F=0.14$。

则泛点率：第4层为0.486，第19层为0.572。

（四）塔板负荷性能图

塔板负荷性能图由雾沫夹带线、液泛线、液相负荷上限线、漏液线和液相负荷下限线共五条线组成。负荷性能图对检验塔的设计及操作具有一定的指导意义。本次塔板负荷性能图计算主要研究顶循段塔盘负荷性能。

1. 雾沫夹带线

分馏塔（大塔）泛点率按80%计算。对于双溢流塔盘，气液相流量均取总流量的一半[16]。

$$泛点率=\frac{V_s\sqrt{\frac{\rho_v}{\rho_L-\rho_v}}+1.36L_sZ_L}{KC_FA_b}\times100\%=80\%$$

全塔的雾沫夹带线如下所示：

$$V_S = 6.58 \times 10^4 - 66.3 L_s$$

式中　$V_s$——塔内气相负荷，$m^3/h$；

$L_s$——塔内液相负荷，$m^3/h$。

因此，雾沫夹带线为直线，在操作范围内选取两个塔内液相负荷的值，相应计算出气相负荷的值，塔内两气液相负荷对应见表3－88。

**表3－88　塔内两气液相负荷对应一览表**　　$m^3/h$

| $L_s$ | 5 | 500 |
|---|---|---|
| $V_s$ | 65463 | 32671 |

2. 液泛线

联立压降公式、当量清液层高度公式，实际降液层的液体及泡沫总高度要大于 $H_d$：

$$\phi(H_T + h_w) = h_p + h_L + h_d$$

上式确定为液泛线。

$$h_p = h_c + h_1 + h_\sigma = 5.34 \frac{\rho_V u_0^2}{2\rho_L g} + \varepsilon_0 h_L + h_\sigma$$

式中与克服表面张力的压降相当的液柱高度 $h_\sigma$ 不做考虑。

根据板上液层高度公式、平直堰高度公式、干板压降公式（浮阀全部开启）、板上充气液层阻力公式，与液体流过降液管的压强降相当的液柱高度（塔板设进口堰）联立得液泛线：

$$\phi(H_T + h_w) = 5.34 \frac{\rho_V u_0^2}{\rho_L 2g} + 0.153\left(\frac{L_S}{l_w h_o}\right)^2 + (1+\varepsilon_0)\left[h_W + \frac{2.84}{1000}E\left(\frac{3600L_s}{l_w}\right)^{\frac{2}{3}}\right]$$

因物系一定，塔盘结构尺寸一定，则双溢流塔盘，气液相流量简化取总流量一半；对于一般的物系，取 $\phi = 0.4$；塔板间距 $H_T = 0.6m$，出口堰高度 $h_w = 0.05m$；板上液层充气系数 $\varepsilon_0 = 0.3$；液相密度 $\rho_L = 708kg/m^3$；气相密度 $\rho_V = 4.7kg/m^3$；流体收缩系数 $E = 1$；溢流堰长 $l_w = 3.24m$；降液管底隙高度 $h_o = 0.04m$。

则液泛线：

$$9.8 \times 10^{-11} V_S^2 = 0.195 - 0.0011 L_S^{\frac{2}{3}} - 2.3 \times 10^{-7} L_S^2$$

式中　$V_s$——塔内气相负荷，$m^3/h$；

$L_s$——塔内液相负荷，$m^3/h$。

在操作范围内选取若干个 $L_s$ 的值，相应计算出 $V_s$ 的值，见表3－89。

**表3－89　塔内若干气液相负荷对应一览表**　　$m^3/h$

| $L_S$ | 5 | 50 | 150 | 200 | 250 | 300 | 500 |
|---|---|---|---|---|---|---|---|
| $V_S$ | 44321 | 42927 | 40451 | 39119 | 37653 | 36018 | 26895 |

3. 液相负荷上限线

液体的最大流量应保证在降液管的停留时间不低于3～5s。

$$\theta = \frac{A_f H_T}{L_S/3600}$$

式中　$\theta$——液体在降液管的停留时间，m；

$A_f$——降液管截面积，$m^2$；

$H_T$——板间距，m；

$L_s$——塔内液体流量，$m^3/h$。

其中，双溢流塔盘，气液相流量简化取总流量一半。

按5s作为液体在降液管内的停留时间下限计算，则塔内液体流量 $L_S \leqslant 494m^3/h$。

4. 漏液线

对于F1型浮阀，$F_0 = u_0\sqrt{\rho_V} = 5$；以 $F_0 = 5$ 作为规定气体最小负荷的标准，据此作出与液体流量无关的水平漏液线[16]：

$$F_0 = u_0\sqrt{\rho_V} = 5 = \frac{V_s}{3600 \times S_{孔}}\sqrt{\rho_V}$$

$$V_{S最小} = \frac{\pi}{4}d_o^2 N u_o = \frac{\pi}{4}d_o^2 N \frac{F_0}{\sqrt{\rho_V}}$$

式中 $F_0$——气体通过阀孔的动能因数；

$u_0$——气体通过阀孔时的速度，m/s；

$N$——每层板上的阀孔数；

$\rho_V$——塔内气相密度，$kg/m^3$；

$S_{孔}$——开孔总面积，$m^2$。

则漏液线为 $V_S = 12870m^3/h$。

5. 液相负荷下限线

取堰上液层高度大于0.006m作为液相负荷的下限条件。根据平直堰堰上液层高度公式求得液相负荷的下限值，以此作出液相负荷的下限线。与气相流量无关的竖直线[16]：

$$h_{ow} = \frac{2.84}{1000}E\left(\frac{L_s}{l_w}\right)^{\frac{2}{3}} = 0.006$$

式中 $E$——液流收缩系数，取1；

$L_s$——塔内液体流量，$m^3/h$；

$l_w$——堰长，m。

其中，双溢流塔盘，塔内液体流量简化取总流量一半。

则液相负荷的下限线为 $L_s = 9.95m^3/h$。

6. 塔板性能负荷图

根据以上雾沫夹带线、液泛线、液相负荷上限线、漏液线和液相负荷下限线绘制塔板负荷曲线图，见图3－27。

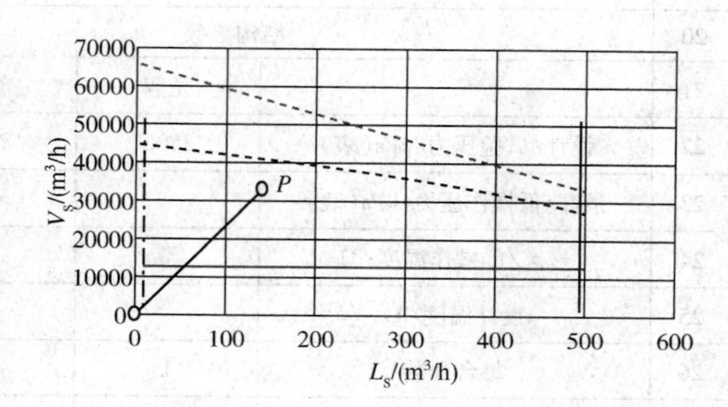


图3－27 顶循塔盘负荷性能图

---雾沫夹带线 ---液泛线 —液相负荷上限 —漏液线 ·—液相负荷下限线 -o-操作线

由塔盘负荷性能图可以看出：

1）当前的气液负荷操作点P处在适宜操作区位置。

2）塔盘的气相负荷上限完全由雾沫夹带控制，操作下限由漏液控制说明计算得0.40m/s的空塔气速较为适宜。

3）按照固定的液气比，根据塔盘负荷

性能图，计算得横坐标液相负荷169.1m³/h，气相负荷上限$V_{S\max}$为39738.5m³/h，气相负荷下限$V_{S\mathrm{Min}}$为12870m³/h，则操作弹性：$\frac{V_{S\mathrm{Max}}}{V_{S\mathrm{Min}}}=3.1$。

## 七、换热器工艺计算

换热器计算数据见表3－90。

**表3－90　换热器计算数据一览表**

| 1 | 设备名称 | 轻蜡油－水冷器 | | | 设备位号 | E3113 | | | | |
|---|---|---|---|---|---|---|---|---|---|---|
| 2 | 设备尺寸（内径×长度）/mm | 600×7056 | 型号 | BES | 安装方式 | 卧式 | 1 | 并联 | 1 | 串联 |
| 3 | 总有效面积/m² | 91.5 | 台数 | 1 | 有效面积/台 | 91.5 | | | | m² |
| 4 | 换热器性能数据 | | | | | | | | | |
| 5 | 流体位置 | 壳侧 | | | 管侧 | | | | | |
| 6 | 流体名称 | 轻蜡油 | | | 水 | | | | | |
| 7 | 流体流量，总流量/（kg/h） | 29900 | | | 84000 | | | | | |
| 9 | 液（进/出）/（kg/h） | 29900 | | 29900 | | | | | | |
| 10 | 水（进/出）/（kg/h） | | | | 84000 | | | 84000 | | |
| 11 | 温度（进/出）/℃ | 165 | | 89 | 30 | | | 44 | | |
| 12 | 密度（液/气）/（kg/m³） | 842.8 | | 888.5 | 995.645 | | | 990.6 | | |
| 13 | 黏度（液/气）/cP | | | | 0.8007 | | | 0.6097 | | |
| 14 | 比热容（液/气）/[kJ/（kg·℃）] | 2.355 | | 2.061 | 4.1807 | | | 4.1762 | | |
| 15 | 导热系数（液/气）/[W/（m·℃）] | 0.1147 | | 0.1200 | 0.6173 | | | 0.6328 | | |
| 16 | 入口压力/kPa（绝） | 810 | | | 320 | | | | | |
| 17 | 污垢热阻（min）/[（m²·K）/W] | 0.00060189 | | | 0.000171969 | | | | | |
| 18 | 热负荷/MW | 1.562 | | | 传热平均温差（校正）/℃ | | | 84.59 | | |
| 19 | 总传热系数/[W/（m²·K）] | 285.3 | | 清洁状态值 | | 结垢状态值 | | | | |
| 20 | 结构参数 | | | | 简图 | | | | | |
| 21 | | 壳侧 | | 管侧 | | | | | | |
| 22 | 设计/试验压力/kPa（表） | 2500 | | 2500 | 1400mm | | | | | |
| 23 | 最高/低操作压力/kPa（表） | | | | | | | | | |
| 24 | 最高/低操作温度/℃ | | | | | | | | | |
| 25 | 设计温度/℃ | | | | | | | | | |
| 26 | 每台程数 | 1 | | 2 | 6m | | | | | |
| 27 | 金属壁温（平均）/℃ | | | | | | | | | |
| 28 | 接管，数量 | 入口 | 1@ | 168mm | 1@ | 114mm | | | | |
| 29 | 规格 | 出口 | 1@ | 168mm | 1@ | 114mm | | | | |

续表

| 30 | 换热管根数/台 188 | 外径 25.0 mm | 厚度(平均) 2.5 mm | 管长 6000mm | 管心距 32 mm | 布管方式 | 45° |
|---|---|---|---|---|---|---|---|
| 31 | 换热管型式 | 光管 | 换热管材质 | | | 碳钢 | |
| 32 | 壳体规格 | 内径 | 600mm | | | | |
| 33 | | | | | | | |
| 34 | 折流板类型 | 单弓 | 弓缺 | 25% | 折流板间距 | 150mm | 第一块折流板间距 mm |

（一）换热器选择

1. 流体流动空间

本换热器处理的是延迟焦化轻蜡油与循环水，两流体是均不发生相变的传热过程，根据装置实际情况，循环水走换热器管程，轻蜡油走换热器壳程。循环水进出温度为30℃→44℃，流量为97.5t/h；轻蜡油进出温度为165℃→89℃，流量为29.9t/h。换热器型号为LBES600－2.5－90－6/25－2。

2. 确定流体的定性温度

当流体处于过渡区($Re_i>2100$时)：

管程、循环水定性温度：

$$t_D=0.4t_h+0.6t_c=0.4\times44+0.6\times30=35.6(℃)$$

壳程、轻蜡油定性温度：

$$t_D'=0.4t_h+0.6t_c=0.4\times165+0.6\times89=119.4(℃)$$

两流体的温差为$119.4-35.6=83.8$℃。

（二）确定定性温度下的物理性质

(1) 管程－循环水：

定性温度：$t_D=0.4t_h+0.6t_c=0.4\times44+0.6\times30=35.6$℃。

相对密度：$\gamma_4^{20}=1$。

相对密度：$d_{15.6}^{15.6}=1$。

1) 比热容：

循环水比热容见表3－91。

**表3－91 循环水比热容一览表**

| 温度/℃ | 比热容/[kJ/(kg·C)] | 温度/℃ | 比热容/[kJ/(kg·C)] |
|---|---|---|---|
| 30 | 4.1807 | 35.6 | 4.1779 |
| 44 | 4.1762 | | |

2) 黏度：

循环水黏度见表3－92。

**表3－92 循环水黏度一览表**

| 温度/℃ | 黏度/cP | 温度/℃ | 黏度/cP |
|---|---|---|---|
| 30 | 0.8007 | 35.6 | 0.7140 |
| 44 | 0.6097 | | |

3）密度：

循环水密度见表 3－93。

表 3－93　循环水密度一览表

| 温度/℃ | 密度/（kg/$m^3$） | 温度/℃ | 密度/（kg/$m^3$） |
|---|---|---|---|
| 30 | 995.645 | 35.6 | 994.009 |
| 44 | 990.6 | | |

4）导热系数：

循环水导热系数见表 3－94。

表 3－94　循环水导热系数一览表

| 温度/℃ | 导热系数/[W/（m·℃）] | 温度/℃ | 导热系数/[W/（m·℃）] |
|---|---|---|---|
| 30 | 0.6173 | 35.6 | 0.6243 |
| 44 | 0.6328 | | |

（2）壳程－轻蜡油

定性温度：$t_D' = 0.4t_h + 0.6t_c = 0.4\times165 + 0.6\times89 = 119.4$（℃）。

相对密度：$\gamma_4^{20} = 0.930$。

API 度：$API = \dfrac{141.5}{(0.99417\gamma_4^{20} + 0.009181)} - 131.5 = 61.33$。

相对密度：$d_{15.6}^{15.6} = 0.99417\gamma_4^{20} + 0.009181 = 0.7338$。

特性因数：$K = 1.216T^{\frac{1}{3}}/d_{15.6}^{15.6} = \dfrac{1.216\times(378.6+273)^{\frac{1}{3}}}{0.934} = 11.3$。

1）比热容：

蜡油比热容见表 3－95。

表 3－95　蜡油比热容一览表

| 温度/℃ | 比热容/[kJ/（kg·℃）] | 温度/℃ | 比热容/[kJ/（kg·℃）] |
|---|---|---|---|
| 165 | 2.355 | 119.4 | 2.1784 |
| 89 | 2.061 | | |

油品比热容计算[4]：

$$
\begin{aligned}
c_P &= 4.1855\{0.6811 - 0.308(0.99417\gamma_4^{20} + 0.009181) + (1.8T + 32) \\
&\quad \cdot[0.000815 - 0.000306(0.99417\gamma_4^{20} + 0.009181)]\}\cdot(0.055K_F + 0.35) \\
&= 4.1855\{0.6811 - 0.308(0.99417\times0.930 + 0.009181) + (1.8\times119.4 + 32) \\
&\quad \times[0.000815 - 0.000306(0.99417\times0.930 + 0.009181)]\}\times(0.055\times11.3 + 0.35) \\
&= 2.1784[\text{kJ/(kg·℃)}]
\end{aligned}
$$

式中　$c_P$——比热容，kJ/（kg·℃）；

$T$——温度，℃；

$\gamma_4^{20}$——相对密度；

$K_F$——特性因数。

2）黏度：

蜡油黏度见表3-96。

表3-96　蜡油黏度一览表

| 温度/℃ | 黏度/cP | 温度/℃ | 黏度/cP |
|---|---|---|---|
| 50 | 12.032 | 119.4 | 1.944 |
| 100 | 3.352 | | |

根据油品两个已知温度下黏度值，可以求得其他黏度值[4]：

$$\mu=\rho\cdot\nu\cdot10^{-3}$$

$$\nu=\exp\{\exp[a+b\cdot\ln(T+273)]\}-C$$

$$a=\ln[\ln(\nu_1+C)]-b\cdot\ln(T_1+273)$$

$$b=\frac{\ln[\ln(\nu_1+C)]-\ln[\ln(\nu_2+C)]}{\ln(T_1+273)-\ln(T_2+273)}$$

式中　$\nu$——油品运动黏度，$mm^2/s$；

$\mu$——动力黏度，mPa . s；

$a$、$b$——未知数；当$\gamma_4^{20}\leqslant0.8$时，$C=0.8$；当$\gamma_4^{20}\geqslant0.9$时，$C=0.6$；当$0.8<\gamma_4^{20}<0.9$时，$C=2.4-2.0\times\gamma_4^{20}$。

根据油品第一点、第二点动力黏度50℃黏度为12.032mm²/s，100℃黏度为3.352mm²/s，$\gamma_4^{20}=0.930\geqslant0.9$，$C=0.6$，计算轻蜡油119.4℃定性温度下运动黏度为2.090mm²/s，动力黏度为1.944cP。

3）密度：

$$\begin{aligned}\rho&=T\cdot(1.307\gamma_4^{20}-1.817)+973.86\gamma_4^{20}+36.34\\&=119.4\times(1.307\times0.930-1.817)+973.86\times0.930+36.34\\&=870.21(kg/m^3)\end{aligned}$$

蜡油密度见表3-97。

表3-97　蜡油密度一览表

| 温度/℃ | 密度/(kg/m³) | 温度/℃ | 密度/(kg/m³) |
|---|---|---|---|
| 89 | 888.5 | 119.4 | 870.2 |
| 165 | 842.8 | | |

4)导热系数：

蜡油导热系数见表3-98。

表3-98　蜡油导热系数一览表

| 温度/℃ | 导热系数/[W/(m·℃)] | 温度/℃ | 导热系数/[W/(m·℃)] |
|---|---|---|---|
| 89 | 0.1200 | 119.4 | 0.1179 |
| 165 | 0.1147 | | |

油品导热系数计算[4]：

$$\lambda=\frac{0.0199-0.0000656T+0.098}{(0.99417\gamma_4^{20}+0.009181)}$$

式中　$\lambda$——导热系数，W/(m·℃)；

$T$——温度,℃;

$\gamma_4^{20}$——相对密度。

$$\lambda=\frac{0.0199-0.0000656T+0.098}{(0.99417\gamma_4^{20}+0.009181)}=\frac{0.0199-0.0000656\times119.4+0.098}{(0.99417\times0.930+0.009181)}$$

$$=0.1179[\mathrm{W/(m\cdot℃)}]$$

换热器工艺原始数据见表3-99。

**表3-99 换热器工艺原始数据一览表**

| 序号 | 类型 | 项目 | 管程 | 壳程 |
|---|---|---|---|---|
| 1 | | | 循环水 | 轻蜡油 |
| 2 | 操作条件 | 流体质量流速/(kg/s) | 23.33 | 8.31 |
| 3 | | 入口温度/℃ | 30 | 165 |
| 4 | | 出口温度/℃ | 44 | 89 |
| 5 | | 入口压力/MPa | 0.320 | 0.810 |
| 6 | | 允许压力降/kPa | 40 | 10 |
| 7 | | 结垢热阻(min)/($\mathrm{m^2\cdot K/W}$) | 0.000172 | 0.000602 |
| 8 | 物理性质 | 油品:相对密度 $\lambda_4{}^{20}$ | 1 | 0.930 |
| 9 | | 特性因数 $K_F$ | | 11.3 |
| 10 | | 测试第一点黏度的温度/℃ | 30 | 50 |
| 11 | | 第一点黏度/cP | 0.8007 | 12.032 |
| 12 | | 测试第二点黏度的温度/℃ | 44 | 100 |
| 13 | | 第二点黏度/cP | 0.6097 | 3.352 |
| 14 | | 比热容/[kJ/(kg·℃)] | 4.1779 | 2.1784 |
| 15 | | 黏度/cP | 0.7140 | 1.944 |
| 16 | | 导热系数/[W/(m·℃)] | 0.6243 | 0.1179 |

(三)换热器计算

1. 热负荷

轻蜡油:

$$Q_h=W_hc_{ph}(T_1-T_2)=8.31\times2.1784\times(165-89)=1375.8(\mathrm{kJ/s})=1.38(\mathrm{MW})$$

循环水:

$$Q_c=W_cc_{pc}(t_2-t_1)=23.33\times4.1779\times(44-30)=1364.6(\mathrm{kJ/s})=1.36(\mathrm{MW})$$

冷热物流热负荷相对差值:

$$\frac{Q_h-Q_c}{Q_h}=\frac{1.38-1.36}{1.38}\times100\%=1.4\%<10\%$$

则可以依据热流体轻蜡油的热负荷1.38MW作为总热负荷值,并核算换热器。

2. 有效平均温度差

按单壳程、两管程进行计算。

(1)对数平均温差

$$\Delta T_h=165-44=121(℃)$$

$$\Delta T_c=89-30=59(℃)$$

$$\left|\frac{\Delta T_h}{\Delta T_c}-1\right| = \left|\frac{121}{59}-1\right| = 1.0 \geqslant 0.1$$

$$\Delta T_m = \frac{\Delta T_h - \Delta T_c}{\ln\left(\frac{\Delta T_h}{\Delta T_c}\right)} = \frac{121-59}{\ln(121/59)} = 86.31(℃)(平均推动力)$$

（2）对数平均温差校正系数

$$R = \frac{T_1 - T_2}{t_2 - t_1} = \frac{165-89}{44-30} = 5.43$$

$$P = \frac{t_2 - t_1}{T_1 - t_1} = \frac{44-30}{165-30} = 0.1$$

对数平均温差校正系数见图3－28。

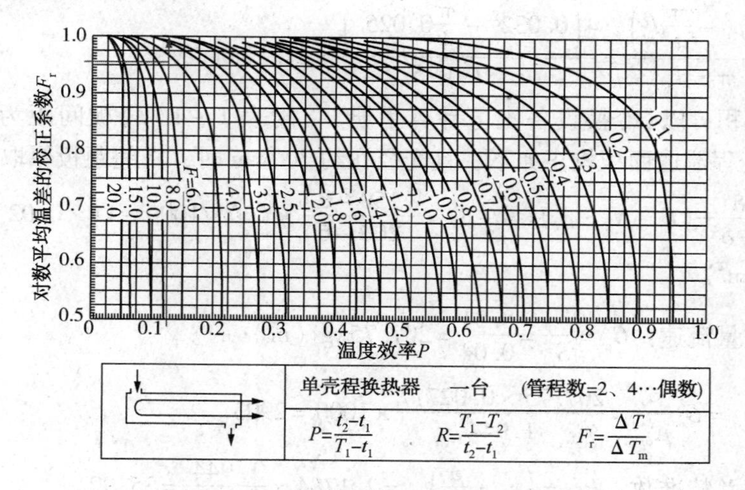


图3－28　对数平均温差校正系数图

取对数平均温差校正系数 $F_T = 0.98$。

（3）有效平均温差

$$\Delta T = \Delta T_m \times F_T = 86.31 \times 0.98 = 84.59(℃)$$

3. 最少串联壳体数

壳体数为1，热流体出口温度89℃不与冷流体出口温度44℃有交叉，确定不存在温度交叉现象。

（四）换热器工艺核算

1. 管内膜传热系数计算

光管：

管程流通面积：$S_i = \frac{N_t}{N_{tp}} \cdot \frac{\pi}{4} d_i^2 = \frac{188}{2} \cdot \frac{\pi}{4} 0.02^2 = 0.031 m^2$。

管内流体质量流速：$G_i = \frac{W_i}{S_i} = \frac{23.33}{0.031} = 752.6 kg/(m^2 \cdot s)$。

雷诺数：$Re_i = G_i \frac{d_i}{\mu_{iD}} = \frac{752.6 \times 0.02}{0.7140} \times 1000 = 21081$。

管内流体普兰特准数：$Pr_i = \left(c_P \cdot \frac{\mu}{\lambda}\right)_{iD} = 4.1779 \times \frac{0.7140}{0.6243} = 4.77 kJ/(kg \cdot ℃)$。

管内传热因子：雷诺数 $Re_i > 10^4$，

$$J_{Hi} = 0.023 \cdot Re_i^{0.8} = 0.023 \times 21081^{0.8} = 66.2$$

以光管外表面积为基准的管内膜传热系数：

管程壁温校正系数：$\phi_i = \left(\frac{\mu_{iD}}{\mu_w}\right)^{0.14}$，先假设 $\phi_i = 1.0$，则 $h_{io}$ 计算如下：

$$h_{io} = \frac{\lambda_{iD}}{d_o} \cdot J_{Hi} \cdot Pr_i^{\frac{1}{3}} \cdot \phi_i = \frac{0.6243}{0.025} \times 66.2 \times 4.77^{\frac{1}{3}} \cdot 1 = 2782.8[W/(m^2 \cdot K)]$$

2. 管外膜传热系数计算

单弓形折流板，光管：

管子的当量直径，定义为四倍的管际空间的面积除以管子的润湿周边，则管子呈正方形排列时，$d_e = \frac{4\left(p_t^2 - \frac{\pi}{4}d_o^2\right)}{\pi \cdot d_o} = \frac{4\left(0.032^2 - \frac{\pi}{4}0.025^2\right)}{\pi \cdot 0.025} = 27.17mm$。

壳程流通面积：以《冷换设备工艺计算手册》[4] 附表 1－1(b) 板间距为 200mm、壁厚 6mm 基准时，壳程流通面积校正如下，且壳径在约 700mm 时，板间距板厚取 6mm，则：

$$S_0 = \frac{(B - \delta')}{(200 - \delta')}(D - N_x \cdot d_i)(B - \delta) = \frac{(150 - 6)}{(200 - 6)} \times (600/1000 - 11 \cdot 0.02) \times \frac{150 - 8}{1000}$$
$$= 0.04(m^2)$$

管外流体质量流速：$G_o = \frac{W_o}{S_o} = \frac{8.31}{0.04} = 207.75kg/(m^2 \cdot s)$。

雷诺数：$Re_o = G_o \frac{d_e}{\mu_{oD}} = \frac{207.75 \times 0.02717}{1.944} \times 1000 = 2903$。

管外流体普兰特准数：$Pr_o = \left(c_P \cdot \frac{\mu}{\lambda}\right)_{oD} = 2.1784 \times \frac{1.944}{0.1179} = 35.92$。

管外传热因子：雷诺数 $Re_o \geq 10^3$，传热因子计算如下，弓形折流板缺圆高度百分数，$Z = 25$。

$$J_{Ho} = 0.378 \cdot Re_o^{0.554} \cdot \left(\frac{Z - 15}{10}\right) + 0.41 \cdot Re_o^{0.5634} \cdot \left(\frac{25 - Z}{10}\right) = 0.378 \times 2903^{0.554} \times \frac{25 - 15}{10} = 31.3$$

查《冷换设备工艺计算手册》[11] 附表 1－16，$\varepsilon_h = 1.20$，旁路挡板传热校正系数见表 3－100。

**表 3－100　旁路挡板传热校正系数表**

| 壳径/mm | 325 | 400 | 500 | 600 | 700 | 800 | 900 | 1000 | 1100 | 1200 | 1300 | 1400 | 1500 | 1600 | 1700 | 1800 |
|---|---|---|---|---|---|---|---|---|---|---|---|---|---|---|---|---|
| $\varepsilon_h$ | 1.30 | 1.26 | 1.23 | 1.20 | 1.18 | 1.17 | 1.15 | 1.14 | 1.13 | 1.12 | 1.11 | 1.10 | 1.09 | 1.08 | 1.07 | 1.06 |
| $\varepsilon_{\Delta p}$ | 1.90 | 1.87 | 1.85 | 1.73 | 1.64 | 1.58 | 1.52 | 1.51 | 1.50 | 1.45 | 1.40 | 1.35 | 1.30 | 1.25 | 1.20 | 1.15 |

管外膜传热系数：

壳程壁温校正系数：$\phi_o = \left(\frac{\mu_{oD}}{\mu_w}\right)^{0.14}$，先假设 $\phi_o = 1.0$，则 $h_o$ 计算如下：

$$h_o = \frac{\lambda_{oD}}{d_e} \cdot J_{Ho} \cdot P_{ro}^{\frac{1}{3}} \cdot \phi_o \cdot \varepsilon_h = \frac{0.1179}{0.02717} \times 31.3 \times 35.92^{\frac{1}{3}} \times 1 \times 1.20 = 537.8[W/(m^2 \cdot K)]$$

3. 壁温校正

(1) 管内膜传热系数

因循环水在管内，则：

管壁温度：$t_w = \frac{h_o}{h_o + h_{io}} \cdot (t_{oD} - t_{iD}) + i_{iD} = \frac{1448.4}{1448.4 + 2782.8} \times (119.4 - 35.6) + 35.6 = 64.3$(℃)

管内壁温下水黏度见表3-101。

**表3-101 管内壁温下水黏度一览表**

| 温度/℃ | 黏度/cP |
| --- | --- |
| 64.3 | 0.4418 |

管程壁温校正系数：$\phi_i = \left(\frac{\mu_{iD}}{\mu_w}\right)^{0.14} = \left(\frac{0.7140}{0.4418}\right)^{0.14} = 1.07$。

则 $h_i$ 计算如下：

$$h_i = \frac{\lambda_{iD}}{d_o} \cdot J_{Hi} \cdot P_{ri}^{\frac{1}{3}} \cdot \phi_i = \left(\frac{0.6243}{0.025}\right) \times 66.2 \times (4.77^{\frac{1}{3}}) \times 1.07 = 2977.4 [W/(m^2 \cdot K)]$$

（2）管外膜传热系数

管外壁温下水黏度见表3-102。

**表3-102 管外壁温下水黏度一览表**

| 温度/℃ | 黏度/cP | 温度/℃ | 黏度/cP |
| --- | --- | --- | --- |
| 50 | 12.032 | 66.4 | 6.624 |
| 100 | 3.352 | | |

$$\mu = \rho \cdot \nu 10^{-3}$$

$$\nu = \exp\{\exp[a + b \cdot \ln(T + 273)\} - C$$

$$a = \ln[\ln(\nu_1 + C)] - b \cdot \ln(T_1 + 273)$$

$$b = \frac{\ln[\ln(\nu_1 + C)] - \ln[\ln(\nu_2 + C)]}{\ln(T_1 + 273) - \ln(T_2 + 273)}$$

根据油品第一点、第二点动力黏度50℃黏度为12.032$mm^2/s$，100℃黏度为3.352$mm^2/s$，$\gamma_4^{20} = 0.930 \geqslant 0.9$，$C = 0.6$，计算轻蜡油66.4℃定性温度下运动黏度为7.123$mm^2/s$，动力黏度为6.624cP。

壳程壁温校正系数：$\phi_o = \left(\frac{\mu_{iD}}{\mu_w}\right)^{0.14} = \left(\frac{1.944}{6.624}\right)^{0.14} = 0.842$。

则 $h_o$ 计算如下：

$$h_o = \frac{\lambda_{oD}}{d_e} \cdot J_{Ho} \cdot Pr_o^{\frac{1}{3}} \cdot \phi_o \cdot \varepsilon_h = \left(\frac{0.1179}{0.02717}\right) \times 31.3 \times (35.92^{\frac{1}{3}}) \times 1.20 \times 0.842$$

$$= 452.8 [W/(m^2 \cdot K)]$$

4. 总传热系数计算

碳钢管壁金属热阻：根据《冷换设备工艺计算手册》[4]表1-10，碳钢导热系数为46.7W/(m·K)，碳钢金属热阻为：

$$r_p = \frac{d_o}{2\lambda_w} \cdot \ln\left(\frac{d_o}{d_i}\right) = \frac{0.025}{2 \times 46.7} \cdot \ln\left(\frac{25}{20}\right) = 0.00006 (m^2 \cdot K/W)$$

由于管程侧循环水结垢热阻为0.000172$m^2 \cdot K/W$，壳程侧轻蜡结垢热阻为0.000602

$(m^2 \cdot K)/W$

总传热系数，$h_i$、$r_i$ 以管内表面积为基准计算，则：

$$K = \frac{1}{\frac{A_o}{A_i}\cdot\left(\frac{1}{h_i}+r_i\right)+\left(\frac{1}{h_o}+r_o\right)+r_p} = \frac{1}{\frac{d_o}{d_i}\cdot\left(\frac{1}{h_i}+r_i\right)+\left(\frac{1}{h_o}+r_o\right)+r_p}$$

$$= \frac{1}{\frac{25}{20}\times\left(\frac{1}{2977.4}+0.000172\right)+\left(\frac{1}{452.8}+0.000602\right)+0.00006}$$

$$= 285.3[W/(m^2 \cdot K)]$$

清洁总传热系数，去除管内外污垢热阻得：

$$K' = \frac{1}{\frac{A_o}{A_i}\cdot\left(\frac{1}{h_i}+r_i\right)+\left(\frac{1}{h_o}+r_o\right)+r_p}$$

$$= \frac{1}{\frac{d_o}{d_i}\cdot\left(\frac{1}{h_i}+r_i\right)+\left(\frac{1}{h_o}+r_o\right)+r_p} = \frac{1}{\frac{25}{20}\cdot\left(\frac{1}{2977.4}+0\right)+\left(\frac{1}{452.8}+0\right)+0.00006}$$

$$= 372.1[W/(m^2 \cdot K)]$$

5. 传热面积计算

需要的传热面积：$S' = \frac{Q}{K\Delta T_m} = \frac{1.38}{285.3\times 84.59}\times 10^6 = 57.2m^2$。

忽略折流板和管板所占据的传热面积，实际传热面积为：

$$S = \pi d_o \cdot l \cdot n_t = 3.14\times 0.025\times 6\times 188 = 88.5(m^2)$$

面积富裕度：$\frac{88.5}{57.2}-1>5\%$，换热器满足正常工况要求，面积富裕度较大。

6. 压降计算

(1) 管程压力降

1) 管内压降：

管内摩擦系数：

因为管内流体雷诺数 $Re_i = 21081$，介于 $10^3 \sim 10^5$，则：

管内摩擦系数 $f_i = 0.4513 \cdot Re_i^{-0.2653} = 0.4513\times 21081^{-0.2653} = 0.032$。

管程直管压力降：$\Delta p_i = \frac{G_i^2}{2\rho_{iD}}\cdot\frac{L\cdot N_{tp}}{d_i}\cdot\frac{f_i}{\phi_i} = \frac{752.6^2}{2\times 994}\times\frac{6\times 2}{0.020}\times\frac{0.032}{1.07} = 5112.4Pa$。

回弯压力降：$\Delta p_r = \frac{G_i^2}{2\rho_{iD}}\cdot(4\cdot N_{tp}) = \frac{752.6^2}{2\times 994}\times 4\times 2 = 2279Pa$。

2) 进出口嘴子压力降：

管嘴 168mm，管程流体流经进出口管嘴的质量流速：

$$G_{Ni} = \frac{W_i}{\frac{\pi}{4}d_{Ni}^2} = \frac{23.33}{\frac{\pi}{4}0.168^2} = 1053[kg/(m^2 \cdot s)]$$

进出口嘴子压力降：$\Delta p_{Ni} = \frac{1.5G_{Ni}^2}{2\rho_{iD}} = \frac{1.5\times 1053^2}{2\times 994} = 836.6Pa$。

查《冷换设备工艺计算手册》[4] 附表 1－15，由于管程侧循环水结垢热阻为 0.000172

$(m^2 \cdot K)/W$，得管程压力降结垢校正系数 $F_i = 1.20$，则管程压力降为：

$$\Delta p_t = (\Delta p_i + \Delta p_r) \cdot F_i + \Delta p_{Ni} = (5112.4 + 2279) \times 1.20 + 836.6 = 9706(Pa)$$

(2) 壳程压力降

1) 壳程压降：

壳程摩擦系数：

因为光管管外流体雷诺数 $Re_o = 2903$，介于 1500 ~ 15000，则壳程摩擦系数 $f_o' = 0.731 \cdot Re_o^{-0.0774} = 0.731 \cdot 2903^{-0.0774} = 0.39$。

查《冷换设备工艺计算手册》[4] 附表 1－16，$\varepsilon_{\Delta p} = 1.73$，旁路挡板传热校正系数见表 3－103。

表 3－103 旁路挡板传热校正系数表

| 壳径/mm | 325 | 400 | 500 | 600 | 700 | 800 | 900 | 1000 | 1100 | 1200 | 1300 | 1400 | 1500 | 1600 | 1700 | 1800 |
|---|---|---|---|---|---|---|---|---|---|---|---|---|---|---|---|---|
| $\varepsilon_h$ | 1.30 | 1.26 | 1.23 | 1.20 | 1.18 | 1.17 | 1.15 | 1.14 | 1.13 | 1.12 | 1.11 | 1.10 | 1.09 | 1.08 | 1.07 | 1.06 |
| $\varepsilon_{\Delta p}$ | 1.90 | 1.87 | 1.85 | 1.73 | 1.64 | 1.58 | 1.52 | 1.51 | 1.50 | 1.45 | 1.40 | 1.35 | 1.30 | 1.25 | 1.20 | 1.15 |

管束压力降：$\Delta p_o = \frac{G_o^2}{2\rho_{oD}} \cdot \frac{D_s \cdot (N_b + 1)}{d_e} \cdot \frac{f_o}{\phi_o} \cdot \varepsilon_{\Delta p} = \frac{207.8^2}{2 \times 870.2} \times \frac{0.6 \cdot (39 + 1)}{0.02717} \times \frac{0.39}{0.842} \times 1.73 = 17561Pa$。

折流板块数：$N_b = \frac{L}{B} - 1 = \frac{6}{0.15} - 1 = 39$。

2) 导流筒压力降：

$$\Delta p_{ro} = \frac{G_{No}^2}{2\rho_{oD}} \cdot \varepsilon_{Ip} = \frac{814^2}{2 \times 870.2} \cdot 6 = 2285Pa$$

其中，导流筒的压力降系数一般取 5 ~ 7，取 $\varepsilon_{Ip} = 6$。

3) 进出口管嘴 114mm 内径：

$$G_{No} = \frac{W_o}{\frac{\pi}{4} d_{No}^2} = \frac{8.3}{\frac{\pi}{4} 0.114^2} = 814[kg/(m^2 \cdot s)]$$

进出口嘴子压力降：

$$\Delta p_{No} = 1.5 \frac{G_{No}^2}{2\rho_{oD}} = 1.5 \times \frac{814^2}{2 \times 870.2} = 571(Pa)$$

查《冷换设备工艺计算手册》[4] 附表 1－17，由于壳程轻蜡油结垢热阻为 $0.000602(m^2 \cdot K)/W$，得壳程压力降结垢校正系数 $F_o = 1.40$，则壳程压降：

$$\Delta p_s = \Delta p_o \cdot F_o + \Delta p_{ro} + \Delta p_{No} = 17561 \times 1.40 + 2285 + 571 = 27441(Pa)$$

(五) 计算结果

换热器计算结果见表 3－104。

(六) 小结

换热器核算与设计对比见表 3－105。

表 3-104　换热器计算结果一览表

| 类型 | 项目 | 管程 | 壳程 |
|---|---|---|---|
| | | 循环水 | 轻蜡油 |
| 操作条件 | 流体质量流速/(kg/s) | 23.33 | 8.3 |
| | 入口温度/℃ | 30 | 165 |
| | 出口温度/℃ | 44 | 89 |
| | 结垢热阻(min)/[(m² · K)/W] | 0.000172 | 0.000602 |
| 物理性质 | 油品：相对密度 $\lambda_4^{20}$ | 1 | 0.930 |
| | 特性因数 $K_F$ | | 11.3 |
| | 测试第一点黏度的温度/℃ | 30 | 50 |
| | 第一点黏度/cP | 0.8007 | 12.032 |
| | 测试第二点黏度的温度/℃ | 44 | 100 |
| | 第二点黏度/cP | 0.6097 | 3.352 |
| | 比热容/[kJ/(kg · ℃)] | 4.1779 | 2.1784 |
| | 黏度/cP | 0.7140 | 1.944 |
| | 导热系数/[W/(m · ℃)] | 0.6243 | 0.1179 |
| 结构参数 | 壳体外径　600mm | 台数 | 1 |
| | 管径　φ25mm×2.5mm | 壳程数 | 1 |
| | 管长 6m | 管心距/mm | 32 |
| | 管数 188 | 管子排列 | 正方形 |
| | 传热面积 57.2m² | 折流板数 | 39 |
| | 管程数 2 | 折流板距/mm | 0.15 |
| | | 材质 | 碳钢 |
| 主要计算结果 | | 管程 | 壳程 |
| 质量流速/[kg/(m² · s)] | | 752.6 | 207.8 |
| 结垢热阻/[(m² · ℃)/W] | | 0.000172 | 0.000602 |
| 膜传热系数/[W/(m² · ℃)] | | 2977.4 | 452.8 |
| 压降/kPa | | 9706Pa | 27441Pa |
| 总传热系数/[W/(m² · ℃)] | | 285.3 | |

表 3-105　换热器核算与设计对比表

| 项目 | | 介质 | 入口温度/℃ | 出口温度/℃ | 流量，/(kg/h) | 热负荷，/kW | 有效传热温差/℃ | 膜传热系数/[W/(m² · ℃)] | 总传热系数/[W/(m² · ℃)] | 计算传热面积/m² |
|---|---|---|---|---|---|---|---|---|---|---|
| 设计 | 管程 | 循环水 | 32 | 42 | 88000 | 1049 | 68.3 | 2986 | 255.4 | 60.2 |
| | 壳程 | 轻蜡油 | 142 | 80 | 30000 | | | 370.07 | | |
| 操作 | 管程 | 循环水 | 30 | 44 | 84000 | 1380 | 84.59 | 2977.4 | 285.3 | 57.2 |
| | 壳程 | 轻蜡油 | 165 | 89 | 29900 | | | 452.8 | | |

通过计算，换热器设计面积富裕较大，并且实际计算传热面积 57.2m² 略低于设计计算值 60.2m²，总传热系数 285.3W/(m² · ℃)大于设计值 255.4W/(m² · ℃)，传热温差 84.59℃远大于设计值 68.3℃，总体换热负荷大于设计值。主要是由于介质流量基本接近，蜡油入口温度 165℃远高于设计值 142℃，由于蜡油侧雷诺数、膜传热因子等参数均提高，导致管外膜传热系数 452.8W/(m² · ℃)却远高于设计值 370.07W/(m² · ℃)，因此在管程膜传热系数 2977.4W/(m² · ℃)与设计值 2986W/(m² · ℃)略为接近时，管外膜传热系数大

幅提高，同时传热温差也上升，造成换热偏离设计。

## 八、焦炭塔工艺计算

（一）焦炭塔工艺概况

1. 焦炭塔工艺流程简图

焦炭塔工艺流程见图3－29。

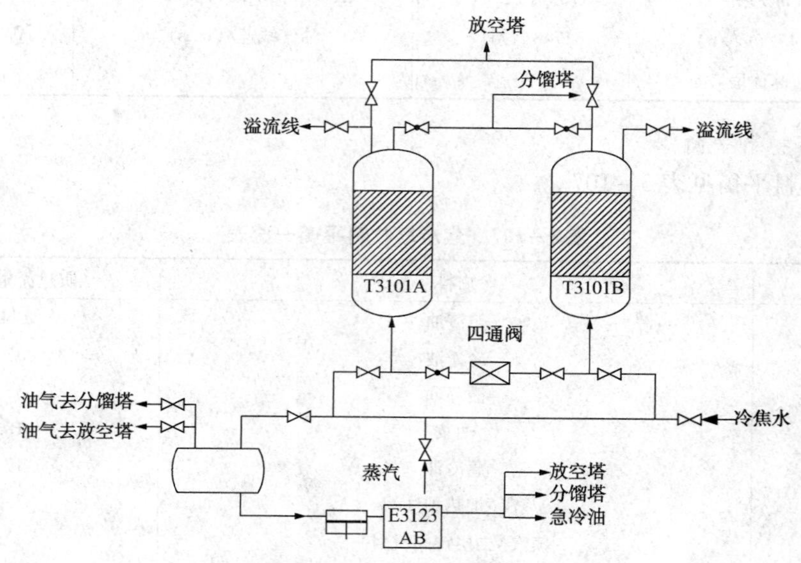


图3－29　焦炭塔工艺流程简图

2. 焦炭塔设备简图

焦炭塔设备见图3－30。

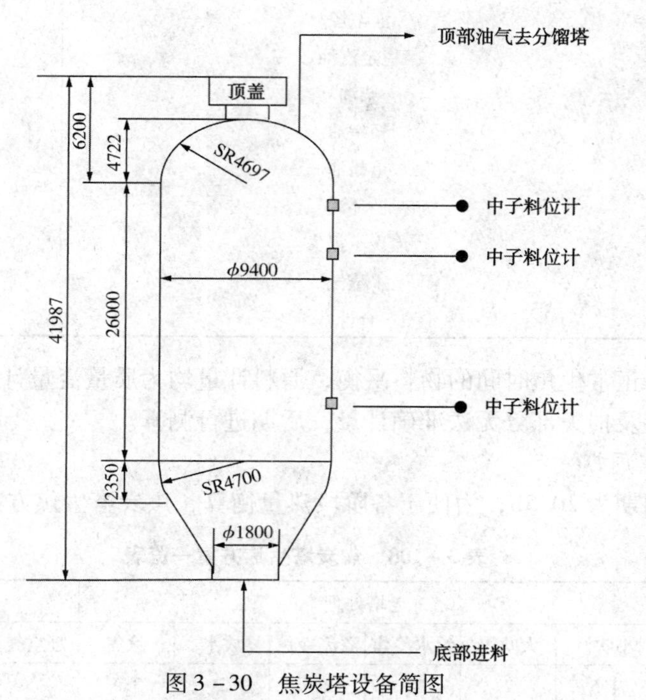


图3－30　焦炭塔设备简图

焦炭塔设备数据见表3－106。

**表3－106 焦炭塔设备数据一览表**

| 项 目 | 规 格 | 项目 | 规格 |
|---|---|---|---|
| 焦炭塔台数 | 2台 | 焦炭塔泡沫层高/m | 2 |
| 焦炭塔直径/mm | $\phi$9400 | 焦炭塔安全高度/m | 4 |
| 焦炭量/($m^3$/塔) | 1587(设计) | 焦炭塔切线高(筒体)/m | 26 |
| 焦炭塔油气量/($m^3$/h) | 31748(设计) | 油气线速/(m/s) | 0.127(设计) |
| 焦炭塔焦高(筒体段)/m | 20 | | |

3. 焦炭塔物料平衡

焦炭塔物料平衡见表3－107。

**表3－107 焦炭塔物料平衡一览表**

| 物料平衡 | 物料 | 质量流量/(t/h) |
|---|---|---|
| 进方 | 热渣油 | 144.4 |
| | 冷渣油 | 35.5 |
| | 循环油 | 53.4 |
| | 油浆 | 18.6 |
| | 急冷油 | 17.8 |
| | 蒸汽(加热炉注汽) | 3.26 |
| | 蒸汽(二层特阀汽封) | 1.61 |
| | 蒸汽(三层特阀、旋塞阀、底盖机、溢流线、消泡剂线汽封) | 6.13 |
| | 合计 | 280.7 |
| 出方 | 干气 | 16.6 |
| | 液态烃 | 2.8 |
| | 稳定汽油 | 26 |
| | 柴油 | 49.5 |
| | 轻蜡油 | 25.3 |
| | 重蜡油 | 41.5 |
| | 循环油 | 53.4 |
| | 焦炭＋损失 | 54.6 |
| | 水蒸气 | 11 |
| | 合计 | 280.7 |

以上为焦炭塔正常生焦时间的物料平衡，原料计量均为质量流量计，产品均为出装置质量流量测定，焦炭及损失部分无法准确计量，后期进行测算。

4. 焦炭塔生焦周期

焦炭塔生焦周期为20.5h，为便于各阶段热量衡算，焦炭塔生焦方案见表3－108。

**表3－108 焦炭塔生焦方案一览表** h

| 生焦(20.5h方案) | 老塔处理 | | | | | | 新塔处理 | |
|---|---|---|---|---|---|---|---|---|
| 20.5h | 小吹汽 | 大吹汽 | 给水冷焦 | 溢流冷焦 | 放水 | 除焦 | 赶空气、试压、撤压 | 新塔预热 |
| | 1.5 | 2 | 4 | 2.5 | 2 | 3.5 | 1 | 4 |

（二）焦炭塔热量衡算

1. 原料供热

根据焦炭塔物料平衡，进而进行焦炭塔的热量衡算，由于焦炭塔内生焦反应伴随着裂化和缩合反应，焦炭塔内伴有一定的反应热以及散热损失等。焦炭塔内进出物料焓差均采用统一公式，统一基准进行计算。并且，焦炭塔进料根据加热炉出口物料进行核算，焦炭及焦炭塔塔壁金属热进行公式简化计算。

焦炭塔进料热量核算见表3－109。

**表3－109　焦炭塔进料热量核算一览表**

| 焦炭塔进方 | 物料 | 流量/(t/h) | 进焦炭塔温度/℃ | 焦炭塔进液体焓值/(kJ/kg) | 焦炭塔进气体焓值/(kJ/kg) | 焦炭塔进热量/(kJ/h) |
|---|---|---|---|---|---|---|
| 气相部分 | 蒸汽(加热炉注汽) | 3.26 | 485.5 | | 3452.2 | 11254172.0 |
| | 蒸汽(二层特阀汽封) | 1.61 | 308.4 | | 3069.7 | 4942217.0 |
| | 蒸汽(三层特阀、旋塞阀、底盖机、溢流线、消泡剂线汽封) | 6.13 | 220.3 | | 2883.3 | 17674629.0 |
| | 急冷油(重蜡) | 17.8 | 85 | 153.6 | | 2733810.6 |
| | 干气 | 1.6 | 485.5 | | 1367.5 | 2167711.4 |
| | 液化气 | 0.3 | 485.5 | | 1231.8 | 329350.3 |
| | 汽油 | 2.5 | 485.5 | | 1560.0 | 3872983.7 |
| | 柴油 | 4.7 | 485.5 | | 1457.1 | 6887167.5 |
| | 轻蜡油 | 2.4 | 485.5 | | 1422.4 | 3436255.6 |
| | 重蜡油 | 4.4 | 485.5 | | 1416.1 | 6233781.7 |
| | 循环油 | 35.7 | 485.5 | | 1409.1 | 50250608.9 |
| 液相部分 | 渣油 | 165.5 | 485.5 | 1405.2 | | 232572514.2 |
| | 循环油 | 17.7 | 485.5 | 1382.1 | | 24515586.6 |
| | 油浆 | 17.1 | 485.5 | 1335.8 | | 22858296.8 |
| 合计 | | 280.7 | | | | 389729085.4 |

2. 焦炭塔散热

根据公式计算外表面的散热损失量[17,18]。

$$q=3.6\times(10+v^{0.5})(t_1-t_0)$$

式中　$q$——表面热流量，kJ/(m²·h)；

$v$——环境风速，m/s；

$t_1$——外壁平均温度，℃；

$t_0$——环境温度，℃。

标定检测仅有上、中、下平均表面温度检测，平均风速按2m/s、环境温度按20℃、塔设计面积按1250m² 计算，得出散热损失见表3－110。

**表 3－110　焦炭塔散热数据一览表**

| 焦炭塔 | 表面平均温度/℃ | 焦炭塔 | 表面平均温度/℃ |
|---|---|---|---|
| 上部 | 65 | 下部 | 58 |
| 中部 | 54 | 平均 | 59 |

计算得，焦炭塔在生焦期间的散热损失为 2003194kJ/h（$48 \times 10^4$kcal/h）。

3. 焦炭塔反应热

通过对焦炭塔全塔进行热量衡算，得焦炭塔内的反应热。焦炭塔全塔热量衡算见图 3－31。

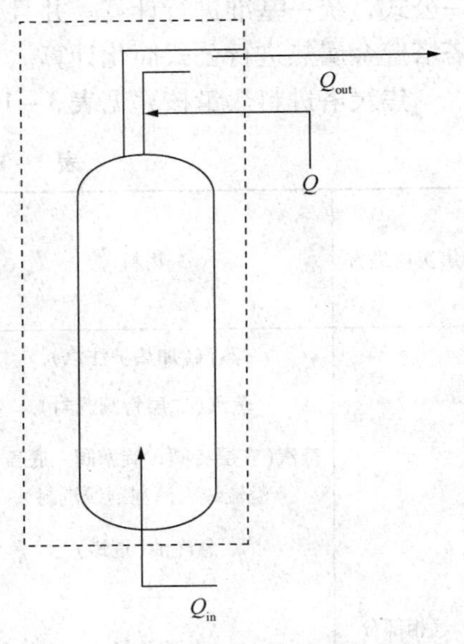


图 3－31　焦炭塔全塔热量衡算图

由于计算石油物料焓值公式较多，并且基准不一，为统一基准和计算方法，本次计算均采用统一的计算公式，其中，液相焓以 －17.8℃ 为基准，使用焓值公式[10]：

$$h_{液} = 4.1868 \times (0.055 \times K + 0.35) \times [1.8 \times (0.0004061 - 0.0001521 \times S) \times (T + 17.8)^2 + (0.6783 - 0.3063 \times S) \times (T + 17.8)]$$

式中　$h_{液}$——液相焓值，kJ/kg；

$K$——油品 $K$ 值；

$S$——相对密度；

$T$——温度，℃。

纯烃气相焓根据《石油炼制设计数据图表集》[9]公式计算，计算时基准需换算至 －17.8℃基准：

$$h^0 = h_0^0 + A\left(\frac{T}{100}\right) + 1.8B\left(\frac{T}{100}\right)^2 + 3.24C\left(\frac{T}{100}\right)^3 + 0.3087D\left(\frac{100}{T}\right) + 0.55556E$$

式中　$h^0$——理想气体在 $T^0$K 时的焓，kcal/kg；

$h_0^0$——基准焓值，对烃类 $h_0^0 = 0$kcal/kg（－129℃时饱和液相的焓），对非烃类则以 $0^0$K 时的理想气体的焓 $h_0^0 = 0$；

$A$、$B$、$C$、$D$、$E$——系数，见《石油炼制设计数据图表集》表 7－1－2[9]。

固体焦炭根据比热参考煤比热容，按照 0.3kcal/（kg·℃）计算。

焦炭塔反应热计算见表 3－111。

**表 3－111　焦炭塔反应热计算一览表**

| 焦炭塔进方 | 物料 | 流量/(t/h) | 进焦炭塔温度/℃ | 焦炭塔进液体焓值/(kJ/kg) | 焦炭塔进气体焓值/(kJ/kg) | 焦炭塔进热量/(kJ/h) |
|---|---|---|---|---|---|---|
| 气相部分 | 蒸汽（加热炉注汽） | 3.26 | 485.5 | | 3452.2 | 11254172.0 |
| | 蒸汽（二层特阀汽封） | 1.61 | 308.4 | | 3069.7 | 4942217.0 |
| | 蒸汽（三层特阀、旋塞阀、底盖机、溢流线、消泡剂线汽封） | 6.13 | 220.3 | | 2883.3 | 17674629.0 |

续表

| 焦炭塔进方 | 物料 | 流量/(t/h) | 进焦炭塔温度/℃ | 焦炭塔进液体焓值/(kJ/kg) | 焦炭塔进气体焓值/(kJ/kg) | 焦炭塔进热量/(kJ/h) |
|---|---|---|---|---|---|---|
|  | 急冷油(重蜡) | 17.8 | 85 | 153.6 |  | 2733810.6 |
| 气相部分 | 干气 | 1.6 | 485.5 |  | 1367.5 | 2167711.4 |
|  | 液化气 | 0.3 | 485.5 |  | 1231.8 | 329350.3 |
|  | 汽油 | 2.5 | 485.5 |  | 1560.0 | 3872983.7 |
|  | 柴油 | 4.7 | 485.5 |  | 1457.1 | 6887167.5 |
|  | 轻蜡油 | 2.4 | 485.5 |  | 1422.4 | 3436255.6 |
|  | 重蜡油 | 4.4 | 485.5 |  | 1416.1 | 6233781.7 |
|  | 循环油 | 35.7 | 485.5 |  | 1409.1 | 50250608.9 |
| 液相部分 | 渣油 | 165.5 | 485.5 | 1405.2 |  | 232572514.2 |
|  | 循环油 | 17.7 | 485.5 | 1382.1 |  | 24515586.6 |
|  | 油浆 | 17.1 | 485.5 | 1335.8 |  | 22858296.8 |
| 合计 |  | 280.7 |  |  |  | 389729085.4 |

| 焦炭塔出方 | 物料 | 流量/(t/h) | 出焦炭塔温度/℃ | 焦炭塔进液体焓值/(kJ/kg) | 焦炭塔出气体焓值/(kJ/kg) | 焦炭塔出热量/(kJ/h) |
|---|---|---|---|---|---|---|
|  | 蒸汽(加热炉注汽) | 3.26 | 420 |  | 3318 | 10816680.0 |
|  | 蒸汽(二层特阀汽封) | 1.61 | 420 |  | 3318 | 5341980.0 |
|  | 蒸汽(三层特阀、旋塞阀、底盖机、溢流线、消泡剂线汽封) | 6.13 | 420 |  | 3318 | 20339340.0 |
| 气相部分 | 干气 | 16.6 | 420 |  | 1163.6 | 19316004.7 |
|  | 液化气 | 2.8 | 420 |  | 1039.7 | 2911185.4 |
|  | 汽油 | 26.0 | 420 |  | 1355.5 | 35242523.8 |
|  | 柴油 | 49.5 | 420 |  | 1262.9 | 62515453.7 |
|  | 轻蜡油 | 25.3 | 420 |  | 1229.7 | 31112003.0 |
|  | 重蜡油 | 41.5 | 420 |  | 1223.0 | 50754741.6 |
|  | 循环油 | 53.4 | 420 |  | 1216.3 | 64952786.2 |
|  | 石油焦 | 54.6 |  |  |  | 23279256.0 |
| 合计 |  | 280.7 |  |  |  | 326581954.4 |

经核算，去掉焦炭塔散热损失，焦炭塔内的反应热为 $1461\times10^4$kcal/h，即得出焦炭塔内的反应热为 $5.2\times10^4$kcal/t 原料。

4. 小吹汽阶段热量平衡

小吹汽根据生焦时间表，共计 1.5h。具体物料衡算以小吹汽可吹出组分为：可挥发轻油(气体、汽、柴)按5%石油焦重量计，可挥发重油(蜡油)按10%石油焦重量计。热量衡算中，焦炭塔塔体的比热容取 0.11kcal/(kg·℃)，焦炭的比热容取 0.3kcal/(kg·℃)，其余气相、液相焓均根据相同基准及公式进行计算。

焦炭塔小吹汽阶段热量衡算见表3-112。

表3-112 焦炭塔小吹汽阶段热量衡算一览表

| 焦炭塔 | 物料 | 质量/t | 温度/℃ | 热焓/(kJ/kg) | 焦炭塔热量/kJ |
|---|---|---|---|---|---|
| 始态 | | | | | |
| 焦炭 | 焦炭 | 1119.3 | 440.0 | cp(均)=0.3kcal/(kg·℃) | 477224748.0 |
| 可挥发轻油 | 干气 | 9.8 | 440.0 | 1213.2(气) | 11876593.6 |
| | 液化气 | 1.7 | 440.0 | 1086.4(气) | 1793876.6 |
| | 汽油 | 15.3 | 440.0 | 1416.5(气) | 21719687.0 |
| | 柴油 | 29.2 | 440.0 | 1320.9(气) | 38558252.3 |
| 可挥发重油 | 轻蜡油 | 111.9 | 440.0 | 1287.2(液体) | 138485131.1 |
| | 蒸汽 | 4.9 | 220.3 | 2883.3(气) | 14128170.0 |
| 塔体 | 塔体吨重 | 300.3 | 440.0 | cp(均)=0.11kcal/(kg.℃) | 46938839.3 |
| 合计 | | | | | 750725298.0 |
| 终态 | | | | | |
| 焦炭 | 焦炭 | 1119.3 | 423 | | 453363510.6 |
| 可挥发轻油 | 干气 | 9.8 | 423 | 1157.1(气) | 11326899.0 |
| | 液化气 | 1.7 | 423 | 1033.5(气) | 1706605.2 |
| | 汽油 | 15.3 | 423 | 1364.6(气) | 20922656.3 |
| | 柴油 | 29.2 | 423 | 1271.6(气) | 37118428.5 |
| 可挥发重油 | | 111.9 | 423 | 1238.3(液) | 131575913.5 |
| 蒸汽 | | 4.9 | 423 | 3325.6(气) | 16295440.0 |
| 塔体 | | 300.3 | 423 | | 44591897.4 |
| 热损失 | | | | | |
| 合计 | | | | | 716901350.4 |

因此，焦炭塔小吹汽阶段焦炭塔散热损失为33823947.6kJ，即$808\times10^4$kcal。

5. 大吹汽阶段热量平衡

大吹汽根据生焦时间表，共计2h。具体物料衡算以大吹汽可吹出组分为：可挥发重油(蜡油)按10%石油焦重量计。热量衡算中，焦炭塔塔体的比热容取0.11kcal/(kg·℃)、焦炭的比热容取0.3kcal/(kg·℃)，其余气相、液相焓均根据相同基准及公式进行计算。

焦炭塔大吹汽阶段热量衡算见表3-113。

表3-113 焦炭塔大吹汽阶段热量衡算一览表

| 焦炭塔 | 物料 | 质量/t | 温度/℃ | 液体焓/(kJ/kg) | 气体焓/(kJ/kg) | 焦炭塔热量/kJ |
|---|---|---|---|---|---|---|
| 始态 | | | | | | |
| 焦炭 | 焦炭 | 1119.3 | 423 | | cp(均)=0.3kcal/(kg·℃) | 453363510.6 |

续表

| 焦炭塔 | 物料 | 质量/t | 温度/℃ | 液体焓/(kJ/kg) | 气体焓/(kJ/kg) | 焦炭塔热量/kJ |
|---|---|---|---|---|---|---|
| 可挥发重油 | 轻蜡油 | 111.9 | 423.0 | 1078.5 | | 120711847.2 |
| | 蒸汽 | 21.0 | 220.3 | | 2883.3 | 60549300.0 |
| 塔体 | 塔体 | 300.3 | 423.0 | | | 44591897.4 |
| 合计 | | | | | cp(均)=0.11kcal/(kg·℃) | 679216555.2 |
| 终态 | | | | | | |
| 焦炭 | 焦炭 | 1119.3 | 403 | | | 425291466.6 |
| 可挥发重油 | | 111.9 | 403 | | 1181.8 | 132280649.3 |
| 蒸汽 | | 21.0 | 403 | | 3325.6 | 69837600.0 |
| 塔体 | | 300.3 | 403 | | | 41830789.2 |
| 热损失 | | | | | | |
| 合计 | | | | | | 669240505.0 |

因此，焦炭塔大吹汽阶段焦炭塔散热损失为9976050.2kJ，即238×10^4kcal。

6. 小给水阶段热量平衡

小给水根据生焦时间表，结束大吹汽后立即给水冷焦。具体物料衡算以小给水可吹出组分为79t汽化水(给水流量计)。热量衡算中，焦炭塔塔体的比热容取0.11kcal/(kg·℃)，焦炭的比热容取0.3kcal/(kg·℃)。

焦炭塔小给水阶段热量衡算见表3-114。

**表3-114 焦炭塔小给水阶段热量衡算一览表**

| 焦炭塔 | 物料 | 质量/t | 温度/℃ | 液体焓值/(kJ/kg) | 焓/(kJ/kg) | 焦炭塔热量/kJ |
|---|---|---|---|---|---|---|
| 始态 | | | | | | |
| 焦炭 | 焦炭 | 1119.3 | 423 | | cp(均)=0.3kcal/(kg·℃) | 453363510.6 |
| | 冷焦水 | 79.0 | 32.0 | 147.5 | | 11652500.0 |
| 塔体 | 塔体 | 300.3 | 403.0 | | | 41830789.2 |
| 合计 | | | | | cp(均)=0.11kcal/(kg·℃) | 506846799.8 |
| 终态 | | | | | | |
| 焦炭 | 焦炭 | 1119.3 | 282.9 | | | 256718842.4 |
| | 冷焦水蒸气 | 79.0 | 282.9 | | 2738.8 | 216365200.0 |
| 塔体 | | 300.3 | 282.9 | | | 25250334.5 |
| 热损失 | | | | | | |
| 合计 | | | | | | 498334376.8 |

因此，焦炭塔小给水阶段焦炭塔散热损失为8512422.9 kJ，即203×10^4kcal。

7. 大给水阶段热量平衡

大给水根据生焦时间表，给水冷焦为4h。具体物料衡算以给水流量计为计量(见

图 3－31）。热量衡算中，焦炭塔塔体的比热容取 0.11kcal/(kg·℃)，焦炭的比热容取 0.3kcal/(kg·℃)。

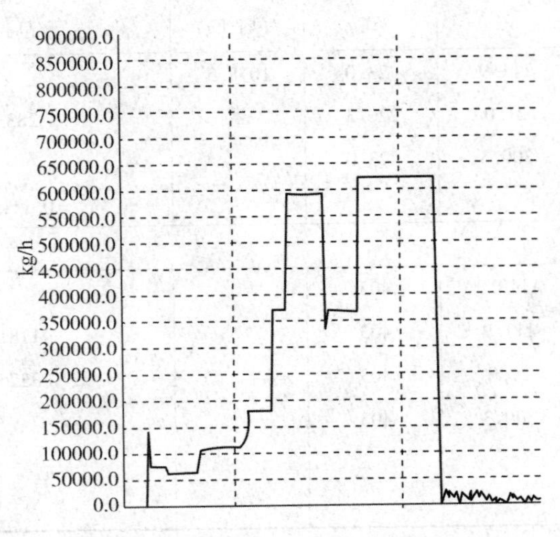


图 3－31　焦炭塔给水流量图

焦炭塔大给水阶段热量衡算见表 3－115。

**表 3－115　焦炭塔大给水阶段热量衡算一览表**

| 焦炭塔 | 物料 | 质量/t | 温度/℃ | 液体焓/(kJ/kg) | 焦炭塔热量/kJ |
|---|---|---|---|---|---|
| 始态 | | | | | |
| 焦炭 | 焦炭 | 1119.3 | 282.9 | cp(均)=0.3kcal/(kg·℃) | 256718842.4 |
| | 冷焦水 | 1188.0 | 32.0 | 147.5 | 175230000.0 |
| 塔体 | 塔体 | 800.0 | 282.9 | cp(均)=0.11kcal/(kg·℃) | 67277936.0 |
| 合计 | | | | | 499226778.4 |
| 终态 | | | | | |
| 焦炭 | 焦炭 | 1119.3 | 100 | | 0.0 |
| | 冷焦水 | 1188.0 | 100 | 414.88 | 492877440.0 |
| 塔体 | | 800.0 | 100 | | 0.0 |
| 热损失 | | | | | |
| 合计 | | | | | 492877440.0 |

因此，焦炭塔大给水阶段焦炭塔散热损失为 6349338.4kJ，即 $152\times10^4$kcal。

（三）焦炭塔工艺计算

1. 焦炭塔空高计算

安全空高一般为塔顶切线离泡沫层顶部的距离。焦炭塔一般安全空高取 3～5m，空高越大，焦炭塔的利用率越低，但油气在塔内的停留时间延长，对减少油气线和分馏塔内结焦有利。

焦炭塔设备简图见图 3－31。

（1）焦炭总质量

根据焦炭塔物料平衡，焦炭产量为54600kg/h，装置生焦时间为20.5h，则每塔焦炭产量1119300kg。

（2）实焦高度

取焦炭密度800kg/m$^3$，则焦炭总体积为$V = 1119300/800 = 1399\text{m}^3$。

焦炭塔塔底椎体设备简图见图3－32。

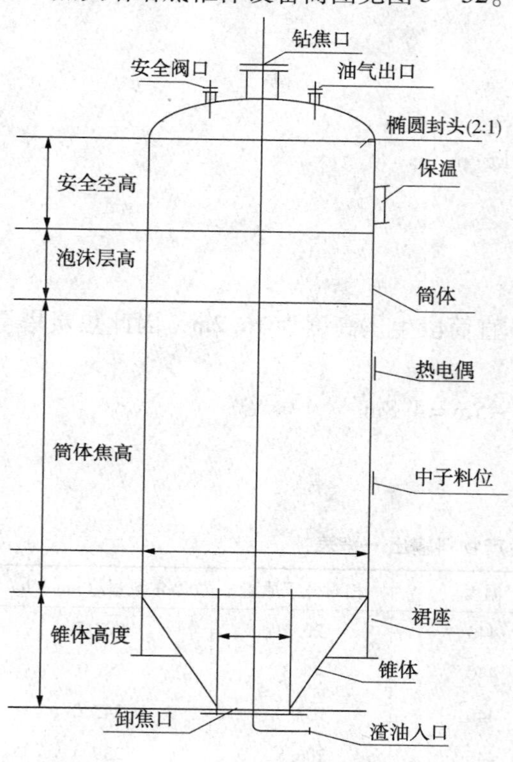


图3－31　焦炭塔设备简图

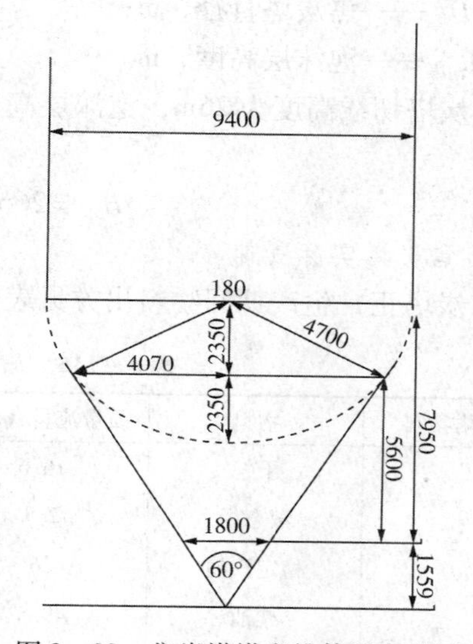


图3－32　焦炭塔塔底椎体设备简图

根据椎体60°角及圆台切线焊接设计，球台高度$h = 2350\text{mm}$，大椎体高度$H = 7049\text{mm}$、半径为4070mm；除焦塔口1800mm直径，小椎体高度$H'' = 1559\text{mm}$、半径为900mm；圆台高度$=7950-1559=6491\text{mm}$。

球缺体积：$\frac{1}{3}\pi(3R-h)\times h^2 = \frac{1}{3}\pi(3\times4700-2350)\times2350^2 = 67.85\text{m}^3$。

球体积：$\frac{4}{3}\pi 4.7^3 = 434.7\text{m}^3$。

球台体积：$434.7/2-67.85 = 149.5\text{m}^3$。

圆台体积：$\frac{1}{3}\pi h(R^2+Rr+r^2) = \frac{1}{3}\pi(7159-1559)(4070^2+4070\times900+900^2)$
$=123.3\text{m}^3$。

椎体体积：$149.5+123.3 = 272.8\text{m}^3$。

筒体焦炭体积：$1399-272.8 = 1126.3\text{m}^3$。

筒体焦高：$1126.3/(0.785\times9.4\times9.4) = 16.2\text{m}$。

实焦高度包括直筒段生焦高度和底部锥段高度；

实焦高度：$H_{焦}=16.2m+7.95m=24.2m$。

现场实测焦高为：24m（椎体+筒体）。

（3）焦炭塔空高

1）焦炭塔空高：

$$H_{空高}=H_{切}-\left(\frac{G_{焦}\times\tau_{焦}}{\rho_{焦}}V_{锥}\right)/0.785D_{塔}^{2}-H_{泡沫}$$

式中 $H_{切}$——焦炭塔切线高度，m；

$G_{焦}$——焦炭生焦量，kg/h；

$\tau_{焦}$——生焦时间，h；

$\rho_{焦}$——塔内焦炭堆密度，$kg/m^3$（800～900$kg/m^3$）；

$V_{锥}$——焦炭塔锥体体积：$m^3$；

$D_{塔}$——焦炭塔直径，m；

$H_{泡沫}$——泡沫层高度，m。

焦炭塔切线高度为26m，泡沫层高度为5m，直筒段生焦高度为16.2m，因此焦炭塔空高为：

$$H_{空}=26m-16.2m-5m=4.8m$$

2. 焦炭塔实际气速

焦炭塔正常生产期间物料出方见表3－116。

**表3－116 焦炭塔正常生产物料输出一览表**

| 焦炭塔物料 | 物料 | 质量流量/(t/h) | 温度 | 相对分子质量 | 摩尔流量/(kmol/h) |
|---|---|---|---|---|---|
| 出方 | 干气 | 16.6 | 440 | 20.2 | 823.7 |
| | 液态烃 | 2.8 | 440 | 48.3 | 58.0 |
| | 稳定汽油 | 26 | 440 | 107.0 | 243.0 |
| | 柴油 | 49.5 | 440 | 206.8 | 239.4 |
| | 轻蜡油 | 25.3 | 440 | 304.3 | 83.1 |
| 出方 | 重蜡油 | 28.3 | 440 | 350.8 | 80.7 |
| | 循环油 | 53.4 | 440 | 375.3 | 142.3 |
| | 水蒸气 | 11 | 440 | 18.0 | 611.1 |
| | 合计 | 212.9 | | | 2281.3 |

焦炭塔内的气体体积流量为：

$$V=22.4\times N\times\frac{273+T}{273\times P\times3600}=12.78(m^3/s)$$

焦炭塔筒体的截面积为69.36$m^2$。

焦炭塔的实际气速为：

$$u=\frac{V}{s}=\frac{12.78}{69.36}=0.18(m/s)$$

3. 焦炭塔允许气速

由于焦炭塔内泡沫层为反应区，一般不希望正在反应的泡沫被油气夹带到焦炭塔顶口的大油气管线和分馏塔，导致该管线结焦和分馏塔内结焦，焦炭塔塔内的允许气速计算如下。

根据焦炭塔内气体质量流量和体积流量，得焦炭塔内气体密度：

$$\rho_v = \frac{212.9}{12.78} = 4.6(\text{kg/m}^3)$$

根据中子料位计的测定及资料介绍，泡沫层密度一般为 30 ~ 300kg/m³，泡沫层密度为 $\rho_L = 100\text{kg/m}^3$，利用以下公式计算塔内允许气相线速度：

$$u_c = 0.048 \times \sqrt{\frac{\rho_L - \rho_v}{\rho_v}} = 0.048 \times \left(\frac{100 - 4.63}{4.63}\right)^{0.5} = 0.22$$

计算得出焦炭塔内允许气速为 $u_c = 0.22\text{m/s}$。

4. 可沉降焦粉粒径

计算焦粉沉降假定条件：

1）颗粒为球形；

2）颗粒沉降时彼此相距较远，互不干扰；

3）容器壁对沉降的阻滞作用可以忽略。

焦炭塔气体黏度计算：

方法一，计算焦炭塔内油气黏度[7]：

$$\mu = -0.0092696 + (0.00138323 - 5.97124 \times 10^{-5} M^{0.5}) T^{0.5} + 1.1249 \times 10^{-5} M = 0.0134(\text{cP})$$

式中 $\mu$——黏度，cP；

$T$——温度，K；

$M$——相对分子质量。

方法二，根据《石油化工工艺计算图表》[5] 查图 3-33 可得。

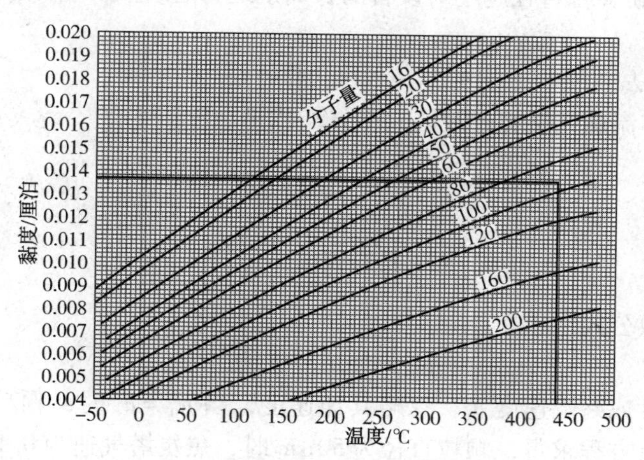


图 3-33　焦炭塔气体黏度计算图

计算得油气相对分子质量为 93，查图 3-33 得，焦炭塔内油气黏度为 0.0136cP，与公式基本一致。

沉降计算（试差法）：

1）首先，假设流体流动类型在过渡区，$Re = 2 \sim 500$。

$$\xi = \frac{18.5}{Re^{0.60}}$$

$$u_0 = \left[\frac{4gd(\rho_l - \rho_v)}{3\rho_v \xi}\right]^{0.5}$$

式中　$d$——颗粒直径，m；

$\rho_l$——颗粒密度，$kg/m^3$；

$\rho_v$——气体密度，$kg/m^3$；

$g$——重力加速度，9.81$m/s^2$；

$u$——焦炭塔内气速，m/s；

$\mu$——气体黏度，Pa·s；

$\xi$——阻力因子，雷诺数的函数。

重力沉降雷诺数公式[19]：

$$Re = d \cdot u_0 \cdot \rho_V / \mu_V$$

颗粒的沉降速度或终端速度 $u_t$，忽略其加速度，当 $u_0 = u_t$ 时，颗粒静止地悬浮于流体中。因此，当焦炭塔气速为0.18m/s时，联立以上方程求得，颗粒直径为58μm。

2）验证流体流动：

$$Re = d \cdot u_0 \cdot \frac{\rho_V}{\mu_V} = 58 \times 10^{-6} \times 0.18 \times \frac{4.6}{0.134 \times 10^{-3}} = 3.6$$

因此，流体流动在过度区域，符合假设。

即可沉降的颗粒直径为58μm。

5. 焦炭塔临界气速

由于延迟焦化装置的关键设备，如辐射进料泵、压缩机等，要求操作介质中焦粉颗粒直径小于50μm，且焦粉颗粒直径越小对设备的长周期运行越有利[20]。因此，对50μm焦粉颗粒直径进行计算研究。

沉降计算（试差法）：

首先，假设流体流动类型在过渡区，$Re = 2 \sim 500$

$$\xi = \frac{18.5}{Re^{0.60}}$$

$$u_0 = \left[\frac{4gd(\rho_l - \rho_v)}{3\rho_v \xi}\right]^{0.5}$$

重力沉降雷诺数公式[19]：

$$Re = d \cdot u_0 \cdot \rho_V / \mu_V$$

颗粒的沉降速度或终端速度 $u_t$，忽略其加速度，当 $u_0 = u_t$ 时，颗粒静止地悬浮于流体中。因此，联立以上方程求得，颗粒直径为50μm时，焦炭塔气速为0.15m/s。

验证流体流动：

$$Re = d \cdot u_0 \cdot \frac{\rho_V}{\mu_V} = 50 \times 10^{-6} \times 0.15 \times \frac{4.6}{0.134 \times 10^{-3}} = 2.6$$

式中　$d$——颗粒直径，m；

$\rho_v$——气体密度，$kg/m^3$；

$u_0$——焦炭塔内气速，m/s；

$\mu_V$——气体黏度，Pa·s。

因此，流体流动在过度区域，符合假设。

即颗粒直径为50μm时，焦炭塔气速为0.15m/s。

（四）总结

1）通过计算，焦炭塔散热损失较大，尤其是正常生焦阶段，散热损失高达48×$10^4$kcal/h，因此通过计算反应热得，每小时散热损失可以为9.2t原料提供反应热。由此可见，焦炭塔保温工作尤其需要重视，理论研究每提高焦炭塔介质温度5.6℃，装置液收增加1.1%。因此，改善焦炭塔保温不仅节能效益明显，经济效益也明显提高。

2）焦炭塔允许气速为0.22m/s，实际气速为0.18m/s，虽未超过允许气速，正常生产期间泡沫层不会大量携带。但实际气速已超过计算临界气速0.15m/s，即可沉降颗粒直径58μm，大于50μm焦粉颗粒。由于焦粉颗粒越小，焦粉越容易达到悬浮状态。因此，当前气速下油气易携带细小焦粉进入分馏塔及后续系统，这就解释了本装置焦化富气、汽油、柴油、污水中含有特别细小的焦粉的原因，会影响下游装置操作。

## 九、装置能耗计算

焦化装置能源消耗网络图见图3－34。

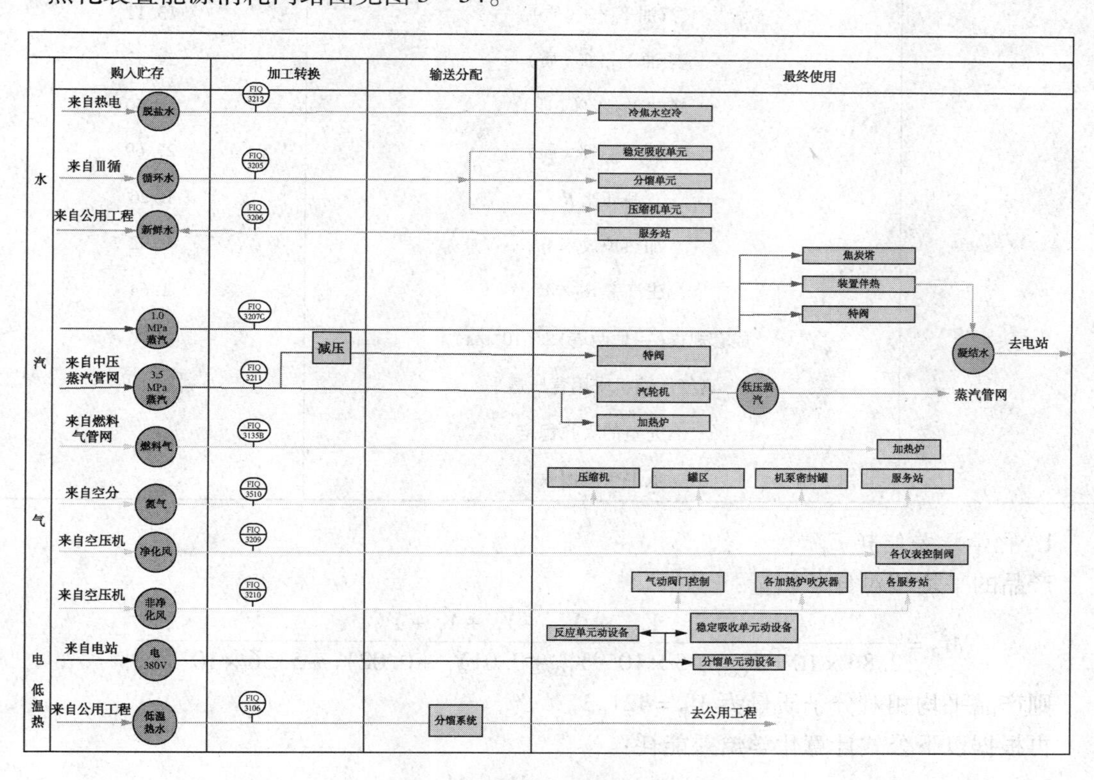


图3－34　装置能源消耗网络图

（一）基准能耗

利用反向法计算焦化装置基准能耗。

反向法的基准能耗计算公式如下：

$$E_B = \sum_{i=1}^{10} E_i$$

其中，化学焓差能耗为$E_1$，加热炉散热与排烟能耗为$E_2$，装置电耗为$E_3$，蒸汽能耗为

$E_4$，富气压缩机能耗为 $E_5$，工艺利用与回收环节的散热能耗为 $E_6$，装置排弃能耗为 $E_7$，装置排弃能消耗的循环水和新鲜水能耗为 $E_8$，吸收稳定系统能耗为 $E_9$，装置输出低温余热所降低的能耗为 $E_{10}$。

计算所需数据见表 3 - 117。

表 3 - 117　装置基准能耗计算数据一览表

| 序号 | 项目 | 数值 |
| --- | --- | --- |
| 1 | 原料 | |
| | 新鲜进料量 $Q/(t/h)$ | 198.50 |
| | 新鲜进料相对分子质量 $M_c$ | 421.30 |
| 2 | 产品收率 | |
| | 干气 $Y_F$/%(质) | 8.35 |
| | 液化气 $Y_L$/%(质) | 1.40 |
| | 汽油 $Y_G$/%(质) | 13.11 |
| | 柴油 $Y_{LO}$/%(质) | 24.92 |
| | 蜡油 $Y_{CGO}$/%(质) | 24.50 |
| | 焦炭 $Y_{CK}$/%(质) | 27.69 |
| 3 | 循环比 $R$ | 0.26 |
| | 加热炉效率 $\eta$ | 0.92 |
| | 注汽率 $R_W$/% | 1.64 |
| | 成套规模(一炉两塔) $S/(10^4 t/a)$ | 185 |
| | 富气压缩机采用背压透平 | |
| | 有完整的吸收稳定 | |
| | 低温余热回收 | |

1. 化学焓差能耗 $E_1$

产品的平均相对分子质量：

$$M_P = \frac{Y_{CGO} + Y_{LO} + Y_G + Y_L + Y_F}{2.86 \times 10^{-3} Y_{CGO} + 5 \times 10^{-3} Y_{LO} + 0.01 Y_G + 0.02 Y_L + 5.56 \times 10^{-2} Y_F}$$

则产品平均相对分子质量为 $M_P = 421.3$。

再根据以下公式计算化学焓差能耗：

$$E_1 = 24158 \frac{M_C - M_P}{M_C \cdot M_P}$$

则化学焓差能耗 $E_1 = 216.11 MJ/t$。

2. 加热炉散热与排烟能耗 $E_2$

加热炉散热与排烟能耗由下式计算：

$$E_2 = 628(1 + R)\left(\frac{1}{\eta} - 1\right)$$

则加热炉散热与排烟能耗 $E_2 = 71.53 MJ/t$。

3. 装置电耗 $E_3$

$$E_3 = 120 + 43.1R$$

装置循环比0.26，则装置电耗 $E_3 = 131.21\text{MJ/t}$。

4. 蒸汽能耗 $E_4$

$$E_4 = 63.6 + 6.3R_w$$

则装置蒸汽能耗 $E_4 = 73.93\text{MJ/t}$。

5. 富气压缩机能耗 $E_5$

装置富气压缩机采用3.5MPa中压蒸汽背压机(1.0MPa背压汽)驱动，汽轮机设计功率1855kW，因此富气压缩机能耗：

$$E_5 = \frac{8.3E_L}{Q}$$

则富气压缩机能耗 $E_5 = 77.56\text{MJ/t}$。

6. 工艺利用与回收环节的散热能耗 $E_6$

$$E_6 = 397S^{-0.5}$$

式中　$S$——成套规模(一炉两塔)，$10^4$t/a。

装置按一炉两塔1.85Mt/a计算，则工艺利用与回收环节的散热能耗 $E_6 = 29.19\text{MJ/t}$。

7. 装置排弃能耗 $E_7$

$$E_7 = 11.50Y_F + 6.88Y_L + 6.55Y_G + 0.477Y_{LO} + 0.574Y_{CGO} + 28.73R_w + 2.763Y_{CK} - 6.7(1 + R) + 15$$

则装置排弃能耗 $E_7 = 347.65\text{MJ/t}$。

8. 装置排弃能消耗的循环水和新鲜水能耗 $E_8$

$$E_8 = 9.33\text{MJ/t}$$

9. 吸收稳定系统能耗 $E_9$

装置是有重沸器的完整吸收稳定系统，则吸收稳定系统能耗：

$$E_9 = 230\text{MJ/t}$$

10. 装置输出低温余热所降低的能耗 $E_{10}$

本装置低温余热全部利用，则：

$$E_{10} = -(5.95Y_F + 4.22Y_L + 2.83Y_G + 0.79Y_{LO} + 0.78Y_{CGO} + 3.06R_w)$$

则装置输出低温余热所降低的能耗 $E_{10} = -136.5\text{MJ/t}$。

11. 装置基准能耗

将以上计算结果汇总，并计算装置基准能耗。

$$E_B = \sum_{i=1}^{10} E_i$$

则装置的基准能耗 $E_B = \sum_{i=1}^{10} E_i = 1138.35\text{MJ/t} = 27.19\text{kgEO/t}$。

装置基准能耗结果见表3-118。

**表3-118　装置基准能耗结果一览表**

| 符号 | 项目 | 基准能耗/(MJ/t) | 基准能耗/(kgEO/t) |
|---|---|---|---|
| $E_1$ | 化学焓差能耗 | 216.11 | 5.16 |
| $E_2$ | 加热炉散热与排烟能耗 | 71.53 | 1.71 |

续表

| 符号 | 项目 | 基准能耗/(MJ/t) | 基准能耗/(kgEO/t) |
|---|---|---|---|
| $E_3$ | 装置电耗 | 131.21 | 3.13 |
| $E_4$ | 蒸汽能耗 | 73.93 | 1.77 |
| $E_5$ | 富气压缩机能耗(背压式) | 77.56 | 1.85 |
| $E_6$ | 工艺利用与回收环节的散热能耗 | 29.19 | 0.70 |
| $E_7$ | 装置排弃能耗 | 347.65 | 8.30 |
| $E_8$ | 装置排弃能消耗的循环水和新鲜水能耗 | 9.33 | 0.22 |
| $E_9$ | 吸收稳定系统能耗(带重沸器) | 230.00 | 5.49 |
| $E_{10}$ | 装置输出低温余热所降低的能耗 | -136.50 | -3.26 |
| $E_B$ | 合计 | 1138.35 | 27.19 |

注：1kg EO = 41.868MJ = 3.97 × 104Btu。

12. 基准能耗校正

装置负荷较低于设计负荷，需对基准能耗进行校正：

$$\theta = \frac{0.3E_2 + 0.48E_3 + E_4 + E_6 + E_8}{E_B}$$

$$E_C = (1-\theta)E_B + \theta\frac{E_B}{L} = E_B\left(1-\theta+\frac{\theta}{L}\right)$$

式中　$E_C$——近似校正后的能耗，MJ/t；

$L$——装置负荷率，计算得0.86；

$\theta$——焦化装置固定能耗(不包括吸收稳定)所占总能耗的比例。

则 $\theta = 0.17$。

校正后的装置基准能耗 $E_C = 1170.59$MJ/t = 27.96kgEO/t。

(二) 实际能耗

1. 实际能耗(标准一)

根据《炼油厂能量消耗计算与评价方法》[21]2003版计算装置实际能耗，便于与装置2003年设计能耗对比分析。

(1) 热量互供

根据规定热进料或热出料热量计入能耗时，计算高出如下规定温度下的部分能量[21]，见表3-119。

**表3-119　装置热输出规定温度一览表**

| 汽油 | 60℃ | 柴油 | 70℃ |
|---|---|---|---|
| 蜡油 | 80℃ | 重油 | 130℃ |

装置热输出计算见表3-120。

表3－120　装置热输出计算一览表

| 项目 | 流股 | 流量/(t/h) | 初始温度/℃ | 目标温度/℃ | 初始温度焓/(kJ/kg) | 终点温度焓/(kJ/kg) | 热负荷/kW |
|---|---|---|---|---|---|---|---|
| 出方 | 柴油 | 49.5 | 94.0 | 70.0 | 212.9 | 163.0 | 686.7 |
| | 轻蜡 | 25.3 | 88.0 | 80.0 | 190.4 | 174.5 | 111.8 |
| | 重蜡油 | 28.4 | 90.0 | 80.0 | 192.3 | 172.6 | 155.5 |
| 入方 | 渣油 | 179.9 | 130.0 | 153.0 | 262.0 | 310.0 | －2399.2 |
| | 油浆 | 18.70 | 130.0 | 153.0 | 222.5 | 263.4 | －212.4 |
| 热水互供 | 热水 | 183 | 53.0 | 122.0 | 222.0 | 512.5 | －7308.3 |

（2）能源消耗

根据装置实际能源消耗，具体消耗流程如装置能流图3－54所示。将各能耗消耗单位转换成kgEO后，最终得到装置的总能耗，见表3－121。

表3－121　装置能源消耗一览表

| 项目 | 耗量 | 能源折算值/(kgEO) | kgEO | 单耗/(kgEO/t) |
|---|---|---|---|---|
| 新鲜水 | 76t | 0.17 | 15.3 | 0.003 |
| 循环水 | 30696t | 0.1 | 7710.4 | 0.64 |
| 除盐水 | 190.1t | 2.3 | 673.9 | 0.14 |
| 除氧水 | 190t | 9.2 | 437.2 | 0.09 |
| 3.5MPa蒸汽 | 876t | 88 | 102404.3 | 16.18 |
| 1.0MPa蒸汽 | －571t | 76 | －84510.1 | －9.11 |
| 电 | 77724kW·h | 0.26 | 26613.6 | 4.24 |
| 燃料气 | 91.125t | 950 | 115808.8 | 18.17 |
| 原料油热进料 | 451284MJ | 0.0239 | 29443.8 | 2.26 |
| 柴油热出料 | －26870MJ | 0.0239 | －4446.4 | －0.60 |
| 轻蜡油热出料 | －19319MJ | 0.0239 | －9411.6 | －0.10 |
| 重蜡油热出料 | －118662MJ | 0.0239 | －1909.0 | －0.13 |
| 低温热水 | －1262876MJ | 0.0239 | －17520.8 | －6.34 |
| 加工量 | 4765.3t | | | |
| 总能耗 | | | | 25.69 |

2. 实际能耗(标准二)

根据GB/T 50441—2016《石油化工设计能耗计算标准》计算装置实际能耗，便于与同类装置实际能耗对比分析。

（1）热量互供

每 kW · h 电的能源折算值修改为 0.22kgEO；另外，规定热进料或热出料热量计入能耗时，油品高于 120℃时，高出 120℃的热量按 1∶1 比例计算标准能源量；油品规定温度与 120℃之间的热量折半计算标准能源量；油品规定温度以下的热量不计[22]。规定温度见表 3－122。

**表 3－122　装置热输出规定温度一览表**

| | | | |
|---|---|---|---|
| 汽油 | 60℃ | 柴油 | 70℃ |
| 蜡油 | 80℃ | 重油 | 120℃ |

装置热输出计算见表 3－123。

**表 3－123　装置热输出计算一览表**

| 项目 | 流股 | 流量 /(t/h) | 初始温度 /℃ | 目标温度 /℃ | 初始温度焓 /(kJ/kg) | 终点温度焓 /(kJ/kg) | 热负荷 /kW |
|---|---|---|---|---|---|---|---|
| 出方 | 柴油 | 49.5 | 94.0 | 70.0 | 212.9 | 163.0 | 343.35 |
| | 轻蜡 | 25.3 | 88.0 | 80.0 | 190.4 | 174.5 | 55.9 |
| | 重蜡油 | 28.4 | 90.0 | 80.0 | 192.3 | 172.6 | 77.75 |
| 入方 | 渣油 | 179.9 | 120.0 | 153.0 | 241.7226 | 310 | －3411.88 |
| | 油浆 | 18.70 | 120.0 | 153.0 | 251.3265 | 322.24 | －366.38 |
| 热水互供 | 热水 | 183 | 53.0 | 122.0 | 222.0 | 512.5 | 343.35 |

（2）能源消耗

根据装置实际能源消耗，具体消耗流程如装置能流图所示。将各能耗消耗单位转换成 kgEO 后，最终得到装置的总能耗，见表 3－124。

**表 3－124　装置能源消耗一览表**

| 项目 | 耗量 | 能源折算值 /kgEO | 能耗/kgEO | 单耗/(kgEO/t) |
|---|---|---|---|---|
| 新鲜水 | 76t | 0.17 | 15.3 | 0.003 |
| 循环水 | 30696t | 0.1 | 7710.4 | 0.64 |
| 除盐水 | 190.1t | 2.3 | 673.9 | 0.14 |
| 除氧水 | 190t | 9.2 | 437.2 | 0.09 |
| 3.5MPa 蒸汽 | 876t | 88 | 102404.3 | 16.18 |
| 1.0MPa 蒸汽 | －571t | 76 | －84510.1 | －9.11 |
| 电 | 77724kW · h | 0.22 | 17099.3 | 3.59 |

续表

| 项目 | 耗量 | 能源折算值/kgEO | 能耗/kgEO | 单耗/(kgEO/t) |
|---|---|---|---|---|
| 燃料气 | 91.125t | 950 | 115808.8 | 18.17 |
| 原料油热进料 | 652884MJ | 0.0239 | 15613.3 | 3.28 |
| 柴油热出料 | -13435MJ | 0.0239 | -321.3 | -0.07 |
| 轻蜡油热出料 | -9660MJ | 0.0239 | -231.0 | -0.05 |
| 重蜡油热出料 | -59331 | MJ0.0239 | -1418.9 | -0.30 |
| 低温热水 | -1262876 | MJ0.0239 | -30200.8 | -6.34 |
| 加工量 | 4765.3t | | | |
| 总能耗 | | | | 26.46 |

（三）小结

装置由于具体的原料、产品、规模等有差别，应达到的能耗目标是不同的，用能耗因数EF并结合装置与本基准能耗设定的条件对比，分析评价各装置的能量利用水平，即：

能耗标准一：

$$EF=\frac{\text{实际能耗}}{\text{校正后的基准能耗}}=\frac{25.69}{27.96}=0.92$$

能耗标准二：

$$EF=\frac{\text{实际能耗}}{\text{校正后的基准能耗}}=\frac{26.46}{27.96}=0.95$$

*EF* 值愈大，说明装置的实际能耗与基准能耗的差距愈大，能量利用水平愈低，节能潜力愈大，*EF* 值愈接近1，表示能量利用水平愈高。因此，本装置总体能耗对比基准能耗较低，但在计算和现场实际过程中仍存在一定的节能空间，主要分为几项组成：

1）在换热网络计算过程中，换热网络存在一定的跨夹点换热量，估算传热温差偏离

工程值偏多，建议提高换热器传热效果，减少跨夹点传热量；发现装置换热终温偏低，仍有较大的节能潜力，通过提高换热终温，从而减少瓦斯消耗。

2）装置标定期间能耗，总体能耗低于基准能耗。主要单耗：燃料气单耗为

18.17kgEO/t，低于设计值19.41kgEO/t，主要是由于燃料低热值不同导致，因为焦化装置近西气东输天然气站，装置烧天然气组分较多。中压蒸汽单耗16.18kgEO/t，远大于设计13.74kgEO/t，一方面，由于汽轮机做功等机械效率问题；另一方面，因为焦化装置在管网末端，中压蒸汽温度及压力达不到410℃、3.5MPa的设计值，影响蒸汽品质及做工效率问题。装置实际电单耗4.24kgEO/t，高于设计值3.26kgEO/t，主要是装置新增部分尾气等用电设施。装置实际热水输出单耗6.34kgEO/t，高于设计值5.89kgEO/t，主要是装置新增部分低温取热，例如塔顶热水取热；其次，根据换热器计算，原料换热网络效果变差，低温热水换热器出入口温度提高，影响换热器的金属壁温、传热系数，以及流体导热系数等，进而低温热水取热量提高。

# 第四部分　改造建议

## 一、空气预热器内漏量判断及检修建议

(一)物料核算

空气预热器内漏判断计算物料平衡如图 4－1 所示，以每千克燃料为单位进行研究，空气和烟气物料均为燃烧计算获得，以燃料气质量流量计为基准计算。因此，假设有 $\chi$kg 漏风量进入烟气，未能通过燃烧计算取得数据。

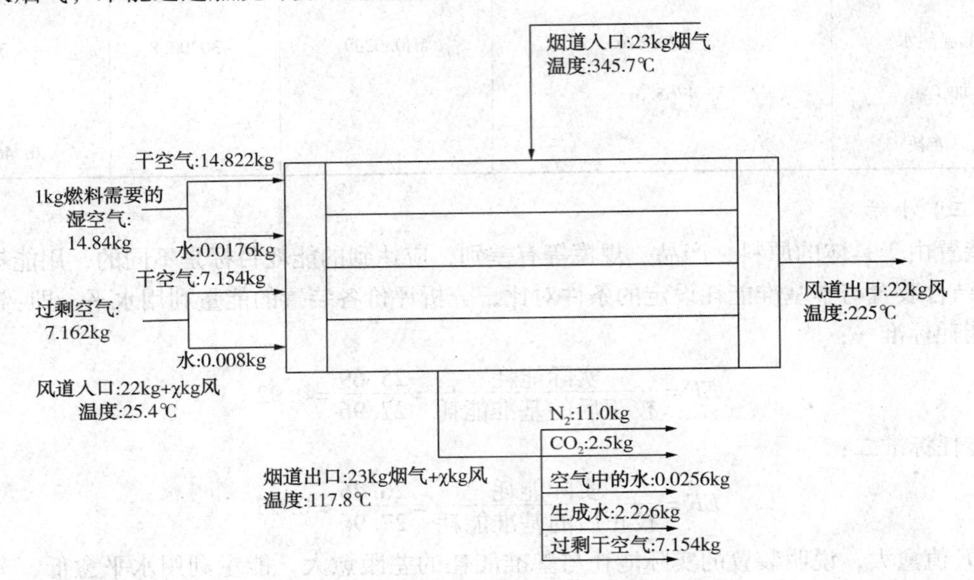


图 4－1　空气预热器物料衡算图

(二)热量衡算

1. 空气吸热

环境温度为 25.4℃，空气湿度为 60%，大气压为 101.16kPa。

空气包括理论空气量、过剩空气量和漏风量，则根据《石油炼制设计数据图表集》[9] 公式 7－1－1 计算燃料气中各组分在一定温度下的焓值。

(1) 风道入口冷空气显热

空气预热器风道入口冷空气显热见表 4－1。

**表 4－1　空气预热器风道入口冷空气显热计算表**

| 组分 | 1kg 燃料所需的/kg | 15℃焓值(烃以－129℃为基准；非烃以－273.15℃为基准)/(kJ/kg) | 冷空气温度下焓值(烃以－129℃为基准；非烃以－273.15℃为基准)/(kJ/kg) | 以 15℃为基准的焓值/(kJ/kg) | 热量/(kJ/kg 燃料) |
|---|---|---|---|---|---|
| 理论空气中的 $O_2$ | 3.803 | 261.4 | 270.8 | 9.3 | 35.6 |
| 理论空气中的 $N_2$ | 11.022 | 299.2 | 309.7 | 10.5 | 116.2 |

续表

| 组分 | 1kg 燃料所需的/kg | 15℃焓值(烃以 -129℃为基准；非烃以 -273.15℃为基准)/(kJ/kg) | 冷空气温度下焓值(烃以 -129℃为基准；非烃以 -273.15℃为基准)/(kJ/kg) | 以15℃为基准的焓值/(kJ/kg) | 热量/(kJ/kg 燃料) |
|---|---|---|---|---|---|
| 理论空气中的 $H_2O$ | 0.018 | 531.1 | 550.1 | 18.9 | 0.3 |
| 过剩空气中的 $O_2$ | 1.835 | 261.4 | 270.8 | 9.3 | 17.2 |
| 过剩空气中的 $N_2$ | 5.318 | 299.2 | 309.7 | 10.5 | 56.1 |
| 过剩空气中的 $H_2O$ | 0.009 | 531.1 | 550.1 | 18.9 | 0.2 |
| 内漏空气中的 $O_2$ | $0.256\chi$ | 261.4 | 270.8 | 9.3 | $2.39\chi$ |
| 内漏空气中的 $N_2$ | $0.743\chi$ | 299.2 | 309.7 | 10.5 | $7.83\chi$ |
| 内漏空气中的 $H_2O$ | $0.001\chi$ | 531.1 | 550.1 | 18.9 | $0.02\chi$ |
| 合计 | | | | | $225.5+10.24\chi$ |

(2) 风道出口热空气显热

空气预热器风道出口热空气显热见表4-2。

**表4-2 空气预热器风道出口热空气显热计算表**

| 组分 | 1kg 燃料所需的kg | 15℃焓值(烃以 -129℃为基准；非烃以 -273.15℃为基准)/(kJ/kg) | 热空气温度下焓值(非烃以 -273.15℃为基准)/(kJ/kg) | 以15℃为基准的焓值/(kJ/kg) | 热量/(kJ/kg 燃料) |
|---|---|---|---|---|---|
| 理论空气中的 $O_2$ | 3.803 | 261.4 | 458.8 | 197.4 | 750.6 |
| 理论空气中的 $N_2$ | 11.022 | 299.2 | 517.5 | 218.3 | 2406.6 |
| 理论空气中的 $H_2O$ | 0.018 | 531.1 | 930.1 | 398.9 | 7.1 |
| 过剩空气中的 $O_2$ | 1.835 | 261.4 | 458.8 | 197.4 | 362.2 |
| 过剩空气中的 $N_2$ | 5.318 | 299.2 | 517.5 | 218.3 | 1161.2 |
| 过剩空气中的 $H_2O$ | 0.009 | 531.1 | 930.1 | 398.9 | 3.4 |
| 合计 | | | | | 4691 |

因此，基准温度的情况下，每kg燃料下，空气吸热为$[4691-(225.5+10.24\chi)]$kJ。

空气总吸热为$[4691-(225.5+10.24\chi)]\times3810$kJ/h。

2. 烟气放热

当基准温度为$t_b$℃时，烟气各组分的热焓计算[2]：

$$I_i=\frac{A}{100}(t_g-t_b)+\frac{1.8B}{10000}[(t_g+273.16)^2-(t_b+273.16)^2]$$

$$+\frac{3.24C}{1000000}[(t_g+273.16)^3-(t_b+273.16)^3+0.3087D\times100$$

$$\times\left(\frac{1}{t_g+273.16}-\frac{1}{t_b+273.16}\right)]$$

总烟气的热焓：

$$I_g = G_{CO_2}I_{CO_2} + G_{SO_2}I_{SO_2} + G_{H_2O}I_{H_2O} + G_{O_2}I_{O_2} + G_{N_2}I_{N_2}$$

（1）烟道入口热烟气显热

空气预热器烟道入口热烟气显热见表4－3。

**表4－3　空气预热器烟道入口热烟气显热计算表**

| 组分 | 1kg燃料产生的/kg | 15℃焓值(烃以－129℃为基准；非烃以－273.15℃为基准)/(kJ/kg) | 热烟气温度下焓值(烃以－129℃为基准；非烃以－273.15℃为基准)/(kJ/kg) | 以15℃为基准的焓值/(kJ/kg) | 热量/(kJ/kg燃料) |
|---|---|---|---|---|---|
| 燃烧产生$CO_2$ | 2.519 | 204.1 | 526.2 | 322.1 | 811.3 |
| 燃烧产生$H_2O$ | 2.208 | 531.1 | 1172.9 | 641.7 | 1417.0 |
| 燃烧产生$N_2$ | 11.022 | 299.2 | 647.3 | 348.1 | 3837.1 |
| 理论空气中$H_2O$ | 0.018 | 531.1 | 1172.9 | 641.7 | 11.4 |
| 过剩空气中的$N_2$ | 5.318 | 299.2 | 647.3 | 348.1 | 1851.5 |
| 过剩空气中的$O_2$ | 1.835 | 261.4 | 578.7 | 317.3 | 582.3 |
| 过剩空气中的$H_2O$ | 0.009 | 531.1 | 1172.9 | 641.7 | 5.5 |
| 合计 | | | | | 8516.0 |

（2）烟道出口冷烟气显热

空气预热器烟道出口冷烟气显热见表4－4。

**表4－4　空气预热器烟道出口冷烟气显热计算表**

| 组分 | 1kg燃料产生/kg | 15℃焓值(非烃以－273.15℃为基准)/(kJ/kg) | 冷排烟温度下焓值(非烃以－273.15℃为基准)/(kJ/kg) | 以15℃为基准的焓值/(kJ/kg) | 热量/(kJ/kg燃料) |
|---|---|---|---|---|---|
| 燃烧产生$CO_2$ | 2.519 | 204.1 | 296.4 | 92.3 | 232.4 |
| 燃烧产生$H_2O$ | 2.208 | 531.1 | 722.4 | 191.3 | 422.3 |
| 燃烧产生$N_2$ | 11.022 | 299.2 | 404.7 | 105.6 | 1163.6 |
| 理论空气中$H_2O$ | 0.018 | 531.1 | 722.4 | 191.3 | 3.4 |
| 过剩空气中$N_2$ | 5.318 | 299.2 | 404.7 | 105.6 | 561.5 |
| 过剩空气中$O_2$ | 1.835 | 261.4 | 356.0 | 94.5 | 173.5 |
| 过剩空气中$H_2O$ | 0.009 | 531.1 | 722.4 | 191.3 | 1.6 |
| 合计 | | | | | 2558.3 |

（3）烟道出口漏风显热

空气预热器烟道出口漏风显热见表4－5。

**表4-5　空气预热器烟道出口漏风显热计算表**

| 组分 | 1kg燃料所需的/kg | 15℃焓值(烃以-129℃为基准；非烃以-273.15℃为基准)/(kJ/kg) | 冷排烟温度下焓值(烃以-129℃为基准；非烃以-273.15℃为基准)/(kJ/kg) | 以15℃为基准的焓值/(kJ/kg) | 热量/(kJ/kg燃料) |
|---|---|---|---|---|---|
| 内漏空气中的$O_2$ | 0.256$\chi$ | 261.4 | 356.0 | 94.5 | 24.2$\chi$ |
| 内漏空气中的$N_2$ | 0.743$\chi$ | 299.2 | 404.7 | 105.6 | 78.4$\chi$ |
| 内漏空气中的$H_2O$ | 0.001$\chi$ | 531.1 | 722.4 | 191.3 | 0.2$\chi$ |
| 合计 | | | | | 102.8$\chi$ |

根据热效率计算章节，预热器散热为27.6kW＝99360kJ/h。因此，每kg燃料下，烟气吸热为(8516－2558.3－102.8$\chi$)kJ。

烟气总放热为(8516－2558.3－102.8$\chi$)×3810kJ/h。

扣除预热器散热损失，空气传热＝烟气传热，计算得漏风量$\chi$＝15.8kg/kg燃料。

计算证明，空气预热器明显有内漏情况。经现场测定，预热器前后烟气中氧含量分别为6.52%、7.95%，与内漏事实相符。

（三）检修建议及效果

由于空气预热器漏风情况严重，烟气中氧含量检测影响较大，且影响炉效，装置已提出检修建议及改造申请：①方案一，空气预热器热管更新；②方案二，空气预热器热管更新＋新增低氧燃烧控制；加热炉其他操作条件不变情况下，炉效计算对比见表4-6。

**表4-6　空气预热器改造方案对照表**

| 项目 | 烟气中氧含量/%(体) | 过剩空气系数 | 反平衡计算炉效/% |
|---|---|---|---|
| 改造前 | 6.5(检测值) | 1.5 | 91.7 |
| 检修方案 | 3.5(DCS当前控制) | 1.2 | 92.6 |
| 改造方案 | 2.0(控制目标1.5~2.0) | 1.1 | 92.9 |

（四）投资回报分析

改造方案：在检修方案一的基础上，即热管修复、加热炉按当前3.5%氧含量控制的基础上，新增改造方案，实施低氧燃烧项目。通过炉效反平衡计算，炉效自92.6%提高至92.9%时，检修方案与改造方案热量计算对比见表4-7。

**表4-7　检修方案与改造方案计算对照表**

| 加热炉热量 | 热量 | 改造方案 | | 检修方案 | |
|---|---|---|---|---|---|
| | | 热量/kW | 所占比例/% | 热量/kW | 所占比例/% |
| 入方 | 燃料燃烧热 | 48976.4 | 99.6 | 48976.4 | 99.56 |
| | 燃料显热 | 25.8 | 0.1 | 25.8 | 0.05 |
| | 空气显热 | 178.2 | 0.36 | 194.2 | 0.39 |
| | 小计 | 49180.4 | | 49196.4 | |
| 损失 | 排烟损失 | 2100.0 | 4.27 | 2260.8 | 4.6 |
| | 散热损失 | 1373.4 | 2.8 | 1373.4 | 2.79 |
| | 化学能损失 | 2.4 | 0.0 | 2.67 | 0.005 |
| 反平衡效率 | 加热炉热效率 | | 92.9 | | 92.6 |

加热炉提供的热量一部分加热介质，一部分加热过剩空气。两方案对比时，炉效差别在排烟损失和化学能损失上，因此改造方案可节约能耗为161.07kW，相当于每小时节约瓦斯0.0125t/h，按瓦斯单价2800元/t，假设投资200万，投资回报率大于3年。

# 第五部分　提升部分

焦化分馏塔塔底运行期间，由于焦炭塔焦粉颗粒携带甚至泡沫层携带等问题，存在分馏塔底积焦、脱过热塔盘结焦、分馏塔塔底循环运行不畅等问题，给延迟焦化装置的安全、平稳运行带来较大影响。由于焦化分馏塔底人字形挡板是换热塔板，其传热量与传热系数、传热对数平均温差和传热面积有关。因此，通过实际传热系数等计算，可判断塔底人字形挡板结焦程度。

（一）塔底热量衡算

油气离开人字形挡板温度为 388℃，38 层向下流的内回流液体流量为 $L$，自塔底至人字形挡板上部进行热量衡算，7 层人字形挡板（5 ×4 排列）取作两层塔盘处理压降。分馏塔底热量衡算见图 5 －1。

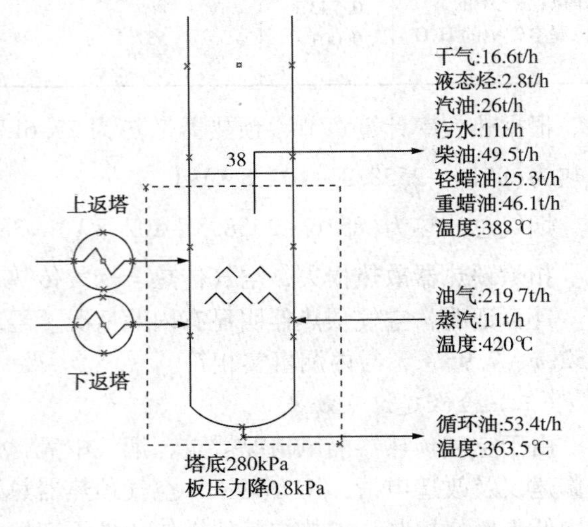


图 5 －1　分馏塔底热量衡算图

分馏塔底热量衡算见表 5 －1。

**表 5 －1　分馏塔底热量衡算一览表**

| 项目 | 介质 | 温度/℃ | 流量/（t/h） | 焓值/（kJ/kg） 气相 | 焓值/（kJ/kg） 液相 | 热量/（kW） | 热量/（1000kJ/h） |
|---|---|---|---|---|---|---|---|
| 进料 | 干气 | 420.0 | 16.6 | 1147.23 | | 5290 | 19044 |
| | 液态烃 | 420.0 | 2.8 | 1024.29 | | 797 | 2868 |
| | 稳定汽油 | 420.0 | 26.0 | 1355.5 | | 9790 | 35243 |
| | 柴油 | 420.0 | 49.5 | 1262.9 | | 17365 | 62515 |
| | 轻蜡油 | 420.0 | 25.3 | 1229.7 | | 8642 | 31112 |
| | 重蜡油 | 420.0 | 46.1 | 1223.0 | | 15661 | 56381 |
| | 循环油 | 420.0 | 53.4 | 1216.3 | | 18042 | 64953 |
| | 水蒸汽 | 420.0 | 11.0 | 3318 | | 10138 | 36498 |
| | 合计 1 | | 230.7 | | | 85726 | 308613 |
| | 内回流 | 382.0 | $L$ | | 939.0 | 261$L$ | |
| | 总合计 | | | | | 85726 +261$L$ | |
| 出料 | 干气 | 388.0 | 16.6 | 1044.04 | | 4814 | 17331 |
| | 液态烃 | 388.0 | 2.8 | 927.3 | | 721 | 2597 |
| | 稳定汽油 | 388.0 | 26.0 | 1260.4 | | 9103 | 32771 |
| | 柴油 | 388.0 | 49.5 | 1172.8 | | 16126 | 58053 |
| | 轻蜡油 | 388.0 | 25.3 | 1140.3 | | 8014 | 28849 |
| | 重蜡油 | 388.0 | 46.1 | 1133.4 | | 14513 | 52248 |

续表

| 项目 | 介质 | 温度/℃ | 流量/(t/h) | 焓值/(kJ/kg) | | 热量/(kW) | 热量/(1000kJ/h) |
|---|---|---|---|---|---|---|---|
| | | | | 气相 | 液相 | | |
| 出料 | 循环油 | 363.5 | 53.4 | | 872.1 | 12936 | 46571 |
| | 水蒸气 | 388.0 | 11.0 | 3253 | | 9940 | 35783 |
| | 塔底循环油回流 | | | | | 6950 | 25022 |
| | 合计1 | | 230.7 | | | 83118 | 299224 |
| | 内回流 | 388.0 | $L$ | 1127.8 | | $313L$ | |
| | 总合计 | | | | | $84249+313L$ | |

根据热量衡算，分馏塔底内回流计算见表5-2。

**表5-2 分馏塔底内回流计算结果一览表**

| 项目 | 数值 | 项目 | 数值 |
|---|---|---|---|
| 内回流取热/kW | 2608.1 | 内回流摩尔量/(kmol/h) | 134.4 |
| 层内回流量/(t/h) | 49.7306 | 内回流的油气分压/kPa | 16.1 |

（二）计算挡板段的平均传热系数 $K$

（1）计算通过人字形挡板自由流通截面的平均油气速度

根据分馏塔气液相负荷计算章节计算以及以上塔底热量衡算结果，代入公式[23]：

$$V_C=0.82\left[\frac{S(T+273)}{Mp}\right]^{\frac{1}{2}}=0.82\left[\frac{0.752(404+273)}{104\times 2.8}\right]^{\frac{1}{2}}=1.08(\mathrm{m/s})$$

式中 $S$——操作条件下液体的平均相对密度；

$T$——通过挡板的平均气体温度，℃；

$M$——平均气体分子量；

$p$——塔底压力，$\mathrm{kg/cm^2}$(绝)；

$V_C$——通过人字形挡板自由流通截面的平均油气速度，m/s。

其中，分馏塔进料油气(不包含重蜡段污油回炼)分子量计算如下[3]：

$$M=\frac{\sum_{i=1}^{n}W_i}{\sum_{i=1}^{n}\frac{W_i}{M_i}}=\frac{11+16.6+2.8+26+49.5+24.9+28.3+17.8+53.4-4.6}{\frac{11}{18}+\frac{16.6}{20.1}+\frac{2.8}{48.2}+\frac{26}{119.1}+\frac{49.5}{206.8}+\frac{24.9}{304.3}+\frac{28.3}{350.8}+\frac{17.8}{350.8}+\frac{53.4}{375.3}-\frac{4.6}{223}}=104.0$$

（2）计算气体平均重度

低压气体(<0.3MPa)根据理想气体状态方程 $pV=nRT$，一定质量下，气体在非标况下密度的计算公式[3]用密度表示：

$$pM=\rho RT$$

式中 $M$——摩尔质量；

$\rho$——密度。

$$\rho=\frac{pM}{RT}=\frac{280000\times 104}{8.314\times(404+273)}=5.173(\mathrm{kg/m^3})$$

（3）计算通过人字形挡板自由流动截面的平均油气质量流速

$$V_m=3600V_C\rho=3600\times 1.08\times 5.173=20115[\mathrm{kg/(h\cdot m^2)}]$$

(4) 计算人字形挡板上的液体平均横流强度 $L_B$[23]：

$$L_B = \frac{P_O + R_i + R_O + P_a}{2DN} = \frac{53.4\times10^3 + 49.7306 + 0 + 105\times10^3}{2\times5.4\times7} = 2753[\text{kg}/(\text{h}\cdot\text{m})]$$

人字形挡板传热系数计算见图5-2。

查图5-2得挡板段的平均传热系数为 $K = 780\text{kcal}/(\text{h}\cdot℃\cdot\text{m}^2)$。

(三) 计算挡板段的对数平均温差 $\Delta t_m$

$$\Delta t_m = \frac{(t_i - T_2) - (t_o - T_1)}{\ln\left(\frac{t_i - T_2}{t_o - T_1}\right)} = \frac{(420 - 363.5) - (388 - 358)}{\ln\left(\frac{420 - 363.5}{388 - 358}\right)} = 41.9(℃)$$

(四) 计算人字形挡板传热面积 $A$

人字形挡板传热面积是气体水平自由流动截面积，所需总传热面积系7层挡板上自由流动截面积之和，因此，根据设计7层人字形挡板（5×4排列）分别计算挡板面积。人字形挡板设备简图见图5-3。

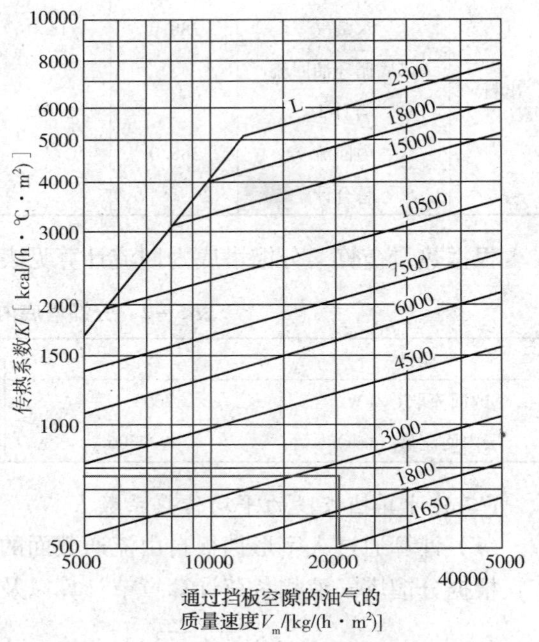


图5-2 人字形挡板传热系数计算图

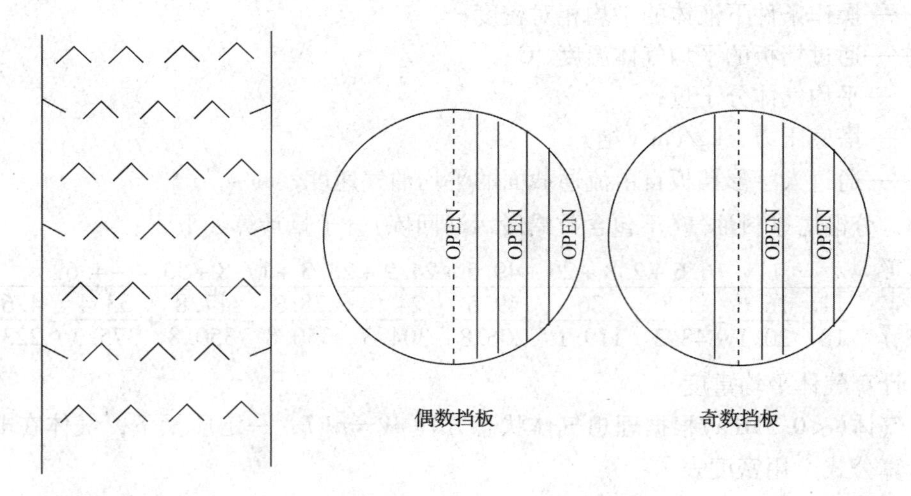


图5-3 人字形挡板设备简图

偶数人字形板排列(4层)：$[(2620\times635)\times2 + (4370\times635)\times2]\times4\text{mm}^2 = 35.52\text{m}^2$。

奇数人字形板排列(3层)：$[(3800\times635)\times2 + (4650\times635)\times2]\times3\text{mm}^2 = 32.2\text{m}^2$

侧挡板：$1.43\times2\times3 = 8.6\text{m}^2$。

人字形挡板实际面积为 $76.32\text{m}^2$。

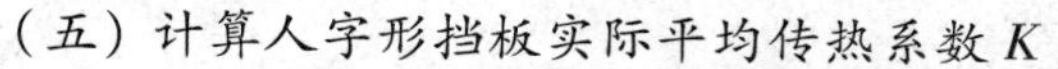


$$K = \frac{Q_o}{A\Delta t_m} = \frac{(308613-299224)\times 10^3/4.184}{76.32\times 41.9} = 702[\text{kcal}/(\text{h}\cdot ℃\cdot \text{m}^2)]$$

通过计算，人字形挡板实际平均传热系数小于人字形挡板设计传热系数，说明人字形挡板有效传热系数降低，塔盘有结焦问题出现，需加强日常操作监控及检维修。

## 参 考 文 献

[1]瞿国华．延迟焦化工艺与工程[M]．北京：中国石化出版社，2017.
[2]钱家麟．管式加热炉[M]．北京：中国石化出版社，2010.
[3]徐春明，杨朝合．石油炼制工程[M]．北京：石油工业出版社，2009.
[4]刘巍，邓方义．冷换设备工艺计算手册[M]．北京：中国石化出版社，2008.
[5]北京石油设计院．石油化工工艺计算图表[M]．北京：烃加工出版社，1985.
[6]李志强．原油蒸馏工艺与工程[M]．北京：中国石化出版社，2010.
[7]王松汉．石油化工设计手册[M]．北京：化学工业出版社，2002.
[8]陈俊武．催化裂化工艺与工程[M]．北京：中国石化出版社，2005.
[9]上海化工学院炼油教研组．石油炼制设计数据图表集[M]．上海：上海化工学院，1978.
[10]曹汉昌，郝希仁，张韩．催化裂化工艺计算与技术分析[M]．北京：石油工业出版社，2000.
[11]Epcon. API Technical Data Book 10th Edition[S]
[12]孙淮清，王建中．流量测量节流装置设计手册[M]．北京：化学工业出版社，2005.
[13]李少萍，徐心茹．石油加工过程设备[M]．上海：华东理工大学出版社，2009.
[14]李艳红，王升宝，常丽萍．饱和蒸气压测定方法的评述[J]．煤化工，2006.(5)44-47+57.
[15]中华人民共和国国家发展和改革委员会．石油化工管式炉热效率设计计算：SH/T 3045—2003[S]
[16]夏清，陈常贵．化工原理[M]．天津：天津大学出版社，2005.
[17]Q/CNPC 66-2002，石油化工工艺加热炉节能监测方法[S]
[18]许建选．延迟焦化装置焦炭塔保温方案设计[J]．炼油与化工，2017.
[19]陈敏恒，丛德滋，方图南，齐鸣斋．化工原理[M]．北京：化学工业出版社，2006.
[20]郭永博，李和杰．延迟焦化装置焦炭塔适宜设计气速探讨[J]．炼油与化工，2010.
[21]中国石油化工股份有限公司炼油事业部，中国石油化工集团公司节能技术中心．炼油厂能量消耗计算与评价方法[S]
[22]中华人民共和国住房和城乡建设部，中华人民共和国国家质量监督检验检疫总局．石油化工设计能耗计算标准：GB/T 50441—2016[S]
[23]石油化工规划设计院．塔的工艺计算[M]．北京：石油工业出版社，1979.